산림 기사·산업기사

필기 | 한권으로 끝내기

시대에듀

산림기사·산업기사
필기 한권으로 끝내기

Always with you...

사람이 길에서 우연하게 만나거나 함께 살아가는 것만이
인연은 아니라고 생각합니다.
책을 펴내는 출판사와 그 책을 읽는 독자의 만남도 소중한 인연입니다.
시대에듀는 항상 독자의 마음을 헤아리기 위해 노력하고 있습니다.
늘 독자와 함께하겠습니다.

끝까지 책임진다! 시대에듀!
QR코드를 통해 도서 출간 이후 발견된 오류나 개정법령, 변경된 시험 정보, 최신기출문제, 도서 업데이트 자료 등이 있는지 확인해 보세요! 시대에듀 합격 스마트 앱을 통해서도 알려 드리고 있으니 구글 플레이나 앱 스토어에서 다운받아 사용하세요.
또한, 파본 도서인 경우에는 구입하신 곳에서 교환해 드립니다.

편집진행 윤진영 · 장윤경　**표지디자인** 권은경 · 길전홍선　**본문디자인** 정경일 · 박동진

PREFACE

이 책은 임학의 전반적인 내용을 좀 더 깊고 넓게 전달하고자 노력하였으며, 공부하는 사람들이 보기에 물 흐르듯 임학과 임업을 이해할 수 있도록 구성하였습니다. 또한 시험을 공부하는 학생뿐만 아니라 일반적으로 임학 및 임업을 이해하고자 하는 사람에게도 알기 쉽게 제공되도록 만들었습니다.

특히, 기존의 임학 분야뿐만 아니라 최근에 대두되고 있는 다양한 산림 분야의 내용을 수록하였는데 예를 들면, 지속 가능한 산림경영(SFM), 국제적인 산림 관련 분야인 FSC, 몬트리올프로세서, 그리고 사방신공법 등을 수록하였습니다. 또한 최근의 출제경향이 기존의 임학 분야에서 탈피하여 다양한 내용들이 출제되고 있는 만큼 그러한 방향으로 내용들을 알차게 담았습니다.

적중예상문제의 경우 지금까지의 문제들이 단순 암기형이나 간단한 문제에 불과했기에 고심하여 여러 가지 관련된 방향으로 문제를 다양화하고 심도 있게 다듬었습니다.

관련 분야의 자격증을 취득한다는 것은 자기가 가진 기술로 자기 전문분야의 어떠한 수준에 도달해 있음을 증명하는 것이라 할 수 있습니다. 따라서 자격증 제도를 잘 이용하면 현대사회의 다른 구성원과의 차별화에서 좀 더 유리한 고지를 차지할 수 있을 것입니다.

현대사회는 다양한 기술로 이루어진 사회이고 이러한 기술의 세분화가 여러 가지 자격증을 만들어 내고 있습니다. 특히, 그중에서도 산림기사 및 산림산업기사는 현재 급부상하고 있는 자격증 중 하나입니다.

정부는 녹색성장을 기치로 여러 가지 현대 산업사회의 발전을 친환경적인 관점에서 성장할 수 있도록 적극 지원하고 있습니다. 아울러 녹색성장의 핵심사업의 하나로 산림사업인 숲가꾸기사업을 적극적으로 지원하고 있습니다.

현대사회는 환경을 제외하고는 말하기 어려울 정도로 환경문제가 초미의 관심사가 되고 있습니다. 우리나라뿐만 아니라 지구 전체의 공기를 공급하고 환경의 질을 개선하는 원천은 숲입니다. 따라서 숲을 만들고, 울창하게 가꾸며, 숲을 보전하는 것이야 말로 미래의 지구를 지키는 길입니다.

본 도서로 공부하시는 모든 분들에게 행운과 영광이 함께하시길 바라며, 아울러 이 책을 통해 배운 모든 것을 우리나라 산림 발전에 밑거름으로 활용하시길 기원합니다.

편저자 씀

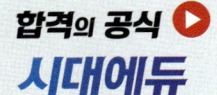

자격증 · 공무원 · 금융/보험 · 면허증 · 언어/외국어 · 검정고시/독학사 · 기업체/취업
이 시대의 모든 합격! 시대에듀에서 합격하세요!
www.youtube.com → 시대에듀 → 구독

시험 안내

산림기사

진로 및 전망

산림청, 임업연구원, 각 시·도 산림부서, 임업 관련 기관이나 산림경영업체, 임업연구원 등에 진출 가능하고, 산림자원법에 따라 산림조합중앙회, 산림조합에 산림경영지도원으로 진출할 수 있다.

시험일정

구분	필기원서접수 (인터넷)	필기시험	필기합격 (예정자)발표	실기원서접수	실기시험	최종 합격자 발표일
제1회	1월 중순	2월 초순	3월 중순	3월 하순	4월 중순	6월 중순
제2회	4월 중순	5월 초순	6월 중순	6월 하순	7월 중순	9월 중순
제3회	7월 하순	8월 초순	9월 초순	9월 하순	11월 초순	12월 하순

※ 상기 시험일정은 시행처의 사정에 따라 변경될 수 있으니 www.q-net.or.kr에서 확인하시기 바랍니다.

시험요강

❶ 시행처 : 한국산업인력공단
❷ 관련 학과 : 대학의 임학과, 산림자원학과 등 산림 관련 학과
❸ 시험과목
  ㉠ 필기 : 산림조성, 산림경영, 사방·산지 복구, 산림기반시설, 산림보호
  ㉡ 실기 : 산림경영 실무
❹ 검정방법
  ㉠ 필기 : 객관식 4지 택일형, 과목당 20문항(2시간 30분)
  ㉡ 실기 : 필답형(2시간)
❺ 합격기준
  ㉠ 필기 : 100점을 만점으로 하여 과목당 40점 이상, 전 과목 평균 60점 이상
  ㉡ 실기 : 100점을 만점으로 하여 60점 이상

자격취득자 혜택

- 공무원 시험 가산점 인정 및 일부 특채 지원자격 획득
- 학점인정 등에 관한 법률에 따라 20학점 인정
- 관련 기업 취업이나 승진 시 인사고과 혜택
- 각종 법률에 따른 우대조건 적용

산림산업기사

진로 및 전망

지방 산림관서의 공무원, 임업회사 등에 진출 가능하고, 산림자원법에 따라 산림조합중앙회, 산림조합에 산림경영지도원으로 진출할 수 있다.

시험일정

구 분	필기원서접수 (인터넷)	필기시험	필기합격 (예정자)발표	실기원서접수	실기시험	최종 합격자 발표일
제1회	1월 중순	2월 초순	3월 중순	3월 하순	4월 중순	6월 중순
제2회	4월 중순	5월 초순	6월 중순	6월 하순	7월 중순	9월 중순
제3회	7월 하순	8월 초순	9월 초순	9월 하순	11월 초순	12월 하순

※ 상기 시험일정은 시행처의 사정에 따라 변경될 수 있으니 www.q-net.or.kr에서 확인하시기 바랍니다.

시험요강

❶ 시행처 : 한국산업인력공단
❷ 관련 학과 : 대학 및 전문대학의 임업 관련 학과
❸ 시험과목
　㉠ 필기 : 산림조성, 산림경영, 산림토목, 산림보호
　㉡ 실기 : 산림사업 실무
❹ 검정방법
　㉠ 필기 : 객관식 4지 택일형, 과목당 20문항(2시간)
　㉡ 실기 : 복합형[필답형(1시간, 50점) + 작업형(2시간 30분, 50점)]
❺ 합격기준
　㉠ 필기 : 100점을 만점으로 하여 과목당 40점 이상, 전 과목 평균 60점 이상
　㉡ 실기 : 100점을 만점으로 하여 60점 이상

자격취득자 혜택

- 공무원 시험 가산점 인정 및 일부 특채 지원자격 획득
- 학점인정 등에 관한 법률에 따라 16학점 인정
- 관련 기업 취업이나 승진 시 인사고과 혜택
- 각종 법률에 따른 우대조건 적용

출제기준

산림기사 필기

과목명	산림조성	산림경영	사방·산지복구
주요 항목	• 산림환경 • 산림갱신 • 산림조성사업 설계 • 산림조성사업 감리	• 산림경영 체계 • 지황조사 • 임황조사 • 산림경영계획 • 목재수확작업계획 수립	• 사방계획 • 사방지 조사 측량 • 사방지 설계도서 작성 • 산림유역 수리수문 분석 • 사방지 시공 • 산지 복구·복원 사전 준비 • 산지 복구·복원 시공

과목명	산림기반시설	산림보호
주요 항목	• 임도 계획 • 산림토목감리 • 임도 설계도 작성 • 임도 설계서 작성 • 임도 토공사 • 임도 구조물 공사	• 산림병해충 방제 설계 • 산림병해충 방제 시공 • 산림병해충 감리 • 산불 예방 및 진화

산림산업기사 필기

과목명	산림조성	산림경영	산림토목	산림보호
주요 항목	• 산림환경 • 묘목생산 후 관리 • 어린나무가꾸기 • 솎아베기 • 천연림가꾸기 • 식재 • 식재지 관리 • 가지치기 • 산림조성사업 안전관리	• 산림경영 체계 • 지황조사 • 임황조사 • 산림경영계획 사전조사 • 식재·육림작업 장비 운용 • 임목수확작업 장비 운용	• 사방지 조사 측량 • 사방지 시공 • 산지 복구·복원 • 임도공학 • 임도 토공사 • 임도 구조물 공사	• 산림병해충 예찰 • 산림병해충 방제 시공 • 산불 예방 및 진화

목 차

PART 01 | 산림조성

CHAPTER 01	산림환경	3
CHAPTER 02	묘목 생산 및 관리	29
CHAPTER 03	산림보육(숲가꾸기)	55
CHAPTER 04	간벌(솎아베기) 및 가지치기	63
CHAPTER 05	산림갱신	81
CHAPTER 06	산림조성사업 설계 및 감리	101
CHAPTER 07	숲가꾸기 품셈 적용기준	115
CHAPTER 08	산림조성사업 안전관리	119
	적중예상문제	128

PART 02 | 산림경영

CHAPTER 01	산림경영 기초	161
CHAPTER 02	산림 수확조정	174
CHAPTER 03	산림평가	186
CHAPTER 04	산림경영분석	195
CHAPTER 05	산림경영계획	209
CHAPTER 06	산림측정	227
CHAPTER 07	목재수확작업 도구 및 장비	256
CHAPTER 08	임목수확작업 및 작업관리	270
	적중예상문제	296

PART 03 | 사방·산지복구

※ 산림산업기사의 경우 산림토목

CHAPTER 01	사방일반	347
CHAPTER 02	산지사방	360
CHAPTER 03	산복공사	368
CHAPTER 04	계간공사	385
CHAPTER 05	사방지 녹화공법	397
CHAPTER 06	사방사업의 설계·시공 세부기준 공통사항	403
CHAPTER 07	산림복원 및 복구	409
	적중예상문제	427

목 차

PART 04 | 산림기반시설
※ 산림산업기사의 경우 산림토목

- **CHAPTER 01** 임도 ·· 475
- **CHAPTER 02** 산림측량 ··· 511
- 적중예상문제 ··· 526

PART 05 | 산림보호

- **CHAPTER 01** 산불피해 ··· 557
- **CHAPTER 02** 수병 ·· 566
- **CHAPTER 03** 임업해충 ··· 607
- **CHAPTER 04** 산림병해충 조사·설계·시공·감리 ································· 646
- 적중예상문제 ··· 660

부 록 | 과년도 + 최근 기출복원문제

2020년
- 산림기사 제1·2회 통합~4회 기출문제 ··· 3
- 산림산업기사 제1·2회 통합~3회 기출문제 ·· 68

2021년
- 산림기사 제1~3회 기출문제 ·· 102
- 산림산업기사 제1회 기출복원문제 ··· 168

2022년
- 산림기사 제1~2회 기출문제 ·· 185
- 산림산업기사 1회 기출복원문제 ··· 226

2023년
- 산림기사 제1~2회 기출복원문제 ··· 244
- 산림산업기사 제1회 기출복원문제 ··· 285

2024년
- 산림기사 제1~2회 기출복원문제 ··· 301
- 산림산업기사 제1회 기출복원문제 ··· 342

2025년
- 산림기사 제1~2회 기출복원문제 ··· 358
- 산림산업기사 제1회 기출복원문제 ··· 397

산림조성

CHAPTER 01	산림환경
CHAPTER 02	묘목 생산 및 관리
CHAPTER 03	산림보육(숲가꾸기)
CHAPTER 04	간벌(솎아베기) 및 가지치기
CHAPTER 05	산림갱신
CHAPTER 06	산림조성사업 설계 및 감리
CHAPTER 07	숲가꾸기 품셈 적용기준
CHAPTER 08	산림조성사업 안전관리

적중예상문제

합격의 공식 *시대에듀* www.sdedu.co.kr

CHAPTER 01 산림환경

01 산림의 분류

산림은 기준을 정하기에 따라 다음과 같이 구분한다.

(1) 교림과 왜림
① 교림(고림) : 산림을 구성하는 나무가 종자로부터 발달된 경우의 산림으로 주로 침엽수종
② 왜림(저림, 연료림) : 움싹이나 맹아지가 숲을 형성할 경우로 주로 활엽수종
③ 중림 : 교림수종과 왜림수종이 같은 임지에서 자라는 산림

(2) 순림과 혼효림
① 순림 : 산림을 구성하는 수종이 한 수종으로 구성된 산림
② 혼효림 : 두 가지 이상의 수종이 혼재하는 산림(한 나무가 잘 섞여 있는 단목혼효, 무더기로 섞여 있는 군상혼효, 줄로 섞인 열상혼효)
③ 순림이 형성되는 이유
  ㉠ 기후조건이 극단적일 경우
  ㉡ 토지조건이 극단적일 경우, 건조하고 토박한 곳은 소나무, 습한 산성 땅에서는 가문비나무류, 습한 낮은 땅은 오리나무류가 잘 자람
  ㉢ 산불이 난 후에는 자작나무나 사시나무류가 잘 나타남
  ㉣ 강한 음수 수종은 잘 살아남아 순림을 형성하고, 도토리처럼 종자가 많은 수종도 순림형성이 용이함
  ㉤ 인공조림에 의한 경우
④ 혼효림의 장점
  ㉠ 심근성 수종과 천근성 수종이 혼효할 때 효과적이다.
  ㉡ 유기물의 분해가 빨라져 무기양료의 순환이 잘된다.
  ㉢ 수관의 공간적 이용이 효과적이다.
  ㉣ 기후변화의 폭이 좁아진다.
  ㉤ 각종 피해인자에 대한 저항력이 증가한다.

⑤ 순림의 장점
  ㉠ 가장 유리한 수종만으로 임분 형성
  ㉡ 작업과 경영이 간편하고 경제적으로 유리
  ㉢ 임목의 벌채비용과 시장성 유리
  ㉣ 바라는 수종으로 쉽게 임분 조성
  ㉤ 양수일 경우 엽량 생산이 증가하여 사료로 이용에 유리
  ㉥ 경관상 아름다움

(3) 동령림과 이령림
① **동령림** : 모든 나무의 나이가 같은 경우로, 일반적으로 임령의 범위가 평균임령의 20% 이내이면 동령림으로 볼 수 있다.
② **이령림** : 이층림 또는 다층림이 이령림의 대표적인 예다.
③ 동령림의 경제적 장점
  ㉠ 작업, 축적조사, 수확 등을 간편하게 실시
  ㉡ 단위면적당 많은 목재 생산
  ㉢ 인공식재로 벌기 단축
  ㉣ 간재의 질 우량
  ㉤ 나무의 규격이 고름
  ㉥ 간벌 등이 쉽게 이루어짐
④ 이령림의 경제적 장점
  ㉠ 소규모의 면적은 산림경영에 이로움
  ㉡ 윤벌기마다 가치가 없는 개체목 제거
  ㉢ 시장에 따른 벌목의 탄력성
  ㉣ 천연갱신에 적합
  ㉤ 유해인자에 대한 저항력 높음

〈동령림과 이령림의 생물적 견지의 차이점〉

구 분	동령림	이령림
임 관	얕고 수평적이다.	깊고 복잡하다.
풍 해	작업상 주의를 요한다.	거의 없다.
소경목	피압된다.	장차 유용임목이 된다.
갱 신	단기적이다.	윤벌기 전체에 걸친다.
지 력	감퇴된다.	지력보호상 유리하다.
입지정비	불량수종의 정비가 쉽다.	정비가 더 어렵다.
내해성	병충해의 위험이 많다.	더 적다.
임상 유기물	일시에 다량이 쌓여 산불 등 위험성의 재료가 된다.	이와 같은 점으로 보아 위해의 정도가 낮다.

(4) 원시림과 인공림

① 원시림(처녀림) : 오랫동안 해(산불, 벌채, 극심한 병해충 등)를 받은 적이 없는 산림
② 천연림 : 사람의 힘이 크게 주어지지 않은 산림
③ 자연림 : 인공림의 반대말로 원시림과 천연림을 합한 말
④ 인공림 : 사람에 의한 조림을 통해 이루어진 숲

(5) 경제림과 보안림

① 경제림 : 채산성을 따지는 기업적 대상이 되는 산림
② 보안림 : 목재 생산보다는 공익적 기능을 위해 법(산림자원의 조성 및 관리에 관한 법률)으로 지정한 산림

(6) 침엽수림과 활엽수림

① 침엽수림 : 숲을 구성하고 있는 수종이 침엽수일 때의 산림
② 활엽수림 : 숲을 구성하고 있는 수종이 활엽수일 때의 산림

(7) 국유림과 사유림

① 국유림(우리나라 산림 면적의 24%) : 국가가 소유하는 산림
② 사유림(우리나라 산림 면적의 69%) : 개인이 소유하는 산림(민유림)
③ 공유림(우리나라 산림 면적의 7%) : 지방자치단체나 그 밖의 공공단체가 소유하는 산림(민유림)

02 수목의 형태

(1) 교목과 관목

① 교목 : 단간성이고 성숙했을 때 수고는 8m(자람에 따라 4~5m)를 넘으며, 줄기와 수관의 구별이 뚜렷하다.
　㉠ 대교목(15m 이상), 중교목(10~15m), 소교목(10m 이하)
　㉡ 느티나무, 은행나무, 소나무, 사시나무, 녹나무, 낙엽송 등
② 관목 : 뿌리목부터 여러 개의 줄기가 모여서 나고, 수고는 낮으며 줄기와 수관의 구별이 뚜렷하지 않다. 그 종류로는 개나리, 개암나무, 불두화, 국수나무 등이 있다.

(2) 수관형

① 수관형 : 줄기의 신장생장방식에 따라 차이가 나는데 이를 주축성 간형(단축분지)과 분지성 간형(가축분지)으로 구분함

② 단축분지와 가축분지
  ㉠ 단축분지 : 주축이 항상 측지보다 세력이 강하게 성장하는 것으로 대개의 침엽수종이 여기에 속하고, 전나무·가문비나무 등은 전형적인 원추형 단축분지의 결과이다.
  ㉡ 가축분지 : 측지가 주축보다 더 세력이 강한 수종으로 그 결과, 성장이 측지에서 측지로 이어진다. 정아가 자라서 그 축이 단축분지를 하는 것처럼 보이는 것도 자세히 보면 정아처럼 보이는 것이 측아이고 그래서 생각보다 이 수종이 많다.
③ 정신, 계신 및 첨신
  ㉠ 정신 : 단축분지처럼 정아가 그 축의 신장을 계속하는 것
  ㉡ 계신
    • 밤나무처럼 위정아가 신장을 계속할 때(가축분지)
    • 버드나무속, 개암나무속, 밤나무속, 팽나무속, 느릅나무속, 느티나무속, 플라타너스속, 굴속, 황벽나무속, 피나무속, 감나무속, 때죽나무속 등
  ㉢ 첨신 : 계신의 일종으로 가지의 끝이 말라서 떨어지는 경우는 없고, 다만 그곳으로부터 자란 측지가 더 세력 있게 자라는 경우
④ 정아우세(측아억제의 현상)
  ㉠ 일반적으로 나뭇가지의 끝에는 정아와 측아가 있는데, 정아의 세력이 우세하다.
  ㉡ 이는 호르몬의 작용으로 인돌초산으로 구성된 옥신이라는 호르몬의 작용 때문이다. 인돌초산은 측아억제 이외에도 세포의 신장·생장촉진, 유합조직, 발근촉진, 낙엽의 촉진과 억제, 열매의 생장촉진 등에 관계한다.

(3) 간 형

정신을 하는 침엽수종과 계신을 하는 활엽수종 간의 차이로 발생

① 형수 : 간재적과 간형에 관계되는 용어로서, 수간의 어떤 점의 직경과 같은 직경을 가지고, 또 수고와 같은 높이를 가진 가상적 원주의 체적에 대한 수목 체적의 비를 말하는데 이것은 수종에 따라 다음의 요인에 의해 변화한다.
  ㉠ 간의 곡직성 : 침엽수와 활엽수 간의 성장양식의 차이, 유전적, 환경적
  ㉡ 간의 초살도 : 줄기 부분의 생장의 차이
  ㉢ 간의 횡단면 : 편심생장

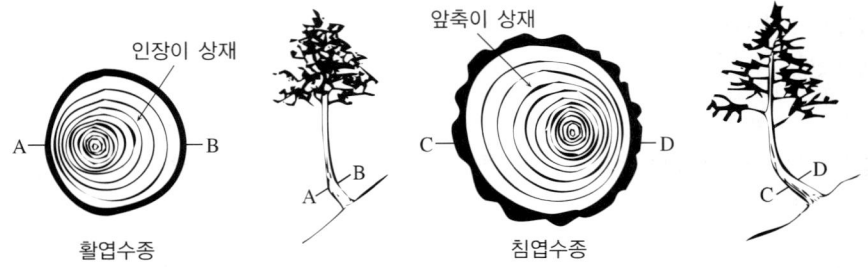

[경사지에 있는 침엽수종과 활엽수종의 편심생장의 차이]

    ② 임분밀도와 간형 : 양수는 밀도의 영향을 더 받고, 음수는 반대이다.
    ⑩ 수령에 따른 간형의 변화 : 어릴 때는 완만하고, 성숙하면 완만도가 감소한다.
    ⑪ 입지에 따른 간형의 변화 : 지력이 낮은 곳은 간형이 굽는다.
    ⑫ 유전성 : 지위가 나쁘고 조림기술이 부족하더라도 수형이 곧은 나무
        • 가문비나무류, 전나무류, 낙우송류, 잣나무 등
        • 외계인자의 영향을 받지 않아도 때로 휘어지는 나무(소나무류, 편백류, 엽송류 등)
        • 활엽수종은 대체로 휘어진다.
    ⑬ 외계인자
        • 기후 및 토양인자가 양호 : 직간성
        • 토지가 척박하고 표토가 얕음 : 비정상, 간형이 굽음
        • 주축 또는 정아가 충해·균해·동물해·동해·사람의 해 등을 받음 : 간형이 비정상으로 됨
② 간형설
    ⊙ 영양설
        • 증산과 동화의 균형
        • 간벌을 하면 수관량이 증가하여 증산량이 많아지고 춘재의 형성량이 많아져 초살도가 증가한다.
    ⓒ 수분통도설 : 수관의 발달과 증산기관 및 수분흡수기관이 서로 관련되어 줄기의 발육에 영향을 끼침
    ⓒ 기계설
        • 수직적인 무게, 수평방향의 힘(바람)
        • 임분밀도의 증가는 바람의 영향을 감소시키므로 나무의 완만성을 증가시킴
    ② 호르몬설 : 형성층 활동의 호르몬 기능을 무시할 수 없음
③ 간형의 특이 종류
    ⊙ 차목 : 유전적인 원인이나 정아 및 주축이 해를 받을 때 나무의 줄기가 갈라지는 현상(소나무류, 가문비나무류, 낙엽송, 잣나무 등)
    ⓒ 맹아지(잠아) : 밀도를 유지하던 임분을 소개하면 맹아지가 발생하는 경우가 있는데, 이것은 재질을 나쁘게 하는 원인이 됨(느릅나무, 참나무, 단풍나무, 자작나무, 리기다, 낙엽송 등)
    ⓒ 도장지 : 맹아지 중 특히 성장이 빠른 가지를 말하며, 이것이 발달하면 모체로부터 다량의 연료와 수분을 탈취하여 수세를 약화시킴(참나무류, 아까시나무류, 오리나무류 등)

(4) 근 형

① 유전적 특성 : 천근성과 심근성은 유전적 특성에서 기인하는 것이고, 근계와 수관은 서로 밀접한 관계를 지니는데, 근계의 일부가 끊어져 그 균형이 파괴되면 가지의 일부가 고사하여 다시 균형을 이루고, 수관의 일부가 제거되면 측지가 나와 조화를 이룬다.
② 입지인자의 영향 : 토지인자와 관계되는 것으로 토심이 충분하면 그 수종은 전형적인 근형을 나타낸다.

③ 뿌리 각 부분의 명칭

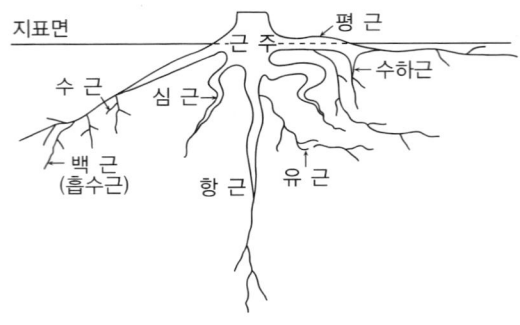

㉠ 근주 : 줄기와 뿌리의 접속부임
㉡ 주근 : 근계의 골격을 형성하는 굵은 뿌리로 항근, 심근, 평근으로 구분함
㉢ 부근 : 주근으로부터 분지한 것으로 약간 굵은 뿌리로 수하근, 유근으로 구분함
㉣ 세근 : 더 세분된 가는 뿌리로 물과 양료의 흡수를 담당하고 수근, 백근으로 구분함

03 수목의 생장

(1) 유묘기
① 자엽지상위발아(지상자엽)
㉠ 배유가 발달하는 유배유 종자는 발아할 때 자엽이 땅위로 올라오는 것을 말함
㉡ 단풍나무, 물푸레나무, 아까시나무, 나자식물 등
② 자엽지하위발아(지하자엽)
㉠ 무배유종자는 자엽에 녹말과 지방이 저장되어 있고, 발아한 후 대개 자엽이 땅속에 남아 있는 것을 말함
㉡ 호두나무, 칠엽수, 밤나무, 참나무류 등

(2) 유경의 발달
① 경 정
㉠ 생장점이란 말을 사용하기도 하지만 이것은 점이 아니고 여러 개의 세포로 이루어진 분열조직이다.
㉡ 경정의 정단분열조직에 기원하는 조직의 증가에 따라 신장생장이 이루어지고, 비대생장은 목부와 수피간에 있는 측생분열조직인 유관속형성층에 기원하는 조직의 증가에 의한다.
② 신장생장(1차생장) : 정단분열조직의 세포군은 분열활동을 하여 아래쪽으로 새로운 세포를 만들고 스스로는 위쪽으로 떠밀려 올라가면서 신장생장을 한다.

③ 비대생장(2차생장)
　㉠ 유관속형성층은 안쪽에 목부세포를 바깥쪽에 사부세포를 분열시키면서 원주를 확장시켜 나간다.
　㉡ 조재 : 계절적으로 보아 초기에 이루어진 목부조직
　㉢ 만재 : 계절적으로 보아 후기에 이루어진 목부조직
　㉣ 연륜 : 조재와 만재의 주기적 변화에 의하여 생겨난 것
　㉤ 변재 : 생리적 활동을 하는 부분
　㉥ 심재 : 죽은 세포로 된 부분
　㉦ 심재화 : 변재로부터 심재로 이동하는 현상

(3) 뿌 리
배의 유근은 주근이 되고 측근은 근단으로부터 약간 떨어진 위치에서 뿌리의 내부조직에서부터 내생분지를 하여 발생함

(4) 잎
① 잎은 경정의 중심을 좀 벗어난 곁쪽에 혹과 비슷한 돌기에서 생기는데 이것을 엽원기라고 한다.
② 잎의 생장과정은 정단생장, 주연생장, 부간생장으로 구분한다.
③ 잎의 기본조직계는 대부분 엽육조직으로 이것은 책상조직과 해면상조직으로 구분된다.

04 산림토양

(1) 토양을 형성하는 암석
① **화성암** : 화강암, 섬록암, 휘록암, 반려암, 석영조면암, 현무암, 안산암
② **퇴적암** : 사암, 혈암, 석회암
③ **변성암** : 편마암, 편암, 점판암, 천매암

(2) 토양의 풍화작용
암석이 토양으로 변하는 데에는 풍화작용에 의하는데, 물리적 풍화작용의 결과로는 모래와 자갈 등이 생성되고, 화학적 풍화작용의 결과로는 점토, 교질물질, 가용성염류, 부식물질 등이 생긴다.
① **수화작용** : 화합물에 수분이 첨가되는 현상이고, 이로써 열의 방산, 견도의 저하, 용해 등이 일어남
② **산화작용** : 어떤 물질에 산소가 첨가되는 작용으로 대체로 수분 중의 산소가 중요한 역할을 담당
③ **탄산염화작용** : 탄산이 염기와 합쳐 탄산염을 만드는 작용
④ **가수분해작용** : 염과 물의 2중 분해를 말함

(3) 토양의 단면

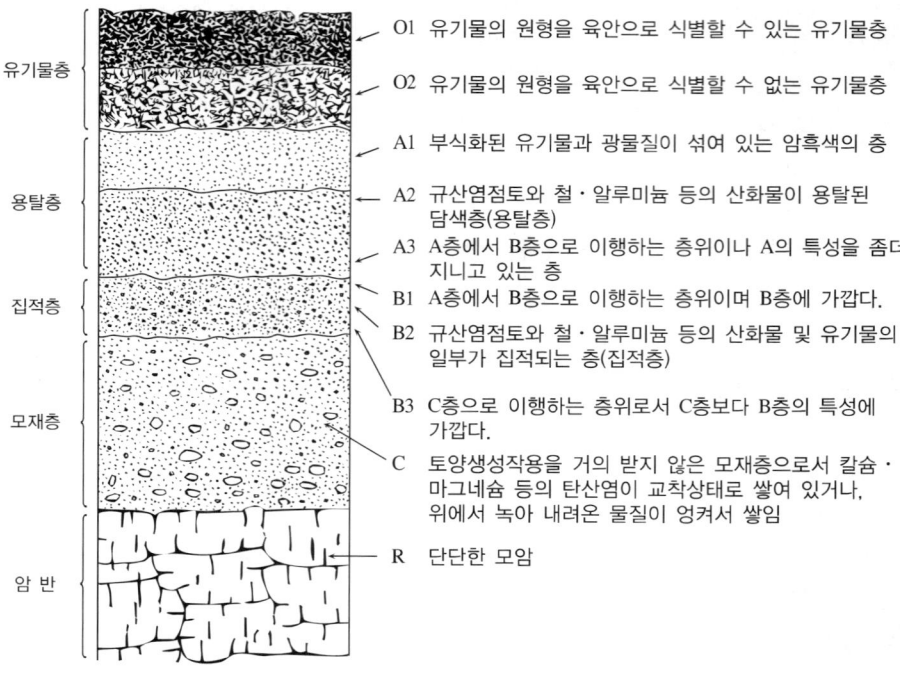

[토양단면의 모형도]

(4) 산림토양의 물리적 성질

① 토양입자의 분류
- ㉠ 굵은 자갈 : 5.0mm 이상 직경
- ㉡ 작은 자갈 : 2.0~5.0mm 직경
- ㉢ 조사 : 0.2~2.0mm 직경
- ㉣ 세사 : 0.02~0.2mm 직경
- ㉤ 미사 : 0.002~0.02mm 직경
- ㉥ 점토 : 0.002mm 이하 직경

② 토성 : 토양 중에 포함되는 모래, 미사, 점토의 백분율

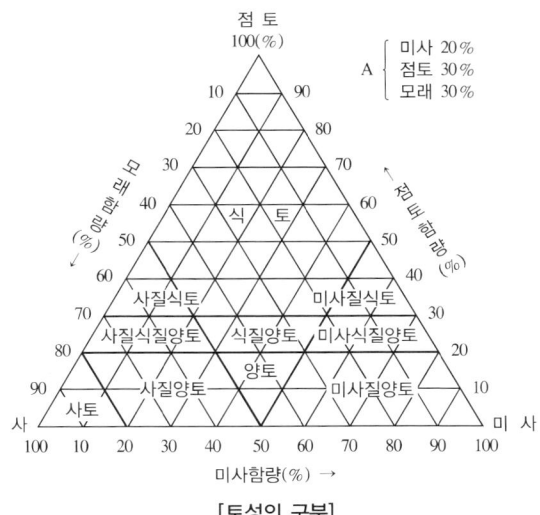

[토성의 구분]

③ 토양구조 : 토양입자는 서로 붙어 굵고 작은 덩어리를 이루며, 그 사이에 틈이 있는가 하면 때로는 흙벽과 같이 균질한 큰 덩어리를 이루는데, 이와 같은 토립의 접착배열의 상태를 토양의 구조라 한다.
㉠ 단립구조 : 각 토립이 결합하지 않고 단체로서 존재하는 구조
㉡ 입단구조 : 토양입자가 모여 덩어리로 된 구조

(5) 산림토양의 화학적 성질

① 토양의 양이온 치환 능력
$H^+ > Ba^{2+} > Ca^{2+} > Mg^{2+} > K^+ > NH_4^+ > Na^+$의 순으로 제일 처음 것이 제일 강하다.
② 토양의 산도
㉠ 1리터의 토양 용액이 20℃에 있어서 지니는 H^+의 무게(g)의 대수
㉡ 침엽수는 pH 5~7에서 잘 생육함

(6) 토양미생물

① 토양미생물의 종류
㉠ 원생세균 : 직경이 1μm 이하의 것으로 대단히 작음
㉡ 세균(Bacteria) : 활동에 변이가 많고, 토양 중에 가장 많은 수가 존재, 직경이 1μm 정도
㉢ 방사상균 : 보기에는 균과 같고, 행동은 세균과 비슷
㉣ 균 : 세균과 방사상균보다 크고, 직경이 약 5μm에 이름
② 근류균 : 콩과식물(비료목)로부터 영양분을 얻고, 스스로 공기 중의 질소를 얻어 콩과식물에게 주는 공생질소 고정세균
③ 균근 : 균은 식물의 뿌리와 공생관계를 유지하면서 수분과 양료의 흡수 및 기생식물에의 공급에 도움을 주는 뿌리에 모여 있는 형성된 공동체를 말함

㉠ 외생균근 : 소나무·전나무·낙엽송·가문비나무 등의 침엽수종과 자작나무·버드나무·너도밤나무의 일부 활엽수종에서 형성되며 균사가 뿌리 피층부의 상층세포에 들어가는 것으로, 송이버섯이 대표적임

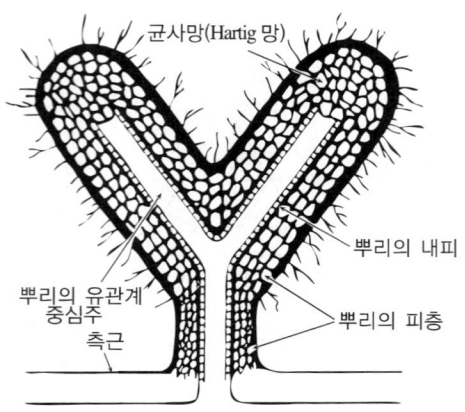

[임목의 단근에 기생하고 있는 외생균근의 모식도]

㉡ 내생균근 : 균사가 뿌리의 피층세포를 관통하여 내부조직에까지 침입한 것으로 백합나무, 향나무, 낙우송, 측백나무류 등에서 발생됨
㉢ 내외생균근 : 외생과 내생의 중간으로 피나무 등에 알려져 있으나, 그다지 연구가 안 됨

05 | 토양수분

(1) 토양수의 흡착력 표시
토양이 물을 흡착 유지하는 힘은 같은 힘을 가지고 있는 단위수주의 높이(cm)로 표시할 수 있다. 수주의 높이의 대수를 취하여 이것을 pF로 표시하는데, 예를 들어 pF 4의 수분이란 104cm 즉, 100m(10,000cm)의 수주의 압(거의 10기압)에 상당한 힘으로 입자에 흡착된 물을 가리킨다.

(2) 토양수의 종류
① 결합수(결정수) : pF가 7.0 이상인 수분으로서 식물에는 흡수되지 않으나 토양 화합물의 성질에 영향을 준다.
② 흡습수 : 건조한 토양을 관계습도가 높은 공기 중에 두면 분자 간 인력에 의하여 토양입자의 표면에 물이 흡착되는데, 이 물은 pF가 4.5 이상인 수분으로서 식물이 이용하지 못한다.
③ 모세관수 : 토양입자에 물이 흡착되어 그 물의 두께가 커지고, 다시 물의 양이 많아지면 토양입자와 입자 사이의 작은 공극, 즉 모세관에 물이 채워지는데, 이를 모세관수라 하며 이 물은 표면장력에 의하여 흡수·유지된다. 이 물은 pF가 2.54~4.5 이상인 수분으로서 식물에 이용하는 유효수분이다.
④ 중력수(유리수, 자유수) : 토양입자 사이를 자유롭게 이동하는 물

(3) 토양수분 측정법

① 건조중량법 : 토양시료에 대한 그 중량의 감소량을 계산하는 방법으로 소량을 측정하는 데 유리하다.
② 텐시오미터법 : 밀봉된 물이 도기의 벽을 통해 토양수분장력과 평행하며, 진공계가 그 토양의 흡인압력을 나타내는 것을 이용하는 방법이다.
③ 열전도측정법 : 토양의 열전도도가 함유수분에 반비례하는 것을 이용하는 방법이다.
④ 전기전도측정법 : 토양에 흡습체를 매설하고 전극사이의 전기저항의 변화를 측정하여 토양수분을 파악하는 방법이다.
⑤ 유전율측정법 : 토양시료의 종합유전율이 수분함유량에 따라 크게 변하는 것을 이용하여 토양수분을 측정하는 방법이다.
⑥ 중성자감속측정법 : 충전전지로 작동하는 검출기로 토양수분을 측정하는 방법이다.

06 임목과 광선

(1) 일 장

① 단일식물 : 12시간 이하의 일장으로 개화가 촉진되는 식물
② 장일식물 : 14시간 이상의 일장으로 개화가 촉진되는 식물
③ 중성식물 : 일장으로 개화가 영향을 받지 않는, 즉 한계일장이 없는 식물
④ 중간식물 : 12시간과 14시간 사이의 일장으로 개화가 촉진되는 식물로 정일식물이라고도 함

(2) 수목의 내음성

① 내음성의 의미 : 다른 나무의 그늘 아래에서 발육 생장할 수 있는 능력을 말하며, 이와 같은 수목의 내음성의 차이 때문에 산림의 모습이 달라지고, 또 층화를 초래한다.
② 내음성의 결정방법
  ㉠ 직접적 판단법 : 광도를 달리하는 각종 임관 아래 각종 수목을 심고 그 후의 생장상태를 관찰하여 비교 내음성을 결정한다.
  ㉡ 간접적 판단법
    • 수관밀도 : 수관밀도가 빽빽하면 잎의 광량이 적어 음수로 취급한다.
    • 자연전지 : 가지 고사의 속도가 빠르면 양수로 취급한다.
    • 지서의 수 : 해에 따라 측지의 서열을 가져야 하는데 광선의 부족이나 공간 등으로 말미암아 가지가 고사하는 데, 그 정도는 양수가 심하고 음수가 약하다.
    • 임분의 자연간벌 : 어린 임분의 수관이 접촉하면 나무 수의 감소속도 또는 정도는 그 수종의 내음성에 관계된다.
    • 인공피음법 : 인공적인 피음장치를 만들어 그 안에 묘목을 양성한 후 비교 내음도를 결정한다.
    • 수고생장속도 : 양수와 음수를 한 공지에 식재해 두면 양수의 생장은 음수의 생장보다 빠르다.

③ 내음성의 관계인자
    ㉠ 온도 : 온도가 높을수록 수목이 요구하는 광량은 감소한다. 고위도 지방에서 자라는 수목은 광합성을 위하여 더 높은 광도를 요구하게 되므로 이들 수목은 직사광선을 더 많이 받아야 한다.
    ㉡ 고도 : 일정한 고도에 이르기까지는 고도의 증가에 따라 그 수종의 광선요구량도 증가한다.
    ㉢ 수령 : 어릴 때는 내음성이 더 강하고, 음수도 연령이 지나면 수고의 생장이 빨라지고 양성으로 된다.
    ㉣ 토양양료와 수분 : 양료와 수분조건이 적당하면 요광량은 감소한다.
④ 내음순위
    ㉠ 음수 : 주목, 금송, 비자나무, 편백, 솔송나무, 가문비나무류, 전나무, 회양목, 너도밤나무, 서어나무류, 동백나무, 녹나무, 사탕단풍나무, 나한백 등
    ㉡ 중용수 : 느릅나무류, 잣나무, 피나무류, 단풍나무류, 벚나무류, 아까시나무, 팽나무, 후박나무, 회화나무, 스트로브잣나무 등
    ㉢ 양수 : 오리나무류, 밤나무, 상수리나무, 졸참나무, 떡갈나무, 굴참나무, 물푸레나무, 향나무, 측백나무, 오동나무, 소나무, 해송, 삼나무, 노간주나무, 사시나무류, 버드나무류, 느티나무, 옻나무, 은행나무, 황철나무, 낙엽송, 잎갈나무, 자작나무류 등

07 생태계의 일반

(1) 구성요소
① 자연계의 생태적 구성요소 2가지
    ㉠ 독립영양 구성요소 : 스스로 영양을 만들 수 있는 것으로, 즉 빛 에너지를 고정하고 간단한 무기물로부터 영양물을 만들 수 있는 것들을 말한다.
    ㉡ 종속영양 구성요소 : 독립영양자에 의하여 만들어진 물질을 이용하여 재구성하고 분해하는 것을 말한다.
② 생태계 구성요소 4가지
    ㉠ 비생물적 물질 : 환경의 기본적인 요소와 그 복합물이다.
    ㉡ 생산자 : 독립영양자로서 대부분 녹색식물이다.
    ㉢ 대형소비자 : 종속영양자로서 주로 다른 식물을 먹는 것이다.
    ㉣ 분해자 또는 미소소비자 : 세균과 균을 주로 한 종속영양생물로서 죽은 원형질의 복잡한 화합물을 파괴하고 그 일부를 흡수하는 것인데, 그 결과 생산자가 이용할 수 있는 간단한 물질을 만들기도 한다.
(2) 삼림생태계의 천이
① 생태적 천이
    ㉠ 천이 : 어떤 곳의 생물상이 다른 내용으로 대치되는 것

ⓒ 우리나라와 같은 온대지방의 불모지로부터 삼림의 형성 과정
- 제1기 : 이끼류
- 제2기 : 1~2년생의 초류
- 제3기 : 다년생초류
- 제4기 : 관목
- 제5기 : 교목(양수)
- 제6기 : 교목(음수)

② 천이의 종류
ⓐ 제1차 천이(자발적 천이) : 어떤 곳에 선구식물이 들어와 점차 안정되는 식물사회로 변화하는 것
ⓑ 제2차 천이(타발적 천이) : 화재·병충해·벌채 등의 외부적 요인에 의해 도중기로부터 종극기로 이동하는 천이로 제1차 천이보다 그 속도가 더 빠름
ⓒ 전진적 천이 : 낮은 단계의 식물군락이 높은 단계의 식물군락으로 변화하는 경우
ⓓ 후퇴적 천이 : 전진적 천이의 반대현상
ⓔ 건생천이 : 암석의 표면에서 시작되고 토양형성의 속도가 곧 천이의 속도에 관계되는 것으로 임업의 사방조림에서 중요
ⓕ 습생천이 : 못, 호수와 같은 곳에서 시작되는 천이로 수중식물, 부유식물, 습지성 초류 등의 단계를 거쳐 토지적 조건이 좋아지는 데 따라 극성으로 향하는 계열
ⓖ 중성천이 : 천이가 이미 어느 정도의 습기와 통기가 될 수 있는 생활 장소에서 시작되는 경우

③ 극 상
ⓐ 기후적 극상 : 변화의 원인이 기후에 있음으로써 그곳에 나타나는 안정적 생태계
ⓑ 토지적 극상 : 토지적인 인자로써 안정상태에 있는 생태계
ⓒ 단극상설 : 식생과 토양이 결국에는 그 특징이 같아져 평형상태로 접근(단일 기후)
ⓓ 다극상설 : 동일기후구 안에 여러 개의 극상이 존재하는 설(토지적 극상)
ⓔ 아극상 : 극상에 도달하지 못한 상태에서 오랫동안 계속되는 것(산불)
ⓕ 방해극상 : 일단 극상에 도달한 삼림생태계가 새로운 수종으로 대치되고 그것이 역시 극상일 때
ⓖ 과거의 극상 : 현재보다 더 건조한 때에는 그 건생식생이 극상이었을 것이라고 생각하는 상태
ⓗ 미래의 극상 : 현재의 입지가 장차 더 습한 상태로 변화하면 습생식생이 극상이 될 것이라는 생각 하에 더 습한 곳에서 자라고 있는 식생의 상태

④ 우리나라의 삼림천이의 특성
ⓐ 현재의 임목을 벌채하고 그곳에 묘목을 조림하여 다음 세대의 임분을 조성
ⓑ 소나무와 같이 극상 이전의 단계와 같은 수종을 조림하여 극상 인자를 제거
ⓒ 사방지의 천이(우리나라는 사방지의 역사와 유기적 관계)
ⓓ 산화로 인한 2차 천이 등이 빈번
ⓔ 백두산의 경우
- 처음에는 양수인 자작나무, 버드나무, 잎갈나무, 사시나무
- 그 다음으로는 음수인 가문비나무, 전나무가 침입 발달

08 생물다양성

(1) 산림생물다양성 기본계획
① 우리나라는 5년마다 산림생물다양성 기본계획을 수립 및 시행한다.
　㉠ 계획의 근거
　　• 산림생물다양성의 보전(산림자원의 조성 및 관리에 관한 법률 제42조 제1항) : 산림청장은 산림생물다양성의 보전 및 지속가능한 이용 등을 위하여 산림생물다양성 기본계획을 수립・시행하여야 한다.
　　• 산림생물다양성 기본계획의 수립(산림자원의 조성 및 관리에 관한 법률 시행령 제48조) : 산림청장은 법에 따른 산림생물다양성 기본계획을 5년마다 수립하여야 한다.
　㉡ 계획의 범위
　　• 시간적 범위 : 2023~2027년(5년), 일부 중장기(2030) 추진사항 포함
　　• 내용적 범위 : 산림생물다양성의 보전・관리 등을 위한 산림생물 조사・보호・증식・연구・개발 등 정책 목표와 기본방향 추진에 관한 사항
② 위의 근거에 따른 제4차 산림생물다양성 기본계획의 주요 내용은 다음과 같다.
　㉠ 비전 : 산림과 함께하는 지속가능한 대한민국
　㉡ 목표 : 산림생물다양성 회복, 보전 및 이용의 조화
　㉢ 추진전략
　　• 산림생물다양성 보전 및 증진
　　　- 생물다양성을 고려한 통합적 산지 공간계획
　　　- 산림생태계 연결성 회복 및 훼손산림 복원
　　　- 산림 내 보호지역 확대 및 관리강화
　　　- 산림생물다양성의 지속적인 관리기반 강화
　　• 산림생물다양성 위협요인 저감
　　　- 기후변화와 산림생물다양성 영향 최소화
　　　- 산림재난 저감으로 산림생태계 보전
　　　- 산림생태교란식물 관리 및 산림생태계 오염 저감
　　• 지속가능한 이용과 이익 공유
　　　- 지속가능한 임업의 확대
　　　- 대국민 서비스 강화를 위한 산림 생태계서비스 유지
　　　- 산림생명자원의 지속가능한 이용 및 이익 공유
　　• 목표의 이행수단 확보
　　　- 산림생물다양성 가치 주류화
　　　- 국제협력 강화
　　　- 국내이행 여건 마련 및 거버넌스 구축

09 임목의 물질대사

(1) 질소의 순환

① 간단한 질소순환 모식도

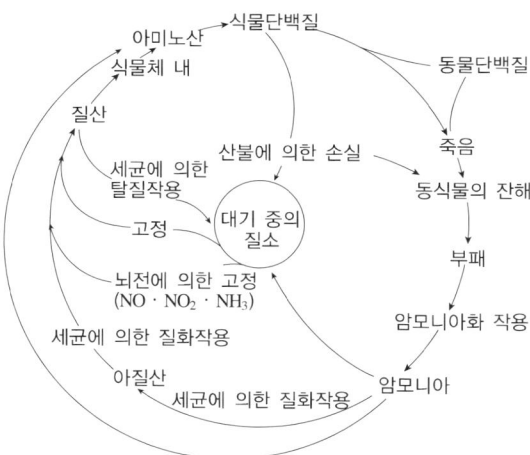

② 수목의 질소 공급원
  ㉠ 방전으로 고정된 공중질소가 강우 또는 강설의 형태로 공급
  ㉡ 토양 미생물에 의한 공중질소의 고정
  ㉢ 근류균을 가진 식물에 의한 공중질소의 고정
  ㉣ 낙엽, 낙지에 의한 공급

(2) 테르펜

식물에 의해 생성된 것으로 많은 아이소프렌(C_5H_8)이 모여 이루어진 탄화수소의 집합

① 정유 : 나무의 줄기와 잎에서 향기로운 냄새가 나는 경우가 있는데, 이것이 정유인데 양료로서의 가치는 없고, 단지 대사작용의 부산물로서 생긴 것이다.
② 수지 : 침엽수의 목부에서 얻을 수 있다. 수지는 수지구에 있고, 수지구는 특별한 세포에 둘러싸여 있으며, 이들 세포가 수지를 수지구 내에 분비한다.
③ 올레오레진 : 소나무류의 줄기에 상처를 내면 올레오레진이 나오는데 경제적으로 가장 중요하다.
④ 고무 : 대개 열대산으로 쌍자엽 식물로 만들어진다.

(3) 무기양료

식물체 내에서 식물조직의 형성, 각종 생리작용에 대한 촉매, 삼투작용의 조절, 완충체계, 막투과성의 조절의 역할

① 다량원소와 미량원소

　㉠ 다량원소
　　• 건전한 잎의 건중에 대한 각 원소의 비교량으로 1,000ppm 이상의 양을 가지고 있는 원소
　　• 질소, 칼륨, 칼슘, 마그네슘, 인, 황 등

　㉡ 미량원소
　　• 건전한 잎의 건중에 대한 각 원소의 비교량으로 1,000ppm 이하의 양을 가지고 있는 원소
　　• 철, 붕소, 망간, 아연, 구리, 몰리브덴 등

② 각 원소의 기능

　㉠ 질소 : 단백질의 구성에 필요한 아미노산의 내용을 이루고, 그 밖에 비타민·호르몬류·알칼로이드(Alkaloid) 등의 성분으로서 식물의 건중의 5~30%는 질소화합물이다. 질소가 부족하면 엽록소가 형성되지 않고, 노엽은 위황병(Chlorosis)에 걸리며, 심할 경우에는 유엽도 이와 같은 현상을 나타낸다.

　㉡ 인산 : 핵단백질과 인지질을 구성하는 원소로서 에너지의 공급과 관계가 깊고, 무기 또는 유기의 상태로 발견되며, 또 두 가지 형으로 전류도 잘된다. 식물체에 있어서는 종자와 열매에 인산의 함유율이 높다.

　㉢ 칼륨 : 산소의 활동과 관계가 깊고, 칼륨이 부족하면 탄수화물의 전류와 질소대사에 지장이 있다. 식물세포는 칼륨과 나트륨을 구별하고, 나트륨은 칼륨의 대용이 될 수 없으며, 칼륨의 전류는 매우 쉽게 진행된다. 이것은 생장이 왕성한 부분에 많고, 근계의 생장을 촉진시키며 결실을 돕는다. 그리고 광합성에 의한 탄수화물의 생성과 그 이동, 특히 전분의 생성에 필요하다.

　㉣ 황 : 아미노산·비타민 등에 들어 있고 SH기를 가지는 화합물에는 생리적으로 중요한 작용을 하는 여러 가지 효소가 있다. 대체로, 고등식물의 체내에는 황이 필요 이상으로 함유되어 있고, 황이 부족하면 단백질의 합성이 이루어지지 않으며 위황증이 일어나고, 아미노산의 축적이 있게 된다. 황의 전류는 질소·인산·칼륨 등보다 어렵다.

　㉤ 칼슘 : 세포막의 가소성에 관계되고, 질소대사와도 관계가 깊다. 이것은 식물체 내에서의 이동이 비교적 잘 안 되고, 칼슘이 부족하면 분열 조직에 심한 피해를 준다. 고등식물에 있어서는 칼슘이 잎 안에 많고, 해독작용을 한다. 즉, 이것은 칼륨·나트륨·마그네슘 등 염류의 단독용액의 해작용을 약화시키는 길항작용(Antagonism)을 나타내고, 또 유기물을 중화시킨다. 또한, 세포간극의 중층에 있어서 펙틴산과 결합하여 염을 만들고, 세포 간의 결합을 강하게 한다. 그리고 질소대사에 관여하며, 탄수화물의 이동을 돕는다.

　㉥ 마그네슘 : 엽록소를 구성하고, 효소의 활동에 관계하며, 이것이 부족하면 위황증이 나타난다. 식물체 내에서의 이동은 용이한 편이다. 이것은 종자와 잎에 비교적 많고, 종자에 있어서는 전분종자(Starch Seed)보다는 지방종자(Fatty Seed)에 많으며, 뿌리에는 비교적 적다. 인산의 영향과 각종 효소작용에 관계가 있고, 이것이 결핍되면 인산의 이용이 감소한다.

- ⓢ 철 : 토양의 pH가(價)가 높을 때 엽록소가 결핍되는 가장 큰 원인 중의 하나는 철을 잘 이용할 수 없기 때문이다. 철은 엽록소단백질의 합성에 관여하는 것으로 믿어지며, 또 호흡효소의 활동에도 관여하고, 이동성이 낮다. 노엽 안에 있는 철은 밖으로 이동하지 않으므로 대개 철의 부족은 유엽에 주로 나타난다. 그리고 이것은 모든 식물에 필요하지만, 미량으로도 충분하다.
- ⓞ 망간 : 엽록소의 합성에 관계되고, 효소의 활동을 활발하게 하는 작용을 하며, 철의 이용률을 증가시킨다. 이것이 부족하면 잎이 기형으로 되는 경우가 있고, 때로는 잎에 황색의 반점이 생기기도 하며 부분사도 있게 된다. 식물체 내에서의 이동성은 약한 편이다. 토양에 망간이 결핍되는 경우는 거의 없지만, 중성에 가까운 토양에 석회를 주면 이것이 결핍되는 경우가 있다. 이것은 각종 효소작용에 활성제 또는 조인자(조요소 ; Cofactor)로서 작용한다. 이와 같은 망간의 작용은 마그네슘에 의하여 대용되는 경우가 많고, 그 역의 관계도 성립된다.
- ⓩ 아연 : 인돌초산(Indole Acetic Acid ; IAA)의 선구물질인 Tryptophane의 합성에 관여한다. 이것이 부족하면 바이러스(Virus)에 피해를 입은 것과 같은 기형의 잎이 나타난다.
- ⓩ 구리 : 각종 효소의 성분이지만, 이것이 지나치게 많으면 오히려 식물에 해롭다. 황산구리를 0.5ppm 이상 함유하는 배양액에 수목의 치묘를 키우면 생장이 크게 저해를 받는다.
- ㉠ 붕소 : 1~15ppm 정도의 농도가 필요하고, 그 이상이 되면 해롭다. 이것이 부족하면 당류의 전류가 잘 안 되고, 수분의 흡수와 증산에 지장을 초래한다. 이것은 대체로 질소대사에 관계되며, 감귤류에 필요하다. 이것이 결핍되면 단백질의 합성을 억제하고, 콩과작물에 있어서는 뿌리혹(Root Nodule, Root Tubercle)의 발육에 필요하다.
- ㉡ 염소 : 광합성에 관계가 있다.
- ㉢ 몰리브덴 : 1ppm과 같은 가장 낮은 농도로서 충분한 필수원소인데, 질소의 고정을 도우며, 질산의 동화 또는 환원에 관계한다.
- ㉣ 그 밖의 원소 : 알루미늄·나트륨 및 규소 등이 있다.
③ 무기양료의 결핍증세
  ㉠ 가시적 결핍증세
    • 양료가 결핍되는 가장 현저한 증세는 엽록소의 합성이 안되서 오는 황화 및 생장의 부진이라고 할 수 있다.
    • 잎에 나타나는 증세 : 기형·위축·잎의 선단과 둘레가 말라 죽게 되는 현상 등이 나타나고, 때로는 잎이 무더기로 몰려 나고, 근출엽(Rosette)의 모양을 나타내기도 하며 소나무류에 있어서 인산이 결핍되면 한 곳에서 나타나는 3개의 침엽이 두 개만 나는 경우가 관찰되고 있다.
    • 각 원소의 결핍증세는 그 원소의 이동성에도 관계된다. 즉, 질소·인산·칼륨·마그네슘 등의 결핍증세는 노엽에 나타나고, 이것은 이동성 때문에 노엽 안의 것이 신엽 안으로 이동하는데 그 원인이 있다. 그러나 붕소와 칼슘의 결핍증세는 가지의 선단에 나타나고, 철·망간·황 등의 결핍은 유엽에 나타나는데, 이것은 노엽 안에 있는 이들 원소가 신엽 안으로 전류가 잘되지 않는 데 그 원인이 있다.
    • 단일원소의 결핍이 때로는 여러 가지 증세를 나타내는 경우가 있다. 예를 들면, 사과나무에서 붕소가 결핍되면 잎의 기형·사부의 괴사(Necrosis)·수피조직의 장해(Lesion)·과실의 상해 등이 나타날 수 있다.

    ⓒ 위황증 : 질소의 부족과 가장 연관이 깊으나, 철, 망간, 마그네슘, 칼륨, 그 밖의 원소의 결핍, 그 밖에 수분의 과부족, 부적당한 온도, 이산화황 등 유독성분의 존재, 양료의 과잉 등도 위황증을 일으킨다. 또한 유전인자 등도 원인이 되는데, 이것이 심한 경우가 백자이다.

(4) 식물호르몬의 종류
　① 옥신(인돌초산) : 줄기의 생장촉진, 뿌리의 생장 억제, 줄기삽수의 발근촉진, 제초제의 역할 등
　② 지베렐린(GA3) : 옥신보다 강력한 줄기성장역할을 하지만, 옥신과 함께 사용할 때 상승작용
　③ 시토키닌 : 세포분열을 돕는 화합물로 조직의 확장, 조직의 분화·개화 및 결실, 노화현상 등에 관계
　④ 에틸렌 : 감자의 휴면성 타파, 열매의 조숙, 잎의 이층형성의 촉진 등
　⑤ 아브시스산 : 종자발아지연, 성장억제, 노쇠현상 등
　⑥ 기타 성장억제물질 : 신남산, 쿠마린, 타닌

10　우리나라의 소나무

(1) 한국산 소나무의 지역 특성
　① 지역에 의한 형

구 분	수 형	기 후	지 질
동북형	줄기가 곧고 수관은 난형이며, 지하고가 짧음. 솔송형 for. umbeliforms라고 함	기온이 낮고 강우량이 적으며, 건조하고 날씨가 맑으며, 저온이 급히 다가옴	화강암·편마암·반암 등으로 되어 있고, 점토분이 많음
금강형	줄기가 곧고 수관이 가늘며 좁고, 지하고가 김. 금강형 for. erecta라고 함	강우량이 일반적으로 많고 습도 역시 높으며, 태백산맥의 능부와 서쪽 사면에는 적설량이 많은 편임	화강암·편마암·석회암 등으로 되어 있고, 삼림생태계의 파괴가 적은 곳임
중남부 평지형	줄기가 굽고 수관이 잔박하며 넓게 퍼지고, 지하고가 김	기온이 높고 건조함	화강암·편마암 등으로 되어 있고, 충적토지대가 많은 편임
위봉형	50년생까지는 전나무의 모양과 유사하여 수관이 좁음. 결국 수관이 확대하여 줄기의 신장생장이 늦어짐	강우량이 1,300mm 이상인 곳임	편마암·반암(전북 위봉산) 등으로 되어 있음
안강형	줄기가 매우 굽어 있고 수관이 천박하며 수관은 거의 수평에 가깝고 노목이 없으며, 환경과 사람의 영향으로 이와 같이 됨	여름의 강우량이 제일 적은 곳으로서 6월과 7월의 온도교차가 가장 심하고, 7월과 8월의 온도교차는 가장 작음	반암·혈암의 황적색토·나지 등이 많고, 암설토가 많으며, 삼림생태계의 파괴가 비교적 심했던 곳임
중남부 고지형	금강형과 중남부 평지형의 중간형으로서 고도·방위·기후 등에 따라 때로는 금강형에, 때로는 중남부평지형에 가까워짐		암설토 및 삼림적황토지대임

※ 암층 소설토(Lithosol, Skeletal Soil)는 토양요소에 암석이 많고 토양심도가 깊지 않으며, 그 아래에 암반이 있다. 침식이 쉽게 되고, 암반에 파극이 많은 곳에서는 비교적 좋은 삼림이 성립되고 있다.

② 소나무 도형

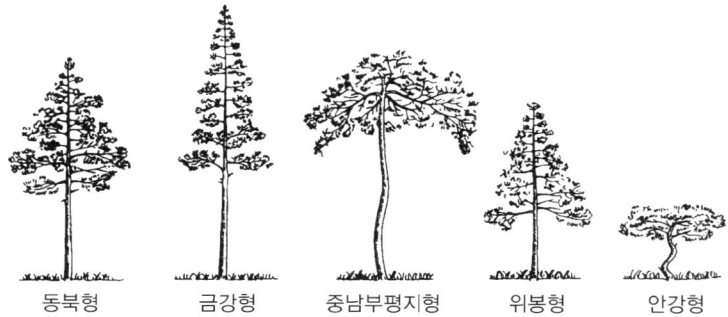

③ 지역별에 의한 형

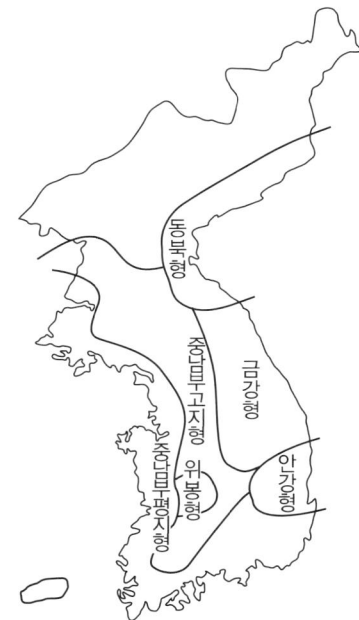

(2) 소나무류와 잣나무류의 특색

구 분	잎		아 린	실 편	목 재	가 지
	수	관 속				
잣나무류	3~5	1	곧 떨어짐	끝이 얇고 가시가 없음	연하고 춘·추재의 전환이 점진적임	잎이 달렸던 자리가 밋밋함
소나무류	2~3	2	끝까지 남음	끝이 두껍고 가시가 있음	굳고 춘·추재의 전환이 급함	잎이 달렸던 자리가 도드라짐

| 주관식 확인문제 | 산림환경 |

※ 다음 빈칸에 적절한 말을 넣거나 묻는 말에 답하시오.

01 일반적으로 나뭇가지의 끝에는 정아와 측아가 있는데, 인돌초산으로 구성된 옥신이라는 호르몬의 작용 때문에 정아의 세력이 우세하다. 이를 무엇이라 하는가?

정답적기

02 소나무, 잣나무 등의 경우 유전적인 원인이나 정아 및 주축이 해를 받을 때 나무의 줄기가 갈라지는 현상을 무엇이라 하는가?

정답적기

03 토양 중에 포함되는 모래, 미사, 점토의 백분율을 무엇이라 하는가?

정답적기

04 토양입자는 서로 붙어 굵고 작은 덩어리를 이루며, 그 사이에 틈이 있는가 하면 때로는 흙벽과 같이 균질한 큰 덩어리를 이루는데, 이와 같은 토립의 접착배열의 상태를 무엇이라 하는가?

정답적기

05 식물에 의해 생성된 것으로 많은 아이소프렌(C_5H_8)이 모여 이루어진 탄화수소의 집합체를 무엇이라 하는가?

│ 정답적기 │

06 소나무, 전나무, 낙엽송, 가문비 등의 침엽수종과 자작나무, 버드나무, 너도밤나무의 일부 활엽수종에서 형성되며 균사가 뿌리 피층부의 상층세포에 들어가는 것으로 송이버섯이 대표적인 균근을 무엇이라 하는가?

│ 정답적기 │

07 다른 나무의 그늘 아래에서 발육 생장할 수 있는 능력을 무엇이라 하는가?

│ 정답적기 │

08 화재, 병충해, 벌채 등의 외부적 요인에 의해 도중기로부터 종극기로 이동하는 천이를 무엇이라 하는가?

│ 정답적기 │

09 유전적으로 다른 생물 사이에 만들어진 잡종 차대가 뛰어난 생활력을 나타내는 것을 말하고, 다른 말로는 이형접합체가 동형접합체에 비하여 우수한 생활력을 가지는 현상을 무엇이라 하는가?

정답적기

10 식물체 내에서 식물조직의 형성, 각종 생리작용에 대한 촉매, 삼투작용의 조절, 완충체계, 막투과성의 조절의 역할 등 식물체 내에서 여러 가지 중요한 기능을 하는 원소를 무엇이라 하는가?

정답적기

11 산림생물다양성 기본계획의 법적 근거는 무엇인가?

정답적기

12 한 나무에 암꽃과 수꽃이 달리는 나무를 무엇이라 하는지 적고, 대표 수종 3종을 쓰시오.

정답적기

13 소나무 구과의 비중이 어느 정도일 때 성숙하였다고 보는가?

14 소나무류의 화아착생지에 뿌려주는 성장조절물질은?

15 유전적으로 우량한 종자를 생산하기 위해서 우량한 자연림 또는 인공림에 있어서 형질이 좋은 나무는 남기고 불량한 개체는 제거해서 그 목적을 달성하고자 하는 임분을 무엇이라 하는가?

16 채집한 열매나 구과에서 쓸 만한 종자를 얻어내는 과정을 무엇이라 하는가?

17 종자의 활력검사 시 사용하는 수용액으로 종자의 조직에 접촉시키면 붉은색으로 변하고 죽은 조직은 변화가 없는 이 수용액의 이름은?

┤정답적기├

18 밤나무, 가래나무, 호두나무 등 대립종자에 적용되는 것으로 1립씩 눈으로 감별하면서 종자를 손으로 선별하는 방법을 무엇이라 하는가?

┤정답적기├

19 종자가 성숙해서 자연적으로 모수와 분리해서 땅에 떨어진 것을 얻어 알맞은 발아조건에 두어도 발아하지 않고 발아의 시작이 뒤로 지연되는 일이 있는데 이러한 현상을 무엇이라고 하는가?

┤정답적기├

20 경기도에서 얻어진 리기다소나무의 종자를 전남 보성에 조림하였다면 (   )은/는 미국 어느 곳이고, (   )은/는 경기도이다.

┤정답적기├

21 채종원의 조성을 위한 우량한 형질의 나무를 무엇이라 하는가?

    | 정답적기 |

22 공기 중의 질소를 스스로의 양료로 이용하기 때문에 척박한 토양에서도 자람이 좋고, 임지의 지력증강에도 도움을 주는 식물을 무엇이라 하는가?

    | 정답적기 |

23 임목의 뿌리는 사상균이 붙어서 (   )을/를 만들고 공생관계를 가지며 (   )은/는 물과 양료를 흡수해서 기주식물에 공급한다.

    | 정답적기 |

24 질소공급량의 증가에 따라 식물체 내의 질소농도가 증가하는데 어느 한도를 넘으면 묘목의 건중량의 증가는 보이지 않는다. 이때 양료의 (   )이/가 있다고 한다.

    | 정답적기 |

25 식물에 대하여 어떤 제한 양료의 공급을 증가시키면 다른 비제한 양료의 농도가 감소하고 마침내 식물의 성장을 제한하기에 이르는데 이것을 (   )(이)라고 한다.

| 정답적기 |

주관식 정답

01. 정아우세(측아억제의 현상)
02. 차목
03. 토성
04. 토양(의) 구조
05. 테르펜
06. 외생균근
07. 내음성
08. 제2차 천이(타발적 천이)
09. 잡종강세
10. 무기양료(광물질양료)
11. 산림자원의 조성 및 관리에 관한 법률 제42조
12. 자웅동주(雌雄同株, 일가화) - 소나무류, 삼나무, 오리나무류, 호두나무, 참나무류 등
13. 0.85
14. 지베렐린
15. 채종림
16. 종자조제
17. 테트라졸륨
18. 입선법
19. 종자의 발아 휴면성
20. 종자산지, 종자출처
21. 수형목(Plus Tree)
22. 질소고정식물(토양개량식물)
23. 균근, 균근류
24. 사치흡수
25. 희석효과

CHAPTER 02 묘목 생산 및 관리

01 임업묘포의 종류와 적지

(1) 임업묘포의 종류
  ① 고정묘포와 임시묘포
    ㉠ 고정묘포 : 한 포지를 계속해서 사용하는 것으로 여러 설비를 해서 관리를 집약화할 수 있으나, 계속적인 사용으로 지력의 퇴화가 오는 단점이 있을 수 있다.
    ㉡ 임시묘포
      • 이동묘포라고도 하며, 조림예정지 부근에 포지를 선정해서 일시적으로 묘목을 양성하며, 식재용 묘목을 조림지의 환경에 순치시키는 것이 큰 목적
      • 임내에 임시적으로 설치하는 임간묘포가 있는데, 이것은 성격상 임시묘포에 해당
  ② 전업묘포와 부업묘포
    ㉠ 전업묘포 : 묘목을 양성하는 사람이 주업적으로 경영하는 경우
    ㉡ 부업묘포 : 농가에서 부업적으로 경영하는 경우
  ③ 영업용 묘포와 자가용 묘포
    ㉠ 영업용 묘포 : 묘목을 상품으로 생산하는 경우
    ㉡ 자가용 묘포 : 자기 산에 나무를 심기 위하여 양성하는 경우
  ④ 파종묘포와 상체묘포
    ㉠ 파종묘포 : 종자를 뿌려 실생묘를 양성하는 것이 주목적
    ㉡ 상체묘포 : 양성된 어린 묘목을 옮겨 심어서 더 크게 키운 뒤 산지에 내도록 하는 것

(2) 포지의 선정
  ① 토 양
    ㉠ 가벼운 사양토가 적당하며, 토심이 깊고 부식질함량이 많으면 좋다.
    ㉡ 점토질토양은 배수와 통기가 불량하고, 잡초발생이 심하며, 유해한 토양미생물이 많아 작업을 더 어렵게 하며, 토양동결의 문제가 있고, 묘목의 근계 발달에도 좋지 않다.
    ㉢ 토양산도는 침엽수종에 대해서는 pH 5.0~6.5가 적당하다.
  ② 수리의 편리 : 묘포는 관개와 배수가 동시에 편리한 곳에 만들어져야 하고, 가능하면 유수에 의한 관개가 될 수 있으면 좋다.

③ 포지의 경사와 방위
  ㉠ 포지는 약간의 경사를 가지는 것이 관수·배수 등에 유리하고, 평탄한 점질토양의 포지는 좋지 않다.
  ㉡ 5° 이하의 완경사지가 바람직하며, 그 이상이 되면 토양유실이 우려되어 계단식 경작을 해야 한다.
  ㉢ 위도가 높고 한랭한 지역에서는 동남향이 좋고, 따뜻한 남쪽지방에 있어서는 북향이 유리하다.
④ 교통과 노동력 공급 : 매우 중요한 조건으로 대규모의 고정묘포경영의 경우 크게 고려되야 할 문제
⑤ 피해요소
  ㉠ 높은 지하수위, 풍충지, 상공(霜孔)이 될 수 있는 요지, 사력함유량, 최저기온 등에 유의
  ㉡ 포지의 서북향에 방풍림이 있으면 양묘에 좋은 영향

02 묘포설계

(1) 묘포면적
① 묘목본수, 수종, 생산묘령, 상체회수 등을 고려
② 묘포면적은 육묘지, 부속지, 제지로 구분
  ㉠ 육묘지 : 현재 묘목이 양성되고 있는 재배지, 일시휴한지, 상간의 통로면적을 합친 것
  ㉡ 부속지 : 묘목재배를 위하여 필요한 여러 시설의 부지
  ㉢ 제지 : 육묘지, 부속지를 제외한 면적

(2) 묘포의 구획

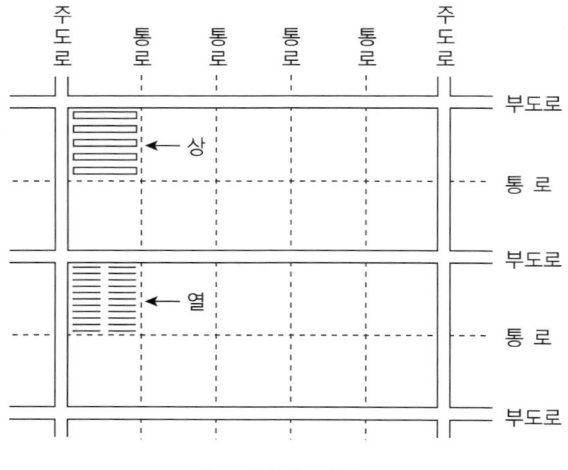

[묘포구획의 모델]

① 면적을 서로 같게 하는 2개의 장방형의 대구획으로 나누고, 각 구획은 다시 통로에 의하여 나누어지고 있다.
② 대구획은 주도로와 부도로 즉, 고정도로에 의하여 구획되고, 그 안에 10개의 소구획이 있다.
③ 소구획의 크기는 20m × 20m 정도가 알맞다.
④ 상은 묘포구획에까지 넣어서 생각할 필요는 없지만 그 폭을 1m, 길이를 20m 정도로 한다.

(3) 묘포시설

묘포에는 종자, 기구, 기계, 비료, 약제 등을 보관하는 창고가 있어야 하고, 이 밖에 관리사, 퇴비사, 작업장, 용수시설 등이 필요하다.

03 묘포의 정지 및 작상

(1) 정지작업

정지작업은 밭갈이, 쇄토, 작상의 순서로 진행하며 작업의 효과는 다음과 같다.
① 토양을 부드럽게 하고 통기가 잘되도록 하여 토양산소량을 많게 한다.
② 토양의 풍화작용을 도와 식물양료를 가용성으로 한다.
③ 토양의 보수력 및 흡습력, 그리고 비료의 흡수력을 증가시킨다.
④ 유용 토양미생물을 증식한다.
⑤ 잡초발생량을 어느 정도 억제한다.

(2) 밭갈이

① 묘목성장에 필요한 깊이로 흙을 갈아엎는 것으로 경토심은 20~25cm 정도로 한다.
② 밭갈이 시기는 늦가을이나 초봄인데, 병충해의 구제를 생각한다면 가을갈이가 좋다.

(3) 쇄 토

① 땅을 평평히 고르고 흙덩이를 깬다.
② 동력쇄토기, 괭이, 레이크 등으로 쇄토를 실시한다.

(4) 작 상

① 밭갈이와 쇄토가 끝나고 육묘상을 만드는 작업을 말한다.
② 상의 폭은 1m로 하고 보도 폭은 30~40cm로 한다.
③ 상면은 보도면보다 15cm 정도 더 높게 한다.

04 실생묘양성

(1) 파종량

$$W = \frac{A \times S}{D \times P \times G \times L}$$

W : 소요면의 파종상에 대한 파종량(그램단위)
A : 파종상의 면적(m²)
S : 가을이 되어 m²당 세워 둘 묘목수
D : 1g당 종자립수
P : 순량률
G : 실험실 종자 발아율
L : m²당 파종된 건전종자립수에 대한 추가존립 묘목의 비(묘목잔존율)

(2) 파종시기

① 봄에 토양의 동결이 풀리는 대로 빨리 파종한다.
② 버드나무류, 사시나무류, 미루나무처럼 종자수명이 짧은 것은 채파한다.
③ 가을에 딴 종자를 가을에 파종할 때 내용은 채파이나 흔히 추파로 표현한다.

(3) 파종방법

① 산파 : 각 상에 뿌릴 종자량을 계산 용기에 담아 처음에는 종자의 반을 전면에 고르게 뿌리고 나머지 반으로 부족한 곳에 보충한다.
② 조파
  ㉠ 종자를 줄로 뿌려주는 것
  ㉡ 느티나무, 아까시나무, 옻나무 등
  ㉢ 조파작업을 쉽게 하기 위하여 조파판을 사용
③ 상파 : 한곳에 종자를 몇 립씩 모아서 뿌리는 것
④ 점파
  ㉠ 한 립씩 일정한 간격으로 뿌리는 것
  ㉡ 호두, 밤, 도토리, 칠엽수

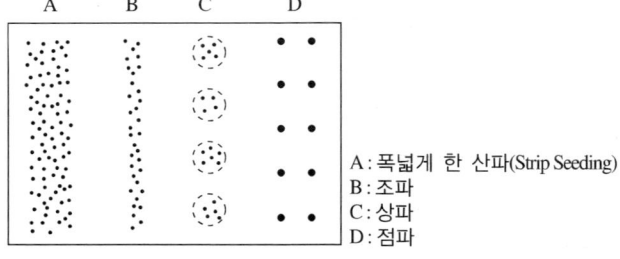

A : 폭넓게 한 산파(Strip Seeding)
B : 조파
C : 상파
D : 점파

[파종방법]

〈주요 수종별 종자품질 · 파종량 및 잔존본수〉

구 분	파종법	효율(%)	파종량 무게(g)	파종량 용적(l)	짚덮기(g)	해가림	잔존본수	입수/kg
은행나무	점 파	100	189	0.30	긴짚 400	사 용	100	540
주 목	산 파	79.3	152	0.29	여물 600	사 용	1,200	25,079
비자나무	산 파	90.3	1,340	3.28	여물 600	사 용	700	1,085
소나무	산 파	81.6	28	0.05	긴짚 400	–	600	99,416
해 송	산 파	87.8	39	0.07	긴짚 400	–	600	65,850
리기다소나무	산 파	76.7	25	0.05	긴짚 400	–	600	122,462
잣나무	산 파	94.2	338	0.59	여물 600	사 용	400	1,890
잎갈나무	산 파	41.9	23	0.06	긴짚 400	사 용	700	259,668
낙엽송	산 파	35.8	23	0.06	긴짚 400	사 용	600	255,609
가문비나무	산 파	44.8	15	0.03	여물 600	사 용	1,200	441,291
종비나무	산 파	63.9	25	0.05	여물 600	사 용	1,200	261,259
전나무	산 파	23.3	419	0.79	여물 600	사 용	1,000	21,877
찝방나무	산 파	34.9	15	0.15	긴짚 500	사 용	600	1,229,230
측백나무	산 파	81.1	53	0.09	긴짚 600	–	600	48,086
향나무	산 파	40.6	157	0.26	긴짚 400	–	1,000	47,983
노간주나무	산 파	54.9	70	0.13	긴짚 400	–	1,000	75,679
호두나무	점 파	100	369	1.29	–	–	36	98
박달나무	산 파	15.7	15	0.05	여물 600	–	100	2,439,996
산오리나무	산 파	17.5	20	0.09	여물 600	–	100	1,230,552
물오리나무	산 파	22.8	23	0.08	여물 600	–	100	831,926
밤나무	점 파	100	509	1.00	–	–	49	134
상수리나무	점 파	100	252	0.42	–	–	49	226
신갈나무	점 파	100	146	0.29	–	–	49	462
굴참나무	점 파	100	241	0.41	–	–	49	273
비술나무	산 파	15.3	20	0.53	긴짚 400	–	120	201,790
느티나무	조 파	58.4	21	0.04	긴짚 400	–	120	63,420
참싸리	조 파	45.7	8	0.03	–	–	60	113,002
아까시	조 파	57.2	15	0.02	–	–	60	50,420
회양목	산 파	46.0	53	0.10	긴짚 1,200	–	1,000	82,746
옻나무	조 파	54.9	73	0.11	긴짚 400	사 용	60	25,567
붉나무	조 파	73.4	26	0.04	긴짚 400	–	100	97,779
개박달나무	조 파	37.8	135	1.14	긴짚 400	–	120	5,389
고로쇠나무	조 파	53.8	27	0.18	긴짚 400	–	120	23,520
무궁화	조 파	77.5	8	–	긴짚 400	–	100	63,059
들메나무	조 파	61.6	35	0.28	긴짚 400	–	120	15,131
물푸레나무	조 파	43.6	26	0.22	긴짚 400	–	120	27,877
개나리	산 파	17.2	10	0.04	긴짚 400	–	100	410,730
개벚나무	산 파	61.1	18	0.03	–	–	60	15,749
가래나무	점 파	100	323	0.86	–	–	36	115

(4) 흙덮기
① 흙덮기 체를 사용해서 세토를 고른 두께로 덮어 준다.
② 흙덮기의 두께는 대개 종자 지름의 3~4배로 하나 자작나무, 오리나무 등 극세립종자는 흙보다는 깨끗한 모래로 종자를 약간 덮어 준다.
③ 일반적으로 침엽수 종자는 1cm 이상의 두께로 덮어 주는 것을 피한다.
④ 파종상의 습도유지와 토양미생물의 피해를 줄이고 잡초발생을 막기 위해 흙덮기 후 깨끗한 모래를 2~3mm 정도 뿌려 준다.

(5) 짚덮기
① 빗물로 인한 흙과 종자의 유실을 막고 파종상의 습도를 높여 발아를 빠르게 하며 잡초발생을 억제한다.
② 종자의 발아가 진행되면 짚을 조심하게 거두고, 이것을 잘게 썰어서 여물로 만들어 상면을 다시 덮어준다.

(6) 묘목의 보호 및 관리
① 해가림
  ㉠ 어린 묘가 강한 일사를 받아 건조되는 것을 방지
  ㉡ 가문비나무, 전나무, 낙엽송, 삼나무, 편백 및 소립종자
  ㉢ 9월 이후 늦게까지 해가림을 계속하는 것은 오히려 유해하므로 8월 초·중순부터 제거하기 시작
  ㉣ 침엽수 파종상에 있어서는 방조를 위해 해가림시설을 아치형으로 해서 상면을 밀폐하는 모양으로 덮는 일이 있는데, 되도록이면 비가 오는 날, 밤중에는 해가림을 거두는 것이 좋다.
② 솎기작업
  ㉠ 파종상에 묘목이 밀립하게 되면 허약묘, 기형묘, 피해묘, 도장묘 등을 솎아 냄
  ㉡ 솎기횟수 : 성장주기가 두 번 있는 낙엽송, 삼나무, 편백 등은 2~3회, 성장주기가 1회뿐인 소나무류, 전나무류, 가문비나무류는 1~2회에 나누어 실시
  ㉢ 솎기시기 : 본엽이 나온 때, 그리고 8월 하순경
  ㉣ 솎기비율 : 횟수가 2회인 경우에는 솎는 본수로 보아 50%씩으로 나누어 실시하고 3회인 경우에는 각각 40%, 30%, 30%의 비율로 실시
  ㉤ 솎기작업 실시 후 흙의 안정을 위해 관수를 실시
③ 제초 : 노동력과 비용이 많이 소요되는 부분으로 제초는 되도록 잡초가 어릴 때 실시
④ 관수 : 상토가 충분히 물을 먹을 때까지 실시
⑤ 단근작업
  ㉠ 묘목의 철늦은 자람을 억제하고, 동시에 측근과 세근을 발달시켜 산지에 재식하였을 때 활착률을 높이기 위하여 실시
  ㉡ 단근시기 : 5월 중순과 8월 하순경 2회나 보통 8월 중·하순에 한 번 실시
  ㉢ 단근의 깊이는 대체로 뿌리의 2/3를 땅속에 남기도록 하며, 흔히 20cm 깊이를 적용
  ㉣ 그 해 기후에 따라 도장의 염려가 없을 때에는 단근작업을 생략할 수도 있음

〈뿌리의 성상과 묘령에 따른 단근작업〉

단근의 묘령	직근성	천근성
1년생 산출묘로서 단근하는 것	상수리나무, 굴참나무, 졸참나무 등	–
1년생 산출묘로서 단근하지 않는 것	–	낙엽송, 느티나무, 전나무, 삼나무, 편백
2년생 이상으로 단근하는 것	소나무, 해송, 상수리나무, 졸참나무 등	낙엽송, 느티나무, 전나무, 가문비나무, 편백, 삼나무

⑥ 시 비
  ㉠ 식물의 흡수에 의하여 부족하게 된 토양 중의 양료를 보급하며 토양미생물의 번식을 도와 토양의 이학적 성질을 개선
  ㉡ 기비 : 파종상, 상체상 등 미리 묘상에 주는 것으로 잘 부숙한 퇴비와 무기질 비료를 사용
  ㉢ 추비 : 묘목의 생육 도중에 주는 것으로 묘목의 생육상태를 보아 가며 속효성 비료를 사용
⑦ 병충해 및 조수해방제
  ㉠ 침엽수의 파종상에 입고병과 적고병이 흔히 발생하는데, 방제를 위하여 보르도액을 살포
  ㉡ 종자소독 및 토양소독을 하고 묘상의 통풍, 해가림, 솎기 등에 주의
  ㉢ 선충은 묘목의 뿌리에 기생하며 클로로피크린, 메틸브로마이드와 그 밖의 토양살충제 등을 이용하여 방제
  ㉣ 새가 침엽수종의 파종상에서 종자와 유묘를 식해하므로 망을 친다거나 종자를 연단이나 알루미늄 가루로 처리해서 파종

05 상체작업

(1) 상체의 목적
① 파종상에서 기른 1~2년생 실생묘를 더 크게, 그리고 근계를 더 발달시켜 산지식재를 더 알맞은 묘목으로 만들기 위해 다른 묘상에 옮겨 심는 것을 상체라 하고, 그 상을 상체상이라고 한다.
② 상체상에서 세근이 많은 충실한 묘목이 될 수 있다.
③ 산지의 잡초와의 경쟁에 이겨 낼 수 있는 큰 묘목으로 키울 수 있으며, 지하와 지상부의 균형이 더 잘 잡힌 묘목으로 양성할 수 있다.

(2) 상체시기
봄이 상체시기로 가을상체는 한해 또는 건조의 해를 받기 쉽다.

(3) 상체연도

① 상체는 되도록 빨리 하는 것이 좋다. 소나무류, 낙엽송류, 삼나무, 편백 등은 1년생으로 상체하고, 자람이 늦은 전나무류, 가문비나무류는 거치(상에 그대로 두는 것)하였다가 후에 상체한다.
② 참나무류는 직근만 발달하고 세근이 거의 없다. 이러한 것은 1년생으로 상체하면 고사하기 쉬우므로 만 2년생이 되어 측근이 발달한 후에 상체하는 것이 좋다.
③ 측근의 발달은 토양의 성질에 크게 좌우되는 것으로 퇴비 또는 톱밥을 넣어 보수력을 높이면 측근발생이 촉진되고 상체도 더 빨리 할 수 있다.

(4) 상체밀도

① 묘목이 클수록 소식한다.
② 지엽이 옆으로 확장되는 것(삼나무, 편백 등)은 소식하고, 반대로 소나무, 해송은 더 밀식할 수 있다.
③ 상체상에 거치할 때에는 소식해야 한다.
④ 양수는 음수보다 소식한다.
⑤ 땅이 비옥할수록 소식한다.

(5) 상체의 실행

① 상체의 형식
  ㉠ 상식 : 상을 만들어 정방형으로 심는 것으로 상식을 하면 배수가 잘되기 때문에 점질토양에 알맞으며, 후에 묘목의 굴취작업을 더 편리하게 할 수 있다.
  ㉡ 열식 : 상을 만들어 열로 심는 것으로 제초, 시비에 편리하고 작업이 더 능률적으로 이루어질 수 있다.
② 상체방법
  ㉠ 밭갈이를 하고 미리 퇴비를 뿌려 흙과 혼합해 둔다.
  ㉡ 열식에 있어서는 줄을 치고 줄을 따라 심으면 되며, 상식에 있어서는 파종상처럼 상을 만들어 준다.
  ㉢ 상체할 묘목의 뿌리를 일정한 길이로 끊어 준다.
  ㉣ 묘목은 크고 작은 것을 선별해서 비슷한 것끼리 모아서 상체한다.
  ㉤ 묘목은 건조하지 않도록 흙물처리한다.
  ㉥ 흙물처리는 포지의 한 곳에 깊이 50cm 가량 되는 구덩이를 파고 포토나 점토를 넣고 물을 부어 흙물을 만들고 이에 다발로 된 묘목의 뿌리를 담가 흙물이 뿌리를 덮도록 한다.
  ㉦ 상식을 할 때 일정한 규격의 상체판을 사용하면 능률적이게 묘목을 일정한 간격으로 배치하여 심을 수 있다.

(6) 상체상의 관리

① 상체한 후 건조에 따라 묘목의 고손(姑損)이 오므로 상체 직후 관수하는 것이 바람직하다.
② 짚이나 낙엽, 목칩 등으로 상면을 덮어 수분조절과 잡초발생을 방지한다.
③ 제초는 파종상이나 상체상에 모두 중요한 포지 관리의 하나로서 노동력과 비용을 많이 요하는 작업이다.

06 | 포트묘양성

(1) 시설양묘의 시설과 소요자재

① 기본 시설의 종류와 형태

우리나라는 온실형태 및 생육환경조절에 따라 일반적으로 전자동, 반자동, 최소 시설 양묘(비닐하우스) 세 가지로 구분되는데 온실은 시설 양묘의 핵심이며, 이를 보조하는 온상, 냉상, 피음실, 미스트실 등이 필요하다.

② 시설 자재

㉠ 골조재료 : 온실의 골조재료에는 금속, 목재, 플라스틱 등이 있으며, 금속재료에는 철재, 아연 도금재료 등이 있는데, 골조는 이들을 원료로 앵글 또는 파이프의 형태로 제작된다. 현재 대량 생산되고 있는 아연 도금 파이프가 일반적으로 사용되는 골조재료이다.

㉡ 온실 피복재료 : PVC 필름과 유리가 많이 이용되며, 특히 PVC 필름은 값이 싸고 가벼우며, 설치가 용이하여 널리 사용되고 있지만, 수명이 짧은 것이 단점이다. 유리는 한 번 설치하면 반영구적이지만 재료값과 설치비가 많이 들고, 충분한 강도와 일정한 형태를 지니는 골조 기둥과 지붕에만 설치가 가능하다.

㉢ 포트설치대 : 일반 양묘와는 달리 용기육묘를 할 경우 용기에 놓을 수 있는 포트설치대라는 것이 필요하다. 포트 내에서 자라는 뿌리는 어느 정도 지나면 뿌리가 계속 자라서 포트 밖으로 뻗어 나오는데 만약 땅 위에 포트가 놓여 있다면 포트 밖으로 나온 뿌리는 바로 땅속으로 뻗어 나가게 되어 나중에 포트에서 묘목을 꺼내기가 어려워질 뿐만 아니라 조림을 할 때도 뿌리를 잘라야 하므로 당초 뿌리에 손상이 없다는 용기육묘의 장점이 없어진다. 따라서 용기육묘를 할 경우에는 반드시 포트설치대를 설치하여야 한다. 포트설치대의 바닥은 물이 절대 고이지 않고 공기의 유동이 아주 자연스러워야 한다. 그것은 포트 밑으로 자란 뿌리는 건조한 조건에서 죽고 대신 새로운 뿌리가 포트 내에서 자라기 때문에 포트 내에 잔뿌리가 많아지기 때문이다. 포트설치대의 높이는 너무 높거나 낮을 경우에는 포트의 운반 등 각종 작업이 힘들므로 지면에서 60~80cm 정도 위에 포트가 놓이도록 높이를 조절하여 작업자가 허리를 굽히지 않고 작업을 하도록 하여 작업자의 피로를 줄여야 한다.

③ 소모성 자재

㉠ 임업분야에서는 흔히 비닐포트와 영일특수지에 사용한 바 있는 지피포트가 널리 알려져 있으나 비닐포트는 제작하는 데 많은 인력을 필요로 하며 반면 지피포트는 고가이기 때문에 외국의 경우에도 용기육묘(특히 시설양묘)에서는 이러한 포트류보다는 플라스틱, 종이 및 스티로폼을 이용한 여러 가지 형태 및 크기의 포트가 상업적으로 개발되어 사용되고 있다. 이 중 지피포트는 노르웨이에서 개발된 것으로, 토탄 70~75%, 펄프 25~30%, 비료 등 첨가물을 배합, 압축 성형한 것이다. 통기, 배수 및 보수, 뿌리의 포트벽 관통, 부식 및 비료 효과, 무게, 강도 등에서 양묘용으로 매우 좋은 특징을 지니지만 가격이 비싸다.

㉡ 배양토

• 피트 : 피트는 이끼가 오랜 세월 동안 땅에 묻혀 있던 것을 말하는 것으로 가볍고 보습력이 매우 크고 비료를 가지고 있는 힘도 크다.

- 펄라이트 : 이것은 처음에는 보온단열재로 개발된 것으로 흰색의 알갱이로 가벼우면서 보습력이 크고 또한 알갱이로 되어 있어 상토의 통기성을 양호하게 한다.
- 질석 : 짙은 갈색의 알갱이로 되어 있으나 쉽게 부서져서 분말상태로 된다. 가볍고 보습력이 좋다. 특히 피트와 섞어서 사용할 경우에는 피트사이에 질석이 섞여 들어가 상토의 결속력을 높여 상토가 쉽게 부서지지 않게 하고 또한 피트의 사이에서 수분을 지속적으로 보유하고 있기 때문에 피트의 보습력을 최대한 유지할 수 있게 하여 준다.
- 부엽토 : 나뭇잎이 썩어서 된 것으로 일반 원예분야에서 많이 사용되고 있으나 침엽수의 경우 입고병 등의 발생이 많이 되므로 부엽토를 사용할 경우에는 살균제 처리, 혹은 훈증 처리 등을 요한다.
- 논흙 : 가장 손쉽게 확보할 수 있고 각종 무기양료의 흡착능력이 크므로 생장에 유리하기 때문에 현재 원예분야에서는 널리 사용되고 있으나 임업분야 특히 시설양묘 분야에서는 아직 사용되고 있지는 않다.
- 분쇄수피 : 소나무류의 나무껍질을 3~5mm 정도로 잘게 부수어 놓은 것으로 보습력과 비료를 지니는 힘이 클 뿐 아니라 통기성이 좋기 때문에 상토가 과습하는 것을 막아준다.

ⓒ 상토 : 상토라 함은 위에서 설명한 각종 배양토를 여러 가지 비율로 섞어 만든 흙을 말하는 것으로 배양토의 혼합비에 따라 여러 가지 특성을 보인다. 가장 일반적으로 널리 사용할 수 있는 상토는 피트와 질석을 위주로 한 상토가 발아억제나 생장억제가 나타나지 않아 안전하기 때문에 일반적으로 사용할 수 있으나 기타의 경우에는 수종 및 혼합비에 따라 발아가 억제되거나 혹은 생장량이 저하되는 등 일부 생장억제가 나타나기 때문에 아직은 전 수종에 일괄적으로 권장하기는 어렵다. 배양토를 섞어 상토를 만들 때에는 배양토 모두가 건조하고 또한 주재료인 피트의 경우에는 압축되어 있기 때문에 이를 부수어 섞어 주어야 하는데 이렇게 배양토를 섞을 때는 물을 뿌려 축축하게 하여 섞어 주는 것이 좋다. 왜냐하면 피트의 경우 아무리 보습력이 좋다고 하더라도 일단 마르게 되면 다시 물을 머금기가 어렵기 때문이다.

ONE MORE POINT 시설양묘 묘목의 묘목굳히기(경화처리)

씨를 뿌린 후 4개월간 묘목을 키우면 거의 다 자라게 되어 하우스 밖으로 옮겨져 대개 조림을 하게 된다. 그러나 하우스를 떠난 묘목이 바로 조림이 되면 환경의 차이로 인해 거의 죽어버린다. 따라서 좋지 않은 조건 속에서도 살 수 있도록 적응을 시켜야 하는데 이 단계가 묘목굳히기 작업 즉 경화처리이다. 이 작업은 앞에서 설명한 냉상이라는 곳에서 이루어지는데 하우스에서 자란 묘목을 여기에서 한 달간 적응시킨다. 냉상에서 포트를 내어놓을 때도 포트가 땅에 닿지 않고 공기가 통하도록 땅과 사이를 두어야 포트 안에 잔뿌리가 생겨 나중에 묘목을 포트에서 꺼내기도 수월하다. 묘목굳히기를 할 때는 환경을 자연조건과 똑같이 하여야 하는데 50% 정도의 차광막을 씌우고 물은 일주일에 한 번만 주도록 하여 온실 내에서 키우는 것과는 달리 가급적 건조하게 하여 준다. 그러나 묘목이 시들면 두 번 정도 준다. 이렇게 하면 묘목은 건조에 대해 견디는 힘이 생기게 된다. 냉상에 있을 때에도 역시 비료를 주어야 하는데 하우스에서 자라고 있을 때에는 빠른 생장을 위해 질소질 비료를 많이 주어야 하나, 묘목을 굳힐 때에는 질소질 비료를 적게 주고 칼륨질 비료를 많이 준다. 대개 100L에 질소질 비료는 21.5g, 인산은 23.5g, 칼륨은 35.6g으로 섞어서 일주일에 한 번 준다. 약 한 달간 묘목굳히기가 끝나면 산이나 밭에 옮겨 심는데 이때 포트에서 묘목을 뽑아내는 요령은 줄기의 제일 아래를 잡고 살짝 힘을 주어 뽑아 올린다.

(2) 장단점

① 장점 : 활착률이 높고 포트는 나중에 풍화되어 비료로 변하게 되며 식재계절이 따로 없고 수시로 심을 수 있다.
② 단점 : 양묘비용이 많이 들고 양묘에 기술과 시설을 요하며 산지운반에 부피가 증가되어 특수한 배양토가 만들어져야 하며 관리가 복잡한 단점이 있다.

07 묘목의 품질과 규격

(1) 묘목생산량 예측조사

① 묘상면적의 1~5%에 대한 묘목수를 계산한다.
② 묘목의 자람이 공간적으로 균일할 경우에는 시료점수가 좀 적어도 되지만 존립상태가 불규칙할 때에는 그 수를 늘려야 한다.
③ 조사는 7월경에 실시하는 하계조사와 가을의 추계조사가 있다.
④ 조사할 때에는 생립묘와 가식묘로 나누어 계산하는 것이 좋다.

(2) 묘목품질

① 우량묘의 조건
  ㉠ 우량한 유전성을 지닌 것
  ㉡ 발육이 완전하고 조직이 충실하며 정아의 발달이 잘되어 있는 것
  ㉢ 소나무류, 전나무류 등 침엽수종의 묘에 있어서는 줄기가 곧고 정아가 측아보다 우세하며 되도록 하아지가 발달하지 않은 것
  ㉣ 가지가 사방으로 고루 뻗어 발달한 것
  ㉤ 근계의 발달이 충실한 것, 즉 측근과 세근의 발달량이 많을 것(지상부와 지하부 간의 발달이 균형되어 있을 것)
  ㉥ 온도의 저하에 따른 고유의 변색과 광택을 가지는 것
  ㉦ 병충해의 피해가 없는 것
② T-R률 : 지상부와 지하부의 중량비를 말하며 수종과 묘목의 연령에 따라 다르나 일반적으로 3.0 정도가 좋다.

(3) 묘령의 표시

① 실생묘(S = Spring, 봄에 씨를 뿌린 것 / F = Fall, 가을에 씨를 뿌린 것 / P = 단근작업)
  ㉠ 1-0묘 : 파종상에서 1년을 경과하고 상체된 일이 없는 1년생 실생묘
  ㉡ 1-1묘 : 파종상에서 1년, 그 뒤 한 번 상체되어 1년을 지낸 2년생 묘
  ㉢ 2-0묘 : 상체된 일이 없는 2년생 묘

ⓔ 2-1묘 : 파종상에서 2년, 그 뒤 상체상에서 1년을 지낸 3년생 묘목
　　ⓜ 2-1-1묘 : 파종상에서 2년, 그 뒤 두 번 상체된 일이 있고 각 상체상에서 1년을 경과한 4년생 묘목
② **삽목묘** : 삽목묘에 있어서는 삽수를 실생묘의 종자에 해당하는 것으로 취급하고 분자는 지상부, 분모는 지하부(근계)를 나타내는 것으로 취급
　　㉠ 1/1묘 : 뿌리의 나이가 1년, 줄기의 나이가 1년인 삽목묘이다.
　　㉡ 1/2묘 : 뿌리의 나이가 2년, 줄기의 나이가 1년인 묘목이다. 1/1묘에 있어서 지상부를 한 번 절단해 주고 1년이 경과하면 1/2묘로 된다.
　　㉢ 2/3묘 : 1/2묘가 포지에서 1년 경과하면 뿌리는 3년생, 그리고 지상부는 2년생으로 되어 2/3묘로 된다.
　　㉣ 0/2묘 : 뿌리의 연령이 2년, 그리고 지상부는 절단 제거한 삽목묘로서 이것을 뿌리묘라고 한다.
　　㉤ 1/2묘, 1/3묘, 2/3묘처럼 뿌리가 줄기보다 더 오래된 것을 대절묘라 하고, 그렇지 않고 서로 나이가 같을 때 삽목묘라고 한다. 넓은 뜻으로는 대절묘도 삽목묘의 범주 안에 들어간다.

(4) 묘목의 규격

〈조림용 묘목규격〉

구 분	묘 령	간장(cm 이상)	근원직경(mm이상)	근장(cm 이상)
낙엽송	1-1	35	6	20
잣나무	2-0	13	3.5	15
	2-1	16	4.5	15
삼나무	1-1	27	5.5	18
편 백	1-1	27	4.5	18
강 송	1-1	16	5	18
해 송	1-1	16	6	18
리기다소나무	1-1	25	6	18
오리나무류	1-0	18	5	18
오동나무	1-0	50	15	20
이태리포플러	1/1	220	12	20
은행나무	2-0	30	7	15

〈우리나라 조림용 묘목의 T-R률〉

구 분	묘 령	T-R률
낙엽송	1-0	1.6~1.7
	1-1	2.0~2.3
해 송	1-0	3.1~3.2
	1-1	3.1~3.3
리기다소나무	1-0	3.8~4.1
	1-1	2.5~3.5
리기테다소나무	1-0	4.8~5.3
	1-1	3.4~3.7
상수리나무	1-0	1.15
오리나무류	1-0	0.7~1.9
물갬나무	1-0	1.0~1.1

08 | 묘목의 굴취, 선묘, 곤포

(1) 묘목굴취
① 묘목을 캘 때에는 뿌리에 상처를 주지 않도록 주의한다.
② 포지에 어느 정도 습기가 있을 때 캐면 뿌리의 손상도 적고 작업하기도 쉬우며 묘목의 건조도 감소시킨다.
③ 굴취는 비가 오는 날, 바람이 많이 부는 날, 잎의 이슬이 마르지 않는 새벽 등은 피해야 한다.
④ 캐낸 묘목의 건조를 막기 위하여 축축한 거적으로 덮어 선묘할 때까지 보호하거나 묘포에 도랑을 파서 일시 가식하기도 한다.

(2) 선 묘
① 굴취한 묘목을 묘목규격에 따라 나누는 것으로 대체로 묘고, 뿌리의 길이, 근원직경, 가지의 발달, 상처의 유무, 병해의 유무, 묘목 고유의 색깔, 묘형 등이 선묘기준으로서 참작한다.
② 선묘가 끝나면 다발로 묶는데, 한 다발의 본수는 수종과 묘령에 따라 달라지며 다발로 묶은 것은 가식해 두거나 또는 곤포해서 심을 곳으로 수송하거나 일시 냉암소에 보관한다.

(3) 곤 포
① 묘목을 식재지까지 운반하려면 알맞은 크기로 곤포하여야 한다.
② 곤포재료는 거적, 비닐주머니, 비닐막 등 여러 가지가 있으며, 묘목의 뿌리를 물이끼, 잘 처리된 물수세미, 흡수성 수지 등 보습제로 싸고 비닐주머니 등으로 싸서 꾸러미로 만든다.

〈속당 본수 및 곤포당 속수〉

구 분	묘 령	속당 본수	곤포당 속수
낙엽송	2	20	25
잣나무	2	20	100
	3	20	50
	4	20	25
소나무류	2	20	50
오리나무류	1	20	100
상수리나무	1	20	50
아까시	1	20	50
포플러류	1/1	8	10
싸리류	1-0	20	100

(4) 수 송
① 대수송 : 포지에서 식재지까지 운반되어 가식함
② 소수송 : 식재현장까지의 운반

(5) 가식

① 묘목을 심기 전 일시적으로 도랑을 파서 그 안에 뿌리를 묻어 건조를 방지하고 생기를 회복시키는 작업이다.
② 1~2개월 정도 장기간 가식하고자 할 때에는 묘목을 다발에서 풀어 도랑에 한 줄로 세우고 충분한 양의 흙으로 뿌리를 묻은 다음 관수를 한다.

09 | 식재밀도

(1) 밀도법칙

① 밀도는 수고성장에는 큰 영향을 끼치지 않으나 직경성장에는 더 영향을 끼치며, 그 결과 단목의 재적성장이 달라진다. 소립할수록 흉고직경이 커지고, 단목재적이 빨리 증가된다.
② 밀도가 높으면 지름은 가늘지만 완만재가 되고 소립시키면 초살형이 된다.
③ 일정 면적으로부터 생산되는 양은 어느 밀도까지는 본수가 많을수록 증가되나 어떤 밀도를 초과하면 면적당 총생산량은 일정하게 되는데, 그 최대밀도는 수종에 따라 다르다.
④ 밀도가 높을수록 총생산량 중 가지가 차지하는 비율이 낮아지고 간재적의 점유비율이 높아진다. 밀립상태에 있어서는 가지와 마디가 적은 목재가 생산된다. 임업에 있어서는 임목이 어느 정도의 굵기를 가지며, 동시에 간재적을 크게 할 필요가 있다.
⑤ 밀도가 지나치게 높은 임분에 있어서는 단목의 생활력이 약해지고 임분의 안정성이 감소되므로 간벌의 필요성이 있게 된다.

(2) 밀식의 장단점

① 밀식의 장점
   ㉠ 수관의 울폐가 빨리 와서 표토의 침식과 건조를 방지하여 개벌에 의한 지력의 감퇴를 줄이고 하예기간을 단축하며 가지가 가늘게 되어 임목의 형질을 높여 가지치기의 비용을 줄이고 개체 간의 경쟁으로 연륜폭이 균일하게 되어 고급재를 생산할 수 있다.
   ㉡ 제벌 및 간벌에 있어서 선목의 여유가 있으므로 우량임분으로 유도할 수 있다.
   ㉢ 간벌수입이 기대된다.
② 밀식의 단점
   ㉠ 밀식을 하자면 지존작업을 더 알뜰하게 해야 하고 묘목대 및 식재비용의 증가로 경제적 문제가 있다.
   ㉡ 초기재식 시 많은 노무량이 요구되고, 이것이 이유가 되어 합리적인 작업을 진행시키는 데 차질을 가져오는 일이 있다.
   ㉢ 밀립한 임분은 줄기가 가늘고 근계발달이 약한 편이므로 풍해, 설해 등을 입기 쉽다.

(3) 식재밀도에 영향을 끼치는 인자

① 소경재생산을 목표로 할 때에는 그렇지 않을 때에 비하여 밀식한다.
② 교통이 불편한 오지림의 경우에는 목재의 운반이 어려우므로 소식한다.

③ 땅이 비옥하면 성장속도가 빠르므로 소식하고, 지력이 좋지 못한 곳에서는 빠른 울폐를 기대해서 밀식하여 지력을 돕는 것이 좋다.
④ 일반적으로 양수는 소식하고, 전나무와 같은 음수는 밀식한다.
⑤ 소식할 때 느티나무처럼 굵은 가지를 내고 줄기가 굽는 경향이 있는 활엽수종은 밀식하는 것이 좋다. 침엽수종으로는 소나무, 해송 등이 이 범주에 들어간다.
⑥ 소나무처럼 피해를 잘 받는 수종은 밀식해서 건전목이 남을 수 있는 여유를 주도록 한다.
⑦ 노무사정 및 비용을 생각할 때에는 소식하는 것이 유리하다. 산림소유자의 경제사정이 넉넉하지 못할 때에는 소식할 수밖에 없다.

10 | 지존작업

식재지에는 잡초, 덩굴식물, 산죽, 관목, 나뭇가지, 말목 등이 있어서 식재에 방해가 되므로 이러한 것을 제거하는 준비작업을 지존작업 또는 정지작업이라고 한다.

(1) 쳐내기법
① 낫, 손도끼, 톱, 그리고 이러한 작업 목적으로 고안된 동력식 톱을 이용해서 쳐내는 방법
② 모두베기(전예) : 식재지 전면에 대하여 쳐내는 법
③ 줄베기(조예) : 식재열에 따라 줄로 쳐내는 법
④ 둘레베기(평예, 점예) : 묘목의 식재지점만 쳐내는 법
⑤ 둘레베기법은 극음수의 조림에 적용될 수 있으나 흔히 실시하는 작업은 아니다.
⑥ 줄베기법에는 등고선에 따른 수평조예와 경사방향에 따른 경사조예가 있다.

(2) 화입법
① 소각이 가능할 때 불을 놓아 처리하는 것이나 산불의 위험성이 매우 높아서 피하도록 한다.
② 지력의 감퇴를 유발한다.

(3) 약제처리법
① 산죽 : 염소산나트륨($NaClO_3$) 30배액을 m^2당 0.4L로 뿌려 고살시킴
② 아까시 : 근사미액제(글라신액제)를 100배로 희석하여 m^2당 0.05L를 성장이 왕성한 여름에 엽면에 고루 살포하여 고살시킴
③ 칡
  ㉠ 여름에 칡의 자람이 왕성할 때 줄기를 달아 둔 채로 주두를 지름 2cm까지는 일자로 쪼개고, 4cm 이상이면 십자로 갈라 그 깊이를 4~5cm로 하고 그 사이에 죽편으로 약제를 넣어 준다.
  ㉡ 지름 1cm당 0.3g을 표준으로 한다.
④ 고사리류 : 쳐낸 뒤에 석회질소를 1ha당 1,000~2,000kg을 살포한다.

11 조림수종의 선택

(1) 조림수종의 선택 요건
 ① 성장속도가 빠르고 재적성장량이 높은 것
 ② 가지가 가늘고 짧으며, 줄기가 곧은 것
 ③ 위해에 대한 저항력이 강한 것
 ④ 입지에 대하여 적응력이 큰 것
 ⑤ 생물의 이용가치가 높고 수요량이 많은 것
 ⑥ 임분 조성이 용이하고 조림의 실패율이 적은 것

(2) 우리나라의 산림식물대와 조림수종

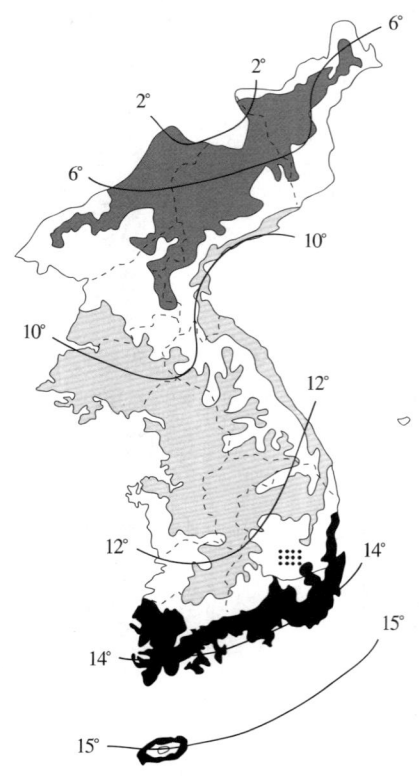

[우리나라 주요 경제수종의 조림구역]

〈주요 경제수종의 조림구역〉

구 분	천연생수종	식재 또는 중요 외래수종
제Ⅰ구 (난대)	• 침엽수 : 소나무 · 해송 · 비자나무 · 구상나무 • 활엽수 : 가시나무류 · 구실잣나무 · 느릅나무 · 푸조나무 · 동백나무 · 졸참나무 · 붉나무 · 느티나무 · 서어나무류 · 상수리나무 · 거양옻나무 · 산닥나무 · 삼지닥나무 · 닥나무	• 대나무 : 참대 · 솜대 · 이대 · 맹종죽 · 해장죽 • 침엽수 : 삼나무 · 편백 · 리기다소나무 · 은행나무 · 낙우송 · 유럽적송 · 테다소나무 • 활엽수 : 오동나무 · 옻나무 · 멀구슬나무 · 밤나무 · 회화나무 · 참중나무 · 포플러류
제Ⅱ구 (온대남부)	• 침엽수 : 소나무 · 향나무 • 활엽수 : 상수리나무 · 굴참나무 · 졸참나무 · 떡갈나무 · 서어나무류 · 밤나무 · 느티나무 · 느릅나무류 · 벚나무류 · 물푸레나무류 · 푸조나무 · 동백나무 · 노각나무 · 붉나무 · 때죽나무 · 닥나무 · 싸리류	• 침엽수 : 해송 · 삼나무 · 편백 · 리기다소나무 · 유럽적송 · 스트로브잣나무 · 은행나무 • 활엽수 : 오동나무 · 옻나무 · 회화나무 · 호두나무 · 참중나무 · 아까시 · 포플러류 · 오리나무류 · 일본전나무
제Ⅲ구 (온대중부)	• 침엽수 : 소나무 · 향나무 · 잣나무 · 전나무 • 활엽수 : 상수리나무 · 굴참나무 · 졸참나무 · 떡갈나무 · 서어나무류 · 밤나무 · 느티나무 · 느릅나무류 · 벚나무류 · 물푸레나무류 · 붉나무 · 단풍나무류 · 황벽나무 · 자작나무류 · 오리나무류 · 음나무 · 황철나무류 · 때죽나무 · 버드나무류 · 주엽나무 · 닥나무 · 대추나무 · 피나무류 · 산수유나무 · 싸리류	• 침엽수 : 해송 · 리기다소나무 · 낙엽송 · 은행나무 · 방크스소나무 • 활엽수 : 옻나무 · 오동나무 · 회화나무 · 밤나무류 · 아까시 · 포플러류 · 플라타너스 · 일본전나무
제Ⅳ구 (온대북부)	• 침엽수 : 소나무 · 잣나무 · 전나무 • 활엽수 : 밤나무 · 떡갈나무 · 졸참나무 · 물푸레나무류 · 벚나무류 · 느릅나무류 · 단풍나무류 · 황벽나무 · 음나무 · 오리나무류 · 가래나무 · 황철나무 · 버드나무류 · 자작나무류 · 피나무류 · 싸리류	• 침엽수 : 가문비나무 · 잎갈나무 • 활엽수 : 옻나무 · 약밤나무 · 아까시 · 포플러류
제Ⅴ구 (한대)	• 침엽수 : 잣나무 · 전나무 · 가문비나무 · 분비나무 · 잎갈나무 · 주목 • 활엽수 : 떡갈나무 · 졸참나무 · 황철나무 · 음나무 · 가래나무 · 버드나무류 · 자작나무류	–

※ 난대는 온난대 또는 상록활엽수림대라고 말하기도 하며, 한대는 아한대 또는 상록침엽수림대라고 말하기도 함

(3) 우리나라의 조림 권장수종

① 경제림 조성용 중점 조림수종

강원 · 경북	경기, 충남 · 북	전남 · 북, 경남	남부해안 및 제주
• 소나무 • 낙엽송 • 잣나무 • 참나무류	• 소나무 • 낙엽송 • 백합나무 • 참나무류	• 소나무 • 편백 • 백합나무 • 참나무류	• 편백 • 삼나무 • 가시나무류

※ 경관조림, 유실수 · 특용수 조림 등은 조림 권장수종, 지역특성 및 산주수요 등을 반영하여 식재

② 바이오매스용 조림수종

백합나무, 리기테다소나무, 포플러류, 참나무류, 아까시나무, 자작나무 등

※ 자작나무는 온대북부지역에 한함

③ 조림 가능수종(78종)

구 분		조림 수종
용재수종(27)		소나무, 낙엽송, 잣나무, 편백, 삼나무, 가문비나무, 구상나무, 분비나무, 버지니아소나무, 스트로브잣나무, 리기테다소나무, 백합나무, 자작나무, 음나무, 상수리나무, 졸참나무, 피나무, 노각나무, 서어나무, 가시나무, 박달나무, 거제수나무, 이태리포플러, 물푸레나무, 오동나무, 황철나무, 들메나무
경관수종(20)		은행나무, 느티나무, 복자기, 마가목, 벚나무, 층층나무, 매자나무, 화살나무, 산딸나무, 쪽동백, 이팝나무, 채진목, 때죽나무, 가죽나무, 당단풍나무, 낙우송, 회화나무, 칠엽수, 향나무, 꽝꽝나무, (백합나무)
유실·특용수종(16)		호두나무, 대추나무, 감나무, 밤나무, 옻나무, 다릅나무, 쉬나무, 두충나무, 두릅나무, 단풍나무, 느릅나무, 동백나무, 후박나무, 황칠나무, 산수유, 고로쇠나무, (음나무)
기타 수종 (15)	내공해수종	산벚나무, 사스레피나무, 오리나무, 참죽나무, 벽오동, 까마귀쪽나무, 해송, 버즘나무, (은행나무, 상수리나무, 가죽나무, 때죽나무)
	내음수종	주목, 녹나무, 전나무, 비자나무, (서어나무, 음나무)
	내화수종	황벽나무, 굴참나무, 아왜나무, (동백나무)

※ 조림 권장수종 이외에도 지역별 특성에 맞는 수종으로 식재 가능

(4) 조림지 활착률 조사요령

① 활착률 조사는 조림지 전개소(필지)에 대하여 표준지 조사법에 의하여 조사한다.
② 표준지조사 비율은 풀베기사업 면적의 2% 이상으로 한다.(소반 또는 필지별로 1개 이상 배치)
  ※ 풀베기사업 미 실행 개소는 조사대상 개소(필지)별 면적의 2% 이상
③ 표준지 선정방법은 조사대상지 전구역을 답사한 후 조림지 입지조건 및 개황을 파악하여 조림지내에서 표준이 될 수 있는 장소를 선정하되 가급적 산록부에서 산정부까지 대상(帶狀)으로 선정한다.
④ 표준지 크기는 200m^2(반지름 8.0m 원형)를 원칙으로 하되, 소반 또는 필지단위 사업면적이 1ha 미만의 경우에는 100m^2(반지름 5.67m 원형) 크기로 할 수 있다.
⑤ 조림목 활착률은 다음과 같이 산정한다.
  • 활착률(%) = (생존본수/조사본수) × 100
   - 조사본수 : 표준지내 조림목 본수(고사목 포함)
   - 생존본수 : 살아있는 조림목으로 작업 시 피해를 받은 조림목도 포함
  ※ 상기 표준지 조사법에 따른 조림목 활착률을 표준지 조사 개소의 식재본수 대비 활착본수로 환산 적용
⑥ 면적 단위는 ha, 본수 단위는 본으로 하되, 면적은 소수점 셋째자리에서 반올림하여 소수점 둘째자리까지 기재한다.

12 묘목식재의 실행

ONE MORE POINT

- 묘목식재가 조림성과에 미치는 영향이 매우 큼
- 묘목의 발근 과정(상록침엽수종)
  - 가는 뿌리는 주로 가는 뿌리에서 발생한다.
  - 굵은 뿌리로부터는 굵은 뿌리와 가는 뿌리가 발생한다.
  - 삽목이 잘되는 수종에 있어서는 땅속에 묻힌 줄기로부터 굵은 뿌리가 생긴다.
  - 뿌리의 절단면 및 표피를 통해서 약간의 흡수가 이루어진다.
  - 가는 뿌리로부터 백색의 모근이 생겨 초기의 흡수가 시작된다.
  - 발생한 굵은 뿌리에 지근이 생기고 지근에 가는 뿌리가 생겨 왕성한 수분 및 양료의 흡수가 시작되어 성장이 시작된다.
  - 땅속에 묻힌 줄기로부터 생긴 굵은 측근의 활동이 왕성하게 되면 포지에서 발달하였던 뿌리는 퇴화해 간다.

(1) 식재시기

① 춘 식
  ㉠ 초봄 해토가 되면서 되도록 빨리 심어야 한다.
  ㉡ 수체 내부의 팽압을 감소시키는 온도의 계절에 식목한다.

② 추 식
  ㉠ 땅이 건조하지 않고 바람의 피해가 없는 곳이다.
  ㉡ 낙엽활엽수종이 적당하며, 상록수종은 심지 않는다.

(2) 식재망

① 규칙적 식재망
  ㉠ 정방형, 장방평, 정삼각형, 이중정방형
  ㉡ 일반적으로 정방형 식재를 하는데 규칙적 식재를 하면 식재 이후에 각종 조림작업을 능률적으로 할 수 있다.

[규칙적 식재망]

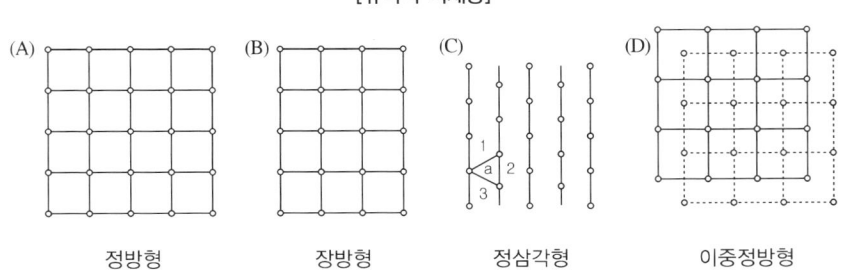

(A) 정방형 (B) 장방형 (C) 정삼각형 (D) 이중정방형

② 반규칙적 식재망 : 식재위치를 정확하게 정해서 식재하는 것이 아니라 현지에 약간의 표시기를 세우고 식재선을 내다보면서 몇 명의 사람이 한 조가 되어 나아가면서 심는 법
③ 식재지점의 결정
　㉠ 한 사면마다 계곡쪽에서 산릉부를 향해 식재열을 정함
　㉡ 식재열을 목측으로 묘간거리를 나누어 가며 식재
　㉢ 열간 거리를 따져 식재열을 정하고 식재지점을 목측으로 정하면서 식재
④ 식재거리
　㉠ 식재거리는 원래 수평거리를 나타냄
　㉡ 경사도 20°까지는 차이가 거의 없으므로 가감할 필요가 없음
　㉢ 25°에서는 10%, 30°에서는 15%, 40°에서는 30%를 더 증가해서 사거리를 정함
　㉣ 식재지점에 벌근과 암석이 있어서 심을 수 없을 때에는 묘간방향(경사방향)으로 옮겨 심음

(3) 식재본수의 계산

① 규칙적 식재를 할 때에는 공식에 의하여 필요한 묘목수를 계산한다.
② 정삼각형 식재를 할 때에는 묘목 1본이 차지하는 면적이 정방형 식재에 비하여 86.6%이고, 식재할 묘목본수는 15.5%가 증가한다.
③ 이중정방형 식재에 있어서는 정방형 식재의 2배이다.
④ 1.8m×1.8m의 정방형 식재를 할 때 ha당 소요되는 묘목의 본수는 3,086본으로서 이러한 식재밀도가 넓게 적용되고 있다.

〈식재망에 따른 소요묘목수 계산공식〉

식재망	묘목 1본당 면적	묘목본수	전면적
장방형	$a = w_1 \cdot w_2$	$N = \dfrac{A}{a} = \dfrac{A}{w_1 \cdot w_2}$	$A = N \cdot w_1 \cdot w_2$
정방형	$a = w^2 = \dfrac{A}{N}$	$N = \dfrac{A}{a} = \dfrac{A}{w^2}$	$A = N \cdot w^2$
정삼각형	$a = w^2 \cdot 0.866 = w \cdot (0.866w)$	$N = \dfrac{A}{w^2 \cdot 0.866}$	$A = N \cdot w^2 \cdot 0.866$
이중정방형	$a = \dfrac{1}{2}w^2$	$N = \dfrac{2A}{w^2}$	$A = \dfrac{1}{2}w^2 N$

※ w_1 : 묘간거리, w_2 : 열간거리, w : 묘간거리와 열간거리가 같을 때, A : 식재지 총면적, a : 묘목 1본의 점유면적, $0.866w$: 3각형의 높이, N : 묘목 총본수

(4) 식재방법

① 묘목식재의 순서(일반법)
　㉠ 괭이로 식재지점을 중심으로 해서 지름 약 1m의 원형 내의 잡초·낙엽 등의 지피물을 한 쪽으로 치운다.
　㉡ 원형의 둘레에 괭이를 깊이 넣어 식물의 뿌리를 절단한다.
　㉢ 원형지 내에 괭이를 깊게 넣어 흙을 부드럽게 하고, 그 안에 들어 있는 식물의 뿌리를 제거하며 흙덩이를 가늘게 깬다.
　㉣ 부식이 들어 있는 비옥한 표토는 조심스럽게 한쪽으로 모으고 흩어지지 않도록 한다.
　㉤ 묘목의 근계를 생각해서 충분한 크기의 구덩이를 판다.
　㉥ 묘목의 뿌리가 자연스럽게 퍼질 수 있도록 묘목의 구덩이 안에 세운다.
　㉦ 낙엽 같은 것이 구덩이 안으로 들어가지 않도록 가는 흙으로 채운다. 이때 묘목의 끝을 손으로 잡고 약간 위로 치켜 올리는 기분으로 묘목을 부드럽게 좌우로 흔들면서 마지막 흙을 채운다.
　㉧ 세토가 근계와 잘 밀착되도록 하면서 발로 밟아 흙이 다져지도록 한다.
　㉨ 묘목을 심는 깊이는 원래 자라던 수준으로 하고 너무 깊게도, 또 너무 얕게도 심어서는 안 된다. 심은 후 묘목 부근이 낮아져서는 안 되며 흙을 모아 약간 두둑하게 한다.
　㉩ 치워 두었던 낙엽과 잡초를 가지고 뿌리목 부근을 덮어 흙의 건조를 막도록 한다.

② 특수식재법
　㉠ 봉우리식재
　　• 심을 구덩이 바닥 가운데에 좋은 흙을 모아 원추형의 봉우리를 만든 다음 묘목의 뿌리를 사방으로 고루 펴서 이 봉우리 위에 얹고 그 뒤 다시 좋은 흙으로 뿌리를 덮으며 그 뒤부터는 일반식재법에 따라 심는다.
　　• 봉우리식재법은 천근성이며 측근이 잘 발달하고 직근성이 아닌 묘목, 예로서 가문비나무 묘목 등이 알맞다.

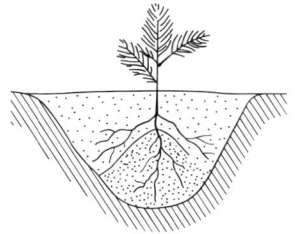

[봉우리식재의 요령]

© 치 식
- 습지로서 배수가 불량한 곳 또는 석력이 많아서 구덩이를 파기 어려운 곳에 적용
- 구덩이를 파는 대신에 지표면에 흙을 모아 심는 방법

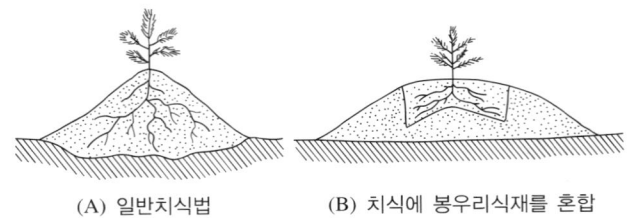

(A) 일반치식법   (B) 치식에 봉우리식재를 혼합

[치식의 요령]

③ 큰나무이식법
㉠ 큰 조경수목 또는 몸집이 큰 귀중수목의 위치이동을 위한 식재법
㉡ 뿌리돌림을 미리 실시해서 근주 부근에 세근을 발달시키고 뒤에 근분을 떠서 활착을 도움
㉢ 뿌리돌림의 시기
- 낙엽수종(낙엽송 포함) : 11~12월 상순, 2~3월 상순
- 상록침엽수종 : 3~4월 상순, 10월 중순
- 상록활엽수종 : 5~6월(장마철), 9~10월
㉣ 근분뜨기
- 근원직경 3~5배가 되는 근분직경의 주위를 사람이 들어갈 수 있는 폭 50cm 정도로 도랑을 파고, 가능하다면 근분의 바닥흙도 파서 주근의 박피가 되도록 한다.
- 근분의 깊이는 근계의 형태, 토질을 고려해서 근원직경의 2~4배로 한다.
- 토질상 근분이 깨어지기 쉬울 때에는 사전에 관수해서 흙에 습기를 주도록 한다.
- 근분을 팔 때 근분 밖으로 나온 세근은 절단하고, 비교적 굵은 측근의 약 반수는 나무를 안정시키는 지지근으로 남긴다.
- 뿌리의 절단면은 다듬어서 평활하게 해준다.
- 주근도 여러 개가 있을 때에는 하나만 남기고 절단한다.
- 나무의 안정이 염려될 때에는 지지근으로서의 측근은 되도록 남기고 다음에 박피를 해서 부정근의 발생을 촉진시킨다.
㉤ 박 피
- 약 10cm 폭으로 지지근의 껍질부분만 제거한다.
- 박피된 뿌리는 근단부부터 땅속의 수분과 양료를 흡수해서 목질부를 통해 수체 안으로 보낼 수 있으나, 수액의 하강은 박피부에서 저지되어 뿌리의 신장은 약해지지만 박피 상단부에 있어서 부정근의 발생이 촉진된다.
㉥ 비닐막과 목질퇴비의 사용
㉦ 다 식

(5) 시 비

① 비료를 주면 임분의 울폐를 빠르게 하고 풀베기작업량을 적게 하는 데 도움을 주며, 땅이 비옥하지 않을 경우에는 2~3년 연속해서 시비하도록 한다.
② 묘목을 심은 뒤 묘목으로부터 20~30cm 떨어진 곳에 3~4개의 구멍을 뚫고 그 안에 넣은 다음 발로 흙을 덮어 주는 대신에 원형 또는 반원형으로 얕은 도랑을 파고 아래 표에 따라 시비한다.

〈묘목의 표준시비량(단위 : g/본)〉

구 분	질 소	인 산	칼 리
소나무·해송	6~8	4~5	4~5
낙엽송	10~14	7~8	5~8
삼나무·편백·전나무	8~12	5~7	5~7
포플러	24~40	16~28	12~34
오동나무	24~48	16~32	12~40
일반활엽수종	10~14	7~8	5~8

③ 고형복합비료
  ㉠ 질소, 인산, 칼리를 12 : 16 : 4의 비율로 함유
  ㉡ 1개의 무게가 15g으로서 사용하기에 편리하고 비효가 오래가는 장점
  ㉢ 소나무, 해송, 낙엽송, 잣나무 등 소위 장기수종은 2개, 포플러류, 오동나무 등 속성수종에는 6개, 아까시와 같은 연료수종은 2개를 시비
  ㉣ 2년째에 가서는 첫해 분량의 20% 증가, 3년째에는 2년째의 20% 증가의 비율로 시비

(6) 보 식

1~2년이 지나게 되면 일부가 고사하게 되는데, 이러한 고사목을 보충해서 묘목을 심을 때 이를 보식이라고 한다.

| 주관식 확인문제 | 묘목 생산 및 관리 |

※ 다음 빈칸에 적절한 말을 넣거나 묻는 말에 답하시오.

01 종자를 뿌려 실생묘를 양성하는 것을 주목적으로 할 때의 임업묘포를 (   )묘포라 하고, 양성된 어린 묘목을 옮겨 심어서 더 크게 키운 뒤 산지에 내도록 하는 것을 (   )묘포라 한다.

정답적기

02 묘포의 밭갈이와 쇄토가 끝나면 육묘상을 만드는데 이 작업을 무엇이라 하는가?

정답적기

03 파종상실면적 500m^2, 묘목잔존본수 600본/m^2, 1g당 종자평균입수 66.5립, 순량률 0.95, 실험실 발아율 0.90, 묘목잔존율을 0.3으로 할 때 m^2당 파종량은?

정답적기

04 침엽수 파종산에 발생하는 입고병과 적고병에 대한 방제작업 시 사용하는 약제는?

정답적기

05 씨를 뿌린 후 4개월간 묘목을 키우면 거의 다 자라게 되어 하우스 밖으로 옮겨져 대개 조림을 하게 된다. 그러나 하우스를 떠난 묘목이 바로 조림이 되면 환경의 차이로 인해 거의 죽어버린다. 따라서 좋지 않은 조건 속에서도 살 수 있도록 적응을 시켜야 하는데 이 단계를 무엇이라 하는가?

정답적기

06 파종상에서 기른 1~2년생 실생묘를 더 크게, 그리고 근계를 더 발달시켜 산지식재에 더 알맞은 묘목으로 만들기 위해 다른 묘상에 옮겨 심는 것을 무엇이라 하는가?

정답적기

07 접목이란 서로 분리되어 있는 식물체를 조직적으로 연결시켜 생리적 공동체가 되게 하는 것으로 접목부위의 위에 오는 것을 (　　)(이)라고 하는데, 이것은 식물체의 지상부·주요부를 형성하게 된다. 아래에 위치하는 부분을 (　　)(이)라고 하는데, 이것은 식물체의 지하부, 즉 근계를 형성하게 된다.

정답적기

08 봄에 파종하여 단근작업하고 판갈이 하여 상체상에서 2년이 지난 후 다시 단근하여 1년이 지난 4년생 묘목의 묘령 표시 방법은?

정답적기

09 우리나라의 지속가능한 산림자원 관리지침 상에 활착률 (   )% 미만인 경우는 보식하고, 활착률 (   )% 미만인 경우는 재조림을 실시하도록 하고 있다.

정답적기

10 풀베기 시 둘레베기의 반경 폭은?

정답적기

주관식 정답

01. 파종, 상체
02. 작상
03. 35.2g/m²
04. 보르도액
05. 묘목굳히기(경화처리)
06. 상체
07. 접수, 대목
08. s1p-2p-1
09. 80, 50
10. 50cm 내외

CHAPTER 03 산림보육(숲가꾸기)

01 산림보육

(1) 어린 조림목이 자라서 갱신기(벌기)에 이르는 사이 주림목의 자람을 돕고 임지의 생산능력을 높이기 위하여 실시되는 육림수단

(2) 보육은 갱신된 임분에 대하여 임상의 정리, 성장촉진, 개체목의 형질향상 등 삼림의 양적 및 질적 생산을 고도의 수준으로 높이고자 하는 조림방법

02 풀베기

(1) 풀베기의 뜻과 목적
  ① 풀베기(하예)란 조림목의 자람에 지장을 주는 잡초 또는 쓸모없는 관목을 제거하는 것이다.
  ② 풀베기의 목적
    ㉠ 수분과 양료의 쟁탈의 경쟁을 완화하여 조림목을 이롭게 한다.
    ㉡ 잡초목이 무성해서 조림목에 피압을 주어 광합성에 지장을 주는 것을 막는다.
    ㉢ 병해충이 발생하는 데 이로운 조건을 제거한다.

(2) 풀베기의 형식
  ① 모두베기(전예)
    ㉠ 조림목은 남겨 놓고 그 밖의 모든 잡초목을 제거하는 방법이다.
    ㉡ 조림목에 가장 많은 양의 광선을 줄 수 있고 지상식생의 피압으로 수형이 나빠지기 쉬운 양수에 적용한다.
    ㉢ 낙엽송, 소나무, 삼나무, 편백, 잣나무 등
  ② 줄베기(조예)
    ㉠ 흔히 적용되는 풀베기 방식으로 조림목이 심어진 줄을 따라 잡초목을 제거하는 방법이다.
    ㉡ 묘목을 한풍해로부터 보호할 수 있고, 풀베기 비용도 절감할 수 있다.
    ㉢ 등고선방향으로 베는 수평조예와 경사에 따른 경사조예가 있는데 경사조예가 일반적이다.

③ 둘레베기
  ㉠ 조림목의 주변에 나는 잡초목만을 깎아 버리는 방법이다.
  ㉡ 한풍해가 예상되는 경우에 조림목을 중심으로 약 50cm의 지름을 가지는 원형 내의 것만을 제거한다.

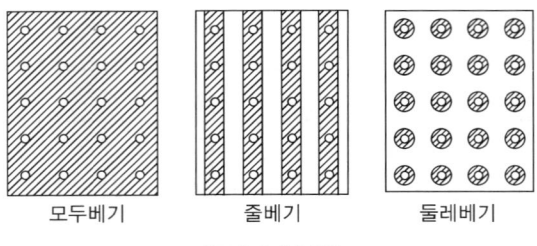

[풀베기의 형식]

(3) 풀베기의 시기
① 풀들이 왕성한 자람을 보이는 6월 상순~8월 상순 사이에 실시하며 특히 풀의 자람이 무성한 곳에서는 1년에 두 번 실시한다.
② 풀베기는 묘목을 심은 뒤 3~4년간 계속해서 해마다 실시하고, 가문비나무, 전나무, 잣나무 등 어릴 때 자람이 늦은 수종은 5~6년까지 실시, 조림목이 지상식생층보다 80cm 정도 더 높게 자라는 것을 목표로 한다.
③ 따뜻하고 습기가 있는 곳 또는 지력이 높은 곳, 양수조림지, 비료를 준 조림지에 있어서는 처음 1~2년간은 한 해에 두 번 정도 실시한다.
④ 9월 이후부터는 대개 수종의 성장이 끝나므로 풀베기는 실시하지 않는다.

(4) 풀베기의 실행
① 낫을 사용하는 수작업, 동력을 이용하는 기계작업(하예기, 예불기)과 제초제에 의한 방법이 있다.
② 제초제에 의한 방법
  ㉠ 염소산염제 : 조릿대, 새 등을 제거를 위한 비호르몬형, 비선택성의 접촉형 제초제로서 토양표면처리 또는 경엽에 살포한다. 발화의 위험이 있으므로 화기에 주의한다.
  ㉡ MCP제 : 목본식물 및 칡, 그리고 잎이 넓은 잡초를 처리하는 데 쓰이는 제초제로서 2,4-D와 비슷한 호르몬형이고 흡수이행성이 크며, 경엽에 살포한다.
  ㉢ 피클로람(Picloram) K : K-pin이라고 하며, 칡 등 덩굴식물의 주두에 처리하는 호르몬형 제초제로서 흡수이행성이 크다. 칡은 주두에 송곳으로 구멍을 뚫고 K-pin 나무침의 침지부위(흰 부분)가 보이지 않도록 1~3본을 삽입한다.

- ㉣ 시마진(Simazine, CAT) 선택성의 흡수이행형 제초제로서 주로 뿌리로부터 흡수되어 도관을 통해 지상부의 어린 조직에 이행하여 광합성을 저해함으로써 살초작용을 나타낸다. 경엽에 대한 작용력은 거의 없고 광엽잡초에 대한 효과가 크다.
- ㉤ 파라콰트(Paraquat, Paraco) : 상품명으로 그라목손(Gramoxone)이라고 하며, 비선택성이고 비호르몬형의 접촉성 제초제이다. 경엽에 처리하면 빨리 흡수되어 24~48시간 내에 강력한 살초력을 나타낸다. 비선택성이나 화본과식물에 대한 작용이 광엽식물에 대한 작용보다 다소 큰 편이다.
- ㉥ TFP-Na : 비호르몬형의 이행성 제초제로서 뿌리와 경엽부터 흡수되어 식물체로 이행한다. 조릿대 등 화본과식물에 효과가 있다. 조릿대 등을 쳐내고 살포하여 그 뒤의 재생을 막는 것이 좋은 사용법이다.
- ㉦ 헥사지논(Hexazinone) : 선택성 제초제로서 입제가 시판되고 있다. 소나무, 해송, 전나무 등에는 약효가 없으나 낙엽송, 잣나무, 편백, 화백에는 약해가 있다. 초봄이나 늦가을 토양수분이 많을 때 살포한다.

03 덩굴제거

(1) 덩굴식물
① 덩굴제거란 조림목을 감고 올라가서 피해를 주는 각종 덩굴식물을 제거하는 일을 말한다.
② 덩굴식물은 칡, 으름, 다래, 머루, 등, 담쟁이, 청미래덩굴, 마삭줄, 으아리류, 인동덩굴 등으로 일반적으로 양성이며, 울폐한 천연림이나 조림지에는 적으나 벌채하면 수년 내로 급격히 증가한다.

(2) 덩굴식물에 의한 해
① 수관이 빈약해지고 줄기가 굽고 갈라지며 감고 올라간 덩굴줄기의 자국이 줄기에 남아서 재질에 큰 결점을 준다.
② 덩굴이 줄기를 압박하면 양료의 하강이 불가능해져서 줄기에 팽대부가 생겨 기형을 발생시킨다(풍해, 설해의 조장 및 병해충의 발생 거점).

(3) 덩굴제거의 실행
① 덩굴제거의 시기는 덩굴식물의 뿌리 속의 저장양분을 소모한 7월경에 실시한다.
② 칡과 같은 것은 이와 같은 작업을 하더라도 다시 줄기를 내기 때문에 약제를 사용한다.
③ K-pin은 미량의 피클로람을 목침에 흡착시킨 것으로 운반과 작업이 간편하고 1년 내내 처리가 가능하며 효과가 높다.

④ 약제사용의 주의사항
　㉠ 약제 흡착부가 노출되지 않도록 깊게 꽂도록 하고 약해를 막기 위해 빗물로 약성분이 흘러내리지 않도록 한다.
　㉡ K-pin을 충분한 깊이로 삽입할 수 없을 때에는 그 일부를 꺾어 다른 줄기에 꽂아 주도록 한다.
　㉢ 작은 그루터기는 1/2본을 꽂는다. 1본의 처리로 5~8cm의 주경의 것을 고사시킬 수 있다.
　㉣ 어느 때나 사용할 수 있으나 눈이 트기 전에 처리하는 것이 작업하기 쉽고 제초제 소모도 적다.
　㉤ 되도록 주두처리를 하고, 부득이한 경우에는 덩굴줄기처리를 한다.
　㉥ 포도경까지 효과가 미치므로 연결된 분근도 죽게 되므로 줄기를 끊지 않고 처리해야 한다.
　㉦ 호르몬제이므로 덩굴 끝쪽으로 이동하고 필요 이상의 약량을 쓰지 않도록 한다.
　㉧ 비가 오는 날에는 사용을 중지한다.

04 | 제벌(어린나무 가꾸기)

(1) 제벌의 뜻과 목적
① 제벌이란 조림목이 임관을 형성한 뒤부터 간벌할 시기에 이르는 사이에 침입 수종의 제거를 주로 하고, 아울러 조림목 중 자람과 형질이 매우 나쁜 것을 끊어 없애는 일을 말한다.
② 조림목 하나하나의 성장증가에 중점을 두는 것이 아니라 임상을 정비해서 목적하는 수종의 완전한 성림과 건전한 자람을 도모하고 임분 전체의 형질을 향상시키는 데 목적이 있다.

(2) 제벌의 방침
① 조림수종이 그 임지에 적합하여 성림이 잘될 것인가를 검토하고 임지에 부적합하다면 오히려 다른 수종과의 혼교가 유리하다.
② 좋은 나무를 보육한다는 원칙에 따라 제벌을 실시한다.
③ 침엽수는 맹아력이 거의 없거나 약하므로 근원부를 절단하면 좋으나 맹아력이 강한 활엽수종은 제초제를 사용하거나, 때로는 여름에 지상 1m 정도 되는 곳에서 줄기를 꺾어 뉘여 두면 뿌리목 부근에서 절단한 것보다 맹아의 힘을 누를 수 있다.

(3) 제벌의 실행
① 제벌의 시작임령은 풀베기방법, 나무의 성장상태, 침입식물의 종류, 자람의 상태에 따라 다르나, 일반적으로 수관 간의 경쟁이 시작되고 조림목의 생육이 저해된다고 판단될 때 실시한다.
② 첫 번째 제벌이 실시되는 임령
　㉠ 소나무, 낙엽송 : 식재 후 7~8년
　㉡ 삼나무, 편백 : 식재 후 10년
　㉢ 전나무, 가문비나무 : 13~15년

③ 제벌은 간벌이 시작될 때까지 2~3회를 실시한다.
④ 제벌의 시기는 나무의 고사상태를 알고 맹아력을 감소시키기 위해서는 여름철에 실행한다.

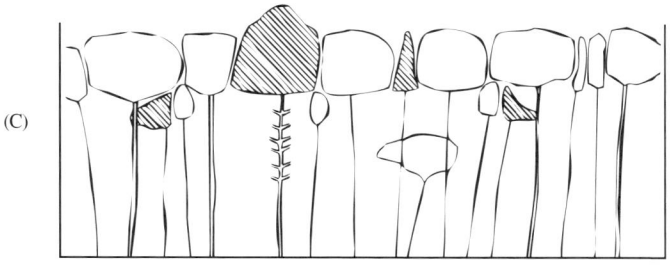

(A) : 하위의 잣나무와 상위의 침입수종
(B) : 약제처리 후 침입수종과 폭목이 제벌된 것
(C) : 무처리로서 40년이 경과한 뒤의 임분구조의 변화

[스트로브잣나무 임분에 대한 제벌]

05 천연림의 조성 관리

(1) 천연림보육
① 대상지
  ㉠ 우량대경재 이상을 생산할 수 있는 천연림
  ㉡ 조림지 중 형질이 우수한 조림목은 없으나 천연 발생목을 활용하여 우량대경재를 생산할 수 있는 인공림
  ㉢ 평균 수고 8m 이하이며 입목 간의 우열이 현저하게 나타나지 않는 임분으로서 유령림단계의 숲가꾸기가 필요한 산림
  ㉣ 평균 수고 10~20m이며, 산림으로서 상층목 간의 우열이 현저하게 나타나는 임분으로서 솎아베기 단계의 숲가꾸기가 필요한 산림
② 작업시기 및 사업종의 구분 추진
  ㉠ 산 가지치기를 수반하지 않을 경우에는 연중 실행이 가능하다.
  ㉡ 산 가지치기를 수반하는 경우에는 11월 이후부터 이듬해 5월 이전까지 실행하여야 하나 가지치기를 천연림보육 작업과 별도의 사업으로 구분하여 추진할 경우 작업 여건·노동력 공급 여건 등을 감안하여 연중 실행이 가능하다.
  ㉢ 미래목을 선발하는 선목작업은 천연림보육 작업과 별도의 사업으로 구분하여 실행할 수 있다.

③ 유령림(幼齡林) 단계의 작업방법
  ㉠ 상층목 중 형질이 불량한 나무, 폭목을 제거 대상목으로 한다.
  ㉡ 형질이 불량한 상층목이라도 잔존하는 상층목에 피해를 주지 않고 경관 유지와 야생조류의 서식지·먹이 등의 목적으로 필요할 경우 제거하지 않을 수 있다.
  ㉢ 상층을 구성하고 있는 수종이 대부분 소나무일 경우, 형질이 불량한 대경목과 폭목은 제거한다.
  ㉣ 불량 상층목과 폭목의 벌채 시 남아 있는 나무에 피해를 줄 우려가 있을 경우 수피베끼기 등의 방법을 사용할 수 있다.
  ㉤ 칡, 다래 등 덩굴류와 병충해목은 제거한다.
  ㉥ 과다한 임지노출이 우려될 경우를 제외하고 형질 불량목, 아까시나무, 싸리나무, 불량 참나무류, 활엽수 움싹 등은 제거한다.
  ㉦ 임분이 과밀할 경우 우량 상층목이라도 솎아 주고 제거 대상목은 지표에 가깝게 베어낸다.
  ㉧ 움싹이 발생되었을 경우 각 근주에서 생긴 2본 정도 남기고 정리하며, 유용한 실생묘는 존치한다.
  ㉨ 제거하지 않은 나무 중 쌍가지로 자란 경우에 하나는 잘라주고, 원형수관은 원추형(圓錐形)으로 유도한다.
  ㉩ 상층목의 생육에 지장이 없는 하층식생은 제거하지 않고 존치
  ㉪ 침엽수의 경우, 산 가지치기를 수반할 경우 11월 이후부터 이듬해 5월 이전까지 실행하고 가지치기는 전정가위를 사용하여 실시
  ㉫ 가지치기는 침엽수일 경우 형질우세목 중심으로 실시
④ 솎아베기 단계의 작업방법
  ㉠ 미래목 선정 및 관리
    • 미래목은 상층의 우세목으로 선정하되 폭목은 제외
    • 나무줄기가 곧고 갈라지지 않으며 산림병충해 등 물리적인 피해가 없을 것
    • 미래목 간의 거리는 최소 5m 이상으로 임지 내에 고르게 분포하도록 하며, ha당 활엽수는 150~300본, 침엽수는 200~300본을 미래목으로 함
    • 침엽수의 경우 미래목만 가지치기를 실행하며 산 가지치기를 수반할 경우 11월 이후부터 이듬해 5월 이전까지 실행
    • 솎아베기 및 산물의 하산, 집재, 반출 등의 작업 시 미래목을 손상치 않도록 주의
    • 미래목은 가슴높이에서 10cm의 폭으로 황색 수성페인트로 둘러서 표시
  ㉡ 작업방법
    • 미래목의 수관생장을 억압하는 생장경쟁목, 미래목의 수관과 수간에 해를 입히는 나무, 피해목, 형질이 불량한 중용목·상층목, 폭목, 덩굴류를 제거 대상목으로 함
    • 폭목은 미래목의 생장에 방해가 되지 않고 경관 유지와 야생조류의 서식지·먹이 등의 목적으로 필요할 경우 제거하지 않을 수 있음
    • 폭목의 벌채 시 남아 있는 나무에 피해가 우려될 경우 수피베끼기 등의 방법을 사용할 수 있음

- 제거 대상목은 지표에 가깝게 베어내되 활엽수의 경우 미래목의 수간보호가 필요하다면 줄기의 중간을 베어줄 수 있음
- 상층목의 생육에 지장이 없는 보호목(하층식생)은 제거하지 않고 존치
- 미래목 가지치기는 반드시 톱을 사용하여 실시

(2) 천연림개량
① 대상지
  ㉠ 형질이 불량하여 우량대경재 생산이 불가능한 천연림
  ㉡ 유령림단계의 천연림으로 특용·소경재 생산이 가능한 임지
  ㉢ 유령림으로서 천연림개량 후 간벌단계에서 우량대경재 생산이 가능하여 천연림보육을 실행할 임지
② 작업시기는 천연림보육과 같음
③ 작업방법
  ㉠ 유령림의 경우 형질이 불량한 나무, 폭목을 제거하고 가급적 입목밀도를 높게 유지
  ㉡ 칡, 다래 등 덩굴류와 산림병해충 피해목을 제거
  ㉢ 제거하지 않은 나무 중 쌍가지로 자란 경우 하나는 잘라주고, 원형수관은 원추형으로 유도
  ㉣ 상층목의 생육에 지장이 없는 하층식생은 제거하지 않고 존치
  ㉤ 형질 불량목의 제거로 인하여 발생된 공간은 활엽수를 ha당 5,000본 기준으로 식재할 수 있음
  ㉥ 솎아베기 단계에 도달한 형질불량 천연림은 층위에 관계없이 형질불량목 위주로 제거하고 빈 공간에 활엽수를 밀식조림할 수 있음
  ㉦ 폭목 제거로 인하여 우량목의 피해가 우려되는 지역은 수피베끼기 등의 방법을 사용
  ㉧ 천연림개량 작업 후 우량대경재 이상을 생산할 수 있다고 판단되는 천연림에 대하여 천연림보육 실시 가능

(3) 움싹갱신지 보육
① 대상지는 움싹갱신을 실시한 임지
② 작업시기
  ㉠ 보완조림은 천연림갱신의 움싹갱신 방법에 따름
  ㉡ 풀베기, 덩굴제거는 인공림과 같음
  ㉢ 움싹 본수 조절은 움싹갱신 2~3년 후 생장휴지기인 11월 이후부터 이듬해 5월 이전까지 실시
③ 작업방법
  ㉠ 보완조림은 움싹이 발생하지 않은 지역에 실시
  ㉡ 풀베기, 덩굴제거는 임지상황에 따라 횟수를 조정하여 실시

ⓒ 움싹 본수 조절은 그루터기 당 신갈나무, 갈참나무 등은 2~3본, 상수리나무, 굴참나무 등은 1~2본을 남김
ⓔ 임분유형에 따라 밀생형, 소생형, 균일형으로 구분하여 적용
- 밀생형(密生形)은 버섯용 원목 또는 10~20cm 내외의 소경재를 생산하는 특용·소경재를 목표생산재로 적용
- 소생형(疏生形)은 상층의 우세목은 우량중경재를 목표생산재로 하고 중·하층은 버섯용 원목 또는 소경재를 생산하는 특용·소경재를 목표생산재로 함
- 균일형(均一形)은 천연림보육의 작업방법을 적용함

CHAPTER 04 간벌(솎아베기) 및 가지치기

01 간벌(솎아베기)

(1) 간벌의 뜻과 목적

① 남게 될 나무의 자람을 촉진시키고 유용한 목재의 총생산량을 증가시키고자 할 때 그 벌채를 간벌(Thinning)이라고 한다.

② 간벌의 효과
    ㉠ 직경성장을 촉진하여 연륜폭이 넓어진다.
    ㉡ 생산될 목재의 형질을 좋게 한다.
    ㉢ 벌기수확은 양적·질적으로 매우 높아진다.
    ㉣ 임목을 건전하게 발육시켜 여러 가지 해에 대한 저항력을 높인다.
    ㉤ 우량한 개체를 남겨서 임분의 유전적 형질을 향상시킨다.
    ㉥ 산불의 위험성을 감소시킨다.
    ㉦ 조기에 간벌수확이 얻어진다.
    ㉧ 입지조건이 개량에 도움을 준다.

(2) 임분의 발달

① 우세한 나무는 상층임관을 구성하는 분자로 되고, 그렇지 못한 나무는 아래로 피압되어 우세목은 더욱더 왕성한 자람을 하게 되고 피압된 나무는 피압상태가 더욱더 가중된다. 이 결과 수관급 분화가 일어난다.
② 피압된 나무가 다시 우세목으로 되기란 매우 어렵고, 조림작업을 통해서도 그 회복은 불가능에 가깝다.

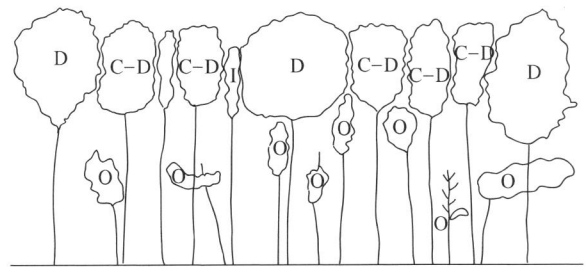

[관리되지 않았던 임분에 나타난 수관의 분화(HAWLEY)]

(3) 수관급

수관급은 수목급, 수형급, 또는 수간급 등으로 불린다. 임분을 구성하는 나무들은 사소한 입지의 변화, 유전적 소질의 차이, 여러 피해, 인공림의 경우 묘목의 인위적 취급의 차이 등으로 수고, 수관의 확장, 간형 등에 차이가 발생한다.

① HAWLEY의 수관급
  ㉠ 우세목 : 상층임관을 구성하고, 상방광선을 충분히 받으며, 상당량의 측방광선도 받을 수 있는 수관을 가지고 있는 나무를 말한다. 임분 구성인자로는 평균 이상의 크기를 가지고 있다.
  ㉡ 준우세목 : 우세목과 비슷하나 측방광선을 받는 양이 비교적 적고, 수관의 크기는 평균에 가깝다. 수관은 측방적으로 압력을 받고 있다.
  ㉢ 중간목(개재목) : 수고에 있어서 우세목과 준우세목에 다소 떨어지나 수관은 그들 사이에 끼어들고 있고, 상방광선을 받는 양은 제한되어, 측방광선은 거의 받지 못하고 있으며, 수관이 작고, 측방으로부터 많은 압력을 받고 있다.
  ㉣ 피압목 : 하층임관을 구성하는 것으로 직사광선은 거의 받지 못하고 있는 것을 말한다.
② 데라사끼(寺崎)의 수형급 : 상층임관을 구성하는 우세목과 하층임관을 구성하는 열세목으로 먼저 구분한 다음 수관의 모양과 줄기의 결점을 고려해서 다시 세분함
  ㉠ 1급목 : 수관의 발달이 이웃한 나무에 의하여 방해를 받는 일이 없고, 또 자람에 편의가 없으며 발달하기에 알맞은 공간을 가지고 수목의 형태가 불량하지 않은 것
  ㉡ 2급목 : 수관의 발달이 이웃한 나무에 의하여 압박을 받고 있거나 자람에 편의가 있고 성장에 알맞은 공간을 갖지 못하고 있는 것 또는 그 형태가 불량한 것을 말한다. 2급목은 그 내용에 따라 a, b, c, d, e의 5계급으로 나눈다.
    • a : 수관의 발달이 지나치게 왕성하고, 넓게 확장하거나 또는 위로 솟아올라 수관이 편평한 것(폭목)
    • b : 수관의 발달이 지나치게 약하고 이웃한 나무 사이에 끼어서 줄기가 매우 세장한 것(개재목)
    • c : 이웃한 나무 사이에 끼어서 수관발달에 측압을 받아 자람이 편의된 것(편의목)
    • d : 줄기가 갈라지거나 굽는 등 수형에 결점이 있는 것, 그리고 모양이 불량한 전생수(곡차목)
    • e : 피해를 받은 나무(피해목)
  ㉢ 3급목 : 세력이 감소되고 자람이 지연되고 있으나 수관이 피압되지 않는 나무로서 상층임관을 형성할 가능성을 가진 나무(중간목, 중립목)
  ㉣ 4급목 : 피압상태에 있으나 아직 생활수관을 가지고 있는 것(피압목)
  ㉤ 5급목 : 고사목, 도목, 피해목, 그리고 고쇠 상태에 있는 나무

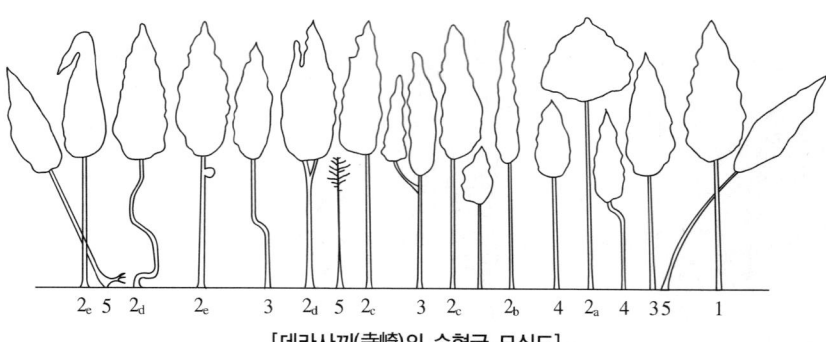

[데라사끼(寺崎)의 수형급 모식도]

③ 가와다(河田)의 활엽수 수관급
    ㉠ A : 우세목으로서 형질이 좋은 나무
    ㉡ B : 우세목으로서 형질에 결점이 있는 나무
    ㉢ $\overline{B}$: B와 비슷하지만 당장 간벌하면 소개되는 공간이 너무 커서 염려되는 나무
    ㉣ C : 보통의 열세목
    ㉤ D : 수고가 C와 비슷하나 이미 초두가 고사하고 죽게 된 나무 또는 수형이 매우 불량한 나무
    ㉥ E : 수고에 관계없이 전염성의 병목 또는 도목, 경사목, 고목 등으로 임분 구성인자로 인정하기 어려운 나무

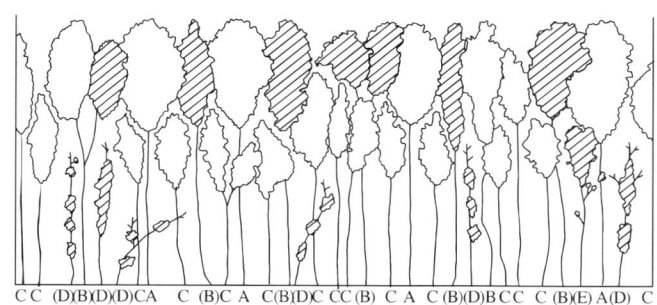

[가와다(河田)의 활엽수에 대한 수관급]

④ 활엽수에 대한 덴마크의 수간급
    ㉠ 주목(A) : 곧은 수간과 정상인 수관을 가지는 것으로 이것은 남겨서 그 자람을 촉진시키는 대상이 된다.
    ㉡ 유해부목(B) : 주목의 수관발달에 지장을 주는 것으로 제거대상이 되는 나무이다.
    ㉢ 유요부목(C) : 주목의 지하간장을 길게 하기 위하여 남겨 두어야 할 필요성이 있는 나무이다.
    ㉣ 중립목(D) : A, B, C 어느 것에 소속되는지 확실하지 않아서 간벌할 때 일단 그냥 남겨두었다가 다음 번 간벌할 때 다시 고려할 나무로서 때로는 마지막 간벌 때까지 남게 되는 것도 있다.

(4) 정성간벌

① 간벌은 방법에 따라 정성간벌과 정량간벌로 구분
② 줄기의 형태와 수관의 특성으로 구분되는 수관급을 바탕으로 해서 정해진 간벌형식에 따라 간벌 대상목을 선정하는 것
③ 벌채량에 있어서 객관적 기준이 약하고, 간벌목 선정자의 주관에 따라 그 대상목이 결정되며 간벌의 강도에 있어서나 간벌의 반복기간에 대해서도 뚜렷한 기준이 없다.

④ 데라사끼(寺崎)의 간벌형식
  ㉠ 데라사끼의 간벌은 2계통 5종류가 있다.
    • 하층간벌(보통간벌) : A종, B종, C종
    • 상층간벌 : D종, E종

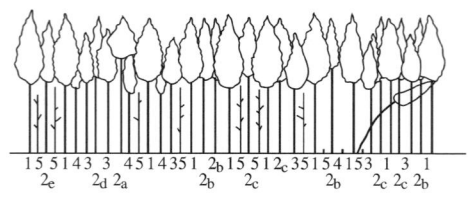
간벌시행 전의 임상

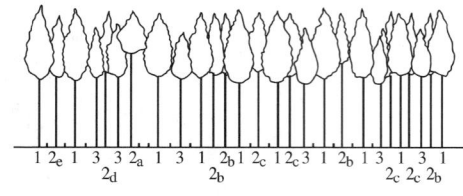
A종간벌을 한 때의 임상

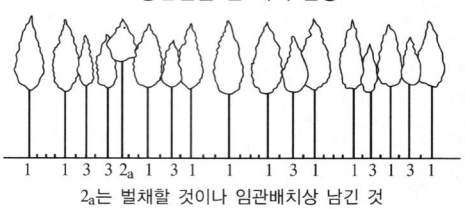
B종간벌을 한 때의 임상

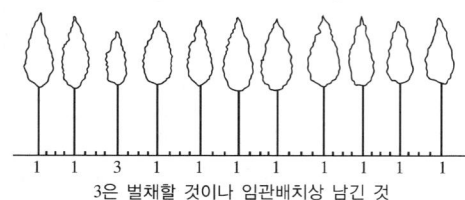
C종간벌을 한 때의 임상
3은 벌채할 것이나 임관배치상 남긴 것

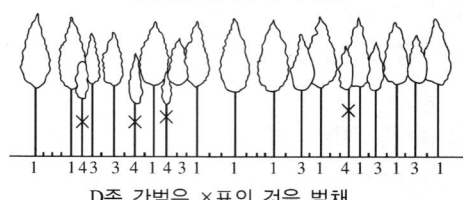
상층간벌을 한 때의 임상
D종 간벌은 ×표의 것을 벌채

[데라사끼(寺崎)의 간벌형식 모식도]

  ㉡ A종간벌
    • 4급목과 5급목을 제거하고 2급목의 소수를 끊는 간벌(임내정리)
    • 간벌하기 앞서서 제벌 등 선행되는 중간벌채가 잘 이루어졌다면 A종간벌을 할 필요성은 거의 없다.
  ㉢ B종간벌
    • 최하층의 4, 5급목 전부와 3급목의 일부, 그리고 2급목의 상당수를 끊는 것
    • C종과 함께 단층림에 있어서 가장 넓게 실시
  ㉣ C종간벌 : B종보다 벌채하는 수관급이 광범위하고, 특히 1급목의 일부도 벌채
  ㉤ D종간벌 : 상층임관을 강하게 벌채하고, 3급목을 남겨서 수간과 임상이 직사광선을 받지 않도록 하는 것
  ㉥ E종간벌 : 최하층의 4급목이 전부 남게 되는 것

〈데라사끼(寺琦)의 간벌형식과 선목기준〉

간벌형식		수형급									비 고	
		1	2					3	4	5		
			a	b	c	d	e					
하층간벌	A종	○	○(×) >	×(○) >	○(×) >	○(×) >	○	○×	×	×	○	전부 남김
	B종	○	○(×) >	×	×(○) >	×(○) >	×	○×	×	×	○(×) >	대부분 남김
	C종	○(×) >	×	×	×	×	×	×(○) >	×	×	○×	일부 끊음
상층간벌	D종	○(×) >	×	×	×	×	×	○	×	×	×(○) >	일부 남김
	E종	○(×) >	×	×	×	×	×	○	○	×	×	전부 끊음

⑤ HAWLEY의 간벌방법

㉠ 하층간벌(보통간벌, 독일식 간벌법)
- 피압된 가장 낮은 수관층의 나무를 벌채하고 점차로 높은 층의 나무를 벌채하는 방법
- 강도 높은 하층간벌이 실시된 후 우세목과 준우세목이 남으며 침엽수종의 일제임분에 적용하는 것이 알맞다.

〈HAWLEY의 하층간벌의 종별과 선목대상〉

구 분	약한 수준	강한 수준
약도(A)	가장 빈약한 피압목	피압목
경도(B)	피압목, 빈약한 중간목	피압목, 중간목
중도(C)	피압목, 중간목	피압목, 중간목, 약간의 준우세목
강도(D)	피압목, 중간목, 상당수의 준우세목	피압목, 중간목, 대부분의 준우세목

㉡ 수관간벌(프랑스법, 덴마크법)
- 상층임관을 소개해서 같은 층을 구성하고 있는 우량개체의 생육을 촉진시킴
- 주로 준우세목이 벌채되며, 우량목에 지장을 주는 중간목과 우세목의 일부도 벌채

㉢ 택벌식 간벌(Borggreve법)
- 우세목을 간벌해서 그 이하의 임관층 나무의 생육을 촉진시킨다.
- 수익성이 없다고 생각되는 나무는 벌채 대상목으로 하지 않는다.
- 잔존될 하층목은 왕성하고 잘 발달한 수관을 가지고 있어야 하며, 소개에 따라 잘 반응할 가능성을 지니고 있어야 한다.

㉣ 기계적 간벌
- 간벌 후에 남겨질 수목간 거리를 사전에 정해 놓고 수관의 위치와 모양에 상관없이 실시
- 수고가 비슷하고 형질에 차이가 잘 인정되지 않는 유령임분에 흔히 적용

• 기계적 간벌은 등거리간벌과 열식간벌이 있다.

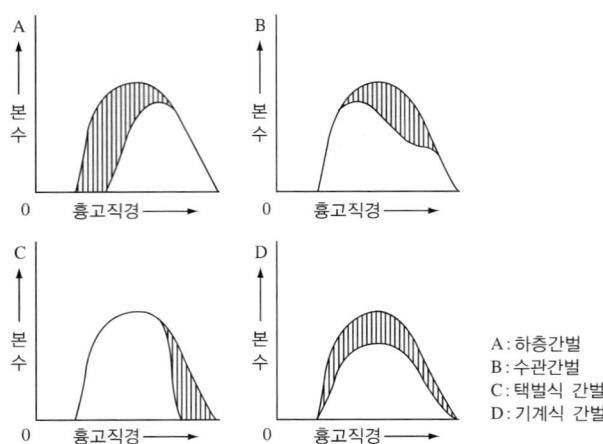

[HAWLEY의 4가지 간벌법(모두 동령림이며, 실선부분은 간벌될 것임)]

⑥ 가와다(河田)의 활엽수 간벌법
  ㉠ A와 경쟁상태에 있는 B만 끊는다.
  ㉡ B는 가지치기, 쌍간의 하나를 끊어 주는 등의 손질은 하나 간벌대상은 안 된다.
  ㉢ C는 심한 밀립상태에 있지 않은 한 남긴다.
  ㉣ D는 전부 끊는다.
  ㉤ E는 원칙적으로 끊지만 임관조절상 남길 수도 있다.

⑦ 덴마크의 활엽수간벌
  ㉠ 간벌 초기에 매우 약하게 실시하고 뒤에 가서 강하게 실시해서 수관급 중 B를 간벌한다.
  ㉡ 수관급 구분은 상층목 수관층이 고르게 되어 있는 임분을 대상으로 상층목을 A, B, D로 구분하고 항상 형질이 좋은 A를 생각해서 B를 제거한다.
  ㉢ 중립목 D는 장차 B로 될 가능성이 높으나 그중에는 A 또는 C로 되는 것도 있다.

⑧ 도태간벌
  ㉠ 의미 : 도태간벌은 쉐델린(1934)의 간벌방식이라고도 하는데, 최고의 가치생장을 위해 자질이 우수한 나무를 항상 집중적으로 선발 탐색하여 조절해 주는 것이며, 심하게 경쟁하는 나무는(불량목이든 우량목이든 간에) 제거하여 우수한 나무의 생장을 촉진하는 것을 말한다. 도태간벌에서는 현재의 가장 우수한 나무 즉 미래목을 선발하여 관리하는 것을 핵심으로 하는데, 우리나라에서 보편적으로 사용하고 있는 간벌방법이다.
  ㉡ 도태간벌 개념 구분
    도태간벌에서는 임분 내의 임목을 다음과 같은 개념으로 구분한다.
    • 미래목 : 수목사회적 위치, 건전성, 형질 등이 가장 우수한 나무로 선발된 정형수로 목표하는 최종수확목으로 남기는 나무이다.

- 선발목 : 일정한 조건(동일한 수령, 동일한 입지환경 등)하에서 주위 인접목보다 외형상으로 한 가지 또는 그 이상의 특성이 아주 우수하게 나타나는 수형목으로서, 일단 선발되었어도 목표하는 최종수확목으로 끝까지 남을 수도 있고 중도에 생장과 형질이 저조해져 다른 나무로 대체될 수도 있는 나무이다.
- 후보목 : 임목형질과 생장의 우열이 확실히 분화되지 않은 유령림 단계의 임분에서, 차후 선발목으로 선택될 가능성이 있는 우량한 나무로서 보육작업 시 선발하지는 않지만 특별히 보호하고 장려된다.

ⓒ 특성
- 도태간벌은 간벌양식으로 볼 때 상층간벌에 속하지만 전통적 간벌양식과는 다른 새로운 간벌양식이다.
- 도태간벌은 가장 우수한 우세목들을 선발하여 그 발달을 조장시켜 주는 명쾌한 목표의 무육벌채적 수단을 갖고 있는 간벌양식이다.
- 도태간벌은 상층임관의 일시적 소개에 의해서 지피식생과 중, 하층목이 발달되어 미래목의 수간 맹아 형성 억제와 복층구조 유도가 용이해진다.
- 무육목표를 최종수확목표인 미래목에 집중시킴으로써 장벌기 고급 대경재 생산에 유리하여, 간벌대상목이 주로 미래목의 생장 방해목에 한정되기 때문에 간벌목 선정이 비교적 용이하다.
- 미래목 생장에 방해되지 않는 중, 하층목 대부분은 존치되고 주로 미래목의 생장 방해목이 간벌됨으로써 간벌재 이용에 유리하다.

ⓔ 대상임분
- 장벌기 우량대경재생산을 목적
- 지위 '중' 이상으로 임목의 생육상태가 양호
- 우세목의 평균수고 10m 이상인 임분(임령 20년생 이상)
- 간벌실행 전에 제벌 등 무육을 실시한 임지, 다만 무육을 실행하지 않은 임지라도 상층 임목간의 우열이 현저한 우량임분의 경우에는 실행이 가능

ⓜ 미래목의 요건 및 관리 방법
- 요건
  - 수종 : 침·활엽수의 모든 경제수종에서 미래목 선발이 가능하고, 혼효림에서는 유용수종을 우선 선발하되 그 임지의 우점 수종이어야 한다.
  - 생활력과 임지적응성
    ⓐ 건전하고 생장이 왕성한 것(근부, 수간 및 수관)
    ⓑ 피압을 받지 않은 상층의 우세목일 것(폭목은 제외됨)
  - 형질
    ⓐ 나무줄기가 통직하고 분간되지 않음
    ⓑ 병충해 등 물리적인 피해가 없음
    ⓒ 이상형상 등이 없을 것

- 거리 및 간격
    ⓐ 미래목 간의 거리는 최소 5m 이상
    ⓑ 미래목 간의 거리, 간격을 일정하게 유지할 필요는 없으며 임분 전체로 볼 때 대체로 고루 배치되는 것이 이상적이다.
    ⓒ 최대 400본/ha 미만이어야 한다. 활엽수는 100~200본/ha, 침엽수는 200~400본/ha이다.
- 관리방법
    - 미래목 가지치기
        ⓐ 미래목에 대해서만 수액정지기(11월, 익년 3월)에 실행하는 것이 이상적이나 인력수급 등을 고려하여 간벌작업시에 같이 실시한다.
        ⓑ 가지치기 높이는 나무 키의 1/3~2/5 정도로 하며 마른가지는 전부 쳐준다.
        ⓒ 활엽수 가지치기는 지융부를 손상치 않도록 하며, 반드시 톱을 사용하고 낫을 사용한 가지치기는 금지한다.
        ⓓ 주의사항 : 활엽수(포플러류 제외)는 가지 직경이 5cm 이상이면 상처 유합이 어려우므로 절단해서는 안 된다.
    - 미래목 관리
        ⓐ 벌채 및 산물의 하산작업, 기타 작업 시 미래목을 손상하지 않도록 주의하여야 한다.
        ⓑ 덩굴류(칡, 머루, 다래, 담쟁이 등)는 수시로 제거한다.
ⓗ 미래목 외 임분구성목
미래목 외의 임분구성목은 그 수형에 따라 다음과 같이 구분한다.
- 중용목 : 미래목과 함께 선발되지 못한 우세목 또는 준우세목으로서 미래목과 충분히 떨어져 있어 미래목에 영향을 주지 않으며 임분 구성에 필요한 예비목이다. 차후 임분밀도가 과밀해지거나 간벌재를 이용할 필요가 있을 때는 간벌대상이 되나 상황에 따라 미래목을 대신할 수도 있다.
- 보호목(유용치수) : 하층임관을 이루고 있는 유용한 임목으로서 미래목 생육에 지장을 주지 않으며, 수간하부의 가지발달 억제와 임지 보호를 목적으로 잔존시킨다.
- 방해목(또는 유해목) : 미래목 및 중용목 생육에 지장을 주는 간벌 대상목이다.
- 경합목 : 미래목과 중용목에 인접하여 압박을 주거나 경합하는 모든 나무이다.
- 지장목 : 미래목과 중용목에 인접한 세장목 또는 기대어 있는 나무이다.
    ※ 무관목 : 미래목과 중용목에 전혀 지장을 주지 않는 형질 불량목, 피해목 등으로서 임분 구성상 일단 존치시키는 나무, 차후 제거대상이 된다.

(5) 정량간벌

① 정량간벌의 의미 및 장단점
ⓐ 간벌의 실행기준을 간벌량에 두고 임목밀도를 조절해 나가는 간벌로, 수종별로 일정한 임령의 수고, 또는 흉고직경에 따라 잔존 임목본수를 미리 정해 놓고 기계적으로 간벌을 실행하는 방법
ⓑ 정량간벌의 장점
- 간벌량과 최종 수확량 생산재의 규격 등의 예측이 가능

- 임분을 체계적이고 계획적으로 관리
- 공간을 최대한으로 적절하게 활용

ⓒ 정량간벌의 단점 : 임목의 형질과 기능이 고려되지 않음(간벌할 때 잔존목에 대한 균일한 공간 배치를 우선하되 형질불량목 및 열세목, 피압목 등을 간벌목으로 선정함으로써 이러한 단점을 보완할 수 있다)

② 간벌량의 결정

ⓐ 간벌대상의 임분의 평균수고, 평균직경, 임령 등에 대한 적정본수, 재적, 흉고단면적 합계 등을 결정해야 하며 임분 수확표나 밀도관리도 등을 이용

ⓑ 현행 대상임분 내 주임목 평균 흉고직경을 조사하여 임분 수확표상 해당 직경에 대한 주임목 본수를 간벌 후의 적정잔존본수로 결정하는 방법을 적용

③ 간벌목 선정

ⓐ 간벌 후의 잔존본수가 결정되면 다음의 계산식으로 간벌 후 잔존목의 거리간격을 결정할 수 있으며 거리간격을 감안하여 고사목 및 피해목 > 피압목 > 생장불량목 > 형질열등목 > 우량목, 생장에 방해가 되는 임목순으로 제거목을 선정

ⓑ 잔존본수가 가능한 임지 전체에 균일하게 분포되도록 간벌목을 선정

ⓒ 간벌 후 잔존목의 거리간격 계산식

$$잔존목의\ 간격(m) = \sqrt{\frac{10{,}000m^2}{ha당\ 간벌\ 후\ 잔존본수}}$$

(6) 간벌의 실행

① 간벌방식의 결정

ⓐ 최초 간벌시기 : 수종, 지위, 기후에 따라 임분밀도(경쟁관계), 임분구조, 임분 안정성, 시장성 및 이용가치 등을 고려하여 결정

ⓑ 간벌양식 : 입지 및 임분상태와 경영목표(생산목표)에 따라 결정(도태간벌, 열식간벌, 정량간벌)

ⓒ 간벌주기
- 육림적 인자(지위, 경합정도, 임분안정도, 임분의 건전도)와 경제적 인자(벌목비, 시장성, 인력 및 기계비용, 요구되는 최소 수확량)에 따라 결정
- 유령림 또는 지위가 양호한 임분은 노령림 또는 지위가 낮은 임분보다 간벌주기가 짧아진다.

ⓓ 간벌강도 : 간벌양식 및 수형급에 따라 결정하며, 간벌작업 강도는 대개 존치할 임분밀도(ha당 본수, 단면적 등)에 따라 조절되며, 임분의 밀도조절은 수고, 생육공간율, 기준표에 의한 본수 조절 등에 따라 결정된다.

② 간벌방식 선택의 결정인자

ⓐ 정책적 영향 : 공익기능, 국민경제, 복합산업, 국토보전 등과 연계

ⓑ 유효시장조건 : 소경재이용 및 판매, 간벌시기 및 간벌량과 연계

ⓒ 수확 및 이용기술적 조건 : 기계화 문제로 간벌실행의 변형(열식간벌로 실행)

② 생물・환경적 조건 : 풍해, 설해, 입지조건에 따라 간벌강도 및 시기
⑩ 병충해 : 무간벌 임지 또는 불안정한 임분은 병충해 피해 우려
⑪ 물관리 : 간벌강도와 관계
⑫ 산화 : 간벌은 산화방제 기간 중 접근용이, 가지치기 병행
⑬ 재정・경제적 조건 : 간벌유무, 간벌강도, 간벌시기와 연계
⑭ 휴양 : 간벌 후 잔존임분상태
⑮ 수확조절 : 컴퓨터 시뮬레이션, 선형 계획기술에 의한 간벌방식 및 모델 결정
⑯ 임목육종 : 간벌에 의한 형질개선으로 임목육종 효과
⑰ 임지비배 : 간벌방법과 시비작업의 관계, 낙엽 수축 촉진

③ 간벌의 개시시기
㉠ 제벌 후 수관이 폐쇄되어 과밀하게 되었을 때 첫 번째 간벌을 실시한다.
㉡ 지위, 생산목표, 수종의 특성, 식재밀도, 제벌의 강도 등에 따라 간벌개시임령은 한결같지 않다.

〈침엽수종에 대한 간벌개시임령〉

구 분	식재밀도(본/ha)	간벌개시임령(년)
소나무	5,000	15~20
잣나무	3,000	15~20
낙엽송	3,000	10~15
삼나무	3,500	15~20
편 백	4,000	20~25
가문비나무	4,000	20~25
전나무	4,500	20~25

㉢ 활엽수종은 보육해야 할 입목이 뚜렷이 구별될 수 있는 때가 간벌개시시기인데, 활엽수종의 경우 지위가 상(上)이면 20~30년, 중(中)이면 30~40년, 하(下)이면 40~50년이란 표준이 있다.

④ 간벌계절
㉠ 주로 농한기인 겨울철에 실시하는데 잔존목의 성장을 위해서는 봄이 가장 좋다.
㉡ 박피해야 할 수종은 수액이 흐르는 시기에 실시한다.

⑤ 간벌순서
㉠ 예정지답사 : 간벌사업 전 예정지를 답사하여 지황 및 임황, 공극지, 각종 피해상황, 임상변화 등을 사전에 파악
㉡ 표준지조사 : 임분생장, 밀도에 따라 임분을 크게 구분하고 각 임분마다 0.1~0.2ha 이상의 표준지를 설정
㉢ 표준지매목조사 : 전임목의 수고, 흉고직경 측정 및 조사결과를 계산하여 정리
㉣ 간벌률 및 간벌본수 결정
㉤ 선목작업 : 간벌종 및 선목기준 수형급에 따라 간벌목을 선정 및 표시
㉥ 벌채작업 및 집재 : 결정된 간벌양식 및 강도에 따라 벌채 후 집재
㉦ 벌채 후 확인 : 벌채 후 전체 임분을 답사하여 벌도 되지 않은 간벌목, 벌채 운반에 의한 피해목 등을 확인

02 가지치기

(1) 가지치기의 목적
① 수관을 구성하는 가지의 일부를 계획적으로 끊어 주는 조림작업 행위로서, 그 주요 목적은 장간무절의 질이 우량한 목재를 얻고자 하는 데 있다.
② 가지치기의 장점
　㉠ 연륜폭을 조절해서 수간의 완만도를 높인다.
　㉡ 상장생장을 촉진한다.
　㉢ 하목의 수광량을 증가시켜 생장을 촉진시킨다.
　㉣ 임목간의 부분적 균형에 도움을 준다.
　㉤ 산불이 있을 때 수관화를 경감시킨다.
　㉥ 무절재를 생산한다.
③ 가지치기의 단점
　㉠ 나무의 성장이 줄어들 수 있다.
　㉡ 부정아가 발생한다.
　㉢ 작업상 노무문제가 있다.

(2) 자연전지(자연낙지)
① 자연전지란 줄기에 붙어 있는 가지가 수광량 및 확장할 공간의 부족으로 고사하여 떨어지는 현상으로 수간의 아래쪽부터 시작되어 위로 진전된다.
② 자연전지의 과정
　㉠ 가지의 고사 : 아래가지의 고사속도는 주로 임분의 초기밀도와 관련이 깊다.
　㉡ 고사지의 탈락 : 주로 균의 작용에 의하여 이루어지며, 이 밖에 자중과 바람에 의한 동요를 들 수 있다.
　㉢ 잔지의 생활조직에 의한 매입 : 치유속도는 줄기의 직경생장속도에 관계되는 것이며 잔지의 굵기와는 상관이 적다.

(2) 자연전지 유도
① 이층 형성에 의해 자연전지가 잘되는 수종은 포플러류, 버드나무류, 느릅나무, 단풍나무, 가래나무, 벚나무류, 참나무류, 삼나무, 편백 등
② 자연전지현상은 임목을 밀생시킴으로써 촉진되며 대부분의 활엽수는 침엽수에 비하여 자연낙지가 잘 이루어지나 가지가 큰 경우에는 어렵기 때문에 적당한 밀도를 유지시켜 가지직경이 4cm 이상으로 굵어지지 않도록 해야 한다.

(3) 생절과 사절
① 가지가 살아 있는 동안에 만들어진 마디를 생절이라 하고 죽은 뒤에 생긴 마디를 사절이라고 한다.
② 생절에 관계되어 발달한 연륜은 밖을 향해 굽는 반면에 사절에 관련된 연륜은 안쪽을 향해 굽고 가지의 연륜과는 연결되지 않는다.

(4) 지조량과 수관구조
① 지조량
  ㉠ 지조량은 대체로 간중량의 20~30%
  ㉡ 지조율은 유령기에는 큰 비중을 차지하지만 울폐도가 높아지면서 엽기부에서 합성된 양료는 밀도의 지배를 받아 간부에 주로 배분하며 지조율은 감소함
② 수관구조
  ㉠ 지엽현존량이 큰 층은 수관부의 중층보다 더 낮은 곳에 있고, 이 층의 기부부터 연륜성장이 되지 않는 가지가 나타나기 시작한다.
  ㉡ 지엽성장량이 큰 층은 지엽량최대층보다 더 높은 층이다.
  ㉢ 줄기의 성장에 크게 기여하고 있는 층은 임관의 중층부터 상층이다.
  ㉣ 가지의 성장률은 상층에서 하층으로 향하면서 감소하는데 이것은 하층의 가지일수록 마디의 형성량을 크게 하고 있으나 그 가지의 잎의 동화량은 적고 무절성의 줄기생산에 대한 기여도가 낮다는 것을 뜻한다.
  ㉤ 역지란 가장 굵고 긴 가지, 가장 많은 엽량을 가지고 있는 가지, 수관의 최대폭을 이루고 있는 가지, 활력이 가장 왕성한 가지 등의 뜻으로 역지 이하부의 가지치기를 해주고 있다.
  ㉥ 가지치기의 치유속도는 지엽의 최대성장량층이 가장 뛰어나고, 수관 하부로부터 지표 사이에 있어서는 직선적으로 감소하고 있다. 이것은 수관부로부터 아래 거리가 증가하는 데에 따라 줄기의 비대성장이 감소하므로 가지치기한 곳의 치유에 요하는 시간이 아래일수록 늦어진다는 것을 말해준다.

(5) 가지치기의 강도와 줄기성장
① 수고생장
  임목의 수고생장은 상부 수관에서 형성된 호르몬과 축적된 탄수화물의 양에 의하여 결정되기 때문에, 수관 밑부분을 30~70%까지 제거하여도 수고생장에는 크게 영향을 미치지 않는다.
② 직경생장
  직경생장에 있어서 가지치기와 간벌의 효과는 서로 상반된다. 간벌은 수간 하부의 비대생장을 촉진시키는 데 비하여 가지치기는 가지가 제거됨에 따라 목질부의 증가가 수간 상부에 집중되어 수간의 완만도를 증대시킨다. 수관의 30~40% 이상을 제거하는 경우 직경생장량이 다소 감소되나 수관 상부의 생장을 증대시켜 수간의 완만도를 높임으로써 원목의 이용률을 높일 수 있다.

(6) 가지 기부의 형태

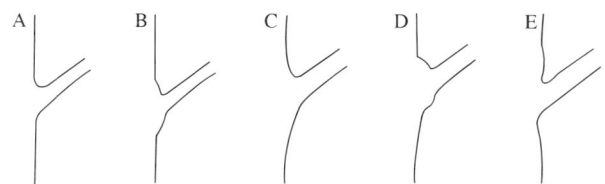

[가지 기부(줄기에 부착된 부분)의 대표적 형태]

① A는 비교적 가는 생육지에 흔한 것인데 가지가 부착되어 있는 줄기에 융기가 없으며, 높은 밀도의 임분에서 흔히 볼 수 있다.
② B도 가는 가지에 나타나지만 유전적으로 가지 기부 지융이 생기는 것이 있으며 가지치기 작업에 바람직한 형태는 아니다.
③ C는 생육이 왕성한 굵은 가지의 경우 관찰되는 것으로 그 가지에 달려 있는 잎에서 생산된 물질이 줄기 쪽으로 다량 흘러 들어가기 때문에 가지부착부 아래쪽의 줄기가 그 위쪽의 줄기에 비하여 더 비대한 것이 특징이다.
④ D는 C와 같은 경우이나 유전적 요인에 의하여 지융이 발달한 것이다.
⑤ E는 굵은 가지로서 자람이 쇠약해지거나 고사한 것으로 이 가지 위의 잎으로 생산된 물질은 거의 줄기에 이송되지 않는 반면, 줄기의 위쪽에서 흘러 내려오는 물질은 이 가지를 회피해서 흐르기 때문에 가지 아래쪽 줄기 부분이 그림에서 보는 바와 같이 발달하지 못하고 들어가게 된다.

(7) 수관재와 지하재

① 수관재
생절과 사절 경계부의 안쪽 재부로 연륜폭이 넓고 가볍다.
② 지하재
㉠ 생절과 사절 경계부의 바깥 재부로 연륜폭이 좁으며, 수관재에 비해 재질이 좋고 무겁다.
㉡ 지하재의 재질이 더 좋으므로 가지의 고사를 촉진시키는 밀식 또는 가지치기 작업이 요구된다.

(8) 상구의 유합

① 상구형성층은 상처 발생 시 급속히 분열, 증식해서 상면둘레에 유상조직을 만들어 유합시킨다.
② 상구의 양쪽부터 가장 빠르게 진행하며, 다음은 상구상연에서 캘러스가 발달해서 아래로 내려오고 상구하연의 캘러스 발달이 가장 느리다.
③ 상구유합의 속도는 절제한 가지 지름의 굵기에 거의 상관이 없다.
④ 상구유합의 촉진
㉠ 남쪽 또는 남서쪽 햇볕을 받는 방향의 상구유합은 그렇지 않은 방향의 것에 비하여 지연된다.
㉡ 나무의 위쪽에 있는 상구는 성장이 왕성하기 때문에 아래쪽 상구보다 유합이 빠르다.
㉢ 가지가 가늘고 수평으로 뻗은 품종의 상구유합이 신속하다.

(9) 가지치기의 실행

① 생가지치기의 대상수종
- ㉠ 보호층
  - 고사한 가지의 재부와 생활력이 있는 간재부 사이에 쌓이는 특수물질로 흑색 또는 적갈색의 좁은 대상부분
  - 외부로부터의 균의 침입을 막는 작용
- ㉡ 생가지치기로 가장 위험성이 높은 수종은 단풍나무류, 느릅나무류, 벚나무류, 물푸레나무 등으로 원칙적으로 생가지치기를 피하고 자연낙지 또는 고지치기만 실시한다.
- ㉢ 자작나무류, 너도밤나무, 가문비나무류, 버드나무류, 사시나무 등은 생가지치기로 상당한 부후의 위험성이 있어서 원칙적으로 고지치기만 실시한다.
- ㉣ 소나무류, 낙엽송, 포플러류, 삼나무, 편백 등은 특별히 굵은 생가지를 끊어 주지 않는 한 거의 위험성은 없다.

② 가지의 굵기와 상구유합

가지치기를 해줄 수 있는 가지 굵기의 한계는 대체로 소나무에 있어서는 3cm, 편백은 4~5cm이고, 느티나무에 있어서는 가지치기한 뒤 3년 이내에 상구의 유합을 원한다면 가지 굵기의 한계는 6cm로 생각되고 있다.

③ 가지치기의 시기
- ㉠ 죽은 가지의 제거는 작업시기에 큰 상관이 없으나 절단부위의 빠른 융합을 위하여 수간의 비대생장이 시작되는 5월 이전에 실시한다.
- ㉡ 생장기에는 작업 시 수피가 벗겨지는 등의 피해가 우려되므로 생장휴지기인 11월 이후부터 이듬해 3월까지가 가장 적기이다.
- ㉢ 침엽수종에 있어서 일반적으로 아래 가지가 지상 1m 정도까지 고사했을 때, 즉 10~15년생일 때 첫 번째 작업을 한다.

④ 가지치기의 기구

낫, 손도끼, 톱, 고지절단기 등을 사용

⑤ 가지치기의 실행
- ㉠ 가지치기 톱을 사용하여 절단면이 평활하도록 자르며, 침엽수는 절단면이 줄기와 평행하도록 한다.
- ㉡ 지융부가 형성될 수 있는 활엽수종은 고사지의 경우 캘러스 형성부위에 가능한 한 가깝게 캘러스가 상하지 않도록 고사지를 제거하고 살아있는 가지는 지융부에 가깝게 제거한다.

ⓒ 느티나무, 가시나무 등과 같은 활엽수의 굵은 가지를 절단함으로써 줄기에 상처가 날 위험이 있는 경우, 가지 기부에 3~4cm 또는 10~12cm의 잔지를 남긴 후 이를 다시 절단하는 것이 바람직하다.

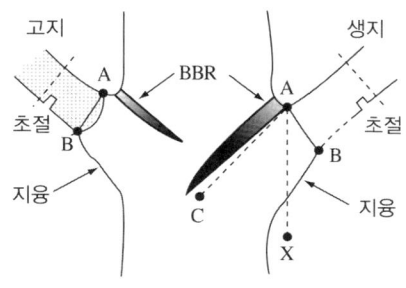

[지피융기선을 고려한 가지치기의 요령-1]

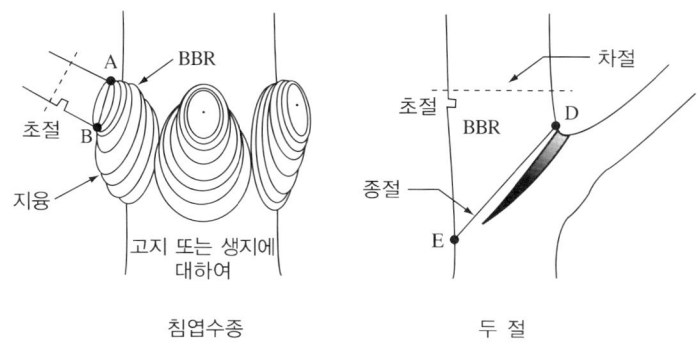

[지피융기선을 고려한 가지치기의 요령-2]

⑥ 가지치기의 대상목
  ㉠ 가지치기의 대상목이 될 수 있는 나무는 자람이 왕성하고 수관과 수간에 결점이 없어서 벌기목이 될 수 있어야 한다.
  ㉡ 상처가 있거나 건전하지 못해 장차 간벌목으로 제거될 나무는 가지치기를 하지 않는다.
⑦ **두목작업법**
  벌채점을 지상 1~4m 정도로 높게 하는 작업을 말하며, 조경적 목적으로 플라타너스·버드나무류·포플러류에 흔히 적용한다.

| 주관식 확인문제 | 산림보육(숲가꾸기), 간벌(솎아베기) 및 가지치기 |

※ 다음 빈칸에 적절한 말을 넣거나 묻는 말에 답하시오.

01 남게 될 나무의 자람을 촉진시키고 유용한 목재의 총생산량을 증가시키고자 할 때 이 벌채를 무엇이라 하는가?

정답적기

02 줄기의 형태와 수관의 특성으로 구분되는 수관급을 바탕으로 해서 정해진 간벌형식에 따라 간벌 대상목을 선정하는 간벌방법은?

정답적기

03 HAWLEY의 간벌방법 중 간벌 후에 남겨질 수목간 거리를 사전에 정해 놓고 수관의 위치와 모양에 상관없이 실시하는 간벌방법으로 수고가 비슷하고 형지에 차이가 잘 인정되지 않는 유령 임분에 흔히 적용하는 간벌방법은?

정답적기

04 간벌의 실행기준을 간벌량에 두고 임목밀도를 조절해 나가는 간벌로, 수종별로 일정한 임령의 수고, 또는 흉고직경에 따라 잔존 임목본수를 미리 정해 놓고 간벌을 실행하는 방법은?

| 정답적기 |

05 생절과 사절 경계부의 바깥 재부로 연륜폭이 좁으며, 수관재에 비해 재질이 좋고 무거우며, 재질이 더 좋으므로 가지의 고사를 촉진시키는 밀식 또는 가지치기 작업이 요구되는 부분을 무엇이라 하는가?

| 정답적기 |

06 가장 굵고 긴 가지, 가장 많은 엽량을 가지고 있는 가지 수관의 최대폭을 이루고 있는 가지, 활력이 가장 왕성한 가지 등을 무엇이라 하는가?

| 정답적기 |

07 BBR이란?

| 정답적기 |

08 솎아베기(간벌)의 작업대상지는 양질의 목재를 다량으로 생산 가능한 산림으로서 어린나무 가꾸기 작업이 끝난 후 (   )년 가량 경과하고, 최종 수확 (   )년 전까지의 산림을 대상으로 한다.

┤ 정답적기 ├

09 도태간벌 시 인공림의 미래목의 경우 활엽수는 ha당 (   )본 내외, 침엽수는 ha당 (   )본을 선정한다.

┤ 정답적기 ├

10 조림 후 5~10년이 되어 조림목의 수관 경쟁이 시작되고 조림목의 생육이 저해될 때 시행하는 제벌작업을 무엇이라 하는가?

┤ 정답적기 ├

주관식 정답
01. 간벌
02. 정성간벌
03. 기계적 간벌
04. 정량간벌
05. 지하재
06. 역지(으뜸가지)
07. 지피융기선
08. 5, 10
09. 200, 200~400
10. 어린나무 가꾸기

CHAPTER 05 산림갱신

01 인공조림과 천연조림

(1) **인공조림** : 무임지나 기존의 임목을 끊어 내고 그곳에 파종 또는 식재 등의 수단으로 삼림을 성립

(2) **천연조림(천연갱신작업)** : 기존의 임분에서 자연적으로 공급된 종자나 임목 자체의 재생력 등으로 새로운 산림이 조성될 수 있도록 처리하는 것

(3) 인공조림은 임목을 성립시킬 묘목이나 종자가 사람의 힘에 의하여 도입되는 것이나 천연갱신은 그러한 번식재료가 기존의 성숙임분에서 공급된다는 차이가 있다.

ONE MORE POINT

- 조림(Forestation) : 산림을 조성하고 이것을 키워 나가는 것
- 식림(Afforestation) : 입목이 없던 곳에 산림을 조성하는 것
- 갱신(Regeneration) : 서 있는 나무들을 일부 또는 전체를 벌채하고 그 뒷자리에 새로운 산림을 만들어 내는 것

02 인공조림과 천연갱신의 대비

(1) **인공조림**
① 조림할 수종과 종자의 선택의 폭이 넓다.
② 천연분포구역을 넘어서까지 조림할 때 위험성이 따른다.
③ 조림을 실행하기 용이하고 빠르게 성림시킬 수 있다
④ 조림 실행면적이 일반적으로 넓어 임지가 건조하기 쉽고, 토양생태계의 변화로 질이 저하되며 토양유실 등 환경의 퇴화로 조림성적이 불량하게 되는 경향이 있다.
⑤ 노동력과 비용이 집약적이다.
⑥ 조림 시 단근으로 비정상적인 근계발육과 성장이 우려된다.
⑦ 동령단순림이 조성되므로 환경 인자에 대한 저항성이 약화된다.
⑧ 규격화된 목재를 대량적으로 생산할 수 있어 경제적으로 유리하다.

(2) 천연갱신

① 그곳의 임목이 이미 긴 세월을 통해서 그곳 환경에 적응된 것이므로 성림의 실패가 적다.
② 임목의 생육환경을 그대로 잘 보호·유지할 수 있고, 특히 임지의 퇴화를 막을 수 있다.
③ 갱신 전 종자의 활착을 위한 작업, 임상정리가 필요하다.
④ 갱신되는 데 시간이 많이 소요되고 기술적으로 실행하기 어렵다.
⑤ 임목의 생육환경을 유지하고 임지의 퇴화를 막을 수 있다.
⑥ 종자와 노동비용이 절감된다.

03 용어해설

(1) 상방천연하종과 측방천연하종

① 상방천연하종
  ㉠ 참나무류의 열매처럼 성숙한 뒤 중력에 의하여 수직방향으로 아래로 떨어져 그것이 후에 발아해서 묘목으로 되는 것을 말한다.
  ㉡ 울폐되어 있는 임분을 소개벌채해서 임관에 틈새를 만들어 임상에 광선이 들어오도록 해서 치수의 발육을 돕도록 해야 한다.
② 측방천연하종
  ㉠ 소나무류의 가벼운 종자처럼 성숙한 뒤 바람에 날려서 입목의 측방으로 떨어지게 되는 것을 말한다.
  ㉡ 임분의 측방에 있는 나무를 벌채하여 천연으로 하종되는 종자가 착상되도록 처리해 주어야 한다.

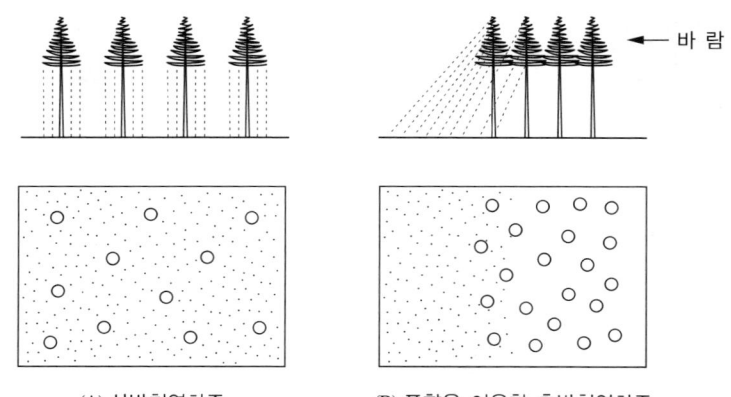

[천연하종에 있어서 두가지 방식의 모델]

(2) 벌 구
① 일시 또는 일정 기간 안에 갱신하고자 하는 구역
② 대벌구와 소벌구
  ㉠ 대벌구 : 넓은 면적의 임분을 하나의 구역으로 하거나 또는 구획한다고 하더라도 그 면적이 넓어서 측방에 서 있는 임분으로부터 그 벌구 상의 치수가 환경적 또는 조림적으로 영향을 받을 수 없을 정도로 넓은 것을 말한다.
  ㉡ 소벌구 : 갱신에 있어서 측방에 있는 성숙 임분의 영향이 그 벌구 상에 미칠 수 있도록 소면적으로 구획한 것
③ 소벌구의 모양
  ㉠ 원형, 다각형, 부정형 등을 취할 수 있으나 일반적으로는 대상이다.
  ㉡ 대는 길이에는 제한이 없고 그 폭은 수고의 1/2~2배 정도이다.
  ㉢ 그 넓이가 수고의 1/2 이내일 때 연조라고 하며, 이 연조는 측방임분의 직접적인 영향하에 놓여 있다.
④ 군과 단
  ㉠ 군과 단은 벌구의 모양에 상관하지 않고 면적으로 구별된다.
  ㉡ 면적이 0.1~1.0ha이면 단이고, 0.1ha 이하이면 군이라 하며 보통 군상이란 용어를 적용한다.

(3) 임 형
① 교림 : 임목이 주로 종자로 양성된 묘목으로 성립된 것으로 높은 수고를 가지며 성숙해서 열매를 맺게 된다.
② 왜림(맹아림)
  ㉠ 임목의 기원이 맹아이고 비교적 단벌기로 이용되며 키가 낮다.
  ㉡ 연료생산에 주로 이용되었기 때문에 연료림이라고도 한다.
③ 중림 : 동일한 임지에 교림과 왜림을 성립시킨 것
④ 죽림 : 대나무는 지하경(근경)에 의하여 증식되며, 죽림은 임업상 예외적인 것으로 취급된다.

(4) 벌채종
① 개벌 : 벌구 위에 서 있는 임목 전부를 일시에 벌채하는 것을 말하며 1벌이라고도 한다.
② 산벌 : 이용기에 이른 임목을 몇 번에 나누어 벌채하고, 이와 같이 하는 동안에 그 임지에 어린 임분이 발생하도록 하는 것을 말한다.
③ 택벌 : 갱신기간이란 것이 특히 따로 정해져 있지 않고 전 윤벌기간에 걸쳐 전 임분으로부터 벌채대상목을 선출해서 주벌과 간벌의 구별 없이 벌채를 계속 반복하는 것을 말한다.

(5) 모 수
갱신될 임지에 종자를 공급해서 치수를 발생시키는 나무를 말한다.

04 산림작업종

(1) 산림작업종의 의의
① 산림을 조성하여 이것을 목적에 따라 보육하고 벌기에 달하면 벌채하여 이용하며 또한 후계림의 도입을 중심적으로 처리한다. 이러한 일관된 산림작업의 체계를 산림작업종이라고 한다.
② 산림작업종의 중요인자
　㉠ 산림성립의 기원이 실생묘냐 맹아냐 하는 것
　㉡ 갱신벌채의 방법 즉, 개벌·산벌·택벌 중 어느 것이냐 하는 것
　㉢ 갱신벌구의 크기와 모양

(2) 산림작업종의 분류
① 산림작업종 분류의 기준 : 임분의 기원, 벌구의 크기와 형태, 벌채종
② 개벌갱신에 의한 작업
　㉠ 대면적 : 개벌작업
　㉡ 소면적 : 대상개벌작업, 군상개벌작업
③ 산벌갱신에 의한 작업법
　㉠ 대면적 : 산벌작업
　㉡ 소면적 : 대상개벌작업, 군상개벌작업
④ 택벌갱신에 의한 작업법
⑤ 맹아갱신에 의한 작업종 : 맹아림작업
⑥ 기타 : 모수작업, 중림작업, 죽림작업

05 개벌작업법

(1) 정 의
① 갱신하고자 하는 임지 위에 있는 임목을 일시에 벌채하여 이용하고, 그 적지에 새로운 임분을 조성시키는 방법
② 개벌작업법은 현재 전 세계적으로 많이 적용되고 있는 방법으로서 우리나라에서도 가장 보편적으로 적용

(2) 임 형

① 개벌 후 조성되는 임분의 임형은 동령림
② 개벌적지의 갱신은 인공적 또는 천연적으로 이루어질 수 있다. 인공식재로 혼효림을 만들 수 있으나 대개는 단순일제림이 만들어지고 있다.

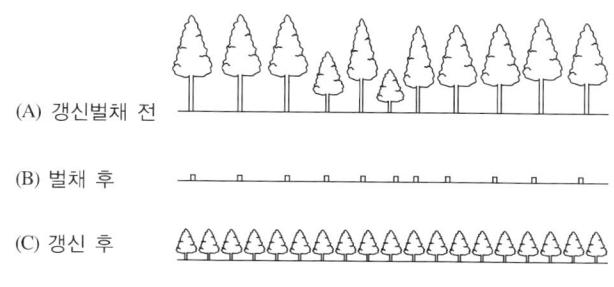

[인공식재에 의한 개벌갱신의 모형도]

(3) 개별인공갱신

① 낙엽송, 잣나무, 리기다소나무, 전나무, 삼나무, 편백, 해송 등
② 개벌로 발생된 유기잔물은 식재에 물리적 지장을 주고 산불의 위험성을 증가시키며 해충번식의 근거가 되므로 제거하나 때로는 그 양이 적을 때 임지의 건조를 막고 표토를 보호하는 역할도 한다.
③ 갱신된 치수가 자랄 때 불량목 또는 다른 식생의 간섭을 받는 일이 있으므로 이에 대한 보호가 요구된다.

(4) 개별 천연하종갱신

① 대면적개벌 천연하종갱신
  ㉠ 종자공급원
   • 갱신벌채 이전부터 땅속에 매몰되어 있던 종자가 발아할 경우, 특히 종자 발아력이 오래 유지되는 수종은 이에 더 적합하다.
   • 벌채할 당시 벌채목 자체부터 종자가 산포될 때, 따라서 종자결실량이 충분한 결실년에 벌채하면 나무가 넘어질 때 종자가 비산되고 벌도목을 인출할 때 종자가 자연히 땅속에 묻히게 된다.
   • 벌구 옆에 서 있는 모수로부터 종자가 공급될 때, 따라서 종자가 작고 가벼우며, 또 종자에 날개가 붙어 있는 수종에 적합하다. 갱신지 전역에 종자를 대량 산포시키려면 종자성숙기의 풍향을 고려하고 벌구의 크기와 모양에 유의할 필요가 있다.

ⓒ 종자의 비산
- 종자의 산포밀도는 임연일수록 높고, 벌구의 중심부에 있어서는 낮아진다.

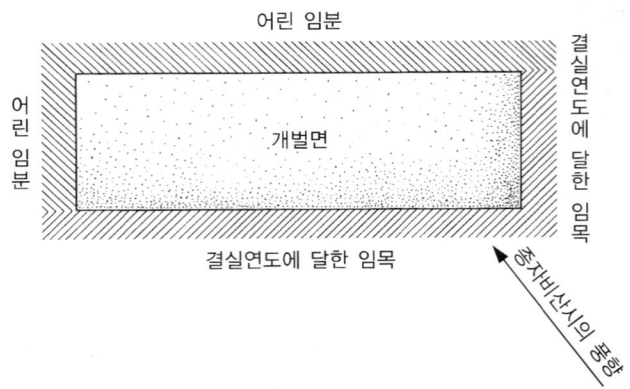

[전벌구를 대상으로 해서 개벌작업이 실시되고 측방천연하종으로 갱신되고 있는 모습
(결실년에 놓인 임분 가까이는 치수발생의 밀도가 높음)]

- 종자의 비산거리는 지형에 크게 지배되며, 특히 경사지에서는 상부의 인접 모수를 남기는 것이 평탄지에 비해 더 넓은 구역에 산포된다.
- 결실량은 경급이 크고 수고가 높을수록 증가하므로 모수는 너무 밀생시키지 말아야 한다.

ⓒ 종자의 착상 : 종자의 착상을 쉽게 하기 위해서는 지표의 유기물이 제거되고 광물질토양이 노출되는 것이 바람직하며, 이를 위해서 교토를 해주는 것이 좋다.

㉣ 벌구배치와 보속수확
- 한 벌구에서 벌채될 재적은 개벌작업으로 경영되는 전 산림의 연벌채량에 해당한다.
- 벌채를 해마다 계속하려면 산림은 윤벌령에 해당하는 수의 임분(벌구)으로 구성되야 한다.
- 벌구배치는 영급의 차이가 심한 것을 이웃하게 해서 갱신에 필요한 측방임분부터 종자공급의 효능을 높이도록 해야 한다.

㉤ 장 점
- 작업의 실행이 용이하고 빠르게 될 수 있으며 높은 기술을 요하지 않는다.
- 양수의 갱신에 적용될 수 있다.
- 벌채, 운재 등 작업이 집중되기 때문에 비용이 절약되고 치수에 손상을 입히는 일이 적다.
- 동일한 규격의 목재를 생산할 수 있어서 경제적으로 유리할 수 있다.
- 동령일제림이 형성되기 때문에 각종 보육작업을 편리하게 할 수 있다.
- 인공식재로 갱신하면 새로운 수종을 도입할 수 있다.
- 성숙한 임분을 갱신하는 데 알맞은 방법이다.

ⓗ 단 점
- 개벌로 넓은 임지가 노출되므로 토양의 이화학적 성질이 나빠지고, 지력이 퇴화되며, 강우와 바람 등으로 표토가 침식·유실될 가능성이 매우 높다. 임지가 사질일 때보다는 점토질일 때 이러한 피해가 더 심하다. 임지가 고결되면 토양수분의 조건이 불량해지고, 침식이 증가되면 토양건조가 촉진된다.
- 개벌로 지피식생이 파괴되고 벌채지의 미세기상이 변화해서 이것이 장기간 계속될 때 이러한 입지조건의 변화가 갱신을 불리하게 할 수 있다.
- 잡초, 관목 등이 무성해질 수 있고 상층에 큰 나무가 없어서 그 보호를 받지 못해 기상의 해를 받기 쉬우며, 해충의 발생이 더 심해질 수 있다.
- 동령일제림이 형성되어 각종 위해에 대한 저항력이 약해지고, 한번 해를 받을 경우 쉽게 광범위하게 확대된다.
- 음수수종 또는 중력종자수종의 갱신에는 적당하지 않다.
- 조성되는 임분이 단조롭기 때문에 풍치적 가치가 낮다.
- 천연하종갱신을 인위적으로 조절하기란 예상 외로 어려운데, 이때에는 인공갱신으로 도와야 한다.
- 개벌로 생산된 모든 재종이 잘 이용될 수 있는 시장성의 문제가 있다.

② 대상개벌 천연하종갱신 : 갱신하고자 하는 임분을 몇 개의 대상지로 나누고 그중 한 대를 개벌하면 인접 모수부터 측방천연하종이 되어 갱신이 이루어지는데, 그 뒤 다른 대를 갱신해 나아가는 방법

㉠ 교호대상개벌
- 아래 그림에서 보는 바와 같이 하나의 임분을 2조의 대, 즉 합계 4대로 나누고, 먼저 백색부분을 개벌해서 사선부분에서 있는 성숙목으로부터 측방천연하종이 되게 해서 갱신이 이루어지도록 한다.
- 제1차 벌의 대폭은 넓게 하고, 제2차 벌의 대폭은 전자의 50~60% 정도로 한다.

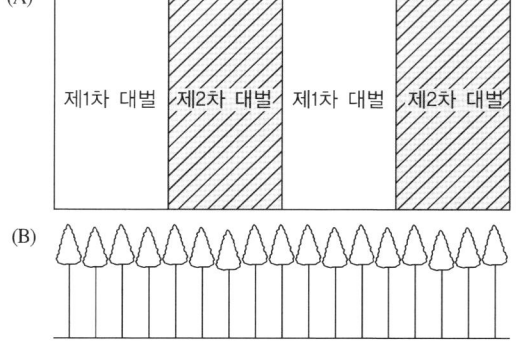

(A)는 평면적 배치를, (B)는 제1차 대벌 후 50년이 경과한 때의 신임분과 제2차 대벌 후 45년이 경과한 때의 신임분을 나타내는 측면도이다. 수고는 50년생의 것이 약 24m, 45년생이 약 22.5m이고, 그 사이의 차이를 거의 인정할 수 없다. 한 대의 넓이는 24m임

[2조의 대로 되어 있는 테다소나무림의 교호대상개벌의 모양]

- 이 방법의 대폭은 일반적으로 모수 수고의 1/2~4배 정도로 하는 것이 좋다.
- 신생 임분의 임형을 일제림으로 하자면 제1차 및 제2차 대벌의 연수차를 되도록 짧게 하는 것이 바람직하고, 3~10년이 좋으나 길더라도 20년 이내에는 완료하도록 한다.

③ 연속대상개벌 천연하종갱신
   ㉠ 1조 3대 이상으로 해서 점진적으로 대벌을 진행시키는 것

   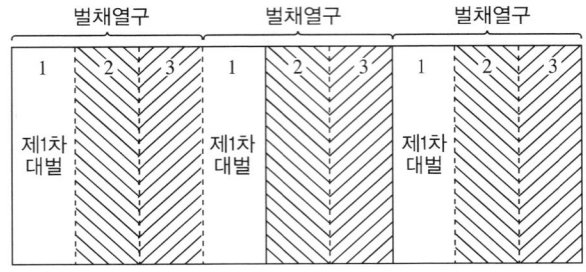

   [연속대상개벌 천연하종갱신의 모식도]

   먼저 제1대가 개벌되고 측방 천연하종으로 갱신된 뒤 제2대, 제3대의 순으로 갱신이 진행된다. 제3대는 종자공급 문제로 개벌천연하종이 아닌 다른 방법으로 갱신될 수도 있다.

   ㉡ 넓은 임분을 일제림으로 조성하려면 갱신기간을 단축해야 하는데, 이를 위해서 전림을 수 개의 대상군(조)으로 구분해서 동시에 각 조마다 한쪽부터 대상갱신을 진행시키도록 한다.
   ㉢ 벌채작업의 집중성을 고려하지 않고 갱신에 치중한다면 대체로 연속대상개벌이 교호대상 개벌보다 더 좋은 양식

④ 군상개벌 천연하종갱신
   ㉠ 지형이 불규칙하고 험준하며 또 일제성이 없는 동령림에 대상개벌과 같은 규칙적 갱신벌채를 한다는 것이 사실상 불가능한 때에, 임분 내 곳곳에 군상(공상)의 개벌면을 만들고 그 둘레에 있는 모수부터 측방천연하종에 의하여 치수를 발생시키며 이 군상지를 점차 바깥쪽으로 확장시켜 나아가는 방법
   ㉡ 군상벌채가 착수될 곳
      • 임목이 피해를 받았거나 과숙상태에 있거나 때로는 전생치수가 발생한 곳
      • 표토가 얕아서 임목의 근계가 천근성으로 되어 있어서 미리 벌채하여 풍도를 피해야 할 곳

   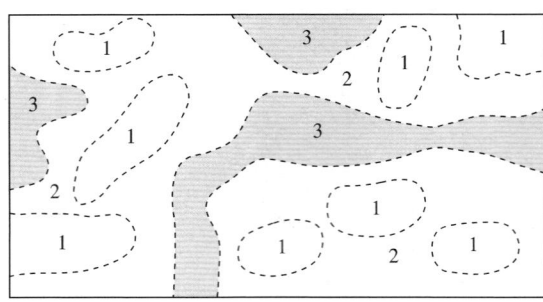

   1 : 최초로 개벌된 군상지
   2 : 1보다 몇 년 뒤에 개벌된 곳
   3 : 2보다 몇 년 뒤에 개벌된 곳

   [군상개벌작업의 모형도]

06 모수작업법

(1) 정 의
① 갱신시킬 임지에 종자공급을 위한 모수를 단목적 또는 군상으로 남기고, 그 밖의 모든 임목을 전부 벌채하는 방법
② 모수로 남겨야 할 임목은 전 임목에 대하여 본수의 2~3%, 재적의 약 10%

(2) 임 형
① 모수가 신임분의 상층을 구성하는 점을 제외하고는 동령림이 조성된다.
② 갱신된 뒤 모수가 벌채되어 이용되는 일도 있고, 때로는 그대로 잔존되어 신임분의 벌기에 함께 벌채되어 이용되기도 한다. 이때 상층목은 그 수가 적기 때문에 동령림으로 취급할 수 있고, 만일 그 수가 상당수에 이르면 복층임분 또는 이층임분으로 취급할 수 있다.

(3) 모수의 조건
① 유전적 형질이 좋아야 한다.
② 풍도에 대하여 저항력이 있어야 한다.
③ 종자를 많이 생산할 수 있는 개체를 남겨야 한다.
④ 우세목 중에서 고르도록 한다.
⑤ 선천적 불량형질의 나무는 모수로 하지 않는다.
⑥ 물푸레나무류와 사시나무류처럼 나무의 자웅의 구별이 있는 것은 두 가지를 함께 남겨야 한다.

(4) 갱신을 돕는 보조작업
성묘율을 높이기 위하여 알맞은 임지정비를 실시

(5) 변 법
① **보잔모수법(보잔목작업)** : 모수작업을 할 때 남겨 둘 모수의 수를 좀 많게 하고, 이것을 다음 벌기까지 남겨서 품질이 좋은 대경재생산을 목적으로 함
② **대화산모수** : 벌채적지에 단목적으로 임목을 남겨 모수로서의 의미를 잃은 뒤라도 벌채하지 않고 산불에 대비하는 것이다. 즉, 신생 임분이 밀생한 뒤 산불을 받아 소실되었을 경우 모수로서의 역할을 하게 되는 임목

(6) 장단점

① 장 점
  ㉠ 벌채가 집중되므로 경비가 절약된다.
  ㉡ 임지를 정비해 줌으로써 노출된 임지의 갱신이 이루어질 수 있다.
  ㉢ 작업의 용이성으로 보아서 개벌작업 다음이다.
  ㉣ 개벌작업보다는 신생 임분의 종적 구성을 더 잘 조절할 수 있다.
  ㉤ 모수가 종자를 공급하므로 넓은 면적이 일시에 벌채되고 갱신이 기도될 수 있다.

② 단 점
  ㉠ 전임지가 사실상 외계에 노출되는데, 이러한 환경조건은 대부분의 수종의 종자발아와 치묘 발육에 불리하다.
  ㉡ 토양침식과 유실 등이 우려된다.
  ㉢ 임지에 잡초와 관목이 나타나서 갱신에 지장을 주는 일이 많다.
  ㉣ 모수는 벌채 이전에 고사하는 일이 있는데, 그 손실이 적지 않다.
  ㉤ 풍도의 해가 우려될 수 있다.
  ㉥ 종자의 결실량과 비산능력을 갖춘 수종이어야 한다.
  ㉦ 과숙임분에는 적용하기가 어려운데, 이것은 모수로 잔존시키기에는 너무 안전성이 없을 때가 있기 때문이다.
  ㉧ 풍치적 가치로 보아 개별작업보다는 낫지만 그다지 좋은 것이 못 된다.

07 산벌작업법

(1) 정 의

① 윤벌기에 비하여 비교적 짧은 갱신기간 중에 몇 차례에 걸친 벌채로 갱신면상에 있는 임목을 완전히 제거하는 작업
② 윤벌기가 완료되기 이전에 갱신이 완료되는 갱신작업
③ 산벌작업은 음수에 지닌 수종에 있어서 갱신 초기에 일광, 온도, 건조 등의 인자에 대한 보호가 가능

(2) 임 형

① 성숙목이 많은 불규칙한 산림에 적용될 수 있으나 동령림갱신에 가장 알맞은 방법
② 산벌작업의 갱신기간은 10~20년 정도로 윤벌기의 1/5 이하라는 한계를 뜻함

(3) 작업방법
　① 예비벌
　　㉠ 밀집상태에 있는 성숙임분에 대해 1~수 회에 걸쳐 벌채한다.
　　㉡ 벌채대상은 중용목과 피압목이고, 형질이 불량한 우세목과 준우세목도 벌채한다.
　　㉢ 임목재적의 10~30%를 제거한다.
　　㉣ 간벌작업이 잘된 임분에 있어서는 예비벌이 거의 필요 없고 때에 따라서는 예비벌이 생략되고 직접 하종벌을 시작할 수도 있다.
　② 하종벌
　　㉠ 결실량이 많은 해를 택하여 일부 임목을 벌채하여 하종을 돕는 것으로 1회의 벌채로 목적을 달성하는 것이 바람직하다.
　　㉡ 예비벌 이전의 임분재적의 25~75% 제거한다.
　③ 후 벌
　　㉠ 새 임분을 덮고 있는 성숙임목을 점차적으로 벌채해서 그들의 보호로부터 벗어나게 하는 작업으로 1~수 회에 걸쳐 벌채한다.
　　㉡ 갱신 임분에 지장이 되지 않는 이상 가장 굵고 자람이 왕성하며 형질이 좋은 것을 종벌까지 남기도록 한다.

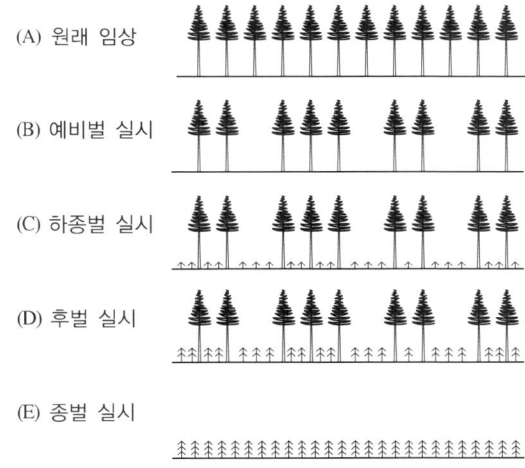

[산벌천연하종갱신 모식도]

(4) 변 법

① **대상산벌 천연하종갱신** : 임분을 여러 개의 대상지로 나누고 한쪽부터 대에 따라 점진적으로 산벌작업을 진행시켜 상방 또는 임연천연하종에 의하여 갱신을 도모하는 것으로 풍해를 막기 위해 고안

② **Wagner의 대상산벌(대상택벌) 천연하종갱신** : 대의 폭을 대단히 좁게 하여 실시하며, 대의 폭 30m 이내에 있어서 한쪽에는 예비벌을 다른 한쪽에는 종벌을 할 정도로 대상의 갱신이 점진적 변화를 함

③ **군상산벌 천연하종갱신** : 전생치수의 발생지점을 중심으로 해서 그곳의 성숙목을 후벌해서 치수의 발육을 돕고 점차 외부로 산벌갱신을 확대시켜 나가는 방법

④ **대상초벌(획벌)법**
   ㉠ 대상산벌법과 군상산벌법을 동시에 병용하는 갱신법
   ㉡ 풍해를 고려한 대상작업과 전생치수를 이용하여 갱신기간의 단축을 도모하는 일제림조성갱신법

⑤ **설형산벌 천연하종갱신**
   ㉠ 대상산벌법의 한 변법으로서 벌채열구의 중앙부터 갱신을 시작하고 쐐기모양으로 갱신의 대를 양쪽으로 확대시켜 나아가는 방법으로 풍해에 유리
   ㉡ 쐐기의 축선방향은 평지림에 있어서 폭풍방향으로 하나, 경사지에 있어서는 임목의 벌채와 반출을 고려하여 산허리 상부로부터 하부로 향해 설정한다.

(5) 대면적산벌작업의 장단점

① **장 점**
   ㉠ 동령교림을 만드는 작업법으로 개벌작업과 모수작업에 비하여 갱신이 더 안전하고 확실한 편이다.
   ㉡ 치수가 발생한 뒤에도 우량한 대형목이 존치된다는 것은 보속연년수확을 조절해 나가는 데 도움이 된다.
   ㉢ 윤벌기가 끝나기 전에 갱신이 이미 시작되는 것이므로 윤벌기간을 단축시킬 수 있다(하종벌 이후에 남아 있는 임목은 생장이 촉진되어 왕성한 직경 생장을 하게 되는데, 이것이 치수에는 좋은 영향을 끼치지는 못함).
   ㉣ 중력종자를 가진 수종 및 음수수종의 갱신에 잘 적용될 수 있다. 극단의 양수를 제외한 모든 수종은 이 방법으로 갱신시킬 수 있다.
   ㉤ 성숙한 임목의 보호하에서 동령림이 갱신될 수 있는 유일한 방법이다.
   ㉥ 미관적으로, 또 임지를 보호한다는 면에서 볼 때 택벌작업 다음으로 좋은 방법이다.
   ㉦ 우량한 임목들을 남김으로써 갱신되는 임분의 유전적 형질을 개량할 수 있다.

② **단 점**
   ㉠ 이 작업을 집약적으로 실시할 때 소형재와 펄프재 등이 소비될 수 있는 시장이 있어야 한다.
   ㉡ 갱신기에 있는 성숙임목은 풍도의 해를 받기 쉽다.
   ㉢ 개벌작업과 모수작업에 비하여 높은 기술을 요하나, 집약성이 동일한 택벌작업만큼 기술 수준이 높지 않아도 된다.
   ㉣ 갱신치수의 일부분은 벌채로 손상을 받는다.
   ㉤ 모든 것이 천연력에 의하여 진행될 경우 비교적 긴 갱신기간을 요한다.

08 택벌천연하종갱신법

(1) 정 의
한 임분을 구성하고 있는 임목 중 성숙한 임목만을 국소적으로 추출·벌채하고 그곳의 갱신이 이루어지게 하는 것인데, 어떤 설정된 갱신기간이 없고 임분은 항상 대소노유의 각 영급의 나무가 서로 혼생하도록 하는 작업방법을 말한다.

(2) 임 형
택벌작업이 실시된 임분은 크고 작은 임목이 혼재해 있으므로 임관구조는 다층으로 된다.

(3) 벌채목의 선정

〈택벌목의 선정표준〉

남겨야 할 대경목	끊어야 할 중·소경목
• 현재 건전하고 질적 및 양적으로 좋은 성장을 할 수 있는 나무 • 소경목군 안에 서 있는 임목으로서 제거되면 풍도·벌채손상 등의 피해를 가져올 수 있는 나무 • 군상벌채면의 갱신을 위한 모수로서 역할을 하는 나무 • 풍치상 남길 가치가 있는 나무 • 토양조건과 수종의 보호상 필요하다고 생각되는 나무	• 나무성장이 왕성하지 못하고 그대로 남겨 둘 때 병충해·상해 등으로 고사하거나 희망 없는 나무 • 그대로 남겨 두면 주변의 장래성이 있는 나무에 지장을 주는 나무(이와 같은 나무는 비교적 키가 큰 군상목 중에서 세장하게 자라는 경우가 흔함) • 불량한 수종 • 이용가치가 낮은 나무

(4) 작업방법
① **단목택벌작업** : 이령림을 구성하는 단목(또는 극소수의 임목군)을 벌채하고 전임분에 걸쳐 곳곳에 산재하는 공극지면의 갱신을 도모하는 것. 따라서, 음수수종의 천연하종에 적합하다.
② **군상택벌작업** : 단목택벌작업은 음수수종에는 적용이 가능하나 광선 요구량이 더 큰 수종에는 적용하기 어렵다. 갱신면이 지나치게 좁아서 치수의 정상적인 발달도 어렵다. 그래서 갱신면을 넓혀 군상으로 택벌을 유도할 때 적용한다.
③ **대상택벌작업**
  ㉠ 단목택벌작업이든 군상택벌작업이든 간에 이것을 구분된 대상지에 적용하면 벌채작업이 더 잘될 수 있다.
  ㉡ 치수에서 성숙목에 이르기까지 영급의 계열이 연속되나 그 형성의 어려움이 있다.

(5) 순환벌채
① 1년생으로부터 벌기령에 이르는 각 영급의 임목이 혼생하고, 각 영급의 임목이 같은 면적을 차지하며 총체적 성장량이 계속 같고 벌채된 뒤에 갱신이 확실히 이루어져야 함
② 전임지를 몇 개의 구역으로 나누고, 각 구역을 일정 기간마다 순환하면서 택벌하면 일하기가 쉬워서 널리 적용됨

(6) 장단점

① 장 점
  ㉠ 임관이 항상 울폐한 상태에 있으므로 임지가 보호되고 치수도 보호를 받게 된다.
  ㉡ 병충해에 대한 저항력이 높다.
  ㉢ 지상의 유기물이 항상 습기를 가져서 산불의 발생가능성이 낮다.
  ㉣ 음수수종의 갱신에 적당하다.
  ㉤ 소면적 임지에 보속생산을 하는 데 가장 알맞은 방법이다.
  ㉥ 심미적 가치가 가장 높다.
  ㉦ 상층의 성숙목은 일광을 잘 받아서 결실이 잘된다.

② 단 점
  ㉠ 작업에 고도의 기술을 요하고 경영내용이 복잡하며 갱신이 쉽지 않다.
  ㉡ 임목벌채가 까다롭고 이때 치수에 손상을 준다.
  ㉢ 양수수종의 갱신이 어렵다.
  ㉣ 일시의 벌채량이 적으므로 경제상 비효율적이다.
  ㉤ 택벌작업은 종종 임분을 퇴화시키는 경향이 있다. 조방적 작업일 때에는 이를 피할 도리가 없다.
  ㉥ 이령임분에서 생산된 목재는 동령임분에서 생산된 것보다 대체적으로 불량하다.

(7) 항속림 작업

① 삼림은 많은 생물과 비생물이 유기적으로 결합되어 있는 생물사회이고, 그 구성요소가 모두 건전할 때, 또 서로 잘 조화되어 있을 때 생산성이 높아진다는 것
② 항속림사상
  ㉠ 항속림은 이령혼효림이다.
  ㉡ 개벌을 금하고 해마다 간벌형식의 벌채를 반복한다.
  ㉢ 지력을 유지하기 위하여 지표유기물을 잘 보존한다.
  ㉣ 항속림시업에 있어서 인공식재를 단념하는 것은 아니다. 갱신은 천연갱신을 원칙으로 한다.
  ㉤ 단목택벌을 원칙으로 한다.
  ㉥ 벌채목의 선정은 택벌작업의 선정기준에 준해서 한다.

09 왜림작업법

(1) 정 의

① 맹아력이 강한 수종에 대해 맹아갱신에 의하는 방법
② 왜림작업은 그 생산물이 대부분 연료재로 잘 이용되었기 때문에 연료림작업이라 하고, 일본에서는 제탄재를 얻었기 때문에 신탄림작업이라고 하기도 한다.
③ 키가 교림보다 낮기 때문에 저림작업이라고도 하며, 또 맹아로 갱신되기 때문에 맹아갱신법이라고도 한다.

(2) 맹아의 종류

① 묘목맹아
② 단면맹아
③ 측면맹아
④ 근맹아

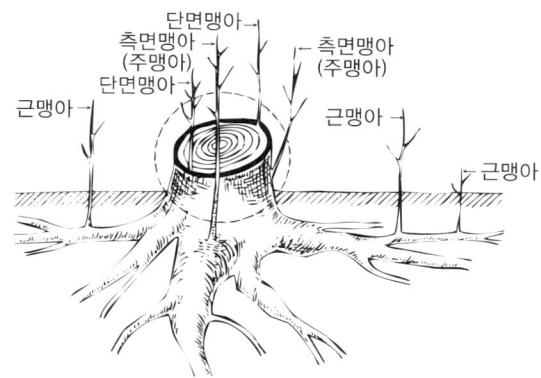

[맹아의 종류(원 내의 부분은 근주부분)]

(3) 왜림작업의 실행

① 개벌왜림작업법

㉠ 벌기 : 연료재와 소경재를 생산하기 위해 모든 임목을 개벌하고 근주부부터 맹아를 발생시켜 후계림을 조성하는 방법

㉡ 맹아력 증강
- 근주의 맹아력은 벌채 전의 수세와 밀접한 관계
- 일제림의 각 개체의 수세는 일반적으로 지름의 크기에 비례

㉢ 벌채계절
- 늦겨울부터 초봄 사이에 성장휴지기간 중에 실시
- 늦가을의 벌채는 수피의 동상과 돋아난 맹아의 만상해가 있을 수 있어 일반적으로 3월에 가장 좋은 성과를 보여주고 있다.

㉣ 벌채방법
- 벌채점을 높게 하면 근주의 고사율은 감소하고 주당 맹아수는 많아지나 이때 근주의 상부부터 발생한 맹아는 세력이 강하지만 양료의 공급을 어디까지나 모수근계에 의존하게 되므로 자람이 점차 쇠약해지는 결점이 있다.
- 벌채점을 낮게 하면 지표면 가까운 곳에서 맹아가 발생하는데, 이러한 맹아는 스스로 근계를 형성하고 모근주가 썩은 뒤 건전한 독립목으로 되어 왕성한 자람을 하게 된다.

- 급경사지의 벌채작업은 실행상 어려움이 있으나 되도록 10~15cm 정도로 하는 것이 바람직하다.

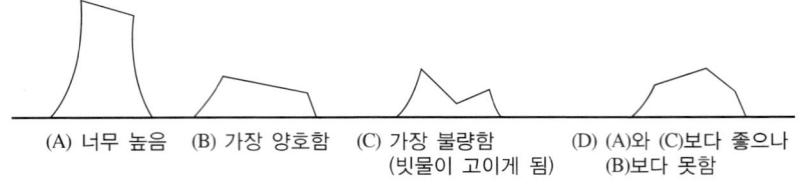

(A) 너무 높음　(B) 가장 양호함　(C) 가장 불량함　(D) (A)와 (C)보다 좋으나
　　　　　　　　　　　　　　　　(빗물이 고이게 됨)　　(B)보다 못함

[맹아갱신을 위한 근주 벌채면의 모양]

　　ⓜ 맹아정리 : 한 근주로부터 다수의 맹아가 발생하므로 맹아발생 후 3~5년이 지난 뒤 맹아에 저항력이 생기고, 또 맹아 간의 우열이 판단될 수 있을 때 주당 2~4본을 남기고 정리한다.
　　ⓗ 실생묘의 조장 : 맹아갱신에 있어서 어느 정도의 근주고사는 막을 수 없다. 고사된 근주의 공간은 인공보식 또는 실생의 천연치수에 의하여 보충되어야 한다. 또, 수종을 개량하고자 할 때에도 실생묘를 심어야 한다.
② 택벌왜림작업법
　　㉠ 회귀년을 윤벌기의 1/3로 하고 대체로 영계임목을 혼생시켜 다층림을 만드는 것
　　㉡ 회귀년을 벌기에 1/2로 해서 2개의 영계임목을 혼생시키는 것
　　㉢ ㉠은 ㉡보다 작업은 복잡하나 택벌의 효과를 위해서는 상·중·하 3층의 임목으로 형성되는 택벌임형이 더 좋다.
③ 개별왜림작업법의 장단점
　　㉠ 장 점
　　　• 작업이 간단하고 갱신도 확실하며 단벌기 경영에 적합하다.
　　　• 비용이 적게 들고 자본의 회수가 빠르다.
　　　• 병충해 등 환경인자에 대한 저항력이 비교적 크다.
　　　• 단위면적당 유기물질의 연평균생산량이 최고치에 달하다. 이것은 윤벌기가 생장왕성기에 일치하고, 묘목을 식재해서 일정한 밀도를 얻을 때까지의 예비기간이 생략되기 때문이다.
　　　• 모수의 유전형질을 유지시키는 데 가장 좋은 방법이다.
　　　• 야생동물의 보호·관리를 위하여 적당할 경우가 많다.
　　㉡ 단 점
　　　• 큰 용재를 생산할 수 없다.
　　　• 맹아는 자람이 빠르고, 양료의 요구도가 높으므로 지력이 좋지 않은 이상 경영이 어렵다.
　　　• 맹아는 발생 당시 한해에 약해서 고산한랭지의 작업으로는 부적당하다.
　　　• 지력의 소모가 심하며, 따라서 그 악화를 초래하는 일이 많다.
　　　• 단위면적당 생육축적이 낮다.
　　　• 심미적 가치가 낮다.
　　　• 개별왜림작업일 경우 한때 임지가 나출되어 표토침식의 우려가 있다.
　　　• 산불발생의 위험성이 교림보다 높다.

10 중림작업법

(1) 정 의
① 교림과 왜림을 동일 임지에 함께 세워서 경영하는 작업법으로서 하목으로서의 왜림은 맹아로 갱신되며 일반적으로 연료재와 소경목을 생산하고, 상목으로서의 교림은 일반용재를 생산한다.
② 하목은 비교적 내음력이 강한 수종이 좋고, 상목은 지하고가 높고 수관밀도가 낮은 밤나무·느릅나무·단풍나무·소나무·해송·일본목련·층층나무·물푸레나무·가래나무·참나무류 등이 알맞다.

(2) 작업방법
① 하목의 벌기는 대체로 10~20년이고, 상목의 벌기는 하목의 2~4배로 한다.
② 왜림을 중림으로 전환시키는 작업과정
　㉠ 왜림이 윤벌기에 달했을 때 몇 가지 형질이 우수한 것을 상목 후보목으로 남기고 개벌한다.
　㉡ 벌채 후 맹아는 상목 아래에서 임관층을 구성하면서 자란다.
　㉢ 두 번째 윤벌기가 오면 다시 상목으로 될 것을 왜림 중에서 선택하여 남기고 왜림은 개벌한다. 이때 제1회 윤벌기 때 남긴 상목의 일부는 벌채될 수 있다.
　㉣ 왜림에서 맹아가 발생하게 되는데, 이때 임분은 3개의 영급으로 된 임관층을 형성하게 된다.
　㉤ 이러한 작업이 계속 반복되면 하목이 개벌될 때마다 상목의 영급은 하나씩 더 불어 나간다.
　㉥ 계획한 중림이 조성되면 가장 높은 영급에 해당하는 상목은 하목과 함께 벌채되어 이용된다. 즉, 상목에 대한 택벌식 벌채와 하목에 대한 개벌이 동시에 진행되는 셈이다. 이때 하위 영급의 나무 중 형질이 불량한 것은 함께 벌채된다.

(3) 장단점
① 장 점
　㉠ 임지에 큰 공지를 만드는 일이 없어, 노출이 방지된다.
　㉡ 상목은 수광량이 많아서 좋은 성장을 하게 된다.
　㉢ 조림비용이 일반 교림작업보다 적게 든다.
　㉣ 벌채로 잔존임목에 주는 피해가 적다.
　㉤ 각종 피해에 대한 저항력이 크다.
　㉥ 상목으로부터 천연하종갱신이 가능하다.
　㉦ 심미적 가치가 높다.
　㉧ 소면적의 임지에서도 연료재 및 소량의 일반용재가 얻어질 수 있다.
② 단 점
　㉠ 세밀한 조림기술을 쓰지 않으면 상목은 지하고가 낮고 분지성이 조잡해져서 수형이 불량해진다.
　㉡ 높은 작업기술을 요하고 상목에 대한 벌채량조절이 어려우며, 작업의 집약성이 요구된다.
　㉢ 상목의 피음으로 하목의 맹아발생과 성장이 억제된다.
　㉣ 지력이 좋아야 하고 광물질요구량이 커서 생산 환경인자의 퇴화를 가져올 위험성이 높다.
　㉤ 상목과 하목이 다른 수종일 때 그 사이의 친화성이 문제가 된다.

주관식 확인문제 | 산림갱신

※ 다음 빈칸에 적절한 말을 넣거나 묻는 말에 답하시오.

01 ( )(이)란 무입목지나 기존의 임목을 끊어 내고 그곳에 파종 또는 식재 등의 수단으로 삼림을 성립시키는 일을 말하며, ( )(이)란 기존의 임분에서 자연적으로 공급된 종자나 임목 자체의 재생력 등으로 새로운 삼림이 조성될 수 있도록 처리하는 것을 말한다.

    | 정답적기 |

02 어떤 규격의 목재를 생산하기 위하여 임목에 주어지는 보육, 벌채, 그리고 신생 임분의 도입과 관련되는 일관된 삼림작업 체계를 무엇이라 하는가?

    | 정답적기 |

03 모수로 남겨야 할 임목은 전 임목에 대하여 본수로는 ( )%, 재적으로는 약 ( )%이다.

    | 정답적기 |

04 산벌의 세 가지 단계는?

┤ 정답적기 ├

05 교림과 왜림을 동일 임지에 함께 세워서 경영하는 작업법은?

┤ 정답적기 ├

06 낙엽송의 학명은?

┤ 정답적기 ├

07 모수작업과 유사한 갱신작업종으로 모수작업의 모수본수보다 다소 많은 모수를 수광생장을 촉진시켜 다음 벌기에 대경재를 생산하면서 갱신을 동시에 실시하는방법으로 건전한 임목으로 장래 우량재 생산이 가능한 것을 선정하는 방법은?

┤ 정답적기 ├

08 신탄재 또는 소경재 생산을 목적으로 하는 임업경영에서는 벌기를 단축하여 조기에 수확할 필요가 있을 때 시행하며, 주로 활엽수림에서 벌채 후 벌근부나 줄기에서 다수의 부정아를 발생시키는 방법이 이용되고 있다. 우리나라에서는 상수리나무, 신갈나무 등 참나무류, 서어나무, 물푸레나무, 오리나무류, 벚나무류, 피나무류 등은 맹아력이 강한 수종으로 알려져 있는데 이러한 갱신방법을 무엇이라 하는가?

정답적기

09 일반적으로 2층 이상의 목본 임관층(林冠層)을 갖는 산림으로 발달정도에 따라 2단림, 3단림, 다단림, 연속층림(택벌림)등으로 나뉘어져 불리고 있다. 이러한 시업은 비개벌시업의 대표적인 시업방법으로 개벌시업에 비하여 공익적 기능면에서 우수하며 임업경영상 유리한 장점을 갖고 있는데 이것을 무엇이라 하는가?

정답적기

10 임분의 전임목을 일시에 개벌한 후 측방천연하종에 의하여 갱신하는방법으로. 개벌 천연하종 갱신법에는 갱신면의 크기와 형상 등에 따라 3가지 유형으로 구분되는데 그 종류를 적으시오.

정답적기

주관식 정답

01. 인공조림, 천연조림(천연갱신작업)
02. 산림(삼림)작업종
03. 2~3, 10
04. 예비벌 → 하종벌 → 후벌(종벌)
05. 중림(작업법)
06. *Larix kaempferi*
07. 보잔목법
08. 맹아갱신방법
09. 복층림시업
10. 대면적 개벌법, 대상개벌법, 군상개벌법

CHAPTER 06 산림조성사업 설계 및 감리

01 설계 · 감리를 용역으로 시행하는 숲가꾸기 사업의 종류

(1) 솎아베기를 수반하는 50ha 이상의 숲가꾸기로써 산주 동의 등 절차를 거쳐 지방자치단체의 장이 시행하는 사업

(2) 솎아베기를 수반하는 50ha 이상의 숲가꾸기로써 산주가 사업을 직접 시행하고 지방자치단체의 장으로부터 사업비의 일부를 보조받는 사업

(3) 소규모로 분산된 솎아베기를 수반하는 50ha 미만의 숲가꾸기로써 지방자치단체의 장이 위탁 설계·감리 업체를 지정하는 사업

(4) 국가가 직접 시행하는 솎아베기를 수반하는 숲가꾸기로써 설계·감리를 용역으로 시행하고자 하는 경우

(5) 솎아베기를 수반하지 않는 숲가꾸기로써 조림지의 사후관리를 위하여 풀베기 등 필요한 작업에 대하여 국가나 지방자치단체의 장이 설계·감리를 용역으로 시행하고자 하는 경우

02 실시설계

(1) 실시설계 대상
　① 실시설계는 사업의 성과를 제고하기 위하여 솎아베기 실시설계 대상지에 다음 사항이 포함될 경우 함께 작성할 수 있다.
　　㉠ 가지치기·수형교정
　　㉡ 풀베기, 덩굴제거, 어린나무 가꾸기
　　㉢ 산물수집, 작업도로망 설치
　　㉣ 그 밖에 산림자원의 육성을 위해 필요한 사항
　② 소규모로 분산되어 있는 숲가꾸기 사업지는 다음과 같이 집단화하여 실시설계를 하여야 한다.
　　㉠ 국·공유림 : 산림경영계획의 임반 단위로 50ha 이상
　　㉡ 사유림 : 산림사업 유역 단위로 최소 50ha 이상

③ 국가 또는 지방자치단체의 보조 또는 지원을 받아 소규모로 분산된 50ha 미만의 숲가꾸기로써 산주가 직접 시행하는 사업에 대해 지방자치단체의 장이 사업의 품질향상을 위해 필요할 경우 위탁실시 설계자를 지정하여 실시설계를 대신 작성하도록 할 수 있다.
④ 조림지의 사후관리를 위하여 풀베기 등 필요한 작업에 대하여는 별도로 실시설계를 할 수 있다.

(2) 실시설계 내용
① 실시설계는 지역산림계획, 산림경영계획 등을 고려하여 작성하고, 부득이 변경이 필요한 경우에는 발주자와 협의하여 변경된 내용을 실시설계에 반영할 수 있다.
② 다음에 해당하는 내용에 따라 실시설계를 작성하여 제출한다. 또한 발주자는 관련법에 따라 필요한 사항에 대해서는 확인 조치를 해야 한다.
  ㉠ 설계설명서
  ㉡ 소반별 시방서
  ㉢ 작업지시도
  ㉣ 실시설계 표준지배치도
  ㉤ 사업시행 예정공정표
  ㉥ 사업비 원가계산서
  ㉦ 설계내역서
  ㉧ 사업대상지(실행)내역서
  ㉨ ha당 숲가꾸기 단가산출서
  ㉩ 소나무재선충병 미감염증상 확인서
  ㉪ 선목 사업이 분리 발주될 경우 선목 사업 설계도·서
  ㉫ 풀베기 표준지 조사야장(표준지 상세도 포함)
  ㉬ 덩굴제거 표준지 조사야장
  ㉭ 어린나무가꾸기 표준지 조사야장
  ㉮ 현장 배치 확인표
  ㉯ 그 밖에 발주자가 용역계약 시 요구하는 사항
③ 실시설계도·서에는 책임기술자가 서명 날인을 하여야 한다.
④ 실시설계자는 발주자가 요청할 경우 사업시행자와 감리자를 대상으로 실시설계의 방향, 작업요령, 작업 시 주의사항 등에 관한 교육과 현장 설명을 하여야 한다.

(3) 실시설계 용역의 완료
① 실시설계자는 감리자의 실시설계 사전검토를 위하여 계약기간의 9할 이전까지 설계를 완료하고 문서로 감리자와 감독자에게 사전검토를 요청하여야 한다.
② 감리자는 실시설계자로부터 실시설계의 작성완료를 통보받았을 경우에는 실시설계 사전검토 보고서를 작성하여 발주자에게 제출하여야 한다.

③ 발주자는 감리자의 실시설계 사전검토 보고서를 참고하여 필요할 경우 실시설계자로 하여금 실시설계 도·서의 보완을 요구할 수 있다.
④ 실시설계자는 발주자가 요구하는 사항을 보완한 후에 실시설계도·서와 이를 포함한 전자기록매체(CD 등), 용역계약 시 과업지시 사항을 발주자에게 제출하여 완료검사를 받아야 한다.

03 선 목

(1) 선목의 대상
① 미래목 선목
② 제거 대상목 선목

(2) 선목의 시기·절차
① 선목 작업을 착수하기 전에 감독자와 감리자는 선목자의 자격을 확인하여야 한다.
② 선목사업이 완료된 후에 숲가꾸기 사업을 착수하여야 한다. 다만, 선목 사업량 및 사업기간 등으로 인하여 숲가꾸기 사업실행에 차질이 예상될 경우 선목 사업을 임·소반별로 부분 완료된 지역에 한하여 숲가꾸기 사업을 착수할 수 있다.
③ 설계·감리용역을 시행하고자 하는 경우에는 다음에 따라 선목을 실시한다.
　㉠ 실시설계자는 사업계획, 계약사항에 의거 선목량 등을 결정하여 실시설계에 반영하여야 한다.
　㉡ 선목 사업시행자는 실시설계에서 정한 선목의 방식과 수량을 따라야 한다.
　㉢ 감리자는 실시설계에 따라 선목량, 선목의 품질 등을 확인하고 감리보고서를 제출하여야 한다.
　㉣ 감독자는 감리자가 제출하는 선목 예비(부분)사업 완료검사 결과보고서를 검토·확인한 후에 완료검사를 하여야 한다.
④ 설계·감리용역을 실행하지 않은 선목 대상지의 경우에는 사업계획 또는 선목 사업 발주시 계약에 따른다.
⑤ 선목과 숲가꾸기를 분리하여 발주하였을 경우에는 선목 사업시행자는 관련 서류와 발주자가 요구하는 사항을 제출하여야 한다.

(3) 선목의 자격
① 임업직·녹지직 공무원
② 설계·감리용역을 수행할 수 있는 업체(선목사업시행 대상지의 감리용역 수행업체는 제외한다)
③ 사업시행자
④ 기능인영림단(국유림에 한한다)
⑤ 산림조합중앙회 또는 산림조합의 산림경영지도원 중 숲가꾸기 사업 실무경력이 2년 이상인 자
⑥ 독림가, 임업후계자(실제로 소유하거나 경영하는 산림을 선목할 경우에 한한다)

(4) 선목의 내용
① 지속가능한 산림자원 관리지침과 사업계획(기본설계), 실시설계 또는 계약사항에서 정한 미래목, 제거 대상목의 기준과 수량을 충족하도록 선목하여야 한다.
② 선정된 미래목 또는 제거 대상목은 지속가능한 산림자원 관리지침에 따라 표식하여야 한다.
③ 제거 대상목 선목은 가슴높이 지름 10cm 이상인 나무만을 대상으로 친환경성 수성페인트(적색) 또는 임업용 페인트(적색)를 사용하여 확연히 구분가능하게 표시한다.
④ 미래목 선목 시 경관을 고려할 필요가 있는 지역은 나무의 뒤쪽에 원형 표식 등과 같은 다른방법으로 표식 할 수 있다.

04 사업시행

(1) 현장대리인
① 현장대리인은 사업시행자에 소속된 기술자 중에 다음의 어느 하나에 해당하는 자를 선임하여 이를 발주자에게 보고하여야 한다.
　㉠ 기술초급 이상 산림경영기술자
　㉡ 해당 업무 실무경력이 2년 이상인 기능2급 이상 산림경영기술자(국유림만 해당한다)
② 사업시행자는 다음 기준에 따라 현장대리인을 당해 사업의 착수와 동시에 배치하여야 한다.
　㉠ 600ha 이하 사업장 : 현장대리인 1인 이상
　㉡ 600ha 초과 사업장 : 현장대리인 2인 이상
③ 사업시행자는 사업의 품질 및 안전에 지장이 없고 전체 사업장의 규모가 600ha를 초과하지 않는 범위 내에서 다음의 어느 하나에 해당하는 경우 발주자의 승낙을 받아 3개 이내의 사업장을 통합하여 1인의 현장대리인을 배치할 수 있다.
　㉠ 사업장이 동일 특별시·광역시에 위치하는 경우
　㉡ 사업장이 동일 시·군에 위치하는 경우
　㉢ 사업장이 제주특별자치도에 위치하는 경우
④ 현장대리인이 부득이 사업장을 이탈하고자 하는 경우 감리원 또는 감독자의 승인을 받아야 하며, 현장대리인이 복수의 사업장에 배치된 경우 현장대리인은 사업장간 이동시 안전사고 등 사업 현장관리에 필요한 조치를 취하여야 한다.
⑤ 숲가꾸기 사업시행 시 발생하는 모든 사고, 피해 및 하자는 사업시행자가 부담하여 처리하여야 한다.

(2) 작업원
① 솎아베기를 수반하는 숲가꾸기 사업은 전체 작업인원의 50% 이상이 산림경영기술자 기능2급 이상이어야 하며, 그 외 숲가꾸기 사업은 전체 작업인원의 30% 이상이 산림경영기술자 기능2급 이상이어야 한다. 다만, 산주, 독림가와 임업후계자가 직접 실행 사업으로 솎아베기를 수반하는 숲가꾸기 실행 작업원은 산림경영기술자 기능2급 이상인 자가 전체 작업인원 중 30% 이상이어야 한다.

② 제1항에 따른 산림경영기술자 기능2급 이상의 참여비율은 감독자와 감리원의 확인을 받아 세부 작업공정 및 작업기간별로 구분하여 적용 할 수 있다.
③ 감독자와 감리원은 ①에 따른 작업원이 계약 당시의 구성원과 동일한 지를 수시로 점검하여야 한다.
④ 작업원을 교체할 경우에는 감리원을 경유하여 감독자 통보하고 동의를 받아야 한다.
⑤ 감독자는 사업 착수 및 작업원 교체시에 현장대리인, 작업원의 인적사항과 자격정보를 숲가꾸기 작업원 관리 전산시스템에 등록하여 다른 지역 사업장과의 이중등록 여부 및 자격정보를 확인하여야 한다.

(3) 관련서류
① 사업시행자는 숲가꾸기 작업을 착수하기 전에 다음의 내용을 포함하는 사항을 감독자를 경유하여 발주자에게 제출하여야 하며, 발주자는 감리자에게 착수계 제출내역을 통보하고 검토를 요청할 수 있다. 또한 발주자는 관련법에 따라 필요한 사항에 대해서는 승인 또는 확인 조치를 해야 한다.
  ㉠ 착수계
  ㉡ 작업계획서 (장비·인력 투입계획 등)
  ㉢ 작업원 운영계획서(현장대리인 선임 및 재직증명, 작업원의 명단 및 자격증명 등)
  ㉣ 안전관리계획서(사업시행자가 수립하고 발주청은 승인)
  ㉤ 현장 배치 확인표(사업시행자가 작성하고 발주청은 확인)
  ㉥ 그 밖에 발주자가 요구하는 사항
② 사업시행자는 숲가꾸기 사업시행 중 제출한 서류의 내용변경 사유가 발생하였을 경우에는 변경사유를 감리원과 감독자를 경유하여 발주자에게 제출하여야 한다.
③ 사업시행자는 숲가꾸기 사업시행이 완료된 후에 다음의 내용을 포함하는 사항을 감독자를 경유하여 발주자에게 제출하여야 하며, 발주자는 감리자에게 완료계 제출내역을 통보하고 검토를 요청할 수 있다.
  ㉠ 완료계
  ㉡ 사업완료 검사신청서
  ㉢ 현장대리인 근무상황부
  ㉣ 사업 전·중·후 각각 동일장소 및 동일방향에서 촬영한 사진자료 및 사진이 저장된 전자기록매체 (CD 등)
  ㉤ 안전교육일지
  ㉥ 완료도면
  ㉦ 안전점검에 관한 종합보고서
  ㉧ 그 밖에 발주자가 요구하는 사항

(4) 일정관리
① 사업시행자는 계약서에 명기된 기간 내에 작업을 완료하기 위하여 작업계획서에 따라 사업을 시행하여야 한다.
② 사업시행자는 천재지변 등으로 인하여 계약기간 연장이 필요할 시 수정된 사업시행예정표, 연기사유 등을 첨부하여 감리원과 감독자를 경유하여 발주자에게 서면으로 계약기간 연장을 신청할 수 있다.

③ 감독자 및 감리자는 각 세부공정별 주요 업무, 기술력이 요구하는 공정, 하자발생이 우려되는 공정 등에 대하여 점검 리스트를 작성하여 수시점검을 실시할 수 있다.

(5) 품질관리
① 사업시행자는 설계상의 대상면적과 사업량이 현장과 차이가 생길 경우에는 감리자와 합동으로 현장 확인·검토를 하여야 한다.
② 현장 확인·검토 결과를 감독자에게 즉시 보고하고 감독자의 지시에 따라 설계변경 등의 적절한 조치를 취하여야 한다.
③ 사업이 부실하여 감독자 또는 감리원이 재작업을 지시할 경우에는 사업시행자는 지시 내용에 따라야 하며, 감리원은 작업결과를 확인하고 지적사항의 이행여부를 감독자에게 보고하여야 한다.
④ 사업시행자는 작업과정을 동일한 장소에서 전·중·후 및 원·근경으로 촬영한 사진을 제출하여야 한다.
⑤ 사업시행자는 현장에 작업일지를 기록하여 비치하고 감리원 및 감독자가 요구할 경우 제출하여야 한다.

(6) 안전관리
① 작업원의 안전에 관한 제법규의 운영과 적용은 사업시행자의 책임 하에 이루어지고 전 작업원의 모든 행위에 대한 책임은 사업시행자가 진다.
② 사업시행자는 발주자에게 제출한 안전관리계획서에 따라 다음의 내용을 포함하여 관련 법규에 따라 안전관리에 관한 조치를 하여야 하며, 안전교육을 실시한 경우 안전교육 일지에 기록·비치하여야 한다.
  ㉠ 작업원 등 작업장에 들어가는 자에 대한 품질인증 기관으로부터 인증 받은 안전장비 착용여부의 확인
  ㉡ 유류, 체인톱 등 각종 위험물의 사용법 교육
  ㉢ 안전사고 예방을 위하여 통행자 또는 작업원의 작업장내의 이동에 관한 교육 또는 호루라기 등의 소지 여부 점검
  ㉣ 구급낭 등 응급조치에 필요한 약제비치
  ㉤ 그 밖의 안전관리에 필요한 사항이나 계약에서 제시된 사항
③ 숲가꾸기 작업장 내 또는 인근지역을 차량 및 사람이 안전하게 통행할 수 있도록 사업시행 기간 중에 간이 입간판을 설치하여야 한다.
④ 산재보험 등 보험가입내역, 안전관리비 사용내역서와 안전 점검표, 안전교육일지 등을 작업현장에 비치하여야 한다.
⑤ 사업시행자는 사업시행 중에 일어나는 모든 안전사고를 감리자와 감독자에게 즉시 보고하고 필요한 조치를 하여야 한다.
⑥ 산업안전보건관리비는 숲가꾸기 목적 외 사용을 금하고, 작업원에 대한 안전장구류 지급을 위한 목적으로 사용하였을 경우 반드시 등록된 작업원에게 지급되었는지 여부를 확인 후 정산처리 하여야 한다.

(7) 재해관리

① 작업장 및 주변의 산림에 대한 산불예방활동을 철저히 하여야 하며 산불발생 시 진화에 적극 참여하여야 한다.
② 작업장에 인접해 있는 수리시설 및 농작물에 지장이 없도록 사업을 시행하여야 한다.
③ 사업시행자는 작업 중에 산림병충해 피해목으로 의심되는 나무(감염목 등)가 있을 시는 즉시 감리원 및 감독자에게 보고를 하고 지시에 따라 처리하여야 한다.
④ 사업시행자는 숲가꾸기 산물을 수집하기 위하여 시설한 작업로 등이 산사태와 침식 발생이 되지 않도록 배수시설 등 예방조치를 하여야 한다.

(8) 작업장 관리

사업시행자는 작업이 완료되었을 경우 완료검사 이전에 다음의 내용에 대한 조치를 하여야 한다.
① 작업장 내 소로길(작업 전에 개설된 사람의 이동 통로)은 이동에 지장을 주는 산물을 정리하여 통행에 지장을 주지 않도록 하여야 한다.
② 작업 중 발생한 폐유·폐자재 및 작업기자재는 전량 수거하여 지정된 업체에 폐기 처분하여야 한다.
③ 작업장 주변에 훼손된 산림보호 홍보물, 현수막 등 철거가 필요한 것은 수거하여 처리 하여야 한다.
④ 작업장 내 묘지 주변은 숲가꾸기 산물로 인하여 피해가 발생하지 않도록 정리하여야 한다.
⑤ 작업로는 강우 등 기상재해로부터 피해가 없도록 적절한 조치를 취하여야 한다.
⑥ 그 밖에 감리원, 감독자 등의 지시사항과 사업시행으로 인하여 민원이 발생 될 수 있는 사항

(9) 사업시행 완료

① 선목 및 숲가꾸기 사업시행자는 감리자의 예비사업완료검사를 위하여 계약기간의 9할 이전까지 작업을 완료하고 문서로 예비사업완료검사를 감리자와 감독자에게 요청하여야 한다.
② 감리자는 선목 또는 숲가꾸기 사업시행자로부터 예비사업완료검사를 요청받았을 경우에는 예비사업완료검사를 실시하고 그 결과에 대해 예비사업완료검사 결과보고서를 작성하여 발주자에게 제출하여야 한다.
③ 발주자는 예비사업완료검사 결과보고서를 참고하여 필요할 경우에는 선목 또는 숲가꾸기 사업시행자로 하여금 시정·보완하도록 조치하여야 한다.
④ 선목 또는 사업시행자는 필요한 조치를 완료한 후에 관련서류와 이를 포함한 전자기록매체(CD 등), 용역계약시 발주자가 요구한 사항을 발주자에게 제출하고, 완료검사를 받아야 한다.
⑤ 작업시간 또는 숙련도 등을 감안하여 작업완료기간의 2/3를 경과하여 작업이 완료될 때에는 발주자는 이를 인정할 수 있다.
⑥ 발주자 또는 관리기관은 사업시행이 완료된 때에는 숲가꾸기 통계 및 산림경영정보 데이터베이스 구축을 위해 숲가꾸기 관리대장[사업대상지(실행)내역서] 및 숲가꾸기 관리도(준공도면)를 연도별로 작성 비치 하여야 한다.

05 감리

(1) 감리의 대상
① 실시설계를 용역으로 시행하였을 경우에는 감리를 실시하여야 한다. 다만 50만m² 이상의 솎아베기를 수반하지 않는 산림청 소관 국유림의 숲가꾸기 사업은 실시설계를 용역으로 시행했을 경우에도 필요에 따라 감리를 생략하고 감독공무원의 현장관리로 대체할 수 있다.
② 국가 또는 지방자치단체의 보조 또는 지원을 받아 50ha 미만의 숲가꾸기로써 산주가 직접 시행하는 사업에 대해 지방자치단체의 장이 숲가꾸기 품질향상을 위해 필요할 경우 위탁감리자를 지정하여 관리·감독하도록 할 수 있다.
③ 감리의 표준지 조사방법 및 보존관리 등에 대하여는 지속가능한 산림자원 관리지침 감리 표준지(용역으로 수행)의 조사·관리에 따른다.

(2) 감리의 시기
① 실시설계 용역 완료 전에 실시설계 내용을 감리자가 사전검토할 수 있도록 감리자를 선정하여야 한다.
② 전년도에 실시설계를 실행한 경우에는 사업실행 이전에 감리용역을 체결하고, 감리자로부터 실시설계도·서에 대한 검토의견을 제출받아 필요한 조치를 하여야 한다.
③ 발주자는 실시설계자로부터 제출받은 작업지시도 및 사업대상지(실행)내역서 등 관련자료를 감리자에게 제공할 수 있다.

(3) 감리원
① 감리용역 수행자는 감리원의 업무를 수행할 수 있는 자격을 갖춘 자를 선정하여 발주자에게 보고하여야 한다.
② 감리원은 작업의 품질이 불량할 경우, 실시설계도·서대로 작업이 되지 않을 경우 또는 안전상 필요한 경우에는 사업시행자에게 시정 또는 작업 중지를 명하거나 작업원의 재교육 또는 교체를 요구할 수 있다.
③ 감리원의 요구사항에 대하여 사업시행자가 적절한 조치를 취하지 않을 경우에 책임은 사업시행자에게 있으며, 감리원은 감독자에게 즉시 보고하여 필요한 조치를 취하여야 한다.

(4) 감리의 내용
① 감리자는 사업시행 중 해당하는 시점에서 다음의 내용에 해당하는 보고서를 작성하여 감독자를 경유하여 발주자에게 제출하여야 하며, 발주자는 관련법에 따라 필요한 사항에 대해서는 확인 조치를 해야 한다.
② 감리의 내용
  ㉠ 실시설계 사전검토 보고서
  ㉡ 선목 예비(부분)사업 완료검사 결과보고서
  ㉢ 중간감리보고서

ㄹ 감리일지
　　ㅁ 예비사업완료검사 결과보고서
　　ㅂ 사업대상지(실행)내역서
　　ㅅ 필지별세부실행내역서
　　ㅇ 감리완료보고서
　　ㅈ 임·소반별 사업시행 조사표
　　ㅊ 감리표준지 조사보고서
　　ㅋ 소반별 작업확인 조서
　　ㅌ 감리표준지 배치도 등
　　ㅍ 완료도면
　　ㅎ 풀베기 표준지 조사야장(표준지 상세도 포함)
　　㉮ 조림목 피해율 조사 결과보고서
　　㉯ 조림지 활착율 조사 결과보고서
　　㉰ 덩굴제거 표준지 조사야장
　　㉱ 어린나무가꾸기 표준지 조사야장
　　㉲ 감리 표준지 조사 등 예비사업 완료검사를 위한 사업장 확인 시 측정한 GPS 트랙도면
　　㉳ 현장 배치 확인표
　　㉴ 사업시행자 착수 검토 보고서
　　㉵ 사업실행내역 및 공간정보의 시스템 등록확인서
　　㉶ 그 밖에 발주자가 용역계약 시 요구하는 사항

(5) 감리 용역의 완료

① 감리자는 감리가 완료되었을 경우 관련서류와 이를 포함한 전자기록매체(CD 등), 사업실행내역 및 공간정보의 시스템 등록확인서, 용역계약시 발주자가 요구한 사항 등을 포함하여 최종감리완료보고서를 발주자에게 제출하여야 한다. 다만, 숲가꾸기 설계·감리를 용역으로 실행하지 않을 경우의 사업실행내역 및 공간정보의 시스템 등록은 관리기관이 직접 수행한다.

② 발주자는 용역계약서 및 과업지시서 등에 따라 감리용역이 이행되었는지를 확인하고 완료처리를 하여야 한다.

ONE MORE POINT 숲가꾸기 표준지의 조사·관리

1. 실시설계 표준지(용역수행)의 조사·관리
   가. 표준지 조사비율은 사업대상지 면적을 기준으로 일정비율 이상을 조사하며, 사업종별로 다음과 같다.
      (1) 풀베기는 1% 이상
      (2) 덩굴제거는 0.5% 이상
      (3) 어린나무가꾸기는 0.5% 이상
      (4) 솎아베기는 1% 이상
   나. 표준지 크기는 사업종별로 다음과 같다.
      (1) 풀베기는 200m^2(반지름 8.0m 원형)를 원칙으로 하되, 소반 또는 필지단위 사업면적이 2ha 미만의 경우에는 100m^2(반지름 5.67m 원형)크기로 조정 가능
      (2) 덩굴제거는 본수 조사 시에는 50m^2(반지름 4m 원형 또는 5×10m 직방형), 피복도 조사 시에는 100m^2(반지름 5.67m 원형)
      (3) 어린나무가꾸기는 100m^2(10m×10m 직방형 또는 반지름 5.67m 원형)
      (4) 솎아베기는 개소당 100~400m^2(10×10m, 10×20m, 20×20m 사각형 또는 반지름 5.7m, 8.0m, 11.3m 원형 표준지)
   다. 사업대상지를 표시한 지형도상에서 최대 200×200m 격자상의 교차점에 400m^2의 표준지를 일정 간격으로 교차점에 배치하여야 한다. 다만, 격자의 간격이나 표준지의 간격은 임지 상태에 따라 조정할 수 있다.
   라. 일정 격자의 교차점에 표준지 배치가 불가능할 경우 상하좌우 50m 범위 내에서 표준지 위치를 조정할 수 있으며, 사업대상지가 소면적으로 분산되거나 임상이 다를 경우에는 그 임분의 표준이 되는 곳에 표준지를 배치하고 GPS를 이용하여 좌표를 기록한다.
   마. 표준지의 조사 및 관리에 따른 GPS 좌표 취득·관리 등 산림공간정보 구축에 필요한 위치의 기준은 세계측지계(중부원점)를 사용하여야 한다.
   바. 표준지 조사방법
      (1) 가슴높이지름은 표준지 내에 6cm 이상 교목을 2cm 괄약으로 측정
      (2) 수고는 경급별 m 단위로 측정
      (3) 경계표시는 흰색 페인트로 표시
      (4) 제거 대상목은 적색 페인트로 표시
      (5) 도태간벌의 미래목 또는 정량간벌의 형질우세목 및 가지치기 대상목은 황색 페인트로 표시
      (6) 풀베기 사업의 표준지는 중앙부에 1m 이상의 막대를 세우고 설계표준지는 황색 테이프, 감리표준지는 적색 테이프로 표시한 후 조림수종, 조림목 본수, 고사목 본수, 피해목 본수, 제거식생 등을 조사
      (7) 덩굴제거 사업지의 표준지는 중앙부 또는 모서리에 높이 1m 내외의 막대를 꽂고 설계표준지는 황색 테이프, 감리표준지는 적색 테이프로 표시한 후 덩굴 본수 및 피복도, 덩굴 제거 상태 등을 조사
      (8) 어린나무가꾸기 사업지의 표준지는 중앙부 또는 모서리에 설계표준지는 황색 테이프, 감리표준지는 적색 테이프로 표시한 후 조림목 본수 및 가슴높이지름, 제거 대상목의 종류 및 피복도, 가지치기 높이 등을 조사
      (9) 풀베기, 덩굴제거, 어린나무가꾸기 사업의 세부적인 설계 표준지 조사·관리 요령은 풀베기 설계·감리 및 조림목 손해배상 적용기준, 덩굴제거 설계·감리 및 사업시행기준, 어린나무가꾸기 설계·감리 및 사업시행기준을 따른다.

사. 표준지의 보존
    (1) 표준지는 숲가꾸기 사업시행시 작업하지 않고 보존
    (2) 도로변 등 경관적으로 중요한 지역일 경우 숲가꾸기가 반드시 필요한 지역에 대해서는 감리자의 확인을 받아 사유를 감리보고서에 기재한 후 작업 시행
    (3) 다만, 풀베기 등 조림목의 피해를 방지하기 위한 사업은 표준지에도 작업 시행
2. 감리 표준지(용역으로 수행)의 조사·관리
    가. 표준지 조사비율은 사업대상지 면적을 기준으로 일정비율 이상을 조사하며, 사업종별로 다음과 같다.
        (1) 풀베기는 2% 이상
        (2) 덩굴제거는 1% 이상
        (3) 어린나무가꾸기는 0.25% 이상
        (4) 솎아베기는 0.5% 이상
    나. 사업대상지를 표시한 지형도상에서 최대 400×400m 격자상의 교차점에 400m^2의 표준지를 일정 간격으로 교차점을 배치하여야 한다. 다만, 격자의 간격이나 표준지의 간격은 임지 상태에 따라 조정할 수 있다.
    다. 솎아베기 사업 표준지의 크기 및 조사방법은 실시설계(용역수행) 표준지의 크기와 방법에 따르며, 풀베기, 덩굴제거, 어린나무가꾸기 사업의 세부적인 감리 표준지 조사·관리 요령은 풀베기 설계·감리 및 조림목 손해배상 적용기준, 덩굴제거 설계·감리 및 사업시행기준, 어린나무가꾸기 설계·감리 및 사업시행기준을 따른다.
3. 실시설계·감리를 용역으로 시행하지 않는 표준지의 조사·관리
    가. 사업비산출과 작업방법을 위한 실시설계 표준지의 조사는 침엽수일 경우 사업 대상지의 수종별, 영급별로 1개소 이상, 활엽수 또는 혼효림인 경우 사업대상지의 산복, 산록, 산정별로 1개소씩 조사한다.
    나. 표준지 배치를 제외한 나머지 사항은 실시설계(용역수행) 표준지의 크기, 작업방법, 보존방법에 따른다.
    다. 사업대상지 현장 점검 등을 위하여 감리 표준지의 조사, 좌표기록, 관리방법도 위와 동일하다.

| 주관식 확인문제 | 산림조성사업 설계 및 감리 |

※ 다음 빈칸에 적절한 말을 넣거나 묻는 말에 답하시오.

01 솎아베기를 수반하여 설계·감리를 용역으로 시행하는 숲가꾸기 사업 최소 단위 면적은?

정답적기

02 숲가꾸기 사업에서 선목의 대상이 되는 나무는?

정답적기

03 숲가꾸기 사업에서 제거 대상목 선목은 가슴높이 지름 몇 이상인 나무만을 대상으로 친환경성 수성페인트(적색) 또는 임업용 페인트(적색)를 사용하여 확연히 구분가능하게 표시하는가?

정답적기

04 숲가꾸기 사업에서 사업시행자는 현장대리인을 몇 ha를 기준으로 작업지에 2인 이상 배치하여야 하는가?

┤ 정답적기 ├

05 솎아베기를 수반하는 숲가꾸기 사업에서 전체 작업인원의 몇 % 이상이 산림경영기술자 기능2급 이상이어야 하는가?

┤ 정답적기 ├

06 선목 및 숲가꾸기 사업시행자는 감리자의 예비사업완료검사를 위하여 계약기간의 어느 정도까지 작업을 완료하고 문서로 예비사업완료검사를 감리자와 감독자에게 요청할 수 있나?

┤ 정답적기 ├

07 실시설계를 용역으로 시행하였을 경우에는 감리를 실시하여야 한다. 다만 (   )m² 이상의 솎아베기를 수반하지 않는 산림청 소관 국유림의 숲가꾸기 사업은 실시설계를 용역으로 시행했을 경우에도 필요에 따라 감리를 생략하고 감독공무원의 현장관리로 대체할 수 있다. 괄호 안에 들어갈 숫자는?

┤ 정답적기 ├

08 도태간벌의 미래목 또는 정량간벌의 형질우세목 및 가지치기 대상목은 무슨 색깔의 페인트로 표시하는가?

┤ 정답적기 ├

09 작업원의 안전에 관한 제법규의 운영과 적용은 사업시행자의 책임하에 이루어지고 전 작업원의 모든 행위에 대한 책임은 (　)가 진다. 괄호 안에 들어갈 단어는?

┤ 정답적기 ├

10 다음은 숲가꾸기 사업대상지의 감리 표준지에 대한 설명이다. 괄호안에 들어갈 말은?

> 사업대상지를 표시한 지형도상에서 최대 (　) 격자상의 교차점에 400m²의 표준지를 일정 간격으로 교차점을 배치하여야 한다. 다만, 격자의 간격이나 표준지의 간격은 임지 상태에 따라 조정할 수 있다.

┤ 정답적기 ├

주관식 정답

01. 50ha 이상
02. 미래목, 제거 대상목
03. 10cm 이상
04. 600ha 초과 사업장
05. 50% 이상
06. 9할 이전
07. 50만
08. 황색
09. 사업시행자
10. 400×400m

CHAPTER 07 숲가꾸기 품셈 적용기준

01 목적 및 적용 범위

(1) 목적

국가, 지방자치단체에서 시행하는 숲가꾸기 사업의 적정한 예정가격을 산정하기 위한 일반적인 기준을 제공하는 데 있다.

(2) 적용 범위

① 다른 법령의 특별한 규정이 있는 경우를 제외하고 다음사항은 본 품셈에 따른다.
② 실시설계를 통한 숲가꾸기 사업의 예정가격 산정은 본 품셈을 활용한다.
③ 본 품셈에 의한 실시설계를 작성하여 실행한 경우 국비 또는 지방비를 보조할 수 있다.
④ 본 표준품셈에 명시되지 않은 사항은 관계 법령 및 산림청의 사업계획을 참고하여 국가기관, 지방자체단체 등의 장의 책임하에 적정한 예정가격 산정기준을 결정하여 적용한다.
⑤ 각 발주기관에서 라항에 따라 별도로 결정하여 적용한 품셈이 표준품셈 보완에 반영할 필요가 있다고 인정될 경우에는 그 자료를 산림청에 제출하며 주관기관에서는 현장적용 등을 통하여 검토하여 표준품셈에 포함할 수 있도록 한다.
⑥ 본 표준품셈에 명시되지 않은 품으로서 산림사업 표준품셈 및 타 부문(토목, 건축, 기계, 통신 등)의 표준품셈에 명시된 품은 그 부문의 품을 적용한다.

(3) 특정 임업기계장비 사용

사업을 시행하는 데 있어 특정 임업기계 사용이 필요할 경우 본 기준에 의하지 않고 국가기관, 지방자체단체 등의 장의 책임하에 개별적으로 그 특성에 의한 작업능력과 제경비를 산정하여 적용할 수 있다.

02 수량의 계산 및 단가

(1) 수량의 계산법

① 품셈에 의한 재적 및 인원의 계산은 소수점 셋째자리에서 반올림, 둘째자리로 표시한다.
② 면적의 계산은 보통 수학공식 외에 좌표면적계산법·삼사법·플래니미터(Planimeter) 또는 전자면적계산 등에 의한다. 다만, 플래니미터를 사용할 경우에는 3회 이상 측정하여 그 중 정확하다고 생각되는 평균값으로 한다.

③ 수고의 계산은 임분수고의 최저값과 최고값을 측정한 후 평균을 산정하여 임분수고의 범위를 분모로 하고 평균수고를 분자로 하여 표시한다. (예) 15/10~20)
④ 경급의 계산은 입목 가슴높이 지름의 최저값과 최고값을 2cm 단위로 측정한 후 평균값을 산정하여 임목 가슴높이지름의 범위를 분모로, 평균 가슴높이지름을 분자로 표시한다. (예) 20/14~26)
⑤ 총축적의 계산은 다음과 같다.
　㉠ 측정대상 입목 : 가슴높이지름 6cm 이상의 입목으로 한다.
　㉡ 가슴높이지름 측정부위 : 지상고 120cm 위치의 직경을 말하며, 2cm 괄약으로 측정한다(8cm = 7cm 이상~9cm 미만, 10cm = 9cm 이상~11cm 미만…)
　㉢ 수고측정 : m 단위로 측정하고 m 이하는 반올림한다.
⑥ 조사방법은 전수조사와 표준지 조사로 한다.
　㉠ 전수조사 : 소반 내의 모든 입목을 대상으로 가슴높이지름과 수고를 측정하여 수종별 입목간재적표를 이용하여 입목개개의 단목재적을 구한 후 전체재적을 산출한다.
　㉡ 표준지 조사
　　• 1개 표준지의 최대크기는 0.04ha 이하로 한다.
　　• 가슴높이지름은 2cm 괄약으로 수종별로 측정하여 기록한다. 다만, 6cm 미만은 측정하지 아니한다.
　　• 수고는 직경급별로 평균수고를 산출한다.
　　• 표준지 내에서 측정된 입목의 평균 가슴높이지름과 평균수고를 통하여 표준지 내 재적을 구한 후 이를 기준으로 전 재적을 산출한다.

(2) 노임단가

① 숲가꾸기 사업 부문의 노임단가는 대한건설협회 조사·공표하는 시중노임단가를 적용한다.
② 설계·감리부문의 노임단가는 한국엔지니어링진흥협회에서 조사·공표하는 기타부문의 언지니어링 기술자 노임단가를 적용한다.
③ 선목 사업의 노임단가 중 보통인부는 대한건설협회 조사·공표하는 시중노임단가로 하고, 초급기술자는 기타부문의 엔지니어링 기술자 노임단가를 적용한다.

(3) 노무비의 할증

연장근로와 야간근로 또는 휴일근로의 경우에는 근로기준법(제56조), 유해위험작업인 경우에는 산업안전보건법(제46조), 도서(제주도 포함), 오지지역 및 기능자격자를 특별히 사용하는 경우에는 국가를 당사자로 하는 계약에 관한 법률 시행규칙(제7조2항)에 정하는 바에 따라 노무비를 할증하여 적용한다.

(4) 재료 및 자재단가

① 재료 및 자재의 단가는 거래실례가격 또는 통계법 제15조의 규정에 의한 지정기관이 조사하여 공표한 가격, 감정가격, 유사한 거래실례가격, 견적가격을 기준며, 적용순서는 국가를 당사자로 하는 계약에 관한 법률 시행규칙 제7조의 규정에 따른다.

② 재료 및 자재단가에 운반비가 포함되어 있지 않은 경우 구입 장소로부터 현장까지의 운반비를 계상할 수 있다.

(5) 할인·할증의 적용
① 품의 할인·할증은 각 단위 작업종별로 표준품셈에서 정한 할증요소를 적용한다. 단, 재료비의 경우는 할인·할증요소를 적용하지 않는다.
② 중복가산 요령

$W = P \times (1 + a_1 + a_2 + a_3 \cdots + a_n)$

여기서, W : 할증이 포함된 품(소요인력)

P : 기본품 또는 각장 해설란의 필요한 증감 요소가 감안된 품

$a_1 \sim a_n$: 품 할증요소

(6) 금액의 단위 표준

종 목	단 위	지위(止位)	비 고
설계서의 총액	원	1,000	미만 버림
설계서(일위대가)의 소계	〃	1	〃
설계서(일위대가)의 금액란	〃	1	〃
단가산출서의 금액란	〃	1	〃

03 작성기준

(1) 설계 및 감리용역 원가 작성기준
① 실시설계 및 감리용역의 원가(대가)산출 및 적용기준은 산업통상자원부 공고인 엔지니어링사업대가의 기준에 의한 실비정액가산방식에 따른다.
② 단, 제경비, 기술료의 적용요율은 엔지니어링사업대가의 기준의 적용 범위를 참고하여 본 품셈에서 정한 다음 요율을 적용한다.

제경비	기술료
직접인건비의 110%	직접인건비에 제경비를 합한 금액의 20%

(2) 숲가꾸기 사업 원가 작성기준
① 선목 및 기타 사업시행에 대한 원가계산은 기획재정부 계약예규인 예정가격 작성기준에 따른다.
② 작업현장에서 산업재해 및 건강장해 예방을 위하여 관계 법령 (산업안전보건법)에 의거 요구되는 산업안전보건관리비는 건설공사에 준하여 별도 계상한다.

③ 보험료의 적용사항은 기획재정부 계약예규와 관련 법령 및 규정에 따르며 기타 비목별 적용기준은 다음과 같다. 다만, 국민건강·국민연금보험료의 적용요율은 관계 법령이 정하는 적용기준에 따른다.
④ 원가 구성 비목별 적용기준

비목		구 분	적용 기준		
			적용방법	요율	적용기준
순공사원가	재료비	직접재료비	주재료비 + 잡품		숲가꾸기 품셈 적용기준
		간접재료비			
		소 계			
	노무비	직접노무비			숲가꾸기 품셈 적용기준
		간접노무비	(직접노무비)×율		조달청 원가계산 제비율 적용기준(조경공사) 적용
		소 계			
	경비	기계경비	기계손료×장비단가		숲가꾸기 품셈 적용기준
		산업재해보상보험료	(노무비 : 직노 + 간노)×율		사업종류별 산재보험료율 적용
		고용보험료	(노무비)×율		관련 법령의 보험요율 적용
		국민건강보험료	(직접노무비)×율		
		국민연금보험료	(직접노무비)×율		
		노인장기요양보험료	(건강보험료)×율		
		산업안전보건관리비	(재료비 + 직접노무비)×율		건설업산업안전관리비계상 및 사용기준 적용(특수 및 기타 건설업)
		기타 경비	(재료비 + 노무비)×율		조달청 원가계산 제비율 적용기즌(조경공사) 적용
		기타 법정 경비			기타 법정경비 발생 시 적용
		소 계			
일반관리비			(재료비 + 노무비 + 경비)×율		조달청 원가계산 제비율 적용기즌(조경공사) 적용
이 윤			(노무비 + 경비 + 일반관리비)×율		조달청 원가계산 제비율 적용기즌(조경공사) 적용
총원가					
부가가치세			(총원가)×율	10%	부가가치세법
합 계			총원가 + 부가가치세		

※ 참고 : 관계 법령이나 규정에서 정하는 요율 및 노임단가는 연도별 적용기준을 확인하여 반영

CHAPTER 08 산림조성사업 안전관리

01 산림조성사업 안전관리계획

(1) 산림사업의 안전관리(산림기술 진흥 및 관리에 관한 법률 제26조 제2항)

산림사업시행업자는 산림사업의 안전을 확보하기 위하여 안전점검 및 안전관리조직 등 산림사업의 안전관리계획을 수립하고, 이를 발주청에 제출하여 승인을 받아야 한다.

(2) 안전관리계획을 수립하여야 하는 산림사업(산림기술 진흥 및 관리에 관한 법률 시행령 제16조 제1항)
① 국가 또는 지방자치단체의 보조나 지원을 받아 시행하는 산림사업으로서 다음의 어느 하나에 해당하는 산림사업
  ㉠ 3만m^2 이상의 조림사업
  ㉡ 3만m^2 이상의 벌채사업
  ㉢ 1백만m^2 이상의 산림병해충 방제사업
  ㉣ 50만m^2 이상의 솎아베기를 수반하는 숲가꾸기사업
  ㉤ 임도사업. 다만, 감리는 건당 공사비(관급자재비를 포함한 공사예정금액)가 2천만원 이상인 경우만 해당한다.
  ㉥ 사방사업법에 따른 사방사업. 다만, 감리는 건당 공사비가 1억원 이상인 경우만 해당한다.
  ㉦ 유아숲체험원 및 산림교육센터의 조성(관리를 포함)을 위하여 시행하는 사업. 다만, 감리는 건당 공사비가 4천만원 이상인 경우만 해당
  ㉧ 자연휴양림, 산림욕장, 치유의 숲, 숲길, 숲속야영장 및 산림레포츠시설의 조성을 위하여 시행하는 사업. 다만, 감리는 건당 공사비가 4천만원 이상인 경우만 해당
  ㉨ 도시숲·생활숲·가로수의 조성·관리를 위하여 시행하는 사업. 다만, 감리는 건당 공사비가 4천만원 이상인 경우만 해당
  ㉩ 수목원의 조성을 위하여 시행하는 사업. 다만, 감리는 건당 공사비가 4천만원 이상인 경우만 해당
  ㉪ 수목장림의 조성을 위하여 시행하는 사업. 다만, 감리는 건당 공사비가 4천만원 이상인 경우만 해당
  ㉫ 훼손된 산림을 복원하기 위하여 시행하는 사업
② 산지복구·중간복구 및 불법산지전용지의 복구 사업. 다만, 감리는 일정 면적 이상의 산지를 복구하는 공사인 경우만 해당한다.
③ 그 밖에 발주청이 안전관리가 필요하다고 인정하는 산림사업

(3) 안전관리계획의 수립 기준 내용(산림기술 진흥 및 관리에 관한 법률 시행령 [별표 6])
① 산림사업의 개요 : 산림사업 전반을 파악하기 위한 위치도, 사업개요, 전체 공정표 및 설계도서 등을 포함할 것
② 안전관리조직 : 안전관리조직의 구성 및 임무를 포함한 안전관리조직표를 작성할 것
③ 안전점검계획 : 안전점검의 시기·내용, 안전점검을 담당하는 기술자의 자격, 안전점검을 담당하는 기술자의 교육 이수 의무, 공정별 안전점검표 등 안전점검의 실시에 관한 사항을 작성할 것
④ 사업장 주변 안전관리대책 : 사업 시행 중 사업장과 사업현장 주변에 대한 안전관리에 관한 사항을 작성할 것
⑤ 통행안전시설의 설치 : 사업장 주변의 인력, 차량 등이 안전하게 통행할 수 있도록 통행안전시설의 설치에 관한 계획을 포함할 것
⑥ 안전관리비 집행계획 : 안전관리비의 금액, 세부 사용계획 및 사용처 등 안전관리비의 집행과 관련된 계획을 포함할 것
⑦ 안전교육계획 : 교육의 종류·내용 및 교육관리에 관한 사항이 포함된 안전교육계획표를 작성할 것
⑧ 비상사태 발생 시 긴급조치계획 : 사업현장에서의 비상사태에 대비한 비상연락망, 비상동원조직, 경보체제, 응급조치 등 긴급조치계획을 포함할 것
⑨ 다른 산림사업 관련 법령에서 안전관리계획을 수립하도록 되어 있는 경우 해당 법령에서 정하는 안전관리에 관한 사항을 포함할 것
⑩ 그 밖에 산림사업의 안전을 위하여 안전관리계획에 포함하여야 하는 세부 사항은 산림청장이 정하여 고시할 수 있다.

(4) 결과통보(산림기술 진흥 및 관리에 관한 법률 시행령 제16조 제3항)
발주청은 안전관리계획을 제출받은 경우에는 7일 이내에 다음의 구분에 따라 안전관리계획의 내용을 심사하여 그 결과를 통보하여야 한다.
① 적정 : 안전에 필요한 조치가 구체적이고 명료하게 계획되어 산림사업의 안전성이 충분히 확보되어 있다고 인정되는 경우
② 조건부 적정 : 안전성을 확보하는 데 중대한 영향은 없으나 계획의 보완이 필요하다고 인정되는 경우
③ 부적정 : 계획에 중대한 결함이 있어 산림사업을 시행할 경우 안전사고가 발생할 우려가 있다고 인정되는 경우

02 산림조성사업 안전관리 시행

(1) 안전점검에 관한 종합보고서(산림기술 진흥 및 관리에 관한 법률 제26조 제5항)

산림사업시행업자는 안전관리계획을 수립하고 안전점검을 한 산림사업을 준공한 경우에는 안전점검에 관한 종합보고서를 작성하여 발주청에 제출하여야 한다.

(2) 안전점검 종합보고서 작성항목(산림기술 진흥 및 관리에 관한 법률 시행규칙 [별표 5])

① 보고서 표지
  ㉠ 제출문
  ㉡ 참여한 산림기술자의 명단
  ㉢ 보고서 목차
  ㉣ 점검대상의 위치도
  ㉤ 점검대상의 전경사진
② 안전점검의 내용
  ㉠ 사업개요
  ㉡ 차수별 안전점검 실시현황(점검자, 점검기간, 점검비용 등)
  ㉢ 실시한 안전점검의 주요 내용
③ 안전점검에 따른 조치사항
  ㉠ 안전점검 결과에 따른 조치사항
  ㉡ 보수·보완 작업의 실시 및 작업 결과
  ㉢ 조치사항 및 보수·보완작업의 적정성 평가
  ㉣ 그 밖에 안전점검 조치와 관련하여 필요한 사항
④ 결론
  ㉠ 종합결론
  ㉡ 조치되지 못한 사항에 관한 향후 조치계획
  ㉢ 유지관리 시 특별한 관리가 요구되는 사항
  ㉣ 그 밖에 안전점검 결과와 관련하여 필요한 사항
⑤ 부록 : 보고서 내용을 보완하기 위한 사진, 통계 등 그 밖의 참고자료

(3) 안전점검의 대가(산림기술 진흥 및 관리에 관한 법률 시행령 제17조)

안전점검의 대가는 다음의 구분에 따른 비용을 합산한 금액으로 한다.
① **직접인건비** : 안전점검 업무를 수행하는 인력의 급여, 수당 등
② **직접경비** : 안전점검 업무를 수행하는 데 필요한 여비, 차량운행비 등
③ **간접비** : 직접인건비 또는 직접경비에 포함되지 아니하는 각종 경비
④ **기술료**
⑤ 그 밖에 조사·시험비 등 안전점검 업무를 수행하는 데 필요한 비용

(4) 안전교육(산림기술 진흥 및 관리에 관한 법률 시행령 제27조)
　① 산림사업시행업자는 산림사업의 안전관리를 위하여 해당 산림사업의 안전에 관한 업무를 총괄하는 안전총괄책임자와 분야별 안전관리를 담당하는 안전관리담당자를 두어야 하며, 산림사업시행업에 종사하는 사람에 대하여 안전교육을 실시하여야 한다.
　② 안전관리조직의 구성 및 직무 등(산림기술 진흥 및 관리에 관한 법률 시행령 제18조)
　　㉠ 산림사업시행업자는 안전총괄책임자 1명과 각 분야별 안전관리담당자(이하 '안전관리담당자') 1명 이상을 두어야 한다.
　　㉡ 안전총괄책임자 및 안전관리담당자가 수행하여야 하는 직무의 범위는 다음 구분에 따른다.
　　　• 안전총괄책임자
　　　　- 안전관리계획서의 작성 및 제출
　　　　- 안전사고가 발생할 우려가 있거나 안전사고가 발생한 경우 비상동원 및 응급조치
　　　　- 안전관리비의 집행 및 확인
　　　　- 안전관리에 필요한 시설 및 장비의 지원
　　　　- 안전점검의 실시에 관한 지휘·감독
　　　　- 안전교육의 실시에 관한 지휘·감독
　　　• 안전관리담당자
　　　　- 안전총괄책임자의 직무에 대한 보조
　　　　- 안전점검의 실시
　　　　- 안전교육의 실시
　② 안전교육의 실시시기 및 실시방법(산림기술 진흥 및 관리에 관한 법률 시행령 제18조)
　　㉠ 안전총괄책임자와 안전관리담당자는 산림사업 관련 작업을 하는 날에는 작업을 시작하기 전에 해당 작업을 수행하는 인력을 대상으로 안전교육을 실시하여야 한다.
　　㉡ 안전총괄책임자와 안전관리담당자는 안전교육에 작업의 시행방법, 작업의 세부 시행순서 및 시행 시 주의사항 등을 포함하여야 한다.
　　㉢ 산림사업시행업자는 안전총괄책임자와 안전관리담당자가 실시한 안전교육의 내용을 기록·관리하여야 하며, 사업 준공 후 발주청에 기록한 내용을 제출하여야 한다.

| 주관식 확인문제 | 숲가꾸기 품셈 적용기준, 산림조성사업 안전관리 |

※ 다음 빈칸에 적절한 말을 넣거나 묻는 말에 답하시오.

01 숲가꾸기 사업 부문의 노임단가는 (㉠)에서 조사·공표하는 시중노임단가를 적용하며, 설계·감리 부문의 노임단가는 (㉡)에서 조사·공표하는 기타 부문의 엔지니어링 기술자 노임단가를 적용한다. 괄호 안에 들어갈 말은?

┤ 정답적기 ├

02 숲가꾸기 실시설계 및 감리용역의 원가(대가)산출 적용기준에서 기술료의 적용 요율은?

┤ 정답적기 ├

03 실시설계 및 감리용역의 원가산출 및 적용기준은 산업통상자원부 공고인 엔지니어링사업대가의 기준에 의한 (   )에 따른다. 괄호 안에 들어갈 말은?

┤ 정답적기 ├

04 산림조성사업의 발주청은 안전관리계획을 제출받은 경우에는 7일 이내에 안전관리계획의 내용을 심사하여 그 결과를 통보하여야 하는데 그 결과의 3가지 기준은?

| 정답적기 |

05 산림사업의 안전관리계획을 수립하여야 하는 산림사업으로 속아베기를 수반하는 숲가꾸기사업의 규모는?

| 정답적기 |

06 산림조성사업에서 안전점검의 대가에서 간접비란?

| 정답적기 |

07 산림조성사업에서 안전총괄책임자와 안전관리담당자는 해당 작업을 수행하는 인력을 대상으로 언제 안전교육을 실시하여야 하나?

| 정답적기 |

08 산림조성사업에서 할인·할증요소를 적용하지 않는 비목은?

09 산림사업시행업자는 작업자에게 작업조건에 맞게 인증받은 보호구를 지급하고, 이를 사용하도록 하여야 하는데 이 인증의 이름은?

10 가슴높이 지름 20cm 이상 나무를 벌목할 경우에는 안전하게 벌목작업을 실시하기 위하여 수구각을 몇도(°) 이상을 따야 하는가?

주관식 정답

01. ㉠ 대한건설협회, ㉡ 한국엔지니어링진흥협회
02. 직접인건비에 제경비를 합한 금액의 20%
03. 실비정액가산방식
04. 적정, 조건부 적정, 부적정
05. 50만m² 이상
06. 직접인건비 또는 직접경비에 포함되지 아니하는 각종 경비
07. 산림사업 관련 작업을 하는 날에 작업을 시작하기 전
08. 재료비
09. CE인증
10. 30° 이상

주요 용어 해설

1. **지존작업** : 식재지(조림지)에는 잡초, 덩굴식물, 산죽, 관목, 나뭇가지 등이 있어서 식재에 방해가 되므로 이것을 제거하는 준비작업을 지존작업 또는 정지작업(Planting Site Preparation)이라고 한다.

2. **보식** : 식재된 묘목은 1~2년이 지나면 일부가 고사하게 되는데, 이러한 고사목을 보충해서 묘목을 심을때 이를 보식(Supplemental Planting)라고 하는데, 활착률이 80% 미만일 때에는 보식하고, 활착률이 50% 미만일 경우에는 재조림을 하여야 한다.

3. **숲가꾸기** : 일반적으로 숲가꾸기는 풀베기에서부터 속아베기(수익간벌)에 이르는 모든 숲을 가꾸는 사업형태를 총칭하는 용어로 인공 조림지 숲가꾸기는 풀 베기, 덩굴제거, 어린나무 가꾸기(제벌), 속아베기(무육간벌, 수익간벌)로 구분되며, 천연림은 천연림 개량 및 천연림 보육과 움싹갱신지 보육으로 구분된다.

4. **정성간벌과 정량간벌** : 간벌은 그 방법에 대한 기본적인 생각의 차이에 의하여 정성간벌과 정량간벌로 구분한다. 정성간벌은 줄기의 형태와 수관의 특성으로 구분되는 수관급을 바탕으로 해서 정해진 간벌형식에 따라 간벌 대상목을 선정하는 것으로 객관적 기준이 약하고 선정자의 주관에 의하여 결정되므로 고도의 숙련이 요구된다. 이 방법은 우리나라에서 가장 많이 실시되는 미래목 위주의 간벌방식을 말하는 것이다. 반면, 정량간벌은 임분의 구성상태 및 생장조건을 고려해서 보육해야 할 알맞은 입목본수와 현존량을 결정한 뒤 그것에 준해서 벌기에 이르는 전 기간을 통해서 수적 또는 양적으로 조절하는 내용이다.

5. **지피융기선(Branch Bark Ridge ; BBR)** : 수간과 가지 사이에 약간 조잡하게 나타나는 것으로 가지치기를 할 때 이것을 훼손하지 않고 그 바깥쪽에 최대한 밀착하여 가지치기를 실시한다.

6. **온량지수와 한랭지수** : 식물이 잘 자라기 위해서는 기준온도 5℃ 이상으로 어느 기간 동안 온도가 유지되어야 한다는 생각에서 고안된 것으로 월평균기온 5℃ 이상의 값을 적산한 것을 온량지수라 하며, 5℃ 이하의 값을 적산한 것을 한랭지수라 하는데, 우리나라의 산림대의 구분은 한랭지수에 영향을 더 많이 받는다.

산림조성 출제 정보

1. **주요 분야별 수종 구별**
   ① 침엽수와 활엽수의 종자발달 구분형
   ② 침엽수와 활엽수의 종자 분류
   ③ 파종방법별 수종
   ④ 우리나라의 주요 조림수종 용도별 구분
   ⑤ 생가지치기 대상 수종 구분
   ⑥ 지상자엽 및 지하자엽 수종 구분

2. **적정 시기 구별**
   ① 풀베기의 시기
   ② 제벌(어린나무 가꾸기)의 시기
   ③ 간벌(속아베기)의 시기
   ④ 가지치기의 시기

3. **기타 알아 두어야 할 출제가 빈번한 내용**
   ① 산림의 분류에 따른 용어
   ② 화기의 구조와 열매 및 종자구조 사이의 관계
   ③ 결실촉진의 방법
   ④ 종자의 발아력 검사
   ⑤ 종자의 발아휴면성 및 발아촉진법
   ⑥ 종자의 파종량 계산 및 파종방법
   ⑦ 묘령의 표시방법
   ⑧ 식재 밀식의 장단점 및 식재본수의 계산방법
   ⑨ 간벌종류별 특성(HAWLEY, 데라사끼, 도태간벌, 정량간벌 등)
   ⑩ 산벌작업의 방법
   ⑪ 토양의 미생물 및 수분의 종류
   ⑫ 수목의 내음성 및 주요 수종
   ⑬ 식물의 무기양료 종류
   ⑭ 산림의 천이방법

수목 전정 시 가지 자르는 순서

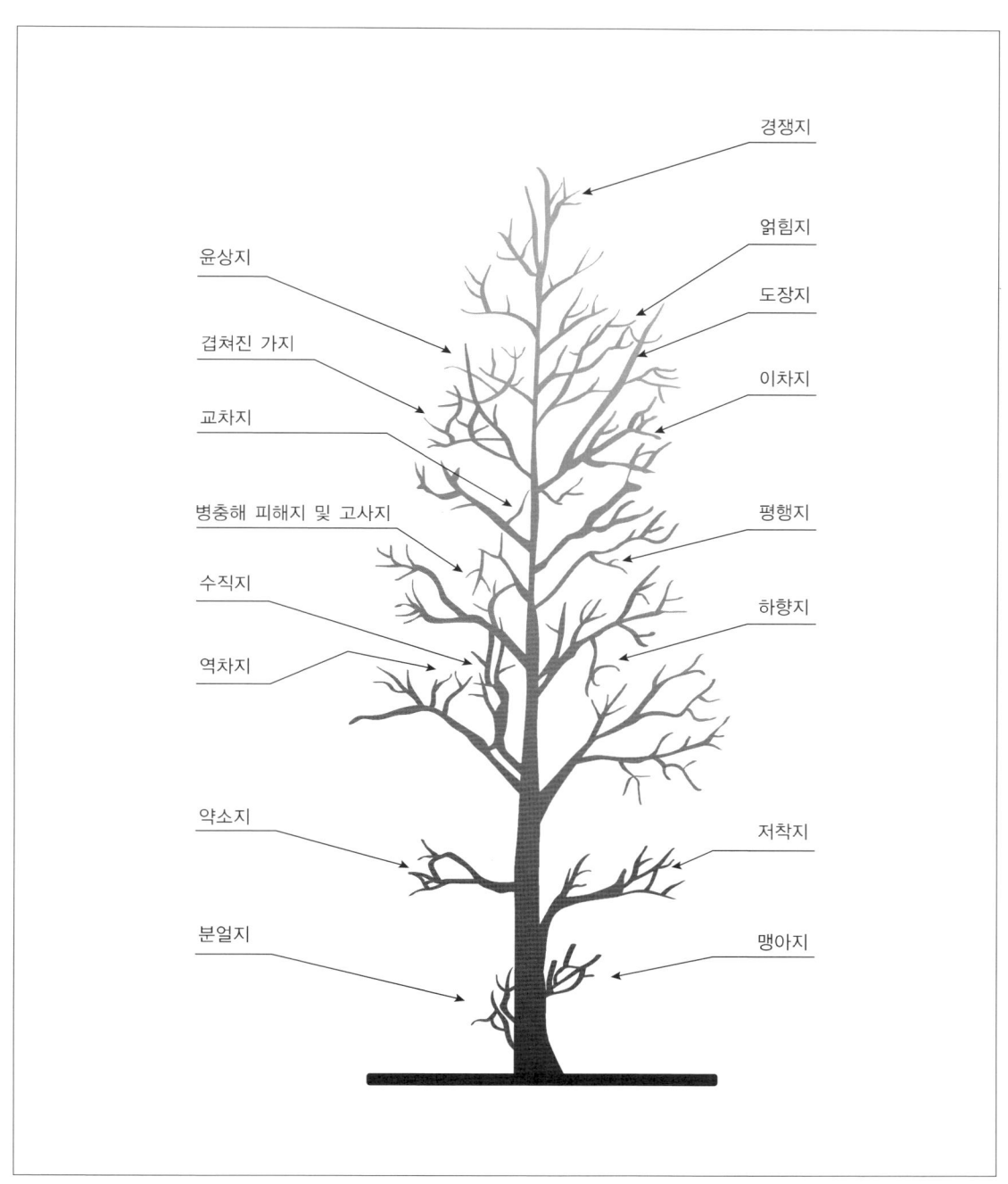

PART 01 적중예상문제

01 조림의 기능이 아닌 것은?
① 임분 구조의 조절
② 환경의 보호
③ 수종 구성의 조절
④ 지력의 향상

해설 조림은 **임분 구조의 조절, 수종 구성의 조절**, 임분 밀도의 조절, 생산성 향상, 산림에 대한 보육적 처리, 윤벌기의 조절, **환경보호** 등의 기능을 가진다.

02 나무의 발육단계에 따른 구분이 잘못된 것은?
① 치수 – 1m 이하의 나무
② 유목 – 흉고직경 10~30cm의 나무
③ 성숙목 – 흉고직경 30~60cm의 나무
④ 과숙목 – 흉고직경 60cm 이상의 나무

해설 유목(幼木, Sapling)은 **수고 1~3m의 나무**, 성목(成木, Pole)은 **흉고직경 10~30cm의 나무**이다.

03 직근만 발달하여 세근이 거의 없는 경우로 만 2년생이 되어 측근이 발달한 후에 상체해야 하는 수종은?
① 참나무류
② 소나무류
③ 낙엽송류
④ 편백류

해설 **참나무류**는 직근만 발달하고 세근이 거의 없다. 이러한 것은 1년생으로 상체하면 고사하기 쉬우므로 만 2년생이 되어 측근이 발달한 후에 상체하는 것이 좋다.

04 상체밀도에 대한 설명 중 틀린 것은?
① 묘목이 클수록 소식한다.
② 편백은 소식한다.
③ 음수는 소식한다.
④ 땅이 비옥할수록 소식한다.

해설 양수는 음수보다 소식한다.

정답 1 ④ 2 ② 3 ① 4 ③

05 풀베기의 설명이 틀린 것은?

① 일반적으로 조림 후에 5~6월에 실시한다.
② 연 2회 실시할 때는 8월에 추가적으로 실시한다.
③ 9월 이후의 풀베기는 피한다.
④ 소나무류는 5~8회 정도 실시한다.

해설 풀베기는 일반적으로 조림 후에 5~7월에 실시한다.

06 밀식의 장단점을 틀리게 표현한 것은?

① 제벌 및 간벌에 있어서 선목의 여유가 있으므로 우량 임분으로 유도할 수 있다.
② 간벌비용이 과다하여 간벌수입을 기대하기 어렵다.
③ 밀식을 하자면 지존작업을 더 알뜰하게 해야 하고 묘목대 및 식재비의 증가로 경제적 문제가 있다.
④ 초기재식 시 많은 노무량이 요구되고, 이것이 이유가 되어 합리적인 작업을 진행시키는 데 차질을 가져오는 일이 있다.

해설 밀식의 장점으로는 간벌수입이 기대된다.

07 식재밀도에 영향을 끼치는 인자를 잘못 표현한 것은?

① 소경재생산을 목표로 할 때에는 그렇지 않을 때에 비하여 밀식한다.
② 땅이 비옥하면 성장속도가 빠르므로 소식하고, 지력이 좋지 못한 곳에서는 빠른 울폐를 기대해서 밀식하여 지력을 돕는 것이 좋다.
③ 일반적으로 양수는 밀식하고, 전나무와 같은 음수는 소식한다.
④ 노무사정 및 비용을 생각할 때에는 소식하는 것이 유리하다.

해설 일반적으로 **양수는 소식**, 전나무와 같은 **음수는 밀식**한다.

정답 5 ① 6 ② 7 ③

08 파종조림에 영향을 끼치는 인자가 아닌 것은?

① 수분조건 ② 타감작용
③ 흙 옷 ④ 지베렐린 작용

해설 파종조림에 영향을 끼치는 인자는 **수분조건**, 동물의 해, 기상의 해, **타감작용**, **흙옷**, 종자의 품질 등이 있다.

09 풀베기의 종류가 아닌 것은?

① 모두베기 ② 점상베기
③ 줄베기 ④ 둘레베기

해설 풀베기의 작업 종류에는 **모두베기, 줄베기, 둘레베기** 등이 있다.

10 간벌의 효과가 아닌 것은?

① 생산될 목재의 형질을 좋게 한다.
② 우량한 개체를 남겨서 임분의 유전적 형질을 향상시킨다.
③ 벌기수확의 벌기령을 증가시킨다.
④ 산불의 위험성을 감소시킨다.

해설 간벌은 **벌기수확**을 양적·질적으로 매우 높인다.

정답 8 ④ 9 ② 10 ③

11 HAWLEY의 수관급을 잘못 연결한 것은?

① 우세목 : 상층임관을 구성하고, 상방광선을 충분히 받으며, 상당량의 측방광선도 받을 수 있는 수관을 가지고 있는 나무를 말한다.
② 준우세목 : 우세목과 비슷하나 측방광선을 받는 양이 비교적 적고, 수관의 크기는 평균에 가깝다.
③ 중립목 : 세력이 감소되고 자람이 지연되고 있으나 수관이 피압되지 않는 나무로서 상층임관을 형성할 가능성을 가진다.
④ 피압목 : 하층임관을 구성하는 것으로 직사광선은 거의 받지 못하고 있는 것을 말한다.

해설 寺崎(데라사끼)의 수형급에서 **중급목(중간목, 중립목)**은 세력이 감소되고 자람이 지연되고 있으나 수관이 피압되지 않는 나무로서 상층임관을 형성할 가능성을 가진 나무를 말함

12 寺崎(데라사끼)의 2급목에 대해 잘못 설명한 것은?

① 폭목 : 수관의 발달이 지나치게 왕성하고, 넓게 확장하거나 또는 위로 솟아올라 수관이 편평한 것
② 개재목 : 수관의 발달이 지나치게 약하고 이웃한 나무 사이에 끼어서 줄기가 매우 길고 가는 나무
③ 편의목 : 이웃한 나무 사이에 끼어서 수관발달에 측압을 받아 자람이 편의된 것
④ 피해목 : 줄기가 갈라지거나 굽는 등 수형에 결점이 있는 것, 그리고 모양이 불량한 전생수

해설 데라사끼의 수관급에서 **곡차목**은 줄기가 갈라지거나 굽는 등 수형에 결점이 있는 것, 그리고 모양이 불량한 전생수를 말한다.

13 활엽수에 대한 덴마크의 수간급을 옳게 설명한 것은?

① 주목(A) : 곧은 수간과 정상인 수관을 가지는 것으로 이것은 남겨서 그 자람을 촉진시키는 대상
② 유해부목(B) : 주목의 지하간장을 길게 하기 위하여 남겨 두어야 할 필요성이 있는 나무
③ 유요부목(C) : 주목의 수관발달에 지장을 주는 것으로 제거대상이 되는 나무
④ 중립목(D) : 유요부목에 가까운 나무로 간벌할 때 제거해야 할 나무

해설 활엽수에 대한 덴마크의 수간급
- 유해부목(B) : 주목의 수관발달에 지장을 주는 것으로 **제거대상**이 되는 나무
- 유요부목(C) : 주목의 지하간장을 길게 하기 위하여 **남겨 두어야 할 필요성**이 있는 나무
- 중립목(D) : A, B, C 어느 것에 소속되는지 확실하지 않아서 간벌할 때 일단 그냥 **남겨 두었다가 다음 번 간벌할 때 다시 고려할 나무**로서 때로는 마지막 간벌 때까지 남게 되는 것도 있다.

정답 11 ③ 12 ④ 13 ①

14 데라사끼의 간벌 중 상층간벌은?

① A종 간벌 ② B종 간벌
③ C종 간벌 ④ D종 간벌

해설 寺崎(데라사끼)의 간벌은 2계통 5종류가 있다.
- 하층간벌(보통간벌) : A종, B종, C종
- 상층간벌 : D종, E종

15 하층간벌(보통간벌, 독일식 간벌법)이란?

① 강도 높은 하층간벌이 실시된 후 우세목과 준우세목이 남으며 침엽수종의 일제 임분에 적용한다.
② 상층임관을 소개해서 같은 층을 구성하고 있는 우량개체의 생육을 촉진시킨다.
③ 수익성이 없다고 생각되는 나무는 벌채 대상목으로 하지 않는다.
④ 잔존될 하층목은 왕성하고 잘 발달한 수관을 가지고 있어야 하며, 소개에 따라 잘 반응할 가능성을 지니고 있어야 한다.

해설 **하층간벌(보통간벌, 독일식간벌법)**
- 피압된 가장 낮은 수관층의 나무를 벌채하고 점차로 높은 층의 나무를 벌채하는 방법
- 강도 높은 하층간벌이 실시된 후 우세목과 준우세목이 남으며 침엽수종의 일제 임분에 적용하는 것이 알맞다.

16 가지치기의 장점이 아닌 것은?

① 부정아가 발생한다.
② 무절재를 생산한다.
③ 산불이 있을 때 수관화를 경감시킨다.
④ 상장생장을 촉진한다.

해설 부정아가 발생하는 것은 가지치기의 단점이다.

17 자연전지가 잘되는 수종은?

① 느릅나무　　　　　　　　② 소나무
③ 낙엽송　　　　　　　　　④ 독일가문비나무

해설 이층 형성에 의해 자연전지가 잘되는 수종은 포플러류, 버드나무류, **느릅나무**, 단풍나무, 가래나무, 벚나무류, 참나무류, 삼나무, 편백 등이다.

18 생가지치기가 위험성이 높아 원칙적으로 죽은 가지만 제거하는 수종은?

① 벚나무　　　　　　　　　② 포플러류
③ 삼나무　　　　　　　　　④ 편 백

해설 생가지치기로 가장 위험성이 높은 수종은 단풍나무류, 느릅나무류, **벚나무류**, 물푸레나무 등으로 원칙적으로 생가지치기를 피하고 자연낙지 또는 고지치기만 실시한다.

19 우리나라의 인공림의 간벌방법이 아닌 것은?

① 정량간벌　　　　　　　　② 상층간벌
③ 정성간벌　　　　　　　　④ 열식간벌

해설 우리나라에서 상층간벌은 이루어지지 않는다.

20 인공림의 도태간벌에 대해 잘못 설명한 것은?

① 미래목 간의 거리는 최소 5m 이상
② 미래목은 가슴높이에 10cm의 폭으로 황색 수성페인트로 둘러서 표시
③ 폭목을 포함하여 미래목은 상층의 우세목으로 선정
④ 가지치기는 톱을 사용하여야 함

해설 폭목은 미래목이 될 수 없다.

정답 17 ①　18 ①　19 ②　20 ③

21 우리나라의 인공림의 열식간벌작업방법은?

① 1열존치 1열간벌
② 2열존치 1열간벌
③ 2열존치 2열간벌
④ 1열존치 2열간벌

해설 우리나라의 인공림의 열식간벌작업방법은 2열존치 1열간벌이다.

22 인공림의 정량간벌의 적용 대상지가 아닌 것은?

① 수종이 단순하고 수목의 형질이 비슷한 산림
② 지위 '중' 이상으로 지력이 좋고 입목의 생육상태가 양호한 산림
③ 우세목의 평균수고 10m 이상 임분으로 15년생 이상인 산림
④ 어린나무가꾸기 등 숲가꾸기를 실행한 산림

해설 지위 '중' 이상으로 지력이 좋고 입목의 생육상태가 양호한 산림은 **도태간벌**의 적용 대상지이다.

23 천연림의 조성, 관리에서 미래목 선정을 하는 사업은?

① 천연림갱신
② 천연림개량
③ 천연림보육
④ 움싹갱신지보육

해설 천연림보육은 미래목을 선정할 수 있다.

24 우리나라에서 사용하는 덩굴제거방법이 아닌 것은?

① 칡채취기 활용
② 디캄바액제처리
③ 글라신액제처리
④ 헥사지논처리

해설 우리나라에서 사용하는 덩굴제거방법은 **칡채취기 활용, 디캄바액제처리, 글라신액제처리** 등이다.

25 가지치기 굵기의 한계는?

① 6cm
② 8cm
③ 10cm
④ 12cm

해설 가지치기 굵기의 한계는 6cm이다.

26 양료 분석의 목적이 아닌 것은?

① 임목의 자람이 나쁘고, 또 엽기관의 변색 등에 대한 이유를 밝히고자 할 때
② 나무의 성장을 저해하는 양료 결핍의 유무를 알고자 할 때
③ 임목 재배의 목적에 부합하는 양료를 공급하고자 할 때
④ 비정상적인 발육에 대한 개량을 목적으로 할 때

해설 양료 분석의 목적은 임목의 자람이 나쁘고, 또 엽기관의 변색, 비정상적인 발육에 대한 이유를 밝히고자 할 때, 나무의 성장을 저해하는 양료 결핍의 유무를 알고자 할 때, 임목 재배의 특수 목적에 부합하는 양료를 공급하고자 할 때이다.

27 인공조림과 천연갱신의 차이점을 틀리게 설명한 것은?

① 인공조림은 실행하기 용이하고 빠르게 성림시킬 수 있다.
② 천연조림은 비슷한 규격의 임목을 다량 생산할 수 있어 경제적으로 유리하다.
③ 인공조림은 노동력과 비용이 집약적이다.
④ 천연갱신은 임목의 생육환경을 유지하고 임지의 퇴화를 막을 수 있다.

해설 비슷한 규격의 임목을 다량 생산할 수 있어 경제적으로 유리한 것은 **인공조림**이다.

28 일시 또는 일정 기간 안에 갱신하고자 하는 구역을 무엇이라고 하는가?

① 갱신구역
② 조림구역
③ 벌 구
④ 벌채종

해설 일시 또는 일정 기간 안에 갱신하고자 하는 구역을 벌구라 한다.

정답 25 ① 26 ④ 27 ② 28 ③

29 임형의 종류가 아닌 것은?

① 교 림 ② 성 림
③ 중 림 ④ 죽 림

해설 성림은 숲이 우거진 형태를 말한다.

30 벌채종의 종류 중 점차로 끊어낸다고 하는 점벌의 다른 말은?

① 개 벌 ② 산 벌
③ 택 벌 ④ 모 수

해설 산벌을 점벌이라고도 한다.

31 산림작업종 분류의 기준이 되는 3가지 요인이 아닌 것은?

① 임분의 특성
② 벌구의 크기와 형태
③ 벌채종
④ 임분의 기원

해설 산림작업종 분류의 기준이 되는 3가지 요인은 **벌구의 크기와 형태, 벌채종, 임분의 기원** 등이다.

32 대면적개벌천연하종갱신의 장점이 아닌 것은?

① 양수의 갱신에 적용
② 기술이 복잡하지 않음
③ 새로운 수종의 도입 가능
④ 유령임분의 적용에 적합

해설 개벌은 **노령임분**의 적용에 적합하다.

29 ② 30 ② 31 ① 32 ④

33 모수의 조건으로 틀린 것은?

① 유전적 형질이 좋아야 한다.
② 풍도에 대한 저항력이 있어야 한다.
③ 선천적인 불량형질의 나무는 모수로 하지 않는다.
④ 자웅의 구별과 관계없이 모수는 선정되어야 한다.

해설 자웅구분이 있는 모수는 반드시 자웅 두 그루를 동시에 남겨야 한다.

34 모수작업의 장단점에 대한 설명 중 틀린 것은?

① 벌채가 집중되므로 경비가 절감된다.
② 토양침식과 유실 등이 우려된다.
③ 풍치적 가치가 우수하다.
④ 종자의 결실량과 비산능력을 갖춘 수종이어야 한다.

해설 모수작업은 벌채량이 많아 풍치적 가치가 미흡하다.

35 대면적 산벌작업의 장단점이 아닌 것은?

① 윤벌기간이 길어진다.
② 임지보호 측면에서 나쁘지 않다.
③ 임분의 유전적 형질 개량이 가능하다.
④ 보속연년수확의 조절이 가능하다.

해설 윤벌기가 끝나기 전에 갱신이 이미 시작되는 것이므로 **윤벌기간을 단축시킬 수 있다.**

36 택벌림에서 남겨야 할 대경목의 선정표준은?

① 불량한 수종
② 좋은 나무에 지장을 주는 나무
③ 이용가치가 낮은 나무
④ 모수로서 역할을 하는 나무

해설 택벌림은 천연하종갱신이 용이한 모수의 역할이 가능한 수종이 대경목이 된다.

정답 33 ④ 34 ③ 35 ① 36 ④

37 택벌림의 장점이 아닌 것은?

① 병충해에 대한 저항력이 높다.
② 심미적 가치가 높다.
③ 음수수종에 적합하다.
④ 고도의 기술을 요한다.

해설 택벌림은 고도의 기술을 요하는 단점이 있다.

38 항속림 사상의 내용이 아닌 것은?

① 개벌을 금지한다.
② 갱신은 인공갱신을 원칙으로 한다.
③ 지표유기물을 잘 보전한다.
④ 단목택벌을 원칙으로 한다.

해설 항속림의 갱신은 **천연갱신**이 원칙이다.

39 왜림작업의 목적이 아닌 것은?

① 연료재 생산   ② 대나무의 생산
③ 제탄용재 생산   ④ 소경재 생산

해설 대나무의 생산은 **죽림작업**이다.

40 맹아의 종류가 아닌 것은?

① 묘목맹아   ② 가지맹아
③ 측면맹아   ④ 근맹아

해설 맹아의 종류는 **묘목맹아, 측면맹아, 근맹아** 등이 있다.

41 소나무의 유관속은 몇 개인가?
① 1
② 2
③ 3
④ 4

해설 잣나무의 유관속은 하나, 소나무는 둘이다.

42 대의 폭을 대단히 좁게 하여 실시하며, 대의 폭 30m 이내에 있어서 한쪽에는 예비벌을 다른 한쪽에는 종벌을 할 정도로 대상의 갱신이 점진적 변화를 하는 산벌을 무엇이라 하는가?
① Wagner의 대상산벌(대상택벌) 천연하종갱신
② 군상산벌 천연하종갱신
③ 대상초벌(획벌)법
④ 설형산벌 천연하종갱신법

해설 **Wagner의 대상산벌(대상택벌) 천연하종갱신**은 대의 폭을 대단히 좁게 하며 실시하며, 대의 폭 30m 이내에 있어서 한쪽에는 예비벌을 다른 한쪽에는 종벌을 할 정도로 대상의 갱신이 점진적 변화를 한다.

43 갱신기간이라는 것이 특히 따로 정해져 있지 않고 전 윤벌기간에 걸쳐 전 임분으로부터 벌채 대상목을 선출해서 주벌과 간벌의 구별 없이 벌채를 계속 반복하는 벌채종은?
① 개 벌
② 산 벌
③ 택 벌
④ 모 수

해설 택벌은 주벌과 간벌의 개념이 없는 반복적인 벌채의 개념이다.

정답 41 ② 42 ① 43 ③

44 장령림의 비배효과가 아닌 것은?
① 엽색이 진한 녹색으로 됨
② 엽장과 엽량이 증가
③ 임내가 더 어두워짐
④ 자연간벌의 속도가 더뎌짐

해설 비배림은 경쟁이 심해서 **자연간벌의 속도가 더 빠르게 진행**되며, 이 때문에 평균목의 크기보다 우세목의 평균생장 증가가 비효에 더 잘 반응한다.

45 세분된 가는 뿌리로 물과 양료의 흡수를 담당하는 것을 무엇이라 하는가?
① 근 주   ② 주 근
③ 부 근   ④ 세 근

해설 세근은 더 세분된 가는 뿌리로 물과 양료의 흡수를 담당하고 수근·백근으로 구분함

46 토양미생물의 종류가 아닌 것은?
① 원생세균   ② 세 균
③ 방사상균   ④ 근류균

해설 **토양미생물의 종류**
• 원생세균 : 직경이 $1\mu m$ 이하의 것으로 대단히 적음
• 세균(Bacteria) : 활동에 변이가 많고, 토양 중에 가장 많은 수가 존재, 직경이 $1\mu m$ 정도
• 방사상균 : 보기는 균과 같고, 행동은 세균과 비슷
• 균 : 세균과 방사상균보다 크고 직경이 약 $5\mu m$

47 우리나라의 권장내화수종이 아닌 것은?
① 녹나무   ② 황벽나무
③ 굴참나무   ④ 아왜나무

해설 우리나라의 권장내화수종 (4개) : 황벽나무, 굴참나무, 아왜나무, 동백나무

48 수목의 질소 공급원이 아닌 것은?

① 방전으로 고정된 공중질소가 강우 또는 강설의 형태로 공급
② 광합성의 역할
③ 근류균을 가진 식물에 의한 공중질소의 고정
④ 낙엽, 낙지에 의한 공급

해설 수목의 질소 공급원
- 방전으로 고정된 공중질소가 강우 또는 강설의 형태로 공급
- 토양미생물에 의한 공중질소의 고정
- 근류균을 가진 식물에 의한 공중질소의 고정
- 낙엽·낙지에 의한 공급

49 우리나라와 같은 온대지방의 불모지로부터 삼림의 형성 과정이 올바른 것은?

① 이끼류 → 1~2년생의 초류 → 다년생 초류 → 관목 → 교목(양수) → 교목(음수)
② 1~2년생의 초류 → 이끼류 → 다년생 초류 → 관목 → 교목(양수) → 교목(음수)
③ 이끼류 → 1~2년생의 초류 → 다년생 초류 → 관목 → 교목(음수) → 교목(양수)
④ 1~2년생의 초류 → 이끼류 → 다년생 초류 → 관목 → 교목(음수) → 교목(양수)

해설 우리나라와 같은 온대지방의 불모지로부터 삼림의 형성 과정
제1기 - 이끼류, 제2기 - 1~2년생의 초류, 제3기 - 다년생 초류, 제4기 - 관목, 제5기 - 교목(양수), 제6기 - 교목(음수) 순이다.

50 극상에 대한 바른 설명은?

① 단극상설 : 동일기후구 안에 여러 개의 극상이 존재하는 설
② 아극상 : 극상에 도달하지 못한 상태에서 오랫동안 계속되는 것
③ 방해극상 : 일단 극상에 도달한 삼림생태계가 새로운 수종으로 대치되고 그것이 역시 극상일 때
④ 미래의 극상 : 토지적인 인자로서 안정 상태에 있는 생태계

해설 아극상은 극상에 도달하지 못한 상태에서 산불 등으로 인해 오랫동안 계속되는 것

정답 48 ② 49 ① 50 ②

51 엽록소를 구성하고, 효소의 활동에 관계하며, 이것이 부족하면 위황증이 나타나는 다량원소는?

① 질 소 ② 인 산
③ 마그네슘 ④ 철

해설 마그네슘은 **엽록소를 구성**하고, **효소의 활동에 관계**하며, 이것이 부족하면 **위황증**이 나타난다. 식물체 내에서의 이동은 용이한 편이다. 이것은 종자와 잎에 비교적 많고, 종자에 있어서는 전분종자(Starch Seed)보다는 지방종자(Fatty Seed)에 많으며, 뿌리에는 비교적 적다. 인산의 영향과 각종 효소작용에 관계가 있고, 이것이 결핍되면 인산의 이용이 감소한다.

52 미량원소인 것은?

① 인 ② 황
③ 철 ④ 칼 슘

해설 미량원소는 건전한 잎의 건중에 대한 각 원소의 비교량으로 1천ppm 이하의 양을 가지고 있는 원소로 **철**, 붕소, 망간, 아연, 구리, 몰리브덴 등이 있다.

53 우리나라 소나무 지역별 형태 중 수고가 가장 낮은 것은?

① 동북형 ② 중남부평지형
③ 위봉형 ④ 안강형

해설 수고가 가장 낮은 소나무 형태는 안강형이다.

54 식물 테르펜의 종류가 아닌 것은?

① 정 유 ② 유 지
③ 수 지 ④ 올레오레진

해설 식물 테르펜은 **정유, 수지, 올레오레진**, 고무 등이 있다.

55 산림바이오매스란?

① 산림생체량　　　　　② 산림생산량
③ 산림생산력　　　　　④ 산림유기물질

해설 바이오매스(Biomass)란 생체량을 말한다.

56 내음성의 관계인자가 아닌 것은?

① 온 도　　　　　② 고 도
③ 수 령　　　　　④ 광 선

해설 내음성의 관계인자는 **온도**, **고도**, **수령**, 토양양료와 수분 등이다.

57 음수 수종이 아닌 것은?

① 서어나무　　　　　② 동백나무
③ 회양목　　　　　　④ 향나무

해설 향나무는 양수 수종이다.

58 양수 수종으로 거리가 가장 먼 것은?

① 밤나무　　　　　② 오동나무
③ 옻나무　　　　　④ 후박나무

해설 후박나무는 중용수이다.

정답 55 ①　56 ④　57 ④　58 ④

59 식물에 이용되는 유효수분은?

① 결합수
② 모세관수
③ 자유수
④ 흡습수

해설 식물에 이용되는 유효수분은 모세관수이다.

60 온량지수와 한랭지수의 월평균온도의 적산 표준 온도는?

① 0℃
② 2℃
③ 3℃
④ 5℃

해설 월평균온도에 있어서는 5℃ 이상의 값을 더한 것을 그곳의 온량지수라고 하며, 5℃ **이하의 값**을 적산한 것을 그곳의 한랭지수라고 한다.

61 우리나라 산림 식물대를 틀리게 표현한 것은?

① 한일난대구의 표식종은 종가시나무이다.
② 한일난대구는 Fagus가 자라던 흔적이 있다.
③ 한라산은 온대식물이 난대식물에 포위되어 있다.
④ 고산지역의 분비나무는 한대수종이다.

해설 Fagus가 자라던 흔적은 **온대림**의 특성이다.

62 우리나라 산림천이의 특성을 잘못 설명한 것은?

① 산불로 인한 2차 천이 등이 빈번하다.
② 백두산의 경우 잎갈나무가 극상을 이루고 있다.
③ 사방조림으로 인한 천이의 발달이 우리나라의 특성 중의 하나이다.
④ 소나무와 같이 극상 이전의 단계와 같은 수종을 조림하여 극상 인자를 제거한다.

해설 백두산의 경우 **음수**인 **가문비나무·전나무**가 극상을 이룬다.

63 토양의 양이온치환능력순을 바르게 나타낸 것은?

① $H^+ > Ca^{2+} > Ba^{2+} > Mg^{2+} > K^+ > NH_4^+ > Na^+$
② $H^+ > Ba^{2+} > Ca^{2+} > Mg^{2+} > K^+ > NH_4^+ > Na^+$
③ $H^+ > Na^+ > Ba^{2+} > Ca^{2+} > Mg^{2+} > K^+ > NH_4^+$
④ $H^+ > Ba^{2+} > Na^+ > Ca^{2+} > Mg^{2+} > K^+ > NH_4^+$

해설 토양의 양이온치환능력은 $H^+ > Ba^{2+} > Ca^{2+} > Mg^{2+} > K^+ > NH_4^+ > Na^+$의 순으로 제일 처음 것이 제일 강하다.

64 배유가 발달하면서 유배유 종자가 발아할 때 자엽이 땅위로 올라오는 자엽지상위발아(지상자엽)가 아닌 것은?

① 단풍나무　　　　　　　　　② 호두나무
③ 물푸레나무　　　　　　　　④ 아까시나무

해설 자엽지상위발아(지상자엽)는 배유가 발달하는 유배유 종자는 발아할 때 자엽이 땅 위로 올라오는 것을 말하는 것으로 **단풍나무, 물푸레나무, 아까시나무, 나자식물** 등이 있다.

65 발아세(發芽勢)의 개념으로 가장 적합한 것은?

① 씨앗의 충실도를 무게로 파악하여 나타냄
② 전체 종자수에 대한 발아 종자수의 백분율(%)
③ 종자가 일제히 싹트는 힘
④ 발아율과 순량율을 곱한 값

해설 발아세란 종자가 싹을 틔우는 힘을 말한다.

정답 63 ②　64 ②　65 ③

66 산림작업에서 벌구(代區)내의 임목을 1회에 전부 벌채하는 것을 무엇이라 하는가?

① 택벌(擇伐)   ② 산벌(傘伐)
③ 점벌(漸伐)   ④ 개벌(皆伐)

해설 임목을 전부 벌채하는 것을 **개벌** 또는 **모두베기**라 한다.

67 일반적으로 수목의 기관 중 인산의 함량이 가장 많은 기관은?

① 줄기   ② 가지
③ 뿌리   ④ 잎

해설 인산은 식물체내에서 운반이 용이하기 때문에 성숙잎에서 **어린잎**으로 쉽게 이동되고 결핍될 경우 왜성화로 묘목이 자라지 않는다.

68 삽목상의 조건으로 적합한 것은?

① 건조를 막기 위해 해가림이 필요하다.
② 온도가 높을수록 발근에 유리하다.
③ 유기물의 함량이 높은 점토질 토양이 적합하다.
④ 토양 내 미생물의 종류가 다양할수록 발근에 유리하다.

해설 삽목의 해가림은 건조를 막기 위한 것이다.
② 온도를 낮게 유지하는 것이 삽수 발근을 돕는다.
③ 마사토가 적당하다.
④ 미생물의 활동은 삽수 부패의 원인이 된다.

69 파종상에서 2년, 그 뒤 상체상(皮替床)에서 1년을 지낸 3년생 묘목을 가장 잘 표현한 것은?

① 2-1묘   ② 1-2묘
③ 1/2묘   ④ 2-1-1묘

해설 파종상에서 2년, 그 뒤 상체상(皮替床)에서 1년을 지낸 3년생 묘목을 2-1묘라 한다.

70 과거에 비해 오늘날 우리나라의 산에서 소나무의 성장이 잘되지 않는 이유와 가장 거리가 먼 것은?

① 임상에서 낙엽층의 증가로 인해서 종자가 토양에 잘 착상이 되지 않는다.
② 과거에 비해서 인위적인 간섭이 감소했다.
③ 참나무류 등의 활엽수종의 확대로 인한 경쟁에서 소나무가 불리하다.
④ 대기오염 등의 각종 스트레스의 증가로 천연갱신이 감소했다.

해설 대기오염 등의 증가는 소나무의 천연갱신과는 직접적인 연관이 적다.

71 잣나무림에서 강한 가지치기의 효과라고 할 수 없는 것은?

① 무절재의 생산
② 완만재의 생산
③ 줄기의 생장량 증가
④ 임지비배 효과

해설 줄기의 생장보다는 수간 생장이 좋아진다.

72 간벌에 대한 설명으로 틀린 것은?

① 간벌은 원칙적으로 인공조림된 동령임분에 적용되는 조림기술로 확립되었다.
② 간벌은 크게 정성간벌과 정량간벌로 구분한다.
③ 정성간벌은 임목본수와 현존량으로 결정된다.
④ 지위가 '상'인 활엽수종의 간벌개시기는 20~30년이다.

해설 정성간벌은 도태간벌의 형식으로 미래목에 방해되는 나무를 제거하는 위주로 간벌방법이 결정된다.

73 개벌왜림작업법에서 벌기에 도달한 참나무류의 버섯용 원목 특용·소경재의 지름으로 가장 적당한 범위는?

① 10~20cm
② 20~25cm
③ 25~30cm
④ 30cm 이상

해설 표고용 원목은 10~20cm의 직경이 적당하다.

정답 70 ④ 71 ③ 72 ③ 73 ①

74 다음 중 내음력이 가장 강한 수종은?
　　① 향나무　　　　　　　　② 주 목
　　③ 사시나무　　　　　　　④ 물푸레나무

해설　주목, 젓나무류 등은 내음성에 강하다.

75 종자의 품질을 알아보기 위해 순정종자의 무게를 측정한 결과 종자시료 100g 중에서 순정종자는 50g이었다. 또한 임의로 160개의 순정종자만을 골라 발아를 시켜보았더니 80개가 발아하였다. 이러한 종자의 효율은?
　　① 25%　　　　　　　　　② 50%
　　③ 75%　　　　　　　　　④ 80%

해설
- 순량률 $= \dfrac{50g}{100g} \times 100 = 50\%$
- 종자발아율 $= \dfrac{80개}{160개} \times 100 = 50\%$
- 종자효율 = (순량률 × 종자발아율)/100
  = (50% × 50%)/100
  = 25%

76 갱신의 방법에서 인공조림에 의한 방법이 아닌 것은?
　　① 파종조림　　　　　　　② 식수조림
　　③ 삽목조림　　　　　　　④ 맹아갱신

해설　맹아갱신(움싹갱신)은 천연갱신이다.

77 다음 중 양수와 음수가 혼효된 것은?

① 소나무 - 밤나무 - 자작나무
② 버드나무 - 자작나무 - 느티나무
③ 자작나무 - 버드나무 - 주목
④ 낙엽송 - 자작나무 - 버드나무

해설 주목은 음수 수종이다.

78 다음 접목에 대한 설명으로 옳은 것은?

① 접수는 직경 0.5~1cm 정도의 발육이 왕성한 1년생 가지가 좋다.
② 접수는 수액이 이동하는 시기에 채취하여 저장한다.
③ 아접용 접수채취는 접목 1~2개월 전에 한다.
④ 접수는 상온(20~25℃)의 서늘한 곳에서 보관한다.

해설 접수는 직경 0.5~1cm 정도의 발육이 왕성한 1년생 가지가 좋다.

79 천연갱신에 관한 설명 중 틀린 것은?

① 천연갱신은 천연하동, 맹아갱신 등에 의해 이루어진다.
② 자연적인 상태하에서의 천연갱신은 양수인 경우보다 음수가 더 유리하다.
③ 천연하종갱신이 실시는 모수에 종자가 많이 맺힌 해를 택하여 실시해야 한다.
④ 천연갱신은 인공갱신에 비하여 각종 피해에 대한 저항력이 약하다.

해설 천연갱신은 인공갱신에 비하여 각종 피해에 대한 저항력이 강하다.

80 임목종자의 채취에 대한 설명으로 틀린 것은?

① 활력이 강하게 북쪽 먼 곳에서 채취한다.
② 조림지 부근의 모수에 채취한다.
③ 조림지 입지조건이 유수한 지방에서 채취한다.
④ 적당치 않으면 북쪽에 인접하는 구역에서 채취한다.

해설 먼 곳에서 채취하면 조림지 입지조건이 달라진다.

정답 77 ③ 78 ① 79 ④ 80 ①

81 묘목의 식재방법으로 틀린 것은?
① 충분한 구덩이를 파되 표토와 심토를 따로 구분하여 놓는다.
② 묘목을 바로 세우고 심토와 비료를 혼합하여 뿌리부분에 넣는다.
③ 흙을 70~80% 넣고 묘목을 들어 올린 후 남은 흙을 덮는다.
④ 심은 후 단단히 밟고 그 위에 낙엽 등을 덮는다.

해설 묘목을 바로 세우고 표토를 뿌리부분에 넣는다.

82 다음 중 개화결실과 종자생산을 촉진시키는 방법으로 부적당한 것은?
① 줄기 수피를 모두 제거한다.
② 간벌을 하여 수관이 일광을 충분히 받게 한다.
③ 생장조절물질을 일정 농도로 엽면살포한다.
④ 질소, 인산, 칼리의 3요소를 적절히 시비한다.

해설 환상박피 등이 유리하다.

83 다음 중 임목의 수정에 관한 설명으로 옳은 것은?
① 침엽수종은 2개의 정핵이 난세포의 핵과 합쳐져서 수정이 이루어진다.
② 활엽수종은 2개의 정핵이 각각 난세포의 핵 및 극핵과 합친다.
③ 침엽수종은 2종류의 수정형태를 가진 중복수정이 이루어진다.
④ 활엽수종의 배유는 반수체의 세포로 조직을 형성한다.

해설 활엽수종은 2개의 정핵이 각각 난세포의 핵 및 극핵과 합친다.

84 일반적으로 가장 오랜 기간 동안 종자를 저장하는 데 적당한 방법은?
① 기건저장
② 건사저장
③ 저온밀봉저장
④ 노천매장

해설 저온밀봉저장이 가장 오래 종자를 저장할 수 있다.

정답 81 ② 82 ① 83 ② 84 ③

85 종자의 활력 검정방법이 아닌 것은?

① 절단법
② X-선법
③ 효소 검출법
④ 양건법

해설 양광건조법은 종자건조법이다.

86 접목에 대한 설명으로 틀린 것은?

① 대목과 접수의 형성층을 서로 맞추어야 접목이 잘된다.
② 접수는 휴면상태에 있고 대목은 활동을 시작한 상태에 있는 것이 좋다.
③ 대목은 휴면상태에 있고 접수는 활동을 시작한 상태에 있는 것이 좋다.
④ 접수와 대목의 친화성이 높아야 접목이 잘된다.

해설 접목에서 접수는 휴면상태에 있고 대목은 활동을 시작한 상태에 있는 것이 좋다.

87 일반적으로 가지치기를 실행하는 시기로서 가장 적합한 것은?

① 물오르기 시작하는 초봄
② 늦가을부터 초봄 사이
③ 늦여름부터 초여름 사이
④ 낙엽지는 가을

해설 가지치기는 수액이 정지된 시기가 좋다.

정답 85 ④ 86 ③ 87 ②

88 용기묘의 장점이 아닌 것은?

① 뿌리의 상처를 줄여 산지 활착을 좋게 한다.
② 제초작업을 생략할 수 있다.
③ 생산비용과 운반비용이 낮다.
④ 산지 식재 후 생장을 촉진시킨다.

해설 용기묘는 비용부분에서 단점을 가진다.

89 다음은 Hawley의 4가지 간벌법이다. 이 중 기계적 간벌을 뜻하는 그림은?

①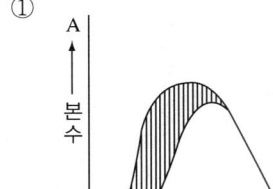
②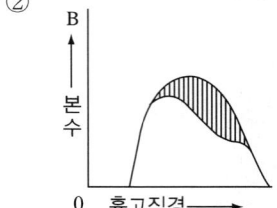
③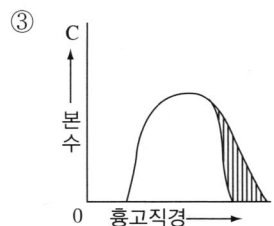
④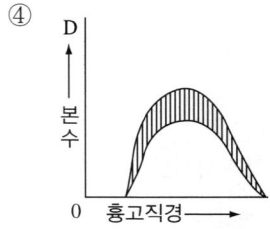

해설 기계적 간벌은 간벌 후에 남겨질 수목간 거리를 사전에 정해 놓고 수관의 위치와 모양에 상관없이 실시하므로 흉고직경당 본수가 일정하다.
① 하층간벌
② 수간간벌
③ 택벌식 간벌

90 천연하종갱신에서 고려사항이 아닌 것은?

① 임목생육과 임지와의 관계
② 임업경영 및 경제적 조건과의 관계
③ 갱신에 영향하는 인자
④ 산림기반시설과의 관계

해설 천연하종갱신에서 산림기반시설과의 관계는 관련이 없다.

91 산림사업시행업자는 산림사업장에서 화학물질 및 약제를 취급할 경우에 준수할 사항이 아닌 것은?

① 화학물질 및 약제를 보관할 저장함을 구비하고, 저장함에 잠금장치를 설치하여 산림사업시행업자가 필요시에만 제공하여야 한다.
② 화학물질 및 약제에 대해 유해·위험 정보가 명확히 표시된 경고표지를 부착하고 작업자가 쉽게 볼 수 있도록 게시하여야 한다.
③ 화학물질을 운반할 때 화학물질의 용기는 바로 세워야 하고 움직이지 않도록 고정하여야 한다.
④ 화학물질이 적재된 장소에서 장비를 취급해서는 안 된다.

해설 ④ 화학물질이 적재된 장소에서 화기를 취급해서는 안 된다.

92 벌목작업 시 사전에 확인하여 필요한 조치를 하여야 하는 사항이 아닌 것은?

① 임도, 작업로 등의 통행로 및 작업자 위치, 인접한 수목, 지형, 날씨 등을 확인하여야 한다.
② 나무의 크기(직경, 수고) 및 수형, 나무가 기울어진 정도, 칡, 다래, 머루 등 덩굴류 자생 현황, 고사목 분포상태 등을 확인하여야 한다.
③ 관목, 나무가지, 덩굴, 뜬 돌 등에 의해 작업 중 위험이 발생할 우려가 있는지 확인하여야 한다.
④ 산림사업장 내 산주, 지역주민, 탐방객 등 작업자 외 사람의 활동 여부를 확인하여야 한다.

해설 ① 임도, 작업로 등의 통행로 및 작업자 위치, 인접한 수목, 지형, 풍향, 풍속 등을 확인하여야 하고, 날씨 등은 작업 투입 전에 확인하여야 한다.

93 **다음 수량의 계산법 중 옳지 않은 것은?**

① 품셈에 의한 재적 및 인원의 계산은 소수점 둘째자리에서 반올림, 둘째자리로 표시한다.
② 면적의 계산에서 플래니미터를 사용할 경우에는 3회 이상 측정하여 그 중 정확하다고 생각되는 평균값으로 한다.
③ 수고의 계산은 임분수고의 최저값과 최고값을 측정한 후 평균을 산정하여 임분 수고의 범위를 분모로 하고 평균수고를 분자로 하여 표시한다.
④ 경급의 계산은 입목 가슴높이지름의 최저값과 최고값을 2cm 단위로 측정한 후 평균값을 산정하여 임목 가슴높이지름의 범위를 분모로, 평균 가슴높이지름을 분자로 표시한다.

해설 ① 품셈에 의한 재적 및 인원의 계산은 소수점 셋째자리에서 반올림, 둘째자리로 표시한다.

94 **숲가꾸기 사업 원가 구성 비목별 적용기준에서 순공사원가에 해당하지 않는 사항은?**

① 간접노무비
② 고용보험료
③ 일반관리비
④ 기계경비

해설 일반관리비는 순공사원가에 해당하지 않는다.

95 **산림조성사업 안전관리계획의 수립 기준 내용이 아닌 것은?**

① 산림사업의 개요
② 사업장 주변 안전관리대책
③ 사업비 집행계획
④ 비상사태 발생 시 긴급조치계획

해설 ③ 안전관리비 집행계획

96 산림조성사업의 안전관리담당자가 수행하여야 하는 직무의 범위는?.

① 안전사고가 발생한 경우 비상동원 및 응급조치
② 안전점검의 실시
③ 안전관리에 필요한 시설 및 장비의 지원
④ 안전관리계획서의 작성 및 제출

해설 **안전총괄책임자의 직무**
가. 안전관리계획서의 작성 및 제출
나. 안전사고가 발생할 우려가 있거나 안전사고가 발생한 경우 비상동원 및 응급조치
다. 안전관리비의 집행 및 확인
라. 안전관리에 필요한 시설 및 장비의 지원
마. 안전점검의 실시에 관한 지휘·감독

97 산림조성사업의 안전점검 종합보고서 작성항목에서 안전점검의 내용에 해당하는 것은?

① 안전점검 결과에 따른 조치사항
② 차수별 안전점검 실시현황
③ 보수·보완 작업의 실시 및 작업 결과
④ 유지관리 시 특별한 관리가 요구되는 사항

해설 **안전점검의 내용**
가. 사업개요
나. 차수별 안전점검 실시현황(점검자, 점검기간, 점검비용 등)
다. 실시한 안전점검의 주요 내용

98 설계·감리를 용역으로 시행하는 숲가꾸기 사업의 종류가 아닌 것은?

① 솎아베기를 수반하는 50ha 이상의 숲가꾸기로써 산주 동의 등 절차를 거쳐 지방자치단체의 장이 시행하는 사업
② 솎아베기를 수반하는 50ha 이상의 숲가꾸기로써 산주가 사업을 직접 시행하고 사업비용을 모두 지불하는 사업
③ 소규모로 분산된 솎아베기를 수반하는 50ha 미만의 숲가꾸기로써 지방자치단체의 장이 위탁 설계·감리 업체를 지정하는 사업
④ 솎아베기를 수반하지 않는 숲가꾸기로써 조림지의 사후관리를 위하여 풀베기 등 필요한 작업에 대하여 국가나 지방자치단체의 장이 설계·감리를 용역으로 시행하고자 하는 경우

해설 ② 솎아베기를 수반하는 50ha 이상의 숲가꾸기로써 산주가 사업을 직접 시행하고 지방자치단체의 장으로부터 사업비의 일부를 보조받는 사업

정답 96 ② 97 ② 98 ②

99 산림조성의 실시설계에 해당하는 내용이 아닌 것은?
① 소반별 시방서
② ha당 숲가꾸기 단가산출서
③ 소나무재선충병 미감염증상 확인서
④ 안전관리계획

해설 안전관리계획은 시공자 선정 후 시공자가 제출한다.

100 선목의 자격자가 아닌 사람은?
① 임업직·녹지직 공무원
② 선목사업시행 대상지의 감리용역 수행업체
③ 사업시행자
④ 실제로 경영하는 독림가

해설 설계·감리용역을 수행할 수 있는 업체(선목사업시행 대상지의 감리용역 수행업체는 제외한다)

101 다음 숲가꾸기 작업원에 대한 설명으로 옳은 것은?
① 솎아베기를 수반하는 숲가꾸기 사업은 전체 작업인원의 60% 이상이 산림경영기술자 기능2급 이상이어야 한다.
② 솎아베기를 수반하지 않는 숲가꾸기 사업은 전체 작업인원의 40% 이상이 산림경영기술자 기능2급 이상이어야 한다.
③ 산주, 독림가와 임업후계자가 직접 실행 사업으로 솎아베기를 수반하는 숲가꾸기 실행 작업원은 산림경영기술자 기능2급 이상인 자가 전체 작업인원 중 20% 이상이어야 한다.
④ 숲가꾸기 사업 시 산림경영기술자 기능2급 이상의 참여비율은 감독자와 감리원의 확인을 받아 세부 작업공정 및 작업기간별로 구분하여 적용할 수 있다.

해설 ① 솎아베기를 수반하는 숲가꾸기 사업은 전체 작업인원의 50% 이상이 산림경영기술자 기능2급 이상이어야 한다.
② 솎아베기를 수반하지 않는 숲가꾸기 사업은 전체 작업인원의 30% 이상이 산림경영기술자 기능2급 이상이어야 한다.
③ 산주, 독림가와 임업후계자가 직접 실행 사업으로 솎아베기를 수반하는 숲가꾸기 실행 작업원은 산림경영기술자 기능2급 이상인 자가 전체 작업인원 중 30% 이상이어야 한다.

102 산림조성사업의 품질관리에 대한 설명으로 옳지 않은 것은?

① 사업시행자는 설계상의 대상면적과 사업량이 현장과 차이가 생길 경우에는 감리자와 합동으로 현장 확인·검토를 하여야 한다.
② 현장 확인·검토 결과를 이상이 있을 경우 사업시행자는 설계변경 등의 적절한 조치를 즉시 취하여야 한다.
③ 사업시행자는 작업과정을 동일한 장소에서 전·중·후 및 원·근경으로 촬영한 사진을 제출하여야 한다.
④ 사업시행자는 현장에 작업일지를 기록하여 비치하고 감리원 및 감독자가 요구할 경우 제출하여야 한다.

해설 ① 현장 확인·검토 결과를 감독자에게 즉시 보고하고 감독자의 지시에 따라 설계변경 등의 적절한 조치를 취하여야 한다.

103 산림조성사업의 재해관리에 대한 설명으로 옳지 않은 것은?

① 작업장 및 주변의 산림에 대한 산불예방활동을 철저히 하여야 하며 산불발생 시 진화에 적극 참여하여야 한다.
② 작업장에 인접해 있는 수리시설 및 농작물에 지장이 없도록 사업을 시행하여야 한다.
③ 사업시행자는 작업 중에 산림병충해 피해목으로 의심되는 나무(감염목 등)가 있을 시는 즉시 제거하고 처리하여야 한다.
④ 사업시행자는 숲가꾸기 산물을 수집하기 위하여 시설한 작업로 등이 산사태와 침식발생이 되지 않도록 배수시설 등 예방조치를 하여야 한다.

해설 ③ 사업시행자는 작업 중에 산림병충해 피해목으로 의심되는 나무(감염목 등)가 있을 시는 즉시 감리원 및 감독자에게 보고하고 지시에 따라 처리하여야 한다.

104 산림조성사업 감리의 대상이 아닌 것은?

① 실시설계를 용역으로 시행하였을 경우
② 50만m² 이상의 솎아베기를 수반하지 않는 숲가꾸기 사업
③ 국가 또는 지방자치단체의 보조 또는 지원을 받아 50ha 미만의 숲가꾸기로써 산주가 직접 시행하는 사업에 대해 지방자치단체의 장이 숲가꾸기 품질향상을 위해 필요할 경우 위탁감리자를 지정하여 관리·감독하도록 할 수 있다.
④ 감리의 표준지 조사방법 및 보존관리 등에 대하여는 지속가능한 산림자원 관리지침 감리 표준지(용역으로 수행)의 조사·관리에 따른다.

해설 ② 50만m² 이상의 솎아베기를 수반하지 않는 산림청 소관 국유림의 숲가꾸기 사업은 실시설계를 용역으로 시행했을 경우에도 필요에 따라 감리를 생략하고 감독공무원의 현장관리로 대체할 수 있다.

정답 102 ② 103 ③ 104 ②

105 다음 중 사업대상지 면적기준 실시설계 표준지의 조사비율로 옳지 않은 것은?
① 풀베기 : 0.5% 이상
② 덩굴제거 : 0.5% 이상
③ 어린나무가꾸기 : 0.5% 이상
④ 솎아베기 : 1% 이상

해설 ① 풀베기 : 1% 이상

106 표준지 조사 방법 중 옳지 않은 것은?
① 가슴높이지름은 표준지 내에 6cm 이상 교목을 2cm 괄약으로 측정한다.
② 제거 대상목은 적색 페인트로 표시한다.
③ 도태간벌의 미래목 또는 정량간벌의 형질우세목 및 가지치기 대상목은 적색 페인트로 표시한다.
④ 덩굴제거 사업지의 표준지는 중앙부 또는 모서리에 높이 1m 내외의 막대를 꽂고 설계표준지는 황색 테이프, 감리표준지는 적색 테이프로 표시한 후 덩굴 본수 및 피복도, 덩굴 제거 상태 등을 조사한다.

해설 ③ 도태간벌의 미래목 또는 정량간벌의 형질우세목 및 가지치기 대상목은 황색 페인트로 표시한다.

107 숲가꾸기사업 선목의 시기·절차에 대한 설명 중 옳은 것은?
① 선목 작업을 착수하기 전에 감독자와 감리자는 선목자의 자격을 확인하여야 한다.
② 선목사업이 진행 중에도 숲가꾸기 사업을 착수할 수 있다.
③ 선목 사업량 및 사업기간 등으로 인하여 숲가꾸기 사업실행에 차질이 예상될 경우 즉시 숲가꾸기 사업을 착수할 수 있다.
④ 선목 사업시행자는 실시설계에서 정한 선목의 방식과 수량에 대해 변경할 수 있다.

해설 선목사업이 완료된 후에 숲가꾸기 사업을 착수하여야 한다. 다만, 선목 사업량 및 사업기간 등으로 인하여 숲가꾸기 사업실행에 차질이 예상될 경우 선목 사업을 임·소반별로 부분 완료된 지역에 한하여 숲가꾸기 사업을 착수할 수 있으며 선목 사업시행자는 실시설계에서 정한 선목의 방식과 수량을 따라야 한다.

PART 02

산림경영

- CHAPTER 01   산림경영 기초
- CHAPTER 02   산림 수확조정
- CHAPTER 03   산림평가
- CHAPTER 04   산림경영분석
- CHAPTER 05   산림경영계획
- CHAPTER 06   산림측정
- CHAPTER 07   목재수확작업 도구 및 장비
- CHAPTER 08   임목수확작업 및 작업관리
- CHAPTER 09   조재율 산정 및 품등구분

적중예상문제

합격의 공식 *시대에듀* www.sdedu.co.kr

CHAPTER 01 산림경영 기초

01 산림경영

(1) 임업경영

일정한 목적을 가지고 임업생산을 하는 조직과 활동을 말하는데, 여기에서 임업생산은 산림을 대상으로 노동과 자본재(임도, 기계, 기구)를 투입하여 육림, 벌채 등의 작업에 의하여 목재와 기타 임산물(종실, 수피)을 생산하는 것을 말한다.

(2) 우리나라의 산림자원

① 산림면적과 국토면적(2023년 말 기준, 2025년)
  ㉠ 우리나라의 산림면적 : 6,287,325ha(62.59%)
  ㉡ 우리나라의 국토면적 : 10,041,260ha
② 우리나라의 소유별 산림면적(2020년 기준)
  ㉠ 국유림 : 1,652,736ha(26.2%)
  ㉡ 공유림 : 483,202ha(7.7%)
  ㉢ 사유림 : 4,162,196ha(66.1%)
③ 우리나라의 산림축적 : 176.01m^3/ha(2023년 말 기준)

(3) 우리나라 산림경영의 실태

① 국유림 경영
  ㉠ 보전국유림
    • 산림경영임지의 확보, 임업기술 개발 및 학술연구를 위하여 보존할 필요가 있는 국유림
    • 사적(史蹟)·성지(城址)·기념물·유형문화재 보호, 생태계 보전 및 상수원 보호 등 공익상 보존할 필요가 있는 국유림
    • 그 밖에 국유림으로 보존할 필요가 있는 것
  ㉡ 준보전국유림 : 보전국유림 외의 국유림
② 공유림 경영 : 도유림과 군유림으로 구분된다.

③ 사유림 경영
　㉠ 농가 임업 : 연료, 사료, 농용재 등 또는 조상의 묘를 모시기 위하여 소유하는 산림으로 5ha 미만으로 목재 생산을 주로 하지 않는 산림이며, 협업경영 등이 대안이 될 수 있다.
　㉡ 부업적 임업 : 농업이 축산 또는 기타 사업을 하면서 여력을 이용하여 임업을 경영하는 것을 말하며, 5~30ha의 규모이다.
　㉢ 겸업적 임업 : 다른 사업을 하면서 임업에도 투자하는 경영을 말하며, 30~100ha의 규모로, 부업적 임업과 아울러 우리나라 사유림의 핵심을 이룬다.
　㉣ 주업적 임업 : 임업경영을 전념으로 하거나, 임업을 위한 경영 부서를 두고 경영하는 경우로 100ha 이상의 규모를 말한다.

02 임업경영의 특성

(1) 임업의 경영순환
　① 목표 설정 → 조직 편성 → 일의 실행 → 성과 분석 → 차기 목표설정
　② **성공적 임업경영 조건** : 임령별 산림의 구조와 임업경영과의 관계, 자연환경, 사회, 경제적 조건, 경영주체의 사정에 맞는 목표와 경영조직을 편성하고 실행한다.

(2) 임업의 기술적 특성
　① 생산기간이 대단히 길다.
　② 임목의 성숙기가 일정하지 않다.
　③ 토지나 기후조건에 대한 요구도가 낮다.
　④ 자연조건의 영향을 많이 받는다.

(3) 임업의 경제적 특성
　① 육성임업과 채취임업이 병존한다.
　② 원목가격의 구성요소의 대부분이 운반비이다.
　③ 임업노동은 계절적 제약을 크게 받지 않는다.
　④ 임업생산은 조방적이다.
　⑤ 임업은 공익성이 크므로 제한성이 많다.

〈경제적 산림경영과 생태적 산림경영의 차이점〉

경제적 산림경영	생태적 산림경영
투입량과 산출량에 기초	조건과 과정에 중점을 둠
알고 있는 것을 강조함	알지 못하는 것을 강조함
단기성을 강조	장기성을 강조
목표에 대한 최대의 업적	불확실성을 고려한 목표의 중간 정도 업적
재난을 무시	재난에 중점
기술적 향상을 신뢰	기술적 향상과 진보는 신뢰하지 않음

03 협업경영

협업이라 함은 규모가 작은 경영자들이 자본과 노동을 합쳐서 대형시설의 확대 판매 및 구매의 대량화, 기술의 고도화 등을 도모하여 개별경영으로는 얻을 수 없는 경제적 이익을 얻고자 하는 조직과 활동을 말한다.

(1) 경영방법

① **공동작업** : 옛날부터 해 오고 있는 품앗이의 일종이다. 일을 공동으로 하면 서로 장단점을 도와서 일을 하게 되므로 능률적이다.

② **공동이용** : 값이 비싸거나 개별경영으로는 사용할 시간이 적어서 기계를 구입하는 것이 적당하지 않을 경우에는 공동으로 구입하여 이용하면 도움이 된다. 기계·기구가 개인의 것이 아니기 때문에 관리가 소홀해지는 경향이 있다. 그러므로 기능을 가진 사람이 기계를 구입하여 관리하고, 이용하는 사람은 세를 주며, 사용하도록 하는 운영방법을 채택하는 것도 바람직하다.

③ **공동관리** : 경영자 각자가 충분한 기술을 갖추지 못하였을 때 또는 시설과 작업을 절약하기 위하여 적용한다. 공동관리의 성패는 기술의 확실성과 공동관리 책임자의 지도력에 달려 있다. 불완전한 기술을 가지고 공동관리를 서두르게 되면 실패할 우려가 있을 뿐만 아니라 그 후에 기술이 개선되더라도 공동관리를 기피하게 된다.

(2) 협업경영의 문제점

본래 개별경영을 해체하고 모든 자본과 노동을 통합하여 경영 전체를 공동화하는 방식이다. 어떤 형태의 경영이든 협업경영은 공동출자·공동출역·균등분배를 원칙으로 하고 있으므로 이 원칙이 지켜지지 않을 때 문제가 생긴다.

① **불충분한 시장조사** : 어떤 인기가 일어나고 있는 사업을 속히 하고자 할 때 자본을 쉽게 조달하기 위하여 협업경영을 하는 수가 있는데, 이러한 경우 시장성을 충분히 검토하지 않고 착수하면 실패할 염려가 크다.

② **과잉투자** : 개별경영에서는 차입금을 얻는 것이 어려우므로 신중을 기하지만, 협업경영의 경우에는 자금조달이 쉬우므로 필요 이상의 과잉투자를 하여 수익성을 저하시킨다.

③ **불확실한 기술** : 개별경영은 새로운 기술을 적용할 때 신중을 기하지만, 협업경영에서는 서로 믿고 기술 관리를 소홀히 하여 실패하는 경우가 있다.
④ **노동제한현상** : 수익은 노동의 양과 질에 따라 공정히 분배해야 한다. 그런데 노동의 질을 평가한다는 것은 상당히 어려운 일이므로 수익의 분배는 노동량에 따르게 된다. 이렇게 될 경우 노동의 질이 낮아져서 능률이 저하된다. 그리하여 노동은 낮은 수준에서 평준화된다.
⑤ **통제질서의 결여** : 협업경영에서는 각자의 자격이 평등하기 때문에 지휘권의 확립이 어렵다.
⑥ **자본제한현상** : 협업경영에서는 기본이념의 하나가 균등출자이므로 출자액을 정할 때 자본력이 가장 적은 사람을 기준으로 하기 쉽다. 이렇게 할 경우 출자 규모가 작아져서 협업경영의 효과를 거두지 못하는 현상이 일어난다.
⑦ **협업경영기간** : 기간이 길면 협업 구성원들 간의 변동이 생긴다. 그렇게 되면 협업을 처음 시작할 때와 사정이 달라지므로 협업을 해치거나 어떤 한 사람의 경영으로 변모하게 된다.

04 대리경영제도

(1) 개 념
① 대리경영체가 자기자본 또는 기술의 부족으로 인하여 스스로 산림을 경영하기 어려운 사유림 소유자와 계약에 의하여 산림경영일체를 대신 실행해 주는 제도로서 경영 방치된 산림의 계획적 육성으로 경제적·공익적 기능 증진을 목적으로 한다.
② 근거법령 : 임업 및 산촌 진흥촉진에 관한 법 제6조 제1항, 동법 시행령 제6조

(2) 사업내용
① 산림조사 및 영림계획의 작성
② 영림계획에 반영된 산림사업의 실행 및 감독
③ 보조금의 신청, 수령 등 각종 행정서비스의 대행
④ 대리 경영산림에 대한 일반관리활동
⑤ 산림경영관련 기술·정보 및 자금의 제공 등
⑥ 기타 산림소유자가 위탁하는 사업 : 임산물 및 부산물의 생산·판매 및 알선 등

(3) 사업대상
① 산림소유자와 대리경영계약을 체결한 산림
② **대상지역선정** : 장기적으로 임업생산기지로서 산림사업을 계획적으로 실행하는 것이 바람직하다고 판단되는 사유림을 대상으로 다음의 우선순위에 따라 대상임지를 선정한다. 이 경우 기업림은 제외한다.
　㉠ 임업진흥촉진지역
　㉡ 생산임지
　㉢ 기타 임지로서 산림소유자가 대리경영을 희망하는 산림

(4) 실행주체

① 임업인
② 시장, 군수, 구청장
③ 지방산림청장, 지방산림청국유림관리소장
④ 산림조합 및 산림조합중앙회
⑤ 임업분야대학(전문대 포함)
⑥ 산림경영법인

05 산림경영의 지도원칙

임업경영의 목적을 달성하기 위하여 산림생산행위 내용과 그 방침을 정하는 데 규범이 될 원칙

(1) 경제원칙

① **수익성의 원칙** : 최대의 이익 또는 이윤을 얻을 수 있도록 경영하여야 한다는 원칙으로 임업경영에 있어서 수익성 최대는 궁극적으로 국민생활에 가장 수요가 많은 수종과 재종을 최대량으로 생산함으로써 이루어진다.
② **경제성의 원칙** : 합리성의 원칙 또는 합목적성의 원칙이라고 하며, 최대의 경제성을 올리도록 경영·생산·실행하는 것을 말하며 다음과 같이 구분한다.
　㉠ 최소의 비용으로 최대의 효과를 발휘하는 원칙
　㉡ 일정한 비용으로 최대의 수익을 올리는 원칙
　㉢ 일정한 수익에 대하여 비용을 최소로 줄이는 원칙
　㉣ 임업경영에 있어서 수익성 실현의 전제적·기초적 원칙
③ **생산성의 원칙** : 토지생산력을 최대로 추구하는 원칙이며, 임업경영에 있어서는 재적수확최대의 벌기령, 즉 평균 생장량이 최대인 시기를 벌기로 채택하면 된다.
④ **공공성의 원칙** : 공공경제성의 원칙, 후생성의 원칙, 공익성의 원칙 또는 경제후생성의 원칙이라고 하며, 임업 또는 산림생산의 사회적 의의를 더욱더 발휘하고 인류생활의 복리를 더욱더 증진할 수 있도록 경영하자는 원칙

(2) 복지원칙

① **합자연성의 원칙** : 임목의 생장·생활에 관해 자연법칙을 존중하여 경영·생산하는 원칙
② **환경보전의 원칙** : 국토보안의 원칙 또는 환경양호의 원칙이라고도 하며, 임업경영은 국토보안·수원함양 등의 기능을 충분히 발휘할 수 있도록 운영하여야 한다는 원칙

(3) 보속성의 원칙
산림에서 수확이 연년 균등하게 또한 영구히 존속할 수 있도록 경영하는 원칙

06 임업의 생산기간

(1) 벌기령과 벌채령
① **벌기령** : 임분이 처음 성립하여 생장하는 과정에 있어서 어느 성숙기에 도달하는 계획상의 연수를 말한다.
  ㉠ 법정벌기령 : 벌기령과 벌채령이 일치할 때의 벌기령
  ㉡ 불법정벌기령 : 벌기령과 벌채령이 일치하지 않을 때의 벌기령
② **벌채령** : 임목이 실제로 벌채되는 연령

(2) 윤벌기
① 보속작업에 있어서 한 작업급에 속하는 모든 임분을 일순벌하는 데 요하는 기간으로 개벌작업에 따른 법정림 사상의 개념이다.
② 택벌림에서는 윤벌기를 결정할 때 윤벌기는 회귀기년의 정수배가 되도록 회귀년을 결정하는 것이 보통이다.
③ **윤벌기와 벌기령의 차이**
  ㉠ 윤벌기는 작업급 개념, 벌기령은 임목·임분의 개념
  ㉡ 윤벌기는 기간개념이고, 벌기령은 연령개념
  ㉢ 윤벌기는 작업급을 일순벌 하는 데 소요하는 기간이고, 벌기령은 임목 그 자체의 생산기간을 나타내는 예상적 연령 개념
④ **갱신기** : 벌채 후 갱신이 바로 이루어지지 못하면 늦어지는 만큼 윤벌기가 늦어지는데 이 기간을 갱신기라 한다(윤벌기 = 윤벌령 + 갱신기).

(3) 회귀년
택벌림의 벌구식 택벌작업에 있어서 맨 처음 택벌을 실시한 일정 구역을 또다시 택벌하는 데 걸리는 기간으로 다음 측면에서의 회귀년 길이의 장단점은 다음과 같다.
① **조림관계** : 회귀년 길이를 짧게 하여 1회의 벌채량을 적게 하는 것이 조림기술 측면(임목생장 촉진, 수종구성상태, 병충해에 따른 고손목 처리)에서 유리하다.
② **보호관계** : 긴 회귀년은 벌채량이 많아져 풍도·토사 붕괴 등 산림보호에 문제점을 야기하므로 짧은 회귀년을 채택하는 것이 유리하다.
③ **벌채작업관계** : 단위 면적당 많은 벌채를 해야만 유리하므로 긴 회귀년이 요망된다.

④ 기반시설관계 : 임도와 방화시설은 투자비가 많이 들어 긴 회귀년을 요하게 된다.
⑤ 임분 재적과의 관계 : 택벌된 임분 재적이 택벌직전의 재적으로 회복하는 데 요하는 연수로 결정한다.

> **ONE MORE POINT** 정리기와 갱신기
>
> **정리기(개량기, 갱정기)**
> 불법정인 영급관계를 법정영급관계로 시정하여 경제적인 손실을 적게 하려면 노령임분이 많은 작업급에서는 윤벌기보다 짧은 기간을, 유령임분이 많은 작업급에서는 윤벌기보다 긴 기간에 벌채하여 불법정인 영급관계를 법정인 영급으로 정리하는 기간
>
> **갱신기**
> 산벌작업에 있어서 설치하는 예상적인 기간개념으로 산벌작업은 예비벌·하종벌·후벌로 나누어 갱신이 완료되는데, 이처럼 예비벌을 시작하여 후벌을 마칠 때까지의 기간

(4) 벌기령의 종류

① 조림적 벌기령 : 자연적 벌기령 또는 생리적 벌기령이라고도 하며, 산림 자체를 가장 왕성하게 육성시키고 유지시키는 데 근본적인 뜻이 있고, 조림학적·병충학적·생리학적인 점을 고려하여 벌기령을 결정하나, 집약적인 임업경영에서는 무의미한 벌기령이다.

② 공예적 벌기령 : 임목이 일정한 용도에 적합한 크기의 용재를 생산하는 데 필요한 연령을 기준으로 하여 결정되는 벌기령(표고자목생산, 펄프재 등의 용도)으로 짧은 벌기령이 일반적이다. 또한 이 벌기령은 형상보다는 수종의 용도에 따라 용도가 결정되고 형상이 될 때의 벌기령으로 수종 선택이 중요하다.

③ 재적수확 최대의 벌기령 : 단위면적에서 수확되는 목재생산량이 최대가 되는 연령을 벌기령으로 결정하는 것으로 공익성을 띤 국유림과 사유림에서 채택될 수 있는 것으로 우리나라에서 법정 벌기령을 이 방법으로 채택하고 있다.

④ 화폐수익 최대의 벌기령 : 일정한 면적에서 매년 평균적으로 최대의 화폐수익을 올릴 수 있는 연령을 벌기령으로 정하는 방법

⑤ 삼림순수익 최대의 벌기령 : 삼림의 총수익에서 이 총수익을 올리는 데 들어간 일체의 경비를 공제한 것을 삼림순수익이라 하고, 이 순수익이 최대가 되는 연령을 정하는 방법으로 벌기령 가운데 가장 긴 벌기령으로 우리나라도 양에서 질을 주로 하는 용재생산으로 이어지면 위의 벌기령으로 전환되게 될 것이다.

⑥ 토지 순수익 최대의 벌기령
 ㉠ 수확의 수입시기에 따른 이자를 계산한 총수입에서 이에 대한 조림비·관리비·이자액을 공제한 토지 순수입의 자본가가 최고가 되는 때를 벌기령으로 정하는 것으로, 토지기망가를 최대로 하는 u(벌기령)를 정하는 방법으로, 다음 식 중 u를 여러 가지로 변경하여 이에 대응하는 각종 계산인자를 대입하여 식의 값이 최고가 되는가를 결정하면 된다.

$$B_u = \frac{A_u + (D_a 1.0 P^{u-a} + D_b 1.0 P^{u-b} + \cdots)}{1.0 P^u - 1} - V$$

$B_u = u$년 때의 토지기망가 A_u : 주벌수입

$D_a 1.0 P^{u-a}$: a년도 간벌수입의 u년 때의 후가 u : 윤벌기

P : 이율 V : 관리자본

　　ⓒ 토지기망가 계산에 있어서 어떤 요소가 변화할 때 벌기령에 미치는 영향을 들어보면 다음과 같다.
　　　• 이율(P) : 이율이 높을수록 벌기령이 짧아진다.
　　　• 주벌수확(A_u) : 소경목에 비하여 대경목의 단가가 높을수록 벌기령이 길어지고, 이에 반하여 소경목과 대경목의 단가 차이가 적을 때에는 벌기령이 짧아진다.
　　　• 간벌수입(ΣD) : 간벌량이 많고 간벌시기가 빠를수록 벌기가 짧아진다.
　　　• 조림비(C) : 조림비가 적을수록 벌기령이 짧아지지만 이의 영향은 극히 적다.
　　　• 관리자본(V) : 벌기령의 장단과 무관하다.
　⑦ 수익률 최대의 벌기령 : 순수익의 생산자본에 대한 비, 즉 수익률 최고의 시기로 정하는 것이다.

> **ONE MORE POINT**   일본의 삼나무의 벌기령
>
> • 재적수확 최대의 벌기령 : 50년
> • 삼림순수익 최대의 벌기령 : 95년
> • 토지 순수익 최대의 벌기령 : 35년
> • 수익률 최대의 벌기령 : 25년
> • 화폐수익 최대의 벌기령 : 95년

07 법정림

(1) 법정림의 개념

재적수확의 보속을 실현할 수 있는 내용과 조건을 구비한 삼림으로 1938년 오스트리아의 황실에서 처음으로 개념과 명칭이 시작되었다.

(2) 법정상태

① 법정영급분배
　㉠ 1년생에서부터 벌기에 이르는 각 영계의 임분을 구비하고, 또한 그 각 영계의 임분의 면적이 동일한 것을 말하는데, 이는 현실적으로 각 영계의 면적이 동일하기는 조사하기 어려워 몇 개의 영계를 합하여 영급을 편성하고 각 영급의 면적이 같으면 법정으로 하여 이때의 영급을 말한다.

$$A = \frac{F}{U} \times N$$

A = 법정영급면적 F = 작업급의 면적
U = 윤벌기 n = 1영급의 영계 수

ⓛ 개위면적에 의한 법정영급분배 : 임지는 부분적으로 생산능력에 차이가 있으므로 이와 같은 임지의 생산능력에 알맞게 각 영계별 면적을 가감하여 각 영계의 벌기재적이 동일하도록 수정한 면적으로 그 계산방법을 보면 다음과 같다.

임 분	면적(ha)	1ha당 벌기재적(m³)	비 고
Ⅰ	300	200	윤벌기 100년
Ⅱ	400	150	1영급 = 10영계
Ⅲ	300	100	
계	1,000		

• 벌기평균재적(m³)

$$Q = \frac{q_1 f_1 + q_2 f_2 + \cdots\cdots q_n f_n}{f_1 + f_2 + \cdots\cdots + f_n} = \frac{200 \times 300 + 150 \times 400 + 100 \times 300}{300 + 400 + 300} = 150 (\text{m}^3)$$

• 각 임분의 개위면적

  - Ⅰ등지 : $f_1' = \frac{q_1}{Q} f_1 = \frac{200}{150} \times 300 = 400\text{ha}$

  - Ⅱ등지 : $f_2' = \frac{q_2}{Q} f_2 = \frac{150}{150} \times 400 = 400\text{ha}$

  - Ⅲ등지 : $f_3' = \frac{q_3}{Q} f_3 = \frac{100}{150} \times 300 = 200\text{ha}$

• 법정영급면적

  - Ⅰ등지 : $A_1 = \frac{Q}{q_1} \times \frac{F}{U} \times n = \frac{150}{200} \times \frac{1,000}{100} \times 10 = 75\text{ha}$

  - Ⅱ등지 : $A_2 = \frac{Q}{q_2} \times \frac{F}{U} \times n = \frac{150}{150} \times \frac{1,000}{100} \times 10 = 100\text{ha}$

  - Ⅲ등지 : $A_3 = \frac{Q}{q_3} \times \frac{F}{U} \times n = \frac{150}{100} \times \frac{1,000}{100} \times 10 = 150\text{ha}$

• 영급수

  - Ⅰ등지 : $\frac{300}{75} = 4$개

  - Ⅱ등지 : $\frac{400}{100} = 4$개

  - Ⅲ등지 : $\frac{300}{150} = 2$개 즉, 10개의 영급이 있다.

② **법정임분배치** : 각 영계의 임분이 위치적으로 잘 배치되어서 벌채운반·산림보호 및 갱신하는 데 있어서 지장을 주지 않도록 배치하는 것을 말한다.
③ **법정생장량** : 법정림의 1년 간의 생장량의 합계
　㉠ 법정생장량 계산 예시(산림면적 300ha, 윤벌기 60년)

구 분	임 령				
	20	30	40	50	60
ha당 재적(m³)	40	100	180	260	340

　㉡ 법정영계면적 : $F/U = 300/60 = 5\text{ha}$
　㉢ 벌기임분의 재적 : $V = 340 \times 5 = 1,700\text{m}^3$
　㉣ 법정생장량은 벌기임분의 재적과 같으므로 이 법정림의 생장량은 $1,700\text{m}^3$가 된다.
④ **법정축적** : 영급분배와 생장상태가 법정일 때 보유할 작업급 전체의 축적

08 임업경영의 생산요소

(1) 임업노동

① 임업노동의 특성
　㉠ 산림면적이 넓어 자재의 수송이 어렵고 작업감독이 곤란
　㉡ 이동시간이 길어 작업시간이 짧음
　㉢ 기계사용여건이 좋지 못하여 기계를 공동으로 구입하는 것이 효율적
　㉣ 노동량이 적어 노동분쟁 등이 없음
　㉤ 벌채, 운반을 위해서는 별도의 훈련이 필요
　㉥ 조림, 육림작업은 농한기에 이용 가능
② 임업노동 능률 향상의 방법
　㉠ 노동기구의 개량
　㉡ 작업의 능률화
　㉢ 작업의 공동화
　㉣ 노동 배분의 합리화
　㉤ 노동자 합숙소 운영
　㉥ 작업로의 설치
　㉦ 휴양, 의료시설의 구비
　㉧ 작업단 조직에 의한 임업노동

(2) 임지의 특성
① 넓고 험하여 집약적인 작업이 어렵다.
② 한랭한 곳이 많아서 임업 이외의 다른 사업은 적당치 않다.
③ 수직적으로 여러 가지 수종이 생육한다.
④ 임지의 경제적 가치는 교통의 편리에 따라 결정된다.
⑤ 적은 자본으로 구입하여 임업경영이 가능하다.
⑥ 임지는 투하 자본의 회수가 어렵다.
⑦ 임지는 임업 이외의 산지전용이 가능하다.
⑧ 자산 보유적 견지에서 임지 소유 경향이 있다.
⑨ 임지는 유지비가 적게 든다.

(3) 자본재
① 고정 자본재 : 건물, 기계, 운반시설, 제재설비, 임도, 임목 등
② 유동 자본재 : 종자, 묘목, 약제, 비료 등
③ 임목축적
  ㉠ 입목이 벌채되기 전까지는 고정자본
  ㉡ 입목이 벌채되면 생산기능을 잃게 되므로 유동자본으로 분류

(4) 자본 장비도
경영의 총자본(고정자본+유동자본)을 경영에 종사하는 사람으로 나눈 값

09 산림의 구조와 임업경영

(1) 산림구성의 기본형
① A형 : 유령림이 많으므로 수입은 없고 투자가 많다.
② B형 : 당분간 산출할 수 있지만, 앞으로의 산출의 보속을 위해서는 산림구조를 D형에 가깝도록 벌채와 갱신을 통하여 유도해 나아가야 한다.
③ C형 : 장령림이 많으므로 앞으로 일정기간 후에는 수확을 많이 기대할 수 있지만, 역시 보속을 도모하려면 산림구성을 수정하도록 벌채와 갱신을 조절하여야 한다.

④ D형 : 여러 계층의 임목이 골고루 있으므로 이상적인 구성을 하고 있어서 보속생산이 가능한 이상적 산림구성이다.

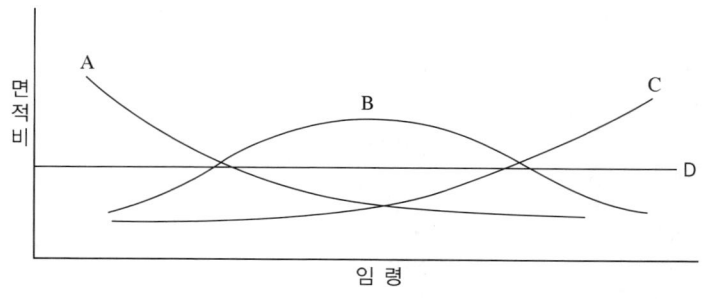

[산림구성의 기본형]

(2) 각 기본형의 필요한 산림시책
① A형
   ㉠ 임지비배와 같은 산림사업 도입
   ㉡ 속성수의 도입
   ㉢ 소경목의 이용 개발
   ㉣ 유실수의 식재
   ㉤ 버섯재배
   ㉥ 특수 임산물의 생산
   ㉦ 부산물의 증식
   ㉧ 복합임업경영의 도입
② B형 : 당장 벌채와 갱신을 한꺼번에 하지 않고 적은 벌채를 서서히 진행하면서 임령의 구성을 수정
③ C형 : 임령이 점차 커짐에 따라 벌채, 갱신면적을 늘리되 상당히 긴 시일에 걸쳐서 임령의 구성 조절
④ D형 : 산림의 이상적 구조

10 임분구조

임분구조는 개체목의 크기가 공간적으로 어떻게 분포되어 있는가를 나타내는 것으로 흉고직경 및 수고의 분포로 임분의 종적 및 횡적 구조 파악

(1) 동령림의 임분구조
일반적으로 평균직경급에서 최대 임목 본수를 나타내고, 평균에서 멀어질수록 본수가 점차 감소하는 전형적인 종모양의 정규분포형태

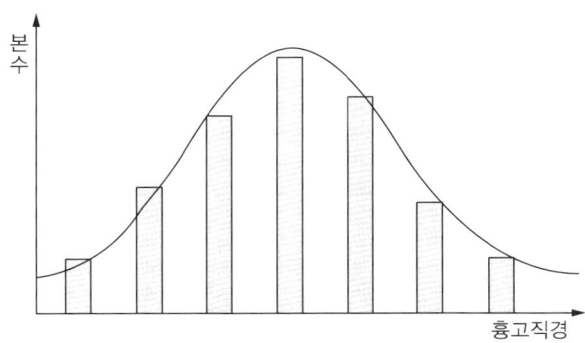

[동령림에서의 전형적인 직경급별 입목 본수분포]

(2) 이령림의 임분구조

여러 수령 및 영급이 모여 있는 이령림의 임분구조는 낮은 직경급에 본수가 많이 분포되어 있고 직경급이 증가할수록 본수가 작아지는 전형적인 역 J자 형태의 분포

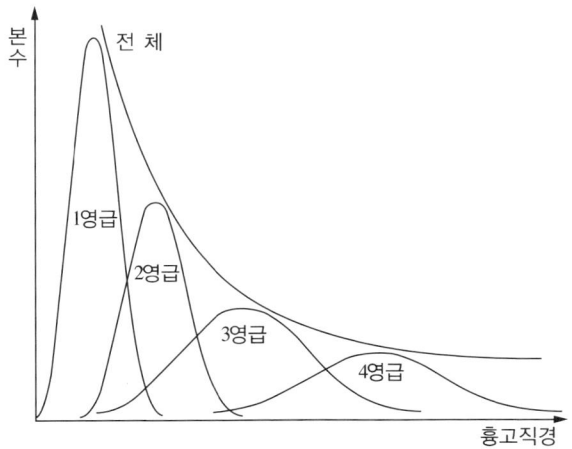

[이령림에서의 직경급별 입목본수분포(임분구조)]

CHAPTER 02 산림 수확조정

01 수확조정의 의미

(1) 일정 기간 동안 경영대상이 되는 산림에서 수확량을 예측하고 그 내용이 경영목적에 잘 부합되도록 조정하는 것이다.

(2) 수확조정법의 발달순서

　　단순구획윤벌법 → 재적배분법 → 평분법 → 법정축적법 → 영급법 → 생장량법

02 고전적 수확조정 기법

(1) 구획윤벌법
　① 부동한 면적을 기초로 하기 때문에 계획을 수립하고 업무를 실행하는 데 편리하다.
　② 윤벌기를 거치는 동안 산림은 법정상태가 된다.
　③ 매년 동일 면적을 벌채하게 되면 불법정한 현실림은 제1윤벌기 동안에 경제적으로 큰 손실이 따른다.
　④ 용재림에서는 적용할 가치가 적고, 장소적 규제의 필요성이 적은 신탄림 작업에 응용할 수 있지만 실용성이 높지 않다.
　⑤ 종 류
　　　㉠ 단순구획윤벌법 : 전 산림면적을 기계적으로 윤벌기 연수로 나누어 벌구면적을 같게 하는 방법
　　　㉡ 비례구획윤벌법 : 토지의 생산력에 따라 개위면적을 산출하여 벌구면적을 조절함으로써 연 수확량을 균등하게 하는 방법

(2) 재적배분법
　① Beckmann법
　　　㉠ 작업급 내의 전임목을 대·소에 따라 성목과 미성목으로 나누고 미성목이 성목으로 자라는 데 필요한 기간을 경리기간으로 한다.
　　　㉡ 성목은 지위에 따라 생장률을 1.5, 2.0, 2.5 …… 등으로 구분하여 예정기간 내의 생장량을 산출한다.
　　　㉢ 위에서 구한 값과 현재적을 합하여 총수확량으로 정하여 표준 연벌량을 산출한다.

② Hufnagl법
  ㉠ 전임분을 윤벌기 연수의 1/2 이상 되는 연령의 것과 이하의 것으로 나누어 전자는 윤벌기의 전반에, 후자는 윤벌기의 후반에 수확할 수 있도록 한 것이다.
  ㉡ 개벌작업에 응용할 수 있도록 고안된 것이며 산림의 영급분배가 거의 균등할 경우에 적용한다.
  ㉢ $U/2$년 이상 임분과 그 미만 임분의 면적차가 15% 이하일 때 적합한 방법이다.
  ㉣ 축적과 생장량을 측정해야 하므로 기술적인 면에서 복잡하고 재적수확의 보속도 불안정하다.

$$E = \frac{2V}{U} + \frac{aF \times Z}{2}$$

V : 전재적
F : $U/2$년 이상 연령의 면적
Z : 1ha당 연년생장량
U : 윤벌기

(3) 평분법
윤벌기를 일정한 분기로 나누어 분기마다 수확량을 균등하게 하는 것
① **재적평분법** : 한 윤벌기에 대하여 벌채안을 만들고 각 분기마다 벌채량을 균등하게 하여 재적수확의 보속을 도모하려는 방법
② **면적평분법** : 재적수확의 균등보다는 장소적인 규제를 더 중시하여 각 분기의 벌채 면적을 같게 하는 방법
  ㉠ 기초 단위는 임반이다.
  ㉡ 임분 배치 관계상 뒤에 배정된 임분이 과숙되어 있으면 이를 제1분기에 다시 중복하여 배정하게 되는데, 이를 복벌(재벌)이라고 한다.
  ㉢ 처음에 배정된 임분이 유령림일 경우에는 원래 배정된 분기에 수확하지 않고 다음 윤벌기까지 벌채를 연기하도록 하는데, 이를 경리기외편입이라고 한다.
③ **절충평분법** : 재적평분법과 면적평분법을 절충한 것으로 이 두 방법보다 융통성이 있으며, 여러 가지 작업법에 적용할 수 있고, 또한 동령림을 이령림으로 전환할 수 있다.

(4) 법정축적법
- 각 작업급에 대한 현실림의 축적과 생장량, 그리고 법정축적을 사정하고, 일정한 수식으로 표준 벌채량을 계산하여 현실림을 법정림 상태로 유도하는 방법이기 때문에 수식법이라고도 한다.
- 평분법과는 달리 벌채량이 먼저 결정되고 그 후에 분기별 벌채될 임분이 선정된다.
- 경리기간이 짧다(매년 수확 조절하는 것이 이상적이나 실제는 10년 단위로 함).
- 영급관계가 현저하게 불법정한 산림에는 적용하지 못한다.
- 대부분의 산림에 응용이 가능하다.

① 교차법
- ㉠ Kameraltaxe법 : 1788년 오스트리아 황실령에서 근원하였다. 표준연벌량이 생장량의 1/2보다 적지 않도록 하는 것이 좋다. 성숙림에서는 현재의 평균생장량을, 유령림에서는 수확표에 의한 벌기평균생장량을 사용한다. 표준연벌량 E는,

$$E = Z + \frac{V_W - V_n}{a}$$

Z : 전림(작업급)의 생장량 V_W : 현실축적
V_n : 법정축적 a : 갱정기

- ㉡ Heyer법 : 평분법과 Kameraltaxe법을 절충하여 창안

$$E = Z_W + \frac{V_W - V_n}{a}$$

- ㉢ Karl법 : Kameraltaxe법을 개조하여 만든 방법

  - 축적의 증감에 따라 연년생장량이 비례하여 증감된다고 가정한 공식

  $$E = Z \pm \frac{D_V}{a} \mp \frac{D_Z}{a} \times n$$

  Z : 갱정기 초에 실측한 현실연년생장량
  $D_V : V_W - V_n$ (현실축적과 법정축적의 차)
  $D_Z : Z - Z_n$ (현실연년생장량과 법정연년생장량의 차)
  a : 갱정기
  n : 측정한 후의 경과연수

- ㉣ Gehrhardt법 : 수식법과 영급법을 절충

$$E = \frac{Z_n + Z_W}{2} + \frac{V_W - V_n}{a}$$

② 이용률법
  ㉠ Hundeshagen 축법 : 생장량이 축적에 비례한다는 가정하에서 유도되고 있지만 임분의 생장은 유령임분에서는 왕성하고 과숙임분에서는 왕성하지 못하므로 임분의 영급상태가 불법정일 때는 적용할 수 없다.

$$E = V_w \times \frac{E_n}{V_n}$$

  V_w : 현실축적 V_n : 법정축적
  E_n : 법정벌채량 E_n / V_n : 이용률

  ㉡ Mantel법
  • Hundeshagen법을 변형한 것으로서 현실축적을 윤벌기의 반, 즉 $U/2$로 나눈 것을 벌채량으로 한다.
  • 이 방법은 오랜 기간이 경과하여야만 법정축적에 도달할 수 있고, 임분의 영급상태가 법정에 가깝지 않으면 적용하기 곤란하다. 그러나 간단하게 수확량을 계산할 수 있는 방법이다.

$$E = V_w \times \frac{V_w}{\frac{U}{2n}} = V_w \times \frac{2}{U}$$

  V_w : 현실축적 U : 윤벌기

③ 수정계수법
  ㉠ Breymann법 : 이 방법은 수확조정에 임령을 사용하였고, 또한 그 실행이 간단하기 때문에 10년마다 검정하여 수정하면 개벌교림작업에 응용할 수 있으나 임령을 고려하지 않는 택벌작업에는 적용할 수 없다.

$$E = E_n \times \frac{A}{\frac{U}{2}}$$

  E_n : 법정수확량 A : 현실림의 평균임령

  ㉡ Schmidt법
  • 현실생장량에 V_w / V_n의 수정계수를 곱하여 수확량을 계산하는 방법
  • 법정 축적이 유지되도록 유도하지만 Hundeshagen법과 같이 갱정 기간이 불분명하다.

$$E = Z_w \times \frac{V_w}{V_n}$$

  Z_w : 현실생장량 V_w : 현실축적
  V_n : 법정축적

(5) 영급법

영급법은 임분의 경제성을 높이고 법정상태의 실현을 통한 수확의 보속을 위하여 임반 내 임분의 상태를 고려한 소반을 시업단위로 하고 있다. 즉, 몇 개의 영계를 합한 영급을 편성한 다음 법정림의 영급과 대조하여 그 과부족을 조절할 수 있는 벌채안을 만드는 것이다.

① 순수영급법
- ㉠ 임분배치와 법정영급을 고려하여 수확은 노령림을 먼저하고, 시업계획기간은 10~20년으로 한다. 이때 과거의 갱신·보육·수확량 등의 실적을 검토하여 시업안을 계속 편성하고 이것을 기준으로 하여 적정한 수확량을 결정하게 된다.
- ㉡ 이 방법은 각종 개벌작업·산벌작업 등 벌구식 작업을 할 수 있는 임분에 응용한다.

② 임분경제법
- ㉠ 이 방법은 경제성을 중시하기 때문에 자연법칙이 경시되기 쉽고, 토지순수익설에 의하여 벌기를 결정하게 되므로 벌기가 짧아지기 쉬우며, 개벌작업에는 적합하지만 택벌작업이나 산벌작업에는 적용할 수 없다.
- ㉡ 토지기망가를 계산하여 토지기망가가 가장 큰 벌기를 작업급의 윤벌기로 하고, 10~20년을 1시업기로 하는 벌채안을 만든다.
- ㉢ 제1시업기에 벌채할 임분
  - 시업상 벌채를 필요로 하는 임분
  - 성숙기에 도달한 임분
  - 벌채순서상 희생적 벌채를 해야할 임분
  - 성숙여부가 불분명한 임분

③ 등면적법
- ㉠ 순수영급법과 임분경제법의 결점을 보완
- ㉡ 이 방법은 영급법과 같이 1시업기를 경리기간으로 하여 일정 기간마다 시업안을 검정하여 수정하고, 또한 지위·지리·화폐수확 등을 고려하여 벌채 장소를 선정하기 때문에 수확보속상 안전하다.
- ㉢ 모든 영급법은 개벌 작업에 적합하기 때문에 택벌작업 또는 이와 유사한 작업을 실시하는 산림에는 적용하기 곤란하다.

(6) 생장량법

① Martin법
- ㉠ 각 임분의 평균생장량 합계를 수확예정량으로 삼는 것으로 평균생장량의 합계가 전림의 연년생장량과 같다고 하는 가정은 잘못된 것이다. 따라서 적용 범위가 한정적이다.
- ㉡ 계산이 간편하고 윤벌기가 필요하지 않으며, 벌채장소를 지정하지 않으므로 영급배치가 법정상태인 개벌작업림의 개산적 수확조정법으로 응용되고 있다.
- ㉢ 각 임분의 연령 평균 생장량 합계 = 간벌수확을 포함한 최고령임분의 재적 = 전림의 연년생장량 = 수확량

② 생장률법(생장량법)
  ㉠ 현실 축적에 각 임분의 평균생장률을 곱하여 얻은 연년생장량을 수확예정량으로 하는 방법
  ㉡ 윤벌기 또는 벌기를 정할 필요가 없으며, 택벌작업 임분과 개벌작업 임분에 다 같이 적용할 수 있다.

$$E = V_w \times 0.0P = Z$$

  V_w : 현실축적　　　P : 생장률
  Z : 연년생장량

③ 조사법 : 일정한 수식이나 특수한 규정이 따로 정해져 있는 것이 아니라 경험을 근거로 하여 실행하는 것이다. 이 방법의 목표는 어디까지나 조림, 무육을 위주로 한다. 즉, 산림이 어떠한 상태에 있을 때 자연을 최대로 이용하여 산림생산을 어떻게 지속시킬 수 있을 것인가를 장기간에 걸쳐 경험적으로 파악하여 집약적인 임업경영을 실현하는 데 그 목적이 있다. 실시요령은 다음과 같다.
  ㉠ 산림을 소면적의 임반으로 구획하는데 12~15ha를 초과하지 않는 것이 좋다.
  ㉡ 경리기간은 원칙적으로 각 임반이 1회 벌채되는 기간을 말하며 5~8년이 좋다.
  ㉢ 소경목(20~30cm) : 중경목(35~50cm) : 대경목(55cm 이상) = 2 : 3 : 5의 재적비율이 이상적임
  ㉣ $Z = V_2 - V_1 + n$
   Z : 생장량, V_2 : 경리기말기 축적, V_1 : 경리기초기 축적, n : 경리기간 중 벌채량
  ㉤ 문제점
   • 생장량의 조사에 많은 시간과 비용이 소요되고 기술을 필요로 한다.
   • 경영자는 경험에 의하여 실행하기 때문에 고도의 기술적 숙련을 요한다.
   • 현실림은 개벌에 의한 동령 일제림이 많으므로 적용범위가 선택적이다.
   • 조사법은 개벌작업을 제외한 모든 작업법에 응용할 수 있지만 현실적으로 거의 택벌림 작업에 적용되고 있다.

03 현대적 수확조정 기법

21세기에 이르러서는 산림의 공익성(환경성)이 부상하여 생태적 측면을 고려한 산림수확조절방법에 대한 요구도가 높아지게 되어 과학적 의사결정방법으로의 최적화 기법이 나타나게 되었다.

(1) 선형계획법

산림수확조절을 위하여 가장 널리 사용되는 경영과학적 기법 중의 하나로, 하나의 목표 달성을 위하여 한정된 자원을 최적 배분하는 수리계획법의 일종이다.

① 선형계획모형

선형계획법은 선형의 제약조건 고려하에 선형의 목적함수를 최적화하기 위하여 $X_1, X_2, \cdots, X_n$의 값을 결정하는 수학적 방법이다. 즉, 선형계획모형은

$$Z = \sum_{j=1}^{n} C_j X_j \quad \cdots\cdots\cdots\cdots\cdots\cdots\cdots\cdots\cdots\cdots\cdots\cdots\cdots\cdots\cdots\cdots ㉠$$

$$\sum_{j=1}^{n} A_{ij} X_j \ (\leq, \ =, \ \geq) \ B_i \quad \cdots\cdots\cdots\cdots\cdots\cdots\cdots ㉡$$

$$X_i \geq 0 \quad \cdots\cdots\cdots\cdots\cdots\cdots\cdots\cdots\cdots\cdots\cdots\cdots\cdots\cdots\cdots\cdots\cdots\cdots\cdots ㉢$$

등의 세 가지 부분으로 표시되는데, 이 경우에 $A_{ij} \cdot B_i$ 및 C_i는 상수에 해당한다. 위의 세 가지 식은 선형계획법의 기본모형을 나타낸다.

㉠식은 목적함수식을 나타내고, 어느 문제의 '최적해'는 최댓값 또는 최솟값을 나타낸다. ㉡식은 제약조건을, 그리고 ㉢식은 비부조건을 나타낸다.

② 선형계획모형의 전제조건

㉠ 비례성 : 선형계획모형에서 작용성과 이용량은 항상 활동수준에 비례하도록 요구된다. 선형계획모형의 이러한 특성은 '비례성 전제'라고 하는 표현으로 알려져 있다.

㉡ 비부성 : 의사결정변수 $X_1, X_2, \cdots, X_n$은 어떠한 경우에도 음(-)의 값을 나타내서는 안 된다.

㉢ 부가성 : 두 가지 이상의 활동이 동시에 고려되어야 한다면 전체생산량은 개개 생산량의 합계와 일치해야 한다. 즉, 개개의 활동 사이에 어떠한 변환작용도 일어날 수 없다는 것을 의미한다.

㉣ 분할성 : 모든 생산물과 생산수단은 분할이 가능해야 한다. 즉, 의사결정변수가 정수는 물론 소수의 값도 가질 수 있다는 것을 의미한다.

㉤ 선형성 : 선형계획모형에서는 모형을 정하는 모든 변수들의 관계가 수학적으로 선형함수, 즉 1차함수로 표시되어야 한다.

㉥ 제한성 : 선형계획모형에서 모형을 구성하는 활동의 수와 생산방법은 제한이 있어야 한다. 그래서 제한된 자원량이 선형계획모형에서 제약조건으로 표시되며, 목적함수가 취할 수 있는 의사결정변수 값의 범위가 제한된다.

㉦ 확정성 : 선형계획모형에서 사용되는 모든 매개변수(목적함수와 제약조건의 계수)들의 값이 확정적으로 이러한 값을 가져야 한다는 것을 의미한다. 즉, 이것은 선형계획법에서 사용되는 문제의 상황이 변하지 않는 정적인 상태에 있다고 가정하기 때문이다.

(2) 정수계획법

① 선형계획은 목적함수가 가분성을 전제로 하는 소수점 이하까지 나타낼 수 있다. 예를 들면, 산림작업 인원수 같은 것은 정수로만 표시해야하기 때문에 이와 같은 문제를 해결하기 위해 정수 계획법이 사용된다.

② 이 방법의 특성은 선형목적함수, 선형제약조건식, 모형변수들이 0 또는 양의 정수, 특정변수에 대한 정수제약조건 등으로 구분

(3) 목표계획법

선형계획법에서와 같이 목적함수를 직접적으로 최대화 또는 최소화하지 않고, 목표들 사이에 존재하는 편차를 주어진 제약조건하에서 최소화하는 기법으로 산림의 다목적 이용을 위한 경영계획문제에 적용할 수 있는 방법이다.

(4) 수확표의 이용

수확표(Yield Table)는 보통 입지(Site)별로 만들어지며, 어떤 수종에 대하여 일정한 작업법을 채용하였을 때, 일정 연한(5년)마다 단위면적당 본수·재적 및 이와 관계있는 기타 주요 요소의 값을 표시한 것이다. 수확표는 재적(또는 목재)을 표시한 수확표와 목재수확량을 금액으로 표시한 금원수확표(Money Yield Table)로 나누어진다. 후자는 목재 재적에 산지의 목재단가를 곱한 것이다. 수확표는 그 지방에 적합한 수확표를 만들어야 하는데, 어느 지방에 적합하게 만든 수확표를 지방적수확표(Empirical or Actual Yield Table)라 하고 어느 지방을 고려하지 않고 만들어지는 수확표를 법정수확표(Normal Yield Table) 또는 일반적수확표라 한다. 수확표의 기재 사항은 여러 가지가 있어서 일정하지 않지만, 일반적인 형식은 주림목(또는 주벌수확⟨Principal Yield⟩)과 부림목(또는 간벌수확⟨Intermediate Yield⟩)으로 나누어지며, 각각 일정 연한(5년)마다 다음과 같은 사항들을 기입한다.

① **본수** : 본수는 단위면적당의 총 본수를 기입한다.
② **재적합계**는 단위면적당의 간재적을 기입하는 것이 보통이지만, 경우에 따라서는 가지재적도 함께 기입한다.
③ **흉고단면적(Basal Area)합계** : 단위면적당의 흉고단면적합계를 기입한다. 이것은 현실림의 입목도를 사정하는 데 필요하다.
④ **평균직경** : 임분의 평균직경을 기입한다. 이것을 평균흉고직경 또는 중앙직경이라고 하며, 이것은 지위판정에 사용된다.
⑤ **평균수고** : 임분의 평균수고를 기입한다. 이것을 중앙임분고 또는 중앙고라고도 하며, 이것은 지위판정에 사용된다.
⑥ **평균재적** : 평균재적은 표준목의 재적을 기입한다.
⑦ **임분형수** : 임분형수는 임분의 평균형수를 기입한다.
⑧ **성장량** : 성장량은 연년성장량과 평균성장량으로 나누어서 기입한다. 연년성장량은 1년간의 성장을 뜻하지만, 수확표에 있어서는 보통 5년으로 나눈 정기평균성장량을 말하며, 평균성장량은 총평균성장량을 말한다.
⑨ **성장률** : 성장률은 일반적으로 재적성장률을 기입한다.
⑩ **주림목과 부림목** : 주림목은 주벌수확을 기입하고, 부림목은 간벌수확을 기입한다.
⑪ **입목도** : 입목도를 밀·중·소로 3가지로 구분하여 기입한다.
⑫ **지위** : 지위는 5등급 또는 3등급으로 나타내는데, 우리 나라에서는 5등급으로 기입하고 있다.
⑬ **임령** : 임령은 5년을 영급으로 하여 기입하는 경우도 있지만, 미국에서는 10년을 영급으로 하여 기입하고 있다. 앞에서 몇 가지 항목을 기술하였으나 수확표에는 전부 또는 그 일부를 기입하게 된다.

⑭ 대표적인 수확표의 예

위치 _____ 지위 _____ 조사자 _____

연령	주림목								부림목	
	평균 직경 (cm)	평균 수고 (m)	평균 형수	ha당					ha당	
				본 수	단면적 (m^2)	재적 (m^3)	재 적		본 수	간재적 (m^3)
							연년 성장량 (m^3)	평균 성장량 (m^3)		
15	–	6.0	–		22.4	80.8		5.4	–	–
20	12.4	8.5	0.526	2,855	25.3	158.8	15.6	7.9	–	–
25	15.5	10.7	0.497	2,369	45.0	238.8	16.0	9.6	486	14.6
30	18.2	12.5	0.487	2,004	52.4	321.5	16.6	10.7	365	19.4
35	20.6	14.4	0.484	1,744	58.4	405.7	16.8	11.6	259	21.3
.	.	.	.	.	.	.	.	.	.	.
.	.	.	.	.	.	.	.	.	.	.
.	.	.	.	.	.	.	.	.	.	.

㉠ 수확표를 만드는 데 있어서는 여러 가지 자료를 수집하게 된다. 지방적 수확표일 경우에는 기상 및 토지조건이 비슷하며, 시업방법이 서로 같은 곳에서는 다음과 같은 방법으로 수집한다.
- 조건에 알맞은 임분을 선정하여 고정표본점을 만들고 필요 연도마다 실측하여 얻은 값을 이용한다. 이 고정표본점에 대해서는 간벌이라든가 기타 작업을 보통 것과 같이 실시해야 함은 물론이다.
- 일정 연도마다 조건에 알맞은 임분이 있으면 이것들을 실측하여 소요값(소요치)을 얻는다.
- 벌기에 가까운 삼림에서 조건에 알맞은 임분을 골라 현재의 크기를 측정하고 표준목을 선정하여 이것을 수간해석하고 과거의 크기를 추정하여 임분의 성장법칙을 알아낸다. 이 방법을 지임분법(Indicating Method)이라 한다.
- 그 지방에 있는 여러 가지 지위 및 임령 중에서 조건에 알맞은 것을 될 수 있는 대로 많이 선정하여 이것을 측정하고 정리하여 성장법칙을 알아낸다.
- 위의 각 방법을 혼용한다.

㉡ 이와 같이 하여 자료가 수집되면 수확표를 만드는데, 그 방법에는 다음과 같은 3가지가 있다.
- 도법 : 성장법칙을 찾는 데 있어서 곡선의 수정을 도상에서 하는 것이다. 미국에서는 이 법을 많이 응용하고 있다.
- 수식법 : 성장법칙을 수식, 즉 실험식에 의하여 찾아내는 것이다.
- 양자 혼용법 : 도법의 일부와 수식법의 일부를 응용하여 성장법칙을 찾아내는 방법이다.

㉢ 수확표는 수확예정량, 성장량조사, 지위사정, 임분재적사정, 간벌의 지침, 임업의 경영계획, 임업정책의 수립 또는 시업의 시행방법 등에 걸쳐 대단히 널리 사용되며, 중요한 의의를 가지고 있다.

| 주관식 확인문제 | 산림경영 기초, 산림 수확조정 |

※ 다음 빈칸에 적절한 말을 넣거나 묻는 말에 답하시오.

01 법정림 구비 조건 4가지는?

정답적기

02 개벌작업에 따른 법정림 사상의 개념으로 보속작업에 있어서 한 작업급에 속하는 모든 임분을 일순벌하는 데 요하는 기간은?

정답적기

03 산림수확조절을 위하여 가장 널리 사용되는 경영과학적 기법 중의 하나로, 하나의 목표 달성을 위하여 한정된 자원을 최적 배분하는 수리계획법의 일종을 무엇이라 하는가?

정답적기

04 총가생장의 의미는?

정답적기

05 생장량이 나타내고자 하는 기간이 긴 경우, 평균생장량은 전체 긴 기간 동안의 생장량이 지나치게 단순하게 나타나고, 연년생장량은 반대로 지나치게 세분하여 나타나는 경향이 있다. 이러한 경우, 보통 5년 또는 10년 단위로 연년생장량을 나타내기도 하는데 이를 무엇이라고 하는가?

정답적기

06 이상적인 임분의 재적 또는 흉고단면적에 대한 실제 임분의 재적 또는 흉고단면적의 비율을 무엇이라 하는가?

정답적기

07 윤벌기를 일정한 분기로 나누어 분기마다 수확량을 균등하게 하는 방법을 무엇이라 하는가?

정답적기

08 선형계획모형의 전제조건 중 의사결정변수 $X_1, X_2, \cdots, X_n$은 어떠한 경우에도 음(−)의 값을 나타내서는 안 된다는 조건을 무엇이라 하는가?

정답적기

09 임가소득이란?

10 취득원가가 50만원이고 그 내용연수가 5년인 파종기의 연도별 감가상각비의 합을 정률법에 의해 구하면?(단, 감가율은 0.206이다)

11 선형계획은 목적함수가 가분성을 전제로 하는 소수점 이하까지 나타낼 수 있는데, 산림작업 인원수 같은 것은 정수로만 표시해야 하기 때문에 이와 같은 문제를 해결하기 위한 적용 방법은?

12 임지의 잠재적 생산능력을 평가하는 기준을 무엇이라 하는가?

주관식 정답

01. 법정영급분배, 법정임분배치, 법정생장량, 법정축적
02. 윤벌기
03. 선형계획법
04. 재적생장 + 형질생장 + 등귀생장
05. 정기평균생장량
06. 입목도
07. 평분법
08. 비부성
09. 임업소득 + 농업소득 + 기타소득
10. 342,212원
11. 정수계획법
12. 지위

CHAPTER 03 산림평가

01 산림평가의 구성내용과 특수성

(1) 산림평가의 구성내용
① 임 지
② 임 목
③ 부산물
④ 시 설
⑤ 공익적 기능

(2) 산림평가의 입장에서 본 산림의 특수성
① 산림은 다른 생산상품과는 달리 자연적으로 장기간에 걸쳐 생산된 것이므로 동형동질인 것은 없다.
② 임업의 대상지로서 산림은 수익을 예측하기가 몹시 어렵고, 또 적합한 예측방법도 확립되어 있지 않다.
③ 산림의 평가는 현재뿐만 아니라 과거와 장래에 걸친 여러 문제도 중요한 평가인자가 된다.
④ 장래의 목재가격의 변동·생산량·재질의 향상 등의 예측이 매우 어렵다.
⑤ 최근의 토지 가격의 급상승·레저산업에의 전용·자연보호 등 산림에 대한 가치관이 다양화되었으며, 장래에도 이러한 경향이 더욱 강화될 것이다.
⑥ 최근 산림의 이용구분조사가 실시되었음에도 불구하고 매매가격은 보통 임업으로서의 이용가격을 상회하는 것이 일반적이다. 이러한 문제는 산림의 가격을 불안정하게 하여 평가를 어렵게 한다.
⑦ 토지가격과 노임의 급상승현상은 인공림에서 벌기수입과 육성비용과의 균형을 유지할 수 없게 하여 임업이율이 '마이너스(-)'가 되게 하는 경향이 생겼다.

(3) 임업생산의 3요소
임업생산도 다른 토지생산업의 경우와 같이 토지, 자본, 노동의 세 가지 요소가 필요하며, 이들이 임업경영자의 소득의 근원이다. 즉 토지는 지대를, 자본은 이자를, 노동은 임금이라는 대가를 제공한다.
① 임 지
② 임업자본
③ 노 동

02 산림평가 비용 분류

(1) 조림비

조림비는 조림을 시작하여 성림하기까지(보통 제1회 가지치기까지) 10여 년간에 걸쳐서 지출되는 육성적 비용을 말하지만, 산림평가에서는 무육비라는 것을 따로 독립된 비용으로 취급하지 않고 조림비를 광의로 해설하여 제2회 이후의 가지치기·무육간벌 등에 소요된 비용을 포함시킨다. 따라서, 채취비를 제외한 모든 육성적 가치희생을 말한다. 조림비의 대부분이 노임이다.

(2) 관리비 및 지대

관리에 종사하는 인건비와 이에 수반되는 물건비 및 사무소 등 고정시설의 감가상각비, 산림피해 방지 및 경제보전 등에 소요되는 산림보호비, 영림계획비, 제세공과금, 보험료, 노무자에 대한 복지시설비, 시험연구비 등 조림비와 채취비에 속하지 않는 일체의 경비를 총칭하여 관리비라고 한다. 지대는 일반적으로 직접 지출되는 비용은 아니지만 비용계산 시에는 지가에 이율을 곱하여 지대로 간주한다.

(3) 채취비

주산물과 부산물을 수확하고 제품화하는 데 소요되는 비용을 채취비라고 한다. 입목을 벌채하여 원목으로 판매하는 경우의 비용에는 조사비·벌목조재비·집재비·운반비·판매비·잡비·기업이윤 등이 있다.

03 임업이율의 성격과 크기

(1) 임업이율의 성격

① 임업이율은 대부이자가 아니고 자본이자이다.
② 임업이율은 평정이율이며, 명목적 이율이다.
③ 임업이율은 장기이율이다.

(2) 임업이율의 크기

① 산림평가 등 임업경영계산에 사용되는 평정이율(계산이율)을 임업이율이라 한다. 이것은 장기간이므로 임업투자에 대한 예측하지 못한 위험성과 불확실성이 크다. 또, 자본을 장기간 고정시킴으로써 매년의 현금수익이 장기에 걸쳐 불가능하게 된다.
② 임업이율을 저이율로 평정해야 하는 이유
  ㉠ 재적 및 금원수확의 증가와 산림 재산가치의 등귀
  ㉡ 산림소유의 안정성
  ㉢ 재산 및 임료수입의 유동성

ⓔ 산림 관리경영의 간편성
ⓜ 생산기간의 장기성
ⓗ 문화발전에 따른 이율의 저하
ⓢ 기호 및 간접이익의 관점에서 나타나는 산림소유에 대한 개인적 가치평가

04 | 산림평가와 관계가 있는 계산적 기초

(1) 연년작업인 경우와 같이 해마다 이자계산을 해야 할 때에는 단리산으로 계산하고, 간단작업과 같이 생산기간을 단위로 하여 이자를 계산할 때에는 복리산으로 계산하는 것이 일반적이다.

(2) 단리산은 원금으로 인하여 기말에 가서 얻을 수 있는 이자를 다음 기의 원금에 가산하지 않고 원금과 이자액을 매년 일정하게 하는 계산 방법이다.

$$N = V(1+nP)$$

N : 원리합계 V : 원금
P : 이율 n : 기간

(3) 복리산은 매기마다 얻은 이자를 다음 기의 원금에 가산하여 얻은 원리합계를 다음 기의 원금으로 하여 원금과 이자액을 점차 증가시키는 방법이다. 임업에서는 대부분 이 방법으로 계산한다.

① **후가식** : 현재 자본금이 V_o이고 이율이 P일 때, n년 후의 자본금 V_n은
$$V_n = V_o \times 1.0P^n$$

② **전가식** : 이율이 P이고 n년 후에 V_n의 자본금을 만들려면 현재 자본금 V_o는
$$V_o = \frac{V_n}{1.0P^n} \qquad 전가계수\left(\frac{1}{1.0P^n}\right)$$

③ **유한연년이자**(수입, 지출)
 ㉠ 후가식(매년 말에 r원씩 n회 수득할 수 있는 이자의 후가 합계)
$$N = \frac{r}{0.0P}(1.0P^n - 1)$$
 ㉡ 전가식(매년 말에 r원씩 n회 수득할 수 있는 이자의 전가합계)
$$V = \frac{r}{0.0P} \times \frac{1.0P^n - 1}{1.0P^n}$$

④ 유한정기이자

㉠ 후가식 (m년마다 r원씩 n회 수득할 수 있는 이자의 후가합계)

$$N = \frac{r}{1.0P^m - 1} \times (1.0P^{mn} - 1)$$

㉡ 전가식 (m년마다 r원씩 n회 수득할 수 있는 이자의 전가합계)

$$V = \frac{r}{1.0P^{mn}} \times \frac{1.0P^{mn} - 1}{1.0P^m - 1}$$

⑤ 무한연년이자 전가식 : 매년 말에 가서 r원씩 영구적으로 수득할 수 있는 전가합계

$$V = \frac{r}{0.0P^n}$$

⑥ 무한정기이자 전가식 : 현재부터 m년마다 r원씩 영구적으로 수득하는 이자의 전가합계

$$V = \frac{r}{1.0P^m - 1}$$

05 임지평가방법

(1) 원가방식에 의한 임지평가

① 원가방법

② 임지비용가법

㉠ 임지비용가는 임지를 취득하고 이를 조림 등 임목육성에 적합한 상태로 개량하는 데 소요된 순비용의 후가합계로 평가하는 방법이다. 따라서 현재까지 발생한 비용의 원리합계에서 그 사이에 얻은 수익의 원리합계를 공제한 잔액이 된다.

㉡ 임지비용가법을 적용할 수 있는 경우
- 임지소유자가 매각할 때 최소한 그 임지에 투입된 비용을 회수하고자 할 때
- 임지소유자가 그 임지에 투입한 자본의 경제적 효과를 분석 검토하고자 할 때
- 그 임지의 가격을 평정하는 데 다른 적당한 방법이 없을 때
- A원으로 임지를 구입하고 동시에 임지개량비로서 M원을 지출한 후 아무 수입 없이 현재까지 n년이 경과하였을 때

$$B_K = (A + M)\,1.0P^n$$

- n년 전에 임지를 A원으로 구입하고 m년 전에 M원의 임지개량비를 투입하였을 때

$$B_K = A\,1.0P^n + M\,1.0P^m$$

(2) 수익방식에 의한 임지평가

① 임지기망가법(임지수익가, Faustmann의 지가식)
  ㉠ 당해 임지에 일정한 시업을 영구적으로 실시한다고 가정할 때 토지에서 기대되는 순수익의 현재 합계액을 말한다. 임지기망가가 최대로 되는 때를 벌기(u)로 한 것을 토지 순수익 최대의 벌기령 또는 이재적벌기령이라고 한다.

$$B_u = \frac{(A_u + D_a 1.0p^{u-a} + D_b 1.0p^{u-b} + \cdots\cdots + D_q 1.0p^{u-q}) - C 1.0p^u}{1.0p^u - 1} - V$$

  B_u : u년 때의 토지기망가 A_u : 주벌수익
  C : 조림비 u : 윤벌기
  p : 이율 V : 관리자본 $\left(\dfrac{M}{0.0P}\right)$
  $D_a 1.0p^{u-a}$: a년도 간벌수익의 u년 때의 후가

  ㉡ 임지기망가의 크기에 영향을 주는 인자
   • 주벌수익과 간벌수익 : 이 값은 항상 '+'이므로 이 값이 클수록 B_u가 커진다. 또 그 시기가 빠르면 빠를수록 B_u가 커진다.
   • 조림비와 관리비 : 이 값은 '-'이므로 이 값이 크면 클수록 B_u가 작아진다.
   • 이율 : 이율이 높으면 높을수록 B_u가 작아진다.
   • 벌기 : u가 크면 클수록 B_u가 작아진다.

  ㉢ 임지기망가법으로 벌기령을 정할 때 최댓값에 도달하는 시기
   • 이율 : 이율 P의 값이 클수록 최댓값이 빨리 온다. 즉, 벌기가 짧아진다.
   • 주벌수익 : 주벌수익의 증대속도가 빨리 감퇴할수록 B_u의 최댓값이 빨리 온다. 지위가 양호한 임지일수록 B_u가 최대로 되는 시기가 빨리 온다. 즉 벌기가 짧아진다.
   • 간벌수익 : 간벌수익이 클수록 B_u의 최댓값이 빨리 온다.
   • 조림비 : 조림비가 클수록 B_u의 최대시기가 늦어진다.
   • 관리비 : 최댓값과는 관계가 없다.
   • 채취비 : 임지기망가식에는 나타나 있지 않지만, 일반적으로 채취비가 클수록 임지기망가의 시기가 늦어진다.

ㄹ) **임지기망가 적용상의 문제점**
- 임지기망가법은 동일한 작업법을 영구히 계속함을 전제로 한 것이다. 그러나 실제적으로는 장기간에 걸쳐 동일한 시업방법을 시행한다는 것은 비현실적인 것이다.
- 수익과 비용의 인자는 영구히 변하지 않는 것으로 가정하고 그 현재가를 사용하고 있다. 그러나 일반적으로 각 인자는 수시로 변동하기 때문에 임지기망가의 값은 평가시점에 따라 가변적이다.
- 임업이율(P)의 대소가 임지기망가에 미치는 영향은 매우 크다. 그럼에도 불구하고 P의 값을 정하는 객관적인 근거가 없어 평정이 자의적으로 되기 쉽다.
- 어떤 시가로 거래되는 임지의 지가를 이 방법으로 산정하면 마이너스의 값을 나타내는 경우가 생겨 실제와 맞지 않는다.
- 이 평가법에서 비용으로 공제되는 것은 조림비·관리비 및 그 이자뿐이다.

② **수익환원법** : 수익환원법은 택벌림과 같이 연년수입이 있는 경우에 적용하는 방식이다.

$$B = \frac{(R-c)1.0S}{1.0i - 1.0S}$$

R : 1ha당 연간수입 c : 1ha당 연간비용
i : 환원이율 S : 매년 물가 등귀율(%)

(3) 비교방식에 의한 임지평가

비교방식에 의한 임지의 평가는 평가하고자 하는 임지와 유사한 다른 임지의 매매사례가격과 비교하여 평가하는 방식이다. 임지의 실제 매매사례가격과 직접비교하여 평가하는 방법을 직접사례비교법이라고 하고, 이에 대하여 임지가 대지 등으로 가공 조성된 후에 매매된 경우에는 그 매매가격에서 대지로 가공 조성하는 데 소요된 비용을 공제하여 역산적으로 산출된 임지가와 비교하여 평정하는 방법을 간접사례비교법이라고 한다.

① **직접사례비교법**
ㄱ) **대용법** : 과세표준가격 등의 비율로서 보정하는 방법

$$B = 매매사례\ 가격 \times \frac{평가대상지의\ 과세표준액}{매매사례지의\ 과세표준액}$$

ㄴ) **입지법** : 입지를 비교하여 보정하는 방법

$$B = 매매사례\ 가격 \times \frac{평가대상지의\ 입지지수}{매매사례지의\ 입지지수}$$

06 임목평가방법

(1) 유령림의 임목평가법

유령림은 일반적으로 식재 때부터 제1회 간벌을 실시하기 전인 15년생까지의 임분을 말한다.

① 원가법 : 실제 원가의 누계를 평가액으로 하는 방법

② 비용가법 : 비용가법은 동령임분에서의 임목을 m년생인 현재까지 육성하는 데 소요된 순비용(육성가치)의 후가합계이다. 즉, 이때까지 투입한 비용(지대, 조림비, 관리비 등)의 후가를 계산하고, 이 비용의 후가합계에서 그동안 간벌 등에 의하여 얻어진 수익의 후가를 공제한 것이다.

　㉠ 조림비의 후가 : $C \times 1.0P^m$

　㉡ 관리비의 후가합계 : $V(1.0P^m - 1)$　(단, $V = \dfrac{v}{0.0P}$)

　㉢ 지대의 후가합계 : $B(1.0P^m - 1)$　(단, $B = \dfrac{b}{0.0P}$)

　㉣ 간벌수익의 후가합계 : $\sum D_a 1.0P^{m-a}$

$$H_{KM} = (B+V)(1.0P^m - 1) + C \times 1.0P^m - \sum D_a 1.0P^{m-a}$$

(2) 중령림의 임목평가

비용가법과 기망가법의 중간적 방법인 원가수익절충방법을 적용하는 것이 좋다.

① Glaser식 : Glaser는 임목의 생장에 따른 단위 면적당 가격의 변동은 입목재적과 임목가격차라는 두 가지 요소의 변동과 관계가 깊다는 사실을 발견하였다. 이 방법은 평가상 가장 문제가 되는 이율을 사용하지 않아 주관성이 개입될 여지가 적고, 또 복리계산을 할 필요가 없어 계산이 간단하다. 그리고 원가수익의 절충적인 성격을 띠고 있어 벌기 전의 중간 영급목의 평가에 적당하다.

$$A_m = (A_u - C_o) \times \dfrac{m^2}{u^2} + C_o$$

A_m : m년 현재의 평가대상 임목가　　A_u : 적정벌기령 u년에서의 주벌수익(m년 현재의 시가)
C_o : 초년도의 조림비(지존, 신식, 하예비 등)　m : 평가시점
u : 표준벌기령

② Glaser 보정식 : 10년생까지의 투입된 비용의 후가합계를 임목비용가식에서 구한 후 임목가를 산정한다. 일반적으로 11년생 이상의 인공림에서의 임목평가에 적당하다.

$$A_m = (A_u - C_{10}) \times \dfrac{(m-10)^2}{(u-10)^2} + C_{10}$$

(3) 벌기 미만 장령림의 임목평가

장령림은 벌채 이용하기에는 아직 미숙상태이지만, 임목이 어느 정도 성장하여 이용가치가 있을 때이다. 이 때에는 주로 벌기에 도달했을 때의 이용가치를 할인하여 평가하는 기망가법이 사용된다.

① 임목기망가법 : 벌기에 가까운 임목의 평가에 많이 쓰인다.

$$H_{EM} = \frac{A_u + D_n 1.0P^{u-n} + B + V}{1.0P^{u-m}} - (B+V)$$

$$= \frac{A_u + D_n 1.0P^{u-n} - (B+V)(1.0P^{u-m} - 1)}{1.0P^{u-m}}$$

② 수익환원법

㉠ 택벌림의 경우 : 벌채 임분에서 영속적으로 기대되는 연간수익(임목매상액)을 A, 예상 연간비용 중 식재비 또는 무육비를 C, 관리비를 v, 지대를 $b(b = B \times 0.0P)$, 실질임업이율(명목적 임업이율에서 일반물가등귀율을 공제한 것)을 P라고 하면 이 임분의 임목축적 평가액 N은 다음과 같다.

$$N = \frac{A - C - v - b}{0.0P} = \frac{A - C}{0.0P} - (B + V)$$

㉡ 보속적으로 개벌할 수 있는 산림(법정림)의 경우 : u개($u$ha)의 임분으로 되어 있고 이 임분은 1~u년생까지 1ha씩 있다. 그리고, 매년 1임분(1ha)씩 수확(주벌수확 A_u)하고 그 벌채적지에는 수확 후 즉시 조림(조림비 C)을 한다고 가정한다. 1임분당 관리비와 지대를 v, b라고 하면 전체 임분에 대해서는 uv, ub가 된다. 간벌수익을 D라고 하면, 산림($u$ha)의 임목축적수익가가 된다.

$$^BN = \frac{A_u + D_a + D_b + D_c + \cdots\cdots - C - uv - ub}{0.0p}$$

(4) 벌기 이상의 임목평가(우리나라의 일반적 임목평가 ; 시장가역산법)

보통림에서 벌기 이상의 임목에 대하여는 제품(원목, 목탄 등)의 시장매매가, 즉 시가를 조사하여 역산으로 간접적으로 임목가를 사정하는 시장 가역산법이 적용된다. 표준목의 원목재적을 임목간재적(전체임목재적)으로 나눈 것을 조재율(이용률)이라 하는데 일반적으로 침엽수는 0.7~0.9, 활엽수는 0.4~0.7이다.

$$x = f\left(\frac{a}{1 + mp + r} - b\right)$$

x : 단위 재적당(m³) 임목가
a : 단위 재적당 원목의 시장가
b : 단위 재적당 벌채비, 운반비, 사업비 등의 합계
p : 월이율
f : 조재율(이용률)
m : 자본 회수기간
r : 기업이익률

07 산림피해의 평정원칙

(1) 피해 받은 재산은 금전으로 이루어질 수 밖에 없다.
(2) 토양 및 임목과 같은 부동산의 피해액은 전후의 가치를 비교함으로써 측정한다.
(3) 인접 산림을 기준으로 하여 피해액을 평정한다.
(4) 실리적인 기초에서 평정되어야 하지만 관상적 가치와 같은 것이 사회에서 일반적으로 인정이 될 때에는 고려해야 한다.
(5) 손실액은 현재가로 할인하므로 자본가의 손실과 일치한다.
(6) 피해액 결정이 곤란할 때는 재해 복구비용이 평정기준으로 될 수 있다.
(7) 이윤의 발생이 이론적으로 확실하게 되면 이윤에 의한 피해액도 평정한다.
(8) 1차에 의한 2차적인 피해액에 대하여도 보상하여야 한다.

CHAPTER 04 산림경영분석

01 임업자산과 부채

(1) 임업자산

자산은 구분하는 목적에 따라 여러 가지로 나눌 수 있다. 자산이 형태를 가지고 있느냐 없느냐에 따라 유형자산(Tangible Assets)과 무형자산(Intangible Assets)으로 나누기도 하고, 자산이 기업에 머무는 기간의 길이 또는 유동성에 따라 유동자산(Liquid Assets)과 고정자산(Fixed Assets)으로 나누기도 한다. 임업경영자산에는 다음과 같은 것들이 있다.

① 고정자산
  ㉠ 토지(임지)
  ㉡ 건물 : 임업용 사무실·주택·창고 등
  ㉢ 구축물 : 임도·삭도·숯가마 등
  ㉣ 기계 : 임업용인 큰 기계
  ㉤ 대동물 : 임업에 사용되는 소나 말
② 임목자산 : 산림축적(유동자산)
③ 유동자산
  ㉠ 미처분 임산물 : 임업생산물로서 처분되지 않은 것
  ㉡ 임업용 생산자재 : 묘목·비료·약제 등
  ㉢ 유통자산 : 현금·증권 등

고정자산이란 경영의 생산과정에서 그 자산이 가지고 있는 생산능력을 이용하기 위하여 소유하는 자산을 말한다. 그러므로 경영이 계속되는 동안은 이것을 처분하여 현금화 하는 일이 없다. 토지 이외의 고정자산은 그의 사용과 시일의 경과에 따라 물질적으로 감손하는 성질을 지니고 있다. 이에 대하여 유동자산은 처분을 목적으로 소유하는 자산을 말한다. 즉, 사업이 계속되는 동안에 처분되어 다른 재화와 바꿔지는 성질을 지닌 자산으로서 임목축적·제품·현금·채권 등이 이에 속한다.

임업자산 중에서 가장 가치가 큰 것은 임목축적인데, 임목축적이 고정자산이냐 유동자산이냐에 대하여는 아직 정설이 없으나, 일반적으로 유동자산으로 구분한다.

(2) 부 채

① 소극재산인 負債(Liability)는 그 경영이 타인에 대해 장래의 어느 시기에 가서 자산으로 갚아야 할 채무를 말한다. 예를 들어, 차입금·미불금·지불수표·외상매입금 등이 부채이다. 자본을 자기자본(自己資本)이라고 부르는 데 대하여, 부채는 타인자본(他人資本)이라 부르기도 한다.
② 부채는 일반적으로 거래나 계약에 의하여 발생한 부채는 물론이고, 이미 지불사유가 발생하였으나 아직 지불하지 않은 노임·상여금 등도 부채로 본다.

02 임업원가관리

원가의 유형은 그것이 어떠한 목적으로 사용되는가에 따라 여러 가지로 분류할 수 있다. 원가의 분류방법 중에서 특히 중요한 것은 원가의 기록목적을 위한 분류와 특수한 의사결정을 위한 분류의 두 가지이다.

(1) 원가의 기록을 위한 분류

원가는 기록과 함께 경영의사의 결정에 도움을 줄 수 있도록 다음과 같이 분류된다.
① **책임소재별 원가** : 조직 안에 많은 부서와 공장이 있을 경우에는 원가를 각 부서나 공장별로 분류하여 집계할 필요가 있다.
② **주문·공정 및 제품별 원가** : 기업이 제조업인 경우의 원가, 즉 제조원가(Manufacturing Costs)는 주문별(각 제품의 주문별로 원가를 독립적으로 분류하여 집계)·제조공정별 또는 제품에 따라 계산할 필요가 있다.
③ **직접원가와 간접원가** : 직접원가(Direct Costs)는 특정 부분의 제품 또는 공정별로 쉽게 알아낼 수 있는 원가를 말하며, 이것은 다시 직접재료비와 직접노무비로 세분할 수 있다. 예를 들어, 피아노를 만들 경우 원자재로서의 목재에 대한 원가는 직접재료비가 되고, 종업원의 임금은 직접노무비에 해당한다. 즉, 목재에 대한 원가나 종업원의 임금은 피아노라는 제품의 제조만을 위하여 발생하였다는 것을 쉽게 판단할 수 있기 때문이다.
④ **변동원가와 고정원가**
  ㉠ 변동원가(Variable Costs)는 제품의 생산수준에 따라 비례적으로 변동하는 원가를 말한다. 예를 들어, 앞에서 말한 직접재료비와 직접노무비가 변동원가이다.
  ㉡ 고정원가(Fixed Costs)는 제품의 생산수준이 변하여도 총액이 고정되고 있는 원가를 말한다. 예를 들어, 공장장의 급료나 공장 건물의 감가상각비는 고정원가에 속한다.
  ㉢ 고정원가라고 하더라도 장기적으로 관찰해 보면 시간의 흐름에 따라 변동하는 것이 원칙이다.

(2) 특수한 의사결정을 위한 분류

원가기록을 위하여 사용되지는 않지만, 의사결정에 도움이 되도록 원가를 다음과 같이 분류하기도 한다.
① 현금지출원가와 매몰원가 : 현금지출원가(Out-of-Pocket Costs)는 현재 보유하고 있는 자원을 사용할 때 발생하는 원가를 말하고 매몰원가(Sunk Costs)는 과거에 이미 현금을 지불하였거나 부채가 발생한 원가를 말한다. 예를 들어, 제품을 생산하기 위한 직접재료비나 직접 노무비는 현금지출원가이고, 이미 과거에 구입한 공장 건물의 원가나 그 건물의 감가상각비 등은 매몰원가에 속한다. 이러한 매몰원가는 이미 지출된 원가이므로 현재의 경영의사를 결정하는 데에 영향을 끼치지 못하는 것이 일반적이다.
② 기회원가 : 생산활동에 여러 가지 대체방안(Alternatives)이 있을 때, 그중에서 어떠한 한 가지 방안을 선택하게 되면 다른 방안을 선택할 수 없게 되어 그 방안에서 얻을 수 있는 수익을 포기하여야 한다. 이와 같이 한 가지 방안의 선택 때문에 다른 방안을 선택할 수 없게 되어 포기한 수익을 기회원가(Opportunity Costs)라고 한다. 예를 들어, 어떤 임지는 육림용으로 사용할 수도 있고, 목축용으로 사용할 수도 있다. 이 때, 임지를 육림용으로 사용하려면 목축용으로 사용함으로써 얻을 수 있는 수익을 포기하여야 한다.
③ 한계원가와 증분원가
　㉠ 한계원가(Marginal Costs)는 어떤 생산수준에서 제품을 한 단위 더 생산할 때 추가로 발생하는 원가를 말하고, 증분원가(Incremental Costs)는 제품 여러 단위를 더 생산할 때 추가로 발생하는 원가를 말한다.
　㉡ 증분원가는 차액원가(Differential Costs)라고도 하는데, 일반적으로 경영의사의 결정은 증분원가를 기초로 이루어진다. 즉, 생산량이 한 단위 더 추가적으로 증가하거나 감소됨으로써 변화하는 이익보다는 여러 단위가 증감됨으로써 변화하는 이익을 고려하여 의사를 결정한다.

03 관리회계의 체계와 내용

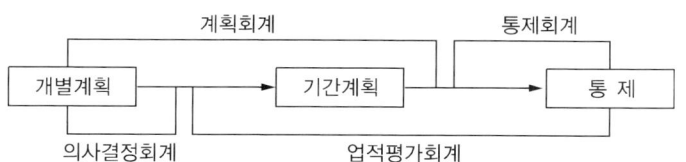

경영자가 기업의 경영상태를 판단하고 경영계획을 작성하며 경영관리를 통제하기 위해서는 여러 가지 회계정보를 필요로 하지만, 관리회계에서는 주로 다음과 같은 4가지 내용의 문제를 다루게 된다.
　① 원가계산(Cost Determination)
　② 원가통제(Cost Control)
　③ 업적평가(Performance Evaluation)
　④ 계획수립과 특수한 의사결정에 도움이 되는 정보제공

04 원가관리의 의의

원가관리(Cost Control)란 실제원가를 표준원가 또는 예산원가와 비교하여 경영의 비합리적인 요소를 제거하는 것을 말한다. 원가관리는 원가통제라고도 하는데, 이것은 다음과 같은 과정을 거쳐 이루어진다.
① 책임소재를 분명히 하기 위하여 조직의 직제를 확정하고, 부서별로 실제원가를 설정한다.
② 실제원가와 비교할 수 있는 표준원가를 계산한다.
③ 실제원가와 표준원가 사이의 원가차이를 분석하여 그 원인 및 차이발생의 책임소재를 명확히 한다.
④ 원가보고를 받은 경영관리자는 이에 따라 원가표준을 달성하기 위한 개선책을 마련한다. 따라서, 원가관리를 위해서는 필연적으로 실제원가와 표준원가의 계산과정을 거쳐야 한다.

05 원가계산

(1) 원가계산의 뜻과 목적

원가계산은 주로 다음과 같은 목적을 위하여 실시하고 있다.
① 제품·공정·작업단위 또는 부서별로 원가를 확정한다.
② 기업의 제조·판매 또는 관리와 관련되는 비용의 지출을 통제한다.
③ 제품원가의 추정과 적정 판매가격을 결정하기 위한 기준을 제공한다.
④ 원가회계부문에 의해 제공된 정보를 기초로 하여 경영정책을 수립한다.

(2) 원가계산방법

① 개별원가계산은 주문별 원가계산(Special Order Cost System)이라고도 하는데, 이 방법은 공장 또는 어느 한 부문에서 생산되는 제품의 원가를 개개의 제품단위별로 직접 계산하는 방법이다. 이 방법은 주로 주문에 의하여 제품을 생산하는 가구제조업·조선업·건축업 등의 산업에서 많이 사용되며, 제품을 주문한 소비자에게 제품의 원가와 일정한 이익을 합계한 제품의 가격을 청구하는 데 도움이 된다.
② 종합원가계산은 공정별 원가계산(Process Cost System)이라고도 하는데, 제지업·화학공업·방적공업 등과 같이 같은 종류와 같은 규격의 제품이 연속적으로 생산되는 경우에 사용된다. 즉, 이 계산방법에서는 일정 기간 동안에 생산된 제품 전체의 원가를 종합적으로 계산하여 그것을 같은 기간 동안에 생산된 제품의 전체량으로 나누어 평균원가인 단위원가를 산출한다. 하나의 제품이 몇 개의 공정을 거칠 때에는 각 공정별로 원가를 집계함으로써 각 부문의 능률을 쉽게 측정할 수 있다.

(3) 원가비교
① 기간비교 : 기간비교는 기업 전체의 원가 또는 기업 내 일정 부서의 원가를 과거의 원가와 비교하여 그 변화와 증감상태를 분석 관찰하는 방법이다.
② 상호비교 : 상호비교는 어떤 기업·공장 또는 일정 부문의 원가를 같은 기간의 다른 기업·공장 또는 일정 부문의 원가와 비교하여 그 차이를 분석 관찰하는 방법이다.
③ 표준실제비교 : 표준실제비교는 같은 기업·공장 또는 일정 부문의 실제원가와 표준원가를 비교하여 그 차이를 분석 평가하는 방법이다. 이 방법을 원가차이분석이라고도 하며, 일반적으로 원가비교라고 하면 이 방법을 뜻한다.

06 임업경영의 분석

(1) 임업경영의 분석내용

경영분석은 보통 다음과 같은 3가지 측면에서 이루어진다.
① 임업경영자산의 현황을 분석한다. 경영자산의 수량과 성능을 조사하고, 그 자료에 의하여 합리적인 경영조직이 세워졌는지를 검토한다.
② 임업경영의 성과를 분석한다. 일정 기간 동안에 이룩한 경영의 결과를 투입한 경영요소와 관련시켜 적절히 운영되었는가를 판단한다.
③ 육림비를 분석한다. 생산물의 단위당 비용을 조사하여 능률을 검토한다.

(2) 임업경영의 현황분석
① 임업경영자산의 평가
  ㉠ 임업경영자산의 현황을 파악하려면 자산 하나하나에 대하여 수량과 성능을 조사하고 그들의 가치를 평가하여야 한다. 경영자산의 가치는 삼림평가이론에 의하여 결정하면 되지만, 경영분석에서는 일반적으로 원가방법을 적용하고 있다.
  ㉡ 원가방법이란 자산의 조성 또는 구입에 들어간 지난날의 원가를 계산하여 경영자산의 평가액으로 간주하는 것을 말한다. 만약, 오래 전에 심은 나무에 대한 지난날의 원가를 알 수 없을 때에는 그것을 지금 다시 조성할 경우에 비용이 얼마나 들겠는가를 추정하여 평가한다.
② 임목자산의 구성 : 임목자산의 구성상태는 양적인 면과 질적인 면의 두 가지 측면에서 살펴보아야 한다.
  ㉠ 임목자산의 양적 지표로서는 경영이 보유하고 있는 전체 삼림면 적이나 임목자산장비율 등을 사용할 수 있다. 임목자산장비율은 임목경영의 안전성, 즉 경영활동이 원활하게 이루어질 수 있도록 임목자산이 알맞게 구성되어 있는가를 판단하는 지표로서 다음과 같이 구할 수 있다.

$$임목자산장비율(\%) = \frac{임목자산}{임업경영자산} \times 100$$

ⓒ 임목자산의 구성에 대한 질적 지표로서는 앞으로의 임업 경영이 인공림을 위주로 하여 발전될 것이므로, 인공림의 임목자산이 차지하는 비율 또는 인공림의 임령구성상태 등이 알맞다.
③ 임목자산의 변화 : 임업경영이 유지 발전하려면 임업이 계속 성장할 수 있어야 한다. 따라서, 경영규모나 자산이 전년도와 비교하여 얼마나 변화하였는가를 분석할 필요가 있는데, 이것을 성장성 분석이라고 한다.

07 임업경영의 성과분석

(1) 임가소득

임가소득이란 임업을 경영하는 임가가 한 해 동안에 여러 가지 소득행위로 얻은 성과를 합계한 것을 말한다. 다시 말하여, 임가소득은 임업경영활동에 의하여 얻은 임업소득과 농업을 비롯한 임업이 아닌 부문의 겸업 또는 부업에 의하여 얻은 임업 외 소득으로 구성된다.

$$임가소득 = 임업소득 + 농업소득 + 기타소득$$

(2) 임업소득과 임업순수익

① 임업소득은 임업조수익에서 임업경영비를 뺀 나머지를 말한다. 즉, 임업소득은 임업경영의 결과에 의하여 직접적으로 얻은 소득이므로 그의 크기는 임업경영의 성과를 나타내는 가장 정확한 지표가 된다.

- 임업소득 = 임업조수익 − 임업경영비
- 임업조수익 = 임업현금수입 + 임산물가계소비액 + 미처분 임산물증감액 + 임업생산 자재재고증감액 + 임목성장액
- 임업경영비 = 임업현금지출 + 감가상각액 + 미처분 임산물재고감소액 + 임업생산 자재재고감소액 + 주림목감소액

㉠ 임업현금수입 : 지난 한 해 동안에 생산한 임산물의 판매수입으로서 임목이나 원목의 매각 대금과 부산물의 매각대금이 포함된다.
㉡ 임산물가계소비액 : 그 해에 생산한 임산물 중 가계를 위하여 소비한 임산물의 평가액
㉢ 미처분 임산물증감액 : 원목·숯·버섯 및 그 밖의 부산물의 연도 말 가액이 연도 초에 비하여 증가 또는 감소한 액수
㉣ 임업생산재 재고증감액 : 묘목·비료·약제·소기구 등의 연도 말 재고품의 가액이 연도 초에 비하여 증가 또는 감소한 액수
㉤ 임목성장액 : 지난 한 해 동안의 임목가치증가액으로서 임업관리회계에서는 이러한 성장액을 그 기간의 수익으로 간주하므로 순수익을 구하려면 임목매각대금에서 벌채임목의 원가(육림비누적액)를 공제하여야 한다.
㉥ 주임목감소액 : 주벌한 임목의 평가액이다.

② 임업순수익은 임업경영이 순수익의 최대를 목표로 하는 자본가적 경영이 이루어졌을 때 얻을 수 있는 수익을 뜻한다. 즉, 임업순수익은 임업경영을 다른 일반적인 기업경영과 같이 순수하게 고용노동에 의하여 경영된다고 가정했을 때의 성과지표이므로, 임업경영을 다른 기업과 비교해 보는 데 유효하다. 또한, 임업순수익도 임업소득과 마찬가지로 삼림(인공림) 면적이 커짐에 따라 증대된다.

- 임업순수익 = 임업소득 − 가족임금추정액 = 임업조수익 − 임업경영비 − 가족임금추정액
- 임업의존도(%) = $\dfrac{\text{임업소득}}{\text{임가소득}} \times 100$
- 임업소득가계충족률(%) = $\dfrac{\text{임업소득}}{\text{가계비}} \times 100$
- 임업소득률(%) = $\dfrac{\text{임업소득}}{\text{임업조수익}} \times 100$

(3) 임업소득의 구성

① 임업소득의 임지·자본·노동·경영관리 등의 생산요소가 작용하여 얻어지는 것이므로, 이러한 요소들이 각각 임업소득을 얻는 데 어느 정도 기여하였는가를 알아볼 필요가 있다.
② 각 생산요소에 귀속하는 임업소득의 계산방법은 다음과 같다.

- 임지에 귀속하는 소득 = 임업소득 − (자본이자 + 가족노임추정액)
- 자본에 귀속하는 소득 = 임업소득 − (지대 + 가족노임추정액)
- 가족노동에 귀속하는 소득 = 임업소득 − (지대 + 자본이자)
- 경영관리에 귀속하는 소득(기업자의 이윤) = 임업순수익 − (지대 + 자본이자)

③ 임업자본수익률은 연도별 또는 서로 다른 임업경영의 자본효율을 비교하는 데 이용될 수 있을 뿐만 아니라, 자본의 운용이자율을 결정하는 근거가 된다.

$$\text{자본수익률(\%)} = \dfrac{\text{임업소득}}{\text{자 본}} \times 100$$

08 육림비분석

(1) 육림비의 정의

육림비란 임목생산에 들어간 비용의 원리합계를 말한다. 이 육림비에서 육림기간 중에 얻은 수입의 원리합계를 공제한 것이 소위 말하는 임목원가(Cost Value of Stumpage)이다.

(2) 육림비의 구성

① 육림비의 분석목적은 임목생산비를 줄여서 앞으로의 경영개선자료를 얻으려는 데 있다.
② 육림비에는 대단히 많은 비용항목이 있지만, 다음과 같은 몇 가지로 나누어 볼 수 있다.
　㉠ 노동비 : 노동비에는 고용노동비와 가족노동비가 포함된다.
　㉡ 재료비 : 재료의 소비가치를 말하며, 유동재의 소비가치와 고정재의 소모가치가 포함된다.
　　• 유동재비 : 종자·묘목·거름·농약 등에 들어가는 비용
　　• 고정재비 : 건물·기계·구축물·대 동물과 식물 등에 대한 감가상각비와 유지관리비
　㉢ 임지지대 : 차입지와 자가임지의 지대 또는 토지자본이자를 말한다.
　㉣ 자본이자 : 차입자본 및 자기자본이자가 포함된다.

09 임업투자결정

(1) 자본예산

① 임업생산과 같이 그 효과가 장기적으로 나타나는 투자대상에 있어서는 투자결정의 중요성이 더욱 크며, 이와 같은 장기적인 투자를 위한 총괄적인 계획
② 자본예산의 수행 과정
　㉠ 투자목적의 설정
　㉡ 투자목적을 달성하기 위한 투자대상의 선정
　㉢ 각 투자대상에서 기대되는 현금 흐름의 측정
　㉣ 현금흐름의 평가(투자안의 타당성 분석)
　㉤ 투자의 결정

(2) 투자효율의 측정

투자의 상대적 유리성을 판단하는 기준을 말하며, 투자효율의 결정방법으로는 다음과 같은 것이 있다.
① 회수기간법(시간가치 고려 안함) : 사업에 착수하여 투자에 소요된 모든 비용을 회수할 때까지의 기간을 말하고, 연 단위로 표시하며, 회수기간은 다음과 같다.
　㉠ 자금회수기간 = 투자액 / 매년 현금 유입액
　㉡ 회수기간이 기업에서 설정한 회수기간보다 짧으면 그 사업은 투자 가치가 있는 유리한 사업이라 판단
② 투자이익률법 또는 평균이익률법(시간가치 고려 안함) : 연평균순수익과 연평균투자액(감가상각비 제외)에 의해 다음과 같이 계산
　㉠ 투자이익률 = 연평균순수익 / 연평균투자액
　㉡ 투자대상의 평균이익률이 기업에서 내정한 이익률보다 높으면 그 투자안을 채택한다.

③ 순현재가치법 또는 현가법(시간가치 고려함) : 투자의 결과로 발생하는 현금유입을 일정한 할인율로 할인하여 얻은 현재가와 투자비용을 할인하여 얻은 현금유출의 현재가를 비교하는 방법으로 현금유입의 현재가에서 현금유출의 현재가를 뺀 것을 순현재가(NPW)라고 하는데, 계산식은 다음과 같다.

㉠ NPW = $\sum_{t=1}^{n} \frac{R_n - C_n}{1.0P^n}$

R_n : 연차별 현금유입(수익), C_n : 연차별 현금유출(비용), n : 사업연수, P : 할인율

㉡ 현재가가 0보다 큰 투자안을 투자할 가치가 있는 것으로 평가

④ 수익·비용률법(시간가치 고려함) : 순현재가치법의 단점을 보완하기 위하여 수익·비용률법(B/C Ratio)을 사용하는데, 이 방법은 투자비용의 현재가에 대하여 투자의 결과로 기대되는 현금유입의 현재가 비율을 나타내는데, 계산식은 다음과 같다.

㉠ B/C율 = $\dfrac{\sum_{t=1}^{n} \dfrac{R_n}{1.0P^n}}{\sum_{t=1}^{n} \dfrac{C_n}{1.0P^n}}$

R_n : 연차별 현금유입(수익), C_n : 연차별 현금유출(비용), n : 사업연수, P : 할인율

㉡ B/C율이 1보다 크면 투자할 가치가 있는 사업으로 평가

⑤ 내부투자수익률법(시간가치 고려함) : 투자에 의해 장래에 예상되는 현금유입의 현재가와 현금유출의 현재가를 같게 하는 할인율을 말하는데, 다음 식에서 P가 바로 IRR(내부투자수익률)이다.

㉠ $\sum_{t=1}^{n} \dfrac{R_n - C_n}{1.0P^n} = 0$

R_n : 연차별 현금유입(수익), C_n : 연차별 현금유출(비용), P : 할인율(내부투자수익률)

㉡ 투자로 인한 IRR과 기업에서 바라는 기대수익률을 비교하여 IRR이 클 때 투자가치가 있는데, 국제금융기관에서 널리 이용함

(3) 불확실성과 감응도 분석

① 임업투자사업에는 그 종류가 어떤 것이든 불확실성이 따르는데 이러한 불확실성을 처리하는 실용적 방법에는 투자사업의 수익과 비용을 결정하는 주요 요인을 변화시켜서 여러 가지 다른 수준에 대한 NPW, B/C율, IRR 등을 계산하여 이들이 얼마나 민감하게 변화하는가를 관찰한다. 이러한 일을 감응도 분석이라 한다.

② 임업투자에서 감응도 분석의 고려 대상
 ㉠ 생산물의 가격 및 노임 등의 가격요인
 ㉡ 생산량
 ㉢ 원료 및 원자재의 가격변화에 따른 사업비용의 변화
 ㉣ 사업 기간의 지연

10 손익분기점의 분석

(1) 의 미

CVP 분석, 즉 원가(Cost)·조업도(Volume)·이익(Profit)의 관계를 분석하는 한 가지 방법으로 다음과 같은 가정이 필요하다.
① 제품의 판매가격은 판매량이 변동하여도 변화되지 않는다.
② 원가는 고정비와 변동비로 구분할 수 있다.
③ 제품 한 단위당 변동비는 항상 일정하다.
④ 고정비는 생산량의 증감에 관계없이 항상 일정하다.
⑤ 생산량과 판매량은 항상 같으며, 생산과 판매에 동시성이 있다.
⑥ 제품의 생산능률은 변함이 없다.

(2) 손익분기점의 분석방법

① 비용을 도표에 나타낼 때는 고정비를 먼저 표시하고 그 위에 변동비를 표시하여 총 비용선을 그린다. 다음에 총수익선을 표시하면 다음 그림과 같다.

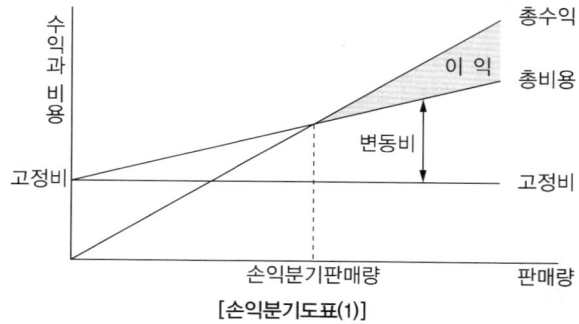

[손익분기도표(1)]

② 변동비를 먼저 표시하고 그 위에 고정비를 표시하여 총 비용선을 그린다. 도표를 이와 같이 작성함으로써 모든 판매액에 대한 변동비를 직접 읽을 수 있다.

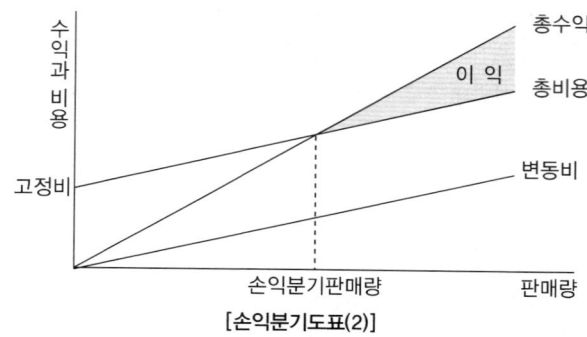

[손익분기도표(2)]

| 주관식 확인문제 | 산림평가, 산림경영분석 |

※ 다음 빈칸에 적절한 말을 넣거나 묻는 말에 답하시오.

01 우리나라에서 임목평가 방법 중 가장 많이 사용하는 것은?

┤ 정답적기 ├

02 보통 입지(Site)별로 만들어지며, 어떤 수종에 대하여 일정한 작업법을 채용하였을 때, 일정 연한마다 단위면적당 본수·재적 및 이와 관계있는 기타 주요 요소의 값을 표시한 것을 무엇이라 하는가?

┤ 정답적기 ├

03 산림조사기간 동안 측정할 수 있는 크기로 생장한 새로운 임목들의 재적(신규로 생장량에 편입되는 임목)을 무엇이라 하는가?

┤ 정답적기 ├

04 매년 말에 산림관리비로 20,000원씩 40년간 지출한다면 지출이 끝나는 40년 말에는 얼마인가? (단, 연이율은 5%이다)

정답적기

05 임도를 개설하는데 5년마다 100,000원씩 10회를 연이율 10%로 투입한다면 투하자본의 후가는 얼마인가?

정답적기

06 1,000,000원으로 토지를 구입하고 즉시 토지개량비 100,000원을 투입하여 2년이 되었다. 2년간 토지에서 얻은 수입은 200,000원이라면 손익은 얼마인가?(단, 연이율은 5%이다)

정답적기

07 낙엽송의 벌기를 40년으로 하여 개벌작업을 하려고 한다. 조림비가 ha당 5,000원, 간벌 수입은 20년일 때 100,000원을 얻을 수 있고 주벌수입은 1,000,000원을 얻을 수 있다. 관리비가 매년 1,000원이고 이율은 5%일 때 토지기망가는 얼마인가?

정답적기

08 어느 임분에서 생산될 원목재적이 300m³이 있다. 시장의 원목가격이 1m³당 1,000원, 채취비가 200원, 기업이익률은 20%, 자본금의 월이율 6%, 자본회수기간을 5개월이라면 이 임분의 임목가는 얼마인가?(단, 조재율은 70%이다)

09 투자에 의해 장래에 예상되는 현금유입의 현재가와 현금유출의 현재가를 같게 하는 할인율을 무엇이라 하는가?

10 임업생산과 같이 그 효과가 장기적으로 나타나는 투자대상에 있어서는 투자 결정의 중요성이 더욱 크다. 이와 같은 장기적인 투자를 위한 총괄적인 계획을 무엇이라 하는가?

11 어떤 산주가 임업장비를 4,000만원을 주고 구입하여, 임대하였는데 매년 해마다 1,380만원의 순수익을 얻었다면 이 사업의 투자이익률은?(단, 장비의 수명은 4년이고, 폐기 이후의 잔존가치는 없음)

정답적기

12 총수익이 총비용과 같아지는 매출액 수준으로 원가, 조업도, 이익의 관계를 분석하는 방법을 무엇이라 하는가?

정답적기

주관식 정답

01. 시장가역산법
02. 수확표
03. 진계생장량
04. 유한연년이자 수입(지출)의 후가식 $N = \dfrac{r}{0.0p}(1.0P^n - 1) = 2,415,995$원
05. 유한정기이자 후가식 $V_n = \dfrac{R}{1.0P^m - 1} \times (1.0P^{mn} - 1) = 19,064,528.49$원
06. $B_K = (A + M)1.0P^n = 1,212,750$
    $200,000 - 1,212,750 = -1,012,750$원 손해이다.
07. 약 183,664원
08. $x = f(\dfrac{a}{1+mp+r} - b)$, 98,000원
09. 내부투자수익률(IRR)
10. 자본예산
11. 0.69
12. 손익분기점분석(CVP분석)

CHAPTER 05 산림경영계획

01 산림계획의 수립에 따른 주체와 대상

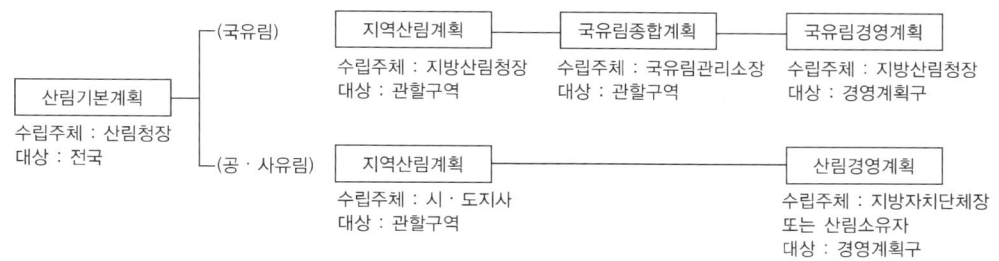

[산림계획의 수립에 따른 주체와 대상]

02 산림기본계획의 내용(20년 단위)

산림자원의 조성을 도모하며 산림사업의 합리화를 도모하기 위하여 산림청장이 산림법이 규정하는 바에 의하여 매 20년마다 전국의 산림을 대상으로 수립하는 계획으로[제6차 산림기본계획은 20년간임(2018년~2037년)] 산림기본계획에는 법령이 정하는 바에 따라 산림의 상황, 장기산림정책의 방향, 경제 사회여건의 장기전망, 지속가능한 산림경영 및 산림이용기본도를 감안하여 작성하며 다음 사항을 정하여야 한다.

① 산림의 상황과 기본목표에 관한 사항
② 국토보존과 산림의 공익적 기능의 증진에 관한 사항
③ 주요임산물의 수급에 대한 장기 전망에 관한 사항
④ 산림자원의 조성에 관한 사항
⑤ 산림의 보호 육성 및 산림의 경영기반의 조성을 위한 각종 산림사업별 목표와 그 추진에 관한 사항
⑥ 임산물의 가공, 유통 및 수출 등에 관한 사항
⑦ 산림의 임지별 장기수요전망에 관한 사항
⑧ 산림의 이용구분 및 이용원칙에 관한 사항
⑨ 주요한 산을 중심으로 한 권역별 산림의 관리 및 이용개발에 관한 사항
⑩ 산림의 소유상황 및 이용원칙에 관한 사항
⑪ 기타 산림사업 및 산림이용의 기본이 되는 사항

03 국유림경영계획(10년 단위)

(1) 총체적 목표
산림이 지니고 있는 사회적, 경제적, 환경적 및 문화적 기능을 지속가능한 방식으로 최적 발휘하면서 생태계로서 산림이 자연의 잠재력을 총체적으로 유지, 증진할 수 있도록 하여야 한다.

(2) 주목표
① 보호기능 : 경관보호, 야생동물보호, 소음방지, 수자원보호, 토양보호, 기후보호, 대기질 개선
② 임산물 생산기능
③ 휴양 및 문화기능
④ 고용기능
⑤ 경영수지개선

(3) 경영목표 실현을 위한 전제조건
① 산림생태계의 안정성, 적응성 및 다양성
② 지속성 및 경제성

04 산림구획

실제적인 경영활동, 즉 계획·실행·부기 및 통제에 적합하도록 산림의 크기와 형태를 고려하여 취급하기 쉬운 경영단위로 구분하는 데 있으며, 산림경영에 있어서 계획·실행·부기 및 통제의 기본단위가 된다.

(1) 경영계획구
국유림관리소명 다음에 지역명을 붙여 사용
예 춘천국유림관리소 화천경영계획구

(2) 임 반
① **임반의 구획** : 임반은 소반 및 보조소반 등 산림 구획의 골격을 형성하며, 임반의 경계 및 번호는 특별한 경우를 제외하고는 변경하지 않는다.
② **임반의 면적** : 현지 여건상 불가피한 경우를 제외하고는 가능한 100ha 내외로 구획하며, 능선, 하천 등 자연경계나 도로 등 고정적 시설을 따라 확정한다.

③ **임반의 표기** : 경영계획구 유역 하류에서 시계방향으로 연속되게 아라비아 숫자 1, 2, 3, … 으로 표기하고, 신규 재산 취득 등의 사유로 보조 임반을 편성할 때는 연접된 임반의 번호에 보조번호를 1-1, 1-2, 1-3, … 순으로 부여한다.

(3) 소 반

① 소반의 구획
- ㉠ 산림의 기능(생활환경보전림, 자연환경보전림, 수원함양보전림, 산지재해방지림, 산림휴양림, 목재생산림 등)이 상이할 때
- ㉡ 지종(입목지, 무립목지, 법정지정림 등)이 상이할 때
- ㉢ 임종, 임상 및 작업종이 상이할 때
- ㉣ 임령, 지위, 지리 또는 운반계통이 상이할 때

② **소반의 면적** : 최소 면적은 1ha 이상으로 구획하되, 부득이한 경우에는 소수점 한자리까지 기록 가능

③ **소반의 표기** : 임반의 번호와 같은 방향으로 소반명을 1-1-1, 1-1-2, 1-1-3, … 으로 연속되게 부여하고, 보조소반의 경우에는 연접된 소반의 번호에 1-1-1-1, 1-1-1-2, 1-1-1-3, … 순으로 부여한다.

④ 예 시
- 1임반 1보조임반 1소반 3보조소반 : 1-1-1-3
- 1임반 1소반 3보조소반 : 1-0-1-3

05 산림조사

경영계획구에 대한 정확한 지황·임황 및 관련 정보를 조사·파악하여 장차 산림경영계획방침을 결정하는 중요한 기초자료로 활용

(1) 일반현황조사

① 산림의 지리적 위치 및 지세
② 면 적
③ 기 상
④ 경영연혁
⑤ 산림개황
⑥ 교통시설 및 임산물 시장 상황
⑦ 산 원주민의 실정
⑧ 국유림경영과 지역사회의 요구사항

(2) 지황조사

① 지종구분
- ㉠ 입목지 : 수관점유면적 및 입목본수의 비율이 30% 초과 임분
- ㉡ 무립목지
  - 미립목지 : 수관점유면적 및 입목본수의 비율이 30% 이하 임분
  - 제지 : 암석 및 석력지로서 조림이 불가능한 임지
- ㉢ 법정지정림 : 관련 법률에 의거 지정된 임지

② 방위 : 동, 서, 남, 북, 남동, 남서, 북동, 북서 등 8 방위

③ 경사도

구 분	경사도
완경사지(완)	15° 미만
경사지(경)	15~20° 미만
급경사지(급)	20~25° 미만
험준지(험)	25~30° 미만
절험지(절)	30° 이상

④ 표고 : 지형도에 의거 최저에서 최고로 표시 예 660~800

⑤ 토양형
- ㉠ 사토(사) : 흙을 손에 쥐었을 때 대부분 모래만으로 구성된 감이 있는 토양(점토 함유량이 12.5% 이하)
- ㉡ 사양토(사양) : 모래가 대략 1/3~2/3를 함유하고 있는 토양(점토 함유량이 12.5~25%)
- ㉢ 양토(양) : 대략 1/3 미만의 모래를 함유하고 있는 토양(점토 함유량이 25~37.5%)
- ㉣ 식양토(식양) : 점토가 대략 1/3~2/3를 함유하고, 점토 중 모래를 약간 촉감할 수 있는 토양(점토 함유량이 37.5~50%)
- ㉤ 식토(점) : 점토가 대부분인 토양(점토 함유량이 50% 이상)

⑥ 토 심
- ㉠ 천 : 유효 토심 30cm 미만
- ㉡ 중 : 유효 토심 30~60cm
- ㉢ 심 : 유효 토심 60cm 이상

⑦ 건습도

구 분	기 준	해당지
건 조	손으로 꽉 쥐었을 때 수분에 대한 감촉이 거의 없음	바람받이에 가까운 경사지
약 건	손으로 꽉 쥐었을 때 손바닥에 습기가 약간 묻은 정도	경사가 약간 급한 사면
적 윤	손으로 꽉 쥐었을 때 손바닥 전체에 습기가 묻고 물에 대한 감촉이 뚜렷함	계곡, 평탄지, 계곡평지, 산록부
약 습	손으로 꽉 쥐었을 때 손가락 사이에 물기가 약간 비친 정도	경사가 완만한 사면
습	손으로 꽉 쥐었을 때 손가락 사이에 물방울이 맺히는 정도	낮은 지대로 지하수위가 높은 곳

⑧ 지위 : 임지의 생산력 판단지표로 우세목의 수령과 수고를 측정하여 지위지수 표에서 지수를 찾은 후 상, 중, 하로 구분하는데, 침엽수는 주 수종을 기준하고, 활엽수는 참나무를 적용한다.
⑨ 지리 : 임도 또는 도로까지의 거리를 100m 단위로 구분

(3) 임황조사
① 임 종
  ㉠ 인공림
  ㉡ 천연림
② 임 상
  ㉠ 입목지 : 수관점유면적 및 입목본수의 비율에 따라 구분
   • 침엽수림(침) : 침엽수가 75% 이상 점유하고 있는 임분
   • 활엽수림(활) : 활엽수가 75% 이상 점유하고 있는 임분
   • 혼효림(혼) : 침엽수 또는 활엽수가 26~75% 점유하고 있는 임분
  ㉡ 무립목지 : 입목본수비율이 30% 이하인 임분
③ 수종 : 주요 수종명을 기입하고 혼효림의 경우 5종까지 조사가능
④ 혼효율 : 주요 수종의 수관점유면적비율 또는 입목본수비율(재적)에 의하여 100분율로 산정
⑤ 임령
  ㉠ 임분의 나이를 말하며 임분의 최저~최고 수령범위를 분모로 하고 평균 수령을 분자로 한다.
   예 18/10~33
  ㉡ 인공조림지는 조림연도의 묘령을 기준으로 하고, 식별이 불분명한 임지는 생장추를 사용한다.
⑥ 영급 : 10년을 Ⅰ영급으로 표시
   예 Ⅰ영급 : 1~10년생, Ⅱ영급 : 11~20년생, Ⅲ영급 : 21~30년생 등
⑦ 수고(m)
  ㉠ 임분의 최저·최고 및 평균을 측정하여 최저·최고수고의 범위를 분모로 하고 평균수고를 분자로 하여 표기 예 15/10~20m
  ㉡ 축적을 계산하기 위한 수고는 측고기를 이용하여 가슴높이 지름 2cm 단위별로 평균이 되는 입목의 수고를 측정하여 삼점평균 수고를 산출(경급별 수고 산출)
⑧ 경급(cm) : 입목가슴높이 지름의 최저, 최고, 평균을 2cm 단위로 측정하여 입목가슴높이 지름의 최저·최고의 범위를 분모로 하고 평균 지름을 분자로 표기 예 20/10~30cm
⑨ 소밀도 : 조사면적에 대한 입목의 수관면적이 차지하는 비율을 100분율로 표시
  ㉠ 소 : 수관밀도가 40% 이하인 임분
  ㉡ 중 : 수관밀도가 41~70%인 임분
  ㉢ 밀 : 수관밀도가 71% 이상인 임분
⑩ 축적 : 현실축적, 법정축적으로 구분, ha당 축적과 총축적은 소수점 이하 둘째 자리까지 구한다.

(4) 산림의 기능별 구분과 그 내용(지속가능한 산림자원 관리지침)

① 목재생산림
　㉠ 관리목표 : 생태적 안정을 기반으로 하여 국민경제 활동에 필요한 양질의 목재를 지속적·효율적으로 생산·공급하기 위한 산림
　㉡ 목표로 하는 산림 : 다음과 같은 목표생산재를 안정적으로 생산할 수 있는 산림
　　• 인공림에서는 대경재, 중경재, 소경재로 구분

대경재	• 목표 가슴높이지름 : 40cm 이상 • 용도 : 문화재, 화장단판, 합판, 고급제재(각재, 판재) 구조재, 고급건축재, 가구재, 악기재 등
중경재	• 목표 가슴높이지름 : 40cm 미만 20cm 이상 • 용도 : 건축재, 소형가구재, 공예재, 일반제재(각재, 판재) 등
소경재	• 목표 가슴높이지름 : 20cm 미만 • 용도 : 가설재, 포장재, 일반제재(소각재, 소판재), 펄프재, 칩, 톱밥용 등

　　• 천연림에서는 대경재, 중경재, 특용·소경재로 구분

대경재	• 목표 가슴높이지름 : 40cm 이상 • 용도 : 문화재, 화장단판, 합판, 고급제재(각재, 판재) 등
중경재	• 목표 가슴높이지름 : 40cm 미만 20cm이상 • 용도 : 구조재, 고급건축재, 가구재, 악기재, 일반제재(각재, 판재) 등
특용·소경재	• 목표 가슴높이지름 : 20cm 미만 • 용도 : 특수용(약용·식용), 공예재, 버섯용원목, 펄프재

　㉢ 관리대상 : 생태적으로 건강하고 지속적으로 목재를 생산할 수 있는 산림으로서 다음과 같음
　　• 국유림의 경영 및 관리에 관한 법률에 의한 보전국유림
　　• 임업 및 산촌 진흥촉진에 관한 법률에 의한 임업진흥권역 안의 목재생산을 위한 산림
　　• 산림자원의 조성 및 관리에 관한 법률에 의한 경제림육성단지
　　• 그 밖에 목재생산기능 증진을 위해 관리가 필요하다고 산림관리자가 인정하는 산림
　㉣ 관리의 원칙 : 목재생산림은 목표로 하는 산림에 따라 목표생산재를 설정하고 그에 적합한 산림사업의 시기, 강도, 횟수 등을 달리하여 최소의 투입으로 최대의 효과를 내도록 함
　㉤ 인공림의 조성·관리
　　• 조림 : 경제성과 이용가치를 고려한 수종의 집중 조림으로 생산성 증진
　　　- 목재수요 증가, 온난화 영향 및 산주 선호도 등 경영목적과 시장 요구에 부합하는 전략수종을 규모화하여 조림
　　　- 수종은 조림 권장 수종 내 용재수종 및 지역별 집중 조림수종을 선정

- 숲가꾸기
  - 목표생산재를 설정하여 생육단계에 알맞은 숲가꾸기 작업을 실시하되, 목표생산재가 정해지기 전까지의 작업은 산림자원 조성·관리 일반지침에서 정하는 바와 같이 숲가꾸기를 실시함
  - 도태간벌은 목표생산재가 우량대경재일 경우 적용할 수 있음
  - 설계·감리를 시행할 경우에는 수종과 생산목표재에 따라 작업을 실시할 수 있음
  - 목표생산재가 일반소경재일 경우에는 수종의 특성에 따라 솎아베기 작업 시 가지치기를 생략할 수 있음
- 수확 및 산물(産物)의 처리 등은 산림자원 조성·관리 일반지침에서 정하는 바에 따름

ⓗ 천연림의 조성·관리
- 갱신(更新)
  갱신 수종은 주수종과 부수종으로 구분
  - 주수종은 생산목표재가 되는 수종으로 함
  - 부수종은 산림의 생태적 안정성을 위해 또는 보조적 목재생산재로 활용할 수 있는 수종
- 숲가꾸기
  - 목표생산재를 설정하여 생육단계에 알맞은 숲가꾸기 작업을 실시하되, 목표생산재가 정해지기 전까지는 숲가꾸기를 실시함
  - 목표생산재가 우량대경재일 경우에는 천연림보육 작업을 실시함
  - 설계·감리를 시행할 경우에는 수종과 생산목표재에 따라 천연림의 수종별 시업기준(예시)에 따라 작업을 실시할 수 있음
  - 목표생산재가 일반소경재일 경우에는 수종의 특성에 따라 솎아베기 작업 시 가지치기를 생략할 수 있음
- 수확 및 산물의 처리 등은 산림자원 조성·관리 일반지침에서 정하는 바에 따름

② 수원함양림
  ㉠ 관리목표 : 수자원함양기능과 수질정화기능이 고도로 증진되는 산림
  ㉡ 목표로 하는 산림 : 다층혼효림(多層混淆林)
  ㉢ 관리대상 : 산림의 수자원함양기능 및 수질정화기능을 높이기 위하여 지정·결정 또는 관리하는 산림으로서 다음과 같음
  - 산림보호법에 의한 산림보호구역 중 수원함양보호구역
  - 수도법에 의한 상수원보호구역 안의 산림
  - 한강 수계 상수원 수질개선 및 주민지원 등에 관한 법률에 의한 한강수계 지역 안에서 수원함양에 직접적인 영향을 주는 산림
  - 영산강·섬진강 수계 물 관리 및 주민지원 등에 관한 법률에 의한 영산강·섬진강수계 지역 안에서 수원함양에 직접적인 영향을 주는 산림

- 금강 수계 물 관리 및 주민지원 등에 관한 법률에 의한 금강수계 지역 안에서 수원함양에 직접적인 영향을 주는 산림
- 낙동강 수계 물 관리 및 주민지원 등에 관한 법률에 의한 낙동강수계 지역 안에서 수원함양에 직접적인 영향을 주는 산림
- 댐 건설 및 주변지역 지원 등에 관한 법률에 의한 댐으로 집수되는 자연경계구획 산림
- 그 밖에 수원함양기능 증진을 위해 관리가 필요하다고 산림관리자가 인정하는 산림

ⓔ 조림 : 나무의 뿌리가 다층구조를 이룰 수 있도록 참나무류, 소나무 등의 심근성(深根性) 수종을 중심으로 천근성(淺根性) 수종이 혼합되도록 조림수종을 선정

ⓜ 숲가꾸기
- 덩굴제거는 하천과 계곡(1/25,000 지형도 상의 계곡을 말함)의 홍수위, 호소(湖沼)의 만수위 등 수계로부터 100m 이내 지역 또는 집수유역 안의 지역은 약제를 사용하지 않고 인력으로 제거하고 기타 지역은 약해(藥害)가 발생하지 않도록 소면적으로 제거
- 솎아베기(간벌)
  - 수관울폐도(樹冠鬱蔽度)를 50~80% 수준으로 유지하는 것을 원칙으로 함
  - 솎아베기를 시행하지 않아 울폐된 침엽수림과 다음의 각 지역은 건강한 숲이 될 때까지 약도(弱度)의 솎아베기를 5년 이상의 간격으로 수회 실시하여 산림토양을 보전하고 입목의 수원함양기능을 증진
    ⓐ 계곡으로부터 계곡부 홍수위 폭만큼의 계곡부 양안 지역
    ⓑ 호소 등 수변부는 만수위로부터 30m 이내 지역
    ⓒ 하천의 홍수위로부터 30m 이내 지역

ⓗ 수 확
- 수원함양림에서는 목재생산림의 우량대경재를 목표생산재로 하고 수확함
- 법적제한림을 제외한 수원함양림은 가급적 골라베기를 원칙으로 하되 불가피할 경우 모두베기와 어미나무작업은 하나의 벌채면적을 5ha 미만으로 함
- 모두베기와 어미나무작업은 산림자원 조성·관리 일반지침의 벌채 실행방법을 따름

③ 산지재해방지림
  ㉠ 관리목표 : 산사태, 토사유출, 대형산불, 산림병해충 등 각종 산림재해에 강한 산림
  ㉡ 목표로 하는 산림
  - 산사태, 토사유출에 강한 다층혼효림
  - 대형산불을 방지하기 위해 내화수림대(耐火樹林帶)가 포함된 혼효림
  - 산림병해충에 강하고 생태적으로 건강한 다층혼효림
  ㉢ 관리대상 : 산사태, 토사유출, 대형산불, 산림병해충 등 산림재해 발생 방지 및 임지(林地)보전을 위하여 지정·결정 또는 관리하는 산림으로서 다음과 같음
  - 사방사업법에 의한 사방지(砂防地)(산사태복구지 포함)
  - 산림보호법에 의한 산림보호구역 중 재해방지보호구역

- 과밀(過密) 임분(林分)으로서 산사태가 우려되는 지역의 침엽수 단순림
- 대형산불의 발생이 우려되는 지역의 침엽수 단순림
- 소나무재선충병 방제특별법에 의한 피해지역
- 산림병해충의 피해 우려가 있는 단순림
- 그 밖에 산지재해방지기능 증진을 위해 관리가 필요하다고 산림관리자가 인정하는 산림

② 사방지 등 토사유출이 우려되는 산림
- 조 림
  - 사방지는 오리나무, 아까시나무, 싸리나무 등 질소고정 효과가 큰 수종과 속성수를 혼합하여 조림수종을 선정
  - 나무의 뿌리가 다층구조를 이룰 수 있도록 참나무류, 소나무 등의 심근성(深根性) 수종을 중심으로 천근성(淺根性) 수종이 혼합되도록 조림수종을 선정
  - 토심이 깊은 곳에는 활엽수, 얕은 곳에는 침엽수 위주로 조림수종을 선정
  - ha당 5,000본을 기준으로 수종, 입지 조건에 따라 조정
- 숲가꾸기
  - 산림의 사방기능 제고를 위한 경우를 제외하고는 숲가꾸기를 실시하지 않음
  - 뿌리 발달과 하층식생(下層植生)의 생육 촉진을 위해 Ⅲ영급 이상의 산림에 대해 솎아베기 실시
  - 침엽수림은 솎아베기를 통해 다층혼효림으로 전환 유도
- 산사태, 산불, 산림병해충 등 산림재해로 인한 피해 복구 등 공익적 목적을 위한 경우를 제외하고는 벌채하지 않음
- 그 밖의 사항에 관해서는 사방사업법 등 관계법령의 규정에 따름

⑤ 산사태가 우려되는 과밀 침엽수 단순림
- 대상지 : 낙엽송, 편백 등의 침엽수 단순림 중 산림관리자가 산사태 피해 이력, 현재의 산림 상태 등을 고려하여 결정
- 조림 : 조림이 필요할 경우는 심근성 수종을 중심으로 혼효림 조성
- 숲가꾸기 : 숲의 활력이 회복될 때까지 약도의 솎아베기를 5년 이상의 간격으로 수회 실시하여 산사태와 수해, 풍해, 설해 등을 예방하고 장기적으로는 뿌리 발달이 좋은 혼효림으로 조성

⑥ 대형산불의 발생이 우려되는 지역의 침엽수 단순림
- 대상지 : 대상지는 산림관리자가 대형산불의 피해 이력, 현재의 산림 상태 등을 고려하여 결정
- 조 림
  - 산불피해지를 복구할 경우에는 주풍(主風) 방향을 고려하여 참나무류 등 내화수종으로 30m 내외의 내화수림대를 교호로 조성하되 내화수림대간의 간격은 30m 이상으로 함
  - 산불피해지의 벌채는 교호대상(交互帶狀)으로 하고 벌채하지 않은 지역은 조림지가 어린나무가꾸기에 도달할 시점에 벌채 후 조림을 실시
  - 벌채 후 조림할 경우에는 혼효림으로 조성
  - 마을, 도로, 농경지 인접 지역 산림은 내화수림대를 조성

- 숲가꾸기
  - 내화수림대를 조성할 침엽수림은 강도(强度)의 솎아베기를 실시하거나 약도(弱度)의 솎아베기를 수회 반복 실시하여 혼효림으로 유도
  - 솎아베기를 통한 자연발생 활엽수가 부족할 경우에는 하층에 활엽수 식재 가능
  - 임목 하단부에 가지가 많이 발생하여 수관화로 옮겨 붙거나 대형화될 수 있는 산림에서는 가지치기 실시
- Ⓐ 산림병해충의 피해 우려가 있는 단순림
  - 대상지 : 대상지는 산림관리자가 산림병해충 피해 이력, 현재의 산림 상태 등을 고려하여 결정
  - 조림 : 산림병해충이 심한 지역은 산림병해충의 피해가 없는 수종을 선정하거나 혼효림이 조성될 수 있도록 수종을 선정하여 산림병해충 발생을 방지 또는 확산을 저지
  - 숲가꾸기 : 단순림 또는 솎아베기가 지연되어 활력이 떨어지는 산림은 활력이 회복될 때까지 약도의 솎아베기를 5년 이상의 간격으로 수회에 걸쳐 실시하여 종다양성이 높고 생태적 활력이 좋은 혼효림으로 조성
  - 그 밖에 산림병해충 피해지의 방제에 관한 사항은 산림병해충방제규정(산림청 훈령)에 따름
④ 자연환경보전림의 조성・관리
  ㉠ 관리목표 : 보호할 가치가 있는 산림자원이 건강하게 보전될 수 있는 산림
  ㉡ 자연환경보전림의 유형구분
   - 보전형 : 생태계, 유전자원 보호 등을 위해 보전해야 할 산림
   - 문화형 : 역사・문화적 가치 보호 등을 위해 보전해야 할 산림
   - 학술・교육형 : 학술・교육의 목적으로 보전해야 할 산림
  ㉢ 목표로 하는 산림 : 다층혼효림 또는 지정・결정・관리의 목적을 달성할 수 있는 산림
  ㉣ 관리대상 : 생태・문화・역사・학술적 가치를 보전하기 위하여 지정・결정 또는 관리하는 산림으로서 다음과 같음
   - 산림자원의 조성 및 관리에 관한 법률에 의한 채종림, 채종원, 시험림
   - 산림보호법에 의한 산림보호구역 중 산림유전자원보호구역
   - 백두대간 보호에 관한 법률에 의한 백두대간보호지역 안의 산림
   - 국토의 계획 및 이용에 관한 법률에 의한 보전녹지지역 안의 산림
   - 자연공원법에 의한 자연공원 안의 산림
   - 자연환경보전법에 의한 자연생태계・경관보전지역, 생태・자연도 1등급 권역 안의 산림
   - 야생생물 보호 및 관리에 관한 법률에 의한 야생생물보호구역 안의 산림
   - 습지보전법에 의한 습지보호지역 안의 산림
   - 독도 등 도서지역의 생태계 보전에 관한 특별법에 의한 특정도서 안의 산림
   - 전통사찰의 보존 및 관리에 관한 법률에 의한 사찰 소유의 산림
   - 문화재보호법에 의한 문화재보호구역 안의 산림
   - 수목원・정원의 조성 및 진흥에 관한 법률에 의한 수목원 안의 산림
   - 대학설립・운영규정에 의한 학술림

- 고등학교 이하 각급 학교 설립·운영규정에 의한 교지 안의 학교 숲
- 그 밖에 자연환경보전을 위해 관리가 필요하다고 산림관리자가 인정하는 산림

ⓒ 관리의 기본 방향 : 자연환경보전림은 해당 법률의 지정·결정의 취지에 맞게 관리하여야 하며, 해당부처·기관과 협의하여 추진

ⓑ 보전형
- 조 림
  - 현재 자라고 있는 수종 또는 그 지역의 자생수종으로 선정
  - 동일 지역에서 천연적으로 발생한 어린나무나 종자를 묘목으로 생산하여 조림
- 숲가꾸기
  - 약도의 솎아베기를 5년 이상의 간격으로 수회 실시하여 산림 구조의 급격한 변화를 피하고 안정도를 높임
  - 채종림(採種林)은 강도의 솎아베기를 실시하여 종자 생산량과 종자의 품질을 개선
- 수 확
  - 산사태, 산불, 산림병해충 등 산림재해로 인한 피해 복구 등 공익적 목적을 위한 경우를 제외하고는 벌채하지 않음
  - 법적제한림을 제외한 자연환경보전림은 골라베기를 원칙으로 하되 모두베기와 어미나무작업은 하나의 벌채면적을 5ha 미만으로 함
  - 모두베기와 어미나무작업은 산림자원 조성·관리 일반지침의 벌채 실행방법을 따름

ⓢ 문화형
- 조 림
  - 자생 또는 특별히 보존해야 할 수종을 조림수종으로 선정
  - 동일 지역에서 천연적으로 발생한 어린나무나 종자를 묘목으로 생산하여 조림
  - 수목의 고사 등으로 빈 공간이 생겨 토양 유실 등 공익적 기능의 저하가 우려될 경우에 우선적으로 조림
- 숲가꾸기
  - 약도의 솎아베기를 5년 이상의 간격으로 수회 실시하여 숲의 활력도 제고
  - 보호해야 할 주요 수종이 다른 경쟁 수종에 피압(被壓)될 경우에는 경쟁수종을 우선적으로 제거
  - 특별히 보존해야 할 숲 또는 나무는 인위적인 피해를 막기 위해 보호울타리 등 보호시설을 설치할 수 있음
- 수 확
  - 산사태, 산불, 산림병해충 등 산림재해로 인한 피해 복구 등 공익적 목적을 위한 경우를 제외하고는 벌채하지 않음
  - 법적제한림을 제외한 자연환경보전림은 골라베기를 원칙으로 하되 모두베기와 어미나무작업은 하나의 벌채구역을 2ha 미만으로 함
  - 모두베기와 어미나무작업 시 벌채구역과 벌채구역 사이에는 최소 20m 이상의 수림대를 등고선 방향으로 존치

◎ 학술·교육형
- 학술림은 연구와 연습의 목적에 맞게 숲을 조성·관리하되 활력(活力)을 유지하기 위해 지속적으로 솎아베기 실시
- 학교 부지 안의 숲은 향토·자생 수종으로 선정하여 조성하고 방음, 교육, 휴식, 경계 등 그 기능이 최대로 발휘될 수 있도록 유지·관리

⑤ 산림휴양림의 조성·관리
  ㉠ 관리목표
  - 다양한 휴양기능을 발휘할 수 있는 특색 있는 산림
  - 종다양성이 풍부하고 경관이 다양한 산림
  ㉡ 목표로 하는 산림 : 지역적 특성에 적합한 다층림 또는 다층혼효림
  ㉢ 관리대상 : 쾌적한 환경과 휴식처를 제공하여 인간의 정신·육체적 건강의 유지·증진에 기여하는 기능으로 지정·결정 또는 관리하는 산림으로서 다음과 같음
  - 산림문화·휴양에 관한 법률에 의한 자연휴양림, 치유의 숲
  - 그 밖에 휴양기능 증진을 위해 관리가 필요하다고 산림관리자가 인정하는 산림
  ㉣ 산림휴양림의 구분
  - 시설부지, 등산로, 산책로 주변으로부터 가시권을 고려하여 30m 이내 지역은 공간이용지역으로 함
  - 공간이용지역을 제외한 지역은 자연유지지역으로 함
  ㉤ 공간이용지역의 관리
  - 조 림
    - 경관수종, 화목류, 관목류, 식이(食餌)수종, 지역특색수종으로 선정
    - 식재조림, 천연갱신 등을 통한 이단림 등 다층혼효림으로 조성하되 지역적·국소적으로 특성있는 수종이 있을 경우 동일 수종으로 후계림을 조성하여 다층림으로 조성
  - 숲가꾸기
    - 생태적 활력도 제고를 위해 솎아베기 등 숲가꾸기 실시
    - 희귀식물, 노령목, 괴목(怪木), 노령고사목 등은 보존함. 다만, 산림병해충의 전염·확산의 우려가 있을 경우에는 제거할 수 있음
    - 사방지, 송진채취림 등 과거의 특별산림사업지는 보존
    - 덩굴제거는 필요할 경우 인력으로 제거
    - 제초제 사용금지
    - 살충제, 화학비료의 대량 사용금지
    - 작업 시기는 방문객이 적은 시기에 실시
    - 열식간벌 등 기계적 솎아베기를 금지하고 가급적 약도의 솎아베기를 실시
  - 수확 : 산사태, 산불, 산림병해충 등 산림재해로 인한 피해 복구 등 공익적 목적을 위한 경우를 제외하고는 벌채하지 않음
  ㉥ 자연유지지역의 관리 : 가급적 목재생산림의 우량대경재에 준하여 관리하되, 산림재해방지 등 별도의 기능이 요구될 경우 해당 산림의 기능에 준하여 관리할 수 있음

⑥ 생활환경보전림
  ㉠ 관리목표 : 도시와 생활권 주변의 경관유지 등 쾌적한 환경을 제공하는 산림
  ㉡ 유형구분
    • 공원형 : 거주자의 자연체험, 레크리에이션, 환경교육 등의 장소로 이용하는 산림
    • 경관형 : 심리적 안정감을 주고 시각적으로 풍요로움을 주는 산림
    • 방풍·방음형 : 바람, 소음 등을 완화시켜 쾌적한 거주환경이 되도록 하는 산림
    • 생산형 : 거주자의 쾌적한 거주환경을 훼손하지 않는 범위 내에서 목재를 생산하는 산림
    • 미세먼지 저감형 : 생활권으로 유입되는 미세먼지 등 대기오염물질을 저감하여 쾌적한 환경을 제공하는 산림
  ㉢ 목표로 하는 산림
    • 공원형·경관형 : 생태적·경관적으로 다양한 다층혼효림
    • 방풍·방음형 : 방풍과 방음의 기능을 최대한 발휘할 수 있는 다층림 또는 계단식 다층림
    • 생산형 : 생태적으로 건강한 목재생산림
    • 미세먼지 저감형 : 미세먼지 저감 기능(흡수, 흡착, 침강)을 최대한 발휘할 수 있는 다층 혼효림
  ㉣ 관리대상 : 도시 또는 생활권 주변의 경관 유지, 쾌적한 생활환경 유지 기능을 위해 지정·결정 또는 관리하는 산림으로서 다음과 같음
    • 산림자원의 조성 및 관리에 관한 법률에 의한 도시림
    • 산림보호법에 의한 산림보호구역 중 경관보호구역, 재해방지보호구역, 생활환경보호구역
    • 도시공원 및 녹지 등에 관한 법률에 의한 도시공원 안의 산림
    • 개발제한구역의 지정 및 관리에 관한 특별조치법에 의한 개발제한구역 안의 산림
    • 생활권 주변 등에 있어 미세먼지 저감 기능을 발휘할 수 있는 산림
    • 그 밖에 생활환경보전기능 증진을 위해 관리가 필요하다고 산림관리자가 인정하는 산림
  ㉤ 공원형·경관형
    • 식재조림, 천연갱신, 솎아베기 등을 통한 다층혼효림으로 조성하되 지역적으로 특성있는 수종이 있을 경우 동일 수종으로 후계림을 조성하여 다층림으로 조성할 수 있음
    • 수종은 경관수종, 화목류, 관목류, 식이수종, 지역특색수종으로 선정
    • 희귀식물, 노령목, 괴목, 노령고사목 등은 보존함. 다만, 산림병해충의 전염·확산의 우려가 있을 경우에는 제거할 수 있음
    • 덩굴제거는 하천·계곡의 홍수위, 호소의 만수위 등 수계와 방문객이 이동하는 산책로 등으로부터 100m 이내 또는 집수유역 안의 지역은 약제를 사용하지 않고 인력으로 제거하고 기타 지역은 약해가 발생하지 않도록 소면적으로 제거
    • 제초제 사용금지
    • 살충제, 화학비료는 대량 사용금지
    • 작업 시기는 방문객이 적은 시기에 실시
    • 열식간벌 등 기계적 솎아베기는 금지하고 가급적 약도의 솎아베기를 실시
    • 생리적 수확기에 달한 산림, 산불·산림병해충 등 피해지 이외에는 수확 벌채하지 않음

ⓗ 방풍・방음형
- 최소 30m 폭으로 계단식 다층림의 수림대를 조성
- 30m 이내로 수림대를 조성할 경우에는 다층림으로 조성
- 수종은 경관수종, 화목류, 관목류, 식이수종, 지역특색수종으로 선정하되 침엽수림을 포함하여야 함
- 산물을 전량 수거하여 산불을 예방
- 밀생 임분은 약도의 솎아베기 등 숲가꾸기를 통해 활력도 제고

ⓢ 생산형
- 목재생산림의 우량대경재에 준하여 관리함
- 골라베기를 원칙으로 하되 모두베기와 어미나무작업은 하나의 벌채면적을 5ha 미만으로 함
- 모두베기와 어미나무작업은 산림자원 조성・관리 일반지침의 벌채 실행방법을 따름

ⓞ 미세먼지 저감형
- 산림 내 공기흐름을 적절히 유도하고 줄기, 가지, 잎 등의 접촉면이 최대화될 수 있도록 관리
- 인구밀도가 높은 생활권 주변 산림을 집중적으로 정비하여 미세먼지 저감・열섬완화 기능을 극대화하고, 인구밀도가 낮은 도시 외곽지역은 미세먼지 저감 기능과 산림의 다양한 공익적 기능을 복합적으로 증진시킬 수 있도록 유도
- 임분 내 원활한 공기흐름 유도를 위해 적정밀도의 상층목 및 일부 중층목을 제거(미세먼지 흡착을 많이 하는 수종은 존치)하되, 층위별 미세먼지 흡수・흡착 효과를 높이기 위해 작업의 방해가 안되는 범위 내에서 하층식생은 최대한 존치
- 낙엽활엽수 단순림의 미세먼지 저감 기능 증진을 위해 솎아베기를 실시하며, 공한지 발생 시 미세먼지 저감 효과가 높은 침엽수종을 식재하여 지속적으로 필터링 효과를 유지할 수 있는 침・활 혼효림으로 유도
- 가지치기는 침엽수의 경우 상층목 생지를 대상으로 최대 6m까지 실행하고, 활엽수의 경우 수형의 특성을 고려하여 역지 이하까지 실행

ONE MORE POINT 기준벌기령 및 벌채기준(산림자원의 조성 및 관리에 관한 법률 시행규칙 [별표 3])

1. 기준벌기령

구 분		국유림	공·사유림 (기업경영림)
가. 일반기준벌기령			
	소나무 (춘양목보호림단지)	60년 (100년)	40년(30년) (100년)
	잣나무	60년	50년(40년)
	리기다소나무	30년	25년(20년)
	낙엽송	50년	30년(20년)
	삼나무	50년	30년(30년)
	편백	60년	40년(30년)
	기타 침엽수	60년	40년(30년)
	참나무류	60년	25년(20년)
	포플러류	3년	3년
	기타 활엽수	60년	40년(20년)
나. 특수용도기준벌기령 펄프, 갱목, 표고·영지·천마 재배, 목공예, 숯, 목초액, 섬유판(Fiber Board), 산림바이오매스에너지의 용도로 사용하고자 할 경우에는 일반기준벌기령 중 기업경영림의 기준벌기령을 적용한다. 다만, 소나무의 경우에는 특수용도 기준벌기령을 적용하지 않는다.			

[비 고]
1. 불량림의 수종갱신을 위한 벌채, 피해목·옻나무·약용류(약용을 목적으로 식재한 수목으로 한정한다) 또는 지장목의 벌채와 임지생산능력급수 Ⅰ급지부터 Ⅲ급지까지의 지역에서 리기다소나무를 벌채하는 경우에는 기준벌기령을 적용하지 않는다.
2. 특수용도기준벌기령을 적용받으려는 자는 목재사용계획서에 목재를 펄프, 갱목, 표고·영지·천마 재배, 목공예, 목탄, 목초액, 섬유판, 산림바이오매스에너지의 용도로 직접 사용하려 한다는 사실을 증명하는 서류를 첨부하여 관할 특별자치시장·특별자치도지사·시장·군수·구청장 또는 지방산림청국유림관리소장에게 제출하여야 한다. 이 경우 특별자치시장·특별자치도지사·시장·군수·구청장 또는 지방산림청국유림관리소장은 전자정부법에 따른 행정정보의 공동이용을 통하여 신청인의 사업자등록증명을 확인하여야 하고, 신청인이 확인에 동의하지 아니하는 경우에는 이를 첨부하도록 하여야 한다.

2. 벌채기준
   (1) 수확을 위한 벌채
   ① 공통기준
   ㉠ 수확을 위한 벌채는 경관·재해에 미치는 영향을 고려하면서 생태적으로 건전하고 지속가능한 경영이 이루어질 수 있도록 하여야 한다.
   ㉡ 능선부·암석지·석력지·황폐우려지로서 갱신이 어렵다고 판단되는 지역은 임지를 보호하기 위하여 벌채를 하여서는 아니 된다.
   ㉢ 수확을 위한 벌채는 입목의 평균수령이 기준벌기령 이상에 해당하는 임지에서 실행한다. 다만, 산림 안에 지역 여건상 생장이 빠른 입목(가슴높이지름 24cm 이상 입목이 50% 이상 분포)을 벌채하고자 할 경우 기준벌기령에 도달하지 아니하였더라도 실행할 수 있다.
   ㉣ 이미 벌채된 구역과 연접하여 벌채를 하는 경우에는 다음과 같은 거리를 유지해야 한다. 다만, 조림사업 준공일로부터 4년이 경과하거나 골라베기를 하는 경우에는 그렇지 않다.
   • 벌채하려는 구역의 면적이 5만m² 이상인 경우 : 이미 벌채된 구역에서 잔존부분을 제외한 지역으로부터 30m 이상
   • 벌채하려는 구역의 면적이 5만m² 미만인 경우 : 이미 벌채된 구역에서 잔존부분을 제외한 지역으로부터 20m 이상

② 모두베기
  ㉠ 1개 벌채구역의 면적은 최대 30만m² 이내로 한다.
  ㉡ 다음의 어느 하나에 해당하는 경우에는 산림청장이 정하여 고시하는 기준에 따라 벌채구역 면적의 100분의 20 이상을 군상(群像) 또는 수림대(樹林帶)로 남겨 두어야 한다. 다만, 특별자치시장·특별자치도지사·시장·군수·구청장 또는 지방산림청국유림관리소장이 나무아래 심기 등 단목으로 남겨 둘 필요가 있다고 인정하는 경우에는 산림청장이 정하는 기준에 따라 단목으로 남겨 둘 수 있다.
    • 임업 및 산촌진흥 촉진에 관한 법률에 따라 임업후계자로 선발되거나 같은 조 제2항에 따라 독림가로 선정된 자의 1개 벌채구역 면적이 10만m² 이상인 경우
    • 위 이외의 경우로서 1개 벌채구역 면적이 5만m² 이상인 경우
③ 골라베기
  ㉠ 골라베기는 형질이 우량한 임지에서 실행한다.
  ㉡ 골라베기 비율은 재적을 기준으로 30% 이내로 한다. 다만, 표고재배용 나무는 50% 이내로 할 수 있다.
④ 모수작업
  ㉠ 모수작업은 형질이 우량한 임지로서 종자의 결실이 풍부하여 천연하종갱신이 확실한 임지에서 실행한다.
  ㉡ 1개 벌채구역은 5만m² 이내로 하며, 벌채구역과 다른 벌채구역 사이에는 폭 20m 이상의 수림대를 남겨 두어야 한다.
  ㉢ 모수는 1만m²에 15~20본을 존치시키되, 형질이 우량하고 종자가 비산할 수 있도록 바람이 불어오는 방향에 위치한 입목이어야 한다.
⑤ 왜림작업
  ㉠ 왜림작업은 참나무로서 맹아를 이용하여 후계림을 조성할 수 있는 임지에서 실행한다.
  ㉡ 벌채는 입목의 생장휴지기에 실행한다.
  ㉢ 벌채방법은 빗물 등으로 인한 썩음을 방지하고 맹아발생이 용이하도록 절단면을 남향으로 약간 기울게 한다.
  ㉣ 그 밖에 수림대 존치 등에 관한 사항은 모두베기의 방법을 준용한다.
(2) 숲가꾸기를 위한 벌채
  ① 숲가꾸기를 위한 벌채(이하 "솎아베기")는 수관이 상호 중첩되어 밀도조절이 필요한 임지에서 실행한다.
    ㉠ 솎아베기는 수관이 상호 중첩되어 밀도조절이 필요하거나 산림의 기능별 관리목표를 위해 필요한 임지에서 실행한다.
    ㉡ 우량목 등 보육대상목의 생육에 지장이 없는 입목과 하층식생은 존치시켜 입목과 임지가 보호되도록 한다.
  ② 솎아베기사업의 시업기준
    ㉠ 산림의 기능에 따른 목표 임상의 달성을 위해 목재생산림은 다음과 같이 목표생산재를 설정하고 그에 적합한 솎아베기를 실행하도록 한다.
      • 대경재 : 가슴높이 지름 40cm 이상
      • 중경재 : 가슴높이 지름 40cm 미만 20cm 이상
      • 특용·소경재 : 가슴높이 지름 20cm 미만
    ㉡ 솎아베기를 실행한 후 임지에 남겨 두는 입목본수의 기준(이하 "솎아베기 후 입목본수기준") 등 세부 기준은 산림청장이 별도로 정한다.
(3) 수종갱신을 위한 벌채
  ① 공통기준
    ㉠ 1개 벌채구역의 면적은 최대 30만m² 이내로 한다.
    ㉡ 수종갱신에 따른 모두베기는 제2호 (1)의 ②의 ㉡ 기준을 따른다.
  ② 불량림의 수종갱신
    ㉠ 수종갱신은 수간이 심하게 굽었거나 생장상태가 불량하여 다른 수종으로 갱신하지 아니하고는 정상적 생육이 어려운 임지에서 실행한다. 다만, 암석지·석력지·황폐우려지로서 갱신이 어려운 지역과 임지생산능력급수 Ⅳ급지·Ⅴ급지인 지역은 수종갱신 대상에서 제외한다.
    ㉡ 수종갱신을 위한 벌채대상지는 산림청장이 정하여 고시한 "임분의 수종갱신 판정표"에 따른 갱신판정 임지로 한다.
  ③ 유실수의 수종갱신
    밤나무 등 유실수의 노령목에 대한 갱신을 하고자 하거나 품종개량을 위하여 갱신이 필요하다고 인정되는 지역에서는 수종갱신을 할 수 있다.
(4) 피해목 제거를 위한 벌채
  병해충·산불 또는 기상피해 등 정상적 생육이 어려운 피해목을 제거하기 위한 벌채는 피해의 확산방지 또는 피해복구에 알맞은 방법으로 실시한다.

3. 굴취기준
    (1) 수목굴취 제한지역
        ① 산림자원의 조성 및 관리에 관한 법률 시행령 제41조에 따른 "입목벌채 등의 제한지역" 및 산지관리법 시행규칙에 따른 "산사태위험지 판정기준표"의 위험요인별 점수 합계가 120점 이상인 지역
        ② 암석지, 석력지, 병해충 피해목 분포지
    (2) 수목굴취 대상
        ① 조림지 : 어린나무가꾸기 및 솎아베기 대상지 중 제거 대상목 또는 기준벌기령에 도달한 입목
        ② 천연림 : 임분구성, 토사유출 및 경관유지에 지장이 없는 범위의 임목
        ③ 관상수재배지 : 일시에 모두 굴취를 하여서는 아니 되며, 토사유출 방지 및 경관유지에 지장이 없는 범위내의 입목
        ④ 산지관리법에 따른 산지전용허가·산지전용신고·산지일시사용허가 또는 산지일시사용신고(다른 법령에 따라 허가 또는 신고가 의제되거나 배제되는 행정처분을 받아 산지전용·산지일시사용하는 경우를 포함)에 따른 형질변경지역내의 입목
    (3) 굴취 및 복구 방법
        ① 수목굴취는 임지 내 특정구역에서 집단적으로 할 수 없으며 고르게 분포하여야 한다.
        ② 수목굴취는 존치목·미래목(이하 "존치목등")에 피해를 주거나 생육에 지장을 주지 않도록 미리 존치목등의 보호를 위한 조치 등을 하여야 한다.
        ③ 굴취적지 복구는 굴취 전 지형과 복구표면의 경사가 일치하도록 복토를 해야 하며, 이로 인한 토사유출 및 산사태 등의 우려가 없도록 조치하여야 한다.
        ④ 산지관리법에 따른 산지전용허가·산지일시사용허가를 받거나 같은 법에 따른 산지전용신고·산지일시사용신고를 한 자(다른 법률에 따라 허가 또는 신고가 의제되거나 배제되는 행정처분을 받은 자를 포함)가 산지전용 대상지에서 굴취를 하려는 경우 굴취 후 복토를 하지 않을 수 있다. 다만, 무너짐·땅밀림으로 산사태의 피해가 우려될 경우에는 보강조치를 하여야 한다.
        ⑤ 수목굴취 요령, 적지복구 및 활용방법 등 세부적인 사항은 산림청장이 따로 정한다.

4. 임산물 운반로 시설기준
    (1) 임산물 운반로의 노폭은 2m 내외로 하되, 최대 3m를 초과하여서는 아니 된다. 다만, 배향곡선지·차량대피소시설 등 부득이한 경우에는 3m를 초과할 수 있다.
    (2) 임산물 운반로의 길이는 산물반출에 필요한 최소한으로 하여야 하며, 경사가 급하여 토사유출·산사태 등의 피해가 우려되는 곳에는 임산물 운반로를 시설하여서는 아니 된다.
    (3) 임산물 운반로를 시설할 때에는 토사유출·산사태 등의 피해를 예방할 수 있는 조치를 취하여야 하며, 임산물 운반로를 시설한 목적이 완료된 후에는 조림 그 밖의 방법으로 복구하여야 한다. 다만, 산림경영에 필요하다고 판단되는 지역은 임산물 운반로를 존치하게 할 수 있다.

06 경영계획서의 작성

(1) 경영계획서의 구성 요소
    ① 최종심의서
    ② 일반현황
    ③ 산림구획
    ④ 산림현황
    ⑤ 전차기 경영계획의 성과분석
        ㉠ 사업실적분석총괄
        ㉡ 산림자산의 변동 상황분석
        ㉢ 재정성과분석
        ㉣ 산림의 기능별 사업실적 분석
        ㉤ 노동력 수급 및 임업기계장비 운영실적 분석

ⓑ 산림생태계 및 산지 특정 소생물권 관리분석
　　ⓢ 지역사회에 대한 기여도 분석
　　ⓞ 총체적인 평가
⑥ 경영목표와 경영방침
⑦ 사업계획
　㉠ 사업계획총괄표
　㉡ 사업별 총괄 계획
　　• 조림계획　　　　• 육림계획
　　• 임목생산계획　　• 시설계획
　　• 소득사업계획　　• 기타 사업계획
　㉢ 수확조절
⑧ 재정계획
　㉠ 부기항목
　㉡ 재정계획
⑨ 노동력 수급 및 임업기계화 계획
　㉠ 노동력 수급 계획
　㉡ 임업기계화 계획
⑩ 경영계획 실행상 유의할 사항
　㉠ 연차별 사업량 책정 방침
　㉡ 사업 착수 우선 순위
　㉢ 기타 사업 실행상 특히 주의를 요하는 사항
⑪ 작업설명서
⑫ 첨부자료
　㉠ 사업별 세부계획
　㉡ 경영계획부
　㉢ 도 면
　　• 위치도
　　• 경영계획도
　　• 목표인상도
　　• 산림기능도

07 공·사유림경영계획(10년 단위)

공·사유림경영계획은 국유림경영계획과 기본적인 목표와 방법에는 별 차이가 없으나, 다만 산림경영에 대한 소유자의 희망에 따라 세부적인 계획을 수립하고 해당 시장·군수·구청장에게 경영계획 인가를 받아야 한다.

CHAPTER 06 산림측정

01 직경의 측정

(1) 측정기구

입목의 직경을 측정하는 데 사용되는 기구는 여러 가지가 있지만, 직경을 측정할 위치가 낮아서 직접 측정할 수 있을 때에는 윤척(Caliper), 직경테이프(Diameter Tape, Girth Tape), 빌티모아스틱(Biltimore Stick), 섹터포크(Sector Fork) 및 포물선 윤척(Finnish Parabolic Caliper) 등을 사용하고, 측정할 위치가 높을 때에는 프리즘(Prism)식 윤척 또는 스피겔 릴라스코프(Spiegel Relascope)를 사용한다.

① 윤척 : 자(Graduated Scale)에 2개의 다리(Arm)가 수직으로 붙어 있는데, 1개의 다리는 고정되어 있으므로 이것을 고정각(Fixed Arm)이라 하고, 나머지 것은 자 위를 움직일 수 있도록 만들어졌기 때문에 이것을 유동각(Mobile Arm)이라 한다.
  ㉠ 휴대가 편하고 사용이 간단하다.
  ㉡ 미숙한 사람도 쉽게 사용할 수 있다.
  ㉢ 윤척은 사용 전에 반드시 조정이 필요하다.
  ㉣ 직경의 크기에 제한을 받는다. 즉, 나무의 반경이 윤척 다리의 길이보다 짧아야 한다.

② 직경테이프(Diameter Tape) : 나무의 둘레를 측정하여 직접 직경을 구할 수 있도록 만들어진 것으로서, 영국 또는 프랑스에서는 Girth Tape라 불리고 있다.

③ 빌티모아스틱(Biltimore Stick) : 길이 30cm 정도의 자(Straight Rule)로서, 이것을 눈에서 일정한 거리(예를 들면, 50cm)만큼 떨어진 임목에 그 임목의 직경과 평행하게 대고 눈에서 수간의 한족 끝과 다른 한족 끝을 연결하는 선을 그었을 때, 두 선이 자와 교차되는 곳의 길이로 그 나무의 직경을 측정할 수 있도록 눈금을 넣은 것이다.

④ 섹터포크(Sector Fork) : 섹터포크의 사용법은 한 손으로 섹터포크를 잡아 입목에 대고 나무를 볼 때 그 접선이 자를 가리키는 곳을 읽으면 직경을 얻을 수 있다.

⑤ 포물선윤척 : 포물선윤척의 사용법을 보면 오른손으로 포물선윤척을 나무에 대고 평행선이 가리키는 자눈을 읽으면 직경을 얻을 수 있도록 만든 것이다.

⑥ 프리즘식 윤척 : 직경의 측정 부위가 높을 때에는 사다리를 놓고 올라가 측정할 수도 있지만, 대단히 불편하다. 이와 같은 경우에는 프리즘을 이용한 윤척을 사용하며, 이때 사용되는 프리즘을 펜타프리즘(Pentaprism)이라고 한다.

⑦ 스피겔 릴라스코프(Spiegel Relascope) : 눈금을 보면 왼쪽부터 흑백의 동일건의 종선이 있는데, 넓은 것이 단위건이고 좁은 것은 단위의 1/4건이다.

(2) 수피후측정

직경은 수피를 생각해서 수피까지 합한 직경과 수피를 제외한 목질부만의 직경으로 나누어 생각할 수 있는데, 전자를 수피외직경(Diameter Outside Bark ; D.O.B.), 후자를 수피내직경(Diameter Inside Bark ; D.I.B.)이라 한다. 수피내직경을 구하고자 할 때에는 수피후를 측정해야 되는데, 수피후를 측정할 때에는 다음과 같은 식에 의해 구할 수 있다.

$$D.I.B = D.O.B. - 2 \times B$$

(3) 측정의 정확성

직경을 측정할 때에는 수피내직경과 수피외직경의 2가지 경우가 있는데, 전자의 경우에는 수피의 영향을 받지 않지만, 후자의 경우에는 수피가 불규칙하므로 측정에 있어서 많은 오차를 가져온다. 측정오차의 발생을 막기 위해서는 아래 점들에 주의를 해야 한다.
① 윤척을 사용할 때에는 유동각이 정확히 자와 직교해야 한다.
② 측정은 수간축과 직교하는 방향으로 한다.
③ 흉고직경을 측정할 때에는 지상으로부터 정확히 1.2m 높이를 측정해야 한다.

02 수고의 측정

입목의 재적을 측정하기 위해서는 입목의 높이를 측정해야 하는데, 낮은 입목은 직접 그 높이를 측정할 수 있으나 높은 입목에 대해서는 기계의 힘을 빌려서 측정하지 않으면 안 된다. 높이를 측정할 수 있는 기구를 수고측정기 또는 간단하게 측고기(Hypsometer, Altimeter, Dendrometer)라 하며, 그 원리는 대체로 상사삼각형을 응용한 것, 삼각법을 응용한 것 및 거리측정법을 응용한 것으로 구분된다.

(1) 측고의 종류와 사용법

① 상사삼각형을 응용한 측고기
  ㉠ 와이제측고기(Weise Hypsometer) : 금속제 원통에 시준장치가 있고 원통에 붙어 있는 자는 톱니모양으로 되어 있다.
  ㉡ 아소스측고기(Aos's Hypsometer) : 와이제측고기는 반드시 수평거리를 측정해야 하므로 수평거리를 측정하기 곤란한 산지에서는 사용이 불편하지만, 아소스측고기는 사거리를 측정하여 한 번의 측정에 의하여 나무의 높이를 구할 수 있는 것이 장점이다.
  ㉢ 크리스튼측고기(Christen Hypsometer) : 대단히 간편한 기구의 하나이다. 그 구조는 20cm 또는 30cm 되는 금속 또는 목재로 된 봉에 불규칙한 값을 표시한 것으로서, 이것을 사용할 때에는 일정한 길이(예를 들면, 2m 또는 3m)의 폴과 함께 사용한다.

ⓔ 메리트측고기(Merritt Hypsometer) : 미국에서 사용되는 것으로서, 조제(Crude)된 것이지만 대단히 간단하기 때문에 많이 사용된다. 빌티모아스틱(Biltimore Stick)의 타변에 눈금을 매겨 두면 대단히 편리하다. 메리트측고기를 눈에서 일정한 거리만큼 떨어진 곳에 수직으로 세우고 나무에서 일정한 거리, 예를 들면 66feet(1 Chain) 또는 20m 떨어진 곳에서 수고를 측정하게 만든 것이다.
　　ⓜ 간편법 : 임업에 있어서, 때로는 나무 높이를 측고기 없이 추정해야 할 경우가 있다. 이와 같은 경우에는 목측을 하게 되는데, 정확성을 기하기 위하여 다음과 같은 방법에 의한다.
　　　• 이등변삼각형을 응용하는 방법
　　　• Demeritt법

② **삼각법을 응용한 측고기**
　　㉠ 트랜싯(Transit) : 측량에 사용되고 있는 트랜싯을 사용하여 입목의 높이를 측정하는 것인데, 이 방법은 널리 사용되고 있지 않다. 그러나, 정확한 값을 구할 수 있으므로 때때로 사용된다. 이 방법은 계산할 때 탄젠트(Tangent)를 사용한다.
　　㉡ 아브네이레블(Abney Hand Level) : 수고를 측정하는 데 있어서 가장 편리하고, 또한 많이 사용되는 것은 아브네이레블이다. 이것은 휴대하기에 간편하고, 그 구조도 간단하며 비교적 좋은 결과를 준다.
　　㉢ 미국 임야청측고기 : 미국 임야청(U.S. Forest Service)에서 많이 사용되고 있는 측고기로서, 원리는 아브네이레블과 같다.
　　㉣ 카드보드측고기(Cardboard Hypsometer) : 카드보드측고기의 원리는 아브네이레블과 같은 것이다.
　　㉤ 하가측고기 : 아브네이레블을 사용할 때에는 수평거리에 따라 환산하였지만 하가측고기에 있어서는 회전나사를 돌려 측정하고자 하는 수평거리에 맞추어 측정하면 된다.
　　㉥ 블루메라이스측고기(Blume Leiss Hypsometer) : 하가측고기와 비슷한 것으로서, 측고기 뒷면에 경사각에 따른 보정치가 경사도에 따라 주어져 있으므로 경사각에 따라 수정이 가능하며, 측정기(Range Finder)가 기계에 고정되어 있다.
　　㉦ 스피겔 릴라스코프(Spiegel Relascope) : 직경측정 시 사용한 것과 같은 것으로서, 수평거리 15m, 20m에서 수고를 측정할 수 있는 눈금이다.
　　㉧ 순토측고기 : 순토측고기는 왼쪽 눈금 및 오른쪽 눈금이 각각 20m 및 15m에서 측정할 때에 사용된다. 수평거리는 블루메라이스측고기에 사용한 목표판을 사용하여 측정할 수 있다.
　　㉨ 덴드로미터(Dendrometer) : 일본에서 만든 것으로서, 블루메라이스측고기와 그 구조 및 사용법이 비슷한 것으로 수고 측정은 물론 방위각까지도 측정이 가능하다.

③ **거리측정법을 응용한 측고기** : 거리측정법을 응용한 측고기는 거리측정방법을 이용한 것으로서 거리측정장치이다. 시공·초점·테이프잡이 및 테이프표시기(눈금) 등으로 구성되어 있다. 이것을 사용하여 거리를 측정할 때에는 시공으로 나무를 보면서 상이 하나가 되도록 테이프잡이를 돌려 주면 된다. 즉, 상이 하나가 될 때 테이프표시기를 읽으면 거리가 얻어진다. 이 원리를 이용하여 수고를 측정한다.

(2) 측고기 사용상의 주의사항

① 측정위치는 측정하고자 하는 나무의 정단과 밑이 잘 보이는 지점을 선정해야 한다. 밑이 잘 안 보일 때에는 잘 보이는 데까지 측정한 후, 그 점에서 지상까지의 거리를 측정하여 가산한다.
② 측정위치가 가까우면 오차가 생긴다. 그러므로, 수고를 목측하여 나무의 높이만큼 떨어진 곳에서 측정하면 좋은 결과를 얻을 수 있다.
③ 경사진 곳에서 측정할 때에는 오차가 생기기 쉬우므로 여러 방향에서 측정하여 평균해야 한다. 가능하면 등고위치에서 측정한다.

(3) 벌채목의 수고측정

벌채목에 있어서는 테이프로 정확하게 수고를 측정할 수 있는데, 대부분의 경우 10cm까지 측정하게 된다. 벌채목의 수고측정에 있어서 주의해야 할 것은 나무가 넘어질 때 초두부가 꺾여져 나가는 경우가 있다는 것과 근주의 높이를 가산해 주어야 한다는 것이다.

(4) 임분의 수고측정

임분의 수고는 평균수고로 나타낸다. 임분의 평균수고는 임분흉고단면적을 구하고 그 평균단면적을 갖는 나무의 수고로 정하게 되며, 이때에는 직경 대 수고곡선으로 추정하고 있다. 그리고 대체적으로 높은 수고를 갖는 수고의 평균치로 나타내는 경우도 있으며, 이와 같은 경우 측정해야 할 본수는 다음과 같이 계산된다.

$$n = 5 + \frac{R^2}{30}$$

R : 높은 수고의 범위

이때, 어떤 임분에서 높은 수고의 범위가 70m에서 90m까지이면 R=90-70=20m이다. 따라서, 위 식에 대입하여 18본의 수고를 측정해야 한다.

(5) 수고곡선

① 수고곡선을 그리고자 할 때에는 여러 가지 인자를 고려하여 적합한 형으로 그리게 되는데, 먼저 가로축에 흉고직경을, 세로축에 수고를 잡아 해당 위치에 점을 Plot한 다음 Plot된 각 점들을 연결하면 Z자형의 굽은 선이 되므로 이것을 평활한 곡선으로 연결하여 준다. 이때, 평활한 곡선은 각 Plot된 점들의 평균점을 통과하도록 그려진다. 평활한 곡선으로 연결하여 주는 이유는 수고성장은 곡선을 이루는 것이 보통이고 급작스럽게 변화하지 않기 때문이다. 이와 같이 생각하면 수고곡선은 반드시 평활한 곡선으로 연결되어야 한다는 것을 알 수 있다. 앞에서 말한 바와 같이 평활한 곡선으로 연결하면 곡선은 Plot한 점 전부를 통과하지 않고, 어떤 점은 곡선 밑에 있게 되며 어떤 점들은 곡선 위에 있게 된다.

예를 들면, 임분에 있어서 10본을 임의로 선출하여 흉고직경과 수고를 측정한 결과가 아래표와 같았다고 할 때 이 자료를 가지고 수고곡선을 그리면 아래 그림과 같이 된다.

〈흉고직경 및 수고의 측정치〉

직경(cm)	수고(m)	직경(cm)	수고(m)
10	9.3	20	12.5
12	10.1	22	13.0
14	10.4	24	13.1
16	10.9	26	13.5
18	12.1	28	13.5

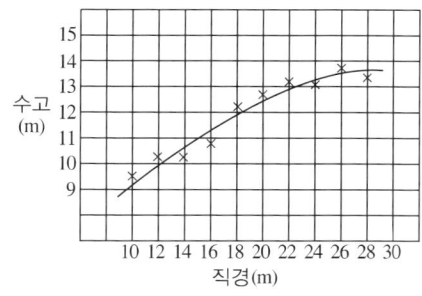

[수고곡선]

② 자유곡선법으로 수고곡선을 그리는 데 있어서 기본적인 중요 사항
  ㉠ 곡선에서 Plot까지의 편차를 Plot이 곡선 위에 있으면 +, Plot이 곡선 밑에 있으면 −로 할 때에는 $\sum(+) = \sum|-|$, 즉 $(\sum +) + (\sum -)$이 되어야 한다.
  ㉡ 편차의 부호를 고려하지 않고 합했을 때 그 값이 최소가 되게 한다. 자유곡선법에서는 이 조건을 만족시키기는 매우 어렵다. 그러나 최소자승법에서는 편차의 자승이 최소가 되게 한다.
  ㉢ 이론적인 형과 같아져야 한다.

03 임목(나무)의 재적 측정

(1) 벌채목의 일반적 재적측정 방법

① **임목의 형상** : 임목의 형상은 수종, 입지환경 및 기타 여러 가지 조건에 따라서 상이하지만, 일반적으로 규칙적으로 생육한 나무의 수간의 중심선은 직선으로 생각할 수 있으므로 이 중심선을 수간축이라 하고, 수간축을 가지는 평면이 수간의 표면과 만나는 곡선을 간곡선이라 한다.
② 수간축과 수직으로 만나는 평면이 간곡선과 만나서 만드는 면을 횡단면 또는 단면이라고 한다. 근주부분 또는 가지부분의 횡단면은 다소 불규칙한 형을 하고 있으나, 보통 원형으로 취급되고 있다. 즉, 재적 산출시에는 원으로 취급하고 있으나 특별한 경우에는 타원 또는 기타의 형으로 취급한다.

(2) 주요 구적식(벌채 재적 측정방법)

① Huber식

㉠ Huber식은 중앙단면적식 또는 중앙직경식이라 한다.

$$V = r \cdot l$$

V : 통나무의 재적
r : 중앙단면적(m^2) = $g_{1/2}$
l : 재장(m)

㉡ 체적공식과 비교하여 원추에 있어서는 $\frac{1}{3} r \cdot l$, 나일로이드에 있어서는 $r \cdot l$의 과소치를 주고 있으나, 수간의 대부분은 포물선체와 원주에 가까운 형상을 하고 있으므로 위 식은 비교적 널리 사용되며, 측정과 계산이 다른 구적식에 비하여 간편하다.

㉢ 장재에 있어서는 오차가 커지므로 주의를 요한다.

② Smalian식

㉠ 평균양단면적식이라고도 하는데 Smalian식에 의하여 구한 값은 체적공식에서 얻은 값과 비교할 때 원추에 있어서는 $\frac{1}{6}_{gol}$, 나일로이드에 있어서는 $\frac{1}{4}_{gol}$의 과대치를 준다.

㉡ $V = \frac{(g_o + g_n)}{2} \times l$

g_o : 원구단면적(m^2), g_n : 말구단면적(m^2)

③ Newton식

㉠ Newton식은 수학상으로는 Newton이라는 사람이 만든 것이지만 Riecke(1849)가 측수학에 응용하였기 때문에 Riecke의 공식이라 하기도 한다.

㉡ $V = \frac{(g_o + 4g_{1/2} + g_n)}{6} \times l$

g_o : 원구단면적(m^2), g_n : 말구단면적(m^2), $g_{1/2}$: 중앙단면적(m^2)

④ 5분주식

㉠ 프랑스에서 일반적으로 사용되는 식으로서, Huber식의 약 1.0053배의 과대치를 주고 있으며 중앙단면이 원이 아닐 때의 오차는 더 커진다.

㉡ Huber식이 과소치를 주기 때문에 5분주식이 더 좋은 결과를 준다고 하는 설도 있다.

㉢ $V = \left(\frac{U}{5}\right)^2 \times 2l$

U : 중앙위치의 둘레

⑤ 4분주식

㉠ 영국에서 사용되고 있는 구적식으로서, Hoppus법이라고도 한다. 즉, 중앙 주위를 U라 하면 재적은 다음과 같은 식으로 구할 수 있다.

㉡ $V = \left(\frac{U}{4}\right)^2 \times l$

ⓒ 입방피트 재적을 얻으려면 중앙 주위를 inch, 길이를 feet로 측정하여 대입하면 되지만, 이때에는 144로 나누어야 한다.

ⓓ Huber식에 비해 21.5%의 과소치를 주므로 144로 나누는 대신, 113으로 나누어 주는 것이 오차가 적어진다. 이와 같이 측정하는 것을 슈퍼피시얼호프스 측정이라 한다. 이식은 말레이시아와 뉴질랜드 등지에서 이용되고 있다.

⑥ 말구직경자승법
ⓐ 말구직경의 자승에 재장을 곱한 것으로서, 재장이 짧을 때에는 과대치를, 재장이 길 때에는 과소치를 가져온다.
ⓑ $V = d_n^2 \times l$
ⓒ 우리나라에서 통나무의 재적을 구하는 데 있어서는 말구직경자승법을 이용하며, 이때 말구직경은 말구에서 평균직경을 cm단위로 측정하고 길이는 0.1m단위로 측정한다.
ⓓ 우리나라에서 말구직경자승법을 적용하여 재적을 구할 때는 다음과 같이 한다.

• 국산재인 경우
 - 재장이 6m 미만인 것 :
$$V = d_n^2 \times l \times \frac{1}{10,000}(m^3) \ \text{또는} \ V = d_n^2 \times l \times \frac{1}{10}(dm^3)$$

 - 재장이 6m 이상인 것
$$V = \left(d_n + \frac{C'-4}{2}\right)^2 \times l \times \frac{1}{10,000}(m^3) \ \text{또는} \ V = \left(d_n + \frac{C'-4}{2}\right)^2 \times l \times \frac{1}{10}(dm^3)$$
C' : 통나무의 길이로 m 단위의 수 예 재장이 8.5m이면 C'는 8m

• 수입재인 경우
$$V = d_n^2 \times \frac{\pi}{4} \times l \times \frac{1}{10,000}(m^3) \ \text{또는} \ V = d_n^2 \times \frac{\pi}{4} \times l \times \frac{1}{10}(dm^3)$$

⑦ Brereton식
ⓐ Brereton식은 미국·인도네시아 및 필리핀 등지에서 사용되는 공식으로서, 양단평균직경을 갖는 원주로 계산하는 식이다.
ⓑ 직경을 cm, 길이를 m로 측정할 경우 : m^3 재적으로 구한다.
$$V = \left(\frac{d_o + d_n}{2}\right)^2 \times \frac{\pi}{4} \times l \times \frac{1}{10,000}(m^3)$$

ⓒ 직경은 inch, 길이를 feet로 측정할 경우 : cu.ft. 및 b.f. 재적으로 구한다.
$$V = \left(\frac{d_o + d_n}{2}\right)^2 \times \frac{\pi}{4} \times l \times \frac{1}{144}(cu.ft.) \ \text{또는} \ V = \left(\frac{d_o + d_n}{2}\right)^2 \times \frac{\pi}{4} \times l \times \frac{1}{12}(b.f.)$$

04 입목의 재적 측정방법

(1) 형수법

① **형수의 의미** : 입목의 재적과 원주의 체적과의 사이에도 어떠한 관계가 성립됨을 생각할 수 있다. 즉, 수간의 직경 및 높이가 같은 원주를 상상하여 수간재적과 원주체적의 비를 구할 수 있으며, 여기에서 얻어지는 비를 형수라 한다. 즉, 형수 = 수간재적/원주체적이 된다. 이와 같이 될 때의 원주를 비교원주 또는 기초원주라 하고 형수를 f로 표시한다. 이제 단면적을 g라 하면 원주의 체적은 gh가 되므로 형수는 다음과 같이 표시한다.

$$V = ghf, \quad f = \frac{V}{gh}$$

따라서 f가 결정되면 수간재적은 원주체적에 f를 곱해 줌으로써 구할 수 있다.

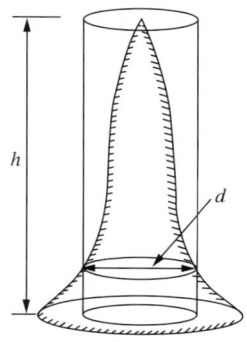

h : 높이, d : 흉고직경

[수관과 원주 간의 비교]

② **직경의 측정위치에 따른 형수의 종류**
  ㉠ 정형수 : 비교원주의 직경을 수고의 $1/n$(일반적으로 1/20) 되는 곳의 직경과 같게 정한 경우
  ㉡ 절대형수 : 비교원주의 직경위치를 최하부에 정하는 것
  ㉢ 부정형수(흉고형수) : 일반적으로 흉고형수를 결정할 때에는 수고의 대소에도 불구하고 비교원주의 직경위치를 항상 1.2m 되는 곳에 정하기 때문에 형상이 같더라도 수고가 달라지면 형수가 달라질 수 있어 이러한 흉고형수를 부정형수라 한다.
  ㉣ 흉고형수를 좌우하는 인자는 대단히 많은데 그것을 설명하면 다음과 같다.
    • 수종과 품종 : 수종 또는 품종에 따라서 수간의 형상과 성장이 상이하므로 형수에도 차이가 있다.
    • 생육구역 : 기후·토질 등으로 인하여 지역별로 수형 또는 성장이 변화하여 형수에 영향을 미친다.
    • 지위 : 지위는 양호할수록 형수가 작다.
    • 수관밀도 : 수관밀도는 빽빽할수록 형수가 크다고 하며, 또한 수관의 성장이 좋은 것이 형수가 크다고도 하는데 확실하지는 않다.
    • 지하고와 수관의 양 : 동일 수종의 나무에 있어서도 지하고가 높고 수관의 양이 적은 나무가 형수가 크다.

- 수고 : 수고가 작은 나무일수록 형수는 크다.
- 흉고직경 : 흉고직경이 작아질수록 형수는 커진다.
- 연령 : 동일한 수종이라도 연령이 상이하면 연령이 많아질수록 형수는 커지나, 그 차이는 대단히 작다.

③ 재적의 종류에 따른 분류
  ㉠ 수간형수 : 수간만을 생각하여 만든 형수
  ㉡ 지조형수 : 지조만을 생각하여 만든 형수
  ㉢ 근주형수 : 근주만을 생각하여 만든 형수
  ㉣ 수목형수 : 수간·근주·지조 모두를 포함시켜 구하는 형수

④ 수피·지조 및 근주의 재적측정법
  ㉠ 수피재적의 측정 : 수피재적을 측정하는 데에는 무게를 달아 kg으로 표시하거나 묶음 또는 Cord를 사용한다. 그러나, 실재적을 측정하고자 할 때에는 측용기(Xylometer)에 의한다.
  ㉡ 지조재적의 측정 : 지조(Branch)는 이용가치가 적으므로 묶음 또는 Cord를 단위로 하여 측정하거나 측용기에 의하는 때가 많지만, 정확히 측정하고자 할 때에는 측용기 또는 구적식에 의한다. 그러나, 일반적으로 지조율(Branch Colume Percent)로 지조재적을 표시하는데, 이것은 지조재적과 수간재적의 비로서, 수종·연령 및 생육환경에 따라 많은 변화를 가져온다.
  ㉢ 근주재적의 측정 : 근주(Stump)는 이용가치가 적기 때문에 목측에 의하여 측정한다. 근래 송탄유를 채취하는 데 이용하는 경우도 있지만, 그 밖에는 별로 이용되지 않고 있다. 근주재적은 대체로 상부 간재적의 15~25%로 추정된다.

⑤ 구성에 따른 분류
  ㉠ 단목형수 : 연령 또는 그 밖의 조건을 고려하지 않고 크기와 형상이 비슷한 나무의 형수를 평균한 것
  ㉡ 임분형수 : 임목의 집단인 임분의 총재적을 그 임분의 흉고단면적합계와 평균수고를 곱한 값으로 나눈 값

(2) 흉고형수 결정법

① 흉고형수를 결정하는 데 있어서 벌채목인 경우에는 구분구적법 또는 측용기를 사용하여 재적을 정확히 측정한 다음 흉고직경과 수고를 측정하여 계산을 하면 구할 수 있다. 그러나 입목인 경우에는 어느 방법이든지 좋은 결과를 주지 못하므로 벌채목에 대하여 공식을 계산하여 형수표를 만들고 이 표에서 적합한 형수를 구하여 사용하는 것이 가장 좋은 방법이다.
② 형수표는 일반적으로 흉고직경과 수고와의 함수로 표시하는 방법이 많이 통용되고 있다.
③ 형수의 값은 대체로 0.4~0.6이며, 0.45~0.55의 것이 가장 많다.
④ 형수법에 의하여 재적을 계산할 때에는 $V=ghf$이므로 형수만을 표시하는 것보다 hf를 표시하면 계산하기에 더 편리할 것이다. 이와 같은 hf를 형상고라 하고, 표를 형상고표라 한다.

(3) 약산법

① 망고법

㉠ Pressler의 망고법은 재적을 간단히 계산하기 좋은 방법으로 그 식은 다음과 같다.

$$V = \frac{2}{3}g\left(H + \frac{m}{2}\right)$$

$g : \frac{\pi}{4}D^2$ D : 흉고직경

H : 망고 m : 흉고

㉡ 망고는 대체로 60~80%로 70% 전후의 것이 가장 많다.

② Denzin식 : 자승법이라고도 하며 다음과 같다.

$$V = \frac{D^2}{1,000}$$

D : 흉고직경

(4) 목측법

기계류를 사용하지 않고 입목을 보아서 재적을 측정하는 방법

(5) 입목재적표에 의한 방법

재적표를 사용하는 데 필요한 요소를 측정하여 재적표에서 직접 입목의 재적을 구하는 방법

05 연령의 측정

(1) 나무의 연령 측정법

① **나무의 연령** : 임목의 연령이란 임목이 발아하면서부터의 경과년수를 말하는데, 이것을 현실령과 경제령으로 구별하고 있다. 일반적으로 연령이라 하면 현실령을 뜻하는 경우가 많다.

② 수목의 형성층은 봄과 여름에는 분열증식이 왕성하지만, 가을과 겨울에는 그 작용이 매우 완만하다. 분열증식이 왕성할 때 형성된 것을 춘재, 왕성하지 않을 때 형성된 것을 추재라 하며, 이것들은 육안으로도 확실히 식별할 수 있다. 이와 같이 하여 연령이 생기게 되므로 수목의 연령을 알고자 할 때에는 지상 0.0m 되는 곳의 횡단면에 나타나는 연륜의 수를 셈하면 추정할 수 있다.

③ 연륜은 원칙적으로 1년에 1개씩 형성되지만 잎이 식해를 당하거나 만상 등과 같은 기후적 변화 등에 의하여 불완전한 연륜이 생기는 일이 있다. 이와 같은 연륜을 위연륜이라 하는데, 이것은 다른 것에 비하여 선명하지 못하며, 또한 완전한 원형을 이루고 있지 않으므로 쉽게 구별된다.

④ 육안으로 연륜의 식별이 어려운 경우에는 물을 바르거나 황산으로 부식시키면 식별이 잘되며, 또한 확대경을 사용하여도 용이하게 식별할 수 있다. 그리고 원판을 만들어 X선 사진에 의한 경우도 있는데, 이때 사용되는 기구는 소프텍스(Softex)이다.

(2) 단목의 연령을 측정하는 방법

① **기록에 의한 방법** : 인공림에 있어서는 조림에 대한 기록 및 푯말 또는 조림을 한 사람의 기억에 의하여 임령을 알 수 있다.

② **목측법에 의한 방법** : 임령을 목측하는 것은 대단히 곤란하다. 일반적으로 흉고직경의 크기를 가지고 임령을 추정할 때도 있는데, 이때에는 입지적 환경 등을 고려하여 연령을 알고 있는 근방의 나무와 비교하여 추정하게 되므로 위험성이 크다. 그러나, 영급에 있어서는 짧은 경험만으로도 가능하다(영급을 50년 이하, 50~100년, 100~200년과 같이 구분하는 경우).

③ **지절에 의한 방법**
  ㉠ 가지가 윤상으로 자라는 수종에 있어서는 가지를 이용하여 임령을 추정할 수 있다. 즉, 이와 같은 수종은 매년 규칙적으로 가지를 윤상으로 확장하기 때문에 가지를 세면 나무의 연령을 알 수 있다.
  ㉡ 노령이 되면 가지가 떨어지는 것이 있으므로 세어서 추정하기가 매우 곤란하다. 이와 같이 지절을 이용하여 임령을 추정할 수 있는 대표적 수종은 소나무, 잣나무이다.

④ **성장추에 의한 방법**
  ㉠ 벌채목에 대해서는 원판에서 직접 연륜을 세어 연령을 측정할 수 있으나, 입목일 경우에는 성장추를 사용해서 목편을 빼내어 목편에 나타난 연륜수를 세어서 임령을 측정하는 방법을 적용한다.
  ㉡ 목편을 빼낼 때에는 간축과 직교하는 방향으로 해야 한다. 송곳을 삽입할 때에는 반드시 송곳이 입목의 중심부를 통과하도록 하며, 목편을 빼낼 위치의 반경이 송곳의 길이보다 길 때에는 다음과 같은 방법이 있다. Pressler는 목편 1cm에 들어 있는 연륜수와 입목의 반경을 측정하여 비례식으로 연륜수를 추정하였는데, 이 방법은 입목이 매년 동일한 성장을 했다고 가정했을 때에만 적용된다.

(3) 전체 임분의 연령을 측정하는 방법

① 동령림은 각 임목의 연령이 동일하거나 또는 거의 동일한 임분을 말하는데, 인공조림지가 여기에 속한다. 따라서, 이와 같은 임분의 연령을 알 수 있다. 이때 주의할 것은 극단적으로 크거나 작은 나무는 측정하지 않는 것이 좋다는 점이다. 인공조림지에 있어서는 같은 연령인 수목의 임목에 대해서 측정하여 평균치를 사용하면 되지만, 현저하게 연령의 차가 있는 것은 보존목(모수) 또는 후생목이므로 이와 같은 것은 제외하고 나머지만으로 구한다.

② 이령림이란 여러 가지 임령을 가지는 임목으로 구성된 임분을 말한다. 이와 같은 임분의 연령을 구하고자 할 때에는 그 평균령을 구하여 이령림의 연령으로 하는데, 평균령이란 그 임분이 가지는 재적과 같은 재적을 가지는 동령림의 임령을 말한다. 즉, 이령림의 재적을 조사한 결과가 500m³였다고 하면 같은 면적의 동령림에서 500m³의 재적을 얻을 수 있는 임령은 얼마나 될 것인가를 구하면 된다. 만일, 50년이 소요된다고 하면 이령림의 임령은 50년이라 측정된다.

③ 이령림의 연령측정방법
  ㉠ 본수령 : 각 연령을 가지는 임목본수의 산술평균에 의하여 산출한 것인데, 이것은 Guttenberg에 의하여 만들어졌다.

  $$A = \frac{n_1 a_1 + n_2 a_2 + \cdots + n_n a_n}{n_1 + n_2 + \cdots + n_n}$$

  A : 평균령　　　　　　　　　n : 영급의 본수
  a : 영급

  ㉡ 재적령 : 재적령에는 다음과 같은 2가지 식이 사용된다.
  • Smalian식

  $$A = \frac{V_1 + V_2 + \cdots + V_n}{\dfrac{V_1}{a_1} + \dfrac{V_2}{a_2} + \cdots + \dfrac{V_n}{a_n}}$$

  V : 각 영급의 재적　　　　　　a : 영급

  • Block식

  $$A = \frac{V_1 a_1 + V_2 a_2 + \cdots + V_n a_n}{V_1 + V_2 + \cdots + V_n}$$

  ㉢ 면적령 : 면적령에는 다음과 같은 식이 사용된다.

  $$A = \frac{f_1 a_1 + f_2 a_2 + \cdots + f_n a_n}{f_1 + f_2 + \cdots + f_n}$$

  f : 면적

  ㉣ 표본목령 : 표본목령이란 임분에서 표본목을 선정한 다음 표본목의 연령을 측정하여 이것을 평균한 것으로서, 다음과 같은 식이 사용된다.

  $$A = \frac{a_1 + a_2 + \cdots + a_n}{m}$$

  m : 표본목본수

  ㉤ 이와 같이 하여 평균임령을 산출하지만 실제로 추정하는 데 응용하기에는 여러 가지 난점이 있다. 따라서 일반적으로 분모에는 임분 내의 임령의 범위를, 분자에는 추정의 임령을 표시하는 방법을 사용하고 있다. 예를 들면, 다음과 같다.

  $$\frac{35}{20\sim40} \text{ 또는 } \frac{40}{10\sim80}$$

ⓗ 이령림의 임령을 측정하는 데 있어서 n년 전에 측정한 임령과 현재의 측정 임령 사이에는 n년의 연령차가 있지 않고, n년보다 큰 차이를 나타낸다. 이것을 연령의 비교노화라 하는데, 그 원인은 피압목이 고사하거나 간재로 인하여 임령이 적은 나무가 제거되는 것에서 기인한다. 이와 반대로 노령목을 벌채했을 경우에는 오히려 n년보다 적은 차이를 나타내는 경우도 있다.

06 수간석해

(1) 수간석해(Stem Analysis)의 의미

수목의 성장과정을 정밀히 사정할 목적으로 수간을 석해하여 측정하는 것을 말하는데, 수간석해의 목적은 단목의 성장과정을 이것으로 임분의 성장상태를 알고자 하는 데 있다. 그러므로, 어떤 임분을 대표할 수 있는 표준목을 선정 벌채하여 석해를 하는 것이 이상적이라 하겠지만, 현재의 표준목이 과거에도 표준목이었다고 단정하기는 어려운 일이므로 수간석해는 그 정확도가 반드시 높은 것이라고는 말하기 어렵다. 그러나 단시일에 임목성장을 추정하는 데 있어서는 매우 중요한 방법이며, 또한 과거의 성장으로 미루어 앞으로의 성장을 추정하는 데에도 도움을 주므로 널리 이용되고 있다.

(2) 수간석해의 방법

① 벌채목의 선정 : 그 임분의 표준목을 벌채목으로 선정하여 선정된 임목에 대해서는 벌채하기 전에 부근의 지황 및 임황을 조사 기록하며, 필요에 따라서는 임목의 위치도 그려 둔다.
② 벌채점의 위치 : 지상 0.0m 되는 곳을 벌채할 수 있다면 더욱 편리할 것이지만, 보통 흉고를 1.2m로 했을 경우에는 지상 0.2m, 흉고를 1.3m로 했을 경우에는 지상 0.3m 되는 곳을 벌채점으로 한다. 벌채점이 결정되면 벌채 전에 그 점에다 표지를 한다. 또한, 수간의 직경측정 방향을 일정하게 하고자 할 때에는 벌채 전에 수간에다 길이로 표지를 하여 둔다. 벌채에 있어서는 벌채점(0.2m 또는 0.3m)에서도 원판 (Disk)을 만들게 되므로 이 점이 손상되지 않도록 주의해야 한다.
③ 원판을 채취할 위치
  ㉠ 수간석해에 있어서는 구분의 길이와 사용하고자 하는 공식에 따라 원판을 채취할 위치가 결정되지만, 일반적으로 구분의 길이를 2m로 하는 Huber식에 의한 구분구적법이 널리 사용되고 있으므로 이에 대하여 설명한다.
  ㉡ 아래 그림에서 보는 바와 같이 지상 0.2m, 1.2m, 3.2m, 5.2m…… 와 같이 흉고 이상은 2m마다 원판을 채취하여 최후의 것은 1m가 되도록 한다.

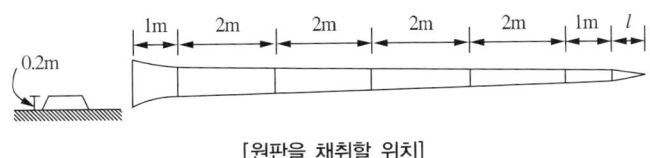

[원판을 채취할 위치]

ⓒ 원판을 채취할 위치에 어떠한 장애물(예를 들면, 옹이)이 있어 원판을 채취할 수 없는 경우에는 구분의 길이를 다소 변경해도 무방하지만 이때에는 변경한 위치를 기록하여 둔다.
ⓓ 원판을 채취할 때에는 수간과 직교하도록 절단하며 원판의 두께는 2~3cm가 되도록 한다. 측정하지 않을 단면에는 원판의 번호와 위치를 표지하여 둔다. 이때 나무가 서 있던 방향을 표시해 두면 직경을 측정할 때 그 방향을 일정하게 할 수 있고, 또한 성장관계에 있어서도 어느 방향으로 더 왕성하게 성장했는지를 알 수 있다.

④ 원판의 측정
㉠ 원판에서 여러 가지를 측정하기 전에 측정할 단면을 대패(Wood-planer) 또는 칼로 깎는다. 먼저, 0.2m 되는 곳의 원판에서 연륜수를 세고 그 나무가 0.2m까지 성장하는 데 소요된 연수를 가산하여 그 나무의 연령으로 한다. 예를 들면, 0.2m 높이의 원판의 연륜수가 34이고, 0.2m 성장하는 데 2년이 소요되었다고 하면, 이 나무의 연령은 34+2=36, 즉 36년이 될 것이다. 이와 같이 하면 0.2m 되는 곳의 원판에서 수피 바로 안에 있는 연륜은 36년생이 되고, 그 안에 있는 연륜은 35년생이 된다.
㉡ 단면의 반경은 4방향으로 측정하여 평균하면 되는데, 측정방향은 아래 그림에서 보는 바와 같이 서로 직교하게 하는 심각등분법과 원주를 4등분한 후 수심과 연결하는 원주등분법 및 앞의 두 방법을 절충한 절충법 등이 있으나, 동일한 나무에 대해서는 같은 방법을 취한다.

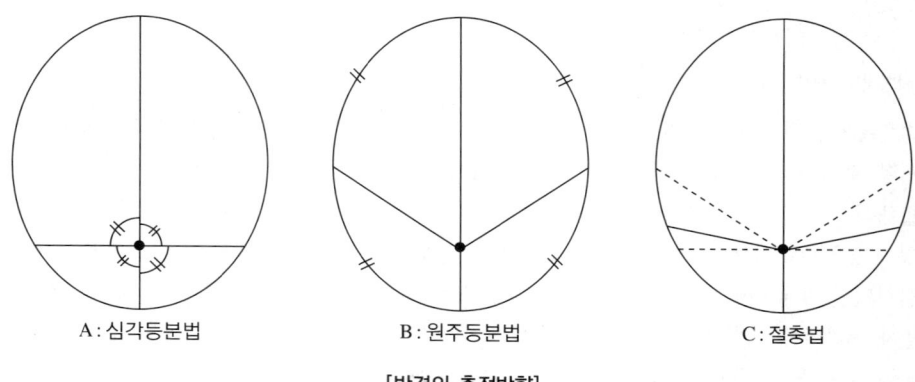

[반경의 측정방향]

㉢ 반경의 측정방향이 결정되면 그 방향에 따라 선을 긋는다. 반경은 해마다 측정하여도 무방하지만 그 값이 대단히 작기 때문에 일반적으로는 5년마다 측정한다. 따라서, 반경은 5의 배수가 되는 연륜까지를 측정한다(다음 그림 참조).

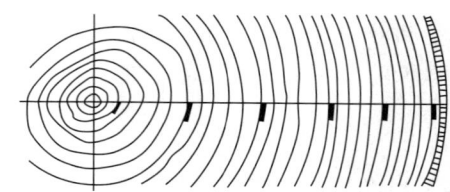

[반경의 측정위치(5, 10, 15, 20…년, 즉 5년 간격으로 측정함)]

ⓔ 위의 예에 있어서는 5, 10, 15······ 30, 35와 같이 되므로 직경은 35, 30, 25와 같이 밖에서 안으로 향하여 측정한다. 즉, 35년은 원판 단면의 연륜수에서 1을 뺀 곳, 30년은 35년에서 5를 뺀 곳, 즉 36-(1+5)가 되는 곳을 찾아 이곳까지의 반경을 측정한다.
ⓜ 이와 같이 하면 어떤 단면에 있어서는 5년의 것 또는 10년의 것이 나타나지 않을 때가 있는데, 이것은 임목의 성장관계 때문에 그러하다. 반경이 측정되면 아래 표와 같은 표를 만들어 측정치를 기록하게 되는데, 이와 같은 기록은 각 단면별로 만든다.
ⓗ 아래 표에서 보는 바와 같이 반경측정치가 기록되면 평균반경 및 직경을 구한 다음, 각 연령에 대한 단면적을 계산하여 기록한다.

〈원판측정 기록의 예〉

번호 0　　　　　　　　　　　　　　　지상고 0.2m　　　　　　　　　　　　　　연륜수 34

구 분		반경방향(cm)				합 계 (cm)	평균반경 (cm)	직 경 (cm)	단면적 (cm)
		1	2	3	4				
연령	36 (피촌)	10.95	10.20	10.15	9.75	41.0	10.25	20.5	0.0330
	36	10.62	9.77	9.88	9.50	39.8	9.95	19.9	0.0311
	35	10.50	9.75	9.74	9.38	39.4	9.85	19.7	0.0305
	30	9.97	8.95	9.05	8.59	36.6	9.15	18.3	0.0263
	25	9.02	8.03	7.95	7.65	32.6	8.15	16.3	0.0209
	20	7.85	6.57	6.47	6.88	27.8	6.95	13.9	0.0152
	15	5.05	4.53	4.16	4.88	18.3	4.65	9.3	0.0068
	10	2.20	1.82	1.82	2.16	8.0	2.00	4.0	0.0013
	5	0.35	0.27	0.29	0.45	1.4	0.35	0.7	0.0000
	심 재	8.30	7.40	6.76	7.58	30.0	7.50	15.0	0.0177

⑤ **수간석해도의 작성** : 반경의 측정이 끝나면 수간석해도를 그린다. 석해도를 그리는 데에는 방안지를 사용하면 편리하다. 그릴 때에는 먼저 가로선을 긋고 가로선의 중심선에서 가로선과 수직으로 세로선을 긋는다. 그어진 세로선은 간축(Stem Axis)이 되며, 여기에 수고를 표시하고 가로선에는 반경을 표시하는데, 반경의 축척은 1/1~1/2, 수고의 축척은 1/10~1/20로 하면 편리하다(세로선은 수고의 크기에 따라 적합한 크기의 축척으로 결정지을 것임). 이와 같이 각 선의 축척이 결정되면 위의 표에서 얻은 결과를 기록하게 된다. 즉, 원판의 단면높이를 잡은 다음 가로선을 긋고, 가로선에 세로선을 중심으로 좌우에 반경측정치를 표한 다음 각 연령대로 연결하면 된다. 그러나, 각 영급에 대한 수고의 결정은 다음과 같은 방법에 의한다.
㉠ 수고곡선법 : 각 단면에 나타난 연륜수를 임령에서 빼면 그 단면을 채취한 높이에 이르기까지 성장하는 데 소요된 연수가 얻어진다. 즉, 0.2m 단면의 연륜수가 34이고 임령이 36년이라면 0.2m 성장하는 데 소요된 연수는 2년이고, 1.2m 단면의 연륜수가 29이면 1.2m 성장하는 데 36-29=7, 즉 7년이 소요된 것이 된다.

이와 같이 성장에 요한 연수를 구한 다음, 가로축에 연수, 세로 축에 수고를 잡아 그래프로 그린 다음 5년, 10년에 대한 수고를 읽어 각 영급에 대한 수고를 하는 방법인데, 예를 들면 다음과 같다.

〈각 단면고와 연륜수〉

단면번호	단면고(m)	연륜수	단면고 도달연수(년)	단면번호	단면고(m)	연륜수	단면고 도달연수(년)
0	0.2	34	2	4	7.2	17	19
1	1.2	29	7	5	9.2	13	23
2	3.2	24	12	6	11.2	8	28
3	5.2	21	21	7	12.2	3	33

즉, 각 단면고와 단면의 연륜수가 위의 표와 같다고 할 때, 이것으로 가로축에 연륜수를, 세로측에 수고를 잡고 각 점을 연결하면 아래 그림과 같은 수고곡선이 얻어진다. 아래 그림에서 5년·10년에 대한 수고를 읽으면 각 영급에 대한 수고를 결정할 수 있다. 이와 같은 방법을 수고곡선법에 의한 방법이라고 한다.

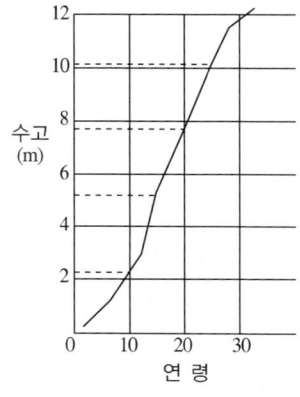

[수고곡선의 예]

ⓒ 직선연장법 : 석해도에서 어떤 영급의 최후 단면의 값과 그 바로 앞의 단면의 값을 연결한 직선을 그대로 연장하여 간축과 만나게 하여 그 교점을 영급의 수고로 하는 방법이며, 이때 그 연장선이 다음 단면고보다 높아지는 경우에는 위로 올라가지 않도록 단면고와 연결한다.

ⓒ 평행선법 : 석해도에서 밖에 있는 영급의 선과 평행선을 그어 간축과 만나는 점을 그 영급의 수고로 하는 방법이다. 0.2m 이하 땅까지는 현장에서 지상 0.0m 되는 곳의 D.O.B.(수피부직경)을 측정하여 이것을 기입하고, 0.2m 단면의 D.O.B.와 연결한 후 각 영급의 것은 이 선과 평행선을 그어 결정한다. 0.0m 되는 곳의 D.O.B.를 측정하지 않았을 때에는 0.2m 단면과 1.2m 단면을 연결한 선을 연장하여 결정한다.

⑥ **재적계산** : 재적을 계산하는 데 있어서는 일반적으로 결정 간재적·초단부 재적 및 근주 재적의 3부분으로 나누어 계산한다.

07 임분재적측정

(1) 임분재적측정 종류

① 전림법 : 전임목을 한 나무도 남기지 않고 조사 측정하여 임분재적을 측정하는 방법
  ㉠ 매목조사법 : 일반적으로 재적을 측정하는 경우와 직경만을 측정하는 경우 두 가지가 있다.
    • 매목조사법(매목직경조사법)
      – 인원 : 기장자 1명, 측정자 1~2명

⟨매목조사 야장의 예⟩

구 분		소나무		참나무		잎갈나무	
		본 수	계	본 수	계	본 수	계
직경	6	正下	8	正	5		
	8	正正正丅	17	正下	8		
	10	正正正正正	25	正正丅	12	下	3
	12	正正正一	16	正	4	丅	2
	14	正正一	11	下	3	⋮	⋮
	⋮	⋮	⋮	⋮	⋮	⋮	⋮

  – 매목조사 실행
    ⓐ 등고선방향으로 진행하여 피로 경감
    ⓑ 정확히 높이 1.2m 지점에 괄약(2cm 간격)으로 측정
    ⓒ 6cm 이하는 측정 안 함
    ⓓ 正자를 사용
    ⓔ 이중측정을 피하기 위하여 입목에 낫이나 박피기로 표식
    ⓕ 정밀을 요구할 때는 장경과 단경을 측정하여 평균하여야 하나, 일반적으로 임의의 방향을 한번 측정
    ⓖ 기장자는 측정자가 읽은 내용을 오기를 피하기 위하여 복창
  – 주의사항
    ⓐ 수간이 분기되었을 때 각 측정하는데, 과대치를 가져오므로 약간 위에서 측정
    ⓑ 2인 이상일 때 교대하여 측정치를 부름
    ⓒ 수종이 상이할 때 수종을 먼저 부르고 난 후 직경을 부르고, 기장자의 복창이 끝난 후 다음 수종으로 이동
    ⓓ 기장자는 항상 측정자를 지휘·감독하여야 함
  ㉡ 매목목측법 : 하나하나의 임목에 대하여 일일이 목측에 의하여 재적을 측정하는 방법
  ㉢ 재적표를 이용하는 방법 : 직경 및 수고 등을 직접 측정하거나 목측한 다음 그 결과로 재적을 산출할 때 입목재적표를 이용하는 방법

② 항공사진을 이용하는 방법
⑩ 수확표를 이용하는 방법 : 수확표는 5년 간격으로 만들어지는데, 임분의 임령과 지위 또는 지위지수를 결정하면 수확표에서 쉽게 임분재적을 구할 수 있다.
② **표본조사법** : 표본점을 추출하고 이것을 측정하여 전임분을 추정하는 방법으로, 표본점의 추출방법은 다음과 같음
㉠ 임의 추출법 : 표본을 추출하려는 모집단인 임분을 표본단위와 같은 크기로 구분한 리스트에서 임의로 표본을 추출하는 방법
㉡ 계통적 추출법 : 추출대상에 대해 일정한 계통을 정해놓고 표본을 추출하는 방법
㉢ 층화 추출법 : 먼저 임분을 몇 개로 나누고(층화), 층화하여 표본을 추출하는 방법
㉣ 부차 추출법 : 모집단을 여러 개의 집락으로 나누고, 그 중에서 몇 개를 추출한 후, 추출된 집락에서 다시 표본점을 추출하여 조사하는 방법
㉤ 이중 추출법 : 항공사진과 지상조사를 병행하여 조사하는 방법
③ **목측법** : 시간과 경비를 절약하기 위하여 목측하는 것으로 개략의 값을 얻고자 할 때 매우 중요한 간접적 추정방법

(2) 표준목법

임분의 재적을 추정하기 위하여 표준목(평균목 ; Average Tree)을 선정하게 된다. 표준목이란 임분재적을 총 본수로 나눈 평균재적을 가지는 나무를 말하는데, 미지의 임분재적을 추정할 때 그 평균재적을 가지는 나무를 선정해야 하는 모순이 있다.

① **표준목 인자를 결정하는 방법**
㉠ 흉고직경의 결정
- 흉고단면적법(Sample Tree By Basal Area) : 매목조사의 결과에서 얻어진 직경을 가지고 흉고단면적을 계산한 다음, 그 평균을 표준목의 흉고단면적으로 하는 방법

$$\overline{G} = \frac{\sum G}{n}$$

$\overline{G}$: 표준목의 평균흉고단면적 n : 임목본수
G : 임목의 흉고단면적

위와 같이 하여 표준목의 흉고단면적이 얻어지면 흉고직경을 구하게 되는데, 표준목의 흉고직경($\overline{d}$)은 다음과 같이 된다.

$$\overline{d} = \sqrt{\frac{4}{\pi} \cdot \overline{G}} = 1.1284\sqrt{\overline{G}}$$

- 산술평균직경법 : 매목조사에서 얻은 직경의 합계를 구하여 이것을 임목본수로 나눈 값을 표준목의 흉고직경으로 하는 방법이다.

$$\bar{d} = \frac{\sum d}{n}$$

$\bar{d}$: 표준목의 흉고직경 $\quad n$: 임목본수
d : 임목의 흉고직경

우리나라에서는 대부분 이 방법에 의하여 표준목의 흉고직경을 구하고 있다.
- Weise법 : 임목을 직경이 작은 것부터 나열하였을 때, 작은 것에서부터 60%에 해당하는 위치에 있는 임목의 직경이 표준목의 직경이 된다.

ⓒ 수고의 결정 : 표준목의 수고를 결정하는 데 있어서는 흉고직경의 결정방법에 의하여 결정된 흉고직경을 가지는 임목을 임분에서 찾아 이 나무의 수고를 측정하여 표준목의 수고를 정하게 된다. 만일, 결정된 흉고직경을 가지는 나무가 2본 이상일 경우에는 그 평균수고를 표준목의 수고로 한다. 그러나 넓은 구역에서 흉고직경의 결정에서 구해진 것과 같은 흉고직경을 가지는 나무를 찾기 위해서는 다시 매목조사를 실시해야 되는데, 이에는 시간과 경비가 많이 소요되어 수고를 결정하는 데 있어서는 수고곡선법에 의하는 것이 가장 좋은 방법이라 하겠다.

ⓒ 흉고형수의 결정 : 표준목의 재적을 계산하기 위하여 흉고 형수를 이용하는 경우도 있다. 이와 같은 경우에는 각 직경 급마다 평균적인 형수를 산출하여 사용해야 한다. 그러나 그 방법이 대단히 복잡하기 때문에 일반적으로 형수표를 사용한다.

② 표준목법의 종류
ⓐ 단급법 : 전 임분을 1개의 급(Class)으로 취급하여 단 1개의 표준목을 선정하는 방법이므로 가장 간편하다.

$$V = v' \times N$$

V : 전임분재적 $\quad v'$: 표준목의 재적

ⓑ Draudt법

단급법에서는 전임분을 대상으로 하여 표준목을 선정하지만, Draudt법(Draudt's Method)에서는 각 직경급을 대상으로 하여 표준목을 선정한다. Draudt법에 의하여 표준목을 선정할 때에는 먼저 전체에서 몇 본의 표준목을 선정할 것인가를 정한 다음, 각 직경급의 본수에 따라 비례 배분한다. 예를 들면, 전체 임목본수 200본 중에서 10본을 선정한다고 하면 10/200, 즉 비는 1/20이므로 어떤 직경급의 본수가 15본이면 1/20의 15배, 즉 1/20 × 15 = 0.75본을 그 경급에 배정하게 된다. 0.75본이란 실제로는 존재하지 않으므로, 이것을 1본으로 해주면 다른 급에서는 0.25본을 상실하게 된다. 이와 같이 하여 선정되는 표준목의 수를 처음 계획한 대로 10본이 되도록 하며, 선정된 표준목의 재적을 측정하여 임분재적을 추정한다. 이때, 10본의 표준목의 재적합계를 v라 하면, 임분재적(V)은 다음 식에 의하여 구해진다.

$$V = v \times \frac{N}{n}$$

n : 표준목수 $\qquad$ N : 전임분의 임목본수

ⓒ Urich법 : Draudt는 표준목을 배당하는 데 있어서 각 직경급에다 본수비례로 하였지만, Urich는 전임목을 몇 개의 계급(Grade)으로 나누고 각 계급의 본수를 동일하게 한 다음 각 계급에서 같은 수의 표준목을 선정하는 것이 좋다는 사실을 발표하였는데, 이 방법을 Urich법(Urich's Method)이라 한다. 표준목이 선정되면 임분재적은 다음과 같은 식에 의하여 구해진다.

$$V = v \times \frac{G}{g}$$

v : 표준목의 재적합계 $\qquad$ g : 표준목의 흉고단면적합계
G : 임분의 흉고단면적합계

ⓔ Hartig법 : Urich는 각 계급의 본수를 동일하게 하였으나, Hartig는 각 계급의 흉고단면적을 동일하게 하였다. 따라서, Hartig법(Hartig's Method)을 적용하고자 할 때에는 먼저 계급수를 정하고 전체 흉고단면적합계를 구한 다음, 이것을 계급수로 나누어서 각 계급의 흉고단면적합계로 한다.

$$V_n = v_n \times \frac{G}{g}$$

v_n : 표준목의 재적합계 $\qquad$ g : 표준목의 흉고단면적합계
G : 임분의 흉고단면적합계

ⓜ 앞에서 말한 몇 가지 방법 중에서 단급법은 가장 간편한 방법이지만 결과가 나쁘고, Hartig법은 계산은 복잡하지만 정도는 가장 높다.

08 표본 조사법

(1) 표본점수의 결정방법

전체를 조사하는 대신 적은 구역 또는 적은 본수를 선출하여 조사하는 방법을 표준조사 또는 표준점법이라 하고, 표본조사를 하기 위하여 선정되는 구역을 표본점 또는 표준지, 임목을 표본목이라 한다. 표본점에는 재적조사만을 위하여 일시적으로 설치되는 것과 수확표 또는 성장량을 조사하기 위하여 영구적으로 설치되는 것이 있는데, 전자를 일시적 표본점, 후자를 영구적 표본점이라 한다.

① 표본점수의 결정방법 공식

표본점 $\geq (4Ac^2)/(e^2A+4ac^2)$

A : 임분면적, a : 표본점의 면적, e : 오차율, c : 변이계수

② **표본점 단위의 크기** : 표본점은 형에 따라 원형, 구형, 정방형으로 나누어지는데 어느 것이든 단위는 일정하지 않고 10m×10m에서 100m×100m의 것까지 있는데, 우리나라의 숲가꾸기의 경우 20m×20m의 정방형이 많이 사용되며, 국가산림자원조사시에는 원형이 사용된다.

③ 표본점 단위의 크기에 따르는 평균재적과 표준편차의 비교

표본점 단위의 크기	평균재적	표준편차	표본점 단위의 크기	평균재적	표준편차
10m×10m	3.42	1.54	40m×40m	54.72	12.55
20m×20m	13.68	4.36	40m×80m	109.44	20.25
20m×40m	27.36	7.35	80m×80m	218.88	34.82

(2) 표본점의 추출방법

임분재적측정을 위한 표본조사법의 표본 추출방법

① **임의 추출법** : 임의 추출법이란 크기 N의 모집단에서 크기 n의 표본을 추출하는 방법에는 조합이론에 의하면 $_NC_n$ 가지가 있다. $_NC_n$ 가지의 어느 것이든지 같은 확률로 선출되는 추출방법을 단순임의 추출법이라 한다.

② **계통적 추출법** : 대규모 조사일 경우, 임의 추출에 의한 방법을 적용하면 많은 노력이 필요하게 되어 불편하기 때문에 이와 같은 경우는 어떤 계통을 세워 표본을 추출하게 되는데, 이 방법을 계통적 추출법이라 한다. 임지에서 표본을 추출할 때 계통적 추출법은 우리나라와 같이 험한 산림에서도 용이하기 때문에 널리 사용되고 있다.

③ **층화추출법** : 표준편차가 크면 클수록 추출될 표본점의 크기도 커져서 경비와 시간을 많이 소비할 뿐만 아니라, 오차율도 커지는 결과를 가져오게 될 것이다. 이와 같은 경우에는 임분을 몇 개로 구분하여 각 구분된 임분에서 표본을 추출하여 추정하면 좋은 결과를 주게 된다. 이와 같이 임분을 몇 개로 구분하는 것을 층화라 하며, 층화하여 표본을 추출하는 방법을 층화추출법이라 한다. 임업에 있어서 층화의 기준에는 여러 가지가 있는데, 세분하면 결과는 좋아지지만 반면에 경비를 많이 필요로 하기에 일반적으로 다음과 같이 한다.

㉠ 수 종
- 침엽수
- 활엽수
- 혼효림

㉡ 영급 : 일반적으로 10년을 1영급으로 한다.

ⓒ 경급별
- 치수 : 6cm 이하
- 소경목 : 6~16cm
- 중경목 : 18~28cm
- 대경목 : 30cm 이상

ⓔ 수관밀도
- 소 : 40% 이하
- 중 : 41~70%
- 밀 : 71% 이상

④ **부차추출법** : 조사단위간의 거리가 멀어져서 그 비용이나 노력이 많이 필요하게 될 때에는 모집단을 여러 개의 집락(Cluster)으로 나누고 그중에서 몇 개를 추출한 후 추출된 집락에서 다시 표본점을 추출하여 조사하는 방법을 부차추출법 또는 이단추출법이라 한다. 위에서 설명한 세 가지는 일단추출법이라 하고, 추출이 3단 또는 4단계와 같이 행하여지는 것을 다단추출법이라 한다.

⑤ **비추정법 및 회귀추정법** : 고사목의 본수와 전체본수를 가지고 고사율을 추정하는 경우, 또는 전체 면적을 알고 있을 때 임반 또는 소반을 추출하여 그 피해면적을 조사해서 전체 피해면적을 추정하는 방법을 비추정법이라 한다. 또한 전 산림에 대한 재적조사를 목측에 의하여 했을 때, 목측한 곳에서 n개의 표본점을 추출하고 이것을 실측하여 n개의 목측치와 실측치 간에 상관관계에 의하여 회귀식을 만들고 이 식에 목측한 총 재적을 대입함으로써 전체의 실 재적을 추정하고자 하는 방법을 회귀추정법이라 한다.

⑥ **이중추출법** : 이중추출법은 항공사진을 병용한 표본조사에서 사용된다. 항공사진재적표가 만들어져 있을 때, 이것을 다른 구역에 적용하는 경우, 또는 사진에서 많은 표본점을 조사한 후 그중에서 몇 개를 추출하여 지상조사를 하여 사진 상의 측정치와 지상조사의 결과에 의해 회귀계수를 구하여 전체를 추정하고자 하는 방법인데, 앞에서 설명한 회귀추정법이 적용된다.

(3) 각산정표준지법

① 각산정표준지법(Angle Count Method)은 Bitterlich(1948)가 공표한 것인데, 이 방법은 표본점을 필요로 하지 않기 때문에 플롯레스 샘플링(Plotless Sampling)이라 불린다. 임분재적은 $V = G \cdot H \cdot F$에 의해서 구해지는데, 식에서 G는 임분흉고단면적합계, H는 임분평균수고, F는 임분형수이다. Bitterlich는 각산정표준지법에 의하여 단위면적당 임분흉고단면적합계를 구하고자 하였는데, 그 원리는 종합하면 다음과 같다.

② 다음 그림과 같이 50cm(ℓ)되는 길이의 자에 2cm의 차단편을 달고 타단에 시공을 붙인 것을 만들면 이것은 계수 4를 가지는 릴라스코프(Relascope)가 되는데, 이 기계를 가지고 임내에 서서 기계의 차단편에 의하여 완전히 차단되는 나무를 생각하면 이 점은 그 나무의 흉고직경의 50배 확대단면 위에 있게 되며, 나무가 완전히 가려질 때 이 점은 확대단면 밖에 있게 된다.

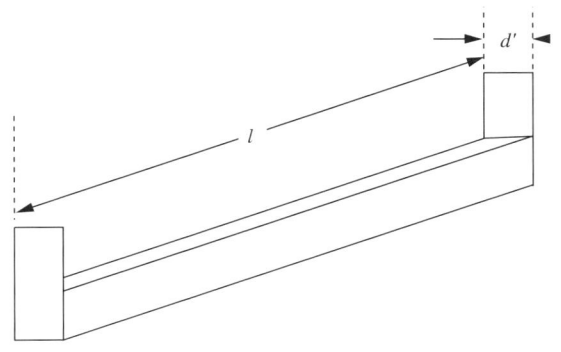

[그로센바우릴라스코프]

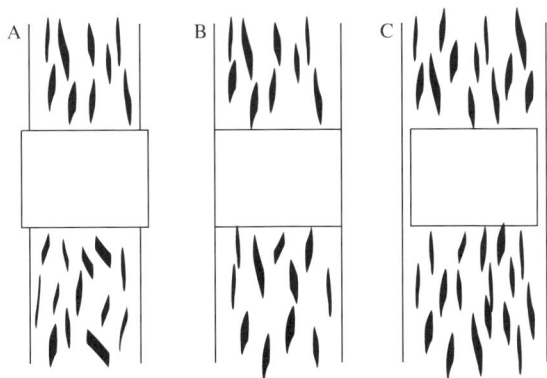

[그로센바우릴라스코프의 사용법]

③ 즉, 윗 그림 A와 같이 될 때에는 입점이 확대단면 밖에 있으므로 이것은 세지 않으며, B와 같이 될 때에는 원주상에 있으므로 이때에는 이것을 0.5, 즉 반으로 세며, C와 같이 될 때에는 확대단면 안에 있으므로 이것을 1로 센다. 센 것 전부를 합하면 여기서 얻어지는 본수는 이 입점이 몇 개의 중복된 확대단면적 위에 있다는 것을 알 수 있다. 이와 같이 하여 임목본수를 센 후 기계가 가지는 계수를 곱해 주면 단위 면적당 임분흉고단면적합계가 얻어진다.

09 주요 수종의 사진 판독 기준

(1) 소나무
부정형인 원통형이며, 색조는 회색에 가깝고, 개개의 수관은 원추형으로 명확히 구분된다.

(2) 잎갈나무
정부(수관)는 소실하기 쉬운 원추형이며, 색조는 침엽수 중에서 가장 밝은 회백색으로 활엽수와 비슷하다.

(3) 전나무
원추형 수관을 가지며, 색조는 비교적 까맣다.

(4) 참나무
대단히 큰 수관으로 둥글고, 색조는 담색이며, 여름철에는 개개의 임목을 구별하기 곤란하다.

(5) 오리나무
가장 밝은 색이며, 수관이 작고, 미세구성이다.

| 주관식 확인문제 | 산림경영계획, 산림측정 |

※ 다음 빈칸에 적절한 말을 넣거나 묻는 말에 답하시오.

01 산림경영계획은 몇 년 단위로 짜여지는가?

┤ 정답적기 ├

02 임반의 면적은 현지 여건상 불가피한 경우를 제외하고는 가능한 (   )ha 내외로 구획하며, 능선·하천 등 자연경계나 도로 등 고정적 시설을 따라 확정하며, 소반의 최소 면적은 (   )ha 이상으로 구획하되, 부득이한 경우에는 소수점 한자리까지 기록이 가능하다.

┤ 정답적기 ├

03 경영계획작성을 위해 산림조사의 지황조사 내용 중 입목지, 무입목지, 법정지정림 등으로 구분하는 것을 무엇이라 하는가?

┤ 정답적기 ├

04 경영의 총자본(고정자본+유동자본)을 경영에 종사하는 사람으로 나눈 값을 무엇이라 하는가?

┤ 정답적기 ├

05 임황조사 시 임령의 경우 인공조림지는 조림연도의 (   )을 기준으로 하고, 식별이 불분명한 임지는 (   )를 사용한다.

┤ 정답적기 ├

06 자기자본 또는 기술의 부족으로 인하여 스스로 산림을 경영하기 어려운 사유림 소유자와 계약에 의하여 산림경영일체를 대신 실행해 주는 제도로서 경영 방치된 산림의 계획적 육성으로 경제적·공익적 기능증진을 목적으로 하는 제도는?

┤ 정답적기 ├

07 산림면적이 1,200ha이고 윤벌기가 60년이며, 영계가 20일 때 법정영급면적과 영급수는?

┤ 정답적기 ├

08 경영계획 시 1임반 1소반 3보조소반을 올바르게 표기하면?

09 임목의 집단인 임분의 총재적을 그 임분의 흉고단면적합계와 평균수고를 곱한 값으로 나눈 값을 무엇이라 하는가?

10 수간·지조 및 근주 전체를 포함시켜서 구하는 형수를 무엇이라 하는가?

11 수목의 성장과정을 정밀히 사정할 목적으로 어떤 임분을 대표할 수 있는 표준목을 선정·벌채하여 수간을 분석하는 방법을 무엇이라 하는가?

12 임분재적을 총 본수로 나눈 평균재적을 가지는 나무로, 임분의 재적을 추정하기 위하여 선정되는 나무를 무엇이라 하는가?

정답적기

13 임분을 구성하는 임목 개개를 하나도 빠짐없이 전부 측정하는 방법으로 각 임목에 대해 직경만을 측정하는 조사법을 무엇이라 하는가?

정답적기

14 목재의 수급관계 및 화폐가치의 변동 등에 의한 목재 가격의 등귀를 무엇이라 하는가?

정답적기

15 말구직경=12cm, 원구직경=18cm, 중앙직경=16cm, 재장=2m일 때의 후버식, 스말리안식, 뉴턴식에 의한 각각의 재적을 구하라.

정답적기

16 말구직경=14cm, 재장=8.5m일 때의 재적을 말구직경자승법에 의해 구하라.

17 수확표는 일반적으로 몇 년 간격으로 만들어지는가?

18 우리나라의 숲가꾸기 설계 시 표준지 조사비율을 사업대상지 면적의 몇 % 이상으로 하는가?

주관식 정답

01. 10년
02. 100, 1
03. 지종(구분)
04. 자본장비도
05. 묘령, 생장추
06. 대리경영제도
07. 400ha, 3개
08. 1-0-1-3
09. 임분형수
10. 수목형수
11. 수간석해
12. 표준목
13. 매목조사법(매목직경조사법)
14. 등귀성장
15. Huber=0.040(m^3), Smalian=0.037(m^3), Newton=0.039(m^3)
16. 국산재인 경우 0.218m^3, 수입재인 경우 0.131m^3
17. 5년
18. 1% 이상

CHAPTER 07 목재수확작업 도구 및 장비

01 산림작업도구

(1) 작업도구의 구비조건
① 도구는 손의 연장이며, 적은 힘으로 보다 많은 작업효과를 가져다 줄 수 있는 구조를 갖추어야 한다.
② 도구의 형태와 크기는 작업자 신체에 적합하여야 한다.
③ 도구의 날 부분은 작업목적을 효과적으로 충족시킬 수 있도록 단단하고 날카로운 것이어야 한다.
④ 도구의 손잡이는 사람의 손에 자연스럽게 꼭 맞아야 한다.
⑤ 작업자의 힘을 최대한 도구 날 부분에 전달할 수 있어야 한다.
⑥ 도구 날과 자루는 작업 시 발생하는 충격을 작업자에게 최소한으로 줄일 수 있는 형태와 재료로 만들어져야 한다.
⑦ 자루의 재료는 가볍고 녹슬지 않으며 열전도율이 낮고, 탄력이 있으며 견고해야 한다.

(2) 임업용 소도구
① 양묘사업용 소도구
  ㉠ 이식판 : 소묘 이식 시 사용되며, 열과 간격을 맞출 때 적합한 도구이다.
  ㉡ 이식승 : 이식판과 같은 용도로 사용되며, 묘상이 긴 경우에 적합하다.
  ㉢ 묘목운반상자 : 묘목운반에 사용되는 도구이다.
  ㉣ 식혈봉 : 유묘 및 소묘 이식용으로 사용된다.
  ㉤ 기타 : 호미, 삽, 쇠스랑 등

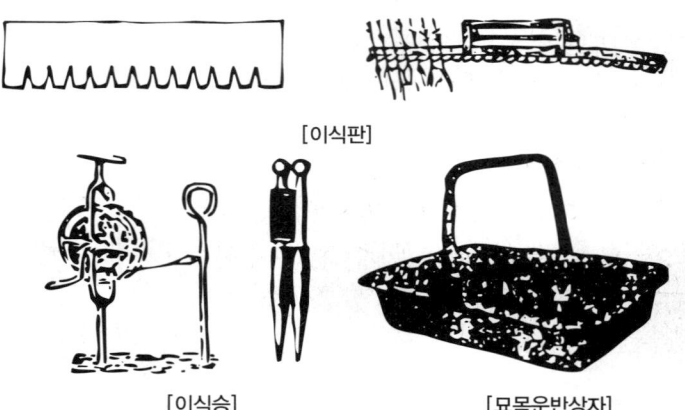

[이식판]

[이식승]   [묘목운반상자]

② 조림사업용 소도구
　㉠ 재래식 삽, 재래식 괭이 : 산림작업에 있어 식재·사방분야에서 많이 사용되고 있다.
　㉡ 각식재용 양날괭이 : 조림작업 시 한쪽은 땅을 가르는 데 사용되고, 다른 쪽은 땅을 벌리는 데 사용된다.
　㉢ 사식재 괭이 : 대묘보다 소묘의 사식에 적합하다.
　㉣ 아이디얼 식혈삽 : 우리나라에는 사용되지 않으나 대묘식재와 천연치수 이식에 적합하다.
　㉤ 손도끼 : 뿌리의 단근작업에 사용한다.
　㉥ 묘목 운반용 비닐 주머니 : 운반용 주머니로 건포 및 비닐주머니가 있다.

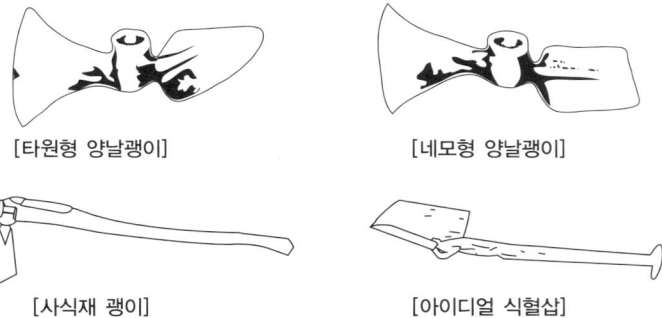

[타원형 양날괭이]　　　[네모형 양날괭이]
[사식재 괭이]　　　[아이디얼 식혈삽]

③ 숲가꾸기(육림) 작업용 소도구
　㉠ 재래식 낫 : 풀베기 작업도구로 적합하다.
　㉡ 스위스 보육낫 : 손잡이 끝에 손이 미끄러지지 않도록 받침쇠가 있어 침·활엽수 유령림 숲가꾸기 작업에 적합하다.
　㉢ 소형 전정가위 : 신초부와 쌍가지 제거 등 직경 1.5cm 내외의 가지를 자를 때 사용한다.
　㉣ 무육용 이리톱 : 역학을 고려하여 손잡이가 구부러져 있어 가지치기와 어린나무 가꾸기 작업에 적합하다.
　㉤ 가지치기 톱 : 가지치기 톱에는 직경 2cm 이하에 사용되는 소형 손톱, 수간의 높이가 4~5m 정도의 높이에 사용되는 고지절단용 가지치기톱이 있다.
　㉥ 재래식 톱 : 우리나라의 재래식 톱으로 체인톱에 밀려서 거의 사용되지 않는다.

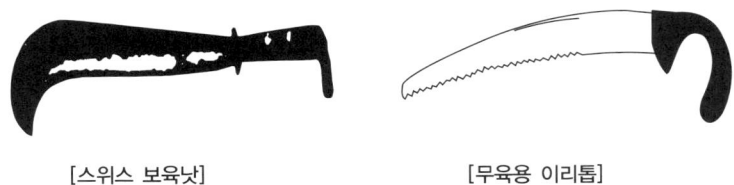

[스위스 보육낫]　　　[무육용 이리톱]

④ 벌목작업용 소도구
  ㉠ 도끼 : 작업목적에 따라 벌목용, 가지치기용, 각목다듬기용, 장작패기용 및 소형 손도끼로 구분한다.
    • 벌목용 도끼 : 무게 440~1,400g, 날의 각도 9~12°
    • 가지치기용 도끼 : 무게 850~1,250g, 날의 각도 8~10°
    • 각목다듬기용 도끼 : 무게 2~3kg
    • 단단한 나무(활엽수) 장작패기용 도끼 : 무게 2.5~3kg, 날의 각도 30~35°
    • 약한 나무(침엽수) 장작패기용 도끼 : 무게 2~2.5kg, 날의 각도 15°
    • 손도끼 : 무게 800g
  ㉡ 쐐기 : 주로 벌도방향의 결정과 안전작업을 위하여 사용되며 용도에 따라 벌목용 쐐기(A), 나무쪼개기용 쐐기(B), 절단용 쐐기(C) 등으로 구분한다. 쐐기재료에 따라서는 목재쐐기, 철제쐐기(D), 알루미늄쐐기, 플라스틱쐐기(E) 등으로 구분한다.

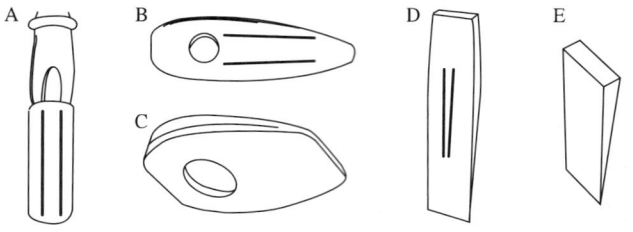

[여러 가지 형태의 쐐기]

  ㉢ 원목방향 전환용 지렛대 : 벌목 시 나무가 걸려 있을 때 밀어 넘기거나 또는 벌목된 나무의 가지를 자를 때 벌도목을 반대방향으로 전환시킬 경우에 사용한다.
  ㉣ 방향전환 갈고리 : 벌도목의 방향전환을 갈고리와 전달해 놓은 원목을 운반하는 데 사용하는 것으로 방향용 갈고리, 운반용 갈고리, 집게 등이 있다(A : 걸어당김 고리, B · C : 지렛대).

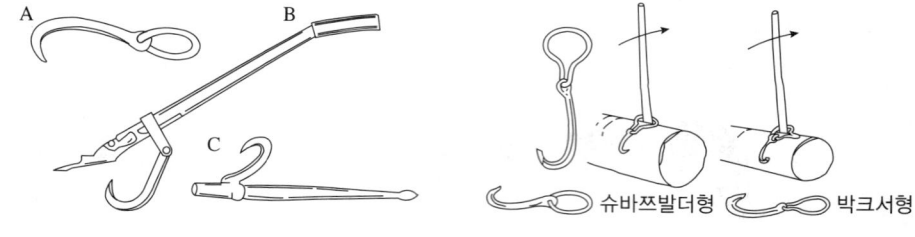

[원목 방향전환 기구]　　　　　　　[방향갈고리의 종류]

  ㉤ 박피용 도구 : 수피의 두께나 특성에 적합한 것을 사용하며 소형 박피도구, 재래식 박피도구, 외국형 박피도구(솔타우어형, 다우너유니버설형, 벨리형 등) 등이 있다(A : Draw shave, B · C : Timber shave, D : Spuds).

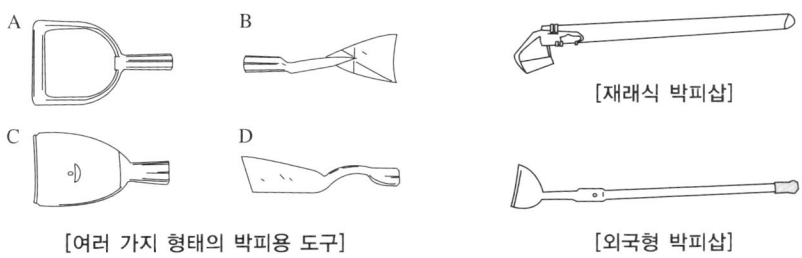

[재래식 박피샵]

[여러 가지 형태의 박피용 도구]

[외국형 박피샵]

ⓑ 측척 : 벌채목을 규격대로 자를 때 사용한다.

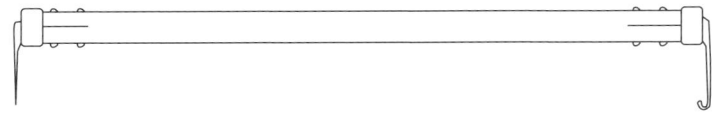

[측 척]

ⓐ 사피(도비) : 산악지대에서 벌도목을 끌 때 사용하는 도구로 한국형과 외국형이 있다.

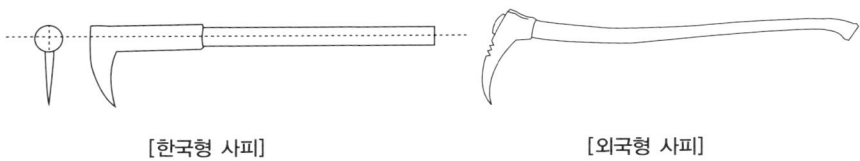

[한국형 사피]   [외국형 사피]

02 임업기계 및 장비

(1) 임업기계
산림의 조성, 관리 및 생산물의 수확 등 임업활동에 활용되는 모든 장비를 통칭하며, 좁은 의미로는 임업용으로 활용하기 위하여 제작된 체인톱, 집재기, 임업용 트랙터 등을 임업기계라고 한다.

(2) 양묘용 기계
① 양묘장은 일반적으로 평지이기에 농업에서 사용되는 기계가 주로 사용된다.
② 소규모 포지에서는 2륜 경운기가, 대규모 포지에서는 승용형 4륜 트랙터가 사용된다.
③ 부착 작업기로는 3연쟁기, 로우터틸러, 퇴비산포기, 조상기, 이식기, 중경제초기, 방제기, 단근굴취기, 측근절단기, 토양소독기 등 다양한 기종이 활용되고 있다.

(3) 조림 및 숲가꾸기용 기계

① 예불기(예초기)
   ㉠ 1950년대 후반 일본 등지에서 주로 조림지 정리작업 및 풀베기용으로 개발되어 보급되었다.
   ㉡ 종류
      • 휴대방식(장착방식)별 분류 : 어깨걸이식(견괘식), 손잡이식, 등짐식(배부식)
      • 엔진 종류에 의한 분류 : 엔진식, 전동식
      • 칼날의 종류 : 나일론 스프링코일, 잔디 제초용 칼날, 관목 제거용 칼날, 원형 칼날
   ㉢ 구조 : 엔진부, 동력전달부(클러치, 드라이브 샤프트, 아우터 파이프, 핸들), 예불날(머리)부

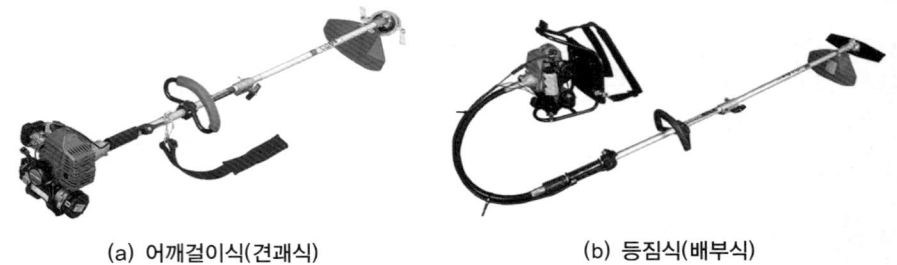

(a) 어깨걸이식(견괘식)   (b) 등짐식(배부식)

[예불기의 종류]

② 식혈기
   ㉠ 높이 30cm 전후의 묘목을 조림지에 식재할 목적으로 직경 30cm, 깊이 30cm의 식재용 구덩이를 파는 기계
   ㉡ 종류 : 가솔린 엔진의 휴대용, 경운기 장착용, 트랙터 부착용

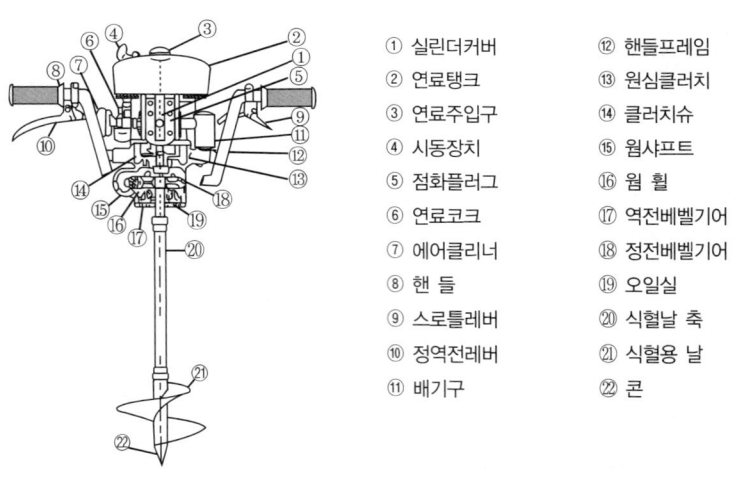

① 실린더커버   ⑫ 핸들프레임
② 연료탱크   ⑬ 원심클러치
③ 연료주입구   ⑭ 클러치슈
④ 시동장치   ⑮ 웜샤프트
⑤ 점화플러그   ⑯ 웜 휠
⑥ 연료코크   ⑰ 역전베벨기어
⑦ 에어클리너   ⑱ 정전베벨기어
⑧ 핸 들   ⑲ 오일실
⑨ 스로틀레버   ⑳ 식혈날 축
⑩ 정역전레버   ㉑ 식혈용 날
⑪ 배기구   ㉒ 콘

[휴대용 식혈기의 구조]

③ 육림용 트랙터 : 육림작업에 사용되는 장비로 차륜형과 궤도형이 있다.
④ 레이크 도저 : 벌채지의 지조정리, 식재를 고려한 얕은 경운작업, 소경목 벌근처리 등의 작업이 가능하다.
⑤ 근주 파쇄기 : 트레일러식과 트랙터 부착 마운트식의 두 종류로 지하부의 벌근을 제거한다.
⑥ 로터리 커터, 플레일 모우어 : 트랙터에 부착하여 관목, 조릿대, 잡초 등을 용이하게 제거하는 장비이다.

⑦ 어스오거 : 조림작업을 위한 식혈장비이다.
⑧ 임목식재기 : 조림예정지 정리 작업과 장비 뒤에 사람이 앉아 있어 식재를 동시에 할 수 있는 장비이다.
⑨ 지타기
　㉠ 종류와 성능
　　• 위험을 수반하는 고소작업이 주체인 지타작업의 안전과 효율화를 목표로 개발된 기계이다.
　　• 보통 차량이 진입할 수 없는 임내에서 사용되므로 가반식이고, 현재 보급되고 있는 기종은 대개 20~40kg 정도이다.
　㉡ 지타기를 사용할 수 없는 임목
　　• 지타기에 명시되어 있는 절단 가능한 가지의 최대직경을 초과하여 지타하면 쏘체인이 걸려 엔진고장 등의 문제가 발생하기도 한다.
　　• 휘거나 요철(凹凸)이 있는 임목에 사용하면 수간에 손상을 주며, 윤생지(輪生枝)를 가진 수종에서는 톱날의 절단능력이 기계의 이동속도에 미치지 못하거나 잔존가지를 바퀴가 타고 넘어가지 못하는 경우도 있다.
　㉢ 지타기의 문제 : 엔진고장, 임목의 형상에 기인한 상처, 바퀴에 의한 상처, 센서 이상, 우천 시 바퀴의 미끄러짐 등이 있다.

(4) 벌목용 기계

① 체인톱(기계톱, 체인쏘)의 개요
　㉠ 1918년 스웨덴에서 최초로 현재의 개념과 비슷한 체인톱을 발명하였다.
　㉡ 임업에서 가장 많이 사용되는 것으로 도끼나 손톱을 이용한 인력 벌목작업을 대체한 장비이다.
　㉢ 종류 : 가솔린엔진 체인톱(단일 실린더 체인톱, 복합 실린더 체인톱, 로터리 체인톱), 전동체인톱, 유압체인톱, 공기체인톱
　㉣ 구 조
　　• 원동기부분 : 실린더, 피스톤, 피스톤핀, 크랭크축, 크랭크케이스, 소음기, 기화기, 연료탱크, 점화장치, 플라이휠, 시동장치, 쏘체인, 급유장치, 연료탱크, 체인오일탱크, 에어필터, 손잡이 등
　　• 동력전달부분 : 클러치, 감속장치, 스프라킷 등
　　• 쏘체인부분 : 쏘체인, 안내판, 체인장력조절장치, 체인덮개
　㉤ 안전장치 : 전방 손잡이 및 후방 손잡이, 전방 손보호판, 후방 손보호판, 체인브레이크, 체인잡이, 체인잡이 볼트, 지레발톱, 스로틀레버 차단판, 스위치, 소음기, 체인보호집, 안전체인 등
　㉥ 엔진의 출력에 따른 분류
　　• 소형 체인톱 : 엔진출력 2.2kw, 무게 6kg
　　• 중형 체인톱 : 엔진출력 3.3kw, 무게 9kg
　　• 대형 체인톱 : 엔진출력 4.0kw, 무게 12kg
② 체인톱의 점검
　㉠ 일일 정비 : 휘발유와 오일의 혼합, 에어필터 청소, 안내판 손질
　㉡ 주간 정비 : 안내판, 체인톱날, 점화부분, 체인톱 본체

ⓒ 분기별 정비 : 연료통과 연료필터 청소, 윤활유 통과 거름망 청소, 시동줄과 시동스프링 점검, 냉각장치, 전자점화장치, 원심분리형 클러치, 기화기

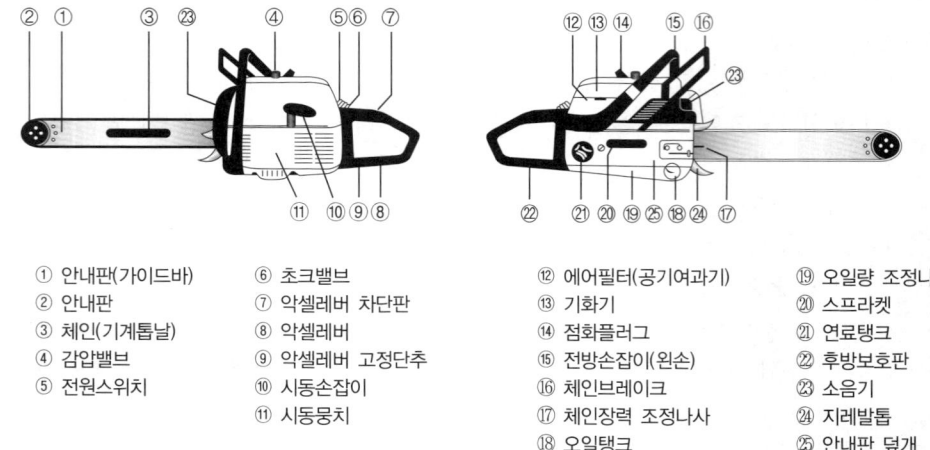

① 안내판(가이드바)　⑥ 초크밸브　　　　　⑫ 에어필터(공기여과기)　⑲ 오일량 조정나사
② 안내판　　　　　　⑦ 악셀레버 차단판　　⑬ 기화기　　　　　　　⑳ 스프라켓
③ 체인(기계톱날)　　 ⑧ 악셀레버　　　　　 ⑭ 점화플러그　　　　　㉑ 연료탱크
④ 감압밸브　　　　　⑨ 악셀레버 고정단추　⑮ 전방손잡이(왼손)　　　㉒ 후방보호판
⑤ 전원스위치　　　　⑩ 시동손잡이　　　　 ⑯ 체인브레이크　　　　 ㉓ 소음기
　　　　　　　　　　 ⑪ 시동뭉치　　　　　 ⑰ 체인장력 조정나사　　 ㉔ 지레발톱
　　　　　　　　　　　　　　　　　　　　　⑱ 오일탱크　　　　　　 ㉕ 안내판 덮개

[휴대용 체인톱의 구조]

(5) 임목집재용 장비

집재는 임지 내에 흩어져 있는 벌채목이나 원목을 임도변까지 끌어모으는 작업이다.

① **중력식** : 목재의 자중(自重)을 이용하여 집재하는 방법

　㉠ 활로에 의한 집재

구 분	장 점	단 점	특 징
토수라	시설비 적음	임지훼손, 목재훼손	토수라의 최소경사 • 얼음판 : 8% • 눈 : 12% • 습할 때 : 35%
목수라, 판자수라	목재훼손 적음	시설비용이 높음	-
플라스틱수라	효율성 높음	구입비용이 높음	조 건 • 최소물매 : 25% • 최대물매 : 55% • 최대거리 : 500m • 최적거리 : 100~150m

　㉡ 와이어로프에 의한 집재 : 와이어로프나 강선을 이용하여 원목을 고리에 걸어 내려 보내는 방법

② **소형원치류**

　㉠ 소형 소집재용 원치 : 아크야 원치, 체인톱 원치(KBF 소형 원치)

　㉡ 소형 집재용 차량 : 보행 조작형 크롤러 바퀴식(아이언 호스), 탑승형 크롤러 바퀴식(Yanmar), 타이어 바퀴식(Oikawa)

③ **트랙터 원치류**

　㉠ 독립된 원동기를 구비하여 물체를 견인하기에 적합한 구조와 성능을 지닌 특수 차량

　㉡ 다목적 트랙터 : 작업기를 차체에 얹을 수 있는 플랫폼 형식으로 시스템 트랙터라고도 하며, MB 트랙터, 우니목(Unimog) 트랙터 등이 있다.

ⓒ 농업용 트랙터 : 농업용 트랙터를 표준형 트랙터라고도 하며, 3점 링크히치에 작업기를 부착하여 사용하는 것으로 대표적인 작업기로 파미(Farmi)윈치가 있다.

ⓒ 차체 굴절식 임업용 트랙터 : 일명 스키더라고도 하며, 동일한 크기인 4개의 대형 바퀴와 차체 굴절식 조향장치를 구비한 것이 특징으로 팀버잭 그래플 스키더 등이 있다.

④ 가선집재기계

㉠ 야더(Yarder) 집재기 : 타워야더 집재기가 개발되기 전에 사용하던 집재기로 드럼용량이 커서 일반적으로 장거리 집재에 적합하나, 이동 시 트럭 등을 이용해야 하는 불편함이 있다.

㉡ 이동식 타워야더 : 타워가 부착되어 이동·설치가 쉬우나 800m 이상의 장거리 집재에 부적합하다. 콜러집재기(K-300) 등이 대표적인 장비이다.

⑤ 가선집재기계용 부속기구

㉠ 반송기(캐리지) : 가선집재기의 가공본줄 위에서 목재를 적재하여 운반하는 장비로 보통반송기, 슬랙 풀링반송기, 계류형 반송기, 자주식 반송기 등이 있다.

㉡ 활차(블록, 도르래) : 로딩블록, 새들블록, 힐블록, 가이드블록, 콘트롤블록, 자동스내치블록 등이 있다.

⑥ 와이어로프

㉠ 와이어로프는 가선집재뿐만 아니라 윈치를 이용한 집재작업에서 반드시 필요한 부품이다.

㉡ 구조와 명칭

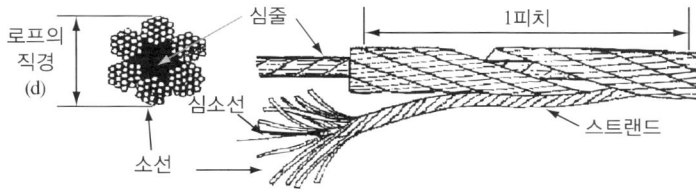

[와이어로프의 구성]

ⓒ 꼬임방법 : 와이어로프의 꼬임과 스트랜드의 꼬임방향이 반대로 된 것을 보통꼬임(작업줄), 같은 방향으로 된 것을 랭(Lang)꼬임(가공본줄)이라 한다.

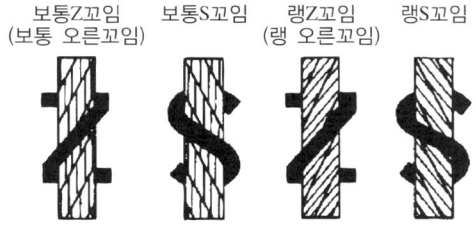

[와이어로프의 꼬임]

㉣ 교체 기준
- 와이어로프의 1피치 사이에 와이어가 끊어진 비율이 10%에 달하는 경우
- 와이어로프의 지름이 공식지름보다 7% 이상 마모된 것
- 심하게 킹크되거나 부식된 것

(6) 다공정 처리장비
① 벌도, 가지제거, 작동, 집적, 칩생산 등의 공정 가운데 복수의 공정을 연속적으로 처리하는 차량형 기계를 총칭하는 말
② 하베스터 : 임내를 이동하면서 입목의 벌도·가지제거·절단작동 등의 작업을 하는 기계로서 벌도 및 조재작업을 1대의 기계로 연속작업을 할 수 있는 장비
③ 프로세서 : 하베스터와 유사하나 벌도 기능만 없는 장비
④ 펠러번처 : 벌목과 집적 기능만 가진 장비
⑤ 포워더 류 : 목재를 적재함에 적재한 후, 작업로 또는 임지를 주행하여 임도변 토장까지 운반하는 장비를 총칭하며, 궤도식 소형 집재차(미니포워더), 4륜형 소형·대형 집재차가 있음

(7) 집적 및 상·하차장비
① 운반 및 하역잡업은 원목의 상차, 하차, 선별, 집적 등을 실시하는 작업
② 원목 집게류, 운재용 트럭(크레인 트럭, 다목적 작업차, 칩 운반차 등) 등이 있음

(8) 산림토목용 장비
① 불도저
  ㉠ 궤도형 트랙터의 전면에 작업 목적에 따라 부속장비로서 다양한 블레이드(토공판, 배토판)를 부착한 기계이다.
  ㉡ 배토판의 종류에 따라 불도저(스트레이트 도저), 틸트도저(배토판 상하이동), 앵글도저(배토판 전후이동) 등이 있다.
② 굴착기 : 셔블계통 굴착기, 백호우 등
③ 트랙터 셔블 : 궤도형, 차륜형
④ 노반용 장비 : 모터그레이더와 스크래퍼 등
⑤ 노면다짐용 장비 : 로드롤러, 타이어롤러, 진동롤러 등

---

03 임업기계화

(1) 목 적
① 노동생산성의 향상
  ㉠ 노동생산성은 생산량과 투입노동량의 비율이다.
  ㉡ 벌채작업은 m^3/인·일, 숲가꾸기 작업은 ha/인·일 또는 본/인·일로 표시한다.
② 생산비용의 절감 : 산림 경영비에서 가장 큰 비율인 인건비를 최소화함으로써 수익성을 극대화 또는 손실을 최소화한다.
③ 중노동으로부터의 해방 : 육체노동을 감소시켜 노동조건을 질적으로 개선함으로서 작업원의 복지향상을 도모한다.

(2) 해결해야 할 문제점

① 경영규모의 의존도가 약하게 높음 : 고가장비 투입에 의한 연간 일정량 이상의 작업량 확보 필요
② 작업성과가 기계 운전원의 기능에 좌우
③ 노동재해 및 작업안전 대책 강화 필요
④ 지리적인 불리성
⑤ 자연환경과 임지훼손 문제

(3) 임업장비의 선택

지형, 임도노망시설 현황, 벌채종류, 경영규모 등에 따라 선택해야 한다.

① 지형분류와 작업방식

㉠ 경사도 50%를 기준하여 트랙터 지형과 가선 지형으로 구분한다.

유형	경사		구분
	퍼센트(%)	도(°)	
1	0~10	0~6	평지
2	10~20	6~11	양호
3	20~33	11~18	보통
4	33~50	18~27	급함
5	50 초과	27 초과	매우 급함

㉡ 임지경사, 기복량, 곡밀도의 3가지 지형요소로부터 지형지수를 알 수 있다.

지형지수 = [3 × 경사 + 기복량(0.1 + 0.01 × 곡밀도)]/4

지형구분	Ⅰ완	Ⅱ중	Ⅲ급	Ⅳ급준
지형지수	0~19	20~39	40~69	70 이상
집운재방식	트럭	트랙터	중거리가선	장거리가선

② 장비 특성별 작업로망 배치

㉠ 작업로의 종류
- 기계로 : 4륜구동 트럭과 같은 운재작업용 차량은 주행할 수 없으나 벌목수확용 기계장비가 운행할 수 있는 반영구적인 길
- 집재로 : 집재로상에서 트랙터부착 윈치 등을 이용하여 집재작업을 실시하는 임시적인 작업로
- 가선집재로 : 가공본선을 이용하는 가선집재장비를 가지고 생산목을 임도나 다른 작업로까지 집재하는 노선

방사형 단선형 방사복합형 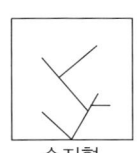수지형 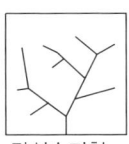간선수지형 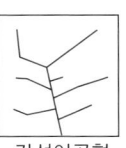간선어골형

[작업로 배치형태]

ⓒ 작업로망 배치
- 작업로는 임도에 준하는 기능을 갖기 때문에 배치형태가 중요하다.
- 일정한 면적의 임지에서 원활한 작업을 수행하기 위한 차량의 이동성과 작업흐름의 연계성 등이 고려된 체계적인 작업로의 배치가 필요하다.
- 작업로망 배치형태의 이용성은 일반적으로 수지형 > 간선수지형 > 간선어골형 > 방사복합형 > 단선형 > 방사형의 순으로 높다.
- 경사도에 따른 이용 가능한 배치형태는 중경사지에서는 수지형과 방사복합형, 급경사지에서는 간선수지형과 간선어골형이 바람직한 형태가 된다.

(4) 임업기계의 감가상각방법
① 감가상각의 4가지 기본요소 : 취득원가 또는 기초가치, 잔존가치, 추정내용연수, 감가상각방법
② 정액법(직선법)
  ㉠ 감가상각비 총액을 각 사용연도에 할당하여 해마다 균등하게 감가하는 방법
  ㉡ 감가상각비 = (취득원가 − 잔존가치) / 추정내용연수
③ 정률법
  ㉠ 취득원가에서 감가상각비 누계액을 뺀 다음의 장부 원가에 일정율의 감가율을 곱하여 감가상각비를 산출하는 방법
  ㉡ 감가상각비 = (취득원가 − 감가상각비누계액) × 감가율
④ 연수합계법
  ㉠ 각 연도의 감가율은 내용연수의 합계를 분모로 하고, 내용연수를 역순으로 표시한 수치를 분자로 하여 계산하는 방법
  ㉡ 감가상각비 = (취득원가 − 잔존가치) × 감가율
   감가율 = 내용연수를 역순으로 표시한 수/내용연수의 합계
⑤ 작업시간비례법
  ㉠ 자산의 감가가 단순히 시간의 경과에 따라 나타나는 것이 아니라, 사용정도에 비례하여 나타난다는 것을 전제로 하여 계산하는 방법
  ㉡ 감가상각비 = 실제작업시간 × 시간당 감가상각률
   시간당 감가상각률 = (취득원가 − 잔존가치)/추정 총 작업시간
⑥ 생산량비례법
  ㉠ 벌채권이나 채굴권 등의 조업도를 상각하는 경우로 작업시간비례법과 유사한 방법
  ㉡ 감가상각비 = 실제생산량 × 생산량당 감가상각률
   생산량당 감가상각률 = (취득원가 − 잔존가치)/추정 총 생산량

| 주관식 확인문제 | 목재수확작업 도구 및 장비 |

※ 다음 빈칸에 적절한 말을 넣거나 묻는 말에 답하시오.

01 와이어로프의 꼬임과 스트랜드의 꼬임방향이 반대로 된 것을 (   ), 같은 방향으로 된 것을 (   )이라 한다.

┤ 정답적기 ├

02 임내를 이동하면서 입목의 벌도·가지제거·절단작동 등의 작업을 하는 기계로서 벌도 및 조재작업을 1대의 기계로 연속작업을 할 수 있는 장비를 무엇이라 하는가?

┤ 정답적기 ├

03 다음 그림의 장비를 무엇이라 하는가?

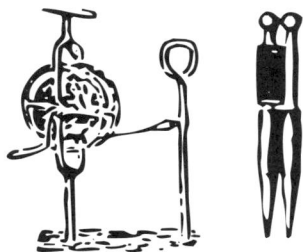

┤ 정답적기 ├

04 손잡이 끝에 손이 미끄러지지 않도록 받침쇠가 있어 침·활엽수, 유령림, 숲가꾸기 작업에 적합한 낫을 무엇이라 하는가?

   | 정답적기 |

05 산악지대에서 벌도목을 끌 때 손으로 사용하는 도구를 무엇이라 하는가?

   | 정답적기 |

06 조림 작업 시 한 쪽은 땅을 가르는 데 사용되고, 다른 쪽은 땅을 벌리는 데 사용되는 도구를 무엇이라 하는가?

   | 정답적기 |

07 일명 스키더라고도 하며, 동일한 크기의 4개의 바퀴와 차체 굴절식 조향장치를 구비한 것이 특징인 임업기계장비를 무엇이라 하는가?

   | 정답적기 |

08 벌도, 가지제거, 작동, 집적, 칩 생산 등의 공정 가운데 복수의 공정을 연속적으로 처리하는 차량형 기계를 총칭하는 말을 무엇이라 하는가?

| 정답적기 |

09 목재를 적재함에 적재한 후, 작업로 또는 임지를 주행하여 임도변 토장까지 운반하는 장비를 총칭하는 말을 무엇이라 하는가?

| 정답적기 |

10 중력식 집재의 두 가지 방법은?

| 정답적기 |

주관식 정답

01. 보통꼬임, 랭꼬임
02. 하베스터
03. 이식승
04. 스위스 보육낫
05. 사피(도비)
06. 각식재용 양날괭이
07. 차체굴절식 임업용 트랙터
08. 다공정처리기계
09. 포워더(류)
10. 활로, 강선(와이어로프)

CHAPTER 08 임목수확작업 및 작업관리

01 임목수확작업

(1) 정 의

임목수확작업은 임목을 벌도하여 일정규격의 원목으로 조재하거나, 간단하게 조재작업을 한 집재목을 시장이나 공장으로 운반하는 작업을 지칭한다.

(2) 작업의 구성 및 작업계획수립

① 구성 : 벌도, 조재(지타, 작동), 집재(소집재, 집재), 운재
② 작업계획
    ㉠ 기본원칙 : 작업 경비의 절감, 최고의 작업 능률, 최고의 수익, 안전한 작업 수행, 최소의 환경 피해
    ㉡ 내용 : 작업 지역·반출방법·운용 장비에 대한 조사, 작업시스템 및 작업 조직의 선정

02 임목수확작업에 미치는 영향

(1) 기후적 영향

① 강수 : 지속적 강우로 인한 토양의 견밀도 감소 및 임도나 작업로에서의 장비의 주행성 저하
② 기온 : 추위와 결빙에 의한 사고의 위험성 증대와 기계장비의 효율성 저하
③ 바람 : 강풍이 불 때는 작업 중지
④ 계절적 영향

여름 작업	겨울 작업
작업환경이 온화하여 작업이 용이하다.	해충과 균류에 의한 피해가 없다.
작업장으로의 접근성이 수월하다.	수액 정지 기간에 작업하므로 양질의 목재를 수확할 수 있다.
일조시간이 길어 긴 작업 가능 시간으로 도급제 실시에 유리하다.	농한기여서 인력수급이 원활하다.
벌도목이 쉽게 건조되어 집재에 유리하다.	잔존 임분에 대한 영향이 적다.

(2) 지형적 요인
① 지형구분 : 양호한 지역, 보통 지역, 제한적 가능지역, 불가능 지역
② 경사
    ㉠ 경사도 : 작업능률에 제일 중요한 인자
    ㉡ 경사형 : 평탄형, 굴곡형, 계단형, 凸형, 凹형
    ㉢ 경사 길이 : 300m 이상일 경우 작업 능률 저하
    ㉣ 지표구조 : 작업의 안전성과 관계됨
③ 토양 요인
    ㉠ 토양의 강도 : 토양의 전단저항
    ㉡ 토양의 연경도 : 흙의 함수량에 의해 나타나는 성질

(3) 임분의 구조적 요인
① 입목의 크기
② 임분의 동일성
③ 임목의 공간적 분포
④ 수 종

03 벌목작업

(1) 벌목의 기본 방법의 순서
① 재적 비율을 높이기 위해 벌채점은 되도록 낮아야 하는데, 대경목의 경우 보통 지상 20~30cm의 높이에서 벌채한다.
② 벌도방향에 대하여 직각으로 근주직경 1/4 이상의 수구 자르기를 한다(흉고직경 50cm 이상은 1/3 이상이 바람직).
③ 수구 자르기를 할 때의 경사는 30~40° 정도로 한다.
④ 추구는 수구 높이의 2/3 정도로 자르고 수구와 평행하도록 입목직경의 1/10 정도 벌도맥을 남긴다.

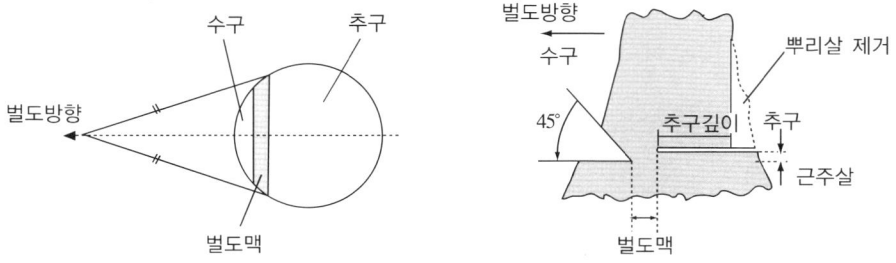

[벌목 시 수구 및 추구자르기]

(2) 벌도대상목의 주위정리

① 수간의 가슴높이까지 가지를 먼저 자른다.
② 벌도목 주위에 벌도작업에 방해가 되는 관목, 덩굴, 치수 등을 제거한다.
③ 벌도목 주위의 돌을 치운다.
④ 수피가 두꺼운 수종은 벌도하기 전에 도끼로 벌채점 부분에 대한 박피를 한다.
⑤ 근주 부근의 톱질할 부근에 융기부나 팽대부가 있는 나무는 이것을 절단·제거해야 한다.
⑥ 벌목지 주위에 서 있는 고사목은 벌목작업 전에 먼저 벌도·제거해야 한다.

(3) 벌도방향

① 벌목방향은 수형, 인접목, 지형, 하층식생, 풍향, 대피장소 등을 고려하여야 하나, 무엇보다도 집재방향과 집재방법에 의해 벌도방향이 우선적으로 고려되어 결정되어야 한다.
② 경사진 방향에서의 발도방향은 경사방향에 대하여 약 30° 경사진 방향이 적당하다.

(4) 기계화 벌도작업

① 펠러 : 벌도작업만 수행할 수 있으며 방향 벌도만 가능
② 펠러번쳐 : 벌도작업 수행 후 벌도목의 용도 분류 가능
③ 펠러스키더 : 벌도작업과 동시에 임도변까지 운반함
④ 하베스터 : 벌도작업뿐만 아니라 초두부 제거, 가지제거 작업을 거쳐 일정 길이의 원목생산에 이르는 조재작업을 동시에 수행

04 조재작업

벌도한 수목의 가지를 자르고, 필요에 따라서 박피를 하며, 용도에 적합한 길이로 측정하여 통나무 자르기를 하는 일련의 작업

05 집재작업

(1) 사용하는 동력에 의한 집재작업의 종류

① 인력에 의한 집재
② 축력에 의한 집재
③ 중력에 의한 집재(활로에 의한 집재, 와이어로프에 의한 집재)
④ 기계력에 의한 집재

(2) 트랙터집재

① 트랙터집재의 종류
  ㉠ 지면끌기식 집재(지면견인식 집재) : 기계력을 이용하여 생산하고자 하는 원목을 지면에 끌면서 이동하는 방법
  ㉡ 적재식 임내주행 : 임내에 벌도, 모아쌓기(집적)된 벌도목을 회전 반경이 작은 소형 집재용 차량이나 포워더 등에 적재하여 집재하는 방법
② 트랙터집재작업 능률에 미치는 인자
  ㉠ 임목의 소밀도 : 낮은 임목 밀도는 생산성 저하
  ㉡ 경사 : 일반적으로 50~60%가 작업 한계 경사이지만 30% 내의 경사가 작업의 능률과 안전면에서 유리
  ㉢ 토양상태 : 젖은 토양의 생산성 저하
  ㉣ 단재적 : 단재적이 적은 것은 여러 개의 원목을 집재함으로 생산성 저하
  ㉤ 집재거리 : 크롤러 바퀴식 트랙터 집재기는 100~180m, 바퀴식은 300m까지가 경제성 있는 집재거리
③ 트랙터 견인력에 영향을 미치는 요인
  ㉠ 토양상태 : 연약한 지반에서 견인력 저하
  ㉡ 차축하중 : 습한 토양에서 견인력 저하
  ㉢ 타이어의 직경 및 공기 압력 : 타이어의 직경이 클수록, 공기압이 낮을수록 견인력이 증가
  ㉣ 주행장치 : 주행장치의 종류별 특성상 생산성 차이가 발생

(3) 가선집재

① 가선집재의 종류
  ㉠ 고정 스카이라인방식 : 고정된 가공본줄(스카이라인)을 사용하는 방식
    • 타일러방식 : 하향집재의 2드럼과 평탄지 작업의 3드럼 방식
    • 엔드리스 타일러방식 : 타일러 방식과는 달리 순환하는 엔드리스 드럼이 있음
    • 폴링블록방식 : 소량 집재작업에 유리
    • 호이스트 캐리지방식 : 두 개의 엔드리스 드럼이 있음
    • 스너빙방식 : 하나의 작업줄을 가지고 작업 가능
  ㉡ 이동 스카이라인방식 : 가공본줄을 사용하지 않거나 고정하지 않는 방식
    • 하이리드방식 : 가공본줄을 이용하지 않는 간단한 방법
    • 슬랙라인방식 : 가공본줄의 인장력을 조정하는 형태로 자중에 의한 반송기 이동 가능
    • 러닝스카이라인방식 : 인터록킹 드럼을 사용하여 작업줄이 세로 방향으로 순환하는 방식
    • 모노케이블방식 : 별모양의 특수 도르래를 이용한 작업줄이 가로 면적으로 순환하는 형태의 방식

② 트랙터집재와 가선집재의 지형 구분

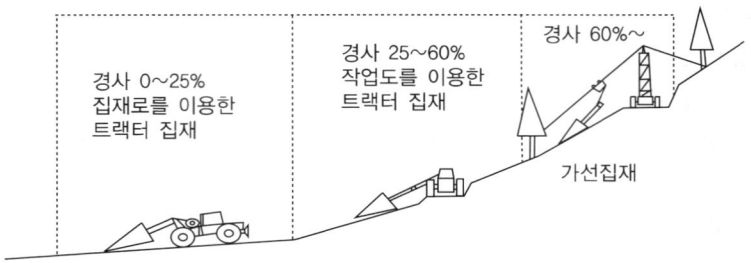

[트랙터집재작업과 가선집재작업 지형의 구분]

③ 트랙터집재와 가선집재의 특징

집재방법	장 점	단 점
트랙터집재	• 기동성이 높다. • 작업생산성이 높다. • 작업이 단순하다. • 작업 비용이 낮다.	• 환경에 대한 피해가 크다. • 완경사지에서만 작업 가능하다. • 높은 임도밀도를 필요로 한다.
가선집재	• 주위환경, 잔존임분에 대한 피해가 적다. • 낮은 임도밀도에서도 작업이 가능하다. • 급경사지에서도 작업 가능하다.	• 기동성이 떨어진다. • 장비구입비가 비싸다. • 숙련된 기술이 필요하다. • 세밀한 작업계획이 필요하다. • 장비설치 및 철거시간이 필요하다. • 작업생산성이 낮다.

④ 가선집재 용어
  ㉠ 머리기둥 : 가공본줄이 통과하는 지주목 중 집재기에 가까운 쪽을 일컫는 말
  ㉡ 뒷기둥 : 가공본줄이 통과하는 지주목 중 집재기에 먼 쪽을 일컫는 말
  ㉢ 사잇기둥 : 가공본줄을 지표면으로부터 일정 높이를 유지시켜 주기 위해 설치하는 지지대로서 반송기가 통과할 수 있는 구조로 되어 있고, 입목을 이용하거나 철제 또는 목재 기둥을 이용함
  ㉣ 삭도 : 임도와 같이 원목을 운반하기 위한 시설물의 한 가지로서 보통 고정된 두 지점을 연결하는 고정식이나 반영구적으로 설치된 가선설비로, 이는 단순히 두 지점간의 원목의 운반역할을 하며 가로집재(측방집재)를 할 수 있는 기능이 없음
  ㉤ 소집재 : 임내에 산재된 원목을 짧은 거리를 운반하여 일정규모의 무더기로 모으는 작업
  ㉥ 가공본줄 : 주삭, 가공삭 또는 스카이라인이라고도 하며, 원목을 운반하는 반송기가 지표면에 끌리지 않고 공중에 들려 이동하도록 일정한 장력을 주어 설치한 와이어로프로서 반송기가 여기에 매달려 왕복하는 통로역할을 함
  ㉦ 지간 : 기둥 간의 가공본줄 수평거리로 머리기둥과 꼬리기둥 사이에 사잇기둥이 있는 경우를 다지간 가공본줄 시스템, 없는 경우를 단지간 가공본줄 시스템이라 함

- ◎ 반송기 : 반기 또는 캐리지라 하며, 집재 대상목을 매달고 스카이라인을 왕복하는 장치로 단순히 도르래를 이용하는 간단한 것으로부터, 엔진과 리모콘 장치, 클램프 등이 장착된 복잡한 형태 등 다양한 종류가 있음
- ㈜ 작업본줄 : 메인라인, 당김줄, 견인삭이라고 하며 반송기를 작업 장소에서 집재기 방향으로 이동시키는 와이어로프를 의미함
- ㈜ 되돌림줄 : 회송삭이라 하며 반송기를 당김줄과 반대방향으로, 즉 집재기 방향에서 작업장 쪽으로 되돌려 주는 역할을 하는 줄
- ㈀ 토장 : 집재목의 하역 장소로 다음 단계의 운반을 위해서는 임시로 쌓이는 장소

06 운재작업

임목수확작업의 마지막 작업요소인 운재 작업은 토장 또는 중간 토장으로부터 제재소 등의 가공지까지 모든 목재의 수송을 말한다.

(1) 도로운재

트럭을 이용하는 트럭운재로 기동성이 있고 시설비 및 유지보수비가 적게 든다.

(2) 철도운재

우리나라에서는 일제시대에 산림철도를 이용하였으나, 외국의 경우 일반 철도를 이용한 대량 목재 운반 등을 하고 있다.

(3) 삭도운재

공중에 와이어로프를 설치하고 이것을 반송기에 장착한 목재운반 시설을 삭도라 하는데, 설치에 많은 시간이 소요되어 소규모 작업물량 투입에 부적합하다.

(4) 수상운재

수리를 이용하여 설비 및 노임이 적으나 우리나라의 경우는 댐 건설로 인해 불가능하다.

(5) 기타운재

헬리콥터 또는 기구 등을 이용한 운재 방법도 있다.

07 임목수확작업 시스템

(1) 우리나라 기계화의 제약인자
① 지형이 복잡하고 경사도가 높아 기계화에 불리함
② 소유규모가 작고 규모 경제성이 낮아 불리
③ 장령림 이상의 인공림 비율이 낮음
④ 기계화에 적합한 대단위 시업 단지가 필요
⑤ 임도시설이 미비함
⑥ 임업수익성이 낮아 기계화 투자를 꺼려함
⑦ 전문기술 인력의 부족 및 행정지원 체계 개선 필요

(2) 경사별 작업 시스템 분류
① 완경사지형 작업 시스템(경사도 30% 미만)
  ㉠ 대규모 작업 형태
   • 대형장비 이용 : 하베스터 집재 → 포워더 운반
   • 인력+대형장비 : 체인톱 벌목 → 프로세스 작업 → 포워더 운반
  ㉡ 소규모 작업 형태
   • 인력 집재 : 체인톱 벌목조재 → 인력 집재
   • 수라 집재 : 체인톱 벌목조재 → 수라 집재
   • 임내차 집재 : 체인톱 벌목조재 → 소형 임내차 집재 → 굴삭기 집적
② 중경사지형 작업 시스템(경사도 30~60%)
  ㉠ 대규모 작업 형태
   • 트랙터 윈치 집재 : 체인톱 벌목지타 → 트랙터 집재 → 그래플 쏘우 조재
   • 그래플 스키더 집재 : 펠러번처 벌목 → 그래플 스키더 집재 → 프로세서 조재
   • 소형 스키더 집재 : 체인톱 벌목 → 스키더 집재 → 프로세서 조재
  ㉡ 소규모 작업 형태
   • 수라 집재 : 체인톱 벌목조재 → 수라집재
   • 임내차(1) 집재 : 체인톱 벌목조재 → 소형 임내차 집재 → 굴삭기 집적
   • 임내차(2) 집재 : 체인톱 벌목조재 → 굴삭기 소집재, 적재 → 임내차 집재 → 굴삭기 집적
③ 급경사지형 작업 시스템
  ㉠ 대규모 작업 형태
   • 타워식 집재기 + 프로세서 : 체인톱 벌목 → 타워식 집재기 → 프로세서 조재
   • 타워식 집재기 + 그래플 쏘우 : 체인톱 벌목조재 → 타워식 집재기 → 그래플 쏘우 작동
  ㉡ 소규모 작업 형태
   • 라디케리 집재 : 체인톱 벌목 → 라디케리 집재 → 체인톱 조재

(3) 수확작업 기종별 기능 구분

전업형과 겸업형으로 구분한다.
① 전업형 : 고성능 고가장비를 이용한 작업 형태
② 겸업형 : 소규모 벌채 현장 이용

구 분	기종명	작업기능	적용규모
벌목장비	체인톱	인력벌목, 작동, 지타	겸업형
	펠러번쳐	벌목, 작동	전업형
조재장비	프로세서	지타, 집적 및 작동작업	전업형
	그래플 쏘우	작동작업	전·겸업형
벌목조재장비	하베스터	벌목, 지타, 측적 및 작동	전업형
집재장비	굴삭기 그래플	임내 단거리 소집재	겸업형
	트랙터 윈치	임내 작업도 이용 집재	겸업형
	스키더	임업전용 굴절식 트랙터	전·겸업형
	임내차	임업용 소형 집·운재 차량	겸업형
	타워식 집재기	자주식 가선집재 장비	전업형
	자주식 반송기	가선집재	겸업형
	수 라	중력집재	겸업형
집운재장비	포워더	작업도 이용 집·운재	전업형
	4륜 구동트럭	작업도 이용 집·운재	겸업형
원목상차장비	굴삭기 그래플	원목상차	전·겸업형
	크레인 트럭	원목상차	겸업형

(4) 목재생산방법의 종류

임목의 가공 상태에 따라 전목, 전간, 단목 생산방법으로 구분한다.

① **전목생산방법** : 임분 내에서 벌도된 벌도목을 그래플 스키더, 케이블 크레인 등으로 끌어내어 임도변 또는 토장에서 지타·작동을 하는 작업형태로, 프로세서 등의 고성능 장비를 사용하여 소요인력을 최소화할 수 있는 임목수확방법으로 제거된 가지 등이 임내에 환원되지 않아 척박한 임지에서는 토양 양료 순환 등의 문제점 발생

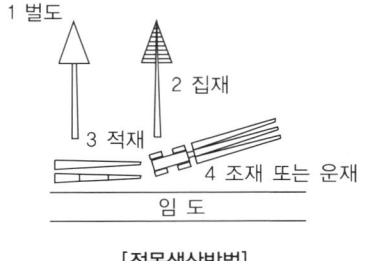

[전목생산방법]

② **전간생산방법** : 임분 내에서 벌도와 지타를 실시한 벌도목을 트랙터, 케이블 크레인 등을 이용하여 임도변이나 토장까지 집재하여 원목을 생산하는 방법으로, 전목집재와 같이 대형장비와 임도변에 넓은 토장이 필요하며 긴 수간의 이동으로 잔존임분에 피해를 줄 우려가 있으나 토양 양료 순환의 문제점은 감소

③ **단목생산방법** : 임분 내에서 벌도와 지타(가지자르기), 작동(통나무자르기)을 실시하여 일정규격의 원목으로 임목을 생산하는 방법으로 이 작업은 주로 인력작업에 많이 활용되며, 평탄한 간벌작업지는 트랙터를 이용하고, 산악 간벌지에서는 케이블크레인을 이용함. 체인톱을 이용하여 벌목조재작업을 임내에서 실시하므로 인건비 비중이 높아 작업비용이 많이 들어감

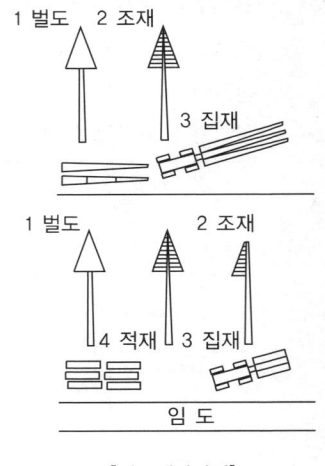

[단목생산방법]

(5) 기계화 작업 단계별 임목수확작업 방법

다음은 기계화 작업 단계별 산림수확작업 방법의 적용가능 범위를 나타낸 것이다.

기계화 수준		작업단계별 작업수단			목재생산 방법		
		벌목	조재	집재방법	전 목	전 간	단 목
인력작업단계		체인톱	체인톱, 도끼	인력, 축력		○	◎
기계화단계	중급기계화	체인톱	체인톱	트랙터, 가선	○	◎	○
	고급기계화	체인톱		트랙터, 가선	◎		
	완전기계화	하베스터		포워더			◎
		펠러번처	프로세서	그래플 스키더	◎		

※ ○ 부분적으로 적용가능한 작업방식, ◎ 대부분의 작업방식

(6) 토장(임지저목장)의 설치

① 집재작업을 통하여 수집된 집재목은 임도나 작업로를 이용하여 목재 집하장이나 제재소 등으로 운반하기 위하여 일정 장소에 모아야 하는데 이러한 장소를 일컫는 말이다.

② 설치 요령
  ㉠ 간벌작업은 토장이 설치될 장소에서부터 작업을 수행한다.
  ㉡ 위치는 작업로와 임도의 연결점 부근에서 정한다.
  ㉢ 곡선부, 협곡점, 언덕부위, 습한 곳 등과 장비의 이동에 지장이 되는 곳은 피한다.
  ㉣ 쌓기의 방향은 운재 방향에 따른다.
  ㉤ 집적용량은 운반차량 용량의 최소한 반 정도는 되도록 한다.

ONE MORE POINT 친환경벌채 운영요령

- 용어 정의
  - '친환경벌채'란 산림의 생태 · 경관적 기능 등을 유지시키고, 재해영향이 경감 되도록 나무를 베어내는 행위
  - '군상'이란 산림영향권을 고려하여 벌채지 내 나무를 일정 폭 이상의 원형이나 정방형 등으로 존치하는 구역
  - '수림대'란 벌채구역과 벌채구역 사이 또는 벌채지 내에서 띠 형태로 존치하는 구간
  - '산림영향권'이란 실제 벌채되는 지역의 면적 중 벌채로 인한 미세기후 변화에 대응하고, 야생 동식물 서식 및 산림의 생태 · 환경적 기능 유지 등 산림으로서의 역할을 수행할 수 있는 군상 또는 수림대의 경계로부터 나무 수고만큼의 면적
  - '벌채구역'이란 실제 벌채되는 지역과 군상, 수림대 또는 단목으로 존치하는 지역을 모두 포함하는 구역
  - '벌채면적'이란 벌채구역 내 실제 벌채되는 지역의 면적(제4항의 산림영향권을 포함)
- 군상 또는 수림대의 선정기준
  - 벌채지 내 군상은 현재의 임상과 임분 구조를 대표할 수 있는 지점으로 선정하고, 군상에서는 생물의 종 다양성 유지를 위해 단목 벌채 등 훼손 행위를 금지한다.
  - 수림대는 가능한 한 최소 폭 20m 이상으로 벌채구역과 벌채구역 사이 또는 벌채지 내에 설치하며, 8부 능선 이상의 수림대 등 기존의 임분과 연결되도록 한다.
- 군상 또는 수림대의 배치방법
  - 군상 또는 수림대의 면적은 벌채기준에 따르고 남기는 면적에는 '지속가능한 산림자원 관리지침'에서 정한 암석지 등 수확을 위한 벌채금지 구역 및 벌채구역 내 존치하는 면적을 포함할 수 있다.
  - 군상은 효율적인 벌채 및 반출 작업을 위해 가급적 원형으로 설치를 권장하며, 1개 군상의 크기는 최소 폭 50m 이상으로 하고 벌채지역 내 고르게 배치한다.
  - 군상 및 수림대의 배치장소는 가능한 산림재해예방 · 산림 생물종다양성 유지 또는 산림의 생태 · 경관적 기능이 높은 곳에 설치하여야 한다.
  - 군상, 수림대 및 산림영향권의 면적 합계가 벌채구역의 100분의 50 이상이 되도록 수림대 및 군상의 크기와 개소 수를 정한다. 다만, 사유림에서 제1항에 따라 군상 또는 수림대를 남긴 경우에는 적용하지 아니한다.
  - 군상은 벌채구역 내 1개 이상 설치를 권장한다.
  - 군상 및 수림대는 8부 능선, 급경사지, 계곡부, 도로변, 임연부 등에 두는 것을 권장한다.
- 친환경벌채의 실행전 사전점검
  - 벌채 전 벌채예정지의 희귀 동식물 분포 여부 등을 조사하고, 서식할 경우 보호조치를 마련 후 벌채계획을 수립한다.
  - 백두대간 등의 등산로 인근이나 고속도로에서의 조망 등 국민들의 활용이 많고 눈에 잘 드러나는 임지의 벌채는 경관적 · 생태적 요인 등을 충분히 고려하여 벌채계획을 수립해야 한다.
  - 벌채지가 산촌마을과 인접해 있는 경우 마을에서 활용하고 있는 상수원 또는 저수지에 토사유출로 인한 피해가 없도록 사전에 예방조치를 한다.
  - '지속가능한 산림자원관리 지침'에서 정하고 있는 수확을 위한 벌채금지 구역 등에 포함되는지 여부를 확인하여야 한다.
- 벌채작업 및 사후관리
  - 벌채는 남기는 나무에 피해가 발생하지 않도록 하고, 부득이 피해가 발생한 경우 산림소유자와 벌채 실행자가 협의하여 다시 선정한다.
  - 원목 생산 후 남는 조재부산물은 가급적 수집 · 활용하고 임내에 쌓아두는 경우 유실되지 않도록 일정한 방향으로 정리한다.
  - 군상은 생태환경을 고려하여 최대한 존치하고, 병해충목 등이 발생한 경우에 한하여 제한적으로 벌채한다.
  - 수림대 및 군상 내 암석지 · 석력지 등 벌채 불가지를 제외한 지역은 인공조림 등 후계림 조성을 완료한 날로부터 어린나무가꾸기 단계(지속가능한 산림자원 관리지침) 후 일부를 벌채할 수 있다.
  - 벌채작업 전 · 중 · 후 현장 여건에 맞게 정확한 정보를 제공하고 필요성에 대한 공감대 마련을 위해 현장 입간판 등을 설치할 수 있다.

08 임업노동 및 작업관리

(1) 작업조직
① 1인 1조
- ㉠ 장점 : 독립적이고 융통성이 크고 작업능률도 높다.
- ㉡ 단점 : 과로하기 쉽고 사고발생 시 위험하다.

② 2인 1조
- ㉠ 장점 : 2인의 지식과 경험을 합하여 작업할 수 있으므로 융통성을 갖고 능률을 올릴 수 있다.
- ㉡ 단점 : 타협해야 하고 양보해야 한다.

③ 3인 1조
- ㉠ 장점 : 책임량이 적어 부담이 적다.
- ㉡ 단점 : 작업에 흥미를 잃기 쉽고 책임의식이 낮으며, 사고 위험이 크다.

④ **편성효율** : 편성효율은 작업조의 인원이 적으면 적을수록 좋다고 할 수 있으며 1인 작업조가 효율이 가장 좋고, 홀수 인원보다 짝수 인원의 작업조의 효율이 높다.

(2) 작업안전
① 산림작업이 어려운 이유
- ㉠ 더위, 추위, 비, 눈, 바람 등과 같은 기상조건에 영향을 많이 받는다.
- ㉡ 산악지의 장애물과 경사로 인해 미끄러지기 쉽다.
- ㉢ 산림작업도구 및 기계 자체가 위험성을 내포하고 있다.
- ㉣ 작업장소를 계속 이동하여야 한다.
- ㉤ 무거운 통나무가 넘어지거나 굴러 내리는 경우가 많다.
- ㉥ 기타 독충, 독사, 구르는 돌 등에 의해 피해를 받기 쉽다.

② 안전사고 발생원인
- ㉠ 위험을 두려워하지 않고 오만한 태도를 지녔을 때
- ㉡ 안일한 생각으로 태만히 작업을 할 때
- ㉢ 과로하거나 과중한 작업을 수행할 때
- ㉣ 계획 없이 일을 서둘러 할 때
- ㉤ 실없는 자부심과 자만심이 발동할 때

③ 안전사고 예방 준칙
- ㉠ 작업 실행에 심사숙고할 것
- ㉡ 작업의 중용을 지킬 것
- ㉢ 긴장하지 말고 부드럽게 할 것
- ㉣ 규칙적인 휴식을 취하고 율동적인 작업을 할 것
- ㉤ 휴식 직후에는 서서히 작업속도를 높일 것
- ㉥ 몸의 일부로만 계속 작업을 피하고 몸 전체를 고르게 움직일 것

ⓐ 위험을 항상 염두에 두고 보호장비를 항상 착용할 것
　　ⓞ 작업복은 작업종과 일기에 맞추어 입을 것
　　ⓩ 올바른 기술과 적당한 도구를 사용할 것
　　ⓒ 유사시를 대비하여 혼자서 작업하지 말 것
　　ⓚ 산불을 조심할 것
④ 안전장비
　㉠ 안전헬멧 : 머리를 보호하는 장비
　㉡ 귀마개 : 난청을 예방하는 장비
　㉢ 얼굴 보호망 : 눈을 보호하는 안전 장비
　㉣ 안전복 : 추위나 더위로부터 신체보호 및 오염이나 각종 상해로부터 작업자 보호
　㉤ 안전장갑 : 손을 보호
　㉥ 안전화 : 안전화 코에 철제가 달려있어 발을 안전하게 보호

(3) 산림작업자 피로

피로란 어느 정도 일정한 시간 작업 활동을 계속하면 객관적으로 작업능률의 감퇴 및 저하, 착오의 증가, 주관적으로는 주의력 감소, 흥미의 상실, 권태 등으로 일종의 복잡한 심리적 불쾌감을 일으키는 현상을 말한다.

① 피로의 원인
　㉠ 작업시간과 작업강도 : PMR 7 정도의 작업은 10분, PMR 3 정도의 작업은 3시간 정도 작업을 할 수 있다.

구 분	매우 가벼운 작업	가벼운 작업	보통 작업	힘든 작업	매우 힘든 작업	극히 힘든 작업
분당 산소 소비량(l/분)	0.5 이하	0.5~1.0	1.0~1.5	1.5~2.0	2.0~2.5	2.5 이상
맥박수(회/분)	75 이하	75~100	100~125	125~150	150~175	175 이상
에너지소비량 (kcal/분)	2.5 이하	2.5~5.0	5.0~7.5	7.5~10.0	10.0~12.5	12.5 이상
PMR 추정치	2.5 이하	2.5~4.8	4.8~6.8	6.8~10.0	10.0~12.0	12.0 이상

〈PMR(에너지대사율) = 작업에 소요되는 에너지량/기초대사량〉

　㉡ 작업환경조건 : 열악한 작업환경이 작업강도에 직접 관여하여 육체적·정신적으로 부하를 높인다.
　㉢ 작업속도 : 주작업의 에너지 대사율 4~5 부근이 한계이다. 8시간 지속작업을 원한다면 2~3 정도가 적정하다.
　㉣ 작업시각과 작업시간 : 야간근무는 주간근무에 비해 작업경과시간 약 80%에서 피로상태 도달한다.
　㉤ 작업태도 : 의욕이 높을 때 주관적 피로감이 적고 작업의 능률도 오른다.

② 피로가 작업에 미치는 영향
  ㉠ 실동률의 저하
  ㉡ 인적여유 시간과 그 횟수의 증대
  ㉢ 작업속도의 저하
  ㉣ 작업정확도의 저하
  ㉤ 재해의 발생
③ 피로의 검사방법 : 자각증세 검사, 생리적 검사, 생화학적 검사, 심리학적 검사
④ 피로의 회복 대책
  ㉠ 휴식과 수면을 취할 것
  ㉡ 충분한 영양을 섭취할 것
  ㉢ 산책 및 가벼운 체조를 실시할 것
  ㉣ 음악 감상, 오락 등으로 기분전환
  ㉤ 목욕, 마사지 등 물리적 요법을 취할 것

(4) 산림작업 사고 및 재해

① 재해발생의 주요 원인
  ㉠ 사회적 환경과 유전적 요소
    - 적절한 태도
    - 전문지식의 결여 및 기술, 숙련도 부족
    - 신체적 부적격
    - 부적절한 기계적·물리적 환경
    - 정신적·성격적 결함(무모함, 신경성, 흥분, 과격한 기질, 동기부여 실패)
  ㉡ 불안전한 행동(인적 원인)
    - 권한 없이 행한 조작
    - 불안전한 속도 및 위험 경고 없이 조작
    - 안전장치의 고장이나 기능 불량
    - 결함 있는 장비, 물자, 공구, 차량 등 운전 및 시설의 불안전한 사용
    - 보호구 미착용 및 위험한 장비에서 작업
    - 필요장비를 사용하지 않거나 불안전한 기구를 대신 사용
    - 불안전한 적재, 배치, 결합, 정리정돈 미비
    - 불안전한 인양, 운반
    - 불안전한 자세 및 위치
    - 당황, 놀람, 잡담, 장난

ⓒ 불안전한 상태(물적 원인)
  - 결함 있는 기계 설비 및 장비
  - 불안전한 설계, 위험한 배열 및 공정
  - 부적절한 조명, 환기, 보장, 보호구
  - 불량한 정리정돈
  - 불량상태(미끄러움, 날카로움, 거칠음, 깨짐, 부식)

② 재해예방의 4원칙
  ㉠ 손실우연의 원칙 : 재해손실은 사고 발생 시 사고대상의 조건에 따라 달라지므로 한 사고의 결과로서 생긴 재해 손실은 우연성에 의해서 결정된다. 따라서 재해 방지의 대상은 우연성에 좌우되는 손실의 방지보다는 사고발생 자체의 방지가 되어야 한다.
  ㉡ 원인계기의 원칙 : 사고에는 반드시 원인이 있고 원인은 대부분 복합적 연계원이다.
  ㉢ 예방가능의 원칙 : 자연적 재해, 즉 천재지변을 제외한 모든 인재는 예방이 가능하다.
  ㉣ 대책선정의 원칙 : 재해예방을 위한 가능한 안전대책은 반드시 존재한다. 일반적으로 재해방지를 위한 대책은 다음과 같다.
    - 기술적 대책(공학적 대책) : 안전설계, 작업행정 개선, 안전기준의 설정, 환경설비의 개선, 점검보전의 확립 등을 행한다.
    - 교육적 대책 : 안전교육 및 훈련을 실시한다.
    - 관리적 대책
      - 적합한 기준설정
      - 각종 규정 및 수칙의 준수
      - 전 종업원의 기준 이해
      - 경영자 및 관리자의 솔선수범
      - 부단한 동기부여와 사기 향상

주관식 확인문제 | 임목수확작업 및 작업관리

※ 다음 빈칸에 적절한 말을 넣거나 묻는 말에 답하시오.

01 추구는 수구 높이의 (　) 정도로 자르고, 수구와 평행하도록 입목직경의 (　) 정도 벌도맥을 남긴다.

┤ 정답적기 ├

02 이동식 스카이라인방식으로 인터록킹 드럼을 사용하여 작업줄이 세로 방향으로 순환하는 방식은 무엇인가?

┤ 정답적기 ├

03 원목을 운반하는 반송기가 지표면에 끌리지 않고 공중에 들려 이동하도록 일정한 장력을 주어 설치한 와이어로프로서, 반송기가 여기에 매달려 왕복하는 통로역할을 하는 것을 무엇이라 하는가?

┤ 정답적기 ├

04 목재생산방법은 일반적으로 임목의 가공 상태에 따라 세 가지로 구분하는데, 그 종류를 쓰시오.

┤ 정답적기 ├

05 집재작업을 통하여 수집된 집재목은 임도나 작업로를 이용하여 목재 집하장이나 제재소 등으로 운반하기 위하여 일정 장소에 모아야 하는데, 이러한 장소를 일컫는 말을 쓰시오.

정답적기

06 재해예방의 4원칙을 쓰시오.

정답적기

07 어느 정도 일정한 시간 작업 활동을 계속한 후 객관적으로 작업 능률의 감퇴 및 저하, 착오의 증가, 주관적으로는 주의력 감소, 흥미의 상실, 권태 등으로 일종의 복잡한 심리적 불쾌감을 일으키는 현상을 무엇이라 하는가?

정답적기

08 간벌 및 택벌작업에 있어서 임지에서 임도까지 임분과 잔존목의 피해를 최소화시키면서 생산목을 원활하게 운반하기 위하여 사용되는 길을 무엇이라 하는가?

정답적기

09 임분 내에서 벌도와 지타를 실시한 벌도목을 트랙터, 케이블 크레인 등을 이용하여 임도변이나 토장까지 집재하여 원목을 생산하는 방법으로, 대형장비와 임도변에 넓은 토장이 필요하며 잔존임분에 피해를 줄 우려가 있으나 토양 양료 순환의 문제점은 감소하는 목재생산방법은?

┤ 정답적기 ├

10 하베스터와는 달리 벌도는 할 수 없으나 가지제거, 조재, 집적 등을 할 수 있는 고성능 장비를 무엇이라 하는가?

┤ 정답적기 ├

주관식 정답

01. 2/3, 1/10
02. 러닝 스카이라인방식
03. 가공본줄(주삭, 가공삭, 스카이라인)
04. 전목생산방법, 전간목(전간재)생산방법, 단목(단재)생산방법
05. 토장(임목저목장)
06. 손실우연의 원칙, 원인계기의 원칙, 예방가능의 원칙, 대책선정의 원칙
07. 피로
08. 작업로
09. 전간목(전간재)생산방법
10. 프로세서

CHAPTER 09 조재율 산정 및 품등구분

01 조재율

(1) 조재율의 정의

① 산림에서 벌채된 임목 또는 서 있는 입목은 상업적인 목재로 이용할 수 있고, 바이오매스 개념으로 전 부위를 이용할 수도 있다. 후자의 경우는 최근 신기후체제하에서의 온실가스 흡수원으로 활용되는 전체 나무의 이용가치이며, 제재, 합판 등의 상업적 용재의 경우 가지, 잎, 뿌리 및 초두부를 제외한 벌목된 임목이 이용된다.

② 상업적으로 이용하는 임목은 줄기(樹幹) 중 용재로 활용할 수 없는 초두부의 말구직경 일정부위 이하를 제거하여 이용한다. 이때 이용되는 수간부위를 일반적으로 백분율로 표기하며, '상업적 이용률' 또는 '조재율'이라는 용어를 사용한다.

(2) 조재율에 대한 이론적 배경

① 임목재적 중 조재율을 구하는 방법은 직접적인 방법과 간접적인 방법 2가지가 있다.

② 직접적인 방법은 이용 기준에 따라 수간의 두 지점을 정하고 이 두 지점과 그 사이의 몇몇 지점의 직경을 측정한 후 수간석해를 통해 재적을 추정하는 방법(구분구적법)이다.

③ 간접적인 방법은 수간곡선식을 이용하는 방법, 일정 최소말구직경까지의 재적을 구하는 추정식 이용 방법, 그리고 최소말구직경에 따라 수피 내 수간재적에 대한 이용가능 재적의 비율 즉 이용률을 구하는 추정식 이용방법 등이다.

④ 산림청은 '조재하여 생산된 재적(B)을 입목재적(A)으로 나누어 구한 백분율(B/A × 100)을 조재율이라 정의하고 있으며, 일반적으로 침엽수 85%, 활엽수 70%이다'라고 언급하며, 이것이 현재까지도 현장에서 통용되고 있다.

〈주요 수종의 조재율〉

구 분	강원지방 소나무	중부지방 소나무	잣나무	낙엽송 평균	상수리나무	신갈나무
조재율(%)	81.6	81.4	83.3	82.9	81.5	80.9

※ 해당 수종에 대한 재적표가 없을 경우 침엽수는 중부지방소나무, 활엽수는 신갈나무 적용

02 원목 규격 및 품등 구분

(1) 원목 규격

① 원목의 재종 구분

㉠ 특용재급은 침엽수 중 지름이 매우 크고 결점이 적어 문화재 보수나 공예품, 합판용 단판 등의 생산에 적합한 지름과 품질이 매우 우수한 원목을 말한다.

㉡ 1등급은 지름이 특용재급에는 못 미치지만 지름이 크고 결점이 적어 침엽수의 경우 한옥건축 등에서 이용되는 대단면의 보구조재나 기둥구조재, 활엽수의 경우 수장용재 등의 이용에 적합한 지름과 품질의 원목을 말한다.

㉢ 2등급은 지름이 1등급에는 못 미치지만 지름이 다소 크고 결점이 적어 침엽수의 경우 규격구조재나 데크재, 수장용재, 활엽수의 경우 수장용재 등의 이용에 적합한 지름과 품질의 원목을 말한다.

㉣ 3등급은 지름이 2등급에 못 미치거나 결점이 다소 많지만 침엽수의 경우 제재가공에 의한 이용이 가능하고, 활엽수의 경우 신탄재 등으로의 이용은 가능한 지름과 품질의 원목을 말한다.

㉤ 원주재급은 침엽수 중 지름이 3등급에 못 미치지만 서까래나 조경용재로 이용되는 원주재로 생산이 가능한 지름 및 품질의 원목을 말한다.

㉥ 원료재급은 지름이 침엽수의 경우 원주재급, 활엽수의 경우 3등급에 못 미치거나 결점이 많은 원목으로, 주로 가설재나 표고자목, 칩, 보드, 펄프 등의 원료로 이용이 가능한 원목을 말한다.

② 원목의 수종 구분

수종군	수 종
소나무류	소나무, 해송, 잣나무, 스트로브잣나무, 리기다소나무, 리기테다소나무
낙엽송류	낙엽송
편백나무류	편백, 화백, 삼나무, 가문비나무, 전나무, 기타 침엽수
활엽수류	참나무, 포플러, 기타 활엽수

③ 단 위

㉠ 치수의 단위
- 원목 지름의 치수단위는 mm를 원칙으로 한다. 다만, cm로도 할 수 있다.
- 원목 길이의 치수단위는 m로 한다.

㉡ 재적 단위 : 원목의 재적단위는 m^3로 한다.

㉢ 수량단위 : 원목의 수량단위는 본으로 한다.

㉣ 단위치수
- 원목 지름의 단위치수는 10mm 또는 1cm로 하고, 단위치수 미만 끝수는 끊어버린다.
- 원목 길이의 단위치수는 0.1m로 하고 단위치수 미만의 끝수는 끊어버린다.

④ 치수의 측정방법

㉠ 원목의 지름
- 원목의 지름은 말구지름을 말한다.

- 원목의 말구지름은 수피를 제외한 최소지름을 말한다. 다만, 최소지름이 300mm를 넘는 원목은 최소지름과 최소지름에 대한 직각지름을 동시에 측정하여 그 차 30mm(400mm이상인 원목은 40mm)마다 최소지름에 10mm씩 가산시킨 지름을 말구지름으로 한다.
- 원목의 원구지름은 수피를 제외한 원구(이상 팽대 부분이 있는 원목은 그 부분을 제외)의 최소지름을 말한다. 다만, 최소지름이 300mm를 넘는 원목은 최소지름과 최소지름에 대한 직각지름을 동시에 측정하여 그 차 30mm(400mm이상인 원목은 40mm)마다 최소지름에 10mm씩 가산시킨 지름을 원구지름으로 한다.
- 원목의 평균지름은 말구지름과 원구지름을 평균한 지름을 말한다. 이때 평균의 단위치수는 10mm로 하고 10mm 미만의 끝수는 끊어버린다.

ⓒ 원목의 길이 : 원구와 말구를 연결하는 최단 직선의 길이를 말한다. 다만, 0.1m 미만의 여척과 지름이 60mm 미만인 끝단부는 길이에서 제외한다. 여기서 여척이라 함은 0.1m 단위로 끊고 난 후 남은 길이를 말한다.

⑤ 원목의 재적계산방법

㉠ 원목의 재적은 스말리안식에 의하여 계산한다. 단, 말구직경을 이용한 원구 직경 추정값은 원구추정식에 의하여 계산한다.

- 스말리안식(원구직경과 말구직경의 양단면적, 재장 활용) : $m^3 = \dfrac{g_0 + g_n}{2} \times L$
  여기서, g_0 : 원구단면적, g_n : 말구단면적, L : 재장
- 원구추정식($y=$원구, $x=$말구)
  - 낙엽송 $y = 1.0487 \times x + 3.1212$
  - 소나무 $y = 1.0434 \times x + 5.6829$
  - 기타 침엽수 $y = 1.0014x + 4.6196$
  - 기타 활엽수 $y = 0.99984x + 4.1105$

ⓒ 원목의 재적(m^3)에 소수점 3자리 미만의 끝수가 있을 때에는 소수 4자리에서 반올림하여 소수 3자리까지 구한다.

(2) 품등 구분

① 원목의 품등

㉠ 소나무류

등 급 기 준	특용재급	1등급	2등급	3등급	원주재급	원료재급
지름(mm)	420 이상	270 이상	210 이상	180 이상	120 이상	60 이상
재장(m)	2.1 이상	3.6 이상	3.6 이상	2.1 이상	2.4 이상	2.1 이상
옹 이	간지름 150mm 이하			2등급 기준에 적합하지 않은 것		원주재급 기준에 적합하지 않은 것
할렬/윤할	30% 이하					
굽 음	20% 이하			30% 이하		
썩음 등/수피탄화	20% 이하			30% 이하		
기타 결점	경미한 것			현저하지 않은 것		

※ 비고 : 펄프용, 보드용, 갱목용으로 사용되는 원료재 재장은 현장 여건에 따라 1.8m 이상 가능

ⓛ 낙엽송류

기준 \ 등급	특용재급	1등급	2등급	3등급	원주재급	원료재급
지름(mm)	360 이상	240 이상	180 이상	150 이상	90 이상	60 이상
재장(m)	2.1 이상	3.6 이상	3.6 이상	2.1 이상	2.4 이상	2.1 이상
옹이	간지름 150mm 이하			2등급 기준에 적합하지 않은 것		원주재급 기준에 적합하지 않은 것
할렬/윤할	30% 이하					
굽음	20% 이하			30% 이하		
썩음 등/수피탄화	20% 이하			30% 이하		
기타 결점	경미한 것			현저하지 않은 것		

※ 비고 : 펄프용, 보드용, 갱목용으로 사용되는 원료재 재장은 현장 여건에 따라 1.8m 이상 가능

ⓒ 편백·삼나무류

기준 \ 등급	1등급	2등급	3등급	원료재급
지름(mm)	210 이상	150 이상	90 이상	60 이상
재장(m)	3.6 이상	3.6 이상	2.1 이상	2.1 이상
옹이	간지름 150mm 이하		2등급 기준에 적합하지 않은 것	
할렬/윤할	30% 이하			
굽음	20% 이하		30% 이하	3등급 기준에 적합하지 않은 것
썩음 등/수피탄화	20% 이하		30% 이하	
기타 결점	경미한 것		현저하지 않은 것	

※ 비고 : 펄프용, 보드용, 갱목용으로 사용되는 원료재 재장은 현장 여건에 따라 1.8m 이상 가능

ⓔ 활엽수류

기준 \ 등급	1등급	2등급	3등급	원료재급
지름(mm)	270 이상	150 이상	120 이상	60 이상
재장(m)	2.1 이상	2.1 이상	2.1 이상	2.1 이상
옹이	간지름 150mm 이하		2등급 기준에 적합하지 않은 것	
할렬/윤할	30% 이하			
굽음	20% 이하		30% 이하	3등급 기준에 적합하지 않은 것
썩음 등/수피탄화	20% 이하		30% 이하	
기타 결점	경미한 것		현저하지 않은 것	

※ 비고 : 펄프용, 보드용, 갱목용으로 사용되는 원료재 재장은 현장 여건에 따라 1.8m 이상 가능

② **원목결점의 측정 방법** : 원목품등에 있는 결점은 다음 표의 방법으로 측정한다. 이때 결점이 여척 또는 이상 팽대 부분에 걸쳐 있을 때에는 당해 여척 또는 이상 팽대 부분을 제외하고 그 결점을 측정한다. 측정은 10mm 단위로 측정하고 10mm 미만은 버린다. 백분율의 경우 소수점 이하는 버린다.

결 점		측정 방법
옹 이	측 정	• 재면에 있는 옹이를 대상으로 실측 긴지름을 측정한다. • 산 옹이의 지름은 그 실측 긴 지름으로 한다.
	산옹이	산옹이의 지름은 그 실측 긴지름으로 한다.
	죽은옹이 썩은옹이	죽은옹이, 썩은옹이의 지름은 그 실측 긴지름의 2배로 한다.
	숨은옹이	• 재면이 돌출 또는 함몰 등의 이상을 나타내어 그 내부에 옹이가 숨어 있는 것으로 판단되는 경우 그 크기는 그 원목의 산옹이, 죽은옹이 또는 썩은 옹이 중 가장 큰 옹이의 실측 긴지름을 1.5배한 크기로 한다. 다만, 1.5배 한 지름이 숨은옹이로 인한 돌출 및 함몰부분의 긴지름 보다 작은 경우는 그 돌출 및 함몰부분의 교차점간 거리를 숨은 옹이의 지름으로 한다. • 산옹이, 죽은옹이 또는 썩은 옹이가 없고 숨은옹이만 있는 경우의 숨은옹이 크기는 100mm로 한다. 다만, 숨은옹이로 인한 돌출 및 함몰부분의 긴지름이 100mm보다 큰 경우는 그 돌출 및 함몰부분의 실측 긴지름을 숨은 옹이의 지름으로 한다.
할 렬	측 정	횡단면에서 재면으로 이어진 할렬(뿌리에서 수관 방향으로 갈라짐)을 대상으로 재면에서의 할렬길이를 측정한다.
	동일 횡단면	• 동일 횡단면에 2개 이상인 경우는 가장 긴 것을 그 횡단면의 할렬길이로 한다. • 횡단면 지름의 1/2을 초과한 깊은 할렬은 그 할렬의 실측 길이를 1.5배 한 길이로 한다.
	양횡단면	각각의 횡단면에서 가장 긴 할렬만을 합계한 수치로 한다.
	백분율	할렬의 길이에 대한 그 원목의 길이 비율로 한다.
윤 할	측 정	• 횡단면에 있는 윤할(목재의 횡단면이 연륜에 따라 둥글게 갈라짐)을 대상으로 윤할의 곡선길이를 측정한다. • 횡단면 중심에서 9/10보다 외측에 있는 윤할은 제외한다.
	동일 단면적	윤할이 2개 이상인 경우 각각의 윤할 곡선길이를 합한 길이로 한다. 다만, 각 윤할의 양쪽끝과 수심을 직선으로 연결하여 윤할이 겹치는 경우는 전체의 윤할 곡선 길이에서 중복된 윤할 곡선길이를 제외한 길이로 한다.
	양횡단면	양 횡단면 중 윤할 곡선길이가 더 큰 것을 그 원목의 윤할 곡선길이로 한다.
	백분율	윤할곡선 길이에 대한 그 횡단면 둘레(원주)의 길이 비율로 한다.
굽 음	측 정	굽음변의 최대 굽음 높이를 측정한다.
	두 번 이상 굽은것	각 굽음 높이를 합하여 1.5배 한 것을 그 원목의 굽음 높이로 한다.
	백분율	굽음 높이에 대한 원목의 지름 비율로 한다.
썩음 등	측 정	• 썩음 등에는 썩음, 속빔, 벌레먹음을 포함한다. • 평균지름은 최소지름과 직각지름의 평균으로 한다. • 속빔이 이상팽대부분에 걸쳐있을 때에는 그 부분을 제외한다.
	동일 횡단면	결점이 2개 이상인 경우 각 결점의 평균지름을 평균한 것을 그 횡단면의 평균지름으로 한다.
	양횡단면	각 횡단면의 평균지름을 합계한 것을 그 원목의 평균지름으로 한다.
	백분율	썩음 등의 평균지름과 그 횡단면의 지름 비율로 한다.
수피탄화	측 정	탄화된 손상 정도를 백분율로 측정한다.
	백분율	표면적을 기준으로 4방위로 탄화된 면적 비율을 5% 단위로 측정하여 평균을 적용한다.
기타 결점		원목 이용가치에 따른다.

| 주관식 확인문제 | 조재율 산정 및 품등 구분 |

※ 다음 빈칸에 적절한 말을 넣거나 묻는 말에 답하시오.

01 실제 벌채되는 지역의 면적 중 벌채로 인한 미세기후 변화에 대응하고, 야생 동식물 서식 및 산림의 생태·환경적 기능 유지 등 산림으로서의 역할을 수행할 수 있는 군상 또는 수림대의 경계로부터 나무 수고만큼의 면적을 무엇이라 하는가?

정답적기

02 수림대는 가능한 한 최소 폭 (㉠) 이상으로 벌채구역과 벌채구역 사이 또는 벌채지 내에 설치하고, (㉡)능선 이상의 수림대 등 기존의 임분과 연결되도록 한다. 괄호 안에 들어갈 말은?

정답적기

03 우리나라 원목 규격 고시에서 정하는 원목의 지름은 무엇을 말하는가?

정답적기

04 우리나라 원목의 재적 계산방법은?

정답적기

05 침엽수 중 지름이 매우 크고 결점이 적어 문화재 보수나 공예품, 합판용 단판 등의 생산에 적합한 지름과 품질이 매우 우수한 원목을 무엇이라 하는가?

정답적기

06 산옹이의 지름은 그 실측 (㉠)으로 하고, 죽은옹이와 썩은옹이의 지름은 그 실측 (㉡)로 한다. 괄호 안에 들어갈 말은?

정답적기

07 원목이 두 번 이상 굽은 것은 각 굽음높이를 합하여 (   )한 것을 그 원목의 굽음높이로 한다. 괄호 안에 들어갈 말은?

정답적기

08 원목의 썩음 등은 동일 횡단면에서 결점이 2개 이상인 경우 각 결점의 평균지름을 (   )한 것을 그 횡단면의 평균지름으로 한다. 괄호 안에 들어갈 말은?

┤ 정답적기 ├

09 목재의 횡단면이 연륜에 따라 둥글게 갈라지는 것을 무엇이라 하는가?

┤ 정답적기 ├

10 조재하여 생산된 재적(B)을 입목재적(A)으로 나누어 구한 백분율(B/A × 100)을 무엇이라 하는가?

┤ 정답적기 ├

주관식 정답

01. 산림영향권
02. ㉠ 20m, ㉡ 8부
03. 말구지름
04. 스말리안식
05. 특용재급
06. ㉠ 긴지름, ㉡ 긴지름의 2배
07. 1.5배
08. 평균
09. 윤할
10. 조재율

주요 용어 해설

1. **도시숲** : 도시산림(도시의 외곽지역에 있는 산림)과 도시에서 국민 보건 휴양·정서함양 및 체험활동 등을 위하여 조성·관리하는 숲(유지·관리·이용 및 보호에 필요한 부대시설을 포함한다)을 말하는데, 자연체험숲, 도시환경숲, 가로숲, 학교숲 등이 있다.

2. **법정림** : 법정림의 개념은 1938년에 도입된 것으로 재적 수확을 보속 개념으로 실현하기 위한 것이었다. 이것이 발전되어 다목적 산림경영, 다자원적 산림경영, 그리고 지속가능한 산림경영으로 발전되어 왔다.

3. **산림의 수확조정 기법** : 산림의 벌채량을 예측하고 조정하는 것이 수확조정 기법인데, 일반적으로 고전적 수확기법은 법정림의 이론에 기초를 둔 것이고, 현대적 수확조정 기법은 그 기법을 과학적 의사 기법으로 최적화한 것이다. 일반적으로 현대의 지속가능한 산림경영이론에서의 수확량 예측과는 차이가 있는 것이다.

4. **각산정표준지법** : 1948년 Bitterlich가 공표한 것으로 표본점을 필요로 하지 않기 때문에 플롯레스샘플링(Plotless Sampling)이라 불린다. 임분재적을 구하기 위하여 흉고단면적을 이용하는데, 이를 위해서는 매목조사가 필요하지만 시간과 경비가 많이 소요되므로 단위면적당 흉고단면적을 각산정표준지법에 의해 구하고자 하였던 방법이다.

산림경영 출제 정보

1. **산림경영 기초**
   ① 주요 내용
   ② 수립 주체와 대상
   ③ 지황과 임황 구분

2. **산림 수확조정**
   ① 수확조정법의 발달 순서
   ② 고전적 수확기법의 계산방법
   ③ 수확표 이용

3. **산림평가**
   ① 임업이율의 특성
   ② 임지평가와 임목평가의 방법

4. **산림경영분석**
   ① 임가소득 및 임업소득
   ② 투자 효율 측정방법

5. **산림측정**
   ① 도구별 측정 대상(직경, 수고)
   ② 벌채목의 측정방법 및 계산

6. **목재수확작업 도구 및 장비**
   ① 벌목작업 방법 및 벌도목 구조
   ② 집재작업의 종류
   ③ 가선집재와 트랙터 집재의 장단점
   ④ 목재생산방법의 종류
   ⑤ 산림작업의 안전사고 발생원인

7. **임목수확작업 및 작업관리**
   ① 벌목작업 방법 및 벌도목 구조
   ② 집재작업의 종류
   ③ 가선집재와 트랙터 집재의 장단점
   ④ 목재생산방법의 종류
   ⑤ 산림작업의 안전사고 발생원인

8. **조재율 산정 및 품등구분**
   ① 조재율의 정의
   ② 원목의 규격
   ③ 스말리안식
   ④ 원목의 품등
   ⑤ 원목결점의 측정 방법

PART 02 적중예상문제

01 우리나라의 산림자원에 대하여 잘못 설명한 것은?

① 우리나라의 산림면적은 약 628만ha(약 63%)이다.
② 우리나라의 산림축적은 2023년도에 약 176m³/ha이다.
③ 우리나라의 산림정책상 국유림은 점차 감소되고 있다.
④ 우리나라의 소유별 산림면적 중 가장 많은 면적은 사유림이다.

[해설] 우리나라는 산림정책상 국유림은 사유림의 **국유화 매수정책에 의해 점차 증가**되고 있다.

02 사유림 경영의 실태에 대해 잘못 나타낸 것은?

① 농가 임업은 5ha 미만으로 목재 생산을 주로 하지 않는 산림으로 우리나라 사유림 경영의 핵심을 이룬다.
② 겸업적 임업은 30~100ha의 규모이다.
③ 부업적 임업은 농업이나 축산 또는 기타 사업을 하면서 여력을 이용하여 임업을 경영하는 것을 말한다.
④ 주업적 임업은 100ha 이상의 규모를 말한다.

[해설] **겸업적 임업**은 다른 사업을 하면서 임업에도 투자하는 경영을 말하며, 30~100ha의 규모로 부업적 임업과 아울러 우리나라 **사유림의 핵심을 이룸**

03 다음 벌기령의 종류 중 가장 긴 벌기령은?

① 산림순수익 최대의 벌기령
② 수익률 최대의 벌기령
③ 재적수확 최대의 벌기령
④ 토지순수익 최대의 벌기령

[해설] 일반적으로 산림순수익(화폐수익) 최대의 벌기령이 가장 긴 벌기령이다.

정답 01 ③ 02 ① 03 ①

04 토지기망가 계산에 있어서 어떤 요소가 변화할 때 벌기령에 미치는 영향을 잘못 표현한 것은?

① 이율이 높을수록 벌기령이 짧아진다.
② 간벌량이 많고 간벌시기가 빠를수록 벌기가 짧아진다.
③ 조림비가 적을수록 벌기령이 길어진다.
④ 소경목과 대경목의 단가 차이가 적을 때에는 벌기령이 짧아진다.

해설 조림비가 적을수록 벌기령이 짧아지지만 이의 영향은 극히 적다.

05 회귀년 길이의 장단점에 대한 설명 중 틀린 것은?

① 회귀년 길이를 짧게 하여 1회의 벌채량을 적게 하는 것이 조림기술측면에서 유리하다.
② 긴 회귀년은 벌채량이 많아져 풍도, 토사 붕괴 등 산림보호에 문제점을 야기하므로 짧은 회귀년을 채택하는 것이 유리하다.
③ 단위 면적당 많은 벌채를 해야만 유리하므로 긴 회귀년이 요망된다.
④ 임도와 방화시설이 많으면 짧은 회귀년을 요하게 된다.

해설 임도와 방화시설이 많으면 투자비가 많아 **긴 회귀년**을 요하게 된다.

06 수종별 법정 벌기령이 잘못 연결된 것은?

① 소나무(국유림) – 60년
② 잣나무(사유림) – 60년
③ 낙엽송(국유림) – 50년
④ 편백(사유림) – 40년

해설 잣나무(사유림)의 벌기령은 **50년**이다.

정답 04 ③ 05 ④ 06 ②

07 경영계획도면 작성 시 임도시설의 색채는?

① 초록색　　　　　　　　② 연두색
③ 노란색　　　　　　　　④ 자주색

해설 임도시설은 자주색으로 경영계획도면에 표시한다.

08 국유림 경영계획서 작성 시 포함되는 내용이 아닌 것은?

① 경영목표와 경영방침
② 중점사업
③ 작업설명서
④ 노동력 수급 및 임업기계화 계획

해설 **경영계획서의 구성 요소**
- 최종심의서
- 산림구획
- 전차기 경영계획의 성과분석
- 사업계획
- 노동력 수급 및 임업기계화 계획
- 작업설명서
- 일반현황
- 산림현황
- 경영목표와 경영방침
- 재정계획
- 경영계획 실행상 유의할 사항
- 첨부자료

09 우리나라의 산림의 기능별 구분이 아닌 것은?

① 자연환경보전림
② 수원함양림
③ 도시환경보전림
④ 산림휴양림

해설 우리나라의 산림기능은 목재생산림, **수원함양림**, 산지재해방지림, **자연환경보전림**, **산림휴양림**, 생활환경보전림 등 6가지로 구분한다.

07 ④　08 ②　09 ③

10 소반 구획의 조건이 아닌 것은?
① 산림의 기능이 상이할 때
② 지종이 상이할 때
③ 임종·임상 및 작업종이 상이할 때
④ 목재수확방법이 상이할 때

해설 목재수확방법은 소반의 구획과는 아무 관련이 없다.

11 경영계획 시 임상에 대한 내용 중 틀린 것은?
① 침엽수림(침) – 침엽수가 75% 이상 점유하고 있는 임분
② 활엽수림(활) – 활엽수가 75% 이상 점유하고 있는 임분
③ 혼효림(혼) – 침엽수 또는 활엽수가 26~75% 점유하고 있는 임분
④ 무립목지 – 입목본수비율이 20% 이하인 임분

해설 **무립목지** : 입목본수비율이 30% 이하인 임분

12 우리나라의 법정인 산림계획체계에 대한 내용과 주체가 틀린 것은?
① 산림기본계획 – 산림청장
② 지역산림계획 – 시·도지사 또는 지방산림청장
③ 시·군 산림계획 – 시·군·구청장
④ 경영계획 – 지방산림청장·지방자치단체장·산림소유자

해설 시·군 산림계획은 비법정 산림계획임

정답 10 ④ 11 ④ 12 ③

13 다음 그림에 대한 설명이 틀린 것은?

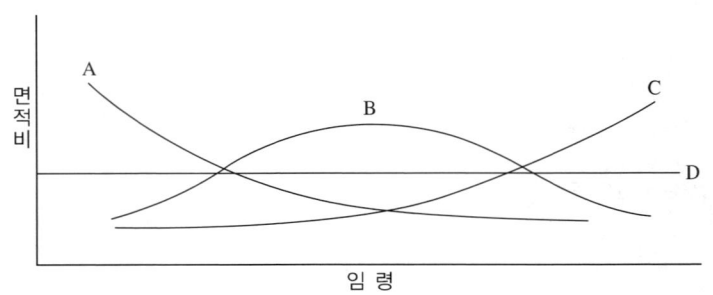

① A형 - 초기 수입이 가능한 임분
② B형 - 당장 벌채와 갱신을 한꺼번에 하지 않고 적은 벌채를 서서히 진행하면서 임령의 구성을 수정
③ C형 - 임령이 점차 커짐에 따라 벌채, 갱신면적을 늘리되 상당히 긴 시일에 걸쳐서 임령의 구성 조절
④ D형 - 산림의 이상적 구조

해설 A형인 유령임분은 초기 수입이 불가능한 구조임

14 산림조사 시 경사 25~30° 미만을 바르게 표현한 것은?
① 경사지(경)
② 급경사지(급)
③ 험준지(험)
④ 절험지(절)

해설 산림조사 시 경사 25~30° 미만을 험준지(험)라 한다.

15 임지의 특성에 대한 설명 중 틀린 것은?
① 적은 자본으로 구입하여 임업경영이 가능하다.
② 임지는 유지비가 많이 든다.
③ 임지는 투하 자본의 회수가 어렵다.
④ 넓고 험하여 집약적인 작업이 어렵다.

해설 임지는 조방적 경영으로 유지비가 적게 든다.

16 자본재에 대한 설명 중 연결이 잘못된 것은?

① 운반시설 – 고정 자본재
② 종자 – 유동 자본재
③ 임목(벌채 후) – 고정 자본재
④ 제재설비 – 고정 자본재

해설 벌채 후의 임목은 **유동 자본재**이다.

17 대리경영제도의 실행 주체는?

① 산 주
② 산림청
③ 시·군·구
④ 산림조합 또는 산림조합중앙회

해설 대리경영제도의 실행 주체는 **산림조합** 또는 **산림조합중앙회**, 그리고 **산림사업 법인** 등이다.

18 경제적 산림경영과 생태적 산림경영의 차이점에 대해 틀린 것은?

① 경제적 산림경영은 장기적 관점
② 경제적 산림경영은 목표에 대한 최대의 업적
③ 생태적 산림경영은 조건과 과정에 중점을 둠
④ 생태적 산림경영은 기술적 향상과 진보는 신뢰하지 않음

해설 **경제적 산림경영**은 **단기적**이고, 생태적 산림경영은 장기적이다.

정답 16 ③ 17 ④ 18 ①

19 협업경영의 문제점이 아닌 것은?

① 정부의 간섭
② 불충분한 시장조사
③ 통제질서의 결여
④ 불확실한 기술

해설 협업경영과 정부의 간섭은 아무 관련이 없다.

20 윤벌기와 벌기령의 차이에 대한 설명 중 바른 내용이 아닌 것은?

① 윤벌기는 택벌림에서 사용되는 개념이고, 벌기령은 개벌개념
② 윤벌기는 작업급 개념, 벌기령은 임목·임분의 개념
③ 윤벌기는 기간개념이고, 벌기령은 연령개념
④ 윤벌기는 작업급을 일순벌하는 데 소요하는 기간이고, 벌기령은 임목 그 자체의 생산기간을 나타내는 예상적 연령개념

해설 택벌림은 회귀년을 사용한다.

21 투자효율의 결정방법이 아닌 것은?

① 수익·비용률법
② 순현재가치법 또는 현가법
③ 투자이익률법 또는 평균이익률법
④ 시장이율법

해설 투자의 상대적 유리성을 판단하는 기준인 투자효율의 결정방법은 회수기간법, **투자이익률법** 또는 **평균이익률법**, **순현재가치법** 또는 **현가법**, 수익·비용률법, 내부투자수익률법 등이 있다.

22 임업투자에서 감응도분석의 고려 대상이 아닌 것은?

① 생산물의 가격 및 노임 등의 가격요인
② 생산량
③ 원료 및 원자재의 가격변화에 따른 사업비용의 변화
④ 사업 기간의 연장

해설 임업투자에서 감응도 분석의 고려 대상
• 생산물의 가격 및 노임 등의 가격요인
• 생산량
• 원료 및 원자재의 가격변화에 따른 사업비용의 변화
• 사업 기간의 지연

23 투자효율의 결정방법 중 시간가치를 고려하지 않는 방법은?

① 투자이익률법 또는 평균이익률법
② 순현재가치법 또는 현가법
③ 수익·비용률법
④ 내부투자수익률법

해설 투자이익률법 또는 평균이익률법과 회수기간법은 투자효율의 결정방법 중 시간가치를 고려하지 않는 방법이다.

24 임반을 구획하는 이유가 아닌 것은?

① 경영의 합리화를 도모하는 데 유리하다.
② 측량 및 임지의 면적을 계산하는 데 유리하다.
③ 작업종 및 지종구분을 확실히 할 수 있다.
④ 임반의 절개선을 따라 이용하는 데 이익이 있다.

해설 지종(입목지, 무립목지, 법정지정림 등)이 상이할 때는 소반으로 구획한다.

정답 22 ④ 23 ① 24 ③

25 생활환경보전림이 목표로 하는 산림이 아닌 것은?

① 공원형 ② 방음형
③ 도시형 ④ 생산형

해설 생활환경보전림이 목표로 하는 산림은 **공원형**·경관형, 방풍·**방음형**, **생산형** 등이다.

26 자연환경보전림의 산림유형이 아닌 것은?

① 보전형 ② 문화형
③ 생태형 ④ 학술형

해설 자연환경보전림이 목표로 하는 산림은 **보전형, 문화형, 학술**·교육형 등이다.

27 산림기본계획의 주요 내용이 아닌 것은?

① 산림자원의 조성 및 육성에 관한 내용
② 산림의 공익증진에 관한 내용
③ 임도 등 산림경영기반의 조성에 관한 사항
④ 산림의 기능에 관한 구분

해설 산림기본계획의 내용(10년 단위)
• 산림시책의 기본목표 및 추진방향
• **산림자원의 조성 및 육성에 관한 사항**
• 산림의 보전 및 보호에 관한 사항
• **산림의 공익 기능 증진에 관한 사항**
• 산림재해의 예방 및 복구에 관한 사항
• 임산물의 생산·가공·유통 및 수출에 관한 사항
• 산림의 이용구분 및 이용계획에 관한 사항
• **임도 등 산림경영기반의 조성에 관한 사항**
• 산림통합관리권역의 설정 및 관리에 관한 사항

정답 25 ③ 26 ③ 27 ④

28 국유림경영의 주목표가 아닌 것은?

① 임산물 생산 기능   ② 병해충 방제 기능
③ 고용기능   ④ 경영수지개선

해설 병해충 방제는 국유림경영의 행위 내용이다.

29 우리나라 산림자원에 대한 경영·관리에 대한 기본원칙이 아닌 것은?

① 생태적으로 건전한 산림
② 경제적 편익의 증진
③ 산림의 휴양 기능 증진
④ 후세에 대한 도덕적 의무의 강화

해설 우리나라 산림자원에 대한 경영·관리에 대한 기본원칙
- 생태적으로 건전한 산림
- 경제적 편익의 증진
- 산림의 공익 기능 증진
- 후세에 대한 도덕적 의무의 강화

30 지황조사의 토양형은 어떤 토양의 함유량을 기준으로 구분하는가?

① 모 래   ② 양 토
③ 식양토   ④ 점 토

해설 지황조사의 토양형은 점토 함유량을 기준으로 구분한다.

정답 28 ② 29 ③ 30 ④

31 지황조사의 지위에 대한 설명 중 틀린 것은?

① 활엽수는 참나무를 적용
② 우세목의 직경과 수고를 측정
③ 지위지수표 이용
④ 지수는 상·중·하로 구분

해설 임지의 생산력 판단 지표인 지위는 우세목의 **수령과 수고를 측정**한다.

32 지황조사의 지리의 구분 거리단위는?

① 50m
② 100m
③ 200m
④ 300m

해설 지황조사의 지리는 100m 단위로 구분한다.

33 평균수령 18년, 최저수령 10년, 최고수령 33년의 표시 방법으로 옳은 것은?

① 18(10~33)
② (10~33)18
③ 18/(10~33)
④ (10~33)/18

해설 평균수령 18년을 분자로, 최저수령 10년과 최고수령 33년의 범위를 분모로 표시한다.

34   III 영급이란?

① 21~30년생   ② 20~29년생
③ 21~29년생   ④ 20~30년생

해설   III 영급이란 21~30년생을 말한다.

35   임황조사 시 수고의 조사방법 중 틀린 말은?

① 측고기를 이용
② 산록·산복·산정부의 입목 측정
③ 표준목의 수고 측정
④ 평균수고산출

해설   가슴높이 지름 2cm 단위별로 평균이 되는 입목의 수고를 모두 측정한다.

36   임황조사 시 축적의 조사방법 중 틀린 말은?

① ha당 축적은 소수점 이하 셋째 자리까지 구한다.
② 재적측량 시 가슴높이 지름의 6cm 이상인 입목을 대상
③ 재적측량 시 120cm 위치의 지름을 2cm 괄약으로 측정
④ 재적측량 시 수고는 m단위로 측정

해설   ha당 축적은 소수점 이하 **둘째 자리**까지 구한다.

정답   34 ①   35 ③   36 ①

37 수확조정법의 발달순서로 바른 것은?

① 단순구획윤벌법 → 재적배분법 → 평분법 → 법정축적법 → 영급법 → 생장량법
② 단순구획윤벌법 → 재적배분법 → 평분법 → 영급법 → 생장량법 → 법정축적법
③ 생장량법 → 단순구획윤벌법 → 재적배분법 → 평분법 → 법정축적법 → 영급법
④ 생장량법 → 단순구획윤벌법 → 재적배분법 → 평분법 → 영급법 → 법정축적법

해설 수확조정법의 발달순서 : 단순구획윤벌법 → 재적배분법 → 평분법 → 법정축적법 → 영급법 → 생장량법

38 구획윤벌법에 대한 설명 중 틀린 말은?

① 부동한 면적을 기초로 하기 때문에 계획을 수립하고 업무를 실행하는 데 편리하다.
② 윤벌기를 거치는 동안 산림은 법정상태가 된다.
③ 매년 동일 면적을 벌채하면 불법정한 현실림은 제1윤벌기 동안에 경제적인 손실이 따른다.
④ 용재림 등에서 적용할 가치가 높아 실용성이 높다.

해설 구획윤벌법은 용재림에서는 **적용할 가치가 적고**, 장소적 규제의 필요성이 적은 신탄림 작업에 응용할 수 있지만 **실용성이 높지 않다.**

39 평분법의 종류가 아닌 것은?

① Beckmann법   ② 면적평분법
③ 재적평분법   ④ 절충평분법

해설 Beckmann법은 재적배분법이다.

37 ① 38 ④ 39 ①

40 법정축적법 중 교차법의 종류가 아닌 것은?

① Kameraltaxe법　　② Heyer법
③ Karl법　　　　　　④ Hundeshagen법

해설　Hundeshagen법은 이용률법이다.

41 고전적 수확조정법 중 영급법의 종류가 아닌 것은?

① 순수영급법　　② 임분경제법
③ 등면적법　　　④ Martin법

해설　Martin법은 생장량법이다.

42 고전적 수확조정법 중 생장량법의 종류가 아닌 것은?

① 조사법　　　　② 생장률법
③ Martin법　　　④ Karl법

해설　Karl법은 교차법이다.

정답　40 ④　41 ④　42 ④

43 다음은 선형계획법의 기본모형이다. ⓒ은 무엇을 나타내는가?

$$Z = \sum_{j=1}^{n} C_j X_j \quad \cdots\cdots\cdots\cdots\cdots\cdots\cdots\cdots ㉠$$
$$\sum_{j=1}^{n} A_{ij} X_j \text{ 값을 } (\leq, =, \geq) B_i \quad \cdots\cdots\cdots\cdots\cdots ㉡$$
$$X \geq 0 \quad \cdots\cdots\cdots\cdots\cdots\cdots\cdots\cdots\cdots\cdots\cdots\cdots ㉢$$

① 목적함수 ② 최적해
③ 제약조건 ④ 비부조건

해설 $\sum A_{ij} X_j$ 값을($\leq$, =, $\geq$) B_i는 제약조건을 나타낸다.

44 선형계획모형의 전제조건이 아닌 것은?

① 통합성 ② 확정성
③ 제한성 ④ 비례성

해설 **선형계획모형의 전제조건**
- 비례성
- 선형성
- 부가성
- 확정성
- 비부성
- 제한성
- 분할성

45 현재 30년생인 ha당 잣나무 임목의 재적이 220m³, 20년일 때의 재적이 150m³이었다면, 이 임목의 생장률을 Pressler식을 이용하여 구하면?

① 1.8% ② 2.8%
③ 3.8% ④ 4.8%

해설 $P = [(220-150)/(220+150)] \times 200/10 = 3.78\%$

43 ③ 44 ① 45 ③

46 생장추를 가지고 생장률을 조사하려고 한다. 생장추로 채취한 목편의 수피 아래 1cm 내에 들어 있는 목편의 연륜수가 4개였다면, 이 나무의 생장률은 얼마인가?(K = 550, 직경 30cm)

① 3.58
② 4.58
③ 5.58
④ 6.58

해설 $P = 550/(4 \times 30) = 4.58$

47 임분의 현실축적이 500m³, 수확표의 벌기임분재적인 법정벌채량이 300m³, 수확표에서 구한 법정축적이 250m³일 때 이용률법을 이용한 표준연벌채량은?

① 600m³
② 700m³
③ 800m³
④ 900m³

해설 $E = 500 \times (300/250) = 600\text{m}^3$

48 임분의 현실축적이 1,500m³이고 각 임분의 평균생장률이 6%일 때 연년생장량을 생장률법에 의하여 구하면?

① 60m³
② 70m³
③ 80m³
④ 90m³

해설 $E = 1,500 \times 0.06 = 90\text{m}^3$

49 임업의존도(%)는?

① 임업소득 / 임가소득×100
② 임업소득 / 임업조소득×100
③ 임업소득 / 가계비×100
④ 순수익자본 / 자본×100

해설 임업의존도 = 임업소득 / 임가소득×100

정답 46 ② 47 ① 48 ④ 49 ①

50 경리기 초에 측정한 축적을 2,500m³, 경리기 말에 측정한 축적을 3,000m³, 경리기간 동안의 벌채량을 300m³라고 할 때 이 기간 동안의 생장량을 조사법에 의하여 구하면?

① 500m³ ② 600m³
③ 700m³ ④ 800m³

해설 $Z = 3,000 - 2,500 + 300 = 800\text{m}^3$

51 취득원가가 50만원이고 폐기시의 잔존가치가 5만원으로 추정되는 체인톱이 있다. 이 톱의 총사용 가능 시간은 9만 시간인데 실제 작업시간이 4,500시간일 때 총 감가상각비를 작업시간비례법에 의하여 구하면?

① 20,000원 ② 22,500원
③ 25,000원 ④ 25,500원

해설 작업시간비례법은 자산의 감가가 단순히 시간의 경과에 따라 나타나는 것이 아니라, 사용정도에 비례하여 나타난다는 것을 전제로 하여 계산한다.
- 감가상각비 = 실제작업시간 × 시간당 감가상각률 = 4,500 × 5 = 22,500원
- 시간당 감가상각률 = (취득원가 − 잔존가치)/추정 총 작업시간 = (500,000−50,000)/90,000 = 5

52 광산업의 광업권 취득원가가 5,400만원이고 잔존가치는 없으며, 채굴예정량은 9,000만톤이고 당기채굴량이 5만톤이라면 당기 총 감가상각비를 구하면?

① 20,000원 ② 30,000원
③ 40,000원 ④ 50,000원

해설 **생산량비례법** : 벌채권이나 채굴권 등의 조업도를 상각하는 경우로 작업시간비례법과 유사
- 감가상각비 = 실제생산량 × 생산량당 감가상각률 = 50,000 × 0.6 = 30,000원
- 생산량당 감가상각률 = (취득원가 − 잔존가치)/추정 총 생산량 = (54,000,000−0)/90,000,000 = 0.6

50 ④ 51 ② 52 ②

53 어느 관리소에서 잣나무 택벌림이 100ha의 벌구를 10개로 할 경우 회귀년은?

① 5년 ② 10년
③ 15년 ④ 20년

해설 100ha/10개 = 10년

54 선형계획법에서 두 가지 이상의 활동이 동시에 고려되어야 한다면 전체 생산량은 개개 생산량의 합계와 일치해야 한다. 즉, 개개의 활동 사이에 어떠한 변환작용도 일어날 수 없다는 것을 의미하는 것은?

① 비례성 ② 부가성
③ 분할성 ④ 선형성

해설 선형계획모형의 전제조건 : 비례성, 비부성, 부가성, 분할성, 선형성, 제한성, 확정성

55 산림평가의 구성내용이 아닌 것은?

① 임 지 ② 임 목
③ 산림환경 ④ 공익적 기능

해설 산림평가의 구성내용은 **임지, 임목**, 부산물, 시설, **공익적 기능** 등이다.

56 임업이율의 성격에 대하여 틀린 말은?

① 임업이율은 대부이자이다.
② 임업이율은 평정이율이다.
③ 임업이율은 장기이율이다.
④ 임업이율은 명목적 이율이다.

해설 **임업이율의 성격**
• 임업이율은 대부이자가 아니고 **자본이자**이다.
• 임업이율은 **평정이율**이며, **명목적 이율**이다.
• 임업이율은 **장기이율**이다.

정답 53 ② 54 ② 55 ③ 56 ①

57 임업이율을 저이율로 평정해야 하는 이유가 아닌 것은?

① 재적 및 금원수확의 증가와 산림 재산가치의 등귀
② 산림소유의 안정성
③ 재산 및 임료수입의 유동성
④ 산림 관리경영의 복잡성

해설 산림 관리경영의 **간편성**으로 인해 임업이율을 저이율로 평정해야 한다.

58 임지비용가법을 적용할 수 있는 경우가 아닌 것은?

① 임지소유자가 매각할 때 최소한 그 임지에 투입된 비용을 회수하고자 할 때
② 임지소유자가 그 임지에 투입한 자본의 경제적 효과를 분석 검토하고자 할 때
③ 그 임지의 가격을 평정하는 데 다른 적당한 방법이 없을 때
④ 수익방식에 의한 평가를 할 수 없을 때

해설 임지비용가법을 적용할 수 있는 경우
- 임지소유자가 매각할 때 최소한 그 임지에 투입된 비용을 회수하고자 할 때
- 임지소유자가 그 임지에 투입한 자본의 경제적 효과를 분석 검토하고자 할 때
- 그 임지의 가격을 평정하는 데 다른 적당한 방법이 없을 때

59 임지기망가의 크기에 영향을 주는 인자에 대한 설명 중 틀린 것은?

① 주벌수익과 간벌수익 값은 항상 '+'이므로 이 값이 클수록 B_u가 커진다.
② 조림비와 관리비의 값은 '−'이므로 이 값이 크면 클수록 B_u가 작아진다.
③ 이율이 높으면 높을수록 B_u가 커진다.
④ 벌기 u가 크면 클수록 B_u가 작아진다.

해설 이율이 높으면 높을수록 B_u가 작아진다.

57 ④ 58 ④ 59 ③

60 임지기망가법으로 벌기령을 정할 때 최댓값에 도달하는 시기에 대한 설명 중 틀린 것은?

① 관리비가 커질수록 최댓값이 빨리 온다.
② 주벌수익의 증대속도가 빨리 감퇴할수록 B_u의 최댓값이 빨리 온다.
③ 간벌수익이 클수록 B_u의 최댓값이 빨리 온다.
④ 일반적으로 채취비가 클수록 임지기망가의 시기가 늦어진다.

[해설] 관리비와 최댓값은 상관이 없다.

61 임지기망가 적용상의 문제점이 아닌 것은?

① 임지기망가법에서는 장기간에 걸쳐 동일한 시업방법을 시행한다는 것은 비현실적인 것이다.
② 수익과 비용의 인자는 영구히 변하지 않는 것으로 가정하고 그 현재가를 사용하고 있다.
③ 임업이율(P)의 대소가 임지기망가에 미치는 영향은 매우 큼에도 불구하고 P의 값을 정하는 객관적인 근거가 없어 평정이 자의적으로 되기 쉽다.
④ 이 평가법에서 비용으로 공제되는 것은 조림비, 관리비뿐이다.

[해설] 이 평가법에서 비용으로 공제되는 것은 조림비, 관리비 및 그 **이자뿐**이다.

62 벌기 이상의 임목평가방법은?

① 시장가역산법
② Glaser법
③ 비용가법
④ 임목기망가법

[해설] 벌기 이상의 임목평가방법은 시장가역산법이다.

[정답] 60 ① 61 ④ 62 ①

63 임목기망가법에서 f의 의미는?

$$x = f\left(\frac{a}{1+mp+r} - b\right)$$

① 자본회수기간　　　　② 조재율
③ 월이율　　　　　　　④ 기업이익률

해설　x : 단위 재적당(m³) 임목가　　　f : **조재율(이용률)**
　　　a : 단위 재적당 원목의 시장가　　m : 자본 회수기간
　　　b : 단위 재적당 벌채비·운반비·사업비 등의 합계
　　　p : 월이율　　　　　　　　　　　r : 기업이익률

64 중령림의 임목평가방법은?

① 시장가역산법　　　② Glaser법
③ 비용가법　　　　　④ 임목기망가법

해설　중령림의 임목평가방법은 Glaser법이다.

65 벌기 미만 장령림의 임목평가방법은?

① 시장가역산법　　　② Glaser법
③ 비용가법　　　　　④ 임목기망가법

해설　벌기 미만 장령림의 임목평가방법은 임목기망가법이다.

66 산림피해의 평정원칙이 아닌 것은?

① 토양 및 임목과 같은 부동산의 피해액은 전후의 가치를 비교함으로써 측정한다.
② 인접 산림을 기준으로 하여 피해액을 평정한다.
③ 이윤의 발생이 이론적으로 확실시되면 이윤에 의한 피해액도 평정한다.
④ 1차적인 피해액에 대하여만 보상한다.

해설　2차적인 피해액에 대하여도 보상한다.

63 ②　64 ②　65 ④　66 ④

67 수확표는 몇 년 단위로 만들어지는가?

① 1년　　　　　　　　　　② 5년
③ 10년　　　　　　　　　 ④ 20년

해설　수확표는 일반적으로 5년 단위로 만들어진다.

68 수고곡선의 중요사항이 아닌 것은?

① 이론적인 형과 같아야 한다.
② 편차부호를 고려하지 않고 합했을 경우 그 값이 최소가 되어야 한다.
③ 최소자승법에서는 편차의 자승의 합이 0이 되어야 한다.
④ 곡선에서 Plot까지의 편차의 합이 0이 되어야 한다.

해설　**자유곡선법으로 수고곡선을 그리는 데 있어서 기본적인 중요 사항**
- 곡선에서 Plot까지의 편차를 Plot이 곡선 위에 있으면 +, Plot이 곡선 밑에 있으면 −로 할 때에는 $\sum(+) = \sum|-|$, 즉 $(\sum+) + (\sum-) = 0$이 되어야 한다.
- 편차의 부호를 고려하지 않고 합했을 때 그 값이 최소가 되게 한다. 자유곡선법에서는 이 조건을 만족시키기는 매우 어렵다. 그러나, **최소자승법에서는 편차의 자승이 최소가 되게 한다.**
- 이론적인 형과 같아야 한다.

69 매목조사 시 주의 사항 중 틀린 것은?

① 수간이 흉고 이하에서 분기되었을 경우에는 분기된 수간 하나하나에 대하여 측정한다.
② 측정자가 2인 이상일 경우 교대하여 측정치를 부른다.
③ 수간이 흉고 이하에서 분기되었을 경우에는 분기된 수간 하나하나에 대하여 측정하여야 하나, 일반적으로 과소치를 가져오므로 좀 낮은 곳을 측정한다.
④ 기장자는 항상 측정자를 지휘 감독해야 한다.

해설　매목조사 시 수간이 흉고 이하에서 분기되었을 경우에는 분기된 수간 하나하나에 대하여 측정하여야 하나, 일반적으로 **과대치를 가져오므로 좀 높은 곳을 측정**한다.

정답 67 ② 68 ③ 69 ③

70 우리나라에서 일반적으로 이용되는 벌채목 재적 측정방법은?

① 말구직경자승법　　　　② 중앙단면적식
③ 평균양단면적식　　　　④ 4분주식

해설 우리나라에서 일반적으로 이용되는 벌채목 재적 측정방법은 말구직경자승법이다.

71 직경의 측정위치에 따른 형수의 분류가 아닌 것은?

① 정형수　　　　② 흉고형수
③ 절대형수　　　　④ 지조형수

해설 지조형수란 지조(나뭇가지)만을 생각하여 만든 형수를 말한다.

72 다음 중 부정형수는?

① Smalian형수　　　　② 흉고형수
③ 절대형수　　　　④ 수간형수

해설 일반적으로 흉고형수를 결정할 때에는 수고의 대소에도 불구하고 비교원주의 직경위치를 항상 1.2m 되는 곳에 정하기 때문에 형상이 같더라도 수고가 달라지면 형수가 달라질 수 있어 이러한 것을 부정형수라 한다.

73 다음 중 틀린 말은?

① 지위가 양호할수록 형수가 작다.
② 수고가 작은 나무일수록 형수는 작다.
③ 흉고직경이 작아질수록 형수는 커진다.
④ 지하고가 높고 수관의 양이 적은 나무가 형수가 크다.

해설 수고가 작은 나무일수록 형수는 크다.

74 직경측정기구가 아닌 것은?

① 윤 척
② 빌티모아스틱
③ 섹터포크
④ 아브네이레블

해설 아브네이레블은 수고측정기구이다.

75 단목의 연령을 측정하는 방법이 아닌 것은?

① 측고기에 의한 방법
② 지절에 의한 방법
③ 성장추에 의한 방법
④ 목측에 의한 방법

해설 측고기에 의한 방법은 수고측정방법이다.

76 이령림의 연령을 측정하는 방법이 아닌 것은?

① 본수령
② 재적령
③ 면적령
④ 임분령

해설 이령림의 연령측정방법은 **본수령**, **재적령**, **면적령**, 표본목령 등이 있다.

77 수목의 성장에 따른 성장의 분류가 아닌 것은?

① 재적성장
② 형질성장
③ 현실성장
④ 등귀성장

해설 현실성장은 일정한 기간 내에 현실적으로 성장한 양을 말한다.

정답 74 ④ 75 ① 76 ④ 77 ③

78 연년성장량과 평균성장량과의 관계를 잘못 설명한 것은?

① 처음에는 연년성장량이 평균성장량보다 크다.
② 연년성장량은 평균성장량보다 빨리 극대점을 가진다.
③ 평균성장량의 극대점에서 두 성장량의 크기가 같게 된다.
④ 평균성장량이 극대점에 이르기까지는 연년성장량이 항상 평균성장량보다 작다.

해설 평균성장량이 극대점에 이르기까지는 연년성장량이 항상 평균성장량보다 크다.

79 수간석해 시 원판을 몇 m 간격으로 자르는가?

① 1m
② 2m
③ 3m
④ 4m

해설 수간석해에 있어서는 구분의 길이와 사용하고자 하는 공식에 따라 원판을 채취할 위치가 결정되지만, 일반적으로 구분의 길이를 2m로 하는 Huber식에 의한 구분구적법이 널리 사용되고 있는데, 지상 0.2m, 1.2m, 3.2m, 5.2m…와 같이 흉고 이상은 2m마다 원판을 채취하여 최후의 것은 1m가 되도록 한다.

80 표준목의 결정인자가 아닌 것은?

① 임분재적
② 흉고직경
③ 수 고
④ 흉고형수

해설 표준목의 결정인자는 **흉고직경, 수고, 흉고형수**이다.

81 표준목법의 종류가 아닌 것은?

① 단급법
② Draudt법
③ Hartig법
④ Smalian법

해설 표준목법의 종류는 **단급법, Draudt법, Hartig법, Urich법** 등이 있다.

82 표본점의 추출방법이 아닌 것은?

① 임의 추출법　　② 계통 추출법
③ 표준지 설정법　　④ 층화 추출법

해설　표본점의 추출방법은 **임의 추출법**, **계통 추출법**, **층화 추출법**, 부차추출법, 비추정법 및 회귀추정법, 이중 추출법 등이 있다.

83 소나무의 사진판독 색깔은?

① 회색에 가까움　　② 회백색
③ 검은색　　④ 담 색

해설　소나무는 부정형인 원통형이며, 색조는 **회색**에 가깝다.

84 우리나라의 숲가꾸기 표준지 조사방법으로 틀린 것은?

① 가슴높이 지름은 표준지 내에 6cm 이상 교목을 2cm 괄약으로 측정
② 경계표시는 흰색 페인트로 표시
③ 제거 대상목은 적색 페인트로 표시
④ 가지치기 대상목은 푸른색 페인트로 표시

해설　도태간벌의 미래목 또는 정량간벌의 형질우세목 및 가지치기 대상목은 황색 페인트로 표시한다.

85 우리나라의 숲가꾸기 표준지 크기가 틀린 것은?

① 10m×10m　　② 10m×20m
③ 20m×20m　　④ 40m×40m

해설　우리나라의 숲가꾸기 표준지는 10m×10m, 10m×20m, 20m×20m 등이 있다.

정답　82 ③　83 ①　84 ④　85 ④

86 어떤 임분에서 표본목 5본을 선발하여 수령을 측정한 바 각각 20, 25, 30, 35, 40년이었다. 임분 임령 표시방법으로 적당한 것은?

① 30
② 20~40
③ 30/20~40
④ 20~40/30

해설 임분의 임령 표시방법은 수령 표시방법과 동일하다. 즉, 각 임분 임령의 범위를 분모에, 평균값을 분자에 표시한다.

87 흉고직경이 32cm, 수고 15m, 간재적이 0.788m³이었다. 이때의 형수 값은?

① 0.65
② 0.55
③ 0.45
④ 0.75

해설 형수 = 0.788/{(32×32×3.14×15)/40,000} ≒ 0.65

88 윤벌기 30년, 작업급 면적 120ha의 낙엽송림 축적을 벌기수확에 의한 방법으로 계산하면 얼마인가?(단, 수확표는 다음과 같다)

[수확표]

연령(년)	10	20	30
ha당 재적(m³)	20	50	80

① 4,400m³
② 4,800m³
③ 5,000m³
④ 5,200m³

해설 법정수확재적 : (120/30) × (30/2) × 80 = 4,800m³

86 ③ 87 ① 88 ②

89 임목의 연년생장량(C.A.I)과 평균생장량(M.A.I)과의 관계로 옳은 것은?

① 초기에는 C.A.I가 M.A.I보다 작다.
② C.A.I는 M.A.I보다 늦게 극대점을 이룬다.
③ M.A.I의 극대점에서는 두 생장량이 같다.
④ M.A.I의 극대점에 도달하기 전까지는 항시 C.A.I가 M.A.I보다 작다.

해설 M.A.I의 극대점에서는 C.A.I와 M.A.I가 같다.

90 임목의 평가방법을 분류해 놓은 것 중 연결이 틀린 것은?

① 원가방식 : 비용가법
② 수익방식 : Glaser법
③ 원가수익절충방법 : 임지기망가법응용법
④ 비교방식 : 시장가역산법

해설 Glaser법은 중령림의 임목평가방법으로 원가수익절충방식이다.

91 오늘날 컴퓨터의 발전과 더불어 산림경영계획 분야 및 산림의 다목적 이용계획에 적용하는 수학적 분석기법으로 가장 널리 임업분야에서 사용되는 방법은?

① 선형계획법
② 동적계획법
③ 비선형계획법
④ 그물망분석법

해설 선형계획법(LP)은 수확조절 등의 분석기법에 많이 사용된다.

92 휴양림의 수용력 관리기법 중 간접기법이 아닌 것은?

① 물리적변형법
② 정보제공법
③ 요금부가법
④ 활동제한법

해설 활동, 시간, 참여 등의 제한은 직접기법에 속한다.

정답 89 ③ 90 ② 91 ① 92 ④

93 수간석해에서 원판의 측정방법에 속하는 것은?

① 표준목법
② 원주등분법
③ 수고곡선법
④ 직선연장법

해설 원판의 측정방법은 **심각등분법**, **원주등분법**, **절충법** 등이 있다.

94 취득원가 3,000만원, 잔존가액 100만원인 목재운반용 트럭이 있다. 이 트럭의 총운행가능거리가 10만km이고 실제 운행거리가 4만km이면, 생산량 비례법에 의한 총감가상각액은?

① 10,600,000원
② 11,600,000원
③ 13,600,000원
④ 12,600,000원

해설 총감가상각비 = (30,000,000 − 1,000,000) × (40,000/100,000) = 11,600,000원

95 휴양림 시설관리에 있어서 각 계절별 관리작업 내용으로 바르게 설명된 것은?

① 봄철에는 모든 시설과 장비를 철저히 점검해서 성수기의 가동에 차질이 없도록 한다.
② 여름철에는 성수기로 인하여 일상적인 작업과 주요 유지관리 작업을 병행하여 실시한다.
③ 가을철에는 화장실 등의 건물 청결에 우선순위를 두며 새로운 건물을 짓는다든지 하는 대규모 작업은 지양한다.
④ 겨울철에는 건물내의 보수, 가지치기, 건물 외부 페인트칠 등을 하여 시설을 관리한다.

해설 봄철에는 모든 시설과 장비를 철저히 점검해서 성수기에 대비하여야 한다.

96 임업경영의 성과분석의 방법에 대한 설명으로 틀린 것은?

① 임가소득은 임업소득과 임업외소득으로 구성된다.
② 임업경영의 성과는 임가소득, 임업소득, 임업순수익으로 파악할 수 있다.
③ 임업소득은 임업경영의 결과에 의하여 직접적으로 얻은 소득으로 임업경영 성과를 나타내는 가장 정확한 지표가 된다.
④ 임업순수익은 임업소득과 마찬가지로 산림면적(인공림)에 반비례한다.

해설 산림면적이 클수록 임업소득은 증가한다.

97 임업경영의 생산요소 중 생산수단에 속하는 것은?

① 노동, 자본재
② 노동, 임지
③ 임지, 자본재
④ 노동, 임지

해설 임업경영의 생산수단은 **임지와 자본재**이다.

98 Glaser식에 대한 설명으로 옳은 것은?

① 이율이 높을수록 가격이 높다.
② 복리계산을 하기 때문에 복잡하다.
③ 중령급 임목에 적용한다.
④ 벌기가 지난 임목의 가치 측정에 적당한 방법이다.

해설 Glaser식은 중령림에 적용할 수 있는 평가방식이다.

99 임지기망가 최대의 시기에 관한 설명으로 틀린 것은?

① 주벌수익의 증대속도가 빨리 감퇴할수록 빨리 나타난다.
② 간벌수익이 클수록 빨리 나타난다.
③ 이율이 낮을수록 빨리 나타난다.
④ 채취비가 적을수록 빨리 나타난다.

해설 이율이 크면 임지기망가가 빨리 나타난다.

정답 96 ④ 97 ③ 98 ③ 99 ③

100 지속가능한 산림의 4가지 견해 중에서 "자연이 무엇을 하든지 간에 인간이 무엇인가를 하는 것보다 낫다"라고 하는 자연주의적 가치체계를 채택하는 견해는?

① 목재 보속 수확 견해
② 다목적 이용 – 보속 수확 견해
③ 자연적으로 기능하는 산림생태계 견해
④ 지속가능한 인간 – 산림생태계 견해

해설 지속가능한 4가지 견해는 **경제적, 생태적, 공익적, 지속적(도덕적) 산림경영**이다.

101 국가산림계획에 대한 설명으로 옳은 것은?

① 국가적 또는 지역적인 관점에서의 종합적인 계획에 근간을 두고 있다.
② 산림기본계획은 지역산림계획에 따라 특별시장, 광역시장, 도지사 및 산림청장이 수립한다.
③ 산림청장은 지역산림계획을 5년 단위로 공표하거나 상황에 따라 수정한다.
④ 국유림을 경영·관리하는 기관은 산림청-국유림관리소-지방산림청 순서체계로 구성된다.

해설 산림계획은 산림기본계획(산림청장)-지역산림계획(시·도지사)-산림경영계획(산주)순으로 구성되며, 10년 단위로 계획한다.

102 앞으로도 수년간 수확이 정기적으로 예상되는 밤나무 산의 평가는 어떤 방법으로 이루어져야 하는가?

① 임지비용가 ② 입지법
③ 대용법   ④ 기망가법

해설 기망가법은 앞으로의 **기대수익**에 대한 분석이다.

103 어떤 산림기계의 취득원가가 5,000,000원, 잔존가치가 500,000원이고, 그 내용연수가 50년이라고 할 때, 이 기계의 연간 감가상각비를 정액법으로 구하면 얼마인가?
① 90,000원
② 100,000원
③ 500,000원
④ 1,100,000원

해설 (5,000,000−500,000)/50년 = 90,000원

104 산림관리협회(FSC)에서는 "산림관리에 관한 FSC의 원칙과 규준"을 기초로 하여 평가·인정·모니터링(Monitoring)을 행하고 있다. 다음 중 FSC의 10개 원칙으로 거리가 먼 것은?
① 원주민의 권리
② 지역사회와의 관계와 노동자의 권리
③ 조 림
④ 지구의 탄소순환

해설 지구의 탄소순환은 10개 원칙과는 관계없다.

105 임상조사에서 활엽수림이 되는 것은?
① 침엽수가 50% 이상인 산림
② 활엽수가 50% 이상인 산림
③ 침엽수가 75% 이상인 산림
④ 활엽수가 75% 이상인 산림

해설 활엽수가 75% 이상인 산림이 활엽수림이다.

정답 103 ① 104 ④ 105 ④

106 자연휴양림의 입지선정 조건이 아닌 것은?
  ① 수원이 풍부한 곳
  ② 개발이 가능하고 각종 여건이 용이하며 접근성이 좋은 곳
  ③ 경관이 수려하고 임상이 울창한 곳
  ④ 생물의 종이 풍부하고 개발이 제한되어 있는 곳

해설 개발제한지역은 자연휴양림의 입지조건이 아니다.

107 다음의 설명 중 틀린 것은?
  ① 윤벌기란 보속작업에 있어서 한 작업급 내의 모든 임분을 일순벌하는 데 필요한 기간이다.
  ② 회귀년이란 택벌작업에 있어서 일단 택벌된 벌구가 또다시 택벌될 때까지의 기간이다.
  ③ 벌기령과 벌채령은 일치할 수도 있다.
  ④ 회귀년이 길 때는 단위면적에서 벌채될 재적이 적다.

해설 회귀년이 길 때는 단위면적에서 벌채될 재적이 많으나 임지의 축적은 적어진다.

108 수간석해 시 계산되지 않는 것은?
  ① 재 적   ② 평균성장량
  ③ 연년성장량   ④ 영급별 중량

해설 중량은 수간석해와 관련이 없다.

109 다음 중 지황조사의 항목이 아닌 것은?
  ① 기 후   ② 지세(地勢)
  ③ 입목도   ④ 지위(地位)

해설 입목도는 임황조사이다.

110 다음 중 산림의 휴양기능으로 가장 거리가 먼 것은?

① 국민의 보건 휴양증진
② 정서함양
③ 레크리에이션적 가치창출
④ 수원함양

해설 수원함양은 공익적 기능으로 휴양기능적 성질과는 거리가 멀다.

111 사유림을 소유규모에 따라 농가 임업, 부업적 임업, 겸업적 임업, 주업적 임업 등으로 나눌 수 있다. 경영대상인 산림 면적을 기준으로 하여 볼 때 우리나라 사유림의 핵심을 이루는 경영형태는?

① 농가 임업과 부업적 임업
② 부업적 임업과 겸업적 임업
③ 겸업적 임업과 주업적 임업
④ 농가 임업과 주업적 임업

해설 우리나라 사유림은 경영대상으로 볼 때는 **부업적 임업**과 **겸업적 임업**이 특징이다.

112 자본장비도와 자본효율의 개념을 임업에 도입할 때 자본장비도에 해당하는 것은?

① 임목축적
② 생장률
③ 소 득
④ 노 동

해설 자본장비도란 경영의 총자본(고정자본+유동자본)을 경영에 종사하는 사람으로 나눈 값으로 임업에서는 임목축적이 자본장비도에 해당한다고 할 수 있다.

정답 110 ④ 111 ② 112 ①

113 임지를 취득한 후 조림 등 임목 육성에 알맞은 상태로 개량하는 데 소요되는 모든 비용의 후가에서 그동안 수입의 후가를 공제한 가격을 무엇이라 하는가?

① 임지비용가
② 임지기망가
③ 임목기망가
④ 임지매매가

해설 비용에서 수익을 공제한 가격을 임지비용가라 한다.

114 국유림경영계획에서는 산림을 6가지 기능으로 구분하여 관리하고 있다. 다음 중 생태·문화 및 학술적으로 보호할 가치가 있는 자연 및 산림을 보호·보전하기 위한 산림의 기능을 무엇이라 하는가?

① 자연환경보전 기능
② 생활환경보전 기능
③ 수원함양 기능
④ 산지재해방지 기능

해설 자연환경림은 **보전형**, **문화형**, **학술·교육형**으로 구분한다.

115 다음 중 임목의 가격을 사정하기 위해(주벌수확의 경우) 직접 조사해야 할 항목이 아닌 것은?

① 총재적의 재종별 재적
② 조재율 또는 이용율
③ 재종별 시장가격
④ 임지현황

해설 임지현황은 임목가격사정과는 관련이 적고, 경영계획 등 기타 산림조사 시 필요하다.

116 다음 중 임업조수익에 해당하는 것은?
① 임업현금지출
② 감가상각액
③ 미처분 임산물 증가액
④ 임업생산 자재 재고 감소액

해설 임업경영비용은 **임업현금지출, 감가상각액, 미처분 임산물 재고감소액**, 산림 생산자재 재고감소액, 주벌 임목감소액 등이다.

117 소나무림 40년생의 임목 재적 100m³를 매각하려고 한다. 소나무 임목 이용률은 70%로, 1m³당 평균원목시장가격은 60,000원, 조재비는 10,000원, 집재·운재비가 20,000원이고 이율이 4%, 자본 회수 기간이 4개월, 기업이익률이 10%일 때 소나무림의 임목가는 얼마인가?
① 약 153만원
② 약 133만원
③ 약 123만원
④ 약 113만원

해설 시장가역산법 $= 0.7 \times \left\{ \dfrac{60,000}{1+4\times 0.04 + 0.1} - (10,000 + 20,000) \right\} \times 100 =$ 약 123만원

118 감가상각비를 계산하는 방법 중에서 감가상각비 총액을 각 연도에 할당하여 해마다 균등하게 감가하는 방법은?
① 정률법
② 작업시간비례법
③ 정액법
④ 연수합계법

해설 감가상각비 총액을 각 연도에 할당하여 해마다 **균등하게 감가**하는 방법은 **정액법**이다.

119 벌기에 도달한 임목의 평가법으로 가장 적절한 것은?
① 임목매매가
② 임목비용가법
③ 임목기망가법
④ 시장가역산법

해설 시장가역산법은 벌기령에 도달한 임목평가법이다.

정답 116 ③ 117 ③ 118 ③ 119 ④

120 하가측고기로 기계를 적절히 조정한 후 입목의 최상층부를 측정한 결과 18m, 최하단부를 측정한 결과 2m로 측정되었다. 이 입목의 수고는 얼마인가?
① 22m
② 20m
③ 18m
④ 14m

해설 18m + 2m = 20m

121 우리나라 임업경영의 특성을 기술적 특성과 경제적 특성으로 구분할 때 다음 중 기술적 특성을 설명한 것으로 옳은 것은?
① 원목가격의 구성요소의 대부분이 운반비이다.
② 임업노동은 계절적 제약을 크게 받지 않는다.
③ 임목의 성숙기가 일정하지 않다.
④ 임업생산은 조방적이다.

해설 **임업의 기술적 특성**
- 생산기간이 대단히 길다.
- 임목의 성숙기가 일정하지 않다.
- 토지나 기후조건에 대한 요구도가 낮다.
- 자연조건의 영향을 많이 받는다.

122 복합 임업경영의 주목적은?
① 수입의 장기화
② 수입의 조기화와 다양화
③ 고수입화
④ 주 수입의 단일화

해설 복합임업의 목적은 **수입의 조기화와 다양화**이다.

120 ② 121 ③ 122 ②

123 **수간석해를 위해 Huber식에 의하여 단면을 채취한다면 네 번째 단판은 지상 몇 m 지점에서 채취한 것인가?**

① 0.2m ② 1.2m
③ 3.2m ④ 5.2m

해설 0.2m + 1m + 2m + 2m = 5.2m

124 **다음 중 회귀년과 관련된 작업은?**

① 개벌작업 ② 택벌작업
③ 모수작업 ④ 왜림작업

해설 회귀년은 택벌작업 시 사용된다.

125 **다음 중 산림경영계획의 주요 시설계획이 아닌 것은?**

① 종묘에 관한 시설
② 산림보호에 관한 시설
③ 운반에 관한 시설
④ 교육 및 안전에 관한 시설

해설 교육 및 안전시설은 산림경영계획과는 상관이 없다.

126 **임목비용가는 어떤 임목의 평가에 주로 사용되는가?**

① 장령림의 임목가
② 노령림의 임목가
③ 유령림의 임목가
④ 벌기의 임목가

해설 유령림일 경우 비용가로 평가한다.

정답 123 ④ 124 ② 125 ④ 126 ③

127 다음 중 임목비용가의 개념을 표현한 것으로 옳은 것은?

① 조림비 + 관리비 − 지대 − 수입
② 조림비 + 수입 + 지대 − 관리비
③ 수입 − 조림비 − 지대 − 관리비
④ 조림비 + 관리비 + 지대 − 수입

해설 임목비용가 = 조림비 + 관리비 + 지대 − 수입

128 산림기본계획에 포함되지 않는 사항은?

① 주요 임산물의 수요공급에 대한 장기전망
② 산림의 합리적 이용과 산림자원의 배양에 관한 사항
③ 산림의 공익적 기능증진과 국토보존에 관한 사항
④ 지역의 산림현황에 관한 사항

해설 지역의 산림현황은 지역산림계획 사항이다.

129 재적 수확의 보속을 실현할 수 있는 내용과 조건을 완전히 구비한 산림은?

① 보호림
② 보안림
③ 법정림
④ 천연림

해설 보속경영이 가능한 산림을 **법정림**이라 한다.

130 20년생의 현 축적이 200m³, 생장률이 6%일 때 윤벌기는 50년이다. 이때 벌기재적수확은 얼마인가?

① 360m³
② 320m³
③ 520m³
④ 560m³

해설 200m³ × (1 + 30년 × 0.06) = 560m³

131 임지뿐만 아니라 기후요소 등도 포함한 입지의 양부로서 임지의 재적생산능력을 나타내는 용어는?
① 지 세
② 지 위
③ 위 치
④ 지 리

해설 임지의 생산능력은 지위로 나타낸다.

132 다음 중 수고측정기구가 아닌 것은?
① 아브네이레블
② 와이제측고기
③ 하가측고기
④ 빌티모아스틱

해설 빌티모아스틱은 직경측정기구이다.

133 감가상각비의 계산방법 중 자산의 감가가 단순히 시간의 경과에 따라 나타나는 것이 아니라 사용 정도에 비례하여 나타난다는 것을 전제로 하여 계산하는 방법은?
① 작업시간 비례법
② 생산량 비례법
③ 연수 합계법
④ 정액법

해설 작업시간 비례법은 자산의 감가가 단순히 시간의 경과에 따라 나타나는 것이 아니라 사용 정도에 비례하여 나타난다는 것을 전제로 하여 계산한다.

134 자본장비도와 자본효율의 관계를 임업에 도입할 때, 소득을 높이기 위한 임목축적과 생장률의 가장 이상적인 조건은?
① 높은 축적
② 높은 생장률
③ 높은 축적과 낮은 생장률
④ 적절한 축적과 생장률

해설 효율적인 측면에서 소득을 높이기 위한 임목축적과 생장률의 가장 이상적인 조건 **적절한 축적**과 **생장률**이 필요하다.

정답 131 ② 132 ④ 133 ① 134 ④

135 임목자산의 구성상태로서 양적지표를 나타내는 것은?

① 경영자가 보유하고 있는 전체 산림면적
② 경영자가 보유하고 있는 인공림의 임령 구성상태
③ 경영자가 보유하고 있는 인공림의 기별 구성상태
④ 경영자가 보유하고 있는 임목자산의 점유비율

해설 산림면적이 양적지표이다.

136 산림의 실정을 조사하고, 현재 생산력을 명백히 하며, 장차 영림구내에서의 시업방법 즉 벌기·수종의 갱신·수확의 예정·벌채순서 등을 결정하는 자료로 하기 위한 것은?

① 예비조사
② 지황조사
③ 임황조사
④ 일반조사

해설 산림경영계획상의 임목조사는 임황조사이다.

137 임지기망가(B_u)에 영향을 주는 인자를 잘못 설명한 것은?

① 주벌수익과 간벌수익의 값은 항상 플러스이므로 이 값이 클수록 B_u가 커진다.
② 조림비와 관리비의 값은 마이너스이므로 이 값이 클수록 B_u가 작아진다.
③ 이율이 높으면 높을수록 B_u가 커진다.
④ 벌기는 보통 높아지면 B_u는 처음에는 그 값이 증대하다가 어느 시기에 가서 최대에 도달하고, 그 후부터는 점차 감소한다.

해설 이율이 높으면 높을수록 B_u가 작아진다.

138 **산림작업도구의 구비조건에 대한 설명으로 옳지 않은 것은?**

① 자루의 재료는 가볍고 녹슬지 않으며, 열전도율이 낮고 탄력이 있으며, 견고해야 한다.
② 작업자의 힘을 최대한 도구 날 부분에 전달할 수 있어야 한다.
③ 도구의 날 부분은 작업 목적을 효과적으로 충족시킬 수 있도록 단단하고 둔한 것이어야 한다.
④ 도구는 손의 연장이며 적은 힘으로 보다 많은 작업효과를 가져다 줄 수 있는 구조를 갖추어야 하며, 도구의 형태와 크기는 작업자 신체에 적합하여야 한다.

해설 도구의 날 부분은 작업 목적을 효과적으로 충족시킬 수 있도록 단단하고 **날카로운** 것이어야 한다.

139 **양묘사업용 소도구의 종류에 대한 설명으로 틀리게 연결된 것은?**

① 이식판 – 소묘 이식 시 사용되며 열과 간격을 맞추는 데 적합한 도구
② 이식승 – 이식판과 같은 용도로 사용되며 묘상이 긴 경우에 적합
③ 묘목운반상자 – 묘목운반에 사용되는 도구
④ 식혈봉 – 대묘 이식용으로 사용

해설 식혈봉은 **유묘 및 소묘** 이식용으로 사용한다.

140 **다음 중 잘못 연결된 것은?**

① 벌목용 도끼 – 무게 850~1,400g, 날의 각도 15° 이하
② 약한 나무 장작패기용 도끼 – 무게 2,000~2,500g, 날의 각도 15°
③ 가지치기용 도끼 – 무게 850~1,250g, 날의 각도 8~10°
④ 단단한 나무 장작패기용 도끼 – 무게 2,500~3,000g, 날의 각도 30~35°

해설 벌목용 도끼의 무게는 **440~1,400g**, 날의 각도는 **9~12°**이다.

141 다음 중 손도끼의 무게는?
① 약 500g   ② 약 800g
③ 약 1kg   ④ 약 2kg

해설 손도끼의 무게는 약 800g 정도이다.

142 벌도방향의 결정과 안전작업을 위하여 사용되는 쐐기의 용도별 종류가 아닌 것은?
① 벌목용 쐐기   ② 절단용 쐐기
③ 가지제거용 쐐기   ④ 나무쪼개기용 쐐기

해설 쐐기는 용도에 따라 벌목용·절단용·나무쪼개기용으로 구분한다.

143 예불기 날의 종류에 의한 구분으로 다른 하나는?
① 직선왕복날식   ② 나일론코드식
③ 왕복요동식   ④ 회전체인식

해설 예불기 날은 회전날식, **직선왕복날식, 왕복요동식, 나일론코드식** 등으로 구분한다.

144 레이크 도저는 무엇인가?
① 벌채지의 지조정리, 식재를 고려한 얕은 경운작업장비
② 임도의 절·성토작업장비
③ 목재 집재작업장비
④ 목재 운송장비

해설 레이크 도저는 벌채지의 지조정리, 식재를 고려한 얕은 경운작업장비이다.

145 엔진의 종류에 따른 체인톱의 분류가 아닌 것은?
① 가솔린엔진 체인톱
② 디젤엔진 체인톱
③ 전동 체인톱
④ 유압 체인톱

해설 체인톱은 엔진의 종류에 따라 **가솔린엔진 체인톱, 전동 체인톱, 유압 체인톱**, 공기 체인톱 등으로 구분한다.

146 다음 중 체인톱의 안전장치가 아닌 것은?
① 전방 손보호판
② 스로틀레버 차단판
③ 스프라켓
④ 지레발톱

해설 스프라켓은 동력전달장치이다.

147 다음 중 잘못 연결된 것은?
① 체인톱의 일일정비 – 에어필터 청소
② 체인톱의 일일정비 – 점화부분 청소
③ 체인톱의 주간정비 – 체인톱날 정비
④ 체인톱의 분기별 정비 – 연료통과 연료필터 청소

해설 점화부분 청소는 체인톱의 **주간정비**이다.

148 다음 중 활로의 종류가 아닌 것은?
① 토수라
② 플라스틱수라
③ 목수라
④ 강선수라

해설 활로의 종류는 **토수라**, 도수라, **목수라**, **플라스틱수라** 등이 있다.

정답 145 ② 146 ③ 147 ② 148 ④

149 다음 중 가선집재기의 반송기 종류가 아닌 것은?
① 특수 반송기
② 슬랙풀링 반송기
③ 계류형 반송기
④ 자주식 반송기

해설 가선집재기의 반송기는 보통 반송기, 슬랙풀링 반송기, 계류형 반송기, 자주식 반송기 등이 있다.

150 가선집재 시 사용하는 활차(블록, 도르래)의 종류가 아닌 것은?
① 로딩블록
② 새들블록
③ 힐블록
④ 수동스내치블록

해설 활차(블록, 도르래)는 가선집재 작업 시 다양한 도르래가 사용되는데, 그 종류로는 **로딩블록, 새들블록, 힐블록**, 가이드블록, 콘트롤블록, 자동스내치블록 등이 있다.

151 다음 중 다공정 처리기계가 아닌 것은?
① 하베스터
② 프로세서
③ 펠러번처
④ 포워더

해설 포워더는 목재를 운반하는 단일공정만을 행하는 장비이다.

152 와이어로프 교체 기준으로 틀린 것은?
① 스트랜드의 지름이 1/5 이상 마모된 것
② 와이어로프의 1피치 사이에 와이어가 끊어진 비율이 10%에 달하는 경우
③ 와이어로프의 지름이 공식지름보다 7% 이상 마모된 것
④ 심하게 킹크되거나 부식된 것

해설 와이어로프 교체 기준은 와이어로프의 1피치 사이에 와이어가 끊어진 비율이 10%에 달하는 경우, 와이어로프의 지름이 공식지름보다 7% 이상 마모된 것, 심하게 킹크되거나 부식된 것 등이다.

정답 149 ① 150 ④ 151 ④ 152 ①

153 다음 중 틸트 도저의 설명으로 옳은 것은?

① 배토판이 상하로 움직인다.
② 배토판이 전후로 움직인다.
③ 배토판이 움직이지 않는다.
④ 레이크 도저의 다른 말이다.

해설 틸트 도저는 배토판이 상하로 움직이는 특성이 있다.

154 다음 중 임업기계화의 목적이 아닌 것은?

① 노동생산성 향상
② 임업경영의 단순화
③ 생산비용의 절감
④ 중노동으로부터의 해방

해설 임업기계화의 목적은 노동생산성 향상, 생산비용의 절감, 중노동으로부터의 해방 등이다.

155 감가상각의 4가지 기본요소가 아닌 것은?

① 취득원가 또는 기초가치
② 잔존가치
③ 실제내용연수
④ 감가상각방법

해설 감가상각의 4가지 기본요소는 **취득원가 또는 기초가치, 잔존가치**, 추정내용연수, **감가상각방법** 등이다.

156 산림토목용 장비가 아닌 것은?

① 쇼 벨
② 그레이더
③ 펠러번처
④ 스크레퍼

해설 펠러번처는 벌목용 다공정 장비이다.

정답 153 ① 154 ② 155 ③ 156 ③

157 원구추정식(y=원구, x=말구)에서 $y=1.0487 \times x + 3.1212$는 어떤 수종의 원구추정식을 말하는가?

① 낙엽송
② 소나무
③ 기타 침엽수
④ 기타 활엽수

해설
- 낙엽송 $y=1.0487 \times x + 3.1212$
- 소나무 $y=1.0434 \times x + 5.6829$
- 기타 침엽수 $y=1.0014x + 4.6196$
- 기타 활엽수 $y=0.99984x + 4.1105$

158 원목의 규격에 대한 내용 중 옳지 않은 것은?

① 원목 지름의 치수단위는 mm를 원칙으로 하고, 원목 길이의 치수단위는 m로 한다.
② 원목의 재적단위는 m³로 한다.
③ 원목의 수량단위는 본으로 한다.
④ 원목 길이의 단위치수는 10mm 또는 1cm로 하고, 단위치수 미만 끝수는 끊어버린다.

해설 단위치수
- 원목 지름의 단위치수는 10mm 또는 1cm로 하고, 단위치수 미만 끝수는 끊어버린다.
- 원목 길이의 단위치수는 0.1m로 하고 단위치수 미만의 끝수는 끊어버린다.

159 원목의 재종 구분을 틀리게 연결한 것은?

① 1등급 : 지름이 크고 결점이 적어 침엽수의 경우 한옥건축 등에서 이용되는 대단면의 보구조재나 기둥구조재, 활엽수의 경우 수장용재 등의 이용에 적합한 지름과 품질의 원목
② 2등급 : 결점이 다소 많지만 침엽수의 경우 제재가공에 의한 이용이 가능하고, 활엽수의 경우 신탄재 등으로의 이용은 가능한 지름과 품질의 원목을 말한다.
③ 원주재급 : 침엽수 중 서까래나 조경용재로 이용되는 원주재로 생산이 가능한 지름 및 품질의 원목을 말한다.
④ 원료재급 : 주로 가설재나 표고자목, 칩, 보드, 펄프 등의 원료로 이용이 가능한 원목을 말한다.

해설 ② 2등급은 지름이 1등급에는 못 미치지만 지름이 다소 크고 결점이 적어 침엽수의 경우 규격구조재나 데크재, 수장용재, 활엽수의 경우 수장용재 등의 이용에 적합한 지름과 품질의 원목을 말한다.

160 원목의 수종 구분을 잘못 연결한 것은?

① 소나무류 : 가문비나무
② 낙엽송류 : 낙엽송
③ 편백나무류 : 전나무
④ 활엽수류 : 참나무

해설 ① 가문비나무는 편백나무류이다.

161 친환경벌채작업에서 군상 또는 수림대의 배치방법으로 옳지 않은 것은?

① 군상은 효율적인 벌채 및 반출 작업을 위해 가급적 원형으로 설치를 권장하며, 1개 군상의 크기는 최소 폭 50m 이상으로 하고 벌채지역 내 고르게 배치한다.
② 군상 및 수림대의 배치장소는 가능한 산림재해예방·산림 생물종다양성 유지 또는 산림의 생태·경관적 기능이 높은 곳에 설치하여야 한다.
③ 군상은 벌채구역 내 1개 이상 설치를 권장한다.
④ 군상, 수림대 및 산림영향권의 면적 합계가 벌채구역의 100분의 30 이상이 되도록 수림대 및 군상의 크기와 개소수를 정한다.

해설 ④ 군상, 수림대 및 산림영향권의 면적 합계가 벌채구역의 100분의 50 이상이 되도록 수림대 및 군상의 크기와 개소수를 정한다. 다만, 사유림에서 제1항에 따라 군상 또는 수림대를 남긴 경우에는 적용하지 아니한다.

162 원목의 재적(m^3)은 일반적으로 소수 몇째자리에서 반올림하는가?

① 소수 첫 자리
② 소수 2자리
③ 소수 3자리
④ 소수 4자리

해설 ④ 소수 4자리

정답 160 ① 161 ④ 162 ④

교육은 우리 자신의 무지를 점차 발견해 가는 과정이다.

– 월 듀란트 –

사방산지복구

※ 산림산업기사의 경우 산림토목

CHAPTER 01 사방일반
CHAPTER 02 산지사방
CHAPTER 03 산복공사
CHAPTER 04 계간공사
CHAPTER 05 사방지 녹화공법
CHAPTER 06 사방사업의 설계·시공 세부기준 공통사항
CHAPTER 07 산림복원 및 복구
적중예상문제

합격의 공식 시대에듀 www.sdedu.co.kr

CHAPTER 01 사방일반

01 사방일반

(1) 사방과 치산

① 사방(Erosion Control) : 유역에서의 토사의 생산과 유출에 수반하여 발생하는 재해를 방지하는 것을 말한다.
② 치산(Soil Conservation, Erosion Control) : 산지의 가속침식을 방지하고 토사재해를 방지·경감하는 것을 목표로 하여 황폐산지를 복구·정비하며 산지의 보전을 통해 재해를 방지하는 것을 말한다.

(2) 사방의 내용

사방은 주로 토목적 방법과 식생적 또는 조림적 방법 및 이들 두 가지를 조합으로 수행한다.
① 표면침식·붕괴·산사태·땅밀림 등에 의한 국토황폐의 예방과 복구
② 계류 및 야계의 흐름을 안전하게 하기 위한 여러 가지 공사
③ 비사와 해안사지 침식의 방지
④ 기타 낙석과 눈사태 등과 같은 산지에서 일어나기 쉬운 재해의 방지
⑤ 각종 훼손지 비탈면의 복구 및 녹화
⑥ 토양침식 및 침전에 의한 공해의 방지

(3) 사방사업의 효과

사방사업은 산림녹화라는 임업적 효과 이외에 각종 재해를 예방하여 국민복지생활 안정의 효과도 크다.

직접적 효과	간접적 효과
• 산지침식 및 토사유출방지 • 산복붕괴 및 계안침식방지 • 산각의 고정 및 땅밀림 방지 • 계상물매의 완화 및 계류의 보전 • 비사의 고정 및 방재림 형성 • 홍수조절 및 수원함양 • 하구 및 항만 토사퇴적방지 • 경지 및 저수지 매몰 방지 • 탄갱 침투수 방지, 국토 보전	• 각종 용수의 보전 • 하천 공작물의 보호 • 경지와 택지의 조성 및 안정 • 자연환경의 복구 및 보전

(4) 사방사업의 4대 기능
① 재해 방지의 기능 : 산림은 지표를 피복하여 표면의 침식을 방지하고, 근계가 산림토양을 긴박하여 지면의 균열을 방지함으로써 산지의 붕괴·산사태 및 토사유출을 방지한다.
  ㉠ 임목지보다 무임목지에서 붕괴가 약 2배 많이 발생한다.
  ㉡ 연간 토사유출량은 100ha당 임목지 100m^3, 황폐지 5,000~15,000m^3, 붕괴지 50,000m^3정도이다.
② 수자원 함양의 기능
  ㉠ 임지에 낙엽과 부식질이 쌓여 있으면 지하 침투를 좋게 하여 지하에 저류된 물은 서서히 유출되는데, 댐의 저수 효과와 비슷하여 녹색댐의 기능이라 한다.
  ㉡ 1시간당 평균침투능
    • 두꺼운 부식층을 가진 양호한 산림 : 125~150mm/hr
    • 낙엽이 없는 황폐지 토양 : 10~40mm/hr
③ 생활환경보전의 기능 : 산림을 조성하거나 또는 유지 개량하여 주민의 보건휴양과 생활환경의 보전을 도모한다.
④ 정책상의 기능 : 산업부흥을 위한 사방사업은 국민경제 및 농촌경제에 도움을 준다.

(5) 사방사업의 구분
① 산지사방사업 : 산지에 대하여 시행하는 사방사업
② 해안사방사업 : 해안 모래언덕에 대하여 시행하는 사방사업
③ 야계사방사업 : 산지에 접속된 시내 또는 하천에 대하여 시행하는 사방사업

(6) 사방사업법
① 목적(법 제1조) : 국토의 황폐화를 방지하고 산사태 등으로부터 국민의 생명과 재산을 보호하고 국토를 보전하기 위하여 사방사업을 효율적으로 시행함으로써 공공이익의 증진과 산업발전에 이바지함
② 용어의 뜻(법 제2조)
  ㉠ '황폐지'란 자연적 또는 인위적인 원인으로 산지(그 밖의 토지를 포함한다. 이하 같다)가 붕괴되거나 토석·나무 등의 유출 또는 모래의 날림 등이 발생하는 지역으로서 국토의 보전, 재해의 방지, 경관의 조성 또는 수원(水源)의 함양(涵養)을 위하여 복구공사가 필요한 지역을 말한다.
  ㉡ '사방사업'이란 황폐지를 복구하거나 산지의 붕괴, 토석·나무 등의 유출 또는 모래의 날림 등을 방지 또는 예방하기 위하여 인공구조물을 설치하거나 식물을 파종·식재하는 사업 또는 이에 부수되는 경관의 조성이나 수원의 함양을 위한 사업을 말한다.
  ㉢ '사방시설'이란 사방사업에 따라 설치된 인공구조물과 파종·식재된 식물(사방사업의 시행 전부터 사방사업의 시행지역에서 자라고 있는 식물을 포함)을 말한다.
  ㉣ '사방지'란 사방사업을 시행하였거나 시행하기 위한 지역으로서 제4조에 따라 특별시장·광역시장·특별자치시장·도지사·특별자치도지사(이하 '시·도지사') 또는 지방산림청'장이 지정·고시한 지역을 말한다.

- ⑩ '산사태'란 자연적 또는 인위적인 원인으로 산지가 일시에 붕괴되는 것을 말한다.
- ⑪ '토석류(土石流)'란 산지 또는 계곡에서 토석·나무 등이 물과 섞여 빠른 속도로 유출되는 것을 말한다.

③ **사방사업의 구분(법 제3조)**
  ㉠ 산지사방사업 : 산지에 대하여 시행하는 다음의 사방사업
  - 산사태예방사업 : 산사태의 발생을 방지하기 위하여 시행하는 사방사업
  - 산사태복구사업 : 산사태가 발생한 지역을 복구하기 위하여 시행하는 사방사업
  - 산지보전사업 : 산지의 붕괴·침식 또는 토석의 유출을 방지하기 위하여 시행하는 사방사업
  - 산지복원사업 : 자연적·인위적인 원인으로 훼손된 산지를 복원하기 위하여 시행하는 사방사업

  ㉡ 해안사방사업 : 해안 모래언덕 등 해안과 연접한 지역에 대하여 시행하는 다음의 사방사업
  - 해안방재림 조성사업 : 해일, 풍랑, 모래 날림, 염분 등에 의한 피해를 줄이기 위하여 시행하는 사방사업
  - 해안침식 방지사업 : 파도 등에 의한 해안침식을 방지하거나 침식된 해안을 복구하기 위하여 시행하는 사방사업

  ㉢ 야계사방사업 : 산지의 계곡, 산지에 연결된 시내 또는 하천에 대하여 시행하는 다음 각 목의 사방사업
  - 계류보전사업 : 계류의 유속을 줄이고 침식 및 토석류를 방지하기 위하여 시행하는 사방사업
  - 계류복원사업 : 자연적·인위적인 원인으로 훼손된 계류를 복원하기 위하여 시행하는 사방사업
  - 사방댐 설치사업 : 계류의 경사도를 완화시켜 침식을 방지하고 상류에서 내려오는 토석·나무 등과 토석류를 차단하며 수원함양을 위하여 계류를 횡단하여 소규모 댐을 설치하는 사방사업

④ **사방사업 기본계획(법 제3조의2)**
  ㉠ 산림청장은 사방사업을 계획적·체계적으로 추진하기 위하여 5년마다 사방사업 기본계획을 수립·시행하여야 한다.
  - 사방사업의 기본목표 및 추진방향
  - 사방기술의 개발 촉진 및 그 활용을 위한 사항
  - 사방사업 대상지 및 사후관리에 관한 사항
  - 사방사업 기술인력의 육성에 관한 사항
  - 사방기술의 국제교류 확대에 관한 사항
  - 그 밖에 산림청장이 필요하다고 인정하는 사항

  ㉡ 기본계획은 사방사업의 여건 및 경제사정 등에 현저한 변경사유가 있는 경우에는 변경할 수 있다.

⑤ **사방지의 지정(법 제4조)** : 사방지는 대통령령으로 정하는 바에 따라 시·도지사 또는 지방산림청장이 지정한다.

02 | 강우와 사방

(1) 물의 순환

지구상에서 물의 시간적·공간적 분포 및 변화의 상태를 수문이라 하는데, 그 물의 순환의 모형은 다음 그림과 같다.

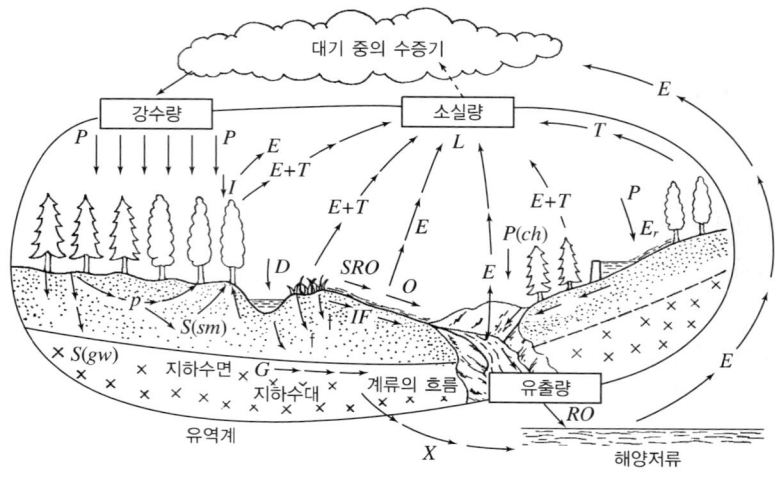

[물 순환 모식도]

(2) 강우의 특성

① 홍수 발생의 우려 : 1일 강우량이 80mm 이상, 시우량이 30mm 이상일 경우
② 산사태 및 홍수의 재해 : 연속 강우량이 200mm 이상일 경우
③ 강우강도 : 단위시간에 내리는 강우량의 척도
④ 지속시간 : 강우가 계속되는 시간의 길이

(3) 산림유역의 강수량 산정법

① 산술평균법 : 유역 내의 평균강수량을 산정하는 가장 간단한 방법으로 유역 내에 관측점의 지점강우량을 산술평균하여 평균강우량을 얻는 방법

$$P_m = \frac{P_1 + P_2 + \cdots\cdots + P_n}{N} = \frac{1}{N}\sum_{i=1}^{n} P_i$$

P_m : 유역의 평균강우량

$P_1, P_2, \cdots\cdots, P_n$: 유역 내 각 관측점에 기록된 강우량

N : 유역 내 관측점수의 합계

② Thiessen법 : 우량계가 불균등하게 분포되어 있을 경우 전 유역면적에 대한 각 관측점의 지배면적비를 가중인자로 하여 이를 각 우량치로 곱하고 합계를 한 후 이 값을 전 유역면적으로 나눔으로써 평균강우량을 산정하는 방법

$$P_m = \frac{A_1P_1 + A_2P_2 + \cdots + A_NP_N}{A_1 + A_2 + \cdots + A_N} = \sum_{i=1}^{N} A_iP_i / \sum_{i=1}^{N} A_i$$

P_m : 유역의 평균강우량

$P_1, P_2, \cdots, P_n$: 유역 내 각 관측점에 기록된 강우량

$A_1, A_2, \cdots, A_n$: 각 관측점의 지배면적

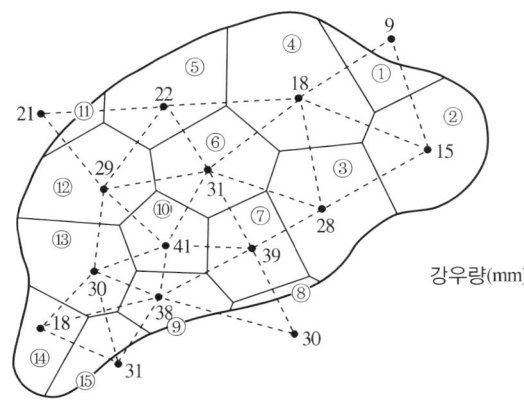

[Thiessen법]

③ 등우선법 : 지도상에 관측점의 위치와 강우량을 표시한 후 등우선을 그리고, 각 등우선 간의 면적을 구적기로 측정한 다음 전 유역면적에 대한 등우선 간 면적비를 해당 등우선 간의 평균 강우량에 곱하여 이들을 전부 더함으로써 전 유역에 대한 평균강우량을 구하는 방법

$$P_m = \frac{A_1P_{1m} + A_2P_{2m} + \cdots + A_NP_{Nm}}{A_1 + A_2 + \cdots + A_N} = \sum_{i=1}^{N} A_iP_m / \sum_{i=1}^{N} A_i$$

P_m : 유역의 평균강우량

$A_1, A_2, \cdots, A_N$: 각 등우선 간의 면적

N : 등우선에 의하여 구분되는 면적구간의 수

P_{im} : 두 인접 등우선 간의 면적에 대한 평균강우량

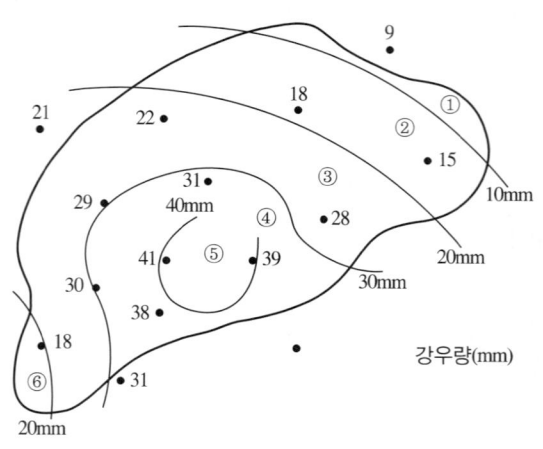

[등우선법]

(4) 산림의 이수시험

산림유역의 강수량 및 기타의 기상요인과 같은 유역으로부터 유출량을 관측함으로써 물의 순환과정, 특히 유출에 미치는 산림의 영향을 밝혀내기 위하여 계속적인 기록을 얻을 수는 양수웨어를 설치하여 야외에서 실험을 하는 것이다.

① **단독법** : 1개의 유역에서 산림벌채 전후의 모든 수문량 비교
② **병행법** : 임상이 다른 2개 이상인 유역의 관측치를 비교
③ **대조유역법** : 처음 임상이 동등한 2개 이상의 유역에 대하여 전기 관측기간에 유출량을 구하고 그다음에 대조 후 산림에 벌채하고 후기 관측기간에 유출량 변동을 구하는 방법

(5) 산림의 수문 관련 용어 정리

① **증발산** : 호수나 저수지 및 지면으로부터의 수분의 증발현상과 식물엽면으로부터의 수분이 증산하는 것을 총칭하는 말
② **소비수량** : 증발산 중 식생으로 피복된 지면으로부터의 증발량과 증산량만을 일컫는 말
③ **소실수량** : 산림유역의 수문은 비교적 장기간의 관측치에 의해 강수량에서 유출량을 제한 소비수량을 구하는데, 이 소비수량이 증발산량과 같은 것을 일컫는 말
④ **수관차단우량** : 강수의 일부는 식물의 잎과 가지에 부착되며, 그곳으로부터 증발되어 결국 임지에 도달하지 못하는 것을 일컫는 말
⑤ **임내강우량** : 나무의 수간을 따라 흘러내리는 수간류하우량, 나무의 수관을 통과하는 수관통과우량, 수관에서 떨어지는 수관적하우량을 총칭하는 말
⑥ **수평차단, 무적포착(霧滴捕捉)** : 안개가 수평으로 이동하는 동안 산림에 의해 포착되는 것을 일컫는 말

⑦ **침투** : 물이 토지의 표면으로부터 땅속으로 스며드는 것으로 이 경우 토층 내의 물의 이동을 투수라 한다.
⑧ **침투능** : 어느 주어진 조건하에서 어떤 토양면을 통하여 물이 침투할 수 있는 최대율을 일컫는 말로 mm/hr라 하는데 이를 측정하는 기구는 다음과 같다.
　㉠ 관수형 침투계 : 내부관과 외부관으로 구성된 기구를 땅에 박고 시험하는 기구
　㉡ 살수형 침투계 : 노즐을 이용하여 인공강우를 내리게 하여 시험하는 기구
　㉢ 유수형 침투계 : 정사각형 금속제 틀상자에 물을 흐르게 하고 침투능을 측정하는 기구
⑨ **저류** : 어떤 시각에 있어서 임의의 제한된 공간에 물이 존재하는 현상, 또는 그 물의 양을 일컫는 말
⑩ **수류** : 물의 흐름을 수류라 하는데, 물의 흐름이 일어나는 수면의 물매를 수면물매, 유로바닥의 물매를 유로물매, 그리고 수류가 일어나는 두 점 간의 높이차를 낙차라 한다. 수류는 유적·유속 및 흐름의 방향이 시간에 따라 변화되지 않는 흐름인 정류와 시간에 따라 변화하는 흐름인 부정류로 나누는데, 정류는 다시 수류의 어느 단면에서나 유적·유속 및 흐름의 방향 등이 같은 것을 등류라 하고 단면의 장소에 따라 변화하는 것을 부등류라 한다.
⑪ **윤변과 경심** : 수로의 횡단면에 있어서 물과 접촉하는 수로 주변의 길이를 윤변(P)이라 하고, 유적을 윤변으로 나눈 것을 경심(R) 또는 동수반지름이라 한다. 자연하천과 같이 수심에 비하여 수면의 너비가 매우 넓을 경우에는 윤변과 수면의 너비가 거의 같다고 보아 유적을 수면의 너비로 나눈 경심이 수로의 평균수심이 된다.
⑫ **임계유속** : 유속이 어떤 한계보다 작으면 물 입자는 관측에 나란히 층상을 이루어 질서 있게 흐르는데, 이와 같은 흐름을 층류라 하며, 유속이 어떤 한계보다 크면 물 입자는 상하좌우로 불규칙하게 흩어지면서 흐르는데, 이와 같은 흐름을 난류라고 한다. 이러한 층류에서 난류로 변화할 때의 유속을 일컫는 말로서 계상의 침식을 일으키지 않는 경우의 최대유속이다(침식을 일으키는 경우는 난류의 유속).
⑬ **안정물매** : 유수는 상류로부터 운반하여 온 큰 돌을 침전시키고, 그 대신으로 작은 돌을 하류로 운반하는 것이다. 그러므로 하상재료의 재배열이 시작되는 것이며, 석력의 교대는 있어도 세굴과 침전이 평형을 유지하여 종단형상에 변화를 일으키지 않는 계상의 물매로 보정물매 또는 자연사도라 한다.
⑭ **감세용 정수정** : 하천 수위를 측정하는 계기를 수위계라 한다. 가장 많이 사용되는 것은 부표가 기록기에 연결되어 수위에 따라 기록지에 수위를 기록하는 부표식 수위계로써, 이 부표식 수위계의 부표가 유수로 인한 물의 찰랑거림에 대해 움직이지 않도록 지어진 조그마한 구조물을 일컫는 말
⑮ **유수의 소류력** : 하상에 있는 토사를 움직이게 하는 힘은 유로의 밑면에 작용하는 소류력(또는 전단응력)으로서 이 소류력이 한계이상이 되면 토사는 이동하기 시작한다.
⑯ **평형물매와 편류물매** : 만수일 때는 유수의 소류력이 최대이므로 안정물매가 최소가 되어 사력의 결해가 발생하지 않는 물매를 평형물매라 하고, 석력이 포화상태일 때는 유수의 소류력이 최소가 되어 안정물매가 최대가 되는 물매를 편류물매라 하는데, 하천사방공사에서는 편류물매를 개량하여 평형물매를 유지하는 것이 목적이다.

03 유량과 유속

(1) 의 의
물의 속도를 유속(유속은 편의상 평균유속(V)으로 표시함)이라 하며, 흐름을 직각으로 자른 횡단 면적을 통수단면적 또는 유적(A)이라 하며, 단위 시간당 유적을 통과하는 물의 용량을 유량(Q)이라 한다.

(2) 유속의 측정 방법
① 부표 : 수면부표와 이중부표, 봉부표
② 유속계 : Price 유속계, Ellis 유속계, 광정 유속계
③ 화학적 측정법 : 물과 화학반응을 일으키지 않는 물질을 하천구간에 투입하여 상단부에서 하단부로 도착하는 시간을 측정하는 방법

(3) 평균유속의 산정
① Chezy 공식

$$V = c\sqrt{RI}$$

V : 평균유속(m/sec)
c : 유속계수
R : 경심(m)
I : 수로의 물매(2%일 경우 0.02)

② Bazin 구공식(황폐계류나 야계사방)

$$V = \sqrt{\frac{1}{\alpha + \beta/R} \cdot \sqrt{RI}}$$

〈Bazin 구공식의 조도계수 α와 β의 값〉

구 분	수로의 상태	α	β
제1종	시멘트를 바른 수로 또는 대패질한 판자수로	0.00015	0.0000045
제2종	다듬돌·벽돌 및 대패질을 하지 않은 판자수로	0.00019	0.0000133
제3종	축석수로 및 장석수로	0.00024	0.0000600
제4종	흙수로	0.00028	0.0003500
제5종	자갈이 있는 불규칙한 수로(황폐계류)	0.00040	0.0007000

③ Bazin 신공식(대하천)

$$V = \frac{87}{1 + n/\sqrt{R}} \cdot \sqrt{RI}$$

⟨Bazin 신공식의 조도계수 n의 값⟩

구 분	수로의 상태	n
제1종	시멘트를 바른 수로 또는 대패질한 판자수로	0.06
제2종	대패질을 하지 않은 판자수로·벽돌수로·콘크리트수로	0.16
제3종	다듬돌 또는 야면석수로	0.46
제4종	축석수로 및 장석수로	0.86
제5종	흙수로	1.30
제6종	큰 자갈 및 수초가 많은 흙수로(황폐계류)	1.75

④ Kutter 공식 : 등류의 유속계산에는 편리하지만 부등류나 부정류의 해석에 이용하기 곤란하므로 Manning 공식을 많이 사용한다.

⑤ Manning 공식

$$V = \frac{1}{n} \cdot R^{2/3} \cdot I^{1/2}$$

n : 유로조도계수이며, 조도계수(n)가 커질수록 유속(V)은 감소된다. 일반적으로 구불구불하고 자갈과 수초가 있는 계천에서의 n의 범위는 0.030~0.0550이다.

⑥ 야계유속표 이용 : 종래 야계사방공사에서는 Bazin 구공식에 의하여 계산한 야계유속표를 이용하고 있다.

(4) 유량산정법

① 유속에 의한 방법 : 통수단면적(A), 즉 유적을 실측하고, 평균유속공식에 의한 평균유속(V)으로 유량(Q)을 산정하는 방법으로 유량이 많은 하천에 사용

$$Q = V \times A (\text{m}^3/\text{sec})$$

② 양수웨어에 의한 방법

㉠ 직사각형 칼날웨어

$$Q = 1.84 \times \left(b - \frac{n}{10}h\right)h^{3/2}$$

b : 웨어의 너비(m)
n : 완전수축의 수(직류웨어 $n=0$, 편축류웨어 $n=1$, 축류웨어 $n=2$ 사용)
h : 웨어의 월류 수심

㉡ 삼각형 칼날웨어

$$Q ≒ 1.4h^{5/2}$$

(5) 최대홍수 유량산정법

① **시우량법**

$$Q = K \times \frac{a \times (m/1,000)}{60 \times 60}$$

Q : 1초 동안의 유량(m^3/sec)
K : 유거계수(유역 내 우량과 하천의 유거량과의 비)
a : 유역면적(m^2)
m : 최대시우량(mm/hr)

㉠ 1시간 동안 내린 비가 1시간 후에 계획지점에 있어서 최고 수위가 된다고 가정하여 만든 공식이므로 비교적 좁은 유역에서는 유리하다.
㉡ 유거계수(K)는 일반적으로 임상이 좋은 산지유역에서는 0.35~0.45, 임상이 좋지 않은 산지유역에서는 0.45~0.65, 그리고 황폐유역에서는 0.65~0.85 정도이다.
㉢ 최대시우량은 사방시설의 경제효과를 고려하여 20~50년의 확률치를 사용하고, 일반적으로 100mm/hr를 적용하는 것이 관례이나, 최근에는 강우강도가 높아 그 이상 적용하기도 한다.

② **비유량법**
우량이나 유량의 관측자료가 적고, 첨두유량을 산정하기 어려운 경우 비유량을 추정하는 것이 유리함

$$Q = q \cdot A$$

Q = 최대홍수량(m^3/s)
q = 비유량(m^3/s/km^2, $Q = 0.2778CI$ 값에 해당)
A = 유역면적(km^2)

③ **합리식법**

$$Q = 0.002778 CIA$$

C : 유출계수
I : 최대시우량(mm/hr)
A : 유역면적(ha)

㉠ 어떤 배수유역 내에 발생한 호우의 강도와 첨두유출량, 즉 최대홍수유량 간의 관계를 나타내는 대표적인 공식으로 사방댐 최대홍수유량을 계산할 때 사용한다.
㉡ 우리나라와 같은 황폐계류에서는 그 유출계수를 사력생산지에서 0.9 이상, 사력유과지에서 0.8 이상, 사력퇴적지에서 0.7 이상이 되도록 한다.

④ **홍수위 흔적법** : 홍수 직후 유로를 조사하여 쓰레기의 흔적이나 계안 표토 침식 등의 위치에서 홍수위를 추정하는 방법

| 주관식 확인문제 | 사방일반 |

※ 다음 빈칸에 적절한 말을 넣거나 묻는 말에 답하시오.

01 석력의 교대는 있어도 세굴과 침전이 평형을 유지하여 종단형상에 변화를 일으키지 않는 계상의 물매를 무엇이라 하는가?

   | 정답적기 |

02 층류에서 난류로 변화할 때의 유속을 일컫는 말로서, 계상의 침식을 일으키지 않는 경우의 최대유속을 무엇이라 하는가?

   | 정답적기 |

03 부표식 수위계가 유수로 인한 물의 찰랑거림에 대해 부표가 움직이지 않도록 지어진 조그만 구조물을 무엇이라 하는가?

   | 정답적기 |

04 산지의 가속침식을 방지하고 토사재해를 방지·경감하는 것을 목표로 하여 황폐산지를 복구·정비하며 산지의 보전을 통하여 재해를 방지하기 위한 일을 무엇이라 하는가?

   | 정답적기 |

05 단위 시간당 유적을 통과하는 물의 용량을 무엇이라 하는가?

06 강수의 일부는 식물의 잎과 가지에 부착되며, 그곳으로부터 증발되어 결국 임지에 도달하지 않는데, 이를 일컫는 말을 무엇이라 하는가?

07 유적(물의 흐름을 직각으로 자른 횡단면적)을 윤변(수로의 횡단면에 있어서 물과 접촉하는 수로 주변의 길이)으로 나눈 것을 무엇이라 하는가?

08 산림유역의 강수량 및 기타의 기상요인과 같은 유역으로부터 유출량을 관측함으로써 물의 순환과정, 특히 유출에 미치는 산림의 영향을 밝혀내기 위하여 계속적인 기록을 얻을 수 있는 양수웨어를 설치하여 야외에서 실험을 하는 것을 무엇이라 하는가?

09 주어진 조건하에서 어떤 토양면을 통하여 물이 침투할 수 있는 최대율을 일컫는 말로 mm/hr라 하는데 이것을 무엇이라 하는가?

   | 정답적기 |

10 나무의 수간을 따라 흘러내리는 수간유하우량, 나무의 수관을 통과하는 수관통과우량, 수관에서 떨어지는 수관적하우량을 총칭하는 말을 무엇이라 하는가?

   | 정답적기 |

주관식 정답

01. 안정물매(보정물매, 자연사도)
02. 임계유속
03. 감세용정수정
04. 차산
05. 유량
06. 수관차단우량
07. 경심(동수반지름)
08. 삼림이수시험
09. 침투능
10. 임내강우량

CHAPTER 02 산지사방

01 산림침식

(1) 산지침식의 구분

① 정상침식 : 자연적인 지표의 풍화상태로서 자연침식 또는 지질학적 침식이라고도 한다.
② 가속침식 : 사방의 대상이 되는 침식으로 어떠한 작용에 의해 이루어지는 것으로 이상침식이라고도 하는데 이러한 토양침식을 지배하는 주요 요인은 기상, 토양, 지형, 식생, 토양침식에 관한 시설 등의 요인이 있다.

　㉠ 물침식 : 물에 의하여 지표 또는 토양에서 발생되는 침식으로 그 과정은 다음 순으로 진행된다.

> 우격침식(우적침식, 타격침식) : 지표면의 토양입자를 빗방울이 타격하여 흙입자를 분산·비산시키는 분산작용과 운반작용에 의하여 일어나는 침식현상

> 면상침식(증상침식, 평면침식) : 빗방울의 튀김과 표면유거수의 결과로써 일어나는 토양의 이동현상

> 누구침식(누로침식, 우열침식) : 경사지에서 면상침식이 더 진행되어 구곡침식으로 진행되는 과도기적 침식 단계로 물이 모여서 세력이 점차 증대되어 하나의 작은 물길, 즉 누구를 진행하면서 형성되는 침식형태

> 구곡침식(단수식계침식, 걸리침식) : 누구침식이 점점 진행되어 그 규모가 커져서 보다 깊고 넓은 침식구, 즉 구곡을 형성하는 침식형태

> 야계침식(계천침식, 계간침식) : 우리나라의 사방대상지와 밀접한 것으로 구곡침식의 대상에 포함시키기도 함

> 하천침식(세로침식, 가로침식)

> 바다침식(파랑침식, 연안류침식, 저류침식)으로 진행되며 그 밖의 지중침식도 있음

- 누구 : 경사지에서 쟁기로 갈아서 그 골이 없어질 수 있는 작은 침식구
- 구곡 : 쟁기로 갈아서 없어지지 않는 큰 침식구
- 심곡 : 구곡이 더 진행되어 그 너비가 넓어진 것

ⓒ 중력에 의한 침식
- 붕괴형 침식 : 호우 등으로 인하여 어느 정도 깊이의 토층이 수분으로 포화된 비교적 급 경사면에서 중력의 작용으로 그 응집력을 잃고 일시에 빠른 속도로 토층이 밀려 내리는 붕괴현상

산사태	주로 호우 등의 원인에 의해 산정 가까운 산복부의 지괴가 융해·팽창되어 일시에 계곡·계류를 향하여 연속적으로 비교적 길게 붕괴되는 지층의 현상
산붕	산사태보다 규모가 작은 소형 산사태
붕락	눈이나 얼음이 녹은 물로서 토층이 포화되어 무너져 떨어지는 중력침식의 한 형태로서 붕락된 지표층에 주름이 잡혀짐
포락	발생부위가 반드시 흐르는 물과 관계되어 비탈면 끝을 흐르는 계천의 가로침식에 의하여 무너지는 침식현상으로 유수에 의해 토사가 유실됨
암설붕락	돌부스러기가 붕괴되는 침식현상

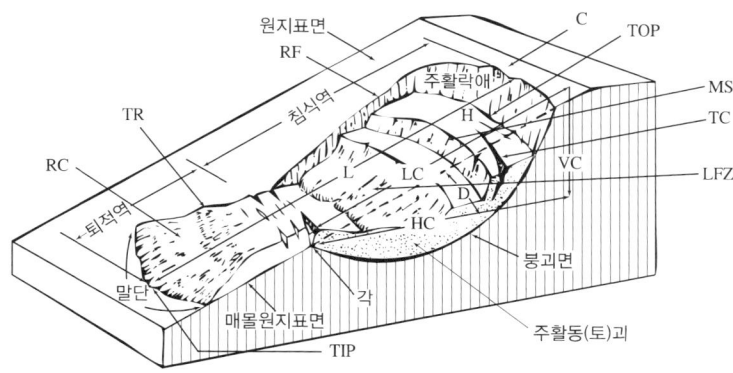

[비탈면붕괴의 부위별 명칭]

- 동상침식 : 토사비탈면 위에서 과습한 토양과 기타 포화물질이 얼었다, 녹았다 하는 과정에서 서서히 내려가는 침식현상
- 지활형 침식 : 주로 지하수에 의하여 땅속의 전단저항이나 점착력이 약한 부분에 따라 그 상층부의 지괴가 서서히 아래 비탈면을 향하여 이동하는 현상으로 땅밀림이 전형적인 침식형태로 일본에서 자주 일어나나 우리나라에 보고된 것은 충북의 경우 한 곳임

구 분	산사태 및 산붕	땅밀림
지 질	관계가 적음	특정 지질·지질구조에서 많이 발생
토 질	사질토에서 많이 발생	점성토가 미끄럼면
지 형	20° 이상의 급경사지	5~20°의 완경사지
활동상황	돌발성	계속성, 지속성
이동속도	굉장히 빠름	느림(0.01~10mm/일)
흙덩이	토괴 교란	원형보전
유 인	강우·강우강도 영향	지하수
규 모	작 음	큼(1~100ha)
징 조	돌발적으로 발생	발생 전 균열의 발생·함몰·융기·지하수의 변동 등이 발생

- 유동형 침식 : 붕괴형 침식이나 지활형 침식의 결과로 그 유동성 물질에 의한 침식작용으로 발생되는 것으로 토석류, 토류, 암설류 등이 있다.
ⓒ 침강침식
ⓒ 바람침식

02 산지사방

(1) 산지사방 일반
① 황폐한 산지 또는 황폐가 예상되는 산지에서 산림식생을 복구·보전하여 산림황폐로 인한 재해를 방지하기 위하여 산지에 시행하는 사방공사로서 산복공사와 계간공사로 구분된다.
② 산복공사 : 황폐사면에서 생산되는 토사유출을 억제하기 위한 공사
③ 계간공사 : 황폐계류 바닥의 종횡침식을 방지하고 산각을 고정하여 산복을 보전하며 하류로의 유송토사를 억제하고 조정하는 공사

(2) 황폐지 유형
① 황폐지 : 황폐지는 황폐의 진행상태 및 정도 등에 따라 그 초기단계로부터 척악임지, 임간나지, 초기황폐지, 황폐이행지, 민둥산, 특수황폐지 등으로 구분한다.

척악임지	정 의	산지비탈면이 여러 해 동안의 표면침식과 토양유실로 인하여 산림토양의 비옥도가 심히 쇠퇴한 척박한 상태의 산지로서 속히 임지비배의 기술이 도입되어야 할 곳
	사방공법	비료목 식재, 등고선구의 설치, 비탈면 덮기 및 시비
임간나지	정 의	비교적 키가 큰 임목들이 외견상 엉성한 숲을 이루고 있지만, 지표면에 지피식물이나 유기물이 적고 때로는 면성, 누구 또는 구곡침식까지 발생되고 있으므로 입목이 제거되거나 산림병해충의 피해로 고사하게 되면 곧 초기황폐지나 또는 황폐이행지 형태로 급진전되는 황폐지
	사방공법	내음성 초류 파식, 지피식물조성, 누구막이 및 구곡막이 설치

초기황폐지	정 의	척악임지나 임간나지는 그 안에서 이미 침식이 진행되는 형태이나 이것이 더욱 악화되면 산지의 침식이나 토양상태로 보아 외견상으로도 분명히 황폐지라고 인식할 수 있는 상태의 산지
	사방공법	비료목식재, 사방수 밀식, 비탈면 씨흩어뿌리기 또는 줄뿌리기
황폐이행지	정 의	초기황폐지는 이 단계에서 복구되지 않으면 점점 더 급속히 악화되어 가까운 장래에 민둥산이나 붕괴지로 될 위험성이 있는 단계
	사방공법	집약적 파식작업, 산복선떼붙이기, 산복돌쌓기, 막논돌수로내기, 떼수로내기, 돌구곡막이, 떼누구막이, 돌누구막이, 싸리 및 잡초 혼합파종 등
민둥산	정 의	황폐이행지가 진전되면 누구와 구곡의 발달이 현저하여 산지전체로 보면 심한 침식지 또는 나지가 되는데 이와 같이 표면침식에 의한 면적이 비교적 넓은 나지상태의 산지
	사방공법	피복공법과 밀파식, 집약적인 산복사방과 계간사방시공
특수황폐지	정 의	각종 침식 및 황폐단계가 복합적으로 작용하여 발생된 산지의 황폐도가 대단히 격심한 황폐지
	사방공법	특수 사방시공법 등 적용

② 붕괴지 : 산복비탈면에서 산사태침식이 발생되어 나출된 붕괴지를 산사태지, 산붕침식이 발생되어 나출된 붕괴지를 산붕지, 붕락침식이 발생된 붕괴지를 붕락지, 포락침식이 발생된 붕괴지를 포락지, 인위적인 비탈면에서의 붕괴현상을 비탈면붕괴라고 한다.
   ㉠ 붕괴의 3요소 : 붕괴평균경사각, 붕괴면적, 붕괴평균깊이
   ㉡ 사방 예방대책
      • 겉·속도랑 배수구 계통적 배치
      • 붕괴위험지의 옹벽 및 붕괴방지용 흙막이 공작물 설치
   ㉢ 사방 사후대책
      • 배수로 설치
      • 산복돌쌓기 및 바자얽기 등의 산복흙막이 시설
      • 돌이나 콘크리트구조와 같이 내구력 있는 흙막이 시설
③ 지활지 : 지활침식, 즉 땅밀림 침식에 의하여 나타나는 밀린 땅으로 특수한 지대의 깊은 토층에서 발생하는데 사방공법으로는 집수정 및 집배수로 설치, 붕지지와 같은 동일한 대책이 있다.
④ 훼손지 : 인위적으로 토지의 형질에 변화를 가져오게 된 곳으로 흙깎기 및 흙쌓기 비탈면 등이 있다.
⑤ 황폐계류 : 토석류 등으로 계상 자체가 황폐되는 것으로 그 위치가 산지 내의 계곡이나 계간에 있을 때는 계간황폐지 또는 침식계류라 하고, 계곡 밖이나 농경지 등과 접속될 때에는 야계라 하는데, 사방공법으로는 구곡막이, 사방댐, 바닥막이, 기슭막이, 수제, 계간수로, 모래막이 등이 있다.
⑥ 해안사지 : 이동사구로 구성되는 모래언덕으로 사방공법으로는 퇴사공법, 정사공법이 있음

(3) 산사태

① 발생위치에 따른 유형
  ㉠ 산복붕괴 : 지표면 또는 토양단면상의 불연속이 원인이 되어 산복부에서 발생
  ㉡ 계안붕괴 : 계류의 종횡침식작용에 의하여 계안에서 발생
  ㉢ 와지붕괴 : 집수가 원인이 되어 산복과 계안사이의 토심이 비교적 깊은 웅덩이에서 발생

② 평면형에 따른 유형
  ㉠ 수지상 : 지형이 복잡하고 유수가 모여드는 하강 및 평형사면의 산복유로에서 발생
  ㉡ 패각상 : 경사가 짧고 급한 사면, 경사가 길고 변곡점이 있는 사면에서 발생
  ㉢ 선상 : 지형이 단순하며 유로가 좁고 경사가 긴 하강사면이나 평형사면의 유로변에서 발생
  ㉣ 판상 : 표토 밑에 단단한 암반층이나 불침투성 모재층이 있는 지역에서 발생

(4) 토사량의 산정

① 붕괴생산토사량 예측 방법
  ㉠ 통계적 방법 : 기존의 재해사례·지질별 붕괴면적으로부터 추정하는 방법, 강우를 지표로 하는 방법, 수량화법(다변량 해석)에 의한 방법, 확률과정에 근거한 방법
  ㉡ 토질역학적 방법 : 컴퓨터에 의한 시뮬레이션 방법

② 유출토사량
  ㉠ 과거의 재해실적에 근거하는 방법
  ㉡ 귀납적인 방법 : 유출율에 의한 방법, Stream Power에 의한 방법
  ㉢ 물리학적 방법 : 토석류에 의한 유출 토사량, 토사류에 의한 유출 토사량, 소류·부유에 의한 유출토사량, 계상변동의 계산

| 주관식 확인문제 | 산지사방 |

※ 다음 빈칸에 적절한 말을 넣거나 묻는 말에 답하시오.

01 눈이나 얼음이 녹은 물로 토층이 포화되어 무너져 떨어지는 중력침식의 한 형태로서, 지표층에 주름이 잡혀지는 붕괴형 침식을 무엇이라 하는가?

정답적기

02 발생부위가 반드시 흐르는 물과 관계되어 그 비탈면 끝을 흐르는 계천의 가로침식에 의하여 무너지는 침식현상으로 유수에 의해 토사가 유실되는 것을 무엇이라 하는가?

정답적기

03 인공비탈면은 무엇으로 구분되는가?

정답적기

04 붕괴의 3요소는 무엇인가?

정답적기

05 토석류 등으로 계상 자체가 황폐되는 것으로 그 위치가 산지 내의 계곡이나 계간에 있을 때는 (　　) 또는 (　　)라 하고, 계곡 밖이나 농경지 등과 접속될 때에는 (　　)라 한다.

정답적기

06 황폐이행지가 진전되면 누구와 구곡의 발달이 현저하여 산지 전체로 보면 심한 침식지 또는 나지가 되는데, 이와 같이 표면침식에 의한 면적이 비교적 넓은 나지상태의 산지를 무엇이라 하는가?

정답적기

07 비교적 키가 큰 임목들이 외견상 엉성한 숲을 이루고 있지만, 임상에 지피식물이나 유기물이 적고 때로는 누구 또는 구곡침식까지도 발생되어 있으므로 만일 임목이 제거되거나 산림병해충의 피해로 고사하게 되면 곧 초기황폐지나 또는 황폐이행지 형태로 급진전되는 황폐지는 무엇인가?

정답적기

08 구곡이 더 진행되어 그 너비가 넓어진 것을 무엇이라 하는가?

정답적기

09 빗방울의 튀김과 표면유거수의 결과로서 일어나는 토양의 이동을 무엇이라 하는가?

┤ 정답적기 ├

10 산복비탈면에서 산사태침식이 발생되어 나출된 붕괴지를 (   ), 산붕침식이 발생되어 나출된 붕괴지를 (   ), 붕락침식이 발생된 붕괴지를 (   ), 포락침식이 발생된 붕괴지를 (   )라고 한다.

┤ 정답적기 ├

주관식 정답

01. 붕락
02. 포락
03. 흙깎이(땅깎이) 비탈면, 흙쌓기 비탈면
04. 붕괴평균경사각, 붕괴면적, 붕괴평균깊이
05. 계간황폐지, 침식계류, 야계
06. 민둥산
07. 임간나지
08. 심곡
09. 면상침식(증상침식, 평면침식)
10. 산사태지, 산붕괴지, 붕락지, 포락지

CHAPTER 03 산복공사

01 산복공사

(1) 사방대상지
  ① 요사방지(황폐지, 붕괴지, 지활지, 훼손지 등)
  ② 일반적으로 황폐지 또는 황폐산지는 산지의 지피식생이 오랫동안에 걸쳐서 소멸되거나 파괴되고, 산지 위에 각종 형태의 토양침식이 발생되어 강우시에 토사의 유실이 일어난다. 이것을 복구하고 녹화하기 위한 사방공사가 필요한 땅을 요사방지라고 한다.

(2) 산복사방의 목표
  ① 표토침식의 방지
    ㉠ 비탈면의 경사 완화
    ㉡ 우수를 분산 유하
    ㉢ 표면을 피복
    ㉣ 우수를 특정한 유로에 모아 나출면에 흐르는 유량 감소
  ② 붕괴 및 산사태의 확대 방지
    ㉠ 경사의 완화
    ㉡ 흙막이벽 설치
    ㉢ 침투수의 배수시설
    ㉣ 방지책의 설치
    ㉤ 장령림의 임분 조성

(3) 산복사방공종

① 산복사방공종의 분류

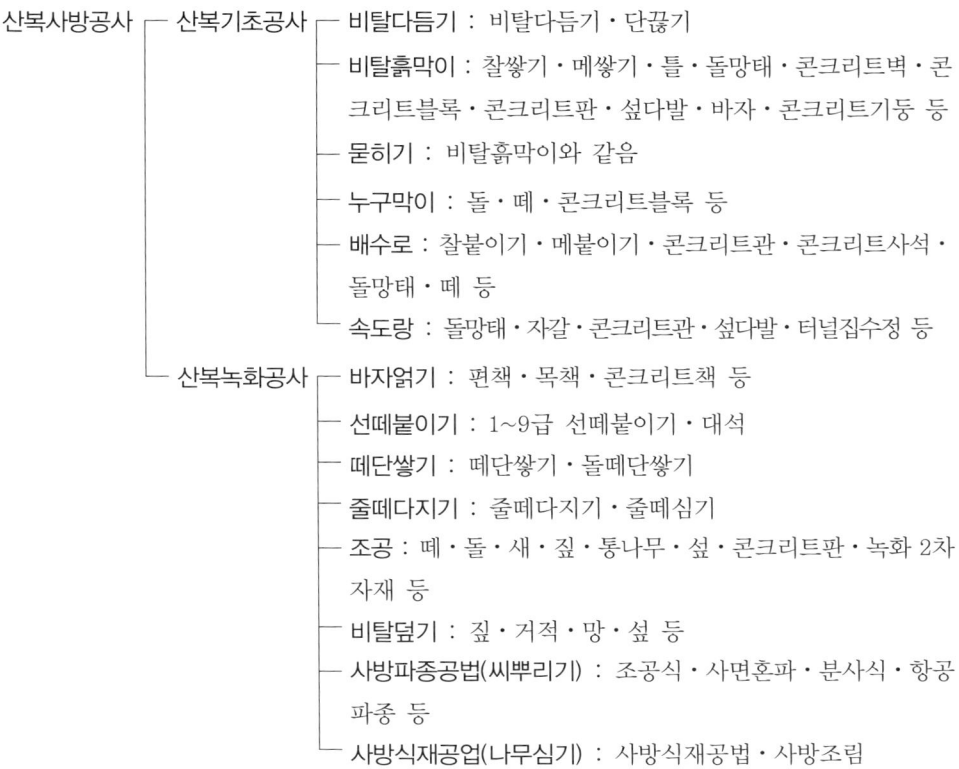

② 산복사방공종의 설명

㉠ 비탈다듬기
- 산복비탈면에 있어서 불안정한 토층을 완화하여 안정된 비탈면을 조성할 목적으로 시공한다.
- 설계 시 또는 시공 시 유의할 점
  - 산복비탈면의 수정물매는 대체로 최대 35° 전후로 한다.
  - 퇴적층의 두께가 3m 이상일 때에는 묻히기 공작물을 설계한다.
  - 물매가 급한 장소에서는 산복돌쌓기로 조정한다.
  - 붕괴면 주변의 상부는 충분히 끊어내도록 설계한다.
  - 일반적으로 상부로부터 하부로 시공한다.
  - 비옥한 표토는 가능한 한 산목면에 남긴다.
  - 속도랑 공사 및 묻히기 공사는 비탈면다듬기 공사를 하기 전에 시공한다.

ⓒ 단끊기
- 비탈면공사를 끝낸 산복면에 여러 가지 계단공사를 시공하기 위하여 수평으로 단을 끊는 기초공사이다.
- 설계 시 또는 시공 시 유의할 점
  - 계단너비는 일반적으로 50~70cm로 하지만 물매가 급할 때는 계단너비를 좁게 하여 물매를 완화한다.
  - 계단의 간격은 지형이나 공종에 알맞게 결정한다.
  - 시공시의 계단끊기작업은 비탈다듬기공사 후 비를 1~2회 맞은 다음 실시한다.
  - 일반적으로 상부로부터 하부로 시공한다.

ⓒ 산복흙막이
- 산복경사의 완화, 붕괴의 위험성이 있는 비탈면의 유지, 매토층 밑부분의 지지 또는 수로의 지지 등을 목적으로 산복면에 설치하는 구조물이다.
- 산복흙막이는 시공재료에 따라 산복콘크리트벽쌓기, 산복돌쌓기, 산복콘크리트블록쌓기, 산복콘크리트기둥쌓기, 산복PNC판쌓기, 산복돌망태쌓기, 산복통나무쌓기, 산복바자얽기 등이 있다.

ⓒ 묻히기
- 비탈면다듬기나 단끊기공사로 부토가 많이 생기고 깊이 퇴적되는 곳에서는 기초지반을 미끄럼면으로 하는 토괴의 활동을 일으키게 되는데, 이와 같은 비탈다듬기로 생긴 토괴의 활동을 방지하기 위하여 설치하는 공작물이다.
- 묻히기 공작물은 시공재료에 따라 찰쌓기묻히기, 메쌓기묻히기, 콘크리트묻히기, 돌망태묻히기, 바자묻히기 등이 있다.

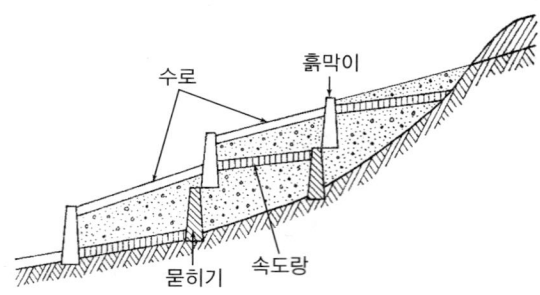

[산복묻히기 및 흙막이공작물과 배수로공작물의 배치관계]

ⓒ 누구막이
- 주로 산복비탈면에서 누구의 침식발달을 방지하기 위하여 시공하는 공작물로서 규모가 작다.
- 누구막이 공작물은 시공재료에 따라 돌누구막이, 콘크리트블록누구막이, 떼누구막이 등이 있다.

ⓒ 산복수로
- 시공목적
  - 비탈면의 침식을 방지하고, 특히 다른 공작물이 파괴되지 않도록 일정한 개소에 유수를 모아 배수한다.

- 산복공사의 속도랑(암거)에 의하여 집수된 물을 지표에 도출하고 안전하게 배수한다.
- 붕괴비탈면을 자유롭게 유하하는 자연유로의 고정을 도모하기 위해 실시한다.
- 산복수로 공작물은 시공재료에 따라 돌붙임수로(찰붙임수로, 메붙임수로), 콘크리트수로, 콘크리트블록수로, 떼붙임수로, 바자수로, 섶수로, 통나무수로, 흙수로 등이 있다.

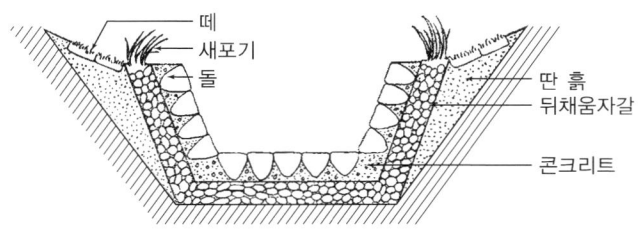

[찰붙임돌수로의 시공구조]

Ⓐ 속도랑배수구
- 산복비탈면에서 호우시의 지하수 분출에 기인되어 산복붕괴가 많이 발생되는 지대에서 또는 현재의 산복붕괴면에서 강우 시 상당한 용수를 볼 수 있는 곳에서는 지하수를 속히 지표에 도출시켜 지하수를 배제하여 지하수의 분출에 의한 산복의 붕괴를 방지하지 않으면 안 되는 목적으로 설치하는 배수공작물이다.
- 자갈속도랑배수구, 돌망태속도랑배수구, 콘크리트관속도랑배수구 등이 있다.

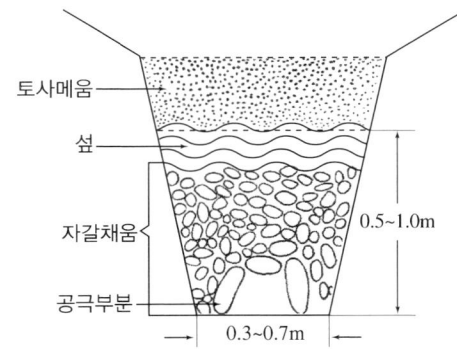

[자갈속도랑배수구의 시공구조]

◎ 산복바자얽기
- 산복비탈면 또는 계단 위에 바자(목책 또는 편책)를 설치하고, 그 뒷 품안에 흙을 메우고 분을 만들어 식재한 묘목의 환경조건을 개선하며, 묘목의 생육을 촉진하기 위하여 시공하는 공종이다.
- 종 류
  - 목책 : 말구지름이 10cm 정도, 길이 1.0~1.5m의 말뚝을 산복비탈면 또는 계단에 1m 간격으로 박은 다음 그 내측에 간벌재 등을 나란히 놓고 흙을 메우는 책 공작물
  - 편책 : 말구지름이 8~10cm 정도, 길이 1.0~1.5m의 말뚝을 산복비탈면 또는 계단에 0.5~1m 간격으로 길이의 1/2 정도 박고, 그 내측에 초두목이나 가지로 바자를 얽어매는 책 공작물

㉠ 선떼붙이기
- 비탈다듬기 공사를 시행한 산복비탈면에 수평계단을 설치하고, 그 앞면에 뜬떼를 세워 붙이며, 그 뒷부분에 묘목을 심는 등고선 계단모양의 산복녹화공종으로서 수평단 길이 1m당 떼의 사용매수에 따라 고급 선떼붙이기 1급에서 저급 선떼붙이기 9급까지 구분한다.

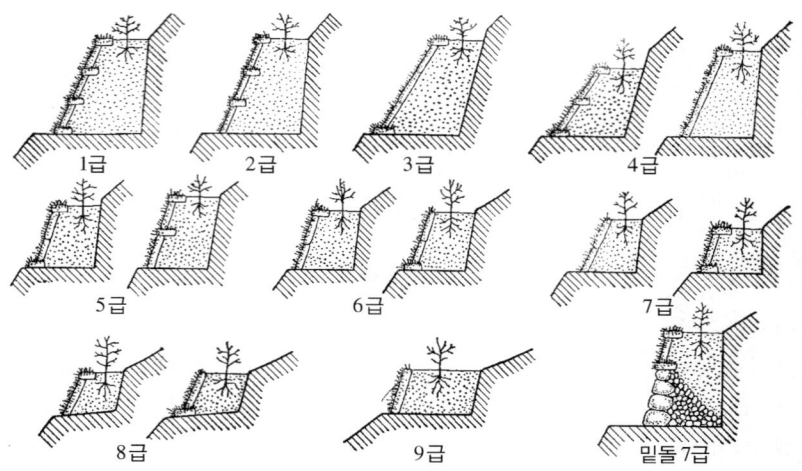

[선떼붙이기 공작물의 급별 시공구조]

- 선떼붙이기 시공요령
  - 단끊기 및 줄긋기 : 단끊기의 너비는 50~70cm로 한다.
  - 발디딤의 설치 : 15cm 정도의 수평면으로 다음과 같은 목적으로 설치한다.
    ⓐ 급경사지에서 선떼의 밑부분이 붕괴되어 일어나는 공작물의 파괴를 방지한다.
    ⓑ 공작물의 시공 중에 인부들이 밟고 서서 작업을 할 수 있도록 한다.
    ⓒ 선떼의 밑부분과 바닥떼의 활착을 조장한다.
- 4급 선떼붙이기공법의 시공구조와 명칭

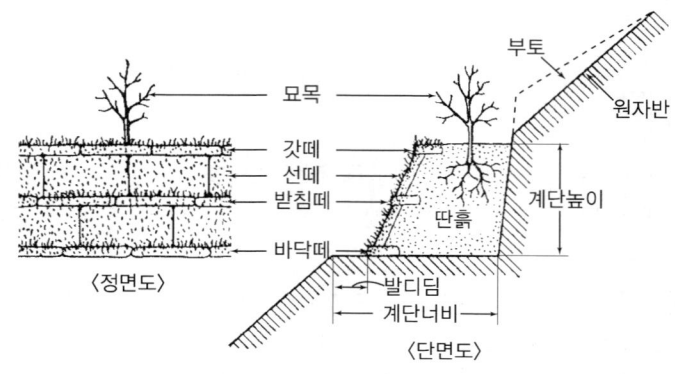

[4급 선떼붙이기 공작물 시공구조]

ⓧ 떼단 쌓기 : 계단 위에 떼붙이기 공작물을 연속적으로 몇 단 쌓는 것으로 비탈다듬기 공사나 또는 단끊기 공사로 발생한 퇴적토사의 비탈면을 피복하는 공작물이다.
㉠ 조공법
- 선떼붙이기공법까지는 필요하지 않은 비교적 완경사지의 산복비탈면에 수평으로 계단간 수직높이 1.0~1.5m, 너비 50~60cm의 계단을 만들고 그 앞면에 침식을 방지하기 위하여 떼, 새포기, 잡석 등으로 낮게 쌓아 계단을 보호하며, 뒷면에는 흙을 덮은 후 사방묘목을 식재하는 산복녹화공법이다.
- 종류 : 돌조공법, 새조공법, 섶조공법, 통나무조공법, 떼조공법, 인공녹화자재를 사용하는 조공법(식생반 및 식생자루 조공법, 식생대조공법)

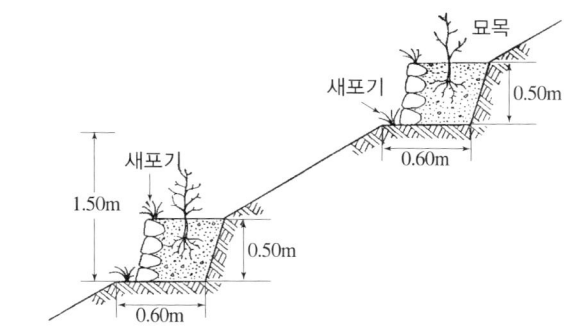

[돌조공 공작물 시공구조]

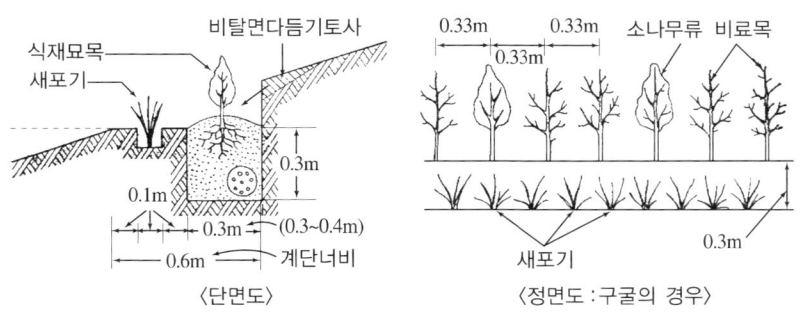

[새조공 공작물 시공구조]

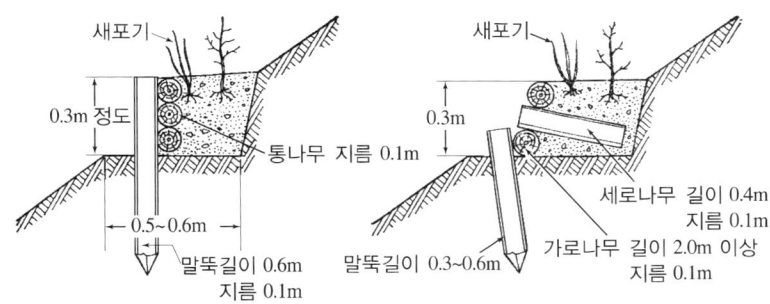

[통나무조공 공작물 시공구조]

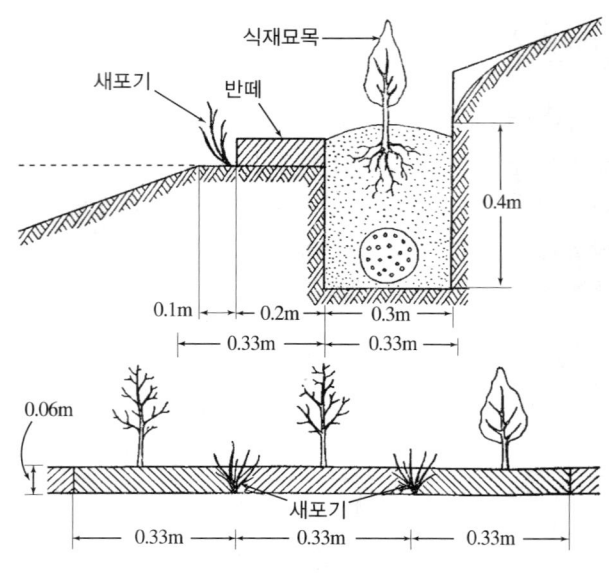

[떼조공 공작물 시공구조]

ⓔ 줄떼다지기 : 흙쌓기비탈면을 일정한 물매로 유지하며, 비탈면을 보호·녹화하기 위하여 흙쌓기 비탈면에 수직높이 20~30cm 간격으로 반떼를 수평으로 삽입하고 달구판으로 단단하게 다지는 것으로 장차 떼가 활성화하여 번성하게 되면 시공비탈면이 안정·녹화된다.

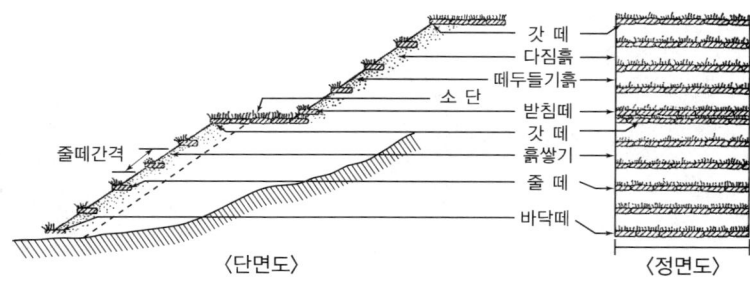

[줄떼다지기 공작물 시공구조]

ⓕ 비탈덮기
  - 비탈면이 강우에 의하여 침식되고, 누구가 발생하면 선떼붙이기 공작물 등이 파괴되기 쉬우며, 동상지대에 있어서는 동상과 서릿발 등에 의하여 비탈면이 붕락될 위험성이 있을 때 비탈면의 보호를 위하여 시공하는 경우와 비탈면 혼파지에서 종자의 유실을 방지하는데 주목적으로 시공하는 경우가 있다.
  - 종류 : 산복섶덮기공법, 산복짚덮기공법, 산복짚망덮기공법, 산복거적덮기공법, 산복망덮기공법 등이 있다.
ⓖ 등고선구공법 : 강수를 지면에 흡수하고 지표유하를 최소한으로 하여 산지 전체를 하나의 큰 저수지로 하며, 특히 토양침식을 억제하여 식물생육에 필요한 수분의 보급원으로 만들고자 하는 것이다.

㉮ 사방파종공법
- 초본류와 목본류의 종자를 산복비탈면과 계단에 직접 파종하는 방법이다.
- 인력파종공법 : 조공식 파종공법, 사면혼파공법
- 기계파종공법 : 분사식 파종공법, 항공파종공법

㉯ 사방식재공법(사방조림)
- 산복사방식재용 수종요구조건
  - 생장력이 왕성하여 잘 번무할 것
  - 뿌리의 자람이 좋고, 토양의 긴박력이 클 것
  - 척악지·건조·한해·충해 등에 대하여 적응성이 클 것
  - 갱신이 용이하게 되고, 가급적이면 경제가치가 높을 것
  - 묘목의 생산비가 적게 들고, 대량생산이 잘 될 것
  - 토량개량효과가 기대될 것
  - 피음에도 어느 정도 견디어 낼 것
- 주요 사방조림수종 : 리기다소나무, 곰솔(해안지방), 물(산)오리나무, 물갬나무, 사방오리나무(남부지방), 아까시나무, 싸리, 참싸리, 상수리나무, 졸참나무, 족제비싸리, 보리장나무 등
- 암석산지 또는 암벽녹화용 : 병꽃나무류, 노간주나무, 눈향나무 등
- 덩굴식물 : 담쟁이덩굴, 댕댕이덩굴, 등수국, 칡, 등, 줄사철나무, 송악, 영국송악, 마삭줄, 인동덩굴 등

〈치산녹화용 주요 외래초본식물의 종류와 특성〉

구 분	pH의 범위	초장(cm)	번식형	발아개시 온도(℃)	입자수 (g당)	적응조건
Kentucky 31 Fescue	5.4~7.6	80~120	분 얼	5	500	그다지 토양을 가리지 않고 수분과 질소분이 있으면 겨울철에도 생육하며, 한서(寒暑)에 대한 적응력이 크고 그늘에 강하고 겨울철에도 푸르지만 겨울철에 고사하는 다른 풀과 혼파하는 것이 좋다.
Weeping Lovegrass	5.5~7.0	70~90	지상경	10	3,300	그다지 토양을 가리지 않고 사지(砂地)에서도 자라며, 그늘에 극히 약하고 건열건조에 극히 강하며, 추위에 약하고 겨울철에 고사하며, 비탈면에 적당한 초종이다. 단, 겨울철에 잎이 마르고 일음지(日陰地)에 부적당하다.
Creeping Red Fescue	5.4~7.6	30~50	지하경	5	1,300	사질토에서 잘 자라고 일음지에서도 잘 자라며, 건조에 견디고 더위에 다소 약하며, 초장이 짧으므로 식생반공법(植生盤工法)에는 부적당하다.
Orchard Grass	6.0~7.0	80~100	분 얼	5	1,400	토양에 대한 적응성이 크고 내산성(耐酸性)이 강하며, 추위에 강하고 한랭지에서는 혼파하면 좋으며, 건조에 약간 약하다.
Switch Grass	6.0~7.0	80~120	분 얼	5	855	토양에 대한 적응성이 크고 내산성이 강하며, 추위에 강하고 한랭지에서는 혼파하면 좋으며, 건조에 약간 약하다.

〈치산녹화용 주요 재래초본식물의 종류 및 특성〉

구 분	발아율(%)	입자수 (만립/kg)	초장(m)	결실기	성 질
새 (솔새·개솔새)	20~60	130~160	0.7~1.20	초가을	① 지상부가 확대되고, 피복량이 크다. ② 상장생장(上長生長)이 빠르고, 근계의 발달이 좋다. ③ 채종이 용이하다. ④ 건조지나 사력지에서도 자란다. ⑤ 발아가 늦고, 고르지 않다.
억 새	20~60	100~150 (850~860)	1.0~2.0	초가을	
산 쑥	50~80	150~200	1.0~2.0	초가을	① 지상부의 생장이 좋고, 지하층이 발달하여, 근계번식(根系繁殖)을 한다. ② 습지에도 견딘다(추위에도 강하다). ③ 채종이 용이하고, 분주(分株)가 된다. ④ 비교적 혼파가 용이하다. ⑤ 초기 생장이 늦고, 발아도 늦다. ⑥ 겨울철에 지상부가 고사하여 나지상(裸地狀)으로 되기 쉽다. ⑦ 지엽(枝葉)이 많고, 비료분이 부족하기 쉽다.
쑥	50~80	350~400	0.5~1.0	한여름~ 초가을	
제비쑥	40~70	200~250	0.5~1.0	초가을	
까치수영	20~60	50~60	0.5~1.5	초가을	① 척지(瘠地)에 견딘다. ② 건조지에서 자라고, 지상부의 생장이 좋다. ③ 발육기가 짧은 것, 긴 것 등 일정하지 않다. ④ 근계가 조근(粗根)이다. ⑤ 겨울철에 고사하여 나지상으로 되기 쉽다.
왕까지수영		40~50	1.0~2.0	초가을	

02 사방공사 재료와 식생

(1) 토목재료

① 목 재
　㉠ 제재하지 않은 통나무는 주로 사방댐, 구곡막이, 바닥막이, 기슭막이공사 등에 사용되고 그 밖에 바자얽기 공사 및 각종 말뚝용으로 사용된다. 말뚝용으로는 소나무, 리기다소나무, 밤나무, 참나무류 등의 줄기가 좋으며, 그밖에 우죽은 바자얽기 시공에 말목과 함께 사용되는 주요한 섶재로서 비탈면덮기공법 및 해안모래덮기공법 등에 널리 사용된다.
　㉡ 최근에 임도 토사비탈면 등의 안정에 주로 사용되는 공법으로 목책과 편책이 있는데, 이는 통나무로 말뚝을 박는 것은 동일하나 그 가로버팀목에 목재를 쓰면 목책, 섶 또는 지조를 쓰면 편책이라 한다.

② 석 재
　㉠ 마름돌 : 직사각형 육면체가 되도록 각 면을 다듬은 석재로서 다듬돌이라고 한다. 견고한 사방댐이나 미관을 요하는 돌쌓기 공사에 사용되며, 대체로 크기는 가로 30cm×세로 30cm×길이 50~60cm 정도이다.

ⓛ 견치돌 : 견고를 요하는 돌쌓기 공사에 사용되며 특별히 다듬은 석재로서 단단하고 치밀한 돌을 사용한다. 크기는 대체로 면의 길이를 기준으로 하여 길이는 1.5배 이상, 이맞춤 너비는 1/5 이상, 뒷면은 1/3 정도, 그리고 허리치기의 중간은 1/10 정도로 해야 하며, 1개의 무게는 보통 70~100kg이다.

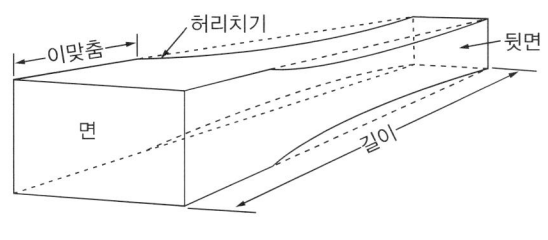

[견치돌의 모양]

ⓒ 막깬돌 : 견치돌처럼 엄격한 치수에 의해 만들지 않고 막 깨낸 석재로 길이는 면의 1.5배 이상으로 하고 1개의 무게는 60kg 정도이다. 마름돌이나 견치돌은 비싸므로 일반적인 사방공사에서는 주로 막깬돌을 사용한다.

ⓔ 야면석 : 자연적으로 개천 바닥에 있는 무게 100kg 정도 되는 전석을 말한다.

ⓜ 호박돌 : 기초, 잡석 쌓기 기초바닥용, 콘크리트 기초바닥용 등으로 사용되는 지름이 30cm 정도인 호박모양의 둥글고 긴 천연석재로서 산이나 개울 등지에서 채취한다.

ⓗ 잡석 : 산복이나 계천에 산재하고 있는 모양이 일정하지 않은 작은 전석으로서 그 크기는 대개 막깬돌이나 호박돌보다 작다.

ⓢ 뒤채움돌 및 굄돌 : 뒤채움돌은 메쌓기공법에서 돌쌓기의 뒷부분을 채우는 돌이며, 굄돌은 돌쌓기에서 돌을 괴는 데 사용하는 돌이다.

ⓞ 조약돌·굵은 자갈·자갈 및 력 : 조약돌은 자연석으로 지름 10~20cm 정도인 계란형의 돌이고, 굵은 자갈은 자연석으로 지름 7.5~20cm 정도이다. 자갈은 지름 0.5~7.5cm 정도이고, 력은 자연적인 굵은 자갈과 자갈이 골고루 섞여있는 상태를 말한다.

③ 돌쌓기

㉠ 돌붙임 : 비탈물매가 1 : 1보다 완만한 경우

㉡ 돌쌓기 : 돌붙임물매보다 급한 경우

㉢ 찰쌓기 : 돌을 쌓아 올릴 때 뒷채움에 콘크리트를 사용하고, 줄눈에 모르타르를 사용하는 것으로 이때 뒷면의 배수에 주의하여야 하며, 돌쌓기 2~3m² 마다 한 개의 지름 약 3cm의 PVC 파이프 등으로 물빼기 구멍, 즉 배수구를 설치하는데, 일반적인 물매는 1 : 0.2를 표준으로 한다.

㉣ 메쌓기 : 돌을 쌓아 올릴 때 모르타르를 사용하지 않고 쌓는 것으로 뒷면의 침투수 등이 돌사이로 잘 빠지기 때문에 토압이 증가될 염려는 없지만 쌓는 높이에 제한을 받는데 일반적인 물매는 1 : 0.3을 표준으로 한다.

㉤ 골쌓기 : 비교적 안정되고, 견치돌이나 비교적 큰 돌을 사용할 수 있으므로 흔히 사용하는 돌쌓기 방법으로 막쌓기라고도 한다.

ⓗ 켜쌓기 : 돌의 면 높이를 같게 하여 가로줄눈이 일직선이 되도록 쌓는 방법으로서 바른층쌓기라고도 한다.

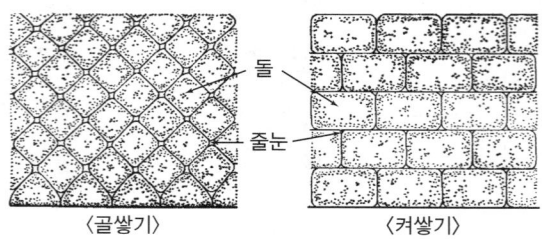

[돌쌓기의 종류]

ⓢ 금기돌 : 돌쌓기에서는 돌의 배치에 특히 주의해야 하는데 다섯에움 이상 일곱에움 이하가 되도록 하여야 하며, 보통 여섯에움으로 한다. 이와 같은 돌쌓기 방법에 어긋나는 돌쌓기를 하면 돌의 접촉부가 맞지 않아서 힘을 받지 못하는 불안정한 돌이 나타나는데 이것을 금기돌이라 한다.

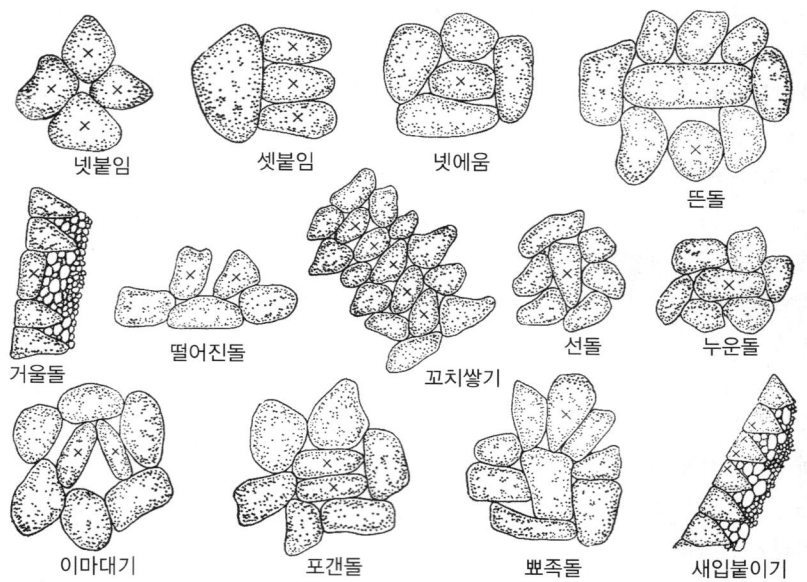

[불량한 돌쌓기에서 나타나는 금기]

- 넷붙임 : 정사각형 또는 둥근 돌로서 크기가 비슷한 4개의 돌을 붙이는 돌쌓기를 할 때 나타난다.
- 셋붙임 : 특히 길고 큰 돌을 작은 돌 틈에 섞어 쌓을 때 나타나며, 긴 돌에 작은 돌 3개가 나란히 접해진 상태이다.
- 넷에움 : 1개의 돌을 4개의 돌이 에워싼 형태로 둘러 쌓인 돌은 뜬 돌이나 떨어진 돌이 되기 쉬우며 돌쌓기가 약해진다.
- 뜬돌 : 길이가 긴 돌을 작은 돌과 섞어 사용할 때 나타나는 것으로서 큰 돌의 한쪽 길이에 작은 돌 3개가 접할 때 그 가운데 돌이 떠 있는 형태이며, 이것이 셋붙임과 다른 점은 큰 돌의 아랫변이 작은 다른 두 돌과 접하고 있다는 것이다.

- 거울돌 : 뒷길이가 매우 짧고 넓적한 돌의 넓은 면을 쌓는 앞면이 되도록 놓아 앞에서 볼 때 거울과 비슷한 모양으로 쌓은 돌이다.
- 떨어진돌 : 인접한 돌이 서로 접착되지 않고 떨어진 돌로서 부주의할 때 나타난다.
- 꼬치쌓기 : 크기가 비슷한 돌을 3개 이상 연속하여 수직으로 쌓는 것이다.
- 선돌 및 누운돌 : 선돌은 길이가 매우 긴 돌을 수직으로 세워 쌓는 것이고, 누운돌은 옆으로 뉘어 쌓는 것이다.
- 이마대기 : 편평한 돌 2개를 세워 이마가 서로 맞닿고 아랫부분이 과도하게 벌어지도록 쌓는 것이다.
- 포갠돌 : 찬합을 쌓아 올린 것과 같이 넓적한 돌을 수평으로 포개 쌓는 것이다.
- 뾰족돌 : 한쪽 끝이 뾰족한 돌을 좁은 두 돌 틈에 넣은 모양으로 끝이 상하게 되면 이 돌이 쐐기의 작용을 하게 되어 옆 돌의 위치에 변동을 주게 된다.
- 새입붙이기 : 막깬돌이나 잡석을 쌓을 때 정해진 접착부를 만들지 않고 쌓기 때문에 생기는 것으로서 작은 외력에도 돌이 빠지거나 변형되기 쉽다.

④ 골 재
  ㉠ 골재 : 시멘트와 물을 비벼서 혼합할 때 넣는 모래, 자갈, 부순 자갈, 부순 모래 및 그 밖의 이와 비슷한 재료로 콘크리트 부피의 65~80% 차지
  ㉡ 잔골재 : 한국공업규격에서 4번체(눈금 5mm)에 무게의 85% 이상이 통과하는 것
  ㉢ 굵은골재 : 한국공업규격에서 4번체(눈금 5mm)에 무게의 85% 이상이 남는 것
  ㉣ 보통골재 : 비중이 2.50~2.65
  ㉤ 경량골재 : 비중이 2.50 이하
  ㉥ 중량골재 : 비중이 2.70 이상

⑤ 시멘트
  ㉠ 포틀랜드시멘트로 비중은 대체로 3.05~3.15이고, 무게는 1,500kg/m^{3}이다.
  ㉡ 조기강도를 위해 염화칼슘과 같은 경화촉진제를 사용하며, 겨울철에는 시멘트 무게의 1%인 염화칼슘 AE제를 사용한다.
  ㉢ 모르타르는 시멘트 1에 모래 1~3의 비율

⑥ 콘크리트
  ㉠ 보통콘크리트 1 : 3 : 6(시멘트 : 잔골재 : 굵은골재의 무게비)
  ㉡ 철근콘크리트 1 : 2 : 4(시멘트 : 잔골재 : 굵은골재의 무게비)
  ㉢ 그다지 중요치 않은 것 1 : 4 : 8(시멘트 : 잔골재 : 굵은골재의 무게비)

⑦ 특수콘크리트
  ㉠ AE콘크리트 : AE제로 콘크리트 속에 미세한 기포를 발생시켜 공기량을 3~6% 증가시킨 것으로 내구성, 저항성, 수밀성을 증대
  ㉡ 레디믹스트콘크리트 : 일반적인 레미콘을 말함
  ㉢ 한중콘크리트 : 일평균 기온이 4℃ 이하로 떨어질 것이 예상될 때 한중콘크리트로 시공
  ㉣ 서중콘크리트 : 하루 평균기온이 25℃ 또는 최고온도가 30℃를 넘으면 서중콘크리트로 시공

- ⑩ 수중콘크리트 : 수중에서 타설되는 콘크리트이며, 수면하에 트레미관을 내리고, 펌프로 연속 타설하면서 관을 끌어 올리는 공법이 일반적
- ⑪ 프리팩트콘크리트 : 특정입도의 굵은 골재를 거푸집에 채워넣고 그 공극 속에 모르타르를 적당한 압력으로 주입하는 것
- ⑫ 뿜어붙이기콘크리트 : 압축공기로 콘크리트나 모르타르를 시공면에 뿜어 붙이는 공법
- ⑬ 경량골재콘크리트 : 자중을 경감시키기 위해 경량골재를 이용하여 단위용적중량 $2.0톤/m^3$ 이하의 것으로 사용
- ⑭ 중량콘크리트 : 비중이 큰 골재의 단위용적중량 $3~5톤/m^3$ 정도의 것

⑧ 시멘트콘크리트제품
- ⑤ 특 징
  - 시공현장에 거푸집이나 동바리 시설이 필요치 않다.
  - 공장에서 제조되어 기후조건에 지배를 받지 않는다.
  - 전문 대량제조로 제품의 품질이 좋고 균일하다.
- ⓒ 제품의 종류 : U형 콘크리트관, 콘크리트블록, 콘크리트의목(인공목재)

⑨ 돌망태
- ⑤ 돌망태(개비온)는 철사로 만든 철선망태로서 그 속에 굵은 자갈이나 잡석을 넣어 제방보호 및 기슭막이와 같은 각종 계천보호공사에 많이 사용한다.
- ⓒ 표면의 조도가 크고 굴절성이 좋으며 작업실행이 쉬운 장점이 있지만 내구성(보통 10년 정도)이 부족한 단점이 있다.
- ⓒ 돌망태의 종류 : 침상형 돌망태, 사석형 돌망태, 술통형 돌망태, 파상형 돌망태, 구두형 돌망태

(2) 식생재료

① 떼
- ⑤ 일반적으로 토공에 사용되는 떼를 뜬떼라 하며, 떼를 뜬 후 흙을 털어버린 떼를 턴떼, 흙이 붙어 있는 떼를 흙떼, 뜬떼를 온떼라 하고, 이것을 길이 방향으로 잘라 둘로 만든 떼를 반떼라고 한다. 그 크기별 종류는 다음과 같다.
  - 대형떼 : 40cm×25cm×5cm
  - 소형떼 : 33cm×20cm×5cm
  - 보통떼 : 30cm×30cm×3~5cm, 즉 $3.3m^2$

② 떼 대용 녹화자재
- ⑤ 식생반 : 선떼붙이기용의 뜬떼를 얻기 곤란하여 뜬떼 대용품으로 고안되었으며, 식생반은 밑판·종자·표면덮개 등의 3부분으로 구성되고, 녹화가 빠르고 토지에 적합한 종자의 배합이 자유로우며, 종자가 유출하지 않고, 토사의 유실방지력이 크며, 동상의 피해가 방지되고, 비교적 시공비가 적게 든다.
- ⓒ 식생자루 : 폴리에틸렌망으로 된 자루에 토양배양기재, 화학비료, 유기질 미량요소, 종자 등을 혼입한 것으로 호우에 의한 종자의 유실을 방지하고 겨울철에 동상의 피해를 방지하는 효과가 크다. 또한 토양개량제를 사용하여 보수력이 증가되므로 여름철의 건조에 대한 적응성을 증대시키며 발아생육을 돕는다.

- ⓒ 식생대 : 종자와 비료를 장착한 피복자재로 침식이 발생하기 쉬우므로 급경사지의 경질토 및 사력지에는 부적합하며, 절토사면에 등고선 방향으로 폭 10cm 정도의 소단 및 도랑을 축조한 후에 설치한다.
- ⓔ 식생매트 : 종자·비료·보수재·토양개량재·비료주머니 또는 인공객토를 장착한 매트모양의 피복자재로 시면 전면에 앵커 등으로 고정한다.
- ⓜ 식생망 : 시트모양의 피복자재에 종자·비료를 장착한 것으로 시트의 자재에는 짚·거적·부직포·수용성 종이 등을 사용한다.
  - 코이어네트(Coir Net) : 코코넛 열매의 유기질과 목질을 함유한 천연섬유
  - 쥬트네트(Jute Net) : 황마를 주 연료로 한 천연섬유
  - 론생볏짚 : 볏짚을 이용한 피복재료
  - 다기능 필터 : 부드러운 필터구조의 부직포

③ 녹화 기반재
- ⓘ 배양토 : 인공지반은 다양한 종류의 토양개량재를 조합한 인공배양토 조성
- ⓒ 토양개량재 : 토양의 통기성·보수성·통수성 등의 물리성을 개량하고, 보비성 등의 화학성을 개량하기 위하여 토양에 첨가하는 자재로 토양안정제라고도 함
  - 고분자화합물계 토양개량재
  - 유기질계 토양개량재
  - 무기질계 토양개량재
- ⓒ 비료 : 식물의 생육을 위해 유안, 초안, 요소, 과석, 중과석, 산림용 고형복합비료 선택
- ⓔ 배수자재 : 배수체계 정비를 위해 FRP파형관(유공관), PVC관 등의 사용
- ⓜ 보수재 : 토양과 뿜어붙이기 재료를 적당히 섞어서 보수성을 높이는 물질

④ 녹화보조재
- ⓘ 토양안정재 : 양생제와 혼화재로 구분
- ⓒ 피복재 : AE제와 감수제 등이 있음

⑤ 치산녹화용 초목류 및 비료
- ⓘ 초목류
  - 재래 초종 : 새, 솔새, 개솔새, 잔디, 참억새, 수크령, 김의털, 그늘사초, 실새풀, 치풀, 매듭풀 등
  - 도입초종 : 스위치그래스, Kentucky 31 Fescue, 오처드그라스, 퍼레니얼 라이그래스, 레드톱, 이탈리안 라이그래스, 위핑러브그래스, 버뮤다그래스, 바히아그래스, 크리핑레드페스큐, 티머시, 리드 카나리그래스, 라디노클로버, 화이트클로버 등
  - 수종 : 리기다소나무, 곰솔, 무(산)오리나무, 물갬나무, 사방오리나무, 왕사방오리나무, 좀사방오리나무, 아까시나무, 싸리, 참싸리, 족제비싸리, 상수리나무, 졸참나무, 눈향나무 등
  - 환경녹화용 덩굴식물 : 담쟁이덩굴, 댕댕이덩굴, 등수국, 칡, 송악, 등, 줄사철나무, 마삭줄, 인동덩굴 등
- ⓒ 비료 : 요소, 황산암모늄, 과인산석회, 중과인산석회, 황산칼륨, 복합비료, 고형비료, 초목회, 퇴비 및 각종영양 비료 등

주관식 확인문제 | 산복공사

※ 다음 빈칸에 적절한 말을 넣거나 묻는 말에 답하시오.

01 기초, 잡석쌓기 기초바닥용, 콘크리트 기초바닥용 등으로 사용되는 지름이 30cm 정도인 호박모양의 둥글고 긴 천연석재로서 산이나 개울 등지에서 채취하는 돌을 무엇이라 하는가?

┤ 정답적기 ├

02 돌쌓기방법에 어긋나는 돌쌓기를 하면 돌의 접촉부가 맞지 않아서 힘을 받지 못하는 불안정한 돌이 나타나는데, 이것을 무엇이라 하는가?

┤ 정답적기 ├

03 철사로 만든 철선망태로서, 그 속에 굵은 자갈이나 잡석을 넣어 제방보호 및 기슭막이와 같은 각종 계천보호공사에 많이 사용하는 공작물을 무엇이라 하는가?

┤ 정답적기 ├

04 강수를 지면에 흡수하고 지표유하를 최소한으로 하여 산지 전체를 하나의 큰 저수지로 하며, 특히 토양침식을 억제하여 식물생육에 필요한 수분의 보급원으로 만들고자 하는 사방공사를 무엇이라 하는가?

┤ 정답적기 ├

05 임도 토사 비탈면 등의 안정에 주로 사용되는 공법으로 목책과 편책이 있는데, 이는 통나무로 말뚝을 박는 것은 동일하나 그 가로버팀목에 목재를 쓰면 (　　), 섶 또는 지조를 쓰면 (　　)이라 한다. 괄호 안에 알맞은 말은?

| 정답적기 |

06 산복비탈면에서 호우시의 지하수 분출에 기인되어 산복붕괴가 많이 발생되는 지대에서 또는 현재의 산복붕괴면에서 강우 시 상당한 용수를 볼 수 있는 곳에서는 지하수를 속히 지표에 도출시켜 지하수를 배제하여 지하수의 분출에 의한 산복의 붕괴를 방지하지 않으면 안되는 목적으로 설치하는 배수공작물을 무엇이라 하는가?

| 정답적기 |

07 비탈면다듬기나 단끊기공사로 부토가 많이 생기고 깊이 퇴적되는 곳에서는 기초지반을 미끄럼면으로 하는 토괴의 활동을 일으키게 되는데, 이와 같은 비탈다듬기로 생긴 토괴의 활동을 방지하기 위하여 설치하는 공작물을 무엇이라 하는가?

| 정답적기 |

08 폴리에틸렌망으로 된 자루에 토양배양기재, 화학비료, 유기질 미량요소, 종자 등을 혼입한 것으로 호우에 의한 종자의 유실을 방지하고 겨울철에 동상의 피해를 방지하는 떼 대용 녹화자재는?

   | 정답적기 |

09 선떼붙이기공법에서 발디딤 너비는?

   | 정답적기 |

10 선떼붙이기공법까지는 필요하지 않은 비교적 완경사지의 산복비탈면에 수평으로 계단 간 수직높이 1.0~1.5m, 너비 50~60cm의 계단을 만들고 그 앞면에 침식을 방지하기 위하여 떼, 새포기, 잡석 등을 낮게 쌓아 계단을 보호하며, 뒷면에는 흙을 덮은 후 사방묘목을 식재하는 산복녹화공법을 무엇이라 하는가?

   | 정답적기 |

주관식 정답

01. 호박돌
02. 금기돌
03. 돌망태
04. 등고선구공법
05. 목책, 편책
06. 속도랑배수구
07. 묻히기 공작물
08. 식생자루
09. 15cm
10. 조공법

CHAPTER 04 계간공사

01 계간(야계)공사

(1) 야계(Torrent)
① 유로가 비교적 짧고 물매(기울기)가 급하며 그 유량이 강우 또는 눈이 녹음으로써 급격히 증가하여 계안 또는 계류 바닥을 침식시켜 모래 및 자갈 등을 생산하고 유하시켜 이것을 그 하류에 퇴적하는 것을 말한다.
② 야계의 작용은 연속적인 것이 아니고, 다만 호우시에 많은 유량을 유출시키는 것이 특징이다.
③ 야계는 계류라고도 하며, 계류가 황폐되었을 때는 황폐계류라고 한다.

(2) 야계의 분류
① 유역의 크기에 의한 분류
  ㉠ 소야계 : 유역면적 10~20ha
  ㉡ 중야계 : 유역면적 100ha 정도
  ㉢ 대야계 : 유역면적 100~1,000ha 정도
② 지계의 유무에 의한 분류
  ㉠ 단일야계 : 지류가 없는 야계
  ㉡ 복합야계 : 2개 이상의 지류가 있는 야계
  ㉢ 야계적 하천 : 계류바닥의 물매(기울기)가 대개 6% 정도인 야계

02 계천사방공작물

(1) 황폐계류의 구분
① 토사생산구역 : 황폐계류의 최상부로 토사의 생산이 왕성한 구역
② 토사유과구역 : 토사생산구역에 접속된 구역이고 토사생산구역에서 생산된 토사를 운송하는 구간이다.
③ 토사퇴적구역 : 황폐계류의 최하부로 운송토사의 대부분을 이곳에 퇴적하여 계상을 높인다.

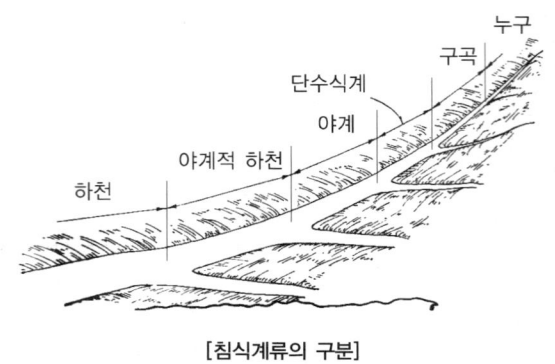

[침식계류의 구분]

03 계간사방공작물

(1) 사방댐(Erosion Control Dam, Soil Conservation Dam)

사방댐은 황폐계류상에서 종횡침식으로 인한 돌, 자갈, 모래, 흙 등과 같은 침식 및 붕괴물질을 억제하여 산사태로 인한 토석류 피해를 저지하기 위하여 계류를 횡단하여 설치하는 공작물이다.

① 사방댐의 기능
  ㉠ 계상물매를 완화하고 종침식을 방지하는 작용(바닥막이 기능)
  ㉡ 산각을 고정하여 붕괴를 방지하는 기능(구곡막이 기능)
  ㉢ 계상에 퇴적한 불안정한 토사의 유동을 방지하여 양안의 산각을 고정하는 작용
② 구축재료에 따른 사방댐의 종류 : 돌댐(메쌓기댐, 찰쌓기댐, 전석댐), 콘크리트댐, 철근콘크리트댐, 강제댐, 돌망태댐, 통나무댐, 흙댐, 혼합쌓기댐
③ 형식에 따른 사방댐의 종류 : 직선중력댐, 아치댐, 3차원댐, 부벽댐(버트리스댐) 등
④ 각 부위별 명칭

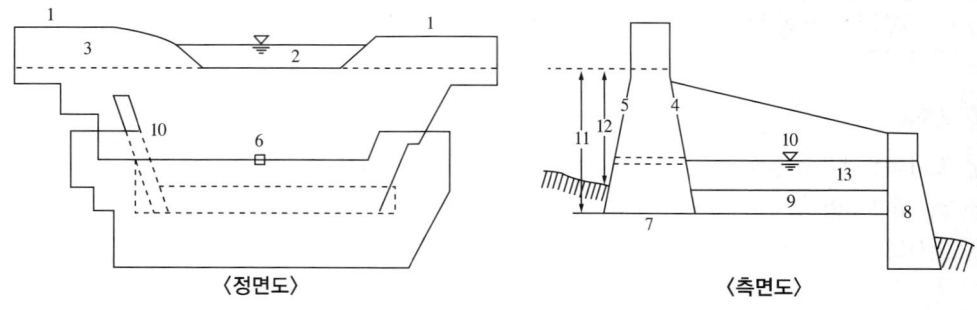

1. 댐둑마루 2. 방수로 3. 댐둑어깨 4. 반수면 5. 대수면 6. 물빼기구멍 7. 댐둑밑
8. 앞댐 9. 물받침 10. 측벽 11. 댐높이 12. 댐유효높이 13. 물방석(Water Cushion)

⑤ 사방댐의 설계요인
  ㉠ 위치의 결정
    • 댐의 위치는 계상 및 양안에 암반이 존재하는 것을 원칙으로 한다. 그러나 계상에 암반이 없는 경우는 물받침 공작물이나 앞 댐을 계획하여 반수면 끝부위를 보호하지 않으면 안 된다.
    • 댐의 위치는 상류부가 넓고 댐자리가 좁은 곳이 적당하다. 그러나 사력층의 기초가 되는 곳은 이와 반대로 계곡 폭이 넓은 개소에 계획하고, 방수로를 넓게 하며, 반수면 끝부분을 보호하는 것이 유리한 경우도 있다.
    • 지계의 합류점 부근에서 댐을 계획할 때에는 일반적으로 합류점의 하류부에 설치한다. 만약 주계나 지계 어느 한 쪽만이 황폐 되었을 때에는 황폐된 계류에 계획해야 한다.
    • 계단상 댐을 설치할 때 첫 번째 댐의 추정퇴사선이 구계상물매를 자르는 점에 상류댐이 위치하도록 한다.
  ㉡ 방향의 결정 : 유심선에 직각으로 설정한 선을 댐의 방향으로 설정하여야 한다. 다만, 부득이 곡선 부위에 계획하는 경우에는 방수로의 중심선에서 유심선의 절선에 직각으로 댐의 방향을 결정한다.
  ㉢ 높이의 결정 : 높이는 제저로부터 댐마루(방수로)까지이고, 유효높이는 시공 전 계상의 평균선으로부터 방수로까지 말한다.
    • 규모가 큰 붕괴지는 높은 사방댐을 시공한다.
    • 산각의 침식방지 목적의 댐은 비교적 낮은 댐을 계단상으로 설치한다.
    • 계상에 퇴적한 사력의 이동을 방지하기 위하여 설치할 경우에는 현재의 계상 높이를 목표로 하여 계획한다.
    • 토석류방지용 댐은 충분한 여유가 있는 높이로 하며, 저사를 목적으로 할 경우에는 가급적 높게 정한다.
    • 댐의 위치가 적절하지 않을 때는 적당한 위치에 다소 높은 댐을 계획한다.
  ㉣ 퇴사물매의 결정 : 계획물매는 계상물매의 1/2~2/3를 표준으로 한다. 종래의 경험에 의하면 2~6%이면 무난하다.
  ㉤ 방수로의 결정
    • 위 치
      – 댐 축설 지점의 하류면 끝 부위의 양안 및 계상에 좋은 암반이 있을 때는 어느 곳에 방수로를 설치해도 무방하다(A).
      – 암반이 없고 연약한 지반일 때는 계류의 중심부에 설치한다(C).
      – 암반이 없고 연약한 지반일 때는 암반이 있는 쪽에 설치한다(B).
      – 일부는 암반 층, 일부는 사력층일 때 사력층 위에는 설치하지 않아야 한다(B).
      – 넓은 계류일지라도 계류의 유심에 관계없이 암반 위에 설치한다(D).
      – 하류부의 계류 양편에 경지나 택지 또는 기설공작물이 있을 때에는 유심 및 댐의 방향을 고려하여 방수로의 위치를 결정한다.

- 댐 상류부에 붕괴지가 있을 때에는 이것에 직접적인 수류에 영향을 주지 않도록 방수로의 위치를 멀리해야 한다(E).

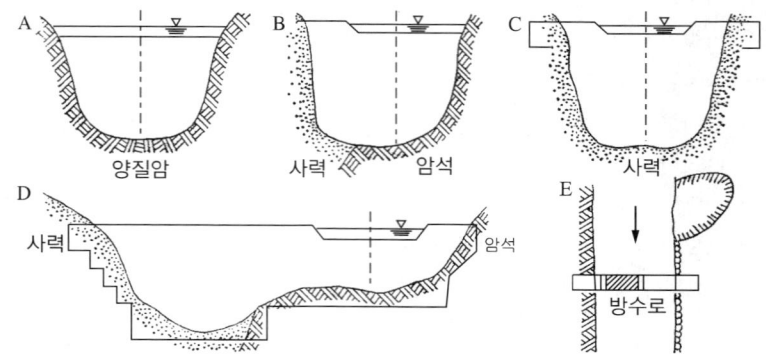

[방수로의 위치]

- 방수로 형상 : 일반적으로 사다리꼴(복단면)을 많이 이용하며 방수로 양옆의 기울기는 1 : 1 즉, 45°를 표준으로 하고 활꼴, 직사각형 등이 있다.
- 방수로 단면 : 방수로의 크기는 최대홍수유량에 의해 일반적으로 결정하는데 가능한 200~500%로 충분히 여유를 갖도록 설계한다.

ⓗ 댐어깨 : 댐어깨 부분은 월류가 되지 않도록 계획홍수위 이상으로 안전한 높이로 한다. 댐어깨 부분은 암반인 경우 1~2m, 토사인 경우 2~3m를 양안에 넣어야 한다.

ⓢ 댐마루
- 형상 : 수평으로 하는 것이 일반적이다.
- 유송 토사가 많은 계류에서는 댐마루의 마모·파손되는 경우가 있으므로 보호조치가 필요하다.

◎ 댐의 단면 결정요인
- 반수면 물매 : 댐을 월류하여 낙하하는 석력이나 유목 등에 의해 반수면 물매 비탈면을 손상하지 않도록 해야 하는데, 일반적으로 1 : 0.2를 표준으로 하고, 댐높이 6m 미만에서는 1 : 0.3의 물매를 표준으로 하는데, 돌·콘크리트댐에서는 1 : 0.2~0.3, 흙댐에서는 1 : 0.1~0.15로 한다.
- 댐마루 너비(두께) : 방수로의 바닥은 유수와 석력에 의해 마모·세굴·파손되므로 댐마루 너비는 유송석력의 크기, 수심, 상류측의 물매 등을 고려하여 결정하여야 한다. 황폐소계류에서는 0.8m, 황폐계류에서는 1.5m 전후를 표준으로 하고, 댐 직상부에 붕괴지가 있거나, 홍수 시 큰 전석이 유하하는 곳은 2.0m, 대규모 토석류 발생 위험성이 있는 곳은 2.0~3.0m를 표준으로 한다.
- 대수면물매 및 단면 : 댐의 단면은 대수면을 결정하면서 결정되는데, 댐의 안정성을 만족시켜야 한다. 대수면의 물매는 돌, 콘크리트댐에서는 수직으로 하거나 1 : 0.1~0.2, 흙 또는 혼합쌓기댐에서는 1 : 0.1~0.15로 한다.
- 댐의 단면 결정 시 유의사항
  - 댐마루 너비는 내구성을 고려하여 결정한다.
  - 반수면은 완만한 것이 경제적이다.

- 대수면이나 제저 너비를 결정함에 있어 지반의 지지력, 터파기단면적, 작업의 난이도 등을 고려하여야 한다.

ⓩ 중력댐의 안정조건
- 전도에 대한 안정 : 합력작용선이 제저의 중앙 1/3보다 하류측을 통과하면 댐 몸체의 상류측에 장력이 생기므로 합력작용선이 제저의 1/3 내를 통과해야 한다.
- 활동에 대한 안정 : 저항력의 총합이 원칙적으로 수평외력의 총합 이상으로 되어야 한다.
- 제체의 파괴에 대한 안정 : 제체에서의 최대압축력은 그 허용압축을 초과하지 않아야 한다.
- 기초지반의 지지력에 대한 안정 : 제저에 발생하는 최대압축응력이 지반의 허용압축강도보다 작으면 지반은 안전하다.

ⓩ 사방댐의 외력
- 제체의 중량 : 사방댐 모든 재료의 단위 부피에 대한 중량
- 수압 : 댐 상류면에 가하는 물의 중량 1.0~1.2톤/m^3, 물을 함유하지 않은 퇴사의 중량 1.8톤/m^3
- 퇴사압 : 퇴사는 물이 빠짐에 따라 견밀하게 되므로 이와 같은 경우 토압은 정수압보다 작아진다.
- 양압력 : 사력기초의 경우 퇴사 후 흙속 수압이 변화하여 제체를 상방으로 들어 올리는 힘이다.

ⓚ 물빼기구멍
- 댐의 시공 중에 배수를 하고, 또 유수를 통과시킨다.
- 댐의 시공 후에 대수면에 가해지는 수압의 감소 및 퇴사 후의 침투 수압을 경감시킨다.
- 사력기초위에 축설한 댐에 있어서는 그 기초 아래의 물의 흐름을 감소시킨다.
- 하류댐의 물빼기구멍은 상류댐의 기초보다 낮은 위치에 설치한다.
- 여러 개를 설치할 때 하단의 물빼기구멍은 계상선, 또는 댐 높이의 1/3이 되는 곳에 설치하고 상부에 설치하는 물빼기구멍은 몇 개를 수평으로 배치하도록 한다.
- 큰 댐에서 최상단의 물빼기구멍은 토석류가 격돌할 때, 상부의 파괴원인이 되기 쉬우므로 방수로 바닥에서부터 1.5m 이하에 설치한다.

ⓔ 물받침 : 물받침 공사는 사방댐의 반수면의 세굴을 방지하기 위한 공사로서 앞댐 공사 또는 막돌놓기공사 등이 있다. 물받침공사는 호박돌이나 암석 등이 유하하는 경우에는 물받침이 파괴되므로 이 경우에는 앞댐과 본댐 사이에 약간의 물을 저장하도록 하는 물방석(워터쿠션)을 만든다. 최근에는 이 물방석이 여름에 어린이들을 위한 놀이터 기능을 병행하도록 하기도 한다.

ⓟ 수축줄눈 : 길이가 긴 콘크리트 구조물은 온도나 수분의 변화 또는 건조수축을 받게 되며 팽창이나 수축에 의한 내부 비틀림에 의하여 균열이 생기므로 댐의 길이 30m 이상의 콘크리트 댐에서는 수축줄눈을 설치해야 한다.

ⓗ 사방댐의 기초지반
- 측벽은 물받이 양쪽이 월류수로 침식될 경우에 설치하며 기초바닥에 물받이를 시공하는 경우에는 기초바닥과 같은 높이로 하고 물받이를 시공하지 않을 경우에는 측벽의 상류단은 주댐 기초저면을 한도로 하며, 하류단은 부댐의 방수로의 천단보다 1m 정도 근입시킨다.
- 사방댐의 기초의 밑넣기(근입) 및 양안에 있어서 댐어깨의 추가넣기(돌입)의 깊이는 지반의 불균질성과 풍화의 속도 등을 고려해서 안전한 깊이가 되도록 하지 않으면 안된다.

- 사방댐의 제체와 굴착면 사이에 콘크리트 등으로 사이채움을 하여 제체와 현 지반을 밀착시켜 굴착면 풍화와 붕괴를 방지하지 않으면 안 된다. 또, 제체 어깨 부분 양안의 굴착면에는 댐어깨 보강시설(석재 찰쌓기 등) 등을 설치해서 그 붕락을 방지하여야 한다.
- 사방댐의 기초지반이 충분한 강도를 갖지 못한 곳에서는 그 상황에 따라 기초말뚝공사 등의 기초처리를 하지 않으면 안 된다.

⑥ 사방댐의 설계순서

예정지 측량 → 측량의 결정 → 방향의 결정 → 높이의 결정 → 형식의 결정 → 방수로 및 기타 부분의 설계 → 콘크리트 배합 설계 → 단면의 설계 → 물빼기구멍의 설계 → 물받침 여부의 설계 → 임시배수로 및 물막이 공법의 설계 → 수량의 산정 → 부대공사의 설계 → 설계도서의 작성

⑦ 수질정화댐

㉠ 수원저수지, 수원계류의 취수시설지로 유입되는 탁수, 산간 소계류 주변의 산업시설, 휴양시설 등지에서 배출되는 오폐수의 수질을 정화하기 위하여 설치하는 시설물로서 강제틀댐, 스크린댐, 슬릿댐 등이 있다.

㉡ 정화매체 종류
- 자갈의 역간작용 : 수질정화기능을 높이기 위해 철강제틀에 채운 호박돌에 형성되는 다층의 부착미생물막에 의해 정화기능을 증대시키는 것을 목적으로 한다.
- 활성탄 : 수질정화를 위해 광범위하게 이용되고 있다.
- 목탄 : 목탄의 미세한 공간은 물질을 흡착하는 효과가 있다.

⑧ 어 도

㉠ 어도설계의 포인트 : 어도입구, 어도출구 풀, 유수의 어도

㉡ 어도의 기능 활성화를 위한 대비책 : 토사에 의한 매몰, 유로의 변화, 어도입구의 위치, 유목 등에 대한 대비책 필요

㉢ 설계순서 : 기초자료의 수집 및 파악, 설계조건의 설정, 어도의 위치선정, 형식의 선정, 개략적인 설계, 상세설계, 완성 이후의 평가계획

㉣ 어도의 종류
- 수리구조 차이에 의한 분류 : 풀형식에는 계단식, 파치컬슬로트식, 잠공식 등이 있고, 수로형식에는 데닐식, 완구배바이패스수로식, 잡석붙이기수로식 등이 있으며, 그 밖에 리프트식, 엘리베이트식, 갑문식 등이 있음
- 구조형식 차이에 의한 분류 : 입구의 형식에는 전방형과 후방형이 있고, 수로의 형식에는 지그재그다단형, 나선계단형, 직선형 등이 있으며, 출구의 형식에는 다단식, 단단식, 우회 수로식 등이 있음

(2) 구곡막이(Erosion Check Dam)

구곡의 침식을 방지하기 위한 계간사방공작물로서 계류의 물매를 수정하여 유속을 완화시키며, 계상을 보호하며, 산각을 고정하며, 운반토사를 촉진하기 위하여 구곡이나 구곡과 같은 다른 황폐계곡에 축설하는 일종의 작은 댐을 말한다.

① 구곡막이와 사방댐의 차이점

구 분	사방댐	구곡막이
규모	큼	작음
시공위치	계류상 아래 부분	계류상 윗 부분
반수면과 대수면	반수면과 대수면 모두 축설	반수면만 축설
양쪽 귀	견고한 지반까지 파내고 시공	견고한 지반까지 파내고 시공하지 않고 그 양쪽 끝에 유수가 돌지 않도록 공작물의 둑마루를 높임

② 구곡막이의 종류 : 구곡막이는 축조재료에 따라 돌구곡막이, 흙구곡막이, 바자구곡막이, 돌망태구곡막이, 콘크리트구곡막이, 콘크리트블럭구곡막이, 통나무구곡막이 등이 있다.

③ 돌구곡막이의 축설요령

　㉠ 바닥파기를 충분히 실시하고, 그 크기는 길이 4~5m, 높이 2m 이내로 축설한다.
　㉡ 계천의 굴곡부를 피하고 직선부에 축설한다.
　㉢ 축설방향은 상류의 유심에 대하여 직각이 되도록 한다.
　㉣ 계상물매가 급한 곳에서는 계통적으로 축설한다.
　㉤ 댐마루 부분은 방수로를 설치하지 않는 대신 중앙부를 약간 낮게 하여 활꼴단면이 되도록 한다.
　㉥ 돌쌓기의 물매는 1 : 0.3을 표준으로 한다.
　㉦ 석재는 소정 규모의 막깬돌을 사용하되, 특히 견고도를 필요로 하는 곳의 공작물은 견치돌쌓기나 찰쌓기로 한다.
　㉧ 뒷채움은 각 부위에 있어서 댐마루까지의 높이의 1/2에 해당하는 두께의 뒷채움을 한다[B = (1/2)H].
　㉨ 물받침공사를 설치하지 않으므로 막돌놓기공법(감세용 사석공법) 등으로 수세를 약화시키도록 한다.
　㉩ 돌구곡막이의 체적계산요령

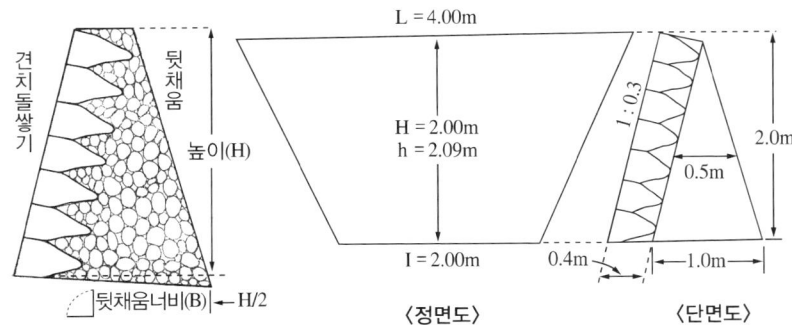

[돌구곡막이의 체적계산요령]

L(윗너비의 길이) = 4.0m
I(밑너비의 길이) = 2.0m
H(높이) = 2.0m
h(물매면의 비탈길이) = 2.09m(1 : 0.3의 반수면길이)

- 총체적(V) = 비탈면적×(뒷채움 평균두께+돌쌓기의 두께)
  = 6.27×(0.50+0.40) = 5.64m^3
- 비탈면적 = [(4.0+2.0)/2]×2.09 = 6.27m^2
- 뒷채움 평균두께(구곡막이공작물의 마루에서 바닥까지 높이의 1/2이 되는 곳의 두께)
  = 0.5m
- 돌쌓기두께(석재의 길이) = 0.4m
- 평균두께 = 총체적/비탈면적 = 5.64/6.27 = 0.90m
- 뒷채움 자갈체적 = 비탈면적×(뒷채움 평균두께+돌쌓기 두께의 40% 길이)
  = 6.27×(0.5+0.4×0.4) = 4.14m

(3) 바닥막이(Stream Grade-Stavilization Structures)

황폐계류나 야계의 바닥침식을 방지하고 현재의 바닥을 유지하기 위하여 계류를 횡단하여 축설하는 계간사방공작물로 축설재료에 따라 돌바닥막이, 돌망태바닥막이, 콘크리트바닥막이, 콘크리트블럭바닥막이, 통나무바닥막이, 바자바닥막이, 섶다발바닥막이 등이 있다.

(4) 기슭막이(Revetment)

① 계안의 횡침식을 방지하고 산복공작물의 기초 및 산복붕괴의 직접적인 방지 등을 목적으로 계안에 따라 설치하는 계간사방공작물이다.

② 설치 시 유의사항
  ㉠ 기초의 세굴을 피하도록 한다.
  ㉡ 유수에 의하여 기슭막이 공작물의 뒷부분이 세굴되지 않도록 한다.
  ㉢ 한편에 기슭막이 공사를 함으로써 다른 편의 계안에 새로운 세굴이 발생하지 않도록 하여야 하며, 축설재료에 따라 돌기슭막이, 돌망태기슭막이, 콘크리트기슭막이, 콘크리트블럭기슭막이, 통나무기슭막이, 바자기슭막이 등이 있다.

(5) 수제(Spur, Spur Dike)

① 한쪽 또는 양쪽 계안으로부터 유심을 향하여 적당한 길이와 방향으로 돌출한 공작물로서 주로 유심의 방향을 변경시키기 위하여 시공하는 계간사방공작물이다. 보통 계상너비가 넓고 계상물매가 완만한 계류에 계획하며, 계안으로부터 유심을 멀리하여 수류에 의한 계안의 침식을 방지하고 기슭막이 공작물의 세굴을 방지하기 위하여 설치한다.

② 축설재료에 따라 돌수제, 돌망태수제, 콘크리트수제, 콘크리트블럭수제, 통나무수제, 바자수제 등이 있다.

(6) 계간수로(Stream Improvement in Valley)

① 주로 모래 및 자갈 퇴적지 또는 구불구불한 계간수로의 흐름을 방지하고, 종횡침식을 방지하여 유로의 확정과 함께 하도의 안정을 도모하기 위하여 시공하는 계간사방공사이며, 이것을 유로공사라고도 한다.
② 경우에 따라서는 계간수로의 공사 내용에 기슭막이, 바닥막이, 돌치우기, 굴착공사, 둑쌓기, 수제공사, 포장수로공사 등을 포함하기도 한다.

(7) 모래막이(Sand Catching Structure)

상류지역으로부터 유출토사량이 많은 경우 또는 호우 등으로 인한 과도한 토사유출에 의한 유해예방을 목적으로 유로의 일부를 확대하여 토사력을 저류하기 위하여 설치한다.

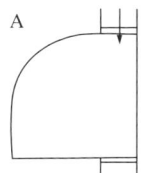 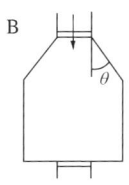  

[모래막이공작물의 형상]

| 주관식 확인문제 | 계간공사 |

※ 다음 빈칸에 적절한 말을 넣거나 묻는 말에 답하시오.

01 유로가 비교적 짧고 물매가 급하며, 그 유량이 강우 또는 눈이 녹음으로써 급격히 증가하여 계안 또는 계류바닥을 침식시켜 모래 및 자갈 등을 생산하고 유하시켜 이것을 그 하류에 퇴적하는 것을 무엇이라 하는가?

정답적기

02 둑쌓기 시공 시 흙쌓기 공사가 끝난 후 상당한 기간이 지나면 자연침하와 수축으로 인하여 둑높이가 낮아지므로 대개 둑높이의 몇 % 정도로 더 쌓기를 하는가?

정답적기

03 황폐계류 상에서 종횡침식으로 인한 돌, 자갈, 모래, 흙 등과 같은 침식 및 붕괴물질을 억제하여 산사태로 인한 토석류 피해를 저지하기 위하여 계류를 횡단하여 설치하는 작물을 무엇이라 하는가?

정답적기

04 제체의 중앙부에 심벽을 넣고 시설하는 사방댐은?

   ┤ 정답적기 ├

05 사방댐 공사 시 물받침공사는 호박돌이나 암석 등이 유하하는 경우에는 물받침이 파괴되는데, 이 경우에 시설하는 공작물 두 가지는?

   ┤ 정답적기 ├

06 콘크리트사방댐에서 수축줄눈을 설치하는 경우는 댐 길이의 몇 m 이상인가?

   ┤ 정답적기 ├

07 한쪽 또는 양쪽 계안으로부터 유심을 향하여 적당한 길이와 방향으로 돌출한 공작물로서, 주로 유심의 방향을 변경시키기 위하여 시공하는 계간사방공작물을 무엇이라 하는가?

   ┤ 정답적기 ├

08 상류지역으로부터 유출토사량이 많은 경우 또는 호우 등으로 인한 과도한 토사유출에 의한 유해예방을 목적으로 유로의 일부를 확대하여 토사력을 저류하기 위한 시설물을 무엇이라 하는가?

┤ 정답적기 ├

09 계안의 횡침식을 방지하고 산복공작물의 기초 및 산복붕괴의 직접적인 방지 등을 목적으로 계안에 따라 설치하는 계간사방공작물을 무엇이라 하는가?

┤ 정답적기 ├

10 돌붙임과 돌쌓기를 구분하는 기준 물매는?

┤ 정답적기 ├

주관식 정답

01. 야계
02. 10%
03. 사방댐
04. 흙댐
05. 물방석, 앞댐
06. 30m 이상
07. 수제
08. 모래막이
09. 기슭막이
10. 1:1

CHAPTER 05 사방지 녹화공법

01 조경사방

(1) 의 의
토양침식을 예방하기 위한 사방기술에 경관조성 기술을 가미하여 실시하는 공법이다.

(2) 목 표
국토보전, 환경보전, 경관보전

(3) 조경사방의 대상
① 조경사방이 필요한 사방은 자연비탈면(사면)과 인공비탈면으로 구분된다.
② 인공비탈면의 유형
  ㉠ 흙깎기 비탈면(절개사면) : 암석, 토사, 토암 비탈면
  ㉡ 흙쌓기 비탈면(성토사면) : 암석쌓기, 사력쌓기, 흙쌓기 비탈면

02 시공공법의 종류

(1) 녹화기초공종
① 식물생육에 적절한 기반을 조성하고 안정시키는 공사이다.
② 비탈다듬기, 단끊기, 땅속흙막이, 흙막이, 배수로내기, 바자얽기, 틀박기, 비탈면 힘줄박기, 비탈면 격자틀붙이기, 객토넣기, 새집붙이기, 누구막이, 골막이, 블록쌓기, 돌쌓기 등이 있다.
  ㉠ 비탈면 힘줄박기 : 정상적인 콘크리트 블록으로 된 격자틀붙이기 공법으로서 처리하기 곤란한 비탈면에 현장에서 직접 거푸집을 설치하고 콘크리트치기를 하여 비탈면의 안정을 위한 뼈대, 즉 힘줄을 만들며, 그 안을 작은 돌이나 흙으로 채우고 녹화하는 비탈면 안정공법이다.
  ㉡ 비탈면 격자틀붙이기 : 비탈면에 길이 1.0~1.5m 되는 장방형 콘크리트블록을 사용하여 격자상으로 조립하고 그 골조에 의하여 비탈면을 눌러 안정시키는 공법으로 콘크리트블록으로 된 격자틀의 두께는 10~25cm이며, 미끄러지지 않도록 철침말뚝을 박는다. 격자틀 안의 처리방법은 조약돌채우기, 콘크리트채우기, 떼붙이기, 콘크리트조약돌박기 등의 방법이 있다.
  ㉢ 비탈면 콘크리트블록쌓기 : 비탈면의 안정을 도모하기 위해 각종 쌓기용 콘크리트블록을 사용하는 공법을 말하며, 각종 붙이기블록을 사용할 때는 비탈면 콘크리트블록붙이기공법이라 한다.

② 새집공법 : 주로 노변의 절취한 암벽의 녹화와 조경공사를 목적으로 사용된다. 제비집 모양의 구축물 안에 객토를 한 다음 개나리, 눈향나무와 같은 조경수목을 식재하여 훼손된 암벽의 면상에 점상태의 식물을 녹화·조성한다.
③ 낙석방지망덮기 : 주로 아연을 도금한 철사망 또는 합성직사로 짠 망을 사용하여 비탈면에서의 낙석이 도로 등지에 튀어 내리지 않고 망을 따라 미끄러져 내리도록 하거나 또는 뜬 돌을 눌러 주도록 하기 위하여 사용하는 공법이다.
④ 모르타르 콘크리트뿜어붙이기 : 비탈면에 거푸집을 설치하지 않고 시멘트 모르타르 또는 콘크리트를 압축공기압으로 비탈면에 직접 뿜어 붙이는 공법으로 목적은 비탈면의 풍화와 붕락을 방지하고 안정성을 높여 비탈면 표면의 요철을 완화시킨다.

(2) 식생공종

① **비탈면 식수공법** : 종자를 파종하는 공법과 달리 직접 수목의 유묘 또는 성묘나 대묘 등을 식재하여 비탈면의 녹화를 도모하는 공법이다.
② **초식공법** : 주로 자연생떼 또는 미리 파종하여 양성한 떼나 풀포기 등을 비탈면 시공지에 옮겨 심고 착생공사를 하는 녹화 공법으로 평떼붙이기, 평떼심기, 줄떼다지기, 줄떼심기, 띠떼심기, 선떼붙이기, 떼단쌓기, 새심기 등의 공법이 있다.
③ **수벽공법** : 수목을 식재하여 생울타리와 같은 수벽을 조성하는 공법으로 주택 주위의 울타리용 수벽과 도로변의 차폐용 수벽이 있다. 수종으로는 향나무, 노간주나무, 사철나무, 주목, 회양목, 무궁화나무, 개나리, 쥐똥나무, 리기다소나무, 곰솔, 편백, 화백, 삼나무, 은수원사시나무 등이 있다.
④ **파종공법** : 나지상태의 비탈면에 파종상면을 정리하고 직접 초류 또는 목본류의 종자를 파종하여 지표식생을 조성하는 식물학적 비탈면 녹화공법으로 파종방법에 따라 산파공법, 조파공법, 점파공법, 분사식 파종공법 등으로 구분된다.
⑤ **암벽녹화공법**
 ㉠ 도로건설공사와 같은 토목공사를 할 때 암반의 지질을 절취하여 발생된 암벽비탈면을 식물로 피복 녹화하는 공법으로 이것을 암벽조경녹화공법이라 한다.
 ㉡ 종 류
  • 식생기반설치공법(부분객토공법) : 옹벽식 소단설치공법(선적 녹화공법), 식생상 설치공법(점적 녹화공법), 새집설치공법(점적 녹화공법)
  • 구조물붙이기공법(전면객토공법) : 평떼붙이기공법 등의 각종 떼붙이기공법, 격자틀붙이기공법과 같은 구조물 설치공법
  • 피복녹화공법(전면녹화공법)
   - 상행식 피복녹화공법 : 암벽비탈면 위에 직접 식물을 식재하여 생육시킬 수 없을 경우 그 암벽비탈면의 직하부에 있는 토양층에 덩굴식물을 식재하여 암벽의 표면에 부착하면서 잘 생육하여 그 식물체가 암벽면을 피복녹화하는 방법으로 덩굴 받침망 시설을 설치하지 않고도 피복력이 강한 담쟁이덩굴이나 송악같은 식물이 적합하다.

- 하행식 피복녹화공법 : 암벽비탈면을 피복녹화 할 경우 비탈면의 상부에 식물을 식재하여 그 식물체가 아래로 자라나면서 녹화시키는 방법으로 칡 또는 등나무 등이 적합하다.
- 병용공법 : 상행식과 하행식을 한꺼번에 시공하는 방법

⑥ 식생공법
  ㉠ 인위비탈면을 식물로 녹화하여 토양침식을 방지하고 지표면의 온도를 완화·조절하며 식물체에 의한 표토의 입자에 대한 동상붕락의 억제 및 녹화에 의한 경관조성효과를 목적으로 시공한다.
  ㉡ 유의사항
    • 빠르고 확실한 식물피복을 완성하기 위하여 식물이 생육할 수 있는 기반을 확보한다.
    • 환경에 적합한 식물을 선택하고 경관을 고려한다.
    • 수분을 확보하고 양분을 보급하며 토양침식방지공법을 사용한다.

⑦ 분사파종공법, 도장공, 비탈면 안정공법 등이 있다.

(3) 식생피복신공법

① **산림표층토이용녹화공** : 주변식생과 연계할 수 있고 자연 천이가 가능하여 환경친화적 공법이다.
② **종비토뿜어붙이기** : 물, 초목류 식물 종자, 비료, 비토(흙 또는 유기질이 많은 대용 토양), 섬유류, 색소, 전착제, 양생제, 기타 토양 미생물제로 혼합된 종비토를 철망과 앵커핀, 앵커바, 와이어로프로 고정된 곳에 뿌리는 공법이다.
③ **천연섬유망피복공** : 코아네트와 쥬트네트는 천연섬유망으로 보온·보습성이 우수하여 비탈면을 보호하고 식생발달에 유리하다.
④ **인공볏짚덮기**
⑤ **다기능매트피복공** : 다기능 매트란 97~98%의 공극률을 가진 부드러운 필터구조의 부직포로서 작업이 단순하고, 각종 배양자재나 균근을 조합하면 자연식생을 유도할 수 있다.
⑥ **개량식생대공**
⑦ **개량종자뿜어붙이기** : SF 녹생토공법, R/S 녹생토공법, 프로피아그린공법, PEC 공법, 원지반식생정착공법 등이 있다.
⑧ **산림토양복원공법**
⑨ **녹생토공법** : 하이드로시더를 이용하여 식생기반인 녹생토와 종자를 암벽비탈면에 살포하는 공법으로 일반녹생토공법과 보강녹생토공법이 있다.
⑩ **녹화콘크리트공법** : 콘크리트에서 식물 성장이 가능하도록 만든 특수콘크리트로 시공한 후 그 위에 식생공을 설치하는 공법이다.
⑪ **내부식성 영구네일공법**
⑫ **배토습식공법** : 인조토양에 식물성접착제를 첨가하여 부착력을 증진시킨다.

⑬ 자생식물공법(NGR 녹화공법)
⑭ **연속장섬유공법(Texol)** : 모래를 압축공기와 타설하면서 동시에 화학섬유를 뿌린 후 잘 다지면 모래와 실이 뒤엉켜 모래입자들이 흐트러지지 않는 전착강도를 발휘하여 전단강도가 증가한다.
⑮ **식물유도뿜어붙이기공법** : 현지에서 생산되는 가지, 잎, 뿌리 등을 파쇄하여 녹화기반재로 사용하는 공법이다.

(4) 사후관리공종
거름주기, 추위막기, 바람막기, 병충해방제, 풀깎기, 덩굴치기, 물주기 등

| 주관식 확인문제 | **사방지 녹화공법** |

※ 다음 빈칸에 적절한 말을 넣거나 묻는 말에 답하시오.

01 비탈면에 길이 1.0~1.5m 되는 장방형 콘크리트블록을 사용하여 격자상으로 조립하고 그 골조에 의하여 비탈면을 눌러 안정시키는 공법을 무엇이라 하는가?

정답적기

02 정상적인 콘크리트블록으로 된 격자틀붙이기공법으로서, 처리하기 곤란한 비탈면에 현장에서 직접 거푸집을 설치하고 콘크리트치기를 하여 비탈면의 안정을 위한 뼈대, 즉 힘줄을 만들며, 그 안을 작은 돌이나 흙으로 채우고 녹화하는 비탈면안정공법을 무엇이라 하는가?

정답적기

03 제비집 모양의 구축물 안에 객토를 한 다음 개나리, 눈향나무와 같은 조경수목을 식재하여 훼손된 암벽의 면상에 점상태의 식물을 녹화·조성하는 것을 무엇이라 하는가?

정답적기

04 주로 자연생떼 또는 미리 파종하여 양성한 떼나 풀포기 등을 비탈면 시공지에 옮겨 심고 착생공사를 하는 녹화공법을 무엇이라 하는가?

정답적기

05 물, 초목류 식물 종자, 비료, 비토(흙 또는 유기질이 많은 대용 토양), 섬유류, 색소, 전착제, 양생제, 기타 토양미생물제로 혼합된 종비토를 철망과 앵커핀, 앵커바, 와이어로프로 고정된 곳에 뿌리는 공법을 무엇이라 하는가?

정답적기

주관식 정답

01. 비탈면 격자틀붙이기공법
02. 비탈면 힘줄박기공법
03. 새집공법
04. 초식공법
05. 종비토뿜어붙이기공법

CHAPTER 06 사방사업의 설계·시공 세부기준 공통사항

(1) 토 공

① 입목벌채·표토 정리
  ㉠ 사업 대상지의 절토·성토사면에 있는 입목(관목을 포함한다)·초본류·표토 등은 모두 정리한다. 다만 사업실행에 장애가 되지 않는 입목은 그대로 존치할 수 있으며, 표토는 생태적 사면복구를 위해 가급적 재활용한다.
  ㉡ 절토·성토 사면정리(비탈다듬기) 대상지의 경계선 주변에 생립하는 불안정한 수목은 제거할 수 있다.

② 절토·성토 사면정리(비탈다듬기)
  ㉠ 불규칙한 지반을 정리하는 것으로서, 비탈면의 기울기와 소단설치는 다음 기준으로 하되 토질상태와 현지여건에 따라 비탈면의 기울기를 0.2 내외로 조정할 수 있다.

구 분		비탈면의 기울기	소단설치
절 토	보통흙 습 지	1:1~1:1.5	절토고 3~5m 간격으로 폭 0.5m 이상의 소단 설치
	보통흙 건 지	1:0.5~1:1	
	암 반 풍화암	1:1.0	절토사면에 대한 안정성을 고려하여 소단 설치
	암 반 연 암	1:1.0	
	암 반 경 암	1:0.5	
성 토		1:1~1:2.0	절토고 3~5m 간격으로 폭 0.5m 이상의 소단 설치

  ㉡ 절토·성토 사면정리는 토사의 안정각이 유지되도록 하되, 지질·경사 및 주변의 지형과 공법 등을 감안하여 실시한다.
  ㉢ 절토면 상단부(삿갓부분을 포함) 및 사업 대상지와 인접한 불안정한 사면은 최대한 안정각을 이루도록 정리하여야 한다.
  ㉣ 절토·성토 사면정리를 할 때 지장목(근주를 포함)이 땅에 묻히지 않도록 한다.

③ 암석절취
  ㉠ 암석은 부득이한 경우를 제외하고는 브레이커로 절취한다.
  ㉡ 발파를 할 때 화약을 과다하게 사용하지 않도록 하고, 발파로 인하여 산림훼손이 발생하지 않도록 한다.

④ 구조물 기초터파기
  ㉠ 보조공작물로 보완이 가능할 경우에는 예외로 할 수 있다.
  ㉡ 계류에서의 기초터파기는 유수에 의한 피해가 없도록 충분한 깊이로 터파기를 하여야 한다.

⑤ 토취장·사토장
  ㉠ 절토·성토시 부족한 토사 공급을 하거나 남는 토사를 처리하고자 하는 경우에는 적정한 장소에 토취장 또는 사토장을 지정한다.
  ㉡ 토취장 또는 사토장을 설계·시공할 때에는 피해가 발생하지 않도록 사전에 복구대책을 세우고 작업을 실시하여야 한다.

(2) 파 종

① 파종은 암석지 등 불필요한 지역을 제외한 비탈면과 절개지, 나지 등에 계획한다.
② 파종은 가급적 봄에 실시하되 가을에도 실시할 수 있다.
③ 초류종자는 가급적 향토 초류종자와 싸리류를 혼합 파종한다.
④ 척박지는 종비토(종자+비료+흙)를 혼합하여 실시하되 현지여건에 따라 조정할 수 있다.

(3) 나무심기

① 나무심기는 봄·가을에 실시하는 것을 원칙으로 하되 용기묘로 심는 경우에는 연중 실시할 수 있다.
② 식재수종은 사방수종으로 심어야 한다. 다만, 토질이 좋은 곳에는 지역에 자생하는 향토수종·경제수종을 식재할 수 있다.
③ 가급적 소묘를 원칙으로 하며 ha당 식재본수는 4,000본 내외를 기준으로 한다. 다만, 현지여건에 따라 식재수종과 본수를 조정할 수 있다.
④ 주요 공작물 주변에는 뿌리에 의한 구조물 훼손이 발생되지 않도록 적정 간격을 유지하여 식재한다.

(4) 생태통로 등의 설치

① 상수가 흐르는 계류에 횡 공작물(사방댐, 바닥막이 등)을 설치할 때에는 가급적 수서동물이 이동할 수 있는 구조로 시설한다.
② 계류에 종공작물을 설치할 때에는 양서류·파충류 등 야생동물의 이동이 용이하도록 적정 거리에 하천접근로를 설치할 수 있다.

(5) 자연경관 증진

사방댐 등 사방구조물에 덩굴류를 식재하거나 사방시설물 주변에 향토 초류종자의 파종 및 화목류·야생화 등을 식재하는 등 자연경관을 증진시킨다.

(6) 안전시설물 설치

사방시설로 인한 안전사고의 예방을 위하여 위험지에는 안전울타리·위험경고 입간판 등을 시설하여야 한다.

(7) 편익시설 등

① 사방사업 실행 시 주민들의 요구가 있을 때에는 사방사업 본래의 목적에 지장을 주지 않는 범위 내에서 취수·용수시설 등 주민공동 편익시설을 설치할 수 있다.
② 홍보를 위하여 사방댐 몸체의 하류면(반수면)에 홍보문구를 새기거나 로고 등을 부착할 경우 주변 경관과 어울리게 설치한다.
③ 사방댐의 안내간판 및 표주석에 대한 디자인, 문구내용, 규격, 형식 등은 규정에 따라 설치하여야 한다.

(8) 현장대리인 배치

① 시공자는 사방사업의 공사 관리 및 기타 기술상의 관리를 하기 위하여 공사 착수와 동시에 산림공학기술자 1인 이상을 공사현장에 배치하여야 한다.
② 감독관은 사업 착수 전 현장대리인의 인적사항과 자격정보를 산림기술정보통합관리시스템에 등록하여 중복배치 여부 및 자격정보를 확인하여야 한다.
③ 사방사업공사 현장에 배치된 현장대리인은 발주자의 승낙을 얻지 아니하고는 정당한 사유 없이 공사현장을 이탈하여서는 아니 된다.
④ 사방사업공사 현장에 배치된 현장대리인이 업무수행 능력이 없다고 인정될 때에는 시공자에게 산림공학기술자의 교체를 요청할 수 있다. 이 경우 시공자는 정당한 사유가 없는 한 응하여야 한다.
⑤ 사방사업 시공자는 다음의 어느 하나에 해당되는 공사에 대하여는 공사품질 및 안전에 지장이 없는 범위 내에서 발주자의 승인을 받아 1인의 산림공학기술자를 3개의 현장에 배치할 수 있다.
  ㉠ 이미 시공 중에 있는 공사의 현장에서 새로이 시작되는 산림토목공사
  ㉡ 동일한 시(특별시·광역시를 포함)·군에서 행하여지는 공사예정금액이 5억원 미만인 산림토목공사
  ㉢ 시(특별시·광역시를 포함)·군을 달리하는 인접한 지역에서 행하여지는 공사예정금액이 5억원 미만인 산림토목공사로서 발주자가 시공관리 기타 기술상 지장이 없다고 인정하는 경우

(9) 사방사업 자체설계심의

① 사방사업의 안전성, 경관·환경성 등 설계의 품질향상을 위해 시·도(시·군·구) 및 지방산림청은 자체설계심의를 해야 한다.
② 사방사업 자체설계심의는 사방사업 타당성평가 위원에 준한 전문가로 구성하여 심의한다.
③ 사방사업 자체설계심의는 설계도·서 검수(최종 납품) 이전에 실시한다.
④ 자체설계심의 대상 사업은 사업비 1억원 이상의 사방댐, 계류보전사업, 계류복원사업으로 한다. 다만 그 밖의 사방사업은 시행청의 필요에 따라 실시할 수 있다.
⑤ 자체설계심의는 사방사업(사방댐, 계류보전) 실시설계 검토기준 항목에 따라 설계심의를 하여야 한다.
⑥ 설계자는 자체설계심의에서 결정된 내용은 특별한 사유가 없는 한 설계내용의 추가·보완사항 등을 수용하여야 한다.

(10) 사방사업의 완료

사방사업시행자는 사업이 완료되었을 때, 사업완료에 필요한 관련서류와 작업 단계별(전·중·후) 현장사진이 포함된 완료사진첩 및 사진이 저장된 기록매체, 발주자가 요구한 사항을 발주자에게 제출하고 완료검사를 받아야 한다.

| 주관식 확인문제 | 사방사업의 설계·시공 세부기준 공통사항 |

※ 다음 빈칸에 적절한 말을 넣거나 묻는 말에 답하시오.

01   산지의 붕괴·침식 또는 토석의 유출을 방지하기 위하여 시행하는 사방사업을 무엇이라 하는가?

┤ 정답적기 ├

02   사방지는 대통령령으로 정하는 바에 따라 누가 법적으로 지정하는가?

┤ 정답적기 ├

03   산지 또는 계곡에서 토석·나무 등이 물과 섞여 빠른 속도로 유출되는 것을 무엇이라 하는가?

┤ 정답적기 ├

04 사방사업에서 묘목은 가급적 소묘를 원칙으로 하며 ha당 식재본수는 (　)본 내외를 기준으로 한다. 다만, 현지여건에 따라 식재수종과 본수를 조정할 수 있다. 괄호 안에 들어갈 말은?

05 나무심기는 봄·가을에 실시하는 것을 원칙으로 하나 연중 실시할 수 있는 경우는?

06 사방사업 감독관은 사업 착수 전 현장대리인의 인적사항과 자격정보를 어디에 등록하여 중복배치 여부 및 자격정보를 확인할 수 있나?

07 사방사업 시공자는 공사품질 및 안전에 지장이 없는 범위 내에서 발주자의 승인을 받아 1인의 산림공학기술자를 3개의 현장에 배치할 수 있는 데 그 중에서 동일한 시·군에서 행하여지는 공사예정금액이 얼마 정도인 산림토목공사가 해당 되는가?

08 산림청장은 사방사업을 계획적·체계적으로 추진하기 위하여 몇 년마다 사방사업 기본계획을 수립·시행하여야 하는가?

　　정답적기

09 사방사업을 3가지로 구분하시오.

　　정답적기

10 사방사업에서 절·성토고 몇 m 간격으로 폭 0.5m 이상의 소단을 설치하여야 하는가?

　　정답적기

주관식 정답

01. 산지보전사업
02. 시·도지사 또는 지방산림청장
03. 토석류(土石流)
04. 4,000
05. 용기묘로 심는 경우
06. 산림기술정보통합관리시스템
07. 5억원 미만
08. 5년
09. 산지사방사업, 해안사방사업, 야계사방사업
10. 3~5m

CHAPTER 07 산림복원 및 복구

01 산림복원의 정의

자연적·인위적으로 훼손된 산림의 생태계 및 생물다양성이 원래의 상태에 가깝게 유지·증진될 수 있도록 그 구조와 기능을 회복시키는 것

02 관련 법규 및 기본원칙

(1) 산림자원의 조성 및 관리에 관한 법률(약칭 : 산림자원법)
제4장(산림의 공익기능 증진) 제1절(산림의 보전 등)에 근거한다.

(2) 기본원칙
① 산지가 본래 지니고 있던 자연성을 최대한 고려하여 식생이 서식하기 유리한 환경을 조성한다.
② 철저한 현장조사에 기반 하여 복원목표를 설정하고 계획을 수립하되 다음사항을 고려한다.
    ㉠ 복원대상지의 토양·식생 등 정확한 입지환경의 조사결과에 따라 그 지역의 특성을 우선적으로 고려하여 복원의 유형과 복원방법을 결정한다.
    ㉡ 지형은 훼손된 주변지형을 참고하여 경관과 자연스럽게 어울릴 수 있도록 복원한다.
③ 현지자생식물·자연재료를 사용하여 산림식생을 조기에 회복하되 다음사항을 고려한다.
    ㉠ 식재·파종하는 식물 종은 복원대상지 또는 사업지 주변지역에 자생하는 식물 종으로 선정하되, 서식지의 경합 및 우점종의 변화를 가져오지 않도록 선정한다.
    ㉡ 복원에 사용하는 재료는 흙·돌·나무 등 자연재료를 사용하되, 흙은 대상지의 토양특성과 유사한 흙을 사용한다.
④ 소생물권을 중심으로 훼손된 식생의 복원력을 강화하되 생물의 서식공간·기능이 확보되도록 지형·입지에 적합한 식생으로 복원하고 초본류와 목본류의 식생·생태가 균형·조화되도록 소규모 입지별 특성을 반영한다.

(3) 산림복원 기본계획의 수립 등(법 제42조의3)
① 산림청장은 산림복원을 효율적으로 추진하기 위하여 산림복원 기본계획을 10년마다 수립·시행하여야 한다.
② 기본계획에는 다음 사항이 포함되어야 한다.
  ㉠ 산림복원의 기본목표 및 추진방향
  ㉡ 산림복원의 촉진을 위한 시책
  ㉢ 산림복원 대상지 산림복원사업 및 사후관리에 관한 사항
  ㉣ 산림복원에 관한 정보관리에 관한 사항
  ㉤ 산림복원 기술인력의 육성에 관한 사항
  ㉥ 산림복원 기술의 국제교류에 관한 사항
  ㉦ 그 밖에 산림복원의 증진에 관한 사항

03 | 산림복원의 대상지

(1) 백두대간 및 정맥
① 백두대간 및 정맥(지맥) 등은 한반도의 산림생태계를 연결하는 핵심 생태축으로써 생물다양성의 보고이며, 한반도 고유의 인문·사회·문화적 가치를 지니고 있는 공간이다.
② 도로개설 등으로 능선부가 단절되거나 지형 및 자연경관의 훼손, 외래종의 침입 등으로 고유의 기능과 가치가 저하된 곳이다.

(2) DMZ 일원
① DMZ 일원은 비무장지대(DMZ) 내 군사분계선 남측지역, 민간인통제선 이북지역과 접경지역을 포함한 지역으로, 한반도의 동서를 연결하는 핵심 생태축으로써 생물다양성이 풍부한 지역이다.
② 미활용 군사시설지(작전도로, 폐군사시설, 유해발굴지, 지뢰제거지 등) 또는 산림이 훼손되었거나 생태계 훼손이 가속화 되고 있는 곳이다.

(3) 도서 및 해안지역
① 도서·해안지역은 한반도 핵심생태축의 하나로 육상생태계에 비해 독특한 생물상이 분포하여 경관이 수려하고 보전가치가 높은 지역이다.
② 산지이용·개발에 대한 사회적 수요 증가로 생태계 파괴·훼손·쇠퇴 등 교란이 발생한 곳이다.

(4) 계류 및 산림습원
① 계류 및 산림습원은 다양한 생물의 서식공간으로서 산림 내에서 독특한 구조 및 기능을 나타내는 소생물권역의 역할을 한다.
② 지역의 생태적 특성을 무시한 이용과 관리로 인하여 보전가치가 있는 계류 및 산림습원의 기능이 훼손되었거나 진행되고 있는 곳이다.

(5) 채석·채광지
① 채석·채광지는 석재, 광석, 석탄 등의 생산을 위한 토지의 형질변경으로 대규모로 산지의 지형이 변화된 지역이다.
② 채석·채광으로 인해 산림과 경관의 훼손뿐만 아니라 산사태 및 중금속 용출을 유발하여 인명과 재산의 피해가 우려되는 곳이다.

(6) 산사태 발생지
① 산사태는 자연적·인위적인 원인으로 인해 산지가 일시적으로 붕괴되는 것으로, 이상기후로 인한 국지성 집중호우의 영향으로 빈번히 발새안다.
② 산사태로 발생한 막대한 양의 토사로 인해 산림이 훼손되었거나 피해가 발생된 곳이다.

(7) 산불 발생지
① 산불은 산림이나 산림에 잇닿은 지역의 나무·풀·낙엽 등이 인위적·자연적으로 발생한 불에 타는 것으로 봄에 집중되며 원인은 입산자 실화 및 소각행위 등 사소한 부주의에서 비롯된다.
② 산불로 인한 지피식생 소실로 토양침식과 유출량 증가가 발생하고, 산림생태계 기능과 동·식물 군집, 개체군의 유지가 어려운 곳 또는 개체군 유지 기능에 피해가 발생된 곳이다.

(8) 생활권 훼손지
① 생활권 산림은 도시숲, 마을숲 등 생활권 주변지역에서 국민들에게 쾌적한 생활환경과 아름다운 경관의 제공 및 자연학습교육 등을 위하여 조성·관리되는 산림 및 수목을 말한다.
② 생활권의 개발 압력과 여가, 통신, 군사시설 등 주요 시설물의 설치(방치) 및 경작 등의 행위로 산림 및 경관이 훼손되고 생태계가 단절된 곳이다.

(9) 폐 도
① 폐도는 도로와 철도의 선형개량 및 신규 노선 건설로 인하여 기존 도로 및 철도의 목적이 상실되고 미활용 상태로 방치된 부지이다.
② 방치된 폐도, 이용자가 없는 구 도로, 관리가 부실한 도로 등으로 생태적 연결성 단절, 지형 및 경관이 훼손되거나 집중호우 시 토사유출에 따른 피해가 우려되는 곳이다.

(10) 산림 내 훼손된 동식물 서식지
   ① 서식지는 개체군이나 군집이 존재하는 장소로 산림생태계의 순환적 구조와 기능을 바탕으로 상호작용이 일어나는 공간이다.
   ② 기후변화, 개발 등 복합적인 요인들로 인해 동·식물의 서식 및 생육지가 파괴·훼손·쇠퇴되는 등 산림생물다양성이 낮아져 산림생태계 위협하는 곳이다.

04 | 산림복원사업 타당성 평가

(1) 용어의 정의
   ① '산림복원사업'이란 자연적·인위적으로 훼손된 산림의 생태계 및 생물다양성이 원래의 상태에 가깝게 유지·증진될 수 있도록 그 구조와 기능을 회복시키는 사업을 말한다.
   ② '타당성 평가'란 산림복원사업(이하 '복원사업')의 필요성·적합성·환경성 등 타당성을 종합적으로 평가하여 복원사업 필요여부를 결정하고 복원사업 대상지의 기초자료를 제공하는 것을 말한다.

(2) 타당성 평가 시행
   타당성 평가는 복원사업을 시행하기 1년 전에 실시한다. 다만, 복원사업이 시급하다고 인정되는 다음의 경우에는 복원사업 시행년도에 실시할 수 있다.
   ① 산림보호법에 따른 산림보호구역 등 법정 보호·보존지역 내 사업을 실시하는 경우
   ② 통제(제한)보호구역 등으로 사업기간 동안 한시적 출입이 허용되는 경우
   ③ 훼손지가 지속적으로 확대되고 있거나 국민의 생명 및 재산 등 2차 피해가 예상되어 사업이 시급한 경우
   ④ 기타 국가 주요 시책, 국제회의 등 대규모 행사와 관련 긴급히 복원이 필요한 경우

(3) 타당성 평가 조사항목
   ① 훼손 현황 : 타당성 평가 대상지의 훼손 원인 및 식생·토양·경관 등의 훼손정도 조사
   ② 주변 환경 : 타당성 평가 대상지역과 대상지 경계로부터 1km 이내 지역의 개발 및 보존 현황 조사
   ③ 기반 환경 : 타당성 평가 대상지 내 지형, 토양, 계류(溪流), 습원 등 조사
   ④ 생태계 현황 : 타당성 평가 대상지역 및 인근지역 산림 현황, 동·식물 현황, 참조생태계 등 조사

(4) 타당성 평가 결과보고서
   타당성 평가 결과보고서는 조사 결과를 바탕으로 복원사업의 가능 여부와 사업규모를 파악하고, 복원사업의 시급성 및 효과성을 검토하여 타당성 여부를 명시하여야 하며, 결과보고서 작성 시 목표종 등 복원사업의 방향성을 제시한다.

05 산지복원사업의 종류

(1) 식생복원사업

식생복원사업은 토양의 붕괴·침식·유출 우려가 적은 산림에서 훼손된 산림식생의 회복을 우선으로 하되 필요한 경우 재해방지를 위한 토양안정을 병행하는 산지복원사업을 말한다.

① 주요 원식생의 변화가 일어나지 않도록 계획적으로 복원한다.
② 주변 산림생태와 조화될 수 있도록 생물다양성의 확보, 생육환경의 보전, 야생동물의 서식처를 고려하여 파종·식재계획을 수립하되 다음 사항을 고려한다.
   ㉠ 우선 주로 식재할 식물을 결정하고 그것과 공존하는 식물을 선정한다.
   ㉡ 식물 발아시기와 생육기간 등을 감안하여 발아·생육에 적합한 공법을 선정한다.
   ㉢ 파종은 가급적 발아가 잘 되는 봄에 실시하고, 종자유실을 방지하기 위하여 큰 비가 내릴 우려가 있는 여름과 발아 직후 동결이 예상되는 늦가을은 피한다.
   ㉣ 식재기반 토양의 유실 방지 및 토양물리성을 높여 종자발아와 생육에 적합한 상태를 유지한 후 파종한다.
   ㉤ 묘목의 원활한 활착이 어려운 토양에는 식재구덩이에 넣는 흙의 토양물리성을 높일 수 있는 좋은 토양을 혼합하여 식재한다.
③ 초본류·목본류 등이 자연스럽게 어우러진 군상형태로 식재한다.
④ 대면적 식생복원의 경우에는 소생태계 중심의 식생회복에 중점을 둔다.
⑤ 피해목의 벌채가 필요한 곳은 벌채를 최소한으로 하되, 특별한 경우를 제외하고는 벌채목 운반을 위한 운재로는 설치하지 말고 집재기계를 이용하여 산림훼손을 방지한다.
⑥ 사업기간은 복원목적에 알맞는 자재가 원활하게 수급될 수 있도록 수개년으로 충분한 기간을 설정한다.
⑦ 기타 토양안정에 관한 사항은 기반안정복원사업의 기준의 내용을 따른다.
⑧ 식생복원을 위한 종자·묘목의 수급은 다음 기준을 따른다.
   ㉠ 식물 종은 산림생태의 기능 유지 및 증진 목적과 부합되는 식물종을 선정하되 다음 사항을 고려한다.
     • 복원대상지 또는 인근지역에서 현존하거나 과거에 서식하였던 식물종 가운데에서 선정한다.
     • 고도·방위·경사, 토심·토성, 토양의 배수·건습도 등을 고려하여 생육여건에 적합한 식물 종을 선정한다.
   ㉡ 종자·묘목의 산지는 생태적·유전적 특성을 고려하여 고도·기후대가 유사한 지역에서 채취한 종자 또는 그 종자로 양묘한 묘목을 수급하되 다음 사항을 고려한다.
     • 종자·묘목공급원(채종원·채종림·양묘장)이 있는 경우에는 유사한 고도·기후대의 종자·묘목 공급원에서 채종·양묘한 종자·묘목을 수급한다.
     • 종자·묘목공급원이 없는 경우에는 고도·기후대가 유사한 국내 자생지에서 채취·양묘한 종자·묘목(종자·묘목의 산지를 확인)을 사용한다.
     • 외국에서 수입된 종자·묘목 또는 수입한 식물에서 채취·양묘된 종자·묘목의 수급은 금지한다.

⑨ 복원 대상지의 토양이 부족할 경우 토양의 수급은 다음 기준에 따른다.
- 생육에 필요한 유효 토심이 부족한 곳에는 적어도 30cm이상 복토한다.
- 복원에 사용될 토양은 가급적 고도·기후대가 유사한 지역에서 수급한다.
- 복원에 사용하는 흙은 그 특성이 복원대상지의 토양특성과 같거나 유사한 흙을 사용한다.

(2) 기반안정복원사업

기반안정복원사업은 토양의 붕괴·침식·유출 우려가 많은 산림에서 훼손된 산림의 재해방지를 위한 토양안정과 산림식생의 회복을 병행하는 산지복원사업을 말한다.
① 토양안정을 위한 복원계획 단계에서부터 생태특성에 맞는 식생을 도입한다.
② 훼손지의 토양상태에 따라 토양안정에 중점을 두면서 식생회복을 병행하되, 식생은 소생물권의 군상복원 형태로 파종·식재한다.
③ 토양안정은 토양교란을 최소화하면서 붕괴·침식·토사유출을 차단할 수 있는 친자연적 구조물의 공법을 적용하되 다음 사항을 고려한다.
　㉠ 토질조건·경사도, 기상조건·훼손정도·공사비·시공조건 등을 종합적으로 고려한다.
　㉡ 현장의 돌·벌채목 등을 이용한 자연형 공법을 위주로 하고, 지형변경 최소화 및 토양의 기반안정에 중점을 둔다.
　㉢ 자재운반을 위한 작업로는 폭·길이를 최소화하고, 가급적 집재기계를 이용하여 운반한다.
④ 붕괴·침식·토사유출 방지와 함께 경관회복 및 야생동물 서식처의 기능을 확보한다.
⑤ 기존 토양의 형태와 특징을 보전하되, 표토의 보전 혹은 재사용을 통해 표토의 손실을 최소화한다.
⑥ 기타 식생회복에 관한 사항은 식생복원사업의 기준의 내용을 따른다.
⑦ 자재의 수급은 다음 기준에 의한다.
　㉠ 원래 상태의 산림으로 복원하기 위해 친자연적인 재료를 선택·이용한다.
　㉡ 토목재료는 토양안정을 위해 구조적으로 충분한 지지력이 있고, 내구성 있는 재료를 선정한다.
　㉢ 가급적 추가 훼손이 없는 범위 내에서 현장에서 재료를 확보하되, 부득이 외부에서 반입해야 하는 경우에는 현장재료와 유사한 재료를 수급한다.
　㉣ 기타 종자·묘목 등 자재수급에 관한 사항은 식생복원사업의 기준의 내용을 따른다.

06 사업시행 및 모니터링

(1) 사업시행

① 산림복원사업은 국가 또는 지방자치단체의 사업으로 한다.
② 산림복원사업을 하려는 자(산림복원사업자)는 산림복원사업의 시행에 관한 계획서(산림복원사업계획서)를 작성하여야 한다.
③ 산림복원사업계획서에는 다음 사항이 포함되어야 한다.
　㉠ 사업의 필요성과 목표

ⓒ 사업대상지역의 위치, 현황, 사업기간, 총 사업비
　　　ⓒ 주요 사용공법 및 전문가 활용계획
　　　② 사후 모니터링 및 평가계획
　　　⑩ 그 밖에 사업시행에 필요하다고 인정되는 사항
　④ 산림복원사업 시행 시 자생식물과 흙·돌·나무 등 자연재료를 사용하여야 한다.

(2) 산림복원지의 사후 모니터링
산림청장 및 지방자치단체의 장은 산림복원사업을 종료한 후 복원목표의 달성도, 식생 회복력 등에 대하여 10년 이상 모니터링을 실시하여야 한다.

07 산지복구

(1) 산지복구의 범위
　① 산지전용허가를 받았거나 산지전용신고를 한 자가 산지의 형질을 변경한 경우
　　　㉠ 산지전용의 목적사업을 완료하는 경우 : 절토(흙깎기)·성토 비탈면에 대한 복구 조치
　　　㉡ 산지전용의 목적사업을 완료하지 아니하는 경우 : 허가 또는 신고 대상 산지 전체에 대한 복구 조치
　② 허가 또는 신고 대상 산지 전체에 대한 복구 조치
　　　㉠ 토석채취허가를 받았거나 채석단지에서의 채석신고(토석매각을 포함)를 한 자가 토석을 채취한 경우
　　　㉡ 산지일시사용허가를 받았거나 산지일시사용신고를 한 자가 산지의 형질을 변경한 경우
　　　㉢ 그 밖의 사유로 산지의 복구가 필요한 경우

(2) 복구설계서의 작성기준
　① 복구설계서는 허가 또는 신고대상 전체 면적에 대하여 작성하되, 복구대상 산지에 대해서는 산지복구에 적합한 사방공법 등을 적용하여 설계하여야 하며, 시공에 착오가 없도록 상세히 작성할 것
　② 복구설계서에는 다음 사항이 포함될 것
　　　㉠ 산지의 소재지를 확인할 수 있는 축척 2만5천분의 1 이상의 지적이 표시된 지형도(토지이용규제기본법에 따라 국토이용정보체계에 지적이 표시된 지형도의 데이터베이스가 구축되어 있지 아니하거나 지형과 지적의 불일치로 지형도의 활용이 곤란한 경우에는 지적도)
　　　㉡ 복구대상지의 전경사진
　　　㉢ 공사예정 공정표
　　　㉣ 설계적용기준
　　　㉤ 시방서(일반·특별)
　　　㉥ 공사표준도
　　　㉦ 복구하여야 하는 산지의 지번·지목·면적 등이 표시된 산지내역서

　　　　ⓒ 공사비 총괄표 및 공사원가계산서
　　　　ⓓ 현황도·평면도·종단도·횡단도·구조물도 및 토공량(土工量)계산서가 포함된 설계도
　　　　ⓔ 복구설계서를 작성한 자의 사업자등록증 사본(복구설계와 관련된 사업자등록증) 및 자격증 사본
　　　　ⓕ 산지복구공사를 감리하는 자의 사업자등록증·자격증 및 감리용역계약서 사본
　　③ 복구설계서는 복구전문기관 또는 산림기술용역업자 소속 산림기술자로서 산지복구사업의 배치기준(별표)에 해당하는 사람이 작성할 것

(3) 산지복구공사의 감리

　　① 산지복구공사에 대한 감리의 범위
　　　　㉠ 시공계획 및 공사관리의 적정성 검토
　　　　㉡ 시공자가 관계 법령 및 설계도서에 따라 적합하게 시공하는지 여부 확인
　　　　㉢ 공사현장에서의 재해예방대책 및 안전관리 확인
　　　　㉣ 설계변경의 적정성 검토 및 확인
　　　　㉤ 그 밖에 공사감리계약으로 정하는 사항
　　② 산지복구공사의 감리자
　　　　㉠ 기술사법에 따른 산림분야의 기술사사무소
　　　　㉡ 엔지니어링산업 진흥법에 따른 산림전문분야 엔지니어링사업자
　　　　㉢ 산림조합법 또는 건설기술진흥법에 따라 산지복구공사의 감리를 할 수 있는 자

〈산림기술자 등의 배치기준〉

구 분	사업종류	규 모	배치기준
조 사	산림 조사	5만㎡ 이하	기술초급 이상 산림경영기술자 1명 이상
		5만㎡ 초과	기술고급 이상 산림경영기술자 1명 이상
	표고 및 평균경사도 조사	5만㎡ 이하	기술초급 이상 산림공학기술자 1명 이상
		5만㎡ 초과	기술고급 이상 산림공학기술자 1명 이상
	재해위험성 검토	10만㎡ 이하	기술고급 이상 산림공학기술자 1명 이상
		10만㎡ 초과	기술특급 산림공학기술자 1명 이상
설 계	조 림	20만㎡ 이하	기술초급 이상 산림경영기술자 1명 이상
		100만㎡ 이하	기술중급 이상 산림경영기술자 1명 이상
		500만㎡ 이하	기술고급 이상 산림경영기술자 1명 이상
		500만㎡ 초과	기술특급 산림경영기술자 1명 이상
	숲가꾸기	100만㎡ 이하	기술초급 이상 산림경영기술자 1명 이상
		300만㎡ 이하	기술중급 이상 산림경영기술자 1명 이상
		700만㎡ 이하	기술고급 이상 산림경영기술자 1명 이상
		700만㎡ 초과	기술특급 산림경영기술자 1명 이상
	벌 채	5만㎡ 이하	기술초급 이상 산림경영기술자 1명 이상
		10만㎡ 이하	기술중급 이상 산림경영기술자 1명 이상
		20만㎡ 이하	기술고급 이상 산림경영기술자 1명 이상
		20만㎡ 초과	기술특급 산림경영기술자 1명 이상

구 분	사업종류	규 모	배치기준
설 계	산림병해충 방제	100만m² 이하	기술초급 이상 산림경영기술자 1명 이상
		200만m² 이하	기술중급 이상 산림경영기술자 1명 이상
		300만m² 이하	기술고급 이상 산림경영기술자 1명 이상
		300만m² 초과	기술특급 산림경영기술자 1명 이상
	임 도	공사비 2억원 이하	기술초급 이상 산림공학기술자 1명 이상
		공사비 3억원 이하	기술중급 이상 산림공학기술자 1명 이상
		공사비 10억원 이하	기술고급 이상 산림공학기술자 1명 이상
		공사비 10억원 초과	기술특급 산림공학기술자 1명 이상
	사 방	공사비 2억원 이하	기술초급 이상 산림공학기술자 1명 이상
		공사비 5억원 이하	기술중급 이상 산림공학기술자 1명 이상
		공사비 10억원 이하	기술고급 이상 산림공학기술자 1명 이상
		공사비 10억원 초과	기술특급 산림공학기술자 1명 이상
	산지복구	복구비 예치금액 1억원 이하	기술초급 이상 산림공학기술자 1명 이상
		복구비 예치금액 3억원 이하	기술중급 이상 산림공학기술자 1명 이상
		복구비 예치금액 20억원 이하	기술고급 이상 산림공학기술자 1명 이상
		복구비 예치금액 20억원 초과	기술특급 산림공학기술자 1명 이상
	산림복원	공사비 2억원 이하	기술초급 이상 산림공학기술자 1명 이상
		공사비 10억원 이하	기술중급 이상 산림공학기술자 1명 이상
		공사비 20억원 이하	기술고급 이상 산림공학기술자 1명 이상
		공사비 20억원 초과	기술특급 산림공학기술자 1명 이상
	자연휴양림 등 조성 (숲길은 제외)	공사비 2억원 이하	기술초급 이상 산림공학기술자 또는 기술초급 이상 녹지조경기술자 1명 이상
		공사비 10억원 이하	기술중급 이상 산림공학기술자 1명 이상
		공사비 20억원 이하	기술고급 이상 산림공학기술자 1명 이상
		공사비 20억원 초과	기술특급 산림공학기술자 1명 이상
	유아숲체험원 등 조성	공사비 2억원 이하	기술초급 이상 산림공학기술자 또는 기술초급 이상 녹지조경기술자 1명 이상
		공사비 10억원 이하	기술중급 이상 산림공학기술자 또는 기술중급 이상 녹지조경기술자 1명 이상
		공사비 20억원 이하	기술고급 이상 산림공학기술자 또는 기술고급 이상 녹지조경기술자 1명 이상
		공사비 20억원 초과	기술특급 산림공학기술자 또는 기술특급 녹지조경기술자 1명 이상
	숲길 조성	공사비 1억원 이하	기술초급 이상 산림공학기술자 또는 기술초급 이상 녹지조경기술자 1명 이상
		공사비 3억원 이하	기술중급 이상 산림공학기술자 또는 기술중급 이상 녹지조경기술자 1명 이상
		공사비 10억원 이하	기술고급 이상 산림공학기술자 또는 기술고급 이상 녹지조경기술자 1명 이상
		공사비 10억원 초과	기술특급 산림공학기술자 또는 기술특급 녹지조경기술자 1명 이상
	도시숲 등의 조성·관리	공사비 1억원 이하	기술초급 이상 산림경영기술자 또는 기술초급 이상 녹지조경기술자 1명 이상
		공사비 3억원 이하	기술중급 이상 산림경영기술자 또는 기술중급 이상 녹지조경기술자 1명 이상
		공사비 10억원 이하	기술고급 이상 산림경영기술자 또는 기술고급 이상 녹지조경기술자 1명 이상
		공사비 10억원 초과	기술특급 산림경영기술자 또는 기술특급 녹지조경기술자 1명 이상

구 분	사업종류	규 모	배치기준
설 계	수목장림 조성	공사비 2억원 이하	기술초급 이상 산림공학기술자 또는 기술초급 이상 녹지조경기술자 1명 이상
		공사비 10억원 이하	기술중급 이상 산림공학기술자 1명 이상
		공사비 20억원 이하	기술고급 이상 산림공학기술자 1명 이상
		공사비 20억원 초과	기술특급 산림공학기술자 1명 이상
산림 사업 시행	조 림	전체 사업	다음의 어느 하나에 해당하는 사람 1명 이상 1. 기술초급 이상 산림경영기술자 2. 해당 업무 실무경력이 2년 이상인 기능2급 이상 산림경영기술자(국유림만 해당)
	숲가꾸기	600만m² 이하	다음의 어느 하나에 해당하는 사람 1명 이상 1. 기술초급 이상 산림경영기술자 2. 해당 업무 실무경력이 2년 이상인 기능2급 이상 산림경영기술자(국유림만 해당)
		600만m² 초과	다음의 어느 하나에 해당하는 사람 2명 이상 1. 기술초급 이상 산림경영기술자 2. 해당 업무 실무경력이 2년 이상인 기능2급 이상 산림경영기술자(국유림만 해당한다)
	벌 채	연간 벌채량 5천m³ 이하	다음의 어느 하나에 해당하는 사람 1명 이상 1. 기술초급 이상 산림경영기술자 2. 해당 업무 실무경력이 2년 이상이고, 목재의 지속가능한 이용에 관한 법률에 따라 지정된 전문인력 양성기관에서 35시간 이상 원목생산 관련 교육을 이수한 사람
		연간 벌채량 5천m³ 초과	기술초급 이상 산림경영기술자 1명 이상
	산림병해충 방제	전체 사업	다음의 어느 하나에 해당하는 사람 1명 이상 1. 기술초급 이상 산림경영기술자 이상 2. 해당 업무 실무경력이 2년 이상인 기능2급 이상 산림경영기술자(국유림만 해당한다)
	임 도	공사비 3억원 이하	기술초급 이상 산림공학기술자 1명 이상
		공사비 3억원 초과	기술중급 이상 산림공학기술자 1명 이상
	산림복원	공사비 3억원 이하	기술초급 이상 산림공학기술자 1명 이상
		공사비 3억원 초과	기술중급 이상 산림공학기술자 1명 이상
	자연휴양림 등 조성 (숲길은 제외)	공사비 10억원 이하	기술초급 이상 산림공학기술자 또는 기술초급 이상 녹지조경기술자 1명 이상
		공사비 10억원 초과	기술중급 이상 산림공학기술자 1명 이상
	유아숲체험원 등 조성	공사비 10억원 이하	기술초급 이상 산림공학기술자 또는 기술초급 이상 녹지조경기술자 1명 이상
		공사비 10억원 초과	기술중급 이상 산림공학기술자 또는 기술중급 이상 녹지조경기술자 1명 이상
	숲길 조성	공사비 3억원 이하	기술초급 이상 산림공학기술자 또는 기술초급 이상 녹지조경기술자 1명 이상
		공사비 3억원 초과	기술중급 이상 산림공학기술자 또는 기술중급 이상 녹지조경기술자 1명 이상
	도시숲 등의 조성·관리	공사비 3억원 이하	기술초급 이상 산림경영기술자 또는 기술초급 이상 녹지조경기술자 1명 이상
		공사비 3억원 초과	기술중급 이상 산림경영기술자 또는 기술중급 이상 녹지조경기술자 1명 이상

구 분	사업종류	규 모	배치기준
산림사업시행	수목장림 조성	공사비 10억원 이하	기술초급 이상 산림공학기술자 또는 기술초급 이상 녹지조경기술자 1명 이상
		공사비 10억원 초과	기술중급 이상 산림공학기술자 1명 이상
감 리	조 림	20만m² 이하	기술중급 이상 산림경영기술자 1명 이상
		500만m² 이하	기술고급 이상 산림경영기술자 1명 이상
		500만m² 초과	기술특급 산림경영기술자 1명 이상
	숲가꾸기	100만m² 이하	기술중급 이상 산림경영기술자 1명 이상
		700만m² 이하	기술고급 이상 산림경영기술자 1명 이상
		700만m² 초과	기술특급 산림경영기술자 1명 이상
	벌 채	5만m² 이하	기술중급 이상 산림경영기술자 1명 이상
		20만m² 이하	기술고급 이상 산림경영기술자 1명 이상
		20만m² 초과	기술특급 산림경영기술자 1명 이상
	산림병해충 방제	100만m² 이하	기술중급 이상 산림경영기술자 1명 이상
		300만m² 이하	기술고급 이상 산림경영기술자 1명 이상
		300만m² 초과	기술특급 산림경영기술자 1명 이상
	임 도	공사비 2억원 이하	기술중급 이상 산림공학기술자 1명 이상
		공사비 10억원 이하	기술고급 이상 산림공학기술자 1명 이상
		공사비 10억원 초과	기술특급 산림공학기술자 1명 이상
	사 방	공사비 2억원 이하	기술중급 이상 산림공학기술자 1명 이상
		공사비 10억원 이하	기술고급 이상 산림공학기술자 1명 이상
		공사비 10억원 초과	기술특급 산림공학기술자 1명 이상
	산지복구	공사비 3억원 이하	기술중급 이상 산림공학기술자 1명 이상
		공사비 10억원 이하	다음에 해당하는 인력 1. 기술고급 이상 산림공학기술자 1명 이상 2. 기술초급 이상 산림공학기술자 1명 이상
		공사비 10억원 초과	다음에 해당하는 인력 1. 기술특급 산림공학기술자 1명 이상 2. 기술중급 이상 산림공학기술자 1명 이상
	산림복원	공사비 2억원 이하	기술중급 이상 산림공학기술자 1명 이상
		공사비 20억원 이하	기술고급 이상 산림공학기술자 1명 이상
		공사비 20억원 초과	기술특급 산림공학기술자 1명 이상
	자연휴양림 등 조성 (숲길은 제외)	공사비 2억원 이하	기술중급 이상 산림공학기술자 1명 이상
		공사비 20억원 이하	기술고급 이상 산림공학기술자 1명 이상
		공사비 20억원 초과	기술특급 산림공학기술자 1명 이상
	유아숲체험원 등 조성	공사비 2억원 이하	기술중급 이상 산림공학기술자 또는 기술중급 이상 녹지조경기술자 1명 이상
		공사비 20억원 이하	기술고급 이상 산림공학기술자 또는 기술중급 이상 녹지조경기술자 1명 이상
		공사비 20억원 초과	기술특급 산림공학기술자 또는 기술중급 이상 녹지조경기술자 1명 이상
	숲길 조성	공사비 1억원 이하	기술중급 이상 산림공학기술자 또는 기술중급 이상 녹지조경기술자 1명 이상
		공사비 10억원 이하	기술고급 이상 산림공학기술자 또는 기술고급 이상 녹지조경기술자 1명 이상
		공사비 10억원 초과	기술특급 산림공학기술자 또는 기술고급 이상 녹지조경기술자 1명 이상

구 분	사업종류	규 모	배치기준
감 리	도시숲 등의 조성·관리	공사비 1억원 이하	기술중급 이상 산림경영기술자 또는 기술중급 이상 녹지조경기술자 1명 이상
		공사비 10억원 이하	기술고급 이상 산림경영기술자 또는 기술고급 녹지조경기술자 1명 이상
		공사비 10억원 초과	기술특급 산림경영기술자 또는 기술특급 녹지조경기술자 1명 이상
	수목장림 조성	공사비 2억원 이하	기술중급 이상 산림공학기술자 1명 이상
		공사비 20억원 이하	기술고급 이상 산림공학기술자 1명 이상
		공사비 20억원 초과	기술특급 산림공학기술자 1명 이상

08 단계별 추진 절차

구 분	추진 절차	시행 주체	주요내용	검토 사항
1단계	산림복원 기본계획 수립	산림청장	• 계획기간 : 10년 • 주요내용 : 목표, 추진방향, 사후관리, 정보관리, 인력육성, 국제교류 등 • 지자체, 지방산림청 : 광역 지역계획 등 수립	• 산림복원의 기본목표 및 추진방향 • 산림복원 대상지 • 산림복원지 사후관리

2단계	산림복원 대상지 실태조사	지자체장
		지방산림청장
			• 연 1회, 수시(필요시), 전국
			• 현장조사(서면, 항공, 원격 병행)
				• 훼손지 현황
				  - 훼손원인 및 유형
				  - 훼손규모 및 2차 피해
				  - 복원의 필요성·시급성

3단계	산림복원사업 타당성 평가	지자체장 지방산림청장	• 산림복원사업의 타당성 평가 • 평가기준 : 필요성, 적합성, 환경성	• 사업의 시급성·효과성 • 기본계획과의 연계성 • 대상지 훼손원인 및 정도 • 복원목표 및 참조생태계
4단계	산림복원 사업계획서	지자체장 지방산림청장	• 산림복원사업 실행 전 수립 • 주요내용 : 복원목표, 대상지 현황, 적용공법, 모니터링·평가계획 등	• 목표종 선정의 적정성 • 소재 확보 계획 • 현장 실행 가능성

5단계	산림복원 사업실행	지자체장
		지방산림청장
			• 산림복원 공사의 실행
			  - 설계, 시공, 감리
			  - 산림사업법인, 산림조합 등
				• 자생식물과 자연재료 활용
				• 현장 시공 방법
				• 주변 생태계 교란·피해

6단계	산림복원지 사후 모니터링	지자체장
		지방산림청장
			• 준공 후 10년 이상 실시
			  - 1단계(1, 2년), (추가 3, 4년)
			  - 2단계(5, 10년)
			• 모니터링 기관 : 한국수목원정원관리원, 한국산지보전협회
				• 모니터링 계획서
				• 기반 환경·현장 여건의 변화
				• 생물다양성의 증감
				• 재료·시설물 상태 등
				• 사후관리 방안

7단계	산림복원지 사후 유지관리	지자체장 지방산림청장	• 유지 : 복원 진행상황 양호 - 풀베기 등 기본적인 사후 관리 • 보완 : 예상치 못한 현상 발생 - 보식, 피해 발생지 등 보완 • 수정 : 목표 달성이 어려운 경우 - 개선안 마련 및 목표 수정	• 모니터링 결과보고서 • 유지·보수(하자) 계획 : 여건, 시기 등 검토 • 보완/수정 목표, 공법, 효과성 검토

| 주관식 확인문제 | 산림복원 및 복구 |

※ 다음 빈칸에 적절한 말을 넣거나 묻는 말에 답하시오.

01 자연적 인위적으로 훼손된 산림의 생태계 및 생물다양성이 원래의 상태에 가깝게 유지·증진 도리 수 있도록 그 구조와 기능을 회복시키는 것을 무엇이라 하는가?

　정답적기

02 산림복원의 법률적 근거는 무엇인가?

　정답적기

03 산림청장은 산림복원을 효율적으로 추진하기 위하여 산림복원 기본계획을 몇년마다 수립·시행하여야 하는가?

　정답적기

04 산림복원사업의 타당성 평가 시행은 언제 하는가?

| 정답적기 |

05 산지복원사업의 종류 2가지를 적으시오.

| 정답적기 |

06 산지전용허가를 받았거나 산지전용신고를 한 자가 산지의 형질을 변경한 경우에 산지전용의 목적사업을 완료하거나 산지전용의 목적사업을 완료하지 아니하는 경우에 행하는 사업을 무엇이라 하는가?

| 정답적기 |

07 산지복구사업에서 복구비 예치금액 3억원 이하 사업에 배치되는 기술자 기준은?

| 정답적기 |

08 산림복원사업에서 공사비 20억원 이하사업에 배치되는 기술자 기준은?

> 정답적기

09 식생복원을 위한 자재운반은 작업로는 폭·길이를 최소화하고, 가급적 무엇을 이용하여 운반하는가?

> 정답적기

10 식생복원사업의 기준에서 식재시 초본류·목본류 등이 자연스럽게 어우러진 어떤 형태로 식재하는가?

> 정답적기

주관식 정답

01. 산림복원
02. 산림자원의 조성 및 관리에 관한 법률 제4장 산림의 공익기능 증진 제1절 산림의 보전 등에 근거
03. 10년
04. 타당성 평가는 복원사업을 시행하기 1년 전에 실시한다.
05. 식생복원사업과 기반안정복원사업
06. 산지복구
07. 기술중급 이상 산림공학기술자 1명 이상
08. 기술고급 이상 산림공학기술자 1명 이상
09. 집재기계
10. 군상형태

주요 용어 해설

1. **야계사방**
   일반적으로 야계란 유로가 비교적 짧고 물매가 급하며, 그 유량이 강우 또는 눈이 녹음으로써 급격히 증가하여 계안 또는 계류 바닥을 침식시켜 모래 및 자갈 등을 생산하고 유하시켜 이것을 그 하류에 퇴적하는 것을 말하는데, 이와 같은 야계의 작용은 연속적인 것이 아니고 호우 시 많은 유량을 유출시키는 것이 특징이다. 이러한 야계에 시설하는 사방 공작물을 야계사방 공작물이라 한다.

2. **계간사방**
   계류에 있어서 유수에 의한 돌, 자갈, 모래 등의 침식, 운반, 퇴적 등의 작용으로 발생하는 재해를 미연에 방지하거나 또는 그 확대를 억제하며, 황폐를 복구하는 사방공사를 말한다. 야계는 산지에 접촉된 일부분의 계천을 말하지만 계간이란 하천 이전의 모든 계류를 말하는 광범위한 내용이다.

3. **산복사방**
   황폐한 산지 또는 황폐가 예상되는 산지에서 산림식생을 복구 보전하여 산림황폐로 인한 재해를 방지하기 위하여 산복에 시행하는 사방공사이다. 일반적으로 산지사방이 산복사방이라고 할 수 있다.

4. **조경사방**
   일반적으로 사방은 토양침식을 예방하거나 복구하기 위한 기술이지만 이러한 사방공작물의 설치 및 안전도뿐만 아니라 경관조성 및 복구에 이르기까지 조경적, 환경보전적 개념을 포함하는 사방사업을 일컫는 말이다.

5. **산림복원**
   자연적·인위적으로 훼손된 산림의 생태계 및 생물다양성이 원래의 상태에 가깝게 유지·증진될 수 있도록 그 구조와 기능을 회복시키는 것

사방공학 출제 정보

1. **산림 수문**
   ① 유량 산정법 및 최대 시우량법 계산방법
   ② 평균 유속의 산정법에 대한 계수의 의미

2. **침 식**
   ① 물침식의 발전 단계
   ② 산사태와 지활형 침식의 구분방법
   ③ 황폐지의 발생 원인과 유형

3. **사방 공사용 재료**
   ① 석재의 종류 및 규격
   ② 금기돌의 구분
   ③ 시멘트 및 콘크리트 제품의 특성 및 종류
   ④ 치산 녹화용 초목류의 종류

4. **계간사방**
   ① 각 공작물의 종류 및 특성, 구조(산복흙막이, 묻히기, 누구막이, 산복수로, 속도랑 배수구, 산복바자얽기, 선떼붙이기, 떼단쌓기, 조공법, 줄떼다지기, 비탈덮기, 등고선 구공법, 사방파종공법, 사방식재공법 등)
   ② 토사량 계산방법
   ③ 사방 파종방법

5. **산복사방**
   ① 산복사방공종의 분류 및 배치
   ② 각 공작물의 종류 및 특성, 구조(사방댐, 구곡막이, 바닥막이, 기슭막이, 수제, 계간수로, 모래막이 등)
   ③ 메쌓기와 찰쌓기, 돌붙임과 돌쌓기

6. **조경사방**
   ① 암벽 및 절토면, 성토에 따른 비탈면 녹화 방법 및 공종
   ② 사구의 발달 과정

🪴 자주 출제되는 수목·식물 분류문제

- 공해에 강하여 가로수로 가장 많이 쓰이는 나무 : 은행나무
- 봄에 노란 꽃이 피며 붉은 열매는 약용으로 쓰이는 나무 : 산수유
- 여름에 연보라색 꽃이 피며 뿌리는 약용으로 쓰이며 그늘진 나무 밑에서도 잘 자라는 지피식물 : 맥문동
- 공해·맹아력이 약하며 건조지, 척박지에서도 잘 자라나 이식하기 어려운 나무 : 소나무
- 모래터 위의 녹음식재에 적합한 나무 : 버즘나무, 백합나무
- 겨울화단용 꽃 : 양배추꽃
- 그늘진 곳에서 잘 자라며 맹아력이 강하여 형상수로 적합하며 가을에 열매가 붉게 되는 나무 : 주목
- 봄뿌림(가을화단용) 초화류 : 맨드라미, 매리골드, 피튜니아, 금잔화
- 가을뿌림(봄화단용) 초화류 : 팬지, 스위트피
- 봄심기(가을화단용) 알뿌리화초 : 달리아, 칸나
- 가을심기(봄화단용) 알뿌리화초 : 튤립, 수선화
- 붉은 계통의 단풍 : 담쟁이, 붉나무, 옻나무, 감나무, 화살나무, 마가목, 홍단풍, 산딸나무
- 황색계통의 단풍 : 은행나무, 느티나무, 백합나무, 갈참나무, 고로쇠나무, 계수나무, 칠엽수
- 내염성이 약한 나무 : 독일가문비, 소나무, 일본목련, 왕벚나무
- 내염성이 강한 나무 : 해송, 비자나무, 눈향나무, 동백나무
- 굵은 가지를 다듬으면 상처가 썩어들어가며 흰가루병과 빗자루병에 모두 잘 걸리는 나무 : 벚나무
- 공해에 강한 나무 : 사철나무, 벽오동, 은행나무, 플라타너스, 가시나무
- 공해에 약한 나무 : 소나무, 전나무, 자작나무, 느티나무, 독일가문비나무
- 옥상조경에 좋은 나무 : 라일락, 수수꽃다리
- 곁움이 잘 생기는 나무 : 느티나무, 라일락
- 가지치기를 안 해도 수형이 잘 잡히는 나무 : 느티나무
- 침엽수 중에 낙엽이 지는 나무 : 은행나무, 메타세쿼이아, 낙엽송
- 심근성 나무 : 소나무, 전나무, 느티나무, 은행나무, 모과나무, 백합나무
- 천근성 나무 : 독일가문비, 편백, 미루나무, 자작나무, 버드나무, 현사시나무, 매화나무
- 어릴 땐 심근성, 늙어서는 천근성인 나무 : 오리나무
- 울타리용 나무 : 쥐똥나무, 사철나무, 개나리, 철쭉, 회양목, 매자나무, 명자나무, 화살나무, 가시나무
- 지피식물 : 맥문동, 잔디, 조릿대
- 척박지에 잘 견디는 나무 : 소나무, 오리나무, 자작나무, 등나무, 아까시, 자귀나무
- 비옥지를 좋아하는 나무 : 주목, 장미, 측백, 회양목, 철쭉, 벽오동, 벚나무, 불두화
- 잎의 모양은 침엽수이나 활엽수에 속하는 나무 : 위성류
- 잎의 모양은 활엽수이나 침엽수에 속하는 나무 : 은행나무
- 전정할 때 가위를 45°로 눕히는 나무 : 가이즈까향나무
- 월동기를 대비하여 반드시 수피감기를 해야 하는 나무 : 단풍나무, 배롱나무

PART 03 적중예상문제

01 사방사업의 직접적 효과가 아닌 것은?

① 경지 매몰 방지
② 각종 용수의 보전
③ 산지침식 및 토사유출방지
④ 비사의 고정 및 방재림 형성

해설 사방사업의 직접적 효과
산지침식 및 토사유출 방지, 산복붕괴 및 계안침식 방지, 산각의 고정 및 땅밀림 방지, 계상 물매의 완화 및 계류의 보전, 비사의 고정 및 방재림 형성, 홍수조절 및 수원함양, 하구 및 항만 토사퇴적 방지, 저수지 매몰 방지, 탄갱 침투수 방지, 경지 매몰 방지, 국토 보전

02 다음 중 사방사업의 간접적 효과가 아닌 것은?

① 국토 보전
② 경지와 택지의 조성 및 안정
③ 하천 공작물의 보호
④ 자연환경의 복구 및 보전

해설 사방사업의 간접적 효과
각종 용수의 보전, 하천 공작물의 보호, 경지와 택지의 조성 및 안정, 자연환경의 복구 및 보전

03 다음 중 사방사업의 4대 기능이 아닌 것은?

① 수자원 함양의 기능
② 생활환경 보전의 기능
③ 정책상의 기능
④ 목재생산 향상의 기능

해설 사방사업의 4대 기능
재해 방지의 기능, 수자원 함양의 기능, 생활환경 보전의 기능, 정책상의 기능

정답 1 ② 2 ① 3 ④

04 다음 중 평균강우량의 산정방법이 아닌 것은?
① 산술평균법
② 가중강우법
③ 티센의 가중법
④ 등우선법

해설 평균강우량의 산정방법은 산술평균법, 티센의 가중법, 등우선법 등이 있다.

05 침투능의 측정에 사용되는 침투계가 아닌 것은?
① 관수형 침투계
② 살수형 침투계
③ 유수형 침투계
④ 웨어형 침투계

해설 침투능의 측정에 사용되는 침투계는 관수형 침투계, 살수형 침투계, 유수형 침투계 등이다.

06 유출에 영향을 끼치는 유역의 특성인자가 아닌 것은?
① 하천수로의 단면크기
② 유역의 방향성
③ 토지이용상태
④ 지하수 함양능력

해설 유출에 영향을 끼치는 유역의 특성인자
- 유역의 면적·경사·**방향성**·형상·고도, 수계조직의 구성 상태
- 유역 내의 대규모 저수지, 호수, 늪지대, **토지이용상태**, 유역의 침투능 및 **지하수 함양능력**

07 유출에 영향을 끼치는 유로의 특성인자가 아닌 것은?
① 하천수로의 단면모양
② 배수효과
③ 대규모 저수지 등의 존재 여부
④ 조 도

해설 유출에 영향을 끼치는 유로의 특성인자는 **하천수로의 단면크기 및 모양**, 경사, **조도(粗度)**, 하천연장 등의 통수능, **배수효과에 의한 저류능**으로, 주로 유역의 지형 및 지질에 의해 결정된다.

정답 4 ② 5 ④ 6 ① 7 ③

08 자연하천과 같이 수심에 비하여 수면의 너비가 넓을 경우에는 윤변과 수면의 너비가 거의 같다고 보아 유적을 수면의 너비로 나눈 것을 경심이라 하는데, 이때 경심은 무엇과 같아지는가?

① 평균수심
② 윤 변
③ 유 량
④ 유로너비

해설 자연하천과 같이 수심에 비하여 수면의 너비가 넓을 경우에는 윤변과 수면의 너비가 거의 같다고 보아 여기서 경심을 평균수심으로 본다.

09 임도의 설계에서 배수관의 계획을 하고자 한다. 배수관의 설계단면적이 $0.7m^2$이고, 통과유속이 2m/sec일 때, 합리식법에 의해 100년 빈도의 홍수유출량을 계산하였더니 $0.7m^3$/sec이었다. 이 배수관의 안전율은?

① 200%
② 150%
③ 100%
④ 50%

해설 $2 \times 0.7 = 1.4 m^3/sec \div 0.7 = 2 \times 100\% = 200\%$

10 다음 그림에서 설계 시 적용할 경심을 올바르게 나타낸 것은?

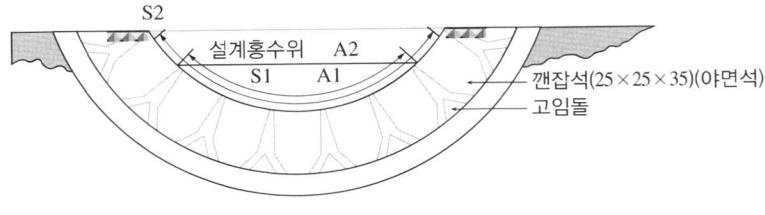

① S1/A1
② S2/A2
③ A1/S1
④ A2/S2

해설 유적을 수면의 너비로 나눈 것을 경심이라 하는데 A1=유적, S1=너비이다.

정답 8 ① 9 ① 10 ③

11 다음 Manning 공식에서 'n'이 의미하는 것은?

$$V = \frac{1}{n} \cdot R \cdot I^{\frac{2}{3}} \cdot I^{\frac{1}{2}}$$

① 유역계수
② 유로조도계수
③ 야계유속계수
④ 일반상수

해설 n = 유로조도계수, R = 경심, I = 수로의 물매

12 최대홍수유량의 산정법 중 시우량법에서 K값에 대해 바르게 설명한 것은?

① 임상이 좋은 산지유역은 1.0~1.5를 적용한다.
② 임상이 좋지 않은 산지유역은 0.65~0.95를 적용한다.
③ 임상이 좋지 않은 산지유역은 0.45~0.65를 적용한다.
④ 황폐유역은 0.25~0.45를 적용한다.

해설 유거계수(K)는 일반적으로 임상이 좋은 산지유역에서는 0.35~0.45, 임상이 좋지 않은 산지유역에서는 0.45~0.65, 그리고 황폐유역에서는 0.65~0.85 정도이다.

13 직사각형 칼날웨어에서 월류수심 1m로서 유량 3.5m²/sec를 유하시키려면 웨어의 너비를 얼마로 하면 되는가?(단, 완전수축의 수값은 직류웨어의 경우로 하며, Francis공식을 사용한다)

① 약 1.802m
② 약 1.902m
③ 약 2.002m
④ 약 2.102m

해설
$Q = 1.84 \left(b - \frac{n}{10} h \right) h^{\frac{3}{2}}$
$3.5 = 1.84 b (1)^{\frac{3}{2}}$
∴ $b ≒ 1.902$m

14 삼각형 칼날웨어에 있어서 수두 80cm일 때의 유량은 얼마인가?

① 0.6m³/sec ② 0.7m³/sec
③ 0.8m³/sec ④ 0.9m³/sec

해설 $Q = 1.4h^{\frac{5}{2}}$
$= 1.4 \times (0.8)^{\frac{5}{2}} = 0.8 \text{m}^3/\text{sec}$

15 평균유속이 2.5m/sec, 통수단면적이 2m²라면, 유량은?

① 5m³/sec ② 0.8m³/sec
③ 1.25m³/sec ④ 10m³/sec

해설 유량=평균유속×통수단면적=2.5×2=5m³/sec

16 유거계수 0.5, 유역면적 100ha, 최대시우량 100mm/hr일 때 시우량법에 의한 유량은?

① 0.139m³/sec ② 1.39m³/sec
③ 13.9m³/sec ④ 139m³/sec

해설 유량=(0.5×100×10,000×100/1,000)/3,600=13.9m³/sec

17 합리식법에서 유량을 m³/sec로 나타낼 때의 계수는?

① 2.2778 ② 0.2778
③ 0.02778 ④ 0.002778

해설 $Q = 0.002778 \times C(\text{유출계수}) \times I(\text{최대시우량}) \times A(\text{유역면적})$

정답 14 ③ 15 ① 16 ③ 17 ④

18 평균유속을 산정하는 공식이 아닌 것은?
① Chezy 공식   ② Kutter 공식
③ Bazin 공식   ④ Price 공식

해설 평균유속을 산정하는 공식
Chezy 공식, Bazin 구공식(황폐계류나 야계사방), Bazin 신공식(대하천), Kutter 공식, Manning 공식, 야계유속표 이용 등

19 다음 중 옳지 않은 것은?
① 평상시의 하천은 정류이다.
② 침식을 일으키는 경우는 층류이다.
③ 어느 단면에서나 유류의 흐름 방향이 같은 것은 등류이다.
④ 단면의 장소에 따라 변화하는 것은 부등류이다.

해설 침식을 일으키는 경우는 난류의 유속이다.

20 안개가 수평방향으로 이동하는 동안 산림에 의하여 포착되는 것을 무엇이라 하는가?
① 수관차단   ② 수직차단
③ 수평차단   ④ 안개차단

해설 안개가 수평방향으로 이동하는 동안 산림에 의하여 포착되는 것을 수평차단이라고 한다.

21 다음 중 빗물의 침식 진행과정이 바른 것은?
① 우격침식 → 면상침식 → 누구침식 → 구곡침식 → 야계침식
② 우격침식 → 면상침식 → 구곡침식 → 누구침식 → 야계침식
③ 면상침식 → 우격침식 → 누구침식 → 구곡침식 → 야계침식
④ 면상침식 → 우격침식 → 구곡침식 → 누구침식 → 야계침식

해설 빗물의 침식 진행과정은 우격침식 → 면상침식 → 누구침식 → 구곡침식 → 야계침식 → 하천침식의 순으로 진행된다.

18 ④ 19 ② 20 ③ 21 ①

22 다음 중 중력형 침식의 종류가 아닌 것은?

① 붕괴형 침식
② 유동형 침식
③ 동상침식
④ 지중침식

해설 지중침식은 물에 의한 침식이다.

23 다음 중 붕괴형 침식의 종류가 아닌 것은?

① 산사태
② 산 붕
③ 땅밀림
④ 암설붕락

해설 땅밀림은 지활형 침식이다.

24 산사태의 특징에 대한 설명으로 옳지 않은 것은?

① 지질과의 관계가 적다.
② 지속적이다.
③ 강우강도의 영향을 많이 받는다.
④ 규모가 작다.

해설 산사태는 **순간적**이고 땅밀림은 지속적인 활동을 한다.

25 땅밀림의 특징에 대한 설명으로 옳지 않은 것은?

① 완경사면에서 많이 발생한다.
② 지하수의 영향이 크다.
③ 속도가 빠르다.
④ 토괴의 원형이 보존된다.

해설 땅밀림은 지하수 등의 영향으로 중력에 의해 서서히 아래 방향으로 밀리는 현상을 말한다.

정답 22 ④ 23 ③ 24 ② 25 ③

26 임지의 토양침식을 지배하는 주요 요인이 아닌 것은?

① 식 생
② 지 질
③ 토석채취
④ 토양침식에 관한 시설

해설 토양침식을 지배하는 주요 요인에는 기상, 토양, 지형, **지질**, **식생**, **토양침식에 관한 시설** 등이 있다.

27 다음 중 비탈면 붕괴의 자연적 요인이 아닌 것은?

① 강 우
② 지 형
③ 지 진
④ 임 도

해설 비탈면 붕괴의 인위적 요인은 흙깎기, 흙쌓기, 댐, **임도** 등이다.

28 황폐지의 진행상태를 바르게 기술한 것은?

① 척악임지 → 임간나지 → 초기황폐지 → 황폐이행지 → 민둥산
② 임간나지 → 척악임지 → 초기황폐지 → 황폐이행지 → 민둥산
③ 척악임지 → 임간나지 → 민둥산 → 초기황폐지 → 황폐이행지
④ 임간나지 → 척악임지 → 민둥산 → 초기황폐지 → 황폐이행지

해설 황폐지의 진행상태는 척악임지 → 임간나지 → 초기황폐 → 황폐이행지 → 민둥산 순이다.

29 척악임지의 개량을 위해 필요한 방법이 아닌 것은?

① 비료목의 식재
② 시 비
③ 비탈면 덮기
④ 특수사방시공법

해설 특수사방시공법은 특수황폐지의 사방공법이다.

26 ③ 27 ④ 28 ① 29 ④

30 민둥산을 복구·녹화하기 위해 필요한 방법으로 가장 거리가 먼 것은?

① 계간사방 시행 ② 등고선구 설치
③ 밀파식 ④ 산복사방 시행

해설 등고선구 설치는 척암임지의 사방공법이다.

31 일반적으로 산사태가 가장 많이 일어나는 경사도는?

① 20° 이하 ② 20~30° 부근
③ 30~35° 부근 ④ 40° 이상

해설 산사태는 일반적으로 30~35° 부근의 변곡점에서 많이 발생한다.

32 산사태의 처리대책으로 틀린 것은?

① 집배수로를 계통적으로 배치한다.
② 예방이 어려우므로 복구공사를 최우선으로 한다.
③ 붕괴방지용 흙막이 공작물을 설치한다.
④ 돌이나 콘크리트구조와 같이 내구력 있는 흙막이 시설을 설치한다.

해설 산사태는 예방대책을 최우선으로 한다.

33 황폐계류의 사방공법으로 적당하지 않은 것은?

① 모래막이 ② 퇴사공법
③ 계간수로 ④ 기슭막이

해설 퇴사공법은 해안사지의 사방공법이다.

정답 30 ② 31 ③ 32 ② 33 ②

34 돌부스러기가 붕괴되는 침식현상을 무엇이라고 하는가?
① 산 붕   ② 붕 락
③ 포 락   ④ 암설붕락

해설 제시된 내용은 암설붕락에 대한 설명이다.

35 황폐계류 바닥의 종횡침식을 방지하고 산각을 고정하여 산복을 보전하며, 하류로의 유송토사를 억제하고 조정하는 공사를 무엇이라고 하는가?
① 산복공사   ② 조경공사
③ 계간공사   ④ 해안공사

해설 제시된 설명은 계간공사에 대한 설명이다.

36 지활지의 사방대책으로 옳은 것은?
① 집수정 설치   ② 산복돌 쌓기
③ 거적덮기공법   ④ 파종공법

해설 지활지는 땅속으로 집수정 설치 등이 효과적이다.

37 산사태와 지질 및 토질과의 관계에 대한 설명으로 옳지 않은 것은?
① 화강암계통에서 유도된 사질토에서 많이 발생한다.
② 풍화토층이 결집하여 산사태의 원인이 된다.
③ 풍화토층과 하부기반의 경계가 명확할수록 산붕이 용이하다.
④ 일반적으로 점토가 20% 이하인 지역에 산사태 발생이 쉽다.

해설 산사태는 화강암계통에서 유도된 사질토와 관련이 있다.

38 동상침식을 방지하기 위한 사방공사는?

① 지피식생피복
② 돌쌓기공사
③ 산복흙막이 공사
④ 배수로 설치

해설 동상침식은 지피식생피복을 통한 사방공사가 필요하다.

39 다음 중 다른 하나는?

① 야계침식
② 계천침식
③ 계간침식
④ 계류침식

해설 **야계침식**을 다른 말로 **계천침식, 계간침식**이라고도 한다.

40 다음 중 땅밀림 현상과 관계가 먼 암석은?

① 혈암
② 화강암
③ 이질암
④ 응회암

해설 화강암은 산사태와 관계가 있다.

41 다음 중 마름돌의 규격은?

① 30cm(가로)×30cm(세로)×50~60cm(길이)
② 30cm(가로)×30cm(세로)×100cm(길이)
③ 30cm(가로)×50cm(세로)×50cm(길이)
④ 50cm(가로)×50cm(세로)×50cm(길이)

해설 마름돌의 규격은 30cm(가로)×30cm(세로)×50~60cm(길이)이다.

정답 38 ① 39 ④ 40 ② 41 ①

42 다음 중 견치돌 1개의 무게로 적당한 것은?

① 30kg 이하
② 30~50kg
③ 70~100kg
④ 100kg 이상

해설 견치돌 1개의 무게는 70~100kg 정도이다.

43 다음 중 야면석에 대한 설명으로 옳은 것은?

① 무게 100kg 정도의 전석이다.
② 지름이 30cm 정도이다.
③ 모양이 일정하지 않은 작은 전석이다.
④ 가격이 비싼 편이다.

해설 야면석은 모가 나지 않은 자연상태의 돌로서, 돌쌓기공사에 사용할 수 있을 정도로 큰 돌을 말한다.

44 비중에 따른 골재에 대한 설명으로 옳지 않은 것은?

① 보통골재 - 비중 2.50~2.65
② 경량골재 - 비중 2.50 이하
③ 중량골재 - 비중 2.70 이상
④ 보통골재 - 비중 2.50~2.60

해설 보통골재는 비중이 2.50~2.65 정도이다.

45 골재의 최대치수에 대한 설명으로 옳지 않은 것은?

① 댐콘크리트 150mm 이하
② 무근콘크리트 120mm 이하
③ 철근콘크리트 50mm 이하
④ 포장콘크리트 50mm 이하

해설 무근콘크리트는 100mm 이하의 골재를 사용한다.

46 콘크리트용 골재의 표준비중 및 무게는?

① 2.60 이상, 1,500~2,000kg/m³
② 2.60 이상, 1,500~1,800kg/m³
③ 2.50 이상, 1,500~2,000kg/m³
④ 2.50 이상, 1,500~1,800kg/m³

해설 콘크리트용 골재의 표준비중 및 무게는 2.60 이상, 1,500~1,800kg/m³이다.

47 콘크리트의 성질에 대한 다음 설명 중 옳지 않은 것은?

① pH(산성도)는 중성이다.
② 내화성이다.
③ 열팽창계수가 철근과 비슷하다.
④ 전기가 흐르지 않는 불량전도체이다.

해설 콘크리트는 시멘트로 인해 **알칼리성**이다.

48 다음 콘크리트 양생방법 중 가장 이상적인 방법은?

① 자연건조양생　　　　② 가열양생
③ 냉각양생　　　　　　④ 습윤양생

해설 콘크리트 양생방법 중 가장 이상적인 방법은 습윤양생이다.

49 시멘트콘크리트제품의 특성으로 옳지 않은 것은?

① 시공현장에서 거푸집이나 동바리 시설이 필요치 않다.
② 기후조건에 지배되지 않는다.
③ 가격이 저렴하다.
④ 제품의 품질이 좋고 균일하다.

해설 시멘트콘크리트제품의 가격은 비싼 편이다.

정답 46 ② 47 ① 48 ④ 49 ③

50 다음 중 보통떼의 규격으로 옳은 것은?

① 30cm×20cm×5cm
② 40cm×25cm×5cm
③ 40cm×30cm×5cm
④ 30cm×30cm×3cm

해설 보통떼의 규격은 30cm×30cm×3~5cm이다.

51 다음 중 단끊기의 계단너비로 가장 적당한 것은?

① 30~50cm
② 50~60cm
③ 50~70cm
④ 60~80cm

해설 단끊기의 계단너비는 50~70cm이다.

52 다음 중 치산녹화용 재래 초종이 아닌 것은?

① 솔 새
② 수크령
③ 싸 리
④ 치 풀

해설 치산녹화용 재래 초종으로는 새, **솔새**, 개솔새, 잔디, 참억새, **수크령**, 김의털, 그늘사초, 실새풀, **치풀**, 매듭풀 등이 있다.

53 산복녹화공사 중 사방파종공법이 아닌 것은?

① 조공식
② 사방식재
③ 사면혼파
④ 항공파종

해설 사방식재는 식수공법이다.

50 ④ 51 ③ 52 ③ 53 ②

54 다음 그림은 몇급 선떼붙이기 공작물인가?

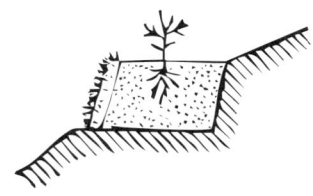

① 3급 ② 4급
③ 5급 ④ 9급

해설 제시된 그림은 제일 저급인 9급의 모형도이다.

55 조공법에서 앞면의 침식방지를 위해 사용되는 재료가 아닌 것은?

① 떼 ② 콘크리트블록
③ 새포기 ④ 잡 석

해설 조공법에서 앞면의 침식방지를 위해 사용되는 재료에는 떼, 새포기, 잡석 등이 있다.

56 줄떼다지기작업에서 줄떼의 수직높이간격은?

① 20~30cm ② 30~40cm
③ 40~50cm ④ 50~60cm

해설 줄떼다지기작업에서 줄떼의 수직높이간격은 20~30cm이다.

정답 54 ④ 55 ② 56 ①

57 다음 중 사방식재용 수종의 요구조건이 아닌 것은?

① 생장력이 왕성할 것
② 양수의 성질이 우세할 것
③ 대량생산이 잘될 것
④ 갱신이 용이할 것

해설 산복사방식재용 수종요구조건
- **생장력이 왕성**하여 잘 번무할 것
- 뿌리의 자람이 좋고, 토양의 긴박력이 클 것
- 묘목의 생산비가 적게 들고, **대량생산이 잘될 것**
- 토량개량효과가 기대될 것
- 척악지, 건조, 한해, 충해 등에 대하여 적응성이 클 것
- 피음에도 어느 정도 견디어 낼 것
- **갱신이 용이**하게 되고, 가급적이면 경제가치가 높을 것

58 사방식재에서의 수종혼효비율이 옳은 것은?

① 리기다(1,500본), 아까시나무(1,500본), 물오리(1,500본)
② 리기다(2,000본), 아까시나무(2,000본), 물오리(2,000본)
③ 리기다(1,500본), 아까시나무(1,500본), 물오리(2,000본)
④ 리기다(1,000본), 아까시나무(1,000본), 물오리(1,500본)

해설 사방식재에서의 수종혼효비율은 리기다(1,500본), 아까시나무(1,500본), 물오리(2,000본)이 적당하다.

59 다음 중 암벽녹화용 수종이 아닌 것은?

① 병꽃나무
② 보리장나무
③ 노간주나무
④ 눈향나무

해설 보리장나무는 일반사방 수종이다.

60 선떼붙이기 시공면의 물매는?

① 1 : 0.3
② 1 : 0.5~0.7
③ 1 : 1
④ 1 : 1.5

해설 선떼붙이기 시공면의 물매는 1 : 0.5~0.7이다.

61 유역의 크기에 의한 야계분류에 대한 내용으로 옳지 않은 것은?

① 소야계 : 100ha 이내
② 소야계 : 10~20ha
③ 중야계 : 100ha 정도
④ 대야계 : 100~1,000ha 정도

해설 소야계는 10~20ha 정도이다.

62 야계적 하천의 물매는?

① 2% 이하
② 2~5%
③ 6% 정도
④ 8~10%

해설 야계적 하천의 물매는 일반적으로 6% 정도이다.

63 야계사방의 기본 공종이 아닌 것은?

① 사방댐
② 돌림배수로
③ 기슭막이
④ 수제

해설 돌림배수로는 비탈면 안정공법이다.

정답 60 ② 61 ① 62 ③ 63 ②

64 사방댐의 기능에 대한 설명으로 옳지 않은 것은?

① 종횡침식을 방지한다.
② 양안의 산각을 고정한다.
③ 산각의 붕괴를 방지한다.
④ 계류의 흐름을 원활하게 한다.

해설 사방댐은 계류의 원활한 기능과는 상관이 없다.

65 소계류에서 지반이 불안정할 때 효과적인 사방댐은?

① 중력식 콘크리트댐
② 버트리스댐
③ 흙 댐
④ 돌망태댐

해설 소계류의 지반이 불안정할 때는 탄력성이 있는 **돌망태댐**이 적당하다.

66 사방댐의 위치선정의 원칙과 거리가 먼 것은?

① 계상 및 양안에 암반이 존재하는 것을 원칙으로 한다.
② 상류부가 넓고 댐자리가 좁은 곳이 적당하다.
③ 만약 주계나 지계 중에서 어느 한 쪽만이 황폐되었을 경우, 황폐된 계류에 계획한다.
④ 계단상 댐을 계획하는 경우에는 첫 번째 댐의 추정퇴사선이 구계상 물매를 자르는 점에 하류댐의 계획위치가 오도록 한다.

해설 계단상 댐을 계획하는 경우에는 첫 번째 댐의 추정퇴사선이 구계상 물매를 자르는 점에 **상류댐**의 계획위치가 오도록 한다.

67 사방댐의 방향으로 적당한 설명은?

① 유심선에 직각으로 설정한 선을 댐의 방향으로 설정한다.
② 유심선에 평행으로 설정한 선을 댐의 방향으로 설정한다.
③ 유심선에 사선으로 설정한 선을 댐의 방향으로 설정한다.
④ 유심선과 상관없이 임의로 설정한 선을 댐의 방향으로 설정한다.

해설 사방댐은 유심선에 직각으로 설정한 선을 댐의 방향으로 설정한다.

68 치산댐에 있어서 퇴사가 완료된 경우의 계획물매는 현재의 계상물매의 어느 정도를 표준으로 하는가?

① 1~1.5
② 0.5~1
③ 1/2~2/3
④ 1/2~1/5

해설 치산댐에 있어서 퇴사가 완료된 경우의 계획물매는 현재의 계상물매의 1/2~2/3 정도를 표준으로 한다.

69 사방댐의 방수로 위치에 대한 설명으로 옳지 않은 것은?

① 방수로는 암반이 없을 경우 계류의 중심부에 설치한다.
② 양안의 산복에 붕괴지가 있을 경우 방수로의 위치를 멀리해야 한다.
③ 댐의 기초가 사력층일 경우 방수로의 높이를 조절한다.
④ 하류부에 경지나 택지 등이 있을 때에는 유심 및 댐의 방향을 고려하여 방수로의 위치를 결정한다.

해설 댐의 기초와 방수로의 위치는 관련이 없다.

70 사방댐의 단면결정 시 유의사항이 아닌 것은?

① 댐마루너비는 내구성을 고려하여 결정한다.
② 대수면은 완만한 것이 경제적이다.
③ 제저너비를 결정함에 있어서 지반의 지지력, 터파기단면적, 작업의 난이 등을 고려한다.
④ 댐의 단면은 댐의 대수면 물매를 결정함으로써 결정한다.

해설 대수면이 완만하면 공사 비용이 증가한다.

정답 67 ① 68 ③ 69 ③ 70 ②

71 중력댐의 안정조건이 아닌 것은?

① 전도에 대한 안정
② 활동에 대한 안정
③ 제체의 파괴에 대한 안정
④ 사방댐의 지지력에 대한 안정

해설 중력댐의 안정조건은 **전도에 대한 안정, 활동에 대한 안정, 제체의 파괴에 대한 안정, 기초지반의 지지력에 대한 안정** 등이다.

72 다음 중 사방댐에 작용하는 외력이 아닌 것은?

① 수 압
② 양압력
③ 대수압
④ 퇴사압

해설 사방댐에 작용하는 외력은 제체의 중량, **수압, 퇴사압, 양압력** 등이 있다.

73 구곡막이와 사방댐의 차이점에 대한 설명으로 옳지 않은 것은?

① 시공위치상 구곡막이가 위에 설치된다.
② 구곡막이는 대수면만 축설한다.
③ 사방댐의 규모가 더 크다.
④ 구곡막이의 양쪽 귀는 돌댐과 같이 견고한 지반까지 파내지 않는다.

해설 구곡막이는 **반수면만 축설**하고, 사방댐은 반수면과 대수면을 동시에 축설한다.

74 돌구곡막이의 축설요령에 대한 설명으로 옳지 않은 것은?

① 계상물매가 급한 곳은 터파기를 넓게 실시한다.
② 계천의 직선부에 설치한다.
③ 돌쌓기의 물매는 1 : 0.3을 표준으로 한다.
④ 석재는 일반적으로 소정 규모의 막깬돌을 사용한다.

해설 계상물매가 급한 곳은 계통적으로 축설한다.

71 ④ 72 ③ 73 ② 74 ①

75 기슭막이의 공사 계획 시 주의해야 할 사항이 아닌 것은?

① 기초의 세굴을 피하도록 한다.
② 기슭막이 공작물의 뒷부분이 세굴되지 않도록 한다.
③ 다른 편의 계안에 세굴이 발생되지 않도록 한다.
④ 산각이 붕괴되지 않도록 한다.

해설 기슭막이의 산각이 붕괴되지 않도록 하는 것은 **공사의 목적**이다.

76 다음 중 바닥막이 공작물의 일반적인 높이는?

① 1m　　　　　　　　② 2m
③ 3m　　　　　　　　④ 4m

해설 바닥막이 공작물의 일반적인 높이는 3m이다.

77 사방댐의 물빼기구멍의 설치목적이 아닌 것은?

① 기초 아래의 잠류를 없애거나 감소시킨다.
② 대수면에 가해지는 수압을 감소시킨다.
③ 시공 중의 배수를 하고, 또 유수를 통과시킨다.
④ 퇴사 후의 침투수압을 경감시킨다.

해설 기초 아래의 물의 흐름을 감소시킬 뿐이다.

78 다음 중 중력댐의 단면계산식의 종류가 아닌 것은?

① Basin 공식　　　　② 아카기식
③ 단면표에 의한 방법　　④ 가마식

해설 Basin 공식은 평균유속산정공식이다.

정답　75 ④　76 ③　77 ①　78 ①

79 다음 중 사방댐의 반수면 표준물매는?

① 1 : 0.2
② 1 : 0.5
③ 1 : 1
④ 1 : 1.5

해설 사방댐의 반수면 표준물매는 1 : 0.2이다.

80 치산댐 하류의 세굴보호를 위한 공사가 아닌 것은?

① 물받침공사
② 앞댐공사
③ 막돌놓기
④ 물빼기구멍 설치

해설 물빼기구멍 설치는 세굴보호와는 관련이 없다.

81 해안지역에 나무를 심기 위한 ha당 적정 본수는?

① 3,000본
② 5,000본
③ 10,000본
④ 15,000본

해설 해안지역의 ha당 적정 조림 본수는 10,000본이다.

82 비탈면 격자틀붙이기공법에서 격자틀 안의 처리방법으로 옳지 않은 것은?

① 조약돌 채우기
② 편책시설
③ 콘크리트 채우기
④ 떼 붙이기

해설 비탈면 격자틀붙이기공법에서 격자틀 안의 처리방법은 **조약돌 채우기, 콘크리트 채우기, 떼 붙이기**, 콘크리트 조약돌 등이 있다.

83 수목을 식재하여 생울타리와 같은 수벽을 조성하는 공법의 적당한 수종으로 거리가 먼 것은?

① 졸참나무
② 편백
③ 향나무
④ 리기다소나무

해설 수목을 식재하여 생울타리와 같은 수벽을 조성하는 수종으로는 **향나무**, 노간주나무, 사철나무, 주목, 회양목, 무궁화나무, 개나리, 쥐똥나무, **리기다소나무**, 곰솔, **편백**, 화백, 삼나무, 은수원사시나무 등이 있다.

84 비탈면녹화공법에서 일반적인 파종방법과 거리가 먼 것은?

① 항공분사
② 산파공법
③ 조파공법
④ 점파공법

해설 비탈면 녹화에 있어서 항공분사방법은 적당하지 않다.

85 상행식 피복녹화공법에 적당한 식물은?

① 쥐똥나무
② 칡
③ 등나무
④ 송악

해설 상행식 피복녹화공법에 적당한 식물은 송악, 담쟁이덩굴 등이다.

86 하행식 피복녹화공법에 적당한 식물은?

① 댕댕이덩굴
② 담쟁이덩굴
③ 송악
④ 칡

해설 하행식 피복녹화공법에는 칡, 등나무 등이 적당하다.

정답 83 ① 84 ① 85 ④ 86 ④

87 모래언덕의 발달단계를 맞게 표현한 것은?

① 치올린 모래언덕 → 반월사구 → 설상사구
② 치올린 모래언덕 → 설상사구 → 반월사구
③ 설상사구 → 반월사구 → 치올린 모래언덕
④ 반월사구 → 설상사구 → 치올린 모래언덕

해설 모래언덕의 발달단계는 치올린 모래언덕 → 설상사구 → 반월사구의 순이다.

88 퇴사울세우기공법의 울타리 적정높이는?

① 0.4~0.6m ② 1m
③ 1~2m ④ 2m

해설 퇴사울세우기공법의 울타리 적정높이는 1m이다.

89 해안사지식수공법에 적당한 수종이 아닌 것은?

① 사시나무 ② 떡갈나무
③ 동백나무 ④ 팽나무

해설 해안사지식수공법에 적당한 수종은 곰솔, 소나무, 섬향나무, 노간주나무, **사시나무**, **떡갈나무**, 해당화, 아까시나무, 보리수나무, 자귀나무, 보리장나무, 싸리, 순비기나무, **팽나무** 등이다.

90 다음 중 해안사방 조림수종의 구비조건이 아닌 것은?

① 양분과 수분에 대한 요구가 적을 것
② 온도의 급격한 변화에도 잘 견디어 낼 것
③ 비사, 한해, 조해 등의 피해에도 잘 견딜 것
④ 피음도가 높을 것

해설 해안사방 조림수종의 구비조건
- 양분과 수분에 대한 요구가 적을 것
- 온도의 급격한 변화에도 잘 견딜 것
- 비사, 한해, 조해 등의 피해에도 잘 견딜 것
- 바람에 대한 저항력이 클 것
- 울폐력이 좋고 낙엽, 낙지 등에 의하여 지력을 증진시킬 수 있는 것

91 다음 중 해안사방의 기본공종 중 그 내용이 다른 하나는?

① 정사울세우기공법　　② 퇴사울세우기공법
③ 모래덮기　　　　　　④ 파도막이

해설 정사울세우기공법은 해안사지 조림공법이다.

92 다음 중 암벽녹화조경공법이 아닌 것은?

① 차폐공법　　　　　　② 피복녹화공법
③ 분사파종공법　　　　④ 낙석방지책공법

해설 낙석방지책공법은 암벽보호기초공종이다.

정답 90 ④　91 ①　92 ④

93 절토면의 사방공법 중 틀리게 연결한 것은?
① 모래층 절토비탈면 – 격자틀붙이기공법
② 자갈이 많은 절토비탈면 – 떼붙이기공법
③ 경암 절토비탈면 – 새집붙이기공법
④ 연암 절토비탈면 – 수압식 파종공법

해설 자갈이 많은 절토비탈면에는 **콘크리트힘줄박기공법** 등이 적당하다.

94 성토면의 사방공법 중 틀리게 연결한 것은?
① 모래층 성토비탈면 – 분사식 파종공법
② 점성토 성토비탈면 – 콘크리트블록붙이기공법
③ 자갈이 많은 성토비탈면 – 돌붙이기공법
④ 용수 성토비탈면 – 콘크리트힘줄박기공법

해설 모래층 성토비탈면은 **격자틀붙이기공법** 등이 적당하다.

95 다음 중 파종공법에 사용되는 비료로서 적당하지 않은 것은?
① 요소　　　　　　② 황산
③ 질산　　　　　　④ 중과인산석회

해설 파종공법에 사용되는 비료는 요소, 황산, 중과인산석회 등이 적당하다.

96 선떼붙이기 공작물에서 발디딤을 설치하는 이유로 부적당한 것은?
① 공작물의 파괴 방지
② 묘목의 활착 증진
③ 작업의 용이
④ 바닥떼의 활착 조장

해설 선떼붙이기 공작물에서 발디딤의 설치와 묘목 활착은 무관하다.

93 ②　94 ①　95 ③　96 ②

97 다음 중 돌쌓기의 표준 물매는?

① 메쌓기 1 : 0.2, 찰쌓기 1 : 0.3
② 메쌓기 1 : 0.3, 찰쌓기 1 : 0.2
③ 메쌓기 1 : 0.3, 찰쌓기 1 : 0.5
④ 메쌓기 1 : 0.5, 찰쌓기 1 : 0.3

해설 돌쌓기 표준 물매는 메쌓기 1 : 0.3, 찰쌓기 1 : 0.2이다.

98 다음 중 금기돌이 아닌 것은?

① 이마대기 ② 거울돌
③ 굄 돌 ④ 포갬돌

해설 굄돌은 돌쌓기 돌을 고일 때 쓰는 돌이다.

99 돌쌓기를 할 때 지름 3cm PVC 파이프 물빼기 구멍을 어느 정도의 면적에 하나씩 설치하는가?

① $1 \sim 2m^2$ ② $2 \sim 3m^2$
③ $3 \sim 4m^2$ ④ $4 \sim 5m^2$

해설 돌쌓기할 때 지름 3cm PVC 파이프 물빼기 구멍을 면적 $2 \sim 3m^2$마다 하나씩 설치한다.

100 사방댐의 합력작용선(제체의 자중과 모든 외력에 대한 합력)이 제저의 중앙 어느 정도를 통과해야 하는가?

① 1/2 ② 1/3
③ 1/4 ④ 1/5

해설 사방댐의 합력작용선이 제저의 중앙 1/3 내를 통과하여야 한다.

정답 97 ②   98 ③   99 ②   100 ②

101 붕괴형 침식 중에서 밀접한 관계가 있는 그 발생 부위가 반드시 계천의 유수와 관련있는 것은?
① 포락(Caving) ② 산붕(Landslip)
③ 붕락(Slumping) ④ 암석붕락(Clebris Slides)

해설 포락은 비탈면의 끝에 흐르는 유수에 의해 붕괴되는 것을 말한다.

102 수로 설치를 위한 집수구역의 아래와 같은 유량계산 공식(시우량법)에서 K는 무엇을 의미하는가?

$$Q(\text{m}^2/\text{sec}) = K \times \frac{a \times \frac{m}{1,000}}{60 \times 60}$$

① 유출계수 ② 유역면적
③ 총강우량 ④ 시간당 유출량

해설 Q=유량, K=유출계수, a=유역, m=시간당 강수량

103 특수비탈면 안정공법 중에서 앵커박기공법은 주로 어디에 사용되는가?
① 비탈보호나 완만경사로 성토를 할 곳
② 급경사의 대규모 암반비탈에 암석이 노출되어 녹화 공사가 불가능한 곳
③ 비탈의 암질이 복잡하고 마사토로 구성되어 취급이 곤란하고 지하수가 용출하는 곳
④ 비탈경사가 현저하게 급한 곳에서 토압이 큰 곳이나 비탈틀공법 혹은 흙막이공사 등을 계획하는 곳

해설 앵커박기는 토압이 커서 토량의 이동이 쉬워 비탈면이 불안정해질 수 있는 곳에 시공하는 공법으로 흙막이공사 등을 계획하는 데 사용한다.

104 시멘트에 관한 설명으로 틀린 것은?
① 포틀랜드시멘트는 수경성이며 강도가 크다.
② 시멘트의 강도는 혼화제의 배합량으로 표시된다.
③ 포틀랜드시멘트의 비중은 보통 3.05~3.15이다.
④ 시멘트를 만들 때 석고를 넣으면 완결성이 된다.

해설 시멘트의 강도는 물의 배합과 관계가 있다.

105 사방댐의 설계 내용을 옳게 설명한 것은?
① 댐의 위치는 계상에 암반이 없어야만 한다.
② 평형물매와 홍수물매의 높이가 같아야 한다.
③ 재료는 콘크리트만 사용한다.
④ 구역이 긴 구간에서는 원칙적으로 계단상 댐을 설치한다.

해설 사방댐은 암반에 설치하는 것을 원칙으로 하며 계류가 긴 구간에서는 계단상 댐을 시설하는 것을 원칙으로 한다.

106 산각고정과 토사유하를 억제하기 위하여 계상에 설치하는 공작물은?
① 흙막이　　　　　　　② 수로공
③ 골막이　　　　　　　④ 줄떼공

해설 계상에 설치하는 공작물은 골막이(구곡막이), 사방댐 등이 있고, 배수로는 물을 원활하게 흐르게 하여 침식을 방지하는 공작물이다.

107 산복사방의 목표와 가장 거리가 먼 것은?
① 표토 침식의 방지　　　② 붕괴의 확대 방지
③ 종횡침식의 방지　　　④ 산사태 위험지 예방

해설 종횡침식의 방지는 야계 또는 계간사방과 밀접하다.

정답 104 ② 105 ④ 106 ③ 107 ③

108 사방댐의 물매에서 사력의 교대는 일어나지만 계류종단면의 형상에는 변화가 없는 경우의 계상물매를 무엇이라 하는가?

① 평형물매
② 안정물매
③ 홍수물매
④ 교대물매

해설 안정물매는 석력의 교대는 있어도 세굴과 침전이 평형을 유지하여 종단형상에 변화를 일으키지 않는 계상의 물매로 보정물매 또는 자연사도라 한다.

109 강원도 고성군의 대형 산불지의 복구방안을 바르게 설명한 것은?

① 전망을 위해 피해목을 모두 제거한다.
② 풍치림을 조성하기 위해 단풍나무 중심으로 식재한다.
③ 토사침식을 방지하기 위해 사방댐을 시공한다.
④ 급경사지는 자연식생으로 생태변이를 유도한다.

해설 대형 산불지의 복구는 지형이나 지역에 따라 다를 수 있으나 일반적으로 사방사업이 우선하고 그 다음으로 지역 향토수종을 심는 것이 원칙이다.

110 사방댐의 안정에 대한 설명으로 틀린 것은?

① 합력의 작용선이 제저(提底) 중앙 1/3 범위 내에 있어야 전복되지 않는다.
② 제저에 발생하는 최대압력강도는 지반의 지지력 강도보다 커야 안정하다.
③ 합력의 수평분력과 수직분력의 비가 제저와 기초지반 사이의 마찰계수보다 적으면 활동하지 않는다.
④ 제저에 발생하는 최대압력강도는 지반의 지지력 강도를 초과해서는 안 된다.

해설 지반의 지지력이 제저의 최대압력강도보다 커야 사방댐이 안정하다.

111 다음 옹벽의 종류 중 형식에 의한 분류가 아닌 것은?
① 중력식 옹벽
② 콘크리트 옹벽
③ 부벽식 옹벽
④ 캔틸레버식 옹벽

해설 콘크리트 옹벽은 투입재료에 의한 분류 방식이다.

112 수로의 횡단면적이 78.5m이고, 윤주가 31.4m일 때 평균깊이는 얼마인가?
① 0.4m
② 0.8m
③ 1.25m
④ 2.5m

해설 평균수심＝수로의 횡단면적/수로의 횡단길이＝78.5/31.4＝2.5m

113 사방댐의 방향을 결정할 때 곡류부에서는 유심선의 절선에 어떻게 되도록 정해야 하는가?
① 45°
② 60°
③ 직 각
④ 평 행

해설 사방댐은 유심선에 대해 직각방향으로 설정하는 것이 원칙이다.

114 다음 녹화공법 중 성질이 다른 하나는?
① 산파공법
② 분사식 파종공법
③ 조파공법
④ 초식공법

해설 초식공법이란 직접 관목류 등을 심는 공법으로 종자의 파종공법과는 다르다.

정답 111 ② 112 ④ 113 ③ 114 ④

115 유역면적이 1ha이고, 최대 시우량이 90mm/hr일 때, 시우량법에 의한 계획 지점에서의 최대홍수유량은 몇 m³/sec인가?(단, 유거계수는 0.8로 한다)
① 20 ② 2
③ 0.2 ④ 0.02

해설 최대홍수유량= {(0.8×(10,000×90/1,000)}/(60×60) = 0.2

116 해안사구 중에서 해안에 가장 인접하여 조성되어 있는 사구는?
① 후사구 ② 자연사구
③ 주사구 ④ 전사구

해설 사구는 바다쪽의 전사구와 육지쪽의 주사구로 구분한다.

117 콘크리트 배합의 일반적인 경향으로 가장 부적합한 것은?
① 자갈의 입자가 클수록 시멘트의 사용량이 많아진다.
② 모래의 입도가 작아질수록 자갈의 사용량이 많아진다.
③ 동일 강도일 때는 슬럼프치가 커지면 시멘트 사용량이 증가한다.
④ 모래의 입자가 작을수록 시멘트의 사용량이 증가한다.

해설 자갈의 입자가 작을수록 시멘트 사용량이 많아진다.

118 석재를 사용하여 구축물을 만들 때 비탈물매가 1 : 1보다 완만한 경우에 사용되는 것은?
① 찰쌓기 ② 돌붙임
③ 골쌓기 ④ 메쌓기

해설 비탈물매가 1 : 1보다 완만한 경우는 돌붙임, 급할 경우에는 돌쌓기라 한다.

119 선떼붙이기 공법의 설명으로 틀린 것은?

① 1m당 떼의 사용 매수에 따라 1~9급으로 나뉜다.
② 떼붙이기의 비탈물매는 대체로 1:0.5~1:0.7 정도가 적당하다.
③ 1급 선떼붙이기에 가까울수록 고급 선떼붙이기이다.
④ 발디딤의 너비는 일반적으로 40cm 정도이다.

해설 높이 0.8~1.2m마다 발디딤의 넓이는 일반적으로 50~70cm이다.

120 파종에 의하여 비탈면에 응급히 식생을 도입하고자 하는 경우 외래 초본류를 주로 하고 여기에 재래 초본류를 첨가하는 이유로 틀린 것은?

① 외래 초본류는 일반적으로 발아가 빠르고, 조기에 지표의 피복효과가 기대되기 때문이다.
② 외래 초본류는 종자의 구득이 일반적으로 용이하기 때문이다.
③ 외래 초본류는 엽량과 뿌리가 많으므로 지표와 지중에 유기물질을 집적하여 토양의 성질을 개선해 주기 때문이다.
④ 외래 초본류는 생육이 왕성하여 뿌리의 자람이 좋고, 토양의 긴박력이 작기 때문이다.

해설 외래 초본류는 생육이 왕성하여 뿌리의 자람이 좋고, 토양의 긴박력이 크다.

121 사면혼파공법의 일반적인 시공요령으로 부적합한 것은?

① 비탈면다듬기공사를 하고, 견지반을 노출시키지 않도록 한다.
② 부토사는 그 하부에 흙막이공작물로써 완전히 처리한다.
③ 비탈면에 수직높이 60cm 정도, 너비 20~30cm의 수평계단을 끊는다.
④ 비탈면에는 수평으로 작은 골을 파서 종자의 유실을 방지한다.

122 비탈붕괴・산사태 발생의 인위적인 요인은?

① 동결융해
② 지 진
③ 강우, 적설
④ 수목의 벌채

해설 수목의 벌채는 인위적인 요인으로 산사태를 유발한다.

정답 119 ④ 120 ④ 121 ① 122 ④

123 절토사면의 토질별 적용공법으로 가장 적합한 것은?

① 모래층 비탈면 - 격자틀붙이기공법
② 점질성 비탈면 - 분사파종공법
③ 경암 비탈면 - 전면식생공법
④ 사질토 비탈면 - 새집붙이기공법

해설 모래층은 격자틀 등으로 눌러 안정시키는 공법이 효과적이다.

124 사방댐의 축조재료 중 친환경적 재료와 거리가 먼 것은?

① 콘크리트
② 통나무
③ 흙
④ 돌

125 교통이 불편한 황폐산지에서 경사가 급하고 유수량이 많을 때 시공해야 하는 산복수로로 적합한 공법은?

① 떼붙임수로
② 파종수로
③ 돌수로
④ 콘크리트 반원관 수로

해설 교통이 불편함으로써 현장에서 획득이 쉬운 재료를 가지고 공사를 해야 하는 것이 유리하다.

126 붕괴 현황조사에서 중요시하는 붕괴의 3요소에 해당되지 않는 것은?

① 붕괴 위치
② 붕괴 면적
③ 붕괴 평균 깊이
④ 붕괴 평균 경사각

해설 현장조사 시 붕괴의 3요소는 면적, 깊이, 평균 경사각이다.

127 일반적으로 돌골막이 돌쌓기 높이는 얼마 이내로 하는가?
① 1m 이내
② 2m 이내
③ 3m 이내
④ 5m 이내

해설 일반적으로 돌구곡막이의 높이는 2m 이내로 한다.

128 구곡막이(골막이)에 대한 설명으로 틀린 것은?
① 시공목적은 사방댐과 유사하다.
② 대수측과 반수측을 모두 축설한다.
③ 사방댐에 비해 계류상에서 시공위치는 약간의 차이가 있다.
④ 골막이의 양쪽귀는 견고한 지반까지 파내지 않아도 된다.

해설 사방댐은 대수측과 반수측을 모두 축설하나, 구곡막이는 반수측만 축설한다.

129 야계사방에서 유량(m³/sec)을 계산하는 식으로 맞는 것은?(단, C는 유출계수, I는 강우강도, A는 유역면적이다)
① $0.2778 \cdot C \cdot I \cdot A$
② $0.02778 \cdot C \cdot I \cdot A$
③ $0.002778 \cdot C \cdot I \cdot A$
④ $0.0002778 \cdot C \cdot I \cdot A$

해설 Q = 0.002778×C(유출계수)×I(최대시우량 mm/hr)×A(유역면적 ha)

130 사방용 수종(樹種)의 특성이 아닌 것은?
① 생장력이 왕성하며 쉽게 번무할 것
② 뿌리의 자람이 좋을 것
③ 척악지의 조건에 적응성이 강할 것
④ 토양수분 요구도가 높을 것

해설 사방적합지는 건조하고 척박하여 토양에 대한 수분 요구도가 높지 않은 수종이 적합하다.

정답 127 ② 128 ② 129 ③ 130 ④

131 절토사면 중 토질이 모래층인 사면에 대한 설명으로 옳지 않은 것은?
① 절토공사 직후에는 단단한 편이나 건조하면 푸석푸석해지고 붕락되기 쉽다.
② 침식에 대단히 약하여 식생이 착근(着根)하기 전에 유실될 가능성이 높다.
③ 토양유실을 방지할 목적으로, 보통흙으로 전면적 객토를 해 주어야 한다.
④ 적용 공법은 새집붙이기 공법이 가장 적절하다.

해설 모래층의 사면안정공법은 격자틀붙이기공법이 적당하며, 새집붙이기 공법은 암반층에 적당한 공법이다.

132 사방댐의 방수로 크기를 결정하는데 직접적으로 관계가 없는 것은?
① 암반상태
② 집수면적
③ 황폐상황
④ 강수량

해설 방수로의 결정은 직하부의 암반상태가 아니라 기본적으로 암반의 존재 유무이다.

133 산사태 및 산붕과 비교한 땅밀림 침식의 설명으로 옳은 것은?
① 20° 이상의 급경사지에서 발생한다.
② 침식의 이동속도가 10m/day 이상으로 빠르다.
③ 침식의 규모가 1ha 이하로 작다.
④ 토괴의 흐트러짐이 적고 원형을 보존하며 이동한다.

해설 땅밀림은 대규모로 토괴의 흐트러짐이 적고 원형을 보존하며 속도가 느리게 움직인다.

134 산림환경보전공사용 재료의 설명이 아닌 것은?
① 산지에 버드나무류, 주목 등을 식생하면 잘 생육한다.
② 토목재료는 내구성, 내마모성이 커야 한다.
③ 석재 중 가격이 고가이나 미관을 요하는 석축의 메쌓기에는 마름돌을 사용한다.
④ 아까시나무, 싸리나무 등은 종자로 파종한다.

해설 버드나무나 주목 등은 사방공사용 수목의 종류가 아니다.

135 평균유속을 구하는 매닝식 $V=\dfrac{1}{n} \cdot R \cdot I$에서 n은 무엇인가?

① 조도계수 ② 유출계수
③ 점성계수 ④ 마찰계수

해설 n은 조도계수, R은 경심, I는 수로물매

136 평균강우량의 산정법이 아닌 것은?

① 우량계법 ② 등우선법
③ 산술평균법 ④ Thissen법

해설 평균강우량의 산정법은 등우선법, 산술평균법, Thissen법이다.

137 비탈다듬기나 단 끊기 공사로 생긴 토사의 활동을 방지하기 위해 설치하는 산복사방공종은?

① 묻히기 ② 누구막이
③ 돌망태흙막이 ④ 산복통나무쌓기흙막이

해설 토사활동 방지책은 묻히기가 효과적이다.

138 산복사방에서 비탈다듬기공사의 토사량 계산법이 아닌 것은?

① 사면적법 ② 삼각주체법
③ 구형주체법 ④ 평균단면적법

해설 사면적법은 토사량 계산방법이 아니다.

정답 135 ① 136 ① 137 ① 138 ①

139 선떼붙이기 작업 시 일반적인 단끊기의 너비와 발디딤의 너비가 모두 옳게 연결된 것은?

① 단끊기 : 30~40cm, 발디딤 : 25cm
② 단끊기 : 25cm, 발디딤 : 30~45cm
③ 단끊기 : 50~70cm, 발디딤 : 15cm
④ 단끊기 : 15cm, 발디딤 : 50~70cm

해설 단끊기 : 50~70cm, 발디딤 : 15cm

140 유량 산정 시 합리식을 적용했을 때 유출계수가 틀린 것은?

① 사력생산지 : 0.9 이상
② 사력유과지 : 0.8 이상
③ 사력퇴적지 : 0.7 이상
④ 사력통과지 : 0.5 이상

해설 사력생산지 : 0.9 이상, 사력유과지 : 0.8 이상, 사력퇴적지 : 0.7 이상이 되도록 한다.

141 황폐계천유역 중 토지 이용이 다양해지고 마을이 형성된 경우가 많아 주로 모래막이, 수로내기 등의 공사가 이루어지는 곳은?

① 토사생산구역
② 토사유과구역
③ 토사퇴적구역
④ 토사조절구역

해설 토사퇴적구간에 모래막이 등의 공사가 이루어진다.

142 사방댐에서 일반적으로 방수로의 단면으로 가장 많이 이용되는 형상은?
① 활 꼴
② 사다리꼴
③ 직사각형
④ 정삼각형

해설 사다리꼴 방수로가 가장 보편적이다.

143 콘크리트의 배합 설계에서 단위 수량이 165kg, 단위 시멘트량이 300kg일 때 물시멘트비는?
① 45%
② 48%
③ 52%
④ 55%

해설 $\frac{165}{300} \times 100 = 55\%$

144 비탈면 안정을 위한 침식방지제의 사용효과에 대한 설명으로 틀린 것은?
① 살포되는 종자, 비료, 피복보호제 등의 유실 방지
② 객토의 유출 및 침식 방지
③ 토양수분의 증산 및 표면건조 유도
④ 보온효과 기대

해설 침식방지제는 토양수분의 증산 및 표면건조 유도와 거리가 멀다.

145 산림복원의 대상지가 아닌 곳은?
① 백두대간 및 정맥(지맥)
② 산불 발생지
③ 생활권 훼손지
④ 벌채지

해설 벌채지는 일반 조림 대상지역이다.

정답 142 ② 143 ④ 144 ③ 145 ④

146 산림복원의 유형으로 연결이 잘못된 것은?

① 기반환경복원 – 토양복원 ② 식생복원 – 식생 및 생태수림복원
③ 서식지복원 – 종복원 ④ 산림경관복원 – 산림복원

해설 산림경관복원은 식생복원의 한 형태이다.

147 산림복원의 기본원칙을 가장 잘 설명한 것은?

① 산림생태계가 모든 국민의 자산으로서 공익에 적합하게 보전·관리되고 지속가능한 이용이 이루어지도록 함
② 산림 내 생물이 경제적으로 보호되고 산림생물다양성이 유지·증진될 수 있도록 함
③ 산림 내 서식공간 및 기능이 확보되도록 지형·입지에 적합한 인공재료를 사용하여 식생을 복원
④ 산림복원 시 계획, 모니터링, 평가의 독립적 역할을 강화

해설 ② 산림 내 생물이 생태적으로 보호되고 산림생물다양성이 유지·증진될 수 있도록 함
③ 산림 내 서식공간 및 기능이 확보되도록 지형·입지에 적합한 자생식물·자연재료를 사용하여 식생을 복원
④ 산림복원 시 계획, 모니터링, 평가의 유기적 연계를 강화

148 산림복원 기본계획의 시행주체와 기간을 맞게 연결한 것은?

① 산림청장 – 5년
② 산림청장 – 10년
③ 지방산림청장, 지자체장 – 5년
④ 지방산림청장, 지자체장 – 10년

해설

추진 절차	시행 주체	주요내용	검토 사항
산림복원 기본계획 수립	산림청장	• 계획기간 : 10년 • 주요내용 : 목표, 추진방향, 사후관리, 정보관리, 인력육성, 국제교류 등 • 지자체, 지방산림청 : 광역 지역계획 등 수립	• 산림복원의 기본목표 및 추진방향 • 산림복원 대상지 • 산림복원지 사후관리

146 ④ 147 ① 148 ②

149 산림복원 대상지의 조사 수행자가 아닌 사람은?

① 해당 산주
② 산림복원지원센터
③ 산림기술진흥법에 따른 산림기술용역법인
④ 담당공무원

해설 산주는 산림복원 대상지의 조사 수행자가 아니다.

150 산림복원지의 사후 모니터링의 조사시기로 잘못된 것은?

① 사후 모니터링의 조사 시기는 1단계와 2단계로 구분하며, 1단계 사후 모니터링은 산림복원사업이 종료된 후 첫 번째 되는 해(1년)와 두 번째 되는 해(2년)에 실시를 원칙
② 2단계 사후 모니터링은 산림복원사업이 종료된 후 세번째 되는 해(3년)와 다섯번째 되는 해(5년)에 실시
③ 사후 모니터링 조사 횟수는 연 1회 이상 실시하며, 생물종의 활동 및 출현 시기를 고려해 4~10월 중 적절한 시기로 정함
④ 첫 번째 해(1년) 이후 조사는 생물 및 현장의 변화를 파악할 수 있도록 가급적 처음 정해진 시기와 동일시기에 맞추어 조사

해설 ② 2단계 사후 모니터링은 산림복원사업이 종료된 후 다섯 번째 되는 해(5년)와 열번째 되는 해(10년)에 실시

151 산림복원지의 사후 모니터링 대상지로 인정하여 실시하여야 하는 최소 면적은?

① 550m²를 초과하는 지역
② 660m²를 초과하는 지역
③ 990m²를 초과하는 지역
④ 1,000m²를 초과하는 지역

해설 산림복원지가 660m²를 초과하는 지역은 사후 모니터링 대상지로 인정하여 실시하지만, 그 이하의 산림복원지는 제외하고 산림복원지가 분산되어 있을 경우, 한 개의 복원사업을 기준으로 모든 복원지의 면적을 합하여 산정

정답 149 ① 150 ② 151 ②

152 사방사업에서 파종이 필요 없는 지역은?
① 암석지　　　　　　　　② 비탈면
③ 절개지　　　　　　　　④ 나 지

해설 ① 암석지는 파종이 필요없다.

153 사방사업의 종류에서 그 구분이 다른 하나는?
① 산사태 예방사업
② 계류보전사업
③ 계류복원사업
④ 사방댐 설치사업

해설 ① 산사태 예방사업은 산지사방이고 그 이외는 야계사방사업이다.

154 사방사업 기본계획의 내용에 포함되지 않는 것은?
① 사방사업의 기본목표 및 추진방향
② 사방기술의 활용 및 보급에 관한 사항
③ 사방사업 대상지 및 사후관리에 관한 사항
④ 사방기술의 국제교류 확대에 관한 사항

해설 ② 사방기술의 개발 촉진 및 그 활용을 위한 사항

155 사방사업의 설계·시공 세부기준에서 토공에 관한 설명으로 옳지 않은 것은?
① 표토는 생태적 사면복구를 위해 가급적 재활용한다.
② 절·성토 사면정리를 할 때 근주가 땅에 묻히지 않도록 한다.
③ 암석은 부득이한 경우를 제외하고는 발파를 실시한다.
④ 구조물 기초터파기는 단단한 원지반이 나올 때까지 충분히 터파기를 하여야 한다.

해설 ③ 암석은 부득이한 경우를 제외하고는 브레이커로 절취한다.

156 사방사업의 설계·시공 세부기준에서 현장대리인 배치에 관한 설명으로 옳지 않은 것은?

① 시공자는 사방사업의 공사 관리 및 기타 기술상의 관리를 하기 위하여 공사 착수와 동시에 산림공학기술자 1인 이상을 공사현장에 배치하여야 한다.
② 감독관은 사업 착수 전 현장대리인의 인적사항과 자격정보를 산림기술정보 통합관리시스템에 등록하여 중복배치 여부 및 자격정보를 확인하여야 한다.
③ 사방사업공사 현장에 배치된 현장대리인은 발주자의 승낙을 얻지 아니하고도 긴급한 상황 발생시 공사현장을 이탈할 수 있다.
④ 사방사업 시공자는 이미 시공 중에 있는 공사의 현장에서 새로이 시작되는 산림토목공사에 대하여는 공사품질 및 안전에 지장이 없는 범위 내에서 발주자의 승인을 받아 1인의 산림공학기술자를 3개의 현장에 배치할 수 있다.

해설 ③ 사방사업공사 현장에 배치된 현장대리인은 발주자의 승낙을 얻지 아니하고는 정당한 사유 없이 공사현장을 이탈하여서는 아니 된다.

157 산림복원의 기본원칙이 아닌 것은?

① 산지가 본래 지니고 있던 자연성을 최대한 고려하여 식생이 서식하기 유리한 환경을 조성한다.
② 철저한 현장조사에 기반하여 복원목표를 설정하고 계획을 수립한다.
③ 긴급한 복원을 위하여 비료목, 인공재료 등을 사용하여 산림식생을 조기에 회복한다.
④ 소생물권을 중심으로 훼손된 식생의 복원력을 강화하되 생물의 서식공간·기능이 확보되도록 지형·입지에 적합한 식생으로 복원한다.

해설 ③ 현지자생식물·자연재료를 사용하여 산림식생을 조기에 회복한다.

158 산림복원의 기본계획 사항이 아닌 것은?

① 산림복원의 촉진을 위한 시책
② 산림복원 대상지 산림복원사업 및 사후관리에 관한 사항
③ 산림복원에 관한 정보관리에 관한 사항
④ 산림복원 기술의 발전에 관한 사항

해설 ④ 산림복원 기술인력의 육성에 관한 사항

정답 156 ③ 157 ③ 158 ④

159 산림복원의 타당성 평가 조사항목이 아닌 것은?
① 복원 현황　　　　　　　　　　② 주변 환경
③ 기반 환경　　　　　　　　　　④ 생태계 현황

해설　① 훼손 현황 : 타당성 평가 대상지의 훼손 원인 및 식생·토양·경관 등의 훼손 정도 조사

160 식생복원을 위한 종자·묘목의 수급 기준에 대한 설명으로 옳지 않은 것은?
① 현존하거나 과거에 서식하였던 식물종 가운데에서 가장 우수한 복원능력을 가진 식물종을 선정한다.
② 고도·방위·경사, 토심·토성, 토양의 배수·건습도 등을 고려하여 생육여건에 적합한 식물 종을 선정한다.
③ 외국에서 수입된 종자·묘목 또는 수입한 식물에서 채취·양묘된 종자·묘목의 수급은 금지한다.
④ 종자·묘목공급원이 있는 경우에는 유사한 고도·기후대의 종자·묘목공급원에서 채종·양묘한 종자·묘목을 수급한다.

해설　① 복원대상지 또는 인근지역에서 현존하거나 과거에 서식하였던 식물종 가운데에서 선정한다.

161 기반안정복원사업의 자재 수급 기준에 대한 설명으로 옳지 않은 것은?
① 원래 상태의 산림으로 복원하기 위해 친자연적인 재료를 선택·이용한다.
② 토목재료는 원래 상태의 산림으로 복원하기 위해 친자연적인 재료를 선정한다.
③ 부득이 외부에서 반입해야 하는 경우에는 현장재료와 유사한 재료를 수급한다.
④ 종자·묘목공급원이 없는 경우에는 고도·기후대가 유사한 국내 자생지에서 채취·양묘한 자·묘목을 사용한다.

해설　② 토목재료는 토양안정을 위해 구조적으로 충분한 지지력이 있고, 내구성 있는 재료를 선정한다.

162 산림복원사업계획서에 포함될 사항이 아닌 것은?

① 사업의 추진성과
② 사업대상지역의 위치, 현황, 사업기간, 총 사업비
③ 주요 사용공법 및 전문가 활용계획
④ 사후 모니터링 및 평가계획

해설 ① 사업의 필요성과 목표

163 산지복구설계서에 포함될 사항이 아닌 것은?

① 산지의 소재지를 확인할 수 있는 축척 2만5천분의 1 이상의 지적이 표시된 지형도
② 공사비 총괄표 및 공사원가계산서
③ 현황도·평면도·종단도·횡단도·구조물도 및 토공량계산서가 포함된 설계도
④ 복구설계서를 작성한 자의 사업자등록증·자격증 및 감리용역계약서 사본

해설 ④ 산지복구공사를 감리하는 자의 사업자등록증·자격증 및 감리용역계약서 사본

164 산지복구공사에 대한 감리의 범위가 아닌 것은?

① 시공계획 및 공사관리의 적정성 검토
② 시공자가 관계 법령 및 설계도서에 따라 적합하게 시공하는지 여부 확인
③ 공사현장에서의 재해예방대책 및 안전관리 확인
④ 시공방법의 적정성 검토 및 확인

해설 ④ 설계변경의 적정성 검토 및 확인

정답 162 ① 163 ④ 164 ④

교육이란 사람이 학교에서 배운 것을 잊어버린 후에 남은 것을 말한다.

– 알버트 아인슈타인 –

산림기반시설

※ 산림산업기사의 경우 산림토목

CHAPTER 01 임 도
CHAPTER 02 산림측량
적중예상문제

합격의 공식 시대에듀 www.sdedu.co.kr

CHAPTER 01 임 도

01 임도의 종류와 특성

(1) 임도의 종류
① 임도 : 산림의 경영 및 관리를 위하여 설치한 도로
② 임도시설
　㉠ 간선임도 : 산림의 경영관리 및 보호상 중추적인 역할을 하는 임도로서 도로와 도로를 연결하는 임도
　㉡ 지선임도 : 일정구역의 산림경영 및 산림보호를 목적으로 간선임도 또는 도로에서 연결하여 설치하는 임도
　㉢ 작업임도 : 일정구역의 산림사업 시행을 위하여 간선임도·지선임도 또는 도로에서 연결하여 설치하는 임도

(2) 임도의 기능
① 임업적 기능
　㉠ 수송기능 : 산림과 시장이나 마을 등을 연결하여 임산물과 인적 자원 수송
　㉡ 사업기능 : 산림사업을 효율적으로 실행하기 위한 기능으로, 산림경영과 작업의 능률향상에 중요한 역할 증대
　㉢ 도달기능 : 공도에서 산림을 연결하는 노선이 지니고 있는 기능
② 공도적 기능 : 공도에 준한 일반교통을 목적으로 하는 기능

(3) 임도 개설효과
① **직접효과** : 벌채비의 절감, 벌채시간의 절감, 벌채사고의 감소, 작업원의 피로 경감, 품질의 향상
② **간접효과** : 사업기간 단축, 지가 상승, 미이용자원의 개발촉진, 원료투입대비 제품생산의 비율 향상, 과다벌채 완화, 산림보호 강화, 유통과정 합리화, 시장권의 확대
③ **파급효과** : 산촌의 생활수준 향상, 지역산업 발전, 관광자원 개발

(4) 임도와 환경
① 모암과 토질
　㉠ 모 암
　　• 암석은 오랫동안 비, 바람, 기온, 생물 등의 영향을 받아 그 조직이 변화 및 기계적으로 붕괴되어 미세한 입자가 되고 다시 화학적으로 분해되어 그 본질이 변하게 된다.

- 이와 같은 작용을 받아 생성된 물질을 모암이라고 한다.
- 우리나라의 주요 모암은 화강암과 화강편마암 등이 있다.
ⓒ 토질 및 지질에 대한 조사 : 예비조사, 현지조사, 정밀조사를 거친다.
- 예비조사 : 토양도, 지질도 및 기상상황을 조사
- 현지조사 : 현지 토양의 입도, 팽창성, 건조 등을 조사
- 정밀조사 : 재료의 선정을 위한 토질시험
ⓒ 암 판정 기준
- 풍화암 : 유압식 리퍼가 사용될 수 있을 정도로 풍화가 진행된 지층(가동능률의 기준)
- 발파암 : 발파를 이용하는 것이 유효한 지층
ⓔ 흙의 특성
- 입경에 의한 분류 : 자갈(2mm 또는 4.76mm 이상), 모래(0.06mm 또는 0.074mm 이상), 실토(0.002mm 이상), 점토(0.002mm 이하)
- 삼각좌표에 의한 구분 : 모래, 미사, 점토 3성분의 함유율의 합계가 반드시 100%가 되어야 한다.
- 통일분류법 : 액성 한계시험, 소성 한계시험에 의한 공학적 분류방법

② 생태통로의 종류
ⓐ 터널형(하부통로형)
- 박스형 암거 : 대형동물 이동가능
- 파이프형 암거 : 소형동물을 위해 설치
ⓑ 육교형(상부통로형) : 대부분의 동물 이용가능
ⓒ 선형 : 도로, 철도 혹은 하천변 등을 따라 길게 설치된 통로

02 임도계획

(1) 의 의
임도의 계획은 임도망을 계획하고자 하는 구역 안에 임도를 어느 정도의 밀도로서 어떻게 배치하는 것이 경제적이고 이용효율성이 높은 임도를 시설할 수 있는가를 알기 위하여 필요하다.

(2) 임도망
① 산림을 통과하는 도로는 도로법에 의한 고속국도, 지방도, 일반국도, 시도 등 여러 종류의 공도와 사도법에 의한 사도, 타 법령에 의하여 시설되는 목적도가 있다.
② 임도는 산림내 또는 산림에 연결 시설하는 차도이므로 임내에 있을 수도 있고, 임외에서 공도와 임지를 연결할 수도 있다.
③ 임도망은 임산물이 임지에서 생산되어 공도를 경유하여 시장이나 제재공장 등 수요처까지 운반될 수 있는 연결도망의 일부분이다.

④ 임도망 계획 시 고려사항

임도의 계획은 임도를 매개체로 통행되는 교통류와 개발되는 유역에 활동요인을 부과하는 것이므로 통행의 목적, 개발목적, 자연경관, 지형, 작업조건 및 사회적 환경조건과 조화를 이룰 수 있도록 하여야 한다. 사회적·경제적·기술적 요인 등 세가지 측면에서 검토하여 가장 적정한 노선을 선정한다.

⑤ 임도노선 계획 시 고려사항

㉠ 임도노선 계획 순서 : 노선계획은 임도계획의 기초를 이루는 가장 중요한 단계로서 당해 노선이 통과하게 될 유역의 입지환경과 경제효과, 교통 및 구조기술상의 특질, 경제성 등의 요구조건에 가장 부합되도록 하기 위한 과정이다. 개략계획 → 기본계획 → 실시설계의 순서로 진행된다.

㉡ 임도노선을 설치할 수 없는 경우
- 산지전용이 제한되는 지역이 포함되어 있는 경우
- 임도거리의 10% 이상이 경사 35° 이상의 급경사지를 지나게 되는 경우(다만, 절취한 토석을 급경사지 구간 밖으로 운반하여 처리할 것을 조건으로 하는 경우에는 그러하지 아니함)
- 임도거리의 10% 이상이 도로법에 따른 도로로부터 300m 이내인 지역을 지나게 되는 경우(다만, 절토·성토면의 전면적에 경관유지를 위한 녹화공법을 적용할 것을 조건으로 하는 경우에는 그러하지 아니함)
- 임도거리의 20% 이상이 화강암질 풍화토로 구성된 지역을 지나게 되는 경우(다만, 무너짐·땅밀림 방지를 위한 보강공법을 적용할 것을 조건으로 하는 경우에는 그러하지 아니함)
- 임도거리의 30% 이상이 암반으로 구성된 지역을 지나게 되는 경우(다만, 절토·성토면의 전면적에 경관유지를 위한 녹화공법을 적용할 것을 조건으로 하는 경우에는 그러하지 아니함)
- 도로법에 따른 도로 또는 농어촌도로정비법에 따른 농로로 확정·고시된 노선과 중복되는 경우

(3) 임도밀도 산정

① 임도밀도(Forest Road Density)
  ㉠ 노망의 충족도를 나타내는 양적 지표
  ㉡ 산림의 단위 면적당 임도 연장(m/ha)으로 나타낸다.
  ㉢ 임도밀도의 대소는 산림개발정도 및 사업의 집약도를 보여준다.
  ㉣ 임도밀도 = 총 임도연장거리(m)/경영대상면적(ha)
  ㉤ 우리나라의 현재 임도밀도 : 약 2.69m/ha

② 임도밀도의 산출방법
  ㉠ 해석적 방법 : 순수하게 계산만으로 이론적 최적임도밀도 및 최적임도간격을 산출
  ㉡ 경험적 방법(대안비교법) : 우선 몇 개의 예정개설노선을 계획하고, 이익과 비용에 의하여 비교판단을 하는 중부유럽의 임도밀도이론

③ Mattews의 최적임도간격 및 최적임도밀도이론
  ㉠ 임도밀도가 높을수록(임도간격이 좁을수록) 임도의 개설로 인해 직접적으로 영향을 받는 집재비용이 절감되어 임도비(임도개설비+유지비)와 집재비의 합계가 최소가 되는 점의 임도밀도(임도간격)를 가장 적정한 임도밀도(임도간격)로 간주한다.
  ㉡ 임도간격(m)=10,000/임도밀도

④ 임도간격, 집재거리, 평균집재거리의 관계
　　㉠ 임도간격은 임도와 임도사이의 거리로 표현한다.
　　㉡ 집재거리는 양쪽의 임도에서 서로 집재작업이 실행되므로 평지림의 경우 임도간격의 1/2이 된다.
　　㉢ 평균집재거리는 임도변의 집재작업(최소집재거리)과 집재한계선까지(최대집재거리) 집재작업이 동일하게 실행되므로 평지림의 경우 집재거리의 1/2이 되고 임도간격의 1/4이 된다.
　　㉣ 기본계산식은 평지림을 기준으로 정립된 것이므로 산악지에 적용할 경우에는 임도와 집재 우회계수를 계상하여야 한다.
⑤ 산림기능별 임도밀도
　　㉠ 기본임도밀도 : 조림부터 수확까지 산림작업에 투입되는 노동인력들이 작업장까지 왕복통근에 소요되는 보행경비, 즉 비생산노무경비를 임도시설에 전환하여 사회간접자본화하는 개념
　　㉡ 적정임도밀도 : 임업생산비 중 임도개설연장의 증감에 따라 변화되는 주벌의 집재비용과 임도개설비의 합계를 가장 최소화시키는 임도밀도
　　㉢ 지선임도밀도 : 입지조건에 따라서 집재방법과 운재시스템이 다르기 때문에 임도의 효율성을 계수로서 정하고, 이 계수와 사용가능한 집재장비의 최대집재거리를 적용하여 경험적인 임도밀도를 산출하는 방법
⑥ 산지개발도 : 개발된 면적 대 전체 산림경영구의 면적비로 표시한다.

(4) 임도망 편성

항구성, 임지종속성, 다양성의 원칙에 따라 임도망을 계획·편성한다.
① 임도의 주요 통과지점 결정
　　㉠ 교량, 석축, 옹벽 등의 구조물 시설이 적은 곳이어야 한다.
　　㉡ 건조하고 양지바른 곳이어야 한다.
　　㉢ 암석지, 연약지반, 붕괴지역은 가능한 피한다.
　　㉣ 너무 많은 흙깎기와 흙쌓기, 높고 긴 교량을 필요로 하는 곳은 되도록 우회한다.
　　㉤ 가교지점은 양안에 침식된 부분이 없는 곳을 선정하고 강 중심에 대하여 되도록 직각으로 건너야 한다.
　　㉥ 임도개설에 유리한 지점은 통과한다. 이와 같은 지점으로는 말안장 지역, 여울목, 급경사지 내의 완경사지, 공사용 자재의 매장지 등이 있다.
　　㉦ 임도개설에 불리한 지점은 피한다. 이와 같은 지점으로는 늪과 같은 습지, 붕괴지, 산사태지와 같은 지반이 불안정한 산지사면, 암석지, 홍수범람지역, 소유경계 등이 있다.
② 설치 위치별 임도망의 형태
　　㉠ 계곡임도 : 하단부로부터 개발, 임지개발의 중추적인 역할, 홍수로 인한 유실을 방지하고 임도시설비용을 절감하기 위하여 계곡하단부에 설치하지 않고 약간 위인 산록부의 사면에 최대홍수위보다 10m 정도 높게 설치한다.

- ⓒ 사면임도 : 계곡임도에서 시작되어 산록부와 산복부에 설치하는 임도로서 하단부로부터 점차적으로 선형을 계획하여 진행하며 산지개발효과와 집재작업효율이 높으며 상향집재방식의 적용이 가능한 임도이다.
- ⓒ 능선임도 : 축조비용이 저렴하고 토사 유출이 적지만 가선집재방법과 같은 상향집재시스템에 의하지 않고는 산림을 개발할 수 없다.
- ② 산정부 개발형 : 산정부 주위를 순환하는 노망을 설치한다.
- ⑩ 계곡분지의 개발형 : 사면의 길이가 길고 하부의 경사가 급한 곳에 설치한다.
- ⑪ 반대편 능선부 산림개발형 : 계곡의 발달이 거의 없거나 늪이나 암석 급경사지 등의 원인으로 계곡임도를 개설할 수 없는 경우 설치한다.

③ 양각기 계획법에 의한 도상 임도망 편성
- ㉠ 양각기의 1폭을 임도의 영선(Zero Line)에 대한 수평거리로 하고 등고선 간격을 높이로 간주하여 종단물매를 산출한 후 지형도상에서 적정한 노선을 선정하는 노망계획법이다.
- ㉡ 그림에서 수평거리 100m에 대한 높이 p(m)의 물매가 G%라고 한다면 다음과 같이 산출된다.

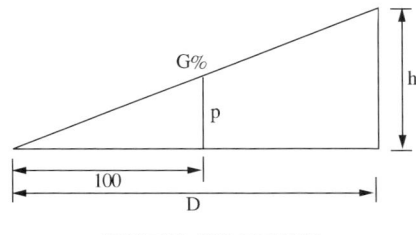

[양각기에 의한 물매설정]

$D : h = 100 : G$

여기서, D : 양각기 1폭에 대한 실거리(m)
h : 등고선 간격
G : 물매(%)

∴ 도상거리(d) = 실거리(D) ÷ 축척의 분모수

④ 현지의 노선부설 및 수정 : 도상계획에 의하여 설정된 각 임도노선은 현지조사(답사, 예측)에 의하여 현지의 국지적인 입지조건에 부합되도록 수정한다.

(5) 임도망의 평가

① 산 출
- ㉠ 집재거리 : 임목이 서 있는 지점에서부터 임도변 집재장까지의 최단 직선거리
- ㉡ 평균(산술)집재거리 : 모든 집재지점으로부터 계획된 노선까지의 최단집재거리의 평균치
- ㉢ 평균(산술)집재거리율 : 임도밀도에 의한 이론적 평균집재거리와 임도를 계획한 노선의 평균집재거리와의 비율

ⓔ 집재불능지점비율 : 전체 대상 임지에서 계획된 노망이 가지는 최대집재거리로 집재할 수 없는 지점의 비율

ⓜ 집재거리표준편차 : 평균집재거리가 변동하는 정도

② 개발지수
  ㉠ 임도배치의 효율성을 나타내는 정도
  ㉡ 이상적인 배치를 하는 경우의 평균집재거리에 대해 동일한 밀도로 실제로 개설된 임도망의 평균집재거리의 비율

③ 경제성 분석
  ㉠ 임도교통에 소요되는 비용은 임도비와 임도사용자비용으로 구분된다.
  ㉡ 경제성 분석의 궁극적인 목적은 임도운송비를 최소한으로 줄일 수 있는 대안을 설정하는 것이다.

④ 산림관리기반시설의 타당성 평가
  ㉠ 타당성평가의 항목별기준

평가항목		항목별 배점 (총100점)	평가기준	평가기준(평가기준별 배점)			
1. 필요성		50		–			
	가. 산림경영	20	활용도	매우 높음(20)	높음(16)	보통(12)	낮음(8)
	나. 산림보호 및 관리	20	활용도	매우 높음(20)	높음(16)	보통(12)	낮음(8)
	다. 산림휴양자원이용	5	활용도	매우 높음(5)	높음(4)	보통(3)	낮음(2)
	라. 농산촌마을 연결	5	활용도	매우 높음(5)	높음(4)	보통(3)	낮음(2)
2. 적합성		50		–			
	가. 경사도	15	35° 이상 구간	5% 미만(15)	5% 이상 7% 미만(12)	7% 이상 10% 미만(9)	10% 이상(6)
	나. 도로와의 연접성	10	300m 이내 구간	5% 미만(10)	5% 이상 7% 미만(8)	7% 이상 10% 미만(6)	10% 이상(4)
	다. 토질	15	화강암질 풍화토 구간	10% 미만(15)	10% 이상 15% 미만(12)	15% 이상 20% 미만(9)	20% 이상(6)
	라. 노출암반	10	암반지역 구간	20% 미만(10)	20% 이상 25% 미만(8)	25% 이상 30% 미만(6)	30% 이상(4)
3. 환경성				–			
	가. 멸종위기 동·식물 서식지	가·불가	포함 여부	자연환경보전법에서 정하고 있는 멸종위기 동·식물서식지가 임도노선에 포함되는 경우에는 불가능			
	나. 산사태 등 재해 취약지	가·불가	포함 여부	임도노선에 산사태 등 재해취약지가 포함되는 경우에는 불가능. 다만, 방재시설을 하는 것을 조건으로 하는 경우에는 가능			
	다. 상수원오염 등 주민 생활저해요인	가·불가	발생 여부	상수원 오염 등 주민생활의 저해요인이 발생할 수 있는 경우에는 불가능. 다만, 상수원오염 방지시설을 하는 것을 조건으로 하는 경우에는 가능			

• 경사도는 1/25,000 지형도에 임도예정노선을 기점으로 하여 그 예정노선의 매 4mm 간격의 지점에서 수직방향으로 상하 1cm를 기준으로 측정하고, 측정한 경사도의 합계를 평균하여 계산한다.

ⓒ 임도의 타당성평가방법
- 평가자 : 임도의 타당성평가는 산림·환경 또는 토목 등에 관한 전문지식이 있는 자 중에서 산림청장이 위촉하는 3인의 평가자가 합동으로 실시한다.
- 평가시기 : 타당성평가는 임도를 설치하고자 하는 해의 전년도 7월 말까지 실시하여야 한다. 다만, 간선임도의 설치계획이 변경되는 경우에는 그 변경 전에 실시할 수 있다.
- 평가방법
  - 평가자는 임도노선의 적합성에 타당한지 여부를 확인한 후 평가점수를 산출한다.
  - 평가자 3인의 평가점수를 평균하여 타당성평가점수를 산출한다.
  - 환경성 분야 평가항목 중 불가에 해당되는 항목이 없고, 타당성평가점수가 70점 이상인 경우에 한하여 임도의 설치가 타당성이 있는 것으로 평가한다.
- 평가자의 자격요건 및 위촉방법, 그 밖의 타당성평가에 관하여 필요한 사항은 산림청장이 정한다.

03 임도의 구조

(1) 임도의 구조
① 평면선형, 종단선형, 횡단구조, 시설물 등이 포함된다.
② 선형설계 시 제약요소
  ㉠ 자연환경의 보존, 국토보안상의 제약
  ㉡ 시공상의 제약
  ㉢ 지질, 지형, 지물 등의 제약
  ㉣ 사업비, 유지관리비 등의 제약
③ 설계차량
  ㉠ 임도설계 시 기초가 되는 차량
  ㉡ 기준차량규격(임도시설기준, 단위 : m)

제원 자동차종별	길이	폭	높이	앞뒤바퀴 거리	앞내민 길이	뒷내민 길이	최소회전 반경
소형자동차	6.0	2.0	2.8	3.7	1.0	1.3	7.0
대형자동차	13.0	2.5	4.0	6.5	2.5	4.0	12.0

- 앞뒤바퀴 거리 : 앞바퀴축의 중심으로부터 뒷바퀴축의 중심까지의 거리
- 앞내민길이 : 차량의 전면으로부터 앞바퀴축의 중심까지의 거리
- 뒷내민길이 : 뒷바퀴축의 중심으로부터 차량의 후면까지의 거리

④ 설계속도
  ㉠ 설계차량의 속도로서 곡선반지름, 시거, 폭원 등의 선형요소를 결정하는 데 기준이 된다.
  ㉡ 임도의 설계속도는 20km/시간 이상 40km/시간 이하로 한다.
  ㉢ 대피소 간의 왕복거리와 교통량으로 산출한 설계속도
  $V = N \times d/1,000$
  여기서, V : 자동차의 설계속도 또는 주행속도
  N : 시간당 교통량(대/시간)
  d : 차두간격($=4.5+0.186V+0.00154\,V^2$) 또는 대피소 간의 왕복거리(m)

⑤ 차도폭의 산출
  ㉠ 설계속도에 의한 경우
  $W = B + V/50 + 0.5$
  여기서 W : 차도폭(m)
  B : 자동차의 폭(m)
  V : 설계속도(km/hr)
  ㉡ 길가와 자동차의 간격에 의한 경우
  $W = B + 2(b - b')$
  여기서 W : 차도폭(m)
  b' : 자동차의 바퀴와 가장자리의 간격(m)(=0.3을 적용)
  b : 자동차바퀴에서 길가까지의 간격(m)($=K_1 \times V$이며, K_1은 0.01411 적용)

⑥ 임도의 너비
  ㉠ 유효너비 : 길어깨·옆도랑의 너비를 제외한 임도의 유효너비는 3m를 기준으로 한다. 다만, 배향곡선지의 경우에는 6m 이상으로 한다.
  ㉡ 길어깨·옆도랑너비 : 길어깨 및 옆도랑의 너비는 각각 50cm~1m의 범위로 한다. 다만, 암반지역 등 지형여건상 불가피한 경우 또는 옆도랑이 없는 임도의 경우에는 길어깨의 너비를 50cm 미만으로 설치할 수 있다.
  ㉢ 축조한계 : 임도의 축조한계는 유효너비와 길어깨를 포함한 너비규격에 따라 설치한다.

⑦ 임도의 선형
  ㉠ 임도 중심선이 입체적으로 그리는 형상
  ㉡ 선형설계 시 고려해야 할 사항
    • 지형 및 지역의 조화
    • 선형의 연속성
    • 평면선형과 종단선형과의 조화
    • 교통상의 안전성

(2) 종단선형

① 종단물매(기울기)
㉠ 길 중심선의 수평면에 대한 기울기
㉡ 종단물매가 너무 급하면 차량의 주행이 어렵거나 제동이 곤란하며, 강우 시 종방향의 유수에 의하여 노면침식이 발생한다.
㉢ 종단물매가 너무 완만하면 노면에서 정체수 및 침투수가 발생하여 노체의 약화 및 붕괴를 일으킨다.
㉣ 설계속도별 종단물매

설계속도(km/hr)	종단기울기(순기울기)	
	일반지형	특수지형
40	7% 이하	10% 이하
30	8% 이하	12% 이하
20	9% 이하	14% 이하

- 지형여건상 특수지형의 종단에 기준을 적용하기 어려운 경우에는 노면포장을 하는 경우에 한하여 종단기울기를 18%의 범위에서 조정하여 행할 수 있다.

② 물매의 산출
물매의 표현 방법은 다음과 같다.
㉠ 각도＝수평을 0°, 수직을 90°로 하여 그 사이를 90등분한 것
㉡ 1 : n 또는 1/n＝높이 1에 대하여 수평거리 n으로 나눈 것
㉢ n%＝수평거리 100에 대하여 n의 고저차를 갖는 백분율
㉣ 비탈물매＝수직높이 1에 대한 수평거리의 비로서 하할법 또는 할푼법이라 한다.

③ 종단곡선
㉠ 종단물매가 m, n인 두 기울기선이 교차하는 점에서는 물매가 급하게 변화되어 자동차의 안전운행에 지장을 주게 되므로 그 수직면 내에 적당한 곡선을 삽입하여 물매의 변화를 완만하게 해야 한다. 이때 사용되는 곡선을 종단곡선이라고 한다.
㉡ 종단곡선으로는 포물선이 많이 이용된다.
㉢ 설계속도에 따른 종단곡선의 길이

설계속도(km/hr)	종단곡선의 반경(m)	종단곡선의 길이(m)
40	450 이상	40 이상
30	250 이상	30 이상
20	100 이상	20 이상

- 포장도로가 아닌 곳으로서 종단기울기의 대수차가 5% 이하인 경우에는 이를 적용하지 아니한다.
- 종단곡선은 포물선곡선방식을 적용할 수 있다.

(3) 횡단구조

① 노체의 구조
㉠ 노체의 구성
- 노체(Road)는 노상, 노반(보조기층), 기층 및 표층으로 구성된다.

- 노상 : 최하층에 위치한 도로의 기초부분으로서 균등한 지지력을 확보해야 한다. 원지반의 흙이 양호할 때는 그대로 사용할 수 있으나, 연약한 경우에는 다른 흙으로 치환하거나 적당한 물리·화학적 처리를 한다. 토질은 자갈이나 모래를 많이 함유하고 있는 조립토가 좋으며, 세립토는 충분한 다짐을 실시해야 한다.
- 노반(보조기층) : 상부의 포장부분을 지지하며, 상부의 교통하중을 분산하여 노상에 전달하는 중요한 역할을 한다. 따라서 충분한 지지력과 내구성이 풍부한 재료를 이용하여 충분히 다져야 한다. 보조기층을 시공할 때는 입경이 큰 것부터 깔고 다져야 하며, 이때의 두께는 10cm 내외가 좋다.
- 기층 및 표층 : 포장은 재료에 따라 아스팔트 포장과 콘크리트 포장으로 구분한다. 표층은 차량하중에 의한 노면의 마모에 직접 저항하는 부분이다.

ⓒ 재료에 따른 노면의 종류
- 토사도(흙모랫길) : 노면이 자연지반의 흙으로 된 도로 또는 여기에 입자를 조정하여 인공적으로 개량한 도로이다.
- 자갈도(사리도) : 자연지반의 흙 위에 자갈을 깔고 교통에 의한 자연전압으로 노면을 만든 것으로서 굵은 골재로서는 자갈, 결합재로서는 점토나 세점토사를 골라서 적당한 비율로 깔고 롤러로 다져서 표면을 시공한 것이다. 사리도의 노반시공법은 상치식과 상굴식이 있다.
- 쇄석도(부순돌길) : 부순돌로 구성된 쇄석들끼리 서로 물려서 죄는 힘과 결합력에 의하여 단단한 노면을 만드는 것으로서 중노동에도 견디고, 가장 경제적이어서 임도에서 가장 널리 사용된다. 교통체, 수체, 역청, 시멘트 쇄석도 등이 있다. 노반시공법은 텔퍼드식과 머케덤식이 있다.
- 시멘트 콘크리트 포장도 : 모래, 자갈, 부순돌 등의 골재와 포틀랜드시멘트를 이용하여 슬래브로 만든 포장도이다.
- 블록포장도 : 벽돌, 콘크리트블록, 아스팔트블록 등 일정한 크기로 만든 블록을 표층에 깐 도로이다.

ⓒ 노 면
- 노체의 최상층면으로 차도와 길어깨로 구성된다.
- 임도의 너비 : 차도너비+길어깨너비
- 차 도
  - 차도너비(유효너비) : 차량의 너비에 여유너비를 더한 것으로 임도구조에서 실제 차량, 소, 말이 지나가는 데 쓰이는 너비이다. 길어깨·옆도랑의 너비를 제외한 임도의 유효너비는 3m를 기준으로 한다. 다만, 배향곡선지의 경우에는 6m 이상으로 한다.
- 길어깨 및 옆도랑의 너비
  - 차도의 구조부를 보호하기 위해 차도의 양쪽에 접속해 수평되게 설치하는 부분이다.
  - 길어깨 및 옆도랑의 너비는 각각 50cm~1m의 범위로 한다. 다만, 암반지역 등 지형 여건상 불가피한 경우 또는 옆도랑이 없는 임도의 경우에는 그러하지 아니할 수 있다.
- 축조한계 : 임도의 축조한계는 유효너비와 길어깨를 포함한 너비규격에 따라 설치한다.

② 횡단물매(기울기)
　㉠ 횡단물매가 클수록 배수에는 유리하지만 운전상의 안전면에서는 횡단물매가 수평에 가까울수록 좋다. 따라서 배수에 지장이 없는 범위에서 가능한 완만하게 하는 것이 좋다.
　㉡ 쇄석도, 사리도 : 3~5%
　㉢ 포장도 : 1.5~2%
　㉣ 곡선부의 외쪽물매의 산출
　　자동차가 원심력에 의하여 도로의 바깥쪽으로 뛰쳐나가려는 힘이 생기므로 이를 방지하기 위하여 곡선부에서는 외쪽물매를 설치한다. 외쪽물매는 노면 바깥쪽이 안쪽보다 높게 설치되도록 횡단선형을 조정한다.
　　$i = (V^2/127 \times R) - f$
　　여기서, V : 설계속도(km/hr)
　　　　　　i : 곡선부외쪽물매(%/100)
　　　　　　f : 가로미끄러짐에 대한 노면과 타이어의 마찰계수
　　　　　　R : 곡선반지름(m)

③ 합성물매(기울기)
　㉠ 종단물매와 외쪽물매 또는 횡단물매를 합성한 물매이다.
　㉡ 임도시설규정에서는 12% 이하로 한다. 다만, 현지의 지형여건상 불가피한 경우에는 간선임도는 13% 이하, 지선임도는 15% 이하로 할 수 있으며, 노면포장을 하는 경우에 한하여 18% 이하로 할 수 있다.
　㉢ 합성물매의 산출
　　$S = \sqrt{(i^2 + j^2)}$
　　여기서, S : 합성물매(%)
　　　　　　i : 외쪽물매 또는 횡단물매(%)
　　　　　　j : 종단물매(%)

(4) 평면선형

① 곡선의 종류

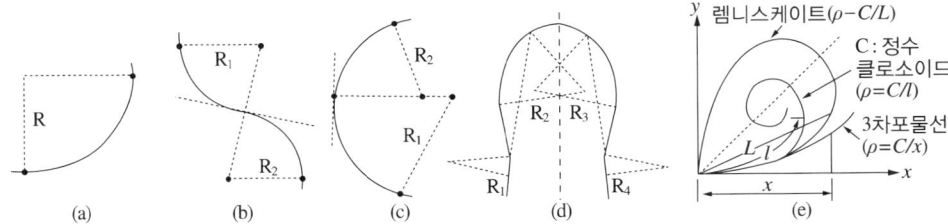

　㉠ 단곡선 : 평형하지 않는 2개의 직선을 1개의 원곡선으로 연결하는 곡선(a)
　㉡ 반향곡선 : 방향이 다른 두 개의 원곡선이 직접 접속하는 곡선으로 곡선의 중심이 서로 반대쪽에 위치한 곡선(b)

© 복심곡선 : 동일한 방향으로 굽고 곡률이 다른 두 개 이상의 원곡선이 직접 접속되는 곡선(c)
② 배향곡선 : 단곡선, 복심곡선, 반향곡선이 혼합되어 헤어핀 모양으로 된 곡선으로 산복부에서 노선 길이를 연장하여 종단물매를 완화하게 하거나 동일사면에서 우회할 목적으로 설치되며 교각이 180°에 가깝게 됨(d)
⑩ 완화곡선 : 3차포물선, 쌍곡선, 연주곡선 등이 있음(e)

② 곡선부의 명칭과 산출식

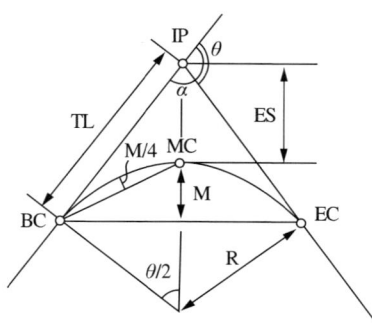

[교각법에 의한 곡선설치]

- BC(Beginning of Curve) : 곡선시점
- IP(Intersecting Point) : 교각점
- MC(Middle of Curve) : 곡선중점
- CL(Curve Length) : 곡선길이
- R(Radius) : 곡선반지름
- α : 내각(180°$-\theta$)
- ES = R[sec($\theta/2$)-1]
- M = R[1$-$cos($\theta/2$)]
- TL(Tangent Length) : 접선길이
- ES(External Secant) : 외선길이
- EC(End of Curve) : 곡선종점
- M(Middle Ordinate) : 중앙종거
- θ : 교각(Intersection Angle)
- TL = Rtan($\theta/2$)
- CL = $2\pi R\Phi/360$

③ 임도의 곡선부 너비는 다음의 기준 이상으로 확대하여야 한다. 다만, 대피소 · 차돌림곳, 그 밖에 현지여건상 필요한 경우에는 그 너비를 조정할 수 있다.

곡선반경	확대기준
10m 이상 ~ 13m 미만	2.25
13m 이상 ~ 14m 미만	2.00
14m 이상 ~ 15m 미만	1.75
15m 이상 ~ 18m 미만	1.50
18m 이상 ~ 20m 미만	1.25
20m 이상 ~ 25m 미만	1.00
25m 이상 ~ 30m 미만	0.75
30m 이상 ~ 40m 미만	0.50
40m 이상 ~ 45m 미만	0.25

④ 곡선반지름
  ㉠ 노선의 굴곡 정도는 곡선부 중심선의 곡선반지름으로 나타내며, 차량의 안전한 주행을 위하여 가급적 큰 것이 좋다.
  ㉡ 곡선부 중심선 반지름 : 곡선부의 중심선 반지름은 다음의 규격 이상으로 설치해야 한다. 다만, 내각이 155° 이상 되는 장소에 대하여는 곡선을 설치하지 아니할 수 있다.

설계속도(km/hr)	최소곡선반지름(m)	
	일반지형	특수지형
40	60	40
30	30	20
20	15	12

  ㉢ 배향곡선은 중심선 반지름이 10m 이상이 되도록 설치한다.
⑤ 곡선반지름의 산출
  ㉠ 운반되는 통나무의 길이에 의한 경우
    R(곡선반지름, m) $= I^2/(4 \times B)$
    여기서, I : 통나무 길이(m)
           B : 노폭(m)
  ㉡ 원심력과 타이어 마찰계수에 의할 경우
    R(곡선반지름, m) $= V^2/(127 \times (i+f))$
    여기서, V : 설계속도(km/hr)
           i : 곡선부 외쪽물매(편구배 : %/100)
           f : 가로 미끄러짐에 대한 노면과 타이어의 마찰계수
⑥ 가시거리의 산출
  ㉠ 대상물이 고정되어 있는 경우
    $S = 0.694 + 0.00394 V^2/f$
    여기서, S : 가시거리(m)
           V : 주행속도(km/hr)
           f : 타이어와 노면의 가로미끄러짐 마찰계수
  ㉡ 양쪽에서 마주 오는 자동차가 동시에 정지할 경우
    $S = 1.388 V + 0.00788 V^2/f$
    여기서, S : 가시거리(m)
           V : 주행속도(km/hr)
           f : 타이어와 노면의 가로미끄러짐 마찰계수

ⓒ 곡선부의 가시거리 : 곡선부의 안쪽에 절토부가 있을 때에는 시야가 가려지므로 절토면을 층따기를 하여 시야를 넓힌다.

$$S = Q \times R = 0.01754 \times \theta \times R$$

여기서, S : 가시거리(m)
Q : 호도법에 의한 중심각
R : 곡선반지름(m)
d : 중심선에서 안쪽으로 층따기를 해야 할 거리(m)

⑦ **곡선부의 확폭** : 곡선부의 내각이 예각일 경우 곡선부의 안쪽으로 그만큼 더 확폭하여야 한다.
  ㉠ 트럭일 경우
  확폭량(m) = $(L^2/2R)$
  여기서, R : 곡선반지름(m)
  L : 차량앞면에서 뒤차축까지 거리(m)(=8m 적용)
  ㉡ 세미트레일러연결차일 경우
  확폭량(m) = 견인차의 확폭량(m) + 피견인차의 확폭량(m) = $L_1^2/2R + L_2^2/2'$
  여기서, R : 곡선반지름(m)
  R' : R – 견인차의 확폭량(m)
  L_1 : 세미트레일러 앞면에서 제2차축까지 거리(m)
  L_2 : 세미트레일러 제2차축에서 최후차축까지 거리(m)

(5) 노면의 시공

① 노면은 암반지역인 경우를 제외하고는 정지가 완료된 후 진동롤러로 다져야 한다. 다만, 진동롤러 다짐이 필요 없는 단단한 토질인 경우에 한하여 불도저·굴삭기(궤도식 0.7m³ 이상)로 다짐을 할 수 있다.
② 노면의 종단기울기가 8%를 초과하는 사질토양 또는 점토질 토양인 구간과 종단기울기가 8% 이하인 구간으로서 지반이 약하고 습한 구간에는 쇄석·자갈을 부설하거나 콘크리트 등으로 포장한다.
③ 임도노선의 굴곡이 심하여 시야가 가려지는 곡선부에는 반사경을 설치하며, 성토사면의 경사가 급하고 길이가 길어 추락의 위험이 있는 구간의 길어깨 부위에는 위험표지·경계석 또는 가드레일을 설치한다.

(6) 임도시설물

① 배수시설
  ㉠ 표면배수 : 강우, 눈 등에 의하여 노면에 흘러들거나 근접지에서 임도수지 내로 유입하는 물을 처리하는 것을 말한다.
  ㉡ 지하배수 : 지하수위를 저하시키는 것과 지하에 모인 물을 배수하는 것이다.

ⓒ 옆도랑(측구)
- 노면 또는 땅깎기 비탈면의 물을 모아서 배수하기 위하여 길어깨와 비탈의 사이에 종단 방향으로 설치하는 배수시설이다.
- 옆도랑의 깊이는 30cm 내외로 하고, 암석이 집단적으로 분포되어 있는 구간 및 능선부분과 절토사면의 길이가 길어지는 구간은 L자형으로 설치할 수 있으며, L자형 상부지점에는 배수시설을 설치한다. 다만, 노출형 횡단수로를 설치하여 물을 분산시킬 수 있는 경우에는 옆도랑을 설치하지 아니할 수 있다.
- 옆도랑은 동물의 이동이 용이하도록 설치한다.
- 종단기울기가 급하여 침식의 우려가 있는 옆도랑에는 중간에 유수를 완화하는 시설을 설치한다.
- 성토면이 안정되고 종단경사가 5% 미만인 경우에는 옆도랑을 파지 않고 3~5% 내외로 외향경사를 주어 물을 성토면 전체로 고르게 분산시킬 수 있다. 이 경우 임도를 횡단하여 유수를 차단하는 노출형 횡단수로를 30m 내외의 간격으로 비스듬한 각도로 설치한다.

ⓓ 배수구
- 배수구의 통수단면은 100년 빈도 확률강우량과 홍수도달시간을 이용한 합리식으로 계산된 최대홍수 유출량의 1.2배 이상으로 설계·설치한다.
- 배수구는 수리계산과 현지여건을 감안하되, 기본적으로 100m 내외의 간격으로 설치하며 그 지름은 1,000mm 이상으로 한다. 다만, 현지여건상 필요한 경우에는 배수구의 지름을 800mm 이상으로 설치할 수 있다.
- 배수구는 공인시험기관에서 외압강도가 원심력 철근콘크리트관 이상으로 인정된 제품을 기준으로 시공단비 및 시공 난이도를 비교하여 경제적인 것을 선정하며, 집수통 및 날개벽은 콘크리트·조립식 주철맨홀 등으로 시공하되, 현지의 석재활용이 용이할 때에는 석축쌓기로 설계할 수 있다.
- 배수구에는 유출구로부터 원지반까지 도수로·물받이를 설치한다.
- 배수구는 동물의 이동이 용이하도록 설치한다.
- 종단기울기가 급하고 길이가 긴 구간에는 노면으로 흐르는 유수를 차단할 수 있도록 임도를 횡단하는 노출형 횡단수로를 많이 설치한다.
- 나뭇가지 또는 토석 등으로 배수구가 막힐 우려가 있는 지형에는 배수구의 유입구에 유입방지시설을 설치한다.
- 속도랑(암거) : 철근콘크리트관, 파형철판관, 파형 FPR관 등 원통관이 주로 사용되며 매설깊이는 보통 배수관의 지름 이상이 되도록 한다.
- 겉도랑(명거) : 말구가 약 10cm 내외의 중경목 통나무 2개를 말뚝으로 고정시키며 폭은 통나무 하나 크기 정도로 한다. 조립식이나 규격화된 횡단구가 일반화되고 있다.

ⓔ 소형 사방댐 : 계류 상부에서 물과 함께 토석·유목이 흘러내려와 교량·암거 또는 배수구를 막을 우려가 있는 경우에는 계류의 상부에 토석과 유목을 동시에 차단하는 기능을 가진 복합형 사방댐(소형)을 설치한다.

ⓕ 물넘이 포장 : 임도가 소계류를 통과하는 지역에는 가급적 배수구 또는 암거보다 콘크리트 등으로 물넘이포장 또는 세월교를 설치하되, 수리계산에 따른 적정한 배수단면을 확보하고 차량통과가 가능하도록 충분한 반경으로 설치한다.

② 구조물 : 임도노선이 급경사지 또는 화강암질 풍화토 등의 연약지반을 통과하는 경우 피해발생 방지를 위하여 옹벽·석축 등의 피해방지시설을 설치한다.
③ 임도부속시설 : 대피소, 차돌림곳, 방호시설 등
   ㉠ 대피소의 설치기준

구 분	기 준
간 격	300m 이내
너 비	5m 이상
유효길이	15m 이상

   ㉡ 차돌림곳의 너비 : 차돌림곳은 너비를 10m 이상으로 한다.
   ㉢ 붕괴가 우려되는 곳, 교통에 지장을 주는 곳, 사고의 위험이 있는 곳 등에 방호시설이나 안전시설을 설치한다.

(7) 작업임도의 시설기준
① 작업임도의 설치대상지
   ㉠ 산림사업을 위하여 필요한 지역
   ㉡ 기존의 작업로·운재로 등으로서 임도로 활용가치가 높다고 판단되는 지역
② 차량규격(단위 : m)

제 원 자동차종별	길 이	폭	높 이	앞뒤바퀴 거리	앞내민 길이	뒷내민 길이	최소회전 반경
소형자동차	6.0	2.0	2.8	3.7	1.0	1.3	7.0

③ 속도기준 : 작업임도의 속도기준은 20km/hr 이하로 한다.
④ 너 비
   ㉠ 유효너비 : 작업임도의 유효너비는 2.5~3m를 기준으로 하며, 배향곡선지의 경우에는 6m 이상으로 한다.
   ㉡ 옆도랑·길어깨 너비
   • 작업임도에는 옆도랑을 설치하지 아니한다. 다만, 성토면 보호를 위하여 필요하다고 인정하는 때에는 옆도랑을 설치할 수 있다.
   • 길어깨의 너비는 50cm 내외로 한다.
   ㉢ 기울기
   • 종단기울기 : 최대 20%의 범위에서 조정한다.
   • 횡단기울기 : 물이 성토면으로 고르고 원활하게 분산될 수 있도록 외향경사를 3~5% 내외가 되도록 한다. 다만, 옆도랑을 설치하는 경우 등 특수한 경우에는 그러하지 아니할 수 있다.
   • 합성기울기 : 최대 20% 이하로 한다.
   ㉣ 배수시설
   • 배수구 : 배수구의 통수단면은 다음의 어느 하나의 방법으로 계산된 최대홍수유출량의 2.0배 이상으로 설계·설치한다.
     - 최근 100년 빈도 확률강우량과 홍수도달시간을 이용하여 합리식으로 계산
     - 최근 5년간 극한호우에 의한 강우강도를 이용하여 합리식으로 계산

- 노출형 횡단수로
  - 종단기울기가 급하고 길이가 긴 구간에는 노면으로 흐르는 유수를 차단할 수 있도록 노출형 횡단수로를 많이 설치한다.
  - 노출형 횡단수로는 종단기울기 등 현장여건을 고려하여 적정한 간격으로 비스듬한 각도로 설치한다.
  - 노출형 횡단수로의 유출구가 성토부에 위치할 경우에는 성토면 쪽 끝부분에서부터 원지반까지 도수로·물받이를 설치한다.
- 물넘이포장 등 : 작업임도가 소계류를 통과하는 지역에는 충분한 폭으로 물넘이포장 또는 세월교를 설치한다. 다만, 옆도랑을 설치하는 경우 등 배수구 또는 암거가 필요한 경우에는 그러하지 아니하다.

㉰ 노면·차돌림곳·소단 등
- 종단경사가 급하거나 지반이 약하고 습한 구간에는 쇄석·자갈을 부설하거나 콘크리트 등으로 포장한다.
- 각 구간마다 차량의 통행이 가능하도록 차돌림곳을 충분히 확보한다.
- 노선이 급경사지 또는 화강암질 풍화토 등의 연약지반을 통과하는 경우 피해방지를 위하여 옹벽·석축 등의 피해방지시설을 설치한다.
- 절토·성토한 경사면이 붕괴 또는 밀려 내려갈 우려가 있는 지역에는 사면길이 2~3m마다 폭 50cm~100cm로 단을 끊어서 소단을 설치한다.

⑤ 그 밖의 사항 : 작업임도의 야생동물 이동통로, 설계지침서, 현장감독관의 임무 및 그 밖의 기타 사항에 대해서는 간선임도의 시설기준 기타 사항을 적용한다.

04 설계 및 시설기준

(1) 기본조사
① 임도를 설치하려는 해의 전년도에 실시설계를 하기 전에 실시한다.
② 조사방법 : 선정된 임도노선을 측량한 후 최상의 임도기능 유지와 피해방지·경관유지가 가능하도록 모든 공종과 공종별 위치·물량을 산출한다.

(2) 실시설계
① 현지측량
  ㉠ 중심선 측량과 영선측량
  - 예측의 결과에 의하여 노선을 현지 지상에 측설하는 방법은 노선의 중심선을 기준으로 측량하는 방법과 영선(Zero Line)을 기준으로 측량하는 두 가지 방법이 있는데, 전자를 중심선측량법이라 하고 주로 평탄지와 완경사지에서 많이 사용되며, 후자를 영선측량법이라 하고 주로 산악지에서 많이 사용된다.

- 노폭의 1/2이 되는 지점을 측점별로 연결한 노선의 종축을 중심선이라 한다. 경사지에서 설치하는 임도에서 노면의 시공면과 산지의 경사면이 만나는 점을 영점이라 하고, 이 점을 연결한 노선의 종축을 영선이라 한다.
- 영선은 절토작업과 성토작업의 경계선이다.
- 중심선 측량은 중심점을 기준으로 중심선을 따라 측량하고, 영선측량은 영점을 기준으로 영선을 따라 측량한다.
- 중심선 측량은 지반고 상태에서 측량하며 종단면도상에서 계획선을 설정하여 계획고를 산출한 후 종단과 횡단의 형상을 결정한다.
- 영선측량은 시공기면의 시공선을 따라 측량하므로 굴곡부를 제외하고는 계획고의 상태로 측량하며, 필요 시 지반고를 유추 산정하여 종단과 횡단의 형상이 결정되고 노선은 영점과 중심점의 차이에 따라 조정된다.
- 균일한 사면일 경우 중심선과 영선은 일치되는 경우도 있지만 대개 완전히 일치되지 않고 지반 기울기가 급할수록 영선보다 중심선이 경사지의 안쪽에 위치하고, 약 45~55% 지형에서는 중심선과 영선이 거의 일치되다가 지반 기울기가 완만할수록 중심선이 영선보다 바깥쪽에 위치한다.
- 지형의 상태에 따라 중심선측량은 파상지형의 소능선과 소계곡을 관통하며 진행되고, 영선측량은 꾸불꾸불한 형태로 우회하여 진행된다.
- 중심선측량은 평면측량에서 중심선을 설정한 후 종단·횡단측량을 실행하지만, 영선측량은 종단측량에서 영선을 먼저 설정한 후 평면·횡단측량을 실시한다.
- 측점 간격은 20m로 하고 중심말뚝을 설치하되, 지형상 종·횡단의 변화가 심한 지점, 구조물 설치지점 등 필요한 각 점에는 보조말뚝을 설치한다.

ⓒ 종단측량
- 철도·도로·수로 등의 일정한 노선에 따라 거리와 고저의 관계, 즉 종단면의 측량을 말하는데, 일정한 간격마다 중심말뚝을 박아 중심선을 설정하여 이 선상의 지반의 변화를 측정하고, 이때 고저의 변화가 있는 곳은 플러스말뚝을 박는다.
- 종단면도를 작성하는데 여기에 표시되는 것은, 측점간의 수평거리, 각 측점의 지반고 및 B.M의 높이, 계획선의 기울기, 측점에서의 계획고 등이다.
- 고저차는 수평거리에 비해 보통 작으므로 그 차를 분명히 알기 위하여 수직축적은 수평축적보다 크게 하는데, 우리나라 임도의 종단도면의 축척은 횡 1/1,000, 종 1/200로 작성한다.
- 주요 구조물 주변 및 연장 1km마다 변동되지 아니하는 표적에 임시기표를 표시하고 평면도에 이를 표시한다.

ⓒ 횡단측량
- 노선의 각 측점 즉 중심말뚝 및 플러스말뚝에서 중심선에 직각인 방향으로 지반의 고저변화를 측정하는 측량이다.
- 임의의 수평선을 긋고 그 수평선상에 중심점을 정한 다음, 중심점에서 좌우로는 중심점을 기준으로 승강을 한 높이를 취하여 그 점을 연결하든지 또는 중심점의 읽음값을 수평선으로 표시하고, 여기에서 각 점에서의 읽음값을 아래쪽에 취하고 그 각 점을 연결하는 방법이 있다.

- 중심선의 각 측점·지형이 급변하는 지점, 구조물 설치지점의 중심선에서 양방향으로 현지지형을 설계도면 작성에 지장이 없도록 측정한다.
- 횡단측량 야장 기입의 예

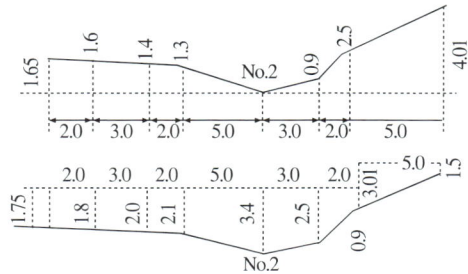

측 점	좌측 각 점의 읽음값 및 거리	중심점 읽음값	우측 각 점의 읽음값 및 거리	비 고
2	+1.65 +1.6 +1.4 +1.3		+0.9 +2.5 +4.01	중심고로부터의 승강
	$\frac{1.75}{2.0}$ $\frac{1.8}{3.0}$ $\frac{2.0}{2.0}$ $\frac{2.1}{5.0}$	3.40	$\frac{2.5}{3.0}$ $\frac{0.9}{2.0}$ $\frac{(3.01)}{}$ $\frac{1.5}{5.0}$	(3.01) : 이 점의 B.S.

　ㄹ 곡선결정
② 각종 조사
　㉠ 수문 및 배수구조물 : 배수구조물의 위치 및 유역에 대한 지형·집수면적·유수상태·유량 등을 조사한다.
　㉡ 토질조사 : 토질은 토사·암반으로 구분하고, 지하암반은 지형 또는 표면상태, 부근 지역의 절토단면을 참고하여 추정조사한다.
　㉢ 용지 및 지장물 조사 : 소유구분을 하여야 할 용지도는 해당 지역의 최근 지적도 및 임야도를 사용하며, 용지조사는 지번별·지목별 순서로 면적 및 지장물을 조사한다.
　㉣ 각종 설계인자 조사
　　• 설계내역서 작성에 필요한 단가는 조달청이나 공인기관에서 공표한 가격을 적용하되, 이에 누락된 것은 2개 이상의 사업자로부터 실거래 가격을 조사해 확인한 가격을 적용한다.
　　• 각종자재 및 골재운반거리는 현장에 반입할 수 있는 최단지역의 운반거리를 조사하여 적용하되, 자재단가와 종합적으로 비교하여 경제적인 것을 적용한다.
　　• 석축 등에 필요한 야면석 등은 가급적 현장에서 채취·사용하도록 운반거리를 조사한다.

(3) 사업비
① 임도사업비는 현지를 조사한 결과에 따라 최상의 임도기능 유지와 피해방지·경관유지가 가능하도록 기본조사에서 산출된 실제사업비를 실시설계에 반영한다. 이 경우 실시설계 결과 산출된 실제사업비가 기본조사에서 산출된 사업비보다 많을 경우에는 실시설계 결과 산출된 실제사업비를 반영한다.
② 토공에 필요한 사업비 등은 산림청장이 정하는 바에 따른다.

(4) 도면제도

제도는 KS F 1001 토목제도통칙에 따른다.

① 평면도
  ㉠ 평면도는 종단도면 상단에 축척 1/1,200로 작성한다.
  ㉡ 평면도에는 임시기표·교각점·측점번호 및 사유토지의 지번별 경계·구조물·지형지물 등을 도시하며, 곡선제원 등을 기입한다.

② 종단면도
  ㉠ 축척은 횡 1/1,000, 종 1/200로 작성한다.
  ㉡ 시공계획고는 절토량과 성토량이 균형을 이루게 하되, 피해방지·경관유지를 감안하여 결정한다.
  ㉢ 종단기울기의 변화점에는 종단곡선을 삽입한다.
  ㉣ 종단면도는 전후도면이 접합되도록 한다.

③ 횡단면도
  ㉠ 축척은 1/100로 작성한다.
  ㉡ 횡단기입의 순서는 좌측하단에서 상단방향으로 한다.
  ㉢ 절토부분은 토사·암반으로 구분하되, 암반부분은 추정선으로 기입한다.
  ㉣ 구조물은 별도로 표시한다.
  ㉤ 각 측점의 단면마다 지반고·계획고·절토고 단면적, 지장목제거·측구터파기 단면적·사면보호공 등의 물량을 기입한다.

(5) 공사 설계서 작성

① 설계서 작성
  ㉠ 설계서는 목차·공사설명서·일반시방서·특별시방서·예정공정표·예산내역서·일위대가표·단가산출서·각종중기경비계산서·공종별 수량계산서·각종 소요자재총괄표·토적표·산출기초 순으로 작성한다.
  ㉡ 설계에 필요한 각종 단가산출서의 적용기준은 산림청장이 정하는 기준과 건설표준품셈을 적용하되, 실적공사에 의한 예정가격으로도 적용할 수 있다.
    • 산림청장이 정하는 기준 : 사방기준공정단비표와 같이 산림청장이 단가를 지정하여 적용토록 하는 경우
    • 건설표준품셈 : 건설분야에서 임의의 공종별로 적용할 수 있도록 표준적인 재료와 노무비, 기계경비 등의 품을 산출하여 정리한 기준서
    • 실적공사에 의한 예정가격 : 표준품셈에 의한 방법이 오류를 발생하거나 필요 이상으로 과다하게 적용하는 기준으로 활용되며, 현장의 감독관이 예산 책정 및 집행에 어려움을 유발하는 경우가 많아 이를 예방하기 위하여 품셈을 이용하지 않고 재료비, 노무비, 직접 공사경비가 포함된 공종별 단가를 계약단가에서 추출하여 유사공사의 예정가격 산정에 활용하는 방식
  ㉢ 노임은 대한건설협회 조사 시중노임단가를 상·하반기 구분하여 적용한다.
  ㉣ 시설자재는 조달청 게시가격이나 공인기관에서 공표한 가격을 기준으로 하고, 이에 없는 것은 2개 이상의 사업자로부터 거래 실례가격을 조사하여 확인한 가격을 적용한다.

ⓟ 중기노무비는 근로기준법·산업안전보건법 및 국가를 당사자로 하는 계약에 관한 법률 또는 지방자치단체를 당사자로 하는 계약에 관한 법률 등에 맞추어 산정한다.

ⓗ 일반관리비·간접노무비·이윤(수수료)·부가가치세·경비(보험료·안전관리비 등)의 요율은 국가를 당사자로 하는 계약에 관한 법률 또는 지방자치단체를 당사자로 하는 계약에 관한 법률 등에 맞추어 산정한다.

ⓢ 기계화 시공 시 중기 작업효율 등은 보편적인 현장상태를 기준으로 적용하되 공사 현장의 여건에 따라 신축성있게 조정·적용한다.

ⓞ 단가산출 기초는 공통된 사항이므로 설계자가 공사비를 적산함에 있어 산공법 등의 설계와 시공면에서 합리적이고 기술적인 발전과 저렴한 공사비가 소요된다고 판단될 때 조정한다.

ⓩ 관급자재·시공자 직접 조달자재 등 자재구입에 필요한 사항은 임도공사 발주기관이 정하는 바에 따른다.

② **수량산출** : 수량산출은 크게 토공, 구조물공, 기타로 구분된다. 일반적으로 도면작업이 완료되면 토공에서 절·성토량이 평형을 이루도록 조정해 주어야 하므로 토공관련 수량 산출을 우선하고, 다음으로 구조물 수량산출 작업을 수행하게 된다. 기타에서는 수리·구조 등의 계산서, 배수관 규격산출서 등의 토공 및 구조물 수량산출 외의 수량 및 계산서를 산출한다.

③ **공사설명서** : 공사에 대한 개요설명으로 공사명, 공사목적, 위치, 주요공종, 골재원 등의 내용을 요약하여 공사에 대한 전반적인 내용을 한눈에 알아볼 수 있도록 하는 양식으로서 흔글이나 엑셀로 작성한다.

④ **예정공정표** : 예정공정 및 인원동원계획표로서 해당 공사기간에 공사를 수행하기 위해서 필요한 총 인력의 배분계획을 한눈에 볼 수 있다. 설계내역프로그램에서 노무비집계표를 출력하여 보통인부와 기타로 구분하여 배분계획을 세우게 되며, 예정공정표에서는 토공, 구조물공, 부대공을 공사에서 차지하는 비율을 계산하여 월별 배분계획을 수립하게 된다.

⑤ **공사비총괄표** : 역시 내역작성 작업 결과를 이용하여 해당 자료를 직접 입력하여 작성한다.

⑥ **시방서의 작성** : 시방서는 공사의 수행에 관련되는 제반 규정 및 요구사항 등을 정한 서류로서 전반적인 내용의 일반시방서와 특별시방서로 분류된다. 특별시방서는 일반시방서를 보충하고 본 공사만의 특별한 사항 및 전문적인 사항에 대한 제반규정 및 요구사항을 정한 시방서를 말한다. 특별시방서 중에서도 전문 공사에 대한 시방서를 별건으로 하여 공사전문시방서를 만드는 경우도 있으나 이 역시 특별시방서로 볼 수 있다.

㉠ 일반시방서 : 공사관련 용어의 정의, 착수에서 준공처리의 단계별 업무사항 등에 대한 일반 사항과 사업과 관련된 법규나 조례와 같은 적용법령, 공사관련 기준 등을 정리한 것이다. 특히, 설계변경조건이 포함되는데 이에 대한 면밀한 검토가 중요하며, 감리를 시행하는 사업일 경우에 감리와 관련된 내용이 명시되어 있는지 확인토록 하여야 하며, 적용 법규의 내용이 지나치게 포괄적으로 산림자원조성 및 관리에 관한 법령에서 벗어나도록 하고 있지 않은지 확인하여야 한다.

㉡ 특별시방서 : 토공, 구조물공, 배수공, 사면녹화공 등 공사관련 세부공종별 시공기준을 명시한 것으로서, 설계내역서의 구조에 맞춰서 작성하는 것이 좋으며, 설계내역서에 없는 구조물관련 내용이 명시되지 않도록 유의하여야 하며, 반대로 설계내역서에 반영된 구조물이 누락된 것이 있는지 꼭 확인하여야 한다.

ⓒ 공사전문시방서 : 녹생토취부공법이나 보강토블록식옹벽, 앵커공법처럼 특허 공법이나 신기술 관련 공법처럼 특정 시공방법을 가지고 있어 구별해야 할 필요가 있는 경우에는 별도로 공사전문시방서로 작성할 수 있다.

(6) 현장조사 실명제

실시설계를 하기 전에 설계자는 직접 2회 이상 현장조사를 실시하여야 하며, 실시설계도서를 납품할 때 현장조사의 날짜, 사진자료, 견취도 등 현장조사를 실시하였음을 증명할 수 있는 구체적 자료를 발주청에 제출하여야 한다.

(7) 설계서 납품

설계서 납품은 설계도서·트레싱·구조물의 위치가 포함된 수치지도와 그 밖의 계약담당관이 요구하는 각종 자료 및 성과품 등으로 하며, 수치지도에 관련된 사항은 산림청장이 정한다.

05 임도시공

(1) 시공계획과 공사준비

① 시공계획
　　㉠ 공사기간은 일종의 예정계획에 불과한 것이므로 어떤 작업 공종에 대하여 세부계획을 수립·착공하여야 차질 없이 소정 공기 내에 완료할 수 있다. 어떠한 목적물을 언제부터 언제까지 완성하겠다는 공정별 일정계획을 수립하고 그 일정계획에 따라 사업을 추진하여야 소기의 목적을 달성할 수 있다.
　　㉡ 사람, 물자, 수단이 잘 조합되어 운영되도록 보존·관리·투자하는 것에 따라 공사기간의 안정과 기업이윤을 극대화할 수 있다.
　　㉢ 공사감독관, 현장대리인, 작업원의 조화도 중요하다.

② 작업표준 : 작업향상을 증진시키기 위해 작업표준을 결정해야 한다.
　　㉠ 작업내용과 작업순서
　　㉡ 각 작업공정에 대한 표준작업시간
　　㉢ 각 작업공정에 대한 필요한 인원의 질과 양
　　㉣ 각 공정에 필요한 기계 및 장비
　　㉤ 작업 중 우선순위

③ 시공계획의 순서
　　㉠ 시공계약조건의 사전검토 : 계약조건은 대체로 문서로 명시되는 것이나 자구의 해석 혹은 구두에 의한 설명서도 포함되므로 충분히 내용을 이해하고 의문점이 있으면 해명해 둘 필요가 있다.
　　㉡ 현장조건의 조사 : 현장조건은 설계도서나 현장설명에서 개략의 내용은 파악할 수 있지만 보다 더 계획적이고 면밀한 조사를 시행할 수 있도록 현장의 자연조건, 공사 시행상 편의와 장애요인, 공사주변 지역의 주민과 주변여건 등에 착안하여 조사해야 한다.

ⓒ 시공기본계획
- 공사의 순서와 시공법의 선택
- 작업량의 검토와 공시의 전망
- 주요기계의 선정과 배분
- 가설계획의 검토

ⓒ 각종 조달계획
- 사용계획 및 노무계획
- 재료의 구입 및 보관계획
- 기계조달, 사용계획
- 각종·기재·인원·수송계획

ⓒ 현장운영계획
- 현장관리조직 및 운영절차
- 실행예산서 및 수지계획
- 안전관리계획
- 품질관리계획

④ 시공관리

ⓒ 시공측량 : 도급자는 공사의 계약이 끝나면 신속하게 필요한 측량을 실시하고 가(假)B.M의 설치, 중심선, 종단 및 횡단 등을 확인하여야 한다. 이때 용지경계 등 중요한 표시말뚝을 임의로 이설하는 것이 허용되지 않을 뿐 아니라 임의로 이설하면 공사 중 또는 시공 후에 문제가 발생하여 재시공하여야 할 경우가 있다.

또, 시공측량과 설계측량은 유자격자로 하여금 실시하여야 하고, 정밀을 요하는 암거 및 교량 등 시설 예정지는 측량한 성과도에 의거 시공하여야 차질없이 목적물을 완성할 수 있다. 간이 측량방법으로 종단상 예정계획고에 대한 시공지반고를 시공 전에 생입목이나 시공측량 말뚝을 설치하여 시공을 추진하면 시공자는 물론 공사감독에 편리하므로 최소한 시공지반고는 지장목 제거전 표시한 후 시공하여야 한다.

ⓒ 공사관리
- 공사시행의 계획 및 관리를 총괄하여 공사관리라 한다.
- 공사를 시행하기 위한 계통적으로 이용가능한 모든 생산수단을 선정하고 이를 이용하여 소기의 목적을 달성한다.
- 생산수단은 사람(Men), 방법(Methods), 재료(Meterials), 기계(Machines), 돈(Money)을 말하며 이를 5M이라고 한다.
- 생산수단을 잘 이용하여 적정한 생산물(Right Product), 적정한 품질(Right Quality), 적정한 수량(Right Quantity), 적정한 시기(Right Time), 적정한 가격(Right Price)을 달성해야 한다.
- 공사관리는 5M의 생산수단을 잘 이용하여 5R의 목표를 달성하는 것이다.

- 공사관리의 3대 요소

3대 요소	목 적	공사관리
품 질	양호하게	품질관리
공사기한	신속하게	공정관리
경제성	염가로	원가관리

- 공정관리 : 생산계획에 있어서 소정 기일 내에 목적물을 완성하기 위해 경제적이고 합리적인 계획을 수립하고 통제하여 작업계획을 합리화하는 관리기술이다.
- 품질관리 : 도면내역서의 검토, 자재의 검사, 콘크리트
- 원가관리 : 공사의 원가를 분류 정리하여 과목과 비용을 착공일로부터 완공까지 표준화하여야 한다.
- 공사관리의 순서
  - 계획 → 실시 → 통제의 순환활동을 통하여 피드백을 되풀이하는 것이 가장 효과적이다.
  - 실시한 사업을 계획과 비교하여 계획에 어긋났을 때는 적절한 시정을 취하여 계획을 수정한다.
- 인적 관리에서 조직적인 관리로 전환 : 공사감독관, 현장대리인 등 기술자의 독단적 판단하에 공사가 진행되지 아니하고 체계적인 책임의 분담과 공정의 진도 등 객관적인 기준에서 실행되도록 한다.
- 신기술의 개발과 도입 : 현장의 여건과 시공자의 자질에 따라 차이는 있겠지만 창의적으로 신기술을 개발하려는 노력이 필요하고 신기술이 있을 때에는 적극 도입하되 현장에 부합되고 적절한 공법 여부를 판단하여 실용화한다.
- 모든 공사는 계측화 : 공사현장에 사용하는 계기는 정밀하여야 하고 계측자는 정확히 측정하여야 하며, 공사 감독관 및 현장대리인은 항상 계측기를 휴대하고 현장의 시공사항에 대하여 수시로 계측하는 습관이 있어야 한다.

⑤ 현장대리인의 의무
  ㉠ 현장대리인 : 공사 현장에 상주하면서 공사 현장에서 발생하는 모든 책임과 권한을 계약자로부터 위임받아 처리하는 법정 대리인
  ㉡ 현장대리인의 자격
    - 특급 및 1급 산림공학기술자 : 임도시설에 대한 계획, 설계, 시공, 시공지도 및 감리업무
    - 2급 산림토목기술자 : 공사금액의 규모가 5억 미만의 임도시설에 대한 계획, 설계, 시공, 시공지도 및 감리업무
  ㉢ 현장대리인의 임무 : 공정계획, 자재수급계획, 인원동원계획 등을 관리함에 있어 효율적으로 운영 기업의 이윤을 추구하도록 하여야 하고, 공정별로 전문화하도록 하여 종사자는 물론 장비가 쉴 새 없이 가동되도록 진행하여야 한다.

(2) 임도시공

① 토공작업
  ㉠ 토공은 흙을 재료로 하는 구조물의 시공을 말한다.
  ㉡ 절취(Cutting)와 성토(Banking)로 나눈다.

ⓒ 공사의 끝손질면을 시공기면이라 하며, 이 시공기면보다 지반이 높을 때는 절취(절토, 땅깎기)하고, 낮을 때는 성토(땅돋기)한다.
ⓓ 순서 : 절취 → 싣기 → 운반 → 성토 → 다짐
ⓔ 지장목 제거
  • 절취 및 성토예정지의 초목 및 장애물은 미리 제거한다.
  • 벌도한 나무는 공사에 지장이 없도록 공사착공에 집재·반출한다.
  • 산복에 임도를 개설할 경우에는 계곡의 입목은 남긴다.

② 절 취
  ⓐ 경사지에 개설되는 임도는 산복의 굴삭을 주로 하는 절토시공이 많다.
  ⓑ 입목은 임도 개설 전에 벌채하는 것이 보통이지만, 소경목 등은 불도저로 제거할 수 있다. 근주지름 25cm 정도의 입목은 토공판으로 제거할 수 있으며, 근주지름 30cm 이상은 체인톱으로 벌채한 후에 백호우로 굴취하여 버킷(Bucket)으로 제거한다. 일반적으로 침엽수는 활엽수보다 발근작업이 용이하여 버킷용량 0.4m급의 백호우이면 근주지름 20~50cm는 6분 전후로, 50~80cm는 15분 전후로 처리할 수 있다. 근주지름이 150cm를 넘으면 화약으로 폭파하여 처리하는 것이 능률적이다. 또한 벌채된 임목은 시공 전에 반출하는 것이 바람직하다.
  ⓒ 임도개설을 위한 벌개는 계곡 쪽의 입목은 가능한 존치시키며, 산쪽 절취면의 어깨부근은 3m 전후까지는 저목은 남겨도 고목은 풍도의 우려와 바람에 의한 수간의 동요에 의해서 근계가 절취비탈면을 붕괴시키므로 벌채하는 것이 안전하다.
  ⓓ 공사가 시작되면 측점말뚝이 유실되므로 중요한 교각점 말뚝에 대해서는 측점위치의 재현을 정확하게 실시하기 위하여 시준점을 설정한다. 또한 절토와 성토를 설계와 같이 시공하기 위해서는 현장에 적당한 간격으로 겨냥틀을 설치한다. 겨냥틀은 비탈면의 위치와 물매, 노상노체의 끝손질 높이 등을 표시한다.
  ⓔ 절토 경사면의 기울기 기준 : 토질 및 용수 등 지형여건을 종합적으로 고려하여 절토사면에 대한 안정성이 확보될 수 있도록 기울기를 설정한다.

구 분	기울기	비 고
경 암	1 : 0.3~0.8	토사지역은 절토면의 높이에 따라 소단 설치
연 암	1 : 0.5~1.2	
토사지역	1 : 0.8~1.5	

  ⓕ 안식각 : 지반을 수직으로 깎으면 시간이 지남에 따라 흙이 무너지다 어느 각에서 영구히 안정을 유지하게 되는데, 이때의 수평면과 비탈면이 이루는 각을 말한다.

③ 암석굴착(천공)
  ⓐ 폭파에 의한 암석굴착 : 착암기로 암석에 구멍을 뚫고 폭약을 구멍 속에 장약하여 폭파시켜 암석을 파쇄한다. 위험이 동반하므로 안전조치가 반드시 요구된다.
  ⓑ 암석을 천공하는 방법으로는 타격에 의한 천공방법, 회전절삭에 의한 천공방법, 회전타격에 의한 천공방법, 수력, 열 등에 의한 천공방법이 있다.

ⓒ 천공의 간격은 일반적으로 1.5m가 많이 사용되고 천공깊이는 완성 노면보다 약 30cm 깊게 하며 최소저항거리보다 장약 깊이의 1/2배만큼 깊게 하고 천공직경은 장약시킬 화약 직경보다 10% 정도 커야 한다. 폭파를 위한 장약량은 천공직경이 클수록 증대하고 최소저항거리가 길수록 증대되며, 일반적으로 천공직경이 30mm이면 천공깊이 1m당 0.6kg의 폭약이 소요된다.

ⓔ 착암기 기종 : 잭크 해머, 웨곤 드릴, 크롤러 드릴

④ 성 토

㉠ 성토시공은 양질의 재료를 30~50cm의 수평층으로 균등히 편다. 다지기는 양질토의 경우는 불도저 혹은 파워쇼벨계 기계로써 층층으로 쌓아 올리는 작업과 병행하여 전압다지기를 실시할 수 있다. 양질이 아닌 경우에는 불도저 혹은 백호우 등으로는 충분한 다지기를 실시하지 못하므로 전용다짐기계를 필요로 한다.

㉡ 다지기는 성토에 있어서 가장 중요한 작업이며, 다지기의 양부가 완성 후의 임도의 유지보수에 커다란 영향을 미친다. 일반적으로 토사도인 임도의 경우는 특히 다짐횟수, 기계종류 등을 결정하기 위한 시험을 생략하며, 토공기계의 주행에 의해서 다지기를 실시한다. 이 경우에는 성토의 깊이를 30cm 이하, 각층의 다지기 횟수는 5회 이상으로 하며, 주행부분만이 다져지는 현상이 발생되지 않도록 노면 전체를 균일하게 주행하여야 한다.

㉢ 성토는 충분히 다진 후에 이를 반복하여 쌓아야 하며, 성토한 경사면의 기울기는 1 : 1.2 ~ 2.0의 범위 안에서 토질 및 용수 등 지형여건을 종합적으로 고려하여 성토사면에 대한 안정성이 확보되도록 기울기를 설정한다. 다만, 성토너비가 1m 이하이고 지형여건상 부득이한 경우에는 기울기를 조정할 수 있다.

㉣ 성토사면의 길이는 5m 이내로 한다. 다만, 5m를 초과하는 경우에는 성토사면의 보호를 위하여 옹벽·석축 등의 피해방지시설을 설치한다.

⑤ 토공기계 : 임도공사에 사용되고 있는 토공기계는 불도저, 백호우, 덤프트럭이 주종을 이루고 롤러, 모터 그레이더(Motor Grader) 등의 사용은 극히 적다.

㉠ 작업능력의 산정 : 토공기계의 작업은 반복 작업이므로 운전시간당 작업량의 일반식은 사이클타임(Cycle Time) C_m으로 나누면 다음과 같은 식이 된다.

$$Q = 60 \times q \times f \times E / C_m$$

여기서, Q : 1시간당 작업량(m^3/h)　　q : 1회 작업사이클당 표준작업량(m^3/h)
　　　　f : 토량환산계수　　　　　　E : 작업효율
　　　　C_m : 1회 작업당의 사이클타임(min)

㉡ 불도저 작업 : 임도개설공사에 사용되는 불도저의 규격은 11톤 혹은 13톤을 표준으로 한다. 운전 1시간당의 작업량은 다음 식과 같다.

$$Q = 60 \times q \times f \times E / C_m$$

여기서, Q : 1시간당 작업량(m^3/h)　　q : 1회의 토공판 용량(m^3)
　　　　f : 토량환산계수　　　　　　E : 불도저의 작업효율
　　　　C_m : 1회 작업당의 사이클타임(min)

ⓒ 쇼벨계 굴삭기 작업 : 쇼벨계 굴삭기의 선정은 0.6m³을 표준으로 하나 소규모의 백호우의 작업에서는 0.3m³을 사용한다.

$$Q = 60 \times q \times K \times f \times E / C_m$$

여기서, Q : 운전 1시간당 작업량(m³/h) q : 버킷의 공칭용량(m³)
K : 버킷의 계수 f : 토량환산계수
E : 작업효율 C_m : 사이클타임(min)

ⓔ 덤프트럭 작업 : 보통 8t과 6t을 표준으로 한다. 현장이 좁고 적은 회전이 필요할 때는 2t 정도로 한다. 대규모 공사에는 대형 덤프트럭을 선정한다.

$$Q = 60 \times q \times f \times E / C_m$$

여기서, Q : 1시간당 운반토량(m³/h) q : 적재토량(m³)
f : 토량환산계수 E : 작업효율
C_m : 사이클타임(min)

ⓜ 다지기 작업 : 토공 공사용의 다지기 기계로는 타이어 롤러, 불도저, 또는 노반공용으로는 머캐덤롤러, 텐덤롤러 등을 사용하고, 충격식 다지기 기계로서는 콤팩터, 래머(Rammer) 등을 사용한다.

$$Q = V \times W \times D \times f \times E / n$$
$$A = V \times W \times E / n$$

여기서, Q : 운전 1시간당 작업량(m³/h) A : 운전 1시간당 작업면적(m²/h)
V : 다짐속도(m/h) W : 롤러의 유효다짐 폭(m)
D : 펴는 흙의 두께(m) n : 다짐횟수
f : 토량환산계수 E : 작업효율

⑥ 구조물에 의한 사면보호

㉠ 돌쌓기와 돌붙이기공
- 사면기울기 > 1할 : 돌쌓기공과 블록쌓기공
- 사면기울기 < 1할 : 돌붙이기공과 블록붙이기공
- 찰쌓기(1 : 0.2) : 줄눈에는 모르타르를, 뒷면에는 콘크리트(50cm 이상)를 사용하며 시공면적 2m²마다 지름 3~4cm의 관으로 물빼기 구멍을 설치한다.
- 메쌓기(1 : 0.3) : 뒷면에는 모르타르를 사용하며 물빼기 구멍이 없다. 견고도가 낮아 높이에 제한이 있다.
- 골쌓기 : 견치돌이나 막깬돌을 사용하여 마름모꼴 대각선으로 쌓은 방법이다.
- 켜쌓기 : 가로 줄눈이 일직선이 되도록 하며 마름돌이 주로 사용된다.
- 석재의 종류 : 견치돌, 호박돌, 갓돌, 귀돌

㉡ 옹벽공법
- 사면의 기울기가 흙의 안식각보다 클 경우 토압에 저항하여 흙의 붕괴를 방지하기 위해 시설하는 구조물이다.
- 콘크리트옹벽과 철근콘크리트옹벽이 가장 많이 사용된다.

- 중력식 옹벽 : 시공이 가장 용이하고, 기초지반이 좋거나 높이가 낮은 경우에 경제적이며, 흙의 압력을 자체의 무게에 의하여 지지하도록 하는 것이다.
- 반중력식 옹벽 : 중력식과 철근콘크리트옹벽의 중간 구조로 자체의 무게에 의하여 안정을 유지하게 되므로 단면의 인장부를 철근으로 보강한 것이다.
- T자형, L자형 옹벽 : 캔틸레버를 이용하여 재료를 절약한 것으로 자체의 무게뿐만 아니라 뒤채움한 토사의 무게를 이용하여 지지하도록 하여 안전도를 높인 것이다. 지반이 연약한 곳에 시설한다.
- 부벽식 옹벽, 반부벽식 옹벽 : 토압을 받는 앞면에 부벽을 만드는 것을 부벽식 옹벽, 토압을 받는 쪽(뒷면)에 부벽을 설치한 것을 반부벽식 옹벽이라고 한다.

ⓒ 비탈흙막이공법
- 비탈의 안정을 유지하기 위해 비탈에 설치하는 각종 공작물의 총칭
- 틀공 : 높은 사면이나 표준기울기보다 급한 곳, 용수가 있는 절토사면
- 돌망태공 : 돌망태는 신축·변형되므로 내부의 토사가 유실되어도 붕괴가 일어나지 않고 매우 효과적
- 바자얽기 : 산지비탈, 계단 위에 설치하며 표토의 유실방지와 식재묘목의 생육에 양호한 환경을 조성

ⓔ 비탈힘줄박기공법 : 비탈면에 거푸집을 설치하고 콘크리트를 타설하여 뼈대(힘줄)를 만든 다음 그 틀 안에 떼나 작은 돌 등으로 채우는 공법

ⓜ 비탈격자붙이기공법 : 비탈면에 콘크리트블록이나 플라스틱제 또는 금속제품 등을 사용하여 격자상으로 조립하는 공법

ⓗ 콘크리트뿜어붙이기공법 : 비탈에 용수가 없고, 풍화·낙석이 우려되는 사면 등에 콘크리트나 시멘트 모르타르를 뿜어 붙이는 공법

⑦ 식물에 의한 사면보호
ⓐ 비탈선떼붙이기공 : 다듬기 공사후 등고선방향으로 단끊기를 하고 그 앞면에 떼를 붙인다. 수평계단 1m당 떼의 사용 매수에 따라 1급에서 9급으로 구분하며 선떼붙이기 공작물은 대부분 3~5단 연속적으로 시공한다.
ⓑ 떼다지기공 : 보통떼의 규격 30cm×30cm×5cm
- 줄떼공 : 주로 성토면에 사용하며 수직높이 20~30cm 간격으로 반떼를 수평으로 붙인다.
- 평떼공 : 주로 절토면에 사용하며 30cm×20cm를 비탈면 전체에 떼붙임꽂이로 사면에 붙인다.

ⓒ 식생공 : 흙, 퇴비, 비료 등의 혼합체와 소량의 물을 썩혀 볏짚에 발라 식생판을 만들어 꽂이로 사면에 붙인다.
ⓓ 식수공 : 사면에 울타리를 만들고 그 위에 묘목을 심거나, 식혈을 파서 흙과 비료를 넣고 식수한다.
ⓔ 파종공 : 사면녹화에 적합하며 종자, 비료, 안정제, 양생제, 흙 등을 혼합하여 압력으로 뿜어 붙인다.

⑧ 노면·절토·성토 피해방지
ⓐ 노면형성을 위하여 절토한 토석은 전량 반출·처리하여야 한다. 다만, 피해방지를 위하여 필요한 옹벽·석축 등 구조물을 설치하거나 피해발생 우려가 없는 완경사구간의 경우에 한하여 반출·처리하지 아니할 수 있다.

ⓒ 옹벽·석축 등 구조물을 설치하여 노면을 형성하려는 경우에는 절토·성토작업을 하기 전에 원지반에 미리 구조물을 설치한 다음에 절토·성토작업을 하여야 한다.
ⓒ 절토사면의 길이가 긴 구간에는 절토사면 또는 절토사면의 경계 바깥쪽에 떼·돌 등을 이용한 배수로를 설치한다.
ⓔ 절토·성토사면에서 용출수가 나오는 지역은 용출수의 처리를 위하여 배수시설을 설치하고, 절토·성토사면의 안정이 필요한 경우에는 하단부에 배수기능이 포함된 안정구조물을 추가로 설치한다.
ⓜ 성토면의 안정과 피해방지를 위해 총사업비 중 산림청장이 정하는 비율 이상의 사업비를 성토면의 안정과 피해방지에 투입하여야 한다.
ⓗ 구조물 설치 : 임도노선이 급경사지 또는 화강암질풍화토 등의 연약지반을 통과하는 경우 피해발생 방지를 위하여 옹벽·석축 등의 피해방지시설을 설치한다.
ⓢ 소단설치 : 절토·성토한 경사면이 붕괴 또는 밀려 내려갈 우려가 있는 지역에는 사면길이 2~3m마다 폭 50cm~100cm로 단을 끊어서 소단을 설치한다.
ⓞ 입목벌채·표토제거 등
  - 노면·절토면 : 노면·절토대상지에 있는 입목(관목을 포함한다)과 그 뿌리, 표토는 전량제거·반출한다. 이 경우 표토를 제거할 때 나오는 부식토 중 현지에서 활용가능한 부식토는 사면복구에 활용할 수 있다.
  - 성토면 : 성토대상지에 있는 입목은 사면다짐 등 노체형성에 장애가 되는 것이 명백한 경우 또는 흙에 많이 묻히게 되어 고사위험이 있는 경우를 제외하고는 그대로 존치하며, 표토 등은 제거·정리한다.
ⓩ 사토장·토취장의 지정 : 절토·성토 시 부족한 토사공급 또는 남는 토사의 처리가 필요한 경우에는 적정한 장소에 사토장 또는 토취장을 지정한다. 이 경우 사토장·토취장은 임상이 양호한 지역에는 설치하지 아니한다.
ⓒ 암석절취 : 암석지역 중 급경사지 또는 도로변의 가시지역 및 민가 주변에서의 암석절취는 브레이커절취를 위주로 한다.

⑨ 교량·암거
ⓟ 통수단면 : 교량·암거의 통수단면은 100년 빈도 확률 강우량과 홍수도달시간을 이용한 합리식으로 계산된 최대홍수유출량의 1.2배 이상으로 설계·설치한다.
ⓒ 높이 : 교량은 최고수위로부터 교량 밑까지의 높이가 특수한 경우를 제외하고는 1.5m 이상이 되도록 한다.
ⓒ 너비 : 원칙적으로 임도의 너비와 같게 하되, 난간 또는 흙덮개의 안쪽너비를 3m 이상으로 한다.
ⓔ 복토 : 교량·암거에 불가피하게 복토를 해야 할 경우에는 흙의 두께는 50cm 이상으로 하며, 그 복토하중에 대하여도 중량을 계산·설계한다.
ⓜ 사하중 : 사하중 산정 시 사용되는 주된 재료의 무게는 국토해양부의 도로교량 표준시방서에 따른다.
ⓗ 활하중 : 활하중은 사하중에 실리는 차량·보행자 등에 따른 교통하중을 말하며, 그 무게산정은 사하중 위에서 실제로 움직여지고 있는 DB-18하중(총중량 32.45톤) 이상의 무게에 따른다.

- ⓢ 종단기울기 : 교량은 특별한 장소를 제외하고는 종단기울기를 적용하지 않는다. 다만, 특별한 장소로서 입지조건에 따라 불가피한 경우에는 종단기울기를 완만하게 설치할 수 있다.
- ⓞ 교각·중간벽 : 교량·암거는 특히 필요하다고 인정되는 경우를 제외하고는 교각과 중간벽이 없는 단경각으로 설치한다.

⑩ 노면보호공사
- ㉠ 보통콘크리트포장 : 무근콘크리트 포장, 줄눈을 둔 콘크리트 포장
- ㉡ 철근콘크리트포장 : 콘크리트 슬래브 단면의 상하를 복철근으로 배치 보강하여 줄눈을 두며 균열발생을 허용하는 포장
- ㉢ 연속철근콘크리트포장 : 줄눈의 취약점을 개선하고 철근으로 보강하여 줄눈의 설치없이 미세균열의 발생을 허용하는 포장
- ㉣ 프리스트레스콘크리트 포장 : 슬래브 내에 강선을 배치하여 프리스트레스를 도입하고 줄눈을 두며 균열발생을 허용하는 포장

⑪ 파종·녹화
- ㉠ 대상지 : 임목이 없어 노출되는 절토·성토면은 파종 및 녹화공법에 따라 전면적을 녹화하여야 한다. 다만, 암석지로서 녹화가 어려운 절토면의 경우에는 그러하지 아니하다.
- ㉡ 파종·녹화의 시기 : 파종은 임도의 추진상황 등을 고려하여 적기에 시공되도록 한다.
- ㉢ 파종·녹화공법 및 종자의 종류 : 파종·녹화공법 및 종자의 종류는 경사·토양·지역특성에 알맞는 공법·종자를 사용하되 특별한 경우를 제외하고는 국산 종자를 사용한다.

⑫ 설계변경
- ㉠ 설계변경의 조건
  - 공법의 변경, 공사물량의 증감, 사용재료 운반거리의 증감 및 현장여건의 변경
  - 콘크리트배합 비율 변경으로 시멘트, 모래, 자갈량의 증감이 생길 때 변경
  - 토공량 중 암석은 추정에 의한 것이므로 시공 후 발생한 암석량으로 정산토록 변경
- ㉡ 설계변경 요청
  - 공사의 일부 또는 전부의 시행을 중지시키거나 설계서를 변경할 필요가 있을 때 계약자에게 서면으로 요구할 수 있다.
  - 이로 인하여 공사량의 증감이 발생할 때 당해 계약금을 조정할 수 있다.
- ㉢ 설계변경으로 인한 금액 조정
  - 증감된 공사량의 단가는 산출내역서상의 계약단가에 의거 처리하되 증가된 물량에 대하여는 계약단가와 예정가격조사상의 단가 중 최저단가로 조정한다.
  - 신규 비목의 단가는 설계변경 당시를 기준으로 산정한 단가에 낙찰률을 곱한 금액으로 조정한다.
  - 계약상대자가 새로운 기술, 공법 등을 사용하여 공사비를 절감할 경우 계약상대자의 요구에 의거 설계를 변경할 수 있고 이때의 공사비는 감액하지 않는다.
- ㉣ 물가 변동으로 인한 계약금액의 조정 : 계약체결 후 90일이 경과하고 계약금액에 대하여 차지하는 비율이 100분의 5 이상인 경우 그 증감액을 산출하여 조정·지급할 수 있다.

⑬ 그 밖의 사항
  ㉠ 야생동물 이동통로 : 임도의 절토면 또는 성토면 중 야생동물의 이동을 위하여 필요한 장소에는 경사로, 자연형 계단 등 야생동물 이동통로를 설치한다.
  ㉡ 설계지침서 : 측량 및 설계를 실행할 때에는 사업별·공사별로 다음의 내용이 포함되어 있는 설계지침서를 작성하여야 한다.
    • 현지조사(측량·설계인자) 및 제도방법
    • 축조물의 위치·규모·크기·형상
    • 공법 및 공사시방서
    • 사용 중기의 종류 및 용도별 명세
    • 주요재료의 품명·규격·수량·산지 및 조달방법
    • 골재원·지질·토취장·배합설계 등 사전조사자료
    • 축조·공작물의 구조·공법·규모·형상
    • 공사 및 공정관리에 관한 사항
    • 공사의 시공순위
    • 필요한 경우 임도의 활용성 및 타당성(도면을 포함한다)
    • 설계변경조건
    • 공사기간 산정기준근거
    • 그 밖에 설계도서 작성의 지침이 되는 사항
  ㉢ 현장감독관의 임무
    • 현장감독관은 재료 또는 기성부분에 대한 검사·시험을 실시한 결과가 시방서·설계서·설계도에 적합하지 아니할 때에는 교체 또는 재시공을 명하고 그 내용을 문서로 기록·관리하여야 한다.
    • 현장감독관은 공사감독일지·반입재료검사부·자재수불부·재료시험표(한국공업규격표시품을 제외한다)를 비치하고 이를 기록·관리하여야 한다.
    • 현장감독관은 시공 후 매몰되거나 구조물 내부에 포함되어 사후검사가 곤란하다고 인정되는 부분에 대하여는 시공 당시의 상황 등 그 시공을 명확히 입증할 수 있도록 감독조서를 작성하여야 한다.
    • 현장감독관은 공사현장에서 다음과 같은 사유가 발생한 때에는 필요한 조치를 취하고 그 경위를 계약담당관에게 보고하여야 한다.
      - 천재지변, 그 밖의 사유로 피해가 발생하거나 시공이 불가능하게 된 때
      - 계약자가 이유 없이 공사를 중단하거나 정당한 지시에 불응한 때
      - 계약자 또는 현장대리인이 계속하여 현장에 주재하지 아니한 때
      - 관급자재·장비·노임 등이 적기에 공급되지 아니하거나 공급된 관급자재가 멸실·훼손된 때
    • 현장감독관은 계약자가 제출하는 각종 서류에 대하여 의견을 첨부하여 계약담당관에게 보고하여야 한다.
    • 현장감독관·현장대리인은 이 기준에서 정하는 사항 외에 공사에 관하여 발주권자가 명하는 사항을 준수하여야 한다.

06 임도 유지관리 및 안전관리

(1) 사면붕괴의 원인
① 빗물, 눈 기타의 하중·함수량의 증가 : 온도 변화에 의한 신축·동결과 융해의 반복
② 지진 또는 발파에 의한 충격 : 인장응력에 의한 균열
③ 함수비에 의한 팽창·공극 수압의 증가·균열 중의 수압 : 조직의 파괴, 점착력이 약해질 때 등

(2) 임도의 유지관리 책임
임도의 유지관리는 시장, 군수 또는 국유림관리소장 책임하에 산림소유자와 동 임도를 이용하는 취락주민대표가 공동으로 실행하도록 되어 있으나 사실상 시행청의 주관하에 관리하는 실정이다.

(3) 관리의 의무
① **임도시설물의 관리** : 시장·군수 또는 국유림관리소장은 임도시설물에 대한 대장을 비치하고 대장에 그 점검결과 및 관리상황을 기재하여야 하고, 통행의 안전을 기할 수 있도록 다음사항을 연 2회 이상 점검하여야 한다.
  ㉠ 노 체
  ㉡ 교 량
  ㉢ 암거 및 배수관
  ㉣ 측구 및 도수로
  ㉤ 기타 시설물
② **보수사업계획서** : 임도시설물에 대한 점검결과에 따라서 보수사업계획서를 작성·실행하여야 한다.
③ **보수의 종류 및 실행**
  ㉠ 상시보수 : 임도의 노체를 유지하기 위하여 노면의 관리 및 시설물에 대한 상시보수를 연중 실시하도록 한다.
  ㉡ 정기보수
    • 춘계보수 : 해빙기에 대비한 전면적인 보수와 하절기 강우 및 홍수피해 예상지역에 대한 종합적인 보수 및 노면진압을 실시하여야 한다.
    • 추계보수 : 월동에 대비한 보수와 동계적설 및 결빙을 예상한 소요자재의 비축과 장비의 정비를 실시하여야 한다.
    • 긴급보수 : 시장·군수 또는 국유림관리소장은 예상 외의 재해가 발생 또는 불가항력적인 이유로 임도의 긴급보수가 불가피할 때 응급조치로 보수하여야 한다.
    • 집중보수 : 재해발생으로 인하여 집중적으로 실행하는 도급서의 보수로서, 주로 구조물 시설이 필요하다. 이 경우 설계도서를 작성·보수하여야 한다.

(4) 감리

공사의 시공과정에서 그의 전문지식 기술·경험을 활용하여 발주자의 감독하에 당해 공사가 설계도서, 기타 관계서류에 정한 내용대로 시공되었는가 또는 시공되고 있는가의 여부를 확인하거나 필요한 기술지도를 하는 것

① 감리대상
  ㉠ 토질 및 기초분야
  ㉡ 토목 구조물 분야
  ㉢ 도 로
  ㉣ 조경 등

② 감리계약의 내용 사항
  ㉠ 시공계획의 검토
  ㉡ 공정표의 검토
  ㉢ 시공자가 작성한 시공도면의 검토
  ㉣ 시공이 설계도면 및 시방서의 내용에 적합하게 행하여지고 있는지 확인
  ㉤ 구조물의 규격의 적합성 검토
  ㉥ 사용자재의 적합성 검토
  ㉦ 시험성과에 관한 검토
  ㉧ 안전관리의 지도
  ㉨ 설계변경에 관한 사항의 검토
  ㉩ 공정 및 기성고의 사정
  ㉪ 완공도면의 검토 및 완공사실의 확인
  ㉫ 하도급에 대한 타당성 검토
  ㉬ 기타 공사의 질적 향상을 위하여 필요한 사항 등

(5) 검사

검사의 종류는 다음과 같다.
① **기성부분검사** : 준공검사 이전에 부분적으로 행하는 검사
② **준공검사** : 공사완성 후 모든 부분에 대하여 행하는 검사로서 계약당사자는 준공검사 도면, 준공검사 내역서 및 시험결과 성적표 및 공사의 진행사진 등을 첨부
③ **하자검사** : 공사의 하자사항에 대하여 하자기간 만료되었거나 기간 만료 이전에 발생한 하자보수를 완성한 때
④ **특별검사** : 계약담당관이 필요하다고 인정할 때 행하는 검사

| 주관식 확인문제 | 임 도 |

※ 다음 빈칸에 적절한 말을 넣거나 묻는 말에 답하시오.

01 우리나라의 임도시설의 종류 4가지를 기술하시오.

　　정답적기

02 임도를 시설할 때 자동차가 곡선부 주행 시 원심력에 의해서 바깥쪽으로 튀쳐나가려는 힘을 방지하기 위하여 설치하는 물매(구배)를 무엇이라고 하는가?

　　정답적기

03 간선임도의 설계속도는?

　　정답적기

04 길어깨·옆도랑의 너비를 제외한 임도의 유효너비는 (　　)m를 기준으로 한다. 다만, 배향곡선지의 경우에는 (　　)m 이상으로 한다.

　　정답적기

05 배향곡선은 중심선 반지름이 최소 몇 m 이상이 되도록 설치하는가?

정답적기

06 곡선부의 중심선 반지름은 내각이 몇 도 이상 되는 장소에 대하여는 곡선을 설치하지 아니할 수 있는가?

정답적기

07 임도의 배수구는 수리계산과 현지여건을 감안하되, 기본적으로 몇 m 내외의 간격으로 설치하는가?

정답적기

08 배수구의 통수단면은 (　　)년 빈도 확률강우량과 홍수도달시간을 이용한 (　　)으로 계산된 최대홍수유출량의 (　　)배 이상으로 설계·설치한다.

정답적기

09 소형임도의 최대 종단기울기는?

   | 정답적기 |

10 성토면이 안정되고 종단경사가 (   )% 미만인 경우에는 옆도랑을 파지 않고 3~5% 내외로 외향경사를 주어 물을 성토면 전체로 고르게 분산시킬 수 있다. 이 경우 임도를 횡단하여 유수를 차단하는 노출형 횡단수로를 (   )m 내외의 간격으로 비스듬한 각도로 설치한다.

   | 정답적기 |

주관식 정답

01. 간선임도, 지선임도, 작업임도
02. 외쪽물매(편구배)
03. 20~40km/hr
04. 3, 6
05. 10
06. 155°
07. 100
08. 100, 합리식, 2.0
09. 20
10. 5, 30

CHAPTER 02 산림측량

01 측량일반

(1) 측량의 의의
측량이란 지구표면에 있는 여러 점들의 상호간 관계적 위치를 측정하여 자연과 인공적인 여러 자료로 표현할 수 있도록 도면을 만들어 자연의 이용·개발·방재 등의 각종 목적에 따라 계획선을 넣거나, 또는 필요한 선과 면적 및 용적을 측정하고 그 결과를 다시 토지상에 측설하는 기술을 말한다.

(2) 측량기준
① 형상 : 지구표면의 편평도를 기준으로 실행한다.
② 위치 : 지구상의 위치는 경도와 위도로 표시한다.
③ 높이 : 만조에서 간조까지 변화하는 해수면의 높이를 장기간 연속적으로 측적하여 얻은 평균값, 즉 중등조위면을 기준으로 하여 정하며, 이 기준점을 수준원점이라 한다.

(3) 측량오차
정확치와 관측치와의 차이
① 원 인
  ㉠ 자연적 원인 : 기상의 변화, 광선의 굴절, 기계류의 바람에 의한 동요 등
  ㉡ 기계적 원인 : 기계류 성능의 불완전, 팽창, 수축의 불균일 등
  ㉢ 인위적 원인 : 조작의 미숙, 과오, 측정자의 시각 및 감각의 불완전 등
② 종 류
  ㉠ 정오차 : 일정한 조건에서는 언제나 같은 방향 및 크기로 일어나는 오차로서 '상차(常差)'라고도 하며, 때로는 작은 오차가 모여서 큰 오차가 되는데 이를 '누차(累差)'라고도 한다.
  ㉡ 부정오차 : 오차의 원인을 찾기가 어렵거나 모를 경우의 오차
  ㉢ 과오 : 관측자의 부주의나 미숙에서 발생하는 과실

(4) 거리 및 높이 측정
① 거리 측정
  ㉠ 약 측
    • 목측 : 멀리 떨어진 물체의 형태를 식별하여 개략적인 거리 추정방법
      – 사람의 코, 입, 눈의 위치가 인정되면 약 100m

- 양복단추가 보이면 약 150m
- 사람의 손과 발이 인정되면 약 400m
- 사람이 서 있는 형태(운동 또는 정지)가 인정되면 약 800m
- 사람과 말이 검은 점처럼 보이면 약 2,000m

- 보측 : 보폭을 이용한 거리 측정
  거리=보수(발걸음 수)×평균보폭
- 음측 : 소리에 의해 거리 측정방법
  음속(V) = 331m/sec × 0.609m/sec/℃ × 온도(℃)
  거리(D) = 음속(V) × 시간(t)
- 시각법 : 상사삼각형의 원리를 응용하여 거리 측정

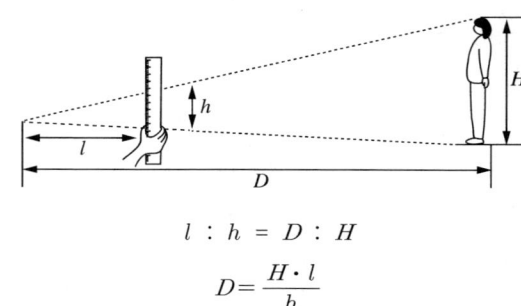

$$l : h = D : H$$
$$D = \frac{H \cdot l}{h}$$

(단, 팔 길이(l)는 사전에 측정)

ⓒ 실측 : 보다 정밀한 기구를 이용하여 거리를 측정하는 방법으로 스타디아측량, 테이프 이용 보통 및 정밀측량, 기선측량 등이 있다.

② 높이 측정
  ㉠ 약측 : 극히 간단한 기구를 사용하는 시각법이나 시선 등에 의해 높이를 측정하는 방법
  ㉡ 실측 : 측각기 등의 정밀한 기구를 이용하거나 삼각측량 등에 의해 높이를 측정하는 방법

(5) 면적 및 체적 측정

① 면적 측정
  ㉠ 삼각형법 : 면적을 측정하고자 하는 다각형을 여러 개의 삼각형으로 구분하고, 각 삼각형의 면적을 산출한 후 이들의 면적을 더하여 다각형의 면적을 구하는 방법
  ㉡ 지거법 : 임의의 기준선에서 측정점에 내린 수선을 '지거'라고 하는데, 이러한 지거를 이용하여 다각형의 면적 산출
  ㉢ 도상거리법 : 도상에서의 면적 측정은 방안법, 띠측법, 등량법 등
  ㉣ 구적기 방법 : 도상면적을 측정하는 기구로 정극플라니미터를 많이 사용

② 체적 측정
　㉠ 가늘고 긴 지역의 측정 방법 : 평균단면적법, 평균거리법, 중앙단면적법, 각주법 등
　㉡ 넓은 지역의 측정 방법
　　• 사각형 구형 주체법 : 지역을 여러 개의 사각형으로 구분할 경우에는 각 구역을 사각기둥으로 생각하여 각 구역의 체적과 전체체적을 다음과 같이 구한다.

　　구역체적 $V_0 = \dfrac{A(h_1 + h_2 + h_3 + h_4)}{4}$

　　전체체적 $V = \dfrac{A(\sum H_1 + 2\sum H_2 + 3\sum H_3 + 4\sum H_4)}{4}$

　　A : 한 구역의 수평 단면적
　　$\sum H_1$: 1회 사용된 지반고의 합
　　$\sum H_2$: 2회 사용된 지반고의 합
　　$\sum H_3$: 3회 사용된 지반고의 합
　　$\sum H_4$: 4회 사용된 지반고의 합

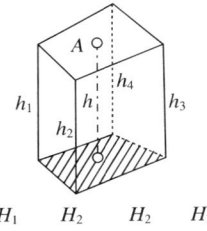 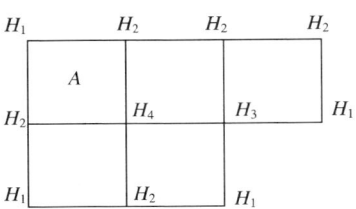

　　• 삼각형 구형 주체법 : 지역을 여러 개의 삼각형으로 구분할 경우에는 각 구역을 삼각기둥으로 생각하여 각 구역의 체적과 전체체적을 다음과 같이 구한다.

　　구역체적 $V_0 = \dfrac{A(h_1 + h_2 + h_3)}{3}$

　　전체체적 $V = \dfrac{A(\sum H_1 + 2\sum H_2 + 3\sum H_3 + 4\sum H_4 + 5\sum H_5 + 6\sum H_6)}{3}$

　　A : 한 구역의 수평 단면적
　　$\sum H_n$: n회 사용된 지반고의 합

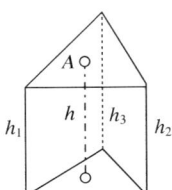 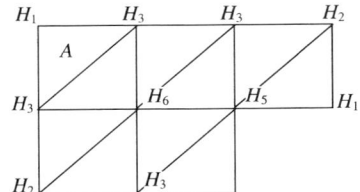

(6) 기준점 측량

① 답사에 의한 기준점 선정 : 기준점은 도면 작성의 기준이 되는 점이며, 도면과 시공자, 감독관의 시야를 일치시키는 기준점이 된다.

② 기준점 측량

㉠ 삼각측량이 가장 대표적인 방법으로, 이를 위해 과거에는 시거측량이나 트랜싯측량을 주로 실시하였으나, 최근에는 토털스테이션측량에서 GPS측량으로 변모하고 있는 추세이다.

㉡ 토털스테이션(Total-station)을 이용한 삼각측량 : 광파거리측정기와 트랜싯 또는 스타디아 기능이 융합되어 거리와 고저각 및 수평각을 동시에 관측할 수 있는 측량장비인 토털스테이션을 활용한 측량을 말한다.

㉢ GPS를 이용한 기준점 측량 : 1995년경 우리나라에 본격 도입되기 시작한 측량방법의 일종으로서 인공위성에서 방송하는 위치정보를 전파의 형태로 수신하여 현재의 위치를 결정하는 방식으로서 시준선의 확보가 필요 없고 기상조건의 제약이 없으며, 정적·동적 측량이 모두 가능하고 장거리 측량이 가능하다는 점에서 최근 폭발적인 수요 증가를 보이고 있다.

㉣ DGPS(Differential GPS)를 이용한 기준점 측량 : 고정위치데이터를 알려주는 기지국과 수신기가 위치한 이동국 사이의 차이를 나타내는 데이터(Differences Data)를 이용하여 후처리 또는 실시간 처리로 위치를 알아내는 GPS의 일종이다.

(7) 등고선

① 등고선의 성질

㉠ 동일 등고선에 있는 모든 점은 등고이다.

㉡ 등고선은 도면 내 또는 밖에서 폐합하며, 도중에 소실되지 않는다.

㉢ 등고선이 도면 안에서 폐합되는 경우는 산정이나 요지(凹地)를 나타낸다.

㉣ 높이가 다른 등고선은 낭떠러지나 동굴을 제외하고 교차하거나 합쳐지지 않는다.

㉤ 등고선은 급경사지에서는 간격이 좁고, 완경사지에서는 넓다.

㉥ 등고선의 계곡을 통과할 때에는 한쪽에 연하여 거슬러 올라가서 곡선을 직각방향으로 횡단한 다음 곡선 다른 쪽에 연하여 내려간다.

㉦ 등고선이 능선을 통과할 때에는 능선 한쪽에 연하여 내려가서 능선을 직각방향으로 횡단한 다음 능선 다른 쪽에 연하여 거슬러 올라간다.

㉧ 한 쌍의 등고선의 철(凸)부분이 서로 마주 서 있고, 다른 한 쌍의 등고선이 바깥쪽으로 향하여 내려갈 때는 그곳은 고개이다.

② 등고선의 간격

축 척	계곡선	주곡선	간곡선	조곡선
1/5,000	25m	5m	2.5m	1.25m
1/25,000	50m	10m	5m	2.5m
1/50,000	100m	20m	10m	5m

㉠ 계곡선 : 주곡선 5개마다 1개를 굵게 표시한 선
㉡ 주곡선 : 지형의 기본 곡선
㉢ 간곡선 : 주곡선의 1/2로 주곡선만으로 지모의 상태를 나타내지 못할 곳은 긴 점선으로 표시
㉣ 조곡선 : 간곡선의 1/2로 간곡선만으로 지모의 상태를 나타내지 못할 곳은 점선으로 표시

02 컴퍼스 및 평판측량

(1) 컴퍼스 측량

컴퍼스로서 방위각 또는 방위를 측정하고, 체인 또는 테이프로서 거리를 측정하여 각 측점의 평면상의 위치를 결정하는 측량방법으로 도선법(전진법), 사출법, 교차법 등이 있다.

(2) 컴퍼스 측량의 검사와 조정

① 자침 : 자침은 어떠한 곳에 설치하여도 운동이 활발하고 자력이 충분하면 정상이다.
② 수준기 : 수준기의 기포를 중앙에 오게 한 후 수평으로 180° 회전시켜도 역시 기포가 중앙에 있으면 정상이다.
③ 자침의 중심과 분도원의 중심의 일치 : 컴퍼스를 수평으로 세웠을 때 자침의 양단이 같은 도수를 가리키고 있고, 자침도 수평을 유지하면 정상이다.
④ 시준평면과 수준기 평면의 직각 : 컴퍼스를 세우고 정준한 다음 적당한 거리에 연직선을 만들어 시준할 때 시준종공 또는 시준사와 수직선이 일치하면 정상이다.
⑤ 시준면과 자침면이 동일평면에 위치 : 양 시준공 사이에 가는 실을 늘이고, 위에서 내려다보아 이것과 분도원의 N과 S가 일치하면 정상이다.

(3) 자오선과 국지인력

① **자오선** : 자오선은 지구의 양극을 지나는 상상의 선으로 진북선 또는 참자오선이라고 하는데, 평면측량에서는 각 점을 지나는 자오선을 평행한 것으로 취급한다.
② **국지인력** : 부근에 철제 구조물, 철광석, 직류전류 등이 있으면 자력선의 방향이 변하여 자침이 정확한 자북을 가리키지 않게 되는데, 이를 국지인력(Local Attraction)이라고 한다.

(4) 평판측량

평판측량은 삼각위에 제도지를 붙인 평판을 고정하고, 앨리데이드(Alidade)를 사용하여 거리·각도·고저 등을 측정함으로써 직접 현장에서 제도하는 측량법이다.

① 평판설치 3가지 조건
  ㉠ 정치(Leveling Up) : 평판이 수평이어야 할 것
  ㉡ 치심(Centering) : 평판상의 측점을 표시하는 위치는 지상의 측점과 일치하며, 동일 수직선상에 있을 것
  ㉢ 표정(Orientation) : 평판이 일정한 방향 또는 방위를 취할 것

② 귀심(Reduction to Center)
  ㉠ 지형에 따라서 측점상에 평판을 설치할 수 없는 경우에는 적당한 위치에 평판을 설치하고, 평판을 설치한 점과 측점과의 관계 위치를 측정하여 조정하는 것
  ㉡ 한도는 축척 1/50,000의 경우에는 5.0m, 1/10,000은 1.0m, 1/1,000은 0.1m, 1/500은 0.05m이며 정밀을 요하지 않을 때에는 이 값의 2배 정도를 취하여도 무방하다.

③ 평판측량의 종류
  ㉠ 사출법(방사법)
  ㉡ 도선법 : 단도선법, 복도선법
  ㉢ 교차법(교회법) : 전방교차법, 측방교차법, 후방교차법
  ㉣ 교차법에서 3개의 방향선이 한 점에서 만나지 않고 하나의 삼각형을 이룰 때 이를 시오삼각형(Triangle of Error)이라 하는데, 이를 소거하고 제자리를 구해야 한다(시오삼각형의 소거방법 : 레만법, 베셀법, 투사지법).

(5) 측량의 오차와 정도

① **기계적 오차** : 평판은 기계의 조정이 불완전하며, 완전히 오차를 수정하기 어렵기 때문에 사용 전에 충분히 검사하여 불량품은 사용치 않고 평판의 구조를 잘 이해하여 오차의 발생이 적도록 노력한다.
② **설치 및 시준 시에 생기는 오차** : 도판의 경사에 의한 오차, 앨리데이드의 잣눈면과 시준면의 불일치에 의한 오차, 구심의 불완전에 의한 오차, 시준에 의한 오차, 표정에 의한 오차가 있다.
③ **제도 오차** : 방향선을 그릴 때나 거리측정 시 도지(圖紙)의 신축 등에 의하여 발생하는 오차가 있다.
④ **폐합오차의 수정** : 다각형을 도선법으로 측량하여 오차가 없으면 폐합하지만, 실제로는 다소의 오차를 면하기 어렵다. 이때에는 허용오차를 산출한 후, 실제오차가 허용오차보다 작으면 도면상에서 오차를 수정하고, 허용오차보다 크면 다시 측량하여야 한다.

⑤ **측량의 정도(精度)** : 평판측량의 정도는 규정하기 어려우나 일반적으로 거리측량의 정도는 넘지 못하며, 평탄지에서 1/1,000 이하, 완경사지에서 1/800~1/600, 지형이 복잡한 곳에서 1/500~1/300 정도면 허용된다.

(6) 응용 평판측량방법

앨리데이드의 전·후방시준판에는 잣눈과 시준공이 있고, 잣눈의 한 눈금은 전·후방시준판 간격의 1/100이며, 후방시준판에는 중앙에 인출판이 있어서 잡아 빼게 되어 있는데, 이를 이용해 각도와 간단한 거리 및 고저차를 측정할 수 있다.

03 | 고저측량

(1) 고저측량의 의의

한 점의 높이란 일반적으로 임의의 수평면을 기준으로 하여 이 수평면에서 어느 지점까지의 수직거리를 말한다. 이 임의의 수평면을 기준면이라 하며, 기준면으로부터의 높이를 측정하는 것을 고저측량이라고 한다.

(2) 고저측량 용어

① **시준면** : 수평으로 설치한 레벨의 회전으로 시준선이 이루는 수평면
② **수준기면** : 고저측량에서 기준이 되는 수평면
③ **기계고(시준고, I.H.)** : 수준기면에서 레벨의 시준면까지의 수직거리
④ **수준점** : 고저측량의 기준되는 점
⑤ **후시(정시, B.S.)** : 표고를 이미 알고 있는 점
⑥ **전시(부시, F.S.)** : 표고를 아직 알지 못하는 점
⑦ **이점(환점, T.P.)** : 스태프를 세워 전시와 후시를 두 번 하는 점
⑧ **중간점(간시, I.P.)** : 전시만을 읽는 점
⑨ **측점(S.P.)**

(3) 측량방법(야장기입법)

① 기고식 : 야장에 기록하여야 할 사항은 S.P.(측점), B.S.(후시), F.S.(전시), I.H.(기계고), T.P.(이점), I.P.(중간점), G.H.(지반고), Remarks(비고) 등이다.

S.P.	B.S.	I.H.	F.S.		G.H.	Remarks
			T.P.	I.P.		
B.M.No.8	2.30	32.30			30.00	B.M.No.8의 H=30.00m
1				3.20	29.10	
2				2.50	29.80	
3	4.25	35.45	1.10		31.20	
4				2.30	33.15	
5				2.10	33.35	
6			3.50		31.95	S.P.6은 B.M 8에 비하여
Sum	+6.55		−4.60			1.95m 높다(6.55−4.60=1.95).

② 승강식

S.P.	B.S.	F.S.		Rise(+)	Fall(−)	G.H.	Remarks
		T.P.	I.P.				
B.M.No.8	2.30					30.00	B.M.No.8의 H=30.00m
1			3.20		0.90	29.10	
2			2.50		0.20	29.80	
3	4.25	1.10		1.20		31.20	
4			2.30	1.95		33.15	
5			2.10	2.15		33.35	
6		3.50		0.75		31.95	

04 트래버스 측량

(1) 방위각·편각·내각에서 방위를 구하는 계산

① 방위각에서 방위를 구하는 계산

방위각을 측정하여 방위를 산출하는 방법은 다음에 따른다.

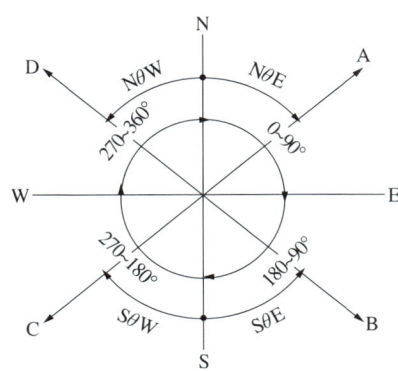

방위각	방 위
0~90°	N 방위각 E
90~180°	S 180° − 방위각 E
180~270°	S 방위각 − 180° W
270~360°	N 360° − 방위각 W

② 편각에서 방위를 구하는 계산

편각에서 방위를 구할 때에는 먼저 방위각을 구하고, 이 방위각으로 다음의 방법에 따라 방위를 구한다.

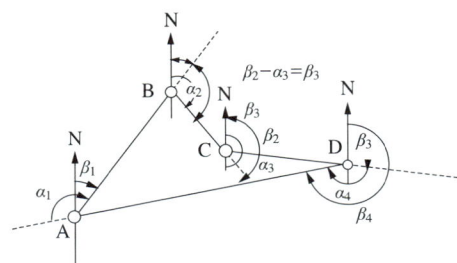

㉠ 최초선의 방위각은 그 선의 방위각이어야 한다.

㉡ 임의의 측선의 방위각=앞 측선의 방위각+앞 측선과 이루는 편각(방위각을 구하려는 점의 편각)이 되므로 즉, $\beta_2 = \beta_1 + \alpha_2$이다. 그러나 측점이 최초의 점에 있지 않고, 그 측선이 반향(反向)하여 (−)인 음각(負角)이 생기는 경우(점C)에는 측선의 방위각=앞 측선의 방위각−그 측선의 편각이 되어 즉, $\beta_3 = \beta_2 + \alpha_3$이 된다.

③ 내각에서 방위를 구하는 계산

내각에서 먼저 방위각을 구하고, 이 방위각으로 다음의 방법에 따라 방위를 구한다.

㉠ 최초선의 방위각은 그대로여야 한다.

㉡ 임의의 측선의 방위각=앞 측선의 방위각+180°-그 측선의 내각이다. 단, 반대방향으로 계산할 때에는 (+)와 (-)를 바꾸어 계산한다.

㉢ ㉡의 식에서 계산한 각이 360° 이상이면 그 각에서 360°를 뺀다.

(2) 위거 및 경거의 계산

XY를 직교축으로 가정할 때, 종축의 방향(NS)을 자오선(子午線), 횡축의 방향(EW)을 위선(緯線)이라고 하면 θ는 방위각이 된다. 이때 측선 AB가 NS축에 비치는 정사영(正射影)의 거리 Ab를 AB의 위거(緯距 ; Latitude)라고 하고, EW축에 비치는 정사영거리 Aa를 AB의 경거(經距 ; Departure)라고 하고, 측선의 중심에서 NS선에 직각으로 그은 선 CC'의 길이를 자오선거(子午線距 ; Meridian Distance)라고 한다.

① 삼각함수에 의한 방법

위거 및 경거는 삼각함수의 진수를 사용하여 다음 식으로 계산할 수 있다.

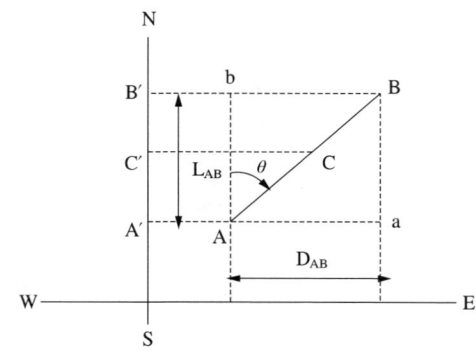

㉠ 측선 AB의 위거 $= L_{AB} = AB \times \cos\theta$

㉡ 측선 AB의 경거 $= D_{AB} = AB \times \sin\theta$

㉢ 측선 AB의 자오선거 $= CC'$

측 선	거리(m)	방위각	$\cos\theta$	$\sin\theta$	위 거		경 거	
					N(+)	S(-)	E(+)	W(-)
A B	67.30	23° 55′ 40″	0.91406	0.40558	61.52		27.30	
B C	79.90	313° 10′ 30″	0.68423	0.72927	54.67			58.28
C D	63.37	16° 39′ 10″	0.95806	0.28647	60.71		18.15	
D E	93.60	115° 35′ 50″	0.43204	0.90185		40.44	84.41	

② 그 밖에 대수에 의한 방법, 경위거표에 의한 방법 등이 있다.

05 GPS 위성에 의한 측량

(1) 의 의
GPS(Global Positioning System)위성에서 발사되는 전파를 수신하여 측점에 대한 삼차원 위치, 속도 및 시간정보를 제공하도록 고안된 행성항공시스템으로, 기존의 모든 측량방법의 제약조건을 해소시킬 수 있는 차세대 측량방식이다.

(2) 측정의 특징
① 고정밀도 측량이 가능하다.
② 장거리 측량에 이용된다.
③ 관측점 간의 시통이 필요치 않다.
④ 중력방향과 상관없는 3차원 공간에서의 측위방법이다.
⑤ 기상조건에 영향을 받지 않으며, 야간 관측도 가능하다.
⑥ GPS 관측은 수신기와 내장된 프로그램에 의해 전산처리되므로 관측이 용이하다.
⑦ 위성의 궤도정보 및 전리층의 영향에 대한 보정이 필요하다.
⑧ WGS84 타원체좌표가 정해지므로 지역타원체로의 변환이 필요하다.

(3) 측정방식
코드측정방식, 위상측정방식, 도플러측정방식

| 주관식 확인문제 | 산림측량 |

※ 다음 빈칸에 적절한 말을 넣거나 묻는 말에 답하시오.

01 평판 교차법에서 3개의 방향선이 한 점에서 만나지 않고 하나의 삼각형을 이룰 때 이를 무엇이라 하는가?

정답적기

02 다음 표의 괄호 안에 들어갈 말은?

S.P.	B.S.	I.H.	F.S.		G.H.	Remarks
			T.P.	I.P.		
B.M.No.8	2.30	32.30			30.00	B.M.No.8의 H=30.00m
1				3.20	29.10	
2				2.50	29.80	
3	4.25	35.45	1.10		31.20	
4				2.30	33.15	S.P.6은 B.M 8 에 비하여 ( )
5				2.10	33.35	
6			3.50		31.95	

정답적기

03 철도, 도로, 수로 등의 일정한 노선에 따라 거리와 고저의 관계, 즉 종단면의 측량을 말하는데, 일정한 간격마다 중심말뚝을 박아 중심선을 설정하여 이 선상의 지반의 변화를 측정하고, 이때 고저의 변화가 있는 곳은 (   )을/를 박는다.

정답적기

04 컴퍼스로써 방위각 또는 방위를 측정하고, 체인 또는 테이프로써 거리를 측정하여 각 측점의 평면상의 위치를 결정하는 측량방법으로는 (   ), (   ), (   ) 등이 있다.

정답적기

05 등고선의 종류 4가지를 적으시오.

정답적기

06 고저식(레벨) 측량에서 스태프를 세워 전시와 후시를 두 번 하는 점을 무엇이라 하는가?

정답적기

07 관측자의 부주의나 미숙에서 발생하는 과실로 인한 측량오차를 무엇이라 하는가?

정답적기

08 거리 측정 시 사람의 양복 단추가 보이면 몇 m로 추정하는가?

┤ 정답적기 ├

09 측점상에 평판을 설치할 수 없는 경우에 적당한 위치에 평판을 설치하고, 평판을 설치한 점과 측점과의 관계 위치를 측정하여 조정하는 것을 무엇이라 하는가?

┤ 정답적기 ├

10 측선이 NS선에 대한 정사영의 거리를 (   ), EW선에 대한 정사영의 거리를 (   )라 한다.

┤ 정답적기 ├

주관식 정답

01. 시오삼각형
02. 1.95m 더 높다.
03. 플러스말뚝
04. 도선법(전진법), 사출법, 교차법
05. 계곡선, 주곡선, 간곡선, 조곡선
06. 이점(환점, T.P)
07. 과오
08. 약 150m
09. 귀심
10. 위거, 경거

주요 용어 해설

1. 다공정 처리기계

일반적으로 임목 수확 기계 및 장비는 체인톱, 집재기(집게 굴삭기, HAM 200)처럼 한 가지 공정만을 처리한다. 그러나 하베스터, 프로세서 등은 여러 가지의 공정을 연속적으로 처리하는데 이것을 다공정 장비라 한다.

2. 가선 집재

가선 집재는 트랙터 집재와는 달리 공중에 와이어 로프(스카이 라인)를 임시적으로 설치하여 목재를 수집하는 방식으로 영구적으로 설치되는 삭도 방식과는 다르다. 일반적으로 가선 집재 방식의 종류에는 여러 가지가 있으나 외국에서 개발된 방식이기에 그냥 영어로 사용하므로 약간 어려운 부분이 있으나, 일반적으로 그 집재방식에 따라 붙여진 이름이다.

3. 중앙선 : 임도의 노폭의 중심을 연결한 선이다.

산림기반시설 출제 정보

1. 임 도
 ① 임도의 개설 효과
 ② 선형별 임도의 구조
 ③ 곡선부의 명칭과 산출식
 ④ 임도밀도 및 평균집재거리 산정방법
 ⑤ 양각기 계획법
 ⑥ 토공량 계산방법

2. 산림측량
 ① 평판측량의 3요소
 ② 고저측량의 용어 및 계산 방법

적중예상문제

01 어떤 장비의 장부 원가가 100만원이고 폐기할 때의 잔존가치가 10만원으로 예상되며, 그 내용연수가 6년이라 할 때, 이 장비의 연간 감가상각비를 정액법에 의해 계산하면 얼마인가?

① 900,000원
② 150,000원
③ 100,000원
④ 50,000원

해설 (1,000,000−100,000)/6=150,000원/년

02 오차의 원인에 대해 틀린 말은?

① 기후적 원인 − 추운 날씨의 지속
② 자연적 원인 − 광선의 굴절
③ 기계적 원인 − 팽창, 수축의 불균일
④ 인위적 원인 − 조작의 미숙

해설 **오차의 원인**
- 자연적 원인 : 기상의 변화, **광선의 굴절**, 기계류의 바람에 의한 동요 등
- 기계적 원인 : 기계류 성능의 불완전, **팽창·수축의 불균일** 등
- 인위적 원인 : **조작의 미숙**·과오, 측정자의 시각 및 감각의 불완전 등

03 거리 측정방법 중 목측에 의한 내용으로 옳지 않은 것은?

① 사람의 코, 입, 눈의 위치가 인정되면 약 100m
② 양복단추가 보이면 약 150m
③ 사람이 서 있는 형태(운동 또는 정지)가 인정되면 약 1,000m
④ 사람과 말이 검은 점처럼 보이면 약 2,000m

해설 목측 : 멀리 떨어진 물체의 형태를 식별하여 개략적인 거리를 추정하는 방법
- 사람의 코, 입, 눈의 위치가 인정되면 약 100m
- 양복단추가 보이면 약 150m
- 사람의 손과 발이 인정되면 약 400m
- 사람이 서 있는 형태(운동 또는 정지)가 인정되면 **약 800m**
- 사람과 말이 검은 점처럼 보이면 약 2,000m

04 임의의 기준선에서 측정점에 내린 수선을 이용하여 다각형의 면적을 산출하는 방법은?

① 삼각형법 ② 지거법
③ 도상거리법 ④ 등량법

해설 임의의 기준선에서 측정점에 내린 수선을 **지거**라 한다.

05 다음 중 평판측량의 3요소가 아닌 것은?

① 정 치 ② 치 심
③ 귀 심 ④ 표 정

해설 평판의 3요소는 **정치, 치심, 표정**이다.

06 다음 중 평판측량의 종류가 아닌 것은?

① 사선법 ② 도선법
③ 방사법 ④ 교회법

해설 평판측량의 종류는 **도선법, 방사법, 교회법** 등이 있다.

07 다음 승강식 야장에서 빈칸에 알맞은 것은?

S.P.	B.S.	F.S.		Rise(+)	Fall(−)	G.H.	Remarks
		T.P.	I.P.				
B.M.No.8	2.30					30.00	
1			3.20		0.90	29.10	
2			2.50		0.20	29.80	
3	4.25	1.10		1.20		(㉡)	B.M.No.8의 H=30.00m
4			2.30	1.95		33.15	
5			2.10	2.15		33.35	
6		(㉠)		0.75		31.95	

① ㉠ 3.50, ㉡ 31.20
② ㉠ 1.85, ㉡ 30.00
③ ㉠ 1.10, ㉡ 29.80
④ ㉠ 3.50, ㉡ 29.80

해설 ㉠ 4.25−0.75=3.50
㉡ 31.95−0.75=31.20

정답 04 ② 05 ③ 06 ① 07 ①

08 다음 중 S 20° E의 방위각은?

① 20°
② 160°
③ 180°
④ 200°

해설 S 20° E의 방위각은 180−20=160°

09 다음 중 틀린 말은?

① 측선 AB의 위거=AB cos(방위)
② 측선 AB의 경거=AB sin(방위)
③ 위거가 N일 때 (+)
④ 경거가 E일 때 (−)

해설 방향을 알기 위해서 다음과 같은 부호를 쓴다.

위 거	N	(+)	경 거	E	(+)
	S	(−)		W	(−)

10 등고선의 성질에 대한 설명 중 틀린 것은?

① 동일 등고선에 있는 모든 점은 등고이다.
② 높이가 다른 등고선은 낭떠러지나 동굴을 제외하고 교차하거나 합쳐지지 않는다.
③ 한 쌍의 등고선의 철(凸)부분이 서로 마주 서 있고, 다른 한 쌍의 등고선이 바깥쪽으로 향하여 내려갈 때는 그곳은 고개이다.
④ 등고선의 능선을 통과할 때에는 한쪽에 연하여 거슬러 올라가서 곡선을 직각방향으로 횡단한 다음 곡선의 다른 쪽에 연하여 내려간다.

해설 등고선의 **계곡**을 통과할 때에는 한쪽에 연하여 거슬러 올라가서 곡선을 직각방향으로 횡단한 다음 곡선의 다른 쪽에 연하여 내려간다.

11 1/25,000 지형도에서 주곡선의 간격은?

① 5m　　　　　　　　② 10m
③ 20m　　　　　　　　④ 50m

해설 1/25,000 지형도의 주곡선 간격은 10m이다.

12 컴퍼스 측량에 대한 설명으로 옳지 않은 것은?

① 컴퍼스로 방위각 또는 방위를 측정하고, 체인 또는 테이프로써 거리를 측정하여 각 측점의 평면상의 위치를 결정하는 측량방법이다.
② 철이나 강의 구조물과 전류가 많은 시가지 측량에 적합하다.
③ 컴퍼스의 시준선은 N과 S를 연결하는 방향에서 얻어진다.
④ 시준선이 어떤 방향으로 향할 때 자침이 가르키는 값은 남북방향을 기준으로 한 각이 된다.

해설 컴퍼스측량은 국지인력의 영향 때문에 철이나 강의 구조물과 전류가 많은 시가지 측량에는 적합하지 않다.

13 다음은 무엇에 관한 설명인가?

> 지형에 따라서 측점상에 평판을 설치할 수 없는 경우에는 적당한 위치에 평판을 설치하고, 평판을 설치한 점과 측점과의 관계 위치를 측정하여 조정하는 것

① 귀 심　　　　　　　② 치 심
③ 정 치　　　　　　　④ 표 정

해설 제시된 내용은 귀심에 대한 설명이다.

정답 11 ②　12 ②　13 ①

14 다음 중 잘못 연결한 것은?

① 시준면 – 수평으로 설치한 레벨의 회전으로 시준선이 이루는 수평면
② 기계고(시준고, I.H) – 수준기면에서 레벨의 시준면까지의 수직거리
③ 후시(정시, B.S) – 표고를 이미 알고 있는 점
④ 중간점(간시, I.P) – 후시만을 읽는 점

해설 중간점(간시, I.P)은 **전시**만을 읽는 점이다.

15 경사 측정기를 이용하여 20m 전방에 있는 잣나무 초두부를 시준하였더니 경사가 140%였다면 이 잣나무의 수고는?(단, 시준고는 1.7m)

① 29.7m
② 28m
③ 14m
④ 21.7m

해설 잣나무의 수고 = 1.7 + (20 × 140/100) = 29.7m

16 우리나라 수준원점의 수준고(해발고)는 얼마인가?

① 26.6871m
② 25.6871m
③ 24.6871m
④ 23.6871m

해설 우리나라 수준원점의 수준고(해발고)는 26.6871m이다.

17 GPS 측량기를 이용하여 국가에서 시설한 위치정보송신소로부터 데이터를 수신받아 위치를 측량하는 방식을 무엇이라 하는가?

① GPS
② DGPS
③ DTGPS
④ DAGPS

해설 GPS 측량기를 이용하여 국가에서 시설한 위치정보송신소(탑)로부터 데이터를 수신받아 위치를 측량하는 방식을 DGPS라 한다.

14 ④ 15 ① 16 ① 17 ②

18 오차의 원인을 찾기가 어렵거나 모를 경우의 오차는?
① 정오차
② 부정오차
③ 상 차
④ 과 오

해설 측량오차의 종류
- 부정오차 : 오차의 원인을 찾기가 어렵거나 모를 경우의 오차
- 정오차 : 일정한 조건에서는 언제나 같은 방향 및 크기로 일어나는 오차로서 상차라고도 하며, 때로는 작은 오차가 모여서 큰 오차가 되는데 이를 누차라고도 한다.
- 과오 : 관측자의 부주의나 미숙에서 발생하는 과실

19 다음은 평판측량 시 사용하는 기구들이다. 부적합한 것은?
① 구심기
② 자 침
③ 함 척
④ 엘리데이더

해설 함척(스태프)은 **수준측량**을 할 때에 높낮이를 재는 자이다.

20 축척 1/50,000 도면을 축척 1/25,000 도면으로 확대할 경우 도면의 크기는 몇 배가 되는가?
① 2배
② 4배
③ 8배
④ 12배

해설 축척을 두 배로 확대할 경우 도면의 크기는 네 배가 된다.

21 토지의 기복상태를 측정하여 도시(도면화)하는 지모측량의 방법이 아닌 것은?
① 영선법(Hachures)
② 음영법(Shading)
③ 등고선법(Contour System)
④ 교회법(Method of Intersection)

해설 교회법은 평판측량과 트랜싯측량의 방법이다.

정답 18 ② 19 ③ 20 ② 21 ④

22 임도 개설을 고려할 때 가장 우선순위를 두어야 할 항목은?

① 임업효과　　　　　　② 경영기여율
③ 투자효율　　　　　　④ 교통효용

해설 │ 임도 개설을 고려할 때 가장 우선순위를 두어야 할 항목은 **임업적 측면**이다.

23 양각기계획법에 의한 임도예정노선 결정 시 1/25,000 지형도에서 종단물매를 5%로 계획한다면 등고선 간격의 현지 실제 거리는?

① 200m　　　　　　② 250m
③ 400m　　　　　　④ 500m

해설 │ 100 × 10 ÷ 5 = 200

24 임도를 설치할 수 없는 경우가 아닌 것은?

① 산지관리법에 따라 산지전용이 제한되는 지역이 포함되어 있는 경우
② 임도거리의 10% 이상이 경사 35° 이상의 급경사지를 지나게 되는 경우
③ 임도거리의 10% 이상이 도로법에 따른 도로로부터 500m 이내인 지역을 지나게 되는 경우
④ 임도거리의 30% 이상이 암반으로 구성된 지역을 지나게 되는 경우

해설 │ 임도거리의 10% 이상이 도로법에 따른 도로로부터 **300m 이내인 지역**을 지나게 되는 경우로서 다만, 절토·성토면의 전면적에 경관유지를 위한 녹화공법을 적용할 것을 조건으로 하는 경우에는 그러하지 아니하다.

25 임도 밀도가 5m/ha일 때 평균 집재거리는?(단, 양방향 집재에 의함)

① 1,000m　　　　　　② 500m
③ 250m　　　　　　④ 100m

해설 │ 10,000/5 ÷ 2(양방향) ÷ 2(평균거리) = 500m

26 다음 중 임도노선 선정 시 통과지점 결정에서 유의해야 할 사항이 아닌 것은?

① 공사 시공의 난이도 및 공사비를 고려하여야 한다.
② 햇빛이 잘 들고 건조한 곳을 고르고, 붕괴지는 피한다.
③ 절토·성토량보다는 곡선반경이 작아지도록 하는 것에 주안점을 둔다.
④ 가교지점은 양안의 침식이 없는 개소를 선정하고, 가급적 하심에 직각으로 건너도록 한다.

해설 곡선반경이 작아지면 차량소통이 원활하지 못하다.

27 임도의 기능에 대한 설명으로 옳지 않은 것은?

① 수송기능 - 산림과 시장이나 마을 등을 연결하여 임산물과 인적 자원 수송
② 도달기능 - 공도에서 산림을 연결하는 노선이 지니고 있는 기능
③ 사업기능 - 산림사업을 효율적으로 실행하기 위한 기능으로 산림경영과 작업의 능률향상에 중요한 역할 증대
④ 휴양기능 - 국민의 휴양기능 증대

해설 휴양기능의 증대를 위해서는 임도보다는 공도적 개념이 우선이다.

28 다음 중 임도개설의 직접효과가 아닌 것은?

① 벌채비의 절감
② 벌채사고의 감소
③ 산림사업 품질의 향상
④ 사업기간 단축

해설 임도개설로 인한 산림사업기간과는 무관하다.

정답 26 ③ 27 ④ 28 ④

29 임도밀도에 대한 설명으로 옳지 않은 것은?

① 임도밀도는 노망의 충족도를 나타내는 하나의 양적 지표로서 통상 임도밀도의 개념이 이용되는데, 이는 단위면적당 임도연장(m/ha)으로 나타낸다.
② Mattews 이론은 임도밀도가 높을수록(임도간격이 좁을수록) 임도의 개설로 인해 직접적으로 영향을 받는 집재비용이 절감되어 임도비(임도개설비+유지비)와 집재비의 합계가 최소가 되는 점의 임도밀도(임도간격)를 가장 적정한 임도밀도(임도간격)로 간주하는 것이다.
③ 해석적 방법은 현장실사를 바탕으로 이론적 최적임도밀도 및 최적임도간격을 산출하는 방법이다.
④ 경험적 방법은 우선 몇 개의 예정개설노선을 계획하고, 이익과 비용에 의하여 비교판단을 하는 중부유럽의 임도밀도이론이다.

해설 해석적 방법은 **순수하게 계산만으로** 이론적 최적임도밀도 및 최적임도간격을 산출한다.

30 임도의 타당성평가에 대한 설명이 잘못된 것은?

① 임도의 타당성평가는 산림·환경 또는 토목 등에 관한 전문지식이 있는 자중에서 산림청장이 위촉하는 3인의 평가자가 합동으로 실시한다.
② 평가자의 자격요건 및 위촉방법, 그 밖의 타당성평가에 관하여 필요한 사항은 시·도지사가 정한다.
③ 타당성평가는 임도를 설치하고자 하는 해의 전년도 7월 말까지 실시하여야 한다.
④ 환경성 분야 평가항목 중 불가에 해당되는 항목이 없고, 타당성평가 점수가 70점 이상인 경우에 한하여 임도의 설치가 타당성이 있는 것으로 평가한다.

해설 평가자의 자격요건 및 위촉방법, 그 밖의 타당성평가에 관하여 필요한 사항은 **산림청장**이 정한다.

31 임도의 주요 통과 지점에 대해 잘못 설명한 것은?

① 교량, 석축, 옹벽 등의 구조물 시설이 적은 곳이어야 한다.
② 너무 많은 흙깎기와 흙쌓기, 높고 긴 교량이 필요로 하는 곳은 되도록 우회한다.
③ 임도개설에 유리한 지점은 통과한다. 이와 같은 지점으로는 소유경계, 여울목, 급경사지 내의 완경사지, 공사용 자재의 매장지 등이 있다.
④ 가교지점은 양안에 침식된 부분이 없는 곳을 선정하고 강 중심에 대하여 되도록 직각으로 건너야 한다.

해설 임도개설에 유리한 지점은 통과하고 불리한 지점은 피한다. 유리한 지점으로는 말안장 지역, **여울목, 급경사지 내의 완경사지, 공사용 자재의 매장지** 등이 있으며, 불리한 지점으로는 늪과 같은 습지, 붕괴지, 산사태지와 같은 지반이 불안정한 산지사면, 암석지, 홍수범람지역, **소유경계** 등이 있다.

32 임도 도면제도에 대한 설명으로 옳지 않은 것은?

① 제도는 KSF1001 토목제도통칙에 따른다.
② 평면도는 종단도면 상단에 축척 1/1,000로 작성한다.
③ 횡단면도 축척은 1/100로 작성한다.
④ 종단면도의 축척은 횡 1/1,000, 종 1/200로 작성한다.

해설 평면도는 종단도면 상단에 축척 **1/1,200**로 작성한다.

33 임도 설계서 작성에 대한 설명으로 옳지 않은 것은?

① 설계에 필요한 각종 단가산출서의 적용기준은 산림청장이 정하는 기준과 건설표준품셈을 적용한다.
② 관급자재 등 자재구입에 필요한 사항은 산림청장이 정하는 바에 따른다.
③ 일반관리비·간접노무비·이윤(수수료를 말한다)·부가가치세·경비(보험료·안전관리비 등을 말한다)의 요율은 국가를 당사자로 하는 계약에 관한 법률 또는 지방자치단체를 당사자로 하는 계약에 관한 법률 등에 맞추어 산정한다.
④ 설계서는 목차·공사설명서·일반시방서·특별시방서·예정공정표·예산내역서·일위대가표·단가산출서·각종중기경비계산서·공종별 수량계산서·각종 소요자재총괄표·토적표·산출기초 순으로 작성한다.

해설 관급자재 등 자재구입에 필요한 사항은 **임도공사 발주기관**이 정하는 바에 따른다.

정답 31 ③ 32 ② 33 ②

34 다음 설명 중 틀린 것은?

① 노면·절토대상지에 있는 입목(관목 포함)과 그 뿌리, 표토는 전량 제거·반출한다.
② 성토대상지에 있는 입목은 사면다짐 등을 위해 제거해야 하고, 표토 등은 제거·정리한다.
③ 절토·성토 시 부족한 토사공급 또는 남는 토사의 처리가 필요한 경우에는 적정한 장소에 사토장 또는 토취장을 지정한다.
④ 암석지역 중 급경사지 또는 도로변의 가시지역 및 민가 주변에서의 암석절취는 브레이커절취를 위주로 한다.

해설 성토대상지에 있는 입목은 **되도록 존치**해야 하고, 표토 등은 제거·정리한다.

35 임도의 기울기에 대하여 틀린 설명은?

① 지형여건상 특수지형의 종단에 기울기 기준을 적용하기 어려운 경우에는 노면포장을 하는 경우에 한하여 종단기울기를 25%의 범위에서 조정하여 행할 수 있다.
② 횡단기울기는 노면의 종류에 따라 포장을 하지 아니한 노면(쇄석·자갈을 부설한 노면 포함)의 경우에는 3~5%, 포장한 노면의 경우에는 1.5~2%로 한다.
③ 합성기울기는 12% 이하로 한다.
④ 합성기울기는 현지의 지형여건상 불가피한 경우에는 간선임도는 13% 이하, 지선임도는 15% 이하로 할 수 있으며, 노면포장을 하는 경우에 한하여 18% 이하로 할 수 있다.

해설 지형여건상 특수지형의 종단에 기울기 기준을 적용하기 어려운 경우에는 노면포장을 하는 경우에 한하여 종단기울기를 18%의 범위에서 조정하여 행할 수 있다.

36 산불방지임도의 설치대상지가 아닌 지역은?

① 소나무 단순림·인공림 등 산불에 취약한 지역
② 사찰·민가·주요시설 주변으로 산림의 보호가 필요한 지역
③ 대규모 인공조림지로 산불의 흔적이 없는 곳
④ 산불의 신속한 진화를 위하여 진입로·연결로가 필요하거나 방화선의 역할이 필요한 지역

해설 **산불방지임도의 설치대상지**
- 소나무 단순림·인공림 등 산불에 취약한 지역
- 사찰·민가·주요시설 주변으로 산림의 보호가 필요한 지역
- 산불의 신속한 진화를 위하여 진입로·연결로가 필요하거나 방화선의 역할이 필요한 지역

37 임도의 절토·성토 경사면의 기울기 기준으로 잘못 연결된 것은?

① 경암지역 - 1 : 0.3~0.8
② 연암지역 - 1 : 0.5~1.2
③ 토사지역 - 1 : 0.8~1.5
④ 성토지역 - 1 : 1.2~1.5

해설 성토는 충분히 다진 후에 이를 반복하여 쌓아야 하며, 성토한 경사면의 기울기는 1 : 1.2~2.0의 범위 안에서 토질 및 용수 등 지형여건을 종합적으로 고려하여 성토사면에 대한 안정성이 확보되도록 기울기를 설정한다.

38 교량은 최고수위로부터 교량 밑까지(방장교에 있어서는 방장 하부)의 높이가 특수한 경우를 제외하고는 몇 m 이상이 되도록 해야 하는가?

① 1.0m 이상
② 1.5m 이상
③ 2.0m 이상
④ 2.5m 이상

해설 교량은 최고수위로부터 교량 밑까지(방장교에 있어서는 방장하부)의 높이가 특수한 경우를 제외하고는 1.5m 이상이 되도록 한다.

39 소형임도의 유효너비는?

① 2m 이내
② 2~2.5m
③ 2.5~3m
④ 3~3.5m

40 임도가 소계류를 통과하는 지역에 설치하는 시설물은?

① 배수로
② 암 거
③ 교 량
④ 세월교

해설 임도가 소계류를 통과하는 지역에 설치하는 시설물로 세월교가 적당하다.

정답 37 ④ 38 ② 39 ③ 40 ④

41
교량 및 암거에 불가피하게 복토를 하여야 하는 경우에는 흙의 두께는 몇 cm 이상으로 하는가?

① 30cm 이상
② 50cm 이상
③ 100cm 이상
④ 200cm 이상

해설 교량 및 암거에 불가피하게 복토를 하여야 하는 경우에는 흙의 두께를 50cm 이상으로 한다.

42
임목수확작업의 기본원칙이 아닌 것은?

① 작업경비의 절감
② 작업장비의 대형화
③ 최고의 수익
④ 환경피해의 최소화

해설 **임목수확작업의 기본원칙**
- 작업경비의 절감
- 최고의 작업능률
- 최고의 수익
- 안전한 작업수행
- 최소의 환경피해

43
다음 중 임목수확작업에 직접적으로 미치는 영향이 아닌 것은?

① 환경적 요인
② 기후적 영향
③ 임분 구조적 요인
④ 지형적 요인

해설 임목수확작업에 직접적으로 미치는 영향은 **기후적 영향, 임분 구조적 요인, 지형적 요인** 등이다.

44
임목수확작업의 계절적 영향에 대한 설명으로 옳지 않은 것은?

① 겨울작업은 수액 정지 기간에 작업하므로 양질의 목재를 수확할 수 있다.
② 겨울작업은 잔존 임분에 대한 영향이 적다.
③ 여름작업은 작업장으로의 접근성이 겨울작업에 비해 어렵다.
④ 여름작업은 일조시간이 길어 긴 작업시간으로 도급제 실시에 유리하다.

해설 여름작업은 작업장으로의 접근성이 겨울작업에 비해 **쉽다**.

정답 41 ② 42 ② 43 ① 44 ③

45 다음 중 입목 벌도방법을 잘못 설명한 것은?

① 재적 비율을 높이기 위해 벌채점은 되도록 낮아야 하는데, 대경목의 경우 보통 지상 20~30cm의 높이에서 벌채한다.
② 벌도방향에 대하여 직각으로 근주직경 1/4 이상의 수구 자르기를 한다.
③ 수구 자르기할 때 흉고직경 50cm 이상은 1/3 이상이 바람직하다.
④ 수구 자르기할 때의 경사는 45° 정도로 한다.

해설 수구 자르기할 때의 경사는 30°에서 40° 정도로 한다.

46 다음 설명 중 틀린 것은?

① 경사진 방향에서의 벌도방향은 경사방향에 대하여 약 30° 경사진 방향이 적당하다.
② 벌목방향은 수형, 인접목, 지형, 하층식생, 풍향, 대피장소 등을 고려하여 하여야 하나, 무엇보다도 벌목작업에 의해 벌도방향이 우선적으로 고려되어 결정되어야 한다.
③ 벌도목 주위에 벌도작업에 방해가 되는 관목, 덩굴, 치수 등을 제거한다.
④ 벌도대상목의 주위정리를 할 때 수간의 가슴높이까지 가지를 먼저 자른다.

해설 벌목방향은 수형, 인접목, 지형, 하층식생, 풍향, 대피장소 등을 고려하여 하여야 하나 무엇보다도 **집재작업**에 의해 벌도방향이 우선적으로 고려되어 결정되어야 한다.

47 기계화 벌도작업 시 사용되는 장비가 아닌 것은?

① 펠러번쳐
② 하베스터
③ 프로세서
④ 펠러스키더

해설 프로세서는 가지자르기, 작동을 동시에 하는 다공정장비이다.

48 트랙터집재작업 능률에 영향을 미치는 요인이 아닌 것은?

① 지주목의 상태
② 임목의 소밀도
③ 목재의 단재적
④ 집재거리

해설 지주목의 상태는 가선집재와 관련이 있다.

정답 45 ④ 46 ② 47 ③ 48 ①

49 이동식 스카이라인 방식이 아닌 것은?
① 하이리드 방식
② 러닝 스카이라인 방식
③ 모노 케이블 방식
④ 호이스트 캐리지 방식

해설 호이스트 캐리지 방식은 고정식 스카이라인 방식이다.

50 트랙터집재와 가선집재에 대해 설명으로 맞는 것은?
① 트랙터집재는 가선집재에 비해 작업비용이 높다.
② 트랙터집재는 가선집재에 비해 환경에 친화적이다.
③ 가선집재는 트랙터집재에 비해 작업생산성이 낮다.
④ 가선집재는 트랙터집재에 비해 경사에 제한을 받는다.

해설 트랙터집재가 경제적이다.

51 다음 중 가선집재와 관련이 없는 용어는?
① 되돌림줄   ② 사잇기둥
③ 앵 커   ④ 굴절형 차량

해설 굴절형 차량은 트랙터집재와 연관이 있다.

52 다음 중 우리나라 기계화의 제약요소가 아닌 것은?
① 지형이 복잡하고 경사도가 높아 기계화에 불리하다.
② 임업수익성은 높으나 기계화 투자를 꺼려한다.
③ 임도시설이 미비하다.
④ 전문기술 인력의 부족 및 행정지원체계 개선이 필요하다.

해설 임업수익성은 여전히 낮다.

53. 경사별 작업시스템 분류에 대한 설명으로 옳지 않은 것은?

① 완경사지 작업시스템(대규모 작업시스템) – 대형장비 이용(하베스터 집재 → 포워더 운반)
② 중경사지 작업시스템(대규모 작업시스템) – 트랙터 윈치 집재(체인톱 벌목지타 → 트랙터 집재 → 그래플 쏘우 조재)
③ 급경사지 작업시스템(대규모 작업시스템) – 타워식 집재기 + 프로세서(체인톱 벌목 → 타워식 집재기 → 프로세서 조재)
④ 중경사지 작업시스템(소규모 작업시스템) – 라디케리 집재(체인톱 벌목 → 라디케리 집재 → 체인톱 조재)

해설 중경사지 작업시스템(경사도 30~60%) : 소규모 작업 형태
- 수라 집재 : 체인톱 벌목 조재 → 수라 집재
- 임내차(Ⅰ) 집재 : 체인톱 벌목 조재 → 소형 임내차 집재 → 굴삭기 집적
- 임내차(Ⅱ) 집재 : 체인톱 벌목 조재 → 굴삭기 소집재, 적재 → 임내차 집재 → 굴삭기 집적

54. 기계화 수준별 목재생산방법에 대한 설명으로 옳지 않은 것은?

① 인력작업 단계 – 단목
② 중급 기계화 단계 – 전간
③ 고급 기계화 단계 – 전목
④ 완전 기계화 단계(하베스터) – 전목

해설 완전 기계화 단계(하베스터) – 단목

55. 작업로망의 배치형태의 이용성의 순서 중 올바른 것은?

① 수지형 > 간선수지형 > 간선어골형 > 방사복합형 > 단선형 > 방사형
② 간선수지형 > 수지형 > 간선어골형 > 방사복합형 > 단선형 > 방사형
③ 수지형 > 간선수지형 > 간선어골형 > 방사복합형 > 방사형 > 단선형
④ 간선수지형 > 수지형 > 간선어골형 > 방사복합형 > 방사형 > 단선형

해설 작업로망의 배치형태의 이용성의 순서는 수지형 > 간선수지형 > 간선어골형 > 방사복합형 > 단선형 > 방사형이다.

56 다음 중 운재의 종류가 아닌 것은?

① 철도운재　　　② 수상운재
③ 가선운재　　　④ 삭도운재

해설 가선은 운재가 아니고 집재이다.

57 작업조직에 대한 설명으로 옳은 것은?

① 1인 1조는 독립적이고 융통성이 크며 작업능률도 높다.
② 2인 1조는 과로하기 쉽고 사고발생 시 위험하다.
③ 1인 1조는 작업에 흥미를 잃기 쉽고 책임의식이 낮으며 사고 위험이 크다.
④ 3인 1조는 부담이 크다.

해설 1인 1조는 독립적이며 융통성이 크고 작업능률도 높은 편이다.

58 다음 중 재해발생의 주요 원인이 아닌 것은?

① 정신적·성격적 결함
② 보호구 미착용 및 위험한 장비에서 작업
③ 장비의 대형화
④ 권한 없이 행한 조작

해설 장비의 대형화는 재해 발생의 주요 원인이라고 볼 수 없다.

59 산림작업이 안전사고 발생이 높은 이유가 아닌 것은?

① 산악지의 장애물과 경사로 인해 미끄러지기 쉽다.
② 작업장소가 일정하여 계속 일정한 작업을 해야 한다.
③ 무거운 통나무가 넘어지거나 굴러 내리는 경우가 많다.
④ 산림작업도구 및 기계 자체가 위험성을 내포하고 있다.

해설 작업장소를 계속 이동해야 한다.

60 다음 중 피로의 원인이 아닌 것은?

① 작업시간과 작업강도
② 작업내용
③ 작업태도
④ 작업시각

해설 피로의 원인
- 작업시간과 작업강도
- 작업속도
- 작업태도
- 작업환경조건
- **작업시각**

61 다음 중 안전사고 예방준칙이 아닌 것은?

① 몸의 일부로만 작업을 계속하지 말고 몸 전체를 고르게 움직일 것
② 보호장비는 작업내용에 따라 필요 시 착용할 것
③ 작업복은 작업종과 일기에 맞추어 입을 것
④ 휴식 직후에는 서서히 작업속도를 높일 것

해설 보호장비는 반드시 착용하여야 한다.

62 임도의 교각법에 의한 곡선 설치 시 각 기호가 나타낸 설명 중 맞는 것은?

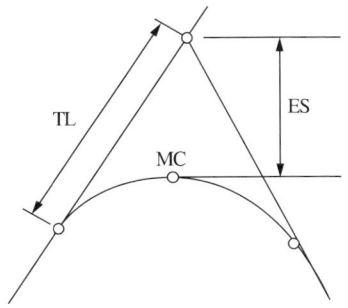

① TL : 외선길이, MC : 곡선중심, ES : 곡선길이
② TL : 접선길이, MC : 곡선중심, ES : 외선길이
③ TL : 곡선길이, MC : 곡선시점, ES : 접선길이
④ TL : 곡선길이, MC : 곡선반지름, ES : 외선길이

해설 TL : 접선길이, MC : 곡선중심, ES : 외선길이

정답 60 ② 61 ② 62 ②

63 지형과 임도밀도와의 관계에 대해 바르게 설명하고 있는 것은?

① 기복량이 많은 지형일수록 임도밀도가 낮다.
② 지형지수가 높을수록 임도밀도는 높다.
③ 경사가 완만할수록 임도밀도는 낮다.
④ 표고가 높을수록 임도밀도는 높다.

해설 지형이 복잡할수록 임도밀도는 낮다.

64 롤러 표면에 돌기를 만들어 부착한 것으로 돌기가 전압층에 의해 풍화암을 파쇄하여 흙 속의 간극수압을 분산시키는 롤러(Roller)는?

① 탬핑롤러(Tamping Roller)
② 탠덤롤러(Tandem Roller)
③ 머캐덤롤러(Macadam Roller)
④ 로드롤러(Road Roller)

해설 탬핑롤러는 돌기가 부착되어 있다.

65 현장에서 비탈면에 직접 적당한 크기와 모양으로 거푸집을 설치하고 콘크리트치기를 하여 비탈면의 안정을 위한 뼈대를 만드는 공법은?

① 비탈흙막이 공법
② 비탈힘줄박기 공법
③ 비탈격자틀붙이기 공법
④ 비탈프리캐스트틀 공법

해설 비탈면힘줄박기공법은 현장에서 **직접 거푸집을 만들고 콘크리트치기를** 시행하는 공법이다.

66 임도설계 시 평면도를 제도할 때 기본축척은?

① 1 : 500
② 1 : 800
③ 1 : 1,200
④ 1 : 1,500

해설 평면도는 종단면도 상단에 축척 1/1,200으로 작성한다.

67 제도용 콤파스를 이용하여 임도 예정 노선을 지형도에 도시하고자 한다. 지형도의 축척이 1/25,000, 계획 종단 구배가 5%, 두 등고선 간의 고저차가 10m일 때 제도용 컴퍼스의 1폭은 얼마인가?

① 2mm
② 5mm
③ 4mm
④ 8mm

해설 $10/x = 0.05 \times$ (수평거리) = 200m
200m/25,000 = 0.008m

68 다음 중 노체의 구성 및 그 순서가 바른 것은?

① 노반 → 기층 → 노상 → 표층
② 노상 → 기층 → 노반 → 표층
③ 노반 → 노상 → 기층 → 표층
④ 노상 → 노반 → 기층 → 표층

해설 노체는 아래 부분부터 **노상 → 노반 → 기층 → 표층**으로 구성된다.

69 도저의 틸트(Tilt) 작용에 대하여 가장 바르게 설명한 것은?

① 속도를 빨리 내는 작용이다.
② 돌을 깨는 작용이다.
③ 삽날의 좌우높이를 조절하는 작용이다.
④ 삽날을 위로 올리는 작용이다.

해설 도저의 틸트란 삽날이 좌우 기울기를 움직이는 작용을 말한다.

정답 66 ③ 67 ④ 68 ④ 69 ③

70 임도 사면붕괴를 방지하기 위한 돌망태쌓기 공법의 특징이 아닌 것은?

① 일체성과 연속성을 지닌 구조물이다.
② 보강성 및 유연성이 좋다.
③ 투수성 및 방음성이 불량하다.
④ 돌망태 재료는 아연도금한 철선이 주로 사용된다.

해설 돌망태는 투수성이 양호하다.

71 다음 건설장비 중 흙 다짐용 기계로 사용할 수 없는 것은?

① 백호우(Backhoe)
② 진동 롤러(Vibrating Roller)
③ 진동 콤팩터(Vibrating Compactor)
④ 불도저(Bulldozer)

해설 백호우는 굴삭기 종류로 흙파기에 적당하다.

72 지형에 따른 설치위치별 효율성과 경제성이 가장 높은 임도는?

① 능선임도
② 기슭임도
③ 산복임도
④ 계곡임도

해설 산복임도가 집재나 공사비 등 효율성과 경제성이 가장 뛰어나다.

73 비탈면흙막이 공법의 설명으로 틀린 것은?

① 비탈면 물매를 완화시키고 붕괴의 위험성이 있는 비탈면의 안정성을 유지시킨다.
② 이토층의 밑부분을 지지・침식의 방지 등을 위하여 비탈면에 설치하는 각종 공작물의 총칭이다.
③ 흙막이의 종류로는 콘크리트벽흙막이, 돌망태흙막이, 통나무흙막이, 판흙막이, 바자흙막이, 콘크리트 의목흙막이 등이 있다.
④ 급물매나 대면적의 비탈면에 사용되며 비탈면의 토질이 대단히 혼효성으로 복잡하고, 마사토 등으로 구성되어 취급이 곤란하며 지하수가 용출하거나 연약한 지층 구조가 있는 곳에 주로 시공한다.

해설 지하수 용출 등의 시공은 속도랑 또는 집수정 공법이 적당하다.

74 임도의 횡단구조에 관한 설명으로 틀린 것은?

① 임도의 축조한계는 유효너비, 길어깨 및 옆도랑의 너비를 포함한 공간이다.
② 길어깨는 차도 양쪽에 접속하여 설치하며, 폭은 50cm~1m의 범위로 한다.
③ 횡단기울기는 노면의 종류에 따라 다르며, 포장한 노면에서는 1.5~2%로 한다.
④ 횡단기울기는 배수에 지장이 없는 범위에서 가급적 완만한 것이 운전상 안전면에서 유리하다.

해설 임도의 축조한계는 유효너비와 길어깨를 포함하는 너비규격이다.

75 롤러의 표면에 돌기를 만들어 부착한 것으로 돌기가 전압층에 관입함에 의해 풍화암을 파쇄하여 흙속의 간극수압을 분산시키며, 점착성이 큰 점질토의 다짐에 가장 적합한 롤러(Roller)는?

① 탬핑롤러(Tamping Roller)
② 탠덤롤러(Tandem Roller)
③ 머캐덤롤러(Macadam Roller)
④ 로드롤러(Road Roller)

해설 롤러 표면에 돌기가 있는 롤러를 **탬핑롤러**라고 한다.

정답 73 ④ 74 ① 75 ①

76 산림작업에 있어서 노동재해가 가장 많이 발생되는 요일은?
① 월요일　　　　　　　　② 화요일
③ 수요일　　　　　　　　④ 목요일

해설 일요일의 휴식 뒷날인 월요일에 노동재해가 가장 많이 발생하는 것이 일반적이다.

77 영선(零線)에 대한 설명으로 적합하지 않은 것은?
① 경사면과 임도시공기면과의 교차선이다.
② 임도시공 시 절토와 성토작업을 구분하는 경계선이다.
③ 영선은 종단물매의 높이와 방향을 표시한 것이므로 영선측량 이후 별도의 레벨측량이 필요하다.
④ 영선이랑 절토량과 성토량이 동일하기 때문에 붙여진 이름이다.

해설 영선측량은 간이측량으로 별도의 측량이 필요 없다.

78 임도의 위계 중 가장 높은 것에서부터 낮은 순으로 나열된 것은?
① 간선임도 → 지선임도 → 부임도
② 지선임도 → 부임도 → 간선임도
③ 주임도 → 간선임도 → 작업임도
④ 간선임도 → 지선임도 → 작업임도

해설 임도는 간선임도(주임도), 지선임도(부임도), 작업임도 순이다.

79 산림을 개발할 때 일반적으로 처음 시설되는 임도는?
① 계곡임도　　　　　　　② 능선임도
③ 산복임도　　　　　　　④ 산정임도

해설 산림을 접근할 때는 제일 먼저 계곡으로부터 개발된다.

80 블레이드면의 방향이 진행방향의 중심선에 대하여 20~30°의 경사가 진 도저의 종류는?

① 트리불도저
② 스트레이트도저
③ 앵글도저
④ 틸트도저

해설 앵글도저는 삽날이 어느 정도 경사가 져 있다.

81 임도망 계획 시 고려하지 않아도 되는 사항은?

① 신속한 운재와 비용을 줄인다.
② 임목 벌채량을 적게 한다.
③ 운반량의 탄력성이 있도록 한다.
④ 목재운반에 일관성이 있어야 한다.

해설 벌채량은 임도망 계획과는 연관이 적다.

82 임도를 설계하고자 할 때 가장 먼저 해야 할 일은?

① 예 측
② 답 사
③ 설계서 작성
④ 예비조사

해설 임도설계의 순서는 **예비조사, 답사, 예측, 설계서 작성**의 순이다.

83 임도노선의 곡선설정 시 사용되는 방법 중 해당되지 않는 것은?

① 사출법
② 진출법
③ 교각법
④ 편각법

해설 사출법은 일반 면적 측량 시 평판, 트랜싯측량에 사용되는 것이다.

정답 80 ③ 81 ② 82 ④ 83 ①

84 임도 노선을 도상에 배치할 때 노선 통과에 유리한 지점과 불리한 지점을 도면에 미리 표시해 두는 것이 효과적이다. 다음 중 노선배치 시 불리한 지점(Negative Point)으로 볼 수 없는 곳은?
① 늪지대
② 암석지
③ 여울목
④ 소유경계

해설 여울목은 통과지점이다.

85 임도상에 설치하는 대피소의 설치기준 중 유효길이는 몇 m 이상으로 하는가?
① 5m 이상
② 15m 이상
③ 25m 이상
④ 35m 이상

해설 대피소의 설치기준은 간격 300m 이내, 너비 5m 이상, **유효길이 15m 이상**

86 임업토목시공용 전압기계 중 로드롤러(Road Roller)의 종류가 아닌 것은?
① 머캐덤롤러
② 탠덤롤러
③ 탬핑롤러
④ 진동롤러

해설 탬핑롤러는 공극 등을 채워주는 전압기계로 엄밀히 로드롤러와는 거리가 멀다.

87 임도에서 콘크리트 옹벽의 제작 과정 순서로 바른 것은?

| ㉠ 양 생 | ㉡ 콘크리트 치기 | ㉢ 콘크리트 다지기 | ㉣ 콘크리트 비비기 |

① ㉣ → ㉡ → ㉢ → ㉠
② ㉠ → ㉢ → ㉡ → ㉣
③ ㉠ → ㉡ → ㉢ → ㉣
④ ㉡ → ㉢ → ㉣ → ㉠

해설 콘크리트 옹벽은 **콘크리트 비비기, 콘크리트 치기, 콘크리트 다지기, 양생**의 순이다.

84 ③ 85 ② 86 ③ 87 ①

88 임도시공상의 안전관리와 관계가 적은 것은?

① 공사비 및 공사기간에 대하여 무리가 없도록 한다.
② 공사관리는 적절하고, 철저하게 하여야 하며, 정확한 지도감독이 필요하다.
③ 기계의 점검 및 정비를 철저히 하고, 취급자 이외에는 접촉을 금지한다.
④ 공사 중 안전책임자는 작업자 중 가장 현장경험이 풍부한 자에 한하며, 산림청장이 임명한다.

해설 공사의 안전보건관리책임자 또는 안전관리자는 **해당 공사업체에서 선정**한다.

89 어떤 측점에서부터 차례로 측량을 하여 최후에 다시 출발한 측점으로 되돌아오는 측량방법으로 소규모의 단독적인 측량 때 많이 이용되는 트래버스법은?

① 폐합 트래버스
② 결합 트래버스
③ 개방 트래버스
④ 다각형 트래버스

해설 폐합 트래버스 측량은 처음 측점으로 다시 되돌아올 때 이용된다.

90 강선에 의한 집재방법에 대한 설명 중 틀린 것은?

① 시설비용이 적다.
② 사용수명이 길다.
③ 무겁거나 큰 나무의 집재가 곤란하다.
④ 길이 10m 정도 이상의 장재의 집재가 가능하다.

해설 강선집재는 하향집재로 **단재집재**이다.

91 다음에서 벌도, 가지치기, 조재 등의 작업을 동시에 수행함으로써 목재수확의 능률을 향상시킨 작업기계는?

① 펠러번처
② 펠러스키더
③ 우드칩퍼
④ 하베스터

해설 하베스터는 다공정 장비이다.

정답 88 ④ 89 ① 90 ④ 91 ④

92 작업의 능률이나 피로에 영향을 미치는 생리학적 요소가 아닌 것은?

① 성 별
② 경 험
③ 연 령
④ 생체리듬

해설 경험은 생리학적 요소가 아니다.

93 임도착공 시 발주기관에 제출하여야 할 서류가 아닌 것은?

① 공사공정예정표
② 착공 전 현장사진
③ 현장기술자 지정신고서
④ 공사시공상황

해설 공사시공상황은 발주기관에 제출할 서류가 아니다.

94 임도에 있어서 일반적으로 대피소의 간격은 얼마가 적당한가?

① 300m 이내
② 500m 이내
③ 700m 이내
④ 900m 이내

해설 임도의 대피소 간격은 300m 이내이다.

95 임도의 성토사면이나 절토사면에 시공하는 공법이 아닌 것은?

① 돌쌓기
② 바자얽기
③ 수축줄눈
④ 배수로설치

해설 수축줄눈은 콘크리트 시공 시 콘크리트의 수축성의 제고를 위한 것이다.

정답 92 ② 93 ④ 94 ① 95 ③

96 산림작업의 노동재해원인을 인적 요인, 물적 요인, 작업환경요인으로 구분할 때, 다음 중 인적 요인에 해당하지 않는 것은?
① 과 로   ② 부주의
③ 경험부족   ④ 보호장비 미착용

해설 보호장비 미착용은 물적 원인이다.

97 기계톱의 안전장치라고 할 수 없는 것은?
① 스프라켓   ② 핸드가드
③ 안전드로틀   ④ 자동체인브레이크

해설 스프라켓은 동력전달장치이다.

98 예불기의 각 기능별 특성을 잘못 기술한 것은?
① 쵸크 : 엔진을 시동하고자 할 때 또는 기계가 식어 있을 때 사용한다.
② 스로틀레버 : 엔진시동과 기계의 정지 때 사용한다.
③ 공기필터덮개 : 공기필터를 외부로부터 보호하기 위한 장치이다.
④ 안전커버 : 톱날을 보호하기 위한 장치이다.

해설 시동줄 뭉치는 엔진시동, 스위치는 기계의 정지 때 사용한다.

99 조림, 육림, 수확 및 보호관리 등 임업경영의 목적으로 시설되는 임도로서 경영임도라고도 불리우는 임도는?
① 간선임도   ② 지선임도
③ 연결임도   ④ 도달임도

해설 임업경영의 목적은 지선임도이다.

정답 96 ④ 97 ① 98 ② 99 ②

우리 인생의 가장 큰 영광은 결코 넘어지지 않는 데 있는 것이 아니라 넘어질 때마다 일어서는 데 있다.

– 넬슨 만델라 –

산림보호

- CHAPTER 01 산불피해
- CHAPTER 02 수 병
- CHAPTER 03 임업해충
- CHAPTER 04 산림병해충 조사·설계·시공·감리

적중예상문제

합격의 공식 *시대에듀* www.sdedu.co.kr

CHAPTER 01 산불피해

01 산림화재

(1) 산림화재에 의한 피해
① 성숙 임분에 대한 피해
㉠ 수십 년 동안의 투자와 노력에 대한 수익이 없어져 산주에게 막대한 손실을 끼치며 임업경영계획에 대폭적인 수정을 요하게 됨
㉡ 산불의 피해를 받으면 피해 임분의 병해충에 대한 저항력이 약해져 다른 임분에 2차 피해를 줄 수 있음
② 유령림 및 장령림에 대한 피해
㉠ 유령림은 피해를 받게 되면 갱신치수가 전멸하게 되어 재조림을 실시해야 함
㉡ 유령림이 피해를 받으면 인공조림이나 천연갱신을 하여 갱신지면을 정리
㉢ 장령림이 피해를 받으면 그간 투입된 투자와 노력에 대한 수익이 없어져 막대한 손실을 끼치며 임업경영계획에 대 수정을 요하게 됨
③ 토양에 대한 피해
㉠ 낙엽층이 소실되고, 부식층까지 타게 되어 토양의 이화학적 성질을 악화시킴
㉡ 부식질이 소실되면 지표의 보호물을 잃게 되어 지표류하수가 늘고 투수성이 감소되어 토양의 이화학적 성질이 악화되는 동시에 지하의 저수능이 감퇴되어 호우 시에는 일시적인 지표류하수의 증가로 홍수의 원인이 됨
㉢ 산불의 피해를 받은 토양은 피해를 받지 않은 토양보다 지표류하수량이 3~16배로 증대되어 물에 의한 침식이 격화됨
㉣ 산불에 의해 타고 남은 재에는 질소분은 이미 날아가 버리고 인산, 석회, 칼륨 등 광물질 성분을 함유하고 있으나 빗물에 의하여 유실되므로 자주 산불의 피해를 받을 때에는 토양이 곧 척박해짐
④ 산림의 생산능력 감퇴
㉠ 용재가치가 높은 수종은 산불에 약하므로 산불이 일어나면 이러한 가치 있는 나무가 먼저 타 죽고 가치가 낮은 수종들이 남아 있게 되어 임분의 질이 퇴화하게 됨
㉡ 산불이 자주 일어나면 교목 대신 산불에 강하나 경제적 가치가 훨씬 떨어지는 관목이 번성하게 됨
⑤ 산림의 다목적 기능 감퇴 : 산불은 목재생산피해 외 다목적(간접적) 기능인 수원함양, 국토 보전, 풍치보전, 휴양처제공, 공해방지, 야생동물번식 등의 기능을 감퇴·소멸시킴

(2) 산림화재의 효용

① 조림지의 준비
　㉠ 임지에 조부식층이 발달되어 천연하종이 불가능한 때 적당히 불을 넣어서 조부식층을 제거하여 천연하종을 가능하게 함
　㉡ 관목과 잡초가 우거진 임지에 인공식재를 하려고 할 때 식재 직전에 불을 넣어 제거
② 임지에 약한 불을 넣어 고열에 강한 주 수종(내화수종)은 살리고 잡 수종을 제거하여 수목 간의 영양과 수분 경쟁을 완화시킴
③ 병해충의 확산을 방지하고 중간기주를 제거
④ 폐쇄구과에 대한 천연하종을 유도
⑤ 야생목초의 양과 질을 개량

(3) 산림화재의 원인

① 자연적으로 발생하는 경우
　㉠ 마른나무에 벼락이 떨어져 불이 나는 경우
　㉡ 나무끼리 서로 마찰되어 불이 일어나는 경우
② 인위적으로 발생하는 경우
　㉠ 우연적인 것 : 공장의 굴뚝으로부터의 비화, 가옥화재로부터의 열소 또는 비화 등
　㉡ 과실 또는 부주의 : 산림경영자, 등산객, 야영객, 사냥꾼 등
　㉢ 고의적인 방화
③ 산불발생 비율(10년간)
　㉠ 압산자 실화 : 31.2%
　㉡ 쓰레기 소각 : 12.3%
　㉢ 논밭두렁 소각 : 11.0%
　㉣ 담뱃불 실화 및 건축물 화재 : 6.2%
　㉤ 기타 : 32.9%

02　산림화재의 종류

(1) 지중화

① 낙엽층 밑에 있는 층(조부식층)의 하부와 층(부식층)이 타는 불이다.
② 산소의 공급이 막혀 연기도 적고 불꽃도 없이 서서히 강한 열로 오래 계속되면 균일하게 피해를 준다.
③ 낙엽층 분해가 더딘 고산지대, 깊은 이탄이 쌓여 있는 저습지대(표면은 습하고 속은 말라 있을 때)에서 지중화가 일어나기 쉽다.
④ 지표 가까이에 몰려 있는 연한 뿌리들이 뜨거운 열로 죽게 되므로 지상부는 아무렇지도 않은 채 나무가 죽게 되는 현상으로 우리나라에서는 거의 발생하지 않는다.

(2) 지표화

① 지표에 쌓여 있는 낙엽과 지피물, 지상관목층, 갱신치수 등이 불에 타는 화재로 산불 중에서 가장 흔히 일어나는 산불이다.
② 토양단면의 A_L층(낙엽층)과 A_F층(조부식층)의 상부가 타는 불이다.

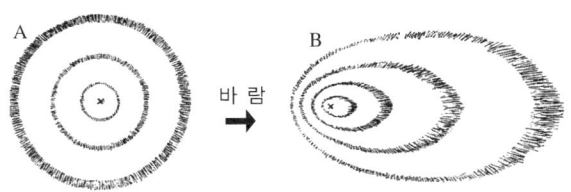

A : 바람이 없을 때 불이 퍼지는 모양
B : 바람이 있을 때 불이 퍼지는 모양

[산불이 퍼지는 모양]

(3) 수관화

① 나무의 우죽에 불이 붙어서 우죽에서부터 우죽으로 번져 타는 불이다.
② 우죽을 모두 태우고 과열에 의하여 나무를 죽이는 동시에 한번 일어나면 끄기가 힘들어 큰 손실을 초래한다.
③ 수지가 많은 침엽수림에 한하여 일어나나, 때로는 마른 잎이 수관에 남아 있는 활엽수림에도 일어날 때가 있다.
④ 지표화 다음으로 발생건수가 많고 비화현상으로 소화가 곤란하며 피해 발생면적도 매우 크다.
⑤ 바람이 부는 방향으로 V자형 선단으로 뻗어나가고, 큰불이 되면 선단이 여러 개가 된다.

(4) 수간화

나무의 줄기가 타는 불로 지표화로부터 연소되는 경우가 많다.

03 산림화재의 위험도를 좌우하는 요인 및 확산요소

(1) 요 인

① 수 종
  ㉠ 침엽수는 재목과 잎에 수지를 함유하여 활엽수에 비해 피해가 심하다.
  ㉡ 음수는 울폐된 임분을 형성하여 임재에 습기가 많고 잎도 비교적 잘 안타는 편이므로 위험도가 낮다.
  ㉢ 활엽수 중에서 일반적으로 상록수가 낙엽수보다 불에 강하다.
  ㉣ 낙엽활엽수 중에서 굴참나무, 상수리나무 등 참나무류와 같이 코르크층이 두꺼운 수피를 가진 것이 불에 강하다.

⑩ 내화력이 강한 수종 및 약한 수종

구 분	내화력이 강한 수종	내화력이 약한 수종
침엽수	은행나무, 잎갈나무, 분비나무, 가문비나무, 개비자나무, 대왕송 등	소나무, 해송(곰솔), 삼나무, 편백 등
상록활엽수	아왜나무, 굴거리나무, 후피향나무, 붓순, 협죽도, 황벽나무, 동백나무, 비쭈기나무, 사철나무, 가시나무, 회양목 등	녹나무, 구실잣밤나무 등
낙엽활엽수	피나무, 고로쇠나무, 마가목, 고광나무, 가중나무, 네군도단풍나무, 난티나무, 참나무, 사시나무, 음나무, 수꽃다리 등	아까시나무, 벚나무, 능수버들, 벽오동나무, 참죽나무, 조릿대 등

② 수 령
  ㉠ 어리고 작은 숲일수록 피해의 위해도가 크고, 큰 나무가 될수록 위해도가 적어진다.
  ㉡ 개벌림에서 식재조림한지 얼마 안 된 임분은 원야와 같아서 한 번 산불이 나면 모조리 타버릴 위험이 크다.
  ㉢ 노령림은 지표화 정도로는 굵은 나무는 피해를 받지 않을 뿐만 아니라 수관이 높이 달려 있어서 수관화가 되기 어렵다.

③ 기후와 계절
  ㉠ 가물고 공중습도가 낮은 3~5월에 산불이 가장 많이 발생한다.
  ㉡ 공중의 관계습도가 50% 이하인 때에 산불이 발생하기 쉬우며 25% 이하에서 수관화의 대부분이 발생한다.
  ㉢ 풍속이 크면 클수록 산불이 일어나기 쉽고 빨리 퍼진다.

〈공중의 관계습도와 산화발생 위험도와의 관계〉

공중의 관계습도(%)	산화발생의 위험도
> 60	산불이 잘 발생하지 않는다.
50 ~ 60	산불이 발생하나 진행이 더디다.
40 ~ 50	산불이 발생하기 쉽고 또 속히 연소된다.
< 30	산불이 대단히 발생하기 쉽고 소방이 곤란하다.

(2) 확산요소
① **바람** : 6m/s의 속도로 바람이 불면 무풍일 때와 비교하여 산불확산 속도는 26배 빠르다.
② **습도** : 공기 중 실효습도가 40% 이하로 떨어지면 낙엽의 수분 함유량이 10% 정도로 낮아지며, 수분 함유량이 15% 이하인 낙엽은 35%인 낙엽과 비교했을 때 발화율이 약 25배 높다.
③ **연료가 되는 숲의 종류** : 소나무는 활엽수와는 달리 겨울과 봄에도 가지에 잎이 붙어있어 지표층(낙엽층)에서만 타던 산불이 나무 윗부분, 즉 수관층 까지 옮겨 붙으면서 불똥이 날아가는 비화로 확산될 수 있고 또한 소나무의 잎과 줄기에는 불에 잘 타는 정유물질이 함유되어 있어 산불의 기세와 확산속도가 더욱 커지게 된다.
④ **지형** : 30° 정도의 급경사지에서는 평지보다 최대 3배 빠르게 산불이 확산될 수 있다.

04 산불화재의 예방과 진화

(1) 산림화재의 예방
① 교육과 계몽
② 법률과 규정에 의하는 방법
③ 산불예방시설
　㉠ 산불 감시시설
　　• 감시초소 : 주요 등산로, 등산로 입구, 도로변, 입산통제구역 길목 등 산불감시 및 입산자 단속이 용이한 곳에 설치
　　• 감시탑 : 대면적 관망이 용이한 곳에 설치
　　※ 감시시설에는 관내도, 지형도, 휴대용 무전기, 쌍안경, 근무수칙, 비상연락망 등 비치
　㉡ 산불무인감시카메라
　　• 조망형 : 도시인근, 등산로, 자연휴양림 등 유동인구가 많은 지역과 야간 · 방화성 산불위험이 큰 지역에 설치
　　• 밀착형 : 무속행위다발지, 불법야영지, 입산통제구역 시 · 종점 등 유동인구가 많거나 야간 · 방화성 산불 위험이 높은 지역에 설치
　㉢ 산불소화시설 : 목조 국가유산, 주요 전통사찰, 자연휴양림 등에 산불로부터 인명 및 시설물을 보호하기 위해 설치
④ 순 찰
⑤ 임내작업의 제한
⑥ 방화선
　㉠ 산불발생 전 산의 능선, 산림의 구획선, 임도를 이용한다.
　㉡ 산복(산비탈)의 경사의 길이가 길 때에는 수평방향 10~20m 넓이로 임목과 가연물을 제거하고, 영구방화선을 설치하며, 산불발생 시 소화작업의 거점으로 이용한다.
　㉢ 지면을 파서 광물질토양이 노출되게 해주고, 해마다 발생하는 관목과 잡초는 물론 낙엽, 나뭇가지 등의 가연물을 제거한다.
　㉣ 방화선에 의하여 산림을 너무 세분하면 방화선이 점유하는 면적이 너무 넓어져서 경제적이지 못하므로 방화선에 의하여 구획되는 산림면적이 적어도 50ha 이상은 되도록 한다.
　㉤ 비경제적인 방화선 설치 대신 온대지방에서는 피나무, 음나무, 고로쇠, 마가목 등의 방화수대를 조성한다.
⑦ 산림경영상 예방법
　㉠ 산불 발생이 쉬운 일제 동령림을 피하고 이령림, 택벌림, 혼효림을 조성한다.
　㉡ 간벌 또는 가지치기를 하는 동시에 마른가지, 벌목의 초단부를 제거한다.

(2) 산불경보의 발령기준

① 관심 : 산불 발생시기 등을 고려하여 산불 예방에 관한 관심이 필요한 경우로서 주의 경보 발령기준에 미달되는 경우
② 주의 : 전국의 산림 중 산불위험지수가 51 이상인 지역이 70% 이상이거나 산불 발생의 위험이 높아질 것으로 예상되어 특별한 주의가 필요하다고 인정되는 경우
③ 경계 : 전국의 산림 중 산불위험지수가 66 이상인 지역이 70% 이상이거나 발생한 산불이 대형 산불로 확산될 우려가 있어 특별한 경계가 필요하다고 인정되는 경우
④ 심각 : 전국의 산림 중 산불위험지수가 86 이상인 지역이 70% 이상이거나 산불이 동시다발적으로 발생하고 대형 산불로 확산될 개연성이 높다고 인정되는 경우

(3) 산불화재의 진화

① 산불 신고가 접수되면 진화헬기와 지자체 임차헬기가 즉시 출동하고, 지역 산불예방진화대가 공중과 지상에서 동시에 진화를 시작한다. 진화헬기는 총 207대이고 9천6백여 명의 산불예방진화대가 활동(공중진화율은 80%이며, 나머지 20%는 지상진화인력으로만 진화)한다.
② 산불은 일반화재와는 진화환경 및 장비에 다소 차이가 있어 산림청 소속의 산불진화대가 산림진화 및 잔불, 뒷불정리를 담당하고, 소방에서는 주택, 민가 등 시설물 보호와 인명구조를 주로 담당하고 있다.
③ 산불확산이 우려될 경우 진화헬기를 추가 투입하며, 소방청과 국방부에 헬기지원을 요청하고 산림청에서 광역단위로 운영하는 공중·특수진화대를 즉시 투입한다. 공중진화대는 104명, 특수진화대 413명으로 구성되어 활동하고 있다.

(4) 산불진화장비

① 산불진화장비 : 고성능 산불진화차량, 산불지휘차량, 산불진화차량, 산불진화 기계화시스템, 기계톱, 압축식 산불진화기, 에어소화기 등
② 개인진화장비 : 산불진화복, 방염안전모, 방염안전화, 방염안전장갑, 방염텐트, 방연마스크, 휴대용무전기 등

(5) 산불 피해지 복원

① 조사와 분석을 통해 피해 정도(심·중·경)의 파악을 가장 먼저 수행한다.
② 산불 직후에는 2차 피해로 인한 재산이나 인명피해를 막기 위해 응급복구를 시행한다.
③ 응급복구 후에는 피해지에 대한 정밀조사를 실시하고, 그 결과를 반영하여 항구복원계획을 수립한다.
④ 항구복원은 산불피해지를 경제적, 생태적, 경관적, 환경적 측면에서 가치가 높은 산림으로 복원하기 위한 것으로 복원방법에 따라 자연복원과 조림복원으로 구분한다.
  ㉠ 자연복원
    • 자연환경보전림과 같이 보전가치가 높고 자연적인 복원 능력이 있는 산림을 대상으로 최소한의 관리만으로 숲이 스스로 복원되도록 돕는 방법으로 산불피해를 입었더라도 수관층이 살아 있거나, 피해지에 움싹이 많이 발생하는 등 다시 숲이 살아날 수 있는 지역에 주로 적용한다.

- 초기 투입비용이 적고 토양의 훼손을 최소화할 수 있다는 장점이 있는 반면, 필요로 하는 목재를 생산하거나, 송이와 같은 고부가치 임산물의 생산이 어렵다는 있다는 단점이 있다.
  ⓛ 조림복원
  - 주로 수목을 식재하여 복원하는 방법으로 경제수조림, 경관조림, 송이복원조림, 내화수림 조성 등의 다양한 방법이 포함된다.
  - 같은 나이를 가진 나무들로 숲이 조성되기 때문에 목재생산과 같은 산림경영에 유리한 장점이 있지만, 초기 투입비용이 비교적 많고, 초기에 지표면의 훼손이 발생한다.
  ⓒ 자연복원과 조림복원은 각각의 장단점이 있으므로 입지특성, 산주의 의사 등을 종합적으로 고려하여 조화롭게 적용하는 것이 필요하다.

05 | 내화수림대의 조성 · 관리

(1) 대상지
① 대형산불 피해지의 복구 지역
② 대형산불의 피해가 있었거나 발생의 위험이 있는 침엽수림의 벌채 후 조림 또는 갱신 지역
③ 대형산불의 피해가 있었거나 발생의 위험이 있는 침엽수림의 숲가꾸기 지역

(2) 작업방법
① 내화수림대의 폭은 30m 내외로 함
② 조림작업을 할 경우에는 마을, 도로, 농경지의 인접 산림에 참나무류 등 활엽수종을 중심으로 내화수림대 조성
③ 숲가꾸기 작업을 할 경우에는 마을, 도로, 농경지의 인접 산림에 솎아베기를 통해 침·활엽수 혼효림의 내화수림대로 전환

(3) 산불 피해지에 심을 나무 종류를 선택하는 기준
① 산주나 지역주민의 의견을 반영해야 한다. 소나무 숲은 산불피해위험이 크지만 그 곳에서 자라는 송이는 주요 소득원이기 때문에 지역주민들이 다시 심기를 원하는 경우가 많다. 그 외에도 밤나무, 고로쇠나무 등 소득을 얻을 수 있는 경제수종을 원하는 경우도 있으므로 지역주민이나 산주의 의견을 충분히 수렴하여 검토하는 것이 중요하다.
② 적지적수를 고려하여 식재하여야 활착과 생장이 우수하여 산림의 기능을 잘 발휘할 수 있으므로 지역주민이 심기 원하는 수종 중에서도 적지적수를 반드시 고려하여 심어야 한다.
③ 산불로부터 인명과 재산을 보호할 수 있도록 산불에 강한 수종을 선택해야 하므로 마을 주변에는 활엽수 위주로 식재하여 지표화로 유도하고, 민가 주변에 남은 소나무 숲은 활엽수림으로 유도하여 산불을 예방하는 것이 중요하다.

| 주관식 확인문제 | 산불피해 |

※ 다음 빈칸에 적절한 말을 넣거나 묻는 말에 답하시오.

01 어린 나무가 만상으로 인하여 일시 생장이 중지되었다가 다시 생장을 개시하여 1년에 2개의 연륜이 생기는 것을 무엇이라 하는가?

정답적기

02 모든 산불의 시초가 되는 산불의 종류는?

정답적기

03 공중의 관계습도가 (   )% 이하인 때에 산불이 발생하기 쉬우며, (   )% 이하에서 수관화의 대부분이 발생한다.

정답적기

04 산림화재에서 바람이 불어가는 선단에서 가장 빨리 불이 번지게 되는데 이 부분을 (   )(이)라 하고, 이 방향과 직통의 방향으로는 번지는 속도가 느린 부분을 (   )(이)라고 부른다.

| 정답적기 |

05 지표화는 토양단면의 A_L층 (   )와/과 A_F층 (   )의 상부가 타는 불이다.

| 정답적기 |

주관식 정답

01. 상륜(霜輪)
02. 지표화
03. 50, 25
04. 화두, 측면화
05. 낙엽층, 조부식층

CHAPTER 02 수 병

01 수병의 개념

(1) 수병학
수목의 병적 현상을 대상으로 하는 학문을 수병학이라고 하며, 그 내용은 병원, 병징, 진단, 발병경로, 발병조건, 병태생리, 저항성의 기작 등을 연구하는 기초분야와 이들의 지식을 이용한 병의 방제법을 연구하는 응용분야를 포함한다.

(2) 병과 병해
① 병 : 계속적인 자극에 의해 수목의 정상적인 생활기능이 저해 받고 있는 과정
② 병해 : 수목이 병 때문에 그 재배와 이용의 목적에 어긋난 결과를 가져오는 현상

02 수병의 원인

(1) 병원과 병원체
① 병원이란 수목에 병을 일으키는 원인으로 생물적인 것 외에 화학물질이나 기상인자 같은 무생물도 포함된다.
② 병원이 생물이거나 바이러스일 때에는 이것을 병원체라고 하며, 특히 균류일 때에는 병원균이라고 한다.
③ 병원체는 대체로 그 고유의 기주를 가지는데, 종류에 따라서 많은 종류의 수목을 침해하는 이른바 기주범위가 넓은 다변성인 것과 특정 수목만을 침해하는 한정성인 것이 있다.
  ㉠ 다변성 : 근두암종병균, 흰빛날개무늬병균, 잿빛곰팡이병균, 모잘록병균, 뿌리썩이선충 등
  ㉡ 단일성(한정성) : 잣나무 털녹병균, 밤나무 줄기마름병균, 낙엽송 끝마름병균, 낙엽송 잎떨림병균 등

(2) 병원의 분류
① 생물성 원인 : 바이러스를 포함하며, 전염성이기 때문에 이들에 의하여 일어나는 병을 전염성병 또는 기주성병이라고 한다.
② 비생물성 원인 : 비전염성병 또는 비기주성병

③ 전염성병
  ㉠ 바이러스에 의한 병
  ㉡ 마이코플라스마에 의한 병
  ㉢ 세균에 의한 병
  ㉣ 진균에 의한 병
  ㉤ 조균에 의한 병
  ㉥ 종자식물에 의한 병
  ㉦ 선충에 의한 병
④ 비전염성병
  ㉠ 부적당한 토양조건에 의한 병 : 토양수분의 과부족, 토양 중의 양분결핍 또는 과잉, 토양 중의 유독물질, 토양의 통기성 불량, 토양산도의 부적합 등을 들 수 있다.
  ㉡ 부적당한 기상조건에 의한 병 : 지나친 고온 및 저온, 광선부족, 건조와 과습, 강풍·폭우·우박·눈·벼락·서리 등을 들 수 있다.
  ㉢ 유기물질에 의한 병 : 대기오염에 의한 해, 광독 등 토양오염에 의한 해, 염해, 농약에 의한 해 등을 들 수 있다.
  ㉣ 농기구 등에 의한 기계적 상해

(3) 주인과 유인
① 병의 원인 중에서 가장 중요한 것은 주인이라고 하며, 주인의 역할을 돕는 보조적인 원인을 유인이라고 한다.
② 전염성병에 있어서는 병원체를 주인으로 하고 그 밖의 환경요인은 병의 발생을 조장하는 유인으로 취급한다.
③ 유인 : 기상조건, 토양조건, 재배법 등
④ 수병은 어떤 한 가지 원인에 의하기보다는 몇 가지 복합적 요인의 상호작용에 의해 발생하는 것이므로 주인과 유인을 엄밀히 구별하기 어렵다.

(4) 기주식물과 감수성
① 기주식물 : 병원체가 이미 침입하여 종착한 병든 식물
② 감수체 : 병원체가 침입하기 전 병에 걸릴 수 있는 상태의 식물
③ 감수성 : 수목이 병에 걸리기 쉬운 성질

(5) 병원성
① 병원체가 감수성인 수목에 침입하여 병을 일으킬 수 있는 능력으로 침해력과 발병력으로 나눈다.
② 침해력 : 병원체가 감수성인 수목에 침입하여 그 내부에 정착하고 양자 간에 일정한 친화관계가 성립될 때까지에 발휘하는 힘을 말한다.
③ 발병력 : 수목에 병을 일으키게 하는 힘으로서 양자는 반드시 같지 않다.

(6) 병징과 표징

① **병징** : 병든 식물 자체의 조직변화에 유래하는 이상을 뜻한다.
② **표징** : 병원체 자체가 병든 식물체 상의 환부에 나타나 병의 발생을 알리는 것이다.
③ 병의 종류에 따라서 병징만 나타나고 표징이 나타나지 않는 것이 있다.
④ 병원체가 진균일 때에는 거의 대부분 환부에 표징이 나타나지만 비전염성병이나 바이러스병, 파이토플라스마에 의한 병에 있어서는 병징만 나타나고 표징은 나타나지 않는다.
⑤ 세균성병의 경우에도 병원세균이 병환부에 흘러 나와 덩어리 모양을 이루는 것을 빼놓고는 일반적으로 표징이 나타나지 않는다.
⑥ 병든 식물의 환부에는 병원체 이외에 병원성이 없는 각종 미생물이 존재하며, 특히 오래된 환부에는 병원균이 모두 소멸되고 2차적으로 번식한 부생균만이 남아 있는 경우가 많아 피해부에 존재하는 미생물을 바로 병원체라고 결정하는 것은 위험하다.
⑦ 어떤 병이 특정한 미생물에 의해서 일어난다는 것을 입증하려면 코흐의 4원칙을 따라야 한다.
⑧ **코흐의 4원칙**(Koch's Postulates)
  ㉠ 미생물은 반드시 환부에 존재해야 한다.
  ㉡ 미생물은 분리되어 재배상에서 순수배양되어야 한다.
  ㉢ 순수배양한 미생물을 접종하여 동일한 병이 발생되어야 한다.
  ㉣ 발병한 피해부에서 접종에 사용한 미생물과 동일한 성질을 가진 미생물이 재분리되어야 한다.
⑨ **수목의 주요한 병징**
  ㉠ 국부병징 : 수목의 일부기관에만 병징이 나타나는 것
  ㉡ 전신병징 : 수목의 전신에 병징이 나타나는 것
  ㉢ 병의 진행에 따라서 처음과 다른 병징이 나타날 때 1차 병징과 2차 병징으로 구별
  ㉣ 색깔의 변화 : 위황화, 황화, 은색화, 백화, 갈색화, 청변, 반점, 얼룩
  ㉤ 외형의 이상 : 시듦, 위축, 괴사, 비대, 기관의 탈락, 암종, 빗자루모양, 천공, 줄기마름, 가지마름, 잎마름, 분비, 부패, 대화
⑩ **수병의 주요한 표징**
  ㉠ 영양기관에 의한 것 : 균사체, 근상균사속, 선상균사, 균핵, 자좌
  ㉡ 번식기관에 의한 것 : 포자, 분생자병, 분생자퇴, 분생자좌, 포자퇴, 포자낭, 병자각, 자낭각, 자낭반, 세균점괴, 포자각, 버섯 등

03 수병의 발생

(1) 병원체의 월동

① 환경조건이 병원체의 활동에 부적당하면 병원체는 활동을 정지하고 휴면상태에 들어가며, 가을이 지나 기온이 내려가게 되면 병원체는 휴면상태로 월동한다.
② 월동한 병원체는 봄에 활동을 시작하여 식물에 옮겨져서 그해 제1차 감염원을 일으켜 발병의 중심이 된다.
③ **제1차 감염원** : 병든 식물이나 그 잔재 또는 토양 등에서 월동하여 제1차 감염을 일으킨 균핵, 균사속, 난포자, 휴면상태의 균사 등
④ **제2차 감염** : 제1차 감염 이후 새로 발병한 충부에 형성된 전염원에 의해서 일어나는 감염
⑤ **병원체의 월동방법**
  ㉠ 기주의 생체 내에 잔재해서 월동하는 경우 : 잣나무 털녹병균, 오동나무 빗자루병균, 각종 식물병원성 바이러스 및 파이토플라스마
  ㉡ 병환부 또는 죽은 기주체 상에서 월동하는 경우 : 밤나무 줄기마름병균, 오동나무 탄저병균, 낙엽송 잎떨림병균
  ㉢ 종자에 붙어 월동하는 경우 : 오리나무 갈색무늬병균, 묘목의 잘록병균
  ㉣ 토양 중에서 월동하는 경우 : 묘목의 잘록병균, 근두암종병균, 자줏빛날개무늬병균 및 각종토양서식병원균

(2) 병원체의 전반

① **전반** : 병원체가 여러 가지 방법으로 다른 지방이나 다른 식물체에 운반되는 것이다.
② 병원체의 전반방법의 특징은 그 대부분이 수동적이다.
③ **병원체의 주요한 전반방법**
  ㉠ 바람에 의한 전반(풍매전반) : 잣나무 털녹병균, 밤나무 줄기마름병균, 밤나무 흰가루병균 및 수많은 병원균의 포자는 바람에 의해 전반
  ㉡ 물에 의한 전반(수매전반) : 근두암종병균, 묘목의 잘록병균, 향나무 적성병균
  ㉢ 곤충 및 소동물에 의한 전반(충매전반) : 오동나무의 빗자루병 병원체, 대추나무의 빗자루병 병원체 및 각종 식물병원성 바이러스와 파이토플라스마
  ㉣ 종자에 의한 전반
    • 종자의 표면에 부착해서 전반되는 것 : 오리나무 갈색무늬병균
    • 종자의 조직 내에 잠재해서 전반되는 것 : 호두나무 갈색부패병균
  ㉤ 묘목에 의한 전반 : 잣나무 털녹병균, 밤나무 근두암종병균
  ㉥ 식물체의 영양번식기관에 의한 전반 : 오동나무와 대추나무의 빗자루병 병원체, 각종 바이러스 및 파이토플라스마
  ㉦ 토양에 의한 전반 : 묘목의 잘록병균, 근두암종병균

◎ 기타 방법에 의한 전반
- 건전한 식물의 뿌리와 병든 식물의 뿌리가 지하부에서 접촉함으로써 병이 전염되기도 한다(재질부후균).
- 벌채 후의 통나무나 재목 등에 병원균이 잠재해서 전반(재질부후균, 밤나무 줄기마름병균, 느릅나무 시들음병균)

(3) 병원체의 침입
① 병원균의 포자는 침입하기 전에 발아되어야 하며, 발아관이 자라서 침입한다.
② 병원체의 침입방법에는 각피침입, 자연개구부를 통한 침입, 상처를 통한 침입 등이 있다.
③ 각피침입
  ㉠ 잎, 줄기 등의 표면에 있는 각피나 뿌리의 표피를 병원체가 자기의 힘으로 뚫고 침입한다.
  ㉡ 각피침입에 의해서 일어나는 감염을 각피감염이라고 한다.
  ㉢ 각피감염을 하는 병원균의 대부분은 발아관 끝에 부착기를 만들고 각피에 붙으며, 그 아래쪽에 가느다란 침입균사를 내어 각피를 뚫는다.
  ㉣ 각종 녹병균의 소생자, 잿빛곰팡이병균 등은 단일균사에 의해 각피를 관통하나, 뽕나무 자줏빛날개무늬병균, 뽕나무 뿌리썩음병균, 묘목의 잘록병균 등은 보통 균사집단으로 어린뿌리를 뚫고 침입한다.
④ 자연개구를 통한 침입
  ㉠ 기공, 피목 등은 병원진균이나 세균의 침입문으로 이용될 수 있다.
  ㉡ 기공을 통한 침입에 의해 감염이 일어났을 때 이것을 기공감염이라고 한다.
  ㉢ 기공감염 : 녹병균의 녹포자 및 여름포자, 삼나무 붉은마름병균, 소나무류의 잎떨림병균 등
  ㉣ 피목을 통해 침입하는 병원균 : 포플러 줄기마름병균, 뽕나무 줄기마름병균
⑤ 상처를 통한 침입
  ㉠ 여러 가지 세균과 바이러스는 상처를 통해서만 침입
  ㉡ 밤나무 줄기마름병균, 포플러의 각종 줄기마름병균, 근두암종병균, 낙엽송 끝마름병균, 각종 목재부후균 등

(4) 감염과 병환
① **감염** : 식물에 침입한 병원체가 그 내부에 정착하여 기생관계가 성립되는 과정
② **잠복기간** : 감염에서 병징이 나타나기까지 기간
③ **병환** : 발병한 기주식물에 형성된 병원체가 새로운 기주식물에 감염하여 병을 일으키고 병원체를 형성하는 일련의 연속적인 과정

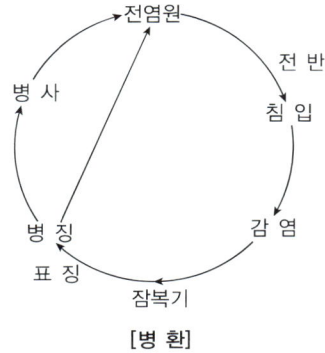

[병 환]

(5) 기주교대

① 이종기생균 : 생활사를 완성하기 위하여 두 종의 서로 다른 식물을 기주로 하는 것
② 기주교대 : 이종기생균이 그 생활사를 완성하기 위하여 기주를 바꾸는 것
③ 중간기주 : 두 기주 중에서 경제적 가치가 적은 것

〈이종기생을 하는 녹병균의 예〉

녹병균	병 명	기주식물	
		녹병포자·녹포자 세대	여름포자·겨울포자세대(중간기주)
Cronartium ribicola	잣나무의 털녹병	잣나무	송이풀·까치밥나무
Cronartium quercuum	소나무의 혹병	소나무	졸참나무·신갈나무
Coleosporium phellodendri	소나무의 잎녹병	소나무	황벽나무
Coleosporium asterum	소나무의 잎녹병	소나무	참 취
Coleosporium campanulae	소나무의 잎녹병	소나무	잔 대
Coleosporium eupatorii	잣나무의 잎녹병	잣나무	등골나물
Coleosporium paederiae	잣나무의 잎녹병	잣나무	계요등(닭똥)
Gymnosporangium haraeanum	배나무의 붉은별무늬병(적성병)	배나무·모과나무	향나무*
Melampsora larici-populina	포플러의 녹병	낙엽송	포플러

* 여름포자세대가 없다.

04 수병의 방제

(1) 수병의 방제법은 예방과 치료로 나눌 수 있으며, 수병의 경우에는 예방이 방제법의 주축을 이루고 치료는 일부에 지나지 않는다.
  ① 방제에 사용되는 약제의 대부분이 치료효과가 없다.
  ② 수목은 체내에 순환계를 가지고 있지 않다.
  ③ 경제적으로 방제경비가 제한된다.

(2) 예방법

① 비 배
  ㉠ 질소질비료의 과용에 따른 피해 : 동해, 상해, 침엽수의 모잘록병, 설부병, 삼나무의 붉은마름병
  ㉡ 황산암모니아의 피해 : 토양을 산성화하여 토양의 전염병의 피해를 크게 한다.
  ㉢ 인산질비료 및 칼륨질비료는 전염병의 발생을 적게 한다.
  ㉣ 시비는 수목의 생육을 좌우할 뿐만 아니라 병의 발생과도 관계가 깊으므로 시비법, 시비량 등에 주의해서 항상 그 균형을 유지하고 수목을 건전하게 키우는 것이 중요하다.

② 환경조건의 개선
  ㉠ 토양전염병은 일광이 부족하거나 토양습도가 부적당할 때 많이 발생한다.
  ㉡ *Rhizoctonia* 및 *Pythium debaryanum*균에 의한 침엽수의 모잘록병은 토양의 습도가 높을 때 피해가 크다.
  ㉢ *Fusarium*균에 의한 모잘록병은 비교적 건조한 토양에서 잘 발생한다.
  ㉣ 자줏빛날개무늬병은 낙엽, 나뭇가지 등 미분해유기물을 다량 함유하고 있는 개량 직후의 임지에서 피해가 크다.

③ **전염원의 제거** : 병든 잎, 가지, 묘목 등은 전염원인 포자가 완숙하여 제1차 전염을 일으키기 전에 제거한다.

④ 중간기주의 제거
  ㉠ 수목에 기생하는 녹병균의 대부분은 기주교대를 하며 생활하는 이종 기생균으로 중간기주를 제거하여 병원균의 생활환을 차단한다.
  ㉡ 잣나무의 털녹병을 예방하기 위해 중간기주인 송이풀과 까치밥나무류를 제거한다.
  ㉢ 포플러 잎녹병의 중간기주인 낙엽송을 제거한다.

⑤ 윤 작
  ㉠ 동일수종을 연작하면 병원균의 밀도가 높아져 병이 많이 발생하는 경향이 있는데, 이러한 연작의 피해를 막기 위해 윤작을 실시한다.
  ㉡ 윤작을 위해서는 작물의 선정과 경작연한을 고려한다.
  ㉢ 기주범위가 좁고 기주식물 없이는 오래 살지 못하여 윤작작물 선택의 범위가 넓고 짧은 윤작기간으로 효과적 방제가 되는 것 : 오리나무 갈색무늬병, 오동나무 탄저균
  ㉣ 기주범위가 넓고 기주식물 없이 땅속에서 장기간 살아 있어 윤작작물 선택이 어렵고 윤작기간이 긴 것 : 침엽수 모잘록병균, 자줏빛날개무늬병균, 흰비단병균

⑥ 묘목류의 검사
  ㉠ 묘목, 접수, 삽수 등에 병든 것이 섞여 조림지에 나가게 되면 식재 후에 생육이 불량할 뿐만 아니라 병이 발생하지 않은 지역에 병원균을 전파할 위험이 크므로 이들 묘목류를 철저히 검사한다.
  ㉡ 멀리 떨어진 조림지에 종래에 발생하지 않던 병이 돌발하는 것은 대부분 병든 묘목류를 따라 병원균이 그 지역에 전반되었기 때문이다.

⑦ 작업기구류 및 작업자의 위생관리
　㉠ 토양전염병의 발생이 심한 곳에서 사용한 농기구는 물로 깨끗이 씻은 다음 다른 장소에서 사용하는 것이 바람직하다.
　㉡ 녹병, 흰가루병, 삼나무의 붉은마름병 등은 병원균의 포자가 옷에 묻어서 병을 옮기게 되므로 옷을 갈아입고 건전한 묘목을 다루도록 한다.
　㉢ 접목, 전정, 정지 등의 작업시에는 사용하는 기구와 작업자의 손끝을 소독하는 것이 바람직하다.
⑧ 상구에 대한 처치 : 여러 가지 원인에 의해 생긴 상처부위를 방부체로 칠하든지 또는 접목 했을 때 접수와 대목의 접착부를 접밀로 발라 주어 유합조직이 완성될 때까지 병원균의 침해를 막는다.
⑨ 검역 : 어느 나라 또는 어느 지방에서 종래 볼 수 없었던 수병이 발생하는 것은 주로 외국 또는 다른 지방에서 새로 들어온 병원체에 의한 경우가 대부분이다. 따라서 철저한 식물검역에 의하여 위험한 병해충이 국내에 들어오지 못하도록 하고, 또 한 지역에서 다른 지역으로 옮겨가지 못하게 하는 것은 수병의 예방적 견지에서 매우 중요하다.
⑩ 종묘소독
　㉠ 종자, 묘목 접수, 삽수 등에 병원체가 부착하거나, 또는 조직 속에 잠복하여 여러 가지 병을 전파하는 것을 예방한다.
　㉡ 약제에 의한 방법 : 약제에 종묘를 담그는 침적소독과 종자표면에 가루를 묻혀 소독하는 분의 소독이 있다.
　㉢ 열에 의한 방법 : 자줏빛날개무늬병이 무병지에 전파되는 것을 막기 위하여 묘목의 뿌리를 45℃에 20~30분간 온탕소독을 한다.
⑪ 토양소독
　㉠ 토양전염성병의 예방법으로서 가장 직접적이고 효과적인 방법이다.
　㉡ 토양소독은 토양에 열을 가하는 물리적인 방법과 약제를 이용하는 화학적인 방법이 있다.
　㉢ 열에 의한 방법(물리적 방법) : 소토법, 열탕관주법, 전기가열법, 증기소독법
　㉣ 약제에 의한 방법(화학적 방법) : 클로로피크린제, 포르말린, PCNB제, DAPA제, NCS제 등을 사용
⑫ 약제살포 : 병원균이 기주체 내에 침입하는 것을 저지하고, 이미 기주체의 표면에 부착하였거나 그 위에 형성된 병원균을 죽임으로써 병의 발생을 미연에 방지하고 발생 후의 만연을 억제
　㉠ 약제살포는 병원균이 기주식물에 도달하기 전에 실시한다.
　㉡ 살포시기는 병원균의 종류에 따라서 다를 뿐만 아니라 기후조건에 따라서도 차이가 있으므로 병환에 입각하여 적기에 실시한다.
　㉢ 나무의 표면에 포자나 균사를 다량으로 형성하는 병이 발생하였을 때에는 병환부에 직접 살균력이 강한 약제를 살포하여 병원균을 죽이든지, 포자를 형성하지 못하게 하여 병이 크게 퍼지는 것을 억제한다.
　㉣ 월동 후 수목의 체표면에 형성되는 포자에 의한 제1차 전염을 막기 위해서는 수목의 휴면기에 약제를 살포하는 것이 효과적이다.

⑬ 임업적 방제법
- ㉠ 수종의 선택 : 임지의 환경조건 때문에 식재를 예정한 수종에 특정한 병의 발생이 예상될 경우에는 다른 수종을 심는다.
- ㉡ 종자의 산지 : 조림용 종자는 되도록 조림지와 유사한 환경조건을 가진 임지에 생육하고 있는 우량한 모수에서 채취한다.
- ㉢ 묘목의 취급과 식재방법 : 묘목시기부터 병에 걸리지 않게 튼튼히 키워야 할 뿐만 아니라 위급에도 주의하는 한편 식재방법이 나쁠 때에도 일반적으로 병에 대한 저항성이 저하되고 뿌리의 병을 비롯해 여러 가지 병이 발생하기 쉬우므로 주의해야 한다.
- ㉣ 육림작업에 의한 환경개선 : 혼효림의 조성, 보호수림대 설치, 하예, 간벌, 가지치기, 임지시비 실시 등
- ㉤ 벌채시기 : 수령과 부후병에 의한 피해와의 관계를 고려하여 벌기를 결정한다.

⑭ 수병의 발생예찰
- ㉠ 언제, 어디에, 어떤 병이 얼마만큼 발생하여 피해가 얼마나 될 것인지를 추정함으로써 사전에 적절한 병의 방제책을 강구하는 데 목적이 있다.
- ㉡ 수병의 발생예찰은 어떤 한 가지 요인의 검토만으로는 높은 효율을 기대할 수 없으며, 항상 모든 발병요인에 대한 종합적 검토가 필요하다.

⑮ 내병성 품종의 이용 : 만족할 만한 방제효과를 거두기 어려울 때가 많기 때문에 내병성 품종 또는 클론을 이용하는 것은 재배기간이 긴 임목의 경우 가장 확실하고 경제적인 방제방법이다.

(3) 치료법

① 내과적 요법
- ㉠ 병든 나무에 약제를 주입, 살포 또는 발라주거나 뿌리로부터 흡수시키는 방법
- ㉡ 경제성이 높고 수목의 개체치료가 가능한 것들에 대해 내과적 치료법을 적극 활용함으로써 수병의 치료에 좋은 성과를 거둘 수 있을 것으로 예상한다.
- ㉢ 옥시테트라사이클린의 수간주입으로 대추나무와 오동나무의 빗자루병과 뽕나무의 오갈병을 치료한다.
- ㉣ 잣나무의 털녹병, 낙엽송의 끝마름병, 소나무류의 잎녹병을 치료하기 위해 사이클로헥사마이드를 살포한다.
- ㉤ 베노밀제의 수간주입으로 밤나무 줄기마름병을 치료한다.

② 외과적 요법
- ㉠ 정원수, 가로수, 공원수 등이 가지마름병, 줄기마름병, 썩음병 등에 걸렸을 때 병환부를 잘라 내고 그 자리에 보강하는 방법이다.
- ㉡ 외과적 수술방법은 피해부위에 따라서 다르지만, 어떤 경우에도 병환부는 완전히 제거해야 하며, 자른 자리는 소독한 다음 완전히 방수하여 그 위의 피해가 진전되는 것을 막고 유합조직의 형성을 촉진시켜야 한다.
- ㉢ 병환부를 자르거나 도려낼 때에는 눈에 보이는 환부뿐만 아니라 경계 부분의 건전한 곳까지도 제거해야 하며, 시기는 일반적으로 이른 봄이 좋다.

(4) 살균제 및 살선충제

① 살균제
  ㉠ 병원균에 의한 전염성병을 방제할 목적으로 사용되는 약제
  ㉡ 보호살균제 : 병원균이 수목에 침입하기 전에 살포하여 수목을 병으로부터 보호하는 것
  ㉢ 직접살균제 : 이미 형성된 병환부위에 뿌려서 병균을 죽이는 것
  ㉣ 치료제 : 병원체가 이미 기주식물의 내부에 침입한 후 작용하는 것

② 동 제
  ㉠ 보르도액
    - 보호살균제로서 효력이 뛰어나고 다른 약제에 비해 값이 싸기 때문에 임업에서는 살포제로 가장 널리 이용된다.
    - 황산동과 생석회로 조제하는데, 약액 1L당 황산동의 g수(a)와 생석회의 g수(b)를 "–"로 연결하여 a–b식으로 부른다. 예를 들어 보르도액 1L를 만드는 데 황산동 6g, 생석회 6g이면 6–6식 보르도액이라고 부른다.
    - 보르도액은 사용할 때마다 만드는데, 만든 후 오랫동안 놓아두면 침전이 생기고 살균효과가 떨어지므로 일단 약을 만들면 되도록 빨리 뿌리는 것이 가장 효과적이다.
    - 보르도액을 만들 때 주의할 것은 황산동액과 석회유를 따로따로 나무통에서 만든 다음 석회유에다 황산동액을 부어서 혼합한다는 것이다.
    - 전착제를 가해서 고압분무기로 식물체 표면에 골고루 묻도록 뿌려준다.
    - 제1차 전염이 일어나기 약 1주일 전에 살포해야 효과적이다.
    - 살포한 약제의 유효기간은 약 2주간이므로 몇 차례 계속해서 살포할 경우 2주 간격으로 살포한다.
  ㉡ 유기수은제
    - 직접살균제로서 뛰어난 살균효과를 나타내나 최근 인체에 대한 독성이 문제가 되어 살포용 또는 토양소독용 유기수은제는 사용이 금지되고 종자소독에 한해서만 사용이 허가된다.
    - 수화제의 경우에는 소정량의 물에 녹인 약액에 종자를 3~4시간 침지한 다음 그늘에 말려서 파종한다.
    - 분제일 경우 종자 1kg당 15~20g의 비율로 용기에 넣고 잘 섞어서 분의한 다음 파종
    - 약제는 그늘에서 조제하고 한번 만든 약액은 1~2일 내에 사용한다.
    - 현재 사용되고 있는 종자소독용 유기수은제에는 메르크론(Mercron ; 침지용), 우스풀룬(Uspulun ; 침지용), 세레산(Ceresan ; 분의용) 등이 있다.

③ 황 제
  ㉠ 무기황제 : 석회황합제, 황
    - 석회황합제 : 적갈색 물약으로 흰가루병과 녹병의 방제에 사용하며 깍지벌레에 대한 살충효과도 있어 겨울철 수목의 휴면기에 살균과 살충을 겸하여 사용하기도 한다. 또한 강한 알칼리성이기 때문에 약해를 일으키기 쉬우므로 수목의 성장기에 사용할 때에는 농도에 충분한 주의가 필요하다.
    - 황 : 미분말을 분제 또는 수화제의 형태로 만들어 흰가루병과 녹병의 방제에 사용하며 황의 분말이 고울수록 효과가 크다.

ⓒ 유기황제 : 지네브제, 마네브제, 퍼어밤제, 지람제, 티람제, 아모밤제
ⓒ 기타 유기합성살균제 : PCNB제, PCP제, 캡탄제, 항생물질제
④ 살선충제
  ⊙ 클로로피크린, D-D제, EDB제, 퓸, DBCP제, NCS제 등
  ⓒ 대부분의 유효성분이 가스체로 되어 토양입자의 사이로 확산하면서 선충을 죽이며 방제효과는 크다.
  ⓒ 약해도 심하고 인체에 대한 독성도 있으므로 사용방법을 바르게 지켜야 한다.

05 수병의 종류

(1) 바이러스에 의한 수병

① 바이러스의 특징
  ⊙ 일종의 핵단백질로 된 병원체
  ⓒ 크기가 매우 작아 광학현미경으로는 볼 수 없고 전자현미경을 통해서만 볼 수 있다.
  ⓒ 살아 있는 기주세포 내에서만 증식되며, 인공배지에서 배양·증식되지 않는다.
  ⓔ 식물바이러스의 모양은 구형·원통형·봉상·사상 등으로 구분된다.
  ⓜ 크기는 작은 것은 지름이 $26\mu m$, 큰 것은 그 길이가 $1,250\mu m$에 이르는 것도 있다.
  ⓗ 동물성 바이러스는 그 핵산의 성분이 데옥시리보핵산(DNA) 또는 리보핵산(RNA)인데, 식물성 바이러스의 경우에는 거의 대부분이 리보핵산이다.

② 바이러스병의 병징
  ⊙ 색깔의 이상(異常) : 잎·꽃·열매 등에 모자이크(Mosaic)·줄무늬·얼룩이·둥근무늬 등
  ⓒ 식물체 전체 또는 일부기관의 발육의 이상 : 왜화, 괴저, 축엽, 잎말림, 암종, 돌기, 기형 등
  ⓒ 병든 식물의 세포 내에 건전한 식물의 세포에서 볼 수 없는 봉입체를 볼 수 있다.
  ⓔ 많은 바이러스는 병든 식물체의 전신에 분포하고 있는데, 이것을 전신감염이라 하며 식물체의 일부분에 한정되어 있는 것을 국부감염이라고 한다.
  ⓜ 보독식물(保毒植物, Carrier)
    • 체내에 바이러스가 증식하고 있어도 외관상 병징이 나타나지 않는 식물
    • 바이러스에 의한 큰 피해를 받지 않으나, 그 바이러스에 감수성인 다른 식물에 대한 전염원이 된다.

③ **병징은폐**(病徵陰蔽) : 병징이 잘 나타나는 식물도 환경조건에 따라서 병징이 잘 나타나지 않는 경우를 말하며, 고온 또는 저온일 때 일어난다.

④ 식물바이러스의 전염방법
  ⊙ 접목전염, 즙액전염, 충매전염, 토양전염, 종자전염 등
  ⓒ 바이러스는 진균이나 세균처럼 스스로 식물체를 침입해서 감염을 일으킬 수 없으며, 모두 타동적으로 전염된다.

⑤ 종 류
　㉠ 포플러의 모자이크병
　　• 병 징
　　　- 다 자란 잎에 모자이크 또는 얼룩반점이 잎면 가득히 나타난다.
　　　- 잎의 지맥과 중륵에 괴저가 나타난다.
　　　- 엽병의 기부가 약간 부풀어 오르며, 줄기에 작은 병반과 틈이 생기기도 한다.
　　　- 심히 병든 나무는 생육이 감소되고, 목재의 비중과 강도도 줄어든다.
　　• 병원체 및 병환
　　　- 병원체는 포플러모자이크바이러스이며, 길이는 약 675μm으로 사상이다.
　　　- 주로 병든 삽수를 통해 전염된다.
　　• 방제법 : 바이러스에 감염되지 않은 건전한 포플러에서 삽수를 채취하고 병든 것은 뽑아버린다.
　㉡ 아까시나무의 모자이크병
　　• 병 징
　　　- 초기 잎에 농담의 모자이크가 나타나며, 나중에는 잎이 작아지고 기형이 된다.
　　　- 병든 나무에서는 매년 병징이 나타나기 때문에 나무의 생육이 나빠지고 차츰 쇠약해진다.
　　• 병원체 및 병원
　　　- 병원체는 아까시나무모자이크바이러스이며, 바이러스입자는 약 40μm인 구형이다.
　　　- 이 바이러스의 판별기주인 명아주에 즙액접종하면 담황색의 국부병반이 나타난다.
　　　- 자연상태에서는 아까시나무진딧물과 복숭아혹진딧물 등에 의해 매개 전염된다.
　　• 방제법 : 살충제로 매개충인 진딧물을 구제하고 병든 나무는 캐내어 소각한다.

(2) 파이토플라스마(마이코플라스마)에 의한 수병
　① 파이토플라스마의 특징
　　㉠ 크기가 70~900μm로 다형질이며, 보통 세균에서 보이는 것과 같은 세포벽은 없고 일종의 원형질막으로 둘러싸여 있다.
　　㉡ 모양이 큰 파이토플라스마의 한가운데에는 핵과 같은 것이 있으며 그 둘레에는 리보솜, 과립 등이 가득 차 있다.
　　㉢ 이 병원체는 주로 매미충류와 기타 식물의 체관부의 즙액을 빨아먹는 곤충류에 의하여 매개되며, 식물의 체관부와 매개충의 체내에 들어 있다.
　　㉣ 파이토플라스마에 의한 병은 전신감염성이기 때문에 영양체를 통해서 차례로 전염된다.
　　㉤ 파이토플라스마에 의한 병은 테트라사이클린계 항생물질로 치료가 가능하다.
　② 종 류
　　㉠ 오동나무의 빗자루병
　　　• 병 징
　　　　- 병든 나무에는 연약한 잔가지가 많이 발생하고 담녹색의 아주 작은 잎이 밀생하여 마치 빗자루나 새집둥우리와 같은 모양을 이룬다.
　　　　- 병든 가지는 말라 떨어지고 수년간 병징이 계속 나타나다가 결국 나무 전체가 죽는다.

- 병원체 및 병원 : 병원은 파이토플라스마이며 담배장님노린재에 의해 매개되며 병든 나무의 분근을 통해서도 전염된다.
- 방제법
  - 병든 나무는 제거하여 소각한다.
  - 7월 상순에서 9월 하순에 살충제를 살포하여 매개충을 구제한다.
  - 빗자루병이 발생하지 않은 나무로부터 분근 증식한 무병묘목을 심거나 실생 묘목을 심는다.
  - 테트라사이클린계의 항생물질로 치료한다.

ⓒ 대추나무의 빗자루병
- 병징 : 가는 가지와 황녹색의 아주 작은 잎이 밀생하여 마치 빗자루 모양과 같아지고 결국에 말라 죽는다.
- 병원체 및 병원 : 병원은 파이토플라스마이며, 전신성 병이므로 병든 나무의 분주를 통해 차례로 전염된다.
- 방제법
  - 병징이 심한 나무는 뿌리째 캐내어 태워버린다.
  - 병징이 심하지 않은 나무는 4월 말경에서 9월 중순에 1,000~2,000ppm의 옥시테트라사이클린을 주당 1,000~2,000ml를 수간주입한다.
  - 대추나무를 심을 때에는 병이 발생되지 않은 지역에서 분주해 가져다 심는 것이 안전하다.
  - 땅속에서 뿌리의 접목에 의해 전염될 우려가 있으므로 밀식과 간작을 피한다.

ⓒ 뽕나무 오갈병
- 병 징
  - 병든 잎은 작아지고 쭈글쭈글해지며 담녹색에서 담황색으로 되고, 잎의 결각이 없어져 둥글게 되면 잎맥의 분포도 작아진다.
  - 가지의 발육이 약해지고 마디 사이가 짧아져서 나무모양이 왜소해지며, 곁눈의 싹이 빨리 터서 작은 가지가 많으므로 빗자루 모양을 이룬다.
- 병원체 및 병원 : 병원은 파이토플라스마이며, 마름무늬매미충에 의해 매개되고 접목에 의해서도 전염된다.
- 방제법
  - 발생이 심하지 않은 병든 나무를 발견 즉시 뽑아버리고, 그 자리에 저항성 품종을 보식한다. 발생이 극심할 경우 전체를 저항성 품종으로 전면 개식한다.
  - 질소질비료의 과용을 피하고, 칼륨질비료를 충분히 주며 수세가 약해지지 않도록 벌채나 뽕잎따기를 삼간다.
  - 접수나 삽수는 반드시 무병주에서 낙엽수 12월에서 2월에 채취한다.
  - 저독성 유기인제로 매개충을 구제한다.
  - 테트라사이클린계 항생제에 의한 치료가 가능하다.

  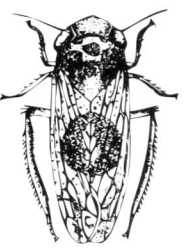

건전한 잎(결각이 있다)　　병든 잎(결각이 없이 둥글게 된다)　　마름무늬매미충

[뽕나무 오갈병의 병징과 매개충인 마름무늬매미충]

③ 그 밖의 파이토플라스마에 의한 주요 수병
　㉠ 아까시나무의 빗자루병
　㉡ 밤나무의 누른오갈병
　㉢ 물푸레나무의 마름병
　㉣ 센달나무의 스파이크병

(3) 세균에 의한 수병

① 세균의 특징
　㉠ 세균은 광학현미경으로 볼 수 있는 미생물로 크기는 봉상인 것은 $3\mu m \times 1\mu m$, 구형인 것은 지름이 $1\mu m$ 정도이다.
　㉡ 세균에는 구형, 봉상, 나선상 등이 있는데, 식물병균의 대부분은 봉상이다.
　㉢ 집락을 형성하므로 육안으로 볼 수 있다.
　㉣ 세균체의 구조
　　• 세포체 내에는 세포질이 있고 이것은 세포질막으로 싸여 있는데, 물질의 선택적 투광성이 있다.
　　• 그 바깥에는 세포벽이 있어 세균체를 지탱하며, 탄력성이 있다.
　　• 세포벽의 표면은 끈끈한 무지로 된 두꺼운 막으로 싸여 있는데, 이것을 피막이라 한다.
　　• 세균에는 운동기관이 편모를 가지고 있는데, 편모가 균체의 한쪽 또는 양쪽 끝에 있으면 극모, 주위를 둘러싸고 있으면 주모라고 한다.
　　• 편모보다 짧은 수많은 벽상의 돌기를 가지는 것도 있다.

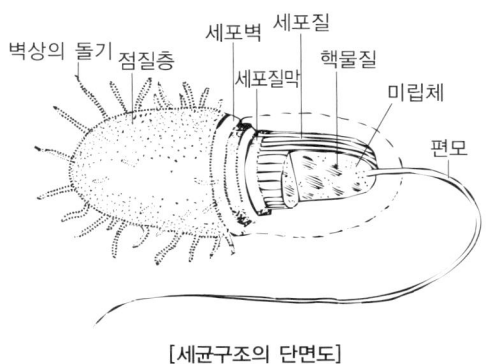

[세균구조의 단면도]

② 세균성병의 병징에 따른 분류
  ㉠ 유조직병 : 유조직이 침해되는 것으로서 침해결과 조직의 부패, 반점, 잎마름, 궤양 등의 병징이 나타난다.
  ㉡ 물관병 : 관다발의 조직, 특히 물관이 침해되는 것으로서 수분의 상승이 방해되어 식물이 말라 죽으며, 물관병에 걸린 줄기를 가로로 잘라보면 물관부에 점액 같은 세균 덩어리가 흘러나온다.
  ㉢ 증생병 : 세균의 침입으로 분열조직의 증식이 자극되어 암종을 만든다.
  ㉣ 식물병원세균은 기주식물에 침입하기 전에는 보통 병든 식물체나 토양 중의 유기물을 이용하여 부생적으로 생존하다가 수매전반 등에 의하여 기주식물의 표면에 옮겨지면 침입·감염한다.
  ㉤ 세균은 진균처럼 각피침입을 할 능력이 없기 때문에 식물체 상의 각종 상처와 기공·수공 등의 자연개구를 통해 침입한다.
③ 종 류
  ㉠ 뿌리혹병 : 밤나무, 감나무, 호두나무, 포플러, 벚나무 등에 잘 발생하며, 특히 묘목에 발생했을 때 피해가 크다.
    • 병 징
      - 보통 뿌리 및 땅가 부근에 혹이 생기는 것이 이 병의 특징이지만, 때로는 지상부의 줄기나 가지에 발생하는 수도 있다.
      - 초기에는 병든 부위가 비대하고 우윳빛을 띠는데, 점차 혹처럼 되면서 그 표면은 거칠어지고 암갈색으로 변한다.
      - 혹의 크기는 콩알만 한 것으로부터 어른 주먹의 크기보다 더 커지는 것도 있다.
      - 접목묘에서는 흔히 접목부위에 많이 발생한다.
    • 병원균 및 병원
      - 병원균은 *Agrobacterium tumefaciens*(Smith et Towns.) Conn.이며, 병환부에서도 월동하지만, 땅속에서 다년간 생존하면서 기주식물의 상처를 통해서 침입
      - 지하부의 접목부위, 뿌리의 절단면, 삽목의 하단부 등은 이 병원균의 좋은 침입경로임
      - 고온다습한 알칼리토양에서 많이 발생
    • 방제법
      - 묘목을 철저히 검사하여 건전묘만을 심는다.
      - 병든 나무는 제거하고 그 자리는 객토를 하거나 생석회로 토양을 소독한다.
      - 병에 걸린 부분을 칼로 도려내고 절단부위는 생석회 또는 접밀을 바른다.
      - 접목할 때에는 접목에 쓰이는 칼과 손끝을 70% 알코올 등으로 소독하고, 접수와 대목의 접착부에는 접밀을 발라 준다.
      - 발병이 심한 땅에서는 비기주식물인 화본과식물과 3년 이상 윤작을 한다.
      - 클로로피크린, 메틸브로마이드 등으로 묘포의 토양을 소독한다.
      - 이 병에 가장 걸리기 쉬운 밤나무, 감나무 등의 지표식물을 심어 병균이 있는지 없는지 확인한 후 병균이 없는 곳에 포지를 선정한다.

ⓒ 밤나무 눈마름병
- 병징
  - 4~7월에 새눈, 잎, 신초 등에 발생한다.
  - 피해부는 갈색에서 흑갈색으로 변해 말라 죽는다.
  - 잎에는 많은 갈색 병반이 생기며, 안쪽으로 말린다.
- 병원균 및 병원 : 병원은 *Pseudomonas castaneae*(Kawamura) *Savulescu*이며 병원세균은 병든 가지의 끝에서 월동하여 이듬해의 전염원이 된다.
- 방제법
  - 병든 가지를 잘라 소각한다.
  - 새 눈이 트기 전에 석회황합제(100배액)를 1~2회 살포한다.

④ 그 밖의 세균에 의한 주요 수병

병 명	병원세균
호두나무의 갈색썩음병 (褐色腐敗病, Bacterial Blight)	*Xamthomonas juglandis* Dowson
포플러의 세균성줄기마름병 (細菌性胴枯病, Bacterial Canker)	*Pseudomonas syringae* f. sp. *populea* Sabet
단풍나무의 점무늬병 (新梢首承病, Leaf Spot)	*Xanthomonas acernea*(Ogawa) Burk holder
뽕나무의 세균성축엽병 (細菌性縮葉病, Bacterial Spot)	*Pseudomonas mori*(Boyr & Lambert) Stevens

(4) 진균에 의한 수병

① 진균의 특징
  ㉠ 진균에는 효모균과 같이 단세포로 된 것도 있으나 대부분은 다세포체이다.
  ㉡ 진균의 세포는 엽록체가 없을 뿐 고등식물의 세포처럼 세포질과 핵이 있다.
  ㉢ 진균의 균체는 실모양의 균사체로 되어 있으며, 그 일부분의 가지를 균사라고 한다.
  ㉣ 균사에는 격막이 있는 균사(유격균사)와 격막이 없는 균사(무격균사, 다핵균사)가 있다.

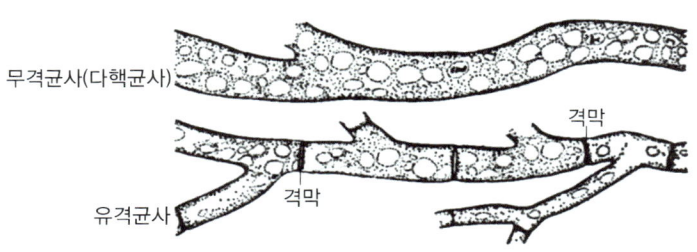

[균사의 형태(Alexopoulos)]

  ㉤ 대부분의 균사 바깥쪽은 세포벽으로 둘러싸여 있으며, 그 주성분은 키틴인데, 종류에 따라 섬유소인 것도 있다.

ⓑ 진균에서는 고등식물에서와 같은 잎·줄기·뿌리 등의 분화는 볼 수 없고, 개체를 유지하는 영양체와 종족을 보존하는 번식체로 구분된다.

② 영양체와 번식체
　㉠ 영양체
　　• 균사체는 진균의 영양기관으로서 대다수의 병원진균은 균사를 기주식물의 세포간극 또는 세포 내에 형성하고 영양을 섭취한다.
　　• 대부분의 활물 기생균은 균사의 끝이 특수한 모양으로 된 흡기를 세포 내에 삽입하고 영양을 섭취한다.

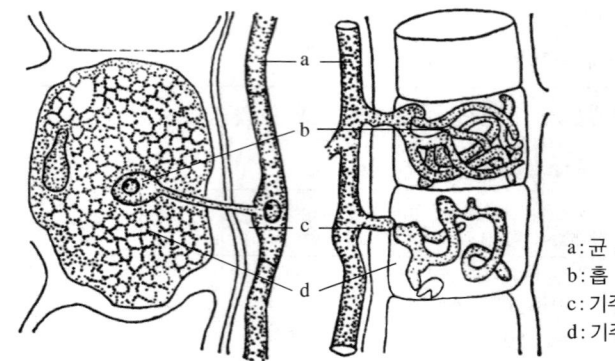

a: 균 사
b: 흡 기
c: 기주식물의 세포벽
d: 기주세포의 원형질

[진균의 흡기]

　　• 균사체가 서로 모여서 일종의 조직이 형성된 것을 균사조직이라고 하는데, 균사조직에는 균핵, 근상균사속, 균사막, 그리고 많은 자실체 주위에 만들어지는 자좌 등이 있다.
　㉡ 번식체
　　• 진균은 영양체인 균사체가 어느 정도 발육을 하면 담자체가 생기고 여기에 포자가 형성된다.
　　• 포자는 수정에 의하여 생기는 유성포자와 수정과 관계없이 무성적으로 생기는 무성포자가 있다.
　　• 유성포자는 대체로 진균의 월동이나 유전 등 종족의 유지에 큰 역할을 하고, 무성포자는 급격히 만연하는 2차전염원의 주동적 역할을 한다.
　　• 진균은 균사체의 격막의 유무 및 유성포자의 생성법에 따라서 조균강, 자낭균강, 담자균강, 불완전균강 등으로 크게 나눈다.

(4-1) 조균류에 의한 수병

① 조균류의 특징
　㉠ 보통 격막이 없고 다수의 핵을 가지고 있다(다핵균사).
　㉡ 무생포자는 분생포자로서 분색자병 위에 외생하며, 발아할 때 유주자낭을 만들어 그 속에 들어 있는 유주자를 내는 것과 발아관이 나오는 것이 있다.
　㉢ 유성포자인 난포자는 균사의 한쪽 끝에 생긴 난기와 웅기의 수정에 의해 만들어진다.
　㉣ 분생포자는 주로 병원균을 전파하는 역할을 하며, 난포자는 균의 월동역할을 한다.

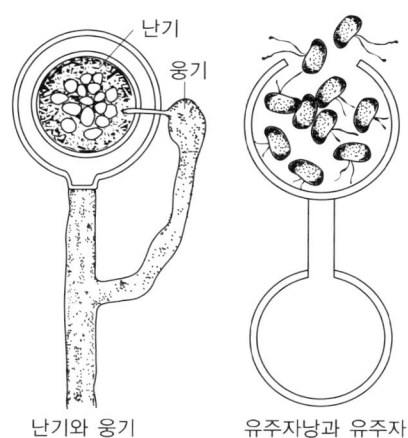

[조균류의 자실체]

② 종 류
  ㉠ 모잘록병
    • 토양서식병원균에 의하여 당년생 어린 묘의 뿌리 또는 땅가부분의 줄기가 침해되어 말라죽는 병
    • 침엽수 중에서는 소나무류·낙엽송·전나무·가문비나무 등에, 활엽수 중에는 오동나무·아까시나무·자귀나무 등에 많이 발생
    • 병 징
      - 도복형 : 어린 묘의 땅가부분이 침해되기 때문에 이 부분이 갈색으로 변하고 잘록해져서 자빠지며 썩어 없어진다.
      - 지중부패형 : 땅속에서 종자가 발아하기 전 또는 발아하여 싹이 지표면에 나타나기 전에 병원균의 침해로 썩는 것을 말한다.
      - 수부형 : 땅 위에 나온 묘의 윗부분이 썩어 죽는다.
      - 근부형 : 묘목이 어느 정도 자라서 목화된 후에 뿌리가 침해되어 암갈색으로 변하고 부패되는 것을 말한다.
    • 병원균
      - *Pythium debaryanum* Hesse(조균), *Pythium ultimum* Trow(조균), *Phytophthora cactorum* Schroet(조균), *Thanatephorus cucumeris* Donk(*Rhizoctonia solani* Kuhn ; 불완전균), *Fusarium oxysporum* Schl.(불완전균), *Fusarium* spp.(불완전균), *Cylindrocladium scoparium* Morgan(불완전균)
      - 침엽수의 묘에 큰 피해를 주는 것은 불완전균에 의해 발생한다.
    • 병 환
      - 모잘록병균은 땅속에서 월동하여 다음 해의 제1차 감염원이 된다.
      - *Rhizoctonia*균에 의한 피해가 과습한 토양에서 기온이 비교적 낮은 시기에 많이 발생하는 데 반하여 *Fusarium*균과 *Cylindrocladium*균에 의한 피해는 온도가 높은 여름에서 초가을에 비교적 건조한 토양에서 많이 발생한다.

- 방제법
  - 약제에 의한 직접적인 방제
    - ⓐ 약제(티람제, 캡탄제, PCNB제, NCS, 클로로피크린 등) 및 증기·소토 등의 방법으로 토양을 소독한다.
    - ⓑ 종자소독용 유기수은제의 수용액에 종자를 침적하거나 또는 동제의 분제·티람분제, 캡탄제 등으로 종자를 분의소독 한다.
    - ⓒ 도복형피해 또는 수부형피해가 발생하였을 때에는 캡탄제(1,000배액), 다치가렌액제(600배액) 등을 피해부의 중심으로 관주한다.
  - 환경개선에 의한 간접적인 방제
    - ⓐ 묘상이 과습하지 않도록 배수와 통풍에 주의하며, 햇볕이 잘 들도록 한다.
    - ⓑ 채종량을 적게 하고, 복토가 너무 두껍지 않도록 한다.
    - ⓒ 질소질비료를 과용하지 말고, 인산질비료를 충분히 주어 묘목을 튼튼히 길러야 한다.
- ⓒ 밤나무의 잉크병
  - 병 징
    - 발생 초기 뿌리가 침해되어 흑색으로 변하면서 썩고, 점차 근관부 및 땅가부분의 줄기의 형성층이 침해를 받으며, 병든 나무의 잎은 누렇게 되면서 급속히 말라 죽는다.
    - 병든 나무의 줄기에서 타닌(Tannin)을 다량 함유한 수액이 뿜어 나와 이것이 땅속의 철분과 화합하여 땅가부분이 잉크로 물든 것처럼 보인다.
  - 병원균 및 병환
    - 병원균 : *Phytophthora cambivora*(Petri) Buism., *Phytophthora cinnamomi*
    - 병환 : 땅속에서 월동하고, 지표면으로부터 가까운 곳에 있는 잔뿌리를 침해하여 병을 일으킨다.
  - 방제법
    - 병든 나무를 제거·소각하고, 그 자리는 클로로피크린으로 토양을 소독한다.
    - 식재지가 과습하지 않도록 배수에 주의한다.
    - 저항성 품종을 심는다.
- ③ 그 밖의 조균류에 의한 수병

병 명	병원균
소나무의 소엽병(Little Leaf Disease)	*Phytophthora cinnamomi* Rands.
동백나무의 시들음병(위조병, 근부병)	

(4-2) 자낭균에 의한 수병

① 자낭균의 특징

ㄱ 균사에는 격막이 있고 잘 발달된 균조직으로서 균핵과 자좌를 형성한다. 주머니 모양을 한 자낭 안에 자낭포자라고 하는 자낭균 특유의 유성포자가 형성되는데, 1개의 자낭 속에는 보통 8개의 자낭포자가 들어 있다.

ⓛ 자낭은 특별한 형체를 갖춘 자낭과의 내부에 만들어지는 것과 자낭과가 없이 노출되는 경우가 있다. 또, 자낭과에는 완전히 구멍이 막힌 자낭구, 끝에 구멍이 있는 자낭각, 쟁반모양을 한 자낭반 등이 있다.
ⓒ 자낭과의 내부에 자낭이 규칙적으로 배열하여 층상을 이룬 것을 자실층이라고 하며, 자실층의 자낭과 자낭 사이에 긴 실모양의 측사가 섞여 있는 종류도 있다. 또, 자낭과가 자좌에 의하여 둘러싸인 종류도 있다.
ⓔ 자낭균은 분생포자로 이루어지는 무성생식(불완전세대)과 자낭포자로 이루어지는 유성생식(완전세대)으로 세대를 이어간다.
ⓜ 자낭포자는 월동 후의 제1차 전염원이 되며, 분생포자는 그 후 월동기까지 몇 번에 걸쳐 형성되어 제2차 전염원의 역할을 한다.

② 종 류
㉠ 벚나무의 빗자루병
• 병 징
  - 가지의 일부가 팽대하여 혹모양이 되며 이 부근에서 가느다란 가지가 많이 나와 마치 빗자루모양을 이룬다.
  - 병든 가지에서는 건전한 가지에서보다도 봄에 일찍 소형의 잎이 피어나며, 꽃망울은 거의 생기지 않는다.
  - 병든 가지는 처음에는 잎이 무성하지만, 여러 해가 지나며 말라 죽는다. 또 병세가 심하면 수세가 떨어지고, 나무 전체가 말라 죽는다.
• 병원균 및 병환
  - 병원균 : *Taphrina wiesneri*(Rathay) Mix
  - 병환 : 병든 가지의 팽대부분에서 주로 균사상태로 월동하고, 다음 해 봄에 포자를 형성하여 제1차 전염을 일으킨다.
• 방제법
  - 겨울철에 병든 가지의 밑부분을 잘라 내어 소각한다. 소각은 반드시 봄에 잎이 피기 전에 실시해야 한다.
  - 병든 가지를 잘라 낸 후 나무 전체에 8-8식 보르도액을 1~2회 살포한다. 약제 살포는 잎이 피기 전에 해야 하며, 휴면기 살포가 좋다.

㉡ 수목의 흰가루병
• 병 징
  - 병환부에 흰 가루를 뿌려 놓은 것과 같은 외관을 나타낸다.
  - 일정한 반점이나 반문은 형성하지 않고 잎면에 불규칙한 크고 작은 여러 가지 모양의 흰 병반을 나타내면서 발생한다.
  - 어린 눈이나 신소가 병원균의 침해를 받으면 병환부가 위축되어 기형으로 변하는 경우가 있다.
  - 병환부에 나타난 흰 가루는 병원균의 균사, 분생자병 및 분생포자 등이며, 이것은 분생자세대(불완전세대)의 표징이다.

- 가을이 되면 병환부의 흰 가루에 섞여서 미세한 흑색의 알맹이가 다수 형성되는데 이것은 자낭구로서 자낭세대의 표징이다.
- 병환
  - 흰가루병은 주로 자낭구의 형으로 병든 낙엽 위에 붙어서 월동하고 이듬해 봄에 자낭포자를 내어 제1차 전염을 일으킨다.
  - 제2차 전염은 병환부에 형성 분생포자에 의하여 가을까지 되풀이된다.
- 방제법
  - 가을에 병든 낙엽과 가지를 모아서 소각한다.
  - 새눈이 나오기 전에 석회황합제(150배액)를 몇 차례 살포한다. 그러나 한여름에는 석회황합제를 살포하면 약해를 입기 쉬우므로 다이센, 카라센, 4-4식 보르도액, 톱신 등을 살포한다.

ⓒ 수목의 그을음병
- 병징 및 병환
  - 잎·줄기·가지 등에 새까만 그을음을 발라 놓은 것 같은 외관을 나타낸다.
  - 대부분 그을음병균은 기주식물체의 표면을 덮고 동화작용을 방해하는 외부착생균이지만, 그 중에는 기주조직 내에 흡기를 형성하고 기생하는 종류도 있다.
  - 진딧물, 깍지벌레 등이 기생한 후 그 분비물 위에서 번식하는 것이 보통이다.
  - 그을음 같은 것이 잎이나 줄기의 표면에 점점 형성되기도 하고, 전면을 뒤덮기도 한다.
  - 병환부에 나타나는 그을음 같은 물질은 병원균의 균사·포자 등의 덩어리인데, 나중에 이 속에 병자각이 형성되며, 아주 드물게 자낭구가 형성되기도 한다.
  - 그을음병 때문에 나무가 급히 말라 죽는 일은 드물지만 동화작용이 저해되므로 수세가 약해진다.
- 방제법
  - 통기불량, 음습, 비료부족 또는 질소비료의 과용은 이 병의 발생유인이 되므로 이들 유인을 제거한다.
  - 살충제로 진딧물·깍지벌레 등을 구제한다.

ⓔ 밤나무의 줄기마름병
- 병징
  - 나뭇가지와 줄기가 침해되는데 병환부의 수피는 처음에 적갈색으로 변하고 약간 움푹해지며, 6~7월경에 수피를 뚫고 등황색의 소립이 밀생하여 마치 상어껍질처럼 된다.
  - 비가 오고 일기가 습하면 소립에서 실모양으로 황갈색의 포자덩어리가 분출되고 건조하면 병환부가 갈라지고 거칠어진다.
  - 병환부가 줄기를 한 바퀴 돌면 그 위쪽은 말라 죽고 밑에서는 부정아가 많이 발생한다.
  - 병환부가 크게 확대되었을 경우 병환부의 나무껍질을 벗겨 보면 황색균사가 부채꼴모양을 하고 있는 것을 볼 수 있다.
- 병원균 및 병환
  - 병원균 : *Endothia parasitica*
  - 자낭각과 병자각이 병환부의 자좌 안에 생기고, 자낭포자는 무색의 2포, 병포자는 무색의 단포이다.

- 병원균은 병환부에서 균사 또는 포자의 형으로 월동하여 다음 해 봄에 비, 바람, 곤충, 새 무리 등에 의하여 옮겨져 나무의 상처를 통해서 침입한다.
- 방제법
  - 묘목검사를 철저히 하여 무병묘목을 심는다.
  - 상처를 통해 병원균이 침입하므로 나무에 상처가 생기지 않도록 주의하며, 특히 동해를 예방한다.
  - 줄기의 병환부는 일찍 예리한 칼로 도려내고 그 자리는 승홍수(500배액) 또는 알코올로 소독한 다음 그 위에 타르, 페인트, 접밀, 석회유 등을 바른다.
  - 병든 가지는 잘라서 소각하고, 자른 자리는 앞에서와 같은 처치를 한다.
  - 나무에 상처를 내고 병원균을 전파시키는 각종 해충을 구제한다.
  - 이른 봄 눈이 트기 전에 8-8식 보르도액 또는 석회황합제(100배액)를 건전한 나무에 살포한다.
  - 최근 베노밀제의 수간주입에 의한 치료효과가 보고되고 있다.
  - 저항성 품종의 선발과 육종으로 근본적인 해결책을 마련한다.

㉤ 소나무의 잎떨림병
- 병 징
  - 7~9월에 발병하여 잎에 담갈색의 병반이 형성되나, 병세는 더 이상 진전하지 않고 일단 정지된다.
  - 이듬해 4~5월경에 이르러 피해가 급진전하고 심할 때에는 9월경에 녹색의 침엽을 거의 볼 수 없을 정도로 누렇게 변하고 수시로 잎이 떨어진다.
  - 어린잎은 고사 후에도 나뭇가지에 오랫동안 붙어 있으나, 성숙한 잎은 곧 떨어진다.
  - 초가을에 낙엽을 조사해 보면 약 6~11mm 간격으로 갈색의 선이 옆으로 나 있고, 중간에 타원형 또는 방추형의 흑색종반(자낭반)이 형성되어 있다.
- 병원균 및 병환
  - 병원균 : *Lophodermium pinastri*(Schrad.) Chev.
  - 땅 위에 떨어진 병든 잎에서 자낭포자의 형으로 월동하여 다음 해의 전염원이 된다.
  - 5~7월에 비가 많이 오는 해에 피해가 크며, 병든 나무로부터의 제2차 감염은 일어나지 않는다.
- 방제법
  - 묘포에서는 비배관리를 잘하고, 병든 잎을 모아서 태운다.
  - 5월 하순부터 4-4식 보르도액 또는 캡탄제 등을 몇 차례 살포한다.
  - 조림지에 발생하였을 경우에는 여러 종류의 활엽수를 하목으로 심으면 피해가 경감된다.
  - 일반적으로 수세가 떨어졌을 때 심하게 발생하므로 항상 나무를 건전하게 키우도록 주의해야 한다.

㉥ 낙엽송의 잎떨림병
- 병 징
  - 초기 잎표면에 미세한 갈색소반점이 형성되고 차츰 커지면서 그 주위는 황녹색으로 변한다.
  - 침엽 1매 위에 보통 5~7개의 병반이 형성되나, 때로는 20개 이상 형성될 때도 있고 인접한 병반은 흔히 융합한다.
  - 8월 하순경 병반 위에 극히 미세한 흑립점(균체)이 표피를 뚫고 많이 형성된다. 이때 피해목을 멀리서 바라보면 적갈색으로 보인다.

- 8월 하순경부터 심하게 낙엽하기 시작하여 9월 중순경까지는 대부분의 잎이 떨어진다.
• 병원균 및 병환
  - 병원균 : *Mycosphaerella larici-leptolepis* Ito et al
  - 병낙엽에서 월동하여 이듬해 5~7월 사이 자낭각을 형성하고, 여기에서 나온 자낭포자에 의하여 제1차 전염이 일어난다.
  - 여름에서 초가을에 침엽 위에 형성된 미세한 흑립점(균체) 안에 들어 있는 소형포자의 역할은 아직 밝혀지지 않았다.
• 방제법
  - 병이 잘 발생하는 지역에서는 낙엽송의 단순, 일제조림을 피하고 활엽수와 대상으로 혼효를 한다.
  - 저항성 품종을 선발, 증식하여 조림한다.
  - 임지시비에 의하여 나무를 건전하게 키운다.
  - 낙엽송의 눈이 트기 전에 지상에 있는 병낙엽을 제거하고 5월 상순~7월 하순까지 2주 간격으로 4-4식 보르도액을 살포한다.

ⓧ 낙엽송의 끝마름병
• 병 징
  - 당년에 자란 신소에만 발생하며, 줄기나 묵은 가지에는 발생하지 않는다.
  - 8~9월경 신소가 침해를 받으면 피해부는 약간 퇴색·수축하여 가늘게 되며, 여기에서 수지가 나오는 때가 많다.
  - 피해를 입은 가지의 끝부분은 아래쪽으로 구부러지며, 가지 끝에만 몇 개의 마른 잎이 남고 나머지는 모두 떨어진다.
  - 어린 묘목은 피해부의 위쪽이 말라 죽고 상체묘에서는 선단부에 죽은 가지가 총생하여 무정묘가 된다.
  - 조림목이 수년간 계속해서 침해를 받게 되면 수고생장이 정지되고, 많은 죽은 가지가 생겨 분재와 같은 수형으로 된다.
  - 7~8월경 병든 가지의 끝에 남아 있는 잎의 뒷면과 구부러져 말라 죽은 가지의 끝부분을 확대경으로 보면 흑색소립점(병자각)이 다수 나타난다.
  - 가지의 중부 아래쪽에 9월부터 이듬해 봄까지 장축방향으로 몇 개씩 줄지어 흑색소돌기(자낭각)가 형성된다.
• 병원균 및 병환
  - 병원균 : *Guignardia laricina* Yamamoto(Saw.) et K. Ito
  - 병든 가지에서 미숙한 자낭각의 형으로 월동하고 이듬해 5월경부터 자낭포자를 형성하여 제1차 전염원이 된다.
  - 자낭포자에 의해 침해된 가지에는 7월경부터 병포자가 형성되며, 10월 하순경까지 계속된다.
  - 병포자는 제2차 전염원이 되어 계속 전염을 되풀이하면서 피해를 확대시킨다.
  - 9~10월경부터 환부에 자낭각이 형성되기 시작하며, 미숙한 자낭각의 상태로 월동한다.

- 방제법
  - 묘목검사를 철저히 하여 병든 묘목이 미발생지에 들어가지 않도록 해야 하며, 묘목검사는 9~10월 경에 미리 실시한다.
  - 묘포에서는 6월 상순~9월 중순까지 약 2주 간격을 항생물질인 사이클로헥시마이드(5ppm)와 150ppm의 TPTA와의 혼합제를 200mL/m^{2}씩 전착제를 가하여 살포한다.
  - 조림지에서는 동력분무기를 사용하여 7월 상순에서 8월 하순까지 2주 간격으로 1,000L/ha씩 약 4회 정도 살포한다.
  - 대면적 조림지의 경우 소형 헬리콥터로 사이클로헥시마이드(60ppm) 또는 TPTA와의 혼합제를 60L/ha씩 살포한다.
  - 저항성 품종을 선발·육성한다.

③ 그 밖의 자낭균에 의한 주요 수병

병 명	병원균
침엽수 및 활엽수의 흰빛날개무늬병(백문우병)	Rosellinia necatrix (HARTIG) BERLESE
침엽수 및 활엽수의 흰비단병(백견병)	Corticium rolfsii CURZI(Sclerotium rolfsii SACC.)
침엽수류의 균핵병	Sclerotinia kitajimana K.ITO et HOSAKA
편백의 잎떨림병	Lophodermium chamaecyparis SHIRAI
삼나무의 흑립엽고병	Chloroschypha seaveri (REHM) SEAVER
소나무의 피목가지마름병	Cenagium ferruginosum FR.
소나무의 청변병	Ceratocystis ips C. MOREAU, C. minor HUNT.
낙엽송의 줄기마름병(동고병)	Diaporthe conorum (DESM.) NIESSL
낙엽송의 암종병	Trichoscyphella willkommii NANNFELDT (Dasyscypha willkommii HARTIG)
전나무의 잎떨림병	Lophodermium nervisequum
전나무의 아델로푸스낙엽병	Adelopus nudus
전나무의 암종병	Trichoscyphella abieticola
벚나무의 암종병	Valsa ambiens FR.
벚나무의 구멍갈색무늬병	Mycosphaerella cerasella ADERHOLD
오리나무류의 줄기마름병	Guignardia alnigena NISHIKADO et K. WATANABE
참나무류의 시들음병(Oak Wilt)	Ceratocystis fagacearum (BRETZ) HUNT
느릅나무의 시들음병(Dutch Elm Disease)	Ceratocystis ulmi MOREAU
오동나무의 부란병	Valsa paulowniae MIYABE et HEMMI
포플러의 키토스포라줄기마름병	Valsa sordida NITSCHKE(Cytospora chrysosperma F.s)
포플러의 하이폭실론줄기마름병	Hypoxylon pruinatum (KLOT.) CKE.
포플러의 도디키자줄기마름병	Cryptodiaporthe populea BUTIN (Dothichiza populea SACC.)
포플러의 셉토티니아잎마름병	Septoinia populiperda WATERMAN et CASH
호두나무의 흑립가지마름병	Melanconis juglandis (ELLIS et EV.) GRAVES
단풍나무의 검은무늬병(흑문병)	Rhytisma acerinum FR.

(4-3) 담자균에 의한 수병

① 담자균의 특징
　㉠ 유격균사체를 가지며, 유성포자인 담자포자는 담자체 위에 생기고 1개의 담자병 위에는 4개의 담자포자가 형성된다.
　㉡ 녹병균이나 깜부기병균의 경우에는 겨울포자(동포자) 또는 깜부기포자가 발아하여 담자병이 생기고 그 위에 담자포자가 형성되는데, 이 때 담자병을 전균사, 담자포자를 소생자라고 한다.
　㉢ 담자균류에는 유성포자인 담자포자 외에 무성포자가 형성되는 것이 있다. 특히, 녹병균 중에는 두 종류 이상을 무성포자를 만드는 것이 많으며, 겨울포자와 소생자 외에 녹병포자, 녹포자, 여름포자 등을 만들어 기주교대를 하는 것도 있다.

② 종 류
　㉠ 소나무의 잎녹병
　　• 병 징
　　　- 봄철 소나무잎에 황색의 작은 막상물이 나란히 줄지어 생기며, 나중에는 이것이 터져 노란 가루와 같은 녹포자가 비산한다.
　　　- 작은 막상물이 생긴 앞부분은 퇴색되고, 병든 잎은 말라 떨어지며, 심한 경우에는 나무 전체가 말라 죽는다.
　　• 병원균 : 소나무 잎녹병균에는 여러 종류가 있으나 이들이 일으키는 병징은 외관상 모두 비슷하여 구별하기 어렵다.
　　　- *Coleosporium phellodendri* Komar(중간기주 : 황벽나무)
　　　- *Coleosporium asterum* Syd.(중간기주 : 참취)
　　　- *Coleosporium campanulae* Lev.(중간기주 : 잔대)
　　• 병 환
　　　- 소나무 잎녹병균은 소나무와 중간기주에 기주교대를 하는 이종기생균으로 소나무에 기생할 때는 녹병포자와 녹포자를 형성하고, 중간기주에 기생할 때는 여름포자와 겨울포자를 형성한다.
　　　- 녹포자가 중간기주의 잎에 날아가 침입하게 되면 6월경에 잎에 황색의 여름포자덩이가 생긴다.
　　　- 이 여름포자는 다른 중간기주로 날아가 침입하여 다시 여름포자를 형성하는데 이것을 여름포자에 의한 반복전염이라고 하며, 초가을까지 계속된다.
　　　- 초가을이 되면 중간기주의 잎에 형성된 여름포자는 소실되고, 그 자리에 갈색의 겨울포자덩이가 형성된다.
　　　- 늦가을이 되면 중간기주의 잎에 있는 겨울포자가 발아하여 전균사를 내고 그 위에 소생자를 형성한다. 이 소생자가 소나무 잎에 날아가 침입하여 이듬해 봄에 잎녹병을 일으킨다.

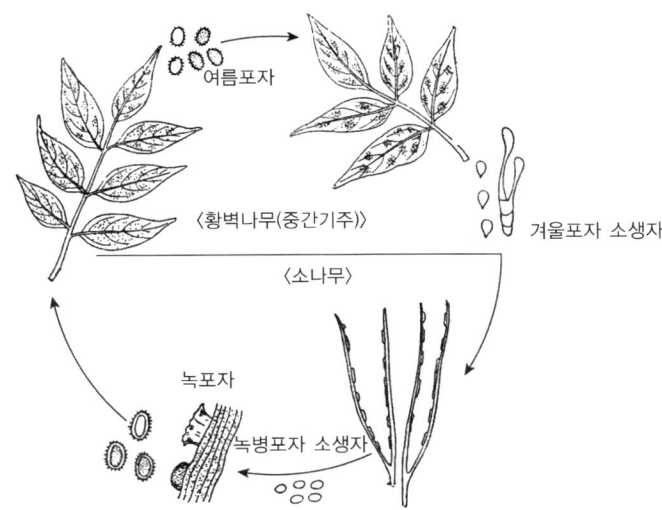

[소나무 잎녹병의 병환]

- 방제법 : 소나무조림지의 1km 둘레 안에 있는 중간기주를 겨울포자가 형성되기 전, 즉 9월 이전에 모두 제거한다.
ⓒ 소나무의 혹병
  - 병 징
    - 소나무의 가지나 줄기에 조그마한 혹이 생겨 이것이 해마다 커지며 나중에는 지름이 수십cm 이상에 달하는 것도 있다.
    - 참나무속의 식물에는 잎의 뒷면에 여름포자퇴와 털모양의 겨울포자퇴를 형성한다.
  - 병원균 및 병환
    - 병원균 : *Cronartium quercuum Miyabe et* Shirai
    - 소나무에 녹병포자와 녹포자를 형성한다.
    - 4~5월경에 혹의 나무껍질이 갈라진 틈에서 황색 녹포자가 흩어져 나온다.
    - 녹포자는 참나무속 식물의 잎에 날아가 기생하고 여름포자와 겨울포자를 형성한다.
    - 병원균은 겨울포자의 형으로 참나무속 식물의 잎에서 월동하고, 이듬해 봄에 발아하여 소생자를 형성한다.
    - 소생자가 날아가서 소나무를 침해하여 1~2년 만에 혹을 만든다.

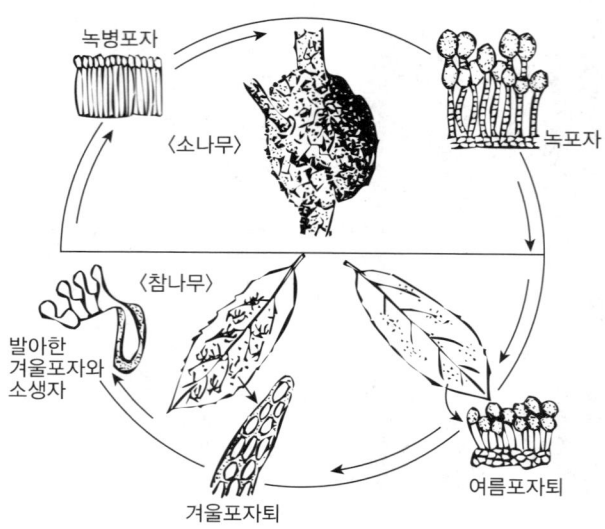

[소나무 혹병의 병환]

- 방제법
    - 소나무의 묘포 근처에 중간기주인 참나무류를 심지 않도록 한다.
    - 병환부나 병든 묘목은 일찍 제거하여 소각한다.
    - 늦가을에 참나무의 병낙엽을 한곳에 모아서 소각한다.
    - 소나무류의 묘목에 4-4식 보르도액 또는 다이센수화제(500배액)를 4, 5월과 9, 10월에 2주 간격으로 살포한다.
ⓒ 잣나무의 털녹병
- 병 징
    - 병든 가지나 줄기에서 황색에서 오렌지색으로 변하면서 약간 부풀고 거칠어진다.
    - 4월 중순~5월 하순경 병환부의 수피가 터지면서 오렌지색의 가루주머니(녹포자기)가 다수 형성되고 이것이 터져 노란 가루(녹포자)가 비산한다.
    - 줄기에 병징이 나타나면 어린 조림목은 대부분 당년에 말라 죽으며, 20년생 이상의 성목에서는 병이 수년간 지속되다가 마침내 말라 죽는다.
- 병원균 및 병환
    - 병원균 : *Cronartium ribicola* Fisher
    - 잣나무와 중간기주인 송이풀, 까치밥나무 등에 기주교대를 하는 이종 기생균으로서 잣나무에 녹병포자를 형성하고, 중간기주에 여름포자, 겨울포자, 소생자 등을 형성한다.
    - 병원균은 잣나무의 수피조직 내에서 균사의 형태로 월동하고, 이듬해 4월 중순~5월 하순경 가지와 줄기에 녹포자를 형성하다.
    - 녹포자는 중간기주에 날아가 잎 뒷면에 여름포자를 형성하고 환경조건이 좋으면 여름포자는 여름 동안 계속 다른 송이풀과 까치밥나무에 전염하면서 여름포자를 형성한다.
    - 9월 초순에서 중순경에 이르면 여름포자는 모두 소실되고 그 자리에 털 모양의 겨울포자퇴가 무더기로 나타난다.

- 겨울포자는 곧 발아하여 소생자를 만들고 이 소생자는 바람에 의해 잣나무의 잎에 날아가 기공을 통하여 침입한다.
- 소생자가 침입한 지 2~3년이 지난 후 가지 또는 줄기에 녹병자기가 형성되고 그 이듬해 봄에 같은 장소에 녹포자기가 형성되어 녹포자를 비산시킨다.
- 녹포자의 비산거리는 수백km에 이르며, 소생자의 비산거리는 보통 300m 내외이지만 때로는 2km 이상에 이르는 경우도 있다.

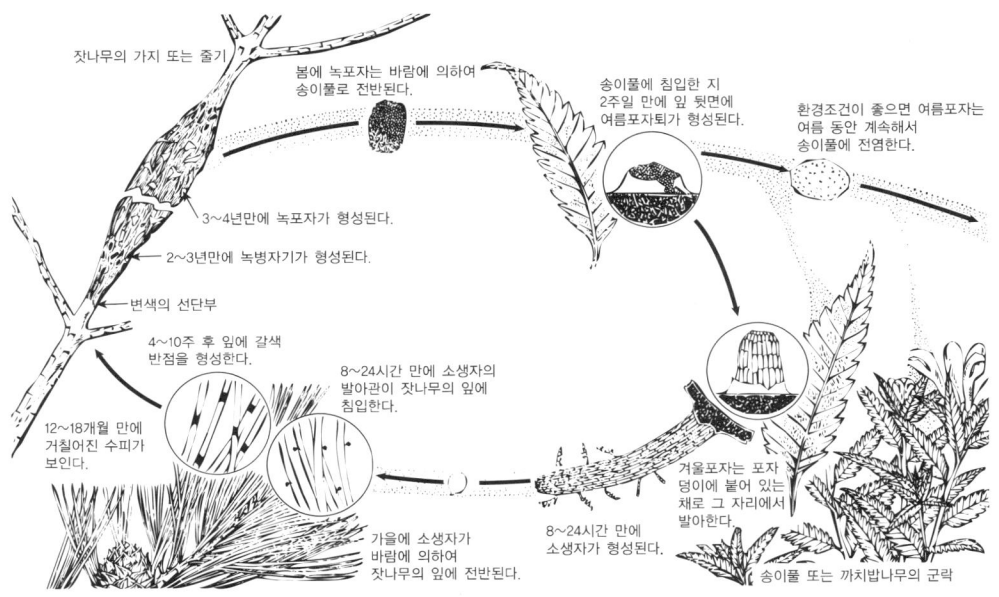

[잣나무 털녹병의 병환]

- 방제법
  - 병든 나무를 제거하여 소각한다.
  - 제초제(근사미 등)로 임지 내의 중간기주를 제거한다. 중간기주는 겨울포자가 형성되기 전, 즉 8월 말 이전에 제거해야 한다.
  - 병든 묘목을 통해 미발생지에 병이 옮겨지므로 병이 발생한 임지 부근에서는 잣나무의 묘목을 생산하지 않도록 한다.
  - 약제를 살포하고, 내병성 품종을 육성한다.

ㄹ 포플러의 잎녹병
- 병 징
  - 초여름에 잎의 뒷면에 누런 가루덩이(여름포자퇴)가 형성되고, 초가을에 이르면 차차 암갈색무늬(겨울포자퇴)로 변하며, 잎은 일찍 떨어진다.
  - 중간기주인 낙엽송의 잎에는 5월 상순에서 6월 상순경에 노란 점이 생긴다.
- 병원균 및 병환
  - 병원균 : *Melampsora larici-populina* Klebahn
  - 포플러에 여름포자, 겨울포자, 소생자 등을 형성하고, 낙엽송에 녹병포자와 녹포자를 형성한다.
  - 소생자는 이웃에 있는 낙엽송으로 날아가 잎에 기생하여 녹포자를 만든다.
  - 낙엽송잎에 형성된 녹포자는 늦은 봄에서 초여름에 포플러로 날아가 여름포자를 만든다.
  - 여름포자는 환경조건이 좋으면 여름 동안 계속 포플러에서 포플러로 전염을 되풀이하면서 피해를 확대시킨다.
  - 초가을이 되면 포플러잎의 여름포자는 차차 소실되고 겨울포자가 형성된다.
  - 이 병의 병원균은 우리나라에서 여름포자의 형태로도 월동이 가능하므로 낙엽송을 거치지 않고 포플러에서 포플러로 직접 전염하여 병을 일으키기도 한다.
- 방제법
  - 병든 낙엽을 모아서 태운다.
  - 묘포에서는 6월 초부터 2주 간격으로 다이센수화제를 살포한다.
  - 포플러의 묘포는 낙엽송조림지에서 가급적 멀리 떨어진 곳에 설치한다.
  - 내병성 품종을 재배한다.

ㅁ 향나무의 녹병 : 향나무의 녹병(배나무의 붉은별무늬병)은 향나무와 배나무에 기주교대하는 이종기생성병이다.
- 병 징
  - 4월경 향나무의 잎이나 가지 사이에 갈색의 혀모양을 한 균체(겨울포자퇴)가 형성되는데, 비가 와서 수분을 흡수하면 우무(한천, 寒天) 모양으로 불어난다.
  - 중간기주인 배나무의 잎 앞면에는 오렌지색의 별무늬가 나타나고 그 위에 흑색미립점(녹병자기)이 밀생하며, 잎 뒷면에는 회색에서 갈색의 털 같은 돌기(녹포자기)가 생긴다.
- 병원균 및 병환
  - 병원균 : *Gymnosporangium haraeanum* Sydow
  - 5~7월까지 배나무에 기생하고, 그 후에는 향나무에 기생하면서 균사의 형으로 월동한다.
  - 봄(4월경)에 비가 많이 오면 향나무에 형성된 겨울포자퇴가 부풀어 오르는데, 이때 겨울포자는 발아하여 전균사를 내고 소생자를 형성한다.
  - 이성의 소생자는 바람에 의하여 배나무로 옮겨져 잎표면에 녹병자기를 형성하고, 그 안에 녹병포자를 만든다.

- 녹병포자는 바람·곤충 등에 의해 옮겨져 서로 수정한 후 잎 뒷면에 녹포자기를 형성하고 그 안에 녹포자를 만든다.
- 5~6월경 녹포자는 바람에 의해 향나무에 옮겨가 기생하고 균사의 형으로 조직 속에서 자라며, 1~2년 후에 겨울포자퇴를 형성한다. 이 병원균은 여름포자를 형성하지 않는다.

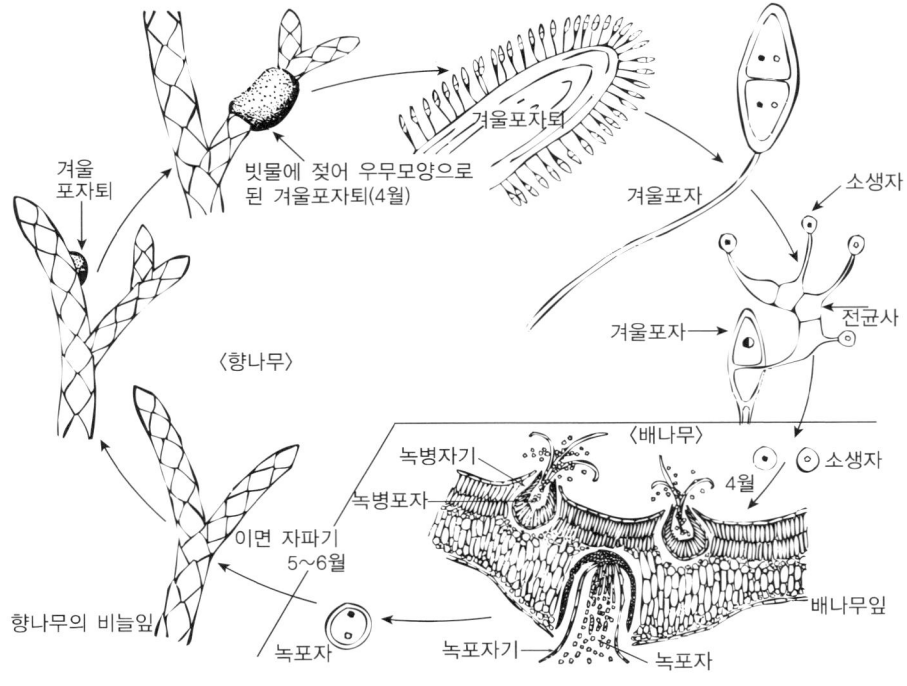

[향나무 녹병균의 생활사]

- 방제법
  - 향나무의 식재지 부근에 배나무를 심지 않도록 한다. 향나무와 배나무는 서로 2km 이상 떨어진 곳에 심어야 한다.
  - 4~7월에 향나무에는 사이클로헥시마이드, 다이카, 4-4식 보르도액 등을 살포하고, 배나무에는 4월 중순부터 다이카, 보르도액을 뿌린다.
  - 사이클로헥시마이드는 배나무에 약해를 일으키기 쉬우므로 배나무에는 이 약제를 뿌리지 않도록 한다.
ⓗ 수목의 뿌리썩음병
- 병 징
  - 6월경부터 가을에 걸쳐 나뭇잎 전체가 서서히 또는 급히 누렇게 변하며 마침내 말라 죽는다.
  - 병든 나무의 뿌리나 줄기의 땅가부분은 그 외피가 썩어서 쉽게 벗겨지며, 피층과 목질부 사이의 형성층에 흰 균사층이 보인다.

- 병든 뿌리를 갈색에서 흑갈색의 가늘고 긴 철사모양을 한 근상균사속이 둘러싸고 있는 것을 볼 수 있으며, 6~10월경에는 병환부에 황백색의 버섯이 무더기로 돋아난다.
- 침엽수가 이 병에 걸리면 병환부에 다량의 수지가 솟아나오는 경우가 있다.

• 병원균 및 병환
  - 병원균 : *Armillaria mellea*(Fr.) Quel.
  - 버섯(자실체)을 형성하고 그 주름위에 담포자를 무수히 만든다.
  - 담포자가 직접 수목에 침입하여 병을 일으키는 일은 드물고, 먼저 담포자가 벌근이나 죽은 나무에 날아가 그곳에서 번식하여 근상균사속을 형성하고 이것으로 수목을 침해한다.
  - 근상균사속은 뿌리의 상처를 통해서 뿐만 아니라 상처가 없는 건전한 수피를 관통하여 침입하기도 한다.
  - 5~6년생의 낙엽송이 침해를 받으면 1~2년 만에 말라 죽는다.

• 방제법
  - 병든 나무의 뿌리를 제거하여 소각한다. 그 자리는 클로로피크린으로 소독하거나, 또는 깊은 도랑을 파서 균사가 건전한 나무로 옮아가는 것을 막는다.
  - 병원균의 자실체(버섯)는 발견하는 대로 제거한다. 이때 땅속에 있는 근상균사속도 함께 파내어 태운다.
  - 배수가 불량한 지대에서 발생하기 쉬우므로 과습지에는 배수구를 설치한다.

③ 그 밖의 담자균류에 의한 주요 수병

병 명	병원균
침엽수 및 활엽수의 자줏빛날개무늬병 (자문우병 ; Violet Root Rot)	*Helicobasidium mompa* TANAKA
침엽수 및 활엽수의 거미줄병	*Pellicularia filamentosa* (PAT.) ROGERS
소나무의 창포병	*Cronartium flaccidum* WINT.
소나무의 방추형녹병	*Cronartium fusiforme* HEDGE et HUNT
잣나무의 잎녹병	*Coleosporium eupatorii* ARTHUR, C. *pet-asitis* LEV., C. *paederiae* DIET.
낙엽송의 심재썩음병	*Phaeolus schweinitzii* (FR.) PAT.
전나무의 빗자루병	*Melampsorella caryophyllacearum* SCHROETEN
가문비나무의 잎녹병	*Chrysomyxa expansa* DIET.
가문비나무의 줄기썩음병	*Cryptoderma yamanoi* IMAZEKI
자작나무의 잎녹병	*Melampsoridium betulinum* (DESM.) KLEB.
밤나무의 녹병	*Pucciniastrum castaneae* DIET.
오리나무류의 녹병	*Melampsoridium alni* (THUM.) DIET., M. *hiratsukanum* S. ITO
오리나무류의 줄기마름병	*Guignardia alnigena* NISHIKADO et K. WATANABE

(4-4) 불완전균류에 의한 수병

① 불완전균류의 특징
  ㉠ 유격균사를 가지며 불완전세대만이 알려져 있는 진균군을 불완전균류라고 한다.
  ㉡ 불완전균류의 완전세대가 발견되면 대부분은 자낭균으로 옮겨지고 더러는 담자균으로 옮겨진다.
  ㉢ 분생포자는 균사의 일부가 특별히 분화하여 형성된 분생자병위에 만들어지나 분생포자는 균의 종류에 따라서 단순한 분생자병 위에 형성되는 경우와 병자각, 분생자병속, 분생자층, 분생자좌 등의 특수한 기관에 형성되는 경우가 있다.
  ㉣ 바구니모양을 한 자실체, 즉 병자각 안의 분생자병 위에 형성되는 분생포자를 병포자라고 하며, 분생자병이 다발로 만들어진 것을 분생자병속이라고 한다.
  ㉤ 균사가 밀집한 덩어리에서 많은 분생자병이 만들어지는데, 이것을 분생자좌라고 하며, 분생자병이 밀생하여 층을 이루고 기부와 세포에 밀착된 것을 분생자층이라 한다.
  ㉥ 불완전균류주에는 포자를 전혀 형성하지 않고 균사나 균핵만이 알려져 있는 것도 있다.

② 종 류
  ㉠ 삼나무의 붉은마름병
    • 병 징
      - 지면에 가까운 밑의 잎이나 줄기부터 암갈색으로 변하고, 차츰 위쪽으로 진전하며, 결국 묘목 전체가 말라 죽는다.
      - 병환부는 침엽이나 잔가지에 머물지 않고 녹색의 줄기에도 약간 움푹 들어간 괴사병반이 형성되며, 이것이 차츰 확대되어 줄기를 둘러싸면 그 윗부분은 말라 죽는다.
      - 병든 침엽은 말라서 딱딱해지며 잘 부서진다. 또, 병환부의 표면에는 이 병의 표징인 암녹색의 미세한 균체가 많이 형성된다.
    • 병원균 및 병환
      - 병원균 : *Cercospora sequoiae* Ellis *et* Everhart
      - 병원균은 삼나무의 병환부에서 월동하고 다음 해에 병환부 상에 분생포자를 형성하여 제1차 전염원이 된다.
      - 병은 대개 5월경부터 발생하기 시작하여 10월경까지 전염·발병이 계속 되풀이되며, 10월 하순경 기온이 내려가면 병원균은 분생포자를 형성하지 않고 병환부의 조직 내 무에서 균사괴 또는 미숙한 자좌의 형으로 월동한다.
      - 방출된 분생포자가 토양 중에서 포자 또는 균사의 상태로 월동하는 일은 없다.
    • 방제법
      - 묘목검사에 의해 병든 묘목을 가려내고 건전한 묘목만을 심는다.
      - 병든 묘목이나 나뭇가지는 일찍 제거하여 소각한다.
      - 묘포 부근에 삼나무울타리를 설치하지 않도록 한다.
      - 질소질 비료의 과용을 삼가고, 인산질 및 칼륨질 비료를 넉넉히 주도록 한다.
      - 묘목의 밀식을 피하고, 묘포가 과습하지 않도록 주의한다.
      - 5월 상순에서 9월 하순까지 4-4식 보르도액 또는 마네브제를 약 20일 간격으로 살포한다.

ⓛ 오동나무의 탄저병
- 병 징
  - 5~6월경부터 어린 줄기와 잎을 침해한다.
  - 잎에는 처음에 지름 1mm 이하의 둥근 담갈색의 반점이 발생한다.
  - 나중에 병반은 암갈색으로 변하고 병반의 주위는 퇴색하여 담녹색에서 황색이 된다.
  - 엽맥, 엽병 및 어린 줄기에 있어서는 처음에는 미소한 담갈색의 둥근 반점이 나타나며, 나중에는 약간 길쭉해지고 움푹 들어간다.
  - 병반은 건조하면 엷은 등갈색이지만 비가 오면 분생포자가 가루모양으로 형성되어 담홍색으로 보인다.
  - 엽병과 줄기의 일부가 심한 침해를 받으면 병환부 위쪽은 말라 죽는다.
- 병원균 및 병환
  - 병원균 : *Gloeosporium kawakamii* Miyabe
  - 병환부에 분생자층을 형성하고 이곳에 다수의 분생포자를 착생시킨다.
  - 묘목과 성목의 병든 줄기·가지 또는 잎에서 주로 균사의 형으로 월동하여 다음 해의 제1차 전염원이 된다.
- 방제법
  - 병든 잎이나 줄기는 잘라 내어 소각한다.
  - 병든 낙엽은 늦가을에 한 곳에 모아서 소각한다.
  - 6월 상순부터 다이센 M-45 수화제(500배액)을 10일 간격으로 살포한다.
  - 실생묘는 장마철 이전까지 될 수 있는 대로 50cm 이상의 큰 묘목이 되도록 키운다.

ⓒ 오리나무의 갈색무늬병
- 병 징
  - 잎에 미세한 원형의 갈색~흑갈색의 반점이 곳곳에 나타난다.
  - 반점은 점차 확대되어 1~4mm 크기의 다갈색병반이 되는데, 엽맥으로 가로막혀 병반의 모양은 다각형 또는 부정형으로 보인다.
  - 병반은 나중에 흔히 융합하여 큰 병반이 되기도 한다.
  - 병반 한가운데에 미세한 흑색의 소립점(병자각)이 보인다. 병든 잎은 말라 죽고 일찍 떨어지므로 묘목은 쇠약해지며, 생장은 크게 저해된다.
- 병원균 및 병환
  - 병원균 : *Septoria alni* Sacc.
  - 병포자를 형성하고 땅 위에 떨어진 병엽 또는 씨에 섞여 있는 병엽 부스러기에서 월동하여 다음 해의 전염원이 된다.

- 방제법
  - 연작을 피하고, 가을에 병낙엽을 한 곳에 모아 소각한다.
  - 병원균이 종자에 묻어 있는 경우가 많으므로 유기수화제로 종자를 분의 소독한다.
  - 본엽이 전개했을 때부터 가을까지 4-4식 보르도액을 2주 간격으로 살포한다.
  - 묘목이 밀생하면 피해가 크므로 적당히 솎아 준다.

ⓔ 측백나무의 잎마름병
- 병 징
  - 잎에는 처음에 적갈색의 움푹한 병반이 생기고, 나중에는 병반 위에 흑색의 소립이 나타나며, 병든 잎은 말라 죽고 일찍 떨어진다.
  - 병든 나무가 당년에 말라 죽는 경우는 거의 없으나, 병이 수년 동안 만성적으로 지속되면서 수세를 약화시키므로 결국에는 말라 죽는다.
- 병원균 및 병환
  - 병원균 : *Pestalotia biotana* L
  - 병든 잎과 가지에서 균사의 형으로 월동하고 이듬해 4~5월경에 분생포자를 생성하여 제1차 전염원이 된다.
  - 분생포자는 비·바람 등에 의해 옮겨져 측백나무를 침해한다.
- 방제법
  - 병든 잎과 가지를 제거하여 소각한다.
  - 약제(퍼어밤제, 4-4식 보르도액 등)를 살포한다.
  - 그 밖의 방제법은 삼나무의 붉은마름병에 준한다.

③ 그 밖의 불완전균류에 의한 주요 수병

병 명	병원균
침엽수 및 활엽수의 미립균핵병	*Sclerotium bataticola* TAUB.
침엽수 및 활엽수의 잿빛곰팡이병	*Botrytis cinerea* PERS.
침엽수류의 암색설부병	*Rhacodium therryaanum* THUEM.
소나무의 잎마름병(엽고병)	*Cercospora pini-densiflora* HORI et NAMBU
소나무의 그을음잎마름병	*Rhizosphaera kalkhoffii* Bubak
삼나무의 페스탈로티아병	*Pestalotia shiraiana* P. HENN.
편백묘의 페스탈로티아병	*Pestalotia chamaecyparidis* SAWADA P. *funerea* DEAM.
자작나무의 갈색무늬병	*Septoria chinensis* MIURA
포플러의 마르소니아낙엽병	*Marssonina brunnea*(ELLIS et EV.) MAGNUS
느티나무의 갈색무늬병	*Cercospora zelkowae* HORI
느티나무의 백성병	*Septoria abeliceae* HIRAYAMA

(5) 선충에 의한 수병

① 선충의 특징
  ㉠ 하등동물인 선형동물문에 속하며, 몸은 실같이 길고 가느다란 모양이다.
  ㉡ 곤충 다음가는 큰 동물군으로서 유기물이 있는 곳이면 어느 곳에든지 서식한다.
  ㉢ 몸의 길이가 0.3~1.0mm(긴 것은 3mm), 지름은 15~35μm으로 매우 작아 눈으로 보기 어렵다.
  ㉣ 몸은 반투명하며, 겉껍질의 각피에는 규칙적인 횡조가 있는 것과 그렇지 않은 것이 있다.
  ㉤ 기생선충은 머리부분에 주사침모양의 구침을 가지고 있으며 근육에 의해 구침이 앞뒤로 움직이면서 식물의 조직을 뚫고 들어가 즙액을 빨아 먹는다.
  ㉥ 자유생활을 하는 비기생성선충에는 구침이 없다.

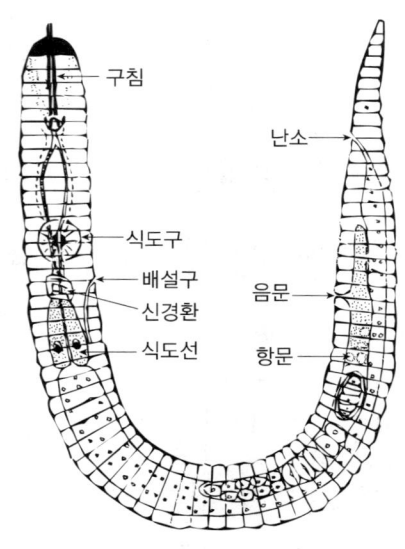

[식물기생선충의 일반형태]

  ㉦ 외부기생선충과 내부기생선충
    • 외부기생선충 : 식물에 기생할 때 종류에 따라 밖으로부터 구침을 조직 속에 박고 가해하는 것
    • 내부기생선충
      - 식물조직 내부에 침입하여 거기에서 생활하며 가해하는 것
      - 식물조직 속에 침입한 다음 한 곳에 정주하여 생활하는 것(정주형)과 조직 속에서 옮겨 다니며 생활하는 것(다주성) 등이 있다.
  ㉧ 기생선충에 의한 해
    • 양분을 빼앗길 뿐만 아니라, 구침에 의한 상처와 내부기생성선충의 침입 때문에 조직이 파괴되어 차츰 썩는다.
    • 구침을 통해서 분비되는 물질에 의해 생리적 변화가 일어나고, 세포의 이상비대 또는 증식의 결과 혹이 만들어지기도 한다.
    • 선충의 기생에 이어 다른 많은 미생물이 침입하여 부패를 촉진하거나 특정의 기생선충과 병원균이 협동하여 발병을 촉진하는 것도 있다.

② 종 류
  ㉠ 침엽수 묘목의 뿌리썩이선충병
    • 병 징
      - 대체로 지름 1mm 이하의 잔뿌리가 피해를 받는다.
      - 뿌리의 내부조직이 파괴되고, 이어서 병원균이 침입·가해하는 경우가 많기 때문에 피해부는 갈색으로 변하며 결국 썩는다.
      - 당년묘에서는 특히 뿌리의 부패와 근계의 이상이 뚜렷하다.
      - 이러한 병징은 피해 초기에는 비교적 확실하지만, 피해가 진전되면서부터는 다른 원인에 의한 뿌리의 피해와 구별이 어려워진다.
    • 병원선충 및 병환
      - 병원선충(*Pratylenchus penetrans* Filipjev *et* Stekhoven, *Pratylenchus coffeae* Filipjev *et* Stekhoven) : 크기는 0.3~0.9mm이다.
      - 대표적인 이동성 내부기생선충으로 성충은 뿌리의 조직 내에 알을 낳고, 유충과 성충은 주로 뿌리의 조직 내를 이동하면서 양분을 취해 생활한다.
      - 일부는 뿌리로부터 흙속으로 나와 이동하여 다시 새로운 뿌리에 침입한다.
      - 이 선충의 생활장소가 주로 뿌리의 조직이기 때문에 피해받은 묘목을 통해 다른 곳으로 전반된다.
      - 뿌리썩이선충과 *Fusarium*균과는 밀접한 관계가 있고, 묘목의 뿌리썩음병은 이 양자에 의한 관련병인 경우가 많다.
    • 방제법
      - 클로로피크린, D-D제 등의 살선충제로 토양을 소독한다. 이 때 삼나무 묘목은 도장하기 쉬우므로 주의해야 한다.
      - 제초, 솎아주기, 관수, 배수 등 육묘관리를 철저히 하여 묘목의 생장을 왕성하게 해준다.
      - 한 장소에 동일수종의 연작을 피하고 타수종과 윤작한다.
      - 임목에 기생하는 선충의 밀도가 낮은 논에 묘포를 설치한다.
  ㉡ 소나무의 재선충병
    • 병징 : 초여름에 잎 전체가 누렇게 변하면서 30~50일 이내에 나무는 완전히 말라 죽는다.
    • 병원선충 및 병환
      - 병원선충 : 소나무재선충
      - 성충의 크기는 암컷은 0.71~1.01mm, 수컷은 0.59~0.82mm이다.
      - 주로 하늘소류에 속하는 여러 종류의 하늘소에 의해 전반되는데, 이중에서 특히 해송수염치레하늘소가 가장 중요한 역할을 한다.
      - 소나무재선충은 하늘소 성충의 체내와 체표면에서 모두 발견되는데, 하늘소가 소나무의 가지나 또는 줄기를 가해할 때에 목질부로 들어가서 대량으로 증식되어 수분의 통도작용을 저해함으로써 나무를 말라죽게 한다.

- 방제법
  - 살충제(수미티온 등)를 뿌려 매개충인 하늘소류를 구제한다.
  - 병든 소나무는 제거하여 소각한다.
ⓒ 뿌리혹선충병
- 병 징
  - 묘목의 뿌리에 좁쌀알~강낭콩 크기의 수많은 혹이 형성되고 혹의 표면은 처음에는 백색이지만, 나중에는 갈색 또는 흑색으로 변한다.
  - 병든 묘목은 생육이 나빠지고 지상부는 황색으로 변하며 심하면 말라 죽는다.
- 병원선충 및 병환
  - 병원선충 : *Meloidogyne incognita* var. *acrita* Chitwood(고구마뿌리혹선충), *Meloidogyne oidogyne* spp.
  - 식물의 조직 내에 기생하는 내부기생성 선충
  - 암컷의 성충는 서양배 모양이며, 크기는 0.27~0.75 × 0.40~1.30mm 범위이다.
  - 수컷의 성충은 길고 가늘며 크기는 0.03~0.36 × 1.2~1.5mm 범위이고 알의 크기는 30~52 × 67~128μm으로 타원형이다.
  - 유충의 형태로 땅속에서 월동하거나, 또는 성충이나 알의 형태로 기주식물의 뿌리에서 월동하고, 이듬해 봄 유충이 묘목의 어린 뿌리를 뚫고 들어가 뿌리의 중심부에 기생한다.
- 방제법
  - 토마토, 당근 등의 농작물, 또는 밤나무, 오동나무, 아까시나무 등의 묘목을 전작으로 한 묘포에서는 많이 발생하는 경향이 있으므로 전작에 주의하여 활엽수의 연작을 피하며, 침엽수와 윤작한다.
  - 메틸브로마이드, D-D제, EDB제, 네마곤 등으로 토양을 소독한다.

(6) 기생성 종자식물에 의한 수병

① 기생성 종자식물의 특징
ㄱ 기생성 종자식물은 세계적으로 약 2,500여 종이 알려져 있는데, 모두 쌍떡잎식물(양자엽식물)에 속하며, 외떡잎식물(단자엽식물)이나 겉씨식물(나자식물)에 속하는 것은 없다.
ㄴ 줄기에 기생하는 것
- 겨우살이과 : 겨우살이, 붉은겨우살이, 꼬리겨우살이, 참나무겨우살이, 동백나무겨우살이, 소나무오갈겨우살이, 미국활엽수겨우살이
- 메꽃과 : 새삼
ㄷ 뿌리에 기생하는 것 : 열당과

② 종류
　㉠ 겨우살이
　　• 병징 : 가지에 기생하면 그 부위에 국부적으로 이상비대를 일으켜 병든 부위로부터 가지의 끝이 위축되고 결국은 말라 죽는다.
　　• 병원 및 병환
　　　- 병원 : 겨우살이
　　　- 겨우살이는 상록관목으로서 잎은 혁질이고 Y자형으로 대생한다.
　　　- 꽃은 자웅이화이고 담황색이며 이른 봄에 피고, 담황색의 둥근 열매가 가을에 익는다.
　　　- 종자는 새의 주둥이에 부착하거나 새똥에 섞여서 다른 나무로 옮겨지며, 기주식물의 가지 위에서 발아하면 뿌리 끝에 흡반을 내고 다시 가는 기생근으로 피층을 통하여 침입한다.
　　• 방제법 : 겨우살이가 기생한 부위에서 아래쪽으로 잘라버린다. 이때 절단면이나 상처에는 소독제를 바른다.
　㉡ 새삼
　　• 병원 및 병환
　　　- 병원 : 새삼
　　　- 1년초로서 원대는 철사같고 황적색이다. 잎은 비늘처럼 생기고 삼각형이며, 길이는 2mm 내외이다.
　　　- 꽃은 8~9월에 피며, 희고 덩어리처럼 된다.
　　　- 삭과는 난형이며, 성숙하면 뚜껑이 떨어지고 종자가 나온다.
　　　- 종자가 발아하여 기주식물에 올라 붙게 되면 흡근을 기주식물의 조직속에 박고 양분을 섭취하여 자라며, 뿌리는 없어진다.
　　• 방제법
　　　- 감염된 식물에서 새삼을 제거해준다.
　　　- 새삼이 무성한 곳은 제초제를 사용하여 제거하도록 한다.

| 주관식 확인문제 | 수 병 |

※ 다음 빈칸에 적절한 말을 넣거나 묻는 말에 답하시오.

01 병원체가 이미 침입하여 종착한 병든 식물을 (   )(이)라고 하며, 병원체가 침입하기 전에 병에 걸릴 수 있는 상태의 식물을 (   )(이)라고 한다.

정답적기

02 병든 식물 자체의 조직변화에 유래하는 이상을 (   )(이)라고 하며, 병원체 자체가 병든 식물체 상의 환부에 나타나 병의 발생을 알리는 것을 (   )(이)라고 한다.

정답적기

03 병원체가 여러 가지 방법으로 다른 지방이나 다른 식물체에 운반되는 것은?

정답적기

04 이종기생균이 생활사를 완성하기 위하여 기주를 바꾸는 것은?

정답적기

05 동일수종의 연작으로 병원균의 밀도가 높아져 병이 많이 발생하는 경우 적용되는 수병의 방제법은?

정답적기

06 환경조건에 따라서 병징이 잘 나타나는 식물인데도 병징이 잘 나타나지 않는 경우를 무엇이라 하는가?

정답적기

07 체내에 바이러스가 증식하고 있어도 외관상 병징이 나타나지 않고, 바이러스에 감수성이 있는 다른 식물의 전염원이 되는 식물을 무엇이라 하는가?

정답적기

08 세균성 병의 병징에 따른 분류 중 세균의 침입으로 분열조직의 증식이 자극되어 암종을 만드는 병은?

정답적기

09 낙엽송의 잎떨림병의 방제는 낙엽송의 눈이 트기 전에 지상에 있는 병낙엽을 제거하고 5월 상순에서 7월 하순까지 2주 간격으로 (　　)을/를 살포한다.

| 정답적기 |

10 소나무 혹병의 병원균은 (　　)형으로 참나무속 식물의 잎에서 월동하고, 이듬해 봄에 발아하여 (　　)을/를 형성한다.

| 정답적기 |

주관식 정답

01. 기주식물, 감수체
02. 병징, 표징
03. 전반
04. 기주교대
05. 윤작
06. 병징은폐
07. 보독식물
08. 증생병
09. 4-4식 보르도액
10. 겨울포자, 소생자

CHAPTER 03 임업해충

01 산림해충

(1) 산림병해충의 분류

산림병해충이란 이들 곤충 중에서 인간이 산림에서 기대하는 혜택을 직간접으로 방해하는 것이라 정의할 수 있으며 크게 다음과 같이 분류할 수 있다.

① 외래해충은 외국에서 우연히 침입한 해충으로, 원산지에서는 크게 문제가 되지 않지만 대부분이 천적을 동행하지 않기 때문에 극심한 피해를 나타내는 경우가 많다. 북미대륙이 원산지인 미국흰불나방이 우리나라에 침입한 경우가 대표적이다.

② 과거에는 크게 문제가 되지 않던 종류가 어떤 원인으로 큰 피해를 나타내는 경우이다. 대표적인 예로서는 1960년대에 산지와 도로변의 사방지 약 60여 만ha에 200여 만본의 오리나무류가 식재되면서 오리나무잎벌레가 주요 해충화한 것을 들 수 있다.

③ 인간이 해충의 존재에 보다 예민한 반응을 나타내 해충의 밀도나 피해는 종전과 다름이 없어도 해충으로서의 위치가 증대되는 경우이다. 산업화, 도시화로 인하여 환경오염이 심화되면서 산림의 공익적 기능이 중시되고 병해충 방제의 필요성이 강조되는 것을 예로 들 수 있다. 실제 2020년 서울시 은평구와 고양시 덕양구 사이에 위치한 봉산과 앵봉산에서 대벌레가 대발생하여 문제가 되었다.

④ 어떤 원인으로 해충의 밀도억제 요인이 약화되거나 제거되어 해충밀도가 높아짐으로써 피해가 커지는 경우로서 돌발해충이라 할 수 있다. 2019~2020년 매미나방이 대발생하여 전국적으로 6,183ha에 달하는 산림에 피해를 준 것이 대표적이다.

(2) 산림해충의 분류학적 구분

① 나비목
  ㉠ 나비와 나방류가 이에 속하며 산림해충 중 가장 많은 종류가 포함되는 군으로 대부분이 식엽성 해충이지만, 구과를 가해하는 잎말이나방과 명나방류, 형성층을 가해하는 박쥐나방과 유리나방 등 가해 형태도 다양하다.
  ㉡ 대표적인 식엽성 해충으로는 솔나방, 미국흰불나방, 매미나방(짚시나방), 텐트나방 등이 있으며 구과해충으로는 백송애기잎말이나방, 솔알락명나방 등이 있다.

② 딱정벌레목
  ㉠ 곤충의 여러 목 중에서 전세계적으로 가장 많은 종류가 기록되어 있고 피해도 가장 심한 군으로 알려져 있다.
  ㉡ 해충의 종류로는 식엽성 해충인 잎벌레와 풍뎅이류, 천공성 해충인 나무좀과 바구미, 하늘소류로 대별할 수 있다.

ⓒ 이 목에 속하는 주요 해충으로는 오리나무잎벌레, 소나무좀, 밤바구미, 소나무노랑점바구미, 포플러하늘소 등이 있다.

③ **파리목** : 식엽성 해충인 굴파리류와 충영을 형성하는 혹파리류가 여기에 속하며 세계적으로 크게 문제가 되는 해충은 없으나 우리나라의 경우 산림의 가장 중요한 해충으로 인식되고 있는 솔잎혹파리가 여기에 속한다.

④ **벌목** : 잣나무넓적잎벌, 솔노랑잎벌, 솔잎벌 등 식엽성 해충인 잎벌류가 대표적이며 기타 밤나무 눈에 충영을 만드는 밤나무혹벌이 있다.

⑤ **노린재목**
ⓐ 흡즙성해충인 진딧물류와 깍지벌레류로 대별되며 해충의 종류와 가해수종이 다양한 주요 해충군에 속한다.
ⓑ 대표적인 해충으로는 솔껍질깍지벌레, 갈색날개매미충, 미국선녀벌레가 있다.

⑥ **응애류**
ⓐ 분류학적으로는 곤충강에 속하지 않고 거미강 응애목에 속하나 일반적으로 해충으로 취급하고 있으며 잎응애류와 혹응애류로 대별된다.
ⓑ 대표적인 해충으로는 젓나무잎응애가 있다.

(3) 산림해충의 생태학적 구분

① 산림의 공익적, 경제적 기능을 저해하는 해충의 중요도를 파악하기 위해서는 분류학적, 구기형태, 가해습성, 가해부위별 분류보다는 생태학적 기준에 의한 구분이 필요하다. 즉, 해충의 발생으로 인한 피해가 일정 수준을 넘는 해충에만 방제대책이 선별적으로 적용되어야 하며 기타 해충에 대해서는 발생량의 변동을 감시하면서 자연생태계의 균형을 유지하는 방향으로 유도하는 전략이 필요하다.

② 현재까지 알려진 산림해충의 종수는 1,500종이 넘으나 솔잎혹파리를 비롯한 10여종의 주요해충을 제외한 나머지는 잠재해충 또는 비경제해충으로 분류할 수 있다. 최근에는 국제 교역이 활발해짐에 따라 해외에서 유입되는 해충인 외래해충의 수도 증가하는 추세이며, 기후변화로 인해 외래해충의 정착 가능성이 높아지고 있다.

ⓐ **주요해충 (MaJor Insect Pests)** : 관건해충(Key Pests)이라고도 하며 매년 만성적, 지속적인 피해를 나타내는 해충으로 효과적인 천적이 없는 경우가 대부분으로 인위적인 방제가 실행되지 않을 경우 심각한 손실을 가져올 수 있다. 솔잎혹파리, 솔껍질깍지벌레 등 현재 문제가 되고 있는 해충 들이 여기에 속한다.

ⓑ **돌발해충** : 주기적으로 대발생하거나 평소에는 별로 문제가 되지 않던 종류들이 해충의 밀도를 억제하고 있던 요인들이 제거되거나 약화되어 비정상적으로 대발생하는 경우로서 매미나방(짚시나방), 텐트나방 등이 여기에 속한다.

ⓒ **2차 해충(Secondary Insect Pests)** : 특정 해충의 방제로 인해 곤충상이 파괴되면서 새로운 해충이 주요 해충화하는 경우로서 응애, 진딧물, 깍지벌레류 등 미소흡수성 해충이 대표적이다.

ⓓ **비경제해충(Non-economic Insect Pests)** : 임목을 가해는 하나 그 피해가 경미하여 방제의 필요성이 없는 해충으로 산림생태계를 구성하는 수많은 곤충류의 대부분이 여기에 속한다.

ⓓ 외래해충(Exotic Insect Pests, Non-indegenous Insect Pests) : 우리나라가 원산이 아닌 해외에서 유입되어 산림, 생활권 가로수, 산림과수 등에 피해를 주는 경우로서, 미국흰불나방, 미국선녀벌레, 갈색날개매미충, 소나무허리노린재 등이 대표적이다.

(4) 산림해충의 일반적인 생태

① 곤충은 일반적으로 알에서 유충, 번데기를 거쳐 성충이된 다음 다시 알을 낳는 생활사를 반복한다(완전변태).
② 그러나 알에서 부화하여 유충과 번데기라는 명백히 구분된 기간을 거치지 않고(번데기 기간이 없음) 곧바로 성충이 되는 매미, 하루살이 등도 있다(불완전변태).

ONE MORE POINT 수종별 산림병해 종류

- 산림병해

침엽수	소나무 재선충병, 소나무류 피목가지마름병, 소나무류 푸사리움가지마름병, 소나무류의 잎마름성 병해, 소나무류 잎녹병, 잣나무 털녹병, 잣나무 잎떨림병, 아밀라리아뿌리썩음병, 침엽수 리지나뿌리썩음병, 측백·편백 검은돌기잎마름병, 향나무 녹병
활엽수	대추나무빗자루병, 버즘나무 탄저병, 벚나무 갈색무늬구멍병, 장미과 식물의 붉은별무늬병, 철쭉류 떡병, 회화나무 녹병, 흰가루병

- 산림해충

침엽수	솔잎혹파리, 소나무좀, 솔껍질깍지벌레, 솔나방, 잣나무넓적잎벌, 낙엽송잎벌
활엽수	갈무늬재주나방(참나무재주나방), 남포잎벌, 노랑띠알락가지나방, 느티나무벼룩바구미, 대벌레, 도토리거위벌레, 매미나방(집시나방), 미국흰불나방, 밤나무혹벌, 버즘나무방패벌레, 밤바구미, 복숭아명나방, 아까시잎혹파리, 어스렝이나방, 오리나무잎벌레, 오갈피나무이, 쌍줄푸른밤나방, 황다리독나방, 황철나무알락하늘소(포플러하늘소), 호두나무잎벌레

ONE MORE POINT 주요 산림병해충 발생조사 시기

- 해 충
  - 솔잎혹파리 : 5~9월
  - 솔나방 : 4~6월, 9~10월
  - 오리나무잎벌레 : 5~7월
  - 솔알락명나방 : 5~7월
  - 소나무좀 : 3,4,7~9월
  - 기타 해충 : 5~9월
  - 솔껍질깍지벌레 : 4~5월
  - 미국흰불나방 : 6~9월
  - 잣나무넓적잎벌 : 6~8월
  - 버즘나무방패벌레 : 6~8월
  - 밤나무해충 : 6~9월
- 산림해충
  - 소나무 재선충병 : 3~4월, 9~11월
  - 잣나무 털록병 : 4~6월
  - 향나무 녹병 : 4~7월
  - 벚나무 빗자루병 : 4~5월
  - 포플러 점무늬잎떨잎병 : 7~9월
  - 푸사리움가지마름병 : 4~6월
  - 피목가지마름병 : 4~5월
  - 잣나무 잎떨잎병 : 4~6월
  - 포플러 잎녹병 : 7~9월
  - 대추나무 빗자루병 : 6~7월

02 임업해충의 발생

(1) 산림생태계

① 어떤 지역 내의 생물과 환경을 하나의 계로 이것을 생태계라 하며, 생태계 내의 생물과 환경 간에는 물질과 에너지의 상호교류를 통하여 그 생태계에 고유한 영양단계구성, 생물적 다양성 및 물질 전류의 과정을 가지게 된다.
② 생태계 내에 살고 있는 어떤 종의 군을 개체군이라고 하며, 개체군의 존속·번영 및 진화와 직접적인 관계가 있는 부분은 생활계이다.
③ 개체군의 존속과 번영의 정도는 개체의 선천적 특성과 유효환경과의 상호작용의 결과로 이들을 개체군밀도의 공동결정인자라 할 수 있으며, 개체군의 출생률, 분산율 및 치사율은 이들에 의하여 결정된다.

(2) 해충 발생량의 변동

① 개체군 밀도의 변동
  ㉠ 개체군 밀도의 증감은 1차적으로는 증가요인인 출생률과 감소요인인 사망률과의 관계에 의하여 결정된다. 즉, 어떤 시점에 있어서의 특정 지역 내의 개체군밀도는 그 개체군이 가지고 있는 선천적 번식능력의 발현에 의한 출생수와 출생 후 그 시점까지는 이 치사개체수에 의하여 대체적으로 결정된다.
  ㉡ 출생률은 선천적 특성이 주가 되어 여기에 외적 환경요인들이 영향을 끼치게 되지만, 사망률은 그와는 반대로 외적 환경요인이 주동적 역할을 하고, 선천적 요인은 그 영향을 다소 조절할 수 있어 종적작용을 한다고 할 수 있다.

② 출생률
  ㉠ 출생률이란 사망이나 이동이 없다고 가정하였을 때 일정시간 내에 출생한 수의 최초 개체 수에 대한 비율을 말한다.
  ㉡ 암컷의 최대출산수 : 이론적인 산란수로 종에 따라서 일정하므로 비교의 기준이 되며, 모체가 새끼에 대한 보호배려도가 높으면 산란수가 적어지고, 반대로 보호배려도가 낮으면 산란수는 많아지는 경향이 있다.
  ㉢ 암컷의 실출산수
   • 선천적인 산란능력은 생리적 조건이나 교미여부 및 환경조건에 따라서 달라진다.
   • 산란수와 암컷의 크기는 정비례하며, 암컷의 크기는 유충기의 먹이류나 질 또는 양과 밀접한 관계가 있다.
   • 곤충은 대개 일생 동안 한 번 교미를 하지만, 종에 따라서는 수회 교미하는 것도 있다. 암컷이 교미를 했느냐 안했느냐에 따라서 실산란수에 차이가 있다.
  ㉣ 성비 : 전개체수에 대한 암컷의 비를 성비라 하며, 여러 가지 환경조건에 따라 다소 차이가 생긴다.
  ㉤ 기 타
   • 출생률은 개체군을 구성하고 있는 개체들의 연령구성비율과 밀접한 관계가 있다.

- 연령구성비율의 변동은 암컷의 수명, 산란 후 생존기간에 대한 산란기간의 장단, 산란수, 휴면기간 등의 영향을 받게 된다.

③ 사망률
  ㉠ 출생이나 이동이 없다고 가정하였을 때 일정한 시간에 사망한 개체수의 최초의 개체수에 대한 비율을 사망률이라고 한다.
  ㉡ 치사원인 : 노쇠, 활력감퇴, 사고, 이화학적 조건, 천적류, 먹이의 부족, 은신처

④ 이 동
  ㉠ 이동은 어떤 지역을 중심으로 이동해 들어오는 이입과 나가는 이주로 구별되는 개체군
  ㉡ 개체군의 행동에 근거를 두어 확산, 분산, 회귀운동 등으로 분류한다.
    - 확산 : 구식활동이나 그 밖의 요구조건을 찾아 개체가 이동하는 것으로 연속적으로 분포한다.
    - 분산 : 불연속적인 것으로 이동하여 정착한 곳이 생활에 알맞으면 정주할 수 있으나, 그렇지 못하면 멸망한다.
    - 회귀운동 : 한곳에서 다른 곳으로 이주하였던 것이 다시 제자리로 돌아오는 이동

(3) 해충의 발생예찰

① 해충조사
  ㉠ 지역적 분포상황과 밀도조사를 그 내용으로 하며, 조사 당시에는 피해가 그리 크지 않으나 앞으로 피해가 심해질 것이 확실할 때에 한하여 이루어진다.
  ㉡ 해충조사 시 고려할 점 : 밀도의 표현방식, 조사시기, 조사대상, 표본의 단위, 수간과 수내의 변이, 최적 표본수 등
  ㉢ 해충의 조사방법 : 수관부조사, 수간부조사, 임상토층조사, 공간조사

② 축차조사
  ㉠ 해충조사를 할 때에 정확한 밀도를 알아야 할 필요가 없고 직접 어떤 방제책을 써야 할 것인가, 아닌가를 판단할 필요가 있을 때 쓰이는 방법으로 축차표본조사법이 있다.
  ㉡ 현재 주로 임업해충에 이용되고 있으며, 방제해야 할 지역과 방임해도 좋은 지역을 판별하고 방제 후의 효과를 확인하거나 피해의 확대를 막기 위한 벌목의 여부를 결정하는 데 쓰인다.
  ㉢ 이 방법의 발전을 위해서는 통계학적 방법에 의한 분포양식이 결정되어야 하며, 다음으로 피해와 밀도와의 관계가 확립되어야 한다.

③ 항공조사
  ㉠ 해충의 발생과 피해의 평가를 위하여 항공기를 이용하는 방법으로, 단시간 내에 넓은 면적을 조사할 수 있어 피해의 조기발견 및 비용의 절약이 가능하고, 방제작업을 위한 정확한 계획의 수립에 도움이 된다.
  ㉡ 항공조사 시 기재문제와 조사원의 훈련 및 항공기의 시야가 고려되어야 한다.
  ㉢ 항공조사의 경우 식엽성 곤충에 대해서는 피해가 곧 나타나지만, 나무좀 같은 것에서는 표징이 나타나는 시기와 가해시기 간에 상당한 차가 있다. 또 항공조사결과는 지상조사에 의하여 확인되어야 한다.

④ 발생예찰의 방법
  ㉠ 해충의 발생예찰은 방제를 전제로 하고 있으므로 어떤 시점의 해충상태가 얼마간의 시일이 지난 후에 어떻게 될 것이며, 또 이에 따라 피해가 얼마만큼 있을 것인가를 추정하여 방제를 해야 한다면 그 시기는 언제가 가장 효과적이겠는지를 결정하는 것이다.
  ㉡ 해충의 밀도변동이란 세대 또는 발생(활동)기간 내의 치사율, 연속되는 2세대 간의 치사율, 계절 간 치사율의 3가지 면에서 생각할 수 있다.
  ㉢ 예찰방법 : 통계적 방법, 타생물현상과의 관계를 이용하는 방법, 실험적 방법, 개체군 동태분석방법 등이 있다.

(4) 해충방제총론
 ① 해충방제의 개념
  ㉠ 인간에게 경제적 손실을 초래하는 해충의 활동을 억제하는 것으로 치료적인 면과 예방적인 면이 있으며, 방제법 중에는 양자 중 어느 하나를 다른 면보다 강조하는 수가 있으나, 최종적인 목적은 동일하다고 할 수 있다.
  ㉡ 해충의 단순한 존재만으로 방제를 하는 것이 아니며, 상당한 피해가 있을 때에 한하여 방제를 하게 된다. 즉, 해충방제의 문제는 밀도가 높다는 것을 전제로 하고 있다. 따라서 이것은 생물학적 면에서 고려되어야 할 문제로 단위면적당 밀도와 분포면적의 대소는 방제수단과 방제면적결정의 관건이 된다.
  ㉢ 피해의 면에서 분류한 해충의 밀도
   • 경제적 가해수준 : 경제적으로 피해를 주는 최소의 밀도, 즉 해충의 피해액과 방제비가 같은 수준인 밀도를 말하며 작물의 종류나 지역, 경제・사회적 조건 등에 따라서 달라질 것이다.
   • 경제적 피해허용수준 : 경제적으로 가해수준에 달하는 것을 억제하기 위하여 직접적 방제를 해야 하는 밀도를 말하며, 이것은 경제적 가해수준보다 낮고 방제수단 강구에 필요한 시간적 여유가 있어야 한다.
   • 일반평형밀도 : 일반적인 환경조건하에서의 평균밀도를 말하는데, 대상이 되는 개체군이 차지하는 면적의 크기나 시간적 문제 등은 종에 따라서 달라질 것이다.
 ② 해충방제법의 분류
  ㉠ Schwerdtfeger의 임업해충방제법의 분류
   • 산림위생
    - 내충성의 강화 : 수종선택(종・품종・계통), 육종, 조림적 방법
    - 임분내충성의 강화 : 수종구성개선(먹이, 미기상, 토양, 천적), 위생, 천적류의 적극적 보호
   • 산림치료
    - 기계적 방법, 물리적 격리, 기피(물리적・화학적), 살충(압사, 소각, 물의 이용), 포살, 유살, 은신처의 제거, 독살, 생물적 방법, 보호

ⓛ Graham, S. A.의 해충방제법
    - 직접방제법 : 기계적 방법, 생물적 방법, 화학적 방법
    - 간접방제법 : 화학적·기계적 방법, 생물적 방법, 육림학적 방법, 법적 방법

(5) 기계적·물리적 방제
  ① 기계적 방제
    ㉠ 잡아 죽이는 방법 : 기구나 손으로 직접 포살(砲殺)하는 방법
    ㉡ 찔러 죽이는 방법 : 하늘소·굴레나방·유리나방 등의 유충은 목질부 내부에서 가해하고 있으므로 가는 철사를 이용하여 찔러 죽인다.
    ㉢ 터는 방법 : 잎벌레, 바구미류, 하늘소류 등은 진동을 가하면 나무에서 떨어지는데, 이 습성을 이용하여 밑에 흰 캔버스를 깔고 긴 장대나 그 밖의 방법으로 나무를 흔들어 떨어뜨려 잡는다.
    ㉣ 경운법 : 묘포에서 쓸 수 있는 것으로 풍뎅이류, 잎벌레류 및 땅속에서 월동하는 해충을 가을에 깊이 갈아 저온으로 죽게 하든지, 또는 봄에 갈아 노출된 것을 새 등이 포식하게 하고 깊이 묻힌 것은 우화(羽化)하지 못하게 하여 죽이는 방법
    ㉤ 유살법
      - 식이유살법 : 해충이 좋아하는 먹이를 이용하여 유살하는 방법으로 가장 흔히 쓰이는 방법 중 하나이며, 당밀(糖蜜)과 발효당류(發效糖類)를 이용한다.
      - 잠복장소유살법 : 해충의 종류에 따라서는 월동할 때나 용화할 때 잠복할 곳을 찾게 되는데, 이러한 장소를 만들어 놓고 모아 죽인다.
      - 번식처유살법
        - 통나무유살법 : 나무좀, 하늘소, 바구미 등은 쇠약목에 유인되므로 불량목이나 열세목의 통나무를 이용한다. 소나무좀에 대해서는 수간을 1~2m로 잘라 임내에 침목상(枕木狀)으로 1ha당 10~20본을 세운다.
        - 입목유살법 : 규불화아연(硅弗化亞鉛)을 주제로 한 오스모실-K(Osmosil-K)를 이용하는 것이다. 입목의 지상 0.5m 부근을 너비 10m 정도로 박피하고 여기에 약제를 물에 풀어 풀모양으로 한 다음 바르고 흑색비닐로 덮어 두면 수일 후엔 약제가 나무 전체에 퍼지게 된다. 봄이면 약제처리 후 7~10일 후에 벌목하면 여덟가시나무좀이나 구상나무좀 등이 모여드는데, 대개 모공을 파고 산란 후 또는 유충 초기에 전부 죽는다. 이것은 종래의 방법과 같이 적기박피가 필요 없으며, 약제는 지름 30cm 전후의 것은 50~70g으로 충분하고, 1ha당 10본 정도이면 충분하다.
      - 등화유살법 : 곤충의 추광성(趣光性)을 이용하는 것으로 광원으로는 아세틸렌등, 전등 등을 이용한다.
      - 성유인물질의 이용 : 곤충류, 특히 나방류의 암컷은 복부에서 특이한 물질을 분비하여 수컷을 유인하는데 이 물질은 분비량이 급격히 감소된다. 이것을 성유인물질이라 하고 이것으로 많은 수컷을 유인해 죽이면 암컷은 수정률이 낮은 알을 낳게 된다.
    ㉥ 소살법 : 솜방망이를 경유에 담갔다가 꺼내어 긴 장대 끝에 불을 붙여 군서하는 유충을 태워 죽이는 방법

ⓐ 차단법
- 집시나방이나 야도충과 같은 이동성곤충에 이용되는데, 집시나방은 집단이동을 하므로 주위에 너비 30~60cm, 깊이 40cm의 도랑을 파서 여기에 떨어진 것을 모아 죽이는 방법이 쓰인다.
- 끈끈이를 수간에 발라 두고 밑에서 기어오르는 것이나 위에서 밑으로 내려오는 해충을 잡아 죽이는 방법으로 솔나방, 집시나방, 재주나방 등의 유충에 이용된다.

② 물리적 방제
㉠ 온도처리
- 고온처리
  - 가루나무좀을 방제하기 위하여 목재건조기에서 가열하는 방법이 이용되고 있다.
  - 가열법에는 건열법과 습열법이 있는데, 가루나무좀은 보통의 건조법으로는 방제가 곤란할 뿐만 아니라, 나무의 두께에 따라 더욱 높은 온도가 필요하다. 이것은 6℃ 정도로 치사하게 한다. 이 방법은 나무의 질적 약화를 초래하므로 습열법을 주로 쓴다.
- 저온처리 : 곤충은 보통 온도가 15℃ 이하가 되면 활동을 정지하며, 더욱 낮아져 -27~-30℃가 되면 죽는다.

㉡ 습도처리
- 해충이 생육을 하는 데에는 온도 못지않게 적당한 습도가 필요하다. 벌목한 나무를 껍질을 벗기거나 햇볕을 쬐면 습도가 나무좀이나 하늘소류의 생육에 부적당하여 증식을 억제할 수 있다. 이것은 건조를 빨리 함으로써 그 효과를 높일 수 있다.
- 한편, 살수법과 저수지의 물 속에 목재를 담가 두는 방법처럼 습도를 과다하게 해주는 방법도 있다.

㉢ 방사선을 이용하는 방제법 : 방사선의 해충학적 이용은 방사선의 살충력을 직접 이용하는 경우와 구제대상해충을 대량으로 사육하여 방사선을 이용하여 불임화한 후 대량으로 야외에 방사하여 정상적인 것과 교미시켜서 부정란을 낳게 만드는 방법 등이 있다.

(6) 화학적 방제

① **살충제의 종류** : 살충제에는 여러 가지 종류가 있으며, 이것을 화학적 성질·사용방법·살충기작 등에 의하여 분류한다.
㉠ 소화중독제 : 약제가 해충의 입을 통하여 소화관 내에 들어가 중독작용을 일으켜 죽게 하는 것
㉡ 접촉제 : 해충의 체표면에 직접 또는 간접적으로 닿아 약제기 기문(氣門)이나 피부를 통하여 몸 속으로 들어가 신경계통이나 세포조직에 독작용을 일으키는 것
㉢ 훈증제 : 약제가 기체로 되어 해충의 기문을 통하여 체내에 들어가 질식을 일으키는 것
㉣ 침투성 살충제
- 약제를 식물체의 뿌리·줄기·잎 등에서 흡수시켜 식물체 전체에 약제가 분포되게 하여 흡즙성 곤충이 흡즙하면 죽게 하는 것
- 천적에 대한 피해가 없어 천적보호의 입장에서도 유리하다.

ⓜ 보조제 : 살충제의 효력을 충분히 발휘하도록 하기 위하여 첨가되는 보조물질의 총칭으로 약제를 용해시키는 데 쓰이는 용제, 수중에서 약제의 분산을 돕는 유화제, 희석제, 약제의 현수성(懸垂性)이나 확전성(擴展性) 또는 고착성을 돕는 전착제, 특히 주제의 살충효력을 증가시키는 데 쓰이는 공력제(攻力濟)·설폭사이드 등이 있다.
ⓗ 유인제 : 해충을 유인해서 포살하는 데 사용되는 약제[성 페로몬(Sex Pheromone)]
ⓢ 기피제 : 해충이 작물에 접근하는 것을 방해하는 물질(나프탈렌)
ⓞ 불임제 : 곤충의 생식세포에 장해를 일으켜 알이나 성충이 생식능력을 잃게 함으로써 알이 수정되지 않게 하는 약제

ONE MORE POINT 농약의 사용목적에 따른 분류

- 살충제
- 살균제
  - 보호살균제 : 병균이 식물체에 침입하기 전에 사용하는 액제 예 보르도액, 석회황합제 등
  - 직접살균제 : 식물에 침입한 병균에 직접 살균시키는 약제 예 시스테인, 디포라탄 등
  - 종자소독제 : 종자를 약제에 담구거나 분말을 묻혀서 살균하는 것 예 베노람수화제 등
  - 토양살균제 : 토양의 유해균을 살균시키는 약제 예 클로로피크린 등
- 살비제 : 주로 식물의 응애류를 죽이는 약제 예 켈센 등
- 살선충제 : 식물의 지하부의 선충류를 죽이는 약제

ONE MORE POINT 농약의 필요조건

- 살균 및 살충력이 강하고 효과와 효력이 클 것
- 작물, 사람, 가축에 해가 없을 것
- 물리적 성질이 양호하고 사용법이 간단한 것
- 품질이 균일하고 변질되지 않는 것
- 대량생산이 가능하고 다른 약제와 혼용이 가능한 것 등

② 살충제의 사용형태
  ㉠ 액제살포
  - 황산니코틴, TEPP : 물에 완전히 용해되는 용액
  - 수화제 : 물에 용해되지 않고 수중에 입자를 균일하게한 현탁액(懸濁液)
  - 유용제 : 물속에 가는 유적으로 되어 분산하는 유제, 벤젠, 자이렌, 석유, 경유 등에 용해
  ㉡ 분제살포
  - 액제와 달리 물을 쓰지 않으므로 물이 없는 곳에서도 살포할 수 있고 조제할 필요가 없어 편리함
  - 값이 비싸며, 고착성이 액제에 비하여 떨어지는 단점이 있음
  ㉢ 입제살포 : 입제살포는 맨손 또는 고무장갑을 끼고 뿌리거나 살입기를 이용한다.
  ㉣ 연무제살포 : 살포제입자를 연무질로 하여 살포하는 것으로 미입자가 오랫동안 공중에 떠 있어 상승기류가 없는 이른 아침이나 저녁에 살포하면 작물체의 좁은 틈에까지 잘 퍼진다.
  ㉤ 훈증 : 휘발성이 강한 물질로 독가스를 내게 하는 것으로 보통 밀폐할 수 있는 곳에서 쓰이며, 입목 같은 경우에는 텐트를 씌우고 실시한다.

- ⓗ 기타방법
    - 도말(塗抹) : 침투성 살충제나 끈끈이를 바르는 것
    - 분의 : 종자를 물에 담갔다가 꺼내어 약제를 씌우는 것
    - 유전 : 벌레구멍에 약을 넣는 것
    - 주입 : 수간에 구멍을 뚫어 약을 넣는 것
    - 침지(浸漬) : 약액에 종자나 묘목을 담그는 것
- ⓢ 미량살포 : 약제살포의 일종으로 거의 원액에 가까운 농도의 농후액(濃厚液)을 살포하는 것
- ⓞ 항공살포
    - 항공기가 회전하는 횟수를 될 수 있는 대로 적게 하는 방향을 정한다.
    - 비행장은 살포지역과의 거리가 멀지 않은 곳에 정하여, 적당한 비행장이 없으면 임시 비행장을 설정한다.
    - 살충제는 미리 조제한 것을 준비하여 적재(積載)에 시간이 걸리지 않게 한다.
    - 살포 시의 기후적 조건은 효과와 밀접한 관계가 있으므로 바람이 없는 맑은 날 이른 아침 또는 저녁 때를 이용해야 한다.

③ 약제에 대한 저항
- ㉠ 저항성 : 어떤 정상적 곤충집단의 대다수를 죽일 수 있는 약량에 견디는 능력이 있는 계통이 생겼을 때를 말한다.
- ㉡ 동일약제를 계속해서 쓰면 그 약제에 대한 저항성계통이 생기며 곤충이 2종 이상의 살충제에 대하여 저항성을 나타낼 때 교차저항성이라고 한다.
- ㉢ 한 약제에 저항성을 나타내는 계통이 다른 약제에는 약해지는 경우를 부상관 교차저항성이라고 한다.

④ 약 해
- ㉠ 약제를 쓴 다음 작물체나 인축(人畜)에 생기는 생리적 장해를 넓은 뜻으로 약해라고 하지만, 좁은 뜻으로는 식물에 대한 것을 말하며 인간에 대한 것은 중독이라고 한다.
- ㉡ 식물이 약해를 받으면 줄기·잎·열매 등의 색이 변하며, 시들거나 낙엽·낙과 등이 생기고, 심할 경우에는 고사한다.

⑤ 약제시용기구 : 분무기, 미스트기, 살분기, 연무기, 고속도 살포기, 주입기

⑥ 살충제의 부작용
- ㉠ 살충제는 해충의 밀도를 감소시키기 위하여 사용되지만, 부작용을 일으킨다.
- ㉡ 유기합성살충제는 강력한 살충력과 사용 후 잔효성(殘孝性)이 오랫동안 지속되어 그 부작용은 1950년대부터 크게 문제되고 있다.
- ㉢ 저항성 해충 : 살충제를 오랫동안 사용하면 저항성해충군이 출현한다.
- ㉣ 천적류에 대한 영향
    - 소화중독제의 영향은 별로 받지 않으나 접촉제의 영향을 많이 받는다.
    - 진딧물이나 응애류는 DDT로는 잘 죽지 않는데, 이것을 사용하면 해충은 별로 죽지 않고 이것을 잡아먹는 천적류가 죽게 되어 자연계에서 이들 해충류는 크게 번성하게 된다.

ⓜ 살포 후 해충밀도의 급격한 증가
- 천적류의 감소로 개체군밀도가 급증한다.
- 개체군은 최적밀도조건 하에서 증가가 빠르며, 어느 한도 이상이 되면 증식이 약해지는데, 살충제의 사용으로 이와 같은 밀도조건을 자주 만들게 된다.

ⓗ 유용동물에 대한 영향

(7) 생물적 방제

① 천적의 종류

㉠ 포충동물
- 곤충을 포식하는 중요한 동물로는 어류, 양서류, 파충류, 조류, 포유류 등과 같은 척추동물과 곤충·거미·응애류 등과 같은 절족동물이 있다. 포유류 중에는 쥐·두더지·박쥐·족제비·여우 등과 같은 것이 대표적이다.
- 새나 포유류의 증식을 도모하기 위하여 혼효림을 조성한다.
- 조류의 해충방제효과는 상당히 크지만, 해충의 증식력과 새의 증식력을 비교할 때 급격한 해충의 대발생을 억제하기 힘들며, 해충밀도를 어떤 수준으로 유지하는 데는 잠재적 억제작용이 크다고 할 수 있다.

㉡ 기생곤충
- 맵시벌류는 산란관으로 알을 기주의 체내에 낳으며, 이 중 고치벌류에 속하는 종류 등은 증식력이 강하여 천적류로 흔히 이용된다.
- 수중다리좀벌상과는 외부기생을 하는 것도 있으나, 대부분은 내부기생을 한다. 여기에 속하는 송충알벌은 솔나방의 알에 기생한다.
- 침파리류는 난생하는 것과 난태생을 하는 것들이 있다. 난생하는 종류는 알을 기주의 몸에 붙이며, 이것에서 깐 유충이 기주의 체내로 들어간다. 난태생류는 새끼를 기주의 몸표면에 낳거나 체내에 산란관을 이용하여 집어넣기도 한다.

㉢ 병원생물
- 원생동물, 세균류, 균류, 바이러스류 등이 포함된다.
- 솔나방, 어스렝이나방, 텐트나방류 등에 기생하는 미립자병원체는 배양액을 규조토에 흡착시킨 분제를 이른 아침이나 비가 온 다음에 살포하여 이들 해충이 갉아 먹을 때 체내에 들어가게 하는 방법이 쓰인다. 전염은 입·상처·교접 등을 통하여 이루어지며, 병에 걸린 유충은 설사를 하고 변색되어 죽게 된다.
- 세균병은 여러 종류가 있는데, 실제로 병원이 되는 것과 죽은 다음에 감염하는 것과는 구별이 상당히 힘들다.
- 곰팡이에 의한 병은 주로 습도가 높을 경우에 발생하는데, 해충의 발생은 반대인 경우가 많아 이와 같은 상반된 환경조건이 문제이다.
- 바이러스병은 나방류나 벌류의 유충의 병원이 되며 대체로 2~3년 후 대발생한다.

② 생물적 방제의 방법
　㉠ 천적을 이용한 방제수단으로는 외지에서 유력한 천적을 도입하는 방법, 그 지방에 존재하고 있는 토착천적의 세력을 강화하는 방법이 있다.
　㉡ 생물적 방제에 성공한 예를 보면 대체로 섬이나 대륙에서는 생태학적으로 격리된 지역이나 과수원 같은 곳이며, 대상 해충은 정착성이 있고 군서생활을 하는 깍지벌레류·진딧물류 등이다.
　㉢ 생물적 방제에 가장 흔히 이용되는 종류는 포식충과 기생충으로 포식충은 유충이나 성충이 모두 포식성이며, 한 마리가 여러 마리의 해충을 잡아 먹는 장점이 있는 반면, 해충을 찾아 다니는 데에 시간과 에너지의 낭비가 많고, 또 그의 천적이나 약제에 노출되는 불리한 점을 가지고 있다.
　㉣ 기생충은 1마리가 해충 1마리를 죽이지만 유충은 먹이를 찾아다닐 필요가 없고 외적 조건이나 그의 천적에 노출되는 일이 적어 유리한 점도 있다.
　㉤ 천적을 선택할 때에는 단식성이며 증식력이 크고 해충의 출현과 그것의 생활사가 잘 일치되는 것, 성비가 큰 것, 이차 기생봉(천적에 기생하는 곤충)이 없는 것 등을 고려해야 한다.

③ 생물적 방제와 화학적 방제
　㉠ 생물적 방제 : 해충개체군의 밀도를 생물에 의하여 억제하는 방법
　㉡ 화학적 방제는 국부적 해충의 개체군에 대한 직접적이고 일시적인 제거를 꾀하는 것으로 해충의 영구적 제거를 뜻하는 것은 아니다.
　㉢ 생물적 방제는 영구적인 환경저항의 증대를 의미하는 것이다.
　㉣ 화학적 방제는 효과가 신속하고 정확하며, 인간의 힘으로 제조되고 살포되는 것이지만, 비선택적이고 자체 증식력과 자체 분산력이 없다. 또한 화학적 방제는 해충밀도가 위험한 밀도에 달하였을 때가 더욱 효과적이다.

④ 임업적 방제
　㉠ 산림구성
　　• 혼효림은 단순림에 비하여 해충발생에 의한 피해가 적다.
　　• 자연림의 벌목 시 가장 좋은 방법은 소면적 단위의 군으로 벌목하는 것이다. 단목을 택벌하는 방법은 대개의 경우 임상을 연력이나 수종의 면에서 단순화시키는 경향이 있어 해충발생을 촉진하는 결과가 된다.
　　• 조림시나 벌목시에 동일수령이 된 소면적 단위의 이령림군을 산재시키는 방법을 생각해야 한다.
　㉡ 밀도조절
　　• 임목의 밀도를 조절하여 건전한 임목을 육성하는 것이 중요하다.
　　• 유목들이 빽빽하게 자라고 있을 때 적당한 간벌을 하면 임목의 활력을 증대할 수 있다.
　㉢ 입지 및 품종선택
　　• 생장이 빠르고 활력이 강한 임목을 육성하여 해충에 대한 저항성을 높여야 한다.
　　• 식물의 내충성에는 선호성, 항성, 내성 등이 있다.
　　• 선호성 : 같은 종에 대한 해충의 산란이나 섭식행동에 차가 있는 경우로 화학적 물질이나 형태와 색 등과 밀접한 관계가 있다.

- 항성 : 산란수가 같다 하더라도 부화유충의 생육속도나 생존율 및 성충의 생식력이 약해지는 경우가 있다.
- 내성 : 같은 정도의 가해를 받았을 때 나타나는 피해의 정도가 다른 것을 말하며 주로 활력과 관계가 있다.

03 가해 부분에 따른 임업해충의 종류

(1) 종실을 가해하는 곤충

① 집단적 표징을 나타내지 않으므로 근접관찰·매목조사 및 해부에 의해서만 알 수 있다.
  ㉠ 종실에 구멍이나 기형, 벌레의 똥, 수지의 유출·변색 등을 볼 수 있는데, 같은 구멍이 생긴다 하더라도 생기는 위치(종실 ; 바구미, 과경 ; 나무좀)에 따라 가해하는 곤충이 다르다.
  ㉡ 해부해 보면 과실 내에는 충영실(혹파리), 갱도(나무좀), 똥, 수지유출 등을 볼 수 있으며, 그 모양은 곤충의 종류에 따라서 특징이 있다.

② 가해 곤충의 종류
  ㉠ 나비목 : 명나방과, 밤나방과, 애기잎말이나방과
  ㉡ 파리목 : 혹파리과
  ㉢ 벌목 : 잎벌과, 혹벌과
  ㉣ 딱정벌레목 : 나무좀과, 바구미과, 비단벌레과, 하늘소과

(2) 묘목을 가해하는 곤충

① 묘포에서는 집단적인 피해를 볼 수 있으나, 야외에서는 매목조사나 직접관찰에 의하여 조사한다.
  ㉠ 황화(진딧물, 솜벌레), 적변(뿌리바구미, 꽃파리), 임목밀도 감소(땅속을 가해하는 것) 등을 볼 수 있고, 좀 더 세밀하게 관찰하면 변색이나 식흔을 볼 수 있다.
  ㉡ 변색 중 침엽상에 반점이 생기면서 잎이 뒤틀린 것(솜벌레), 그렇지 않은 것(진딧물), 또 색에 있어서도 수적색(응애), 선홍색(솜벌레) 등 여러 가지가 있다.
  ㉢ 생육 초기에 해를 받으면 자엽이 소실되거나(바구미의 성충, 거미류), 어린 뿌리 또는 줄기가 절단되며, 생장이 진행된 후에 가해를 받으면 지접부가 윤상으로 박피된다(바구미의 성충).

② 가해 곤충의 종류
  ㉠ 메뚜기목 : 귀뚜라미과, 메뚜기과
  ㉡ 가위벌레목 : 가위벌레과
  ㉢ 노린재 : 깍지벌레과, 솜벌레과, 진딧물과
  ㉣ 나비목 : 밤나방과
  ㉤ 딱정벌레목 : 바구미과, 방아벌레과, 풍뎅이과
  ㉥ 파리목 : 꽃파리과

(3) 눈과 새순을 가해하는 곤충
① 눈과 새순을 가해하는 해충은 매목조사와 직접관찰에 의하여 찾아낼 수 있다.
② 가해 곤충의 종류
　㉠ 노린재목 : 솜벌레과, 진딧물과
　㉡ 나방목 : 명나방과, 애기잎말이나방과
　㉢ 벌목 : 혹벌과, 잎벌과
　㉣ 딱정벌레목 : 나무좀과, 바구미과

(4) 잎을 가해하는 곤충
① 식엽성 해충의 피해는 임야에 집단적인 표징을 나타내며, 어떤 지역 내의 발생역사, 발생양상, 발생시기, 수내피해의 분포, 한 잎에 대한 가해방식 등에 관하여 연구가 되었다.
② 가해 곤충의 종류
　㉠ 메뚜기목 : 메뚜기과
　㉡ 대벌레목 : 대벌레과
　㉢ 노린재목 : 깍지벌레과, 거품벌레과, 매미충과, 방패벌레과, 솔방울진딧물과, 솜벌레과, 장님노린재과, 진딧물과
　㉣ 총채벌레목 : 총채벌레과
　㉤ 나비목 : 가는나방과, 굴나방과, 네발나비과, 독나방과, 명나방과, 박각시나방과, 밤나방과, 불나방과, 뿔나방과, 신누에나방과, 애기잎말이나방과, 솔나방과, 어리굴나방과, 잎말이나방과, 자나방과, 재주나방과, 주머니나방과, 흰나비과
　㉥ 벌목 : 솔노랑잎벌과, 잎벌과

(5) 가지를 가해하는 곤충
① 가지의 인피층을 해충이 가해하면 집단적인 표징이 나타나는 수가 있고 경관적 표징으로는 수관부가 적변하거나 회변한다.
② 가해 곤충의 종류
　㉠ 노린재목 : 깍지벌레과, 거품벌레과, 매미과, 뿔매미과, 솜벌레과, 진딧물과
　㉡ 나비목 : 명나방과, 애기잎말이나방과
　㉢ 파리목 : 혹파리과
　㉣ 딱정벌레목 : 나무좀과, 바구미과, 비단벌레과, 하늘소과

(6) 뿌리와 지접근부를 가해하는 곤충
① 뿌리나 지접근부를 가해받은 나무는 전체가 적색으로 변하며, 고사 또는 지접부를 중심으로 부러지거나 수지 유출현상을 볼 수 있다.

② 가해 곤충의 종류
　　㉠ 노린재목 : 진딧물과
　　㉡ 벌목 : 개미과
　　㉢ 딱정벌레목 : 나무좀과, 바구미과, 풍뎅이과, 하늘소과

(7) 수간의 인피부를 가해하는 곤충
① 인피부를 가해받으면 경관적으로 변색표징을 볼 수도 있고 이때의 변색상은 단목 또는 몇 개의 나무가 군으로 변색한다.
② 단목조사로는 약색, 낙엽, 신소생장부족, 수지유출, 목분, 곤충의 분비물에 싸인 수피표면의 백색화 등을 볼 수 있다.
③ 가해 곤충의 종류
　　㉠ 노린재목 : 깍지벌레과, 솜벌레과
　　㉡ 나비목 : 유리나방과
　　㉢ 파리목 : 굴파리과, 꽃등에과
　　㉣ 딱정벌레목 : 나무좀과, 바구미과, 비단벌레과, 하늘소과

(8) 재질부를 가해하는 곤충
① 재질부 가해 표징으로는 열공, 소공, 수액 유출, 목질섬유의 배출 등이 있다. 이러한 것은 한 가지만 나타나기도 하고, 복합되어 일어나기도 한다.
② 충공은 크기, 모양, 색, 속에 들어 있는 재료 및 갱도의 전체적 양상에 따라 침공, 대공, 목분배출공, 봉소상피해로 구별된다.
③ 가해 곤충의 종류
　　㉠ 흰개미목
　　㉡ 노린재목 : 솜벌레과
　　㉢ 나비목 : 굴벌레나방과, 박쥐나방과, 유리나방과
　　㉣ 파리목 : 꽃등에과, 굴파리과, 혹파리과
　　㉤ 벌목 : 개미과, 나무벌과, 칼잎벌과
　　㉥ 딱정벌레목 : 가루나무좀과, 권연벌레과, 긴나무좀과, 나무좀과, 바구미과, 방아벌레붙이과, 비단벌레과, 사슴벌레과, 통나무좀과, 하늘소과

04 각 론

(1) 잎을 가해하는 곤충

① 솔나방(*Dendrolimus spectabilis*)

㉠ 가해수종 : 소나무, 해송, 리기다소나무, 잣나무

㉡ 피 해
- 4월 상순부터 7월 상순까지, 8월 상순부터 11월 상순까지 유충이 잎을 갉아 먹는다.
- 유충 한 마리가 한 세대 동안 섭식하는 솔잎의 길이는 64m 정도이다.

㉢ 생 태
- 1년에 1회 발생하는 것이 보통이나 남부지방에서는 해에 따라 연 2회 발생하는 경우도 있다.
- 월동유충은 4월 상순부터 잎을 갉아먹기 시작하며, 6월 하순부터 번데기가 된다.
- 번데기 기간은 20일 내외이며, 7월 하순~8월 중순에 성충이 우화한다.
- 일중 우화시각은 오후 6~7시가 대부분이며, 성충의 수명은 9일 정도로 밤에만 활동하고 낮에는 숨어 있으며, 주광성이 강하다.
- 산란은 우화 2일 후부터 시작하며 500개 정도의 알을 솔잎에 몇 개의 무더기로 나누어 낳으며 알덩어리 하나의 알수는 100~300개이다.
- 알기간은 5~7일이고 대개 오전 중에 부화하여 어린 유충은 처음에는 솔잎에 모여서 솔잎의 한쪽만을 식해하고 바람이나 충격에 의해 실을 토하며, 낙하하여 분산한다.
- 유충은 4회 탈피 후 11월경에 5령충으로 월동에 들어간다.

〈솔나방 생활경과표〉

충 태	월											
	1	2	3	4	5	6	7	8	9	10	11	12
유 충												
번데기												
성 충												
알												
유 충												

㉣ 방제방법
- 약제살포 : 춘기(4월 중순~6월 중순)와 추기(9월 상순~10월 하순)에 유충이 솔잎을 가해할 때 약제를 살포한다.

〈솔나방 약제살포 방법〉

약 종	ha당 사용량	희석비율		사용장비
		항 공	지 상	
주론 수화제(25%)	166g	180배	6,000배	항공기 또는 분무기
트리므론 수화제(25%)	166g	180배	6,000배	항공기 또는 분무기

- 유충포살 : 춘기(4월 중순~7월 상순) 유충이 소나무 잎을 가해할 때 솜방망이로 석유를 묻혀 죽이거나 집게 또는 나무젓가락으로 유충을 잡아 죽인다.
- 병원미생물 살포
  - 살포시기 : 6월
  - 살포방법
    ⓐ 450cc 보조액 1병에 미생물(송충폐사체 분말) 100cc(1봉지)를 혼합한다.
    ⓑ 혼합된 병균액 30cc(보조액병 뚜껑으로 1컵)에 물 36L(약 2두) 비율로 혼합하여 유충이 가해하고 있는 피해 임목에 분무기로 살포한다.
    ⓒ 보조액 1병(450cc)과 미생물 1봉지(100cc)의 혼합액으로 2ha를 방제할 수 있다.
    ⓓ 2ha 내에는 유충의 밀도가 높은 15개소로 선정하여 1개소당 200평 정도씩 살포한다.
- 번데기 채취 : 6월 하순부터 7월 중순 사이에 소나무 잎에 붙어 있는 고치속의 번데기를 집게로 따서 죽이거나 소각한다.
- 성충 유살 : 7월 하순부터 8월 중순까지 성충 활동기에 피해 임지 내 또는 그 주변에 수은 등이나 등불 등을 설치하여 성충을 유살한다.
- 알덩이 제거 : 7월 하순부터 8월 중순까지 성충이 소나무잎에 무더기로 낳아 놓은 알덩이가 붙어 있는 소나무 가지를 잘라서 죽이거나 소각한다.

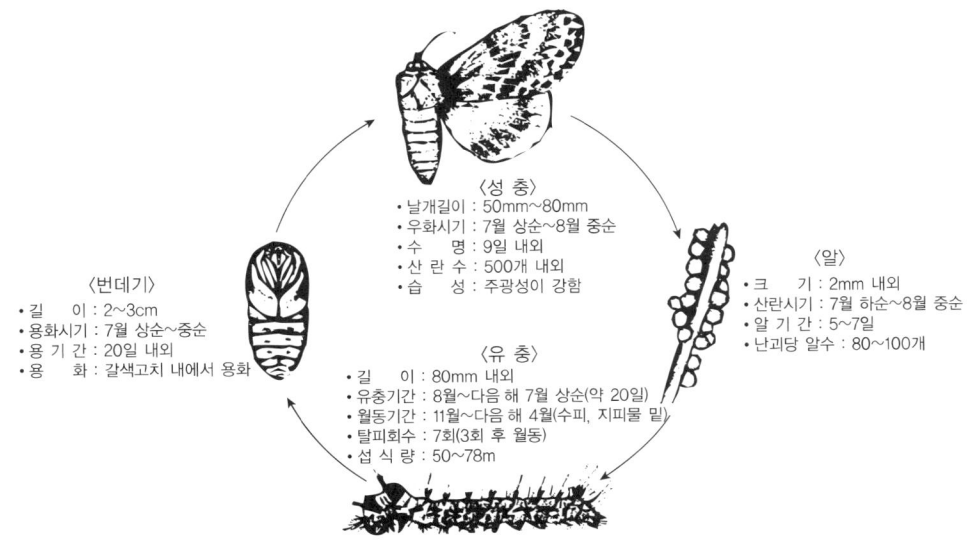

[솔나방 생활사]

② 집시나방(*Lymantria dispar*)
　㉠ 가해수종 : 낙엽송, 적송, 참나무, 밤나무, 오리나무
　㉡ 생 태
　　• 알은 덩어리로 낳고 암컷의 털로 덮여 있으며, 다 자란 유충의 크기는 60mm 내외이다.
　　• 번데기는 적갈색이고 엉성한 고치 속에 들어 있다.
　　• 1년에 1회 발생하며, 알로 나무줄기에서 월동하고, 유충은 군서한다.
　　• 자람에 따라 분산하며 7월에 노숙하여 나뭇가지 사이에 엉성한 고치를 만들고 용화한다.
　　• 성충은 8월 상순에 나타나고, 수컷은 낮에 활발한 활동을 하는데, 암컷은 몸이 비대하여 잘 날지 못하며, 산란수는 200~400개이다.
　　• 6월 중에 따뜻하다가 그 후 저온다습하면 이 해충에 기생하는 병의 발생이 많게 된다.
　㉢ 방제방법
　　• 알이나 유충에는 기생봉류가 많으므로 이들의 적극적 보호에 힘쓴다.
　　• 알이나 어린 유충을 채집하여 죽인다.
　　• 약제로서는 BHC분제가 이용되어 왔으나 잔류독성 때문에 세빈(Sevin)이나 디프테렉스(Dipterex) 1,000배액이 이용되고 있다.

③ 삼나무독나방(*Dasychira argentata*)
　㉠ 가해수종 : 삼나무, 소나무, 편백나무, 히말라야삼나무
　㉡ 피해 : 유목과 장령목에 피해가 심하며, 잎을 먹어 가해한다.
　㉢ 생 태
　　• 1년에 1회 발생하며, 유충으로 월동하고, 5~6월에 잎 사이에 엷은 황갈색의 엉성한 고치를 만들며, 그 속에서 용화한다.
　　• 성충은 6~7월에 나타나며, 알을 잎에 20~30개씩 낳는다.
　㉣ 방제방법
　　• 번데기나 유충을 포살한다.
　　• BHC・수미티온・세빈 등은 발생이 심할 때에 이용한다.
　　• 발화유살(6~7월)도 효과를 볼 수 있다.

④ 독나방[*Euproctis flava*(Bremer)]
　㉠ 가해수종 : 사과나무, 배나무, 복숭아나무, 참나무, 감나무
　㉡ 피해 : 잎을 가해할 뿐만 아니라, 사람의 피부에 날개가루나 유충의 털이 붙으면 통증을 느껴져 여름철에 많은 문제를 일으킨다.
　㉢ 생 태
　　• 1년에 1회 발생하며, 1~2회 탈피한 유충으로 나무껍질 사이나 지피물 밑에서 군집하여 월동하고 다음 해 봄부터 활동한다.
　　• 성충은 2월에 우화하는데, 발생은 극히 불규칙하다.
　　• 알을 잎 뒷면에 덩어리로 낳고 털로 덮는다.
　　• 난기는 14~15일이며, 산란수는 600~700개이다.

ⓔ 방제방법
- 난괴나 군서유충을 잡아 죽인다.
- 성충을 등화유살(7~8월)한다.
- 바이러스병을 이용한다.
- 인가 주변의 식초에 BHC나 유기인제의 유제를 살포한다.

⑤ 어스렝이나방[*Dictyoploca japonica*(Moore)]
ⓐ 가해수종 : 밤나무, 호두나무, 상수리나무 등 활엽수류
ⓑ 피 해
- 유충 1마리가 1세대 동안 암컷이 평균 3,500cm², 수컷이 2,400cm²의 잎을 식해한다.
- 피해를 심하게 받은 밤나무는 수세가 약하게 되어 밤수확이 감소된다.

ⓒ 생 태
- 연 1회 발생하여 줄기의 수피 위에서 알로 월동한다.
- 4월 하순~5월 초순에 부화하며 어린 유충은 모여 살면서 잎을 가해하지만 성장하면서 분산하여 가해한다.
- 60~70일간의 유충기간에 6회 탈피하여 6월 하순~7월 상순에 잎 사이에 망상의 고치를 짓고 번데기가 된다.
- 90~100일 내외의 번데기기간을 거쳐 9월 하순~10월 중순에 우화한다.
- 산란은 1~3m 높이의 줄기에 300개 내외의 알을 무더기로 낳는다.

〈어스렝이나방 생활경과표〉

충 태	월											
	1	2	3	4	5	6	7	8	9	10	11	12
알	─	─	─	─					─	─	─	─
유 충					─	─	─					
번데기						─	─	─				
성 충									─	─		

ⓓ 방제방법
- 약제 살포 : 유충가해기인 5월 중순~7월 상순에 약제를 살포한다.

〈어스렝이나방 약제살포방법〉

약 종	ha당 (kg)	희석비율(배)		사용장비
		항 공	지 상	
디프 수화제(80%)	0.67	50	1,500	항공기, 분무기

- 알덩이 제거 : 9월 하순~익년 5월 하순까지 나무줄기에 있는 알덩이를 제거한다.
- 유충포살 : 5월 상순~7월 상순까지 유충가해기에 유충을 죽이며, 특히 나무 줄기에 모여 있는 부화 초기의 군서유충을 제거하는 것이 효과적이다.
- 번데기 채취 : 6월 하순~9월 상순까지 나뭇가지 사이나 잎 사이에 망상으로 고치를 짓고 있는 번데기를 잡아서 죽인다.

- 성충유살 : 성충은 불빛에 잘 모여들므로 9월 중순~10월 중순 사이에 피해 임지 또는 주변에 수은등이나 기타 등불을 설치하고 그 밑에 물그릇을 놓아 성충을 빠져 죽게 하거나 흡입포충기를 설치하여 유살한다.

⑥ (미국)흰불나방[*Hyphantria cunea*(Drury)]
  ㉠ 가해수종 : 버즘나무, 벚나무, 단풍나무, 포플러류 등 활엽수 160여 종
  ㉡ 피 해
   - 북미 원산으로 아시아지역에 침입한 것은 1948년 일본, 1958년 한국, 1979년 중국의 순으로 발생하여 만연되었다.
   - 유충 1마리가 100~150cm^{3}의 잎을 섭식하며, 1화기보다 2화기의 피해가 심하다.
   - 산림 내에서 피해는 경미한 편이나 도시주변의 가로수나 정원수에 특히 피해가 심하다.
  ㉢ 생 태
   - 1년에 보통 2회 발생하며, 나무껍질 사이나 지피물 밑 등에서 고치를 짓고 그 속에서 번데기로 월동한다.
   - 1화기 성충은 5월 중순~6월 상순에 우화하며, 수명은 4~5일이다.
   - 우화시각은 오후 6~7시가 보통이며 주로 밤에 활동하고 추광성이 강하다.
   - 암컷의 포란수는 유충 때의 먹이식물의 종류에 따라 차이가 있으며, 600~700개의 알을 잎 뒷면에 무더기로 낳는다.
   - 5월 하순부터 부화한 유충은 4령기까지 실을 토하여 잎을 싸고 그 속에서 군서생활을 하면서 엽육만을 식해하고 5령기부터 흩어져서 엽맥만 남기고 7월 중~하순까지 가해한다.
   - 유충기간은 40일 내외이며 노숙유충은 나무껍질 틈 등에서 고치를 짓고 번데기가 되며 번데기 기간은 12일 정도이다.
   - 2화기 성충은 7월 하순부터 8월 중순에 우화한다.
   - 8월 상순부터 유충이 부화하기 시작하여 10월 상순까지 가해한 후 번데기가 되어 월동에 들어간다.
   - 2화기 유충기간은 50일 내외이며 번데기 기간은 약 200일이다.

화기	충태	월											
		1	2	3	4	5	6	7	8	9	10	11	12
1	성충					─	─						
	알					─	─						
	번데기					──	──						
	유충						─						
2	성충							──	──				
	알							──	──				
	유충								──	──	──		
	번데기				────						──	──	──

② 방제방법
  • 약제살포 : 5월 하순~10월 상순까지 잎을 가해하고 있는 유충을 약제 살포하여 구제한다.

〈미국흰불나방 약제 살포방법〉

약 종	ha당 사용량	희석비율		사용장비
		항공	지상	
주론 수화제(25%)	166g	180배	6,000배	항공기 또는 분무기
트리므론 유제(5%)	166ml	180배	6,000배	항공기 또는 분무기
클로르플루아주론(5%)	166ml	180배	6,000배	분무기

  • 천적(핵다각체병 바이러스) 살포 : 유령 유충가해기인 1화기 6월 중·하순, 2화기 8월 중·하순에 1ha당 450g의 병원균을 1,000배액으로 희석하여 수관에 살포한다.
  • 번데기 채취 : 나무껍질 사이, 판자 틈, 지피물 밑, 잡초의 뿌리 근처, 나무의 공동에서 고치를 짓고 그 속에 들어 있는 번데기를 연중 채취한다. 특히 10월 중순부터 11월 하순까지, 익년 3월 상순부터 4월 하순까지 월동하고 있는 번데기를 채취하면 밀도를 감소시키므로 방제에 효과적이다.
  • 알덩이 제거 : 5월 상순~8월 중순에 알덩이가 붙어 있는 잎을 따서 소각한다.
  • 군서유충 포살 : 5월 하순~10월 상순까지 잎을 가해하고 있는 군서 유충을 포살한다.
  • 성충유살 : 5월 중순부터 9월 중순의 성충활동시기에 피해임지 또는 그 주변에 유아등이나 흡입포충기를 설치하여 성충을 유살한다.

⑦ 버들재주나방(*Clostera anastomosis*)
  ㉠ 가해수종 : 미루나무, 버드나무, 참나무
  ㉡ 생 태
    • 1년에 2회 발생하며, 1회 성충은 5월 하순~6월에 발생하여 잎 표면에 덩어리로 산란한다.
    • 부화유충은 잎을 말고 그 속에서 군서하다가 7월 하순경 잎 사이에 고치를 만들고 용화한다.
    • 8월에 나타나며, 알에서 부화한 유충은 자라다 땅속에 고치를 만들고 월동한다.
    • 월동유충은 4월경 나무에 올라가 잎을 먹는다.
  ㉢ 방제방법
    • 6월과 8월에 잎에 붙은 알을 또는 구서하는 부화유충을 따서 죽인다.
    • 유충발생 초기에 저독성 유기인제(수미티온, DDVP, 티프테렉스 등)를 뿌린다.
    • 바이러스 병에 걸린 유충을 채집하여 물에 타서 뿌린다.

⑧ 미류재주나방(*Clostera anachoreta*)
  ㉠ 가해수종 : 버드나무, 미루나무, 느티나무, 참나무 등
  ㉡ 생 태
    • 1년에 2회 발생하며, 알로 수간에서 월동한다.
    • 1회 성충은 7월에 나타나고, 2회 성충은 9월에 나타나는데 발생이 불규칙하다.
  ㉢ 방제방법
    • 잎을 말아 그 속에서 가해하므로 잔효성이 긴 살충제를 뿌린다.
    • 바이러스병에 걸린 유충을 물에 섞어 뿌린다.

⑨ 텐트나방[*Malacosoma neustria testacea*(Motschulsky)]
  ㉠ 가해수종 : 버드나무, 미루나무, 참나무 등 활엽수
  ㉡ 생 태
    • 1년에 1회 발생하며, 나방은 6월 중순에 나타나고 알로 월동한다.
    • 4월 중순에 부화하여 5월 하순에 용화한다.
    • 유충은 가지의 분지점에 텐트모양의 집을 만들고 군서하는데, 때때로 여기에서 나와 잎을 먹는다.
    • 5월령에 달하면 집을 떠나서 가해한다.
    • 번데기는 나무 위, 풀 사이, 잎 사이 등에서 잎을 모아 철하여 고치를 만들고, 그 속에서 용화한다.
    • 고치는 말피기관에서 분비된 황색액으로 덮이는데, 이것이 마르면 가루모양이 된다.
  ㉢ 방제방법
    • 천적으로 새, 벌, 바이러스병 등이 있다.
    • 봄에 전정 시 알을 죽이든지, 또는 군서 시 솜방망이에 불을 붙여 태워 죽인다.
    • 수미티온 50% 유제(1,000배액)를 살포한다.

⑩ 텐트불나방[*Camptoloma interiorata*(Walker)]
  ㉠ 가해수종 : 참나무, 갈참나무, 밤나무, 버드나무류 등
  ㉡ 생 태
    • 1년에 1회 발생하며, 2령의 유충으로 월동한다.
    • 성충은 7월 상순에 나타나며, 약 250개의 알을 낳는다.
    • 부화유충은 낮에는 지피물 밑에 숨어 있다가 밤에 나와 잎 뒷면에서부터 잎맥만 남기고 잎을 먹는다.
    • 늦가을에 수간 아래쪽으로 내려와 방추형의 납작한 천막을 만들어 그 속에서 약 200마리가 집단으로 월동한다.
    • 유충은 다음 해 5월경부터 다시 잎으로 모여 잎을 먹는다.
    • 노숙유충은 땅 위로 내려와 낙엽 사이에 고치를 만들고 용화한다.
  ㉢ 방제방법
    • 수간에 있는 천막 속에서 월동하고 있는 유충을 죽인다.
    • 8월에 알덩어리나 군서하는 유충을 잡아 죽인다.
    • 번데기가 되기 위하여 밑으로 이동할 때 짚 같은 것으로 수간을 말아 그곳에 고치를 만들게 한 다음 죽인다.

⑪ 소나무거미줄잎벌(사사키납작잎벌)[*Acantholyda sasakii*(Yano)]
  ㉠ 가해수종 : 소나무 및 소나무속의 침엽수
  ㉡ 생 태
    • 1년에 1회 발생하며, 땅속에서 번데기로 월동한다.
    • 성충은 4월에 우화하여 솔잎에 산란한다.
    • 알에서 부화한 유충은 실을 토하여 솔잎을 철하고 가해하며, 집 속에서 이동할 때에는 배를 위로 하고 운동한다. 이때 배 쪽에 있는 가로주름을 집 속의 실에 걸고 전후로 이동한다.
    • 8월 중순에 노숙하여 실을 토하면서 땅에 떨어져 땅속에서 용화한다.

ⓒ 방제방법
　　　• 천적으로 경화병균류, *Bacillus*속의 병균이 있고, 침파리류가 기생한다.
　　　• 유충에 대해서는 BHC 1~3% 분제를 살포한다.
　　　• 우화 직전에 BHC 1~3% 분제를 피해목의 지면에 살포한다.
　　　• 발생이 심할 때에는 나무를 흔들거나, 나무로 만든 메로 나무를 쳐서 유충이 떨어지게 하여 잡아 죽인다.
⑫ 솔노랑잎벌[*Neodiprion sertifer*(Geoffroy)]
　　㉠ 가해수종 : 적송, 흑송 및 기타 소나무류
　　㉡ 생 태
　　　• 1년에 1회 발생하며, 유충은 4월 중순~5월에 나타나고, 5월 중순경 노숙한 유충은 땅속에서 고치가 된다.
　　　• 9월 상순에 용화하고 10월 중·하순에 성충이 우화한다.
　　　• 암컷은 솔잎의 조직 속에 7~8개의 알을 1렬에 낳으며 알로 월동한다.
　　　• 다음 해 봄에 부화유충은 전년도의 솔잎만을 먹으며 끝에서부터 기부의 엽초부를 향하여 가해한다.
　　　• 유충기간은 28일 정도이고 산란수는 60개 내외이다.
　　ⓒ 방제방법
　　　• BHC 분제를 1ha당 30~50kg 뿌려 주든지 또는 훈연제를 이용한다.
　　　• 천적으로는 맵시벌·노린재류 등이 있으며 바이러스도 이용된다.
⑬ 넓적다리잎벌[*Croesus japonicus*(Takeuchi)]
　　㉠ 가해수종 : 오리나무류
　　㉡ 피해 : 비교적 울창한 곳에 많이 발생하여 9월 이후에 잎을 가해하므로 피해는 그리 심하지 않으나 완전한 목질화를 방해하여 겨울철에 작은 가지가 고사한다.
　　ⓒ 생 태
　　　• 1년에 1회 발생하며, 7월 중순~8월 중순에 출현하고 잎 뒷면의 잎맥 속에 알을 낳는다.
　　　• 산란수는 640개 내외이고 난기는 14~18일이며, 유충은 처음에는 잎살만 가해하나, 자라면 굵은 잎맥만 남기고 먹어 버린다.
　　　• 유충기는 약 50일이며, 땅속에서 노숙유충으로 월동하여 다음 해 6월 하순~7월 하순에 용화한다.
　　㉣ 방제방법
　　　• BHC 분제를 1ha당 50~100kg 살포한다.
　　　• 우화 직전에 분제를 지면에 살포하든지 훈연제를 이용한다.
　　　• 천적인 새들을 보호한다.

⑭ 호두자루수염잎벌(호두칼잎벌)[*Megaxyela gingantea*(Moscary)]
　㉠ 가해수종 : 호두나무
　㉡ 생 태
　　• 1년에 1회 발생하며, 성충은 4월 하순~5월 상순에 우화하여 암컷은 호두나무류의 잎표면 중 맥 끝에 1개씩 알을 낳고 점액으로 양쪽 잎몸을 말아 붙인다. 즉, 다른 잎벌과 달리 잎의 조직 속에 알을 낳지 않는다.
　　• 부화유충은 5월 하순~6월 상순까지 잎의 중맥에 몸을 감고 때때로 잎을 먹는다.
　　• 유충은 4회 탈피한 후 땅속에서 월동한다.
　㉢ 방제방법 : 약제를 유충이 어릴 때 살포한다.

⑮ 오리나무잎벌레[*Agelastica coerulea*(Baly)]
　㉠ 가해수종 : 오리나무류, 박달나무 등
　㉡ 피 해
　　• 유충과 성충이 잎을 식해한다.
　　• 유충은 엽육만 먹기 때문에 잎이 붉게 변색되며 1마리의 섭식량은 약 $100cm^2$이다.
　　• 피해를 받은 나무는 8월경에 부정아가 나와 대부분 소생하나 2~3년간 계속 피해를 받으며 고사되기도 한다.
　㉢ 생 태
　　• 1년에 1회 발생하며 성충으로 지피물 밑 또는 흙 속에서 월동한다.
　　• 월동성충은 4월 하순부터 어린 잎을 식해하며, 5월 중순~6월 하순에 300여 개의 알을 잎 뒷면에 50~60개씩 무더기로 산란한다.
　　• 약 15일 후에 부화한 유충은 잎 뒷면에서 머리를 나란히 하고 엽육을 먹으며 성장하면서 나무 전체로 분산하여 식해한다.
　　• 유충가해기간은 5월 하순~8월 상순이고 유충기간은 20일 내외이다.
　　• 노숙유충은 6월 하순~7월 하순에 땅속으로 들어가 흙집을 짓고 번데기가 되며 번데기 기간은 약 3주이다.
　　• 7월 중순부터 신성충이 우화하여 다시 잎을 식해하다가 8월 하순경부터 지면으로 내려와 월동에 들어간다.

〈오리나무잎벌레 생활경과표〉

충 태	월											
	1	2	3	4	5	6	7	8	9	10	11	12
성 충	─	─	─	─	─	─						
알					─	─						
유 충					─	─	─					
번데기						─	─					
성 충							─	─	─	─	─	─

　㉣ 방제방법
　　• 약제살포 : 5월 하순~7월 하순까지 유충 가해기에 약제를 살포한다.

⟨오리나무잎벌레 약제살포방법⟩

약 종	ha당 사용량	희석비율		사용장비
		항 공	지 상	
디프 수화제(80%)	670g	50배	1,000배	항공기 또는 분무기

- 성충포살 : 월동한 성충이 어린잎을 식해하고 있는 4월 하순~6월 하순과 새로 나온 성충의 가해기인 7월 중순~8월 하순 사이에 성충을 포살한다.
- 알덩이 제거 : 5월 중순~6월 하순 사이에 알덩이가 붙어 있는 잎을 제거하여 소각한다.
- 유충포살 : 5월 하순~6월 하순 사이에 군서유충을 살포한다.

⑯ 쌍엇줄잎벌레[*Argopistes biplagiatus*(Motschulsky)]
  ㉠ 가해수종 : 물푸레나무, 이팝나무, 수수꽃다리류 등
  ㉡ 생 태
   - 성충으로 월동하며, 다음해 봄 5월경 새로 나온 잎을 가해한다.
   - 잎표면에 산란하며, 부화유충은 잎살 속으로 먹어 들어간다. 이런 곳은 암갈색이 되며 선상으로 약간 부풀어 오르게 된다.
   - 유충은 잎살을 다 먹으며 들어간 구멍으로 다시 나와 새 잎을 가해하며 다 자라면 4mm 내외가 되고, 땅에 떨어져 땅속에서 용화한다.
   - 이것들은 다시 잎을 가해하다가 9월 하순경부터 땅 위의 지피물 밑에 들어가 월동한다.
  ㉢ 방제방법 : 성충에 BHC를 살포하며, 익조류를 보호한다.

(2) 충영을 만드는 해충

① 솔잎혹파리(*Thecodiplosis japonensis* Uchida *et* Inouye)
  ㉠ 가해수종 : 소나무, 해송
  ㉡ 피 해
   - 유충이 솔잎 기부에 벌레혹을 만들고 5월 하순부터 10월 하순까지 유충이 솔잎의 기부에서 즙액을 빨아먹으므로 솔잎의 기부가 점차 부풀어 벌레혹이 된다.
   - 피해를 받은 잎은 생장이 정지되어 건전한 솔잎 길이의 전반(1/2)밖에 자라지 못하고 겨울 동안에 말라죽으며 피해가 심하게 2~3년 계속되면 소나무가 고사하게 된다.
   - 유충이 솔잎 기부에 충영(벌레혹)을 만들고 그 속에서 수액을 흡즙·가해하여 솔잎을 일찍 고사하게 하고 임목의 생장을 저해한다.
   - 6월 하순경부터 부화유충이 잎기부에 충방을 형성하기 시작하여 잎기부 양쪽잎의 표피조직과 후막조직이 유합되면서 충영이 부풀기 시작하며 잎 생장도 정지되어 건전한 솔잎 길이보다 1/2 이하로 짧아진다.
   - 9월이 되면 충영의 내부조직이 파괴되면서 충영 부분은 갈색으로 변하기 시작한다.
   - 11월이 되면 충영 내부는 공동화되며, 유충은 탈출하여 땅으로 떨어지고 피해당한 잎은 겨울 동안 잎 전체가 황갈색으로 변화하면서 고사한다.
   - 충영은 수관 상부에 많이 형성되며, 피해가 심할 때는 정단부 신초가 거의 전부 고사한다.

- 새로운 지역으로 침입하면 처음에는 단목적으로 피해를 받으나 점차 군상으로 확대된 후, 전면적으로 확산되어 피해가 증가되며 5~7년차에 피해극심기에 도달되어 임목의 30% 정도가 고사된다.
- 피해극심기 이후는 충밀도가 감소되어 피해가 회복되는 경향을 보이며 회복지역은 해에 따라 피해의 증감현상이 있으나 최초 피해극심기 때와 같이 심한 피해를 받지는 않는다.
- 지피식생이 많은 임지, 북향임지 및 산록부 임분에서 피해임목이 많이 고사하며 동일 임분 내에서는 수관 폭이 좁은 임목이 많이 고사된다.

ⓒ 생 태
- 1년에 1회 발생한다.
- 유충으로 지피물 밑의 지표나 1~2cm 깊이의 흙속에서 월동하여 5월 상순~6월 중순에 고치를 짓고 그 속에서 번데기가 되며 번데기기간은 20~30일로서 기온과 습도에 따라 차이가 많다.
- 성충우화기는 5월 중순~7월 중순으로 우화최성기는 6월 상순~중순이며, 특히 비가 온 다음날에 우화수가 많다.
- 1일 중 우화시각은 11시~오후 6시며, 오후 3시경에 가장 많이 우화한다.
- 우화직후의 성충은 임내의 하층목 또는 풀잎 사이를 날면서 교미한 후 새로 자라고 있는 솔잎에 평균 6개씩 산란하며, 포란수는 110개 정도이나 실산란수는 90개 정도이다.
- 성충의 생존기간은 1~2일이나 대부분의 개체가 우화 당일 산란하고 죽는다.
- 알은 5~6일 후 부화하여 솔잎 기부로 내려가 잎 사이에서 수액을 빨아먹으면서 충영을 형성한다.
- 6월 하순 충영이 형성되기 시작하면서부터 솔잎생장은 중지되며, 충영의 크기는 길이 6~8mm, 폭 2mm 정도이고 충영당 유충수는 1~18마리로 평균 5.7마리이다.
- 유충은 2회 탈피하면서 성장하며 6월부터 8월 하순~9월 상순까지는 1령기, 9월 하순까지는 2령기, 그 후는 3령기로서 2령기부터 급속히 성장한다.
- 서울지방에서는 유충이 9월 하순~다음 해 1월(최성기 11월 중순)에 충영에서 탈출하여 낙하하며 특히 비 오는 날에 많이 낙하하여 지피물 밑 또는 흙속으로 들어가 월동한다. 기온이 따뜻한 남부 해안 지방에서는 충영 속에서 월동하는 경우도 있다.

〈솔잎혹파리 생활경과표〉

충 태	월											
	1	2	3	4	5	6	7	8	9	10	11	12
유 충												
번데기												
성 충												
알												

ⓔ 방제방법
- 나무주사
  - 대상지
    ⓐ 임목을 존치하여야 할 특정지역 및 주요 지역
    ⓑ 나무주사가 가능한 흉고직경 10cm 이상인 임지(하층치수는 임내정리로 제거)
    ⓒ 충영형성률이 20% 이상인 임지

- 사용약제 : 포스팜 액제(50%), 이미다클로프리드 분산성 액제(20%)
- 실행시기 : 5월 하순~6월 말(지역별 우화시기를 조사하여 적기에 방제를 실시한다)
- 실행방법
    ⓐ 대상목의 흉고직경을 측정, 천공기로 소정개수의 구멍을 직경 1cm, 깊이 5~10cm 크기로 뚫고 약제주입기로 약제를 주입한다.
    ⓑ 대상지 내 하층치수와 피압목 등 존치할 가치가 없는 나무는 나무주사 실행 전후에 제거·정리하여 방제효과를 제고시키도록 한다.

• 천적방제
- 대상지 : 피해극심기를 지난 후방 소생임지, 천적기생률이 저조한 임지(기생률 10% 미만)
- 이식시기 : 솔잎혹파리 우회최성기인 5월 하순~6월 하순
- 이식방법 : 솔잎혹파리먹좀벌 또는 살이먹좀벌을 ha당 2만 마리 기준으로 유충태 또는 성충태로 이식한다.

• 피해목벌채
- 대상지 : 소생 가망이 없는 피해도 "중" 이상 지역으로서 벌채 제거 후 내충성 경제수종으로 갱신하여야 할 임지를 우선 선정한다.
- 벌채시기 : 6월~11월 중
- 벌채방법 : 개별 위주로 실시하되 현지 실정에 따라 단목적 제벌 또는 대상식(유령임분)도 병행할 수 있다.

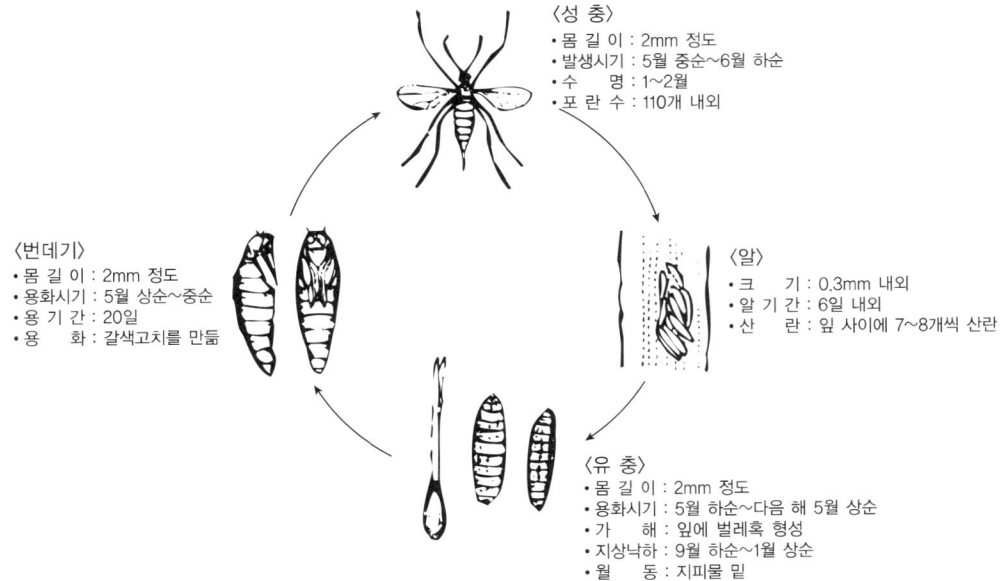

[솔잎혹파리 생활사]

② 밤나무(순)혹벌[*Dryocosmus kuriphilus*(Yasumatsu)]
  ㉠ 가해수종 : 밤나무
  ㉡ 피 해
    • 밤나무눈에 기생하여 직경 10~15mm의 충영을 만든다.
    • 충영은 성충 탈출 후인 7월 하순부터 말라죽으며, 신초가 자라지 못하고 개화, 결실이 되지 않는다.
    • 피해목은 고사하는 경우가 많다.
  ㉢ 생 태
    • 연 1회 발생하며, 눈의 조직 내에서 유충으로 월동한다.
    • 월동유충은 동아 내에 충방을 형성하지만 맹아기(4월) 이전에는 육안으로 피해를 식별할 수 없다.
    • 동아속의 유충은 3월 하순~5월 상순에 급속히 자라며 충영은 4월 하순~5월 상순에 팽대해져서 가지의 생장이 정지된다.
    • 노숙한 유충은 6월 상순~7월 상순에 충영 내 충방에서 번데기로 되며, 7~9일간의 번데기 기간을 거쳐 우화한다.
    • 성충은 약 1주일간 충영 내에 머물러 있다가 구멍을 뚫고 6월 하순~7월 하순에 외부로 탈출하여 새 눈에 3~5개씩 산란한다.
    • 성충의 수명은 4일 내외이고 산란수는 200개 내외이다.
  ㉣ 방제방법
    • 성충 발생 최성기인 7월 초순경에 메프유제(50%), 치아크로프리드 액상수화제(10%), 사이스린유제(2%), 나크수화제(50%) 1,000배액을 10일 간격으로 1~3회 살포한다.
    • 내충성 품종인 산목율, 순역, 옥광율, 상림 등 토착종이나 유마, 이취, 삼조생, 이평 등 도입종으로 품종을 갱신하는 것이 가장 효과적이다.
    • 천적으로는 중국긴꼬리좀벌을 4월 하순~5월 초순에 ha당 5,000마리씩 방사한다. 그리고 남색긴꼬리좀벌, 노란꼬리좀벌, 큰다리남색좀벌, 배잘록꼬리좀벌, 상수리좀벌과 기생파리류 등을 보호한다.

(3) 분열조직을 가해하는 곤충

① 소나무좀[*Tomicus piniperda*(Linnaeus)]
  ㉠ 가해수종 : 소나무, 해송, 잣나무
  ㉡ 피 해
    • 수세가 쇠약한 벌목, 고사목에 기생한다.
    • 월동성충이 나무껍질을 뚫고 들어가 산란한 알에서 부화한 유충이 나무껍질 밑을 식해한다.
    • 쇠약한 나무나 벌채한 나무에 기생하지만 대발생할 때는 건전한 나무도 가해하여 고사시키기도 한다.
    • 신성충은 신초를 뚫고 들어가 고사시킨다. 고사된 신초는 구부러지거나 부러진 채 나무에 붙어 있는데 이를 후식피해라 부른다.

ⓒ 생 태
- 연 1회 발생하지만 봄과 여름 두 번 가해한다.
- 지재부 수피 틈에서 월동한 성충이 3월 하순~4월 초순에 평균기온이 15℃ 정도 2~3일 계속되면 월동처에서 나와 쇠약목, 벌채목의 나무껍질에 구멍을 뚫고 침입한다.
- 암컷성충이 앞서서 천공하고 들어가면 수컷이 따라 들어가며 교미를 끝낸 암컷은 밑에서 위로 10cm가량의 갱도를 뚫고 갱도 양측에 약 60여 개의 알을 낳는다.
- 산란기간은 12~20일이다.
- 부화한 유충은 갱도와 직각방향으로 내수피를 파먹어 들어가면서 유충갱도를 형성한다.
- 유충기간은 약 20일이고 2회 탈피한다.
- 유충은 5월 하순경에 갱도 끝에 타원형의 용실을 만들고 목질섬유로 둘러싼 후, 그 속에서 번데기가 되며 번데기기간은 16~20일이다.
- 신성충은 6월초부터 수피에 원형의 구멍을 뚫고 나와 기주식물로 이동하여 1년생 신초 속을 위쪽으로 가해하다가 늦가을에 기주식물의 지제부 수피틈에서 월동한다.

〈소나무좀 생활경과표〉

충 태	월											
	1	2	3	4	5	6	7	8	9	10	11	12
유 충												
번데기												
성 충												
알												

ⓓ 방제방법
- 이목설치 및 제거·소각 : 2~3월에 이목(먹이나무 : 반드시 동기에 채취된 것으로 사용하여야 함)을 설치하여, 월동성충이 여기에 산란하게 한 후, 5월에 이목을 박피하여 소각한다.
- 수피제거 : 동기채취목과 벌근에 익년 5월 이전에 껍질을 벗겨서 번식처를 없앤다.
- 고사목벌채
  - 수세가 쇠약한 나무, 설해목 등 피해목 및 고사목은 벌채하여 껍질을 벗긴다.
  - 임목 벌채를 하였을 경우에는, 임내 정리를 철저히 하여 임내에 지조(나뭇가지)가 없도록 하고 원목은 반드시 껍질을 벗기도록 한다.

② 애소나무좀[*Myelophilus minor*(Hartig)]
　㉠ 가해수종 : 적송, 흑송, 잣나무 및 그 밖의 소나무류
　㉡ 피해 : 인피부와 신소를 가해
　㉢ 생태
　　• 1년에 1회 발생하며, 성충으로 월동하는데 소나무좀과 같이 기온이 15℃ 이상이 되면 월동처에서 나와 수간에 구멍을 뚫고 산란한다.
　　• 유충갱은 비교적 짧아 2~3cm 정도로 모갱에서 상하로 분지한다.
　　• 산란수는 20~40개이며 5~6월에 용화한다. 용실은 유충갱 끝의 변재부에 만들어진다.
　　• 성충은 7월 상・중순에 우화하며, 기생부위는 수간의 상위에 박피부이다.
　　• 성충은 만 1년생지에 침입하여 수질부를 가해하며, 8~9월이 되면 당년생지도 가해한다.
　㉣ 방제방법
　　• 간벌을 하여 피압목, 불량목, 풍설해목, 병해목 등은 될 수 있는 대로 빨리 벌채하여 껍질을 벗긴다.
　　• 고사 직전의 나무는 이 해충이 용화하기 전에 박피・소각한다.
　　• 피해림 부근에서는 벌채목을 빨리 임외로 반출하고, 심할 때에는 벌채 후 나무그루도 박피한다.
　　• 유치목에 의하여 구제한다.
　　• 수중저목을 한다.
　　• BHC 수화제는 기피효과가 있다.
　　• 천적을 보호한다.

③ 노랑애나무좀[*Cryphalus fulvus*(Niijima)]
　㉠ 가해수종 : 적송, 흑송, 잣나무 및 그 밖의 소나무류
　㉡ 생태
　　• 성충은 4월 중순경부터 활동하며, 주로 작은 통나무 가지에 구멍을 뚫고 인피부에 불규칙한 원형의 교미실을 만들며, 이것을 중심으로 좌우 1~2cm의 횡갱을 만들어 모갱으로 한다.
　　• 산란수는 20개 내외이고 괴상으로 산란하며, 부화유충은 모갱을 따라 적당한 위치에 이동한 후 모갱과 직각방향으로 가행한다.
　㉢ 방제방법
　　• 자가용 신재로 쓰이는 솔가지가 이 해충을 전파시키는 요인이 되므로 주의가 필요하다.
　　• 그 밖의 방제법은 애소나무좀의 경우와 같다.

④ 왕소나무좀[*Ips cembrae*(Heer)]
　㉠ 가해수종 : 일본잎갈나무, 전나무, 적송, 분비나무 등
　㉡ 생태
　　• 1년에 1~3회 발생하며, 지방에 따라 발생횟수에 차이가 있다.
　　• 수간의 후피부에 기생하며 성충으로 월동한다.
　　• 암컷이 2마리인 때에는 모갱은 후종갱이지만, 암컷의 수에 따라 3~5개의 모갱을 다소 방사상으로 만든다.
　　• 산란수는 30~40개이며 월동은 벌근의 수피하에서 한다.

ⓒ 방제방법
- 벌채목을 임내에 오래 두지 않도록 한다.
- 벌목 후 곧 박피하든지 또는 벌목처리를 한다.

⑤ 소나무노랑점바구미[*Pissodes nitidus*(Roelofs)]
  ㉠ 가해수종 : 소나무, 곰솔, 스트로브소나무, 리기다소나무 등
  ㉡ 생태 : 1년에 1회 발생하며, 성충은 4~6월 중에 우화하고 유충으로 월동한다.
  ㉢ 방제방법
    - 간벌로 불량목을 제거한다.
    - 쇠약목에 선택적으로 산란하므로 산란 후 박피하여 태운다.
    - 그 밖에 나무좀류의 방제법을 적용한다.

⑥ 소나무흰점바구미[*Shirahoshizo insidiosus*(Roelofs)]
  ㉠ 가해수종 : 소나무, 곰솔 및 그 밖의 소나무류
  ㉡ 생 태
    - 1년에 1~2회 발생하는 듯하며 성충의 출현기간은 4~10월로 매우 길다.
    - 유충 또는 성충으로 월동하고 성충은 후피부표피의 갈라진 틈에 알을 1개씩 낳는다.
    - 유충은 수피 하에 천입하여 인피부를 불규칙하게 가해하며 노숙유충은 갱도의 끝에 말굽 모양의 홈을 파고 그 중앙에 목질섬유로 용실을 만든다.
  ㉢ 방제방법 : 소나무노랑점바구미의 방제법과 같다.

⑦ 점박이수염긴하늘소[*Monochamus resenmulleri*(Cederjelelm)]
  ㉠ 가해수종 : 가문비나무, 구상나무 등
  ㉡ 생 태
    - 2년에 1회 발생하며, 성충은 6월 중순경부터 나타나 9월 하순경까지 출현하고 최성기는 7월 하순~8월 하순이다.
    - 성충은 벌목후지와 같은 햇볕이 잘 드는 곳에 모여 수간부나 벌근의 껍질을 물어 뜯어 그 속에 알을 1개씩 낳는다.
    - 산란수는 약 25개이며, 부화유충은 수피 하를 불규칙하게 먹고, 형성층과 변재부의 상층을 먹으며, 그곳을 가루모양의 똥과 목섬유로 채운다.
    - 자람에 따라 심재부를 향해 깊이 먹어 들어가다 다음에 주축방향으로 먹어 들어간다.
    - 노숙하면 다시 외측으로 돌아와 목질섬유로 앞뒤를 막아 용실을 만들어 용화한다.
    - 우화성충은 수피에 원형의 구멍을 뚫고 탈출한다. 성충은 가문비나무, 구상나무 등의 작은 가지의 연한 껍질부분을 가해한다.
  ㉢ 방제방법
    - 성충을 포살한다.
    - 유충이 심재부까지 들어가기 전에 떡메나 망치로 식입부를 쳐서 죽인다.
    - 침엽수와 활엽수의 혼효림에서는 치수에 대한 후식피해를 막을 수 있다.

- 햇볕이 잘 드는 곳에 피해가 있으므로 택벌작용 시 지형이나 혼효, 활엽수 등과의 관계를 잘 생각하여 햇볕이 드는 시간을 줄인다.
- 유치목에 의한 적극적인 방제를 꾀한다. 즉, 6월 중순경까지 유치목으로 생목을 임지에 방치·산란시킨다. 이때에는 햇볕이 잘 드는 양지바른 곳에 설치한다.
- 딱따구리를 비롯한 새의 종류는 유력한 천적이다.

⑧ 미끈이하늘소[*Mallambyx raddei*(Blessig)]

㉠ 가해수종 : 참나무, 밤나무 등

㉡ 생 태
- 성충은 7~8월에 나타나 수피를 물어뜯고 그 속에 산란한다.
- 산란장소는 소경목에서는 지상 2m 이하에 많으나 대경목에서는 2~4m 내에 많다.
- 처음에 유충은 형성층을 가해하지만 성장하면 변재부를 가해하며, 다음 해 6월경부터 수평방향으로 깊이 들어가 심재부에 도달한 후 수직으로 구멍을 뚫어 그 끝에 용실을 만들고 머리를 위로 하여 용화한다.
- 2년에 1회 발생한다고 한다.

㉢ 방제방법
- 성충을 포살한다.
- 피해목을 발견하였을 때에는 칼로 구멍의 입구를 찾아 가는 철사를 넣어 찔러 죽이거나 이황화탄소를 주입한다.
- 밤나무나 과수원에서는 봄에 석회황합제를 나무줄기에 살포한다.

⑨ 측백하늘소[*Semanotus bifasciatus*(Motschulsky)]

㉠ 가해수종 : 향나무, 연필향나무, 편백, 측백나무, 나한백 등

㉡ 생 태
- 성충은 3~4월에 나타나며, 줄기나 가지의 껍질을 물어뜯고 산란한다.
- 부화유충은 수피 하에 불규칙하고 편평한 구멍을 뚫으며, 갱도 내를 똥과 목질섬유로 채운다.
- 9월경 노숙하면 변재부로 약간 들어가 나무톱밥으로 만든 용실에서 용화하고 10월경 우화하지만 성충은 그대로 월동한다.
- 1년에 1회 발생하며, 다른 하늘소류와는 달리 똥을 밖으로 내보내는 일이 없어 피해를 찾기 어렵다.

㉢ 방제방법
- 피해지나 피해수간을 10월부터 다음 해 2월까지에 채취하여 태운다.
- 3월 중순~4월 중순에 BHC 2% 분제를 뿌려 산란을 막는다.
- 4월 상·하순에 침투성유기인제를 뿌려 부화 직후의 유충을 죽인다.
- 건전목은 쇠약목보다 피해가 적으므로 나무의 생육을 돕는 방법을 강구한다.

⑩ 알락박쥐나방[*Phassus signifer*(Walker)]
  ㉠ 가해수종 : 삼나무, 메타세쿼이어, 오동나무, 오리나무, 미루나무류, 호두나무, 참나무, 밤나무 등
  ㉡ 생 태
    • 2년에 1회 발생하며, 성충은 8월 하순~9월 하순에 발생하고, 알은 공중에서 날아가며 떨어뜨린다.
    • 산란수는 대단히 많아 3,000~5,000개라고 한다.
    • 유충은 여러 가지 초목의 줄기에 파고 들어가서 먹고 자라다가 지하 약 2cm인 곳에서 월동하여 다음해 봄에 나무로 가서 목질부로 파고 들어간다.
    • 들어간 구멍은 톱밥 같은 것을 철하여 막고 있다. 구멍을 처음에는 수평으로 다음에는 수직으로 주로 위를 향하여 판다.
  ㉢ 방제방법
    • 임내를 순시하면서 먹어 들어간 구멍을 찾아 BHC를 주입한다.
    • 임재의 하예작업을 철저히 실시하여 유충이 기생하는 초본류을 제거한다.

⑪ 박쥐나방[*Phassus excrescens*(Butler)]
  ㉠ 가해수종 : 버드나무, 미루나무, 단풍나무, 플라타너스, 아까시나무, 밤나무, 참나무, 오동나무
  ㉡ 생 태
    • 1년에 1회 발생하며, 알로 월동한다.
    • 8~10월에 성충이 우화하여 공중을 날면서 알을 떨어뜨린다.
    • 부화유충은 여러 가지 초본식물의 줄기에 구멍을 뚫고 가해하다가 나무로 이동하여 가지의 껍질을 환상으로 먹고 또는 실로 철하면서 파먹어 들어가 수부에 도달하게 된다.
  ㉢ 방제방법
    • 임내를 순시하면서 먹어 들어간 구멍을 찾아 BHC를 주입한다.
    • 임내의 하예작업을 철저히 실시하여 유충이 기생하는 초본류을 제거한다.

⑫ 소나무순명나방[*Dioryctria abietella*(Schiffermuller)]
  ㉠ 가해수종 : 소나무, 곰솔
  ㉡ 생 태
    • 1년에 2회 발생하며, 성충은 6월과 8~9월에 우화한다.
    • 성충이 새순, 만 1년생지, 2년생지 또는 새 솔방울에 산란하고 유충이 속으로 파먹어 들어간다.
    • 외부에는 똥이 밀려 나와 있으며, 유충으로 월동한다.
  ㉢ 방제방법
    • 피해지를 제거・소각한다.
    • 새・기생봉・경화균 등의 천적이 있다.

(4) 종실을 가해하는 해충

① 밤바구미[*Curculio dentipes*(Roelofs)]
  ㉠ 가해수종 : 밤나무
  ㉡ 생 태
  - 1년에 1회 발생하며, 성충은 7~8월에 나오고 주둥이로 밤에 구멍을 뚫어 알을 입으로 구멍에 옮긴다.
  - 1개의 밤에 1~3개의 알을 낳는다.
  - 부화 유충은 열매의 내부를 먹고 자라 가을에 밤이 익을 때를 맞추어 유충도 성숙하여 땅에 떨어져 땅속에서 월동하고 다음 해 7월경 용화한다.
  ㉢ 방제방법
  - 과실을 수선하여 피해과와 건전과를 구별해서 위에 뜬 것은 불에 태운다.
  - 수확 후의 밤을 이황화탄소로 훈증한다. 과실 1kg에 이황화탄소 18mL 정도를 넣고 밀폐하여 24시간 훈증한다. 이때 약이 밤에 직접 닿지 않도록 한다.

② 밤나방[*Laspeyresia kurokoi*(Amsel)]
  ㉠ 가해수종 : 밤나무
  ㉡ 생 태
  - 1년에 1회 발생하며, 유충으로 고치 속에서 월동하고, 월동유충은 8월에 번데기가 되며, 성충은 8월 하순~9월 상순에 나타나 밤송이 근처의 잎 뒷면에 알을 낳고, 부화유충은 밤송이 속으로 들어가 밤을 먹고 자란다.
  - 노숙하면 밤에서 나와 땅속에 고치를 만들고 그 속에서 월동한다. 밤바구미와 달리 똥을 배출한다.
  ㉢ 방제방법 : 수확 후 메틸브로마이드로 훈증한다.

③ 복숭아명나방[*Dichocrocis punctiferalis*(Guenee)]
  ㉠ 가해수종 : 다식성 해충으로 과수형과 침엽수형에 따라 다르다.
  - 침엽수형 : 소나무, 해송, 리기다소나무, 잣나무, 전나무 등
  - 과수형 : 밤나무, 상수리나무, 복사나무, 벚나무, 자두나무, 배나무, 사과나무, 무화과, 감나무, 감귤나무, 석류나무
  ㉡ 피 해
  - 침엽수형
    - 소나무류 중 5엽송(잣나무)에 특히 피해가 많다.
    - 유충이 신초에 거미줄로 집을 짓고 잎을 식해하며, 벌레똥을 붙여놓는다.
  - 과수형
    - 밤에 대한 피해증상은 어린 유충이 밤송이의 가시를 잘라먹기 때문에 밤송이 색이 누렇게 보이고 성숙한 유충은 밤송이 속으로 파먹어 들어가면서 똥과 즙액을 배출하여 거미줄로 밤송이에 붙여 놓으므로 피해가 쉽게 발견된다.
    - 밤을 수확하였을 때 외관상 벌레구멍이 있는 것은 대부분 해충의 피해이다.

ⓒ 생태 : 연 2~3회 발생한다.
- 침엽수형
  - 침엽수형은 충소 속에서 중령유충으로 월동하여 5월부터 활동하며 1화기 성충은 6~7월, 2화기 성충은 8~9월에 우화한다.
  - 유충이 신초에 거미줄로 집을 짓고 잎을 식해하며 벌레똥을 붙여놓는다.
- 과수형
  - 유충이 나무 줄기의 수피 틈의 고치 속에서 월동하여 4월 하순경부터 활동하고 5월 하순경에 번데기가 된다.
  - 1화기 성충은 6월에 나타나 복숭아, 자두, 사과 등 과실에 산란하며 한 마리가 여러 개의 과실을 식해한다.
  - 2화기 성충은 7월 중순~8월 상순에 우화하여 주로 밤나무 종실에 1~2개씩 산란한다.
  - 알기간은 6~7일 정도이며 어린 유충은 밤 가시를 식해하다가 성숙해지면 과육을 식해한다.
  - 유충가해기간은 기주식물에 따라 차이가 많이 나는데 밤의 경우는 약 13일 정도이며 모과의 경우는 약 23일 내외이다. 10월경에 줄기의 수피 사이에 고치를 짓고 그 속에서 유충으로 월동한다.
- 번데기 기간은 13일 내외이다.

ⓓ 방제방법
- 밤나무의 경우 7월 하순~8월 중순 사이에 메프유제(50%), 파프유제(47.5%), 디프수화제(80%), 트랄로메스린유제(1.3%), 프로시유제(5%), 클로르플루아주론 액상수화제(10%), 피레스유제(5%) 등을 1~2회 살포한다.
- 유충이 과육을 식해하기 시작한 후에는 방제효과가 떨어지므로 어린 유충기에 방제하여야 한다.
- 침엽수형의 경우는 유충이 충소 속에서 은폐하고 있어 약제살포 효과가 낮으므로 유충기에는 위 약제를 500배 정도로 살포하고 성충발생시기에는 1,000배액을 7~10일 간격으로 2~3회 살포하며, 충소를 제거하는 것도 효과적이다.
- 복숭아명나방 성페로몬 트랩을 ha당 5~6개씩 일정 간격으로 통풍이 잘되는 곳에 1.5m 정도의 높이에 달면 성충 발생 시기를 정확히 예측할 수 있고 어느 정도의 방제효과도 볼 수 있다.

(5) 기타 주요해충

그 외의 주요해충으로는 가루나무좀[*Lyctus brunneus*(Stephens)]이 있다.

① 피 해
ⓐ 대나무, 가구, 건물 및 기타 활엽수의 건재나 가공품 등에 구멍을 뚫고 들어가 표면만 남기고 내부를 불규칙하게 먹는다.
ⓑ 심재부보다 변재부를 좋아하며, 성충의 우화공이 발견되기 전에는 발견이 어렵다.
ⓒ 피해부는 엷은 황갈색의 아주 고운 가루가 되어 버린다.

② 생 태
　㉠ 1년에 1회 발생하며, 유충으로 월동한다.
　㉡ 성충은 5~8월에 임목표면에 원형의 소공을 만들고 나오는데 우화최성기는 6월 하순이며, 밤에만 활동한다.
　㉢ 암컷은 물관의 절단면에 산란관을 꽂고 1~4개의 알을 낳는다.
　㉣ 부화유충은 알껍질을 먹고 2령충이 되면 물관방향으로 가해한다. 갱도는 극히 고운 가루로 채워진다.
　㉤ 노숙유충은 용실을 만들기 위해서 표면 가까이로 이동하여 월동하며, 다음 해 4~5월에 용화한다.
　㉥ 심한 피해를 입었을 때에는 껍질부분만 남고 속은 나무가루로 채워진다.

③ 방제방법
　㉠ 변재부의 피해가 심하므로 가공 시 변재부를 제외하도록 노력한다.
　㉡ 가구재나 표면을 매끈하게 해 둔다.
　㉢ 표면에 나타난 물관의 절단부를 니스를 칠하거나 착색시켜도 무방한 때에는 염화아연, 불화나트륨 등을 칠한다.
　㉣ 훈증제로 훈증하거나 건열·습열 처리한다. 목재수침도 효과적이다.
　㉤ 재목 중의 전분질을 감소시킨 다음에, 또는 윤상박피를 하여 나무를 죽인 다음에 벌채한다.

| 주관식 확인문제 | **임업해충** |

※ 다음 빈칸에 적절한 말을 넣거나 묻는 말에 답하시오.

01 사망이나 이동이 없다고 가정하였을 경우 일정시간 내에 출생한 수의 최초 개체 수에 대한 비율로 개체군의 밀도와 관계가 깊은 것은?

┤ 정답적기 ├

02 생태계 내에 살고 있는 어떤 종의 군을 (   )(이)라고 하며, 개체군의 존속·번영 및 진화와 직접적인 관계가 있는 부분은 (   )이다.

┤ 정답적기 ├

03 임업해충의 이동 중 한 곳에서 다른 곳으로 이주했던 것이 다시 제자리로 돌아오는 이동은?

┤ 정답적기 ├

04 임업해충의 기계적 방제법 중 묘포에서 쓸 수 있는 것으로, 풍뎅이류, 잎벌류 및 땅속에서 월동하는 해충을 가을에 깊이 갈아 저온으로 죽게 하거나 또는 봄에 갈아 노출된 것을 새 등이 포식하게 하고 깊이 묻힌 것은 우화하지 못하게 하여 죽이는 방법은?

┤ 정답적기 ├

05 살충제의 효력을 충분히 발휘하도록 첨가되는 보조제 중 약제의 고착성을 돕는 약제는?

┤ 정답적기 ├

06 곤충의 생식세포에 장해를 일으켜 알이나 성충이 생식능력을 잃게 함으로써 알이 수정되지 않게 하는 약제는?

┤ 정답적기 ├

07 약제를 쓴 다음 작물체나 인축(人畜)에 생기는 생리적 장해를 넓은 뜻으로 (   )(이)라고 하지만, 좁은 뜻으로는 식물에 대한 것을 말하며 인간에 대한 것은 (   )(이)라고 한다.

┤ 정답적기 ├

08 천적의 종류 중 포충동물은 어류, 양서류, 파충류, 조류, 포유류 등과 같은 (   )와/과, 곤충·거미·응애류 등과 같은 (   )이/가 있다.

┤ 정답적기 ├

09 완전변태하는 곤충류에서만 볼 수 있는 특징은?

　　┤ 정답적기 ├

10 곤충이 알에서부터 성충이 될 때까지 겪는 과정을 (　　)(이)라 한다.

　　┤ 정답적기 ├

주관식 정답

01. 출생률
02. 개체군, 생활계
03. 회귀운동
04. 경운법
05. 전착제
06. 불임제
07. 약해, 중독
08. 척추동물, 절족동물
09. 번데기
10. 생활사

CHAPTER 04 산림병해충 조사·설계·시공·감리

01 조 사

(1) 병해충 발생예보

① 국립산림과학원장이 병해충 발생예보를 발령
② 병해충 발생예보는 발생규모·확산속도 및 피해 정도 등에 따라 관심·주의·경계·심각 단계로 구분
　㉠ 발령구분
　　• 관심(Blue)
　　　- 주요 산림병해충 : 솔잎혹파리, 광릉긴나무좀, 미국흰불나방 등 발생 및 우화시기 예측이 가능한 병해충의 사전 예보(예측 시기를 기점으로 2개월 전 발령)
　　　- 외래·돌발병해충 : 전년도 발생밀도 및 피해가 2개 이상의 시·군·구에서 10ha 이상의 '심' 피해 발생 또는 월동·부화·우화시기 예찰·모니터링 결과 병해충 대발생 우려
　　　- 지방자치단체, 소속기관, 유관기관 및 민간신고 등 외래·돌발병해충 발생정보 입수
　　　- 과거에 외래·돌발병해충이 발생한 시기, 지역 및 수목(임산물 포함)의 이상 징후
　　　- 중국·일본 등 인접 국가에서 대규모 병해충 발생 및 국내유입 징후
　　• 주의(Yellow)
　　　- 당해연도에 1개의 시·군·구에서 20ha 이상 또는 2개 이상의 시·군·구에서 10ha 이상의 외래·돌발병해충 '심' 피해 발생
　　　- 과거에 외래·돌발병해충이 발생한 시기, 지역 및 수목(임산물 포함)에서 지역적 규모의 동종 병해충 발생
　　　- 중국·일본 등 인접국가에서 대규모로 발생한 병해충이 국내로 유입
　　• 경계(Orange)
　　　- 외래·돌발병해충이 다른 지역으로 확산하거나(2개 이상의 시·군) 50ha 이상의 '심' 피해 발생
　　　- 과거에 외래·돌발병해충이 발생한 시기, 지역 및 수목(임산물 포함)에서 지역적 규모로 발생한 동종 병해충이 다른 지역으로 전파
　　　- 중국·일본 등 인접국가에서 대규모로 발생한 병해충이 국내로 유입되어 다른 지역으로 확산
　　• 심각(Red)
　　　- 외래·돌발병해충이 다른 지역으로 전파되어 전국적 확산 징후 또는 100ha 이상의 '심' 피해 발생
　　　- 과거에 외래·돌발병해충이 발생한 시기, 지역 및 수목(임산물 포함)에서 지역적 규모로 발생한 동종 병해충이 다른 지역으로 전파되어 전국적으로 확산 징후
　　　- 중국·일본 등 인접국가에서 대규모로 발생한 병해충이 국내로 유입, 다른 지역으로 전파되어 전국적 확산 징후

- 병해충 발생 피해로 인하여 해당 수목(임산물 포함)의 수급, 가격안정 및 수출 등에 중대한 영향을 미칠 징후
  ⓒ 발령시기 : 피해 발생 전 또는 발생초기를 원칙으로 하나 병해충의 종류·발생규모·확산속도 및 피해 정도 등에 따라 국립산림과학원장이 판단하여 발령

(2) 병해충 방제계획 수립 및 대상목 조사
① 병해충 방제계획 수립
  ㉠ 병해충별 방제계획의 내용
    • 지역 및 병해충 특성에 맞는 방제의 기본 방향
    • 방제 대상 지역 및 일정
    • 방제 대상 병해충의 종류
    • 구체적인 방제의 내용과 그 밖에 방제에 필요한 사항
  ㉡ 주요 병해충의 방제계획을 수립할 때에는 다음 기준에 따라 병해충별, 방제 지역별로 구분하여 방제계획을 수립하여야 한다.
    • 생태적으로 건강하고 지속가능한 산림경영이 이루어지도록 할 것
    • 사람이나 환경에 미치는 영향이 적은 방제방법을 적용할 것
    • 산림병해충의 생태를 이해하고, 적기에 적절한 방제방법을 적용할 것
    • 발생한 산림병해충에 효과적이며 적용가능한 약제를 선택하고, 산림병해충 방제 농약 등의 안전사용지침을 준수할 것
② 대상목 조사
  ㉠ 조사의 기본원칙은 전수조사를 원칙으로 하지만 다음의 경우에는 표준지(조사, 측정, 평가 등의 기준이 되는 지역)조사를 할 수 있다.
    • 해당 임분(주위의 산림과 구분하는 숲의 범위) 전체에 나무주사 등 방제사업을 실행하는 경우
    • 임업적 방제를 하는 경우
    • 긴급히 방제를 하여야 하는 경우 등 전수조사를 할 시간적 여유가 없는 경우
  ㉡ 전수조사한 피해고사목 등에 대해서는 GPS 좌표(GRS80, 중부원점 기준)를 취득하여 설계·시행 등에 활용하고 '산림병해충 통합관리시스템'에 등록 관리하여야 한다. 다만, 표준지 조사를 하는 경우에는 사업 완료 후에 피해고사목 등에 대한 GPS 좌표를 취득하여 등록 관리할 수 있다.
  ㉢ 방제 대상목 조사는 다음과 같은 방법으로 실시
    • 방제 대상목을 가슴높이지름 2cm 괄약(측정값의 유효 폭)으로 측정하여 이를 야장(야외조사 결과 기록지)에 기록
    • 작업량 산정·약제량 산정 등을 위하여 수고(나무높이)조사가 필요한 경우에는 수고조사방법에 따라 나무높이를 측정
    • 임업적 방제(모두베기 및 소구역 모두베기는 제외)를 하는 경우에는 벌채 대상목 또는 존치대상목에 대한 나무 선별을 하고 사업을 실행. 다만, 긴급방제를 하는 경우에는 나무 선별과 방제를 동시에 실행 가능

- 벌채 대상목 나무 선별은 가슴높이지름이 10cm 이상인 나무를 대상으로 할 것
ㄹ) 제거 대상 피해목 등의 표시
  - 제거 대상 피해목 등 벌채 대상목은 적색 임업용 마킹테이프 또는 친환경성 수성페인트로 표시
  - 벌채를 하지 않는 롤트랩 설치목 등은 황색 임업용 마킹테이프 또는 친환경성 수성페인트로 표시
  - 방제구역 등 경계표시는 흰색 임업용 마킹테이프 또는 친환경성 수성페인트로 표시
ㅁ) 표준지 조사
  - 표준지 조사비율은 사업대상지 면적의 1%를 기준으로 한다. 다만, 사업대상지가 분산되어 있는 경우 또는 모두베기를 하는 경우에는 2%까지 적용할 수 있다.
  - 표준지의 크기 및 조사방법 등은 다음과 같다.
    - 표준지 크기는 개소 당 200~400m^2(10×20m, 20×20m 사각형 또는 반지름 8.0m, 11.3m 원형 표준지)로 한다.
    - 표준지는 사업대상지를 표시한 지형도상에서 최대 200×200m 격자상의 교차점에서 400m^2의 표준지를 일정 간격으로 교차점에 배치. 다만, 격자의 간격이나 표준지의 간격은 임지(숲)상태에 따라 조정 가능
    - 일정 격자의 교차점에서 표준지 배치가 불가능할 경우에는 상하좌우 50m 범위 내에서 표준지 위치를 조정할 수 있으며, 사업대상지가 작은 면적으로 분산되거나 임상(숲의 형태)이 다를 경우에는 그 임분의 표준이 되는 곳에 표준지를 배치하고 GPS를 이용하여 좌표를 기록
ㅂ) 수고조사
  - 벌채를 수반하는 방제를 하는 경우에는 수고조사를 실시하여야 한다. 다만, 벌채 대상목의 나무 종류별 수량이 100m^3 이하인 경우(직영벌채는 300m^3 이하인 경우)에는 수고조사를 생략하고 유사임분에 대한 과거의 사례, 기타 매각실적 등을 감안하여 결정할 수 있다.
  - 수고조사 대상목은 벌채 구역내(표준지 조사를 하는 경우에는 표준지 내)에서 입목의 생육상황 등 입지여건을 감안하여 고루 선정하여 벌채 대상목의 경급(나무지름크기)별로 각각 3본 이상을 측정하여 수고곡선을 작성하고, 벌채 대상목의 경급별 평균수고를 결정하여야 한다.
  - 벌채 대상목의 수량이 적은 경우라도 수고조사를 필요로 할 때에는 매목측정을 하여야 한다.
ㅅ) 감리 표준지 조사 : 표준지 조사비율은 사업대상지 면적의 0.5% 이상으로 하며 표준지의 크기 및 조사방법 등은 표준지 조사와 동일하다.

02 설계

(1) 방제사업의 설계

① 기본설계와 실시설계로 구분하고, 기본설계를 한 후 이에 기초하여 실시설계를 한다. 다만, 산림청장 또는 예찰·방제기관의 장이 방제사업의 신속한 추진이 필요한 경우 등 기본설계를 따로 작성할 필요가 없다고 인정하는 경우에는 기본설계를 하지 아니하고 기본설계의 내용을 포함하여 실시설계를 할 수 있다.

② 기본설계에는 다음의 사항이 포함되어야 한다.
  ㉠ 방제대상지의 위치와 사업면적
  ㉡ 해당 산림에 대한 산림소유자의 요구사항
  ㉢ 실시설계의 방침 및 방제사업의 예산 규모
  ㉣ 그 밖에 방제사업 기본설계에 필요한 사항
③ 실시설계에는 다음의 사항이 포함되어야 한다.
  ㉠ 방제대상지별 작업방법
  ㉡ 사업비 산출
  ㉢ 방제작업의 소요인력 및 장비운용 계획
  ㉣ 산림병해충 발생 및 방제계획 도면
  ㉤ 그 밖에 방제사업 추진에 필요한 사항

03 사업 실행

(1) 현장대리인의 자격요건
① 기술초급 이상 산림경영기술자
② 해당 업무 실무경력이 2년 이상인 기능2급 이상 산림경영기술자(국유림만 해당)
③ 나무의사 또는 해당 업무 실무경력이 2년 이상인 수목치료기술자(나무병원만 해당)

(2) 현장대리인의 배치
하나의 사업장에 1인의 현장대리인을 두는 것을 원칙으로 한다. 다만, 다음에 해당하는 경우에는 발주자의 승인을 받아 사업의 품질 및 안전에 지장이 없고 600ha를 초과하지 않는 범위 내에서 3개 이내의 사업장을 통합하여 1인의 현장대리인을 배치할 수 있다.
① 사업장이 동일 특별시·광역시에 위치하는 경우
② 사업장이 동일 시·군에 위치하는 경우
③ 사업장이 제주특별자치도에 위치하는 경우

(3) 작업원
솎아베기 및 소구역 골라베기로 실행하는 산림병해충 방제사업은 전체 작업인원의 50% 이상이 산림경영기술자 기능2급 이상이어야 한다. 다만, 산주, 독림가와 임업후계자가 직접 실행하는 솎아베기 및 소구역골라베기로 실행하는 산림병해충 방제사업은 산림경영기술자 기능2급 이상인 자가 전체 작업인원 중 30% 이상이어야 한다.

(4) 관련서류

① 사업시행자는 방제사업을 착수하기 전에 다음의 사업착수 관련 서류를 감리자에게 제출하여 사전검토를 받은 후 감독자를 경유하여 발주자에게 제출하여야 하며, 감리자는 사업시행자가 제출한 사업착수 관련 서류의 적정성 여부를 검토하여 5일 이내에 발주자에게 보고하여야 한다.
　㉠ 착수계
　㉡ 장비·인력 투입계획 등 작업계획서
　㉢ 현장대리인 선임 및 재직증명, 작업원의 명단 및 자격증명 등 작업원 운영계획서
　㉣ 안전관리책임자의 선임, 안전관리 조직편성, 안전관리비사용계획, 정기안전 점검계획, 사고발생 시 처리계획 및 자격증명 등 안전관리계획서

② 사업시행자는 방제사업 실행이 완료된 후에 다음의 사업완료 관련 서류를 감리자에게 출하여 검토·확인을 받은 후 감독자를 경유하여 발주자에게 제출하여야 한다.
　㉠ 완료계
　㉡ 사업완료 검사신청서
　㉢ 그 밖에 발주기관의 장이 요구하는 사항

(5) 일정관리

① 사업시행자는 계약서에 명기된 기간 내에 작업을 완료하기 위하여 작업계획서에 따라 사업을 실행하여야 한다.

② 사업시행자는 천재지변 등으로 인하여 계약기간 연장이 필요할 때에는 수정된 사업실행예정표, 연기사유 등을 첨부하여 감리원의 검토·확인을 받은 후 감독자를 경유하여 발주자에게 서면으로 계약기간 연장을 신청할 수 있으며, 감리원은 사업시행자가 계약기간 연장신청을 할 경우에는 이의 타당성을 검토·확인하고 검토의견서를 작성하여 발주자에게 제출하여야 한다.

③ 감독자 및 감리원은 각 세부공정별 주요 업무, 기술력을 요구하는 공정, 하자 발생이 우려되는 공정 등에 대하여 수시로 점검을 하여야 한다.

(6) 품질관리

① 사업시행자는 설계상의 대상면적과 사업량이 현장과 차이가 생길 경우에는 감리원과 합동으로 현장확인·검토를 하여야 한다.

② 현장 확인·검토 결과는 감독자에게 지체없이 보고하고 감독자의 지시에 따라 설계변경 등의 조치를 취하여야 한다.

③ 방제사업이 부실하여 감독자 또는 감리원이 재작업을 지시할 경우에 사업시행자는 지시 내용에 따라야 하며, 감리원은 작업결과를 확인하고 지적사항의 이행 여부를 감독자에게 보고하여야 한다.

④ 사업시행자는 작업과정을 동일한 장소에서 전·중·후 및 원·근경으로 촬영한 사진을 제출하여야 한다.

⑤ 사업시행자는 작업일지를 기록하고 감리원 및 감독자가 요구할 경우 제출하여야 한다.

(7) 안전관리

① 작업원의 안전에 관한 모든 법규의 운영과 적용은 사업시행자의 책임 하에 이루어지고 작업원의 모든 행위에 대한 책임은 사업시행자가 진다.
② 사업시행자는 안전관리계획서에 따라 다음의 내용을 포함하여 관련 법규에 따라 안전관리에 관한 조치를 하여야 하며, 안전교육을 실시한 경우 안전교육일지에 기록·비치하여야 한다.
  ㉠ 작업원 등 작업장에 들어가는 자에 대한 안전장비 착용 여부의 확인
  ㉡ 유류, 체인톱 등 각종 위험물의 사용법 교육
  ㉢ 농약관리법에 따른 약제의 안전관리기준 및 취급제한기준에 대한 교육(약제를 사용하는 경우에 한한다)
  ㉣ 안전사고 예방을 위하여 통행자 또는 작업원의 작업장내의 이동에 관한 교육 또는 호루라기 등의 소지 여부 점검
  ㉤ 구급낭 등 응급조치에 필요한 약제 비치
  ㉥ 그 밖의 안전관리에 필요한 사항이나 계약에서 명시된 사항
③ 사업시행자는 방제사업의 안전사고 예방, 주변지역의 피해방지 등을 위하여 다음의 조치를 하여야 한다.
  ㉠ 방제 작업장 내 또는 인근지역을 차량 및 사람이 안전하게 통행할 수 있도록 사업실행 기간 중에 간이 입간판을 설치할 것
  ㉡ 약제를 살포하는 경우에는 사전에 약제사용 목적, 사용일자, 방제지역, 방제면적, 사용약제를 기재한 현수막을 등산로 입구 등 식별이 용이한 곳에 설치할 것
  ㉢ 다음의 지역에서 발생하는 방제산물은 우선적으로 최대한 수집하여 활용하거나 안전한 구역으로 이동하여야 함.
    - 폭 3m 이상 계곡부로부터 계곡부 홍수위 폭 만큼의 거리 이내 지역
    - 호소 등 수변부의 만수위와 하천의 홍수위로부터 30m 이내 지역 또는 산물이 유입될 수 있는 집수유역 안의 지역
    - 도로·임도·농경지·택지로부터 30m 이내 지역
    - 소나무류 반출금지구역내의 소나무류 벌채산물은 전량 방제 처리
  ㉣ 사업시행자는 산재보험 등 보험가입내역, 안전관리비 사용내역서와 안전 점검표, 안전교육일지 등을 작성·보관하여야 한다.
  ㉤ 사업시행자는 사업실행 중에 일어나는 모든 안전사고를 감리원과 감독자에게 즉시 보고하고 필요한 조치를 하여야 한다.

(8) 재해방지

① 작업장과 그 주변 산림에 대한 산불예방 활동을 철저히 하고 산불발생 시에는 진화에 적극 참여
② 작업장에 인접해 있는 수리시설 및 농작물에 지장이 없도록 사업을 실행
③ 방제산물을 수집하기 위하여 시설한 작업로 등이 산사태와 침식이 발생하지 않도록 배수시설 등 피해예방 조치

(9) 작업장 관리

사업시행자는 작업이 완료되었을 경우 완료검사 이전에 다음에 대하여 적절한 조치를 하여야 한다.
① 임도 등 도로(작업을 위해 개설한 작업로 포함) 및 등산로 등은 이용에 지장을 주지 않도록 산물을 정리
② 작업 중 발생한 폐유·폐자재 및 기자재는 전량 수거하여 적법한 처리 절차를 통해 폐기 등의 처분
③ 작업장 주변에 훼손된 산림보호 홍보물, 현수막 등 철거가 필요한 것은 수거하여 처리
④ 작업장 내 묘지 주변은 방제 산물로 인하여 피해가 발생하지 않도록 정리
⑤ 그 밖에 감리원, 감독자 등의 지시사항과 사업실행으로 인하여 제기된 민원에 대하여 필요한 조치

04 감리

(1) 방제사업의 감리기준
① 설계도서가 해당 지형 등에 적합한지 여부
② 산림병해충 방제 약제의 적정 사용 여부
③ 방제사업자가 관계 법령 및 설계도서에 따라 적합하게 방제하는지 여부
④ 방제현장에서의 재해 예방 및 안전관리 지도
⑤ 설계변경의 타당성 검토
⑥ 그 밖에 감리 및 방제사업 계약으로 정하는 사항

(2) 감리원의 업무범위
① 실시설계 내용의 사전검토
② 실시설계 내용의 현장조건 적합성 등의 사전검토
③ 나무 선별의 적정성 확인
④ 작업계획, 작업원 운영계획의 검토 및 공정관리
⑤ 방제약제의 적정성 등 사용자재의 적합성 검토
⑥ 산물처리의 적정성 확인
⑦ 설계변경에 관한 사항 검토
⑧ 재해방지 및 작업장관리 지도
⑨ 안전관리계획의 검토·확인 및 안전관리 지도
⑩ 방제방법별 방제 적정성 검사 및 예비준공검사
⑪ 발주자가 용역 계약 또는 현장 점검 시 요구한 사항
⑫ 그 밖에 방제사업의 질적 향상을 위하여 필요한 사항

⟨산림기술자의 종류, 자격 요건 및 업무 범위(산림기술 진흥 및 관리에 관한 법률 시행령 [별표 3])⟩

기술 종류	기술 등급	자격 요건	업무 범위

산림경영기술자	기술 특급	국가기술자격법에 따른 산림기술사의 자격을 가진 사람	1. 산림 조사 및 산림경영계획서 작성
			2. 다음의 산림사업 설계·시공 및 감리
			  가. 조림, 숲가꾸기, 벌채 등 산림의 조성·육성 또는 이용을 위하여 시행하는 사업(이하 '산림조성사업')
			  나. 산림병해충 방제사업
			  다. 산림욕장의 조성사업
			  라. 도시숲 등 조성·관리사업

	기술 고급	1. 국가기술자격법에 따른 산림기사의 자격을 가진 사람으로서 해당 전문분야의 관련 업무를 6년 이상 수행한 사람 2. 국가기술자격법에 따른 산림산업기사의 자격을 가진 사람으로서 해당 전문분야의 관련 업무를 9년 이상 수행한 사람	
	기술 중급	1. 국가기술자격법에 따른 산림기사의 자격을 가진 사람으로서 해당 전문분야의 관련 업무를 3년 이상 수행한 사람 2. 국가기술자격법에 따른 산림산업기사의 자격을 가진 사람으로서 해당 전문분야의 관련 업무를 6년 이상 수행한 사람	
	기술 초급	1. 국가기술자격법에 따른 산림기사의 자격을 가진 사람 2. 국가기술자격법에 따른 산림산업기사의 자격을 가진 사람	
	기능 특급	국가기술자격법에 따른 산림기능장의 자격을 가진 사람	다음의 산림사업 시공 및 관리 1. 산림조성사업 2. 산림병해충 방제사업 3. 산림욕장의 조성사업 4. 도시숲 등 조성·관리사업
	기능 1급	국가기술자격법에 따른 산림기능사의 자격을 가진 사람	
	기능 2급	산림기술자 교육훈련기관에서 6주 이상의 산림경영기능 교육과정을 이수한 사람	

산림공학기술자	기술 특급	국가기술자격법에 따른 산림기술사의 자격을 가진 사람으로서 산림기술자 교육훈련기관에서 2주 이상의 산림공학 교육과정을 이수한 사람	1. 다음의 산림사업 설계·시공 및 감리
			  가. 산불의 예방 및 진화를 위한 사업(산불예방·진화시설 등 산림관리기반시설의 설치를 포함)
			  나. 임도사업
			  다. 사방사업
			  라. 산지의 보전·이용, 토석채취 및 재해방지·복구 등에 관한 사업
			  마. 자연휴양림 등 조성사업
			  바. 유아숲체험원 등 조성사업
			  사. 수목원 조성사업
			  아. 수목장림 조성사업
			  자. 산림복원사업
			2. 산지전용·산지일시사용과 관련된 표고(標高) 및 평균경사도 조사와 재해위험성 검토

	기술 고급	1. 국가기술자격법에 따른 산림기사의 자격을 가진 사람으로서 해당 전문분야의 관련 업무를 6년 이상 수행하고 산림기술자 교육훈련기관에서 2주 이상의 산림공학 교육과정을 이수한 사람 2. 국가기술자격법에 따른 산림산업기사의 자격을 가진 사람으로서 해당 전문분야의 관련 업무를 9년 이상 수행하고 산림기술자 교육훈련기관에서 2주 이상의 산림공학 교육과정을 이수한 사람 3. 국가기술자격법에 따른 토목기사 이상의 자격을 가진 사람으로서 해당 전문분야의 관련 업무를 11년 이상 수행하고 산림기술자 교육훈련기관에서 2주 이상의 산림공학 교육과정을 이수한 사람 4. 국가기술자격법에 따른 토목산업기사의 자격을 가진 사람으로서 해당 전문분야의 관련 업무를 14년 이상 수행하고 산림기술자 교육훈련기관에서 2주 이상의 산림공학 교육과정을 이수한 사람	
	기술 중급	1. 국가기술자격법에 따른 산림기사의 자격을 가진 사람으로서 해당 전문분야의 관련 업무를 3년 이상 수행하고 산림기술자 교육훈련기관에서 2주 이상의 산림공학 교육과정을 이수한 사람 2. 국가기술자격법에 따른 산림산업기사의 자격을 가진 사람으로서 해당 전문분야의 관련 업무를 6년 이상 수행하고 산림기술자 교육훈련기관에서 2주 이상의 산림공학 교육과정을 이수한 사람 3. 국가기술자격법에 따른 토목기사 이상의 자격을 가진 사람으로서 해당 전문분야의 관련 업무를 8년 이상 수행하고 산림기술자 교육훈련기관에서 2주 이상의 산림공학 교육과정을 이수한 사람 4. 국가기술자격법에 따른 토목산업기사의 자격을 가진 사람으로서 해당 전문분야의 관련 업무를 11년 이상 수행하고 산림기술자 교육훈련기관에서 2주 이상의 산림공학 교육과정을 이수한 사람	

기술 종류	기술 등급	자격 요건	업무 범위
산림공학 기술자	기술 초급	1. 국가기술자격법에 따른 산림기사의 자격 또는 자연생태복원기사의 자격을 가진 사람으로서 산림기술자 교육훈련기관에서 2주 이상의 산림공학 교육과정을 이수한 사람 2. 국가기술자격법에 따른 산림산업기사의 자격 또는 자연생태복원산업기사의 자격을 가진 사람으로서 산림기술자 교육훈련기관에서 2주 이상의 산림공학 교육과정을 이수한 사람 3. 국가기술자격법에 따른 토목기사 이상의 자격을 가진 사람으로서 해당 전문분야의 관련 업무를 5년 이상 수행하고 산림기술자 교육훈련기관에서 2주 이상의 산림공학 교육과정을 이수한 사람 4. 국가기술자격법에 따른 토목산업기사의 자격을 가진 사람으로서 해당 전문분야의 관련 업무를 7년 이상 수행하고 산림기술자 교육훈련기관에서 2주 이상의 산림공학 교육과정을 이수한 사람	1. 다음의 산림사업 설계 · 시공 및 감리 가. 산불의 예방 및 진화를 위한 사업(산불예방 · 진화시설 등 산림관리기반시설의 설치를 포함) 나. 임도사업 다. 사방사업 라. 산지의 보전 · 이용, 토석채취 및 재해방지 · 복구 등에 관한 사업 마. 자연휴양림 등 조성사업 바. 유아숲체험원 등 조성사업 사. 수목원 조성사업 아. 수목장림 조성사업 자. 산림복원사업 2. 산지전용 · 산지일시사용과 관련된 표고(標高) 및 평균경사도 조사와 재해위험성 검토
녹지조경 기술자	기술 특급	국가기술자격법에 따른 조경기술사의 자격을 가진 사람	1. 다음의 산림사업 설계 · 시공 및 감리 가. 수목원 조성사업 나. 도시숲 등 조성 · 관리사업 다. 숲길 조성사업 라. 유아숲체험원 조성사업 2. 다음의 산림사업 중 건당 공사비 규모가 10억원 이하인 사업의 시공 및 건당 공사비 규모가 2억원 이하인 사업의 설계 가. 자연휴양림 등 조성사업(숲길은 제외) 나. 수목장림 조성사업
	기술 고급	1. 국가기술자격법에 따른 조경기사의 자격을 가진 사람으로서 해당 전문분야의 관련 업무를 6년 이상 수행한 사람 2. 국가기술자격법에 따른 조경산업기사의 자격을 가진 사람으로서 해당 전문분야의 관련 업무를 9년 이상 수행한 사람	
	기술 중급	1. 국가기술자격법에 따른 조경기사의 자격을 가진 사람으로서 해당 전문분야의 관련 업무를 3년 이상 수행한 사람 2. 국가기술자격법에 따른 조경산업기사의 자격을 가진 사람으로서 해당 전문분야의 관련 업무를 6년 이상 수행한 사람	
	기술 초급	1. 국가기술자격법에 따른 조경기사의 자격을 가진 사람 2. 국가기술자격법에 따른 조경산업기사의 자격을 가진 사람	

비고
1. '해당 전문분야의 관련 업무'란 기술종류별 업무 범위에 해당하는 업무를 말한다. 다만, 녹지조경기술자의 경우에는 건설산업기본법의 조경공사, 조경식재공사 및 조경시설물설치공사의 설계 · 시공 · 감리업무를 포함한다.
2. 해당 전문분야의 관련 업무 경력은 국가기술자격법에 따른 관련 자격을 취득하기 전과 취득한 후의 경력을 모두 포함한다.
3. '산림기술자 교육훈련기관'이란 산림교육과 법외의 부분 본문에 따라 지정받은 교육기관을 말한다.
3의2. '산림경영기능 교육과정'이란 산림경영기술자 기능등급 업무 범위와 관련되는 산림기술 교육과정을 말하며, 산림경영기능 교육과정에 관한 세부사항은 산림청장이 정하여 고시한다.
4. '산림공학 교육과정'이란 산림공학기술자의 업무 범위와 관련되는 산림기술 교육과정을 말하며, 산림공학 교육과정에 관한 세부사항은 산림청장이 정하여 고시한다.
5. 산림공학기술자 자격을 취득하기 위하여 산림기술자 교육훈련기관에서 실시하는 산림공학 교육과정을 이수한 사람은 다른 산림공학기술자 기술등급의 자격 및 경력요건을 갖추면 추가로 산림공학 교육과정을 이수하지 않고 다른 기술등급의 산림공학기술자 자격을 가질 수 있다.

| 주관식 확인문제 | 산림병해충 조사 · 설계 · 시공 · 감리 |

※ 다음 빈칸에 적절한 말을 넣거나 묻는 말에 답하시오.

01 병해충 발생예보의 발령은 누가 하는가?

정답적기

02 전수조사한 피해고사목 등에 대해서는 GPS 좌표(GRS80, 중부원점 기준)를 취득하여 설계 · 시행 등에 활용하고 (   )에 등록 관리하여야 한다. 괄호 안에 들어갈 말은?

정답적기

03 방제 대상목 조사에서 벌채 대상목 나무 선별은 가슴높이지름이 몇 cm 이상인 나무를 대상으로 하는가?

정답적기

04 벌채를 수반하는 방제를 하는 경우에는 수고조사를 실시하여야 하는데, 벌채 대상목의 나무 종류별 수량이 몇 세제곱미터 이하인 경우에는 수고조사를 생략하고 유사임분에 대한 과거의 사례, 기타 매각실적 등을 감안하여 결정할 수 있는가?

┤ 정답적기 ├

05 방제사업 하나의 사업장에 1인의 현장대리인을 두는 것을 원칙으로 하는데 발주자의 승인을 받아 사업의 품질 및 안전에 지장이 없는 경우 얼마의 면적을 초과하지 않는 범위 내에서 3개 이내의 사업장을 통합하여 1인의 현장대리인을 배치할 수 있는가?

┤ 정답적기 ├

06 병해충 방제사업 감리자는 사업시행자가 제출한 사업착수 관련 서류의 적정성 여부를 검토하여 며칠 이내에 발주자에게 보고하여야 하는가?

┤ 정답적기 ├

07 병해충 방제사업 감리 표준지 조사비율은 사업대상지 면적의 몇% 이상으로 하는가?

┤ 정답적기 ├

08 병해충 방제사업 사업시행자는 사업실행 중에 일어나는 모든 안전사고를 (㉠)과 (㉡)에게 즉시 보고하고 필요한 조치를 하여야 한다. 다음 괄호 안에 들어갈 말은?

  | 정답적기 |

09 산주, 독림가와 임업후계자가 직접 실행하는 솎아베기 및 소구역 골라베기로 실행하는 산림병해충 방제사업은 산림경영기술자 기능2급 이상인 자가 전체 작업인원 중 몇 % 이상이어야 한다.

  | 정답적기 |

10 병해충 방제사업 제거 대상 피해목 등의 표시에서 방제구역 등 경계표시는 무엇으로 표시 하는가?

  | 정답적기 |

주관식 정답

01. 국립산림과학원장
02. 산림병해충 통합관리시스템
03. 10cm 이상인 나무
04. 100m³ 이하인 경우
05. 600ha
06. 5일 이내
07. 0.5% 이상
08. ㉠ 감리원, ㉡ 감독자
09. 30% 이상
10. 흰색 임업용 마킹테이프 또는 친환경성 수성페인트

주요 용어 해설

1. **지중화** : 낙엽층 밑에 있는 층(조부식층)의 하부와 층(부식층)이 타는 불이다.

2. **지표화** : 지표에 쌓여 있는 낙엽과 지피물, 지상관목층, 갱신치수 등이 불에 타는 화재로 산불 중에서 가장 흔히 일어나는 산불이다.

3. **수관화** : 우죽을 모두 태우고 과열에 의하여 나무를 죽이는 동시에 한번 일어나면 끄기가 힘들어 큰 손실을 초래한다.

4. **수간화** : 나무의 줄기가 타는 불로 지표화로부터 연소되는 경우가 많다.

5. **수목의 병징과 표징** : 병징은 병든 식물 자체의 조기변화에 의해 색깔이나 외형에 변화가 나타나는 것을 의미하는 것이며, 표징은 병원체 자체가 병든 식물상의 환부에 나타나 병의 발생을 알리는 것으로 영양기관에 의한 것과 번식기관에 의한 것이 있다.

6. **파이토플라스마에 의한 수병** : 이 병은 전신감염성이기 때문에 영양체를 통해서 차례로 전염되는데, 테트라사이클린계 항생물질로 치료가 가능하다. 주요 수병으로는 오동나무 빗자루병, 대추나무 빗자루병, 뽕나무 오갈병, 물푸레나무의 마름병 등이 있다.

7. **산림해충방제법의 종류** : 산림해충방제법은 간단한 기계·도구 및 손으로 죽이는 방법인 기계적 방법, 온도·광선·전기·음파 등을 이용하는 물리적 방제법, 약제를 이용하는 해충방제방법인 약제방제 또는 화학적 방제, 천적인 기생곤충, 포식충, 병원미생물 및 식충동물 등을 이용하여 해충 개체군을 억제하는 생물적 방제, 산림을 해충발생에 불리하게 만들기 위한 여러 가지 임업적 조치를 하는 임업적 방제가 있다.

산림보호학 출제 정보

1. **산림화재**
   ① 산림화재의 종류
   ② 내화력이 강한 수종 및 약한 수종
   ③ 산불화재의 진화

2. **수 병**
   ① 병징과 표징
   ② 기주교대
   ③ 병원에 의한 수병의 종류
   ④ 주요 수병에 의한 수목의 방제방법

3. **임업해충**
   ① 임업해충의 종류(수목의 특정 부위를 가해하는 곤충의 종류)
   ② 산림해충방제방법
   ③ 주요 해충에 대한 수목별 방제방법

수목류 병해의 분류

구 분	병 명	병원균	기 주	월동형태 및 장소	특 징
모포병해	모잘록병	진균(조균류)	소나무, 낙엽송, 참나무류	난포자의 상태로 병든 조직, 토양에서 월동 : 파종묘포에서 많이 발생	병징에 따라 5가지로 나눔
	뿌리썩이선충병	선 충	소나무, 낙엽송, 가문비나무, 분비나무	이동성 내부기생선충으로 뿌리조직 내에서 월동	모잘록병과 함께 발생
	뿌리혹병 (근두암종병)	세 균	밤나무, 감나무, 포도나무, 사과나무, 포플러류	병환부에서 월동하고 땅 속에서 다년간 생존, 고온다습, 알칼리성 토양에서 다발	밤나무, 감나무의 지표식물, 길항미생물
침엽수병해	소나무 재선충병	선 충	소나무, 잣나무, 해송	매개충 : 솔수염하늘소, 번데기로 월동, 우화 최성기-6월(연 1회 발생)	소나무 AIDS, 벌채 훈증 소각
	소나무 잎녹병	진균 (담자균류)	소나무류	겨울포자가 발아하여 형성된 담자포자가 소나무의 침엽에서 월동	이종기생, 중간기주-황벽나무, 잔대
	소나무 잎떨림병	진균 (자낭균류)	소나무류	자낭포자의 형태로 땅 위에 떨어진 병든 잎에서 월동	병원균 기공 침입
	소나무 잎마름병	진균 (불완전균류)	소나무, 해송	균사의 형태로 병든 낙엽에서 월동, 봄에 잎에 띠 모양의 황색반점	해송에서 많이 발생
	잣나무 털녹병	진균 (담자균류)	잣나무	균사의 형태로 잣나무의 수피조직 내에서 월동, 기공침입, 줄기 발병	이종기생, 중간기주-송이풀, 까치밥나무
활엽수병해	포플러 잎녹병	진균 (담자균류)	포플러류	겨울포자의 형태로 병든 낙엽에서 월동	이종기생, 중간기주-낙엽송, 현호색, 줄꽃주머니
	밤나무 줄기마름병	진균 (자낭균류)	밤나무, 참나무, 단풍나무	균사, 포자의 형태로 병환부에서 월동	저병원성 균주, 생물적 방제
	벚나무 빗자루병	진균 (자낭균류)	벚나무류	균사의 형태로 병든 가지에서 월동	빗자루 병징, 진균병
	호두나무 탄저병	진균 (자낭균류)	호두나무	자낭각의 형태로 병든 가지나 낙엽에서 월동	과습한 점질토양에서 발생
	대추나무·오동나무 빗자루병	파이토플라스마	대추나무, 오동나무	대추나무 빗자루병은 마름무늬매미충, 오동나무 빗자루병은 담배장님노린재에 의해 매개	옥시테트라사이클린계 항생제 수간주사
	뽕나무 오갈병	파이토플라스마	뽕나무	마름무늬매미충에 의해 매개	뽕잎의 사료가치 저하
공통병해	흰가루병	진균 (자낭균류)	참나무류, 밤나무, 단풍나무류, 포플러류, 가중나무, 오리나무	자낭각, 균사의 형태로 병든낙엽, 가지에서 월동	흰가루 : 분생자세대 표징, 가을철에는 흑색 알맹이 : 자낭세대 표징
	그을음병	진균 (자낭균류)	낙엽송, 소나무류, 주목, 버드나무, 식나무, 대나무	균사, 자낭각의 형태로 월동, 광합성에 지장을 줌	깍지벌레, 진딧물의 분비물인 감로에서 기생

적중예상문제

01 산불의 종류 중 수관화의 설명으로 틀린 것은?

① 나무의 우죽에 불이 붙어서 우죽에서부터 우죽으로 번져 타는 불이다.
② 수지가 많은 침엽수림에 한하여 일어나나, 때로는 마른 잎이 수관에 남아 있는 활엽수림에서 일어날 때가 있다.
③ 지표화 다음으로 발생건수가 많다.
④ 비화현상으로 소화가 쉬워 피해발생면적은 크지 않다.

해설 지표화 다음으로 발생건수가 많고 비화현상으로 소화가 곤란하며 **피해발생면적도 매우 크다.**

02 산림화재에 의한 피해 중 토양의 피해에 대한 설명으로 틀린 것은?

① 낙엽층이 소실되고, 부식층까지 타게 되어 토양의 이화학적 성질을 악화시킴
② 지표의 보호물을 잃게 되어 지표류하수가 늘고 투수성이 감소
③ 지하의 저수능의 증가로 홍수의 원인이 됨
④ 산불의 피해를 받은 토양은 피해를 받지 않은 토양보다 지표류하수량이 3~16배로 증대

해설 산림화재로 부식질이 소실되면 지표의 보호물을 잃게 되어 지표류하수가 늘고 투수성이 감소되어 토양의 이학적 성질이 악화되는 동시에 **지하의 저수능이 감퇴되어 호우 시에는 일시적인 지표류하수의 증가로** 말미암아 홍수의 원인이 된다.

03 다음 중 산림화재의 효용에 대한 설명으로 틀린 것은?

① 관목과 잡초가 우거진 임지에 인공식재를 하려고 할 때 식재 직전에 불을 넣어 제거
② 천연하종이 불가능한 때 적당히 불을 넣어 조부식층을 제거하여 천연하종을 가능하게 함
③ 병해충의 확산을 방지하고 중간기주를 제거
④ 폐쇄구과에 대한 발아 휴면성을 연장

해설 산림화재는 **폐쇄구과에 대한 휴면성을 타파**하여 천연하종을 유도한다.

01 ④ 02 ③ 03 ④ **정답**

04 산림화재의 위험도를 좌우하는 요인으로 보기 어려운 것은?

① 수 종
② 수 령
③ 기후와 계절
④ 지 위

해설 산림화재의 위험도를 좌우하는 요인은 **수종, 수령, 기후와 계절**이다. 지위는 토양의 생산능력을 말한다.

05 산불의 확산요소에 대한 설명 중 옳지 않은 것은?

① 바람 : 6m/s의 속도로 바람이 불면 무풍일 때와 비교하여 산불확산 속도는 26배 빠름
② 습도 : 수분 함유량이 15% 이하인 낙엽은 35%인 낙엽과 비교했을 때 발화율이 약 25배 높음
③ 숲의 종류 : 소나무의 잎과 줄기에는 불에 잘 타는 정유물질이 함유되어 있어 산불의 기세와 확산속도가 더욱 커지게 됨
④ 지형 : 30° 정도의 급경사지에서는 평지보다 최대 10배 빠르게 산불이 확산될 수 있음

해설 ④ 지형 : 30° 정도의 급경사지에서는 평지보다 최대 3배 빠르게 산불이 확산될 수 있다.

06 산불예방시설과 관련이 없는 것은?

① 산불감시초소
② 감시탑
③ 관찰형 무인감시카메라
④ 산불소화시설

해설 ③ 산불무인감시카메라 : 조망형, 밀착형

정답 04 ④ 05 ④ 06 ③

07 다음 중 방화선의 설명으로 틀린 것은?

① 산불발생 전 산의 능선, 산림의 구획선, 임도를 이용한다.
② 비경제적인 방화선 설치 대신 온대지방에서는 소나무, 녹나무, 아까시나무 등의 방화수대를 조성한다.
③ 방화선에 의하여 산림을 너무 세분하면 방화선이 점유하는 면적이 너무 넓어져서 경제적이지 못하다.
④ 방화선에 의하여 구획되는 산림면적이 적어도 50ha 이상은 되도록 한다.

해설 온대지방의 방화선 설치는 피나무, 음나무, 고로쇠, 마가목 등을 이용하며, **소나무, 녹나무, 아까시나무** 등은 **내화성이 약한 수종**이다.

08 산불경보의 발령기준으로 옳지 않은 것은?

① 관심 : 전국의 산불위험지수가 31 이상인 지역이 50% 이상이거나 산불 발생의 위험이 주의가 필요하다고 인정되는 경우
② 주의 : 전국의 산불위험지수가 51 이상인 지역이 70% 이상이거나 산불 발생의 위험이 높아질 것으로 예상되어 특별한 주의가 필요하다고 인정되는 경우
③ 경계 : 전국의 산림 중 산불위험지수가 66 이상인 지역이 70% 이상이거나 발생한 산불이 대형 산불로 확산될 우려가 있어 특별한 경계가 필요하다고 인정되는 경우
④ 심각 : 전국의 산림 중 산불위험지수가 86 이상인 지역이 70% 이상이거나 산불이 동시다발적으로 발생하고 대형 산불로 확산될 개연성이 높다고 인정되는 경우

해설 ① 관심 : 산불 발생시기 등을 고려하여 산불 예방에 관한 관심이 필요한 경우로서 주의 경보 발령기준에 미달되는 경우

09 산불 피해지에 심을 나무 종류를 선택하는 기준으로 옳지 않은 것은?

① 지역주민이나 산주의 의견을 충분히 수렴하여 검토하는 것이 중요
② 적지적수를 반드시 고려하여 심어야 함
③ 민가 주변에 남은 소나무림은 활엽수림으로 유도하여 산불을 예방하는 것이 중요
④ 산불로부터 인명과 재산을 보호할 수 있도록 산불에 강한 수종을 선택해야 하므로 마을 주변에는 활엽수 위주로 식재하여 지중화로 유도

해설 ④ 산불로부터 인명과 재산을 보호할 수 있도록 산불에 강한 수종을 선택해야 하므로 마을 주변에는 활엽수 위주로 식재하여 지표화로 유도

10 어떤 병이 특정한 미생물에 의해서 일어난다는 것을 입증하려면 코흐의 4원칙(Koch's Postulates)을 따라야 하는데, 그 내용으로 틀린 것은?

① 미생물은 반드시 세포 내에 존재해야 한다.
② 미생물은 분리되어 재배상에서 순수배양되어야 한다.
③ 순수배양한 미생물을 접종하여 동일한 병이 발생되어야 한다.
④ 발병한 피해부에서 접종에 사용한 미생물과 동일한 성질을 가진 미생물이 재분리되어야 한다.

해설 미생물은 반드시 **환부**에 존재해야 한다.

11 병징과 표징의 설명으로 틀린 것은?

① 병의 종류에 따라서 병징만 나타나고 표징이 나타나지 않는 것이 있다.
② 세균성 병의 경우 병은 세균이 병환부에 흘러 나와 덩어리모양을 이루는 것을 빼놓고는 일반적으로 표징이 나타나지 않는다.
③ 병원체가 진균일 때에는 거의 대부분 환부에 표징이 나타난다.
④ 비전염성 병이나 바이러스병, 파이토플라스마에 의한 병에 있어서는 표징만 나타난다.

해설 병원체가 진균일 때에는 거의 대부분 환부에 표징이 나타나지만 비전염성 병이나 바이러스병, 파이토플라스마에 의한 병에 있어서는 병징만 나타나고 **표징은 나타나지 않는다**.

12 수병의 표징 중 영양기관에 의한 것이 아닌 것은?

① 균사체
② 균 핵
③ 자 좌
④ 병자각

해설
- 영양기관에 의한 수병의 표징 : **균사체**, 근상균사속, 선상균사, **균핵**, **자좌**
- 번식기관에 의한 수병의 표징 : 포자, 분생자병, 분생자퇴, 분생자좌, 포자퇴, 포자낭, 병자각, 자낭각, 자낭반, 세균점괴, 포자각, 버섯

정답 10 ① 11 ④ 12 ④

13 병원체의 월동방법이 잘못 연결된 것은?

① 기주의 생체 내에 잔재해서 월동 : 잣나무 털녹병균
② 병환부 또는 죽은 기주체 상에서 월동 : 밤나무 줄기마름병균
③ 종자에 붙어 월동 : 묘목의 잘록병균
④ 토양 중에서 월동 : 오동나무 빗자루병균

해설 묘목의 잘록병균, 근두암종병균, 자줏빛날개무늬병균 등은 토양 중에서 월동하며, 오동나무 빗자루병균은 **기주의 생체 내에 잔재해서 월동**한다.

14 바람에 의해 전반(풍매전반)되는 수병은?

① 잣나무 털녹병균
② 근두암종병균
③ 오동나무 빗자루병균
④ 향나무 적성병균

해설 **바람에 의한 전반(풍매전반)** : **잣나무 털녹병균**, **밤나무 줄기마름병균**, **밤나무 흰가루병균**

15 병원체가 종자의 표면에 부착되어 전반되는 수병은?

① 근두암종병균
② 묘목의 잘록병균
③ 오리나무 갈색무늬병균
④ 잣나무 털녹병균

해설 ①·② 토양중, ④ 기주의 생체 내

16 수병의 방제 중 환경조건의 개선에 대한 설명으로 옳지 않은 것은?

① 토양전염병은 일광이 많고 토양습도가 부적당할 때 많이 발생한다.
② *Fusarium*균에 의한 모잘록병은 비교적 건조한 토양에서 잘 발생한다.
③ 자줏빛날개무늬병은 낙엽, 나뭇가지 등 미분해유기물을 다량 함유하고 있는 개량 직후의 임지에서 피해가 크다.
④ *Rhizoctonia* 및 *Pythium debaryanum*균에 의한 침엽수의 모잘록병은 토양의 습도가 높을 때 피해가 크다.

해설 토양전염병은 **일광이 부족**하거나 **토양습도가 부적당**할 때 많이 발생한다.

17 수병의 방제 중 중간기주의 제거에 대한 설명으로 옳지 않은 것은?

① 수목에 기생하는 녹병균의 대부분은 기주교대를 하며 생활하는 이종 기생균으로 중간기주를 제거하여 병원균의 생활환을 차단한다.
② 잣나무의 털녹병을 예방하기 위해 송이풀과 까치밥나무류를 제거한다.
③ 포플러 잎녹병의 중간기주인 참나무류를 제거한다.
④ 소나무 혹병의 중간기주인 졸참나무, 신갈나무를 제거한다.

해설 포플러 잎녹병의 중간기주는 **낙엽송**이다.

18 보르도액의 설명으로 옳지 않은 것은?

① 보호살균제로서 효력이 뛰어나고 다른 약제에 비해 값이 싸기 때문에 임업에서 살포제로 널리 사용된다.
② 살포한 약제의 유효기간은 약 2주간이다.
③ 제1차 전염이 일어나고 약 1주일 후에 살포해야 효과적이다.
④ 석회유에 황산동액을 부어 혼합한다.

해설 보르도액은 제1차 전염이 일어나기 **약 1주일 전**에 살포해야 효과적이다.

정답 16 ① 17 ③ 18 ③

19 다음 중 바이러스에 의한 수병은?
   ① 포플러 모자이크병   ② 오동나무 빗자루병
   ③ 뿌리혹병   ④ 잣나무 털녹병

   해설 ② 파이토플라스마에 의한 수병, ③ 세균성 병, ④ 담자균에 의한 수병

20 파이토플라스마에 의한 병인 뽕나무 오갈병의 방제법으로 옳지 않은 것은?
   ① 질소질 비료의 과용을 피하고, 칼륨질 비료를 충분히 준다.
   ② 접수나 삽수는 반드시 무병주에서 낙엽수를 12월에서 2월에 채취한다.
   ③ 보르도액으로 매개충을 구제한다.
   ④ 테트라사이클린계 항생제로 치료한다.

   해설 저독성 유기인제로 매개충을 구제한다.

21 세균체의 구조로 옳지 않은 것은?
   ① 세포체 내에는 세포질이 있고 이것은 세포질막으로 싸여 있다.
   ② 세균은 운동기관인 편모를 가지고 있다.
   ③ 편모가 균체의 한쪽 또는 양쪽 끝에 있으면 주모, 주위를 둘러싸고 있으면 극모라 한다.
   ④ 세포질막은 물질의 선택적 투광성이 있다.

   해설 편모가 균체의 한쪽 또는 양쪽 끝에 있으면 **극모**, 주위를 둘러싸고 있으면 **주모**라 한다.

22 세균성 병의 병징에 따른 분류로 옳지 않은 것은?
   ① 유조직병   ② 물관병
   ③ 증생병   ④ 혹 병

   해설 ① 유조직병 : 유조직이 침해되는 것으로, 침해 결과 조직의 부패, 반점, 잎마름, 궤양 등의 병징이 나타난다.
   ② 물관병 : 관다발의 조직, 특히 물관이 침해되는 것으로, 수분의 상승이 방해되어 식물이 말라 죽으며, 물관병에 걸린 줄기를 가로로 잘라 보면 물관부에 점액 같은 세균덩어리가 흘러나온다.
   ③ 증생병 : 세균의 침입으로 분열조직의 증식이 자극되어 암종을 만든다.

23 진균에 의한 수병의 특징으로 옳지 않은 것은?

① 진균에는 효모균과 같이 단세포로 된 것이 대부분이다.
② 진균의 세포는 엽록체가 없을 뿐 고등식물의 세포처럼 세포질과 핵이 있다.
③ 진균의 균체는 실모양의 균사체로 되어 있으며, 그 일부분의 가지를 균사라고 한다.
④ 균사에는 격막이 있는 균사(유격균사)와 격막이 없는 균사(무격균사, 다핵균사)가 있다.

해설 진균에는 효모균과 같이 단세포로 된 것도 있으나, 대부분은 **다세포체**이다.

24 모잘록병의 병징 중 틀린 것은?

① 도복형　　　　　　　　　　　② 지상부패형
③ 수부형　　　　　　　　　　　④ 근부형

해설 모잘록병의 병징은 도복형, **지중부패형**, 수부형, 근부형이 있다.

25 소나무 잎떨림병의 병징으로 옳지 않은 것은?

① 7~9월에 발병하여 잎에 담갈색의 병반이 형성되나 병세는 더 이상 진전하지 않고 일단 정지된다.
② 이듬해 4~5월경에 이르러 피해가 급진전하고 심할 때에는 9월경에 녹색의 침엽을 거의 볼 수 없을 정도로 누렇게 변하고 수시로 잎이 떨어진다.
③ 성숙한 잎은 고사 후에도 나뭇가지에 오랫동안 붙어 있고, 어린 잎은 곧 떨어진다.
④ 초가을에 낙엽을 조사해 보면 약 6~11mm 간격으로 갈색의 선이 옆으로 나 있고, 중간에 타원형 또는 방추형의 흑색 종반(자낭반)이 형성되어 있다.

해설 어린 잎은 고사 후에도 나뭇가지에 오랫동안 붙어 있으나, 성숙한 잎은 곧 떨어지게 된다.

26 소나무 잎녹병의 중간기주로 틀린 것은?

① 황벽나무　　　　　　　　　　② 향나무
③ 참취　　　　　　　　　　　　④ 잔대

해설 향나무는 배나무의 붉은별무늬병의 중간기주이다.

정답 23 ① 24 ② 25 ③ 26 ②

27 향나무 녹병의 병환에 대한 설명 중 옳지 않은 것은?

① 병원균은 5~7월까지 향나무에 기생하고, 그 후에는 배나무에 기생하면서 균사의 형태로 월동한다.
② 봄(4월경)에 비가 많이 오면 향나무에 형성된 겨울포자퇴가 부풀어 오르는데, 이때 겨울포자는 발아하여 전균사를 내고 소생자를 형성한다.
③ 녹병포자는 바람·곤충 등에 의해 옮겨져 서로 수정한 후 잎 뒷면에 녹포자기를 형성하고 그 안에 녹포자를 만든다.
④ 5~6월경 녹포자는 바람에 의해 향나무에 옮겨가 기생하고 균사의 형태로 조직 속에서 자라며, 1~2년 후에 겨울포자퇴를 형성한다.

[해설] 병원균은 5~7월까지 **배나무**에 기생하고, 그 후에는 향나무에 기생하면서 균사의 형태로 월동한다.

28 잣나무 털녹병의 방제법으로 옳지 않은 것은?

① 병든 나무를 제거하여 소각한다.
② 제초제(근사미 등)로 임지 내의 중간기주인 송이풀, 까치밥나무 등을 제거한다.
③ 병이 발생한 임지 부근에서는 잣나무의 묘목을 생산하지 않도록 한다.
④ 테트라사이클린계 항생제로 치료한다.

[해설] 테트라사이클린계 항생제는 **파이토플라스마**에 의한 병의 치료제이다.

29 바이러스의 특징으로 옳지 않은 것은?

① 일종의 핵단백질로 된 병원체이다.
② 살아 있는 기주세포 내에서만 증식되며, 인공배지에서 배양·증식되지 않는다.
③ 식물성 바이러스의 모양은 구형·원통형·봉상·사상 등으로 구분된다.
④ 식물성 바이러스의 경우에는 거의 대부분이 데옥시리보핵산(DNA)이다.

[해설] 동물바이러스는 그 핵산의 성분이 데옥시리보핵산(DNA) 또는 리보핵산(RNA)인데, 식물성 바이러스의 경우에는 거의 대부분이 **리보핵산**이다.

30 종실을 가해하는 곤충의 종류가 아닌 것은?

① 밤바구미　　　　② 밤나방
③ 복숭아명나방　　④ 왕소나무좀

해설　왕소나무좀은 **분열조직**을 가해하는 곤충이다.

31 임업해충 발생량의 변동 요인으로 보기 어려운 것은?

① 출생률　　　　　② 사망률
③ 해충의 가해 양상　④ 개체군밀도의 변동

해설　임업해충의 발생량은 **개체군밀도의 변동, 출생률, 사망률**, 이동 등과 관계가 있다.

32 해충의 발생예찰 중 항공조사의 설명으로 옳지 않은 것은?

① 단시간 내에 넓은 면적을 조사할 수 있어 조기발견 및 비용의 절약이 가능하다.
② 식엽성 곤충에 대해서는 피해가 곧 나타나지만 나무좀 같은 것에서는 표징이 나타나는 시기와 가해시기 간에 상당한 차가 있다.
③ 항공조사의 결과는 지상조사에 의하여 확인되어야 한다.
④ 조사원의 훈련 및 항공기의 시야 고려는 큰 문제가 되지 않는다.

해설　항공조사시에는 기재문제와 조사원의 훈련 및 항공기의 시야가 고려되어야 한다.

33 임업해충의 유살법 중 해충이 좋아하는 먹이를 이용하여 유살하는 방법으로, 가장 흔히 쓰이는 방법은?

① 번식처유살법　　② 식이유살법
③ 입목유살법　　　④ 등화유살법

해설　**등화유살법**
곤충의 추광성(趨光性)을 이용하는 것으로 광원으로는 아세틸렌등, 전등 등을 이용한다.

정답　30 ④　31 ③　32 ④　33 ②

34 유살법 중 입목유살법의 설명으로 옳지 않은 것은?

① 규불화아연을 주제로 한 오스모실-K를 이용한다.
② 소나무좀에 대해서는 수간을 1~2m로 잘라 임내에 침목상(枕木狀)으로 1ha당 10~20본을 세운다.
③ 봄이면 약제처리 후 7~10일 후에 벌목하면 여덟가시나무좀이나 구상나무좀 등이 모여 드는데, 대개 모공을 파고 산란 후 또는 유충 초기에 전부 죽는다.
④ 약제는 지름 30cm 전후의 것은 50~70g으로 충분하고, 1ha당 10본 정도면 충분하다.

해설 ②는 통나무유살법에 대한 설명이다.

35 화학적 방제 중 살충제의 종류에 대한 설명으로 옳지 않은 것은?

① 소화중독제는 약제가 해충의 입을 통하여 소화관(消化管) 내에 들어가 중독작용을 일으켜 죽게 한다.
② 접촉제는 해충의 체표면(體表面)에 직접 또는 간접적으로 닿아 약제가 기문(氣門)이나 피부(皮膚)를 통하여 몸속으로 들어가 신경계통이나 세포조직에 독작용을 일으킨다.
③ 침투성 살충제는 해충의 체내에 직접 흡수하게 하여 죽게 한다.
④ 훈증제는 약제가 기체로 되어 해충의 기문을 통하여 체내에 들어가 질식(窒息)을 일으킨다.

해설 침투성 살충제는 약제를 식물체의 뿌리·줄기·잎 등에서 흡수시켜 식물체 전체에 약제가 분포되게 하여 **흡즙성 곤충이 흡즙하면 죽게 하는 것**으로 천적에 대한 피해가 없어 천적보호의 입장에서도 유리하다.

36 살충제의 사용방법 중 설명이 옳지 않은 것은?

① 분제살포는 액제와는 달리 물을 쓰지 않으므로 물이 없는 곳에서도 살포할 수 있다.
② 입제살포는 맨손 또는 고무장갑을 끼고 뿌리거나 살입기를 이용한다.
③ 훈증은 휘발성이 강한 물질로 독가스를 내게 하는 것으로 보통 밀폐할 수 있는 곳에서 쓰이며, 입목 같은 경우에는 텐트를 씌우고 실시한다.
④ 연무제살포는 작물체에 골고루 퍼질 수 있도록 상승기류가 있을 때 살포한다.

해설 연무제살포는 살포제입자를 연무질로 하여 살포하는 것으로 미립자가 오랫동안 공중에 떠 있어 **상승기류가 없는 이른 아침이나 저녁**에 살포하여 작물체의 좁은 틈에까지 잘 퍼지게 한다.

37 약제에 대한 저항을 설명한 것으로 옳지 않은 것은?

① 어떤 정상적 곤충집단의 대다수를 죽일 수 있는 약량에 견디는 능력이 있는 계통이 생겼을 때 저항성이 있다고 한다.
② 동일약제를 계속해서 쓰면 그 약제에 대한 저항성계통이 생긴다.
③ 곤충이 1종 살충제에 대하여 저항성을 나타낼 때 교차저항성(交叉抵抗性)이라고 한다.
④ 한 약제에 저항성을 나타내는 계통이 다른 약제에는 약해지는 경우를 부상관교차저항성(負相關交叉抵抗性)이라고 한다.

해설 곤충이 **2종 이상의 살충제**에 대하여 저항성을 나타낼 때 교차저항성(交叉抵抗性)이라고 한다.

38 임업해충의 임업적 방제의 설명으로 옳지 않은 것은?

① 혼효림은 단순림에 비하여 해충발생에 의한 피해가 적다.
② 유목들이 빽빽하게 자라고 있을 때 적당한 간벌을 하면 임목의 활력이 증대된다.
③ 생장이 빠르고 활력이 강한 임목을 육성하여 해충에 대한 저항성을 높여야 한다.
④ 자연림의 벌목 시 가장 좋은 방법은 단목을 택벌하는 방법이다.

해설 자연림의 벌목 시 가장 좋은 방법은 **소면적단위의 군**으로 벌목하는 것으로, 단목을 택벌하는 방법은 대개의 경우 임상을 연력이나 수종의 면에서 단순화시키는 경향이 있어 해충발생을 촉진하는 결과가 된다.

39 다음 중 잎을 가해하는 곤충이 아닌 것은?

① 솔나방   ② 집시나방
③ 솔잎혹파리   ④ 삼나무독나방

해설 **솔잎혹파리**
유충이 솔잎 기부에 벌레혹을 만들고 5월 하순부터 10월 하순까지 유충이 솔잎의 기부에서 즙액을 빨아 먹는다.

정답 37 ③ 38 ④ 39 ③

40 솔나방의 설명으로 옳지 않은 것은?
   ① 4월 상순부터 7월 상순까지, 8월 상순부터 11월 상순까지 유충이 잎을 갉아 먹는다.
   ② 일중 우화시각은 오후 6~7시가 대부분이며, 성충의 수명은 9일 정도로 밤에만 활동하고 낮에는 숨어 있으며 추광성이 강하다.
   ③ 유충은 4회 탈피 후 11월경에 5령충으로 월동에 들어간다.
   ④ 2화기 유충기간은 50일 내외이며 번데기 기간은 약 200일이다.

   해설 ④ 솔나방의 번데기 기간은 **20일 내외**이며, 7월 하순~8월 중순에 성충이 우화한다.

41 버드나무, 미루나무 등의 활엽수의 잎을 가해하며 가지의 분지점에 텐트 모양의 집을 만들고 군서하는 것은?
   ① 텐트나방
   ② 미류재주나방
   ③ 솔나방
   ④ 소나무좀

   해설 텐트나방은 잎을 가해하는 곤충으로 유충은 가지의 분지점에 텐트모양의 집을 만들고 군서하는데, 때때로 여기에서 나와 잎을 먹는다.

42 다음 중 성충으로 월동하는 곤충은?
   ① 쌍엇줄잎벌레
   ② 버들재주나방
   ③ 솔잎혹파리
   ④ 넓적다리잎벌

   해설 ② · ③ · ④는 모두 **유충**으로 월동하는 곤충이다.

43 소나무좀의 방제방법으로 옳지 않은 것은?

① 4~5월에 이목을 설치하여, 월동성충이 여기에 산란하게 한 후, 7월에 이목을 박피하여 소각한다.
② 동기채취목과 벌근에 익년 5월 이전에 껍질을 벗겨서 번식처를 없앤다.
③ 수세가 쇠약한 나무, 설해목 등 피해목 및 고사목은 벌채하여 껍질을 벗긴다.
④ 임목 벌채를 하였을 경우에는, 임내 정리를 철저히 하여 임내에 지조(나무가지)가 없도록 하고 원목은 반드시 껍질을 벗기도록 한다.

해설 2~3월에 이목(먹이나무 : 반드시 동기에 채취된 것으로 사용하여야 함)을 설치하여, 월동성충이 여기에 산란하게 한 후, 5월에 이목을 박피하여 소각한다.

44 솔잎혹파리의 설명으로 옳지 않은 것은?

① 유충으로 지피물 밑의 지표나 1~2cm 깊이의 흙속에서 월동한다.
② 유충이 솔잎 기부에 충영(벌레혹)을 만들고 그 속에서 수액을 흡즙·가해하여 솔잎을 일찍 고사하게 하고 임목의 생장을 저해한다.
③ 성충우화기는 5월 중순~7월 중순으로 우화최성기는 6월 상순~중순이며, 특히 비가 온 다음 날에 우화수가 많다.
④ 1년에 2회 발생한다.

해설 솔잎혹파리는 1년에 1회 발생한다.

45 다음 중 흰불나방의 월동형태는?

① 번데기 ② 2령유충
③ 성 충 ④ 5령유충

해설 흰불나방은 1년에 보통 2회 발생하며, 수피 사이나 지피물 밑 등에서 고치를 짓고 그 속에서 **번데기로 월동**한다.

정답 43 ① 44 ④ 45 ①

46 다음 중 집시나방의 월동장소로 적당한 것은?
① 지피물 속
② 나무줄기
③ 토양 속
④ 잎 뒷면

해설 집시나방은 연 1회 발생하며, 알로 나무줄기에서 월동하고, 유충은 군서한다.

47 다음 중 흰불나방의 1화기 우화시기는?
① 5월 중순~6월 상순
② 3월 중순~4월 상순
③ 2월 중순~3월 상순
④ 3월 하순~4월 중순

해설 1화기 성충은 **5월 중순~6월 상순**에 우화하며 수명은 4~5일이고 우화시각은 오후 6~7시가 보통이며, 주로 밤에 활동하고 주광성이 강하다.

48 다음 중 1년에 1회 발생하는 곤충이 아닌 것은?
① 오리나무잎벌레
② 텐트나방
③ 솔잎혹파리
④ 미류재주나방

해설 미류재주나방은 **1년에 2회** 발생하며, 알로 수간에서 월동한다.

49 유충으로 월동하는 곤충이 아닌 것은?
① 가루나무좀
② 밤나방
③ 오리나무잎벌레
④ 독나방

해설 오리나무잎벌레는 1년에 1회 발생하며, **성충으로** 지피물 밑 또는 흙속에서 월동한다.

46 ② 47 ① 48 ④ 49 ③

50 연해의 검정방법으로 현미경적 감정법의 적용기준이 나머지 셋과 다른 것은?

① 엽록체가 회색 또는 회백색으로 표백된다.
② 원형질이 무색이다.
③ 기공의 공변세포에 적갈색의 변화가 생긴다.
④ 일부 나무의 피목이 갈색으로 변한다.

해설 원형질은 평소에는 무색이나 연해를 받으면 **녹색**이 된다.

51 동해(凍害)를 막는 대책으로 틀린 것은?

① 찬바람의 통로가 되는 곳의 서북쪽에 큰 나무를 남겨서 바람을 막는다.
② 상혈 또는 상로(露路)가 되는 곳에는 내동성 수종을 심는다.
③ 산출묘의 싹이 늦게 트도록 냉장하였다가 식재한다.
④ 산벌 또는 택벌작업을 피하고 개벌작업을 한다.

해설 개벌작업은 조림 후 바람의 피해가 클 수 있다.

52 주로 묘포의 종자를 가해하는 조류로만 짝지어진 것은?

① 참새, 할미새
② 딱따구리, 왜가리
③ 가마우지, 백로
④ 어치, 박새

해설 묘포의 종자를 가해하는 조류에는 참새, 할미새 등이 있다.

53 모잘록병의 방제방법으로 적합하지 않은 것은?

① 종자소독
② 토양소독
③ 사이헥사틴 수화제의 살포
④ 묘상의 환경개선

해설 토양소독을 위해서는 티람제, 캡탄제, PCNB제, NCS, 클로로피크린 등을 사용하고, 나무에는 직접 관주하는데 캡탄제, 다찌가렌액제 등을 사용한다.

정답 50 ② 51 ④ 52 ① 53 ③

54 모잘록병의 병원균이 아닌 것은?

① *Armillaria mellea*
② *Pythium debaryaum*
③ *Rhizoctonia solani*
④ *Fusarium oxysporum*

해설 모잘록병의 병원균은 *Pythium debaryaum*(조균), *Pythium ultimum*(조균), *Rhizoctonia solani*(불완전균), *Fusarium oxysporum*(불완전균) 등이 있다.

55 보르도액을 조제할 때 주의해야 할 사항으로 틀린 것은?

① 금속제 용기(容器)를 사용한다.
② 생석회액(석회유)에 황산동액을 섞는다.
③ 양쪽 용액을 혼합할 때 강하게 휘저어 준다.
④ 보르도액은 사용하기 직전에 만들어 사용한다.

해설 보르도액은 황산동이나 석회유를 사용하기 때문에 **나무통**을 사용하여야 한다.

56 잣나무 털녹병에 걸린 송이풀에서 잣나무로 날아가는 포자는?

① 여름포자
② 겨울포자
③ 녹포자
④ 담자포자

해설 **담자포자(소생자)**가 송이풀에서 잣나무로 날아가고 잣나무에서 송이풀로 녹포자가 날아간다.

57 그을음병을 방제하는 데 가장 알맞은 방법은?

① 질소질 비료를 충분히 준다.
② 진딧물과 깍지벌레 등을 구제한다.
③ 토양소독을 철저히 한다.
④ 종자소독을 철저히 한다.

해설 유인(통기불량, 음습, 비료부족, 질소비료 과용)의 제거 또는 살충제로 진딧물, 깍지벌레를 구제한다.

58 오동나무 빗자루병의 매개충은?

① 담배장님노린재
② 복숭아혹진딧물
③ 목화진딧물
④ 오리나무잎벌레

해설 병원은 파이토플라스마이며, 이 병은 담배장님노린재에 의해 매개된다.

59 유충으로 군집하여 월동하는 해충은?

① 솔나방
② 독나방
③ 매미나방
④ 미국흰불나방

해설 독나방은 1~2회 탈피한 유충으로 나무껍질 사이나 지피물 밑에서 **군집하여 월동**하고 다음해 봄에 활동한다.

60 솔잎혹파리의 우화 최성기는?

① 4월 상순
② 5월 상순
③ 6월 상순
④ 7월 상순

해설 솔잎혹파리의 우화 최성기는 **5월 하순부터 6월 하순**이다.

61 다음 침엽수 중 내화력이 가장 강한 수종은?

① 잎갈나무
② 소나무
③ 삼나무
④ 편 백

해설 잎갈나무는 낙엽이 쌓일때 습기가 있어 잘 타지 않는다.

정답 58 ① 59 ② 60 ③ 61 ①

62 수목의 탄저병에 관한 설명으로 틀린 것은?

① 버즘나무 탄저병은 주로 장마철에 발생한다.
② 오동나무 탄저병은 주로 어린 실생묘에서 발생한다.
③ 사철나무 탄저병은 조기낙엽의 원인이 된다.
④ 동백나무 탄저병은 잎은 물론 과실에도 발생한다.

해설 버즘나무 탄저병은 봄에 서늘하고 비가 많이 오는 날이 지속되면 병이 심해진다.

63 표징 중 번식기관에 속하지 않는 것은?

① 분생자병
② 자 좌
③ 자낭각
④ 병자각

해설 **자좌**, 균핵, 균사 등은 병원체의 영양기관에 속한다.

64 소나무재선충이 매개충인 솔수염하늘소의 몸속으로 침입하는 시기는 언제인가?

① 고사목 내 솔수염하늘소의 노숙유충 시기
② 고사목 내 솔수염하늘소의 번데기 시기
③ 고사목 내 솔수염하늘소의 우화된 성충 시기
④ 고사목 내 솔수염하늘소의 증식기 유충 시기

해설 소나무재선충은 솔수염하늘소 **성충**의 상처부위를 통해 침입한다.

65 산림해충의 천적이 아닌 것은?

① 기생파리류
② 무당벌레류
③ 방패벌레류
④ 풀잠자리류

해설 방패벌레류는 해충이다.

66 볕데기(皮燒)는 어느 것에 원인이 되어 생기는가?

① 산화(山火) ② 일사(日射)
③ 밑깎기작업(下刈作業) ④ 일조시간(日照時間)

해설 볕데기란 **강한 햇볕의 일사**에 의해 일어난다.

67 수목의 그을음병을 방제하는 데 가장 알맞은 것은?

① 살충제로 진딧물과 깍지벌레를 구제한다.
② 종자소독을 한다.
③ 중간기주를 제거한다.
④ 토양소독을 한다.

해설 유인(통기불량, 음습, 비료부족, 질소비료 과용)의 제거 또는 살충제로 진딧물, 깍지벌레 구제

68 대추나무 빗자루병에 대한 설명으로 틀린 것은?

① 마름무늬매미충에 의해 충매전염된다.
② 옥시테트라사이클린 수간주입법에 의해 치료될 수 있다.
③ 주요 병징은 황화, 절간생장축소, 엽화현상이다.
④ 바이러스에 의해 발생하는 수병이다.

해설 대추나무 빗자루병은 바이러스가 아닌 파이토플라스마에 의해 발생하는 수병이다.

69 수목에 피해를 주는 수병 중 자낭균에 의한 것은?

① 벚나무 빗자루병
② 뽕나무 오갈병
③ 잣나무 털녹병
④ 삼나무 붉은마름병

해설 뽕나무 오갈병은 파이토플라스마, 잣나무 털녹병은 담자균, 삼나무 붉은마름병은 불완전균이다.

정답 66 ② 67 ① 68 ④ 69 ①

70 잣나무 털녹병균 담자포자의 일반적인 비산거리는?
① 보통 30m 내외
② 보통 300m 내외
③ 보통 3km 내외
④ 보통 30km 내외

해설 보통 300m 내외이다.

71 산불의 발생형태 중 비화(Spot Fire)하기 쉽고, 한번 일어나면 불끄기가 힘들어 큰 손실을 가져오는 것은?
① 지중화
② 지표화
③ 수간화
④ 수관화

해설 수관화는 우리나라에서 자주 발생하는 산불형태로 일단 연소 시 불길이 높아 소화하기 힘들다.

72 수병에 대한 기주와 중간기주가 모두 옳은 것은?
① 소나무 잎녹병 : 소나무와 참나무
② 잣나무 털녹병 : 잣나무와 낙엽송
③ 포플러 잎녹병 : 포플러와 까치밥나무
④ 향나무 녹병 : 향나무와 배나무

해설
• 소나무 잎녹병의 중간기주 : 황벽나무, 참취, 잔대
• 잣나무 털녹병 : 송이풀류, 까치밥나무
• 포플러 잎녹병 : 낙엽송, 현호색, 줄꽃주머니

73 식물 바이러스의 전염에 큰 역할을 하는 곤충의 종류 중 가장 많은 종류는 다음의 어느 과(科)의 곤충인가?
① 진딧물과
② 가루깍지벌레과
③ 노린재과
④ 메뚜기과

해설 바이러스 전염은 진딧물과가 가장 종류가 많다.

74 각종 해충의 생물적 방제에 이용되는 것이 아닌 것은?

① 기생곤충
② 훈증제
③ 포충동물
④ 병원미생물

해설 훈증제는 화학적 방제이다.

75 다음 중 종실을 가해하는 해충은?

① 소나무순명나방
② 매미나방
③ 복숭아명나방
④ 소나무좀

해설 종실을 가해하는 해충은 밤나방, **복숭아명나방**, 도토리바구미 등이 있다.

76 미국흰불나방은 북아메리카가 원산지이다. 우리나라에 최초로 피해를 나타낸 시기는?

① 1948년 전후
② 1958년 전후
③ 1968년 전후
④ 1978년 전후

해설 1950년대 후반에 나타나 활엽수 160여 종을 가해하는 잡식성 해충이다.

77 우리나라에서 서식하고 있는 포유류 중 천연기념물이 아닌 것은?

① 수 달
② 늑 대
③ 물 범
④ 산 양

해설 늑대는 멸종위기동물이다.

정답 74 ② 75 ③ 76 ② 77 ②

78 다음 중 한상에 대한 설명으로 옳은 것은?

① 기온이 0℃ 이하에서 생활기능의 장해로 죽는 것을 말한다.
② 기온이 0℃ 이상에서 저온에 의한 임목의 생장피해를 말한다.
③ 기온이 0℃ 이하에서 식물조직의 결빙에 의하여 조직체가 죽는 것을 말한다.
④ 갑작스러운 고온으로 식물체가 죽는 것을 말한다.

해설 한상은 기온이 0℃ 이상에서 저온으로 인한 임목의 생장피해를 말한다.

79 솔잎혹파리 월동은 무슨 충태로 어디서 하는가?

① 알로 잎 속에서
② 유충으로 땅속에서
③ 번데기로 땅속에서
④ 성충으로 수피 속에서

해설 솔잎혹파리는 유충으로 땅속에서 월동한다.

80 성충과 유충이 모두 나무에 피해를 주는 해충은?

① 소나무좀   ② 박쥐나방
③ 솔잎나방   ④ 솔나방

해설 소나무좀은 성충과 유충이 모두 피해를 준다.

81 살충제 중 해충의 기문이나 체벽을 통해 체내로 들어가 중독작용을 일으키는 약제는?

① 침투성 살충제   ② 소화중독제
③ 접촉제   ④ 훈증제

해설 기문 또는 체벽은 접촉제와 관련이 있다.

82 조류의 군집생활로 인하여 임목을 고사시키는 조류는?

① 할매새
② 산비둘기
③ 왜가리
④ 동박새

해설 왜가리는 군집생활로 임목을 고사시킨다.

83 다음 중 수병의 방제에 대한 설명 중 틀린 것은?

① 임지에서 발생하는 병의 방제는 내병성 품종에 의지할 수밖에 없다.
② 수병은 치료보다 예방이 방제법의 주축을 이룬다.
③ 경제적으로 방제 경비가 제한된다는 점이다.
④ 수목은 체내에 순환계를 가지고 있지 않아 치료가 어렵다.

해설 병의 방제에는 다양한 방법이 있다.

84 다음의 기생성 식물 중 뿌리에 기생하는 것은?

① 꼬리겨우살이
② 참나무겨우살이
③ 새 삼
④ 오리나무더부살이

해설 오리나무더부살이는 뿌리에 기생한다.

85 산림에 피해를 주는 대표적인 소형동물은?

① 뱀
② 까마귀
③ 들 쥐
④ 새

해설 들쥐는 산토끼와 더불어 수목에 가장 많은 피해를 준다.

정답 82 ③ 83 ① 84 ④ 85 ③

86 모잘록병균의 전반에 중요한 역할을 하는 것은?
① 곤 충   ② 토 양
③ 바 람   ④ 새

해설 모잘록병균은 묘포병원균으로 토양이 전반 역할을 한다.

87 다음 중 병징이 아닌 것은?
① 시들음   ② 황 화
③ 무 름   ④ 균 핵

해설 균핵은 병원균의 구성성분이다.

88 다음 중 동해를 가장 많이 받는 것은?
① 소나무   ② 오리나무
③ 밤나무   ④ 전나무

해설 감귤나무, 버드나무, 밤나무 등이 동해를 받기 쉽다.

89 기생성 종자식물에 대한 설명 중 틀린 것은?
① 겨우살이는 활엽수 및 침엽수에도 기생한다.
② 겨우살이는 엽록체가 있으므로 광합성을 하기도 한다.
③ 새삼은 뿌리 및 엽록체가 없어 기주식물에 전적으로 의존하며 산다.
④ 겨우살이는 낙엽관목이다.

해설 겨우살이는 관목류가 아니다.

90 매미나방(집시나방)에 대한 설명으로 틀린 것은?

① 침엽수, 활엽수, 벼과식물을 가해하는 잡식성이다.
② 부화유충은 초기에는 군서하지만 자라면 분산하여 가해한다.
③ 1년 내 1회 발생하고 성충으로 월동한다.
④ 수간이나 굵은 가지에 200~500개의 알을 낳는다.

해설 1년 내 1회 발생하고 **알**로 수간에서 월동한다.

91 산림해충방제의 임업적 방제방법에 해당되지 않는 것은?

① 산림을 구성하는 수종, 수령구성을 조절한다.
② 2종의 살충제를 번갈아 사용한다.
③ 임목의 밀도를 조절한다.
④ 입지조건에 적합한 수종을 심는다.

해설 살충제는 화학적 방법이다.

92 병환부의 외표에 자실체가 나타날 경우 발병의 원인은?

① 세 균
② 바이러스
③ 진균류
④ 생리적인 장해

해설 자실체는 진균류에 의한 것이다.

93 볕데기와 열사 등 고온에 의한 피해가 가장 많이 나타나는 방위는?

① 동 남
② 남
③ 남 서
④ 서

해설 남서 방향이 고온에 의한 피해가 가장 많다.

정답 90 ③ 91 ② 92 ③ 93 ③

94 산림해충의 생태학적 구분으로 옳지 않은 것은?

① 주요해충 : 매년 만성적·지속적인 피해를 나타내는 해충
② 돌발해충 : 비정상적으로 대발생하는 경우
③ 침입해충 : 특정 해충의 방제로 인해 곤충상이 파괴되면서 새로운 해충이 주요 해충화하는 경우
④ 비경제해충 : 임목을 가해는 하나 그 피해가 경미하여 방제의 필요성이 없는 해충

해설　③ 2차해충 (Secondary insect pests) : 특정 해충의 방제로 인해 곤충상이 파괴되면서 새로운 해충이 주요 해충화하는 경우

95 산림병해충 발생예보가 잘못 연결된 것은?

① 관심(Blue) : 중국·일본 등 인접국가에서 대규모로 발생한 병해충이 국내로 유입
② 주의(Yellow) : 과거에 외래·돌발병해충이 발생한 시기, 지역 및 수목(임산물 포함)에서 지역적 규모의 동종 병해충 발생
③ 경계(Orange) : 외래·돌발병해충이 다른 지역으로 확산하거나 50ha 이상의 '심' 피해 발생
④ 심각(Red) : 중국·일본 등 인접국가에서 대규모로 발생한 병해충이 국내로 유입, 다른 지역으로 전파되어 전국적 확산 징후

해설　① 관심(Blue) : 중국·일본 등 인접 국가에서 대규모 병해충 발생 및 국내유입 징후

96 주요 병해충의 방제계획을 수립할 때 병해충별, 방제 지역별로 구분하여 방제계획을 수립하여야 하는 기준이 아닌 것은?

① 생태적으로 건강하고 지속가능한 산림경영이 이루어지도록 할 것
② 사람이나 환경에 미치는 영향이 적은 방제방법을 적용할 것
③ 산림병해충의 생태를 이해하고, 연중 방제 가능한 방제방법을 적용할 것
④ 발생한 산림병해충에 효과적이며 적용가능한 약제를 선택할 것

해설　③ 산림병해충의 생태를 이해하고, 적기에 적절한 방제방법을 적용할 것

97 주요 병해충의 방제사업을 위한 조사의 기본원칙은 전수조사를 원칙으로 하지만 표준지 조사를 할 수 있는 경우가 아닌 것은?

① 해당 임분 전체에 나무주사 등 방제사업을 실행하는 경우
② 임업적 방제를 하는 경우
③ 긴급히 방제를 하여야 하는 경우
④ 산림생태계의 보호를 위한 경우

98 주요 병해충의 방제사업을 위한 표준지조사에 대한 내용으로 옳지 않은 것은?

① 표준지 조사비율은 사업대상지 면적의 2%를 기준으로 한다.
② 표준지 크기는 개소 당 200~400m²로 한다.
③ 표준지는 사업대상지를 표시한 지형도상에서 최대 200×200m 격자상의 교차점에서 400m²의 표준지를 일정 간격으로 교차점에 배치한다.
④ 일정 격자의 교차점에서 표준지 배치가 불가능할 경우에는 상하좌우 50m 범위 내에서 표준지 위치를 조정할 수 있다.

해설 ① 표준지 조사비율은 사업대상지 면적의 1%를 기준으로 한다.

99 실시설계에 포함되는 사항으로 옳은 것은?

① 방제대상지의 위치와 사업면적
② 해당 산림에 대한 산림소유자의 요구사항
③ 실시설계의 방침 및 방제사업의 예산 규모
④ 방제대상지별 작업방법

해설 실시설계에 포함되는 사항
1. 방제대상지별 작업 방법
2. 사업비 산출
3. 방제작업의 소요인력 및 장비운용 계획
4. 산림병해충 발생 및 방제계획 도면
5. 그 밖에 방제사업 추진에 필요한 사항

100 주요 병해충의 방제사업 현장대리인의 자격요건으로 옳은 것은?

① 기술초급 이상 산림경영기술자
② 국유림의 경우 해당 기능2급 이상 산림경영기술자
③ 나무병원의 업무 실무경력이 2년 이상인 자
④ 나무병원의 수목치료기술자

해설 현장대리인의 자격요건
1. 기술초급 이상 산림경영기술자
2. 해당 업무 실무경력이 2년 이상인 기능2급 이상 산림경영기술자(국유림만 해당)
3. 나무의사 또는 해당 업무 실무경력이 2년 이상인 수목치료기술자(나무병원만 해당)

정답 98 ① 99 ④ 100 ①

101 병해충의 방제사업 사업시행자는 안전관리계획서 및 관련 법규에 따라 안전관리에 관한 조치를 하여야 하는데 잘못 설명한 것은?

① 작업원 등 작업장에 들어가는 자에 대한 안전장비 착용 여부의 확인
② 유류, 체인톱 등 각종 위험물의 사용법 교육
③ 방제목 벌채작업의 경우를 포함하여 모든 방제사업 시 농약관리법에 따른 약제의 안전관리기준 및 취급제한기준에 대한 교육
④ 안전사고 예방을 위하여 통행자 또는 작업원의 작업장내의 이동에 관한 교육 또는 호루라기 등의 소지 여부 점검

해설 ③ 농약관리법에 따른 약제의 안전관리기준 및 취급제한기준에 대한 교육(약제를 사용하는 경우에 한한다)

102 방제산물을 우선적으로 최대한 수집하여 활용하거나 안전한 구역으로 이동하여야 하는 경우가 아닌 것은?

① 폭 3m 이상 계곡부로부터 계곡부 홍수위 폭 만큼의 거리 이내 지역
② 호소 등 수변부의 만수위와 하천의 홍수위로부터 30m 이내 지역 또는 산물이 유입될 수 있는 집수유역 안의 지역
③ 도로・임도・농경지・택지로부터 30m 이내 지역
④ 소나무류 벌채산물은 전량 방제 처리

해설 ④ 소나무류 반출금지구역 내 소나무류 벌채산물은 전량 방제 처리

103 방제사업 감리원의 업무범위에 해당하는 것은?

① 설계변경
② 산물처리의 적정성 확인
③ 작업장관리 지도
④ 안전관리계획 작성

해설 ① 설계변경에 관한 사항 검토
③ 재해방지 및 작업장관리 지도
④ 안전관리계획의 검토・확인 및 안전관리 지도

부록

과년도 + 최근 기출복원문제

- **2020년** 산림기사 제1·2회 통합~4회 기출문제
  산림산업기사 제1·2회 통합~3회 기출문제
- **2021년** 산림기사 제1~3회 기출문제
  산림산업기사 제1회 기출복원문제
- **2022년** 산림기사 제1~2회 기출문제
  산림산업기사 제1회 기출복원문제
- **2023년** 산림기사 제1~2회 기출복원문제
  산림산업기사 제1회 기출복원문제
- **2024년** 산림기사 제1~2회 기출복원문제
  산림산업기사 제1회 기출복원문제
- **2025년** 산림기사 제1~2회 기출복원문제
  산림산업기사 제1회 기출복원문제

합격의 공식 *시대에듀* www.sdedu.co.kr

2020년 제1·2회 통합 산림기사 기출문제

제 1 과목 | 조림학

01 양엽과 비교한 음엽에 대한 설명으로 옳지 않은 것은?

① 두께가 얇다.
② 광포화점이 높다.
③ 책상조직이 엉성하다.
④ 엽록소의 함량이 많다.

해설 음엽은 양엽에 비해 광포화점이 낮아야 광합성의 반응이 빨라 빛이 적어도 광합성량을 충분히 할 수 있다.

02 대면적 개벌 천연하종갱신에 대한 설명으로 옳은 것은?

① 작업 소요기간이 길다.
② 이령림 형성에 유리하다.
③ 양수의 갱신에 적합하다.
④ 토양의 이화학적 성질이 좋아진다.

해설 개벌은 작업소요시간이 짧으며, 동령림에 유리하고, 토양성질이 나빠지는 경향이 있다.

03 모수작업에 대한 설명으로 옳은 것은?

① 소경재 생산을 목적으로 벌기를 짧게 하는 갱신 방법이다.
② 모수를 제외하고 성숙한 임목만을 벌채하여 갱신을 유도하는 방법이다.
③ 비교적 짧은 갱신기간 중에 몇 차례에 걸친 벌채로 작업 구역에 있는 임목이 완전히 제거된다.
④ 새로 형성된 임분은 모수가 상층을 구성하는 것을 제외하고는 동령림으로 되지만, 모수가 많으면 이단림으로 볼 수 있다.

해설 모수는 대경재 생산이 목적이며, 모수를 제외하고 전량벌채하고, 갱신기간이 상당히 요한다.

04 간벌에 대한 설명으로 옳지 않은 것은?

① 가지치기 작업 이전에 실시한다.
② 생산될 목재의 형질을 좋게 한다.
③ 수목의 직경 생장을 촉진하고 연륜폭이 넓어진다.
④ 수목의 수액이동 정지기인 겨울철에 실시하는 것이 좋다.

해설 간벌은 일반적으로 가지치기 작업과 함께 또는 작업 후에 실시한다.

정답 1 ② 2 ③ 3 ④ 4 ①

05 택벌작업을 통한 갱신방법에 대한 설명으로 옳은 것은?

① 양수 수종 갱신이 어렵다.
② 병충해에 대한 저항력이 낮다.
③ 임목벌채가 용이하여 치수 보존에 적당하다.
④ 일시적인 벌채량이 많아 경제적으로 효율적이다.

해설 택벌은 병충해 저항력이 높으며, 벌채작업이 까다롭고, 벌채량이 한정되어 있다.

06 옻나무, 피나무, 콩과 수목 종자의 발아를 촉진시키는 방법으로 적합한 것은?

① 환원법
② 황산처리법
③ 침수처리법
④ 고저온처리법

해설 옻나무, 피나무, 콩과 수목 종자의 발아 촉진은 종피의 표면을 부식시키는 황산처리법이 적합하다.

07 토양의 무기양료에 대한 요구도가 가장 낮은 수종은?

① *Zelkova serrata*
② *Abies Holophylla*
③ *Juniperus chinensis*
④ *Querus acutissima*

해설 향나무(*Juniperus chinensis*)는 종자로, 혹은 꺾꽂이로도 번식이 잘되며 사방공사용으로 사용하는 등 토양 무기양료 요구도가 낮다.

08 실생묘 생산을 위한 임목 종자의 파종량 계산에 필요한 인자가 아닌 것은?

① 순량률
② 종자 발아율
③ 잔존 묘목수
④ 발아묘 생장률

해설 파종량 = (파종상 면적 × 가을의 묘목수) / (종자립수 × 순량률 × 발아율 × 묘목 잔존율)

09 이중정방형으로 묘간거리를 5m로 1ha에 식재되는 묘목의 본수는?

① 200본　② 800본
③ 2,000본　④ 8,000본

해설 1ha = 10,000m² / (5m × 5m) = 400본(정방형), 여기서, 이중정방형은 정방형의 2배이므로 1ha에 식재되는 초목의 본수는 800본이다.

정답 5① 6② 7③ 8④ 9②

10 종자가 발아하기에 적합한 환경에서 발아하지 못하는 휴면에 해당하지 않는 것은?

① 배휴면
② 종피휴면
③ 이차휴면
④ 생리적 휴면

해설 2차 휴면
발아최고온도 이상의 온도, 수분스트레스 등 발아에 부적당한 외부의 불리한 환경조건이 2차 휴면의 원인이다.

11 수목의 측아 발달을 억제하여 정아우세를 유지시켜 주는 호르몬은?

① 옥신
② 지베렐린
③ 사이토키닌
④ 아브시스산

해설 정아우세에 관여하는 호르몬은 인돌초산으로 구성된 옥신이라는 호르몬 작용 때문이다.

12 생가지치기를 하는 경우 절단면이 썩을 위험성이 가장 큰 수종은?

① *Acer palmatum*
② *Pinus densiflora*
③ *Cryptomeria japonica*
④ *Chamaecyparis obtusa*

해설 생가지치기가 가장 위험한 수종은 단풍나무류(*Acer palmatum*), 느릅나무류, 벚나무류, 물푸레 나무 등이다.

13 조림목이 심어진 줄에 따라 잡초목을 제거하는 풀베기 작업방법은?

① 점베기
② 줄베기
③ 모두베기
④ 둘레베기

14 외떡잎식물의 특징이 아닌 것은?

① 떡잎이 한 장이다.
② 엽맥은 그물맥이다.
③ 관다발 조직이 줄기 내에 흩어져 있다.
④ 보통 원뿌리가 없는 수염뿌리를 가지고 있다.

해설 잎은 대개 가늘고 나란히 맥을 형성한다.

정답 10 ③ 11 ① 12 ① 13 ② 14 ②

15 수목의 뿌리를 통하여 흡수된 질소, 인, 칼륨 등의 무기양료가 잎까지 이동되는 주요 통로가 되는 조직은?

① 수
② 사 부
③ 목 부
④ 수지관

해설 목부(물관부)는 관다발(維管束)의 구성요소 중의 하나이며, 도관, 가도관, 목부섬유, 목부유조직으로 된 복합조직으로 수분과 양분의 통로이면서 나무의 기계적 지지의 역할을 하고 목부유조직은 전분, 유지 등의 저장 조직이 된다.

16 산림이나 묘포장의 토양산도에 대한 설명으로 옳은 것은?

① 묘포 토양은 pH 6.5 이상이 되어야 좋다.
② pH 7.4~8.0 토양에서는 침엽수종의 생육에 유리하다.
③ pH 4.0~4.7 토양에서는 망간, 알루미늄이 다량 용해되어 수목의 생육에 적합하다.
④ pH 6.6~7.3 토양에서는 미생물의 활동이 왕성하고 양료의 이용이 높으며 부식의 형성이 쉽게 진전된다.

해설
① 묘포 토양은 pH 6.5 이하가 되어야 좋다.
② pH 7.4~8.0 토양에서는 마그네슘의 양이 너무 많고 철분이 적어서 침엽수 생육이 불량하다.
③ pH 4.0~4.7 토양에서는 망간, 알루미늄이 다량 용해되어 임목생장에 해를 준다.

17 산림에 해당되지 않는 것은?

① 휴양 및 경관 자원
② 집단적으로 자라고 있는 대나무와 그 토지
③ 산림의 경영 및 관리를 위하여 설치한 도로
④ 집단적으로 자라고 있던 입목이 일시적으로 없어지게 된 토지

해설 정의(산림자원의 조성 및 관리에 관한 법률 제2조 제1항)
"산림"이란 다음의 어느 하나에 해당하는 것을 말한다. 다만, 농지, 초지(草地), 주택지, 도로, 그 밖의 대통령령으로 정하는 토지에 있는 입목(立木)·대나무와 그 토지는 제외한다.
1. 집단적으로 자라고 있는 입목·대나무와 그 토지
2. 집단적으로 자라고 있던 입목·대나무가 일시적으로 없어지게 된 토지
3. 입목·대나무를 집단적으로 키우는 데에 사용하게 된 토지
4. 산림의 경영 및 관리를 위하여 설치한 도로[이하 "임도(林道)"라 한다]
5. 1.부터 3.까지의 토지에 있는 암석지(巖石地)와 소택지(沼澤地 : 늪과 연못으로 둘러싸인 습한 땅)

18 산림토양 내에 존재하는 질소에 대한 설명으로 옳은 것은?

① 호기성 세균은 질산태 질소를 암모늄태 질소로 변화시키는 과정에서 중심 역할을 한다.
② 산성이 강한 산림토양에서는 질산화작용에 의해 질소 성분이 주로 질산태 질소 형태로 존재한다.
③ 동식물의 사체가 분해되면 처음에 질산태 질소가 생성되며, 그 후에 세균에 의해 암모늄태 질소로 변화된다.
④ 산성이 강한 산림토양에서는 세균보다 진균이 동식물의 사체를 암모늄 형태의 질소로 분해하는 데 더 크게 기여한다.

해설
① 호기성 세균은 암모늄태 질소를 질산태 질소로 변화시키는 과정에서 중심 역할을 한다.
② 산성이 강한 산림토양에서는 질산화작용에 의해 질소 성분이 주로 암모늄태 질소 형태로 존재한다.
③ 동식물의 사체가 분해되면 처음에 암모늄태 질소가 생성되며, 그 후에 세균에 의해 질산태 질소로 변화된다.

19 종자 발아 시험에서 일정 기간 내의 발아 종자수를 시험에 사용한 전체 종자수에 대한 백분율로 나타낸 것은?

① 효 율　　② 순량률
③ 발아율　　④ 발아세

해설 발아율 : 파종된 종자수에 대한 발아종자수의 비율(%)

20 삽목 작업에 대한 설명으로 옳지 않은 것은?

① 삽수의 끝눈은 남향으로 향하게 한다.
② 비가 온 후 상면이 습하면 작업을 하지 않는다.
③ 작업 중 삽수가 건조하거나 눈이 상하지 않도록 주의한다.
④ 삽목 토양으로는 배수성이 좋은 토양보다는 양료가 충분히 있는 양토 계통의 토양을 이용하는 것이 좋다.

해설 좋은 삽목상은 무균적이고 보수력이 높은 동시에 잘 배수되어 통기력이 좋아야 한다.

제 **2** 과목 │ **산림보호학**

21 다음 설명에 해당하는 해충은?

- 정착한 1령 애벌레는 여름에 긴 휴면을 가진 후 10월경에 생장하기 시작하고, 11월경에 탈피하여 2령 애벌레가 된다.
- 2령 애벌레는 11월~이듬해 3월 동안 수목에 피해를 가장 많이 주고, 수컷은 3월 상순 전후에 탈피하여 3령 애벌레가 된다.

① 호두나무잎벌레
② 참나무재주나방
③ 도토리거위벌레
④ 솔껍질깍지벌레

해설 **솔껍질깍지벌레**
후약충으로 월동하고, 주로 11~3월경 피해가 발생하며, 3~5월에 가장 많이 관찰된다.

정답 18 ④　19 ③　20 ④　21 ④

22 다음 각 해충이 주로 가해하는 수종으로 옳지 않은 것은?

① 광릉긴나무좀 – 참나무류
② 미국흰불나방 – 소나무류
③ 복숭아심식나방 – 사과나무
④ 버즘나무방패벌레 – 물푸레나무

해설 ② 미국흰불나방 : 활엽수류

23 대추나무 빗자루병에 대한 설명으로 옳지 않은 것은?

① 매개충은 마름무늬매미충이다.
② 병든 수목을 분주하면 병이 퍼져나간다.
③ 광범위 살균제로 수간주사하여 방제한다.
④ 꽃봉오리가 잎으로 변하는 엽화현상으로 인해 열매가 열리지 않는다.

해설 ③ 대추나무 빗자루병은 테트라사이클린 항생제로 수간주입한다.

24 자낭균에 의해 발생하는 수목병은?

① 뽕나무 오갈병
② 잣나무 털녹병
③ 벚나무 빗자루병
④ 삼나무 붉은마름병

해설 ① 뽕나무 오갈병 : 파이토플라스마
② 잣나무 털녹병 : 담자균
④ 삼나무 붉은마름병 : 불완전균류

25 오동나무 빗자루병을 매개하는 곤충은?

① 진딧물
② 끝동매미충
③ 마름무늬매미충
④ 담배장님노린재

해설 오동나무 빗자루병의 병원균은 파이토플라스마이고, 담배장님노린재에 의해 매개되며, 병든 나무의 분근을 통해서도 전염된다.

26 향나무 녹병 방제방법에 대한 설명으로 옳지 않은 것은?

① 중간기주에는 8~9월에 적정 농약을 살포한다.
② 향나무에는 3~4월과 7월에 적정 농약을 살포한다.
③ 향나무와 중간기주는 서로 2km 이상 떨어지도록 한다.
④ 향나무 부근에 산사나무, 모과나무 등의 장미과 수목을 심지 않는다.

해설 ① 중간기주인 배나무에는 4월 중순부터 다이카, 보르도액을 뿌린다.

정답 22 ② 23 ③ 24 ③ 25 ④ 26 ①

27 모잘록병 방제방법으로 옳지 않은 것은?

① 질소질 비료를 많이 준다.
② 병든 묘목은 발견 즉시 뽑아 태운다.
③ 병이 심한 묘포지는 돌려짓기를 한다.
④ 묘상이 과습하지 않도록 배수와 통풍에 주의한다.

해설 질소질 비료를 과용하지 말고 인산질 비료를 충분히 주어 묘목을 튼튼히 길러야 한다.

28 해충을 생물적으로 방제하는 방법에 대한 설명으로 옳은 것은?

① 식재할 때 내충성 품종을 선정한다.
② BT 수화제를 이용하여 솔나방 등을 방제한다.
③ 생리활성 물질인 키틴합성 억제제를 이용한다.
④ 임목밀도를 조절하여 건전한 임분을 육성한다.

해설 ① 임업적 방제
③ 화학적 방제
④ 임업적 방제

29 북방수염하늘소에 대한 설명으로 옳지 않은 것은?

① 성충의 우화 최성기는 5월경이다.
② 성충은 수세가 쇠약한 수목이나 고사목에 산란한다.
③ 솔수염하늘소와 마찬가지로 소나무재선충을 매개한다.
④ 연 2회 발생하고, 유충으로 월동하며, 1년에 3회 발생하는 경우도 있다.

해설 북방수염하늘소는 소나무재선충병의 매개충으로, 연 1회 발생하고 줄기 내에서 유충으로 월동한다. 추운 지방에서는 2년에 1회 발생하는 경우도 있다. 월동 유충은 4월에 수피와 가까운 곳에서 번데기가 되고, 성충은 4월 하순~7월 상순에 줄기에서 탈출해 신초를 가해한다.

30 수목을 가해하는 해충 방제방법으로 옳지 않은 것은?

① 성 페로몬을 이용한 방법은 친환경적 방제방법이다.
② 방사선을 이용한 해충의 불임 방법은 국제적으로 금지되어 있다.
③ 생물적 방제는 다른 생물을 이용하여 해충군의 밀도를 억제하는 방법이다.
④ 공항, 항만 등에서 식물 검역을 실시하여 국내로 해충이 유입되지 않도록 한다.

정답 27 ① 28 ② 29 ④ 30 ②

31 저온에 의한 수목 피해에 대한 설명으로 옳지 않은 것은?

① 조상은 늦가을에 수목이 완전히 휴면하기 전에 내린 서리로 인한 피해이다.
② 동상은 겨울철 수목의 생육휴면기에 발생하여 연약한 묘목에 피해를 준다.
③ 상주는 봄에 식물의 발육이 시작된 후 급격한 기온 저하가 일어나 줄기가 손상되는 것이다.
④ 상렬은 추운지방에서 밤에 수액이 얼어서 부피가 증대되어 수간의 외층이 냉각 수축하여 갈라지는 현상이다.

[해설] 상주 : 서릿기둥(서릿발)이라고도 하며, 토양 속의 수분이 모세관현상으로 지표로 상승해 가는 과정에서 0℃ 이하의 층에 도달하여, 지표 또는 지표 바로 밑에 형성된 것을 상주라고 한다.

32 산불 발생 시 수행하는 직접 소화법이 아닌 것은?

① 맞불 놓기
② 토사 끼얹기
③ 불털이개 사용
④ 소화약제 항공살포

[해설] 맞불 놓기(Back Fire)는 간접 소화법에 가깝다.

33 소나무 재선충병의 매개충 방제를 위한 나무 주사에 대한 설명으로 옳지 않은 것은?

① 나무주사 시기는 5~7월이다.
② 약효 지속 기간은 약 5개월이다.
③ 약제는 티아메톡삼 분산성액제를 사용한다.
④ 약제 주입량 기준은 흉고직경(cm)당 0.5mL이다.

[해설] 재선충병 고사목은 베어서 훈증 소각하고, 매개충구제를 위해 5~8월에 아세타미프리드 액제를 3회 이상 살포한다. 예방을 위해서는 12~2월에 아바멕틴 유제 또는 에마멕틴벤조에이트 유제를 나무주사하거나 4~5월에 포스티아제이트 액제를 토양관주한다.

34 번데기로 월동하는 해충은?

① 대벌레
② 솔나방
③ 미국흰불나방
④ 잣나무넓적잎벌

[해설]
① 대벌레 : 알
② 솔나방 : 유충
④ 잣나무넓적잎벌 : 유충

35 수목에 가장 많은 병을 발생시키는 병원체는?

① 선 충
② 균 류
③ 바이러스
④ 파이토플라스마

[해설] 수목에 가장 많은 병을 발생시키는 병원체는 진균류이다.

정답 31 ③ 32 ① 33 ① 34 ③ 35 ②

36. 농약을 살포하여 수목의 줄기, 잎 등에 약제가 부착되어 식엽성 해충이 먹이와 함께 약제를 섭취하여 독작용을 일으키는 살충제는?

① 기피제
② 유인제
③ 소화중독제
④ 침투성 살충제

해설 소화중독제는 약제가 해충의 입을 통하여 소화관 내에 들어가 중독을 일으켜 죽게 하는 것이다.

37. 장미 모자이크병 방제방법에 대한 설명으로 옳지 않은 것은?

① 매개충을 구제한다.
② 많은 잎에 모자이크병 병징이 나타난 수목은 제거한다.
③ 바이러스에 감염된 어린 대목을 38℃에서 약 4주간 열처리한다.
④ 바이러스에 감염되지 않은 대목과 접수를 사용하여 건전한 묘목을 육성한다.

해설 매개충인 진딧물과 장미 모자이크병은 관계가 없다.

38. 대기오염 물질인 오존으로 인하여 제일 먼저 피해를 입는 수목의 세포는?

① 엽육세포
② 표피세포
③ 상피세포
④ 책상조직세포

해설 대기오염 물질인 오존으로 인하여 제일 먼저 피해를 입는 수목의 세포는 잎의 책상조직세포이다.

39. 수목에 충영을 형성하는 해충은?

① 텐트나방
② 아까시잎혹파리
③ 복숭아유리나방
④ 느티나무벼룩바구미

해설 혹파리는 잎에 충영을 형성한다.

40. 병원균이 종자의 표면에 부착해서 전반되는 수목병은?

① 잣나무 털녹병
② 왕벚나무 혹병
③ 밤나무 줄기마름병
④ 오리나무 갈색무늬병

해설
① 잣나무 털녹병 : 바람
② 왕벚나무 혹병 : 바람
③ 밤나무 줄기마름병 : 비, 바람, 곤충, 새

정답 36 ③ 37 ① 38 ④ 39 ② 40 ④

제 3 과목 임업경영학

41 산림문화 휴양에 관한 법률에서 정의된 국민의 정서함양, 보건휴양 및 산림교육 등을 위하여 조성한 산림에 해당하는 것은?

① 삼림욕장　② 치유의 숲
③ 숲속야영장　④ 자연휴양림

해설 ④ '자연휴양림'이라 함은 국민의 정서함양·보건휴양 및 산림교육 등을 위하여 조성한 산림(휴양시설과 그 토지를 포함)을 말한다(산림문화·휴양에 관한 법률 제2조 제2호).
① '산림욕장'(山林浴場)이란 국민의 건강증진을 위하여 산림 안에서 맑은 공기를 호흡하고 접촉하며 산책 및 체력단련 등을 할 수 있도록 조성한 산림(시설과 그 토지를 포함)을 말한다(산림문화·휴양에 관한 법률 제2조 제3호).
② '치유의 숲'이란 산림치유를 할 수 있도록 조성한 산림(시설과 그 토지를 포함)을 말한다(산림문화·휴양에 관한 법률 제2조 제5호).
③ '숲속야영장'이란 산림 안에서 텐트와 자동차 등을 이용하여 야영을 할 수 있도록 적합한 시설을 갖추어 조성한 공간(시설과 토지를 포함)을 말한다(산림문화·휴양에 관한 법률 제2조 제8호).

42 임분재적 측정방법으로 전수조사에 해당되는 것은?

① 목 측　② 표본조사
③ 매목조사　④ 계통적 추출

해설 매목조사라 함은 전수조사를 의미한다.

43 생태·문화·역사·경관·학술적 가치의 보전에 필요한 산림은?

① 수원함양림
② 생활환경보전림
③ 산지재해방지림
④ 자연환경보전림

해설 산림의 기능별 구분·관리(산림자원의 조성 및 관리에 관한 법률 시행규칙 제3조 제1항)
법에 따른 산림의 기능은 다음과 같이 구분한다.
1. 수원함양림 : 수자원함양과 수질정화를 위하여 필요한 산림
2. 산지재해방지림 : 산사태, 토사유출, 대형산불, 산림병해충 등 각종 산림재해의 방지 및 임지의 보전에 필요한 산림
3. 자연환경보전림 : 생태·문화·역사·경관·학술적 가치의 보전에 필요한 산림
4. 목재생산림 : 생태적 안정을 기반으로 하여 국민경제활동에 필요한 양질의 목재를 지속적·효율적으로 생산·공급할 수 있는 산림
5. 산림휴양림 : 산림휴양 및 휴식공간의 제공을 위하여 필요한 산림
6. 생활환경보전림 : 도시 또는 생활권 주변의 경관유지, 쾌적한 생활환경의 유지를 위하여 필요한 산림

44 임업이율의 성격으로 옳지 않은 것은?

① 현실이율이 아니고 평정이율이다.
② 단기이율이 아니고 장기이율이다.
③ 대부이자가 아니고 자본이자이다.
④ 명목적 이율이 아니고 실질적 이율이다.

해설 임업이율은 명목적 이율이다.

45 Huber식에 의한 수간석해방법으로 옳지 않은 것은?

① 구분의 길이를 2m로 원판을 채취한다.
② 반경은 일반적으로 5년 간격으로 측정한다.
③ 벌채점의 위치는 가슴높이인 지상 1.2m로 한다.
④ 단면의 반경은 4방향으로 측정한 값의 평균 값이다.

해설 벌채점의 위치는 가슴높이인 지상 1.2m로 할 경우 0.2m에서 한다.

46 다음 조건에서 프레슬러(Pressler) 공식을 이용한 임목의 수고생장률은?

- 2010년 임목의 수고는 15m
- 2015년 임목의 수고는 18m

① 약 0.4%
② 약 3.6%
③ 약 36.4%
④ 약 44.4%

해설 Pressler 수고생장률
= (18 − 15) / (18 + 15) × (200/5)
= 약 3.64%

47 자본장비도에 대한 설명으로 옳지 않은 것은?

① 종사자 1인당 자본액이다.
② 종사자수를 총자본으로 나눈 것이다.
③ 일반적으로 고정자본에서 토지를 제외한다.
④ 경영의 총자본은 고정자본과 유동자본의 합이다.

해설 자본장비도는 총자본을 종사자의 수로 나눈 값이다.

48 산림경영의 지도원칙 중 경제원칙이 아닌 것은?

① 공공성 ② 수익성
③ 보속성 ④ 생산성

해설 산림경영의 경제원칙은 수익성, 경제성, 생산성, 공공(경제)성 등이다.

정답 44 ④ 45 ③ 46 ② 47 ② 48 ③

49 산림수확조절방법 중 수리계획법이 아닌 것은?

① 장기계획법　② 선형계획법
③ 목표계획법　④ 정수계획법

해설 장기계획법은 수리적인 기법이 아니라 기간을 의미하는 것이다.

50 숲길의 조성·관리 연차별계획에 포함되어야 할 사항은?

① 1년 단위 연차별 투자실적 및 계획
② 5년 단위 연차별 투자실적 및 계획
③ 10년 단위 연차별 투자실적 및 계획
④ 20년 단위 연차별 투자실적 및 계획

해설 숲길기본계획의 수립 등(산림문화·휴양에 관한 법률 제22조의3 제5항)
지방산림청장과 지방자치단체의 장(이하 '숲길관리청')은 숲길기본계획이 수립된 경우 관할 산림(자연공원법에 따른 자연공원은 제외)에 대하여 숲길기본계획에 따라 매년 숲길의 조성·관리 연차별계획을 수립하여야 한다.
숲길기본계획 등의 수립(산림문화·휴양에 관한 법률 시행규칙 제19조의5 제2항)
숲길관리청은 법 제22조의3 제5항에 따라 다음의 사항이 포함된 숲길의 조성·관리 연차별계획을 수립하여 매년 12월 31일까지 산림청장에게 제출하여야 한다.
1. 숲길 관련 사업의 개요(사업내용, 소요사업비, 사업기간 및 사업시행자 등을 포함)
2. 숲길 관련 사업의 5년 단위 연차별 투자실적 및 계획
3. 그 밖에 숲길의 조성·관리에 필요한 사항

51 종합원가계산방법에 대한 설명으로 옳지 않은 것은?

① 공정별 원가계산방법이라고도 한다.
② 제품의 원가를 개개의 제품단위별로 직접 계산하는 방법이다.
③ 같은 종류와 규격의 제품이 연속적으로 생산되는 경우에 사용한다.
④ 생산된 제품의 전체원가를 총생산량으로 나누어 단위원가를 산출한다.

해설 제품의 원가를 개개의 제품단위별로 직접 계산하는 방법은 개별원가계산방법이다.

52 감가상각비에 대한 설명으로 옳지 않은 것은?

① 시간의 경과에 따른 부패, 부식 등에 의한 가치의 감소를 포함한다.
② 고정자산의 감가원인은 물리적 원인과 기능적 원인으로 나눌 수 있다.
③ 새로운 발명이나 기술진보에 따른 사용가치의 감가는 감가상각비로 처리하지 않는다.
④ 시장변화 및 제조방법 등의 변경으로 인하여 사용할 수 없게 된 경우에도 감가상각비로 처리한다.

해설 새로운 발명이나 기술진보에 따른 사용가치의 감가는 감가상각비로 처리한다.

53 산림의 경제성 분석방법 중 현금흐름할인법에 해당하지 않는 것은?

① 회수기간법
② 순현재가치법
③ 내부수익률법
④ 편익비용비율법

해설 회수기간법과 투자이익률법은 현금흐름할인법(시간가치)에 해당하지 않는다.

54 벌구식 택벌작업에서 맨 처음 벌채된 벌구가 다시 택벌될 때까지의 소요기간을 무엇이라고 하는가?

① 벌기령   ② 윤벌기
③ 벌채령   ④ 회귀년

해설 택벌작업은 다시 택벌될 때까지의 기간을 회귀년이라 한다.

55 임목재적 측정 시 가장 먼저 할 일은?

① 조사목 선정
② 조사목 측정
③ 조사구역 설정
④ 임분의 현존량 추정

해설 작업지 구역을 조사하여 설정하는 것이 가장 우선이다.

56 다음 조건에서 글라저(Glaser)의 보정식에 따른 15년생 현재의 평가대상 임목가는?

- 현재 15년생인 소나무림 1ha의 조림비와 10년생까지 지출한 경비의 후가합계가 60만원이다.
- 30년생의 벌기수확이 380만원으로 예상된다.

① 800,000원
② 812,500원
③ 850,000원
④ 887,500원

해설 Glaser 보정식 = (3,800,000원 − 600,000원)
　　　　　　× $(15-10)^2 / (30-10)^2$ + 600,000
　　　　　= 800,000원

57 손익분기점 분석을 위한 가정으로 옳지 않은 것은?

① 제품의 생산능률은 변화한다.
② 제품 한 단위당 변동비는 항상 일정하다.
③ 고정비는 생산량의 증감에 관계없이 항상 일정하다.
④ 제품의 판매가격은 판매량이 변동하여도 변화되지 않는다.

해설 손익분기점에서 제품의 생산능률은 변함이 없어야 한다.

정답 53 ① 54 ④ 55 ③ 56 ① 57 ①

58 입목의 가격을 산정하기 위한 방법으로 시장역산가 공식에 사용하지 않는 인자는?

① 조재율
② 간벌수익
③ 자본회수기간
④ 원목의 시장단가

해설 시장역산가는 벌기 이상의 임목평가로 간벌수익은 인자로 포함시키지 않는다.

59 임목수관의 지상투영면적 백분율로 나타내는 임분밀도의 척도는?

① 상대밀도
② 임분밀도지수
③ 상대공간지수
④ 수관경쟁인자

해설 임목수관의 지상투영면적 백분율로 나타내는 임분밀도의 척도는 수관경쟁인자이다.

60 벌기가 20년인 활엽수 맹아림의 임목가는 40만원이다. 마르티나이트(Martineit) 식으로 계산한 15년생의 임목가는?

① 112,500원
② 150,000원
③ 225,000원
④ 350,000원

해설 마르티나이트(Martineit)의 산림이용가법
$Am = Ar \times (m^2 / r^2) = 400,000 \times (15^2 / 20^2)$
$= 225,000$원

제 4 과목 임도공학

61 임도의 설계기준으로 중심선 측량에서 측점 간격은?

① 5m   ② 10m
③ 20m ④ 50m

해설 임도(도로)의 측점간격은 20m이다.

62 집재가선을 설치할 때 본줄을 설치하기 위한 집재기 쪽의 지주를 무엇이라 하는가?

① 머리기둥
② 꼬리기둥
③ 안내기둥
④ 받침기둥

해설
② 꼬리기둥 : 집재기 반대쪽, 즉 작업지 끝에 있는 기둥
③ 안내기둥 : 집재거리가 멀어 한 번에 집재를 하지 못할 때(능선 반대편 등) 중간에 안내목을 설치하는 기둥
④ 받침기둥 : 머리기둥과 꼬리기둥을 묶어 주고 지탱하는 기둥

정답 58 ② 59 ④ 60 ③ 61 ③ 62 ①

63 임도망의 특성을 나타내는 지표가 아닌 것은?

① 임도밀도
② 임도간격
③ 평균집재거리
④ 임도곡선반지름

해설 : 임도곡선반지름은 평면선형으로 임도망의 특성이 아니라 임도의 기술적 특성이다.

64 임도 시공 방법에 대한 설명으로 옳은 것은?

① 성토 대상지에 있는 모든 임목은 사면다짐 등 노체 형성에 유리하므로 그대로 존치시킨다.
② 암석지역 중 급경사지 또는 가시권 지역에서의 암석 절취는 발파 위주로 시공한다.
③ 토공작업 시 부족한 토사공급 또는 남은 토사의 처리가 필요한 경우에는 임지 밖에 사토장 또는 토취장을 지정한다.
④ 노면 및 절토대상지에 있는 임목과 그 뿌리, 표토는 전량 제거하여 반출한다. 다만, 부식토는 사면복구에 활용할 수 있다.

해설 : ① 성토 대상지에 있는 모든 임목은 사면다짐 등을 위해 벌채한다.
② 암석지역 중 급경사지 또는 가시권 지역에서의 암석 절취는 브레이카 절취 위주로 시공한다.
③ 토공작업 시 부족한 토사공급 또는 남은 토사의 처리가 필요한 경우에는 임지 내에 사토장 또는 토취장을 지정한다.

65 평판측량에 있어서 어느 다각형을 전진법에 의하여 측량하였다. 이때 폐합오차가 20cm 발생하였다면 측점 C의 오차배분량은?(단, AB = 50m, BC = 40m, CD = 5m, DA = 5m)

① 0.10m ② 0.14m
③ 0.18m ④ 0.20m

해설 : 총길이 100m에 오차가 20cm 발생하였으므로 5m당 1cm 발생한 것이다. 따라서 오차배분량 A점은 0m, B점은 10cm(50m), C점은 18cm(90m), D점은 19cm(95m) 그리고 20cm(100m)이다.

66 임도의 선형 설계에서 제약 요소가 아닌 것은?

① 시공상에서의 제약
② 대상지 주요 수종에 의한 제약
③ 사업비·유지관리비 등에 의한 제약
④ 자연환경의 보존·국토보전상에서의 제약

해설 : 수목, 수종은 임도 선형 설계에 주요 제약 요건이 아니다.

67 임도 시공 시 토사지역에서 절토 경사면의 기울기 기준은?

① 1 : 0.3~0.5
② 1 : 0.3~0.8
③ 1 : 0.8~1.2
④ 1 : 0.8~1.5

해설 :
• 경암 = 1 : 0.3~0.8
• 연암 = 1 : 0.5~1.2
• 토사 = 1 : 0.8~1.5

정답 63 ④ 64 ④ 65 ③ 66 ② 67 ④

68 곡선설치법에서 교각법에 의해 곡선을 설치할 때 교각이 32°15′, 곡선반지름이 200m일 경우 접선길이는?

① 약 58m ② 약 65m
③ 약 75m ④ 약 83m

해설 접선길이 = 반지름 × tan(θ / 2)
= 200m × tan(32°15′ / 2)
= 200m × tan(32° / 2 + 15′ / 60) / 2
= 200m × tan(16.125°)
= 200m × 0.289 = 약 57.8m

69 최소 곡선반지름의 크기에 영향을 주는 인자가 아닌 것은?

① 임도밀도
② 도로의 너비
③ 반출할 목재의 길이
④ 차량의 구조 및 운행속도

해설 임도밀도는 최소 곡선반지름과 관련이 없다.

70 임도 시공에서 다짐작업에 사용되는 토공기계로 가장 거리가 먼 것은?

① 불도저
② 탬핑롤러
③ 진동 콤팩터
④ 모터그레이더

해설 모터그레이더는 토공작업에서 노면을 고르는 작업 장비이며 불도저는 토사를 운반하기도 하지만 다짐도 병행하는 장비이다.

71 임도의 횡단선형에서 길어깨의 기능이 아닌 것은?

① 시거의 여유공간
② 폭설 시 제설공간
③ 보행자의 통행공간
④ 차량의 주행상 여유공간

해설 길어깨는 주행시야를 넓히는 여유공간과 관련이 없다.

72 개설 비용이 저렴하고, 토사발생량도 적으며, 상향집재작업에 가장 적합한 임도는?

① 사면임도 ② 계곡임도
③ 능선임도 ④ 복합임도

해설 능선임도는 상향집재작업에 가장 적합하다.

68 ① 69 ① 70 ④ 71 ① 72 ③

73 임도에서 대피소의 설치간격 기준은?

① 100m 이내
② 300m 이내
③ 500m 이내
④ 1,000m 이내

해설 대피소의 설치기준

구 분	기 준
간 격	300m 내외
너 비	5m 이상
유효길이	15m 이상

74 임도 설계 과정에서 가장 먼저 실시하는 업무는?

① 예 측
② 답 사
③ 예비조사
④ 공사 수량 산출

해설 임도의 설계과정 : 예비조사 – 답사 – 예측 – 설계서 작성(공사수량 산출)

75 임도의 횡단 선형에 대한 설명으로 옳지 않은 것은?

① 길어깨의 너비는 50cm~1m로 한다.
② 배향곡선의 중심선 반지름은 10m 이상으로 설치한다.
③ 임도의 유효너비 기준은 길어깨 및 옆도랑의 너비를 합친 3m이다.
④ 곡선부의 중심선 반지름은 내각이 155° 이상인 경우 곡선을 설치하지 않을 수 있다.

해설 ③ 길어깨·옆도랑의 너비를 제외한 임도의 유효너비는 3m를 기준으로 한다.

76 임도밀도를 산출하기 위한 해석적 방법으로 옳은 것은?

① 몇 개의 예정노선을 계획하고 이익과 비용에 의해 비교 판단한다.
② 예정 개설 노선의 노선도를 작성하고 계산과 이론으로 최적 임도를 산출한다.
③ 몇 개의 예정노선을 계획 작성하고 임지마다 최적의 노선배치에 의한 최적 임도를 선정한다.
④ 예정노선의 노선도를 작성하지 않고 순수하게 계산만으로 이론적 최적임도 밀도를 산출한다.

해설 임도밀도를 산정하는 방법은 해석적 방법(이론적 방법)과 경험적 방법(대안비교법)이 있다. 해석적 방법(이론적 방법)은 시설예정노선의 노선도를 작성하지 않고 순수하게 계산만으로 이론적 임도밀도 및 임도간격을 산출하는 것이다. 경험적 방법(대안비교법) 우선 몇 개의 대안노선을 계획하고, 이익과 비용에 의하여 비교판단을 하는 임도밀도이론이다. 두 가지의 임도밀도 산정방법의 공통점은 경제성을 기초로 임업경영에 대한 지출을 최소로 하는 데에 주안점을 두고 임도밀도를 산출하는 것이다.

정답 73 ② 74 ③ 75 ③ 76 ④

77 컴퍼스측량에서 발생하는 자침편차 중 일차에 해당하는 변화는?

① 0′~5′ ② 5′~10′
③ 15′~20′ ④ 20′~25′

해설 컴퍼스측량에서 발생하는 자침편차의 일차는 5′~10′이다.

79 다음과 같은 지형에서 직사각형 기둥법에 의한 토적량은?(단, 사각형의 면적은 200m²로 모두 동일함)

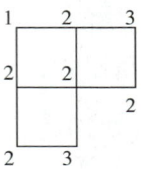

① 1,200m³
② 1,250m³
③ 1,300m³
④ 1,350m³

해설 전체체적 = A × (ΣH₁ + 2ΣH₂ + 3ΣH₃ + 4ΣH₄)/4
= 200 × (11 + (2 × 4) + (3 × 2)) / 4
= 1,250m³
여기서, H_1은 면적이 하나만 걸쳐진 수치, H_2는 2개, H_3는 3개

78 임도 설계속도가 20km/시간일 때 일반지형에서 최소 곡선반지름 기준은?

① 12m ② 15m
③ 20m ④ 30m

해설

설계속도 (km/hr)	최소 곡선반지름(m)	
	일반지형	특수지형
40	60	40
30	30	20
20	15	12

80 수준 측량에서 시점의 지반고가 100m이고, 전시의 합은 120.5m, 후시의 합은 110.5m 일 때 종점의 지반고는?

① 90m ② 100m
③ 110m ④ 120m

해설 후시의 합 - 전시의 합 = 10m이다. 이는 시점이 종점보다 더 올라가 있는 경우이므로 종점의 지반고는 시점보다 10m 낮은 90m이다.

정답 77 ② 78 ② 79 ② 80 ①

제 5 과목 | 사방공학

81 막깬돌의 길이는 앞면의 몇 배 이상으로 하는가?

① 0.5배 ② 1.0배
③ 1.5배 ④ 2.0배

해설 막깬돌 : 막깨낸 석재로, 길이는 앞면의 1.5배 이상으로 하고 1개의 무게는 60kg 정도이다.

82 흙골막이에서 제체를 축설하는 흙쌓기 비탈면의 기울기 기준은?

① 대수면과 반수면이 다같이 1 : 1보다 완만하게 하여야 한다.
② 대수면과 반수면이 다같이 1 : 1.5보다 완만하게 하여야 한다.
③ 대수면은 1 : 1.5, 반수면은 1 : 1보다 완만하게 하여야 한다.
④ 대수면은 1 : 1, 반수면은 1 : 1.5보다 완만하게 하여야 한다.

해설 흙구곡막이(골막이)는 대수면과 반수면이 다같이 1 : 1.5보다 완만하게 하여야 안정성이 높아진다.

83 계속되는 강우로 인하여 토층이 포화상태가 되면서 산지 전면에 걸쳐 얇은 층으로 발생하는 침식은?

① 면상침식 ② 우격침식
③ 누구침식 ④ 구곡침식

해설 면상침식(증상침식, 평면침식) : 빗방울의 튀김과 표면유거수의 결과로서 일어나는 토양(겉흙)의 이동

84 중력침식에 대한 설명으로 옳지 않은 것은?

① 붕괴형 침식, 동상 침식, 지활형 침식, 유동형 침식 등이 있다.
② 유수나 바람과 같은 독립된 외력의 작용에 의하여 발생하는 침식이다.
③ 토층이 수분으로 포화되어 중력작용으로 토층이 집단적으로 밀리는 현상이다.
④ 중력의 영향으로 비탈면에서 토사와 석력의 지괴가 이동하는 침식의 특수 형태이다.

해설 유수나 바람은 물침식이나 바람침식을 말하는 것이다.

85 콘크리트 측구에 흐르는 유적이 $0.35m^2$이고, 평균유속이 $4m/s$일 때 유량은?

① $0.14m^3/s$ ② $1.14m^3/s$
③ $1.40m^3/s$ ④ $11.43m^3/s$

해설 유량 = 유적 × 유속
= $0.35m^2 × 4m/s = 1.40m^2/s$

정답 81 ③ 82 ② 83 ① 84 ② 85 ③

86 양단면적이 각각 10m², 20m²이고, 양단면의 거리가 20m일 때 양단면평균법에 의한 토사량은?

① 300m³ ② 400m³
③ 500m³ ④ 600m³

해설 양단면평균법에 의한 토사량
= (10m² + 20m²) × 20m / 2
= 300m³

87 산사태 예방공사 중 지하수 배제공사에 속하는 것은?

① 주입공사
② 집수정공사
③ 돌림수로내기
④ 침투수방지공사

해설 집수정공사는 지표면에 흐르는 유수를 모아서 배수하는 시설물이다.

88 사방댐 안정조건의 검토 항목으로 옳지 않은 것은?

① 유출에 대한 안정
② 전도에 대한 안정
③ 제체파괴에 대한 안정
④ 기초지반 지지력에 대한 안정

해설 중력식 사방댐의 안정조건
• 활동에 대한 안정
• 전도에 대한 안정
• 제체의 파괴에 대한 안정
• 기초지반의 지지력에 대한 안정

89 황폐계류유역에 해당하지 않는 것은?

① 토사생산구역
② 토사유과구역
③ 토사퇴적구역
④ 토사억제구역

해설 황폐계류유역 산지 상부로부터 토사생산구역 – 토사유과구역 – 토사퇴적구역 순이다.

90 산사태의 발생요인에서 내적 요인에 해당하는 것은?

① 강 우 ② 지 진
③ 벌 목 ④ 토 질

해설 강우, 지진, 벌목 등은 외적 요인에 의한 산사태 발생 원인이다.

86 ① 87 ② 88 ① 89 ④ 90 ④ 정답

91 사방공사용 재래 초본류에 해당하는 것은?
① 억새
② 오리새
③ 겨이삭
④ 우산잔디

해설 재래 초종 : 새솔새, 개솔새, 잔디, 참억새, 수크령, 김의털, 그늘사초, 실새풀, 치풀, 매듭풀 등

92 야계사방에 해당하는 공종이 아닌 것은?
① 사방댐
② 흙막이
③ 바닥막이
④ 기슭막이

해설 흙막이는 비탈면 사방공종이다.

93 땅밀림과 비교한 산사태에 대한 설명으로 옳지 않은 것은?
① 점성토를 미끄럼면으로 하여 속도가 느리게 이동한다.
② 주로 호우에 의하여 산정에서 가까운 산복부에서 많이 발생한다.
③ 흙덩어리가 일시에 계곡, 계류를 향하여 연속적으로 길게 붕괴하는 것이다.
④ 비교적 산지 경사가 급하고 토층 바닥에 암반이 깔린 곳에서 많이 발생한다.

해설 점성토를 미끄럼면으로 하여 속도가 느리게 이동하는 것은 땅밀림이다.

94 계류의 상류에 쌓는 소규모 공작물로 사방댐과 모습이 비슷하나 규모가 작고 토사퇴적 기능이 없으며 반수면만 존재하는 것은?
① 수제
② 골막이
③ 누구막이
④ 기슭막이

해설 사방댐보다 규모가 작은 계류 상류의 공작물을 골막이(구곡막이)라고 한다.

95 석재를 이용하여 공작물을 시공할 때 식생 도입이 곤란한 기울기가 1 : 1보다 완만한 비탈면이나 수변지역의 기슭막이에 사용되는 방법은?
① 찰쌓기
② 골쌓기
③ 메쌓기
④ 돌붙이기

해설 기울기가 1 : 1보다 완만한 비탈면이나 물이 관계되는 지역의 기슭막이에 사용되는 방법은 돌붙이기 공법이다.

정답 91 ① 92 ② 93 ① 94 ② 95 ④

96 다음 설명에 해당하는 것은?

> 산림지대에서 지하수 유출과 깊은 유출을 합한 것이며, 평상시의 유량은 대부분 이것에 해당한다.

① 직접유출 ② 간접유출
③ 기저유출 ④ 표면유출

해설 산림지대의 지하수 등의 유출을 기저유출이라 한다. 강수 이전 상태에서 산림의 평상시 흐름은 기저유출에 기인하며, 강수기간에는 침투에 의해 기저유출이 증가한다.

97 척박하고 건조한 지역에서 비교적 잘 자라며, 맹아갱신이 잘 이루어지는 사방녹화용 주요 목본식물은?

① 단풍나무 ② 가시나무
③ 아까시나무 ④ 테다소나무

해설 아까시나무와 리기테다소나무는 사방수종이나, 테다소나무는 사방수종이 아니다.

98 사방시설의 공작물도를 작성하는 데 기준이 되며 설계홍수량 산정에 쓰이는 강우확률 빈도는?

① 30년 ② 50년
③ 80년 ④ 100년

해설 산림에서의 강우빈도는 보통 100년 단위이다.

99 해안사방의 정사울세우기에 대한 설명으로 옳지 않은 것은?

① 울타리의 유효높이는 보통 1.0~1.2m로 한다.
② 울타리의 방향은 주풍방향에 직각이 되게 한다.
③ 구획의 크기는 한 변의 길이가 7~15m 정도인 정사각형이나 직사각형으로 한다.
④ 해안으로부터 이동하는 모래를 배후에 퇴적시켜 인공모래언덕을 조성하기 위해 설치한다.

해설 ④는 퇴사울세우기 공법이다.
정사울세우기 : 주로 전사구의 육지 쪽에 후방모래를 고정하여 그 표면에 전면적인 모래의 안정을 도모하고 식재목이 잘 생육할 수 있도록 환경을 조성하는 목적으로 시행하는 공법이다.

100 다음 설명에 해당하는 것은?

> 비탈면이나 누구에서 모여드는 물이 점점 많아지면 구곡의 바닥과 양쪽 기슭의 침식력이 커지는데, 이때의 침식력을 의미한다.

① 유송력 ② 운반력
③ 소류력 ④ 수직응력

해설 소류력 수로에서 물의 흐름으로 인해 수로바닥의 토사를 움직이게 하는 힘으로 수로에서 물의 흐름이 한계소류력을 초과하여 수로바닥의 토사를 움직이게 하는 힘을 말한다. 소류력의 크기에 따라 유사량이 변화하며 자연하천이나 해안의 구조물에서 주로 세굴과 퇴적이 일어나고 단면의 변화가 생긴다.

정답 96 ③ 97 ③ 98 ④ 99 ④ 100 ③

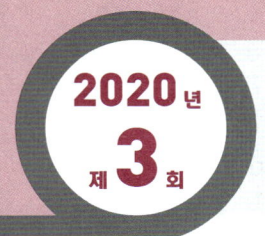

2020년 제3회 산림기사 기출문제

| 제 1 과목 | 조림학 |

01 이태리포플러와 유연관계가 가장 가까운 수종은?

① 왕버들　② 황철나무
③ 미루나무　④ 은수원사시나무

해설 이태리포플러는 양버들(유럽산)과 미루나무(북미산)를 교배한 잡종이다.

02 순림에 대한 설명으로 옳은 것은?

① 입지 자원을 골고루 이용할 수 있다.
② 경제적으로 가치 있는 나무를 대량으로 생산할 수 있다.
③ 숲의 구성이 단조로우며 병충해, 풍해에 대한 저항력이 강하다.
④ 침엽수로만 형성된 순림에서는 임지의 악화가 초래되는 일이 없다.

해설 ① 입지 자원을 골고루 이용할 수 없다.
③ 숲의 구성이 단조로우며 병충해, 풍해에 대한 저항력이 약하다.
④ 침엽수로만 형성된 순림에서는 임지의 악화가 초래될 수 있다.

03 소나무를 양묘하려고 채종을 하였다. 열매를 탈각하여 5kg을 얻었으며, 정선하여 얻은 순정종자는 4.5kg이었다. 이 종자의 발아율을 조사하니 80%였다면 이 종자의 효율은?

① 64%　② 72%
③ 80%　④ 90%

해설 효율 = (발아율 × 순량률) / 100,
순량률 = (4.5 / 5.0) × 100 = 90%,
따라서, 효율 = (80 × 90) / 100 = 72%

04 간벌에 대한 설명으로 옳지 않은 것은?

① 정성간벌은 임목본수와 현존량으로 결정한다.
② 수액 이동 정지기인 겨울과 봄에 실시하는 것이 좋다.
③ 수목의 생장량이 증가함에 따라 생육 공간 조절을 위해 실시한다.
④ 지위가 '상'이면 활엽수종의 간벌 개시 시기는 임령이 20~30년일 때부터이다.

해설 정량간벌은 임목본수와 현존량으로 결정한다.

정답 1 ③　2 ②　3 ②　4 ①

05 묘목의 연령표시에 대한 설명으로 옳지 않은 것은?

① 1/2묘 : 뿌리는 1년, 줄기는 2년 된 삽목묘
② 1-0묘 : 판갈이를 하지 않고 1년이 경과한 실생묘목
③ 1-1묘 : 파종상에서 1년, 판갈이하여 1년이 경과된 2년생 묘목
④ 2-1-1묘 : 파종상에서 2년, 판갈이하여 1년, 다시 판갈이하여 1년을 지낸 4년생 묘목

해설) 1/2묘 : 뿌리는 2년, 줄기는 1년 된 삽목묘

06 일반적으로 파종 1년 후에 판갈이 작업을 실시하는 것이 좋은 수종으로만 올바르게 나열한 것은?

① 삼나무, 전나무
② 소나무, 잣나무
③ 소나무, 일본잎갈나무
④ 전나무, 독일가문비나무

해설) 일반적으로 파종 1년 후에 판갈이(상체) 작업을 실시하는 것이 좋은 수종은 소나무류, 낙엽송류, 삼나무, 편백 등이다.

07 종자의 후숙이 필요하지 않는 수종은?

① *Salix koreensis*
② *Tilia amurensis*
③ *Cornus officinalis*
④ *Robinia pseudoacacia*

해설) *Salix koreensis*(버드나무)는 후숙이 필요치 않다.
② 피나무
③ 산수유
④ 아까시나무

08 양료 간에 흡수를 상호 촉진하는 비료 성분으로 올바르게 짝지어진 것은?

① 철 – 망간
② 칼륨 – 칼슘
③ 인산 – 마그네슘
④ 칼륨 – 마그네슘

해설) 인산과 마그네슘은 화학적으로 잘 반응하여 양료 간 흡수를 상호 촉진시킨다.

09 택벌작업에 대한 설명으로 옳지 않은 것은?

① 심미적 가치가 가장 높다.
② 음수 수종의 갱신에 적합하다.
③ 일시의 벌채량이 많으므로 경제상 효율적이다.
④ 소면적 임지에 보속생산을 하는 데 가장 적합한 방법이다.

해설) 일시의 벌채량이 적어 경제적으로 효율적이지 않다.

5 ① 6 ③ 7 ① 8 ③ 9 ③

10 일반적으로 연료재와 소경재, 일반용재를 동일 임지에서 생산하는 산림작업종은?

① 군상개벌 ② 모수작업
③ 왜림작업 ④ 중림작업

해설 중림작업은 맹아림(연료림과 소경재)과 교림(일반용재)을 동시에 실행하는 작업법이다.

11 빛과 관련된 수목 생리에 대한 설명으로 옳은 것은?

① 우리나라에서 자라는 대부분의 활엽수는 C4 식물군에 속한다.
② 엽록체 내에서 광에너지를 이용한 광반응이 일어나는 곳은 스트로마(Stroma)이다.
③ 내음성은 동일 수종이라도 수목의 연령이나 생육조건 등에 따라서 변할 수 있다.
④ 수목 한 개체 내에서는 양엽이나 음엽에 상관없이 광보상점이나 광포화점이 동일하다.

해설
① 덥고 건조한 지역 식물군 또는 아열대 식물이 C4 식물군에 속한다.
② 엽록체 내에서 광에너지를 이용한 광반응이 일어나는 곳은 그라나(Grana)이다.
④ 수목 한 개체 내에서는 양엽이나 음엽에 따라 광보상점이나 광포화점이 상이하다.

12 인공조림의 특징으로 옳은 것은?

① 동령단순림 형성이 많다.
② 주로 택벌작업지에 실시된다.
③ 다양한 규격의 목재 생산이 용이하다.
④ 천연갱신에 비해 성숙림이 늦게 이루어진다.

해설
② 주로 개벌작업지에 실시된다.
③ 일정한 규격의 목재 생산이 용이하다.
④ 천연갱신에 비해 성숙림이 일찍 이루어진다.

13 환원법에 의한 종자활력검사 방법에 대한 설명으로 옳지 않은 것은?

① 단기간 내에 실시할 수 있다.
② 휴면 종자에는 적용이 어렵다.
③ 테트라졸륨 대신에 테룰루산칼륨도 사용한다.
④ 침엽수의 종자는 배와 배유가 함께 염색되도록 한다.

해설 환원법(테트라졸륨 반응)은 휴면 종자에 잘 나타난다.

14 토양수분에 대한 설명으로 옳지 않은 것은?

① 토양의 모세관수는 수목이 이용할 수 있다.
② 토양수분이 포화상태일 때의 pF는 3.8이다.
③ 토양의 수분퍼텐셜은 포화상태로부터 건조해짐에 따라 낮아진다.
④ 위조점은 토양수분의 부족으로 수목이 시들기 시작하는 수분상태를 말한다.

해설 ② 토양수분이 포화상태일 때의 pF는 4.2이다.

15 생가지치기를 하여도 부후의 위험성이 거의 없는 수종으로만 올바르게 나열한 것은?

① 편백, 포플러
② 벚나무, 느릅나무
③ 삼나무, 물푸레나무
④ 자작나무, 단풍나무

해설 벚나무류, 단풍나무류, 느릅나무류, 물푸레나무 등은 가지치기 부위가 부후될 위험성이 높아 원칙적으로 죽은 가지와 쇠약한 가지만을 제거해야 한다.

16 근삽에 의한 무성번식 방법을 적용하는 데 가장 적합한 수종은?

① 소나무　② 벚나무
③ 밤나무　④ 오동나무

해설 근삽에 의한 무성번식 방법을 적용하는 데 가장 적합한 수종은 오동나무, 대추나무, 아까시나무 등이다.

17 복층림 조성에 대한 설명으로 옳지 않은 것은?

① 경관 유지 및 관리에 적절하다.
② 벌채 시 설비비와 반출경비가 많이 절약된다.
③ 임목의 수확 기간이 길어져서 대경목 생산이 가능하다.
④ 생장이 균일하여 연륜폭이 균등하고 치밀한 목재를 생산할 수 있다.

해설 벌채 시 작업비와 반출경비가 많이 소요된다.

18 우리나라에서 한대림의 특징 수종이 아닌 것은?

① *Larix olgensis*
② *Picea jezoensis*
③ *Taxus cuspidata*
④ *Quercus myrsinaefolia*

해설 *Quercus myrsinaefolia*(가시나무)는 난대림 수종이다.
① 잎갈나무
② 가문비나무
③ 주목

정답 14 ② 15 ① 16 ④ 17 ② 18 ④

19 수목 잎의 기공에 대한 설명으로 옳지 않은 것은?

① 잎의 수분퍼텐셜이 낮아지면 기공이 닫힌다.
② 온도가 30℃ 이상으로 상승하면 기공이 닫힌다.
③ 기공이 열리는 데 필요한 광도는 순광합성이 가능한 광도이면 된다.
④ 엽육 세포 내부의 이산화탄소 농도가 높아지면 기공이 열린다.

해설 엽육 세포 내부의 이산화탄소 농도가 높아지면 기공이 닫힌다.

20 쌍떡잎식물에 대한 설명으로 옳지 않은 것은?

① 잎은 그물맥이다.
② 떡잎이 두 장이다.
③ 원뿌리에 곁뿌리가 붙어 있다.
④ 관다발이 줄기에 산재되어 있다.

해설 쌍떡잎식물의 관다발은 줄기에 환상형으로 배열되어 있다.

제 2 과목 산림보호학

21 점박이응애에 대한 설명으로 옳지 않은 것은?

① 습한 기후 조건에서 대발생하기도 한다.
② 1년에 8~10회 발생하고, 주로 암컷 성충이 수피 밑에서 월동한다.
③ 농약을 지속적으로 사용한 수목에서 대발생하는 경우가 있다.
④ 잎 뒷면에서 즙액을 빨아먹으므로 피해를 입은 잎에 작은 반점이 생긴다.

해설 점박이응애는 장마가 지나고 기후 조건이 좋아지는 시기에 대발생한다.

22 모잘록병 방제방법으로 옳지 않은 것은?

① 밀식되지 않도록 파종량을 적게 한다.
② 파종 전에 종자와 파종상의 토양을 소독한다.
③ 피해가 발생하면 디노테퓨란 액제를 살포한다.
④ 질소질 비료를 과용하지 않고 완숙퇴비를 사용한다.

해설 디노테퓨란 액제는 벼룩잎벌레를 죽이는 살충제이다.

정답 19 ④ 20 ④ 21 ① 22 ③

23 유충시기에 천공성을 가진 해충은?

① 혹벌류　② 하늘소류
③ 노린재류　④ 무당벌레류

해설　하늘소류는 소나무재선충 매개충처럼 유충시기에 월동하며 소나무의 수간을 뚫고 피해를 준다.

24 버즘나무방패벌레에 대한 설명으로 옳지 않은 것은?

① 1995년경 국내에 첫 발생이 확인되었다.
② 피해 잎의 뒷면에는 검은색 배설물과 탈피각이 붙어 있다.
③ 성충으로 월동하고, 월동한 성충은 봄에 무더기로 산란한다.
④ 주로 버즘나무와 철쭉류의 잎을 가해하여 피해를 주는 흡즙성 해충이다.

해설　주로 버즘나무와 물푸레나무, 닥나무의 잎을 가해하여 피해를 주는 흡즙성 해충이다.

25 우리나라에서 수목에 피해를 주는 주요 겨우살이가 아닌 것은?

① 붉은겨우살이
② 소나무겨우살이
③ 참나무겨우살이
④ 동백나무겨우살이

해설　소나무겨우살이는 지의류로 소나무에 피해를 주지 않는다.

26 오동나무 빗자루병의 병원체는?

① 균류
② 세균
③ 바이러스
④ 파이토플라스마

해설　오동나무 빗자루병의 병원체는 파이토플라스마이다.

27 포플러류 모자이크병 방제방법으로 가장 효과적인 것은?

① 새삼을 제거하여 감염경로를 차단한다.
② 접목 및 꺾꽂이에 사용한 도구는 소독하여 사용한다.
③ 양묘 단계에서 토양을 소독하여 매개선충을 구제한다.
④ 감염된 삽수는 60℃에서 5주간 처리하여 바이러스를 비활성화하고 사용한다.

해설　포플러류 모자이크병 방제방법은 예방하는 것이 우선이고 병든 나무는 발견되는 대로 즉각 제거한다. 열처리(43~57℃)에 의한 바이러스의 제거가 육종가들에 의하여 때때로 사용되고 있다. 병든 나무는 증식용 모수로 사용해서는 안 되며 건전한 나무에서 접수 및 삽수를 채취하고 접목기구는 철저히 소독한다. 이 병이 발생한 포지에서는 양묘를 하지 않도록 하며 살선충제로 토양소독한다.

정답　23 ②　24 ④　25 ②　26 ④　27 ②

28 밤나무혹벌 방제방법으로 옳지 않은 것은?

① 봄에 벌레혹을 채취하여 소각한다.
② 중국긴꼬리좀벌을 4~5월에 방사한다.
③ 성충 발생 최성기인 6~7월에 적용 약제를 살포한다.
④ 밤나무혹벌 피해에 약한 품종인 산목률, 순역 등을 저항성 품종인 유마, 이취 등으로 갱신한다.

해설 밤나무혹벌 피해에 강한 품종인 산목률, 순역이나 도입 품종인 유마, 이취 등으로 갱신한다.

29 호두나무잎벌레에 대한 설명으로 옳은 것은?

① 1년에 1회 발생하며, 알로 월동한다.
② 1년에 2회 발생하며, 알로 월동한다.
③ 1년에 1회 발생하며, 성충으로 월동한다.
④ 1년에 2회 발생하며, 성충으로 월동한다.

해설 호두나무잎벌레는 1년에 1회 발생하며, 성충으로 월동한다.

30 식물체의 표피를 뚫어 직접 기주 내부로 침입이 가능한 병원체는?

① 균 류
② 세 균
③ 바이러스
④ 파이토플라스마

해설 진균류는 식물체의 표피를 뚫어 직접 기주 내부로 침입이 가능하다.

31 수목에 발생하는 녹병에 대한 설명으로 옳지 않은 것은?

① 순활물기생성이다.
② 담자포자는 2n의 핵상을 갖는다.
③ 여름포자는 대체로 표면에 돌기가 있다.
④ 소나무 혹병의 중간기주로 졸참나무가 있다.

해설 담자포자는 n의 핵상을 갖는다.

32 수목병의 전염원에 해당되지 않는 것은?

① 선충의 알
② 곰팡이의 균핵
③ 곰팡이의 부착기
④ 기생식물의 종자

해설 부착기는 식물병원성 진균 또는 공생균이 기주 식물의 표면을 기계적인 힘이나 효소 작용으로 뚫고자 할 때 만드는 특수화된 감염용 세포로서 전염원이 되는 것은 아니다.

정답 28 ④ 29 ③ 30 ① 31 ② 32 ③

33 석회보르도액이 해당되는 종류는?

① 보호살균제
② 토양살균제
③ 직접살균제
④ 침투성살균제

해설 보호살균제는 병균이 식물체에 침투하는 것을 막기 위하여 쓰는 약제. 보호제, 예방제라고도 하며 석회보르도액, 구리분제, 유기유황제 등이 이에 속한다.

34 수목에 피해를 주는 산성비의 원인 물질이 아닌 것은?

① 오 존
② 황산화물
③ 질소산화물
④ 이산화질소

해설 오존은 수목에 직접적인 피해를 준다.

35 알로 월동하는 해충은?

① 외줄면충
② 가루나무좀
③ 소나무순나방
④ 향나무하늘소

해설
② 가루나무좀 : 유충
③ 소나무순나방 : 유충
④ 향나무하늘소 : 성충

36 기상으로 인한 수목 피해에 대한 설명으로 옳지 않은 것은?

① 일반적으로 저온에 의한 피해를 한해라고 한다.
② 만상과 조상은 수목 조직의 세포 내 동결에 의한 피해이다.
③ 만상으로 인하여 발생하는 위연륜을 상륜이라고 한다.
④ 결빙 현상이 없는 0℃ 이상의 저온 피해를 한상이라고 한다.

해설
• 세포 내 동결 : 동상
• 세포 외 동결 : 만상과 조상

37 향나무 녹병 방제방법으로 옳지 않은 것은?

① 향나무 부근에 산사나무와 팥배나무를 심지 않는다.
② 향나무에는 3~4월과 7월에 적용 약제를 살포한다.
③ 중간기주에는 4월 중순부터 6월까지 적용 약제를 살포한다.
④ 수고의 1/3까지 조기에 가지치기를 하여 녹포자의 감염을 방지한다.

해설 향나무 녹병은 주로 약제 살포를 통해 감염을 방지한다.

정답 33 ① 34 ① 35 ① 36 ② 37 ④

38 흰가루병 방제방법으로 옳지 않은 것은?

① 병든 낙엽을 모아서 태운다.
② 묘포에서는 예방 위주로 약제를 살포한다.
③ 늦가을이나 이른 봄에 자낭반이 붙어 있는 어린 가지를 제거한다.
④ 통기불량, 일조부족, 질소과다 등은 발병 원인이 되므로 사전에 조치한다.

해설 병든 잎을 태워 제거하나 어린가지 제거는 방제방법이 아니다.

39 미국흰불나방의 생태에 대한 설명으로 옳지 않은 것은?

① 번데기로 월동한다.
② 거의 모든 수종의 활엽수에 피해를 준다.
③ 유충이 잎을 식해하고, 성충은 주로 밤에 활동하며 주광성이 강하다.
④ 3령기까지의 유충은 군서생활을 하며 4령기와 5령기 유충은 흩어져 가해한다.

해설 4령기까지의 유충은 군서생활을 하며 5령기 유충은 흩어져 잎을 가해한다.

40 느티나무벼룩바구미에 가장 효과가 있는 나무주사 약제는?

① 페니트로티온 유제
② 에토펜프록스 유제
③ 테부코나졸 유탁제
④ 이미다클로프리드 분산성액제

해설 느티나무벼룩바구미에 가장 효과가 있는 나무주사 약제는 이미다클로프리드 분산성액제이다.

제 3 과목 | 임업경영학

41 다음 조건에서 임분의 초기 재적에 대한 순생장량 계산 공식은?

- V1 : 측정 초기의 생존 임목의 재적
- V2 : 측정 말기의 생존 임목의 재적
- M : 측정기간 동안의 고사량
- C : 측정기간 동안의 벌채량
- A : 측정기간 동안의 진계생장량

① V2 − V1
② V2 + C − V1
③ V2 + C − A − V1
④ V2 + M + C − A − V1

해설 순생장량은 말기 재적에서 벌채량과 진계생장량 그리고 초기 재적을 뺀 값이다(고사량은 포함시키지 않는다).

42 다음과 같은 그림으로 분석이 가능한 임분구조가 아닌 것은?

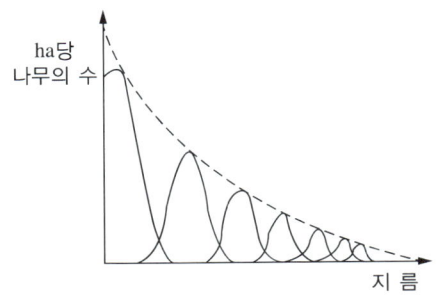

① 동령림
② 택벌림
③ 이령림
④ 영급이 다양한 임분

해설 동령림은 종 모양의 정규분포형태이다.

43 산림문화·휴양에 관한 법률에 의한 산림문화자산에 대한 설명으로 다음 (   ) 안에 들어갈 내용으로 옳지 않은 것은?

> 산림문화자산이란 산림 또는 산림과 관련되어 형성된 것으로서 (   )으로 보존할 가치가 큰 유형·무형의 자산을 말한다.

① 사회적
② 생태적
③ 경관적
④ 정서적

해설 정의(산림문화·휴양에 관한 법률 제2조 제7호)
"산림문화자산"이란 산림 또는 산림과 관련되어 형성된 것으로서 생태적·경관적·정서적으로 보존할 가치가 큰 유형·무형의 자산을 말한다.

44 회귀년에 대한 설명으로 옳은 것은?

① 임목이 실제로 벌채되는 연령이다.
② 택벌을 실시한 일정 구역에 또다시 택벌하기까지의 기간이다.
③ 보속작업에서 작업급에 속하는 모든 임분을 벌채하는 데 소요되는 기간이다.
④ 임분이 처음 성립하여 생장하는 과정에 있어 성숙기에 도달하는 계획상의 연수이다.

해설 ② 택벌림에서의 윤벌기를 회귀년이라 한다.

45 임업소득이 5백만원이고 임가소득이 1천만원일 때 임업의존도는?

① 0.5%   ② 5%
③ 50%   ④ 200%

해설 임업의존도 = (5,000,000/10,000,000원) × 100%
= 50%

46 수간석해에서 원판측정방법에 해당하는 것은?

① 표준목법
② 수고곡선법
③ 직선연장법
④ 원주등분법

해설 수간석해에서 원판측정방법은 심각등분법, 원주등분법, 절충법이 있다.

47 임지의 평가방법이 아닌 것은?

① 수익가법
② 비용가법
③ 환원가법
④ 기망가법

해설 수익가법은 임지평가방법이다.

정답 43 ① 44 ② 45 ③ 46 ④ 47 ①

48 순토측고기를 사용하여 임목의 수고를 측정할 때 올바른 계산식은?

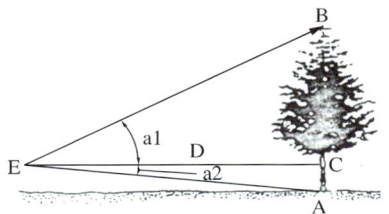

① (tan a1 + tan a2) × D
② (tan a1 − tan a2) × D
③ (cos a1 + cos a2) × D
④ (cos a1 − cos a2) × D

해설 나무의 수고는 두 각의 tan를 합친 값에 조사자와 수목까지의 거리를 곱한 값이다.

49 임업경영의 비용을 조림비, 관리비, 지대, 채취비로 구분할 때 관리비에 속하는 것은?

① 벌목비
② 감가상각비
③ 목재 운반비
④ 묘목 구입비

해설 감가상각비가 관리비이다.

50 다음 조건에서 시장가역산식을 이용한 임목가는?

- 임목의 시장가격 : 100,000원
- 자금회수기간 : 10개월
- 월이율 : 10%
- 총비용 : 30,000원

① 20,000원
② 50,000원
③ 70,000원
④ 80,000원

해설 임목가 = 100,000원 / [1 + (10 × 0.1) + 0] − 30,000원
= 20,000원

51 투자효율의 결정방법 중 화폐의 시간적 가치를 고려하지 않는 것은?

① 순현재가치법
② 투자이익률법
③ 수익비용률법
④ 내부투자수익률법

해설 회수기간법과 투자이익률법이 시간 가치를 고려하지 않는다.

정답 48 ① 49 ② 50 ① 51 ②

52 자본장비도에 대한 설명으로 옳지 않은 것은?
① 자본장비율이라고도 한다.
② 1인당 소득은 자본장비도와 자본효율에 의해서 정해진다.
③ 다른 요소에 변화가 없을 때 자본이 많아지면 자본효율이 커진다.
④ 자본장비도는 경영의 총자본을 경영에 종사하는 수로 나눈 값을 말한다.

해설 자본효율 = 소득/총자본이므로 자본이 많아지면 자본효율은 작아진다.

53 임업이율의 성격이 아닌 것은?
① 평정이율   ② 장기이율
③ 자본이자   ④ 실질적 이율

해설 임업이율은 실질적 이율이 아니라 명목적 이율이다.

54 산림경영계획을 위한 지황조사에서 유효토심의 구분 기준으로 옳은 것은?
① 천 : 유효토심 20cm 미만
② 중 : 유효토심 20~30cm
③ 경 : 유효토심 30~60cm
④ 심 : 유효토심 60cm 이상

해설 ① 천 : 유효토심 30cm 미만
② 중 : 유효토심 30~60cm
③ 경 : 규정하지 않음

55 다음 조건에서 정액법에 의한 감가상각비는?

- 기계톱 구입비 : 35만원
- 폐기 시 잔존가액 : 5만원
- 사용연수 : 5년

① 5만원/년   ② 6만원/년
③ 7만원/년   ④ 8만원/년

해설 정액법 감가상각비 = (350,000원 − 50,000원)/5년
= 6만원/년

56 평균생장량이 최대가 되는 때를 벌기령으로 결정하는 것은?
① 수익률 최대의 벌기령
② 재적수확 최대의 벌기령
③ 화폐수익 최대의 벌기령
④ 토지순수익 최대의 벌기령

해설 평균생장량이 최대가 되는 때를 벌기령은 재적수확 최대의 벌기령이다.

정답 52 ③ 53 ④ 54 ④ 55 ② 56 ②

57 우리나라 원목의 말구직경을 측정하는 방법으로 옳은 것은?

① 수피를 포함한 길이 검척 내의 최대 직경으로 한다.
② 수피를 포함한 길이 검척 내의 최소 직경으로 한다.
③ 수피를 제외한 길이 검척 내의 최대 직경으로 한다.
④ 수피를 제외한 길이 검척 내의 최소 직경으로 한다.

해설 말구는 수피를 포함한 길이 검척 내의 최소 직경으로 한다.

59 총생장량, 평균생장량, 연년생장량 간의 관계에 대한 설명으로 옳지 않은 것은?

① 평균생장량과 연년생장량 두 곡선이 만나기 전에는 연년생장량이 더 크다.
② 연년생장량곡선은 총생장량곡선이 변곡점에 이르는 시점에서 최고점에 도달한다.
③ 평균생장량곡선은 원점을 지나는 직선이 총생장량곡선과 접하는 시점에서 최고점에 도달한다.
④ 평균생장량과 연년생장량 두 곡선은 총생장량곡선이 최고에 도달하는 시점에서 서로 만난다.

해설 평균생장량과 연년생장량 두 곡선은 평균생장량곡선이 최고에 도달하는 시점에서 서로 만난다.

58 다음 그림에서 이익에 해당하는 것은?

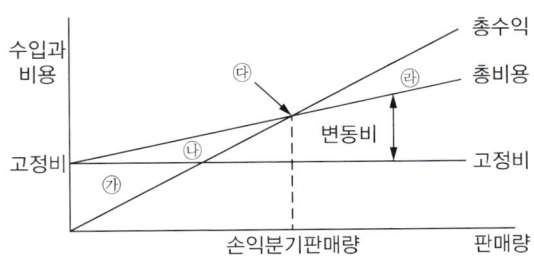

① 삼각형 면적 ㉠
② 삼각형 면적 ㉡
③ 삼각형 면적 ㉣
④ 점 ㉢에서의 수입

해설 ㉢가 손익분기점으로 그다음의 ㉣부분이 이익이다.

60 자연휴양림 안에 설치할 수 있는 시설의 종류가 아닌 것은?

① 위생시설   ② 체육시설
③ 안정시설   ④ 편익시설

해설 자연휴양림에는 안정시설은 없고 안전시설을 설치하여야 한다.

정답 57 ④ 58 ③ 59 ④ 60 ③

제 4 과목 | 임도공학

61 임도시공 시 굴착 및 운반작업 수행이 가장 어려운 장비는?

① 불도저
② 파워셔블
③ 스크레이퍼
④ 모터그레이더

해설 모터그레이더는 토공 정지작업을 수행하는 장비이다.

62 임도의 유지관리를 위한 시설에 대한 설명으로 옳은 것은?

① 빗물받이는 주로 절토 비탈면 위에 설치한다.
② 옆도랑에 쌓인 토사는 답압하여 길어깨로 사용한다.
③ 평시에 유량이 많은 지역에는 세월시설을 설치하여 관리한다.
④ 종단기울기와 절취면의 토질에 따라 적절한 간격으로 횡단배수구를 설치하여 표면 유출수가 신속히 배수되도록 한다.

해설
① 빗물받이는 주로 성토 비탈면 위에 설치한다.
② 옆도랑에 쌓인 토사는 제거한다.
③ 평시에 유량이 많은 지역에는 교량이나 박스 등을 설치하여 관리한다.

63 산악지대의 임도망 구축에 있어 지형에 대응한 노선선정 방식에 대한 설명으로 옳지 않은 것은?

① 산정부에 배치되는 임도는 순환식 노선이 좋다.
② 능선임도는 임도노선 배치방식 중 건설비가 가장 적게 든다.
③ 계곡임도는 계곡보다 약간 위의 사면에 설치하는 것이 좋다.
④ 급경사의 긴 비탈면에 설치하는 사면임도는 대각선 방식이 적당하다.

해설 급경사의 긴 비탈면에 설치하는 사면임도는 지그재그 방식이 적당하다.

64 임도의 대피소 설치 기준으로 옳은 것은?

① 너비 : 5m 이상
② 간격 : 100m 이내
③ 유효길이 : 10m 이상
④ 종단 기울기 : 5% 이하

해설
② 간격 : 300m 이내
③ 유효길이 : 15m 이상
④ 종단 기울기 : 규정 없음

65 임도공사 시 기초작업에서 지반의 허용지지력이 가장 큰 것은?

① 연 암
② 잔모래
③ 연한 점토
④ 자갈과 거친 모래

해설 토사보다 암석(연암)이 지반 허용지지력이 크다.

정답 61 ④ 62 ④ 63 ④ 64 ① 65 ①

66 임도의 평면선형에서 곡선을 설치하지 않아도 되는 기준은?

① 내각 25° 이상
② 내각 55° 이상
③ 내각 90° 이상
④ 내각 155° 이상

해설 임도의 평면선형에서 곡선을 설치하지 않아도 되는 기준은 내각 155° 이상이다.

68 임도의 종류별 설계속도 기준으로 옳은 것은?

① 간선임도 : 40~30km/시간
② 간선임도 : 40~20km/시간
③ 지선임도 : 30~10km/시간
④ 지선임도 : 20~10km/시간

해설 산림관리 기반시설의 설계 및 시설기준(산림자원의 조성 및 관리에 관한 법률 시행규칙 [별표 2])
임도의 설계속도는 20km/시간 이상 40km/시간 이하로 한다.

69 임도의 노체를 구성하는 기본적인 구조가 아닌 것은?

① 노 상
② 기 층
③ 표 층
④ 노 층

해설 노체는 맨 아래쪽부터 노상, 노반(보조기층), 기층, 표층 순이다.

67 1,000ha의 산림경영지에 적정임도밀도가 20m/ha라 한다면 평균집재거리는?

① 62.5m
② 125m
③ 250m
④ 500m

해설 집재거리 = (1,000ha ÷ 20m/ha) ÷ 2 = 250m
여기서, 평균집재거리는 집재거리의 절반인 125m

70 토사지역에서 절토 경사면의 설계 기준은?

① 1 : 0.3~0.8
② 1 : 0.5~0.8
③ 1 : 0.5~1.2
④ 1 : 0.8~1.5

해설
• 경암 = 1 : 0.3~0.8
• 연암 = 1 : 0.5~1.2
• 토사지역 = 1 : 0.8~1.5

정답 66 ④ 67 ② 68 ② 69 ④ 70 ④

71. 레벨을 이용한 고저측량 시 기고식야장법에 의한 지반고를 구하는 방법은?

① 기계고 + 전시
② 기계고 – 전시
③ 기계고 + 후시
④ 후시 – 기계고

해설 지반고 = 기계고 – 전시

72. 임도 설계 시 횡단면도를 작성하는 기준 축척은?

① 1/100
② 1/200
③ 1/500
④ 1/1,000

해설 횡단면도 = 1/100, 평면도 = 1 : 1,200, 종단면도 = 횡 1 : 1,000, 종 1 : 200

73. 산림의 경계선을 명백히 하고 그 면적을 확정하기 위해 실시하는 측량은?

① 시설측량
② 세부측량
③ 주위측량
④ 산림구획측량

해설 산림의 경계선을 명백히 하고 그 면적을 확정하기 위해 실시하는 측량을 주위측량이라 한다.

74. 임도의 곡선반지름이 30m, 설계속도가 30km/h일 때 자동차의 원활한 통행을 위한 완화구간의 길이는?

① 약 30m
② 약 32m
③ 약 36m
④ 약 40m

해설
$$완화구간길이 = \frac{0.036 \times 설계속도^3}{곡선반지름}$$
$$= \frac{0.036 \times 30^3}{30} = 32.4$$
$$≒ 약 32m$$

75. 옹벽에 대한 설명으로 옳지 않은 것은?

① 부벽식 옹벽은 토압을 받는 쪽에 부벽을 만드는 옹벽이다.
② 반중력식 옹벽은 철근을 보강하며, 기초가 견고하지 못한 곳에 시공한다.
③ L형 옹벽은 철근콘크리트 형식으로 자중과 뒷채움한 토사의 무게를 이용한다.
④ 중력식 옹벽은 무절콘크리트로서 자중으로 토압을 견디며 기초가 견고한 곳에 시공한다.

해설 부벽식 옹벽은 토압을 받는 반대쪽(옹벽 전면)에 부벽을 만드는 옹벽이다.

정답 71 ② 72 ① 73 ③ 74 ② 75 ①

76 가선집재와 비교하여 트랙터를 이용한 집재작업의 특징으로 거리가 먼 것은?

① 기동성이 높다.
② 작업이 단순하다.
③ 임지 훼손이 적다.
④ 경사가 큰 곳에서 작업이 불가능하다.

해설 트랙터 집재는 임지 훼손이 크다.

77 모르타르뿜어붙이기공법에서 건조·수축으로 인한 균열을 방지하는 방법이 아닌 것은?

① 응결완화제를 사용한다.
② 뿜는 두께를 증가시킨다.
③ 물과 시멘트의 비를 작게 한다.
④ 사용하는 시멘트의 양을 적게 한다.

해설 모르타르뿜어붙이기공법에서 응결완화제를 사용하면 응결이 늦어져 흘러내릴 수 있기 때문에 적절한 균열방지 공법이 아니다.

78 산지 경사면과 임도 시공기면과의 교차선으로 임도시공 시 절토와 성토작업을 구분하는 경계선은?

① 영 선
② 시공선
③ 중심선
④ 경사선

해설 임도시공 시 절토와 성토작업을 구분하는 경계선을 영선이라 한다.

79 임도의 횡단선형을 구성하는 요소가 아닌 것은?

① 길어깨
② 옆도랑
③ 차도나비
④ 곡선반지름

해설 곡선반지름은 평면선형이다.

80 측선 AB의 방위각이 45°, 측선 BC의 방위각이 130°일 때 교각은?

① 45°
② 75°
③ 85°
④ 175°

해설 B점의 교각 130° − 45° = 85°

정답 76 ③ 77 ① 78 ① 79 ④ 80 ③

제 5 과목 | 사방공학

81 황폐계류에 대한 설명으로 옳지 않은 것은?

① 유량이 강우에 의해 급격히 증감한다.
② 유로연장이 비교적 길고 하상 기울기가 완만하다.
③ 토사생산구역, 토사유과구역, 토사퇴적구역으로 구분된다.
④ 호우가 끝나면 유량은 급격히 감소되고 모래와 자갈의 유송은 완전히 중지된다.

해설 황폐계류는 유로연장이 비교적 짧고 하상 기울기가 급하다.

82 유역면적이 5km²이고, 비유량이 12m³/sec/km²일 때 최대홍수유량은?

① 30m³/sec
② 60m³/sec
③ 90m³/sec
④ 120m³/sec

해설 최대홍수유량 = 유역면적 × 비유량
= 5km² × 12m³/sec/km²
= 60m³/sec

83 찰쌓기에서 지름 약 3cm의 PVC파이프로 물빼기구멍을 설치하는 기준은?

① 0.5~1m²마다 1개씩 설치한다.
② 2~3m²마다 1개씩 설치한다.
③ 3~5m²마다 1개씩 설치한다.
④ 5~5.5m²마다 1개씩 설치한다.

해설 찰쌓기공법에는 물빼기구멍을 2~3m²마다 1개씩 설치한다.

84 계상에서 유수의 소류력이 최소로 되고 안정 기울기가 최대로 되는 기울기는?

① 편류기울기
② 평형기울기
③ 보정기울기
④ 홍수기울기

해설 하상에 있는 토사를 움직이게 하는 힘을 소류력이라 한다. 유수의 소류력이 최소로 되고 안정기울기가 최대로 되는 기울기는 편류물매(홍수물매)이고, 유수의 소류력이 최대로 되고 안정기울기가 최소로 되는 기울기는 평형물매이다.

85 황폐지 및 훼손지의 복구용 수종으로 가장 적합한 것은?

① 싸리류, 은행나무
② 아까시나무, 구상나무
③ 상수리나무, 종비나무
④ 오리나무류, 리기다소나무

해설 싸리류, 아까시나무, 상수리나무, 오리나무류, 리기다소나무 등은 사방용 수종이다.

81 ② 82 ② 83 ② 84 ① 85 ④ **정답**

86 계류의 유속과 흐름방향을 조절할 수 있도록 둑이나 계안으로부터 돌출하여 설치하는 것은?

① 수 제
② 구곡막이
③ 바닥막이
④ 기슭막이

해설 둑이나 계안으로부터 돌출하여 설치하는 공작물을 수제라 한다. 수제의 높이는 유수의 저항·전석, 하상의 변화, 하상높이 및 수제근부의 높이 등을 고려하여 결정한다.

87 비탈면에서 분사식씨뿌리기에 사용되는 혼합재료가 아닌 것은?

① 비 료
② 종 자
③ 전착제
④ 천연섬유 네트

해설 천연섬유 네트는 비탈면에 직접 설치하는 사방재료이다.

88 산사태의 발생 원인에서 지질적 요인이 아닌 것은?

① 절리의 존재
② 단층대의 존재
③ 붕적토의 분포
④ 지표수의 집중

해설 지표수의 집중은 기후에 의한 외적 요인이다.

89 평균유속 0.5m/s로 5초 동안에 $10m^3$의 물을 유송하는 수로의 횡단면적은?

① $2m^2$
② $4m^2$
③ $10m^2$
④ $20m^2$

해설 횡단면적 = ($10m^3$ / 5초) ÷ 0.5m/s = $4m^2$

90 땅깎기 비탈면의 안정과 녹화를 위한 시공 방법으로 옳지 않은 것은?

① 경암 비탈면은 풍화·낙석 우려가 많으므로 새심기공법이 적절하다.
② 점질성 비탈면은 표면침식에 약하고 동상·붕락이 많으므로 떼붙이기 공법이 적절하다.
③ 모래층 비탈면은 절토공사 직후에는 단단한 편이나 건조해지면 붕락되기 쉬우므로 전면적 객토가 좋다.
④ 자갈이 많은 비탈면은 모래가 유실 후, 요철면이 생기기 쉬우므로 떼붙이기보다 분사파공공법이 좋다.

해설 경암 비탈면은 비탈면이 급하므로 객토하기가 어렵다.

정답 86 ① 87 ④ 88 ④ 89 ② 90 ①

91. 사방사업 대상지 유형 중 황폐지에 속하는 것은?

① 밀린땅 ② 붕괴지
③ 민둥산 ④ 절토사면

해설 황폐지는 그 초기 단계로부터 척악임지, 임간나지, 초기 황폐지, 황폐이행지, 민둥산, 특수황폐지 등으로 발달한다.

92. 다음 설명에 해당하는 산지사방 공법은?

> 비탈다듬기 공사를 실시한 사면에 선떼붙이기공사와 같은 계단식공사를 시공하기 위해 수평으로 소단을 설치하는 기초 공사이다.

① 흙막이 ② 단쌓기
③ 단끊기 ④ 바자얽기

해설 소단을 설치하는 공사는 단끊기 공사이다.

93. 화성암은 화학적으로 어떤 성분함량에 따라 산성암, 중성암, 염기성암으로 구분되는가?

① K_2O ② SiO_2
③ Al_2O_3 ④ Fe_2O_3

해설 화성암은 화학적으로 SiO_2의 함량에 따라 다음과 같이 구분된다.
- SiO_2 65~57% 또는 그 이상 : 산성암
- SiO_2 57~55% : 중성암
- SiO_2 55~40% 또는 그 이하 : 염기성암

94. 사방댐에서 대수면에 해당하는 것은?

① 방수로 부분
② 댐의 천단부분
③ 댐의 하류측 사면
④ 댐의 상류측 사면

해설 대수면은 물을 직접 대하는 면이므로 사방댐의 상류측 사면이다.

95. 사방댐에 설치하는 물받침에 대한 설명으로 옳지 않은 것은?

① 앞댐, 막돌놓기 등의 공사를 함께 한다.
② 사방댐 본체나 측벽과 분리되도록 설치한다.
③ 방수로를 월류하여 낙하하는 유수에 의해 대수면 하단이 세굴되는 것을 방지한다.
④ 토석류의 충돌로 인해 발생하는 충격이 사방댐 본체와 측벽에 바로 전달되지 않도록 한다.

해설 물받침 공사는 사방댐 반수면의 세굴을 방지하기 위한 공사로서 앞댐 공사 또는 막돌놓기 공사 등이 있다. 물받침 공사는 호박돌이나 암석 등이 유하하는 경우에는 물받침이 파괴되므로 이 경우에는 앞댐과 본댐 사이에 약간의 물을 저장하도록 하는 물방석(워터쿠션)을 만든다.

정답 91 ③ 92 ③ 93 ② 94 ④ 95 ③

96 해안사방에서 사초심기공법에 관한 설명으로 옳지 않은 것은?

① 망구획 크기는 2m×2m 구획으로 내부에도 사이심기를 한다.
② 식재하는 사초는 모래의 퇴적으로 잘 말라 죽지 않는 초종으로 선택한다.
③ 다발심기는 사초 30~40포기를 한다발로 만들어 30~50cm 간격으로 심는다.
④ 줄심기는 1~2주를 1열로 하여 주간거리 4~5cm, 열간거리 30~40cm가 되도록 심는다.

해설 다발심기는 사초 4~8포기를 한다발로 만들어 30~50cm 간격으로 심는다.

97 비탈다듬기공사를 설계할 때 유의사항으로 옳지 않은 것은?

① 비탈면의 수정 기울기는 최대 35° 전후로 한다.
② 기울기가 급한 곳에서는 산비탈돌쌓기로 조정한다.
③ 토양퇴적층의 두께가 3m 이상일 때는 비탈흙막이를 설계한다.
④ 전체 대상지를 조사하고, 절취량은 다듬기의 면적에 평균 높이를 곱하여 산출한다.

해설 ③ 토양퇴적층의 두께가 3m 이상일 때는 붙이기 공작물을 설계한다.

98 선떼붙이기공법을 1급부터 9급까지 구분하는 기준은?

① 수평단길이 1m당 떼의 사용매수
② 수직단길이 1m당 떼의 사용매수
③ 수직단면적 1m²당 떼의 사용매수
④ 수평단면적 1m²당 떼의 사용매수

해설 선떼붙이기공법을 1급부터 9급까지 구분하는 기준은 수평단길이 1m당 떼의 사용매수이다.

99 강우에 의해 토층이 포화상태가 되어 경사지 전면에 걸쳐 얇은 층으로 흙 입자가 이동하는 침식은?

① 우격침식　② 누구침식
③ 구곡침식　④ 면상침식

해설 경사지 전면에 걸쳐 얇은 층으로 흙 입자가 이동하는 침식은 면상침식이다.

100 파종녹화공법에서 파종량(W)을 구하는 식으로 옳은 것은?(단, S : 평균입수, P : 순량률, B : 발아율, C : 발생기대본수)

① $W = C \times S \times P \times B$
② $W = \dfrac{C}{S \times P \times B}$
③ $W = \dfrac{C}{S \times P} \times B$
④ $W = \dfrac{C}{S \times B} \times P$

해설 파종은 $W = \dfrac{C}{S \times P \times B}$

정답 96 ③　97 ③　98 ①　99 ④　100 ②

2020년 제4회 산림기사 기출문제

제1과목 조림학

01 가지치기에 대한 설명으로 옳은 것은?

① 벚나무는 절단면이 잘 유합된다.
② 지름 5cm 이상의 가지를 잘라낸다.
③ 형질이 좋은 수목을 대상으로 우선 실시한다.
④ 살아 있는 가지를 치는 시기는 봄부터 여름까지가 좋다.

해설
① 벚나무는 절단면이 잘 유합되지 않는다.
② 지름 3cm(소나무) 이상의 가지를 잘라낸다.
④ 살아 있는 가지를 치는 시기는 11월에서 3월까지가 좋다.

02 종자가 휴면하는 원인으로 옳지 않은 것은?

① 미성숙한 배
② 가스교환 촉진
③ 종피의 기계적 작용
④ 종자 내의 생장억제 물질 존재

해설 종자가 휴면하는 원인은 가스교환 억제이다.

03 순림과 비교한 혼효림에 대한 설명으로 옳은 것은?

① 병충해나 기상재해에 대한 저항력이 높다.
② 산림작업과 경영을 경제적으로 수행할 수 있다.
③ 원하는 수종으로 임분을 용이하게 조성할 수 있다.
④ 임목의 벌채비용 절감 등 시장성이 유리하다.

해설
② 산림작업과 경영을 경제적으로 수행하기에 어렵다.
③ 원하는 수종으로 임분을 용이하게 조성하기 어렵다.
④ 임목의 벌채비용 절감 등 시장성이 불리하다.

04 무성 번식에 의한 묘목이 아닌 것은?

① 용기묘   ② 삽목묘
③ 접목묘   ④ 취목묘

해설 용기묘는 일반적으로 유성번식에 의한 실생묘이다.

정답 1 ③ 2 ② 3 ① 4 ①

05 택벌작업에 대한 설명으로 옳은 것은?

① 양수 수종의 갱신에 적당하다.
② 일시 벌채량이 많아 경제적이다.
③ 소면적 임지에서 보속생산이 가능하다.
④ 임목 벌채가 쉽고 치수에 손상을 주지 않는다.

해설
① 음수 수종의 갱신에 적당하다.
② 일시 벌채량이 적어 경제적이지 못하다.
④ 임목 벌채가 어렵고 치수에 손상을 준다.

06 수목의 개화생리에 대한 설명으로 옳지 않은 것은?

① 지베렐린은 개화에 영향을 미친다.
② 개화 능력은 유전적 요인과 관련이 있다.
③ 생리적 스트레스를 주면 개화가 억제된다.
④ 수목의 영양 상태를 좋게 하면 개화가 촉진된다.

해설 생리적 스트레스를 주면 개화가 촉진될 수 있다.

07 양묘과정 중 해가림 시설을 해야 하는 수종으로만 올바르게 나열한 것은?

① 편백, 삼나무, 아까시나무
② 곰솔, 소나무, 가문비나무
③ 잣나무, 소나무, 사시나무
④ 잣나무, 전나무, 가문비나무

해설 해가림 수종 : 잣나무, 전나무, 가문비나무, 낙엽송, 삼나무, 편백 등

08 개화 및 결실 과정에서 화기의 구조와 종자 또는 열매의 상호 관계를 올바르게 연결한 것은?

① 자방 – 종자
② 배주 – 열매
③ 난핵 – 배유
④ 주피 – 종피

해설
① 자방 : 열매
② 배주 : 종자
③ 난핵 : 배

09 왜림작업에 대한 설명으로 옳지 않은 것은?

① 단벌기 작업에 적합하다.
② 연료재와 소경재 생산을 목적으로 한다.
③ 벌채 계절은 늦겨울부터 초봄 사이가 좋다.
④ 참나무류, 아까시나무, 소나무가 주요 대상 수종이다.

해설 소나무는 교림작업종이다.

10 수목의 내음성에 대한 설명으로 옳지 않은 것은?

① 버드나무와 자작나무는 양수이다.
② 양수는 음수보다 광포화점이 높다.
③ 음수는 어릴 때 그늘에서 잘 견딘다.
④ 양수와 음수를 구분하는 기준은 햇빛을 좋아하는 정도이다.

해설 양수와 음수를 구분하는 기준은 햇빛을 좋아하는 정도가 아니라 그늘에서 생장할 수 있는 능력이다.

11 묘포 작업 중 밭갈이, 쇄토, 작상 작업의 효과가 아닌 것은?

① 잡초의 발생을 억제한다.
② 유용 토양미생물이 증가한다.
③ 토양의 통기성을 증가시켜 준다.
④ 토양의 풍화작용을 지연시켜 준다.

해설 토양의 풍화작용을 촉진시켜 준다.

12 풀베기 작업을 실시하기에 가장 적합한 시기는?

① 3~5월　　② 6~8월
③ 9~11월　　④ 12~1월

해설 풀베기 시기는 6월 상순~8월 상순이다.

13 측아의 발달을 억제하는 정아우세 현상에 관여하는 호르몬은?

① 옥 신
② 지베렐린
③ 사이토키닌
④ 아브시스산

해설 측아의 발달을 억제하는 정아우세 현상에 관여하는 호르몬은 옥신이다.

14 수목 생육에 있어 필요한 다량 원소에 해당하는 것은?

① 황　　② 철
③ 붕 소　④ 아 연

해설 다량 원소 : 질소, 칼륨, 칼슘, 마그네슘, 인, 황 등

15 토양 입자에 매우 큰 분자 인력에 의하여 얇은 층으로 흡착되어 있는 토양수분은?

① 결합수
② 흡습수
③ 모관수
④ 중력수

해설 흡착되어 있는 토양수분은 흡습수이다.

10 ④　11 ④　12 ②　13 ①　14 ①　15 ②

16 산벌작업에서 결실량이 많은 해에 일부 임목을 벌채하여 종자 산포를 돕는 것으로 1회의 벌채로 목적을 달성하는 것은?

① 후 벌   ② 간 벌
③ 하종벌   ④ 예비벌

해설 산벌작업에서 결실량이 많은 해에 일부 임목을 벌채하여 종자 산포를 돕는 것으로 1회의 벌채로 목적을 달성하는 것은 하종벌이다.

19 활엽수림의 어린나무가꾸기 작업에 가장 효과적인 시기는?

① 3~5월
② 6~8월
③ 9~10월
④ 12~2월

해설 활엽수림의 어린나무가꾸기 작업에 가장 효과적인 시기는 잎이 완전히 보여 잔존목과 제거목을 구분할 수 있는 6~9월이 적당하다.

17 잎의 유관속이 1개인 수종은?

① *Pinus rigida*
② *Pinus densiflora*
③ *Pinus koraiensis*
④ *Pinus thunbergii*

해설 잣나무류(*Pinus koraiensis*)는 관속이 1개, 소나무류는 관속이 2개이다.

18 장미과에 속하는 수종은?

① *Taxus cuspidata*
② *Prunus serrulata*
③ *Albizia julibrissin*
④ *Populus davidiana*

해설
② *Prunus serrulata*(벚나무) : 장미과
① *Taxus cuspidata*(주목) : 주목과
③ *Albizia julibrissin*(자귀나무) : 콩과
④ *Populus davidiana*(사시나무) : 버드나무과

20 임목 종자의 품질기준 중 효율에 대한 설명으로 옳은 것은?

① 발아율과 순량률을 곱한 값이다.
② 종자가 일제히 싹트는 힘을 의미한다.
③ 씨앗의 충실도를 무게로 파악하여 나타낸다.
④ 전체 종자수에 대한 발아 종자수의 백분율이다.

해설 임목 종자의 품질기준 중 효율은 발아율(발아세)과 순량률을 곱해서 백분율로 나타낸 값이다.

정답 16 ③ 17 ③ 18 ② 19 ② 20 ①

제 2 과목 산림보호학

21 다음 곤충의 피부 조직 중에서 가장 안쪽에 위치하는 것은?

① 기저막 ② 내원표피
③ 외원표피 ④ 진피세포

해설
- 피부는 곤충의 몸은 외골격이라는 딱딱한 피부로 싸여 있다. 이것은 3층으로 나누어져 바깥쪽에 표피, 그 아래에 진피(眞皮), 안쪽에 기저막(基底膜)으로 되어 있다.
- 표피는 주로 진피를 형성하고 있는 상피세포에서 분비되므로, 처음에는 희고 유연하나 곧 경화착색(硬化着色)되며 경화되지 않는 연한 막상부(膜狀部)와 연결된다. 외골격은 근육의 부착 장소가 되고 수분의 증발도 방지한다. 표피는 키틴질과 단백질로 되어 있다. 수분의 투과를 방지하는 것은 표피 겉면의 왁스층이다. 진피의 상피세포 사이에 선세포(腺細胞)와 감각세포가 산재한다.

22 미국흰불나방의 포식성 천적이 아닌 것은?

① 꽃노린재
② 무늬수중다리좀벌
③ 검정명주딱정벌레
④ 흑선두리먼지벌레

해설 포식성 천적은 꽃노린재, 검정명주딱정벌레, 흑선두리먼지벌레, 납작선두리먼지벌레와 기생성 천적인 무늬수중다리좀벌, 긴등기생파리, 나방살이납작맵시벌, 송충알벌 등이다.

23 뽕나무 오갈병 방제방법으로 옳은 것은?

① 새삼을 제거한다.
② 저항성 품종을 보식한다.
③ 스트렙토마이신을 주입한다.
④ 매개충인 담배장님노린재를 구제하기 위하여 7~10월까지 살충제를 살포한다.

해설 뽕나무 오갈병은 파이토플라스마(舊 마이코플라스마)의 기생으로 잎에 노란색의 오갈증상이 나타나고 잔주름이 많이 생기며, 가지는 크지 못하고 잔가지가 많이 나오는 병이다. 접목이나 매개충(마름무늬매미충)에 의하여 전염되며 테트라사이클린계 항생제에 의한 치료가 가능하며 저항성 품종에 대한 보식이 필요하다.

24 미끈이하늘소 방제방법으로 옳지 않은 것은?

① 유아등을 이용하여 성충을 유인한다.
② 딱따구리와 같은 포식성 천적을 보호한다.
③ 유충의 침입공에 접촉성 살충제를 주입한다.
④ 지표에 비닐을 피복하여 땅속에서 우화하여 올라오는 것을 방지한다.

해설 하늘소는 유충으로 줄기 내에서 월동하므로 지표면에 비닐을 피복하는 것은 효과가 없다.

25 유충 시기에 모여 사는 해충이 아닌 것은?

① 매미나방
② 천막벌레나방
③ 미국흰불나방
④ 어스렝이나방

해설 모두 유충 시기에 군서, 군집생활을 한다.

26 대기오염에 의한 수목의 피해 정도가 심해지는 경우가 아닌 것은?

① 높은 온도
② 높은 광도
③ 영양원 과다
④ 높은 상대 습도

해설 영양원은 토양에서 수목으로 흡수되는 것으로 대기오염과는 관계가 적다.

27 기생성 종자식물을 방제하는 방법으로 옳지 않은 것은?

① 매년 겨울에 겨우살이를 바짝 잘라낸다.
② 새삼을 방제하기 위하여 묘목을 침지하여 소독한다.
③ 새삼이 무성하고 기주가 큰 가치가 없으면 제초제를 사용한다.
④ 겨우살이가 자라는 부위로부터 아래쪽으로 50cm 이상 잘라낸다.

해설 새삼을 방제하기 위하여 물리적으로 제거하든지 제초제를 사용한다.

28 세균성 뿌리혹병 방제방법으로 옳은 것은?

① 유기물과 석회질 비료를 충분히 준다.
② 스트렙토마이신으로 나무주사를 실시한다.
③ 혹을 제거한 부위에 석회황합제를 도포한다.
④ 심하게 발병한 지역에서는 2년 후 묘목을 생산한다.

해설
①·② 세균성 뿌리혹병은 뿌리에 혹이 생기는 것이 일반적이므로 비료를 충분히 준다든지 나무주사는 방제방법이 아니다.
④ 심하게 발병한 지역에서는 3년 이상 윤작한다.

29 소나무 재선충병을 일으키는 매개충은?

① 알락하늘소
② 미끈이하늘소
③ 북방수염하늘소
④ 털두꺼비하늘소

해설 소나무 재선충병을 일으키는 매개충은 북방수염하늘소 또는 솔수염하늘소이다.

정답 25 정답없음 26 ③ 27 ② 28 ③ 29 ③

30 온도에 따른 수목 피해에 대한 설명으로 옳지 않은 것은?

① 봄철에 내린 늦서리의 피해를 만상의 피해라고 한다.
② 서릿발의 피해는 점토질 토양의 묘포에서 흔히 발생한다.
③ 냉해는 세포 내에 결빙이 생겨 수목의 생리현상이 교란된다.
④ 강한 복사광선으로 인해 수목 줄기에 볕데기 현상이 나타날 수 있다.

해설 냉해는 여름작물이 생육 기간 중에 냉온 장해에 의하여 생육이 저해되고 수량의 감소나 품질의 저하를 가져오는 기상재해를 말한다.

31 밤바구미 방제방법으로 옳지 않은 것은?

① 유아등을 이용하여 성충을 유인한다.
② 훈증 시에는 메탐소듐 액제를 25℃에서 12시간 처리한다.
③ 알과 유충이 열매 속에 서식하므로 천적을 이용한 방제는 어렵다.
④ 성충기인 8월 하순부터 클로티아니딘 액상수화제를 수관에 살포한다.

해설 훈증은 밤 과실 1kg에 이황화탄소 18mL 정도를 넣고 밀폐하여 24시간 훈증한다.

32 소나무 재선충병 방제방법으로 옳지 않은 것은?

① 아바멕틴 유제를 수간에 주입하여 예방한다.
② 밀생 임분은 간벌하여 쇠약목이 없도록 한다.
③ 매개충의 우화시기에 살충제를 항공살포한다.
④ 벌채한 원목은 페니트로티온 유제로 훈증한다.

해설 벌채한 원목은 메탐소듐 액제로 훈증한다.

33 잣나무 잎떨림병 방제방법으로 옳지 않은 것은?

① 병든 부위를 제거하고 도포제를 처리한다.
② 자낭포자가 비산하는 시기에 살균제를 살포한다.
③ 늦봄부터 초여름 사이에 병든 잎을 모아 태우거나 땅에 묻는다.
④ 수관 하부에 주로 발생하므로 풀베기와 가지치기를 하여 통풍을 좋게 한다.

해설 병든 부위(잣나무 잎)를 제거하여야 하지만 도포제를 처리하기에 잣나무 잎마다 불가능하다.

정답 30 ③ 31 ② 32 ④ 33 ①

34 다음 설명에 해당하는 살충제는?

> • 식물의 뿌리나 잎, 줄기 등으로 약제를 흡수시켜 식물체 내의 각 부분에 도달하게 하고, 해충이 식물체를 섭식하면 살충 성분이 작용하게 한다.
> • 식물체 내에 약제가 흡수되어버리므로 천적이 직접적으로 피해를 받지 않고, 식물의 줄기나 잎 내부에서 서식하는 해충에도 효과가 있다.

① 접촉제
② 유인제
③ 소화중독제
④ 침투성 살충제

해설 침투성 살균제를 설명하는 것이다.

35 다음 설명에 해당하는 것은?

> 수목의 흰가루병은 가을이 되면 병환부에 미세한 흑색의 알맹이가 형성된다.

① 균사
② 자낭구
③ 분생자병
④ 분생포자

해설 수목의 흰가루병의 흰가루는 균사, 분생자병, 분생포자이며, 가을이 되어 흰가루 속에 흑색 알맹이는 자낭세대의 표징인 자낭구이다.

36 수목이 병에 걸리기 쉬운 성질을 나타내는 것은?

① 감수성
② 저항성
③ 병원성
④ 내병성

37 다음에 해당하지 않는 수목병은?

> 병원체는 인공배양이 불가능하고 살아 있는 기주 내에서만 증식이 가능하다.

① 포플러 잎녹병
② 벚나무 빗자루병
③ 붉나무 빗자루병
④ 사철나무 흰가루병

해설 인공배양이 불가능하고 살아 있는 기주 내에서만 증식이 가능한 병원체는 순활물기생체를 말한다. 벚나무 빗자루병은 자낭균으로 순활물기생체가 아니다.
• 순활물기생체(절대기생체) : 흰가루병(사철나무 흰가루병), 녹병균(포플러 잎녹병), 파이토플라스마(붉나무 빗자루병), 바이러스
• 조건기생체 : 대부분의 균 및 세균류

38 녹병균이 형성하는 포자는?

① 난포자
② 유주자
③ 겨울포자
④ 자낭포자

해설 녹병균은 기주식물에서는 녹병포자와 녹포자를 형성하고 중간기주 식물에서 여름포자와 겨울포자를 형성한다.

정답 34 ④ 35 ② 36 ① 37 ② 38 ③

39 의무적 휴면을 하는 해충은?

① 솔나방
② 솔잎혹파리
③ 솔노랑잎벌
④ 솔껍질깍지벌레

해설 솔껍질깍지벌레는 연 1회 발생하며 후약충으로 월동한다. 성충은 4~5월에 나타나 가지에 알주머니를 만들어 산란한다. 부화약충은 5월 상순~6월 중순에 나타나 가지 위에서 활동하다가 수피 틈 등에서 정착해 정착약충이 되어 하기휴면에 들어가고, 11월 이후 후약충이 나타난다.

40 솔껍질깍지벌레 방제방법으로 옳은 것은?

① 항공 방제는 살충 효과가 높다.
② 나무주사는 정착약충 시기인 12~1월에 실시한다.
③ 테부코나졸 유탁제를 사용하여 나무주사를 실시한다.
④ 3월경에 뷰프로페진 액상수화제를 줄기나 가지에 살포한다.

해설 솔껍질깍지벌레 방제방법은 나무주사는 후약충 시기인 12월에 실시하며 후약충 말기인 2월 중순에서 3월 초순경에 뷰프로페진(40%) 액상수화제를 줄기나 가지에 살포한다.

제 3 과목 임업경영학

41 산림 경영의 지도 원칙 중 경제 원칙에 해당하는 것은?

① 합자연성 원칙
② 공공성의 원칙
③ 보속성의 원칙
④ 환경보전의 원칙

해설 산림경영의 지도원칙
• 경제원칙 : 공공성의 원칙, 수익성의 원칙, 경제성의 원칙, 생산성의 원칙
• 복지원칙 : 합자연성의 원칙, 환경보전의 원칙
• 보속성의 원칙 : 목재수확균 등의 보속, 목재생산의 보속

42 자연휴양림 시설의 종류에 해당되지 않는 것은?

① 수익시설
② 위생시설
③ 체육시설
④ 체험·교육시설

해설 자연휴양림의 시설 종류 : 숙박시설, 편익시설, 위생시설, 체육시설, 체험·교육시설, 전기·통신시설, 안전시설

39 ④ 40 ④ 41 ② 42 ①

43 국유림에서 임목생산을 위한 기준벌기령으로 옳은 것은?

① 잣나무 : 60년
② 참나무류 : 50년
③ 일본잎갈나무 : 30년
④ 리기다소나무 : 20년

해설
② 참나무류 : 60년
③ 일본잎갈나무 : 50년
④ 리기다소나무 : 30년

44 25년생 잣나무 임분의 입목재적이 45m³/ha이고 수확표의 입목재적은 50m³/ha이라면 입목도는?

① 0.5
② 0.7
③ 0.9
④ 1.1

해설
입목도 = 잣나무 임분의 입목재적(45m³/ha)
     ÷ 수확표의 입목재적(50m³/ha)
     = 0.9

45 임업 원가에 대한 설명으로 옳지 않은 것은?

① 제품의 생산 수준에 따라 비례하는 원가를 변동 원가라 한다.
② 특정 제품의 생산만을 위해서 발생한 원가를 직접 원가라 한다.
③ 과거에 이미 현금을 지불하였거나 부채가 발생한 원가를 매몰 원가라 한다.
④ 어떤 생산 수준에서 제품의 여러 단위를 더 생산할 때 추가로 발생하는 원가를 한계 원가라 한다.

해설
• 어떤 생산 수준에서 제품의 여러 단위를 더 생산할 때 추가로 발생하는 원가를 증분 원가라 한다.
• 어떤 생산 수준에서 제품의 한 단위를 더 생산할 때 추가로 발생하는 원가를 한계 원가라 한다.

46 이율의 크기를 결정하는 주요 요인이 아닌 것은?

① 대출 기간
② 자본의 크기
③ 자본 투하의 위험성
④ 투하 자본의 유동성

해설
이율의 크기(고저)를 결정하는 주요 요인 : 기간, 투하 자본의 유동성, 자본 투하의 위험성, 투자의 선택성, 담보의 유무

47 산림문화·휴양 기본계획은 몇 년마다 수립·시행하는가?

① 5년
② 15년
③ 10년
④ 20년

해설
산림문화·휴양기본계획의 수립·시행 등(산림문화·휴양에 관한 법률 제4조)
• 산림청장은 관계중앙행정기관의 장과 협의하여 전국의 산림을 대상으로 산림문화·휴양기본계획(이하 '기본계획')을 5년마다 수립·시행할 수 있다.
• 기본계획에는 다음의 사항이 포함되어야 한다.
  – 산림문화·휴양시책의 기본목표 및 추진방향
  – 산림문화·휴양 여건 및 전망에 관한 사항
  – 산림문화·휴양 수요 및 공급에 관한 사항
  – 산림문화·휴양자원의 보전·이용·관리 및 확충 등에 관한 사항
  – 산림문화·휴양을 위한 시설 및 그 안전관리에 관한 사항
  – 산림문화·휴양정보망의 구축·운영에 관한 사항
  – 그 밖에 산림문화·휴양에 관련된 주요시책에 관한 사항

정답 43 ① 44 ③ 45 ④ 46 ② 47 ①

48. 수간석해를 통하여 계산할 수 없는 것은?

① 근주 재적
② 지조 재적
③ 소단부 재적
④ 결정 간재적

해설 수간석해는 수간부(줄기부)를 해석하는 방법이지 지조(가지) 재적은 알 수 없다.

49. 투자비용의 현재가에 대하여 투자의 결과로 기대되는 현금유입의 현재가 비율을 나타내어 투자효율을 결정하는 방법은?

① 순현재가치법
② 투자이익률법
③ 수익비용률법
④ 내부투자수익률법

해설 투자비용의 현재가에 대하여 투자의 결과로 기대되는 현금유입의 현재가 비율을 나타내어 투자효율을 결정하는 방법은 수익비용률법이다.

50. 기계톱의 구입가가 100만원, 내용 연수는 10년, 폐기 시 가격이 20만원일 때 정액법에 의한 감가상각비는?

① 2만원/년
② 8만원/년
③ 10만원/년
④ 20만원/년

해설 정액법에 의한 감가상각비
= (100만원 − 20만원) / 10년
= 8만원/년

51. 임상 개량의 목적이 달성될 때까지 임시적으로 설정하는 예상적 기간은?

① 회귀년
② 갱신기
③ 윤벌기
④ 정리기

해설 정리기(계량기)는 작업급의 연령 관계가 어느 한쪽으로 편중하게 되면 노령림은 오랫동안 존치하고 미숙임분은 벌채되어 양쪽이 모두 손해를 볼 경우 이러한 희생을 줄이기 위해 개량의 목적이 달성될 때까지 임시적으로 설정하는 기간을 말한다. 개량기는 개량을 요하거나 불량임분이 많은 작업급에서는 윤벌기보다 짧고 유령림의 경우에는 윤벌기보다 길다.

52. 흉고직경과 중앙직경의 비율로 표시하여 임목의 완만도를 의미하는 것은?

① 형 률
② 직경률
③ 절대형률
④ 상대형률

해설 직경률 : 수간의 완만도를 측정하기 위해 Schuberg가 제창한 하나의 단위로서 흉고직경과 수고의 1/20이 되는 곳의 직경과의 비율이다.

53 이율이 4%이고 매년 말에 수익이 200만원일 때 자본가는?(단, 무한연년수입의 전가합계식으로 산정)

① 50만원
② 192만원
③ 208만원
④ 5,000만원

해설 자본가 = (매년 말에 수익 200만원) / (이율 0.04)
     = 5,000만원

54 윤척을 사용하는 방법으로 옳지 않은 것은?

① 수간 축에 직각으로 측정한다.
② 흉고부(지상 1.2m)를 측정한다.
③ 경사진 곳에서는 임목보다 낮은 곳에서 측정한다.
④ 흉고부에 가지가 있으면 가지 위나 아래를 측정한다.

해설 경사진 곳에서는 임목보다 높은 곳에서 측정한다.

55 임지기망가가 최댓값에 도달하는 시기에 대한 설명으로 옳지 않은 것은?

① 조림비가 클수록 늦어진다.
② 이율의 값이 클수록 빨라진다.
③ 관리비가 많아질수록 늦어진다.
④ 간벌 수익이 많을수록 빨라진다.

해설 관리비는 최댓값과 관계가 없다.

56 산림의 가치평가방법으로 재화의 판매 가격의 최저한도 결정에 활용에 가장 적합한 것은?

① 비용가
② 매매가
③ 기망가
④ 자본가

해설
① 비용가 : 원가의 개념으로 재화를 판매할 때 손해를 보지 않으려면 비용가 이상으로 판매하여야 하기에 재화 판매가격의 최저한도라고 한다.
② 매매가 : 시가 또는 시장가격으로 가장 많이 쓰이며 산림은 거래가 많지 않아 시가를 정확히 파악하기 어려우므로 유추가격이나 간접적인 평가를 하며 성숙림의 가치평가에 쓰인다.
③ 기망가 : 수익가라 하며 장래에 기대되는 수익이 많기에 구입가격의 최대한도를 나타내며 장령림의 가치평가에 쓰인다.
④ 자본가 : 환원가 또는 공조가라 하며 기망가와 같은 성질이나 자본가는 매년 동일의 수익을 얻는 현재가를 계산하는 데 비해 기망가는 정기적 또는 부정기적 수익을 얻는 현재가를 구하는 것이다.

정답 53 ④ 54 ③ 55 ③ 56 ①

57 산림수확조절방법으로 다수의 목표를 가지는 의사 결정 문제의 해결에 가장 적합한 것은?

① 목표계획법
② 정수계획법
③ 선형계획법
④ 비선형계획법

해설 산림수확조절방법으로 다수의 목표를 가지는 의사 결정 문제의 해결에 가장 적합한 것은 목표계획법이다.

58 연년생장량에 대한 설명으로 옳은 것은?

① 벌기에 도달했을 때의 생장량
② 총생장량을 임령으로 나눈 양
③ 일정한 기간 내에 평균적으로 생장한 양
④ 임령이 1년 증가함에 따라 추가적으로 증가하는 수확량

해설 연년생장량은 1년 동안 생장한 양이다.

59 임목축적, 생장률, 생장량의 관계에 대한 설명으로 옳은 것은?

① 생장률이 일정할 경우 임목축적이 작으면 생장량은 커진다.
② 임목축적이 일정한 산림의 경우 생장률과 생장량은 반비례한다.
③ 임목축적이 매우 많은 경우 생장률도 상승하여 생장량이 커진다.
④ 생장률이 높아도 임목축적이 매우 작으면 생장량은 상대적으로 작아진다.

해설
① 생장률이 일정할 경우 임목축적이 작으면 생장량은 작아진다.
② 임목축적이 일정한 산림의 경우 생장률과 생장량은 비례한다.
③ 임목축적이 매우 많은 경우 생장률은 하락하여 생장량은 작아진다.

60 산림조사에서 험준지에 해당하는 경사는?

① 15~20°
② 20~25°
③ 25~30°
④ 30° 이상

해설
③ 25~30° : 험준지
① 15~20° : 경사지
② 20~25° : 급경사지
④ 30° 이상 : 절험지

57 ① 58 ④ 59 ④ 60 ③ **정답**

제 4 과목 | 임도공학

61 임도의 시공면과 산지의 경사면이 만나는 점을 연결한 노선의 종축은?

① 영선
② 중심선
③ 지반선
④ 지형선

해설 임도의 시공면과 산지의 경사면이 만나는 점을 연결한 노선의 종축은 영선이다.

62 식생이 사면 안정에 미치는 효과가 아닌 것은?

① 표토층 침식 방지
② 심층부 붕괴 방지
③ 강우 및 바람에 의한 토양 유실 방지
④ 급경사지에서 수목 자체 무게로 인한 토양 안정

해설 급경사지에서 수목 자체 무게로 인한 토양은 불안정해질 수 있다.

63 급경사지에서 노선거리를 연장하여 기울기를 완화할 목적으로 설치하는 평면선형에서의 곡선은?

① 완화곡선
② 복심곡선
③ 반향곡선
④ 배향곡선

해설 급경사지에서 노선거리를 연장하여 기울기를 완화할 목적으로 설치하는 평면선형에서의 곡선은 배향곡선(헤어핀)이라 한다.

64 임도계획의 순서로 옳은 것은?

① 임도노선 선정 → 임도노선 배치계획 → 임도밀도 계획
② 임도밀도 계획 → 임도노선 배치계획 → 임도노선 선정
③ 임도노선 배치계획 → 임도노선 선정 → 임도밀도 계획
④ 임도밀도 계획 → 임도노선 선정 → 임도노선 배치계획

해설 임도계획의 순서는 임도밀도 계획 → 임도노선 배치계획 → 임도노선 선정이다.

65 임도의 합성기울기 설치 기준으로 옳은 것은?(단, 지형여건이 불가피한 경우는 제외)

① 간선임도인 경우 15% 이하로 한다.
② 지선임도인 경우 14% 이하로 한다.
③ 포장 노면인 경우 13% 이하로 한다.
④ 비포장 노면인 경우 12% 이하로 한다.

해설 산림관리 기반시설의 설계 및 시설기준(산림자원의 조성 및 관리에 관한 법률 시행규칙 [별표 2])
합성기울기는 12% 이하로 한다. 다만, 현지의 지형여건상 불가피한 경우에는 15% 이하로 할 수 있으며, 노면포장을 하는 경우에는 18% 이하로 할 수 있다.

정답 61 ① 62 ④ 63 ④ 64 ② 65 ④

66 임도에서 대피소 설치 기준으로 옳은 것은?

① 대피소의 간격은 300m 이내, 너비는 5m 이상, 유효길이는 10m 이상이다.
② 대피소의 간격은 300m 이내, 너비는 5m 이상, 유효길이는 15m 이상이다.
③ 대피소의 간격은 500m 이내, 너비는 5m 이상, 유효길이는 10m 이상이다.
④ 대피소의 간격은 500m 이내, 너비는 5m 이상, 유효길이는 15m 이상이다.

해설 대피소의 설치기준

구 분	기 준
간 격	300m 내외
너 비	5m 이상
유효길이	15m 이상

67 임도 개설 시 흙을 다지는 목적으로 옳지 않은 것은?

① 투수성의 증대
② 지지력의 증대
③ 압축성의 감소
④ 흡수력의 감소

해설 임도 개설 시 투수성을 감소시키기 위해 흙을 다진다.

68 1/25,000 지형도상에서 A점과 B점 간의 표고 차이가 400m이고 거리가 20cm인 경우 종단경사는?

① 2% ② 4%
③ 8% ④ 12%

해설 거리가 20cm이므로 실제거리는 20 × 25,000 = 500,000cm = 5,000m이다.
그러므로 5,000m : 400m = 100m : x
$x = 8\%$

69 가선집재 시 머리기둥과 꼬리기둥에 장착하여 본줄의 지지를 하는 도르래는?

① 죔도르래 ② 안내도르래
③ 삼각도르래 ④ 짐달림도르래

해설 삼각도르래는 집재에 직접 사용되는 도르래가 아니고 본줄을 지지하는 도르래이다.

70 고저 측량에 있어서 후시에 대한 설명으로 옳은 것은?

① 기지점에 세운 수준척 눈금의 값이다.
② 미지점에 세운 수준척 눈금의 값이다.
③ 중간점에 세운 수준척 눈금의 값이다.
④ 측량 진행 방향에 세운 수준척 눈금의 값이다.

해설 후시는 표고를 이미 알고 있는 점으로 기지점에 세운 수준척 눈금의 값이다.

정답 66 ② 67 ① 68 ③ 69 ③ 70 ①

71 롤러의 표면에 돌기를 부착한 것으로 점착성이 큰 점성토나 풍화연암 다짐에 적합하며 다짐 유효깊이가 큰 장점을 가진 기계는?

① 탠덤롤러 ② 탬핑롤러
③ 타이어롤러 ④ 머캐덤롤러

해설
① 탠덤롤러 : 도로용 2륜 롤러, 주로 쇄석의 다짐과 아스팔트 포장 마감에 사용한다.
③ 타이어롤러 : 고무 타이어를 이용해서 다지기를 하는 기계이다.
④ 머캐덤롤러 : 3륜차의 형식으로 쇠바퀴 롤러가 배치된 기계이다. 중량 6~18톤 정도이다. 부순 돌이나 자갈길의 1차 전압(轉壓) 및 마감 전압에 사용된다. 아스팔트 포장의 초기 전압에도 이용된다.

74 컴퍼스 측량에서 전시와 후시의 방위각 차는?

① 0° ② 90°
③ 180° ④ 270°

해설 컴퍼스 측량에서 전시와 후시가 일련의 선상에 있을 때의 방위각 차는 180°이다.

72 임도의 총길이가 2km이고 산림 면적이 100ha이면 임도간격은?

① 100m ② 250m
③ 500m ④ 1,000m

해설 임도밀도 = 2,000m / 100ha = 20m/ha,
임도간격 = (10,000 / 20) = 500m

73 임도에서 길어깨의 주요 기능으로 옳지 않은 것은?

① 보행자의 통행을 위한 곳이다.
② 임목의 집재 작업을 위한 공간이다.
③ 노상시설, 지하매설물, 유지보수 등의 작업 시 여유를 준다.
④ 차량 주행의 여유를 주어 차량이 밖으로 이탈하지 않도록 한다.

해설 임목의 집재 작업을 위한 공간은 능선부나 계곡부를 확장해서 별도로 마련하여야 한다.

75 임도의 노체와 노면에 관한 설명으로 옳은 것은?

① 쇄석을 노면으로 사용한 것은 사리도이다.
② 노체는 노상, 노반, 기층, 표층 순서대로 시공한다.
③ 토사도는 교통량이 많은 곳에 적용하는 것이 가장 경제적이다.
④ 노상은 임도의 최하층에 위치하여 다른 층에 비해 내구성이 큰 재료를 필요로 한다.

해설
① 자갈을 노면으로 사용한 것은 사리도(자갈도)이다.
③ 토사도는 교통량이 적은 곳에 적용하는 것이 가장 경제적이다.
④ 노반은 다른 층에 비해 내구성이 큰 재료를 필요로 한다.

정답 71 ② 72 ③ 73 ② 74 ③ 75 ②

76 산림자원 조성을 위한 산림관리기반시설에 해당하지 않는 것은?
① 작업로 ② 작업임도
③ 간선임도 ④ 지선임도

해설 작업로는 산림관리기반시설이 아닌 산림경영을 위한 임시도로이다.

77 지형지수 산출 인자에 해당하지 않는 것은?
① 식 생 ② 곡밀도
③ 기복량 ④ 산복경사

해설 지형지수와 식생은 관련이 없다.

78 교각법을 이용하여 임도 곡선을 설치할 때, 교각이 90°, 곡선반경이 400m인 단곡선에서의 접선길이는?
① 50m ② 100m
③ 200m ④ 400m

해설 접선길이 = 400 × tan(90/2) = 400m

79 옹벽의 안정도를 계산 검토해야 하는 조건이 아닌 것은?
① 전도에 대한 안정
② 활동에 대한 안정
③ 침하에 대한 안정
④ 외부응력에 대한 안정

해설 옹벽의 안정도를 계산 검토해야 하는 조건
- 전도에 대한 안정
- 활동에 대한 안정
- 침하에 대한 안정
- 제체의 파괴에 대한 안정

80 다음의 (   ) 안에 들어갈 내용을 순서대로 나열한 것은?

> 배수구는 수리계산과 현지여건을 감안하되 기본적으로 (   )m 내외의 간격으로 설치하며 그 지름은 (   )mm 이상으로 한다. 다만, 부득이한 경우에는 배수구의 지름을 (   )mm 이상으로 한다.

① 100, 800, 400
② 200, 800, 600
③ 100, 1,000, 800
④ 200, 1,000, 600

해설 배수구는 수리계산과 현지여건을 감안하되 기본적으로 100m 내외의 간격으로 설치하며 그 지름은 1,000mm 이상으로 한다. 다만, 부득이한 경우에는 배수구의 지름을 800mm 이상으로 한다.

정답 76 ① 77 ① 78 ④ 79 ④ 80 ③

제 5 과목 | **사방공학**

81 산복수로에서 쌓기공작물의 높이가 3m이고 수로의 깊이가 1m일 때 수로받이의 적절한 길이는?

① 2.0~4.0m
② 4.0~6.0m
③ 6.0~8.0m
④ 8.0~10.0m

해설 수로받이 길이
= 1.5~2(쌓기공작물의 높이 3m + 수로의 깊이 1m)
= 6.0~8.0m

82 해안방재림 조성 공법에 해당되지 않는 것은?

① 사초심기
② 나무심기
③ 퇴사울세우기
④ 정사울세우기

해설 퇴사울세우기는 해안방재림공법이 아니라 사구조성 공법이다.

83 다음 설명에서 주어진 장소에 가장 적합한 산복수로는?

- 반원형 형상으로 지반이 견고하고 집수량이 적은 곳
- 상수가 없고 경사가 급한 곳

① 떼수로
② FRP관수로
③ 콘크리트수로
④ 돌(메붙임)수로

해설 상수가 없으나 경사가 급해 떼수로는 부적합하고, FRP관수로나 콘크리트수로는 시공비가 많이 들므로 지반이 견고하여 근처에 돌을 이용한 메붙임 수로가 가장 적당하다.

84 하천 바닥에 자갈과 모래의 움직임이 발생하지만 침식이 일어나지 않아 하상 종단면의 형상에는 변화가 없는 것은?

① 임계기울기
② 안정기울기
③ 홍수기울기
④ 평형기울기

해설
① 임계기울기 : 계상의 침식을 일으키지 않는 최대 유속이다.
③ 홍수기울기(편류물매) : 유수의 소류력이 최소가 되어 안정물매가 최대가 되는 물매다.
④ 평형기울기 : 유수의 소류력이 최대이므로 안정물매가 최소가 되어 사력의 교대가 발생하지 않는 물매다.

정답 81 ③ 82 ③ 83 ④ 84 ②

85 사방공작물 중 횡공작물이 아닌 것은?

① 사방댐   ② 둑쌓기
③ 골막이   ④ 바닥막이

해설 둑쌓기는 기슭막이처럼 종공작물이다.

86 낙석방지망덮기 공법에 대한 설명으로 옳지 않은 것은?

① 철망 눈의 크기는 5mm 정도이다.
② 합성섬유망은 100kg 이내의 돌을 대상으로 한다.
③ 와이어로프의 간격은 가로와 세로 모두 4~5m 정도로 한다.
④ 철망, 합성섬유망 등을 사용하여 비탈면에서 낙석이 발생하지 않도록 한다.

해설 철망 눈의 크기는 50×50mm 정도이다.

87 산지 붕괴현상에 대한 설명으로 옳지 않은 것은?

① 토양 속의 간극수압이 낮을수록 많이 발생한다.
② 풍화토층과 하부기반의 경계가 명확할수록 많이 발생한다.
③ 화강암 계통에서 풍화된 사질토와 역질토에서 많이 발생한다.
④ 풍화토층에 점토가 결핍되면 응집력이 약화되어 많이 발생한다.

해설 토양 속의 간극수압이 높을수록 많이 발생한다.

88 돌골막이 시공 높이로 가장 적절한 것은?

① 2m 이내
② 3m 이내
③ 4m 이내
④ 5m 이내

해설 돌골막이(돌구곡막이)는 보통 높이 2m 이내(높이 4~5m)로 축설한다.

85 ② 86 ① 87 ① 88 ① **정답**

89 발생기대본수가 3,000본/m², 평균입도 1,000립/g인 종자가 순량률이 50%, 발아율이 80%라면 1ha의 비탈면에 필요한 종자량은?

① 55kg
② 75kg
③ 550kg
④ 750kg

해설 파종량 = (3,000 × 10,000) / (1,000 × 0.5 × 0.8)
       = 75,000g = 75kg

90 코코넛 섬유를 원료로 한 비탈덮기용 재료는?

① 튤 파이버
② 주트 네트
③ 그린 파이버
④ 코이어 네트

해설
- 파이버 : 무명, 마(麻), 목섬유(木纖維) 등을 겹쳐서 강압하여 만든 것으로서 전기의 절연 재료, 작은 기어 등에 사용된다.
- 주트 : 황마(黃麻)로 만든 섬유로 태닝 또는 타르 염색하여 케이블의 절연 심선의 충전물 및 케이블 외장의 좌상(座床)으로 사용된다.

91 비탈 옹벽공법을 구조에 따라 분류한 것이 아닌 것은?

① T형 옹벽
② 돌쌓기 옹벽
③ 부벽식 옹벽
④ 중력식 옹벽

해설 돌쌓기는 재료에 의한 분류이다.

92 콘크리트를 쳐서 수화작용이 충분히 계속되도록 보존하는 것은?

① 풍 화   ② 배 합
③ 경 화   ④ 양 생

해설 콘크리트를 쳐서 수화작용이 충분히 계속되도록 보존하는 것은 양생이다.

정답 89 ② 90 ④ 91 ② 92 ④

93 사방사업 대상지와 가장 거리가 먼 것은?

① 황폐계류 ② 황폐산지
③ 벌채 대상지 ④ 생활권 훼손지

해설 사방사업 대상지
- 황폐산지(荒廢山地) : 산지의 지피식생이 장기간에 걸쳐 소멸·파괴된 후, 강우 등에 의하여 침식되어 불안정한 토사가 지속적으로 유출되는 지역으로, 황폐지, 붕괴지 및 밀린땅으로 구분된다.
- 황폐계류(荒廢溪流) : 계상과 계안이 침식 또는 붕락되어 황폐화된 계류로, 산지 내의 계곡이나 계간에 있는 계간황폐지(또는 침식계류)와 계곡 밖에서 농경지 등과 접속되는 야계로 구분된다.
- 해안모래땅(海岸砂地) : 해안모래땅은 모래가 바람이나 파도에 의하여 밀려 올려지거나 바람에 의하여 조성된 것으로, 치올린 모래언덕과 허모양 및 반달모양의 모래언덕으로 구분된다.
- 생활권 훼손지(生活圈 毁損地) : 훼손지는 인위적으로 토지의 형질이 변화된 곳으로, 땅깎기비탈면·흙쌓기 비탈면·채석장·채광지·폐군사(통신)시설지·등산로·캠프장·산책로·체육시설 등이 포함된다.

94 선떼붙이기 시공요령에 대한 설명으로 옳지 않은 것은?

① 완만한 비탈지에서는 떼붙이기 할 때 표토를 절취할 필요가 없다.
② 선떼의 활착을 좋게 하고 견고도를 높이기 위해서 다지기를 충분히 한다.
③ 바닥떼는 발디딤을 보호하는 효과가 있으므로 저급 선떼붙이기에는 필수적이다.
④ 머리떼는 천단에 놓인 토사의 유출을 방지하여 선떼의 견고도를 높이는 효과가 있다.

해설 바닥떼는 발디딤을 보호하는 효과가 있으므로 고급 선떼붙이기에는 필수적이다.

95 사방댐의 방수로 단면결정을 위한 계획홍수량 산정에 시우량법을 이용할 경우 계산인자가 아닌 것은?

① 조도계수
② 유역면적
③ 유출계수
④ 최대 시우량

해설 시우량법 = 유거계수 × [유역면적 × (최대 시우량 / 1,000)] ÷ (60 × 60)

96 콘크리트 기슭막이에 대한 설명으로 옳은 것은?

① 앞면 기울기는 1 : 0.5를 기준으로 한다.
② 유수의 충격력이 적고 비교적 계안침식이 적은 곳에 설치한다.
③ 신축에 의한 균열을 방지하기 위해 1m마다 신축줄눈을 설치한다.
④ 뒷면 기울기는 토압에 따라 결정하지만 대개 수직으로 계획한다.

해설
① 앞면 기울기는 1 : 0.3을 기준으로 한다.
② 유수의 충격력이 많고 비교적 계안침식이 많은 곳에 설치한다.
③ 신축에 의한 균열을 방지하기 위해 5~10m마다 신축줄눈을 설치한다.

정답 93 ③ 94 ③ 95 ① 96 ④

97 비탈면 끝에 흐르는 계천의 가로침식에 의하여 무너지는 침식 현상은?

① 산 붕
② 붕 락
③ 포 락
④ 산사태

해설
① 산붕 : 소형 산사태
② 붕락 : 눈이나 얼음이 녹은 물로서 포화되어 떨어지는 중력침식의 한 형태로 지표층에 주름이 잡혀진다.
④ 산사태 : 호우 등의 원인에 의해 산복부가 연속적으로 비교적 길게 붕괴되는 현상이다.

98 퇴적암에 속하지 않는 암석은?

① 혈 암
② 사 암
③ 응회암
④ 섬록암

해설 섬록암은 중성암으로 SiO_2가 66%~52%를 포함하며, 안산암질 마그마가 지하 깊은 곳 서서히 굳어진 암석으로, 전체적으로 회록색 내지는 회색이나 자세히 보면 흑색의 반점이 많은 완정질이며 등립질인 심성암(화성암)이다.

99 사방댐의 형식을 외력에 의한 저항력에 따라 분류한 것으로 옳지 않은 것은?

① 중력댐
② 아치댐
③ 강제댐
④ 3차원댐

해설 강제댐은 재료에 의한 분류이다.

100 직선유로에서 유수의 차단효과가 가장 큰 사방댐의 설정 방향으로 적합한 것은?

① 유심선에 직각으로 설정
② 유심선과 관계없이 설정
③ 유심선에 평행 방향으로 설정
④ 유심선에 45°의 방향으로 설정

해설 유수의 차단효과가 가장 큰 사방댐의 설정 방향은 유심선에 직각으로 설정한다.

정답 97 ③ 98 ④ 99 ③ 100 ①

산림산업기사 기출문제

제1과목 조림학

01 산벌작업의 순서로 옳은 것은?
① 전벌 → 하종벌 → 종벌
② 예비벌 → 전벌 → 종벌
③ 하종벌 → 예비벌 → 후벌
④ 예비벌 → 하종벌 → 후벌

해설 **산벌작업의 순서** : 원래 임상 → 예비벌 → 하종벌 → 후벌 → 종벌

02 수목 잎의 기공개폐에 대한 설명으로 옳지 않은 것은?
① 온도가 높아지면 기공이 닫힌다.
② 잎의 수분퍼텐셜이 낮으면 기공이 열린다.
③ 순광합성이 가능한 정도의 광도이면 기공은 충분히 열린다.
④ 엽육 조직의 세포간극에 있는 이산화탄소의 농도가 높으면 기공이 닫힌다.

해설 잎의 수분퍼텐셜이 낮으면 기공이 닫혀야 수분을 유지할 수 있다.

03 조림지의 풀베기 작업시기로 가장 적합한 것은?
① 여름철인 6~8월이 좋다.
② 잡초목의 생장이 완료된 늦가을에 실시한다.
③ 수목의 수액이 이동하기 전인 4월 이전이 좋다.
④ 잡초목의 생장이 시작되는 4~5월에 실시한다.

해설 조림지의 풀베기 작업은 한참 풀이 자란 여름철인 6~8월이 적당하다.

04 종자의 활력을 검사하는 방법이 아닌 것은?
① 절단법   ② 양건법
③ X-선법   ④ 효소검출법

해설 양건법은 종실을 햇볕에 쬐어 말려 종자가 분리되도록 하는 종자탈곡법이다.

정답 1 ④ 2 ② 3 ① 4 ②

05
단순히 토양 입자의 크기로만 평가하였을 때 단위 부피당 토양이 지닌 양이온치환용량이 가장 큰 것은?

① 역 토
② 양 토
③ 식 토
④ 사 토

해설 식토는 식질 토양으로, 점토가 많이 함유된 토양을 말한다. 점토란 토양입자의 지름이 0.002mm 이하인 토양을 말하며 입경 조성으로 보아 점토가 45%, 미사가 30%, 모래가 25% 내외로 분포된 토양으로, 단위 부피당 토양이 지닌 양이온 치환용량이 가장 크다.

06
간벌에 대한 설명으로 옳지 않은 것은?

① 임목을 건전하게 발육시킨다.
② 임분의 형질을 개선하는 데 도움을 준다.
③ 직경 생장을 촉진시킬 목적으로 실시한다.
④ 정량간벌은 수관급의 고려를 하는 것이 가장 중요하다.

해설 ④ 수관급을 고려하는 것이 가장 중요한 간벌은 정성간벌이다.

07
배주에 해당하지 않는 것은?

① 주 피
② 자 방
③ 주 심
④ 난 핵

해설 배주에는 주피, 주심, 극핵, 난핵이 있다.

08
잣나무의 특성 및 임분 관리 방법에 대한 설명으로 옳은 것은?

① 천연갱신이 잘 이루어진다.
② 식재 후 30~40년경 간벌을 시작한다.
③ 토양수분이 충분한 계곡이나 산복의 비옥지에 식재한다.
④ 자연 번식력이 강하므로 어떠한 작업종을 선택하여도 갱신에 지장이 없다.

해설 잣나무는 중용수로서 천연갱신에 적합하지 않으며, 자연번식력도 강하지 않고, 가지 자람이 좋아 식재 후 15년이 지나면 무육 간벌을 하는 것이 좋다.

09
삽수의 발근을 촉진하는 방법으로 식물호르몬 처리에 해당하지 않는 것은?

① 분제 처리법
② 저농도액 침지법
③ 증산억제제 처리법
④ 고농도 순간침지법

해설 증산억제제는 식물의 증산을 억제하는 약제이다.

정답 5 ③ 6 ④ 7 ② 8 ③ 9 ③

10 자연의 힘으로 이루어진 극상림의 숲은?

① 보안림　② 열대림
③ 원시림　④ 동령림

해설 열대림도 자연림이나 극상림은 아니며, 원시림이 자연림이며 극상림이라 할 수 있다.

11 다음 설명에 해당하는 갱신작업 방법은?

- 임관이 항상 울폐한 상태에 있어 임지 및 치수가 보호된다.
- 병충해에 대한 저항력과 심미적 가치가 높다.
- 음수수종 갱신에 적합하고 상층의 성층목은 일광을 잘 받아 결실이 잘된다.

① 택벌작업　② 개벌작업
③ 산벌작업　④ 왜림작업

해설 음수수종 갱신에 적합한 방법은 택벌작업이다.

12 육묘 시 해가림이 필요 없는 수종은?

① *Pinus rigida*
② *Larix kaempferi*
③ *Abies holophylla*
④ *Pinus koraiensis*

해설 해가림이 필요한 수종 : 낙엽송(*Larix kaempferi*), 전나무(*Abies holophylla*), 잣나무(*Pinus koraiensis*) 가문비나무, 삼나무 및 소립종자

13 종자의 순량률에 대한 설명으로 옳은 것은?

① 종피와 종자 크기에 대한 비율이다.
② 1,000개의 종자 무게를 비율로 정한 것이다.
③ 충실종자와 미숙종자에 대한 무게의 비율이다.
④ 전체 시료종자 무게에 대한 순정종자 무게의 비율이다.

14 임목의 잎에 있는 엽록체가 주로 흡수하여 광합성에 이용하는 광선은?

① 적외선　② 자외선
③ 근적외선　④ 가시광선

해설 태양광선은 자외선, 가시광선, 적외선, 전파를 포함하며, 햇빛은 태양광선 중 인간의 눈에 보이는 가시광선(파장 340~760nm)을 말한다. 일반적으로 수목의 광합성에는 가시광선 중 400~700nm 영역의 광파장이 유효하다.

15 묘목 식재 시 낙엽수종의 뿌리 돌림 작업시기로 가장 적합한 것은?

① 4~5월　② 6~7월
③ 9~10월　④ 11~12월

해설 낙엽수종의 뿌리 돌림 작업시기는 아주 춥지 않고 성장이 정지된 11~12월이 적당하다.

정답　10 ③　11 ①　12 ①　13 ④　14 ④　15 ④

16. 가지치기의 장점이 아닌 것은?

① 부정아 발생
② 무절재 생산
③ 하층목 생장 촉진
④ 산불로 인한 수관화 경감

해설 가지치기의 장단점

장 점	• 연륜폭을 조절해서 수간의 완만도를 높인다. • 상장생장을 촉진한다. • 하목의 수광량을 증가시켜 생장을 촉진시킨다. • 임목 간의 부분적 균형에 도움을 준다. • 산불이 있을 때 수관화를 경감시킨다. • 무절재를 생산한다.
단 점	• 나무의 성장이 줄어들 수 있다. • 부정아가 발생한다. • 작업상 노무문제가 있다.

17. 난대림에 분포하는 주요 수종이 아닌 것은?

① 전나무
② 동백나무
③ 가시나무
④ 후박나무

해설 전나무는 한대 수종이다.

18. 모수작업에 가장 알맞은 수종은?

① 잣나무
② 소나무
③ 밤나무
④ 일본잎갈나무

해설 모수는 극양수수종인 소나무가 가장 적합하다.

19. 콩과 수목으로 비료목인 것은?

① 사시나무
② 오리나무
③ 아까시나무
④ 보리장나무

해설 비료목
• 콩과 수목 : 아까시나무, 싸리나무류, 자귀나무, 칡 등
• 비콩과 수목 : 소귀나무, 오리나무류, 보리수나무류 등

20. 양분요구도가 가장 낮은 수종은?

① 밤나무
② 소나무
③ 오동나무
④ 느티나무

해설 소나무는 수분요구도가 낮아 척악지에서 잘 자란다.

정답 16 ① 17 ① 18 ② 19 ③ 20 ②

제 2 과목 | 산림보호학

21 수목의 표피를 직접 뚫고 침입하는 병원균이 아닌 것은?

① 잣나무 털녹병균
② 묘목의 모잘록병균
③ 아밀라리아뿌리썩음병균
④ 뽕나무 자줏빛날개무늬병균

해설 잣나무 털녹병은 잎의 기공을 통하여 침입한다.

22 모잘록병 방제방법으로 옳지 않은 것은?

① 병든 묘목은 발견 즉시 뽑아 태운다.
② 파종량을 적게 하고 복토를 두텁지 않게 한다.
③ 인산질 비료의 과용을 삼가고 질소질 비료를 충분히 준다.
④ 묘상의 배수를 철저히 하여 과습을 피하고 통기성을 양호하게 한다.

해설 **모잘록병 방제방법(환경개선에 의한 간접적인 방제)**
- 묘상이 과습하지 않도록 배수와 통풍에 주의하며, 햇볕이 잘 들도록 한다.
- 채종량을 적게 하고, 복토가 너무 두껍지 않도록 한다.
- 질소질 비료를 과용하지 말고, 인산질 비료를 충분히 주어 묘목을 튼튼히 길러야 한다.

23 수화제에 대한 설명으로 옳은 것은?

① 분말이 비산하는 단점을 보완한 것이다.
② 용제로 석유계, 알코올류 등을 사용한다.
③ 물에 희석하면 유효 성분의 입자가 물에 골고루 분산하여 현탁액이 된다.
④ 증기압이 높은 농약의 원제를 액상, 고상 또는 압축가스상으로 용기 내에 충전한다.

해설 수화제는 물에 녹지 않는 농약 원제를 점토나 규조토를 증량제로 하여 계면활성제와 분산제를 가하여 제제화한 것으로 물에 희석하면 유효 성분의 입자가 물에 골고루 분산하여 현탁액이 된다.

24 다음 ( ) 안에 해당하는 것은?

북부지방 추운 곳에서 남부지방 따뜻한 지역으로 옮겨진 수목은 ( )에 의한 피해에 가장 취약하다.

① 조 상
② 만 상
③ 상 고
④ 동 상

해설 만상은 늦은 봄이나 초여름에 내리는 서리로 겨울에 내리는 서리는 농작물에 거의 피해를 주지 않지만, 늦서리는 발아기나 개화기에 있는 작물에 큰 피해를 입힌다. 이를 만상해 또는 늦서리 피해라고 하는데 추운지역에서 옮겨온 수목은 따뜻한 지역에서 피해가 크다.

정답 21 ① 22 ③ 23 ③ 24 ②

25 소나무좀 방제방법으로 옳지 않은 것은?

① 등화로 유살한다.
② 기생성 천적을 보호한다.
③ 피해 입은 소나무를 제거한다.
④ 피해 입은 먹이 나무를 박피한다.

해설 소나무좀 방제방법
- 이목설치 및 제거·소각 : 2~3월에 이목을 설치하여, 월동성충이 여기에 산란하게 한 후, 5월에 이목을 박피하여 소각한다.
- 수피제거 : 동기채취목과 벌근에 익년 5월 이전에 껍질을 벗겨서 번식처를 없앤다.
- 고사목 벌채
  - 수세가 쇠약한 나무, 설해목 등 피해목 및 고사목은 벌채하여 껍질을 벗긴다.
  - 임목 벌채를 하였을 경우에는, 임내 정리를 철저히 하여 임내에 지조(나뭇가지)가 없도록 하고 원목은 반드시 껍질을 벗기도록 한다.

26 병환부에 표징이 가장 잘 나타나는 병원체는?

① 균 류
② 세 균
③ 선 충
④ 바이러스

해설 진균류가 표징이 가장 잘 나타난다.

27 밤나무혹벌에 대한 설명으로 옳은 것은?

① 양성생식한다.
② 성충으로 월동한다.
③ 1년에 2회 발생한다.
④ 천적으로는 긴꼬리좀벌류가 있다.

해설 밤나무혹벌은 단성생식하며 연 1회 발생하고 유충으로 월동한다.

28 해충의 생물적 방제방법으로 옳지 않은 것은?

① 잠복소 이용
② 기생벌 이용
③ 포식충 이용
④ 병원미생물 이용

해설 ① 잠복소 이용방법은 기계적 방제방법이다.

29 오리나무잎벌레의 생태에 대한 설명으로 옳지 않은 것은?

① 성충으로 월동한다.
② 1년에 1회 발생한다.
③ 유충만이 수목을 가해한다.
④ 노숙 유충은 지피물 아래 또는 흙속에서 번데기가 된다.

해설 ③ 오리나무잎벌레는 성충, 유충이 잎을 갉아 먹는다.

30 옥시테트라사이클린으로 방제 효과가 가장 큰 수목병은?

① 오동나무 탄저병
② 밤나무 뿌리혹병
③ 포플러 모자이크병
④ 대추나무 빗자루병

해설 옥시테트라사이클린으로 방제 효과가 큰 수목병
오동나무 빗자루병, 뽕나무 오갈병, 대추나무 빗자루병 등

31 흰가루병균이 속하는 분류군은?

① 조 균   ② 자낭균
③ 담자균   ④ 접합균

해설 흰가루병균은 자낭균으로 병든 낙엽 위에 붙어서 월동하고 이듬해 봄에 자낭포자를 내어 제1차 전염을 일으킨다.

32 방풍림을 설치하면 방제 효과가 가장 큰 수목병은?

① 철쭉 떡병
② 소나무 혹병
③ 삼나구 붉은마름병
④ 낙엽송 가지끝마름병

해설 낙엽송 가지끝마름병은 방풍림을 설치하면 병원균인 자낭균 전파를 줄일 수 있다.

33 흡즙성 해충이 아닌 것은?

① 진딧물류
② 나무이류
③ 나무좀류
④ 깍지벌레류

해설 나무좀류는 나무의 형성층 또는 재질을 갉아 먹는다.

34 등화유살법으로 해충을 방제할 때 가장 효과적인 광선은?

① 적외선
② 방사선
③ 자외선
④ 근적외선

35 솔나방이 월동하는 형태는?

① 알   ② 유 충
③ 성 충   ④ 번데기

해설 솔나방은 유충으로 월동한다. 솔나방의 유충을 보통 송충이라고 하여 예부터 소나무의 대표적인 해충으로 알려져 있다. 유충이 잎을 식해하며 심한 피해를 받은 나무는 고사하기도 한다.

30 ④ 31 ② 32 ④ 33 ③ 34 ③ 35 ②

36 다음 설명에 해당하는 것은?

> 알에서 부화한 유충이 여러 차례 탈피를 거듭한 후에 성충으로 변하는 현상이다.

① 주 성 ② 휴 면
③ 생 식 ④ 변 태

37 임지에 쌓여 있는 낙엽과 지피물, 갱신치수 및 지상 관목 등이 타는 산림화재의 종류는?

① 지중화 ② 지표화
③ 수관화 ④ 수간화

해설 지표화
- 지표에 쌓여 있는 낙엽과 지피물, 지상관목층, 갱신치수 등이 불에 타는 화재로 산불 중에서 가장 흔히 일어나는 산불이다.
- 토양단면의 A_L층(낙엽층)과 A_F층(조부식층)의 상부가 타는 불

38 포플러 잎녹병 방제방법으로 포플러 묘포지에서 가장 멀리해야 하는 수종은?

① 향나무
② 배나무
③ 신갈나무
④ 일본잎갈나무

해설 포플러 잎녹병의 중간기주는 일본잎갈나무(낙엽송)이다.

39 수목에 피해를 주는 주요 대기오염 물질이 아닌 것은?

① 오 존
② 질 소
③ 팬(PAN)
④ 이산화황

해설 질소는 수목에 필요한 원소이다.

40 수목병과 매개 곤충의 연결이 옳지 않은 것은?

① 뿌리혹병 – 진딧물
② 소나무 재선충병 – 솔수염하늘소
③ 오동나무 빗자루병 – 담배장님노린재
④ 대추나무 빗자루병 – 마름무늬매미충

해설 뿌리혹병은 세균성 병원균으로 병환부 또는 땅속에 다년간 생존하면서 기주식물의 상처를 통해 침입한다.

정답 36 ④ 37 ② 38 ④ 39 ② 40 ①

제 3 과목　임업경영학

41 다음 4가지 형태의 산림구조 중에서 수입이 가장 적고 투자가 가장 많은 것은?

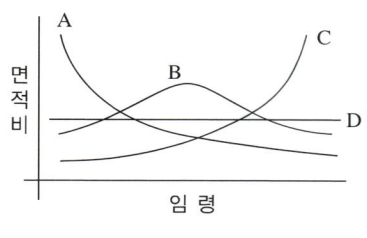

① A　　② B
③ C　　④ D

[해설] A형은 유령림으로 수입이 없고 투자가 많은 구조이다. 속성수를 도입하여 장령림으로 발전시켜야 한다.

42 수확표의 주요 용도가 아닌 것은?

① 지위 판정
② 지리 판정
③ 경영성과 판정
④ 장래의 생장량과 수확량 예측

[해설] 지리는 산지의 위치, 교통관계 등으로 수확표와는 관계가 없다.

43 우리나라 공·사유림의 경영계획 작성을 위한 임반의 크기 기준은?

① 0.1ha 내외
② 1ha 내외
③ 10ha 내외
④ 100ha 내외

[해설] 임반은 100ha 내외를 기준한다.

44 임가소득은 4억원이고 임업소득이 1억2천만원인 경우 임업의존도는?

① 3%　　② 4%
③ 30%　　④ 40%

[해설] 임업의존도 = (임업소득/임가소득) × 100
　　　　　 = (120,000,000/400,000,000) × 100
　　　　　 = 30%

45 법정상태를 위한 구비조건이 아닌 것은?

① 법정생장량
② 법정수확률
③ 법정영급분배
④ 법정임분배치

[해설] 법정상태의 구비조건 : 법정생장량, 법정축적, 법정영급분배, 법정임분배치

41 ①　42 ②　43 ④　44 ③　45 ②　[정답]

46 재적수확 최대의 벌기령에 해당하는 경우는?
① 등귀생장이 최대일 때
② 형질생장이 최대일 때
③ 화폐수익이 최대일 때
④ 벌기평균생장량이 최대일 때

해설
① 산림순수익 최대의 벌기령
② 공예적 벌기령
③ 화폐수익 최대의 벌기령

47 중령림의 임목을 평가하는 방법으로 가장 적합한 것은?
① Glaser법 ② 비용가법
③ 기망가법 ④ 매매가법

해설
② 비용가법 : 유령림
③ 기망가법 : 벌기미만 장령림
④ 매매가법 : 벌기 이상 임목평가

48 임지의 생산능력을 나타내는 지위와 연관성이 가장 큰 것은?
① 직경생장 ② 수고생장
③ 수관생장 ④ 이용고생장

해설 지위지수는 일반적으로 우세목의 연령별 수고로 표시한다.

49 임업자본 중에서 유동자본에 해당하는 것은?
① 임 도
② 조림비
③ 벌목기계
④ 제재소 설비

해설
자본재
- 고정자본재 : 건물, 기계, 운반시설, 제재 설비, 임도, 임목 등
- 유동자본재 : 조림비용(종자, 묘목, 약제, 비료 등), 관리비, 사업비 등

50 단목의 연령측정 방법이 아닌 것은?
① 기록에 의한 방법
② 목측에 의한 방법
③ 생장추를 이용한 방법
④ 표본목령에 의한 방법

해설 ④는 전체 임분의 연령을 측정하는 방법이다.

정답 46 ④ 47 ① 48 ② 49 ② 50 ④

51 입목의 간재적이 0.8m³이고 벌채 조재 후 원목재적은 0.65m³일 때 조재율은?

① 약 8%
② 약 12%
③ 약 81%
④ 약 123%

해설 조재율 = (조재한 재적/벌채 재적) × 100
= (0.65/0.8) × 100 = 약 81.3%

52 다음 조건에 해당하는 기계톱의 작업시간비례법에 의한 감가상각비는?

- 취득원가 : 950,000원
- 폐기할 때의 잔존가치 : 50,000원
- 사용가능 시간 : 90,000시간
- 실제사용 시간 : 45,000시간

① 225,000원
② 250,000원
③ 350,000원
④ 450,000원

해설
- 시간당 감가상각률
 = (950,000원 − 50,000원)/90,000시간 = 10
- 감가상각비 = 45,000시간 × 10 = 450,000원

53 부가가치가 가장 낮은 주업적 임업경영의 업무 순서로 옳은 것은?

① 식재 → 육림 → 입목매각
② 식재 → 육림 → 벌채 → 원목매각
③ 식재 → 육림 → 벌채 → 원료원목공급(제지)
④ 식재 → 육림 → 벌채 → 표고생산·제탄·제재

해설 입목을 그대로 매각하는 임업경영이 부가가치가 가장 낮으며 그 업무 순서는 조림, 육림, 매각이다.

54 벌채목의 원구와 말구의 단면적을 평균한 단면적을 사용하여 재적을 산출하는 방법은?

① 4분주식
② 후버(Huber)식
③ 뉴턴(Newton)식
④ 스말리안(Smalian)식

해설
① 중앙의 주위 길이를 이용하는 방법
② 중앙단면을 이용하여 계산
③ 원구, 말구, 중앙단면을 계산에 사용

55 임목 원가라고도 하며 간벌 이전의 유령 임목에 대한 가격 산정에 적용할 수 있는 것은?

① 임지기망가
② 임목기망가
③ 임목비용가
④ 임목매매가

해설 유령목은 비용가 산정이다.

56 측고기를 이용하여 수고를 측정할 때 주의사항으로 옳지 않은 것은?

① 수목의 높이보다 가까운 거리에서 측정하면 오차를 줄일 수 있다.
② 측정하고자 하는 수목의 정단과 밑이 잘 보이는 지점에서 측정하여야 한다.
③ 경사진 곳에서는 오차가 생기기 쉬우므로 가능하면 등고선 방향에서 측정한다.
④ 측고기의 종류에 따라 사용 방법이 다르기 때문에 측고기 사용법을 숙지하는 것이 오차를 줄일 수 있는 방법이다.

해설 ① 수목의 높이만큼의 거리에서 측정하면 오차를 줄일 수 있다.

57 이율이 높아짐에 따라 임지기망가의 변화로 옳은 것은?

① 커진다.
② 작아진다.
③ 일시적으로 작아졌다가 다시 커진다.
④ 일시적으로 커졌다가 다시 작아진다.

해설 이율이 높아짐에 따라 임지기망가는 작아진다.

58 임업조수익 계산 항목에 포함되지 않는 것은?

① 임목성장액
② 임업현금수입
③ 임업현금지출
④ 미처분 임산물 증감액

해설 임업조수익 = 임업현금수입 + 임산물가계소비액
  + 미처분 임산물 증감액
  + 임업생산자재 재고 증감액
  + 임목성장액

59 경급을 구분하는 기준으로 옳은 것은?

① 치수 : 흉고직경 8cm 미만
② 소경목 : 흉고직경 8~16cm
③ 중경목 : 흉고직경 18~28cm
④ 대경목 : 흉고직경 50cm 이상

해설 임목을 흉고직경의 크기에 따라 나눈 것을 경급 또는 직경급이라 한다. 경급은 임황조사의 한 항목으로 흉고직경을 일정한 범위로 나누고 현재 임분을 구성하고 있는 임목들의 직경분포를 표시한다. 우리나라 산림경영계획 요강에 의하면 경급은 임분 내의 흉고직경을 측정하여 직경의 최솟값과 최댓값의 범위를 분모로 하고 평균직경을 분자로 표시한다. 이러한 측정 자료에 의한 경급의 구분은 다음 4가지로 한다.
• 치수 : 흉고직경 6cm 미만의 임목이 50% 이상 생육하는 임분
• 소경목 : 흉고직경 6~16cm의 임목이 50% 이상 생육하는 임분
• 중경목 : 흉고직경 18~28cm의 임목이 50% 이상 생육하는 임분
• 대경목 : 흉고직경 30cm 이상의 임목이 생육하는 임분

정답 56 ① 57 ② 58 ③ 59 ③

60 산림기본계획 수립 및 시행에 포함되지 않는 사항은?

① 지역산림 협력에 관한 사항
② 산림시책의 기본목표 및 추진방향
③ 산림의 공익기능 증진에 관한 사항
④ 산림자원의 조성 및 육성에 관한 사항

해설 산림기본계획의 수립·시행(산림기본법 제11조 제1항)
산림청장은 제10조제1항에 따른 장기전망을 기초로 하여 지속가능한 산림경영이 이루어지도록 전국의 산림을 대상으로 다음의 사항이 포함된 산림기본계획을 관계 중앙행정기관의 장과 협의하여 수립·시행하여야 한다. 이 경우 산림기본계획을 수립할 때에는 산림정책협의회의 의견을 들어야 한다.
1. 산림시책의 기본목표 및 추진방향
2. 산림자원의 조성 및 육성에 관한 사항
3. 산림의 보전 및 보호에 관한 사항
4. 산림의 공익기능 증진에 관한 사항
5. 산사태·산불·산림병해충 등 산림재난의 대응 및 산림재난피해지의 복구 등에 관한 사항
6. 임산물의 생산·가공·유통 및 수출 등에 관한 사항
7. 산림의 이용구분 및 이용계획에 관한 사항
8. 산림복지의 증진에 관한 사항
9. 탄소흡수원의 유지·증진에 관한 사항
10. 국제산림협력에 관한 사항
11. 그 밖에 산림 및 임업에 관하여 대통령령으로 정하는 사항

제 4 과목 산림공학

61 산지사방에서 분사식 씨뿌리기공법으로 시공 시에 초본의 발아생립본수 기준은?

① 100본/m^2
② 200본/m^2
③ 1,000본/m^2
④ 2,000본/m^2

해설 분사식 씨뿌리기공법으로 시공 시에 초본의 발아생립본수 기준은 2,000본/m^2

62 산지사방의 녹화공사에 해당되는 것은?

① 단쌓기
② 격자틀붙이기
③ 콘크리트블록쌓기
④ 콘크리트뿜어붙이기

해설 격자틀붙이기, 콘크리트블록쌓기, 콘크리트뿜어붙이기 등은 녹화기초공종이다.

60 ① 61 ④ 62 ①

63 밑판, 종자, 표면덮개의 3부분으로 구성된 녹화용 피복자재는?

① 식생대　　② 식생반
③ 식생자루　④ 식생매트

해설
② 식생반 : 밑판·종자·표면덮개 등의 3부분으로 구성되고, 녹화가 빠르고 토지에 적합한 종자의 배합이 자유로우며, 종자가 유출하지 않고, 토사의 유실방지력이 크며, 동상의 피해가 방지되고, 비교적 시공비가 적게 든다.
① 식생대 : 종자와 비료를 장착한 피복자재로 침식이 발생하기 쉬우므로 급경사지의 경질토 및 사력지에는 부적합하며, 절토사면에 등고선 방향으로 폭 10cm 정도의 소단 및 도랑을 축조한 후에 설치한다.
③ 식생자루 : 폴리에틸렌망으로 된 자루에 토양배양기재, 화학비료, 유기질 미량요소, 종자 등을 혼입한 것으로 호우에 의한 종자의 유실을 방지하고 겨울철에 동상의 피해를 방지하는 효과가 크다. 또한 토양개량제를 사용하여 보수력이 증가되므로 여름철의 건조에 대한 적응성을 증대시키며 발아생육을 돕는다.
④ 식생매트 : 종자·비료·보수재·토양개량재·비료주머니 또는 인공객토를 장착한 매트모양의 피복자재로 시면 전면에 앵커 등으로 고정한다.

64 임도 비탈면의 수직 높이가 2.5m이고, 수평거리가 5m일 때의 비탈면 기울기는?

① 1 : 2　　② 2 : 1
③ 1 : 2.5　④ 2.5 : 1

해설
비탈면기울기는 수기높이 1일 때 수평거리 비율 (1 : x = 2.5 : 5)이므로 1 : 2이다.

65 적정임도밀도가 40m/ha인 임도에서 평균집재거리는?

① 25m　　② 31.25m
③ 40m　　④ 62.5m

해설
적정임도밀도가 40m/ha인 임도에서 최대집재거리는 (10,000m^2/40)/2 = 125m이므로, 평균집재거리는 125m/2 = 62.5m이다.

66 임도의 노체 구성 및 시공방법에 대한 설명으로 옳은 것은?

① 노상토는 조립토보다 세립토가 좋다.
② 보조기층의 두께는 15cm 이상으로 한다.
③ 종단 기울기가 8% 이하인 모든 구간은 자갈이나 콘크리트 포장을 하지 않아도 된다.
④ 기층을 생략하거나 자갈층 위에 기층을 두고 표층을 3~4cm 두께로 시공하는 것을 표면처리라고 한다.

해설
① 노상토는 조립토가 좋다.
③ 종단 기울기가 8% 이하인 구간은 조건에 따라 자갈이나 콘크리트 포장을 할 수도 있다.
④ 기층을 생략하거나 자갈층 위에 기층을 두고 표층을 3~4cm 두께로 시공하는 것을 표층시공이라 한다.

정답 63 ②　64 ①　65 ④　66 ②

67 유량 산정 시 합리식을 적용했을 때 유출계수 값으로 옳지 않은 것은?

① 산지하천 : 0.75~0.85
② 평지 소하천 : 0.45~0.75
③ 기복이 있는 토지와 수림 : 0.75~0.90
④ 유역의 반 이상이 평탄한 대하천 : 0.50~0.75

해설
- 기복이 있는 토지와 수림 : 0.50~0.75
- 험준한 산지 : 0.75~0.90
- 제3기층 산악 : 0.70~0.80

68 선떼붙이기 작업 시 일반적인 단끊기의 너비와 발디딤의 너비를 모두 올바르게 나열한 것은?

① 단끊기 : 30~45cm, 발디딤 : 10~20cm
② 단끊기 : 30~45cm, 발디딤 : 20~30cm
③ 단끊기 : 50~70cm, 발디딤 : 10~20cm
④ 단끊기 : 50~70cm, 발디딤 : 20~30cm

69 임도시공 시 정지작업에 사용되는 장비가 아닌 것은?

① 불도저
② 파워셔블
③ 모터그레이더
④ 스크레이퍼 도저

해설 파워셔블은 동력을 이용하여 흙, 모래 따위를 푸는 용량이 큰 삽을 매달고 도르래 장치의 쇠줄을 늦추었다 감았다 하면서 흙이나 모래 따위를 푼다.

70 임도의 비탈면 붕괴가 우려되는 경우로 가장 거리가 먼 것은?

① 연약한 지반에 흙쌓기한 경우
② 투수성의 불연속면을 절취한 경우
③ 미끄러지기 쉬운 급경사면에 흙쌓기한 경우
④ 침투수에 의하여 성토 내부의 간극수압이 낮은 경우

해설 간극수압이 높은 경우 붕괴가 우려된다.

71 뒷길이, 접촉면의 폭, 뒷면 등이 규격에 맞도록 지정하여 깬 석재는?

① 견치돌   ② 부순돌
③ 호박돌   ④ 야면석

해설 견치돌은 견고를 요하는 돌쌓기 공사에 사용되며 특별히 다듬은 석재로서 단단하고 치밀한 돌을 사용한다.

72 유역면적이 60km²이고, 비유량이 12m³/s/km²일 때 최대홍수유량은?

① 36m³/s ② 72m³/s
③ 360m³/s ④ 720m³/s

해설 최대홍수유량 = 유역면적 × 비유량
= 60km² × 12m³/s/km² = 720m³/s

73 임도 설계업무의 순서로 옳은 것은?

① 예비조사 – 답사 – 예측 – 설계도작성 – 실측 – 공사수량산출 – 설계서 작성
② 예비조사 – 답사 – 예측 – 실측 – 설계서작성 – 공사수량산출 – 설계도 작성
③ 예비조사 – 답사 – 예측 – 실측 – 설계도작성 – 공사수량산출 – 설계서 작성
④ 예비조사 – 답사 – 예측 – 실측 – 설계도작성 – 설계서 작성 – 공사수량산출

해설 임도의 설계업무는 예비조사 – 답사 – 예측 – 실측 – 설계도작성 – 공사수량산출 – 설계서 작성

74 해안사방에서 조기에 수림화를 유도하기 위해 밀식하는 경우 1ha당 가장 적당한 본수는?

① 상층 : 1,000본, 하층 : 3,000본
② 상층 : 2,000본, 하층 : 3,000본
③ 상층 : 1,000본, 하층 : 5,000본
④ 상층 : 2,000본, 하층 : 5,000본

해설 해안사방에서 조기에 수림화를 유도하기 위해 밀식하는 경우 1ha당 가장 적당한 본수는 상층 : 2,000본, 하층 : 5,000본

75 가선집재와 비교한 트랙터집재의 특징이 아닌 것은?

① 기동성이 높다.
② 작업생산성이 높다.
③ 급경사지 작업이 가능하다.
④ 산림환경에 대한 피해가 크다.

해설 트랙터집재의 특징
• 기동성이 높다.
• 작업이 단순하고 생산성이 높다.
• 급경사지에서 실행하기 어렵다.
• 운전이 용이하다.
• 산림환경에 대한 피해가 크다.
• 설치 및 철거시간이 필요하지 않다.

76 가선형 집재기계가 아닌 것은?

① 윈 치
② 포워더
③ 타워야더
④ 케이블크레인

해설 포워더는 운반형 집재장비이다.

정답 72 ④ 73 ③ 74 ④ 75 ③ 76 ②

77 임도설치 관련 규정에 의한 임도의 종류에 포함되지 않은 것은?

① 사설임도 ② 단체임도
③ 공설임도 ④ 테마임도

해설 정의(임도설치 및 관리 등에 관한 규정 제2조)
1. "국가임도"란 산림청장이 국유림에 설치하는 임도를 말한다.
2. "지방임도"란 지방자치단체의 장이 공유림과 사유림에 설치하는 임도를 말한다.
3. "민간임도"란 산림소유자 또는 산림을 경영하는 자[국유림에 분수림(수익 분배림)을 설정한 자를 포함]가 자기 부담으로 설치하는 임도를 말한다.
4. "산불진화임도"란 대형 산불 위험이 있는 산림 내 산불에 특화된 기준을 적용하여 설치하는 임도를 말하며, 산불진화임도 시설기준은 [별표 7]과 같다.
17. "테마임도"란 산림관리기반시설로서의 기능을 유지하면서 특정 주제(산림문화·휴양·레포츠 등)로 널리 이용되고 있거나 이용될 가능성이 높은 다음에 해당하는 임도를 말한다.
　가. 산림휴양형 : 자연휴양림, 산림욕장 또는 생활권 주변의 임도에서 휴식과 여가를 즐기면서 아름다운 경관과 산림의 효용을 느끼거나 역사·문화를 탐방할 수 있는 임도
　나. 산림레포츠형 : 임도와 주변 환경을 이용하여 산림레포츠(산악자전거·산악마라톤·오리엔티어링·산악승마 등) 활동을 할 수 있는 임도
※ 관련 규정의 개정(2023.1.19.)으로 정답은 ①·②·③이 됩니다.

78 임목수확작업 과정에 해당되지 않는 것은?

① 건 재 ② 집 재
③ 조 재 ④ 벌 목

해설 수확에서 건재란 용어는 없다.

79 중심선측량과 영선측량의 편차가 많이 발생하는 지역은

① 계곡부, 능선부
② 능선부, 정상부
③ 사면부, 계곡부
④ 정상부, 사면부

해설 중심선측량과 영선측량의 편차가 많이 발생하는 지역은 곡선반경이 많이 생기는 계곡부, 능선부이다.

80 임도의 대피소 설치기준으로 옳지 않은 것은?

① 너비 : 5m 이상
② 간격 : 300m 이내
③ 유효길이 : 15m 이상
④ 종단 기울기 : 7% 이하

해설 임도의 대피소에 대한 종단 기울기 규정은 없다.

2020년 제3회 산림산업기사 기출문제

제 **1** 과목 | **조림학**

01 가지치기 작업 시 부후의 위험성이 가장 높은 수종은?

① Cedrus deodara
② Pinus densiflora
③ Abies holophylla
④ Prunus serrulata

해설
④ Prunus serrulata(벚나무)
① Cedrus deodara(개잎갈나무)
② Pinus densiflora(소나무)
③ Abies holophylla(전나무)
벚나무류, 단풍나무류, 느릅나무류, 물푸레나무 등은 가지치기 부위가 부후될 위험성이 높아 원칙적으로 죽은 가지와 쇠약한 가지만을 제거해야 한다.

02 접목 실시 방법에 대한 설명으로 옳은 것은?

① 접수와 대목이 활동을 시작할 때 실시한다.
② 접수와 대목이 휴면상태에 있을 때 실시한다.
③ 접수는 활동을 시작하고 대목은 휴면상태일 때 실시한다.
④ 접수는 휴면상태에 있고 대목이 활동을 시작할 때 실시한다.

해설 접목은 접수가 휴면상태에 있고 대목이 활동을 시작할 때 실시한다.

03 우세목을 간벌재로 이용하고자 할 때 적용하는 간벌 방법은?

① 하층간벌
② 수관간벌
③ 택벌식 간벌
④ 기계적 간벌

해설 택벌식 간벌(Borggreve법)
• 우세목을 간벌해서 그 이하의 임관층 나무의 생육을 촉진시킨다.
• 수익성이 없다고 생각되는 나무는 벌채 대상목으로 하지 않는다.
• 잔존될 하층목은 왕성하고 잘 발달한 수관을 가지고 있어야 하며, 소개에 따라 잘 반응할 가능성을 지니고 있어야 한다.

04 광색소에서 파이토크롬에 대한 설명으로 옳지 않은 것은?

① 햇빛을 받으면 합성이 일부 금지되거나 파괴된다.
② 높은 광 조건에서 생장한 수목에서 많이 검출된다.
③ 피롤(Pyrrole) 4개가 모여서 이루어진 발색단을 가진다.
④ 분자량이 120,000Da(Dalton)가량 되는 두 개의 동일한 폴리펩타이드로 구성되어 있다.

해설 파이토크롬은 빛을 흡수하여 흡수스펙트럼의 형태가 가역적으로 변하는 식물체 내의 색소단백질로서 낮은 광 조건에서 생장한 수목에서 많이 검출된다.

정답 1 ④ 2 ④ 3 ③ 4 ②

05 종자의 결실주기가 가장 긴 수종은?

① 소나무
② 오리나무
③ 아까시나무
④ 일본잎갈나무

해설
④ 일본잎갈나무 : 5년 이상
① 소나무 : 격년결실
② 오리나무 : 해마다 결실
③ 아까시나무 : 격년결실

06 식물이 필요로 하는 필수원소 중에서 수목의 체내 이동이 상대적으로 어려운 원소는?

① 칼 륨   ② 칼 슘
③ 질 소   ④ 마그네슘

해설
칼슘 : 세포의 가소성에 관계되고, 질소대사와도 관계가 깊다. 이것은 식물체 내에서의 이동이 비교적 잘 안 되고, 칼슘이 부족하면 분열조직에 심한 피해를 준다.

07 비료목으로 적합하지 않은 수종은?

① 싸 리   ② 고로쇠나무
③ 물오리나무 ④ 아까시나무

해설
비료목
- 아까시나무, 싸리류, 자귀나무, 칡 등의 콩과수목
- 오리나무, 사방오리나무, 보리장나무, 소귀나무 등의 비콩과수목

08 종자 결실량을 증가시키는 방법이 아닌 것은?

① 간벌 작업을 실시한다.
② 건초, 접목, 상처주기 등의 스트레스를 준다.
③ 꽃눈이 분화하는 시기에 비료를 주지 않는다.
④ 수피의 일부분을 제거하여 C/N율을 조절한다.

해설
종자 결실량을 증가시기 위해 꽃눈이 분화하는 시기에 비료를 주어 착화를 촉진시킨다.

09 식재 간격을 2.4m × 2.4m 정방형으로 조림을 하고자 할 때에 1ha당 식재본수는?

① 약 1,800본
② 약 2,400본
③ 약 3,000본
④ 약 4,200본

해설
식재본수 = 10,000m² / (2.4 × 2.4m)
= 1,736본 ≒ 약 1,800본

정답 5 ④ 6 ② 7 ② 8 ③ 9 ①

10 내음력이 가장 약한 수종은?
① 녹나무
② 전나무
③ 자작나무
④ 가문비나무

해설 자작나무는 극양수이다.

11 산림 보육 작업에 해당되지 않는 것은?
① 제 벌
② 간 벌
③ 개 벌
④ 풀베기

해설 개벌은 작업종이며 벌채작업이다.

12 다음 설명에 해당하는 갱신 작업종은?

> • 벌채지에서 종자를 공급할 수 있는 나무를 단독 또는 군상으로 남기고, 나머지는 벌채목으로 이용한다.
> • 소나무, 곰솔 등이 적합하다.

① 모수작업 ② 개벌작업
③ 택벌작업 ④ 중림작업

해설 양수에 적합한 모수작업을 설명한다.

13 수종별 파종 방법으로 적합하지 않은 것은?
① 소나무 – 산파
② 호두나무 – 산파
③ 느티나무 – 조파
④ 상수리나무 – 점파

해설 호두나무 : 점파

14 암수딴그루에 해당하는 수종은?
① 편 백
② 소나무
③ 벚나무
④ 은행나무

해설
• 단성화(單性花, 자웅이화)
 – 수꽃과 암꽃을 따로 가지는 것
 – 소나무, 잣나무, 전나무, 은행나무, 오리나무, 상수리나무 등
• 일가화(一家花, 자웅동주)
 – 한 나무에 암꽃과 수꽃이 달리는 것
 – 소나무류, 삼나무, 오리나무류, 호두나무, 참나무류 등

정답 10 ③ 11 ③ 12 ① 13 ② 14 ④

15 인공조림과 비교한 천연갱신에 대한 설명으로 옳지 않은 것은?

① 임지가 나출되지 않아 지력이 유지된다.
② 전문적인 육림기술이 필요하지만 벌목과 운재 작업은 용이하다.
③ 임분 조성의 확실성이 결여되어 보완조림 등이 필요한 경우가 있다.
④ 치수가 모수의 보호를 받고, 여러 가지 위해에 대한 저항력이 강하다.

해설 천연갱신은 전문적인 육림기술이 필요하고 벌목과 운재 작업이 어렵다.

17 중림작업에 대한 설명으로 옳지 않은 것은?

① 교림작업과 왜림작업을 혼합한 갱신작업이다.
② 일반적으로 하층임분은 개벌에 의한 맹아갱신을 반복한다.
③ 동일 임지에서 일반용재와 신탄재 등을 동시에 생산하는 것을 목적으로 한다.
④ 하층목은 양수 수종, 상층목은 지하고가 높고 수관의 틈이 많은 음수 수종이 적합하다.

해설 하층목은 왜림, 상층목은 양수 수종이 적합하다.

16 종자 검사 항목에 대한 설명으로 옳지 않은 것은?

① 효율은 발아율과 순량률을 곱한 값이다.
② 순량률은 순정종자무게를 전체시료무게로 나눈 값이다.
③ 용적중은 100mL에 대한 무게를 g 단위로 나타낸 것이다.
④ 소립종자의 실중은 1,000립의 무게를 4번 반복하여 측정한 값의 평균치로 한다.

해설 용적중은 종자 1L에 대한 무게를 g 단위로 나타낸 것이다.

18 뿌리의 내피에 발달한 카스페리안대(Casparian Strip)의 역할에 대한 설명으로 옳은 것은?

① 뿌리털을 통해 흡수한 물의 이동을 효율적으로 차단하는 역할을 한다.
② 뿌리털을 통한 물의 흡수를 촉진하는 역할을 한다.
③ 뿌리털을 통해 흡수한 물에 녹아 있는 무기양료를 모아서 보관하는 역할을 한다.
④ 뿌리털을 통해 흡수한 물에 녹아 있는 무기양료만 통과시키는 거름종이 역할을 한다.

해설 뿌리의 내피에 발달한 카스페리안대(Casparian Strip)의 역할은 뿌리털을 통해 흡수한 물과 무기염의 이동을 효율적으로 차단하여 선택적 흡수를 도와주는 역할을 한다.

19 종자 또는 삽목에 의해 시작된 숲으로 주로 높은 수고의 수목으로 이루어진 숲은?

① 교 림　　② 왜 림
③ 중 림　　④ 죽 림

해설 교림(喬林, High Forest) : 실생묘로부터 성숙한 키 큰 나무가 대부분인 숲을 말한다.

20 리기다소나무에 대한 설명으로 옳지 않은 것은?

① 맹아력이 약하다.
② 잎은 3개씩 나오고 비틀린다.
③ 소나무에 비해 송충이 피해가 적다.
④ 사방 조림 수종으로 사용할 수 있다.

해설 리기다소나무는 맹아력이 강한 편이다.

제 2 과목 | 산림보호학

21 밤나무 줄기마름병 방제방법으로 옳지 않은 것은?

① 저항성 품종인 옥광 등을 식재한다.
② 배수가 잘되는 토양에 건전한 묘목을 심는다.
③ 천공성 해충류의 피해가 없도록 살충제를 살포한다.
④ 초기의 병반이 발생했을 때는 병든 부분을 도려내고 소독한 후 도포제를 바른다.

해설 병충해에 강한 밤나무 품종인 옥광은 줄기마름병에는 약하다.

22 밤을 가해하는 종실 해충은?

① 복숭아명나방
② 붉은매미나방
③ 버들재주나방
④ 벚나무모시나방

해설 ② 붉은매미나방 유충은 상수리나무, 갈참나무, 떡갈나무밤나무, 사과나무, 벚나무, 빗죽이나무 등의 잎을 먹는다.
③ 버들재주나방 유충은 버드나무, 황철나무, 흑양나무, 은백양, 참나무류 등 각종 수목의 잎을 먹는다.
④ 벚나무모시나방 유충이 주로 장미과 식물의 잎 뒷면의 엽육만을 가해한다.

정답 19 ① 20 ① 21 ① 22 ①

23 숲에 군집하여 수목을 고사시키는 조류가 아닌 것은?

① 백로
② 왜가리
③ 딱따구리
④ 가마우지

해설 딱따구리는 산지 숲에서 단독 또는 암수 함께 생활하며, 나무줄기에 수직으로 붙어서 나선형으로 올라가면서 먹이를 찾는다.

24 모잘록병 방제방법으로 옳지 않은 것은?

① 파종상에서는 토양 소독을 한다.
② 묘상이 과습하지 않도록 주의한다.
③ 토양의 산도가 염기성이 되도록 한다.
④ 질소질 비료보다 인산, 칼륨질 비료를 더 많이 준다.

해설 ③ 모잘록병의 원인은 토양산도와 관련이 깊지 않다.

25 해충의 생물적 방제방법에 대한 설명으로 옳지 않은 것은?

① 친환경적인 방법으로 생태계가 안정된다.
② 해충밀도가 낮을 경우에도 효과를 거둘 수 있다.
③ 화학적 방제방법에 비해 방제 효과가 영속성을 지닌다.
④ 해충밀도가 위험한 밀도에 달하였을 때 더욱 효과적이다.

해설 ④ 해충밀도가 위험한 밀도에 달하였을 때는 화학적 방제가 더욱 효과적이다.

26 번데기로 월동하는 해충은?

① 매미나방
② 박쥐나방
③ 차독나방
④ 미국흰불나방

해설 ① 매미나방 : 알
② 박쥐나방 : 알
③ 차독나방 : 게란모양의 덩어리진 상태(난괴)

27 잣나무 털녹병의 중간기주는?

① 송이풀
② 황벽나무
③ 등골나물
④ 일본잎갈나무

해설 잣나무 털녹병의 중간기주는 송이풀, 까치밥나무이다.

28 소나무재선충을 매개하는 해충은?

① 왕바구미
② 소나무좀
③ 북방수염하늘소
④ 썩덩나무노린재

해설 소나무재선충을 매개하는 해충은 북방수염하늘소, 솔수염하늘소 등이다.

29 미국흰불나방은 1년에 몇 회 발생하는가?

① 1회
② 2~3회
③ 4~5회
④ 6~8회

해설 미국흰불나방
- 번데기로 월동한다.
- 1년에 2회 이상 발생한다.
- 약 600~700개 정도의 알을 잎 뒷면에 낳는다.

30 완전변태를 하는 내시류에 속하는 곤충목은?

① 파리목
② 메뚜기목
③ 흰개미목
④ 잠자리목

해설 내시류는 날개를 가지는 곤충류 중 생육기간 동안에 완전변태를 하는 곤충으로 풀잠자리목, 밑들이목, 날도래목, 나비목, 벼룩목, 파리목, 벌목, 딱정벌레목 등이 있다.

31 뽕나무 오갈병의 원인이 되는 병원체는?

① 세 균
② 곰팡이
③ 바이러스
④ 파이토플라스마

해설 파이토플라스마에 의한 수병 : 뽕나무 오갈병, 대추나무 빗자루병, 오동나무 빗자루병, 붉나무 빗자루병 등

32 병원생물 중 *Bacillus thuringiensis*는 주로 어느 해충을 방제하는 데 사용되는가?

① 나비류 유충
② 소나무좀 성충
③ 솔수염하늘소 번데기
④ 솔껍질깍지벌레 후약충

해설 *Bacillus thuringiensis*(비티균)은 진정세균(Eubacteriales) *Bacillus* 속의 곤충병원균의 일종으로, 많은 해충을 내포하고 있는 인시목(나비, 나방 등)이나 모기의 유충에 대해서 병원성이 높고 공업적인 방법으로도 배양이 용이하여 미생물농약 BT제로서 이용되고 있다.

정답 28 ③ 29 ② 30 ① 31 ④ 32 ①

33 성충 및 유충 모두가 수목을 가해하는 것은?

① 솔나방
② 솔잎혹파리
③ 황다리독나방
④ 오리나무잎벌레

해설
① 솔나방 : 유충(송충이)
② 솔잎혹파리 : 유충
③ 황다리독나방 : 유충(층층나무에 피해를 줌)

34 소나무 재선충병 방제방법으로 옳지 않은 것은?

① 감염된 수목은 벌채 후 소각한다.
② 밀생 임분은 간벌을 하여 쇠약목이 없도록 한다.
③ 포스티아제이트 액제를 이용한 토양 관주를 한다.
④ 매개충의 우화 최성기에 나무주사를 실시한다.

해설 소나무 재선충병 고사목은 베어서 훈증 소각하고, 매개충구제를 위해 5~8월에 아세타미프리드 액제를 3회 이상 살포한다. 예방을 위해서는 12~2월에 아바멕틴 유제 또는 에마멕틴벤조에이트 유제를 나무주사하거나 4~5월에 포스티아제이트 액제를 토양관주한다.

35 지표화로부터 연소되는 경우가 많고, 나무의 공동부가 굴뚝과 같은 작용을 하는 산불의 종류는?

① 수관화
② 수간화
③ 지상화
④ 지중화

해설 수간화 : 나무의 줄기가 타는 불로 지표화로부터 연소되는 경우가 많다.

36 솔잎혹파리 방제를 위한 나무주사용 약제는?

① 디밀린 수화제
② 헥사코나졸 유제
③ 디플루벤주론 액상수화제
④ 이미다클로프리드 분산성액제

해설 솔잎혹파리 방제를 위한 나무주사용 약제는 6월에 티아메톡삼 분산성액제 등으로 나무주사하거나 4월 하순~5월 하순에 이미다클로프리드 입제(20g/흉고 직경 1cm)를 토양과 혼합처리한다.

37 잣나무 잎떨림병 방제방법으로 가장 효과가 약한 것은?

① 풀베기와 가지치기를 실시한다.
② 2차 감염 방지를 위해 토양 소독을 철저히 한다.
③ 비배관리를 잘하고 병든 잎은 모두 모아서 태운다.
④ 자낭포자가 비산하는 시기에 적합한 약재를 살포한다.

해설 잣나무 잎떨림병 방제방법은 토양소독과는 관련이 없다.

33 ④ 34 ④ 35 ② 36 ④ 37 ②

38 약제의 유효성분을 가스 상태로 하여 해충의 기문을 통하여 호흡기에 침입시켜 사망시키는 것은?

① 훈증제　　② 제충제
③ 소화중독제　　④ 침투성 살충제

해설　훈증제 : 약제의 유효성분을 가스상태로 하여 해충의 기문을 통하여 체내에 들어가 질식을 일으킨다.

39 볕데기가 잘 발생하지 않는 수종은?

① 호두나무　　② 굴참나무
③ 오동나무　　④ 가문비나무

해설　굴참나무는 수피가 두꺼워 볕데기 피해가 적다.

40 포플러 잎녹병균의 유성포자 형성을 나타낸 다음 그림에서 A에 해당하는 명칭은?

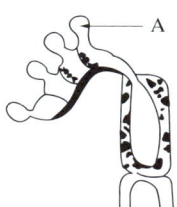

① 녹포자　　② 담자포자
③ 여름포자　　④ 겨울포자

해설　녹병균의 특징은 담자균에 의한 수병으로 그림에서 A는 담자포자를 나타낸다.

제 3 과목　임업경영학

41 다음 조건에서 정액법에 의한 감가상각비는?

- 벌도목을 집재하기 위하여 10년 전에 7천5백만원으로 펠러번처를 구입하였다.
- 펠러번처의 중고 가격은 2천만원이다.

① 20만원/년
② 55만원/년
③ 200만원/년
④ 550만원/년

해설　(75,000,000원 − 20,000,000원)/10년
＝ 5,500,000원/년

42 다음 조건에서 스말리안식에 의한 재적은?

- 말구직경 : 24cm
- 중앙직경 : 30cm
- 원구직경 : 32cm
- 재장 : 4m

① 약 $0.2317m^3$
② 약 $0.2512m^3$
③ 약 $0.2617m^3$
④ 약 $0.3021m^3$

해설　스말리안식에 의한 재적
＝ [(3.14 × 24²/40,000) + (3.14 × 32²/40,000)]/2 × 4m
＝ (0.0452 + 0.0804)/2 × 4
＝ $0.2512m^3$

정답　38 ①　39 ②　40 ②　41 ④　42 ②

43 정리기에 대한 설명으로 옳은 것은?

① 불법정인 영급관계를 법정인 영급으로 개량하는 기간이다.
② 산벌작업에서 예비벌을 시작하여 후벌을 마칠 때까지의 기간이다.
③ 보속작업에서 한 작업급에 속하는 모든 임분을 일순벌하는 데 필요한 기간이다.
④ 벌구식 택벌작업에서 맨 처음 택벌한 구역을 또다시 택벌하는 데 필요한 기간이다.

해설
② 갱신기
③ 윤벌기
④ 택벌기

44 임지가격의 결정 방법으로 옳지 않은 것은?

① 자산가에 의한 방법
② 매매가에 의한 방법
③ 기망가에 의한 방법
④ 비용가에 의한 방법

해설
② 매매가에 의한 방법 : 비교방식
③ 기망가에 의한 방법 : 수익방식
④ 비용가에 의한 방법 : 원가방식

45 임업 자산 중 유동자산이 아닌 것은?

① 임 도
② 묘 목
③ 비 료
④ 미처분 임산물

해설
- 유동자산 : 미처분 임산물, 임업용 생산자재(묘목·비료·약제 등), 유통자산(현금·증권 등)
- 고정자산 : 토지(임지), 임도, 건물, 구축물, 기계, 대동물 등

46 공유림에 대한 설명으로 옳지 않은 것은?

① 공공복지 증진을 목적으로 한다.
② 경영기관의 재정수입 확보에 기여하여야 한다.
③ 사유림보다는 1ha당 평균축적이 작은 편이다.
④ 모범적인 산림경영으로 사유림 경영의 시범이 되어야 한다.

해설 공유림은 사유림보다 벌기령을 길게 하므로 1ha당 평균축적이 큰 편이다.

47 산림경영계획 수립 시 소반구획을 달리하는 경우에 속하지 않는 것은?

① 지종이 상이할 때
② 작업종이 상이할 때
③ 지위, 지리가 상이할 때
④ 임종, 경급이 상이할 때

해설 산림경영계획 수립 시 소반구획을 달리하는 경우는 임종, 임상, 작업종이 상이할 때이다.

48 산림경영계획 수립을 위한 임황조사에 대한 설명으로 옳지 않은 것은?

① 혼효림의 경우는 5종까지 주요 수종을 조사할 수 있다.
② 가슴높이지름 6cm 이상의 입목을 측정하여 총축적을 산정한다.
③ 인공 조림지에서는 조림연도를 아는 경우에도 측정 대상의 입목에 생장추를 이용하여 임령을 산정한다.
④ 임분 수고의 최저, 최고 및 평균을 측정하여 임분 수고의 범위를 분모로 하고 평균 수고를 분자로 하여 표시한다.

해설 인공 조림지에서는 조림연도를 아는 경우는 그 조림연도의 묘령을 기준으로 임령을 산정한다.

49 이상적인 임분의 ha당 재적이 30m³이고, 현실 임분의 ha당 재적이 15m³이라면 임분의 입목도는?

① 0.1   ② 0.5
③ 1   ④ 2

해설 현실 임분의 ha당 재적/이상적인 임분의 ha당 재적
= 15m³/30m³ = 0.5

50 감가가 발생하는 요인 중 물리적 감가에 해당되는 것은?

① 부적응에 의한 감가
② 진부화에 의한 감가
③ 경제적 요인에 의한 감가
④ 마모 및 손상에 의한 감가

해설 감가요인은 물리감가요인, 기능감가요인, 경제감가요인, 법·행정감가요인이 있다.
- 물리감가요인
  - 시간의 흐름이나 자연 작용으로 노후화(Physical Deterioration)
  - 이용으로 인한 마멸·파손
  - 화재나 지진 등의 우발적 사고로 인한 손상 등
- 기능감가요인 : 기능저하로 발생
  - 건물과 부지의 부적합
  - 형식의 구식화
  - 설계의 불량
  - 설비의 부족
  - 이용효율의 저하 등의 내부요인
- 경제감가요인 : 경제적 능력저하요인
  - 인근지역의 쇠퇴
  - 대체·경쟁 관계에 있는 부동산 또는 부근의 부동산과 비교한 시장성의 감퇴
  - 부동산과 인근환경의 부적합 등
- 법행정감가요인
  - 법 내용에 부적법한 정도
  - 법에 따른 철거예정 등

정답 47 ④   48 ③   49 ②   50 ④

51 임업경영의 성과분석에 대한 설명으로 옳지 않은 것은?

① 임가소득, 임업소득, 임업순수익 등으로 파악할 수 있다.
② 임업소득은 임업조수익에서 임업경영비를 뺀 나머지를 말한다.
③ 짧은 기간 동안의 성과는 명확하게 계산할 수 없는 경우가 많다.
④ 임가소득으로 서로 다른 임가 사이의 경영성과에 대하여 직접 비교가 용이하다.

해설 임업순수익으로 서로 다른 임가 사이의 경영성과에 대하여 직접 비교가 용이하다.

52 산림평가에서 복리산 공식에 해당되지 않는 것은?

① 중가 계산식
② 전가 계산식
③ 무한이자 계산식
④ 유한이자 계산식

해설 산림평가에서 복리산 공식은 전가 및 후가 계산식, 무한수입 계산식, 유한수입 계산식 등이다.

53 전체 임분을 본수가 같은 몇 개의 계급으로 나누고, 각 계급에서 같은 수의 표준목을 선정하여 임목 재적을 계산하는 방법은?

① 단급법
② Urich법
③ Hartig법
④ Draudt법

해설
① 단급법 : 전 임분을 1개의 급(Class)으로 취급하여 단 1개의 표준목을 선정하는 방법이므로 가장 간편하다.
③ Hartig 법 : 각 계급의 흉고단면적을 동일하게 하였다. 따라서 Hartig 법을 적용하고자 할 때에는 먼저 계급수를 정하고 전체 흉고단면적합계를 구한 다음, 이것을 계급수로 나누어서 각 계급의 흉고단면적합계로 한다.
④ Draudt 법 : 각 직경급을 대상으로 하여 표준목을 선정한다.

54 산림평가에 대한 설명으로 옳지 않은 것은?

① 임도·저목장·건물 등 임지 안의 시설에 대하여 평가한다.
② 임지 안의 동물·토석·광물 등에 대하여는 평가하지 않는다.
③ 산림의 공익적 기능은 종류별로 분류하여 계량평가를 한다.
④ 임지는 자연적 요소, 지위 및 지리별 입목지·벌채적지·미립목지·시설부지·암석지·지소 등으로 나누어 평가한다.

해설 산림평가의 구성내용
- 임지 : 자연적 요소, 지위 및 지리, 미립목지, 시설지, 암석지 등
- 임목 : 수종, 임종, 용도, 임령, 경급, 시업림과 시업제한림
- 부산물 : 동식물, 토석, 광물
- 시설 : 임도, 저목장, 건물, 산림보호시설, 관광휴양시설 등
- 공익적 기능 : 공익적 기능을 계량평가

51 ④ 52 ① 53 ② 54 ②

55 우리나라의 경우 흉고직경은 입목의 지상 몇 미터 높이에서 측정하는가?

① 0.5m
② 1.0m
③ 1.2m
④ 1.5m

해설 흉고직경은 가슴높이 지름으로 일반적으로 1.2m 이다.

57 임업경영의 지도 원칙이 아닌 것은?

① 공정성의 원칙
② 경제성의 원칙
③ 수익성의 원칙
④ 보속성의 원칙

해설 공정성의 원칙은 임업경영의 지도 원칙이 아니다.

56 다음 그림에서 보속생산이 가능한 형태의 산림 구성은?

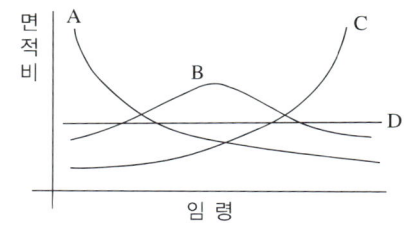

① A형　② B형
③ C형　④ D형

해설
④ D형 : 이상적인 보속생산 산림구조
① A형 : 유령림
② B형 : 벌채와 갱신이 필요한 산림
③ C형 : 장령림(벌채 갱신이 필요)

58 수확조정방법 중 법정축적법에 대한 설명으로 옳은 것은?

① 교차법, 임분경제법, 등면적법 등이 있다.
② 법정축적에 도달하도록 하는 수식법이다.
③ 수확량을 산출하고 벌채장소를 규정한다.
④ 수확량을 기초로 생장량을 예측하는 협의의 생장량법이다.

해설
① 교차법, 이용률법, 수정계수법 등이 있다.
③ 벌채량을 결정하고 분기별 벌채임분을 규정한다.
④ 축적과 생장량, 법정축적을 기초로 표준벌채량을 계산하여 현실림을 법정림 상태로 유도하는 수식법이다.

정답　55 ③　56 ④　57 ①　58 ②

59 생장의 종류를 수목의 생장에 따른 분류와 임목의 부분에 따른 분류가 있을 때, 수목의 생장에 따른 분류에 속하지 않는 것은?

① 재적생장
② 형질생장
③ 수고생장
④ 등귀생장

해설 수고생장, 단면적 생장, 직경생장, 재적생장은 임목의 부분에 따른 생장량이다.

60 유령림의 임목 평가방법으로 임목가격의 최저 한도액을 이용하는 것은?

① 원가법
② 매매가법
③ 비용가법
④ 시장가역산법

해설 유령림은 비용가법이다.

제 4 과목 산림공학

61 통나무의 길이가 16m, 임도의 노폭은 4m인 경우 임도의 최소 곡선반지름은?

① 4m ② 8m
③ 12m ④ 16m

해설 곡선반지름 = (통나무길이)^2 ÷ (4 × 노폭)
= $(16)^2$ ÷ (4 × 4) = 16m

62 가선집재와 비교한 트랙터집재에 대한 설명으로 옳지 않은 것은?

① 작업비가 절약된다.
② 작업생산성이 높다.
③ 급경사지에서도 가능하다.
④ 기동성이 있고 탄력적으로 작업할 수 있다.

해설 트랙터집재는 급경사지에서 부적합하다.

63 임도가 가장 이상적으로 배치되었을 경우에 개발지수는?

① 0 ② 1
③ 10 ④ 100

해설 산지가 개발된 면적이 산림경영구 면적과 같으면 이상적으로 개발되었기에 개발지수는 1이다.

정답 59 ③ 60 ③ 61 ④ 62 ③ 63 ②

64. 암반 비탈면의 녹화 조성에 가장 효과가 작은 것은?

① 새집공법
② 차폐수벽공
③ 분사식씨뿌리기
④ 종비토뿜어붙이기

해설 종비토나 녹생토 아닌 단순 분사식씨뿌리기 공법은 암반에 시행하지 않고 토양층에 실시한다.

65. 생성 원인이 다른 암석은?

① 편마암　② 화강암
③ 안산암　④ 현무암

해설 편마암 변성암의 일종으로, 이질(泥質) 또는 사질(砂質)의 퇴적암이 높은 온도하에서 광역변성작용을 받은 경우에 생성된다. 화강암, 현무암, 안산암은 화산암이다.

66. 임도 설치를 위한 현지측량 결과가 다음과 같을 때 전체 구간에서 절토량은?

측 점	절토 횡단면적
측점1	100m²
측점2	200m²
측점2 + 5.0	300m²

① 2,750m³　② 4,250m³
③ 6,750m³　④ 8,000m³

해설 측점1에서 측점2는 20m 간격으로 절토량은 (100 + 200)/2 × 20m = 3,000m³, 측점2에서 측점2 + 5.0은 5m 간격으로 절토량은 (200 + 300)/2 × 5m = 1,250m³
따라서, 전체 절토량은 3,000 + 1,250 = 4,250m³

67. 1 : 25,000 지형도에서 임도의 종단기울기 8%의 노선을 긋고자 할 때, 도면상에 표시되는 주곡선간의 길이는?

① 0.5mm　② 1mm
③ 5mm　④ 10mm

해설 100 : 8 = x : 10(1/25,000 지형도에서 주곡선은 10m)　$x = 125$m
여기서 1/25,000 축적이므로
125/25,000 = 0.005m = 5mm

68. 비탈다듬기 또는 단끊기에 의하여 발생한 토사를 산복의 깊은 곳에 넣어 고정 및 유지시키며 침식을 방지하고자 시공하는 것은?

① 땅속흙막이
② 산복수로공
③ 비탈힘줄박기
④ 산비탈 흙막이

해설 토사를 산복의 깊은 곳에 넣어 고정 및 유지시키며 침식을 방지하고자 시공하는 것은 땅속 흙막이 공작물이다.

69. 목재수확작업에 주로 사용되는 와이어로프의 스트랜드의 수는?

① 3　② 4
③ 5　④ 6

해설 일반적으로 와이어로프는 탄소강선을 10줄 이상 꼬아서 스트랜드하며 스트랜드는 보통 6개이다.

정답 64 ③　65 ①　66 ②　67 ③　68 ①　69 ④

70 산지사방에서 편책공 및 목책공에 대한 설명으로 옳지 않은 것은?

① 토사 유출 방지를 목적으로 시공한다.
② 한 번 시설하면 영구적으로 사용할 수 있다.
③ 통나무를 이용하여 흙막이를 한 것을 목책공이라 한다.
④ 말뚝을 박고 섶가지 등을 엮어서 흙막이를 한 것을 편책공이라 한다.

[해설] 한 번 시설하면 나무로 만들었기에 영구적으로 사용할 수 없다.

71 상하 소단간의 경사거리가 길고 경사가 급하여 토사 유실이 예상되는 산지의 안정과 녹화에 가장 적합한 공법은?

① 떼단쌓기
② 줄떼다지기
③ 평떼붙이기
④ 선떼붙이기

[해설] 비탈면 경사 거리가 길면 줄떼다지기가 적합하다.

72 롤러의 표면에 돌기를 만들어 부착한 것은?

① 탬핑롤러
② 탠덤롤러
③ 진동롤러
④ 머캐덤롤러

[해설] 롤러의 표면에 돌기를 만들어 부착한 것 탬핑롤러이다.

73 다음 ( ) 안에 내용으로 옳은 것은?

> 시장·군수·구청장 또는 국유림관리소장은 ( )단위로 연도별 임도설치계획을 작성하여야 한다.

① 1년   ② 2년
③ 5년   ④ 10년

[해설] 산림관리기반시설의 범위 및 기준 등(산림자원의 조성 및 관리에 관한 법률 시행규칙 제5조제4항)
특별시장·광역시장·특별자치시장·도지사·특별자치도지사 또는 지방산림청장은 전국임도기본계획에 따라 산림관리기반시설 중 임도의 효율적인 설치를 위하여 임도 설치계획을 5년 단위로 수립하여야 하며, 계획의 수립절차 등에 필요한 사항은 산림청장이 정한다.

74 돌을 쌓는 방법에 따른 공법의 종류에 해당되지 않는 것은?

① 덧쌓기 공법
② 메쌓기 공법
③ 찰쌓기 공법
④ 켜쌓기 공법

[해설] 덧쌓기 공법이라는 용어는 없다.

정답 70 ② 71 ② 72 ① 73 ③ 74 ①

75. 콘크리트의 강도에 대한 설명으로 옳은 것은?

① 인장강도가 압축강도보다 크다.
② 전단강도가 압축강도보다 크다.
③ 압축강도와 인장강도가 비슷하다.
④ 인장강도와 전단강도는 비슷하다.

해설
① 인장강도가 압축강도보다 작다.
② 전단강도가 압축강도보다 작다.
③ 압축강도가 인장강도(1/10~1/13 정도)보다 크다.

76. 해안사방에서 모래언덕 조성방법에 속하지 않는 것은?

① 모래덮기
② 파도막이
③ 퇴사울세우기
④ 정사울세우기

해설 정사울세우기 공법은 식생녹화공법(사지조림공법)이다.

77. 소실수량(증발산량)에 대한 설명으로 옳은 것은?

① 강수량에서 유출량을 뺀 값이다.
② 유출량에서 강수량을 뺀 값이다.
③ 강수량과 유출량을 합한 값이다.
④ 강수량과 유출량을 곱한 값이다.

해설 소실수량(증발산량)은 강수량에서 유출량을 뺀 값이다.

78. 임도 노면의 유지보수에 대한 설명으로 옳지 않은 것은?

① 약화된 노체의 지지력을 보강한다.
② 노면에 생긴 바퀴 자국이나 골을 없앤다.
③ 길어깨가 노면보다 높으면 깎아내고 다진다.
④ 노면 정제는 습윤한 상태보다 건조한 상태에서 실시하는 것이 좋다.

해설 노면 정제는 약간 습윤한 상태에서 실시하는 것이 좋다.

79. 임도에서 각 측점의 절성토 높이 및 지장목 제거 등의 물량을 산출하기 위한 내용이 기입된 설계도는?

① 평면도
② 횡단면도
③ 구조물도
④ 도로표준도

80. 하베스터가 수행하는 주요 작업에 대한 설명으로 옳은 것은?

① 벌도작업만 가능하다.
② 조재작업만 가능하다.
③ 벌도 및 조재작업이 가능하다.
④ 벌도 및 가선 집재 작업이 가능하다.

해설 하베스터는 벌도, 가지제거, 조재작업이 한 번에 일관적으로 가능한 다공정 장비이다.

정답 75 ④ 76 ④ 77 ① 78 ④ 79 ② 80 ③

2021년 제1회 산림기사 기출문제

제1과목 조림학

01 산벌작업에서 결실량이 많은 해에 일부 임목을 벌채하여 하종을 돕는 과정은?

① 택 벌
② 후 벌
③ 예비벌
④ 하종벌

해설) 산벌작업은 예비벌-하종벌-후벌의 순서로 진행한다. 하종벌의 경우 1회 벌채로 하종을 돕는 것이며 예비벌 이전의 임분재적의 25~75%를 제거한다.

02 가지치기 작업에 대한 설명으로 옳은 것은?

① 대체로 5월경이 작업 적기이다.
② 원칙적으로 역지 이하를 잘라주어야 한다.
③ 가지 기부에 존재하는 지융부도 잘라주어야 한다.
④ 가지치기 작업한 나무 아래쪽의 상구는 위쪽 상구보다 유합이 빠르다.

해설) ① 가지치기 작업은 대체로 11월 이후부터 이듬해 3월이 작업 적기이다.
③ 가지 기부에 존재하는 지융부는 자르면 안 된다.
④ 가지치기 작업한 나무 아래쪽의 상구는 위쪽 상구보다 유합이 느리다.

03 수관의 모양과 줄기의 결점을 고려하여 우세목을 1급목과 2급목, 열세목을 3, 4, 5급목으로 구분하는 수형급은?

① 덴마크
② KRAFT
③ 데라사키
④ HAWLEY

해설) ① 덴마크 : 주목, 유해부목, 유요부목, 중립목으로 구분(활엽수)
② KRAFT : 주임목(1,2,3급목), 부임목(4,5급)
④ HAWLEY : 우세목, 준우세목, 중간목, 피압목으로 구분

04 강원도 지역에서 수하식재 방법을 이용하여 조림을 실시하고자 할 때 가장 적합한 수종은?

① *Larix kaempferi*
② *Pinus densiflora*
③ *Abies holophylla*
④ *Betula platyphylla*

해설) 수하식재는 음수수종 *Abies holophylla*(전나무)이어야 한다.

정답 1 ④ 2 ② 3 ③ 4 ③

05
다음 설명에 해당하는 무기양료로만 나열된 것은?

> 수목의 체내 이동이 어려워 생장점이나 어린 잎 등 세포분열이 일어나는 곳에서 결핍증상이 잘 나타난다.

① 칼슘, 철, 붕소
② 질소, 칼슘, 칼륨
③ 철, 망간, 마그네슘
④ 구리, 마그네슘, 질소

해설 이동이 어려운 무기양료는 칼슘, 철, 망간, 붕소 등이다.

06
산림작업종을 분류하는 기준으로 가장 거리가 먼 것은?

① 벌채종
② 임분의 기원
③ 갱신 임분의 수종
④ 벌구의 크기와 형태

해설 ※ 저자의견 : 정답없음. 갱신임분의 수종도 사실은 산림작업종의 분류에 영향을 미친다. 책에는 갱신 임분의 수종이라는 말이 없으나 벌채종, 임분의 기원 등에 수종이 다 포함되어 있는 말이다.

07
다음 중 삽목 발근이 가장 용이한 수종은?

① *Salix koreensis*
② *Acer palmatum*
③ *Zelkova serrata*
④ *Pinus koraiensis*

해설 버드나무류(버드나무, *Salix koreensis*)와 포플러류 등은 삽목에 용이하다.

08
종자의 활력 시험 중 종자 내 산화 효소가 살아있는지의 여부를 시약의 발색반응으로 검사하는 방법은?

① 절단법
② 환원법
③ X선분석법
④ 배추출시험법

해설 테트라졸륨 시약으로 검사하는 방법은 환원법이다.

09
덩굴제거 시 사용되는 디캄바 액제에 대한 설명으로 옳지 않은 것은?

① 페녹시계 계통이다.
② 호르몬형 이행성 제초제이다.
③ 약효가 높아지는 30℃ 이상 고온 조건에서 사용한다.
④ 주로 콩과 식물에 해당하는 광엽 잡초에 효과적이다.

해설 30℃ 이상 고온 조건에서는 약효가 낮아지므로 사용을 피해야 한다.

정답 5 ① 6 ③ 7 ① 8 ② 9 ③

10 모수작업에 대한 설명으로 옳은 것은?

① 모수는 ha당 100본 이상이어야 한다.
② 전 임목 본수에서 10% 정도로 모수를 남긴다.
③ 모수는 소나무, 곰솔 등 양수 수종이 적합하다.
④ 작업 대상 임지의 토양 침식과 유실이 발생하지 않는다.

해설
① 모수는 전 임목에 대하여 본수의 2~3%, 재적의 약 10%
② 전 임목 본수에서 2~3% 정도로 모수를 남긴다.
④ 작업 대상 임지의 토양 침식과 유실이 우려되는 단점이 있다.

11 다음 설명에 해당하는 목본 식물의 조직은?

- 대사 기능이 없고, 지탱 역할을 한다.
- 세포벽이 두껍고, 원형질이 없다.

① 유조직
② 후막조직
③ 후각조직
④ 분비조직

해설
① 유조직 : 줄기나 뿌리의 속·피층, 잎의 잎살, 과실의 과육 등과 같이 모든 기관에 있으며, 물관부나 체부 중에도 각기 구성 요소로 들어 있다.
③ 후각조직 : 식물체의 지지와 기계적인 보강, 특히 굴절저항성을 위하여 세포벽의 일부가 두터워진 후각세포들이 모여서 이루는 조직이다. 초본성 쌍자엽식물의 줄기, 잎자루, 잎중륵부에 널리 분포되어 있다.
④ 분비조직 : 식물체 내에서 식물이 내보내는 분비물들을 저장하고 있는 조직이다.

12 밤나무, 상수리나무, 굴참나무 종자를 저장하는 방법으로 가장 적합한 것은?

① 기건저장법
② 보호저장법
③ 밀봉냉장법
④ 노천매장법

해설 참나무류, 가시나무류, 가래나무류, 목련류, 밤나무류 등은 습도가 높은 조건하에서 보호저장(보습저장법)하여야 한다.

13 난대림 자생 수종이 아닌 것은?

① 동백나무
② 가시나무
③ 후박나무
④ 박달나무

해설 박달나무는 우리나라 전역에 분포하는 온대수종이다.

14 지질의 종류 가운데 수목의 2차 대사 물질인 아이소프레노이드(Isoprenoid) 화합물이 아닌 것은?

① 고 무   ② 수 지
③ 테르펜   ④ 리그닌

해설 아이소프레노이드(Isoprenoid)
천연에 존재하는 유기 화합물로, 아이소프렌의 구조를 단위로 하여 C_{5n}의 탄소골격이 있는 화합물 및 그것과 관련이 있는 화합물을 총칭한다. 각종 테르펜에서 스테로이드에 이르는 많은 천연물이 있으며, 리그닌은 섬유소(Cellulose) 및 다른 다당류들과 함께 공유결합을 형성한다.

정답 10 ③ 11 ② 12 ② 13 ④ 14 ④

15 원생림이 파괴된 뒤에 회복된 산림은?

① 1차림
② 2차림
③ 원시림
④ 극상림

해설 2차림은 여러 가지 교란(파괴) 요인에 의해 이차적으로 발달한 삼림을 말한다. 자연림(원생림)을 1차림으로 부르는 것에 대응되는 개념으로, 인간간섭이나 자연재해(산불, 붕괴, 화산, 태풍, 한발 등)에 의한 교란의 흔적을 보여 주는 종 조성으로 구분한다.

16 100~110℃로 가열해도 분리되지 않는 토양수분은?

① 결합수
② 중력수
③ 흡습수
④ 모세관수

해설 결합수는 분리되지 않는다.

17 다음 조건에 따른 파종량은?

- 파종상 실면적 : 500m^2
- 묘목 잔존본수 : 60본/m^2
- 1g당 종자평균입수 : 66.5립
- 순량률 : 0.95
- 실험실 발아율 : 0.9
- 묘목 잔존율 : 0.3

① 약 1.8kg
② 약 3.5kg
③ 약 17.6kg
④ 약 35.2kg

해설 파종량 = (500 × 60) / (66.5 × 0.95 × 0.9 × 0.3)
= 1,759g = 약 1.8kg

18 다음 중 측백나무과 및 낙우송과 수목의 개화·결실 촉진에 가장 효과적인 식물호르몬은?

① GA_3
② IAA
③ NAA
④ 2,4-D

해설
② IAA : 고등식물의 체내에서 생성되어 세포의 신장을 촉진하는 옥신 계통의 식물호르몬으로 간단히 인돌초산이라고도 한다. 천연 옥신 중에 식물계에 가장 널리 분포되어 있으며, 고등식물에서의 작용은 세포의 신장촉진에 관련하여 세포벽의 탄성, 세포막의 투과성, 세포의 흡수력, 원형질 유동속도, 호흡 등을 증대시키는 것으로 알려져 있다.
③ NAA : 생장조절제
④ 2,4-D : 2,4-다이클로로페녹시아세트산(2,4-Dichlorophenoxyacetic Acid, 이사디)는 잎이 넓은 잡초를 제어하는 데 쓰이는 일반적인 제초제 농약 가운데 하나이다.

19 묘목을 식재할 때 밀도가 높은 경우에 대한 설명으로 옳은 것은?

① 입목의 초살도가 증가한다.
② 솎아베기 작업을 생략할 수 있다.
③ 수고 생장보다는 직경 생장을 촉진한다.
④ 임관이 빨리 울폐되어 표토의 침식과 건조를 방지한다.

해설
① 입목의 초살도가 감소한다.
② 솎아베기 작업을 시행하여야 한다.
③ 직경 생장보다는 수고 생장을 촉진한다.

20 소나무 종자가 수분된 후 성숙되는 시기는?

① 개화 당년
② 개화 3년째 가을
③ 개화 이듬해 여름
④ 개화 이듬해 가을

해설 소나무는 개화 이듬해 가을에 성숙하고 산포한다.

제 2 과목 │ 산림보호학

21 박쥐나방을 방제하는 방법으로 옳은 것은?

① 땅속에 서식하는 유충을 굴취하여 소각한다.
② 풀깎기를 하여 유충이 가해하는 초본류를 제거한다.
③ 잎에 산란한 알 덩어리를 수거하여 땅에 묻거나 소각한다.
④ 나뭇잎을 길게 말고 형성한 고치를 채취하여 소각한다.

해설 박쥐나방이 들어간 구멍에 BHC 분제를 주입하거나 풀베기를 하여 유충이 기생하는 초본류를 제거한다.

22 매미나방을 방제하는 방법으로 옳지 않은 것은?

① Bt균이나 핵다각체바이러스를 살포한다.
② 알 덩어리는 부화 전인 4월 이전에 땅에 묻거나 소각한다.
③ 유충기인 4월 하순부터 5월 상순에 적용 약제를 수관에 살포한다.
④ 4월 중에 지표에 비닐을 피복하여 땅속에서 우화하여 올라오는 것을 방지한다.

해설 알이나 유충에는 기생봉류가 많아서 주로 알이나 어린 유충을 직접 잡아 죽이는 방제방법을 사용하고, 비닐을 피복하여 모든 것을 죽이는 방법은 사용하지 않는다.

19 ④ 20 ④ 21 ② 22 ④ **정답**

23 다음 ( ) 안에 가장 적합한 것은?

> 밤나무 줄기마름병균은 주로 ( )에 의해 전반된다.

① 토 양   ② 종 자
③ 선 충   ④ 바 람

해설 밤나무 줄기마름병균은 주로 바람에 의해 전반된다.

24 해충의 약제 저항성에 대한 설명으로 옳지 않은 것은?

① 약제에 대한 도태 및 생존의 결과이다.
② 약제 저항성이 해충의 다음 세대로 유전되지는 않는다.
③ 해충의 개체군 내에서는 약제 저항성의 차이가 있는 개체가 존재한다.
④ 2종 이상의 살충제에 대하여 저항성이 나타날 때 저항성 유전자가 그중 1종의 살충제에서 기인하면 교차저항성이라고 한다.

해설 ② 약제 저항성은 해충의 다음 세대로 유전된다.

25 분류학적으로 유리나방과, 명나방과, 솔나방과를 포함하는 목(目)은?

① Blattaria
② Hemiptera
③ Plecoptera
④ Lepidoptera

해설 나비목(Lepidoptera)은 절지동물문, 육각아문, 곤충강, 신시류에 속하는 한 목으로서 나비류와 나방류를 전부 포함하는 분류군이다.

26 낙엽송 가지끝마름병균이 월동하는 형태는?

① 균 핵
② 자낭각
③ 분생포자각
④ 겨울포자퇴

해설 낙엽송 가지끝마름병균은 미숙한 자낭각 형태로 월동한다.

27 참나무 시들음병을 방제하는 방법으로 옳지 않은 것은?

① 신갈나무숲에 매개충 유인목을 설치한다.
② 병든 부분을 제거하고 소독 후 도포제를 처리한다.
③ 수간 하부부터 지상 2m까지 끈끈이롤 트랩을 감아 준다.
④ 피해목을 벌채하고 타포린으로 덮은 후에 훈증제를 처리한다.

해설 참나무 시들음병은 병든 부분을 제거만 하면 안 되고 나무 전체를 벌채하여야 한다.

정답 23 ④ 24 ② 25 ④ 26 ② 27 ②

28 다음 중 생엽의 발화온도가 가장 높은 수종은?

① 피나무 ② 뽕나무
③ 밤나무 ④ 아까시나무

해설 생엽의 발화온도

온도℃	수 종
360	피나무
370	뽕나무, 페르샤 호두나무
380	아까시나무, 일본목련
410	일본가래나무
430	은행나무, 팥배나무
440	소나무, 상수리나무, 유럽적송, 일본젓나무
450	졸참나무, 가문비나무, 분비나무, 회양목, 개비자나무
458	마가목, 가중나무
460	밤나무, 주목
480	수수꽃다리
490	네군도단풍나무

생엽의 발염온도(불꽃이 튀는 온도)

온도℃	수 종
440	소나무, 유럽적송
460	주 목
500	분비나무, 가문비나무, 회양목, 개비자나무
530	졸참나무
540	은행나무, 상수리나무
550	뽕나무, 페르샤호두나무, 마가목, 일본목련, 마가목, 네군도단풍나무
600	피나무, 아까시나무, 일본가래나무
620	가중나무
650	낙엽송

29 균사에 격벽이 없는 병원균은?

① *Fusarium spp.*
② *Rhizoctonia solani*
③ *Phytophthora cactorum*
④ *Cylindrocladium scoparium*

해설 역병균(Phytophthora)
편모균류의 피티아균과(Pythiaceae)에 속하는 Phytophthora 속 균류의 총칭이다. 감자, 가지, 토마토, 무화과나무, 담배 등을 침해하는 식물병원균으로 무격벽균류(접합균류)이다.

30 상렬에 대한 설명으로 옳지 않은 것은?

① 서리로 인해 발생하는 수목 피해이다.
② 고립목이나 임연부에서 발견되기 쉽다.
③ 상렬을 예방하기 위해서 배수를 원활하게 한다.
④ 추운 지방에서 치수가 아닌 주로 교목의 수간에 발생한다.

해설 서리로 인해 발생하는 피해는 상해(霜害)이다.

31 아밀라리아뿌리썩음병을 방제하는 방법으로 옳지 않은 것은?

① 묘목은 식재 전에 메타락실 수화제에 침지 처리한다.
② 잣나무 졸미지에 석회를 처리하여 산성토양을 개량한다.
③ 감염목의 주위에 도랑을 파서 균사가 퍼지지 않도록 한다.
④ 과수원에서는 감염목을 자른 다음 그루터기를 제거한다.

해설 묘목에 침지처리하는 것은 효과가 없고 저항성 품종을 육성하여야 한다.

28 ③　29 ③　30 ①　31 ①

32 흰가루병을 방제하는 방법으로 옳지 않은 것은?

① 짚으로 토양을 피복하여 빗물에 흙이 튀지 않게 한다.
② 자낭과가 붙어서 월동한 어린 가지를 이른 봄에 제거한다.
③ 묘포에서는 밀식을 피하고 예방 위주의 약제를 처리한다.
④ 그늘에 식재한 나무에서 피해가 심하므로 식재 위치를 잘 선정한다.

해설 흰가루병은 흙이 튀는 것을 방지하는 것과 무관하다.

33 산림곤충 표본조사법 중 곤충의 음성 주지성을 이용한 방법은?

① 미끼트랩
② 수반트랩
③ 페로몬트랩
④ 말레이즈트랩

해설
① 미끼트랩 : 미끼나 미끼장치를 이용한 곤충 채집방법이다.
② 수반트랩 : 농업 과수에서 성 유인 물질로 해충을 유인하여 물에 빠져 죽게 만든 포획 장치로 파밤나방, 담배나방의 방제에 유리하다.
③ 페로몬트랩 : 성 유인 물질을 이용하여 해충을 유인하여 포살하는 장치로 주로 나방류의 예찰 및 방제에 이용하는데 대상 해충의 행동 습성에 따라 적절한 트랩을 사용해야 한다. 트랩에는 깔때기형, 끈끈이형, 수반형 등이 있다.

34 솔잎혹파리에 대한 설명으로 옳지 않은 것은?

① 침엽기부에 혹을 만들고 피해를 준다.
② 성충은 5월 하순과 8월 중순 2회 발생한다.
③ 유충 형태로 토양, 지피물 밑, 벌레혹에서 월동한다.
④ 교미 후에 수컷은 수 시간 내에 죽고 암컷은 산란을 위해 1~2일 더 생존한다.

해설 성충은 5월 중순과 7월 중순이고, 우화최성기는 6월 상순에서 중순이며 연 1회 발생한다.

35 소나무류 피목가지마름병을 방제하는 방법으로 가장 효과적인 것은?

① 병든 잎을 태우거나 묻어서 1차 전염원을 줄인다.
② 침투 이행성 살균제를 피해목 수간에 주입한다.
③ 상습발생지에서는 6월부터 살균제를 토양 관주한다.
④ 남향으로 뿌리가 노출된 수목의 임지에서는 관목을 무육하여 토양 건조를 방지한다.

해설 **소나무류 피목가지마름병**
초봄부터 가지의 분기점을 중심으로 말라 죽으면서 분기점 위의 가지에 붙은 잎이 적갈색으로 변한다. 죽은 가지에는 4월 이전의 경우 수피 바로 아래에 검은 점(미성숙 자실체)이 다수 형성되고, 4월 이후에는 수피를 뚫고 황갈색 자실체(자낭반)가 나타난다. 습하면 이들 자실체가 2~5mm로 부풀어서 암황색 접시 모양이 되는 병으로 잎, 수간, 토양관주 등은 방제방법이 아니다.

36 유충과 성충이 수목의 동일한 부분을 가해하는 해충은?

① 솔나방
② 어스렝이나방
③ 오리나무잎벌레
④ 잣나무넓적잎벌

해설 ③ 오리나무잎벌레는 유충과 성충이 모두 잎을 갉아 먹는다.
①·②·④ 유충(잎), 성충(×)

37 1년에 1회 발생하여 단성생식을 하는 해충은?

① 밤나무혹벌
② 넓적다리잎벌
③ 노랑애나무좀
④ 오리나무잎벌레

해설 단성생식은 처녀생식, 무성생식이라고도 한다. 난자는 정자와 합체(合體)하지 않으면, 즉 수정되지 않으면 분할을 일으키지 않는 것으로, 밤나무혹벌이 이에 속한다.

38 광릉긴나무좀을 방제하는 방법으로 가장 효과가 미비한 것은?

① 내충성 품종을 식재한다.
② 딱따구리 등 천적이 되는 조류를 보호한다.
③ 우화 최성기에 수간에 페니트로티온 유제를 살포한다.
④ 피해목을 잘라 집재하고 타포린으로 밀봉하여 메탐소듐 액제로 훈증한다.

해설 **광릉긴나무좀**
졸참나무·갈참나무·상수리나무·서어나무 등에 서식하며, 한국(중부)·타이완·시베리아 등지에 분포한다. 수세가 약한 나무나 잘라 놓은 나무의 목질부를 가해하므로 내충성 품종 식재와는 거리가 멀다. 피해를 입은 부위에서 성충으로 월동한다. 성충은 5~6월에 모갱을 통하여 밖으로 달아나며 새로운 숙주식물의 심재부를 파먹은 후 산란하고, 유충은 분지공을 만들면서 암브로시아균을 먹으며 성장한다.

39 산성비가 토양 및 수목에 미치는 영향으로 옳지 않은 것은?

① 염기의 양 감소
② 질소의 이용량 감소
③ 낙엽층의 축적량 감소
④ 알루미늄, 망간 활성화

40 다음 중간기주가 없는 수목병은?

① 소나무 혹병   ② 향나무 녹병
③ 회화나무 녹병 ④ 잣나무 털녹병

해설 ① 소나무 혹병의 중간기주 : 참나무류
② 향나무 녹병의 중간기주 : 배나무
④ 잣나무 털녹병의 중간기주 : 송이풀, 까치밥나무

36 ③ 37 ① 38 ① 39 전항정답 40 ③

제 3 과목 임업경영학

41 임령에 따른 연년생장량과 평균생장량의 관계에 대한 설명으로 옳지 않은 것은?

① 처음에는 연년생장량이 평균생장량보다 크다.
② 평균생장량의 극대점에서 두 생장량의 크기는 다르다.
③ 연년생장량은 평균생장량보다 빨리 극대점을 가진다.
④ 평균생장량이 극대점에 이르기까지는 연년생장량이 항상 평균생장량보다 크다.

[해설] 평균생장량의 극대점에서 두 생장량의 크기가 같게 된다.

42 임지기망가의 최댓값에 영향을 주는 인자에 대한 설명으로 옳지 않은 것은?

① 이율이 낮을수록 최댓값이 빨리 온다.
② 간벌 수익이 클수록 최댓값이 빨리 온다.
③ 주벌 수익의 증대속도가 빨리 감퇴할수록 최댓값이 빨리 온다.
④ 관리비는 임지기망가가 최대로 되는 시기와는 관계가 없다.

[해설] ① 이율이 낮을수록 최댓값이 늦게 온다. 즉 벌기가 길어진다.

43 산림생장 및 예측모델을 구축하는 데 있어서 제일 먼저 수행해야 할 과정은?

① 자료수집
② 모델구성
③ 모델선정 및 설계
④ 자료 분석 및 생장 함수식 유도

[해설] 산림생장 및 예측모델 구축과정 : 모델선정 및 설계-자료수집-자료 분석 및 생장 함수식 유도-모델구성-검증

44 이자를 계산인자로 포함하는 벌기령은?

① 공예적 벌기령
② 재적수확 최대 벌기령
③ 화폐수익 최대 벌기령
④ 토지순수익 최대 벌기령

[해설] 토지순수익 최대 벌기령은 수확의 수입시기에 따른 이자를 계산한 총수입에서 이에 대한 조림비, 관리비, 이자액을 공제한 토지 순수입의 자본가가 최고가 되는 벌기령을 정한 것이다.

[정답] 41 ② 42 ① 43 ③ 44 ④

45 벌채실행을 모두베기로 할 때 벌채면적은 최대 30ha 이내로 하되, 벌채면적이 5ha 이상일 경우에는 하나의 벌채 구역을 몇 ha 이내로 하는가?

① 3ha ② 5ha
③ 6ha ④ 10ha

해설 ※ 저자의견 : 문제 오류
기준벌기령, 벌채·굴취기준 및 임도 등의 시설기준 – 벌채기준(모두베기)(산림자원의 조성 및 관리에 관한 법률 시행규칙 [별표 3])
- 1개 벌채구역의 면적은 최대 30만㎡ 이내로 한다.
- 다음의 어느 하나에 해당하는 경우에는 산림청장이 정하여 고시하는 기준에 따라 벌채구역 면적의 100분의 20 이상을 군상(群像) 또는 수림대(樹林帶)로 남겨 두어야 한다. 다만, 특별자치시장·특별자치도지사·시장·군수·구청장 또는 지방산림청국유림관리소장이 나무아래 심기 등 단목으로 남겨둘 필요가 있다고 인정하는 경우에는 산림청장이 정하는 기준에 따라 단목으로 남겨둘 수 있다.
  – 임업 및 산촌진흥 촉진에 관한 법률에 따라 임업후계자로 선발되거나 독림가로 선정된 자의 1개 벌채구역 면적이 10만㎡ 이상인 경우
  – 그 외 경우로서 1개 벌채구역 면적이 5만㎡ 이상인 경우

46 산림평가 시 임업이율은 보통이율보다 낮아야 하는 이유로 옳지 않은 것은?

① 생산기간의 장기성 때문
② 산림소유의 불안정성 때문
③ 산림의 관리경영이 간편하기 때문
④ 재적 및 금원 수확의 증가와 산림재산가치의 등귀 때문

해설 ② 산림소유의 안정성 때문

47 30년생 임목이 7본, 25년생 임목 12본, 20년생 임목이 7본인 경우 본수령으로 계산한 평균 임령은?

① 15년 ② 20년
③ 25년 ④ 30년

해설 평균임령
= [(30×7) + (25×12) + (20×7)] / (7 + 12 + 7)
= 25

48 임업자산의 유형과 구성요소의 연결로 옳지 않은 것은?

① 유동자산 – 비료
② 유동자산 – 현금
③ 고정자산 – 묘목
④ 임목자산 – 산림축적

해설
- 유동자산 : 미처분 임산물, 임업용 생산자재(묘목·비료·약제 등), 유통자산(현금·증권 등)
- 고정자산 : 토지(임지), 임도, 건물, 구축물, 기계, 대동물 등

45 ② 46 ② 47 ③ 48 ③

49 산림경영의 지도원칙 중 보속성의 원칙에 해당되지 않는 것은?

① 합자연성
② 목재수확 균등
③ 생산자본 유지
④ 화폐수확 균등

해설 합자연성은 복지원칙이다.

50 손익분기점의 분석을 위한 가정에 대한 설명으로 옳지 않은 것은?

① 제품 한 단위당 변동비는 항상 일정하다.
② 총비용은 고정비와 변동비로 구분할 수 있다.
③ 제품의 판매가격은 판매량이 변동하여도 변화되지 않는다.
④ 생산량와 판매량은 항상 다르며 생산과 판매에 보완성이 있다.

해설 ④ 생산량와 판매량은 항상 같으며 생산과 판매에 동시성이 있다.

51 임업투자 결정 중 현금유입을 통하여 투자금액을 회수하는 데 소요되는 기간을 가지고 투자 결정을 하는 방법은?

① 회수기간법
② 내부수익률법
③ 순현재가치법
④ 수익·비용비법

52 법정림(개벌작업)에서 작업급의 윤벌기가 50년인 경우의 법정수확률은?

① 2% ② 3%
③ 4% ④ 5%

해설 법정수확률(법정연벌률)
= (법정벌채량 / 법정축적) × 100 = 200 / 윤벌기
= 4%

53 수간석해를 위한 원판 채취방법에 대한 설명으로 옳지 않은 것은?

① 원판의 두께는 10cm가 되도록 한다.
② 원판을 채취할 때는 수간과 직교하도록 한다.
③ 측정하지 않을 단면에는 원판의 번호와 위치를 표시하여 둔다.
④ Huber식에 의한 방법에서 흉고 이상은 2m마다 원판을 채취하고 최후의 것은 1m가 되도록 한다.

해설 ① 원판의 두께는 2~3cm가 되도록 한다.

정답 49 ① 50 ④ 51 ① 52 ③ 53 ①

54 트레킹 길 중 산줄기나 산자락을 따라 길게 조성하여 시점과 종점이 연결되지 않는 길은?

① 둘레길
② 탐방로
③ 트레일
④ 산림레포츠 길

해설 숲길의 종류(산림문화·휴양에 관한 법률 제22조의2)
1. 등산로 : 산을 오르면서 심신을 단련하는 활동(이하 '등산')을 하는 길
2. 트레킹 길 : 길을 걸으면서 지역의 역사·문화를 체험하고 경관을 즐기며 건강을 증진하는 활동(이하 '트레킹')을 하는 다음의 길
   가. 둘레길 : 시점과 종점이 연결되도록 산의 둘레를 따라 조성한 길
   나. 트레일 : 산줄기나 산자락을 따라 길게 조성하여 시점과 종점이 연결되지 않는 길
3. 산림레포츠 길 : 산림레포츠를 하는 길
4. 탐방로 : 산림생태를 체험·학습 또는 관찰하는 활동(이하 '탐방')을 하는 길
5. 휴양·치유숲길 : 산림에서 휴양·치유 등 건강증진이나 여가 활동을 하는 길

55 산림경영의 대상이 되는 경영계획구에 대해서 산림소유자나 지방자치단체장이 수립하는 계획은?

① 지역산림계획
② 산림기본계획
③ 산림경영계획
④ 국유림경영계획

해설 ① 지역산림계획 : 지방산림청장(국유림), 시도지사(사유림)
② 산림기본계획 : 산림청장
④ 국유림경영계획 : 지방산림청장

56 임목평가의 방법 중에서 유령림의 평가에 가장 적합한 것은?

① Glaser법
② 시장가역산법
③ 임목기망가법
④ 임목비용가법

해설 ① Glaser법 : 중령림
② 시장가역산법 : 벌기 이상의 산림
③ 임목기망가법 : 벌기 미만의 장령림

57 다음 조건에 따라 정액법으로 구한 임업기계의 감가상각비는?

- 취득원가 : 5,000,000원
- 잔존가치 : 500,000원
- 내용연수 : 50년

① 90,000원/년
② 100,000원/년
③ 500,000원/년
④ 1,100,000원/년

해설 감가상각비(정액법)
= (5,000,000원 − 500,000원) / 50
= 90,000원/년

58 임목재적을 측정하기 위한 흉고형수에 대한 설명으로 옳지 않은 것은?

① 지위가 양호할수록 형수가 작다.
② 수고가 작을수록 형수는 작아진다.
③ 연령이 많아질수록 형수는 커진다.
④ 흉고직경이 작아질수록 형수는 커진다.

해설 ② 수고가 작을수록 형수는 커진다.

54 ③ 55 ③ 56 ④ 57 ① 58 ② **정답**

59 이율은 5%이고 앞으로 10년 후에 300,000원의 간벌수익을 얻으리라고 예상하면 간벌수입의 전가합계는?

① 약 69,000원
② 약 184,000원
③ 약 489,000원
④ 약 1,296,000원

해설 간벌수입의 전가 = $300,000 / 1.05^{10}$
= 184,174원
= 약 184,000원

60 자연휴양림을 조성 신청하려는 자가 제출하여야 하는 자연휴양림 구역도의 축척은?

① 1/5,000
② 1/10,000
③ 1/15,000
④ 1/25,000

해설 자연휴양림의 지정신청 등(산림문화·휴양에 관한 법률 시행규칙 제13조 제1항 제3호)
자연휴양림 예정지의 위치도(축척 2만5천분의 1) 및 구역도(축척 5천분의 1 또는 6천분의 1) 각 1부

제 4 과목 | 임도공학

61 가선집재와 비교한 트랙터에 의한 집재작업의 장점으로 옳지 않은 것은?

① 기동성이 높다.
② 작업이 단순하다.
③ 작업생산성이 높다.
④ 잔존임분에 대한 피해가 적다.

해설 트랙터에 의한 집재작업은 잔존임분에 대한 피해가 크다.

62 다음 표는 임도의 횡단측량 야장이다. A, B, C, D에 대한 설명으로 옳지 않은 것은?

좌 측		측 점		우 측	
	L3.0	No.0 A	L3.0		B +1.5
−1.8 / 0.4		1			1.5
B (−0.3) / 2.0	C (1.2) / −0.3 / 2.0	MC₁	L / 1.3	+0.4 / 2.0	+0.4 / 2.0
		MC₁ D +3.70			

① A : 측점이 No.0인 경우는 기설노면을 의미한다.
② B : 분자는 고저차로서 +는 성토량, −는 절토량을 의미한다.
③ C : 분모는 수평거리로서 측점을 기준으로 왼편 1.2m 지점을 의미한다.
④ D : MC₁ 지점으로부터 3.70m 전진한 지점을 뜻한다.

해설 ② B : 분자는 고저차로, +는 위로 올라갔으므로 절토량, −는 아래로 내려갔으므로 성토량을 의미한다.

63 컴퍼스측량에 대한 설명으로 옳지 않은 것은?

① 국지인력의 영향 때문에 철제구조물과 전류가 많은 시가지 측량에 적합하다.
② 캠퍼스의 눈금판은 일반적으로 N과 S점에서 양측으로 0~90°까지 나누어져 있다.
③ 시준선이 어떤 방향으로 향할 때 자침이 가리키는 값은 남북방향을 기준으로 한 각이 된다.
④ 농지, 임야지 등과 같은 국지인력의 영향이 없는 곳이나 높은 정도를 필요로 하지 않는 곳에서 작업이 신속하고 간편하기에 많이 이용된다.

해설 ① 국지인력의 영향 때문에 철제구조물과 전류가 많은 시가지 측량에 부적합하다.

64 1/5,000 지형도에 종단경사 10%의 임도노선을 도상배치하고자 한다. 이론적인 수치보다 10%의 할증을 더 두어 계산해야 한다면 양각기 폭은?(단, 한 등고선의 간격은 5m)

① 1.0mm   ② 1.1mm
③ 10mm   ④ 11mm

해설 100m : 10(%) = x : 5m
x = 50m
여기서 할증을 10% 주면 55m
55m / 5,000 = 0.011m / 100 = 1.1cm = 11mm

65 콘크리트 포장 시공에서 보조기층의 기능으로 옳지 않은 것은?

① 동상의 영향을 최소화한다.
② 노상의 지지력을 증대시킨다.
③ 노상이나 차단층의 손상을 방지한다.
④ 줄눈, 균열, 슬래브 단부에서 펌핑현상을 증대시킨다.

해설 기층 및 표층 : 줄눈, 균열, 슬래브 단부에서 펌핑현상을 증대시킨다.

66 임도 설계를 위한 중심선측량 시 측점 간격 기준은?

① 10m   ② 15m
③ 20m   ④ 25m

해설 일반적인 측량의 측점 간격은 20m이다.

67 합성기울기가 10%이고, 외쪽 기울기가 6%인 임도의 종단기울기는?

① 4%   ② 6%
③ 8%   ④ 10%

해설 합성기울기(10%) = $\sqrt{(6^2 + 종단기울기^2)}$
종단기울기^2 = 64
∴ 종단기울기는 8%

63 ① 64 ④ 65 ④ 66 ③ 67 ③

68 배향곡선지가 아닌 경우 임도의 유효너비 기준은?

① 3m　② 4m
③ 5m　④ 6m

해설 임도의 유효너비(산림자원의 조성 및 관리에 관한 법률 시행규칙 [별표 2])
길어깨·옆도랑의 너비를 제외한 임도의 유효너비는 3m를 기준으로 한다. 다만, 배향곡선지(背向曲線地 : S자 형태의 지형)의 경우에는 6m 이상으로 한다.

69 산림 토목공사용 기계로 옳지 않은 것은?

① 전압기　② 착암기
③ 식혈기　④ 정지기

해설 식혈기는 조림용 기구이다.

70 사리도(자갈길, Gravel Road)의 유지관리에 대한 설명으로 옳지 않은 것은?

① 방진처리에 염화칼슘은 사용하지 않는다.
② 노면의 제초나 예불은 1년에 한 번 이상 실시한다.
③ 비가 온 후 습윤한 상태에서 노면 정지작업을 실시한다.
④ 횡단배수구의 기울기는 5~6% 정도를 유지하도록 한다.

해설 염화칼슘은 물을 흡수하여 방진처리에 도움이 된다.

71 임도 노면 시공방법에 따른 분류로 머캐덤(Macadam)에 해당하는 것은?

① 사리도
② 쇄석도
③ 토사도
④ 통나무길

해설 머캐덤공법
18세기 말 영국의 머캐덤(J. L. Macadam)이 제창한 도로의 포장공법이다. 쇄석을 깔고 이것이 충분히 물릴 때까지 다진 후, 메꿈재로 간극을 채워 마감하여 서로 물려서 조이는 힘과 결합력에 의하여 단단하게 만든다.

72 임도시공 시 토질조사 작업에서 예비조사의 주요항목이 아닌 것은?

① 토 양　② 지 질
③ 기 상　④ 지 적

해설 지적도와 토질조사는 상관이 없다.

정답 68 ① 69 ③ 70 ① 71 ② 72 ④

73 임도 설계업무의 진행 순서로 옳은 것은?

① 예비조사 → 예측 → 답사 → 실측 → 설계도 작성
② 예비조사 → 답사 → 예측 → 실측 → 설계도 작성
③ 실측 → 예측 → 지형도분석 → 답사 → 설계도작성
④ 실측 → 지형도분석 → 예측 → 구조물조사 → 설계도작성

해설 임도 설계업무의 진행 순서 : 예비조사 → 답사 → 예측 → 실측 → 설계도작성

74 다음 종단측량 결과표를 이용하여 측점 1~4를 연결하는 도로계획선의 종단기울기는? (단, 중심말뚝 간격은 30m)

측 점	1	2	3	4
지반고(m)	65.45	66.03	63.67	68.83

① 약 -3.8%
② 약 +3.8%
③ 약 -5.6%
④ 약 +5.6%

해설 측점4(68.83) - 측점1(65.45) = 3.38,
측점1에서 측점4까지의 거리는 90m
∴ 90 : 3.38 = 100 : x,
종단기울기 = 약 +3.76(3.8)%

75 임도 시설기준에 대한 설명으로 옳은 것은?

① 배향곡선은 중심선 반지름이 10m 이상으로 한다.
② 종단곡선은 포물선곡선방식을 적용하지 않는다.
③ 특수지형에서 최소 곡선반지름은 설계속도와 관계없이 14m 이상으로 한다.
④ 특수지형에서 노면포장을 하는 경우 종단기울기는 20% 범위에서 조정할 수 있다.

해설
② 종단곡선은 포물선곡선방식을 적용한다.
③ 특수지형에서 최소 곡선반지름은 설계속도에 따라 다르다.
④ 특수지형에서 노면포장을 하는 경우 종단기울기는 18% 범위에서 조정할 수 있다.

76 적정임도밀도가 10m/ha이고 양방향으로 집재할 때 평균집재거리는?

① 250m
② 500m
③ 750m
④ 1,000m

해설 적정임도밀도가 10m/ha이면 집재거리는 1,000m이고, 양방향으로 집재하므로 500m, 여기서 평균집재거리는 250m이다.

정답 73 ② 74 ② 75 ① 76 ①

77 일반지형의 경우 임도 설계속도가 20km/h일 때 설치할 수 있는 최소 곡선반지름 기준은?

① 12m ② 15m
③ 20m ④ 30m

해설

설계속도(km/hr)	최소 곡선반지름(m)	
	일반지형	특수지형
40	60	40
30	30	20
20	15	12

78 반출한 목재의 길이가 20m인 전간재를 너비가 4m인 임도에서 트럭으로 운반할 때 최소 곡선반지름은?

① 4m ② 20m
③ 25m ④ 50m

해설 최소 곡선반지름 = 통나무 길이^2 / (4 × 노폭)
= 400 / 16 = 25m

79 임도망 배치의 효율성 정도를 나타내는 개발지수에 대한 설명으로 옳지 않은 것은?

① 평균집재거리와 임도밀도를 곱하여 계산한다.
② 균일하게 임도가 배치되었을 때의 값은 1.0이다.
③ 노선이 중첩되면 될수록 임도배치 효율성은 높아진다.
④ 임도간격과 밀도가 동일하더라도 노망의 배치상태에 따라 이용효율성은 크게 달라진다.

해설 노선이 중첩되면 될수록 임도배치 효율성은 떨어진다.

80 흙의 입도분포의 좋고 나쁨을 나타내는 균등계수의 산출식으로 옳은 것은?(단, 통과중량 백분율 x에 대응하는 입경은 D_x)

① $D_{10} \div D_{60}$
② $D_{20} \div D_{60}$
③ $D_{60} \div D_{20}$
④ $D_{60} \div D_{10}$

해설 균등계수
여과에 쓰이는 여과 모래의 입경의 고른 정도를 나타내는 계수. 토사를 구성하는 굵은 입자, 가는 입자, 미립자의 입도 배분의 간단한 표시법이다. 체로 분류하여 60% 통과율을 나타내는 모래 입자 크기의 비로 나타낸다. 모래 입자의 크기가 고르면 1.0에 가깝고, 입경의 큰 값을 나타낸다. 10% 통과 입경은 유효 지름이라고 하며 여과 모래의 크기의 정도를 나타낸다. 균등계수의 표시는 입도 시험으로 입경 가적곡선의 중량 통과율 10%의 입경을 D_{10}으로 표시하고 이것에 대한 통과율 60%의 입경을 D_{60}으로 하면 균등계수 =D_{60}/D_{10}으로 표시한다.

정답 77 ② 78 ③ 79 ③ 80 ④

제 5 과목 | 사방공학

81 붕괴형 산사태에 대한 설명으로 옳은 것은?

① 지하수로 인해 발생하는 경우가 많다.
② 파쇄 또는 온천 지대에서 많이 발생한다.
③ 속도는 완만해서 흙덩이는 흩어지지 않고 원형을 유지한다.
④ 이동 면적이 1ha 이하로 작고, 깊이도 수 m 이하로 얕은 경우가 많다.

[해설] ①, ②, ③은 땅밀림에 대한 설명이다.

82 유역면적 200ha, 최대시우량 180mm/h, 유거계수 0.6일 때 최대홍수유량(m³/s)은?

① 60
② 90
③ 120
④ 180

[해설] 최대홍수유량(m³/s)
= 유거계수 × (유역면적 × 최대시우량)
= 0.6 × [2,000,000m² × (180 / 1,000)] / 3,600
= 60m³/s

83 비탈다듬기 공법에 대한 설명으로 옳지 않은 것은?

① 붕괴면의 주변 상부는 충분히 끊어낸다.
② 기울기가 급한 장소에서는 선떼붙이기와 산비탈돌쌓기 등으로 조정한다.
③ 퇴적층 두께가 3m 이상일 때에는 땅속흙막이를 시공한 후 실시한다.
④ 수정기울기는 지질·면적·공법 등에 따라 차이를 두되 대체로 45° 전후로 한다.

[해설] ④ 수정기울기는 지질·면적·공법 등에 따라 차이를 두되 최대 35° 전후로 한다.

84 비탈면 붕괴를 방지하기 위한 돌망태쌓기공법에 대한 설명으로 옳지 않은 것은?

① 보강성 및 유연성이 좋다.
② 투수성 및 방음성이 불량하다.
③ 일체성과 연속성을 지닌 구조물이다.
④ 주로 철선으로 짠 망태에 호박돌 또는 잡석을 채워 사용한다.

[해설] ② 투수성이 양호하다.

85 강우 시 침투능에 대한 설명으로 옳지 않은 것은?

① 나지보다 경작지의 침투능이 더 크다.
② 초지보다 산림지의 침투능이 더 크다.
③ 침엽수림이 활엽수림보다 침투능이 더 크다.
④ 시간이 지속되면 점점 작아지다가 일정한 값이 된다.

[해설] ③ 침엽수림이 활엽수림보다 산림의 침투능이 더 작다.

정답 81 ④ 82 ① 83 ④ 84 ② 85 ③

86 콘크리트흙막이를 산복기초로 시공할 경우 가장 적합한 높이는?

① 2.5m 이하
② 3.0m 이하
③ 3.5m 이하
④ 4.0m 이하

해설 콘크리트흙막이를 산복기초로 시공할 경우 가장 적합한 높이는 4.0m 이하이다.

87 황폐 계류 유역을 구분하는 데 포함되지 않는 것은?

① 토사준설구역
② 토사생산구역
③ 토사퇴적구역
④ 토사유과구역

해설 황폐 계류 유역 구분은 상부로부터 토사생산구역 – 토사유과구역 – 토사퇴적구역 순이다.

88 다음 설명에 해당하는 것은?

- 막깬돌, 잡석 및 호박돌 등을 가공하지 않은 상태로 축설한다.
- 유량이 비교적 적고 기울기가 비교적 급한 산복에 이용되는 수로이다.

① 떼붙임 수로
② 메붙임 돌수로
③ 찰붙임 돌수로
④ 콘크리트 수로

해설 가공하지 않은 상태로 축설하는 것은 메붙임 돌수로이다.

89 기슭막이에 대한 설명으로 옳지 않은 것은?

① 기슭막이의 둑마루 두께는 0.3~0.5m를 표준으로 한다.
② 기슭막이의 높이는 계획고 수위보다 0.5~0.7m 높게 한다.
③ 유로의 만곡에 의해 물의 충격을 받는 수충부 하류에 계획한다.
④ 기초의 밑넣기 깊이는 계상의 상황 등을 고려하여 세굴되지 않도록 한다.

해설 유로의 만곡에 의해 물의 충격을 받는 수충부 상류에 계획한다.

90 설상사구에 대한 설명으로 옳은 것은?

① 주로 파도막이 뒤에 형성되는 모래 언덕이다.
② 모래가 정선부에 퇴적하여 얕은 모래 둑을 형성한다.
③ 혀 모양의 형태로 모래가 쌓인 후 반달모양으로 형태가 바뀐 것이다.
④ 치올린 언덕의 모래가 비산하여 내륙으로 이동하면서 수목이나 사초가 있을 때 형성된다.

해설
① 고정사구
② 치올린 모래언덕
③ 반월사구

정답 86 ④ 87 ① 88 ② 89 ③ 90 ④

91 비중에 따라 골재를 구분할 경우 중량골재의 비중 기준은?

① 2.50 이하
② 2.60 이상
③ 2.70 이상
④ 2.80 이하

해설
- 중량골재 : 2.70 이상
- 보통골재 : 2.50~2.65
- 경량골재 : 2.50 이하

92 콘크리트 치기 작업의 주의사항으로 옳지 않은 것은?

① 가급적 신속하게 콘크리트 치기를 실시하여 작업을 완료해야 한다.
② 일반적으로 1.5m 이상의 높이에서 콘크리트를 떨어뜨려서는 안 된다.
③ 거푸집 내면의 막음널에 이탈제로 광유를 바르거나 비눗물을 바르기도 한다.
④ 기둥, 교각, 벽 등에는 콘크리트를 쳐 올라감에 따라 뜬 물이 생기므로 묽은 반죽으로 하는 것이 좋다.

해설 ④ 기둥, 교각, 벽 등에는 콘크리트를 쳐올라감에 따라 뜬 물이 생기므로 된 반죽으로 하는 것이 좋다.

93 흙사방댐의 높이가 2.5m일 때에 가장 적합한 댐마루 나비는?(단, Merrimar식 이용)

① 2.0m   ② 2.25m
③ 2.5m   ④ 2.75m

해설 댐마루 나비 = (댐높이 / 5) + 1.5m = 2.0m

94 토양침식 형태에서 중력침식에 해당되지 않는 것은?

① 붕괴형   ② 지중형
③ 지활형   ④ 유동형

해설 ② 지중형 침식이라는 용어는 없다.
중력침식 : 붕괴형 침식, 지활형 침식, 유동형 침식, 사태형 침식, 빙하침식

95 사방댐을 직선유로에 계획할 때 올바른 방향은?

① 유심선에 직각
② 유심선에 평행
③ 유심선의 접선의 직각
④ 유심선의 접선에 평행

해설 사방댐을 직선유로에 계획할 때 유심선에 직각인 방향으로 계획해야 유수의 차단 효과가 가장 크다.

정답 91 ③ 92 ④ 93 ① 94 ② 95 ①

96 돌골막이 시공 시 돌쌓기의 표준 기울기로 옳은 것은?

① 1 : 0.1
② 1 : 0.2
③ 1 : 0.3
④ 1 : 0.4

해설 돌골막이 시공 시 돌쌓기의 표준 기울기는 1 : 0.3이다.

97 비탈면 녹화공법에 해당하지 않는 것은?

① 조공
② 사초심기
③ 비탈덮기
④ 선떼붙이기

해설 초심기 : 앞모래 언덕이 기대한 단면에 이르면 내풍성, 내염성이 강하고 퇴사에 의한 매몰, 건조, 더위에 강한 사구식물을 심어 모래 언덕을 고정하기 위한 대책

98 임간나지에 대한 설명으로 옳은 것은?

① 산림이 회복되어 가는 임상이다.
② 비교적 키가 작은 울창한 숲이다.
③ 초기 황폐지나 황폐이행지로 될 위험성은 없다.
④ 지표면에 지피식물 상태가 불량하고 누구 또는 구곡침식이 형성되어 있다.

해설
① 산림이 파괴되어 가는 임상이다.
② 비교적 키가 큰 엉성한 숲이다.
③ 초기 황폐지나 황폐이행지로 급진전되는 위험성이 있다.

99 시우량법을 이용하여 최대홍수유량을 산정할 때 침투 정도가 보통인 평지 토양에서 유거계수가 가장 큰 경우는?

① 산림
② 초지
③ 암석지
④ 농경지

해설 유거계수가 가장 큰 경우는 식생이 없는 암석지이다.

100 계류의 임계유속에 대한 설명으로 옳은 것은?

① 유수가 흐르지 않는 상태이다.
② 계상에 침식이 일어나지 않는다.
③ 계상에 침식이 가장 많이 일어난다.
④ 유수의 속도가 가장 빠른 상태이다.

해설 계상에 침식이 일어나지 않는 유속을 임계유속이라 한다.

정답 96 ③ 97 ② 98 ④ 99 ③ 100 ②

2021년 제2회 산림기사 기출문제

제1과목 조림학

01 가지치기에 대한 설명으로 옳은 것은?
① 활엽수종의 지융부를 제거하면 안 된다.
② 생장휴지기에는 가급적 실시하지 않는다.
③ 수간 상부보다 하부의 비대생장을 촉진시킨다.
④ 가지치기 작업으로 인해 부정아는 생성되지 않는다.

해설
② 생장휴지기에는 가급적 실시한다.
③ 수간 하부보다 상부의 비대생장을 촉진시킨다.
④ 가지치기 작업으로 인해 부정아가 생성되기 쉽다.

02 어린나무 가꾸기에 대한 설명으로 옳은 것은?
① 조림목은 제거하지 않는다.
② 간벌 작업 이전에 실시한다.
③ 생육 휴면기인 겨울철이 적정 시기이다.
④ 일반적으로 수관경쟁이 시작되고 조림목의 생육이 저해되는 시점이 적정 시기이다.

해설
① 제거대상목은 조림목 또는 보육대상 임목의 생장에 지장을 주는 경제성 없는 유해수종 및 잡관목과 덩굴류, 조림목 중 피해목과 생장이 불량한 도태대상목, 인접목에 피해를 주는 폭목으로 한다.
③ 6~9월 사이(여름철)에 실시하는 것을 원칙으로 하되 늦어도 적어도 초가을까지는 작업을 끝내도록 하며 겨울철에 실행하면 조림목이 한풍해 등의 피해를 받기 쉽다.

03 체내에서 이동이 용이하여 성숙 잎에서 먼저 결핍증이 나타나는데, 잎에 검은 반점과 황화현상이 나타나고, 결핍 시 뿌리썩음병에 잘 걸리게 되는 무기영양소는?
① 철   ② 칼슘
③ 질소   ④ 칼륨

해설
칼륨(K)
질소와 인 다음으로 결핍되기 쉬우며, 잎의 기공에서 이뤄지는 개폐기작에 가장 큰 영향을 미친다. 결핍증상으로 황화현상이 나타나고 뿌리썩음병에 잘 걸리게 된다.

04 풀베기 작업을 두 번 하고자 할 때 첫 번째 작업 시기로 가장 적당한 것은?
① 1~3월   ② 3~5월
③ 5~7월   ④ 7~9월

해설
풀베기 시기는 6월 상순에서 8월 상순 사이에 실시하며(두 번 실시할 경우 첫 번째 작업시기는 이 문제에서 5~7월이 가장 적합함) 9월 이후부터는 실시하지 않는다.

정답 1 ① 2 ②, ④ 3 ④ 4 ③

05 음엽과 비교한 양엽의 특성으로 옳은 것은?

① 잎이 넓다.
② 광포화점이 낮다.
③ 책상 조직의 배열이 빽빽하다.
④ 큐티클층과 잎의 두께가 얇다.

해설 양 엽
- 잎이 음엽보다 좁다.
- 광포화점이 높다.
- 큐티클층과 잎의 두께가 두껍다.
- 엽록소 함량이 음엽보다 적다.

06 다음 ( ) 안에 들어갈 용어로 올바르게 나열한 것은?

중림작업은 ( ) 작업과 ( ) 작업의 혼합림 작업이다.

① 교림, 죽림
② 교림, 왜림
③ 죽림, 순림
④ 죽림, 왜림

해설 중림작업은 교림작업과 왜림작업을 혼합한 갱신작업으로 동일 임지에서 일반용재와 신탄재 등을 동시에 생산하는 것을 목적으로 한다.

07 종자를 건조한 상태로 저장하여도 발아력이 크게 손상되지 않는 수종으로만 올바르게 나열한 것은?

① 목련, 칠엽수
② 편백, 삼나무
③ 밤나무, 가시나무
④ 신갈나무, 가래나무

해설 건조저장법 수종 : 소나무, 해송, 리기다소나무, 삼나무, 편백, 낙엽송 등

08 묘목을 식재할 때 뿌리돌림 시기로 가장 적합한 것은?

① 상록활엽수종 : 한겨울
② 상록침엽수종 : 7~8월 상순
③ 낙엽수종 : 11~2월 상순, 혹은 2~3월 상순
④ 수종마다 큰 차이가 없고 연중 어느 때든지 적합하다.

해설 낙엽활엽수의 경우 잎이 핀 뒤보다 수액이 오르기 직전이 좋고(겨울이나 초봄), 침엽수나 상록활엽수는 수액이 이동할 무렵(초봄) 즉, 눈이 움직이는 시기보다 2주 정도 앞선 시기가 적기이다.

09 난대 수종으로 일반적으로 온대 중부 이북에서 조림하기 어려운 수종은?

① *Quercus acuta*
② *Picea jezoensis*
③ *Abies holophylla*
④ *Pinus koraiensis*

해설 ① *Quercus acuta*(붉가시나무)는 난대 수종이다.

정답 5 ③ 6 ② 7 ② 8 ③ 9 ①

10 삽목 발근이 용이한 수종만으로 올바르게 나열한 것은?

① 감나무, 자작나무
② 백합나무, 사시나무
③ 꽝꽝나무, 동백나무
④ 두릅나무, 산초나무

해설 **삽목 발근이 용이한 수종** : 꽝꽝나무, 동백나무, 사시나무류, 버드나무류 등

11 비료목에 해당하는 수종으로만 올바르게 나열한 것은?

① 자귀나무, 가시나무, 백합나무
② 자귀나무, 오리나무, 족제비싸리
③ 오리나무, 졸참나무, 물푸레나무
④ 아까시나무, 나도밤나무, 물푸레나무

해설 콩과식물(자귀나무, 족제비싸리, 아까시나무 등)이 주로 비료목 역할을 한다.
※ 오리나무는 사방식재목으로 비료목 역할을 한다.

12 종자가 결실을 촉진하기 위해 일반적으로 사용하는 방법이 아닌 것은?

① 충분한 관수
② 단근 작업 실시
③ 인산 및 칼륨 시비
④ 임분의 입목밀도 조절

해설 관수는 결실촉진방법이 아니다.

13 택벌에 대한 설명으로 옳지 않은 것은?

① 양수 수종의 갱신에 유리하다.
② 기상 피해에 대한 저항력이 높다.
③ 임관이 항상 울폐된 상태를 유지한다.
④ 경관적 가치가 다른 작업종에 비해 높다.

해설 ① 택벌은 음수 수종의 갱신에 유리하다.

14 지베렐린에 대한 설명으로 옳지 않은 것은?

① 알칼리성이다.
② 신장 생장을 촉진한다.
③ 일반적으로 지베렐린이 처리된 수목은 개화량과 개화기간이 길어진다.
④ Gibbane의 구조를 가진 화합물이며 일반적으로 GA_3라고 표기한다.

해설 ① 지베렐린은 산성이다.

15 순림과 비교한 혼효림의 장점으로 옳지 않은 것은?

① 생물의 다양성이 높다.
② 환경적 기능이 우수하다.
③ 병해충에 대한 저항력이 크다.
④ 무육작업과 산림경영이 경제적이다.

해설 ④ 무육작업과 산림경영이 비경제적이다.

16 수목의 증산작용에 대한 설명으로 옳지 않은 것은?

① 잎의 온도를 낮추어 준다.
② 무기염의 흡수와 이동을 촉진시키는 역할을 한다.
③ 식물의 표면으로부터 물이 수증기의 형태로 방출되는 것을 의미한다.
④ 증산작용을 할 수 없는 100%의 상대습도에서는 식물이 자라지 못한다.

해설 ④ 증산작용을 할 수 없는 100%의 상대습도에서도 식물은 자란다.

17 파종상에서 1년, 이식상에서 2년, 그 뒤 1번 더 이식한 실생묘의 표시는?

① 1/2-1
② 1-1/2
③ 1-2-1
④ 2-1-1

해설 파종상에서 1년, 이식상에서 2년, 그 뒤 1번 더 이식한 실생묘의 표시는 1-2-1

18 다음 조건에서 종자의 효율은?

- 종자시료 전체 무게 : 100g
- 순정종자 무게 : 50g
- 종자시료 전체 개수 : 160개
- 발아한 종자개수 : 80 개

① 25%
② 50%
③ 75%
④ 100%

해설 종자의 효율 = (발아율 × 순량률) / 100
= (50% × 50%) / 100 = 25%
발아율 = (80 / 160) × 100 = 50%
순량률 = (50 / 100) × 100 = 50%

정답 15 ④ 16 ④ 17 ③ 18 ①

19 모수작업에 의한 갱신이 가장 유리한 수종은?

① *Juglans regia*
② *Pinus densifora*
③ *Pinus koraiensis*
④ *Quercus acutissima*

해설 모수작업은 극양수인 *Pinus densifora*(소나무)가 가장 유리하다.

20 소나무와 곰솔을 비교한 설명으로 옳지 않은 것은?

① 곰솔의 침엽은 굵고 길다.
② 소나무의 겨울눈은 굵고 회백색이다.
③ 소나무의 수피는 적갈색이고 곰솔은 암흑색이다.
④ 침엽 수지도가 곰솔은 중위이고 소나무는 외위이다.

해설 ② 곰솔의 겨울눈은 굵고 회백색이고, 소나무의 겨울눈은 적갈색이다.

제 2 과목 　산림보호학

21 다음 설명에 해당하는 바람의 종류는?

- 10~15m/s 정도로 불며, 풍속은 느리지만 규칙적으로 분다.
- 수목피해 : 만성적으로 눈에 잘 띄지 않으나 임목의 생장을 감소시키고, 수형을 불량하게 한다.

① 폭 풍　　② 염 풍
③ 육 풍　　④ 주 풍

22 솔잎혹파리를 방제하는 방법으로 옳지 않은 것은?

① 포식성 조류인 박새, 곤줄박이를 보호한다.
② 간벌하여 임내를 건조시킴으로써 번식을 억제한다.
③ 번데기가 낙하하는 11월 하순~12월 상순에 카보퓨란 입제를 지면에 살포한다.
④ 피해가 심한 임지에서는 산란 및 부화 최성기에 디노테퓨란 액제를 수간 주입한다.

해설 ③ 번데기가 낙하하는 시기는 5월~6월이다.

23 수목의 외과적 치료 방법에 대한 설명으로 옳은 것은?

① 나무주사를 이용하는 방법이다.
② 부후병, 뿌리썩음병에는 효과가 없다.
③ 뽕나무 오갈병, 오동나무 빗자루병에는 효과가 없다.
④ 살균제 성분을 이용하여 수목피해를 예방하는 것이다.

해설
① 수술을 이용하는 방법이다.
② 부후병, 뿌리썩음병에는 효과가 있다.
④ 수술을 통해 수목피해를 예방하는 것이다.

24 산성비의 산도에 해당하는 것은?

① pH 5.0~7.0
② pH 5.6~7.5
③ pH 5.6 이하
④ pH 7.0 이상

해설 산성비란 수소이온 농도(pH)가 5.6 미만인 비로, 식물, 물고기, 토양 등에 안 좋은 영향을 미친다. 일반적인 비의 pH는 5.6~6.4로 약산성이다.

25 밤나무혹벌이 주로 산란하는 곳은?

① 밤나무의 눈
② 밤나무의 뿌리
③ 밤나무의 잎 뒷면
④ 밤나무 주변 지피물

해설 밤나무혹벌의 성충은 약 1주일간 충영 내에 머물러 있다가 구멍을 뚫고 6월 하순~7월 하순에 외부로 탈출하여 새눈에 3~5개씩 산란한다.

26 소나무류 잎녹병균 중간기주가 아닌 것은?

① 잔 대   ② 황벽나무
③ 쑥부쟁이   ④ 졸참나무

해설 ④ 졸참나무는 소나무류 잎녹병균의 중간기주가 아니다.

27 박쥐나방에 대한 설명으로 옳지 않은 것은?

① 어린 유충은 초본을 가해한다.
② 성충은 박쥐처럼 저녁에 활발히 활동한다.
③ 성충은 나무에 구멍을 뚫어 알을 산란한다.
④ 1년 또는 2년에 1회 발생하며 알로 월동한다.

해설 8월에서 10월에 성충이 우화하여 공중을 날면서 알을 떨어뜨린다.

정답 23 ③ 24 ③ 25 ① 26 ④ 27 ③

28 상륜에 대한 설명으로 옳은 것은?
① 상해의 피해 중 만상의 피해로 나타나는 일종의 위연륜을 말한다.
② 지형적으로 습기가 낮고, 높은 지대, 소택지 등에 상륜의 피해가 많다.
③ 조상의 피해로 나타나는 현상으로 일시 생장이 중지되었을 때 나타난다.
④ 고립목이나 산림의 임연부에서 한겨울 밤 수액이 저온으로 얼면서 나타는 피해현상이다.

해설 상륜은 상해의 피해 중 만상의 피해로 나타나는 일종의 위연륜을 말한다.

29 봄에 진딧물의 월동란에서 부화한 애벌레를 무엇이라 하는가?
① 간 모
② 유성생식충
③ 산란성 암컷
④ 산자성 암컷

해설 간모 : 진딧물의 월동란이 봄에 부화하여 발육한 것으로 날개가 없이 새끼를 낳는 단위 생식형의 암컷

30 파이토플라스마에 대한 설명으로 옳지 않은 것은?
① 인공 배양이 불가능하다.
② 원핵생물과 진핵생물의 중간적 존재이다.
③ 세포벽이 없으므로 구형 또는 불규칙한 모양이다.
④ 파이토플라스마에 의한 수목병은 대부분 곤충에 의해 전염된다.

해설 파이토플라스마는 바이러스처럼 핵단백질 모양의 병원체가 아니라 극히 미세한 원핵 미생물이다.

31 알락하늘소를 방제하는 방법으로 옳지 않은 것은?
① Bt균이나 핵다각체바이러스를 살포한다.
② 성충이 우화하는 시기에 적용 약제를 수관에 살포한다.
③ 유충을 구제하기 위하여 침입공에 적용 약제를 주입한다.
④ 철사를 침입공에 넣어 목질부에 서식하고 있는 유충을 찔러 죽인다.

해설 ① 줄기를 가해하는 애벌레에 대해 적용살충제를 이용하거나 산란부위를 찾아 제거한다.

32 미국흰불나방은 1년에 몇 회 우화하는가?
① 1회   ② 2~3회
③ 4~5회   ④ 6회

해설 미국흰불나방은 1년에 보통 2회 발생한다.

28 ① 29 ① 30 ② 31 ① 32 ②

33 희석하여 살포하는 약제가 아닌 것은?

① 액 제
② 입 제
③ 수화제
④ 캡슐현탁제

해설 입제는 대체로 8~60메시(입자지름 약 0.5~2.5mm) 범위의 작은 입자로 된 농약으로 바로 살포한다.

34 밤바구미에 대한 설명으로 옳지 않은 것은?

① 경제적 피해 수종은 주로 밤나무이다.
② 밤껍질 밖으로 배설물을 방출하므로 쉽게 알 수 있다.
③ 유충이 밤이나 도토리의 과육을 식해하여 피해를 준다.
④ 땅속에서 유충의 형태로 월동한 후에 번데기가 된다.

해설 밤바구미는 복숭아명나방과 함께 밤나무의 중요한 종실 해충이다. 종피와 과육 사이에 산란된 알에서 부화한 유충이 과육을 먹고 자라는데 밤나방, 복숭아명나방과 같이 똥을 밖으로 배출하지 않으므로 밤을 수확해 밤을 쪼개 보거나유충이 탈출하기 전까지는 피해를 식별하기가 어렵다.

35 아밀라리아뿌리썩음병에 대한 설명으로 옳은 것은?

① 주로 천공성 곤충으로 전반된다.
② 침엽수와 활엽수에 모두 발생한다.
③ 표징으로 갈색의 파상땅해파리버섯이 있다.
④ 병원균은 균핵으로 월동하여 이듬해에 1차 전염원이 된다.

해설
① 주로 어릴때 병원균으로 전반된다.
③ 표징으로 뿌리꼴균사다발, 부채꼴균사반, 뽕나무버섯의 특징이 있다.
④ 병원균은 자실체로 죽은 나무뿌리에서 수년간 생존가능하다.

36 오동나무 탄저병을 방제하는 방법으로 옳지 않은 것은?

① 거름주기와 가지치기를 철저히 한다.
② 실생묘의 양묘에서는 토양소독을 실시한다.
③ 병든 부분을 제거하고 소독 후 도포제를 처리한다.
④ 짚으로 토양을 피복하여 빗물에 흙이 튀지 않게 한다.

해설 병든 가지와 잎은 즉시 잘라서 태우며 낙엽은 늦가을에 모아서 태운다. 분주묘(分株苗)에서는 만코지수화제 500배액을 6월상순부터 10일 간격으로 가을까지 살포한다. 실생묘를 양성할 때에는 먼저 토양소독을 실시하고 빗물에 흙이 튀어 묘목에 붙지 않도록 비닐하우스 내에서 양묘하며, 발아 후부터 만코지수화제 500배액을 10일 간격으로 3~4회 살포한다.

정답 33 ② 34 ② 35 ② 36 ①, ③

37 세균에 의한 수목병에 해당하는 것은?

① 녹병
② 탄저병
③ 뿌리혹병
④ 소나무재선충병

해설
① 녹병 : 담자균
② 탄저병 : 불완전균류
④ 소나무재선충병 : 선충

38 주로 단위생식으로 번식하는 해충은?

① 솔나방
② 밤나무혹벌
③ 솔잎혹파리
④ 북방수염하늘소

해설 밤나무혹벌은 단위생식으로 번식한다.

39 밤나무 줄기마름병을 방제하는 방법으로 옳은 것은?

① 침투 이행성 살균제를 피해목 수간에 주입한다.
② 외가닥 RNA가 존재하는 저병원성 균주를 살포한다.
③ 박쥐나방에 의한 피해를 줄이기 위하여 살충제를 살포한다.
④ 상습 발생지에서는 장마 후부터 10일 간격으로 살균제를 3~4회 살포한다.

해설 **밤나무 줄기마름병의 방제**
배수가 불량한 곳과 수세가 약한 경우 피해가 심하므로 유의하며, 가지치기나 기타 인위적 상처를 가했을 때나 초기 병반이 발생하였을때에는 병든 부분을 도려내고 지오판도포제를 발라준다. 비료 주기는 적기에 하며, 질소비료의 과용을 피하고 동해나 피소를 막기 위하여 백색페인트를 발라준다. 박쥐나방 등 천공성해충의 피해가 없도록 살충제를 살포하며 저항성 품종(단택, 이취, 삼초생, 금추 등)을 식재한다.

40 오리나무 갈색무늬병을 방제하는 방법으로 옳지 않은 것은?

① 윤작을 피한다.
② 종자를 소독한다.
③ 솎아주기를 한다.
④ 병든 낙엽은 모아 태운다.

해설 오리나무 갈색무늬병을 방제하는 방법에서 윤작은 상관이 없다.

제 3 과목 | 임업경영학

41 산림 평가와 관련된 산림의 특수성에 대한 설명으로 옳지 않은 것은?

① 관광 산업으로 산지 전용 등 산림에 대한 가치관이 다양화되고 있다.
② 산림은 자연적으로 장기간에 걸쳐 생산된 것이므로 완전히 동형·동질인 것은 없다.
③ 산림 평가에 있어서 과거와 장래에 걸친 여러 문제는 중요한 평가 인자로 고려하지 않는다.
④ 임업의 대상지로서 산림은 수익을 예측하기가 어렵고 적합한 예측 방법도 확립되어 있지 않다.

해설 산림 평가에 있어서 현재뿐만 아니라 과거와 장래에 걸친 여러 문제도 중요한 평가 인자로 고려한다.

42 유령림의 임목을 평가하는 방법으로 가장 적합한 것은?

① Glaser법
② 비용가법
③ 기망가법
④ 매매가법

해설 유령림은 비용가법으로 평가한다.

43 다음 조건에 따른 자본에 귀속하는 소득은?

- 임업소득 : 10,000,000원
- 가족노임추정액 : 5,000,000원
- 지대 : 1,000,000원
- 자본이자 : 500,000원

① 3,500,000원
② 4,000,000원
③ 4,500,000원
④ 10,500,000원

해설 자본에 귀속하는 소득
= 임업소득 − 지대 + 가족노임추정액
= 10,000,000원 − 1,000,000원 + 5,000,000원
= 4,000,000원

44 임지기망가에 대한 설명으로 옳지 않은 것은?

① 조림비가 클수록 임지기망가가 최대로 되는 시기가 늦어진다.
② 이율이 클수록 임지기망가가 최대로 되는 시기가 빨리 온다.
③ 간벌수익이 클수록 임지기망가가 최대로 되는 시기가 빨리 온다.
④ 지위가 양호한 임지일수록 임지기망가가 최대로 되는 시기가 늦어진다.

해설 지위가 양호한 임지일수록 임지기망가가 최대로 되는 시기가 빨리온다.

정답 41 ③ 42 ② 43 ② 44 ④

45 다음 조건을 활용하여 Austrian 공식으로 구한 표준연벌량은?

- 대상 임분 : 소나무림
- 윤벌기 : 60년
- 갱정기 : 20년
- 연년생장량 : 10,500m³
- 현실임분축적 : 249,000m³
- 법정축적 : 245,000m³

① 10,500m³ ② 10,700m³
③ 11,100m³ ④ 14,500m³

해설 표준연벌량
= 연년생장량 + (현실임분축적 − 법정축적) / 갱년기
= 10,500 + (249,000 − 245,000) / 20
= 10,700m³

46 어떤 잣나무의 흉고형수가 0.4702, 흉고직경이 20cm, 수고가 10m인 경우 형수법에 의한 입목재적은?

① 0.1476m³ ② 0.5906m³
③ 1.4764m³ ④ 2.9529m³

해설 입목재적
= 흉고형수(0.4702) × (3.14 × 20²) × 10 / 40,000
= 0.1476m³

47 임분 재적 측정 방법으로 표본조사법 중 선표본점법에 해당하는 것은?

① 임의 추출법 ② 층화 추출법
③ 부차 추출법 ④ 계통적 추출법

해설 선표본점법은 면적의 산림조사에서 적용되는 표본조사법으로, 임분을 몇 개의 대상(帶狀)으로 분할한 다음 그 중심선상 또는 분할한 선에서 일정한 거리를 두고 분할한 선과 평행하는 선상에서 일정한 간격을 두어 표본점을 계통적으로 추출하는 방법

48 자연휴양림 안에 설치할 수 있는 시설의 규모에 대한 설명으로 옳은 것은?

① 3층 이상의 건축물을 건축하면 안 된다.
② 일반음식점영업소 또는 휴게음식점영업소의 연면적은 900m² 이하로 한다.
③ 자연휴양림시설 중 건축물이 차지하는 총 바닥면적은 10,000m² 이하가 되도록 한다.
④ 자연휴양림시설의 설치에 따른 산림의 형질변경 면적은 10,000m² 이하가 되도록 한다.

해설 자연휴양림시설의 종류·기준 등(산림문화·휴양에 관한 법률 시행령 제7조 제2항)
자연휴양림 안에 설치할 수 있는 시설의 규모는 다음과 같다.
1. 자연휴양림시설의 설치에 따른 산림의 형질변경 면적(자연휴양림 조성 전에 설치된 임도·순환로·산책로·숲체험코스 및 등산로의 면적은 산림의 형질변경 면적에서 제외한다)은 다음의 기준에 따를 것
  가. 자연휴양림 조성 대상지의 산림면적이 20만m² 이상인 경우 또는 섬 발전 촉진법에 따른 섬지역에 자연휴양림을 조성하는 경우 : 10만m² 이하
  나. 자연휴양림 조성 대상지의 산림면적이 13만m² 이상부터 20만m² 미만인 경우 : 자연휴양림 전체 면적의 50% 이하
2. 자연휴양림시설 중 건축물이 차지하는 총 바닥면적은 1만m² 이하가 되도록 할 것
3. 개별 건축물의 연면적은 900m² 이하로 할 것. 다만, 식품위생법에 따른 휴게음식점영업소 또는 일반음식점영업소의 연면적은 다음의 구분에 따른다.
  가. 국가 또는 지방자치단체가 소유한 자연휴양림 : 200m² 이하
  나. 가목 외의 자연휴양림 : 600m² 이하
4. 건축물의 층수는 3층 이하가 되도록 할 것

49 입목의 직경을 측정하는 데 사용하는 도구가 아닌 것은?

① 윤척(Caliper)
② 직경 테이프(Diameter Tape)
③ 빌티모아 스틱(Biltimore Stick)
④ 아브네이 핸드 레벨(Abney Hand Level)

해설 아브네이 핸드 레벨(Abney Hand Level)은 수고 측정기이다.

50 공·사유림 산림경영계획을 작성하기 위한 임황조사 항목이 아닌 것은?

① 지위
② 경급
③ 임령
④ 총축적

해설 지위는 지황조사이다.

51 산림투자의 경제성 분석방법이 아닌 것은?

① 회수기간법
② 순현재가치법
③ 외부수익률법
④ 편익비용비율법

해설 산림투자의 경제성 분석방법은 외부수익률법이 아니라 내부투자수익률법이다.

52 다음 조건에서 시장가역산법을 적용한 소나무 원목의 임목가는?

- 시장 가격 : 300,000원
- 생산 비용 : 100,000원
- 조재율 : 70%
- 투입 자본의 회수기간 : 5년
- 자본의 연이율 : 4%
- 기업 이익률 : 30%

① 55,000원
② 70,000원
③ 95,000원
④ 125,400원

해설 시장가역산법
= 조재율(0.7) × [(시장가(300,000원)
 / (1 + 5 × 0.04 + 0.3) − 100,000원]
= 70,000원
회수기간이 5년이므로 연이율 적용

53 산림의 생산기간에 대한 설명으로 옳지 않은 것은?

① 회귀년이 짧은 경우 단위면적에서 벌채될 재적이 많다.
② 벌기령과 벌채령이 일치할 때 벌기령을 법정벌기령이라 한다.
③ 개량기는 개벌작업을 하는 산림에 적용되는 기간이며 정리기라고도 한다.
④ 윤벌기란 보속작업에 있어서 한 작업급 내의 모든 임분을 1순벌하는 데 필요한 기간이다.

해설 ① 회귀년이 짧은 경우 단위면적에서 벌채될 재적이 적다.

정답 49 ④ 50 ① 51 ③ 52 ② 53 ①

54 임업경영의 지표분석 중 수익성 분석 항목이 아닌 것은?

① 자본순수익
② 자본이익률
③ 토지회전율
④ 자본회전율

해설 임업경영의 지표분석 중 토지회전율은 항목이 아니다.

55 우리나라 임업 경영의 특성이 아닌 것은?

① 생산기간이 대단히 길다.
② 임업은 공익성이 크므로 제한성이 많다.
③ 임업노동은 계절적 제약을 크게 받지 않는다.
④ 육성임업과 채취임업은 함께 실시하기 어렵다.

해설 ④ 육성임업과 채취임업은 병존한다.

56 자연휴양림의 지정권자는?

① 산림청장
② 시·도지사
③ 시장·군수
④ 국립자연휴양림관리소장

해설 자연휴양림의 지정(산림문화·휴양에 관한 법률 제13조 제1항)
산림청장은 소관 국유림을 자연휴양림으로 지정할 수 있다.

57 산림경영의 지도원칙 중 보속성의 원칙이 아닌 것은?

① 목재 생산의 보속
② 임업기술 유지의 보속
③ 생산자본 유지의 보속
④ 목재수확 균등의 보속

해설 임업기술의 유지는 보속성 원칙이 아니다.

58 법정림을 구성하기 위한 법정상태의 요건에 해당되지 않는 것은?

① 법정축적
② 법정생장량
③ 법정노동력
④ 법정임분배치

해설 법정림을 구성하기 위한 법정상태의 요건 : 법정영급분배, 법정축적, 법정생장량, 법정임분배치

54 ③ 55 ④ 56 ① 57 ② 58 ③   정답

59 이령림의 연령을 측정하는 방법이 아닌 것은?

① 벌기령
② 본수령
③ 재적령
④ 표본목령

해설 벌기령은 임분(林分) 또는 임목을 벌채에 이용할 수 있는 연령으로 측정방법이 아니다.

60 다음 손익분기점 분석 공식에서 q가 의미하는 것은?(단, TC는 총비용, FC는 총고정비, v는 단위당 변동비)

TC = FC + v + q

① 손실비
② 총수익
③ 판매가격
④ 손익분기점의 생산량

해설 TC(총비용) = FC(총고정비) + v(단위당 변동비) + q(손익분기점의 생산량)

제 **4** 과목 　임도공학

61 배향곡선지인 경우 길어깨와 옆도랑의 너비를 제외한 임도의 유효너비의 기준은?

① 3m
② 5m
③ 6m
④ 10m

해설 **임도의 유효너비(산림자원의 조성 및 관리에 관한 법률 시행규칙 [별표 2])**
길어깨·옆도랑의 너비를 제외한 임도의 유효너비는 3m를 기준으로 한다. 다만, 배향곡선지(背向曲線地 : S자 형태의 지형)의 경우에는 6m 이상으로 한다.

62 산악지대의 임도노선 선정 형태로 옳지 않은 것은?

① 사면임도
② 능선임도
③ 계곡임도
④ 작업임도

해설 작업임도는 노선선정 형태가 아니고 기능에 의한 분류이다.

63 수확한 임목을 임내에서 박피하는 이유로 가장 거리가 먼 것은?

① 운재작업 용이
② 병충해 피해방지
③ 신속한 원목 건조
④ 공장에서 작업하는 경우보다 생산원가 절감

해설 공장에서 작업하는 경우보다 생산원가 증가

정답 59 ① 60 ④ 61 ③ 62 ④ 63 ④

64 등고선에 대한 설명으로 옳지 않은 것은?

① 절벽 또는 굴인 경우 등고선이 교차한다.
② 최대 경사의 방향은 등고선에 평행한 방향이다.
③ 지표면의 경사가 일정하면 등고선 간격은 같고 평행하다.
④ 일반적으로 등고선은 도중에 소실되지 않으며 폐합된다.

해설 최대 경사의 방향은 등고선의 수직 방향이다.

65 대피소를 설치할 때 유효길이 기준으로 옳은 것은?

① 5m 이상 ② 10m 이상
③ 15m 이상 ④ 300m 이내

해설 대피소 설치기준

구분	기준
간격	300m 이내
너비	5m 이상
유효길이	15m 이상

66 임도의 종단 기울기에 대한 설명으로 옳지 않은 것은?

① 최소 기울기는 3% 이상으로 설치한다.
② 종단 기울기를 낮게 하면 시설비는 증가될 수 있다.
③ 종단 기울기를 높게 하면 임도우회율이 작아진다.
④ 보통 자동차가 설계속도의 90% 이상 정도로 오를 수 있도록 설정한다.

해설 보통 자동차가 설계속도의 100% 이상 정도로 오를 수 있도록 설정한다.

67 다음 ( ) 안에 해당되는 것을 순서대로 올바르게 나열한 것은?

> 산림관리 기반시설의 설계 및 시설기준에 따르면 배수구의 통수단면은 ( )년 빈도 확률 강우량과 홍수도달시간을 이용한 합리식으로 계산된 최대홍수유출량의 ( )배 이상으로 설계 및 설치한다.

① 50, 1.2 ② 50, 1.5
③ 100, 1.2 ④ 100, 1.5

해설 산림관리 기반시설의 설계 및 시설기준(산림자원의 조성 및 관리에 관한 법률 시행규칙 [별표 2])
배수구의 통수단면은 다음의 어느 하나의 방법으로 계산된 최대홍수유출량의 2.0배 이상으로 설계·설치한다.
• 최근 100년 빈도 확률강우량과 홍수도달시간을 이용하여 합리식(合理式)으로 계산
• 최근 5년간 극한호우에 의한 강우강도를 이용하여 합리식으로 계산
※ 관련 법령의 개정(2025.4.2.)으로 인하여 답을 찾을 수 없습니다.

64 ② 65 ③ 66 ④ 67 ③

68 사면붕괴 및 사면침식 등 임도 비탈면의 유지관리를 위한 표면유수 유입방지용 배수시설은?

① 맹거
② 종배수구
③ 횡배수구
④ 산마루 측구

해설 산마루의 돌림수로 측구가 표면유수 유입방지용 배수시설이다.

70 다음 그림에서 각 꼭짓점이 높이(m)를 나타낼 때 점고법을 이용한 전체 토량과, 절토량과 성토량이 균형을 이루는 시공면고(높이)는? (단, 각 구역의 면적은 32m²로 동일)

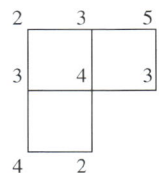

① 전체 토량 208m³, 시공면고 2.2m
② 전체 토량 320m³, 시공면고 2.2m
③ 전체 토량 208m³, 시공면고 3.3m
④ 전체 토량 320m³, 시공면고 3.3m

해설 전체 체적
= 32 × {∑H₁(2 + 5 + 3 + 2 + 4) + 2∑H₂(3 + 3) + 3∑H₃(4)} + 4∑H₄(0) / 4
= 32 × (16 + 12 + 12) / 4 = 320m³

시공면고
각 구역이 32m²이므로 32 × 3구역은 96m², 여기에 체적이 320m³이므로 96 × 시공면고 = 320m³, 시공면고는 3.3m

69 다음과 같은 조건에서 매튜스식(Matthews Method)에 의한 적정임도밀도는?

- 집재단가 : 40원/m·m³
- 생산예정재적 : 60m³/ha
- 임도시설단가 : 60,000원/m
- 우회계수는 무시(모두 0)하여 계산

① 10m/ha
② 15m/ha
③ 20m/ha
④ 50m/ha

해설 적정임도밀도(m/ha)
= 50×√(집재비용×생산예정재적)×우회계수(무시)/임도개설비
= 50 × √40(원/m³) × 60(m³/ha)/60,000(원/km)
= 50 × √0.04 = 10m/ha

71 임도의 유지 및 보수에 대한 설명으로 옳지 않은 것은?

① 노체의 지지력이 약화되었을 경우 기층 및 표층의 재료를 교체하지 않는다.
② 노면 고르기는 노면이 건조한 상태보다 어느 정도 습윤한 상태에서 실시한다.
③ 결빙된 노면은 마찰저항이 증대되는 모래, 부순돌, 석탄재, 염화칼슘 등을 뿌린다.
④ 유토, 지조와 낙엽 등에 의하여 배수구의 유수단면적이 작아지므로 수시로 제거한다.

해설 노체의 지지력이 약화되었을 경우 기층 및 표층의 재료를 교체하여야 한다.

정답 68 ④ 69 ① 70 ④ 71 ①

72 임도 측량 시 측선 AB의 방위각이 80°이고 길이가 30m라면 AB 사이의 위거 및 경거는?

① 위거 5.2m, 경거 29.5m
② 위거 29.5m, 경거 5.2m
③ 위거 10.4m, 경거 59.1m
④ 위거 59.1m, 경거 10.4m

해설 위거 = 30m × cos(80) = 5.21m
경거 = 30m × sin(80) = 29.54m

73 교각법에 의한 임도 설계 시 평면도의 곡선제원표에 포함되지 않는 것은?

① 교각점
② 접선길이
③ 중앙종거
④ 곡선반지름

해설 중앙종거는 곡선제원표에 포함되지 않는다.

74 임도 양쪽으로부터 임목이 집재될 때 평균 집재거리는 임도간격의 몇 배인가?

① 1/5
② 1/4
③ 1/3
④ 1/2

해설 집재거리는 임도간격의 1/2, 평균집재거리는 1/4

75 다음 종단측량 야장에서 측점 간 거리가 20m이고 계획고를 +4% 경사(상향)로 할 때 측점 2에서의 절·성토고는?

(단위 : m)

측 점	BS	IH	TP	IP	GH	계획고
0	3.255				104.505	104.650
1				2.525		
2	2.635		0.555			

① 절토고 0.955m
② 성토고 0.955m
③ 절토고 1.022m
④ 성토고 1.022m

해설

(단위 : m)

측 점	BS	IH	TP	IP	GH	계획고
0	3.255	107.76			104.505	104.650
1				2.525	105.235	
2	2.635		0.555		107.205	

측점 2는 시점 계획고보다
107.205 − 104.650 = 2.555m 높다. 따라서 절토를 해야 하며, 4%의 경사를 주고 있으므로
100 : 4% = 40(2 측점) : x%, x = 1.6m x만큼 빼준 높이가 절토 높이이다.
∴ 2.555m − 1.6m = 0.955m

72 ① 73 ③ 74 ② 75 ①

76 임도의 비탈면 기울기를 나타내는 방법에 대한 설명으로 옳은 것은?

① 비탈어깨와 비탈밑 사이의 수직높이 1에 대하여 수평거리가 n일 때 1 : n으로 표기한다.
② 비탈어깨와 비탈밑 사이의 수평거리 1에 대하여 수평거리가 n일 때 1 : n으로 표기한다.
③ 비탈어깨와 비탈밑 사이의 수평거리 100에 대하여 수평거리가 n일 때 1 : n으로 표기한다.
④ 비탈어깨와 비탈밑 사이의 수직높이 100에 대하여 수평거리가 n일 때 1 : n으로 표기한다.

해설 비탈면 기울기는 비탈어깨와 비탈밑 사이의 수직높이 1에 대하여 수평거리가 n일 때 1 : n으로 표기한다.

77 롤러 표면에 돌기를 부착한 것으로 점착성이 큰 점성토 다짐에 적합하며 다짐 유효깊이가 큰 장비는?

① 탠덤롤러
② 탬핑롤러
③ 타이어롤러
④ 머캐덤롤러

해설 ① 탠덤롤러 : 전륜, 후륜 각 1개의 철륜을 가진 롤러로 바퀴 내부에 진동을 일으키는 기진기(起振機)를 갖추고 롤러의 자체 중력과 진동력으로 다짐작업을 하는 기계
③ 타이어롤러 : 타이어 롤러는 고무 타이어를 이용해서 다지기를 하는 기계
④ 머캐덤롤러 : 3륜차의 형식으로 쇠바퀴 롤러가 배치된 기계

78 일반지형에서 임도의 설계속도가 30km/시간일 때 최소 곡선반지름의 설치 기준은 몇 m 이상인가?

① 20
② 30
③ 40
④ 60

해설

설계속도(km/hr)	최소 곡선반지름(m)	
	일반지형	특수지형
40	60	40
30	30	20
20	15	12

79 임도의 곡선반지름이 15m, 차량의 앞면과 뒷차축과의 거리가 6m인 경우 곡선부에서의 나비넓힘(확폭량)은?

① 0.4m
② 1.0m
③ 1.2m
④ 2.5m

해설 확폭량 = $6^2 / (2 \times 15)$ = 1.2m

80 아스팔트 포장과 비교하였을 때 시멘트 콘크리트 포장의 장점으로 옳은 것은?

① 평탄성이 좋다.
② 내마모성이 크다.
③ 시공속도가 빠르다.
④ 간단한 공법으로 유지수선이 가능하다.

해설 시멘트 콘크리트 포장이 내마모성이 좋다.

정답 76 ① 77 ② 78 ② 79 ③ 80 ②

제 5 과목 | 사방공학

81 사방댐의 위치 선정에 대한 설명으로 옳은 것은?

① 댐은 계상 및 양안에 암반이 존재해야 하며, 사력층 위에는 물받침공작물이나 앞댐을 계획하여 반수면을 보호하는 사방댐을 계획하면 된다.
② 지계의 합류점 부근에서 댐을 계획할 때는 일반적으로 합류점의 상류부에 위치를 선정한다.
③ 유출토사 억지 목적의 댐은 퇴적지 하류에서 댐 상류부의 계상 기울기가 완만하고 계폭이 좁은 지점에 계획한다.
④ 계단상으로 댐을 계획할 때는 첫 번째 댐의 추정 퇴사선이 기존의 계상 기울기를 자르는 점에 상류댐을 설치하도록 한다.

해설
① 댐은 계상 및 양안에 암반이 존재해야 하며, 사력층 위에는 사방댐을 계획하면 안 된다.
② 지계의 합류점 부근에서 댐을 계획할 때는 일반적으로 합류점의 하류부에 위치를 선정한다.
③ 유출토사 억지 목적의 댐은 퇴적지 상류에서 댐 상류부의 계상 기울기가 완만하고 계폭이 좁은 지점에 계획한다.

82 황폐 계천에 설치하는 사방 공작물로 토사퇴적구역에 가장 적합한 것은?

① 사방댐   ② 말뚝박기
③ 모래막이 ④ 바자얽기

해설 모래막이는 상류지역으로부터 유출토사량이 많은 경우, 또는 호우 등으로 인한 과도한 토사유출에 의한 재해예방을 목적으로 유로의 일부를 확대하여 토사력을 저류하기 위하여 설치한다. 사방댐, 말뚝박기, 바자얽기 등은 토사생산구역에 설치하여 토사의 생산을 처음부터 방지하여야 한다.

83 빗물에 의한 토양이 침식되는 과정의 순서로 옳은 것은?

① 면상 → 우적 → 구곡 → 누구
② 우적 → 면상 → 구곡 → 누구
③ 면상 → 우적 → 누구 → 구곡
④ 우적 → 면상 → 누구 → 구곡

해설 빗물에 의한 토양이 침식되는 과정은 우적 → 면상 → 누구 → 구곡

84 사방용 수종에 요구되는 특성으로 옳지 않은 것은?

① 뿌리가 잘 자랄 것
② 가급적 양수 수종일 것
③ 척악지의 조건에 적응성이 강할 것
④ 생장력이 왕성하며 쉽게 번무할 것

해설 사방용 수종에 요구되는 특성은 피음에도 어느 정도 견디는 수종(음수)이 좋다.

85 다음 설명에 해당하는 것은?

- 비탈면의 물리적 안정을 기대하기 곤란한 곳에 직접 거푸집을 설치하고 콘크리트치기를 하여 뼈대를 만든다.
- 뼈대 내부에 작은 돌이나 흙을 충전하여 녹화한다.

① 비탈힘줄박기
② 격자틀붙이기
③ 콘크리트블록쌓기
④ 콘크리트뿜어붙이기

해설 비탈힘줄박기를 설명한다.

86 수제에 대한 설명으로 옳지 않은 것은?

① 상향수제는 길이가 가장 짧고 공사비가 적게 든다.
② 하향수제는 수제 앞부분의 세굴 작용이 가장 약하다.
③ 유수의 월류 여부에 따라 월류수제와 불월류수제로 나눈다.
④ 계류의 유심 방향을 변경하여 계안 침식을 방지하기 위해 계획한다.

해설 상향수제는 길이가 가장 길고 공사비가 많이 든다.

87 땅밀림과 비교한 산사태 및 산붕에 대한 설명으로 옳지 않은 것은?

① 강우 강도에 영향을 받는다.
② 주로 사질토에서 많이 발생한다.
③ 징후의 발생이 많고 서서히 활동한다.
④ 20° 이상의 급경사지에서 많이 발생한다.

해설 땅밀림 : 징후의 발생이 많고 서서히 활동한다.

88 메쌓기 높이가 1.5m일 때 기울기의 기준으로 옳은 것은?

① 흙쌓기의 경우 1 : 0.20
② 땅깎기의 경우 1 : 3.20
③ 흙쌓기의 경우 1 : 0.30
④ 땅깎기의 경우 1 : 3.30

해설 메쌓기의 기울기는 1 : 0.30

89 경사가 완만하고 상수가 없으며 유량이 적고 토사의 유송이 없는 곳에 가장 적합한 산복수로는?

① 떼붙임 수로
② 메쌓기 수로
③ 찰쌓기 수로
④ 콘크리트 수로

해설 침식이 많이 발생하지 않은 지역은 떼붙임 수로가 적당하다.

정답 85 ① 86 ① 87 ③ 88 ③ 89 ①

90 물의 순환과 산림유역의 물수지에 대한 설명으로 옳지 않은 것은?

① 증발량과 증산량은 비슷하다.
② 물의 수문학적 순환은 강수량의 한계범위 내에서 이루어진다.
③ 강수가 없는 동안에도 유역 내 저류되어 있는 물은 유출, 증발 및 증산에 의하여 감소한다.
④ 유역 내에서 강수량은 저류량의 변화와 지하 유출을 무시하면 유출량, 증발량, 증산량의 합과 같다.

해설 증발량이 증산량보다 많다.

91 산지사방 녹화공사에 해당하지 않는 것은?

① 조 공
② 단끊기
③ 단쌓기
④ 등고선구공법

해설 단끊기는 산지기초공사이다.

92 황폐계류에 대한 설명으로 옳지 않은 것은?

① 유량변화가 적다.
② 계류의 기울기가 급하다.
③ 유로의 길이가 비교적 짧다.
④ 호우 시에 사력의 유송이 심하다.

해설 황폐계류는 유량변화가 많다.

93 사면에 등고선 계단을 계획할 때 사면의 기울기가 45°, 면적이 1ha일 때 계단 간격을 1m로 한다면 평면적법에 의한 계단 연장은?

① 5,000m
② 8,000m
③ 10,000m
④ 15,000m

해설 연장길이 = 면적 × tan사면의 기울기 / 높이
= 10,000 × tan45° / 1m = 10,000m

94 사방댐의 높이가 4.5m일 때 총수압과 합력 작용선의 최대 높이는 밑면에서 몇 m 지점인가?

① 0.50
② 0.75
③ 1.00
④ 1.50

해설 4.5m의 1/3 이내 지점인 1.5m

정답 90 ① 91 ② 92 ① 93 ③ 94 ④

95 땅속흙막이를 설치하는 주요 목적에 해당하는 것은?

① 누구침식의 발달을 방지한다.
② 빗물에 의한 침식을 방지한다.
③ 산지 사면의 계단공사를 하기 위해 설치한다.
④ 비탈다듬기와 단끊기 등에 의해 생산된 퇴적토사의 활동을 방지한다.

해설 땅속흙막이는 비탈다듬기와 단끊기 등에 의해 생산된 퇴적토사의 활동을 방지한다.

96 물에 의한 토양의 침식 정도에 영향을 주는 인자로 가장 거리가 먼 것은?

① 강우량과 강우 강도
② 토양의 화학적 구조
③ 사면의 길이와 경사도
④ 지표 식생의 피복 상태

해설 토양의 화학적 구조는 물에 의한 토양의 침식과 가장 거리가 멀다.

97 임계 유속에 대한 설명으로 옳은 것은?

① 계상에 침식을 최대로 일으키는 최소 유속이다.
② 계상에 침식을 일으키지 않는 경우의 최대 유속이다.
③ 어느 집수 유역에서도 존재할 수 있는 최소 유속이다.
④ 어느 집수 유역에서도 존재할 수 있는 최소 유대이다.

해설 임계유속은 계상에 침식을 일으키지 않는 경우의 최대 유속이다.

98 해안방재림 조성용 묘목의 식재본수 기준은?

① 5,000본/ha
② 8,000본/ha
③ 10,000본/ha
④ 15,000본/ha

해설 해안방재림 조성용 묘목의 식재본수 기준은 10,000본/ha이다.

99 사방댐의 표면처리나 돌쌓기 공사에 주로 사용되는 다듬돌의 규격은?

① 15cm × 15cm × 25cm
② 30cm × 30cm × 50cm
③ 45cm × 45cm × 60cm
④ 60cm × 60cm × 60cm

해설 다듬돌(마름돌)의 규격은 30cm × 30cm × 50cm이다.

100 황폐계천에서 유수에 의한 계안의 횡침식을 방지하고 산각의 안정을 도모하기 위하여 계류 흐름방향에 따라 축설하는 것은?

① 밑막이
② 골막이
③ 바닥막이
④ 기슭막이

해설 기슭막이는 계류 흐름방향에 따라 축설하는 것이다.

정답 95 ④ 96 ② 97 ② 98 ③ 99 ② 100 ④

2021년 제3회 산림기사 기출문제

제1과목 조림학

01 왜림 작업에 가장 적합한 수종은?

① *Alnus japonica*
② *Larix kaempferi*
③ *Abies holophylla*
④ *Pinus koraiensis*

해설 ① *Alnus japonica*(오리나무)는 맹아갱신이 가능하다.

02 수목의 기공 개폐에 대한 설명으로 옳지 않은 것은?

① 30~35℃ 이상 온도가 올라가면 기공이 닫힌다.
② 기공은 아침에 해가 뜰 때 열리며 저녁에는 서서히 닫힌다.
③ 엽육 조직의 세포 간극에 있는 이산화탄소 농도가 높으면 기공이 열린다.
④ 잎의 수분 포텐셜이 낮아지면 수분 스트레스가 커지며 기공이 닫힌다.

해설 ③ 엽육 조직의 세포 간극에 있는 이산화탄소 농도가 높으면 기공이 닫힌다.

03 토양의 공극에 대한 설명으로 옳은 것은?

① 토양의 단위 체적 중량이다.
② 토양 내 물의 용적 비율이다.
③ 토양 측정 시 건조된 토립자의 무게이다.
④ 토양 내 공기 및 물에 의해서 채워진 부분이다.

해설 토양의 공극은 토양 내 공기 및 물에 의해서 채워진 부분이다.

04 가지치기에 대한 설명으로 옳지 않은 것은?

① 수령이 높을수록 효과가 높다.
② 수목의 직경생장을 증대시킨다.
③ 산불이 발생했을 때 수관화를 경감시킨다.
④ 임지 표면에 햇빛을 받는 양이 많아져 하층목 발생에 도움을 준다.

해설 ① 수령이 높을수록 효과가 낮다.

05 숲의 종류를 구분하는 데 있어 작업종 또는 생성 기원에 따르지 않은 것은?

① 교림 ② 순림
③ 왜림 ④ 중림

해설 순림은 작업종에 의한 구분이 아니다.

정답 1 ① 2 ③ 3 ④ 4 ① 5 ②

06 엽록소의 주요 구성 성분에 해당하는 무기영양소는?

① 칼 슘   ② 칼 륨
③ 마그네슘   ④ 몰리브덴

해설 엽록소
엽록소는 빛깔이 녹색이기 때문에 엽록체가 녹색으로 보이고, 식물의 잎도 녹색으로 보인다. 엽록체의 그라나(Grana) 속에 함유되어 있으며, 그라나를 구성하고 있는 단백질과 결합하고 있다. 엽록소에는 a, b, c, d, e와 박테리오클로로필 a와 b 등 여러 가지가 알려져 있다. 이들은 모두 그 분자의 구조식의 차이에 의하여 분류·명명된 것이다. 이 엽록소들은 그 분자 속에 한 원자의 마그네슘(Mg)을 가지고 있는 것이 특징이다.

07 덩굴식물 가운데 조림목에 피해를 가장 많이 주고 제거가 가장 어려운 것은?

① 칡   ② 머 루
③ 사위질빵   ④ 으름덩굴

해설 칡이 가장 제거하기 어려운 덩굴식물이다.

08 택벌 작업 시 고려 사항으로 옳지 않은 것은?

① 하종벌과 후벌 시기
② 주요 임분의 물리적 안정성
③ 상층으로 자란 임목의 건전성
④ 자체 조절 능력이 가능한 단계적 갱신

해설 하종벌과 후벌 시기는 산벌작업 관련 용어이다.

09 다음 조건에 따른 파종량은?

- 파종상 실면적 : $500m^2$
- 묘목 잔존본수 : $1,000본/m^2$
- 1g당 종자평균입수 : 60립
- 순량률 : 0.90
- 발아율 : 0.90
- 묘목 잔존율 : 0.4

① 25.7kg   ② 27.2kg
③ 28.7kg   ④ 29.2kg

해설

$$파종량 = \frac{500 \times 1,000}{60 \times 0.9 \times 0.9 \times 0.4}$$

$= 500,000/19.44$
$= 약\ 25,720g = 약\ 25.7kg$

10 관다발 형성층의 시원세포가 수피 방향으로 분열하여 형성되며, 체내 물질의 이동 통로가 되는 것은?

① 물관부   ② 체관부
③ 수지구   ④ 수피층

해설 체관부
관다발 조직(유관속 조직, Vascular Tissue)의 한 구성원으로, 광합성으로 생긴 당 및 다양한 단백질과 RNA 등의 유기물질을 뿌리나 꽃 등 다른 기관으로 수송하는 역할을 한다. 물을 위쪽으로만 수송하는 물관부(Xylem)와는 다르게 체관부에서는 용질이 양쪽 방향으로 이동한다. 체관부의 중심에는 통모양의 세포가 상하로 연결되어 있는데 이들 사이에는 구멍이 있어 상호 연결된다.

정답 6 ③ 7 ① 8 ① 9 ① 10 ②

11 우리나라 천연림 보육에서 적용하고 있는 수형급이 아닌 것은?

① 미래목 ② 중용목
③ 중립목 ④ 방해목

해설 ③ 중립목이라는 용어는 없다.

12 소나무과 수종의 개화생리에 대한 설명으로 옳지 않은 것은?

① 암꽃은 주로 수관의 상단에 핀다.
② 같은 가지에서 암꽃이 수꽃보다 위쪽에 핀다.
③ 수꽃은 생장이 저조한 끝가지의 기부에 많이 핀다.
④ 수꽃은 화분 비산이 끝나도 계속 가지에 붙어 있다가 가을에 떨어진다.

해설 ④ 수꽃은 화분 비산이 끝나면 떨어진다.

13 산림 종자의 생리적 휴면을 유지시키는 호르몬은?

① 옥신(Auxin)
② 지베렐린(Gibberellin)
③ 사이토키닌(Cytokinin)
④ 아브시스산(Abscisic Acid)

해설 ABA의 가장 일반적인 생리적 효과는 생장정지를 유도하는 것이며, ①, ②, ③은 생장촉진제이다.

14 봄철에 종자가 성숙하는 수종은?

① *Abies koreana*
② *Pinus densiflora*
③ *Populus davidiana*
④ *Quercus mongolica*

해설
③ 사시나무 : 봄
① 구상나무 : 가을
② 소나무 : 가을
④ 신갈나무 : 가을

15 산림 토양에서 질산화 작용에 대한 설명으로 옳지 않은 것은?

① 질산화 작용이 거의 일어나지 않아 질소가 NH_4^+ 형태로 존재한다.
② 질산화 작용을 담당하는 박테리아는 중성 토양에서 활동이 왕성하다.
③ 질산화 작용이 억제되더라도 뿌리는 균근의 도움으로 암모늄태 질소를 직접 흡수할 수 있다.
④ 질산태 질소는 토양 내 산소 공급이 잘될 때 환원되어 N_2 가스나 NO_x 화합물 형태로 대기권으로 돌아간다.

해설 **탈질현상(탈질작용)**
질산태 질소는 들어가 유기물이 많고 환원상태인 토양의 환원층에서 $NO_3^- \rightarrow NO_2^- \rightarrow NO \rightarrow N_2$ 과정을 거쳐 질소 가스 등이 되어 공중으로 발산하게 된다.

정답 11 ③ 12 ④ 13 ④ 14 ③ 15 ④

16 판갈이 작업에 대한 설명으로 옳지 않은 것은?

① 작업 시기로는 봄이 알맞다.
② 땅이 비옥할수록 판갈이 밀도는 밀식하는 것이 좋다.
③ 지하부와 지상부의 균형이 잘 잡힌 묘목을 양성할 수 있다.
④ 참나무류는 만 2년생이 되어 측근이 발달한 후에 판갈이 작업을 하는 것이 좋다.

해설 땅이 비옥할수록 판갈이 밀도는 소식하는 것이 좋다.

17 잣나무에 대한 설명으로 옳지 않은 것은?

① 심근성 수종이다.
② 잎 뒷면에 흰 공기선을 가지고 있다.
③ 한대성 수종으로 잎이 5개씩 모여 난다.
④ 어려서는 음수이고 자라면서 햇빛 요구량이 줄어든다.

해설 ④ 어려서는 양수이고 자라면서 햇빛 요구량이 줄어든다.

18 임분 갱신 방법 및 용어에 대한 설명으로 옳은 것은?

① 소벌구의 모양은 일반적으로 원형이다.
② 산벌은 임목을 한꺼번에 벌채하는 것이다.
③ 소벌구는 측방 성숙 임분의 영향을 받는다.
④ 모수는 갱신될 임지에 식재목을 공급하기 위한 묘목이다.

해설
① 소벌구의 모양은 일반적으로 사각형이다.
② 산벌은 임목을 여러 번에 걸쳐 벌채하는 것이다.
④ 모수는 갱신될 임지에 종자를 공급하기 위한 잔존목이다.

19 묘목 양성에 대한 설명으로 옳은 것은?

① 밤나무에 흔히 적용하는 접목법은 복접이다.
② 용기묘 양성은 양묘 비용이 많이 들지 않고 특별한 기술이 필요 없다.
③ 발육이 완전하고 조직이 충실하며 측아의 발달이 잘되어 있는 것이 우량묘의 조건이다.
④ 모식물의 가지를 휘어지게 하여 땅속에 묻어 고정하고 발근하게 하는 방법은 압조법이라 한다.

해설
① 밤나무에 흔히 적용하는 접목법은 박접이다.
② 용기묘 양성은 양묘 비용이 많이 들고 특별한 기술이 필요하다.
③ 발육이 완전하고 조직이 충실하며 측아의 발달이 잘되어 있지 않은 것이 우량묘의 조건이다.

20 종자를 습한 상태로 낮은 온도에서 보관하여 휴면을 타파하는 방법은?

① 추파법　　② 노천매장
③ 2차 휴면　④ 상처 유도

해설 노천매장법이 보습저장법이다.

정답 16 ② 17 ④ 18 ③ 19 ④ 20 ②

| 제 **2** 과목 | 산림보호학 |

21 늦여름이나 가을철에 내린 서리로 인하여 수목에 피해를 주는 것은?

① 상 렬   ② 만 상
③ 조 상   ④ 연 해

해설 늦여름이나 가을철에 내린 서리로 인하여 수목에 피해를 주는 것은 조상이다.

22 수목병과 병징(또는 표징) 연결로 옳지 않은 것은?

① 리지나뿌리썩음병 : 침엽수의 뿌리가 침해받아 말라 죽는다.
② 균핵병 : 죽은 조직 속 또는 표면에 씨앗 같은 검은 덩어리가 생긴다.
③ 철쭉류 떡병 : 잎, 꽃의 일부분이 떡 모양으로 하얗게 부풀어 오른다.
④ 흰가루병 : 침엽수의 잎, 어린 가지의 표면에 흰가루를 뿌린 듯한 모습이다.

해설 ④ 식물의 잎과 줄기에 흰가루 형태의 반점이 생기므로 흰가루병이라는 이름이 붙었다.

23 다음 설명에 해당하는 해충은?

- 성충은 열매에 구멍을 내고 열매 속에 산란한다.
- 부화유충은 열매 속에서 가해하고 똥을 외부로 배출하지 않아 피해를 찾아내기 어렵다.

① 밤바구미
② 버들바구미
③ 밤나무혹벌
④ 복숭아명나방

해설 **밤바구미**
1년에 1회 발생하며 성충은 7~8월에 나와 주둥이로 밤에 구멍을 뚫어 알을 입으로 구멍에 옮긴다. 1개의 밤에 1~3개의 알을 낳고, 부화 유충은 열매의 내부를 먹고 자라(똥을 밖으로 배출하지 않는다) 가을에 밤이 익을 때를 맞추어 유충도 성숙하여 땅에 떨어져 땅속에서 월동하고 다음 해 7월경 용화한다.

24 균사에 격벽이 없고, 무성포자인 유주포자를 생성하는 것은?

① 난균류   ② 자낭균류
③ 담자균류 ④ 불완전균류

해설 격벽이 없는 균사는 난균류이다.

21 ③ 22 ④ 23 ① 24 ①

25 방제 대상이 아닌 곤충류에도 피해를 주기 가장 쉬운 농약은?

① 전착제
② 생물농약
③ 접촉성 살충제
④ 침투성 살충제

해설 접촉성 살충제는 방제 대상이 아닌 여러 곤충에게 피해를 준다.

26 7월 하순 이후 참나무류의 종실이 달린 가지가 땅에 많이 떨어져 있다면 이것은 어떤 해충의 피해인가?

① 밤바구미
② 복숭아명나방
③ 밤나무재주나방
④ 도토리거위벌레

해설 도토리거위벌레
연 1회 발생하며, 5월 하순경에 번데기가 되기 시작하고 용 기간은 21~33일이다. 참나무류의 구과(毬果)인 도토리에 주둥이로 구멍을 뚫고 산란한 후 도토리가 달린 가지를 주둥이로 잘라 땅으로 떨어뜨린다. 알에서 부화한 유충이 과육을 식해한다.

27 가해하는 수목의 종류가 가장 많은 해충은?

① 솔나방
② 솔잎혹파리
③ 천막벌레나방
④ 미국흰불나방

해설 미국흰불나방은 활엽수 160여종을 가해한다.

28 낙엽층과 조부식층의 상부가 타는 산불의 종류는?

① 수간화 ② 지표화
③ 수관화 ④ 지중화

해설 지표화
• 지표에 쌓여 있는 낙엽과 지피물, 지상관목층, 갱신치수 등이 불에 타는 화재로 산불 중에서 가장 흔히 일어나는 산불이다.
• 토양단면의 낙엽층과 조부식층의 상부가 탄다.

29 파이토플라스마를 매개하는 해충과 수목병의 연결이 옳지 않은 것은?

① 뽕나무 오갈병 – 마름무늬매미충
② 붉나무 빗자루병 – 담배장님노린재
③ 오동나무 빗자루병 – 담배장님노린재
④ 쥐똥나무 빗자루병 – 마름무늬매미충

해설 ② 붉나무(대추나무) 빗자루병 : 모무늬매미충

정답 25 ③ 26 ④ 27 ④ 28 ② 29 ②

30 곤충의 일반적인 형태에 대한 설명으로 옳지 않은 것은?

① 소화관은 전장, 중장, 후장으로 나뉜다.
② 앞날개는 앞가슴에, 뒷날개는 뒷가슴에 부착되어 있다.
③ 가슴은 앞가슴, 가운데가슴, 뒷가슴으로 구성되어 있다.
④ 다리는 밑마디, 도래마디, 넓적마디, 종아리마디, 발마디로 구성되어 있다.

해설 곤충의 가슴은 앞가슴, 가운데가슴, 뒷가슴 3마디이고 각각에 1쌍의 다리가 있으며, 가운데가슴, 뒷가슴에 각 1쌍의 날개가 있는 것이 많고 근육이 발달되었다.

31 가루깍지벌레를 방제하는 방법으로 옳지 않은 것은?

① 수피 사이의 번데기를 채취하여 소각한다.
② 밀도가 낮으면 면장갑을 낀 손으로 잡는다.
③ 성충이 되기 전에 적절한 살충제를 살포한다.
④ 포식성 천적인 무당벌레류, 풀잠자리류를 보호 및 활용한다.

해설 가루깍지벌레
1년에 2~3회 발생하는데, 남쪽지방에는 3회, 북쪽지방에는 2회로 추정된다. 생활사가 불규칙해 여름에 알, 약충, 성충이 동시에 발견되기도 한다. 나무껍질 밑이나 틈새 등에서 알(번데기 아님)로 월동하며, 약충이나 성충으로도 월동한다.

32 밤나무혹벌에 대한 설명으로 옳지 않은 것은?

① 천적으로는 노란꼬리좀벌, 남색긴꼬리좀벌이 있다.
② 1년에 1회 발생하며 눈의 조직 내에서 유충의 형태로 월동한다.
③ 유충기를 벌레 혹에서 보낸 후 탈출하여 번데기는 수피 틈새에 형성한다.
④ 피해목은 개화 및 결실이 잘되지 않고, 피해가 누적되면 고사하는 경우가 많다.

해설 밤나무혹벌
연 1회 발생하며, 눈의 조직 안에서 유충으로 월동한다. 유충이 3~5월에 급속히 자라면서 벌레혹도 커지게 된다. 성충은 6월 하순~7월 상순에 벌레혹에서 탈출해 새눈에 3~6개씩 산란하고, 새로운 유충은 8월 상순~하순에 부화해 눈의 조직을 가해하지만 충영은 형성하지 않는다.

33 가뭄으로 인한 수목 피해인 한해(Drought Injury)에 대한 설명으로 옳은 것은?

① 천근성 수종은 한해에 강하다.
② 소나무, 자작나무가 한해에 강하다.
③ 묘포지의 육묘 작업을 평년보다 늦게 하여 예방한다.
④ 낙엽 채취를 하여 지피물을 제거해 주면 한해를 방지할 수 있다.

해설
① 심근성 수종은 한해에 강하다.
③ 묘포지의 육묘 작업을 평년보다 빨리 하여 예방한다.
④ 낙엽 채취를 하지 않아야 한해를 방지할 수 있다.

34 참나무 시들음병 방제방법으로 가장 효과가 약한 것은?

① 유인목 설치
② 끈끈이롤 트랩
③ 예방 나무주사
④ 피해목 벌채 훈증

해설 참나무 시들음병은 예방을 위한 나무주사 방제를 하지 않는다.

35 소나무 또는 잣나무에 발생하는 잎떨림병을 방제하는 방법으로 옳지 않은 것은?

① 병든 낙엽을 모아 태운다.
② 묘포에서 비배관리를 철저히 한다.
③ 포자가 비산하는 6~9월에 약제를 살포한다.
④ 수관 하부보다 상부에 가지치기를 주로 실시한다.

해설 ④ 묵은 잎이 일찍 떨어져 피해가 생기므로 수관 하부에 가지치기를 주로 실시한다.

36 오리나무 갈색무늬병을 방제하는 방법으로 옳지 않은 것은?

① 연작을 실시한다.
② 종자를 소독한다.
③ 병든 낙엽을 태운다.
④ 밀식 시에는 솎아주기를 한다.

해설 ① 오리나무 갈색무늬병을 방제하기 위해 윤작을 실시한다.

37 솔수염하늘소에 대한 설명으로 옳지 않은 것은?

① 1년에 1회 발생한다.
② 성충의 우화시기는 5~8월이다.
③ 목질부 속에서 번데기 상태로 월동한다.
④ 유충이 소나무의 형성층과 목질부를 가해한다.

해설 솔수염하늘소는 목질부 속의 가해 부위에서 유충으로 월동한다.

38 벚나무 빗자루병을 방제하는 방법으로 옳은 것은?

① 매개충을 구제한다.
② 병든 가지를 제거한다.
③ 저항성 품종을 식재한다.
④ 항생제 계통의 약제를 나무주사한다.

해설 벚나무 빗자루병은 자낭균에 의한 병으로 병든 가지를 제거하여 소각하여야 한다.

정답 34 ③ 35 ④ 36 ① 37 ③ 38 ②

39 잣나무 털녹병균이 중간기주에 형성하는 포자의 형태가 아닌 것은?

① 녹포자
② 담자포자
③ 겨울포자
④ 여름포자

해설 잣나무에서 4월 하순부터 비산하기 시작한 녹포자는 중간기주인 송이풀류에 침입하며, 2주 내에 송이풀의 잎 뒷면에 여름포자퇴가 형성되어 황색의 여름포자가 형성된다. 여름포자는 비산하여 송이풀의 잎과 잎으로 반복전염을 하므로, 털녹병의 확산에 큰 역할을 한다. 8월 중·하순부터 길고 굽은 털 모양의 겨울포자퇴가 형성되고, 중간기주의 잎이 낙엽되기 전까지 담자포자를 형성하여 잣나무잎으로 침입한다.

40 오리나무잎벌레를 방제하는 방법으로 옳지 않은 것은?

① 알 덩어리가 붙어 있는 잎을 소각한다.
② 5~6월에 모여 사는 유충을 포살한다.
③ 유충 발생기에 적정 살충제를 살포한다.
④ 수은등이나 유아등을 설치하여 성충을 유인한다.

해설 오리나무잎벌레 방제방법
- 화학적 방제 : 4~6월 하순에 성충과 유충을 동시에 방제할 수 있는 싸이아클로프리드 액상수화제(10%) 또는 페니트로티온(Fenitrothion) 유제(50%) 1,000배액을 10일 간격으로 2회 수관 살포한다.
- 생물적 방제 : 포식성 천적인 무당벌레류, 풀잠자리류, 거미류, 조류 등을 보호한다.
- 물리적 방제 : 5~6월에 알 덩어리나 모여 사는 유충이 있는 잎을 채취 소각한다.

제 3 과목 | 임업경영학

41 육림비 절감방법으로 옳지 않은 것은?

① 낮은 이자율의 자본을 이용한다.
② 투입한 자본의 회수기간을 짧게 한다.
③ 노임을 절약할 수 있는 방법을 찾는다.
④ 중간 부수입(간벌수입 등)은 최소화한다.

해설 육림비 절감을 위해 중간 부수입(간벌수입 등)은 최대화 하여야 한다.

42 다음 중 유동자본으로만 올바르게 나열한 것은?

가. 묘 목
나. 임 도
다. 벌목기구
라. 제재소 설치비

① 가
② 가, 나
③ 나, 다
④ 가, 다, 라

해설 유동자본은 묘목, 현금성 자산을 말한다.

43 연이율이 6%이고 매년 240만원씩 영구히 순수익을 얻을 수 있는 산림을 3,600만원에 구입하였을 때의 이익은?

① 225만원　　② 400만원
③ 3,374만원　④ 4,000만원

해설 무한연년이자 전가식
= 2,400,000원 / 0.06 = 40,000,000원 이익
= 영구적 순수익 − 구입가
= 40,000,000원 − 36,000,000원
= 4,000,000원

45 입목의 연년생장량과 평균생장량 간의 관계에 대한 설명으로 옳은 것은?

① 초기에는 연년생장량이 평균생장량보다 작다.
② 연년생장량이 평균생장량보다 최대점에 늦게 도달한다.
③ 평균생장량이 최대가 될 때 연년생장량과 평균생산량은 같게 된다.
④ 평균생장량이 최대점에 도달한 후에는 연년생장량이 평균생장량보다 크다.

해설
① 초기에는 연년생장량이 평균생장량보다 크다.
② 연년생장량이 평균생장량보다 최대점에 빨리 도달한다.
④ 평균생장량이 최대점에 도달한 후에는 연년생장량이 평균생장량보다 작다.

44 산림평가에서 임업이율을 높게 평정할 수 없고 오히려 보통이율보다 낮게 평정해야 하는 이유에 해당하지 않는 것은?

① 산림 소유자의 안전성
② 산림 수입의 고소득성
③ 산림관리경영의 간편성
④ 문화 발전에 따른 이율의 저하

해설 ② 산림 수입의 유동성

46 임업의 특성에 대한 설명으로 옳지 않은 것은?

① 임업생산은 노동집약적이다.
② 육성임업과 채취임업이 병존한다.
③ 원목 가격의 구성요소 중 운반비가 차지하는 비율이 가장 낮다.
④ 토지나 기후 조건에 대한 요구도가 타 산업에 비해 상대적으로 낮다.

해설 ③ 원목 가격의 구성요소 중 운반비가 차지하는 비율이 가장 높다.

정답 43 ② 44 ② 45 ③ 46 ③

47 임분의 재적을 측정하기 위해 임분의 임목을 모두 조사하는 방법이 아닌 것은?

① 표본조사법
② 매목조사법
③ 제적표 이용법
④ 수확표 이용법

해설 표본조사법은 표본만 조사한다.

48 임목의 가격을 평가하기 위해 조사해야 할 항목으로 가장 거리가 먼 것은?(단, 주벌수확의 경우임)

① 재종별 시장가격
② 부산물 소득 정도
③ 조재율 또는 이용률
④ 총재적의 재종별 재적

해설 부산물은 임목가격 평가와 관련이 없다.

49 다음 조건에 따른 원목의 재적은?

- 재장 : 4.2m
- 말구직경 : 30cm
- 계산 방법 : 말구직경자승법

① $0.126m^3$
② $0.378m^3$
③ $1.260m^3$
④ $3.780m^3$

해설 말구직경자승법에 의한 재적
= 30cm × 30cm × 4.2m / 10,000 = $0.378m^3$

50 산림구획 시 현지 여건상 불가피한 경우를 제외하고 임반을 구획하는 면적 기준은?

① 1ha   ② 10ha
③ 100ha ④ 500ha

해설 임반을 구획하는 면적 기준은 100ha이다.

51 산림 생산기간에 대한 설명으로 옳지 않은 것은?

① 회귀년은 택벌작업에 적용되는 용어이다.
② 회귀년의 길이와 연별구역면적은 정비례한다.
③ 벌채 후 갱신이 지연되는 경우 늦어지는 기간을 갱신기라고 한다.
④ 어떤 임분에서 벌채와 동시에 갱신이 시작되는 경우 윤벌기와 윤벌령은 동일하다.

해설 회귀년의 길이와 연별구역면적은 반비례한다.

정답 47 ① 48 ② 49 ② 50 ③ 51 ②

52 임령에 따라 적용한 임목의 평가방법으로 가장 적합한 것은?

① 유령림의 임목 : 비용가법
② 중령림의 임목 : 기망가법
③ 벌기 이후의 임목 : Glaser법
④ 벌기 미만 장령림의 임목 : 매매가법

해설
② 중령림의 임목 : Glaser법
③ 벌기 이후의 임목 : 매매가법
④ 벌기 미만 장령림의 임목 : 기망가법

53 자본장비도 개념을 임업에 도입할 때 자본효율에 해당하는 것은?

① 축 적　　② 생장량
③ 벌채량　　④ 생장률

해설 자본장비도 = 임목축적, 자본효율 = 생장률, 1인 생산성 = 임목의 생장량

54 산림조사기간 동안 측정할 수 있는 크기로 생장한 새로운 임목들의 재적을 의미하는 것은?

① 순변화량
② 순생장량
③ 총생장량
④ 진계생장량

해설 산림조사기간 동안 측정할 수 있는 크기로 생장한 새로운 임목들의 재적을 의미하는 것은 진계생장량이다.

55 임지생산능력을 판단 및 결정하는 방법으로 가장 거리가 먼 것은?

① 직경에 의한 방법
② 지표식물에 의한 방법
③ 환경인자에 의한 방법
④ 지위지수에 의한 벙법

해설 직경은 임지생산능력을 판단 및 결정하는 방법으로 거리가 멀다.

56 산림경영계획 작성 시 임황조사 항목이 아닌 것은?

① 지 위　　② 임 상
③ 임 종　　④ 소밀도

해설 지위는 지황이다.

정답 52 ① 53 ④ 54 ④ 55 ① 56 ①

57 임가소득에 대한 설명으로 옳지 않은 것은?

① 농업소득도 임가소득에 포함된다.
② 임업외 소득도 임가소득에 포함된다.
③ 겸업 또는 부업으로 인한 소득은 임가소득에서 제외된다.
④ 임가소득지표로 생산자원의 소유형태가 서로 다른 임가 사이의 임업경영성과를 직접 비교할 수 없다.

해설 겸업 또는 부업으로 인한 소득은 임가소득에 포함된다.

58 임목의 생장량을 측정하는 데 있어서 현실생장량의 분류에 속하지 않는 것은?

① 연년생장량
② 정기생장량
③ 벌기생장량
④ 벌기평균생장량

해설 현실 생장량은 일정한 기간 내에 현실적으로 생장한 양을 말한다. 이것은 어떤 기간 동안의 생장량인가에 따라 다양한 용어로 구분한다. 1년 동안에 생장한 양이면 연년생장량, 일정한 기간 내에 생장한 양이면 정기생장량, 그리고 임목이 발아하면서부터 현재에 이르기까지 생장한 전체를 총생장량(벌기생장량)이라고 한다.

59 산림 면적이 1,200ha, 윤벌기 40년 1영급이 10영계일 때 법정영급면적과 법정영계면적을 순서대로 올바르게 나열한 것은?

① 30ha, 100ha
② 30ha, 300ha
③ 300ha, 30ha
④ 300ha, 100ha

해설
- 법정영급면적 = (1,200ha / 40년) × 10 = 300ha
- 법정영계면적 = (1,200ha / 40년) = 30ha

60 다음 조건에 따라 연수합계법으로 계산된 제3년도 감가상각비는?

- 취득원가 : 5,000만원
- 폐기할 때 잔존가격 : 500만원
- 추정내용연수 : 10년

① 약 360만원
② 약 655만원
③ 약 900만원
④ 약 1,350만원

해설 제3년도 감가상각비
= (50,000,000원 − 5,000,000원)
  × 8(3년째, 10, → 9 → 8) / 55(1 + 2 + ... + 10)
= 6,545,455원

57 ③ 58 ④ 59 ③ 60 ②

제 4 과목　임도공학

61 임도 설계 시 종단기울기에 대한 설명으로 옳은 것은?

① 종단기울기의 계획은 설계차량의 규격과 관계가 없다.
② 종단기울기를 급하게 하면 임도우회율을 낮출 수 있다.
③ 종단기울기는 완만한 것이 좋기 때문에 0%를 유지하는 것이 좋다.
④ 종단기울기는 시공 후 임도의 개·보수를 통하여 손쉽게 변경할 수 있다.

해설
① 종단기울기의 계획은 설계차량의 규격과 관계가 있다.
③ 종단기울기는 완만한 것이 좋지만 최소 2~3%를 유지하는 것이 좋다.
④ 종단기울기는 시공 후 임도의 개·보수를 통하여 손쉽게 변경할 수 없다.

62 종단기울기가 0%인 임도의 중앙점에서 양측 길어깨로 3%의 횡단경사를 주고자 한다. 임도 폭이 4m일 경우 양측 길어깨는 임도중앙점보다 얼마나 낮아져야 하는가?

① 1cm　② 2cm
③ 3cm　④ 6cm

해설　100m : 3% = 2m(중간값) : x%,
$x = 0.06\text{m} = 6\text{cm}$

63 노면 또는 땅깎기 비탈면에 설치하는 배수시설로 길어깨와 비탈 사이에 종단 방향으로 설치하는 것은?

① 겉도랑　② 속도랑
③ 옆도랑　④ 빗물받이

해설　측구(옆도랑)를 설명한다.

64 도면에서 기울기를 표현하는 방법으로 옳지 않은 것은?

① $1/n$: 수평거리 1에 대하여 높이 n으로 나눈 것
② $n\%$: 수평거리 100에 대한 n의 고저차를 갖는 백분율
③ $n‰$: 수평거리 1,000에 대한 n의 고저차를 갖는 천분율
④ 각도 : 수평은 0°, 수직은 90°로 하여 그 사이를 90등분한 것

해설　① $1/n$: 수평거리 n에 대하여 높이 1로 나눈 것

65 간벌을 위한 임도 개설 시 적용하는 지수로 가장 적합한 것은?

① 수익성지수
② 임업효과지수
③ 교통효과지수
④ 경영기여율지수

해설　간벌을 위해 투자할 때의 핵심은 수익이다.

66 연암 또는 단단한 지반 굴착에 가장 적합한 기계는?

① 로더
② 리퍼불도저
③ 머캐덤롤러
④ 모터그레이더

해설 리퍼불도저는 지반 굴착용 장비이다.

67 다음 ( ) 안에 적합한 단어로 옳은 것은?

> 임도노선 배치계획은 (가)에서 결정된 임도 연장을 목표로 하여 (나)을(를) 포함한 신설 노선의 배치를 결정하는 과정이고, 이 경우 도 (다)와(과) 같이 임업의 시업인자 및 (라) 등이 감안되어야 한다.

① 가 : 임도밀도계획
② 나 : 교통도로
③ 다 : 임도보수계획
④ 라 : 준공검사

해설 임도노선 배치계획은 임도밀도계획에서 결정된 임도 연장을 목표로 하여 기설임도노선을 포함한 신설노선의 배치를 결정하는 과정이고, 이 경우에도 임도시공계획과 같이 임업의 시업인자 및 시공여건 등이 감안되어야 한다.
※ 저자의견 : 이런 문제는 주관적인 정답이 포함되고 사람에 따라 정답이 다를 수 있으나 ②, ③, ④의 보기는 확실히 잘못되었음

68 임도의 유효너비 설치기준으로 다음 ( ) 안에 적합한 수치를 순서대로 나열한 것은?

> 유효너비는 ( )m를 기준으로 하며, 배향곡선 지인 경우 ( )m 이상으로 한다.

① 2.5, 5   ② 2.5, 6
③ 3, 5   ④ 3, 6

해설 유효너비는 3m를 기준으로 하며, 배향곡선지인 경우 6m 이상으로 한다.

69 임도의 각 측점 단면마다 지반고, 계획고, 절·성토고 및 지장목 제거 등의 물량을 기입하는 도면은?

① 평면도
② 표준도
③ 종단면도
④ 횡단면도

해설 횡단면도를 설명한다.

70 실제거리 150m를 지형도에 나타낸 길이가 15cm일 때 지형도의 축척은?

① 1 : 10
② 1 : 100
③ 1 : 1,000
④ 1 : 10,000

해설 15cm × 100 = 15,000cm = 150m 또는
150m / 1,000 = 0.15m = 15cm

71 임도의 평면 선형에서 곡선의 종류가 아닌 것은?

① 단곡선   ② 배향곡선
③ 복선곡선   ④ 반향곡선

해설 곡선의 종류
- 단곡선 : 평형하지 않는 2개의 직선을 1개의 원곡선으로 연결하는 곡선
- 반향곡선 : 방향이 다른 두 개의 원곡선이 직접 접속하는 곡선으로 곡선의 중심이 서로 반대쪽에 위치한 곡선
- 복심곡선 : 동일한 방향으로 굽고 곡률이 다른 두 개 이상의 원곡선이 직접 접속되는 곡선
- 배향곡선 : 단곡선, 복심곡선, 반향곡선이 혼합되어 헤어핀 모양으로 된 곡선으로 산복부에서 노선 길이를 연장하여 종단물매를 완화하게 하거나 동일사면에서 우회할 목적으로 설치되며 교각이 180°에 가깝게 됨
- 완화곡선 : 3차포물선, 쌍곡선, 연주곡선 등이 있음

73 임도 구조물 시공 시 기초공사의 종류가 아닌 것은?

① 전면기초   ② 말뚝기초
③ 고정기초   ④ 확대기초

해설 기초공사의 종류는 크게 얕은 기초(직접 기초)와 깊은 기초로 구분한다. 얕은 기초는 기초판이 직접 구조물의 무게를 지반에 전달하는 방식으로, 주로 구조물의 하중을 지반이 견딜 수 있을 만큼 단단한 경우에 시공된다. 얕은 기초는 지반과 구조물의 바닥 면이 직접 닿아 하중을 전달하므로 직접(전면)기초라고도 부르며, 독립기초, 복합기초, 줄기초, 매트기초 등이 있다. 깊은(확대) 기초는 얕은 기초로 구조물의 지지력을 얻기 어려운 경우에 시공되며, 그 종류에는 말뚝 기초, 피어기초, 케이슨기초 등이 있다.

72 임도망 계획에서 설치 위치별 구분이 아닌 것은?

① 사면임도   ② 능선임도
③ 계곡임도   ④ 연결임도

해설 연결임도는 임도의 기능별 구분이다.

74 옹벽의 안정성 검토 사항으로 옳지 않은 것은?

① 전 도   ② 활 동
③ 다 짐   ④ 침 하

해설 ③ 다짐 → 파괴

정답 71 ③ 72 ④ 73 ③ 74 ③

75 임도 설계 과정에서 곡선반경이 400m, 교각이 90°인 단곡선에서 접선의 길이는?

① 200m   ② 400m
③ 600m   ④ 800m

해설 접선길이 = 400m × tan(90 / 2 = 45°) = 400m

76 타워야더와 비교한 트랙터를 이용한 집재방법에 대한 설명으로 옳지 않은 것은?

① 임도밀도가 높은 경우에 적합하다.
② 주변 환경 및 목재의 피해가 작다.
③ 급경사지보다 완경사지가 적합하다.
④ 장거리 운반에는 바람직하지 못하다.

해설 ② 주변 환경 및 목재의 피해가 크다.

77 임도 실시설계를 위한 현지측량에 대한 설명으로 옳지 않은 것은?

① 주로 산악지에는 중심선측량, 평탄지와 완경사지에는 영선측량법을 적용하고 있다.
② 중심선측량은 측점 간격을 20m로 하여 중심말뚝을 설치하되, 필요한 각 지점에는 보조말뚝을 설치한다.
③ 횡단측량은 중심선의 각 측점·지형이 급변하는 지점, 구조물 설치 지점의 중심선에서 양방향으로 실시한다.
④ 종단측량은 노선의 중심선을 따라 측량하되, 주요 구조물 주변 및 연장 1km마다 임시기표를 표시하고 평면도에 표시한다.

해설 ① 주로 산악지에는 영선측량, 평탄지와 완경사지에는 중심선측량법을 적용하고 있다.

78 다음 조건에 따라 양단면적평균법에 의하여 계산한 토량은?

- 시작 구간 단면적 : 30m²
- 종료 구간 단면적 : 70m²
- 구간 거리 : 40m

① 600m³   ② 1,000m³
③ 1,400m³   ④ 2,000m³

해설 $\dfrac{30m^2 + 70m^2}{2} \times 40m = 2,000m^3$

정답: 75 ② 76 ② 77 ① 78 ④

79 다음에 트래버스 측량 결과가 아래의 표와 같을 경우 ( )에 값으로 옳지 않은 것은?(단, 위·경거 오차는 없음)

측점	방위각(°)	거리(m)	위거(m) N(+)	위거(m) S(−)	경거(m) E(+)	경거(m) W(−)
AB	50	10	6.4		7.6	
BC	150	5		4.3	2.5	
CD	(가)	(나)		(다)		(라)
DA	300	7	3.5			6.0

① 가 : 36.2
② 나 : 7
③ 다 : 5.6
④ 라 : 4.1

해설 위·경거 오차가 없으므로 위거의 합과 경거의 합은 각각 0이다.
- +6.4 − 4.3 − (다) + 3.5 = 0 이므로 (다) = 5.6
- +7.6 + 2.5 − (라) + 6.0 = 0 이므로 (라) = 4.1
- 거리 = $\sqrt{위거^2 + 경거^2}$ 이므로
  (나) = $\sqrt{5.6^2 + 4.1^2}$ = 6.94
- 방위각은 $\tan^{-1}$(경거/위거) = 36.2
  CD는 3상한에 위치에 있으므로
  (가) = 36.2 + 180 = 216.2

80 임도 설계 시 작성하는 도면의 축척 기준으로 옳지 않은 것은?

① 평면도 : 1/1,200
② 횡단면도 : 1/500
③ 종단면도 : 종 1/200
④ 종단면도 : 횡 1/1,000

해설 ② 횡단면도 : 1/100

제 5 과목 사방공학

81 해풍에 의한 비사를 억류하고 퇴적시켜서 모래언덕을 조성할 목적으로 시공하는 것은?

① 파도막이
② 모래막이
③ 정사울세우기
④ 퇴사울세우기

해설 해풍에 의한 비사를 억류하고 퇴적시켜서 모래언덕(사구)을 조성할 목적으로 시공하는 것은 퇴사울세우기 공법이다.

82 격자틀붙이기공법에서 용수가 있는 격자틀 내부를 처지하는 방법으로 가장 적절한 것은?

① 흙 채움
② 작은 돌 채움
③ 떼붙이기 채움
④ 콘크리트 채움

해설 용수가 있는 격자틀 내부에 있으면 배수를 원활키 위해 작은 돌을 채운다.

정답 79 ① 80 ② 81 ④ 82 ②

83 유동형 침식의 하나인 토석류에 대한 설명으로 옳은 것은?

① 규모가 큰 돌은 이동시키지 못한다.
② 주로 점성토의 미끄럼면에서 미끄러진다.
③ 물을 활제로 하여 집합운반의 형태를 가진다.
④ 일반적으로 하루에 0.01~10mm 정도 이동한다.

해설 ① 규모가 큰 돌도 이동시킨다.
② 주로 야계에서 물을 추진력으로 해서 미끄러진다.
④ 일반적으로 하루에 수km 이상도 이동한다.

84 산지사방에서 기초공사에 해당하지 않는 것은?

① 단끊기
② 단쌓기
③ 땅속흙막이
④ 속도랑배수구

해설 단쌓기는 녹화공사이다.

85 누구침식이 점점 더 진행되어 규모가 커져 깊고 넓은 골을 형성하는 왕성한 침식형태는?

① 구곡침식
② 하천침식
③ 우격침식
④ 면상침식

해설 누구가 발달하여 구곡이 된다(누구와 구곡의 차이점은 쟁기를 갈아서 없어지면 누구, 아니면 구곡).

86 산비탈흙막이 공법에 대한 설명으로 옳지 않은 것은?

① 표면 유하수를 분산시키기 위한 공작물이다.
② 산지사방의 부토고정을 위해 설치하는 종공작물이다.
③ 비탈면 기울기를 완화하여 비탈면의 안정성을 유지시킨다.
④ 사용하는 재료로는 콘크리트, 돌, 통나무, 콘크리트블록 등이 있다.

해설 ② 산지사방의 부토고정을 위해 설치하는 횡공작물이다.

87 유역면적 1ha, 최대시우량 100mm/hr, 유거계수 0.7일 때 시우량법에 의한 최대홍수유량(m^3/s)은?

① 0.166   ② 0.194
③ 1.167   ④ 1.944

해설 최대홍수유량(m^3/s)
= 유거계수 × (유역면적 × 최대시우량)
= 0.7 × [10,000m^2 × (100 / 1,000)] / 3,600
= 0.1944m^3/s

83 ③ 84 ② 85 ① 86 ② 87 ②

88 조도계수는 0.05, 통수단면적이 3m², 윤변이 1.5m, 수로 기울기가 2%일 때 Manning의 평균유속공식에 의한 유량은?

① 0.45m³/s
② 4.49m³/s
③ 13.47m³/s
④ 17.58m³/s

해설 매닝 유속 공식
= (1/0.05) × 경심(3m² / 1.5m)^(2/3)
　× 수로기울기(0.02^(1/2))
= 20 × 1.5874 × 0.1414
= 4.4892m/sec(평균유속),
여기서, 통수단면적 3m²을 곱하면 13.4676m³/s

89 중력침식 유형 중에서 발생 속도가 가장 느린 것은?

① 산붕
② 포락
③ 산사태
④ 땅밀림

해설 땅밀림이 가장 느리다.

90 수제의 간격을 결정할 때 고려되어야 할 사항으로 가장 거리가 먼 것은?

① 유수의 강도
② 수제의 길이
③ 계상의 기울기
④ 대수면의 면적

해설 수제의 간격은 그 길이, 유수의 강약 및 방향, 계상물매, 형상, 수제의 작용범위 등의 의해 결정되지만 다른 관계가 동일하다면 수제가 길어질수록 간격은 커진다. 즉, 수제가 길어지면 대수면의 면적도 커지기에 이것은 정답없음

91 중력식 사방댐의 전도에 대한 안정을 위한 수압 작용점의 높이는?

① 사방댐 밑에서 높이의 1/3 지점
② 사방댐 밑에서 높이의 1/2 지점
③ 사방댐 위에서 밑을 향하여 1/3 지점
④ 사방댐 위에서 밑을 향하여 1/4 지점

해설 중력식 사방댐의 전도에 대한 안정을 위한 수압 작용점의 높이는 사방댐 밑에서 높이의 1/3 지점

92 황폐지를 진행상태 및 정도에 따라 구분할 때 초기 황폐지 단계에 대한 설명으로 옳은 것은?

① 지표면의 침식이 현저하여 방치하면 가까운 장래에 민둥산이 될 가능성이 높다.
② 외관상으로 황폐지로 보이지 않지만 임지 내에서 이미 침식상태가 진행 중이다.
③ 산지 비탈면이 여러 해 동안의 표면침식과 토양유실로 토양의 비옥도가 떨어진다.
④ 산지의 임상이나 산지의 표면침식으로 외견상 명확하게 황폐지라고 인식할 수 있다.

해설 ① 황폐이행지
② 임간나지
③ 척악임지

정답 88 ③　89 ④　90 ④　91 ①　92 ④

93 다음 설명에 해당하는 것은?

> • 주목적은 토사생산구역에서 구곡침식을 방지하는 것이다.
> • 사방댐보다 규모가 작고 반수면만 존재한다.

① 골막이
② 바닥막이
③ 기슭막이
④ 누구막이

해설 구곡막이(골막이)를 설명한다.

94 산림환경보전공사용 토목재료의 특성으로 옳지 않은 것은?

① 내구성이 커야 한다.
② 변형이 작아야 한다.
③ 내마모성이 커야 한다.
④ 내수성이 낮아야 한다.

해설 사방공사용 토목재료는 물에 대한 내수성이 커야 한다.

95 우리나라에서 녹화용으로 식재되는 사방조림 수종과 가장 거리가 먼 것은?

① 잣나무
② 아까시나무
③ 산오리나무
④ 리기다소나무

해설 잣나무는 경제수종이다.

96 비탈면 안정 및 녹화공법에 해당하지 않는 것은?

① 새집공법
② 생울타리
③ 사초심기
④ 차폐수벽공

해설 사초심기는 해안사방공사이다.

정답 93 ① 94 ④ 95 ① 96 ③

97 산지사방의 공종별 설명으로 옳지 않은 것은?

① 평떼붙이기 : 땅깎기 비탈면에 평떼를 붙여 비탈면 전체 면적을 일시에 녹화한다.
② 새심기 : 산불발생지, 민둥산지, 석력지 등 대규모로 녹화가 필요한 곳에 새류의 풀포기를 식재한다.
③ 조공 : 완만한 경사의 비탈면에 수평으로 소단을 만들고, 앞면에서는 떼, 새포기, 잡석 등으로 소단을 보호한다.
④ 선떼붙이기 : 비탈다듬기에서 생산된 뜬흙을 고정하고, 식생을 조성하기 위한 파식상을 설치하는 데 필요한 공작물이다.

해설 ② 새심기 : 평떼붙이기공법이나 띠떼심기공법으로 시공이 곤란한 곳에 새류의 풀포기를 식재한다.

99 수제의 간격은 일반적으로 수제 길이의 몇 배 정도인가?

① 0.25~0.50
② 0.50~1.25
③ 1.25~4.50
④ 4.50~8.25

해설 수제의 간격은 일반적으로 수제 실(사선) 길이의 1.25~4.5배로 하지만 직류부, 곡류부의 돌출부, 직선부, 요철부의 순서로서 간격을 작게 한다.
※ 수제의 최대 간격은 Winkle식으로 구한다.
 상하 수제 간의 거리
 = (cot6°6' = 9.36)
  × (계천의 나비 - 양안수제 간의 거리) / 2
 = 약 10 × 수제의 수평길이(m)

98 사방댐의 주요 기능이 아닌 것은?

① 산각을 고정하여 붕괴를 방지한다.
② 계상 기울기를 완화하고 종침식을 방지한다.
③ 유심의 방향을 변경시켜 계안의 침식을 방지한다.
④ 계상에 퇴적한 불안정한 토사의 유동을 방지한다.

해설 ③ 유심의 방향을 변경시켜 계안의 침식을 방지한다 (수제).

100 바닥막이에 대한 설명으로 옳지 않은 것은?

① 높이는 사방댐보다 낮게, 골막이보다 높게 설치한다.
② 방수로의 폭은 계천 폭과 같게 하거나 다소 좁게 한다.
③ 연속적인 바닥막이 공사로 계상 기울기를 완화시킨다.
④ 계상의 종침식을 방지하는 경우에는 낮은 바닥막이를 계획한다.

해설 ① 높이는 사방댐보다 낮게, 골막이보다 낮게 설치한다.

정답 97 ② 98 ③ 99 ③ 100 ①

2021년 제1회 산림산업기사 기출복원문제

※ 산림산업기사는 2021년부터 CBT(컴퓨터 기반 시험)로 진행되어 수험자의 기억에 의해 문제를 복원하였습니다. 실제 시행문제와 일부 상이할 수 있음을 알려드립니다.

제1과목 조림학

01 식재밀도를 따른 수목생장에 대한 설명으로 옳은 것은?

① 식재밀도가 높으면 초살형으로 자란다.
② 식재밀도가 높을수록 단목재적이 빨리 증가된다.
③ 식재밀도가 수고생장보다 직경생장에 더 큰 영향을 끼친다.
④ 식재밀도가 낮으면 경쟁이 완화되어 단목의 생활력이 약해진다.

해설 식재밀도가 높으면 원통형에 가까워지며, 단목재적은 천천히 증가하고, 경쟁이 심화되어 단목의 생활력이 약해진다.

02 택벌작업을 통한 갱신방법에 대한 설명으로 옳은 것은?

① 양수 수종 갱신이 어렵다.
② 병충해에 대한 저항력이 낮다.
③ 임목벌채가 용이하여 치수 보존에 적당하다.
④ 일시적인 벌채량이 많아 경제적으로 효율적이다.

해설 택벌작업은 음수 수종에 대한 갱신방법으로 병충해 저항력이 높으며 임목벌채가 용이하지 않아 치수보존이 어렵고, 벌채량이 적다. 또한 대경재를 벌채하여 고가의 목재를 생산할 수 있지만 개벌보다는 비경제적이다.

03 순림의 장점이 아닌 것은?

① 병충해에 강하다.
② 간벌 등 작업이 용이하다.
③ 조림이 경제적으로 될 수 있다.
④ 경관상으로 더 아름다울 수 있다.

해설 순림은 혼효림에 비하여 병충해에 약하다.

04 결실주기가 5년 이상인 수종은?

① *Salix koreensis*
② *Larix kaempferi*
③ *Betula platyphylla*
④ *Chamaecyparis obtusa*

해설 결실주기
- 해마다 결실을 보이는 것 : 버드나무(*Salix koreensis*)류, 포플러류, 오리나무류
- 격년결실을 하는 것 : 소나무류, 오동나무, 자작나무(*Betula playphylla*)류, 아카시아
- 2~3년을 주기로 하는 것 : 참나무류, 들메나무, 느티나무, 삼나무, 편백(*Chamaecyparis obtusa*)
- 3~4년을 주기로 하는 것 : 전나무, 녹나무, 가문비나무
- 5년 이상을 주기로 하는 것 : 너도밤나무, 낙엽송(*Larix kaempferi*)

정답 1 ③ 2 ① 3 ① 4 ②

05 잣나무 묘목을 가로 2.5m, 세로 2.0m 간격으로 2ha에 식재할 경우 필요한 묘목 본수는?

① 100주 ② 400주
③ 1,000주 ④ 4,000주

해설 $(2 \times 10,000m^2) / (2.5m \times 2.0m)$
= 20,000 / 5 = 4,000주

06 제벌작업에 대한 설명으로 옳은 것은?

① 6~9월에 실시하는 것이 좋다.
② 숲가꾸기 과정에서 한 번만 실시한다.
③ 간벌 이후에 불량목을 제거하기 위해 실시한다.
④ 산림경영과정에서 중간수입을 위해서 실시한다.

해설 제벌작업은 어린나무 가꾸기 작업으로 간벌이 시작될 때까지 2~3회를 실시하며, 수익을 위해 실시하는 작업이 아니다.

07 소립종자 1,000개의 무게로 나타내는 종자 검사기준은?

① 실 중 ② 효 율
③ 용적중 ④ 발아력

해설 실 중
- 종자의 크기를 판정하는 기준으로서 g단위로 나타낸다.
- 대립종자는 100립, 4반복의 무게를 측정해서 그 평균치를 1,000립중으로 환산한다.
- 소립종자는 1,000립, 4반복의 평균치로 한다.

08 소나무류에서 주로 실시하는 접목방법은?

① 절 접 ② 박 접
③ 아 접 ④ 할 접

해설 할 접
대목이 비교적 굵고 접수가 가늘 때 적용하며 흔히 소나무류에 적용되는데, 이때 접수에는 끝눈을 붙이고 1cm 길이만 침엽을 남기고 아래에 삭면을 만들어 할접한다.

09 광합성작용에 의해서 생성된 탄수화물이 이동·운반되는 통로는?

① 체 관 ② 물 관
③ 헛물관 ④ 수지관

해설 광합성작용에 의해서 생성된 탄수화물이 이동·운반되는 통로는 줄기의 바깥쪽에 있는 체관부이다.

정답 5 ④ 6 ① 7 ① 8 ④ 9 ①

10 중림작업의 장점으로 옳지 않은 것은?

① 임지의 노출이 방지된다.
② 교림작업보다 조림비용이 낮다.
③ 높은 작업기술을 필요로 하지 않는다.
④ 상목은 수광량이 많아서 좋은 성장을 하게 된다.

해설 중림작업은 세심한 조림기술을 쓰지 않으면 상층목은 지하고가 낮고 가지가 많아 수형목이 불량해지며, 상층목에 대한 벌채량 조절이 어려워 높은 작업기술과 작업의 집약성이 필요하다.

11 간벌의 효과로 거리가 먼 것은?

① 산불위험도 감소
② 직경의 생장촉진
③ 임목 형질의 향상
④ 개체목 간 생육공간 확보 경쟁 촉진

해설 간벌을 실행함으로서 개체목 간 생육공간 확보 경쟁을 완화시킨다.

12 가지치기 작업에 따른 효과가 아닌 것은?

① 무절재를 생산한다.
② 부정아 발생을 억제한다.
③ 수간의 완만도를 높인다.
④ 하층목의 생장을 촉진한다.

해설 가지치기는 수목의 스트레스를 유발하여 부정아 발생을 촉진시키기도 한다.

13 삽목의 장점으로 옳지 않은 것은?

① 모수의 특성을 계승한다.
② 묘목의 양성기간이 단축된다.
③ 천근성이 되어 수명이 길어진다.
④ 종자번식이 어려운 수종의 묘목을 얻을 수 있다.

해설 삽목의 장점
• 모수의 특성을 그대로 이어받는다.
• 결실이 불량한 수목의 번식에 적합하다.
• 묘목의 양성기간이 단축된다.
• 개화결실이 빠르다.
• 병충해에 대한 저항력이 커진다.

14 열매의 형태가 삭과에 해당하는 수종은?

① *Acer palmatum*
② *Ulmus davidiana*
③ *Camellia japonica*
④ *Quercus acutissima*

해설 ③ 동백나무 : 삭과
①・② 단풍나무, 느릅나무 : 시과
④ 상수리나무 : 견과

15 낙엽성 침엽수에 해당하는 것은?

① *Pinus thubergii*
② *Juniperus chinensis*
③ *Taxodium distichum*
④ *Cryptomeria japonica*

해설
③ 낙우송 : 낙엽성
① 곰솔, 해송 : 상록성
② 향나무 : 상록성
④ 삼나무 : 상록성

16 산벌작업 중 결실량이 많은 해에 1회 벌채하여 종자가 땅에 떨어지도록 하는 것은?

① 종 벌   ② 후 벌
③ 예비벌   ④ 하종벌

해설
② 후 벌
- 후계목이 하층에서 자라면 새임분을 덮고 있는 성숙임목을 점차적으로 벌채해서 그들의 보호로부터 벗어나게 하는 작업이다.
- 갱신 임분에 지장이 되지 않는 생육상황을 고려하여 가장 굵고 자람이 왕성하며 형질이 좋은 것을 종벌까지 남기도록 한다.
③ 예비벌 : 밀립상태에 있는 성숙임분에 대한 갱신 준비의 벌채이다.
④ 하종벌 : 결실량이 많은 해를 택하여 일부 임목을 벌채하여 종자가 땅에 떨어지도록 하종을 돕는 것으로 1회의 벌채로 목적을 달성하는 것이 바람직하다.

17 접목에 영향을 끼치는 인자가 아닌 것은?

① 수종의 특성
② 온도와 습도
③ 호르몬제의 사용
④ 접목의 유전성

해설 접목의 유전성이 아닌 친화성이 영향을 끼친다.

18 다음 중 HAWLEY의 수관급에 대해 틀린 것은?

① 우세목 : 평균 이상의 크기를 가지는 임목이다.
② 준우세목 : 수관의 크기는 평균에 가깝다.
③ 중간목 : 수고가 준우세목과 비슷하다.
④ 피압목 : 하층임관을 구성한다

해설 ③ 중간목 : 수고가 준우세목에 비해 작다.

19 가지치기에서 BBR(Branch Bark Ridge)이란?

① 지피융기선
② 지융부
③ 초 절
④ 종 절

해설 지피융기선을 설명한다.

20 벌구에 대한 설명으로 틀린 것은?

① 벌구는 일시 또는 일정기간 안에 갱신하고자 하는 구역이다.
② 면적이 0.1~1.0ha이면 단이고, 0.1ha 이하면 군이다.
③ 소벌구는 일반적으로 대상이다.
④ 소벌구의 대의 폭은 길이의 1/2~2배이다.

해설 ④ 소벌구의 대의 폭은 수고의 1/2~2배이다.

정답 15 ③ 16 ④ 17 ④ 18 ③ 19 ① 20 ④

제 2 과목 | 산림보호학

21 모잘록병 방제법으로 옳지 않은 것은?

① 밀식하여 관리한다.
② 토양소독을 실시한다.
③ 배수와 통풍을 잘하여 준다.
④ 복토를 두껍게 하지 않는다.

해설 약제에 의한 직접적인 방제
- 토양을 소독한다.
- 종자를 소독을 한다.
- 피해부의 중심으로 관주한다.

22 솔나방에 대한 설명으로 옳지 않은 것은?

① 8령충 때 월동한다.
② 1년에 1~2회 발생한다.
③ 500여개의 알을 산란한다.
④ 부화유충은 번데기가 되기까지 7회 탈피한다.

해설 유충은 4회 탈피 후 11월경에 5령충으로 월동에 들어간다.

23 가해하는 기주범위가 가장 넓은 해충은?

① 솔나방
② 솔알락명나방
③ 미국흰불나방
④ 참나무재주나방

해설 미국흰불나방 가해수종 : 버즘나무, 벚나무, 단풍나무, 포플러류 등 활엽수 160여종

24 약제 살포 시 천적에 대한 피해가 가장 적은 살충제는?

① 훈증제
② 접촉살충제
③ 소화중독제
④ 침투성 살충제

해설 침투성 살충제는 약제를 식물체의 뿌리·줄기·잎 등에서 흡수시켜 식물체 전체에 약제가 분포되게 하여 흡즙성 곤충이 흡즙하면 죽게 하는 것으로 천적에 대한 피해가 없어 천적보호의 입장에서도 유리하다.

25 성충으로 월동하는 것으로만 올바르게 나열한 것은?

① 독나방, 솔나방
② 박쥐나방, 가루나무좀
③ 소나무좀, 루비깍지벌레
④ 밤바구미, 어스렝이나방

해설 ③ 소나무좀(성충), 루비깍지벌레(성충)
① 독나방(유충), 솔나방(유충, 5령충)
② 박쥐나방(알), 가루나무좀(유충)
④ 밤바구미(유충), 어스렝이나방(알)

정답 21 ① 22 ① 23 ③ 24 ④ 25 ③

26 어린 유충은 초본의 줄기 속을 식해하지만 성장한 후 나무로 이동하여, 수피와 목질부를 가해하는 해충은?

① 솔나방   ② 매미나방
③ 박쥐나방   ④ 미국흰불나방

해설 박쥐나방은 가해 수종과 지역에 따라 발생에 차이가 있어, 1년에 1세대 또는 2년에 1세대 경과를 한다. 지표면에서 알로 월동하여 5월에 부화하고, 어린 유충은 처음에는 연한 초본류의 줄기 속을 식해하다가 수목의 줄기나 가지로 이동하여 가지의 껍질을 고리 모양으로 먹고 똥은 거미줄로 묶어 먹어 들어가 구멍 위에 덮어 놓기 때문에 쉽게 발견된다.

27 수목의 줄기를 주로 가해하는 해충은?

① 솔나방   ② 박쥐나방
③ 어스렝이나방   ④ 삼나무독나방

해설 ② 박쥐나방 : 줄기
① · ③ · ④ 솔나방, 어스렝이나방, 삼나무독나방 : 잎

28 가해하는 수목의 종류가 가장 많은 해충은?

① 솔나방
② 솔잎혹파리
③ 천막벌레나방
④ 미국흰불나방

해설 미국흰불나방의 가해수종 : 버즘나무, 벚나무, 단풍나무, 포플러류 등 활엽수 160여 종

29 산불예방 및 산불피해 최소화를 위한 방법으로 효과적이지 않은 것은?

① 방화선 설치
② 일제동령림 조성
③ 가연성 물질 사전 제거
④ 간벌 및 가지치기 실시

해설 동령림보다는 혼효림이 산불예방에 효과적이다.

30 밤나무혹벌 방제법으로 가장 효과가 적은 것은?

① 천적을 이용한다.
② 등화유살법을 사용한다.
③ 내충성 품종을 선택하여 식재한다.
④ 성충 탈출 전의 충영을 채취하여 소각한다.

해설 **방제방법**
• 성충 발생 최성기인 7월 초순경에 약제를 10일 간격으로 1~3회 살포한다.
• 내충성 품종을 갱신하는 것이 가장 효과적이다.
• 천적으로는 중국긴꼬리좀벌을 4월 하순~5월 초순에 ha당 5,000마리씩 방사한다.

31 주로 토양에 의하여 전반되는 수목병은?

① 묘목의 모잘록병
② 밤나무 줄기마름병
③ 오동나무 빗자루병
④ 오리나무 갈색무늬병

해설 ① 묘목의 모잘록병 : 토양
② 밤나무 줄기마름병 : 바람
③ 오동나무 빗자루병 : 곤충 및 소동물에 의한 전반
④ 오리나무 갈색무늬병 : 종자의 표면에 부착해서 전반

정답 26 ③ 27 ② 28 ④ 29 ② 30 ② 31 ①

32 약해에 대한 설명으로 옳지 않은 것은?

① 농약에 저항성인 개체가 출현한다.
② 가뭄, 강풍 직후 또는 비가 온 후에 일어나기 쉽다.
③ 줄기, 잎, 열매 등의 변색, 낙엽, 낙과 등이 유발되고 심하면 고사한다.
④ 넓은 의미로는 농약 사용 후에 수목이나 인축에 생기는 생리적 장해현상을 말한다.

해설 약해는 좁은 뜻으로 식물에 발생하는 해를 말한다. 식물에 대한 해는 농작물을 비롯해서 원예작물, 산림에 이르기까지 식물의 생리상태에 악화현상을 일으키는 것을 말하며, 저항성 개체 출현과는 관련이 없다.

33 볕데기(Sun Scorch)가 잘 일어나지 않는 경우는?

① 남서방향 임연부의 성목
② 울폐된 숲이 갑자기 개방된 경우
③ 수간 하부까지 지엽이 번성한 수종
④ 수피가 평활하고 코르크층이 발달되지 않은 수종

해설 볕데기는 임연목, 고립목 등 수간 하부까지 지엽이 붙어 있는 것에서는 잘 생기지 않는다.

34 대추나무 빗자루병 방제 약제로 가장 적합한 것은?

① 베노밀 수화제
② 아진포스메틸 수화제
③ 스트렙토마이신 수화제
④ 옥시테트라사이클린 수화제

해설 옥시테트라사이클린의 수간주입으로 대추나무와 오동나무의 빗자루병과 뽕나무의 오갈병을 치료한다.

35 수목병에 대한 설명으로 옳지 않은 것은?

① 밤나무 줄기마름병은 1900년경 미국으로부터 침입한 병이다.
② 흰가루병균은 분생포자를 많이 만들어서 잎을 흰가루로 덮는다.
③ 그을음병은 진딧물이나 깍지벌레 등이 가해한 나무에 흔히 볼 수 있는 병이다.
④ 철쭉 떡병균은 잎눈과 꽃눈에서 옥신의 양을 증가시켜 흰색의 둥근 덩어리를 만든다.

해설 밤나무 줄기마름병(밤나무 동고병)은 1904년 미국 뉴욕의 브롱스에 있는 뉴욕동물원에서 처음 발견되어 급속히 전파되었는데, 불과 10년 만에 미국 밤나무 숲을 황폐화시켰으며, 당시 피해액은 1,000억 달러에 달했다. 이 병원균은 1940년까지 캐나다 남쪽으로부터 멕시코만에 이르는 미국 동부지역에 피해를 입혔으며, 유럽으로까지 전파되어 많은 피해를 주었다.

36 세균에 의한 수목병은?

① 뽕나무 오갈병
② 소나무 줄기녹병
③ 포플러 모자이크병
④ 호두나무 뿌리혹병

해설
④ 호두나무 뿌리혹병 : 세균
① 뽕나무 오갈병 : 파이토플라스마
② 소나무 줄기녹병 : 담자균류
③ 포플러 모자이크병 : 바이러스

38 다음 중 세균이 원인이 아닌 수목병은?

① 뿌리혹병
② 밤나무 눈마름병
③ 단풍나무의 점무늬병
④ 밤나무 잉크병

해설
밤나무 잉크병은 조균류에 의한 수병이다.

39 해충의 물리적 방제방법이 아닌 것은?

① 저온처리
② 습도처리
③ 식이유살방제
④ 방사선 방제

해설
식이유살법은 기계적 방제방법이다.

37 밤나무 종실을 가해하는 해충은?

① 솔알락명나방
② 복숭아명나방
③ 복숭아심식나방
④ 백송애기잎말이나방

해설
② 복숭아명나방 : 밤나무 종실 가해 해충
① 솔알락명나방 : 잣나무 종실 가해 해충
③ 복숭아심식나방 : 사과, 복숭아, 자두, 모과, 대추 등의 종실 가해
④ 백송애기잎말이나방 : 소나무, 잣나무류의 열매 및 새순을 해치는 중요 해충

40 가루나무 좀의 생태적 특성으로 틀린 것은?

① 1년에 1회 발생한다.
② 유충으로 월동한다.
③ 성충은 낮에만 활동한다.
④ 피해가 심하면 나무의 껍질부분만 남는다.

해설
성충은 밤에만 활동한다.

정답 36 ④ 37 ② 38 ④ 39 ③ 40 ③

제 3 과목 | 임업경영학

41 흉고형수에 대한 설명으로 옳은 것은?

① 지위가 양호할수록 형수가 크다.
② 흉고직경이 작아질수록 형수가 작다.
③ 수고가 작은 나무일수록 형수가 크다.
④ 지하고가 낮고 수관의 양이 적은 나무가 형수가 크다.

해설 흉고형수를 좌우하는 인자
- 지위는 양호할수록 형수가 작다.
- 흉고직경이 작아질수록 형수는 커진다.
- 수고가 작은 나무일수록 형수는 크다.
- 동일 수종의 나무에 있어서도 지하고가 높고 수관의 양이 적은 나무가 형수가 크다.

42 법정림의 산림면적이 60ha, 윤벌기 60년, 1영급을 편성한 영계가 10개로 구성된 경우 법정영급면적은?(단, 갱신기는 고려하지 않음)

① 10ha   ② 20ha
③ 30ha   ④ 50ha

해설 법정영급면적
= (산림면적 / 윤벌기) × 영계
= (60ha / 60년) × 10
= 10ha

43 유동자산에 해당하지 않는 것은?

① 현 금
② 묘 목
③ 산림축적
④ 미처분 임산물

해설 입목축적
- 입목이 벌채되기 전까지는 고정자본(산림축적)
- 입목이 벌채되면 생산기능을 잃게 되므로 유동자본으로 분류

44 생장량을 구분할 때 수목의 생장에 따른 분류와 임목의 부분에 따른 분류가 있다. 다음 중 수목의 생장에 따른 분류에 해당되지 않는 것은?

① 등귀생장   ② 직경생장
③ 재적생장   ④ 형질생장

해설
- 수목의 생장에 따른 분류 : 재적생장, 형질생장, 등귀생장
- 임목의 부분에 따른 분류 : 직경생장, 단면적생장, 수고생장, 재적생장

45 임목의 흉고직경은 20cm, 수고는 15m, 형수는 0.4를 적용하였을 경우 임목의 재적은?

① $0.018m^3$ ② $0.188m^3$
③ $1.884m^3$ ④ $18.840m^3$

해설
$$임목의 재적 = \frac{0.4 \times 3.14 \times 20^2 \times 15}{40,000} = 0.188m^3$$

정답 41 ③ 42 ① 43 ③ 44 ② 45 ②

46 다음 조건에서 Huber식에 의한 통나무 재적은?

- 재장 : 5m
- 원구직경 : 25cm
- 중앙직경 : 23cm
- 말구직경 : 18cm

① 약 $0.127m^3$
② 약 $0.157m^3$
③ 약 $0.208m^3$
④ 약 $0.245m^3$

해설 Huber식에 의한 통나무 재적
= (23 × 23 × 3.14 / 40,000) × 5m
= 약 $0.208m^3$

47 어떤 임목의 흉고단면적이 $0.1m^2$, 수고가 14m 형수는 0.4일 때 형수법에 의한 재적은 (m^3)?

① 0.14　② 0.56
③ 1.4　④ 5.6

해설 형수법에 의한 재적(m^3) = 0.4 × 0.1 × 14 = 0.56

48 임분 수확표에 필요한 인자로 옳지 않은 것은?

① 임지표고　② 지위지수
③ 평균직경　④ 흉고단면적

해설 임분 수확표에 필요한 인자
본수, 재적합계, 흉고단면적(Basal Area)합계, 평균직경, 평균수고, 평균재적, 임분형수, 성장량, 성장률, 주림목과 부림목, 입목도, 지위, 임령

49 임업이율의 성격으로 옳지 않은 것은?

① 현실이율이 아니고 평정이율이다.
② 단기이율이 아니고 장기이율이다.
③ 대부이자가 아니고 자본이자이다.
④ 명목적 이율이 아니고 실질적 이율이다.

해설 임업이율의 성격
- 임업이율은 대부이자가 아니고 자본이자이다.
- 임업이율은 평정이율이며, 명목적 이율이다.
- 임업이율은 장기이율이다.

50 임목평가방법에 대한 설명으로 옳지 않은 것은?

① 장령림의 임목평가는 임목기망가법을 적용한다.
② 벌기 이상의 임목평가는 시장가역산법을 적용한다.
③ 중령림의 임목평가는 원가수익절충방법인 Glaser법을 적용한다.
④ 유령림의 임목평가는 비용가법을 적용하며, 이자를 포함하지 않는다.

해설 유령림의 임목평가는 비용가법을 적용하며, 비용가법은 동령임분에서의 임목을 m년생인 현재까지 육성하는데 소요된 순비용(육성가치)의 후가합계이며, 후가계산에는 이자가 필요하다.

정답 46 ③　47 ②　48 ①　49 ④　50 ④

51 임업의 경제적 특성으로 옳지 않은 것은?

① 임업생산은 조방적이다.
② 자연조건의 영향을 많이 받는다.
③ 육성임업과 채취임업이 병존한다.
④ 원목가격의 구성요소 대부분이 운반비이다.

해설 임업의 경제적 특성
- 육성임업과 채취임업이 병존한다.
- 원목가격의 구성요소의 대부분이 운반비이다.
- 임업노동은 계절적 제약을 크게 받지 않는다.
- 임업생산은 조방적이다.
- 임업은 공익성이 크므로 제한성이 많다.

52 벌구식 택벌작업에서 맨 처음 벌채된 벌구가 다시 택벌될 때까지의 소요기간을 무엇이라고 하는가?

① 회귀년 ② 벌기령
③ 윤벌기 ④ 벌채령

해설
① 회귀년 : 택벌림의 벌구식 택벌작업에 있어서 맨 처음 택벌을 실시한 일정 구역을 또다시 택벌하는 데 걸리는 기간
② 벌기령 : 임분이 처음 성립하여 생장하는 과정에 있어서 어느 성숙기에 도달하는 계획상의 연수를 말한다.
③ 윤벌기 : 보속작업에 있어서 한 작업급에 속하는 모든 임분을 일순벌하는 데 요하는 기간
④ 벌채령 : 임목이 실제로 벌채되는 연령

53 임분밀도를 나타내는 척도로 옳지 않은 것은?

① 재 적   ② 입목도
③ 지위지수   ④ 상대공간지수

해설 임분밀도의 척도방법
- 단위면적당 임목본수
- 재 적
- 흉고단면적
- 입목도
- 상대밀도
- 임분밀도 지수
- 수관경쟁인자
- 상대공간지수

54 투자비용의 현재가에 대하여 투자의 결과로 기대되는 현금 유입의 현재가 비율을 나타내는 것으로 투자효율을 결정하는 방법은?

① 회수기간법
② 수익비용률법
③ 순현재가치법
④ 투자이익률법

해설
- 회수기간법(시간가치 고려 안 함) : 사업에 착수하여 투자에 소요된 모든 비용을 회수할 때까지의 기간
- 투자이익률법 또는 평균이익률법(시간가치 고려 안 함) : 연평균순수익과 연평균투자액(감가상각비 제외)에 의한 계산
- 순현재가치법 또는 현가법(시간가치 고려함) : 투자의 결과로 발생하는 현금유입을 일정한 할인율로 할인하여 얻은 현재가와 투자비용을 할인하여 얻은 현금유출의 현재가를 비교하는 방법
- 수익비용률법(시간가치 고려함) : 투자비용의 현재가에 대하여 투자의 결과로 기대되는 현금유입의 현재가 비율
- 내부투자수익률법(시간가치 고려함) : 투자에 의해 장래에 예상되는 현금유입의 현재가와 현금유출의 현재가를 같게 하는 할인율

정답 51 ② 52 ① 53 ③ 54 ②

55 현재 축적이 1,000m³이고 생장률이 연 3%일 때 단리법에 의한 9년 후 축적은?

① 1,270m³ ② 1,300m³
③ 1,344m³ ④ 1,453m³

해설
$$p = \frac{V-v}{n} \times v$$
(p : 성장률, V : 현재의 재적, v : n년 전의 재적)
$$0.03 = \frac{V-1,000}{9 \times 1,000}$$
$$V - 1,000 = (9 \times 1,000) \times 0.03$$
$$V = 270 + 1,000 = 1,270 \, \text{m}^3$$

56 임목의 연년생장량과 평균생장량 간의 관계의 대한 설명으로 옳은 것은?

① 초기에는 연년생장량이 평균생장량보다 작다.
② 연년생장량이 평균생장량보다 최대점에 늦게 도달한다.
③ 평균생장량이 최대가 될 때 연년생장량과 평균생장량은 같게 된다.
④ 평균생장량이 최대점에 이르기까지는 연년생장량이 평균생장량보다 항상 작다.

해설
③ 평균생장량이 최대가 될 때 연년생장량과 평균생장량은 같게 된다.
① 초기에는 연년생장량이 평균생장량보다 크다.
② 연년생장량이 평균생장량보다 최대점에 빨리 도달한다.
④ 평균생장량이 최대점에 이르기까지는 연년생장량이 평균생장량보다 항상 크다.

57 산림기본계획은 몇 년 단위로 작성되는가?

① 1년 ② 5년
③ 10년 ④ 20년

해설 6차 산림기본계획(2018년~2037년)부터 20년 단위로 작성된다.

58 국유림경영계획의 주요목표가 아닌 것은?

① 보호기능
② 산림생태계의 안정성 도모
③ 고용기능
④ 경영수지개선

해설 산림생태계의 안정성 도모는 주목표를 실현하기 위한 전제조건이다.

정답 55 ① 56 ③ 57 ④ 58 ②

59 산림피해의 편정원칙이 아닌 것은?

① 피해받은 재산은 금전으로 이루어진다.
② 임목과 같은 피해액은 현재의 가치를 측정한다.
③ 손실액은 현재가로 할인하므로 자본가의 손실과 일치한다.
④ 1차에 의한 2차적인 피해도 보상하여야 한다.

해설 ② 토양 및 임목과 같은 부동산의 피해액은 전후의 가치를 비교함으로써 측정한다.

60 산림생장모델의 구성인자가 아닌 것은?

① 생장예측
② 고사예측
③ 관리예측
④ 수확예측

해설 ③ 진계생장예측

제 4 과목 | 산림공학

61 토사지역에 절토경사면을 설치하려 할 때 기울기의 기준은?

① 1 : 0.3~0.8
② 1 : 0.5~1.2
③ 1 : 0.8~1.5
④ 1 : 1.2~1.5

해설 절토경사면의 기울기 기준

구 분	기울기	비 고
• 암석지 - 경 암 - 연 암	1 : 0.3~0.8 1 : 0.5~1.2	토사지역은 절토면의 높이에 따라 소단 설치
• 토사지역	1 : 0.8~1.5	

62 임도 노체의 기본구조를 순서대로 나열한 것은?

① 노상 - 노반 - 기층 - 표층
② 노상 - 기층 - 노반 - 표층
③ 노상 - 기층 - 표층 - 노반
④ 노상 - 표층 - 기층 - 노반

해설 임도 노체의 기본구조는 아래에서부터 노상 - 노반 - 기층 - 표층

63 임도의 횡단선형을 구성하는 요소가 아닌 것은?

① 길어깨
② 옆도랑
③ 차도너비
④ 곡선반지름

해설 곡선반지름은 평면선형이다.

59 ② 60 ③ 61 ③ 62 ① 63 ④

64 40ha 면적의 산림에 간선임도 500m, 지선임도 300m, 작업임도 200m가 시설되어 있다면 임도밀도는?

① 12.5m/ha ② 20m/ha
③ 25m/ha   ④ 40m/ha

해설 $\dfrac{500m + 300m + 200m}{40ha} = 25m/ha$

65 사력의 교대는 일어나지만 하상 종단면의 형상에는 변화가 없는 하상의 기울기는?

① 임계기울기 ② 안정기울기
③ 홍수기울기 ④ 평형기울기

해설 안정물매(안정기울기) : 유수는 상류로부터 운반하여 온 큰 돌을 침전시키고, 그 대신 작은 돌을 하류로 운반하는 것이다. 그러므로 하상재료의 재배열이 시작되는 것이며, 석력의 교대는 있어도 세굴과 침전이 평형을 유지하여 종단형상에 변화를 일으키지 않는 계상의 물매로 보정물매 또는 자연사도라 한다.

66 배수로 단면의 윤변이 10m이고, 유적이 15m² 일 때 경심은?

① 0.7m ② 1.0m
③ 1.5m ④ 2.0m

해설 경심 = 유적 / 윤변 = 15 / 10 = 1.5m

67 사방댐의 설치 목적이 아닌 것은?

① 산각을 고정하여 사면붕괴 방지
② 계상기울기를 완화하고, 종침식 방지
③ 유수의 흐름방향을 변경하여 계안 보호
④ 계상에 퇴적된 불안정한 토사의 유동 방지

해설 유수의 흐름방향을 변경하여 계안을 보호하는 공작물은 수제공작물이다.

68 선떼붙이기 공법에 대한 설명으로 옳지 않은 것은?

① 발디딤은 작업의 편의를 도모한다.
② 1~2급을 적용하는 것이 경제적이다.
③ 1급 선떼붙이기에 가까울수록 고급공법이다.
④ 1m당 떼의 사용매수에 따라 1~9급으로 구분한다.

해설 선떼붙이기 공법은 1급을 고급선떼붙이기 공법, 9급을 저급선떼붙이기 공법이라 하여 경제적인 면에서는 9급이 경제적이다.

정답 64 ③ 65 ② 66 ③ 67 ③ 68 ②

69 중심선측량과 영선측량에 대한 설명으로 옳지 않은 것은?

① 영선측량은 평탄지에서 주로 적용된다.
② 영선측량은 시공기면의 시공선을 따라 측량한다.
③ 중심선측량은 파상지형의 소능선과 소계곡을 관통하며, 진행된다.
④ 균일한 사면일 경우에는 중심선과 영선은 일치되는 경우도 있지만 대개 완전히 일치되지 않는다.

해설 중심선측량은 평탄지에서 주로 적용된다.

70 임도망 계획 시 고려사항으로 옳지 않은 것은?

① 운재비가 적게 들도록 한다.
② 신속한 운반이 되도록 한다.
③ 운재방법이 다양화되도록 한다.
④ 산림풍치의 보전과 등산, 관광 등의 편익도 고려한다.

해설 임도망 계획 시 운재방법은 단순화되어야 운반비가 적게 들고 임도의 효율이 높다.

71 임도에 설치하는 대피소의 유효길이 기준은?

① 5m 이상
② 10m 이상
③ 15m 이상
④ 20m 이상

해설 대피소의 설치기준

구 분	기 준
간 격	300m 내외
너 비	5m 이상
유효길이	15m 이상

72 선떼붙이기 공법에서 급수별 떼 사용 매수로 옳은 것은?(단, 떼 크기는 40cm × 25cm)

① 1급 : 3.75매/m
② 3급 : 10매/m
③ 5급 : 6.25매/m
④ 8급 : 12.5매/m

해설 ② 3급 : 10매/m
① 1급 : 12.5매/m
③ 5급 : 7.5매/m
④ 8급 : 3.75매/m

정답 69 ① 70 ③ 71 ③ 72 ②

73 조도계수가 가장 큰 수로는?

① 흙수로
② 야면석수로
③ 콘크리트수로
④ 큰 자갈과 수초가 많은 수로

해설 제1종(시멘트를 바른 수로 또는 대패질한 판자수로)이 가장 작고 제6종(큰 자갈 및 수초가 많은 흙수로)이 가장 크다.

74 유역면적이 100ha이고, 최대시우량이 150mm/hr일 때 임상이 좋은 산림지역의 홍수유량은?(단, 유거계수는 0.35)

① 약 $0.14m^3/sec$
② 약 $1.46m^3/sec$
③ 약 $14.58m^3/sec$
④ 약 $145.83m^3/sec$

해설 홍수유량
= 유거계수 × 유역면적 × 최대시우량 / 1,000
= 0.35 × [(100ha × 10,000m^2) × (150mm/hr) / 1,000)] / 3,600
= 약 $14.58m^3/sec$

75 사리도(자갈길, Gravel Road)의 유지관리에 대한 설명으로 옳지 않은 것은?

① 방진처리에 염화칼슘은 사용하지 않는다.
② 노면의 제초나 예불은 1년에 한 번 이상 실시한다.
③ 비가 온 후 습윤한 상태에서 노면정지작업을 실시한다.
④ 횡단배수구의 기울기는 5~6% 정도를 유지하도록 한다.

해설 **방진처리** : 모래 자갈길에 아스팔트나 화학약품 등을 살포하여 먼지를 방지하는 것

76 사방사업 대상지 유형 중 황폐지에 속하는 것은?

① 밀린땅　② 붕괴지
③ 민둥산　④ 절토사면

해설 ③ 민둥산 : 황폐지
① 밀린땅 : 지활지
② 붕괴지 : 붕괴지
④ 절토사면 : 훼손지

정답 73 ④　74 ③　75 ①　76 ③

77 수제의 계획 단면에 대한 설명으로 틀린 것은?

① 수제의 형상은 밑나비가 댐마루 나비의 약 2배로 하고 1~3m가 적당하다.
② 수제의 높이는 가능한 낮게 하는 것이 안전하므로 평균저수위상 30~80cm 이상으로 한다.
③ 수제의 높이는 유심에 향하여 1/50~1/100의 물매로 한다.
④ 수제의 길이는 가능한 크게 설치하는 것이 효과적이고 길다 하더라도 계천나비의 1/3 이내로 한다.

해설 ④ 수제의 길이는 짧은 것을 많이 설치하는 것이 효과적이고 길다 하더라도 계천나비의 1/3 이내로 한다.

78 좋은 암반에서의 사방댐의 양압력은?

① 0.25~0.60
② 0.25~0.40
③ 0.40~0.60
④ 0.60~0.80

해설 ① 0.25~0.60 : 일반적인 값
② 0.25~0.40 : 좋은 암반
③ 0.40~0.60 : 좋지 않은 암반 또는 사력층

79 사방댐의 단면계산 방법이 아닌 것은?

① Thiery식
② 가마식
③ 가끼식
④ 단면표에 의한 방법

해설 ③ 가끼식 : 본댐과 앞댐의 중복 높이를 구하는 식

80 산복돌망태흙막이 공작물의 설명 중 틀린 것은?

① 높이는 2.0m 정도 이내이다.
② 속채움 돌의 지름은 15~30cm의 것이 좋다.
③ 고정말뚝의 길이는 1.0~1.2m이어야 한다.
④ 돌망태의 종류에는 세로돌망태, 가로돌망태 등이 있다.

해설 돌망태의 종류에는 둥근돌망태, 방석돌망태, 마름모꼴 방석돌망태, 변형돌망태 등이 있고 돌망태의 구조는 가로쌓기와 세로쌓기가 있다.

77 ④ 78 ④ 79 ③ 80 ④

2022년 산림기사 기출문제
제1회

제 1 과목 조림학

01 묘목 양성 시 해가림을 해 주어야 할 수종으로만 올바르게 나열한 것은?

① 주목, 소나무
② 전나무, 삼나무
③ 밤나무, 은행나무
④ 벚나무, 아까시나무

해설 해가림 대상 수종 : 가문비나무, 전나무, 낙엽송, 삼나무, 편백 및 소립종자 등

02 산림에서 식물군락의 일정한 계열적 변화를 의미하는 것은?

① 식생교란   ② 식생변이
③ 식생순화   ④ 식생천이

해설 식생천이 : 식물의 군집이 시간의 추이에 따라 변천해 가는 현상으로 생태천이에서 개척자 단계에서 극상까지 나타나는 군집의 전체 순서를 천이계열(Sere)이라고 하고, 개척자군집과 극상군집 사이의 각 단계의 군집을 천이단계(Seral Stage)라고 부른다.

03 침엽수의 가지치기 작업방법으로 옳은 것은?

① 줄기와 직각이 되도록 잘라낸다.
② 으뜸가지 이상의 가지를 잘라낸다.
③ 생장 휴지기에 실시하는 것이 좋다.
④ 초두부까지 가지를 잘라내어 통직한 간재를 생산하도록 한다.

해설 ① 줄기와 평행하도록 잘라낸다.
② 으뜸가지 이하의 가지를 잘라낸다.
④ 으뜸가지 이하의 가지를 잘라내어 통직한 간재를 생산하도록 한다.

04 대면적 산벌작업의 장점으로 옳지 않은 것은?

① 개벌작업 및 모수작업에 비해 갱신이 더 확실하다.
② 어린나무가 상하지 않고 적은 비용으로 작업할 수 있다.
③ 우량한 임목들을 남겨 갱신되는 임분의 유전적 형질을 개량할 수 있다.
④ 수령이 거의 비슷하고 줄기가 곧은 동령일제림으로 조성할 수 있다.

해설 음수갱신에 유리한 산벌작업은 하종벌 실시 후 남겨진 종벌될 나무가 벌채될 때 어린 나무 피해가 심할 수 있어 벌목 비용이 증가할 수 있다.

정답 1 ② 2 ④ 3 ③ 4 ②

05 간벌작업을 병행하여 실시하는 갱신작업 종은?

① 개벌작업 ② 왜림작업
③ 택벌작업 ④ 모수림작업

해설 택벌작업은 순차적인 다층림에서 가능한 작업이므로 벌채 시 간벌작업도 병행할 수 있다.

06 임목의 생육에 필요한 양분에 대한 설명으로 옳지 않은 것은?

① 황, 철, 붕소는 미량원소에 속한다.
② 침엽수는 활엽수보다 양분 요구도가 낮다.
③ 토양 산도에 따라 무기영양소의 유용성이 달라진다.
④ 성숙잎이 먼저 황화현상을 나타내는 것은 마그네슘 및 질소의 주요 결핍증상이다.

해설 황은 다량원소이다.

07 종자를 정선한 후 곧바로 노천매장하는 것이 가장 적합한 수종은?

① Alnus japonica
② Pinus koraiensis
③ Quercus acutissima
④ Robina pseudoacacia

해설
- 종자 정선 후 바로 노천매장 : 들메나무, 단풍나무류, 벚나무류, 잣나무, 섬잣나무, 백송, 호두나무, 가래나무, 느티나무, 백합나무, 은행나무, 목련류 등
- 파종하기 1개월 전에 노천매장 : 삼나무, 소나무 (Pinus koraiensis)

08 산림토양에서 집적층에 해당되는 층은?

① A층 ② B층
③ C층 ④ O층

해설
② B층 : 집적층
① A층 : 용탈층
③ C층 : 모재층
④ O층 : 유기물층

09 무성번식에 대한 설명으로 옳지 않은 것은?

① 초기생장 및 개화, 결실이 빠르다.
② 실생번식에 비해 기술이 필요하다.
③ 번식방법으로는 삽목, 접목, 취목 등이 있다.
④ 모수와는 다른 다양한 후계양성이 가능하다.

해설 ④ 모수와 비슷한 후계양성이 가능하다.

10 종자의 활력을 검정하는 방법으로 옳지 않은 것은?

① 절단법 ② 환원법
③ 양건법 ④ X선 분석법

해설 양건법은 종실을 햇볕에 쬐어 말려 종자가 분리되도록 하는 종자탈곡법이다.

5 ③ 6 ① 7 ② 8 ② 9 ④ 10 ③

11 다음 조건에 따른 파종량은?

- 파종상 면적 : 500m²
- 묘목 잔존본수 : 600본/m²
- 1g당 평균입수 : 99입
- 순량률 : 95%
- 발아율 : 90%
- 묘목잔존율 : 30%

① 약 11.8kg ② 약 12.3kg
③ 약 31.6kg ④ 약 37.3kg

해설
$$파종량 = \frac{500 \times 600}{99 \times 0.95 \times 0.90 \times 0.30}$$
$$= \frac{300,000}{25.39}$$
$$= 11,816g ≒ 11.8kg$$

12 우리나라의 소나무 중에서 수고가 높고, 줄기가 곧으며, 수관이 가늘고 좁고, 지하고가 높은 특성을 보이는 지역형은?

① 금강형   ② 안강형
③ 위봉형   ④ 중남부평지형

해설
② 안강형 : 수관은 거의 수평이고, 줄기가 굽어 있다.
③ 위봉형 : 수고가 낮고, 수관이 좁고, 전나무와 비슷한 모양
④ 중남부평지형 : 줄기가 굽고, 수관이 넓게 퍼지고, 지하고가 길다.

13 침엽수에 해당하는 수종은?

① *Abies koreana*
② *Betula platyphylla*
③ *Quercus mongolica*
④ *Cornus controversa*

해설
① 구상나무 : 침엽수
② 자작나무 : 활엽수
③ 신갈나무 : 활엽수
④ 층층나무 : 활엽수

14 주로 종자에 의해 양성된 묘목으로 높은 수고를 가지면 성숙해서 열매를 맺게 되는 숲은?

① 왜 림   ② 중 림
③ 죽 림   ④ 교 림

해설
④ 종자
①·③ 맹아
② 맹아 + 종자

15 다음 설명에 해당하는 개벌방법은?

- 대상 임지가 기복이 심하고 임상이 불규칙하거나 소면적 내에서도 입지 차이가 심한 곳에 적합하다.
- 풍설해 및 병충해 등으로 임관이 소개되어 있는 곳이나 치수가 이미 발생하여 생육을 하고 있는 곳을 우선하여 실시하면 좋다.

① 군상개벌   ② 대면적개벌
③ 연속대상개벌   ④ 교호대상개벌

해설
입지 차이가 심하고 이미 치수가 발생하였으므로 일률적이거나 전체적인 대면적 개벌은 지양하고 소면적 군상개벌이 적합하다.

정답 11 ① 12 ① 13 ① 14 ④ 15 ①

16 너도밤나무가 자연적으로 분포하고 있는 곳은?

① 홍 도 ② 제주도
③ 강화도 ④ 울릉도

해설 너도밤나무가 자연적으로 분포하고 있는 곳은 울릉도뿐이다.

17 일반적으로 수목의 광합성에 유효한 광파장 영역은?

① 0~200nm ② 200~400nm
③ 400~700nm ④ 700~1,000nm

해설 태양광선은 자외선, 가시광선(빨, 주, 노, 초, 파, 남, 보), 적외선, 전파를 포함하며, 햇빛은 태양광선 중 인간의 눈에 보이는 가시광선(파장 340~760nm)을 말한다. 자외선은 대기권을 통과하면서 오존층에서 대부분 흡수되고, 적외선은 이산화탄소와 수분에 흡수되므로 대기권을 통과한 태양광선은 가시광선이 주종을 이루며, 녹색식물은 가시광선 부근의 광선을 이용하여 광합성을 한다. 특히 파장 660~730nm의 적색광선은 식물의 형태와 생리에 독특한 역할을 한다.

18 풀베기 작업에 대한 설명으로 옳은 것은?

① 여름철보다 겨울철에 실시한다.
② 모두베기 할 경우 조림목이 피압될 염려가 없다.
③ 모두베기보다 둘레베기는 노동력이 더 많이 필요하다.
④ 조림목이 양수 수종인 경우 모두베기보다 줄베기 작업을 실시한다.

해설 ① 여름철에 실시한다.
③ 모두베기가 전체를 베므로 노동력이 많이 필요하다.
④ 조림목이 양수 수종인 경우 모두베기가 적합하다.

19 어린나무가꾸기 작업에 대한 설명으로 옳은 것은?

① 병해충의 피해를 받은 임목만 벌채하는 것이다.
② 임분의 수직구조를 개선하기 위해 실시한다.
③ 목적 이외의 수종이나 형질이 불량한 임목을 제거하는 것이다.
④ 생육공간 확보를 위한 경쟁과정에서 생육공간 조절을 위하여 벌채하는 것이다.

해설 ① 병해충의 피해를 받은 입목과 침입목 등 경쟁대상목을 벌채하는 것이다.
② 임분의 수평구조를 개선하기 위해 실시한다.
④ 생육공간 확보를 위한 경쟁과정에서 생육공간 확보를 위하여 벌채하는 것이다.

20 포플러류 등 건조에 약한 종자를 통풍이 잘 되는 옥내에 펴서 건조시키는 방법은?

① 인공건조법
② 양광건조법
③ 자연건조법
④ 반음건조법

해설 실내에서 장비없이 자연적으로 건조시키는 방법은 반음건조법이다.

16 ④ 17 ③ 18 ② 19 ③ 20 ④

제 2 과목 산림보호학

21 소나무 재선충병을 방제하는 방법으로 옳지 않은 것은?

① 토양관주는 방제 효과가 없어 실시하지 않는다.
② 아바멕틴 유제로 나무주사를 실시하여 방제한다.
③ 피해목 내 매개충을 구제하기 위해 벌목한 피해목을 훈증한다.
④ 나무주사는 수지 분비량이 적은 12~2월 사이에 실시하는 것이 좋다.

해설 토양관주는 나무에 구멍을 뚫지 않고 토양에 직접 주입하며, 포스치아제이트 30% 액제를 4~5월에 토양에 주입한다.

22 병원체에 대한 설명으로 옳지 않은 것은?

① 흰가루병과 녹병균은 절대기생체이다.
② 바이러스나 파이토플라스마는 부생체이다.
③ 죽은 식물의 유기물을 영양원으로 하여 살아가는 것을 부생체라 한다.
④ 인공배양이 불가능하며 살아 있는 기주조직 내에서만 증식하는 것을 절대기생체라 한다.

해설 ② 바이러스나 파이토플라스마는 완전기생체이다.

23 수목병을 예방하기 위한 숲가꾸기 작업에 해당하지 않는 것은?

① 제 벌 ② 개 벌
③ 풀베기 ④ 가지치기

해설 개벌은 숲가꾸기 작업이 아니라 벌채작업이다. 숲가꾸기 작업은 수목병 예방을 위한 작업이 아니며 건강한 숲을 조성한다는 차원이다.

24 솔껍질깍지벌레를 방제하는 방법으로 옳은 것은?

① 12월에 이미다클로프리드 분산성 액제를 수간에 주사한다.
② 피해목을 잘라 집재하고 비닐로 밀봉하여 메탐소듐 액제로 훈증한다.
③ 성충 우화기인 5~6월에 뷰프로페진 액상수화제를 항공살포한다.
④ 7월 이후 알을 구제하기 위하여 페니트로티온 유제를 수관에 살포한다.

해설
② 소나무 재선충병의 방제법이다.
③ 3월에 분무기를 이용하여 뷰프로페진 액상수화제(40%) 100배액을 10일 간격으로 2~3회 수관 살포한다.
④ 12월에 이미다클로프리드 분산성액제 · 에마멕틴 벤조에이트 유제, 티아메톡삼 분산성액제, 페니트로티온 유제를 나무에 주사한다.

정답 21 ① 22 ② 23 ② 24 ①

25 후식으로 인한 수목 피해를 주는 해충에 속하는 것은?

① 소나무좀   ② 밤나무혹벌
③ 미국흰불나방   ④ 오리나무잎벌레

해설
① 소나무좀의 새로운 성충은 전년생 가지와 분지한 새순의 1~2cm 윗지점에 구멍을 뚫고 들어가 속을 갉아먹은 다음 새로운 잎집 끝으로 탈출한다. 탈출한 새 성충은 계속해서 이웃 가지로 옮겨 다니면서 신초에 피해를 입히며 피해를 확장시키는데 이를 후식이라 한다.
② 밤나무혹벌 : 유충이 눈에 충영을 만든다.
③ 미국흰불나방 : 유충이 어릴 때는 실을 토해 잎을 싸고 집단으로 모여서 갉아 먹다가 5령기 이후에는 분산해 잎맥을 제외한 잎 전체를 갉아 먹는다.
④ 오리나무잎벌레 : 성충과 유충이 동시에 잎을 식해한다.

26 수목병의 표징에 해당하는 것은?

① 잣나무 줄기에 황색의 녹포자기가 생겼다.
② 소나무 잎이 5~6월에 누렇게 되면서 낙엽이 되었다.
③ 벚나무 잎에 갈색의 반점이 형성되더니 구멍이 뚫렸다.
④ 오동나무 잎이 작고 연한 녹색으로 되고 잔가지가 많이 발생하였다.

해설
병원체 자체가 병든 식물체 상의 환부에 나타나 병의 발생을 알리는 표징은 영양기관에 의한것과 번식기관(녹포자기)에 의한 것이 있다.

27 대추나무 빗자루병이 발병하는 원인이 되는 병원체는?

① 선 충   ② 진 균
③ 바이러스   ④ 파이토플라스마

해설
파이토플라스마 : 오동나무 빗자루병, 대추나무 빗자루병, 뽕나무오갈병 등

28 리지나뿌리썩음병을 방제하는 방법으로 옳지 않은 것은?

① 피해 임지에 적정량의 석회를 뿌린다.
② 임지 내에서 불을 피우는 행위를 막는다.
③ 매개충 구제를 위하여 살충제를 봄에 살포한다.
④ 피해지 주변에 깊이 80cm 정도의 도랑을 파서 피해 확산을 막는다.

해설
리지나뿌리썩음병은 40℃ 이상의 온도가 24시간 이상 지속되면 포자가 발아하여 뿌리를 감염시키는 것으로, 취사나 쓰레기소각에 의하여 빈번히 발생하며 매개충이 없다.

29 수목의 줄기를 주로 가해하는 해충은?

① 솔나방   ② 박쥐나방
③ 밤바구미   ④ 밤나무산누에나방

해설
① 솔나방 : 유충(잎)
③ 밤바구미 : 유충(열매살)
④ 밤나무산누에나방 : 유충(잎)

정답 25 ① 26 ① 27 ④ 28 ③ 29 ②

30. 미국흰불나방을 방제하는 방법으로 옳은 것은?

① 11~12월에 카보퓨란 입제를 지면에 살포한다.
② 5~9월에 유아등을 설치하여 유충을 유인한다.
③ 피해가 심한 임지에서는 디노테퓨란 액제를 수간에 주입한다.
④ 수피 사이에 고치를 짓고 월동한 번데기를 수시로 채집하여 소각한다.

해설 미국흰불나방 방제방법
5~6월, 7월 중하순에 약제를 살포하거나 5월 중순부터 9월 중순의 성충 활동시기에 피해임지 또는 그 주변에 유아등, 흡입포충기 또는 페로몬트랩을 설치해 성충을 유인해 죽인다.

31. 소나무좀에 대한 설명으로 옳지 않은 것은?

① 1년에 1회 발생하고 주로 봄과 여름에 가해한다.
② 암컷 성충은 수피를 뚫고 갱도를 만들면서 가해한다.
③ 먹이나무를 설치하여 월동성충이 산란하게 한 후 소각하여 방제한다.
④ 주로 쇠약목, 이식목, 병해충 피해목에 기생하지만, 벌채목에는 가해하지 않는다.

해설 ④ 벌채목 또는 건강한 나무에도 가해한다.

32. 산성비에 해당하는 pH 농도의 기준값은?

① pH 3.5 이하   ② pH 4.6 이하
③ pH 5.6 이하   ④ pH 6.5 이하

해설 산성비
수소이온 농도(pH)가 5.6 미만인 비를 말하며, 식물, 물고기, 토양 등에 안 좋은 영향을 미친다. 일반적인 비의 pH는 5.6~6.4로 약산성이다. 대기중의 이산화탄소가 수증기와 결합하여 약산인 탄산을 형성하기 때문이다.

33. 모잘록병에 대한 설명으로 옳은 것은?

① 질소질 비료를 충분히 준 묘목은 발병률이 낮다.
② 토양의 물리적 성질과 발병과는 상관관계가 전혀 없다.
③ 소나무류 묘목의 모잘록병은 겨울철에 발생이 심하다.
④ 토양이 과습하지 않게 배수 관리를 잘 하여 발병률을 낮출 수 있다.

해설
① 질소질 비료를 충분히 준 묘목은 발병률이 높다.
② 토양의 물리적 성질(과습)과 발병과는 상관관계가 있다.
③ 소나무류 묘목의 모잘록병은 여름에서 초가을에 발생이 심하다.

34. 고온에 의한 볕데기의 피해가 일어나기 쉬운 수종은?

① 소나무   ② 굴참나무
③ 오동나무   ④ 일본잎갈나무

해설 볕데기 피해 수종 : 오동나무, 후박나무, 호두나무, 버즘나무, 소태나무, 가문비나무 등

정답 30 ④ 31 ④ 32 ③ 33 ④ 34 ③

35 나무주사 방법에 대한 설명으로 옳지 않은 것은?

① 형성층 안쪽의 목부까지 구멍을 뚫어야 한다.
② 모젯(Mauget) 수간주사기는 압력식 주사이다.
③ 중력식 주사는 약액의 농도가 낮거나 부피가 클 때 사용한다.
④ 소나무류에는 압력식 주사보다는 주로 중력식 주사를 사용한다.

해설 ④ 소나무류에는 압력식 주사를 사용한다.

36 다음 설명에 해당하는 해충은?

- 유충은 땅속에서 수목의 뿌리나 부식물을 먹고 자란다.
- 성충이 되어 지상에 나와 수목 잎이나 농작물의 새싹을 가해한다.

① 매미류　　② 풍뎅이류
③ 잎벌레류　　④ 하늘소류

해설 ② 풍뎅이류 : 애벌레로 겨울나기를 하며, 땅속에서 식물의 뿌리를 먹으면서 자란다. 번데기는 5월 경에 이루어지며 30일 후 어른벌레가 되어 나온다. 야간에 불빛에 반응하여 날아드는 특성이 있고, 먹이식물로는 장미, 차나무, 감나무, 밤나무, 무궁화, 찔레나무, 해당화, 복사나무, 벚나무, 참나무 등의 활엽수 잎을 먹는다.
① 매미류 : 약 3~7년 동안 땅속에서 유충으로 나무 즙을 빨면서 살다가 지상에 올라와서 성충이 된 후에 약 1달 동안 번식 활동을 하다가 죽는다.
③ 잎벌레류 : 성충으로 월동하고 알은 잎 뒷면에 부하되어 유충과 성충이 과수의 잎이나 또는 배추나무 등의 잎을 갉아먹는 해로운 벌레
④ 하늘소류 : 성충은 꽃을 먹는 것이 많으나, 유충은 줄기에 갱도를 만들어 목질부에 피해를 주므로 관상수·과수·임목 등에 피해가 크다. 성충은 수피를 물어뜯고 그 속에 알을 낳는다. 유충은 나무 속으로 먹어 들어가면서 대체로 직선상의 갱도를 만든다.

37 다음 중 내화력이 가장 약한 수종은?

① 삼나무　　② 은행나무
③ 졸참나무　　④ 사철나무

해설 침엽수가 피해가 심하며 그중 소나무, 삼나무, 해송, 편백 등이 심하다.

38 잣나무 털녹병을 방제하는 방법으로 옳지 않은 것은?

① 중간기주인 송이풀을 제거한다.
② 저항성 품종을 육성하여 식재한다.
③ 풀베기와 간벌을 실시하여 숲에 통풍을 양호하게 해준다.
④ 담자포자 비산시기인 4월 하순부터 10일 간격으로 적용약제를 2~3회 살포한다.

해설 ④ 담자포자 비산시기인 8월 하순부터 10일 간격으로 적용약제를 2~3회 살포한다.

정답　35 ④　36 ②　37 ①　38 ④

39 경제적 가해수준에 대한 설명으로 옳은 것은?

① 해충에 의한 피해액과 방제비가 같은 수준의 밀도
② 해충에 의한 피해액이 방제비보다 큰 수준의 밀도
③ 해충에 의한 피해액이 방제비보다 작은 수준의 밀도
④ 해충에 의한 경제적으로 큰 피해를 주는 수준의 밀도

해설 ① 경제적 가해수준은 경제적으로 피해를 주는 최소밀도, 즉 해충에 의한 피해비용과 방제비용이 같을 때의 해충의 밀도를 말한다.

40 오동나무 빗자루병 예방을 위해 매개충인 담배장님노린재를 방제하는 시기로 가장 적절한 것은?

① 1~3월 ② 4~6월
③ 7~9월 ④ 10~12월

해설 7월 상순에서 9월 하순에 살충제를 살포하여 매개충인 담배장님노린재를 구제한다.

제 3 과목 | 임업경영학

41 묘목을 심어 성립하기까지 지출되는 비용에 해당하는 항목은?

① 지 대 ② 조림비
③ 채취비 ④ 관리비

해설 조림비 : 묘목을 심어 성립하기까지(보통 1회의 가지치기) 10여년간의 지출되는 비용

42 입목직경을 수고의 1/n 되는 곳의 직경과 같게 하여 정한 형수는?

① 정형수 ② 수고형수
③ 절대형수 ④ 흉고형수

해설
② 수고형수 : 이런 용어 없음
③ 절대형수 : 비교원주의 직경위치를 최하부에 정하는 것
④ 흉고형수 : 직경위치를 수고의 1.2m 되는 곳에 정함(부정형수)

43 임업의 경제적 특성으로 옳지 않은 것은?

① 임업생산은 조방적이다.
② 자연조건의 영향을 많이 받는다.
③ 육성임업과 채취임업이 병존한다.
④ 원목가격의 구성요소 대부분이 운반비이다.

해설 ② 임업의 기술적 특성

정답 39 ① 40 ③ 41 ② 42 ① 43 ②

44 원가계산을 위한 원가비교 방법으로 옳지 않은 것은?

① 기간비교 ② 상호비교
③ 표준실제비교 ④ 수익비용비교

해설 수익비용비교는 원가비교 방법 내용이 아님

45 임업기계의 감가상각비(D)를 정액법으로 구하는 공식으로 옳은 것은?(단, P : 기계구입가격, S : 기계 폐기 시의 잔존가치, N : 기계의 수명)

① $D = \dfrac{P-S}{N}$ ② $D = \dfrac{S-P}{N}$

③ $D = \dfrac{N}{S-P}$ ④ $D = \dfrac{N}{P-S}$

해설 임업기계의 감가상각비(정액법)
= (기계구입가격 − 기계 폐기 시의 잔존가치)
  ÷ 기계의 수명

46 임목축적이 2010년 150m³, 2020년 220m³일 때 단리에 의한 생장률은?

① −4.7% ② −3.2%
③ +3.2% ④ +4.7%

해설 단리에 의한 생장률
= (220m³ − 150m³)/(10년 × 150m³)
= 70/1,500 = 0.0467
∴ 4.67%

47 산림평가에서 전가계산식에 사용되는 요소가 아닌 것은?

① 환원율 ② 할인율
③ 전가계수 ④ 현재가계수

해설 자본환원율은 환원율과 할인율로 나뉘는데 전가식에는 할인율이 사용된다.

48 유형고정자산의 감가 중에서 기능적 요인에 의한 감가에 해당되지 않는 것은?

① 부적응에 의한 감가
② 진부화에 의한 감가
③ 경제적 요인에 의한 감가
④ 마찰 및 부식에 의한 감가

해설 고정자산의 감가
• 발생 원인에 따라
 − 물리적 감가 : 사용 또는 작업에 의한 소모 등(마찰 및 부식에 의한 감가), 시간의 경과에 따른 자연적 폐퇴(廢頹), 재해 등에 의한 우발적인 소모
 − 기능적 감가(Functional Depreciation) : 기술의 진보에 따른 시설 및 설치물의 구식화, 경제사정 변화에 따른 부적격화 등
• 발생 상태에 따라
 − 경영 활동 수행에서 경영적으로 생기는 감가(통상감가)
 − 예측할 수 없는 원인에 의해 우발적으로 생기는 감가(우발감가)
• 발생 결과에 따라
 − 감가 발생에 의하여 생산물로 가치가 이전되었다고 간주되는 가치이전적 감가
 − 생산물로 가치가 이전되었다고 간주될 수 없는 재산적 감가 등

44 ④ 45 ① 46 ④ 47 ① 48 ④ **정답**

49 임목을 평가하는 방법에 대한 설명으로 옳은 것은?

① 유령림은 임목기망가로 평가한다.
② 장령림은 임목비용가로 평가한다.
③ 벌기 이상의 성숙림은 시장가역산법으로 평가한다.
④ 식재 직후의 임분은 원가수익절충법으로 평가한다.

해설
① 유령림은 임목비용가로 평가한다.
② 장령림은 임목기망가로 평가한다.
④ 중령림은 원가수익절충법으로 평가한다.

50 자연휴양림조성계획에 포함되는 사항이 아닌 것은?

① 산림경영계획
② 조성기간 및 연도별 투자계획
③ 시설물의 종류 및 규모 등이 표시된 시설계획
④ 축척 1:1,000 임야도가 포함된 시설물 종합배치도

해설 자연휴양림조성계획의 작성 등(산림문화·휴양에 관한 법률 시행규칙 제14조 제1항)
휴양시설 및 숲가꾸기 등의 조성계획(이하 '자연휴양림조성계획')에는 다음의 사항이 포함되어야 한다.
1. 시설물(도로를 포함한다)의 종류·규모 등이 표시된 시설계획
2. 시설물종합배치도(축척 6천분의1 이상 1천200분의1 이하 임야도)
3. 조성기간 및 연도별 투자계획
4. 자연휴양림의 관리 및 운영방법
5. 산림경영계획

51 각 계급의 흉고단면적 합계를 동일하게 하여 표준목을 선정한 후 전체 재적을 추정하는 방법은?

① 단급법
② Urich법
③ Hartig법
④ Draudt법

해설
① 단급법: 전 임분을 한 개의 급으로 취급하여 단 1개의 표준목 선정
② Urich법: 각 계급의 본수를 동일하게 하고 각 계급에서 같은 수의 표준목 선정
④ Draudt법: 각 직경급을 대상으로 표준목 선정(각 직경급 본수 비례)

52 다음 조건에 따라 Hundeshagen 이용율법으로 계산한 연간벌채량은?

- 현실축적: 280m^3
- 임분수확표축적: 250m^3
- 연간생장량: 10m^3

① 8.2m^3
② 8.9m^3
③ 11.2m^3
④ 11.5m^3

해설 Hundeshagen 이용율법 = 현실축적 × (법정벌채량, 연간생장량/법정축적, 수확표축적)
= 280 × (10/250) = 11.2m^3

53 산림에서 임목을 벌채하여 제재목을 생산할 때 부수적으로 톱밥이 생산되는데, 이러한 두 가지 생산물의 관계를 무엇이라고 하는가?

① 결합생산
② 경합생산
③ 보완생산
④ 보합생산

해설 결합생산: 요약 두 가지 이상의 생산물이 동일한 생산기술과 생산요소에 의해 생산되는 것

54 법정림의 춘계축적이 900m³, 추계축적이 1,100m³이라 할 때 법정축적(m³)은?

① 200 ② 1,000
③ 1,100 ④ 2,000

해설 법정축적은 하계축적이므로 춘계축적과 추계축적의 평균값인 (900 + 1,100)/2 = 1,000m³이다.

55 임업소득을 계산하는 방법으로 옳은 것은?

① 자본에 귀속하는 소득 = 임업순수익 − (지대 + 자본이자)
② 가족노동에 귀속하는 소득 = 임업소득 − (지대 + 자본이자)
③ 임지에 귀속하는 소득 = 임업소득 − (지대 + 가족노임추정액)
④ 경영관리에 귀속하는 소득 = 임업소득 − (지대 + 가족노임추정액)

해설 ① 자본에 귀속하는 소득 = 임업소득 − (지대 + 가족노임추정액)
③ 임지에 귀속하는 소득 = 임업소득 − (자본이자 + 가족노임추정액)
④ 경영관리에 귀속하는 소득 = 임업순수익 − (지대 + 자본이자)

56 다음 조건에 따라 후버(Huber)식에 의해 구한 원목재적은?

- 원구단면적 : 0.030m²
- 중앙단면적 : 0.025m²
- 말구단면적 : 0.018m²
- 재장 : 15m

① 0.225m³ ② 0.360m³
③ 0.375m³ ④ 0.450m³

해설 후버식 = 중앙단면적 × 재장
= 0.025 × 15 = 0.3750m³

57 임분 밀도의 척도에 해당하지 않는 것은?

① 입목도 ② 지위지수
③ 흉고단면적 ④ 상대공간지수

해설 임분 밀도의 척도 : 임목본수, 재적, 흉고단면적, 입목도, 상대밀도, 임분밀도지수, 수관경쟁인자, 상대공간지수

58 산림경영패턴이 영구히 반복된다는 것을 가정한 임지의 평가방법은?

① 비용가법 ② 환원가법
③ 매매가법 ④ 기망가법

해설 임지기망가법 : 일정한 사업을 해당임지에 영구적으로 실시한다고 가정해서 토지에 기대되는 순수익의 현재 합계액

54 ② 55 ② 56 ③ 57 ② 58 ④

59 수간석해를 할 때 반경은 보통 몇 년 단위로 측정하는가?

① 1년　② 3년
③ 5년　④ 10년

해설 반경은 해마다 측정하여도 무방하지만 그 값이 대단히 작기 때문에 일반적으로 5년마다 측정한다.

60 임목축적에서 생장에 따른 분류가 아닌 것은?

① 정기생장
② 재적생장
③ 형질생장
④ 등귀생장

해설 정기생산은 형태에 따른 분류이다.

제 **4** 과목 │ **임도공학**

61 종단측량 야장을 이용한 No.0 측점부터 No.4 측점까지의 기울기는?

(단위 : m, 측점간 거리 : 20m)

측 점	후 시	기계고	중간점	이 점	지반고
0	6.4	23.7	–	–	–
1	–	–	4.0	–	19.7
2	–	–	4.6	–	19.1
3	5.4	21.1	–	7.9	15.7
4	–	–	6.6	–	–

① −3.5%　② +3.5%
③ +5.0%　④ −5.0%

해설 측점 0의 지반고 = 23.7 − 6.4 = 17.3,
측점 4의 지반고 = 21.1 − 6.6 = 14.5
80m 간격의 고저차 = 17.3 − 614.5 = 2.8m 내려감
100m : x = 80m : −2.8m
∴ x = −3.5%

62 토적 계산 방법으로 실제의 토적보다 다소 적게 나오지만 양단면평균법보다 오차가 작은 것은?

① 등고선법　② 각주공식
③ 주상체공식　④ 중앙단면적법

해설 중앙단면적법은 토적을 구하고자 하는 구간의 양단면 밑변길이와 높이의 평균값을 이용하여 중앙단면적을 구하고, 이를 거리와 곱해 토적을 계산하는 방법이다. 중앙단면적법에 의한 토적계산은 실제 토적보다 작은 값이 나오지만 오차는 양단면적평균법보다 작다.

정답 59 ③　60 ①　61 ①　62 ④

63 중심선측량 및 영선측량에 대한 설명으로 옳지 않은 것은?

① 영선은 절토작업과 성토작업의 경계선이 되기도 한다.
② 영선측량은 지반고 상태에서 측량하며 종단면도 상에서 계획선을 결정한다.
③ 지반의 기울기가 급할수록 영선보다 중심선이 경사지의 안쪽에 위치한다.
④ 중심선측량은 평면측량에서 중심선을 설정한 후 종단·횡단 측량을 한다.

[해설] 중심선측량은 지반고 상태에서 측량하며 종단면도 상에서 계획선을 결정한다.

64 집재 및 운재 작업에서 가공본선으로 사용되는 와이어로프의 안전계수 기준은?

① 2.7 이상　② 4.0 이상
③ 4.7 이상　④ 6.0 이상

[해설]
① 2.7 이상 : 가공본선
② 4.0 이상 : 짐담김선, 되돌림선, 버팀선, 고정선
④ 6.0 이상 : 짐올림선, 짐매달림선

65 임도의 평면곡선에 대한 설명으로 옳지 않은 것은?

① 복심곡선은 반지름이 다른 곡선이 같은 방향으로 연속되는 곡선이다.
② 단곡선은 직선에 원호가 접속된 원곡선으로 설치가 용이하여 일반적으로 많이 사용된다.
③ 배향곡선은 상반되는 방향의 곡선을 연속시킨 곡선으로 양호 사이에 직선부를 설치한다.
④ 완화곡선은 임도의 직선으로부터 곡선부로 옮겨지는 곳에는 곡선부의 외쪽기울기와 나비넓힘이 원활하게 이어지도록 한다.

[해설] ③ 배향곡선은 상반되는 방향의 곡선을 연속시킨 곡선으로 양호 사이에 곡선부를 설치한다.

66 임도의 노체에 대한 설명으로 옳지 않은 것은?

① 측구는 공법에 따라 토사도, 사리도, 쇄석도 등으로 구분한다.
② 임도의 노체는 일반적으로 노상, 노반, 기층 및 표층으로 구성된다.
③ 노면에 가까울수록 큰 응력에 견디기 쉬운 재료를 사용하여야 한다.
④ 통나무길 및 섶길은 저습지대에 있어서 노면의 침하를 방지하기 위하여 사용하는 것이다.

[해설] ① 노면은 시공재료에 따라 토사도, 사리도, 쇄석도 등으로 구분한다.

67 임도 설계 시 횡단면도 작성에 사용하는 축적은?

① 1/100
② 1/200
③ 1/1,000
④ 1/1,200

해설 횡단면도 작성에 사용하는 축적은 1/100

68 임도시공 시 부족한 토사의 공급을 위한 장소는?

① 객토장
② 토취장
③ 사토장
④ 집재장

해설
① 객토장 : 토사를 모아서 돋우어 두는 곳
③ 사토장 : 토사를 운반하여 버리는 곳
④ 집재장 : 임목을 집재하는 장소

69 1 : 25,000 지형도에서 도상거리가 8cm일 때 실제 지상거리는 몇 km인가?

① 0.2
② 2
③ 8
④ 20

해설 도상거리가 8cm이므로 실제거리는 8 × 25,000 = 200,000cm = 2,000m = 2km이다.

70 임도 교량에 영향을 주는 활하중에 해당하는 것은?

① 주보의 무게
② 바닥 틀의 무게
③ 교량 시설물의 무게
④ 통행하는 트럭의 무게

해설 활하중은 사하중에 실리는 차량, 보행자 등에 따른 교통하중을 말하며, 그 무게 산정은 사하중 위에서 실제로 움직이고 있는 DB-18하중(총중량 32.45톤) 이상이다.

71 임도설계 시 각 측점의 단면마다 절토고, 성토고 및 지장목 제거, 측구터파기 단면적 등의 물량을 기입하는 설계도는?

① 평면도
② 종단면도
③ 횡단면도
④ 구조물도

해설 임도설계 시 각 측점의 단면마다 절토고, 성토고 및 지장목 제거, 측구터파기 단면적 등의 물량을 기입하는 설계도는 횡단면도이다.

72 일반적인 지형 조건에서 임도의 길어깨 및 옆도랑 너비 기준은?

① 각각 20~30cm
② 각각 30~50cm
③ 각각 50~100cm
④ 각각 100~150cm

해설 일반적인 지형 조건에서 임도의 길어깨 및 옆도랑 너비 기준은 각각 50~100cm이고 지형여건상 생략할 수 있다.

정답 67 ① 68 ② 69 ② 70 ④ 71 ③ 72 ③

73 급경사의 긴 비탈면인 산지에서는 지그재그 방식, 완경사지에서는 대각선방식이 가장 적합한 임도의 종류는?

① 계곡임도 ② 사면임도
③ 능선임도 ④ 산정임도

해설 지그재그 방식, 완경사지에서는 대각선방식은 사면임도이다.

74 적정지선 임도간격이 500m일 때 적정지선 임도밀도(m/ha)는?

① 20 ② 25
③ 50 ④ 200

해설 임도간격이 500m이고, 10,000m²에서(1ha) 임도는 20m가 필요(20m × 500m = 10,000m²)하므로 임도밀도는 20m/ha이다.

75 우수한 목재 재질 및 노동 사정을 고려할 때 가장 적합한 벌목 시기는?

① 봄 ② 여름
③ 가을 ④ 겨울

해설 벌목은 겨울철이 가장 적합하다.

76 임도망 계획 시 고려 사항으로 옳지 않은 것은?

① 신속한 운반이 되도록 한다.
② 운재비가 적게 들도록 한다.
③ 운재방법이 단일화되도록 한다.
④ 운반량의 상한선을 두어야 한다.

해설 운반량은 많으면 많을수록 경제적이다.

77 측선거리가 100m, 방위각이 120°일 때, 위거 및 경거의 값은?(단, cos60°=0.5, sin60°=0.86)

① 위거 +50m, 경거 +86m
② 위거 −50m, 경거 +86m
③ 위거 +50m, 경거 −86m
④ 위거 −50m, 경거 −86m

해설 방위각이 120°이므로 x축 선상에서 계산해보면 180°에서 120°를 뺀 값이 방위각(60°)이 된다. 위거는 cos값이므로 −값(x축)이 되고 경거는 sin값이 되므로 +값(y축)이 된다.
위거 = 측선거리 × cos(180 − 120)
    = 100 × 0.5 = −50m
경거 = 측선거리 × sin(180 − 120)
    = 100 × 0.86 = 86m

정답 73 ② 74 ① 75 ④ 76 ④ 77 ②

78 임도의 적정 종단기울기를 결정하는 요인으로 가장 거리가 먼 것은?

① 노면 배수를 고려한다.
② 적정한 임도우회율을 설정한다.
③ 주행 차량의 회전을 원활하게 한다.
④ 주행차량의 등판력과 속도를 고려한다.

해설 주행차량의 회전은 횡단기울기와 곡률반경과 관련된다.

79 임도 시공 시 충분히 다진 후 5m 미만으로 흙쌓기 비탈면을 설치할 때 기울기 기준은?

① 1 : 0.3~0.8   ② 1 : 0.5~1.2
③ 1 : 0.8~1.5   ④ 1 : 1.2~2.0

해설 흙쌓기 비탈면을 설치할 때 기울기 기준은 1 : 1.2~2.0

80 임도에서 노면과 차량의 마찰계수가 0.15, 노면의 횡단물매는 5%, 설계속도가 20km/h일 때 곡선의 반지름은?

① 약 4m   ② 약 8m
③ 약 16m   ④ 약 20m

해설
$$곡선반지름 = \frac{20^2}{127 \times (0.15 + 0.05)}$$
$$= \frac{400}{127 \times 0.20}$$
$$= 15.75m ≒ 16m$$

제 5 과목 | **사방공학**

81 불투과형 중력식 사방댐의 시공요령으로 옳지 않은 것은?

① 방수로 양옆의 기준 기울기는 1:1이다.
② 방수로는 보통 정사각형 모양으로 한다.
③ 계상의 양안에 암반이 있는 지역이 시공적지이다.
④ 찰쌓기댐을 시공할 때 $3m^2$당 1개의 배수구를 설치한다.

해설 ② 방수로는 보통 사다리꼴(복단면) 모양으로 한다.

82 돌흙막이공을 계획할 때 높이 기준은?

① 찰쌓기 2.5m 이하, 메쌓기 1.5m 이하
② 찰쌓기 3.0m 이하, 메쌓기 2.0m 이하
③ 찰쌓기 3.5m 이하, 메쌓기 2.5m 이하
④ 찰쌓기 4.0m 이하, 메쌓기 3.0m 이하

해설 돌흙막이공을 계획할 때 높이 기준은 찰쌓기 3.0m 이하, 메쌓기 2.0m 이하

정답 78 ③ 79 ④ 80 ③ 81 ② 82 ②

83 불투과형 중력식 사방댐의 형태인 흙댐의 시공요령으로 내심벽을 만들 때 사용하는 것은?

① 모 래
② 자 갈
③ 점 토
④ 호박돌

해설 내심벽과 방수로 부분에 외심벽은 석회2회토 또는 점토로 만든다. 내심벽의 넓이는 전체 넓이의 1/20이며 외심벽의 기초는 돌 또는 콘크리트로 축조한다. 흙댐의 높이는 2~5m, 댐마루너비는 (댐높이/5) + 1.5m로 한다. 방수로는 돌붙이기나 콘크리트붙이기로 하며 댐 밑부분 보호를 위해 물받침을 설치하기도 한다.

84 다음 조건에 따른 비탈다듬기공사에서 발생한 토사량(m³)은?

- A의 단면적 : 20m²
- B의 단면적 : 30m²
- 단면 사이의 길이 : 50m
- 계산방법 : 평균단면적법

① 125
② 500
③ 1,250
④ 2,500

해설 토사량(m³) = $\dfrac{20+30}{2} \times 50 = 1{,}250 m^3$

85 해안사방에서 식재목의 생육환경 조성을 위하여 후방에 풍속을 약화시키고 모래의 이동을 막는 목적으로 시공하는 것은?

① 모래덮기
② 퇴사울세우기
③ 사지식수공법
④ 정사울세우기

해설
① 모래덮기 : 초류 종자 파종 후 거적으로 덮어주는 공법
② 퇴사울세우기 : 바다에서 불어오는 바람에 의해 날리는 모래를 억류하고 퇴적시켜 사구를 만드는 공작물
③ 사지식수공법 : 해안사지에 조속히 산림을 조성하기 위한 공법으로 ha당 10,000 정도의 사방수종을 식재한다.

86 다음 설명에 해당하는 것은?

- 사용자가 지정한 배합 콘크리트를 공장으로부터 현장까지 배달 및 공급하는 특수콘크리트이다.
- 운반 즉시 타설하고, 충분히 다져야 한다.

① AE콘크리트
② 프리팩트콘크리트
③ 레디믹스콘크리트
④ 뿜어붙이기콘크리트

해설
① AE콘크리트 : 특수콘크리트의 한 종류이다. 보통 콘크리트에서는 공기량이 콘크리트 용적의 3~6% 정도가 알맞다. AE제는 약 10%의 농도가 되도록 하여 콘크리트의 응집력이 커지고 유동성이 좋아져 부어넣기 작업이 쉽다. 방수성이 뛰어나고 화학작용에 대한 저항성이 크다.
② 프리팩트콘크리트 : 사전에 형틀 등에 조골재를 채워 넣고 그 사이에 주입 모르타르를 충전하여 만드는 콘크리트를 말하며 중량 콘크리트, 수중 콘크리트 등에 쓰인다.
④ 뿜어붙이기콘크리트 : 비탈면에 거푸집을 설치하지 않고, 시멘트 모르타르나 콘크리트를 압축공기압으로 비탈면에 직접 뿜어 붙이는 공법.

87 강우 및 토양침식능인자, 경사장 및 경사도인자, 작물경작인자, 침식조절관행인자를 이용하여 연간토사유출량을 추정하는 방법은?

① 부유사량 측정에 의한 방법
② 하천 퇴적량 측정에 의한 방법
③ 만능토양유실량식에 의한 방법
④ 총유실량과 유사운송비 계산에 의한 방법

해설 ① 부유사량 측정에 의한 방법 : 하천으로 유입된 토사는 하천 내 수송형태에 따라 소류수송과 부유수송으로 이동하게 되는데, 소류수송은 하상의 바닥을 쓰는 것 같이 토사가 이동하는 현상이며, 부유수송은 흐름의 혼란 때문에 상층으로 올라가는 사력입자가 하상에 침전하지 않고 부유해서 운반하는 현상이다. 이때 부유수송에 의해 운반되는 토사량을 부유사량이라고 한다.
② 하천 퇴적량 측정에 의한 방법 : 하천의 토사 퇴적량을 측정
④ 총유실량과 유사운송비 계산에 의한 방법 : 유실된 토사와 이동한 토사의 비율 계산

88 계단 연장이 3km인 비탈면에 선떼붙이기를 7급으로 할 때에 필요한 떼의 총소요 매수는?(단, 떼의 크기 : 40cm×25cm)

① 11,250매   ② 15,000매
③ 16,500매   ④ 18,750매

해설 9급에서는 1장이 들어가는데 떼의 길이가 40cm이므로 1m 길이에서는 2.5장(40cm×2.5장=1m)이 소요되고, 7급은 2장이 들어가므로 1m 길이에서는 2.5장×2장=5장이 소요된다. 따라서 총 5장×3,000m=15,000매가 소요된다.

89 돌쌓기벽 그림에서 A의 명칭은?

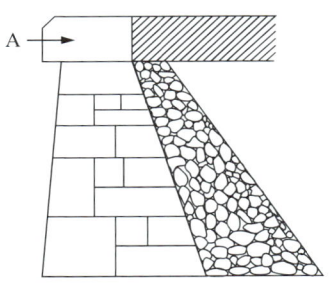

① 갓 돌   ② 귀 돌
③ 모서리돌   ④ 뒷채움돌

90 사방사업 대상지로 가장 거리가 먼 것은?

① 임도가 미개설되어 접근이 어려운 지역
② 산불 등으로 산지의 피복이 훼손된 지역
③ 황폐가 예상되는 산지와 계천으로 복구공사가 필요한 지역
④ 해일 및 풍랑 등 재해예방을 위해 해안림 조성이 필요한 지역

해설 ① 접근이 어려우면 사방사업지 비용이 증가되어 대상지 우선순위에서 제외된다.

정답 87 ③   88 ②   89 ①   90 ①

91 빗물에 의한 침식의 발달과정에서 가장 초기 상태의 침식은?

① 우격침식　② 구곡침식
③ 누구침식　④ 면상침식

해설 빗물에 의한 침식의 발달과정 : 우격침식 → 면상침식 → 누구침식 → 구곡침식

92 산지의 침식형태 중 중력에 의한 침식에 해당되지 않는 것은?

① 산 붕　② 포 락
③ 산사태　④ 사구침식

해설 사구침식은 바다침식이다.

93 다음 조건에 따른 비탈파종녹화를 위한 파종량 산출식으로 옳은 것은?

- W : 파종량(g/m²)
- S : 평균입수(입/g)
- B : 발아율(%)
- P : 순량율(%)
- C : 발생기대본수(본/m²)

① $W = \dfrac{B}{S \times P \times C}$

② $W = \dfrac{P}{S \times B \times C}$

③ $W = \dfrac{S}{P \times B \times C}$

④ $W = \dfrac{C}{P \times B \times S}$

해설 파종량 = $W = \dfrac{C}{P \times B \times S}$

94 야계사방 둑쌓기에서 계획홍수량이 200~500m³/s인 경우 둑높이 여유고의 기준은?

① 0.6m 이상
② 0.8m 이상
③ 1.0m 이상
④ 1.5m 이상

해설 야계사방 둑쌓기에서 계획홍수량이 200~500m³/s인 경우 둑높이 여유고의 기준은 0.8m 이상, 200m³/s 미만인 경우 둑높이 여유고의 기준은 0.6m 이상, 500~2,000m³/s인 경우 둑높이 여유고의 기준은 1.0m 이상으로 한다.

95 돌쌓기의 시공요령으로 옳지 않은 것은?

① 메쌓기의 기울기는 1 : 0.3을 기준으로 한다.
② 돌쌓기에서 세로줄눈을 일직선으로 하는 통줄눈으로 한다.
③ 찰쌓기를 할 때에는 물빼기 구멍을 반드시 설치하여야 한다.
④ 돌의 배치에는 다섯에움 이상, 일곱에움 이하가 되도록 한다.

해설 돌쌓기에서 세로줄눈을 파선줄눈으로 한다.

91 ①　92 ④　93 ④　94 ②　95 ②

96 폭 10m, 높이 5m인 직사각형 단면 야계수로에 수심 2m, 평균유속 3m/s로 유출이 일어날 때의 유량(m^3/s)은?

① 15
② 30
③ 60
④ 150

해설 유량 = 유속 × 단면적
= 3 × (10 × 2) = 60m^3/s

97 다음 설명에 해당하는 것은?

> 비탈다듬기 및 단끊기의 시공과정에서 발생하는 잉여토사를 산복의 깊은 곳에 넣어서 이것을 유치고정하는 공사이다.

① 골막이
② 누구막이
③ 땅속흙막이
④ 산비탈흙막이

98 다음 설명에 해당하는 것은?

> 산지 계곡을 벗어나 농경지 등과 접한 지역에서 유량 증가에 의해 침식되어 사방사업이 필요한 지역이다.

① 야 계
② 밀린땅
③ 붕괴지
④ 황폐지

99 야계사방의 공법으로만 올바르게 짝지어진 것은?

① 흙막이, 바닥막이
② 흙막이, 누구막이
③ 기슭막이, 누구막이
④ 기슭막이, 바닥막이

해설 흙막이, 누구막이는 산복사방(산지사방)이다.

100 평떼붙이기공법에 대한 설명으로 옳지 않은 것은?

① 주로 45° 이상의 급경사 지형에 시공한다.
② 떼를 붙이기 전에 흙다지기를 잘 해야 한다.
③ 붙인 떼는 떼꽂이 등으로 고정하여 활착이 잘 이루어지게 한다.
④ 심은 후에는 잘 밟아 다져 뗏밥을 주고 깨끗이 뒷정리를 한다.

해설 평떼붙이기공법은 주로 1:1보다 완만한 비탈면이나 평지의 나지에 시공한다.

정답 96 ③ 97 ③ 98 ① 99 ④ 100 ①

2022년 제2회 산림기사 기출문제

제1과목 조림학

01 순림과 혼효림에 대한 설명으로 옳지 않은 것은?

① 순림은 산림작업과 경영이 간편하고 경제적으로 수행될 수 있다.
② 순림은 혼효림보다 유기물의 분해가 더 빨라져 무기양료의 순환이 더 잘 된다.
③ 혼효림은 인공적으로 조성하기에는 기술적으로 복잡하고 보호관리에 많은 경비가 소요된다.
④ 혼효림은 심근성과 천근성 수종이 혼생할 때 바람 저항성이 증가하고 토양단면 공간 이용이 효과적이다.

해설 ② 순림은 혼효림보다 유기물의 분해가 느려 무기양료의 순환이 느리다.

02 곰솔에 대한 설명으로 옳지 않은 것은?

① 수피는 흑갈색이다.
② 소나무과 수종이다.
③ 겨울눈은 붉은색이다.
④ 해안 지역에 주로 분포한다.

해설 ③ 소나무 동아(겨울눈)의 색은 붉은색이나 곰솔은 회백색인 것이 특징이다.

03 덩굴제거 방법으로 옳지 않은 것은?

① 덩굴의 줄기를 제거하거나 뿌리를 굴취한다.
② 디캄바 액제는 비선택성 제초제로 일반적인 덩굴에 적용한다.
③ 주로 칡, 다래, 머루 같은 덩굴류가 무성한 지역을 대상으로 한다.
④ 글라신 액제를 이용한 덩굴 제거에서는 도포보다는 주로 주입 방법을 이용한다.

해설 ② 디캄바 액제는 선택성 제초제로 호르몬형 제초제이다.

04 밤, 도토리 등 함수량이 많은 전분 종자를 추운 겨울 동안 동결하지 않고 부패하지 않도록 저장하는 방법으로 가장 적합한 것은?

① 노천매장법   ② 보호저장법
③ 상온저장법   ④ 저온저장법

해설 밤, 도토리 등 함수량이 많은 전분 종자를 추운 겨울 동안 동결하지 않고 부패하지 않도록 저장하는 방법은 보호저장법(건사저장법)이다.

정답 1 ② 2 ③ 3 ② 4 ②

05 작업종을 분류하는 기준으로 가장 거리가 먼 것은?(단, 대나무는 제외)

① 벌채 종류 ② 벌구 크기
③ 벌채 위치 ④ 벌구 모양

해설 벌채를 어디서 하는지는 작업종과는 관련이 없다.

06 산림 토양에서 부식에 대한 설명으로 옳지 않은 것은?

① 토양의 입단구조를 형성하게 한다.
② 임상 내 H층에 해당되며 유기물이 많이 함유되어 있다.
③ 토양 미생물의 생육에 필요한 영양분으로 사용 가능하다.
④ 칼슘, 마그네슘, 칼륨 등 염기를 흡착하는 능력인 염기치환용량이 작다.

해설 ④ 부식은 칼슘, 마그네슘, 칼륨 등 염기를 흡착하는 능력인 염기치환용량이 크다.

07 묘목의 굴취를 용이하게 하고 묘목의 생장을 조절하기 위해 실시하는 작업은?

① 심 경 ② 관 수
③ 단 근 ④ 철선감기

해설 단근작업
묘목의 철늦은 자람을 억제하고, 측근과 세근의 발달을 촉진하여 묘목의 생장을 조절한다. 단근작업을 통해서 굴취를 용이하게 하고, 건전한 묘목을 생산하며 산지에 식재하는 경우 활착률을 높인다.

08 음수 갱신에 가장 불리한 작업 방법은?

① 산벌작업 ② 택벌작업
③ 이단림작업 ④ 모수림작업

해설 모수림작업은 양수 갱신 작업이다.

09 비료의 농도가 너무 높아 묘목이 말라죽는 경우에 토양과 묘목의 수분퍼텐셜(Ψ)의 관계로 옳은 것은?

① $\Psi_{토양} > \Psi_{묘목}$ ② $\Psi_{토양} = \Psi_{묘목}$
③ $\Psi_{토양} < \Psi_{묘목}$ ④ $\Psi_{토양} \propto \Psi_{묘목}$

해설 토양수분이 건조해지거나 대기가 건조해지면 뿌리가 수분을 흡수하기 어렵게 되고 식물체내의 수분이 대기로 증산되어 식물체가 시들거나 말라죽게 되므로 수분퍼텐셜은 토양이 묘목보다 적은 경우이다.

10 우량한 침엽수 묘목에 대한 설명으로 옳지 않은 것은?

① 측아가 정아보다 우세하다.
② 왕성한 수세를 지니며 조직이 단단하다.
③ 균근이나 공생미생물이 충분히 부착되어 있다.
④ 근계가 충실하며 뿌리가 사방으로 균형있게 발달한다.

해설 ① 정아가 측아보다 우세하다.

정답 5 ③ 6 ④ 7 ③ 8 ④ 9 ③ 10 ①

11 임목 종자에 대한 설명으로 옳지 않은 것은?

① 리기다소나무 종자의 산지는 미국의 동부 지역이다.
② 상수리나무 종자는 보습 저장하여 활력을 유지시킨다.
③ 발아율이 80%이고, 순량율이 70%인 종자의 효율은 56%이다.
④ 박태기나무, 아까시나무 종자 탈종에 가장 적합한 방법은 부숙마찰법이다.

해설 ④ 박태기나무, 아까시나무 종자 탈종에 가장 적합한 방법은 건조봉타법이다.

12 수목에 필요한 무기영양원으로 필수원소가 아닌 것은?

① 철 ② 질소
③ 망간 ④ 알루미늄

해설 ④ 알루미늄은 필수원소도, 다량원소도, 미량원소도 아니다.

13 파종 후 발아 과정에서 해가림이 필요한 수종은?

① *Zelkova serrata*
② *Picea jezoensis*
③ *Robinia pseudoacacia*
④ *Fraxinus rhynchophylla*

해설 해가림 대상 수종 : 가문비나무, 전나무, 낙엽송, 삼나무, 편백 및 소립종자 등
② 가문비나무
① 느티나무
③ 아까시나무
④ 물푸레나무

14 식재 밀도에 따른 임목의 형질과 생산량에 대한 설명으로 옳은 것은?(단, 수종과 연령 및 입지는 동일함)

① 고밀도일수록 연륜폭은 좁아진다.
② 고밀도일수록 지하고는 낮아진다.
③ 고밀도일수록 단목의 평균 간재적은 커진다.
④ 임목밀도에 따라 상층목의 평균수고가 달라진다.

해설 ② 고밀도일수록 지하고는 높아진다.
③ 고밀도일수록 단목의 평균 간재적은 작아진다.
④ 임목밀도에 따라 하층목의 평균수고가 달라진다.

15 광합성 색소인 카로테노이드(Carotenoids)에 대한 설명으로 옳지 않은 것은?

① 노란색, 오렌지색, 빨간색 등을 나타내는 색소이다.
② 광도가 높을 경우 광산화작용에 의한 엽록소의 파괴를 방지한다.
③ 수목 내에 있는 색소 중에서 광질에 반응을 나타내며 광주기 현상과 관련된다.
④ 엽록소를 보조하여 햇빛을 흡수함으로써 광합성 시 보조색소 역할을 담당한다.

해설 ③ 수목 내에 있는 색소 중에서 광주기 현상은 파이토크롬과 관련된다.

정답 11 ④ 12 ④ 13 ② 14 ① 15 ③

16 왜림작업으로 갱신하기 가장 부적합한 수종은?

① 잣나무 ② 오리나무
③ 신갈나무 ④ 물푸레나무

해설 침엽수인 잣나무는 맹아갱신이 어려워 왜림작업이 불가능하다.

17 참나무류 줄기에서 수액상승 속도가 다른 수종에 비해 빠른 이유는?

① 뿌리가 심근성이기 때문이다.
② 도관의 지름이 크기 때문이다.
③ 심재가 잘 형성되기 때문이다.
④ 잎의 앞면과 뒷면에 모두 기공이 있기 때문이다.

해설 참나무류 줄기는 도관의 지름이 크기 때문에 수액상승 속도가 다른 수종보다 빠르다.

18 어린나무 가꾸기 작업에 대한 설명으로 옳은 것은?

① 주로 6~9월에 실시하는 것이 좋다.
② 숲가꾸기 과정에서 한 번만 실시한다.
③ 간벌 이후에 불량목을 제거하기 위해 실시한다.
④ 산림경영 과정에서 중간 수입을 위해서 실시한다.

해설 ① 제벌작업은 제거대상목을 구분하기 위해서 여름에 실시하여야 한다.

19 종자가 성숙하고 산포하는 시기가 개화 당년 봄철인 수종은?

① *Populus nigra*
② *Taxus cuspidata*
③ *Torreya nucifera*
④ *Machilus thunbergii*

해설
① 양버들 : 당해 5월
② 주목 : 당해 9~10월
③ 비자나무 : 개화 이듬해 가을
④ 후박나무 : 개화 이듬해 여름

20 수목이 외부 환경으로부터 받은 스트레스를 감지하는 역할을 수행하는 호르몬은?

① 옥신 ② 지베렐린
③ 사이토키닌 ④ 아브시스산

해설 **아브시스산(ABA)**
식물의 성장 중에 일어나는 여러 과정을 억제하는 식물호르몬이다. 세스키테르펜의 일종으로 휴면 중의 종자·나무눈·알뿌리 등에 많이 들어 있으며, 보통 발아되면서 함량이 감소한다. 식물의 수분결핍 시 ABA가 많이 합성되고 기공이 닫혀 식물의 수분을 보호한다. 또, 식물이 스트레스를 받을 때 ABA의 함량이 증가하는 것으로 보아 ABA는 스트레스에 대한 식물의 반응을 조절하는 것으로 생각되고 있다.

정답 16 ① 17 ② 18 ① 19 ① 20 ④

제 2 과목　산림보호학

21 액상의 농약을 제조할 때 주제를 녹이기 위하여 사용하는 물질은?

① 유 제　　② 용 제
③ 유화제　　④ 증량제

해설
① 유제 : 농약의 주제를 용제에 녹여 유화제로 하고 계면활성제를 가하여 제조한 농약 제형을 일컫는 말로 에멀젼 또는 유탁제라고도 한다.
③ 유화제 : 서로 혼합되지 않는 2종의 액체(예 물과 기름)를 안정된 에멀젼로 만들기 위해 가하는 물질
④ 증량제 : 주제의 희석 또는 주제의 약효를 증진시키기 위하여 사용하는 물질

22 흡즙성 해충에 해당하는 것은?

① 소나무좀
② 알락하늘소
③ 버즘나무방패벌레
④ 꼬마버들재주나방

해설　버즘나무방패벌레는 성충과 약충이 잎 뒷면에서 수액을 빨아 먹어 잎이 탈색되며, 탈피각과 배설물이 잎 뒷면에 남는다.

23 지표를 배회하는 성질의 해충을 채집하는 방법으로 가장 효과적인 도구는?

① 유아등(Light Trap)
② 함정트랩(Pitfall Trap)
③ 수반트랩(Water Trap)
④ 말레이즈트랩(Malaise Trap)

해설
② 함정트랩, 낙하트랩(Pitfall Trap) : 곤충이 지면에 설치된 트랩안으로 떨어지면 나오지 못하게 된 것
① 유아등(Light Trap) : 나방 따위의 해충의 피해를 막기 위하여 논밭에 켜는 등불
③ 수반, 수봉트랩(Water Trap) : 관 트랩, 드럼 트랩, 벨 트랩 등 배수에서 수봉 형식으로 기능을 수행하는 트랩을 통틀어 이르는 말
④ 말레이즈트랩(Malaise Trap) : 곤충이 높은 곳으로 기어가는 습성을 이용한 트랩

24 여름포자가 없는 녹병은?

① 향나무 녹병　　② 잣나무 털녹병
③ 소나무 잎녹병　④ 전나무 잎녹병

해설　향나무 녹병균은 여름포자를 형성하지 않는다.

25 다음 설명에 해당하는 해충은?

- 유충은 잎을 갉아 먹는다.
- 1년에 2~3회 발생한다.
- 성충은 주광성이 강하다.

① 대벌레
② 박쥐나방
③ 미국흰불나방
④ 조록나무혹진딧물

26 다음 중 2차 대기오염 물질에 해당되는 것은?

① HF
② SO_2
③ 분 진
④ PAN

해설
- 1차 대기오염 물질 : 발생원에서 직접 대기 중으로 배출될 때의 상태를 그대로 유지하는 오염물로, 인원적으로 발생되는 오염 물질이다.
  - 가스상 물질 : SO_x, NO_x, CO, HC, HCl, NH_3 등
  - 입자상 물질 : 분진, 매연, 해염(NaCl), 중금속 입자 Pb, Cr, Cd, Zn 등
- 2차 대기오염물질 : 1차 오염 물질이 공기 또는 상호 간의 반응에 의해 대기 중에서 형성되어진 오염물질로 광화학 반응 결과 발생된 물질 (광산화물)이 대부분이다.
  예) 광화학 옥시던트, 오존, 나이트로화과아세트산 [PAN($CH_3COOONO_2$)], H_2O_2, NOCl, 아크로레인 등

27 밤나무 줄기마름병을 방제하는 방법으로 옳지 않은 것은?

① 내병성 품종을 식재한다.
② 동해 및 볕데기를 막고 상처가 나지 않게 한다.
③ 질소질 비료를 많이 주어 수목을 건강하게 한다.
④ 천공성 해충류의 피해가 없도록 살충제를 살포한다.

해설 ③ 밤나무 줄기마름병은 상처를 통해 병원균이 침입하므로 질소질 비료 효과는 없다.

28 밤나무혹벌에 대한 설명으로 옳은 것은?

① 연 1회 발생하며 유충으로 월동한다.
② 피해를 받은 나무가 고사하는 경우는 없다.
③ 충영은 성충 탈출 후에도 녹색을 유지한다.
④ 밤나무 잎에 기생하여 직경 1mm 내외의 충영을 만든다.

해설
② 피해를 받은 나무가 고사하는 경우가 많다.
③ 충영은 성충 탈출 후에 말라 죽는다.
④ 밤나무 눈에 기생하여 직경 10~15mm 내외의 충영을 만든다.

29 수목의 그을음병을 방제하는데 가장 적합한 방법은?

① 중간기주를 제거한다.
② 방풍 시설을 설치한다.
③ 해가림 시설을 설치한다.
④ 흡즙성 곤충을 방제한다.

해설 진딧물, 깍지벌레 등이 기생한 후 그 분비물 위에 번식하므로 이 곤충을 구제하여야 한다.

30 주로 토양에서 월동하는 병원균은?

① 모잘록병균
② 잣나무 털녹병균
③ 낙엽송 잎떨림병균
④ 배나무 불마름병균

해설
② 잣나무 털녹병균 : 수피조직
③ 낙엽송 잎떨림병균 : 병환부, 죽은 기주
④ 배나무 불마름병균 : 전년도에 가지나 줄기 등에 형성된 궤양의 끝부분과 눈이나 건전한 나무조직에서 월동

정답 26 ④ 27 ③ 28 ① 29 ④ 30 ①

31 버즘나무방패벌레가 월동하는 형태는?
① 알　　② 성충
③ 유충　　④ 번데기

해설　버즘나무방패벌레는 1년에 3회 발생하며 수피 틈에서 성충으로 월동한다. 월동 성충은 4월 하순부터 잎 뒷면의 잎맥 사이에 산란한다.

32 상륜에 대한 설명으로 옳은 것은?
① 조상으로 인하여 나타난다.
② 만상으로 수목의 생장이 저해되어 나타난다.
③ 한겨울 수목의 휴면 기간 중 저온으로 인하여 치수에 발생하는 피해 현상이다.
④ 주로 추운 지방에서 고립목이나 임연부의 교목에서 주로 발생하는 상렬의 일종이다.

해설　상륜은 상해의 피해 중 만상의 피해로 나타나며, 철이 아닌데도 잎이 지고, 그 결과 다시 잎이 나서 줄기에 생긴 위연륜을 말한다.

33 산성비로 인한 피해 현상으로 옳지 않은 것은?
① 토양 중 알루미늄 및 망간 등의 중금속을 불용화시킨다.
② 토양이 산성화되어 수목에 대한 양료 공급이 부족해진다.
③ 수목 잎의 조직 내 책상조직에 피해를 주어 세포질을 손상시킨다.
④ 수목 잎의 기공과 큐티클을 통하여 침투한 산성 물질이 내부 세포의 생리 작용에 장해를 준다.

해설　① 산성비는 토양 중 알루미늄 및 망간 등의 중금속을 활성화시킨다.

34 털두꺼비하늘소에 대한 설명으로 옳지 않은 것은?
① 피해목에서는 톱밥에 배출되지 않기 때문에 식별이 어렵다.
② 버섯재배용 원목을 가해하여 버섯재배에 피해를 주기도 한다.
③ 벌채목에 방충망을 씌워 성충의 산란을 막아 방제할 수 있다.
④ 주로 1년에 1회 발생하나 2년에 1회 발생하는 경우도 있다.

해설　**털두꺼비하늘소**
4월 하순부터 성충은 나무껍질을 갉아먹으면서 생활하다가 교미한 후 수피를 물어뜯어 상처를 내고 알을 낳는다. 수피밑과 목질부를 불규칙하게 갉아먹으므로 톱밥이 배출되며, 성숙한 애벌레는 8월 초순경부터 가해 부위에 타원형의 번데기방을 만들고 번데기가 된다

35 곤충의 소화기관 중 잎에서 가까운 것부터 올바르게 나열한 것은?
① 전위 → 인두 → 전소장 → 위맹낭
② 인두 → 전위 → 위맹낭 → 전소장
③ 전위 → 인두 → 위맹낭 → 전소장
④ 인두 → 전위 → 전소장 → 위맹낭

해설　인두(입안과 식도 사이에 있는 소화기관으로 공기와 음식물이 통과하는 통로) → 전위 (모이주머니) → 위맹낭(위에서 팽출하는 맹낭의 총칭) → 전소장(곤충의 후장의 맨끝에 붙어 있으며 간단하게 약간 확대되어 있는 관)

정답 31 ② 32 ② 33 ① 34 ① 35 ②

36 아까시잎혹파리에 대한 설명으로 옳지 않은 것은?

① 아까시나무만 가해한다.
② 원산지는 북아메리카이다.
③ 땅속에서 성충으로 월동한다.
④ 흰가루병 및 그을음병을 동반한다.

해설 아까시잎혹파리
연 2~3회 발생하며, 토양 속에서 번데기로 월동한다. 성충은 4월 하순~5월 하순, 5월 하순~6월 하순, 6월 하순~7월 하순에 나타나서 잎가장자리에 산란한다. 부화 유충은 잎을 말면서 수액을 빨아 먹는다.

37 모잘록병을 방제하는 방법으로 옳지 않은 것은?

① 밀식하여 관리한다.
② 토양 소독을 실시한다.
③ 배수와 통풍을 잘하여 준다.
④ 복토를 두껍게 하지 않는다.

해설 채종량을 적게하여 소식하여 관리한다.

38 소나무 재선충병이 발생하는 주요 경로는?

① 종 자   ② 토 양
③ 매개충   ④ 중간기주

해설 소나무 재선충병의 주요경로는 매개충(솔수염하늘소, 북방수염하늘소)이다.

39 대추나무 빗자루병 방제 약제로 가장 적합한 것은?

① 베노밀 수화제
② 아진포스메틸 수화제
③ 스트렙토마이신 수화제
④ 옥시테트라사이클린 수화제

해설 파이토플라스마에 의한 대추나무 빗자루병의 방제 약제는 옥시테트라사이클린 수화제이다.

40 침엽수, 활엽수, 초본식물을 모두 기주로 하는 수목병은?

① 흰가루병
② 갈색고약병
③ 리지나뿌리썩음병
④ 아밀라리아뿌리썩음병

해설 아밀라리아뿌리썩음병
일년생 주름버섯의 일종으로 담자균류에 속하며, 담자포자를 형성한다. 세계적으로 수백 종의 목본 및 초본에 발생해서 큰 피해를 주는 병으로 뿌리에 형성된 근상균사다발이 주변 나무의 뿌리에 침입해 감염이 이루어진다. 또한 병든 나무뿌리와 건전한 나무뿌리의 직접적인 접촉에 의해서도 전염된다. 벚나무와 잣나무, 소나무, 느티나무, 가문비나무, 낙엽송, 자작나무, 오동나무 등 침엽수와 활엽수 모두에 발생한다. 한국에서 잣나무 집단 생육지 등에서 피해가 발생하기도 한다.

정답 36 ③ 37 ① 38 ③ 39 ④ 40 ④

제 3 과목 | 임업경영학

41 산림경영계획에서 임종 구분으로 옳은 것은?

① 임반, 소반
② 천연림, 인공림
③ 입목지, 무립목지
④ 침엽수림, 활엽수림, 혼효림

해설 임종은 천연림, 인공림

42 다음 조건에서 정액법에 의한 임업기계의 연간 감가상각비는?

- 내용연수 : 50년
- 취득 비용 : 5,000만원
- 폐기할 때 잔존가치 : 1,000만원

① 50만원 ② 80만원
③ 100만원 ④ 160만원

해설 정액법 감가상각비
$$= \frac{50,000,000원 - 10,000,000원}{50년}$$
$= 800,000원$

43 현재의 가치가 10,000원인 임목을 이자율 4%로 4년 동안 임지에 존치하였다면 4년 동안의 임목가치 증가액은?

① 약 1,700원 ② 약 2,700원
③ 약 10,000원 ④ 약 11,700원

해설 4년 후의 후가를 묻고 있으므로
$10,000원 \times 1.04^4 = 11,699원$
∴ $11,699원 - 10,000원 = 1,699원 ≒ 약 1,700원$ 증가

44 국유림 경영의 목표에서 다섯 가지 주목표에 해당되지 않는 것은?

① 보호기능
② 고용기능
③ 경영수지 개선
④ 국제협력 강화

해설 국유림 경영의 다섯 가지 주목표 : 보호기능, 생산기능, 휴양 및 문화기능, 고용기능, 경영수지 개선

45 평균생장량과 연년생장량간의 관계에 대한 설명으로 옳은 것은?

① 초기에는 평균생장량이 연년생장량보다 크다.
② 평균생장량이 연년생장량에 비해 최대점에 빨리 도달한다.
③ 평균생장량이 최대일 때 연년생장량과 평균생장량은 같게 된다.
④ 평균생장량이 최대점에 이르기까지는 연년생장량이 평균생장량보다 항상 작다.

해설 ① 초기에는 평균생장량이 연년생장량보다 작다.
② 평균생장량이 연년생장량에 비해 최대점에 늦게 도달한다.
④ 평균생장량이 최대점에 이르기까지는 연년생장량이 평균생장량보다 항상 크다.

정답 41 ② 42 ② 43 ① 44 ④ 45 ③

46. 자본장비도에 대한 설명으로 옳은 것은?

① 노동생산성은 자본장비도와 자본효율에 의해 결정된다.
② 다른 요소에 변화가 없다고 할 때 자본이 많아지면 자본효율은 커진다.
③ 자본액 중에서 유동자본을 포함한 고정자본을 종사자로 나눈 것이다.
④ 다른 요소에 변화가 없다고 할 때, 자본이 많아지면 자본장비도는 작아진다.

해설
① 1인 생산량 = 소득/종사자수
  자본장비도 × 자본효율 = 1인 생산량
② 다른 요소에 변화가 없다고 할 때 자본이 많아지면 자본효율은 작아진다.
  자본효율 = 소득/총자본
③ 자본액 중에서 유동자본을 제외한 고정자본을 종사자로 나눈 것이다.
  기본장비도 = 고정자본/종사자수
④ 다른 요소에 변화가 없다고 할 때, 자본이 많아지면 자본장비도는 커진다.
  자본장비도 = 총자본(고정자본 + 유동자본)/종사자수

47. 유동자본으로만 올바르게 짝지은 것은?

① 임도, 임업기계
② 묘목, 임업기계
③ 임도, 미처분 임산물
④ 묘목, 미처분 임산물

해설 임도, 임업기계는 고정자본이다.

48. 임업조수익의 구성요소에 해당하는 것은?

① 감가상각액
② 임업현금지출
③ 미처분 임산물 증감액
④ 농업생산자재 재고 증감액

해설
임업조수익 = 임업현금수입 + 임산물가계소비액
  + 미처분 임산물 증감액
  + 임업생산자재 재고 증감액
  + 임목성장액

49. 다음 조건에 따른 시장가역산법에 의한 소나무 원목의 임목가는?

- 시장 도매가격 : 100,000원/m^3
- 벌채운반 비용 : 60,000원/m^3
- 벌목작업 기간 : 3개월
- 월이율 : 2%
- 기업이익률 : 10%
- 조재율 : 80%

① 약 210원/m^3
② 약 2,100원/m^3
③ 약 20,970원/m^3
④ 약 209,660원/m^3

해설 시장가역산법에 의한 소나무 원목의 임목가
$= 0.8 \times \left[\dfrac{100,000원}{1 + (3 \times 0.02) + 0.1} - 60,000원 \right]$
$= 0.8 \times \left(\dfrac{100,000원}{1.16} - 60,000원 \right)$
$= 0.8 \times (86,207원 - 60,000원)$
$= 0.8 \times 26,207원$
$= 20,966원 ≒ 20,970원/m^3$

정답 46 ① 47 ④ 48 ③ 49 ③

50 임지기망가의 크기에 영향을 주는 인자에 대한 설명으로 옳지 않은 것은?

① 이율이 높으면 높을수록 임지기망가는 커진다.
② 조림비와 관리비의 값은 (−)이므로 이 값이 클수록 임지기망가는 작아진다.
③ 주벌수익과 간벌수익은 값은 (+)이므로 이 값이 클수록 임지기망가는 커진다.
④ 벌기령이 높아지면 임지기망가는 처음에는 증가하다가 어느 시기에 최대에 도달하고, 그 후부터는 점차 감소한다.

해설 이율이 높으면 높을수록 임지기망가는 작아진다.

51 산림수확조절방법 중 면적평분법을 적용할 수 없는 작업종은?

① 복 벌   ② 재 벌
③ 개 벌   ④ 택 벌

해설 택벌은 산림수확을 면적으로 조절할 수 없고 재적으로 조절하여야 한다.

52 다음 설명에 해당하는 평가 방법은?

> 투자 효율을 측정할 때 현재가가 0보다 크면 투자할 가치가 있다.

① 회수기간법
② 순현재가치법
③ 수익비용률법
④ 투자이익률법

해설 투자로 인해 발생하는 현금흐름의 총유입액 현재가치에서 총 유출액 현재가치를 차감한 가치를 순현재가치라고 하며, 이를 이용하여 투자안을 평가하는 것을 순현재가치법이라 한다. 순현재가치법은 투자안의 순현가가 0보다 클 때 투자가치가 있는 것으로 판단한다.

53 산림경영의 지도원칙 중에서 수익성의 원칙에 대한 설명으로 옳은 것은?

① 토지의 생산력을 최대로 추구하는 원칙
② 최대의 경제성을 올리도록 경영하는 원칙
③ 최소의 비용으로 최대의 효과를 발휘하는 원칙
④ 최대의 이익 또는 이윤을 얻을 수 있도록 경영하는 원칙

해설
④ 수익성의 원칙
① 생산성의 원칙
②·③ 경제성의 원칙

정답 50 ① 51 ④ 52 ② 53 ④

54 산림경영계획에서 1-2-3-4로 표시된 산림구획이 의미하는 것은?

① 임반-보조임반-소반-보조소반
② 임반-소반-보조임반-보조소반
③ 경영계획구-임반-소반-보조소반
④ 경영계획구-임반-보조임반-소반

해설 산림경영계획에서 1-2-3-4로 표시된 산림구획이 의미하는 것은 임반-보조임반-소반-보조소반이다.

55 형수를 사용해서 입목의 재적을 구하는 방법을 형수법이라고 하는데, 비교 원주의 직경 위치를 최하단부에 정해서 구한 형수는?

① 정형수   ② 단목형수
③ 흉고형수 ④ 절대형수

해설
① 정형수 : 입목직경을 수고의 1/n 되는 곳의 직경과 같게 하여 정한 형수
③ 흉고형수 : 직경위치를 수고의 1.2m 되는 곳에 정함(부정형수)
④ 절대형수 : 비교원주의 직경위치를 최하부에 정하는 것

56 수간석해를 이용하여 전체 재적을 구할 때 합산하지 않아도 되는 것은?

① 근주재적   ② 지조재적
③ 결정간재적 ④ 초단부재적

해설 수간석해를 이용하여 전체 재적을 구할 때 근주재적, 결정간재적, 초단부재적의 3부분으로 나누어 계산

57 다음에 주어진 법정림 수확표를 이용하여 계산한 법정생장량은?(단, 산림면적은 300ha, 윤벌기는 60년)

임령(년)	20	30	40	50	60
재적(m^3/ha)	40	100	180	260	340

① $184m^3$ ② $920m^3$
③ $1,700m^3$ ④ $17,000m^3$

해설 법정영계면적 = 300ha/60년 = 5ha
벌기임분의 재적 = 340m^3/ha/5ha = 1,700m^3

58 임지의 지위지수를 결정하는 방법에 대한 설명으로 옳은 것은?

① 기준 임령에서 임분의 전체 축적으로 결정한다.
② 기준 임령에서 임분의 우세목 수고로 결정한다.
③ 기준 임령에서 임분의 우세목 재적으로 결정한다.
④ 기준 임령에서 임분을 구성하는 우세목과 열세목의 평균직경으로 결정한다.

해설 임지의 지위지수를 결정하는 방법은 기준 임령에서 임분의 우세목 수고로 결정한다.

59 유령림의 임목을 평가하는 방법으로 가장 적합한 것은?

① 비용가법 ② 매매가법
③ 기망가법 ④ Glaser법

해설
① 비용가법 : 유령림
② 매매가법 : 벌기이상 임목
③ 기망가법 : 벌기 미만 장령림
④ Glaser법 : 중령림

제 4 과목 | 임도공학

61 절토 경사면이 경암인 경우의 기울기 기준으로 옳은 것은?

① 1 : 0.3~0.8   ② 1 : 0.5~0.8
③ 1 : 0.5~1.5   ④ 1 : 0.8~1.5

해설 절토 경사면의 기울기 기준

구 분	기울기	비 고
암석지		
경 암	1 : 0.3~0.8	
연 암	1 : 0.5~1.2	
토사지역	1 : 0.8~1.5	토사지역은 절토면의 높이에 따라 소단 설치

60 임목의 흉고직경을 계산하는 방법으로 산술평균직경법(a)과 흉고단면적법(b)의 관계에 대한 설명으로 옳은 것은?

① a와 b는 같은 값이 된다.
② a가 b보다 큰 값이 된다.
③ b가 a보다 큰 값이 된다.
④ a와 b 사이에는 일정한 관계가 없다.

해설 흉고직경의 값은 단순한 산술평균직경법(a)보다 전체 크기를 반영하는 흉고단면적법(b)으로 계산한 값이 좀 크다.

62 개발지수에 대한 설명으로 옳지 않은 것은?

① 노망의 배치상태에 따라서 이용효율성은 크게 달라진다.
② 개발지수 산출식은 평균집재거리와 임도밀도를 곱한 값이다.
③ 임도가 이상적으로 배치되었을 때는 개발지수가 10에 근접한다.
④ 임도망이 어느 정도 이상적인 배치를 하고 있는가를 평가하는 지수이다.

해설 ③ 임도가 이상적으로 배치되었을 때는 개발지수가 1에 근접한다.

63 지반고가 시점 10m, 종점 50m이고 수평거리가 1km일 때 종단기울기는?

① 4% ② 5%
③ 6% ④ 7%

해설 수평거리 1,000m일 때 지반고의 차이는 40m(= 50m − 10m)이므로,
1,000m : 40m = 100m : x
x = 4m
∴ 종단기울기 = 4%

64 다음 조건에서 곡선반지름(m)은?

- 설계속도 : 25km/시간
- 가로 미끄럼에 대한 노면과 타이어의 마찰계수 : 0.15
- 노면의 횡단기울기 : 5%

① 약 15 ② 약 25
③ 약 30 ④ 약 50

해설
$$곡선반지름 = \frac{25^2}{127 \times (0.15 + 0.05)}$$
$$= \frac{625}{127 \times 0.20}$$
$$= 24.6 ≒ 25m$$

65 굴삭기의 시간당 작업량 산출 계산을 위한 인자로 거리가 먼 것은?

① 작업효율 ② 버킷계수
③ 체적계수 ④ 버킷면적

해설 굴삭기 운전시간당 작업량(m^3/h)
= 60 × 버킷용량(m^3) × 버킷계수
× 토량환산계수(체적계수)
× [작업효율/사이클타임(min)]

66 수준측량 결과가 다음과 같을 때 종점의 지반고는?

- 시점의 지반고 : 100m
- 전시의 합 : 150.8m
- 후시의 합 : 205.4m

① 45.4m ② 54.6m
③ 154.6m ④ 456.2m

해설 고저차 = 후시의 합 − 전시의 합
= 205.4 − 150.8
= 54.6m
따라서 시점 100m보다 종점이 54.6m 높으므로 종점은 154.6m이다.

67 임도의 종단면도에 대한 설명으로 옳지 않은 것은?

① 축척은 횡 1/1,000, 종 1/200로 작성한다.
② 종단면도는 전후도면이 접합되도록 한다.
③ 종단기울기의 변화점에는 종단곡선을 삽입한다.
④ 종단기입의 순서는 좌측 하단에서 상단방향으로 한다.

해설 횡단기입의 순서는 좌측 하단에서 상단방향으로 한다.

정답 63 ① 64 ② 65 ④ 66 ③ 67 ④

68 임도 측선의 거리가 99.16m이고 방위가 S 39°15′25″W일 때 위거와 경거의 값으로 옳은 것은?

① 위도 +76.78m, 경거 +62.75m
② 위도 +76.78m, 경거 −62.75m
③ 위도 −76.78m, 경거 +62.75m
④ 위도 −76.78m, 경거 −62.75m

해설 방위가 S 39°15′25″W이므로 이를 각으로 환산하면
39°(39 + 0.2569 = 39.6667)15′(15.4167/60 = 0.2569)25″
(25/60 = 0.4167) = 39.6667°이다.
위거(−) = 99.16 × cos39.2569
　　　　= 99.16 × 0.7743 = −76.78m
경거(−) = 99.16 × sin39.2569
　　　　= 99.16 × 0.6328 = −62.75m

70 임도의 횡단기울기에 대한 설명으로 옳지 않은 것은?

① 노면 배수를 위해 적용한다.
② 차량의 원심력을 크게 하기 위해 적용한다.
③ 포장이 된 노면에서는 1.5~2%를 기준으로 한다.
④ 포장이 안 된 노면에서는 3~5%를 기준으로 한다.

해설 ② 임도의 횡단기울기는 배수를 위한 것이지 차량의 주행이나 원심력을 위한 것이 아니다.

69 머캐덤도에 대한 설명으로 옳지 않은 것은?

① 시멘트 머캐덤도 : 쇄석을 시멘트로 결합시킨 도로
② 역청 머캐덤도 : 쇄석을 타르나 아스팔트로 결합시킨 도로
③ 교통체 머캐덤도 : 쇄석이 교통과 강우로 인하여 다져진 도로
④ 수체 머캐덤도 : 쇄석의 틈 사이에 모래 및 마사를 침투시켜 롤러로 다져진 도로

해설 ④ 수체 머캐덤도 : 쇄석의 틈 사이에 석분을 물로 침투시켜 롤러로 다져진 도로

71 적정임도밀도가 10m/ha이고 집재방향이 양방향일 때 평균집재거리는?(단, 우회계수는 고려하지 않음)

① 10m　　② 100m
③ 250m　　④ 500m

해설 적정임도밀도가 10m/ha이므로 양방향으로 500m씩 나눈다.
10,000m^2(1ha) ÷ 10m/ha = 1,000m(양방향이므로 각 500m)
따라서 집재거리는 500m이고 평균집재거리는 500m/2이므로 250m이다.

정답 68 ④　69 ④　70 ②　71 ③

72 임도 측량 방법으로 영선에 대한 설명으로 옳지 않은 것은?

① 노폭의 1/2 되는 점을 연결한 선이다.
② 절토작업과 성토작업의 경계선이 되기도 한다.
③ 산지 경사면과 임도 노면의 시공면과 만나는 점을 연결한 노선의 종축이다.
④ 영선측량의 경우 종단측량을 먼저 실시하여 영선을 정한 후에 평면 및 횡단측량을 한다.

해설 노폭의 1/2 되는 점을 연결한 선은 중심선이다.

73 원목 집재 및 운재용 장비로 가장 적합한 것은?

① 포워더　② 트리펠러
③ 프로세서　④ 하베스터

해설 포워더가 집재(집적)도 가능하고 소운반도 가능한 장비이다.

74 간선임도의 구조에 대한 설명으로 옳지 않은 것은?

① 차돌림 곳은 너비를 10m 이상으로 한다.
② 임도의 유효너비는 3m를 기준으로 한다.
③ 대피소의 유효길이는 15m 이상으로 한다.
④ 설계속도 20km/시간일 때 최소곡선반지름은 일반지형의 경우 12m 이상으로 한다.

해설 ④ 설계속도 20km/시간일 때 최소곡선반지름은 일반지형의 경우 15m 이상으로 한다.

75 지형도의 등고선에 대한 설명으로 옳지 않은 것은?

① 조곡선은 간곡선의 1/2의 거리로 불규칙한 지형을 나타낼 때 사용한다.
② 간곡선은 산지의 형태를 표시하며 주곡선 5개마다 1개를 굵게 표시한다.
③ 주곡선은 가는 실선으로 그리며 지형을 나타내는 기본이 되는 곡선이다.
④ 등고선의 간격은 서로 옆에 있는 등고선 사이의 수직거리를 말하며 평면도의 축척과 같은 의미를 가진다.

해설 ② 계곡선은 산지의 형태를 표시하며 주곡선 5개마다 1개를 굵게 표시한다.

76 와이어로프의 안전계수가 4이고 절단하중이 360kg이라면 이 와이어로프의 최대장력은?

① 60kg　② 90kg
③ 120kg　④ 180kg

해설 와이어로프의 최대 장력
= 절단하중/와이어로프의 안전계수
= 360kg/4 = 90kg

77 임도를 설계하고자 할 때 다음 중 가장 먼저 해야 할 업무는?

① 예측　② 답사
③ 예비조사　④ 설계도서 작성

해설 임도 설계 순서 : 예비조사 → 노선선정 → 예측 → 답사 → 실측 → 설계도서 작성

정답 72 ① 73 ① 74 ④ 75 ② 76 ② 77 ③

78 임도의 노체 구성 순서로 옳은 것은?(단, 아래에서 위로의 순서에 해당됨)

① 노반 → 기층 → 노상 → 표층
② 노상 → 노반 → 기층 → 표층
③ 노반 → 노상 → 기층 → 표층
④ 노상 → 기층 → 노반 → 표층

해설 임도의 노체 구성 순서 : 노상 → 노반 → 기층 → 표층

79 임도망 계획 시 고려할 사항으로 옳은 것을 모두 고른 것은?

가. 운반비를 적게 한다.
나. 목재의 손실이 적게 한다.
다. 신속한 운반이 되도록 한다.
라. 운반량을 제한하여 계획한다.

① 가, 나, 다   ② 가, 나, 라
③ 가, 다, 라   ④ 가, 나, 다, 라

해설 라. 운반량은 제한하면 안된다.

80 작업임도에서 차량규격으로 2.5톤 트럭의 최소회전반경(m) 기준은?

① 5.0   ② 6.0
③ 7.0   ④ 12.0

해설 작업임도에서 차량규격으로 2.5톤 트럭의 최소회전반경(m) 기준은 7m이고 속도는 20km/h 이하이다.

제 5 과목 | 사방공학

81 수제에 대한 설명으로 옳지 않은 것은?

① 계안으로부터 유심을 향해 돌출한 공작물을 말한다.
② 계상폭이 좁고 계상기울기가 급한 황폐계류에 적용한다.
③ 수제의 높이는 최고수위로 하고 끝부분을 다소 낮게 설치한다.
④ 상향수제는 수제 사이의 토사 퇴적이 하향수제보다 많고, 수제 앞부분에서의 세굴이 강하다.

해설 ② 수제는 계상폭이 넓고 계상기울기가 완만한 황폐계류에 적용한다.

82 야계사방의 주요 목적으로 옳지 않은 것은?

① 유송토사 억제 및 조정
② 산각의 고정과 산복의 붕괴방지
③ 계상 기울기를 완화하여 계류의 침식 방지
④ 계류의 수질정화와 산림 황폐지로 인한 재해방지

해설 수질정화는 야계사방의 주요 목적이 아니다.

정답 78 ② 79 ① 80 ③ 81 ② 82 ④

83 정사울타리를 설치할 때 기준 높이로 옳은 것은?

① 0.5~0.7m ② 1.0~1.2m
③ 2.0~2.2m ④ 2.5~2.7m

해설 정사울타리를 설치할 때 기준 높이는 1.0~1.2m이다.

84 기슭막이의 시공목적에 대한 설명으로 옳지 않은 것은?

① 기슭의 유로변경
② 계안의 횡침식 방지
③ 산각의 안정성 도모
④ 산지 사방공작물의 기초 보호

해설 유로변경은 기슭막이의 시공목적이 아니다.

85 다음 설명에 해당하는 것은?

- 토양에 대한 적응성이 좋다.
- 내음성 및 내한성이 커서 한랭지에서는 혼파하는 것이 적당하다.

① 큰조아재비(Timothy)
② 오리새(Orchard Grass)
③ 우산잔디(Bermuda Grass)
④ 능수귀염풀(Weeping Love Grass)

해설 오리새(Orchard Grass), 즉 오처드그라스를 설명한다.

86 선떼붙이기 공법에서 1등급 증가할 때마다 연장 1m당 떼의 사용매수는 얼마씩 차이가 나는가?(단, 떼의 크기는 길이 40cm, 나비는 25cm)

① 1.25매씩 감소
② 1.25매씩 증가
③ 2.50매씩 감소
④ 2.50매씩 증가

해설 선떼붙이기 공법에서 1등급에서 9등급으로 내려올 때마다 1m당 떼의 사용매수는 1.25매씩 감소한다.

87 비탈면에 설치하는 소단의 효과가 아닌 것은?

① 시공비를 절약할 수 있다.
② 비탈면의 안정성을 높인다.
③ 유지보수작업 시 작업원의 발판으로 이용할 수 있다.
④ 유수로 인하여 비탈면에서 발생하는 침식의 진행을 방지한다.

해설 ① 시공비를 증가시킬 수 있다.

88 돌쌓기 배치 방법으로 잘못된 쌓기가 아닌 것은?

① 포갠돌   ② 이마대기
③ 여섯에움 ④ 새입붙이기

해설 여섯에움은 금기돌이 아닌 올바른 쌓기 방법이다.

정답 83 ② 84 ① 85 ② 86 ① 87 ① 88 ③

89 다음 ( ) 안에 가장 적합한 수치는?

> 사방댐의 계획기울기는 현 계상기울기의 ( )을/를 기준으로 설계한다.

① 1/2~2/3 ② 1/2~1
③ 2/3~1   ④ 2/3~3/2

해설 사방댐의 퇴사물매 계획기울기는 현 계상기울기의 1/2~2/3를 기준으로 설계하는데 경험상 2~6%면 무난하다.

90 계류의 바닥 폭이 3.8m, 양안의 경사각이 모두 45°이고, 높이가 1.2m일 때의 계류 횡단면적(m^2)은?

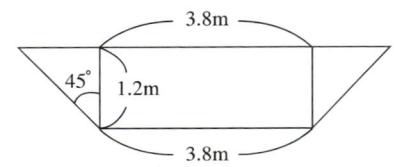

① 0.5 ② 0.6
③ 5.3 ④ 6.0

해설 면적 = 양안 삼각형 2개 면적 + 사각형 면적
= (tan45° × 1.2m) × 1.2 × 2 × (1/2) + (3.8m × 1.2m)
= 1.44 + 4.56 = 6m^2

91 유역면적이 10ha이고 최대시우량이 150mm/hr일 때 임상이 좋은 산림지역의 최대홍수유량은?(단, 유거계수는 0.35)

① 약 0.14m^3/sec   ② 약 1.46m^3/sec
③ 약 14.58m^3/sec ④ 약 145.83m^3/sec

해설 최대홍수유량
= 0.35 × (100,000 × 150/1,000)/60 × 60
= 0.35 × 15,000/3,600
= 1.4583 ≒ 1.46m^3/sec

92 중력식 콘크리트 사방댐의 구조에 포함되지 않는 것은?

① 물받이   ② 방수로
③ 밑막이   ④ 댐둑어깨

해설 밑막이는 사방댐의 구조물이 아니다.

93 산지사방에서 비탈다듬기 공사를 하기 전에 시공하는 것이 효과적인 공사는?

① 단끊기   ② 떼단쌓기
③ 땅속흙막이 ④ 퇴사울세우기

해설 땅속흙막이 : 잉여토사를 산복의 깊은 곳에 넣어 유치 고정하는 공사로, 비탈다듬기 공사를 하기 전에 시공하는 것이 효과적이다.

94 골막이에 대한 설명으로 옳지 않은 것은?

① 토사퇴적 기능은 없다.
② 사방댐보다 규모가 작다.
③ 계류의 상류부에 설치한다.
④ 반수면은 토사를 채우고 대수면은 떼를 입힌다.

해설 ④ 구곡막이(골막이)는 대수면이 없다.

95 다음 설명에 해당하는 것은?

> • 비탈면 하부에 흐르는 계천의 가로 침식에 의해 일어난다.
> • 침식 및 붕괴된 물질은 퇴적되지 않고 대부분 유수와 함께 유실되는 붕괴형 침식이다.

① 산 붕　　② 붕 락
③ 포 락　　④ 산사태

96 산사태와 비교한 땅밀림에 대한 설명으로 옳지 않은 것은?

① 이동 속도가 빠르다.
② 지하수의 영향이 크다.
③ 완경사면에서 주로 발생한다.
④ 주로 점성토가 미끄럼면으로 활동한다.

[해설] ① 땅밀림은 이동 속도가 느리다.

97 사방댐 설치에 있어 홍수기울기와 평형기울기 사이의 퇴사량을 무엇이라 하는가?

① 토사퇴적량
② 토사안정량
③ 토사침식량
④ 토사조절량

98 시멘트에 대한 설명으로 옳지 않은 것은?

① 조기에 강도를 내기 위하여 염화칼슘을 쓰기도 한다.
② 시멘트를 제조할 때 석고를 넣으면 급결성이 된다.
③ 시멘트는 분말도가 너무 높으면 내구성이 약해지기 쉬우므로 주의해야 한다.
④ 일반적으로 포틀랜드시멘트는 수경성이고 강도가 크며 비중은 대체로 3.05~3.15 정도이다.

[해설] ② 시멘트를 제조할 때 탄산칼슘이나 탄산나트륨 넣으면 급경성이 되고, 석고를 넣으면 완결성이 된다.

99 돌골막이 공법에서 돌쌓기의 표준 기울기로 옳은 것은?

① 1 : 0.1　　② 1 : 0.2
③ 1 : 0.3　　④ 1 : 0.4

100 강우에 의한 산지침식의 발달과정 순서로 옳은 것은?

① 구곡침식 → 면상침식 → 누구침식
② 구곡침식 → 누구침식 → 면상침식
③ 면상침식 → 구곡침식 → 누구침식
④ 면상침식 → 누구침식 → 구곡침식

[해설] 강우에 의한 침식의 발달과정 : 우격침식 → 면상침식 → 누구침식 → 구곡침식

[정답] 95 ③　96 ①　97 ④　98 ②　99 ③　100 ④

2022년 제1회 산림산업기사 기출복원문제

제1과목 조림학

01 호두나무 및 백합나무 등의 생육에 적절한 토양산도의 범위는?

① pH 4.0~4.7
② pH 4.8~5.5
③ pH 5.6~6.5
④ pH 6.6~7.3

해설 토양산도와 산림수종
- pH 3.9 이하 : 지의류, 키가 낮은 관목
- pH 4.0~4.7 : 유럽적송, 소나무, 낙엽송 등
- pH 4.8~5.5 : 가문비나무류, 잣나무 등
- pH 5.6~6.5 : 대부분의 침엽수, 피나무, 단풍나무, 느릅나무, 참나무 등
- pH 6.6~7.3 : 호두나무, 백합나무, 측백나무, 폰테로사소나무 등
- pH 7.4~8.0 : 개오동나무, 네군도단풍, 오리나무, 물푸레나무 등
- pH 8.1~8.5 : 일부 포플러류

02 제벌에 관한 설명으로 옳은 것은?

① 1회 작업으로 종료되는 것이 원칙이다.
② 제초제나 살목제는 제벌작업에 이용될 수 없다.
③ 벌채목을 이용한 중간 수입을 기대하기 어렵다.
④ 조림지에 분포하는 자연발생 수목도 제거 대상목이 된다.

해설 제벌(어린나무 가꾸기)은 수익을 기대하기 어렵다.

03 주로 입선법으로 종자를 정선하는 수종은?

① 소나무   ② 가래나무
③ 가문비나무 ④ 일본잎갈나무

해설 입선법 : 밤나무, 가래나무, 호두나무, 칠엽수, 도토리, 목련 등 대립종자에 적용되는 것으로 1립씩 눈으로 감별하면서 손으로 선별하는 방법이다.

04 다음 중 종자의 결실주기가 가장 긴 수종은?

① 전나무   ② 소나무
③ 오리나무   ④ 버드나무

해설 결실주기
- 해마다 결실을 보이는 것 : 버드나무류, 포플러 류, 오리나무류 등
- 격년결실을 하는 것 : 소나무류, 오동나무, 자작 나무류, 아카시아 등
- 2~3년을 주기로 하는 것 : 참나무류, 들메나무, 느티나무, 삼나무, 편백 등
- 3~4년을 주기로 하는 것 : 전나무, 녹나무, 가문비나무 등
- 5년 이상을 주기로 하는 것 : 너도밤나무, 낙엽송 등

05 다음 중 음수 수종은?

① 층층나무   ② 사철나무
③ 자작나무   ④ 버드나무

해설 음수 : 주목, 금송, 비자나무, 편백, 솔송나무, 가문비나무류, 전나무, 회양목, 사철나무, 너도밤나무, 서어나무류, 동백나무, 녹나무, 사탕단풍나무, 나한백 등

정답 1 ④ 2 ③ 3 ② 4 ① 5 ②

06 가지치기에 대한 설명으로 옳은 것은?

① 11월부터 이듬해 2월 사이에 실시하는 것이 좋다.
② 1차 가지치기는 수고의 20~30% 높이까지 실시한다.
③ 지융부에 유해 호르몬이 있기 때문에 지융부 전체를 제거해 준다.
④ 1차 간벌 실시 전에 1차 가지치기 작업은 모든 수목에 대하여 실시한다.

해설 ① 산림작업의 가지치기는 겨울에 실시한다.

08 토양 입단구조의 설명으로 옳지 않은 것은?

① 토양공극과 관련이 있다.
② 토양을 단단히 밟아 주면 형성이 어렵다.
③ 유기질비료 사용이 많을수록 형성이 어렵다.
④ 입단구조가 발달하면 보수성과 통기성이 좋아진다.

해설 ③ 유기질비료는 토양 입단구조 형성을 좋게 한다.

07 다음 중 삽목을 할 경우 발근이 어려운 수종은?

① 비자나무, 주목
② 버드나무, 삼나무
③ 은행나무, 향나무
④ 오리나무, 소나무

해설 **삽목발근이 어려운 수종** : 소나무, 해송, 리기다소나무, 잣나무, 전나무, 낙엽송, 금송 섬잣나무 스트로브잣나무, 솔송나무, 참나무류, 가시나무류, 귤나무류, 잣밤나무류, 태산목, 목련유류, 비파나무, 소귀나무, 유칼리류, 단풍나무류, 매실나무, 옻나무류, 팽나무, 오리나무류, 팽나무, 오리나무 류, 감나무, 계수나무, 자작나무, 밤나무, 호두나무, 느티나무, 벚나무류, 산초나무, 두릅나무, 아카시아, 자귀나무, 너도밤나무, 사시나무, 고욤나무, 복숭아나무, 백합나무, 사과나무, 대나무류 등

09 뿌리의 내피에 발달한 카스페리안대(Casparian Strip)의 역할에 관한 설명으로 옳은 것은?

① 뿌리털을 통해 흡수한 물의 이동을 효율적으로 차단하는 역할을 한다.
② 뿌리털을 통해 흡수한 물이 지나치게 다량 흡수되는 것을 방지하는 역할을 한다.
③ 뿌리털을 통해 흡수한 물에 녹아 있는 무기양료를 모아서 보관하는 역할을 한다.
④ 뿌리털을 통해 흡수한 물에 녹아 있는 무기양료만 통과시키는 거름종이 역할을 한다.

해설 뿌리털은 표피세포 한 개가 변하여 된 것으로 흙과 접촉하는 표면적이 넓어 많은 물과 양분을 흡수할 수 있다. 뿌리가 자라면서 새로운 뿌리털이 생기고 오래된 뿌리털은 없어진다. 내피의 세포벽에는 카스페리안대(Casparian Strip)라는 왁스로 된 부분이 있는데, 이 부분 때문에 물은 내피 세포벽을 통과하지 못하고 세포질을 통해 이동한다. 또한 카스페리안대 때문에 내피조직은 물의 이동을 물리적·삼투적으로 조절할 수 있다.

10 개별작업의 장점으로 옳지 않은 것은?
① 작업방법이 간단하다.
② 음수조림에 적합하다.
③ 수종을 다른 수종으로 바꾸고자 할 때 가장 쉬운 방법이다.
④ 택벌작업에 비해서 높은 수준의 기술을 필요로 하지 않는다.

해설 ② 개벌작업은 양수조림에 적합하다.

13 임목 종자 크기를 대립 또는 소립으로 나눌 때, 소립에 해당하는 것은?
① *Ginkgo biloba*
② *Pinus densiflora*
③ *Torreya nucifera*
④ *Camellia japonica*

해설 ② 소나무(소립)
① 은행나무
③ 비자나무
④ 동백나무

11 식물이 흡수 이용할 수 있는 토양수분은?
① 팽윤수   ② 흡습수
③ 화합수   ④ 모관수

해설 식물은 모관수(모세관수)를 흡수하여 이용한다.

12 묘목 가식에 대한 설명으로 옳지 않은 것은?
① 가식지 주변에는 배수로를 설치한다.
② 묘목의 끝이 남쪽을 향하게 하여 45° 경사지게 한다.
③ 가급적 비가 오거나 또는 비가 온 후 바로 가식을 실시한다.
④ 조림예정지가 원거리에 있거나 해빙이 늦은 지역은 조림예정지 부근에 가식 월동을 한다.

해설 비가 오기 전에 가식을 하여 생존율을 높인다.

14 수목에 비료를 주는 작업에 대한 설명으로 옳지 않은 것은?
① 일반적으로 봄에 비료를 주는 것이 가장 좋다.
② 수확량점감의 법칙에 따라 일정량의 비료를 주어야 한다.
③ 유기물이 적은 경사지는 비료를 준 뒤 큰 비가 와도 유실 우려가 없다.
④ 늦여름에서 초가을 사이에 비료를 주면 웃자라 겨울에 피해를 입는다.

해설 경사지에 비료를 주면 호우 시 유실 우려가 있다.

정답 10 ② 11 ④ 12 ③ 13 ② 14 ③

15 토양 단면 중 A0층에서 볼 수 있는 H층(부식층)에 대한 설명으로 옳은 것은?

① 낙엽으로 된 층이며, 원형 그대로 쌓여 있다.
② 풍화가 불완전한 층으로 집적층의 아래에 있는 층이다.
③ 흑갈색의 유기물로 육안으로는 조직을 알 수 없고 대체적으로 산성이 강하다.
④ 낙엽 등의 유기물이 다소 분해되었지만 육안으로 조직을 알 수 있는 상태이다.

해설
- L층 : 낙엽이 분해되지 않고 원형 그대로 쌓여 있는 층
- F층 : 낙엽이 소동물 또는 미생물에 의해 다소 분해되었지만 원형을 유지하고 있는 것이 많고 식물의 조직을 직접 육안으로 확인할 수 있으며, 그 유체를 식별할 정도의 분해된 층
- H층 : 낙엽의 분해가 충분히 진행되어 그 기원을 알 수 없는 상태의 유기물질이 존재하는 층(대부분 흑갈색)으로, 산성이 강함

17 질소 결핍 시 나타나는 증상으로 가장 두드러진 것은?

① 잎에 검은 반점이 나타난다.
② 성숙잎에 황화현상이 나타난다.
③ 절간생장이 억제되고 잎이 작아진다.
④ 새로 생장한 부분의 발육이 매우 불량하고 백화현상이 나타난다.

해설 질소 : 단백질의 구성에 필요한 아미노산의 내용을 이루고, 그 밖에 비타민·호르몬류·알칼로이드(Alkaloid) 등의 성분으로서 식물 건중의 5~30%는 질소화합물이다. 질소가 부족하면 엽록소가 형성되지 않고 노엽은 위황병(Chlorosis)에 걸리며, 심할 경우에는 유엽도 이와 같은 현상을 나타낸다.

16 다음 수종 중 완전화에 속하는 것은?

① 자귀나무 ② 자작나무
③ 버드나무 ④ 가래나무

해설 꽃은 생식기관으로 생식에 꼭 필요한 주요기관인 수술과 암술 부분이 있고, 이를 보호하는 역할 등 부수적인 기능을 하는 꽃잎과 꽃받침 부분이 있다. 완전화는 이 모든 부분을 모두 갖춘 꽃으로, 자귀나무는 완전화이다.

18 묘간거리가 2m인 정삼각형 식재 때의 1ha당 묘목본수는?

① 약 1,848본 ② 약 2,283본
③ 약 2,887본 ④ 약 5,132본

해설 ∵ 1ha = 10,000m^2
- 정삼각형 식재 시 묘목본수
  = 조림면적(m^2) × 1.155/(묘간거리×묘간거리)
  = 10,000 × 1.155/(2×2) = 2,887본
- 정사각형 식재 시 묘목본수
  = 조림면적(m^2)/(묘간거리×묘간거리)
  = 10,000/(2×2) = 2,500본

정답 15 ③ 16 ① 17 ② 18 ③

19 어떤 수목이 1,000cc(1kg)의 물을 증산시켜 2g의 건물질을 생산하였다. 이에 대한 설명으로 옳지 않은 것은?

① 증산능은 1이다.
② 증산계수는 500이다.
③ 증산비는 1 : 500이고, 1g의 건물질을 만드는 증산량은 500cc이다.
④ 건물질의 단위량당 소비되는 물의 양을 요수량이라고 하며, 증산비 또는 증산계수로 나타낸다.

해설 건물질 1g을 생산하는 데 필요한 요수량은 500이므로, 증산능은 500이다.

20 다음 중 종자발아촉진제가 아닌 것은?

① 에틸렌   ② 지베렐린
③ 사이토키닌   ④ 황화칼륨

해설 **종자발아촉진제** : 지베렐린(GA_3), 사이토키닌, 에틸렌, 질산칼륨

제 2 과목 산림보호학

21 수목병해충 예방과 구제를 위하여 살충제를 사용하여야 할 것은?

① 잎녹병   ② 그을음병
③ 잎떨림병   ④ 흰가루병

해설 그을음병은 살충제로 진딧물, 깍지벌레 등을 구제한다.

22 파이토플라스마에 의해 발생하는 병이 아닌 것은?

① 뽕나무 오갈병
② 벚나무 빗자루병
③ 대추나무 빗자루병
④ 오동나무 빗자루병

해설 벚나무 빗자루병은 자낭균에 의한 수병이다.

23 포플러 잎녹병의 중간기주는?

① 참 취   ② 향나무
③ 오리나무   ④ 일본잎갈나무

해설 포플러 잎녹병의 중간기주는 낙엽송이다.

정답 19 ① 20 ④ 21 ② 22 ② 23 ④

24 볕데기에 의한 수목피해를 예방하는 방법은?

① 해가림, 볏짚깔기 또는 흙깔기 등을 하여 지표의 고온화를 완화시킨다.
② 모래 등을 섞어 토질을 개량하거나 배수처리를 하여 토양수분을 감소시킨다.
③ 토양의 온도를 낮추기 위한 관수나 해가림, 또는 토양 피복처리를 하는 것이 좋다.
④ 고립목의 줄기를 짚으로 둘러주거나 석회유 등을 발라 직사광선을 막아주는 것이 효과적이다.

해설 볕데기의 방제법
- 울폐된 임상을 갑자기 파괴시키지 않음
- 남서면의 임연목의 지조를 보호
- 가로수, 정원수 등에 있어서 해가림을 하거나 수간에 석회유, 점토 등을 칠하든지, 짚·새끼 등으로 감아서 보호

25 만코지제(다이센 엠-45) 50%(비중 1) 원액 100mL를 0.05%로 희석하려고 할 때 필요한 물의 소요량은?

① 50.9L ② 55.5L
③ 99.9L ④ 100.5L

해설 (50% ÷ 0.05%) × 100mL − 100mL
= 99,900mL = 99.9L

26 다음 중 훈증제로 사용되지 않는 것은?

① 포스핀
② 아세페이트
③ 메틸브로마이드
④ 알루미늄포스파이드

해설 아세페이트는 침투성 살균제이다.

27 향나무 녹병균의 생활사 중에 형성하지 않는 포자형은?

① 녹포자   ② 담자포자
③ 겨울포자 ④ 여름포자

해설 향나무 녹병균은 5~6월경 녹포자가 바람에 의해 향나무에 옮겨가 기생하고 균사의 형으로 조직 속에서 자라며, 1~2년 후에 겨울포자퇴를 형성하고, 여름포자는 형성하지 않는다.

28 해충과 가해형태가 옳지 않은 것은?

① 박쥐나방 - 천공성
② 밤바구미 - 식엽성
③ 솔잎혹파리 - 충영형성
④ 미국흰불나방 - 식엽성

해설 밤바구미는 종실을 가해한다.

정답 24 ④ 25 ③ 26 ② 27 ④ 28 ②

29 산불을 인위적으로 적당히 활용하는 처방화입의 효용으로 옳지 않은 것은?

① 병충해를 방제할 수 있다.
② 임지의 조부식층을 보존할 수 있다.
③ 야생목초의 질과 양을 개량시킨다.
④ 일부 수종의 천연하종을 가능하게 한다.

해설 처방화입은 구체적으로 불을 놓는 대상지, 날짜와 시간, 일기 등을 미리 정하여 계획적으로 산에 불을 놓는 것으로 토양의 유기물층을 교란시킨다.

30 소나무 혹병을 발병하게 하는 것으로 중간기주에서 월동하고, 이듬해 봄에 형성되어 소나무로 날아가 혹을 만드는 것은?

① 자 좌　　② 녹포자
③ 담자포자　④ 녹병포자

해설 소나무 혹병의 병원균은 겨울포자형으로 참나무속 식물의 잎에서 월동하고, 이듬해 봄에 발아하여 담자포자(소생자)를 형성하며 담자포자가 날아가서 소나무를 침해하여 1~2년 안에 혹을 만든다.

31 솔잎혹파리먹좀벌의 형태 및 생태특성에 대한 설명으로 옳지 않은 것은?

① 다포식 기생자이다.
② 1령 유충으로 월동한다.
③ 2령 유충으로 번데기가 된다.
④ 부화한 유충은 기주의 뇌 또는 중장에 기생하며 생활한다.

해설 솔잎혹파리먹좀벌은 솔잎혹파리 천적으로 기생자는 아니다.

32 미국흰불나방에 대한 설명으로 옳지 않은 것은?

① 번데기로 월동한다.
② 어린 유충은 군서생활을 한다.
③ 디플루벤주론 수화제로 방제한다.
④ 2화기보다 1화기가 수목의 피해가 심하다.

해설 유충 1마리가 100~150cm^3의 잎을 섭식하며, 1화기보다 2화기의 피해가 심하다.

33 병원체가 종자에 붙어서 월동하는 것은?

① 잣나무 털녹병균
② 소나무 모잘록병균
③ 밤나무 줄기마름병균
④ 오동나무 빗자루병균

해설
- 기주의 생체 내에 잔재해서 월동하는 경우 : 잣나무 털녹병균, 오동나무 빗자루병균, 각종 식물 병원성 바이러스 및 파이토플라스마
- 병환부 또는 죽은 기주체상에서 월동하는 경우 : 밤나무 줄기마름병균, 오동나무 탄저병균, 낙엽송 잎떨림병균
- 종자에 붙어 월동하는 경우 : 오리나무 갈색무늬 병균, 묘목의 잘록병균
- 토양 중에서 월동하는 경우 : 묘목의 잘록병균, 근두암종병균, 자주빛날개무늬병균 및 각종 토양서식병원균

정답 29 ② 30 ③ 31 ① 32 ④ 33 ②

34 솔잎혹파리의 통상적인 우화시기는?

① 2~4월 ② 5~7월
③ 8~10월 ④ 11~1월

해설 성충우화기는 5월 중순~7월 중순이고, 우화최성기는 6월 상순~중순이며, 특히 비가 온 다음날에 우화수가 많다.

35 윤작의 연한이 짧아도 방제의 효과를 올릴 수 있는 병균은?

① 낙엽송 모잘록병균
② 자주빛날개무늬병균
③ 오동나무 뿌리혹병균
④ 오리나무 갈색무늬병균

해설 오리나무 갈색무늬병균, 오동나무 탄저병균 등은 윤작의 연한이 짧아도 방제의 효과를 올릴 수 있다.

36 낙엽송 잎떨림병에 대한 설명으로 옳지 않은 것은?

① 감염된 수목은 급격하게 말라죽는다.
② 숲 내부가 그늘지고 습한 경우 발생하기 쉽다.
③ 만코제브수화제 또는 4-4식 보르도액을 살포하여 방제한다.
④ 가을에 수목 아래가지에서부터 잎이 갈색으로 변하여 낙엽이 된다.

해설 8월 하순경부터 심하게 낙엽하기 시작하여 9월 중순경까지는 대부분의 잎이 떨어지지만 급격히 말라죽지는 않는다.

37 내화력이 약한 수종으로만 나열된 것은?

① 소나무, 삼나무
② 분비나무, 회양목
③ 사시나무, 음나무
④ 은행나무, 잎갈나무

해설
- 내화력이 강한 수종
  - 침엽수 : 은행나무, 잎갈나무, 분비나무, 가문비나무, 개비자나무, 대왕송 등
  - 상록활엽수 : 아왜나무, 굴거리나무, 후피향나무, 붓순, 협죽도, 황벽나무, 동백나무, 빗죽이나무, 사철나무, 가시나무, 회양목 등
  - 낙엽활엽수 : 피나무, 고로쇠나무, 마가목, 고광나무, 중나무, 네군도단풍나무, 난티나무, 참나무, 사시나무, 음나무, 수수꽃다리 등
- 내화력이 약한 수종
  - 침엽수 : 소나무, 해송(곰솔), 삼나무, 편백 등
  - 상록활엽수 : 녹나무, 구실잣밤나무 등
  - 낙엽활엽수 : 아까시나무, 벚나무, 능수버들, 벽오동나무, 참죽나무, 조릿대

38 솔수염하늘소에 대한 설명으로 옳지 않은 것은?

① 유충으로 월동한다.
② 소나무 재선충병 매개체이다.
③ 주로 봄과 여름 사이에 산란한다.
④ 주로 쇠약한 소나무의 가지를 후식 가해한다.

해설 솔수염하늘소는 5~7월 중 건전목의 신초를 후식 가해한다.

정답 34 ② 35 ④ 36 ① 37 ① 38 ④

39 모자이크병을 일으키는 병원체는?

① 세 균   ② 곰팡이
③ 바이러스   ④ 원생동물

해설 모자이크병은 바이러스에 의한 것이다.

40 훈증제에 대한 설명으로 옳지 않은 것은?

① 해충이 접근하지 못하는 기능이 있다.
② 가스 상태로 해충의 기문을 통해 침투한다.
③ 메틸브로마이드, 사이안화수소가스 등이 있다.
④ 토양훈증할 경우 지표면에 구멍을 뚫고 약물을 주입한다.

해설 훈증제는 기문을 통하여 침투되어 해충을 죽이므로 직접 영향을 끼친다.

제 **3** 과목 **임업경영학**

41 수고 측정기구가 아닌 것은?

① 트랜짓(Transit)
② 덴드로미터(Dendrometer)
③ 빌티모아스틱(Biltimore Stick)
④ 아브네이레블(Abney Hand Level)

해설 빌티모아스틱은 직경 측정기구이다.

42 진계생장량에 대한 설명으로 옳은 것은?

① 고사량과 벌채량을 포함한 총생장량
② 측정 초기의 생존 임목 재적이 측정 말기에 변화한 변화량
③ 측정 초기의 생존 임목 재적과 측정 말기의 생존 임목 재적의 차이
④ 산림조사기간 동안 측정할 수 있는 크기로 생장한 새로운 임목들의 재적

해설 **진계생장량** : 산림조사기간 동안 측정할 수 있는 크기로 생장한 새로운 임목들의 재적(신규로 생장량에 편입되는 임목)

43 감가상각비를 계산하기 위한 기본적 요소가 아닌 것은?

① 취득원가   ② 자본이율
③ 잔존가치   ④ 사용연수

해설 감가상각비는 이율을 고려하지 않는다.

39 ③ 40 ① 41 ③ 42 ④ 43 ②

44 임업경영의 성과분석에 대한 계산식으로 옳지 않은 것은?

① 임업소득 = 임업조수익 − 임업경영비
② 임가소득 = 임업소득 + 농업소득 + 기타소득
③ 임업경영비 = 임업현금지출 + 미처분임산물재고감소액 + 임업생산자재재고감소액 + 주임목감소액 − 감가상각비
④ 임업조수익 = 임업현금수익 + 임산물가계소비액 + 미처분임산물증감액 + 임업생산자재재고증감액 + 임목성장액

해설 임업경영비 = 임업현금지출 + 감가상각비
　　　　　　　＋ 미처분임산물재고감소액
　　　　　　　＋ 임업생산자재재고감소액
　　　　　　　＋ 주임목감소액

45 임업의 경제적 특성으로 원목가격 구성요소에서 가장 큰 항목은?

① 지 대　② 육림비
③ 운반비　④ 감가상각비

해설 목재가격에서 운반비의 비중이 제일 크다.

46 유동자본재가 아닌 것은?

① 임 도　② 묘 목
③ 종 자　④ 비 료

해설 임도는 고정자본재이다.

47 어떤 산림에서 간벌수입 1천만원을 연이율 5%로 20년 후의 벌기까지 거치하면 후가는?

① 약 2,650만원
② 약 2,950만원
③ 약 3,660만원
④ 약 3,960만원

해설 후가 = 10,000,000원 × 1.05^{20}
　　　　≒ 10,000,000 × 2.653
　　　　= 약 2,650만원

48 임지평가기법 중 마이너스(−) 값이 나올 수 있는 것은?

① 대용법
② 입지법
③ 임지기망가법
④ 임지매매가법

해설 **임지기망가 적용상의 문제점**
- 임지기망가법은 동일한 작업법을 영구히 계속함을 전제로 한 것이지만 실제적으로 장기간에 걸쳐 동일한 시업방법을 시행한다는 것은 비현실적인 것이다.
- 수익과 비용의 인자는 영구히 변하지 않는것으로 가정하고 그 현재가를 사용하고 있다. 그러나 일반적으로 각 인자는 수시로 변동하기 때문에 임지기망가의 값은 평가시점에 따라 가변적이다.
- 임업이율의 대소가 임지기망가에 미치는 영향은 매우 크다. 그럼에도 불구하고 임업이율 값을 정하는 객관적인 근거가 없어 평정이 자의적으로 되기 쉽다.
- 어떤 시가로 거래되는 임지의 지가를 이 방법으로 산정하면 마이너스의 값을 나타내는 경우가 생겨 실제와 맞지 않는다.
- 이 평가법에서 비용으로 공제되는 것은 조림비, 관리비 및 그 이자뿐이다.

49 25년생 소나무의 재적이 $0.25m^3$일 때 평균 생장량은?

① $0.010m^3$　② $0.025m^3$
③ $0.100m^3$　④ $0.250m^3$

해설　평균생장량 = 0.25/25 = $0.01m^3$

51 법정림의 수확량이 다음 표와 같고 산림면적은 360ha, 윤벌기는 60년일 때 법정생장량(m^3)은?

임령	20	30	40	50	60
1ha당 재적(m^3)	40	100	180	260	340

① 1,930　② 2,040
③ 2,150　④ 2,260

• 법정영계면적 = 산림면적(F)/윤벌기(U)
　　　　　　 = 360/60 = 6ha
• 벌기임분의 재적(V)
　= 벌기의 ha당 재적 × 법정 영계면적
　= 340 × 6 = $2,040m^3$
∴ 법정생장량은 벌기임분의 재적과 같으므로, 이 법정림의 생장량은 $2,040m^3$가 된다.

50 주업적 임업의 설명으로 옳지 않은 것은?

① 기업과 독림가의 임업이 해당된다.
② 주로 연료 및 농용재 생산을 위한 임업형태이다.
③ 임업을 주업으로 하는 100ha 이상의 임업형태이다.
④ 임업을 독립된 경영조직으로 운영하는 임업형태이다.

해설
• 농가 임업 : 연료, 사료, 농용재 등 또는 조상의 묘를 모시기 위하여 소유하는 산림으로 5ha 미만으로 목재 생산을 주로 하지 않는 산림이며, 협업경영 등이 대안이 될 수 있음
• 부업적 임업 : 농업이 축산 또는 기타 사업을 하면서 여력을 이용하여 임업을 경영하는 것을 말하며, 5~30ha의 규모임
• 겸업적 임업 : 다른 사업을 하면서 임업에도 투자하는 경영을 말하며, 30~100ha의 규모로, 부업적 임업과 아울러 우리나라 사유림의 핵심을 이룸
• 주업적 임업 : 임업경영을 전념으로 하거나 임업을 위한 경영부서를 두고 경영하는 경우로 100ha 이상의 규모를 말함

52 곰솔의 벌기가 35년이고 ha당 40,000원씩의 순수입을 영구히 얻을 수 있는 임지의 자본가는?(단, 이율은 5%이며, $(1.05)^{35} = 5.516$임)

① 약 2,000원　② 약 7,300원
③ 약 8,900원　④ 약 14,000원

해설　매년 40,000원씩 수입을 영구히 하는 40,000/0.05를 자본가라 하는데, 여기서는 35년마다 얻는 수익이므로 $40,000/(1.05^{35} - 1)$ = 약 8,857원이다.

53 산림의 관리경영에 소요되는 관리비에 포함되지 않는 것은?

① 채취비 ② 보험료
③ 감가상각비 ④ 산림보호비

해설 관리비는 산림의 관리경영에 소요되는 비용으로, 인건비, 물건비, 감가상각비, 산림보호비, 영림계획비, 제세공과금, 보험료, 복지시설비, 시험연구비 등 조림비와 채취비에 속하지 않는 일체의 경비를 말한다.

54 우리나라의 원목규격고시에서 대경목으로 분류하는 흉고직경의 크기는?

① 18cm 이상 ② 28cm 이상
③ 30cm 이상 ④ 45cm 이상

해설 원목규격고시에는 통나무 재종은 지름에 의하여 소경재(지름 15cm 미만인 것), 중경재(지름 15cm 이상~30cm 미만인 것), 대경재(지름 30cm 이상인 것)로 구분한다. 그러나 산림의 지속가능한 관리지침에서는 대경재 40cm 이상, 중경재 40~20cm 이상, 소경재 20cm 미만으로 규정한다.

55 개별원가계산방법에 대한 설명으로 옳지 않은 것은?

① 공정별 원가계산방법이라고도 한다.
② 주로 주문에 의하여 제품을 생산하는 경우에 많이 사용한다.
③ 제품의 원가를 개개의 제품단위별로 직접 계산하는 방법이다.
④ 소비자에게 제품의 원가와 일정한 이익을 합계한 제품가격을 청구하는 데 도움이 된다.

해설 개별원가계산방법은 주문별 원가계산방법이며, 종합원가계산은 공정별 원가계산방법이라고 한다.

56 손익분기점 분석에 필요한 가정에 대한 설명으로 옳은 것은?

① 제품의 생산능률은 변함이 없다.
② 고정비는 생산량의 증감에 따라 변한다.
③ 생산량과 판매량은 항상 같은 것은 아니다.
④ 제품 한 단위당 변동비는 제품생산이 늘어남에 따라 함께 증가한다.

해설 CVP 분석, 즉 원가(Cost), 조업도(Volume), 이익(Profit)의 관계를 분석하는 한 가지 방법으로 다음과 같은 가정이 필요하다.
- 제품의 판매가격은 판매량이 변동하여도 변화되지 않는다.
- 원가는 고정비와 변동비로 구분할 수 있다.
- 제품 한 단위당 변동비는 항상 일정하다.
- 고정비는 생산량의 증감에 관계없이 항상 일정하다.
- 생산량과 판매량은 항상 같으며, 생산과 판매에 동시성이 있다.
- 제품의 생산능률은 변함이 없다.

57 우리나라 수확표의 기준임령에서 지위지수의 결정방법은 무엇인가?

① 토양의 환경인자
② 임분의 우세목 평균수고
③ 임분의 우세목, 피압목의 평균수고
④ 임분의 우세목, 준우세목, 피압목의 평균수고

해설 수확표의 지위지수는 우세목의 평균수고에 의한다.

정답 53 ① 54 ③ 55 ① 56 ① 57 ②

58 말구직경이 40cm, 재장이 5m인 국산재 통나무의 말구직경자승법에 의한 재적(m³)은?

① 0.628   ② 0.800
③ 0.840   ④ 1.000

해설 말구직경자승법에 의한 재적
= 40cm² × 5m × 1/10,000 = 0.800m³

59 임지기망가의 크기에 영향을 주는 인자에 대한 설명으로 옳지 않은 것은?

① 벌기가 클수록 임지기망가는 커진다.
② 이율이 높으면 임지기망가는 작아진다.
③ 주벌 및 간벌 수확은 플러스(+)이며, 그 값이 클수록 임지기망가는 커진다.
④ 조림관리비는 마이너스(−)이며, 그값이 클수록 임지기망가는 작아진다.

해설 임지기망가(Bu)의 크기에 영향을 주는 인자
- 주벌수익과 간벌수익 : 이 값은 항상 '+'이므로 값이 클수록, 시기가 빠를수록 Bu가 커진다.
- 조림비와 관리비 : 이 값은 '−'이므로 값이 크면 클수록 Bu가 작아진다.
- 이율 : 이율이 높으면 높을수록 Bu가 작아진다.
- 벌기 : 윤벌기가 크면 클수록 Bu가 작아진다.

60 단목의 연령을 측정하는 방법에 관한 설명으로 옳은 것은?

① 목측으로도 나무의 크기에 관계없이 정확한 나무의 나이를 측정할 수 있다.
② 기록에 의한 방법은 과거의 조림기록에 의해 나무의 연령을 측정하는 방법이다.
③ 지절에 의한 방법은 가지의 모양에 관계없이 가지의 수를 세어 연령을 파악할 수 있는 방법이다.
④ 성장추를 이용하여 흉고부위에서 목편을 채취하여 연륜수를 파악하면 그것이 곧 그 나무의 연령이 된다.

해설 단목의 연령을 측정하는 방법
- 기록에 의한 방법 : 인공재에 있어서는 조림에 대한 기록 및 푯말 또는 조림을 한 사람의 기억에 의하여 임령을 알 수 있다.
- 목측법에 의한 방법 : 임령을 목측하는 것은 대단히 곤란하다.
- 지절에 의한 방법 : 가지가 윤상으로 자라는 수종에 있어서는 가지를 이용하여 임령을 추정할 수 있다. 이와 같이 지절을 이용하여 임령을 추정할 수 있는 대표적 수종은 소나무, 잣나무이다.
- 성장추에 의한 방법 : 입목일 경우에는 성장추를 사용해서 목편을 빼내어 목편에 나타난 연령수를 세어서 임령을 측정하는 방법을 적용하는데, 흉고부위는 일반적으로 연륜수에 2년을 더한다.

정답 58 ② 59 ① 60 ②

제 4 과목 | 산림공학

61 임도의 평면곡선에 대한 설명으로 옳은 것은?

① 배향곡선은 방향이 서로 다른 곡선을 연속시킨 것
② 복심곡선은 반지름이 다른 곡선이 같은 방향으로 연속되는 것
③ 완화곡선은 반지름이 작은 원호의 앞뒤에 반대방향 곡선을 넣는 것
④ 반향곡선은 직선부에서 곡선부로 연결될 때 외쪽물매와 너비 넓힘이 원활하게 이어지는 것

해설 곡선의 종류
- 단곡선 : 평형하지 않는 2개의 직선을 1개의 원곡선으로 연결하는 곡선
- 반향곡선 : 방향이 다른 두 개의 원곡선이 직접 접속하는 곡선으로 곡선의 중심이 서로 반대쪽에 위치한 곡선
- 복심곡선 : 동일한 방향으로 굽고 곡률이 다른 두 개 이상의 원곡선이 직접 접속되는 곡선
- 배향곡선 : 단곡선, 복심곡선, 반향곡선이 혼합되어 헤어핀 모양으로 된 곡선으로 산복부에서 노선 길이를 연장하여 종단물매를 완화하게 하거나 동일사면에서 우회할 목적으로 설치되며 교각이 180°에 가깝게 됨

62 비탈 돌쌓기 시공요령으로 옳지 않은 것은?

① 귀돌이나 갓돌은 규격에 맞는 것으로 한다.
② 돌쌓기의 세로줄눈은 파선줄눈을 피하여 쌓는다.
③ 높은 돌쌓기는 밑으로 내려옴에 따라 돌쌓기 뒷길이를 증대시킨다.
④ 기초를 깊이 파고 단단히 다져야 하며, 큰 돌부터 먼저 놓아 가면서 차례로 쌓아 올린다.

해설 돌쌓기의 세로줄눈은 통줄눈을 피하고 파선줄눈이 되도록 쌓는다.

63 산림지대 강수유출에 관한 설명으로 옳은 것은?

① 기저유출 = 깊은 중간유출 + 표면유출
② 직접유출 = 얕은 중간유출 + 표면유출
③ 기저유출 = 얕은 중간유출 + 지하수유출
④ 직접유출 = 깊은 중간유출 + 지하수유출

해설
- 직접유출 : 지표 또는 얕은 토층 내를 흘러서 곧 계류에 합치는 물
- 기저유출 : 하천 수로를 통한 총유출을 구성하는 요소 가운데서 시간적으로 유출이 지연된 중간유출과 지하수유출을 합친 것을 말하며 직접유출과 구분됨. 무강우 기간이 어느 정도 계속된 하천유량은 기저유출량으로만 이루어짐

정답 61 ② 62 ② 63 ②

64 임분 내에서 벌도, 가지치기, 통나무 자르기 작업을 실시하여 일정 규격의 원목을 생산하는 방법은?

① 전목생산방법
② 전간생산방법
③ 단간생산방법
④ 단목생산방법

해설 벌도목 자르기를 실시하는 원목생산방법은 단목 생산 방법이다.

65 줄떼다지기 공법에 대한 설명으로 옳지 않은 것은?

① 주로 흙깎기 비탈 전체에 이용한다.
② 다른 파종녹화공법에 비해 시공비가 많이 소요된다.
③ 비탈을 보호 녹화하기 위해 수직높이 20~30cm 간격으로 실시한다.
④ 비탈면 녹화공법으로 자연경관 회복, 침식과 붕괴 방지 효과가 있다.

해설 줄떼다지기는 일정간격으로 떼를 심기에 다른 공법에 비해 시공비가 적게 소요된다.

66 노체의 구성을 하층부터 상층으로 바르게 나열한 것은?

① 노상-노반-기층-표층
② 노반-노상-기층-표층
③ 노상-노반-표층-기층
④ 노반-노상-표층-기층

해설 하부에서부터 노상-노반-기층-표층이다.

67 임도의 평면도에 표시하지 않는 것은?

① 구조물
② 곡선제원
③ 임시기표
④ 사면보호공

해설 횡단면도에는 각 측점의 단면마다 지반고·계획고·절토고·성토고·단면적·지장목 제거·측구터파기 단면적·사면보호공 등의 물량을 기입한다.

68 가선집재와 비교하여 트랙터집재의 특징이 아닌 것은?

① 기동성이 높다.
② 작업생산성이 높다.
③ 급경사지 작업이 가능하다.
④ 산림환경에 대한 피해가 크다.

해설 트랙터집재의 장단점

장 점	• 기동성이 높다. • 작업생산성이 높다. • 작업이 단순하다. • 작업 비용이 낮다.
단 점	• 환경에 대한 피해가 크다. • 완경사지에서만 작업이 가능하다. • 높은 임도밀도를 필요로 한다.

64 ④ 65 ② 66 ① 67 ④ 68 ③

69 사방사업법에 의한 사방사업을 구분할 때 성격이 다른 것은?

① 계류보전사업
② 계류복원사업
③ 산지복원사업
④ 사방댐 설치사업

해설 산지와 계류(사방댐)는 설치위치의 차이이다.

70 아스팔트 포장작업 마무리 및 성토전압에 주로 사용하는 것은?

① 타이어롤러(Tire Roller)
② 탬핑롤러(Tamping Roller)
③ 진동롤러(Vibrating Roller)
④ 진동콤팩터(Vibrating Compactor)

해설 아스팔트 포장의 마무리는 타이어롤러가 좋다.

71 해안사방공법 중 사구조성으로 옳지 않은 것은?

① 식수공법
② 파도막이
③ 사초심기
④ 퇴사울세우기

해설 식수공법은 식재조림공법이므로 사구조성을 목적으로 하지 않는다.

72 땅속흙막이 시공요령으로 옳지 않은 것은?

① 돌쌓기의 기울기는 1 : 0.3으로 한다.
② 구조물은 상류를 향하여 직각으로 축설한다.
③ 바닥파기를 충분히 하고 구조물 높이의 1/3 이상이 묻히도록 한다.
④ 현지에 산재된 석재를 충분히 활용하고 큰 돌은 밑으로 놓아 축설한다.

해설 구조물 높이의 2/3 이상이 묻히도록 한다.

73 벌목작업 시 벌도목이 인근 나무에 걸렸을 때 해결방법으로 가장 옳은 것은?

① 걸려 있는 인근 나무를 베도록 한다.
② 걸치고 있는 나무를 벌도하여 함께 넘긴다.
③ 걸린 나무에 올라가 흔들어 떨어뜨리도록 한다.
④ 지렛대를 사용하여 걸린 나무를 돌려 낙하되도록 한다.

해설 가장 위험한 방법은 걸친 나무에 대해 일련의 작업을 하는 것이고 그다음으로는 걸린 나무를 도구없이 자르거나 흔드는 방법으로 가장 안전한 방법은 지렛대를 사용하는 방법이다.

정답 69 ③ 70 ① 71 ① 72 ③ 73 ④

74 산림작업 노동재해의 원인으로 옳지 않은 것은?

① 인적 요인
② 물적 요인
③ 경제적 요인
④ 작업환경 요인

해설 재해발생의 주요 원인
• 사회적 환경과 유전적 요소
• 불안전한 행동(인적원인)
• 불안전한 상태(물적원인)

75 임도 비탈사면 돌쌓기에 대한 설명으로 옳지 않은 것은?

① 뒷채움 방법으로 허리채움, 꼬리채움, 옆채움 등이 있다.
② 찰쌓기를 할 때 석축 뒷면의 물빼기에 유의해야 한다.
③ 돌의 배치는 여섯에움 이하로 하고, 금기돌이 생기지 않도록 한다.
④ 돌쌓기 기울기는 1 : 0.2~0.3 정도로 하되 토압 및 석재 품질에 따라 조정한다.

해설 돌쌓기에서는 보통 여섯에움으로 하는데, 이와 같은 돌쌓기 방법에 어긋나는 돌쌓기를 금기돌이라 한다.

76 예불기에 장착된 안전장치 혹은 예불기 사용 시 착용하는 안전장비로 옳지 않은 것은?

① 안전복
② 안전 커버
③ 안면 보호망
④ 자동 체인브레이크

해설 체인브레이크는 체인톱(기계톱)의 안전장치이다.

77 산지사방에서 분사식 씨뿌리기공법으로 시공 시에 초본의 발아생립본수 기준은 m^2당 몇 본인가?

① 1,000본
② 2,000본
③ 3,000본
④ 4,000본

해설 생립본수는 m^2당 2,100본을 표준으로 하며 초본은 2,000본, 목본은 100본이다.

78 계류보전사업에서 고려되어야 할 사항이 아닌 것은?

① 계류의 분류점과 합류점은 예각이 되도록 한다.
② 상류부에는 산지사방의 계간사방공사와 연계한다.
③ 계안이나 제방을 보호할 곳은 기슭막이 시공을 해야 한다.
④ 하류부에는 골막이 또는 사방댐을 설치하여 산각을 고정한다.

해설 골막이 또는 사방댐 등은 상류부에 설치하여 침식의 확대를 최소화한다.

79 산사태와 땅밀림의 차이점으로 옳지 않은 것은?

① 땅밀림은 강우 강도의 영향을 받는다.
② 땅밀림은 특정한 지질에서 많이 발생한다.
③ 산사태는 땅밀림보다 규모가 작은 편이다.
④ 산사태는 10mm/day 이상으로 속도가 대체로 빠르다.

해설 산사태는 강우 강도의 영향이 크고, 땅밀림은 지하수의 영향이 크다.

80 양단의 단면적이 각각 50m², 100m²이고 양단면 사이의 거리는 10m일 때 양단면적평균법에 의한 토적량으로 옳은 것은?

① 250m³
② 500m³
③ 750m³
④ 1,000m³

해설 양단면적평균법에 의한 토적량
= (50 + 100)/2 × 10m
= 75 × 10 = 750m³

정답 78 ④ 79 ① 80 ③

2023년 제1회 산림기사 기출복원문제

※ 산림기사는 2023년부터 CBT(컴퓨터 기반 시험)로 진행되어 수험자의 기억에 의해 문제를 복원하였습니다. 실제 시행문제와 일부 상이할 수 있음을 알려드립니다.

제1과목 | 조림학

01 열매가 핵과에 속하는 수종은?
① Alnus japonica
② Cercis chinensis
③ Prunus serrulata
④ Albizia julibrissin

해설
③ Prunus serrulata (벚나무) : 핵과
① Alnus japonica (오리나무) : 견과
② Cercis chinensis (박태기나무) : 협과
④ Albizia julibrissin (자귀나무) : 협과

02 옥신의 효과로 옳지 않은 것은?
① 종자 휴면 유도
② 정아 우세 현상
③ 뿌리의 생장 억제
④ 고농도에서 제초제의 역할

해설 옥신(인돌초산)
줄기의 생장촉진, 뿌리의 생장 억제, 줄기삽수의 발근 촉진, 살초제의 역할 등

03 대립 종자를 파종하는데 가장 알맞은 방법은?
① 점 파   ② 산 파
③ 상 파   ④ 조 파

해설 호두, 밤, 도토리, 칠엽수 등의 대립종자는 점파한다.

04 종자의 휴면타파 방법이 아닌 것은?
① 후 숙   ② 노천매장
③ 침수처리   ④ 밀봉저장

해설 종자의 휴면타파 방법에는 종피의 기계적 가상, 침수처리, 황산처리법, 노천매장법, 화학자극제의 사용, 파종시기의 변경, 고저온처리법, 후숙 등의 방법이 있다.

05 질소고정 미생물 중 생활형태가 독립적인 것은?
① Frankia   ② Anabaena
③ Rhizobium   ④ Azotobacter

해설
- 아조토박터(Azotobacter) : 그람 음성세균의 하나로 호기성이며 특수한 생리작용을 가지고 공기 중의 유리질소를 고정시켜 화합태(化合態)의 질소로 만드는 것으로 토양 속에서 독립생활을 한다.
- 근류균 속(Rhizobium) : 두과식물의 뿌리에 감염하여 뿌리 피층세포의 분열과 비대를 촉진시켜 뿌리혹(Root Nodule)을 형성하며 그 속에서 증식하면서 공생적으로 질소를 고정하는 세균을 총칭하며 뿌리혹박테리아라고도 한다.
- 공생질소고정(Symbiotic Nitrogen Fixation) : 질소고정력을 갖는 미생물이 숙주와 공생관계를 가지면서 공중질소를 고정하는 것을 말한다. 주로 식물뿌리와 연관된 뿌리혹에서 생활하며 탄수화물을 식물뿌리로부터 얻고 공중질소를 고정하는 과정이다. 공생적 질소고정은 콩과작물과 근류균과의 관계, 오리나무, 산사나무 등과 방성균 Frankia(Actinorhizal Symbiosis)와의 관계, 곰팡이와 지의류와의 관계, 수생양치식물 Azolla(물개구리 밥)와 Anabaena와의 관계, 나자식물 소철과 Nostoc(이상 cyanobacterial symbiosis)과의 관계, 초본류와 Azospirillum과의 관계에서 성립된다.

정답 1 ③ 2 ① 3 ① 4 ④ 5 ④

06 수목의 체내에서 양료의 이동성이 떨어지는 무기원소는?

① 인
② 질소
③ 칼슘
④ 마그네슘

해설 칼슘(Ca)
세포의 가소성에 관계되고, 질소대사와도 관계가 깊다. 이것은 식물체 내에서의 이동이 비교적 잘 안 되고, 칼슘이 부족하면 분열 조직에 심한 피해를 준다.

07 가지치기의 장점으로 옳지 않은 것은?

① 무절재 생산
② 부정아 발생 감소
③ 연륜폭을 고르게 함
④ 산불로 인한 수관화 피해 경감

해설 ② 가지치기로 인해 부정아가 발생한다.

08 모두베기 작업에 대한 설명으로 옳지 않은 것은?

① 양수성 수종 갱신에 유리하다.
② 숲 생태계 기능 복원에 가장 유리한 갱신방법이다.
③ 성숙한 임분에 가장 간단하게 적용할 수 있는 방법이다.
④ 기존 임분을 다른 수종으로 갱신할 때 가장 빠른 방법이다.

해설 ② 생태계 기능복원에 가장 불리한 갱신방법이다.

09 테트라졸륨 용액을 이용한 종자 활력검사에 대한 설명으로 옳지 않은 것은?

① 휴면종자에도 잘 나타난다.
② 테트라졸륨 용액은 어두운 곳에 보관한다.
③ 침엽수의 종자는 배와 배유가 함께 염색되도록 한다.
④ 활력이 없는 종자의 조직을 접촉시키면 붉은색으로 변한다.

해설 테트라졸륨 0.1~1.0%의 수용액에 생활력이 있는 종자의 조직을 접촉시키면 붉은색으로 변하고, 죽은 조직에는 변화가 없다.

10 종자의 저장수명이 가장 긴 수종은?

① *Salix koreensis*
② *Quercus variabilis*
③ *Robinia pseudoacacia*
④ *Cryptomeria japonica*

해설
③ 아까시나무 : 3~4년(상온)
① 버드나무 : 6개월(1~5℃)
② 굴참나무 : 30개월(0~5℃)
④ 삼나무 : 3년(상온)

정답 6 ③ 7 ② 8 ② 9 ④ 10 ③

11 삽목상의 환경조건에 대한 설명으로 옳지 않은 것은?

① 통기성이 좋아야 한다.
② 해가림을 하여 건조를 막는다.
③ 온도는 10~15℃가 가장 적합하다.
④ 삽수에 적절한 수분을 공급하여야 한다.

해설 삽목상의 적온은 20~25℃이고 10℃에서는 미약한 발근활동이 시작되나 15℃가 되면 대체로 발근활동이 가능하게 된다. 그러다 25℃를 넘어 30℃에 이르면 발근활동에 지장을 주고 삽수를 부패시키는 토양미생물의 활동이 왕성하다.

12 동령적 혼효림 조성 시 고려해야 할 사항으로 옳지 않은 것은?

① 가급적 양수와 음수를 모두 식재한다.
② 생장속도가 비슷한 수종으로 식재한다.
③ 각 수종이 비슷한 윤벌기 내에 성숙하도록 한다.
④ 내음성이 비슷한 수종의 경우 생장속도가 빠른 수종은 일찍 식재한다.

해설 ④ 내음성이 비슷한 수종의 경우 생장속도가 늦은 수종은 일찍 식재한다.

13 어린나무 가꾸기 작업에 대한 설명으로 옳지 않는 것은?

① 임분 전체의 형질 향상이 목적이다.
② 목적하는 수종의 완전한 생장과 건전한 자람을 도모한다.
③ 조림목이 임관을 형성한 후부터 간벌 시기 이전에 시행한다.
④ 하목의 수광량을 감소시켜 불필요한 수목 및 잡초의 생장을 지연시킨다.

해설 ④ 어린나무가꾸기는 하목의 수광량을 증가시킨다.

14 열대우림에 대한 설명으로 옳지 않은 것은?

① 동식물의 종다양성이 높다.
② 낙엽의 분해가 빨라서 1차 생산성이 낮다.
③ 연중 비가 내리는 열대우림에는 상록활엽수가 우점한다.
④ 토양은 화학적 풍화가 빠르고 수용성물질의 용탈이 심하다.

해설 ② 낙엽의 분해가 빨라 1차 생산성이 높다.

15 수목의 직경생장에 대한 설명으로 옳지 않은 것은?

① 성목의 경우 목부의 생장량이 사부보다 많다.
② 형성층의 활동은 식물호르몬인 옥신에 의해 좌우된다.
③ 목부와 사부 사이에 있는 형성층의 분열활동에 의해서 이루어진다.
④ 형성층의 분열조직은 안쪽으로 체관세포를 형성하고, 바깥쪽으로 물관세포를 형성한다.

해설 ④ 형성층의 분열조직은 안쪽으로 물관세포를 바깥쪽으로 체관세포를 형성한다.

정답 11 ③ 12 ④ 13 ④ 14 ② 15 ④

16 토양산도와 수목의 상호관계에 대한 설명으로 옳은 것은?

① 일본잎갈나무는 알칼리성 토양에서 가장 잘 자란다.
② 철은 산성 토양에서 결핍현상이 자주 발생한다.
③ 참나무류, 단풍나무류. 피나무류 등은 pH 5.5~6.5에서 양호한 생장을 보인다.
④ 묘포의 토양산도가 pH 4.5 이하의 강산성을 보일 경우에는 모잘록병이 자주 발생한다.

해설
① 일본잎갈나무는 산성토양에서 잘 자란다.
② 철은 알칼리성토양에서 결핍현상이 일어난다.
④ 모잘록병은 산성토양과 상관없다.

17 임업 묘포에 대한 설명으로 옳은 것은?

① 임간묘포는 대부분 고정묘포에 속한다.
② 포지의 토양은 부식질이 풍부한 점토질 토양이 좋다.
③ 해가림이 필요한 수종은 묘상의 구획을 동서방향으로 길게 하는 것이 좋다.
④ 우리나라 남부지방에서는 경사 5° 이상의 북향사면에 포지를 조성하는 것이 좋다.

해설
① 임간묘포는 대부분 임시묘포이다.
② 포지의 토양은 가벼운 사양토가 적당하다.
④ 포지는 5° 이하의 완경사지가 바람직하다.

18 간벌에 대한 설명으로 옳은 것은?

① 임목의 형질을 퇴화시키는 단점이 있다.
② 정량간벌은 간벌목 선정이 수형급을 중심으로 이루어진다.
③ 간벌을 하지 않은 임분은 입지 조건이 열악해지는 단점이 있다.
④ 직경 생장을 촉진시켜 연륜폭을 고르게 하는 데 도움을 줄 수 있다.

해설
① 임목의 형질을 개선시키는 장점이 있다.
② 정성간벌은 간벌목 선정이 수형급을 중심으로 이루어진다.
③ 간벌을 하지 않은 임분은 생장 조건이 열악해지는 단점이 있다.

19 우리나라 난대림의 특징 수종으로 옳은 것은?

① 곰 솔
② 후박나무
③ 서어나무
④ 가문비나무

해설
① · ③ 곰솔, 서어나무 : 온대중부
④ 가문비나무 : 한대

20 인공조림과 천연갱신에 대한 설명으로 옳지 않은 것은?

① 천연갱신은 산림 작업 및 임분 관리가 용이하다.
② 천연갱신은 성림으로 조성하는 데 오랜 기간이 소요된다.
③ 인공조림은 임지생산력과 조림성과의 저하를 초래할 수 있다.
④ 인공조림은 묘목의 근계발육이 부자연스럽고 각종 재해에 취약할 수 있다.

해설
인공갱신은 산림작업 및 임분관리가 용이하다.

정답 16 ③ 17 ③ 18 ④ 19 ② 20 ①

| 제 **2** 과목 | 산림보호학 |

21 미국흰불나방에 대한 설명으로 옳지 않은 것은?

① 1년에 2~3회 발생한다.
② 지피물 밑에서 번데기로 월동한다.
③ 1화기가 2화기보다 피해가 더 심하다.
④ 핵다각체병바이러스를 이용하여 방제한다.

해설 2화기(7월 하순~8월 중순)가 1화기(5월 중순~6월 상순)보다 피해가 더 심하다.

22 다음 중 대기오염에 가장 강한 수종은?

① 소나무   ② 전나무
③ 은행나무 ④ 느티나무

해설 도시 가로수에 은행나무가 많은 이유가 공해에 강하기 때문이다.

23 잣나무 털녹병 방제방법으로 옳지 않은 것은?

① 중간기주인 송이풀을 제거한다.
② 저항성 품종을 육성하여 식재한다.
③ 풀베기와 간벌을 실시하여 숲에 통풍을 양호하게 해준다.
④ 담자포자 비산시기인 4월 하순부터 10일 간격으로 보르도액을 2~3회 살포한다.

해설 약제예방으로 잣나무 묘포에 8월 하순부터 10일간격으로 보르도액을 2~3회 살포하여 소생자(小生子)의 잣나무 침입을 막는다.

24 다음의 하늘소 유충 중 톱밥 또는 배설물을 나무 밖으로 배출하지 않아 발견하기 어려운 것은?

① 알락하늘소   ② 뽕나무하늘소
③ 향나무하늘소 ④ 솔수염하늘소

해설 측백(향나무)하늘소
• 가해수종 : 향나무, 연필향나무, 편백, 측백나무, 나한백 등
• 생 태
  – 성충은 3~4월에 나타나며, 줄기나 가지의 껍질을 물어뜯고 산란한다.
  – 부화유충은 수피 하에 불규칙하고 편평한 구멍을 뚫으며, 갱도 내를 똥과 목질섬유로 채운다.
  – 9월경 노숙하면 변재부로 약간 들어가 나무톱밥으로 만든 용실에서 용화하고, 10월경 우화하지만, 성충은 그대로 월동한다.
  – 1년에 1회 발생하며, 다른 하늘소류와는 달리 똥을 밖으로 내보내는 일이 없어 피해를 찾기 어렵다.

25 밤나무 줄기마름병의 방제 효과가 가장 미비한 것은?

① 살균제를 살포한다.
② 박쥐나방을 방제한다.
③ 질소 비료를 적게 준다.
④ 토양배수가 잘 되는 곳에 묘목을 심는다.

해설 살균제의 살포보다는 병든 부위를 제거하고 살균제를 처리한다.

26 모잘록병 방제방법으로 옳지 않은 것은?

① 묘상이 과습하지 않도록 한다.
② 복토가 충분히 두껍도록 한다.
③ 병이 심한 묘포지는 돌려짓기를 한다.
④ 질소질 비료보다는 인산질 비료를 충분히 준다.

해설 ② 복토가 너무 두껍지 않도록 한다.

정답 21 ③ 22 ③ 23 ④ 24 ③ 25 ① 26 ②

27 솔잎혹파리 방제 방법으로 옳지 않은 것은?

① 솔잎혹파리먹좀벌을 천적으로 이용한다.
② 박새, 진박새, 쇠박새 등 조류를 보호한다.
③ 티아메톡삼 분산성 액제를 수간에 주사한다.
④ 피해가 극심한 지역에 동수화제를 살포한다.

해설
- 침투성 약제 수간주사 : 벌레혹이 20%이상 형성 시 산란 및 부화기인 6월 중에 포스팜 50% 액제를 피해목의 흉고직경 cm당 0.3~1.0mL를 줄기에 구멍을 뚫고 주입한다.
- 침투성 약제 근부처리(뿌리부근에 약제처리함) : 피해도 "중" 이상의 소경목(직경이 작은 나무)으로 강우 시 인근 식구원이나 농경지 등에 유입될 염려가 없는 지역. 3월 해빙기에 제초제인 헥사지논입제를 헥타당 50kg씩 지면에 고루 뿌려 하층식생을 제거하고 5월하순에 카보입제를 헥타당 360kg 뿌리근처에 처리한다.
- 월동유충기 지면약제살포 : 유충낙하기인 11월 하순~12월 상순에 다수진 3% 입제, 에토프 5%입제를 헥타당 180kg을 지면에 살포한다.

28 산불로 인한 피해에 대한 설명으로 옳지 않은 것은?

① 일반적으로 침엽수는 활엽수에 비하여 산불 피해에 약한 편이다.
② 일반적으로 상록활엽수는 낙엽활엽수보다 산불 피해에 약한 편이다.
③ 활엽수 중에서 녹나무, 벚나무는 동백나무, 참나무류보다 산불 피해에 약한 편이다.
④ 침엽수 중에서 가문비나무, 은행나무는 소나무, 곰솔보다 산불 피해에 강한 편이다.

해설 ② 상록활엽수는 산불에 강하다.

29 천공성 해충이 아닌 것은?

① 박쥐나방
② 밤바구미
③ 버들바구미
④ 알락하늘소

해설 밤바구미는 밤(종실)을 직접 가해한다.

30 파이토플라스마로 인한 수목병 방제에 가장 효과적인 것은?

① 알 콜
② 페니실린
③ 스트렙토마이신
④ 테트라사이클린

해설 테트라사이클린계가 파이토플라스마 수병 방제에 효과적이다.

31 토양 내에서 월동하는 병원체는?

① 잣나무 털녹병균
② 참나무 시들음병균
③ 자줏빛날개무늬병균
④ 밤나무 줄기마름병균

해설
① 잣나무 털녹병균 : 잣나무의 수피 조직내에서 균사의 형태로 월동
② 참나무 시들음병균 : 노숙 유충으로 변재부에서 내에서 월동
④ 밤나무 줄기마름병균 : 병환부에서 균사 또는 포자의 형으로 월동

정답 27 ④ 28 ② 29 ② 30 ④ 31 ③

32 식엽성 해충이 아닌 것은?

① 대벌레
② 미국흰불나방
③ 소나무순나방
④ 참나무재주나방

해설 소나무순나방은 연 1회 발생하는 것으로 알려져 있으며, 일본의 경우 특히 여름철에 발생이 많다. 노숙유충이 되면 나뭇가지나 나뭇잎 사이에 고치를 만들고 월동한다. 늦겨울이나 이른 봄에 번데기로 변하여 이른 봄에 우화한다. 소나무의 햇가지를 가해하여 소나무 성장에 지대한 영향을 미친다.

33 산림해충에 대한 임업적 방제방법으로 옳은 것은?

① 천적 이용
② 트랩 이용
③ 훈증제 사용
④ 내충성 수종 이용

해설
① 천적 이용 : 생물적 방제
② 트랩 이용 : 기계적 방제
③ 훈증제 사용 : 화학적 방제

34 솔잎혹파리가 월동하는 형태는?

① 알
② 유 충
③ 성 충
④ 번데기

해설 서울지방에서는 유충이 9월 하순~다음 해 1월(최성기 11월 중순)에 충영에서 탈출하여 낙하하며 특히 비 오는 날에 많이 낙하하여 지피물 밑 또는 흙 속으로 들어가 월동한다. 기온이 따뜻한 남부 해안 지방에서는 충영속에서 월동하는 경우도 있다.

35 솔껍질깍지벌레에 대한 설명으로 옳지 않은 것은?

① 주로 인공식재된 잣나무림에서 큰 피해를 준다.
② 약충이 가지와 줄기의 수피에 주둥이를 꽂고 수액을 빨아먹는다.
③ 수피 틈이나 가지 사이에 알주머니를 분비하고 그 속에 알을 낳는다.
④ 암컷 성충은 후약충에서 번데기 시기를 거치지 않고 바로 성충이 된다.

해설 ① 주로 해안에 있는 해송림에 피해를 주는 해충이다.

36 흰가루병에 걸린 병환부 위에 가을철에 나타나는 흑색의 알갱이는?

① 자낭구
② 포자각
③ 병자각
④ 분생자병

해설 흰가루병은 가을철 병이 걸린 부위에 흰가루가 섞인 둥글고 작은 검은색의 알갱이가 형성되는데, 이는 자실체(생식기관)인 폐쇄자낭과이다. 봄에 이 폐쇄자낭과가 터져 열리면서 하나 이상의 포자낭을 방출하고 이 속에 들어 있는 자낭포자가 근처에 있는 식물에 날아가 식물을 다시 감염시킨다.

정답 32 ③ 33 ④ 34 ② 35 ① 36 ①

37 수목에 기생하는 식물로 낙엽성인 것은?

① 겨우살이
② 꼬리 겨우살이
③ 참나무 겨우살이
④ 동백나무 겨우살이

해설
① 겨우살이 : 잎은 빽빽하게 달리는 두꺼운 가지는 쇠스랑처럼 갈라지며, 가죽질로 된 잎은 길이가 5cm 정도이고 난형 또는 창 모양이 짝을 이뤄 가지에 서로 마주 보며 달리며, 상록성이다.
③ 참나무 겨우살이 : 상록 기생 관목으로 잎은 마주나기 또는 어긋나기하며 넓은 타원형 또는 난상 원형, 도란상 원형이고 둔두 원저이며 길이 3~6cm로서 가장자리는 밋밋하고 표면에 털이 없으며 뒷면에 적갈색의 퍼진 털이 밀생한다.
④ 동백나무 겨우살이 : 상록으로 잎은 퇴화되어 마디 사이의 윗부분 끝에 돌기처럼 달려있다.

38 생물학적 방제에 대한 설명으로 옳은 것은?

① 내충성 품종을 심어 해충의 발생을 억제시키는 방법이다.
② 병원미생물이나 호르몬 약제를 이용하여 해충을 방제하는 방법이다.
③ 포식충, 기생곤충, 병원미생물 등을 이용하여 해충의 발생을 억제시키는 방법이다.
④ 포식충, 기생곤충 등에 의해 해충의 발생을 억제시키는 방법이며 병원미생물은 제외된다.

해설 생물학적방제는 포식충, 기생곤충, 병원미생물 이용을 다 포함한다.

39 대기오염에 의한 수목의 피해 양상으로 옳지 않은 것은?

① 오존으로 인한 피해는 어린잎보다 성숙한 잎에서 발생하기 쉽다.
② 아황산가스로 인한 만성증상은 잎에 백색의 작은 반점이 생기는 것이다.
③ 질소산화물로 인한 피해 징후는 잎에 수침상 반점이 생기는 것이다.
④ 불화수소로 인한 피해 징후는 어린잎의 선단과 주변에 백화현상이 나타나는 것이다.

해설 아황산가스(SO_2)에 의한 피해
- 급성피해(가시적피해) : 고농도(0.4ppm이상)의 아황산가스를 단시간 내에 흡수했을 때 세포 내에 함유된 엽록소의 급격한 파괴, 세포의 붕괴 및 괴사가 이루어진다.
- 만성피해(불가시적 피해)
  - 낮은 농도의 아황산가스에 오래 노출되어 엽록소가 서서히 붕괴됨으로써 황화현상이 나타남
  - 급성의 경우와는 달리 세포는 파괴되지 않고 그 생명력을 유지

40 산불 중 지표화에 대한 설명으로 옳은 것은?

① 치수들이 피해를 받는다.
② 주로 부식층이 타는 화재이다.
③ 풍속과 산불화염의 길이와는 거의 상관없다.
④ 바람이 있을 때는 불어오는 방향으로 원형이 되어 퍼진다.

해설 지표화
- 지표에 쌓여 있는 낙엽과 지피물, 지상관목층, 갱신치수 등이 불에 타는 화재로 산불 중에서 가장 흔히 일어나는 산불이다.
- 토양단면의 AL층(낙엽층)과 AF층(조부식층의 상부가 타는 불)

정답 37 ② 38 ③ 39 ② 40 ①

제 3 과목 | 임업경영학

41 어느 임업 법인체의 임목벌채권 취득원가가 8,000만원이고, 잔존가치는 3,000만원이라고 한다. 총벌채 예정량은 10만m³이고 당기 벌채량은 4천m³이라고 하면 당기 총 감가상각비는?

① 1,000,000원
② 2,000,000원
③ 3,000,000원
④ 4,000,000원

해설 생산량비례법 : 벌채권이나 채굴권 등의 조업도를 상각하는 경우로 작업시간비례법과 유사
• 감가상각비 = 실제생산량 × 생산량당 감가상각률
  = 4,000 × 500 = 2,000,000원
• 생산량당 감가상각률
  = (취득원가 – 잔존가치)/추정 총 생산량
  = (80,000,000 – 30,000,000)/100,000
  = 500

42 지위지수에 대한 설명으로 옳지 않은 것은?

① 임지의 생산능력을 나타낸다.
② 우세목의 수고는 밀도의 영향을 많이 받는다.
③ 지위지수 분류표 및 곡선은 동형법 또는 이형법으로 제작할수 있다.
④ 우리나라에서는 보통 임령 20년 또는 30년일 때 우세목의 수고를 지위지수로 하고 있다.

해설 우세목의 수고생장은 지위의 차이에 민감하여 우세목의 연령별 수고로써 표시

43 단목의 연령측정 방법이 아닌 것은?

① 목측에 의한 방법
② 지절에 의한 방법
③ 방위에 의한 방법
④ 생장추에 의한 방법

해설 방위는 연령 측정과 상관없다.

44 연이율이 5%이고 매년 800,000원씩 조림비를 5년간 지불하며, 마지막 지불이 끝났을 때 이자의 후가합계는?

① 약 199,526원
② 약 626,820원
③ 약 1,021,025원
④ 약 4,420,800원

해설 유한연년이자의 후가식
= (800,000/0.05) × (1.05⁵ – 1)
= 16,000,000 × 0.2763 = 4,420,800원

45 임업이율 중 일반 물가등귀율을 내포하고 있는 것은?

① 자본 이자   ② 평정 이율
③ 장기적 이율 ④ 명목적 이율

해설 임업이율의 특징
• 임업이율은 대부이자가 아니고 자본이자(화폐자금의 사용대가)이다.
• 임업이율은 현실이율이 아니라 평정이율이며, 실질적 이율이 아니고 명목적이율(물가등귀율을 포함)이다.
• 임업이율은 장기이율이다.

41 ② 42 ② 43 ③ 44 ④ 45 ④

46 수간석해를 통해 총 재적을 구할 때 합산하지 않아도 되는 것은?

① 근주재적   ② 지조재적
③ 결정간재적 ④ 초단부재적

해설 수간석해의 재적을 계산하는 데 있어서는 일반적으로 결정 간재적·초단부 재적 및 근주 재적의 3부분으로 나누어 계산한다.

47 임목의 평가방법에 대한 분류방식으로 옳지 않은 것은?

① 비교방식 – Glaser법
② 수익방식 – 기망가법
③ 원가방식 – 비용가법
④ 원가수익절충방식 – 임지기망가법응용법

해설 ① 원가수익절충방법 – Glaser 법

48 윤벌기에 대한 설명으로 옳지 않은 것은?

① 택벌작업에 따른 법정림의 개념이다.
② 임목의 생산기간과는 일치하지 않는다.
③ 작업급의 법정영급분배를 예측하는 기준이다.
④ 작업급의 모든 임목을 일순벌하는데 소요되는 기간이다.

해설 윤벌기는 개별작업에 따른 법정림 사상의 개념이다.

49 법정수확표를 이용한 임목 재적 추정에 가장 불필요한 것은?

① 지위지수
② 영급분배표
③ 임분의 영급
④ 법정임분과 관련된 임목축적

해설 수확표에서 영급분배표는 필요없다.

50 임지비용가법을 적용할 수 있는 경우가 아닌 것은?

① 임지의 가격을 평정하는 데 다른 적당한 방법이 없을 때
② 임지소유자가 매각 시 최소한 그 토지에 투입된 비용을 회수하고자 할 때
③ 임지소유자가 그 토지에 투입한 자본의 경제적 효과를 분석 검토하고자 할 때
④ 임지에서 일정한 시업을 영구적으로 실시한다고 가정하여 그 토지에서 기대되는 순수익의 현재 합계액을 산출할 때

해설 비용가법이므로 순수익의 합계를 산출할 때는 사용하지 않는다.

정답 46 ② 47 ① 48 ① 49 ② 50 ④

51 유동 자본재에 속하는 것은?

① 임 도
② 기 계
③ 묘 목
④ 저목장

해설 유동 자본재 : 종자, 묘목, 약제, 비료 등

52 임업투자 결정과정의 순서로 옳은 것은?

① 투자사업 모색 → 현금흐름 추정 → 투자사업의 경제성 평가 → 투자사업 재평가 → 투자사업 수행
② 현금흐름 추정 → 투자사업의 경제성 평가 → 투자사업 모색 → 투자사업 수행 → 투자사업 재평가
③ 투자사업 모색 → 현금흐름 추정 → 투자사업의 경제성 평가 → 투자사업 수행 → 투자사업 재평가
④ 현금흐름 추정 → 투자사업 모색 → 투자사업의 경제성 평가 → 투자사업 수행 → 투자사업 재평가

해설 임업투자 결정과정은 처음에 투자사업을 모색하고 마지막으로 재평가를 한다.

53 손익분기점 분석을 위한 가정으로 옳지 않은 것은?

① 생산과 판매는 동시성이 있다.
② 제품의 생산능률은 변함이 없다.
③ 제품 한 단위당 변동비는 생산량에 따라 증가한다.
④ 제품의 판매가격은 판매량이 변동하여도 변화되지 않는다.

해설 제품 한 단위당 변동비는 항상 일정하다.

54 흉고높이에서 생장추를 이용하여 반경 1cm 내의 연륜수 5를 얻었다. 흉고직경이 32cm, 상수가 500일 때 슈나이더(Schneider)식을 이용한 재적생장율은?

① 2.5%
② 3.1%
③ 3.6%
④ 4.0%

해설 재적생장율 = $\dfrac{500}{5 \times 32}$ = 3.13%

55 잣나무의 흉고직경이 36cm, 수고가 25m일 때 덴진(Denzin)식에 의한 재적(m³)은?

① 0.025
② 0.036
③ 1.296
④ 2.592

해설 덴진(Denzin) = $\dfrac{36^2}{1,000}$ = 1.296

56 산림에서 간벌할 임목을 대묘로 굴취하여 도시의 환경 미화목으로 사용함으로써 중간수입을 얻는 임업경영의 형태는?

① 농지임업   ② 혼목임업
③ 수예적임업   ④ 비임지임업

해설 복합임업경영의 형태
- 농지임업 : 농지의 주변이나 둑, 농지와 산지와의 경계선 등에 유실수·특용수·속성수 등을 식재하여 조기수입을 올리는 임업
- 혼목임업 : 산림 내에 가축을 방목하여 야생초를 가축의 사료로 이용하는 임업형태
- 비임지임업 : 임지가 아닌 하천부지, 구릉지, 도로변, 철로변, 부락공한지, 건물이나 운동장 주변에 속성수, 밀원식물, 연료목 등을 식재하여 수입원을 다양화
- 혼농임업 : 농업과 임업을 겸하면서 축산업까지 도입하여 서로의 장점으로 지속농업을 가능케 하는 복합영농의 한 형태
- 양봉임업 : 산림내의 밀원식물을 이용하여 양봉을 같이하는 형태의 임업
- 부산물 임업 : 산림의 부산물(종실, 수피, 수액, 버섯, 산약초 등)을 주로 채취하거나 증식하여 농가소득을 올리는 형태
- 수렵임업 : 야생동물을 보호, 증식하여 산림에서의 수렵장 수입의 증가
- 휴양임업(관광임업) : 산림내에 휴양시설을 갖추어 휴양객을 유치함으로써 수입을 올리는 임업경영형태이다.

57 자연휴양림 지정을 위한 타당성평가 기준이 아닌 것은?

① 경 관   ② 면 적
③ 위 치   ④ 활용여건

해설 타당성 평가기준의 항목은 경관, 면적, 위치, 수계, 휴양유발, 개발여건 등이다.

58 숲해설가의 배치기준으로 옳지 않은 것은?

① 수목원 – 2명 이상
② 산림욕장 – 1명 이상
③ 국립공원 – 2명 이상
④ 자연휴양림 – 2명 이상

해설 산림교육전문가의 배치기준 – 숲해설가(산림교육의 활성화에 관한 법률 시행령 [별표 2])

배치시설	배치기준
산림문화·휴양에 관한 법률에 따른 자연휴양림	2명 이상
산림문화·휴양에 관한 법률에 따른 산림욕장	1명 이상
국유림의 경영 및 관리에 관한 법률에 따라 지정된 국민의 숲	1명 이상
수목원·정원의 조성 및 진흥에 관한 법률에 따른 수목원	2명 이상
산림보호법에 따른 생태숲(산림생태원을 포함한다)	1명 이상
산림자원의 조성 및 관리에 관한 법률에 따른 도시림 및 생활림	1명 이상
자연공원법에 따른 자연공원(국립공원은 제외한다)	1명 이상

정답 55 ③ 56 ③ 57 ④ 58 ③

59 해마다 연말에 간벌수입으로 100만원씩 수입이 있는 임분을 가지고 있을 때, 이 임분의 자본가는?(단, 이율은 4%)

① 9,615,385원
② 1,040,000원
③ 2,500,000원
④ 25,000,000원

해설 자본가 = $\dfrac{1{,}000{,}000원}{0.04}$ = 25,000,000원

60 임업소득에 대한 설명으로 옳지 않은 것은?

① 임업소득은 조림지 면적이 커짐에 따라 증대된다.
② 임업조수익 중에서 임업소득이 차지하는 비율을 임업의존도라 한다.
③ 임업소득 가계충족율은 임가의 소비경제가 임업에 의하여 지탱되는 정도를 나타낸다.
④ 임업순수익은 임업경영이 순수익의 최대를 목표로 하는 자본가적 경영이 이루어졌을 때 얻을 수 있는 수익이다.

해설 임업의존도 = (임업소득/임가소득) × 100

제 4 과목 | 임도공학

61 임도의 평면선형이 영향을 주는 요소로 가장 거리가 먼 것은?

① 주행속도
② 운재능력
③ 노면배수
④ 교통차량의 안전성

해설 노면배수는 종단선형과 관련이 있다.

62 측점 A에서 다각측량을 시작하여 다시 측점 A에 폐합시켰다. 위거의 오차가 10cm, 경거의 오차가 15cm이었다. 이때의 폐합비는 얼마인가?(단, 측선의 전체거리는 1,800m)

① 약 $\dfrac{1}{10{,}000}$ ② 약 $\dfrac{1}{15{,}000}$
③ 약 $\dfrac{1}{20{,}000}$ ④ 약 $\dfrac{1}{25{,}000}$

해설 위거의 오차가 10cm, 경거의 오차가 15cm이므로 직선거리는 $\sqrt{10^2+15^2}$ = 약 18cm이므로 전체거리에 대한 폐합오차는 약 $\dfrac{1}{10{,}000}$이다.

63 임도 설계 시 절토 경사면의 기울기 기준으로 옳은 것은?

① 토사지역 1 : 1.2~1.5
② 점토지역 1 : 0.5~1.2
③ 암석지(경암) 1 : 0.3~0.8
④ 암석지(연암) 1 : 0.5~0.8

해설 절토 경사면의 기울기 기준

구 분	기울기	비 고
암석지		토사지역은 절토면의 높이에 따라 소단 설치
• 경 암	1 : 0.3~0.8	
• 연 암	1 : 0.5~1.2	
토사지역	1 : 0.8~1.5	

64 쇄석의 틈 사이에 석분을 물로 침투시켜 롤러로 다져진 도로는?

① 수체 머캐덤도
② 역청 머캐덤도
③ 교통체 머캐덤도
④ 시멘트 머캐덤도

해설
• 역청 머캐덤도 : 쇄석을 타르나 아스팔트로 결합시킨 도로
• 교통체 머캐덤도 : 쇄석이 교통과 강우로 다져진 도로

65 임도의 곡선을 결정할 때 외선길이가 10m이고 교각이 90°인 경우 곡선반지름은?

① 약 14m   ② 약 24m
③ 약 34m   ④ 약 44m

해설 곡선반지름 = 외선길이/(sec(90/2)−1)
= 10/(1/cos45−1) = 10/(1.414−1)
= 24.2m

66 구릉지대에서 지선임도밀도가 20m/ha이고, 임도효율이 5일 때 평균집재거리는?

① 4m   ② 100m
③ 250m ④ 400m

해설 평균집재거리는 5/20 = 0.25km = 250m

67 설계속도가 40km/시간인 특수지형에서의 임도에 대한 종단기울기 기준은?

① 3% 이하   ② 6% 이하
③ 8% 이하   ④ 10% 이하

해설 종단기울기

설계속도 (km/시간)	종단기울기(순기울기)	
	일반지형	특수지형
40	7% 이하	10% 이하
30	8% 이하	12% 이하
20	9% 이하	14% 이하

68 평판측량에 대한 설명으로 옳지 않은 것은?

① 대부분의 작업이 현장에서 이뤄진다.
② 다른 측량방법에 비해 정확도가 낮다.
③ 비가 오는 날에는 측량이 매우 곤란하다.
④ 측량용 기구가 간단하여 운반이 편리하다.

해설 ④ 측량기구가 무거운 편이다.

정답 63 ③ 64 ① 65 ② 66 ③ 67 ④ 68 ④

69 임도의 횡단 기울기에 대한 설명으로 옳지 않은 것은?

① 노면배수를 위해 적용한다.
② 차량의 원심력을 크게 하기 위해 적용한다.
③ 포장이 된 노면에서는 1.5~2%를 기준으로 한다.
④ 포장이 안 된 노면에서는 3~5%를 기준으로 한다.

해설 ② 횡단기울기는 배수와 연관 있고, 원심력과는 무관하다.

70 임도의 비탈면 기울기를 나타내는 방법에 대한 설명으로 옳은 것은?

① 비탈어깨와 비탈밑 사이의 수직높이 1에 대하여 수평거리가 n일 때 1 : n으로 표기한다.
② 비탈어깨와 비탈밑 사이의 수평거리 1에 대하여 수직높이가 n일 때 1 : n으로 표기한다.
③ 비탈어깨와 비탈밑 사이의 수평거리 100에 대하여 수직높이가 n일 때 1 : n으로 표기한다.
④ 비탈어깨와 비탈밑 사이의 수직높이 100에 대하여 수평거리가 n일 때 1 : n으로 표기한다.

해설 1 : n = 수직높이 1에 대한 수평거리 n

71 임도 설계 시 종단기울기에 대한 설명으로 옳은 것은?

① 종단기울기를 급하게 하면 임도우회율을 낮출 수 있다.
② 종단기울기의 계획은 설계차량의 규격과 관계가 없다.
③ 종단기울기는 완만한 것이 좋기 때문에 0%를 유지하는 것이 좋다.
④ 종단기울기는 시공 후 임도의 개・보수를 통하여 손쉽게 변경할 수 있다.

해설 ② 종단기울기의 계획은 차량의 규격과 관련이 있다.
③ 종단기울기는 배수를 위해서라도 약간의 경사를 유지하는 것이 좋다.
④ 종단기울기는 시공 후 변경이 어렵다.

72 임도 설계 업무의 순서로 옳은 것은?

① 예비조사 → 답사 → 예측 → 실측 → 설계서 작성
② 예비조사 → 예측 → 답사 → 실측 → 설계서 작성
③ 예측 → 예비조사 → 답사 → 실측 → 설계서 작성
④ 답사 → 예비조사 → 예측 → 실측 → 설계서 작성

해설 예비조사 → 답사 → 예측 → 실측 → 설계서 작성

정답 69 ② 70 ① 71 ① 72 ①

73 임도의 노체에 대한 설명으로 옳지 않은 것은?

① 측구는 공법에 따라 토사도, 사리도, 쇄석도 등으로 구분한다.
② 임도의 노체는 노상, 노면, 기층 및 표층의 각 층으로 구성된다.
③ 노면에 가까울수록 큰 응력에 견디기 쉬운 재료를 사용하여야 한다.
④ 통나무길 및 섶길은 저습지대에 있어서 노면의 침하를 방지하기 위하여 사용하는 것이다.

해설 토사도, 사리도, 쇄석도는 재료에 따른 노면의 종류이다.

74 노동재해의 정도를 나타내는 도수율에서 노동시간수가 10,000시간이고 노동재해 발생 건수가 10건일 때에 도수율은 얼마인가?

① 10 ② 100
③ 1,000 ④ 10,000

해설 도수율은 산업 재해의 지표의 하나로 노동 시간에 대한 재해의 발생 빈도를 나타내는 것이다.
도수율 = (재해건수/연노동시간수) × 1,000,000
      = (재해건수/연노동일수) × 1,000,000
      = (10/10,000) × 1,000,000 = 1,000

75 임도의 중심선에 따라 20m 간격으로 종단측량을 행한 결과 다음과 같은 성과표를 얻었다. 측점1의 계획고를 40.93m로 하고 2% 상향 기울기로 설치하면 측점4의 절토고는?

측 점	1	2	3	4
지반고(m)	39.73	41.23	42.88	45.53

① 0.35m ② 0.75m
③ 3.00m ④ 3.40m

해설 측점1에서 2%씩 상향으로 측점4까지 도달하면 1.2m (각 측점 사이 0.4m) 올라감
측점4의 계획고는 40.93m + 1.2m = 42.13m 따라서 3.4m(45.53 − 42.13)를 절토하여야 함

76 임도의 노체와 노면에 대한 설명으로 옳지 않은 것은?

① 사리도는 노면을 자갈로 깔아 놓은 임도이다.
② 토사도는 배수 문제가 적어 가장 많이 사용된다.
③ 노체는 노상, 노반, 기층, 표층으로 구성되는 것이 일반적이다.
④ 노상은 다른 층에 비해 작은 응력을 받으므로 특별히 부적당한 재료가 아니면 현장 재료를 사용한다.

해설 토사도는 우천 시 배수에 문제가 있을 수 있다.

정답 73 ① 74 ③ 75 ④ 76 ②

77 임도의 횡단면도상 각 측점의 단면마다 표기하지 않아도 되는 것은?

① 사면보호공 물량
② 지장목 제거 물량
③ 지반고 및 계획고
④ 곡선제원 및 교각점

해설 횡단면도의 각 측점의 단면마다 지반고·계획고·절토고·성토고·단면적·지장목제거·측구터파기 단면적·사면보호공 등의 물량을 기입한다.

78 임도망 계획 시 고려할 사항이 아닌 것은?

① 운반비가 적게 들도록 한다.
② 목재의 손실이 적도록 한다.
③ 신속한 운반이 되도록 한다.
④ 운재방법이 다양화되도록 한다.

해설 임도망 계획 시 운재방법은 단순화되어야 운반비가 적게 들고 임도의 효율이 높다.

79 임도 노면의 땅고르기 작업을 위해 가장 적합한 기계는?

① 탬퍼 ② 트랙터
③ 하베스터 ④ 모터그레이더

해설 모터그레이더는 노면정지 작업용이다.

80 다음 그림에서 ∠XAB = 16°25′38″, AB = 45.58m, ∠XAC = 63°17′19″, AC = 51.73m 일 때, 두 나무 사이의 거리는?

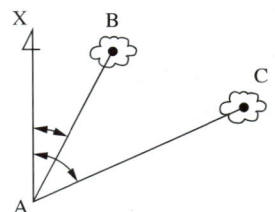

① 약 40m ② 약 45m
③ 약 50m ④ 약 55m

해설 삼각형∠BAC 에서 두변 AB와 AC의 길이를 알때 BC의 길이를 구하는 방법
각 ∠XAC = 63°17′19″에서 ∠XAB = 16°25′38″를 빼면 ∠BAC = 46°51′41″이다.
여기서 B에서 AC로 수선(H)을 내리고 그 수선값과 A에서 수선까지의 거리를 구하고 BC의 거리를 피타고라스의 정리에 의해 구하면 된다.
AH = 45.58 × sin(46°51′41″= 46.8614°) = 33.3m
BH = 45.58 × cos(46°51′41″= 46.8614°) = 31.2m,
CH = 51.73 − 31.2 = 20.53m
여기서 BC의 길이(두 나무 사이의 거리)
= 33.32 + 20.532 = 39.12m 즉, 40m가 된다.

77 ④ 78 ④ 79 ④ 80 ①

제 5 과목 사방공학

81 빗물에 의한 침식의 발달과정에서 가장 초기 상태의 침식은?

① 구곡침식   ② 우격침식
③ 누구침식   ④ 면상침식

해설 빗물에 의한 침식의 발달과정은 우격침식, 면상침식, 누구침식, 구곡침식 순이다.

82 폭 15m, 높이 2m인 직사각형 수로에서 수심 1m, 평균유속 2m/s로 흐르고 있을 때 유량은?

① $15m^3/s$ ② $30m^3/s$
③ $60m^3/s$ ④ $80m^3/s$

해설 유량 = 유적 × 유속 = (15 × 1) × 2 = $30m^3/s$

83 유동형 침식의 하나인 토석류에 대한 설명으로 옳은 것은?

① 토괴의 흐트러짐이 적다.
② 주로 점성토의 미끄럼면에서 미끄러진다.
③ 일반적으로 움직이는 속도가 0.01~10 mm/day이다.
④ 물을 윤활제로 하여 집합운반의 형태를 가진다.

해설
① 토괴의 흐트러짐이 많다.
② 점성토의 미끄럼면은 지활형침식이다.
③ 속도가 느린것도 지활형침식(땅밀림)이다.

84 사방사업 대상지로 가장 거리가 먼 것은?

① 임도가 미개설되어 접근이 어려운 지역
② 산불 등으로 산지의 피복이 훼손된 지역
③ 황폐가 예상되는 산지와 계천으로 복구공사가 필요한 지역
④ 해일 및 풍랑 등 재해예방을 위해 해안림 조성이 필요한 지역

해설 사업비 절감 등 접근이 쉬운 지역부터 사방사업이 필요하다.

85 3급 선떼붙이기에서 1m를 시공하는 데 사용되는 적정 떼 사용 매수는?(단, 떼 크기는 길이 40cm, 너비 25cm)

① 1매   ② 5매
③ 10매   ④ 20매

해설 3급은 선떼는 4장이 기본적으로 길이 40cm를 80cm로 하면 8장 필요하고, 40cm 짜리를 20cm로 나누면 1m 길이가 되니 거기에 2장이 더 필요하여 총 10장이 필요하다.

86 사방댐을 설치한 계류의 기울기에 대한 설명으로 옳지 않은 것은?

① 사방댐을 축설하고 나서 홍수가 발생하면 하상기울기는 홍수기울기로 고정된다.
② 홍수기울기와 평형기울기 사이의 퇴사량을 댐의 토사조절량이라고 한다.
③ 유수가 사력을 포함하지 않을 경우의 계상기울기는 가장 완만한데 이를 평형기울기라 한다.
④ 홍수로 다량의 사력을 함유하면 계상기울기가 가장 급하게 되는데 이를 홍수기울기라 한다.

해설 홍수 후에는 홍수기울기가 고정되는 것이 아니고 하상기울기로 변화한다.

정답 81 ② 82 ② 83 ④ 84 ① 85 ③ 86 ①

87 골막이에 대한 설명으로 옳지 않은 것은?
① 물이 흐르는 중심선 방향에 직각이 되도록 설치한다.
② 본류와 지류가 합류하는 경우 합류부 위쪽에 설치한다.
③ 계상기울기를 수정하여 유속을 완화시키는 공작물이다.
④ 구곡막이라고도 하며 주로 상류부에 설치하여 유송토사를 억제하는 데 목적이 있다.

해설 본류와 지류가 합류하는 경우 사방댐은 그 아래쪽에 설치한다.

88 다음 그림은 인공개수로의 단면도이다. P에 해당하는 용어는?

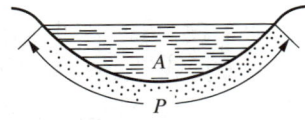

① 윤 변
② 경 심
③ 유 적
④ 동수반지름

해설 수로의 횡단면에 있어서 물과 접촉하는 수로 주변의 길이를 윤변(P)이라 하고, 유적을 윤변으로 나눈 것을 경심(R) 또는 동수반지름이라 한다.

89 황폐계류 유역을 구분하는 데 포함되지 않는 것은?
① 토사생산구역
② 토사퇴적구역
③ 토사유과구역
④ 토사준설구역

해설 황폐계류 유역은 토사생산구역, 토사유과구역, 토사퇴적구역이다.

90 사방댐과 골막이에 모두 축설하는 것은?
① 앞 댐   ② 방수로
③ 반수면   ④ 대수면

해설 사방댐과 구곡막이(골막이)는 반수면을 축설한다.

91 붕괴형 산사태에 대한 설명으로 옳은 것은?
① 지하수로 인해 발생하는 경우가 많다.
② 파쇄대 또는 온천지대에서 많이 발생한다.
③ 이동면적이 1ha 이하가 많고, 깊이도 수 m 이하가 많다.
④ 속도는 완만해서 토괴는 교란되지 않고 원형을 유지한다.

해설 ① 호우가 원인
② 지질과는 관계가 적다.
④ 속도는 빠르고 토괴는 교란된다.

87 ② 88 ① 89 ④ 90 ③ 91 ③

92 지하수의 용출 및 누수에 의한 침식이 심한 비탈면에서 직접 거푸집을 설치하여 콘크리트를 치는 공법은?

① 새집공법
② 비탈힘줄박기
③ 콘크리트블록쌓기
④ 콘크리트뿜어붙이기

해설 비탈힘줄박기
정상적인 콘크리트 블록으로 된 격자틀 붙이기 공법으로서 처리하기 곤란한 비탈면에 현장에서 직접 거푸집을 설치하고 콘크리트치기를 하여 비탈면의 안정을 위한 뼈대, 즉 힘줄을 만들며, 그 안을 작은 돌이나 흙으로 채우고 녹화하는 비탈면 안정공법

94 황폐된 산림의 면적이 50ha이고, 최대시우량이 45mm/hr, 유거계수가 0.8이면 최대시우량법에 의한 최대홍수유량은?

① $1.8m^3/sec$
② $5m^3/sec$
③ $18m^3/sec$
④ $50m^3/sec$

해설 최대홍수유량
$= 0.8 \times [(500,000m^3 \times (45/1,000)]/3,600$
$= 0.8 \times (22,500/3,600) = 5m^3/sec$

95 산지사방에 대한 설명으로 옳지 않은 것은?

① 눈사태 방재림 조성은 제외된다.
② 시공 대상지는 붕괴지, 밀린땅 등이 있다.
③ 산사태 발생의 위험이 있는 산지에 대해서도 실시할 수 있다.
④ 황폐되었거나 황폐될 위험성이 있는 산지의 토양침식 방지를 위해 실시한다.

해설 방재림 조성도 산지사방에 포함된다.

93 정사울타리에 대한 설명으로 옳지 않은 것은?

① 높이는 60~70cm를 표준으로 한다.
② 방향은 주풍방향에 직각이 되도록 한다.
③ 정사각형이나 직사각형 모양으로 구획한다.
④ 구획 내부에 ha당 10,000본의 곰솔 등의 묘목을 식재한다.

해설 정사울세우기 높이 : 1.0~1.2m 표준

96 앞모래언덕 육지쪽에 후방 모래를 고정하여 표면을 안정시키고 식재목이 잘 생육할 수 있는 환경 조성을 위해 실시하는 공법은?

① 모래덮기
② 퇴사울세우기
③ 구정바자얽기
④ 정사울세우기

해설 정사울세우기는 사지조림공법으로 식재목이 잘 생육하도록 환경조성을 실시하는 공법이다.

정답 92 ② 93 ① 94 ② 95 ① 96 ④

97 훼손지 및 비탈면의 녹화공법에 사용되는 수종으로 적합하지 않은 것은?

① 은행나무
② 오리나무
③ 싸리나무
④ 아까시나무

해설 은행나무는 가로수 등에 적합하다.

98 중력식 사방댐의 안정에 대한 설명으로 옳지 않은 것은?

① 합력의 작용선이 제저 중앙의 밖에 있어야 전도되지 않는다.
② 제체에 발생하는 인장응력이 허용인장강도를 초과하면 안 된다.
③ 제저에 발생하는 최대압축응력은 지반의 허용압축강도 보다 작아야 한다.
④ 수평분력의 총합과 수직분력의 총합의 비가 제저와 기초지반 사이의 마찰계수보다 작으면 활동되지 않는다.

해설 전도에 대한 안정
합력의 작용선이 제저 중앙의 1/3 범위 내에 있어야 전도되지 않는다.

99 야계사방의 주요 목적으로 거리가 먼 것은?

① 계안의 침식 방지
② 계류의 바닥 안정
③ 계류의 토사유출 억제
④ 붕괴지의 인공적인 복구

해설 ④ 붕괴지의 인공적인 복구는 산지사방의 주요목표이다.

100 황폐계류의 특성으로 옳지 않은 것은?

① 호우가 끝나면 유량이 급감한다.
② 호우에도 모래나 자갈의 이동은 거의 없다.
③ 유량은 강수에 의해 급격히 증가하거나 감소한다.
④ 유로의 연장이 비교적 짧으며 계상기울기가 급하다.

해설 ② 호우에 석력의 이동이 활발하다.

2023년 제2회 산림기사 기출복원문제

제 1 과목 조림학

01 우량 묘목의 조건으로 가장 부적합한 것은?

① 우량한 유전성을 지닌 것
② 근계의 발달이 충실한 것
③ 가지가 사방으로 고루 뻗어 발달한 것
④ 정아보다 측아의 발달이 잘 되어 있는 것

해설 ④ 측아보다 정아의 발달이 잘 되어 있는 것

02 삽목상의 조건으로 가장 적합한 것은?

① 건조를 막기 위해 해가림이 필요하다.
② 온도가 30℃ 이상 높은 온도에서 발근이 유리하다.
③ 토양 내 미생물의 종류가 다양할수록 발근에 유리하다.
④ 발근에 시간이 오래 걸리는 수종의 경우 잎의 증산이 원활하도록 공중습도를 조절한다.

해설
② 온도가 30℃ 이상 높은 온도에서는 발근활동에 지장을 주고 삽수를 부패시키는 토양미생물의 활동이 왕성하다.
③ 토양 내 미생물의 활동과 병원균은 발근율 저하의 가장 큰 원인이다.
④ 발근에 시간이 오래 걸리는 수종의 경우 적당한 수분을 유지해서 잎의 증산을 억제하여야 한다.

03 자엽 내에 저장물질을 가지고 있거나 배유가 전혀없는 무배유종자에 해당하는 것은?

① 소나무
② 전나무
③ 물푸레나무
④ 아까시나무

해설
④ 아까시나무 : 배와 떡잎(Cotyledon)
①・②・③ 배와 배유(Megagametophyte)

04 개화한 당년에 종자가 성숙하는 수종과 개화한 다음해에 종자가 성숙하는 수종이 바르게 짝지어진 것은?

① 졸참나무 - 떡갈나무
② 신갈나무 - 갈참나무
③ 신갈나무 - 상수리나무
④ 굴참나무 - 상수리나무

해설 활엽수종의 종자발달의 3가지 형
- 개화한 후 빨리 자라서 3~4개월 만에 열매가 성숙하는 것
  예 사시나무, 버드나무, 회양목, 떡느릅나무
- 개화한 해의 8~9월에 빨리 자라서 가을에 성숙하는 것
  예 졸참나무, 떡갈나무, 신갈나무, 갈참나무
- 개화한 해에는 거의 자라지 않고 다음해 가을에 빨리 자라서 성숙하는 것
  예 상수리나무, 굴참나무

정답 1 ④ 2 ① 3 ④ 4 ③

05 수목 체내에서 이동이 어렵고 결핍증상이 어린잎에서 먼저 나타나는 무기원소는?

① 칼 슘 ② 질 소
③ 인 산 ④ 칼 륨

해설 칼슘(Ca)
세포막의 가소성에 관계되고, 질소대사와도 관계가 깊다. 이것은 식물체 내에서의 이동이 비교적 잘 안되고, 칼슘이 부족하면 분열 조직에 심한 피해를 준다.

06 묘포의 경운작업에 대한 설명으로 옳지 않은 것은?

① 호기성 토양 미생물이 증식할 수 있는 환경을 제공한다.
② 토양의 풍화작용을 억제하여 영양분을 가용성으로 만든다.
③ 토양의 보수력 및 흡열력, 그리고 비료의 흡수력을 증가시킨다.
④ 토양을 부드럽게 하고 통기가 잘 되도록하여 토양 산소량을 많게 한다.

해설 토양의 풍화작용을 도와 영양분을 가용성으로 만든다.

07 광합성의 광반응에 대한 설명으로 옳지 않은 것은?

① ATP를 소모한다.
② NADPH를 생산한다.
③ 햇빛이 있을 때에 일어난다.
④ 엽록체의 Grana에서 진행된다.

해설 ATP를 생산한다.

08 벌채지에 종자를 공급할 수 있는 나무를 산생 또는 군상으로 남기고 나머지 임목들은 모두 벌채하는 방법은?

① 개벌작업 ② 산벌작업
③ 택벌작업 ④ 모수작업

해설 모수작업은 단목 또는 군상으로 남긴다.

09 식재 조림을 위한 묘목의 선정과 관리에 대한 설명으로 옳지 않은 것은?

① 악취가 나는 묘목은 조림 대상에서 제외한다.
② 묘목은 약간 건조한 상태에서 저장하여야 한다.
③ 묘목의 뿌리나 줄기를 손톱이나 칼로 약간 벗겨보면 습기가 있고 백색으로 윤기가 돌아야 한다.
④ 묘목의 동아가 자라지 않고 단단하여야 하며 흰색의 세근이 4~5mm 이상 자라지 않은 상태여야 한다.

해설 캐낸 묘목의 건조를 막기 위하여 축축한 거적으로 덮어 선묘할 때까지 보호하거나 묘포에 도랑을 파서 일시 가식하기도 함

10 풀베기 작업을 시행하기에 가장 적절한 시기는?

① 3월 상순~5월 하순
② 4월 하순~6월 하순
③ 6월 상순~8월 상순
④ 8월 하순~10월 상순

해설 풀베기의 시기 : 풀들이 왕성한 자람을 보이는 6월 상순~8월 상순 사이에 실시하며 특히 풀의 자람이 무성한 곳에서는 1년에 두 번 실시

11 간벌의 효과가 아닌 것은?

① 목재의 형질 향상
② 임목의 초살도 감소
③ 산불의 위험성 감소
④ 벌기수확이 양적 및 질적으로 증가

해설 간벌 : 임목의 부피생장으로 초살도 증가

12 종자의 정선방법으로만 올바르게 나열한 것은?

① 사선법, 풍선법, 수선법
② 봉타법, 유궤법, 침수법
③ 구도법, 사선법, 풍선법
④ 수선법, 도정법, 부숙법

해설 종자의 정선방법은 풍선법, 사선법, 액체선법(수선법, 식염수선법, 알코올선법), 입선법 등이 있다.

13 어린나무 가꾸기의 제거대상 임목이 아닌 것은?

① 폭 목   ② 중용목
③ 경합목   ④ 피해목

해설 어린나무 가꾸기의 제거대상목은 보육대상목의 생장에 지장을 주는 유해수종, 덩굴류, 피해목, 생장 또는 형질이 불량한 나무, 폭목(暴木)으로 함

14 조림 후 육림실행 과정 순서로 옳은 것은?

① 풀베기 → 어린나무 가꾸기 → 솎아베기 → 가지치기 → 덩굴제거
② 풀베기 → 덩굴제거 → 어린나무 가꾸기 → 가지치기 → 솎아베기
③ 풀베기 → 솎아베기 → 가지치기 → 어린나무 가꾸기 → 덩굴제거
④ 가지치기 → 어린나무 가꾸기 → 덩굴제 → 솎아베기 → 풀베기

해설 조림 – 풀베기(덩굴제거) – 어린나무가꾸기(제벌작업) – 간벌(가지치기, 솎아베기)

15 산벌작업에 적용이 가장 적합한 수종은?

① 곰솔, 소나무
② 전나무, 너도밤나무
③ 사시나무, 자작나무
④ 리기다소나무, 일본잎갈나무

해설 음수 수종(전나무, 너도밤나무)에 적합한 산벌작업

정답 10 ③ 11 ② 12 ① 13 ② 14 ② 15 ②

16 종자의 결실주기가 가장 짧은 수종은?

① Alnus japonica
② Picea jezoensis
③ Larix kaempferi
④ Abies holophylla

해설 결실주기
- 해마다 결실을 보이는 것 : 오리나무류 Alnus japonica
- 3~4년을 주기로 하는 것 : 전나무 Abies holophylla, 가문비나무 Picea jezoensis
- 5년 이상을 주기로 하는 것 : 낙엽송 Larix kaempferi

17 자연생태계의 물순환 과정에서 산림의 역할에 대한 설명으로 옳지 않은 것은?

① 산림토양의 특성은 지표의 우수유출경로를 결정하며 홍수에 큰 영향을 끼친다.
② 물은 광합성에 의해 물질생산에 기여하고, 생산된 물질순환 과정에서 산림토양이 형성된다.
③ 증산작용에 의한 지표면의 열환경 변화는 도시림에서는 거의 무시할 수 있을 정도로 미미하다.
④ 산림의 대규모 소실은 지표의 열환경 변화와 대량의 증산량 감소로 인해 광역의 물순환을 변화시킨다.

해설 ③ 증산작용에 의한 지표면의 열환경 변화는 도시림에서도 심하다.

18 산림 생태계에서 생물종 간 상호작용에 대한 설명으로 옳지 않은 것은?

① 타감작용은 생물종 간에 기생이라고 할 수 있다.
② 간벌은 생물종 간의 경쟁을 완화하기 위한 작업에 해당된다.
③ 두 가지 생물종이 생태적 지위가 다를 경우 서로 중립이라고 한다.
④ 한 생물종은 이로움을 받지만 다른 생물종은 무관한 경우를 편리공생이라고 한다.

해설 ① 타감작용은 생물종 간의 경쟁작용이다.

19 인공조림과 비교한 천연갱신에 대한 설명으로 옳은 것은?

① 순림의 조성이 쉽다.
② 동령림의 조성이 잘 된다.
③ 초기 노동인력이 많이 필요하다.
④ 생태적으로 보다 안정된 임분을 조성할 수 있다.

해설
① 천연갱신은 순림 조성이 어렵다.
② 천연갱신은 동령림의 조성이 잘 안된다.
③ 천연갱신은 노동인력이 많이 필요 없다.

20 우리나라 난대림에 대한 설명으로 옳지 않은 것은?

① 제주도는 난대림만 존재한다.
② 특징 임상은 상록활엽수림이다.
③ 연평균 기온이 14℃ 이상의 지역이다.
④ 우리나라 산림대 중에 가장 적은 면적을 차지한다.

해설 제주도 한라산은 난대림, 온대림과 한대림이 공존한다.

16 ① 17 ③ 18 ① 19 ④ 20 ①

제2과목 산림보호학

21. 솔잎혹파리에 대한 설명으로 옳은 것은?

① 1년에 1회 발생하며 알로 충영 속에서 월동한다.
② 1년에 2회 발생하며 성충으로 충영 속에서 월동한다.
③ 1년에 2회 발생하며 지피물 속에서 성충으로 월동한다.
④ 1년에 1회 발생하며 유충으로 땅 속 또는 충영 속에서 월동한다.

해설 솔잎혹파리는 1년에 1회 발생하며 유충으로 땅 속 또는 충영 속에서 월동한다.

22. 나무좀, 하늘소, 바구미 등은 쇠약목에 모이는 습성을 이용한 것으로, 벌목한 통나무 등을 이용하여 해충을 방제하는 방법은?

① 식이 유살법
② 등화 유살법
③ 잠복장소 유살법
④ 번식장소 유살법

해설 번식처 유살법(통나무 유살법) : 나무좀, 하늘소, 바구미 등은 쇠약목에 유인되므로 불량목이나 열세목의 통나무를 이용한다. 소나무좀에 대해서는 수간을 1~2m로 잘라 임내에 침목상으로 1ha당 10~20본을 세운다.

23. 소나무 또는 잣나무에 발생하는 잎떨림병을 방제하는 방법으로 옳지 않은 것은?

① 병든 낙엽을 모아 태운다.
② 풀베기와 가지치기를 실시하지 않는다.
③ 여러 종류의 활엽수를 하목으로 심는다.
④ 포자가 비산하는 7~9월에 약제를 살포한다.

해설 잎떨림병은 일반적으로 수세가 떨어졌을 때 심하게 발생하므로 항상 나무를 건전(풀베기 가지치기 실시)하게 키우도록 주의해야 한다.

24. 수목의 그을음병에 대한 방제방법으로 가장 거리가 먼 것은?

① 통풍과 채광을 높인다.
② 흡즙성 곤충을 방제한다.
③ 잎 표면을 깨끗이 닦아낸다.
④ 질소질 비료를 표준사용량보다 더 사용한다.

해설 그을음병 방제법
- 통기불량, 음습, 비료부족 또는 질소비료의 과용은 이병의 발생유인이 되므로 이들 유인을 제거한다.
- 살충제로 진딧물·깍지벌레 등을 구제한다.

25. 오염원으로부터 직접 배출되는 1차 대기오염 물질이 아닌 것은?

① 분 진
② 오 존
③ 황산화물
④ 질소산화물

해설
- 1차 대기오염 물질 : 발생원에서 직접 대기 중으로 배출될 때의 상태를 그대로 유지하는 오염물로, 인원적으로 발생되는 오염 물질이다.
  - 가스상 물질 : SO_x, NO_x, CO, HC, HCl, NH_3 등
  - 입자상 물질 : 분진, 매연, 해염(NaCl), 중금속 입자 Pb, Cr, Cd, Zn 등
- 2차 대기오염물질 : 1차 오염 물질이 공기 또는 상호 간의 반응에 의해 대기 중에서 형성되어진 오염물질로 광화학 반응 결과 발생된 물질 (광산화물)이 대부분이다.
  예 광화학 옥시던트, 오존, 나이트로화과아세트산 [PAN($CH_3COOONO_2$)], H_2O_2, NOCl, 아크로레인 등

정답 21 ④ 22 ④ 23 ② 24 ④ 25 ②

26 향나무하늘소(측백하늘소)의 발생 횟수는?

① 1년에 1회 ② 1년에 2회
③ 2년에 1회 ④ 3년에 1회

해설 향나무하늘소
- 연 1회 발생하며 11월경 나무의 땅 가까운 곳 또는 뿌리에 구멍을 뚫고 들어가 수피 밑에서 성충으로 월동한다.
- 월동한 성충은 3월 말에서 4월 초에 수세가 약한 나무 또는 벌채목 등의 인피부에 들어가 수직으로 약 10cm의 터널을 뚫는다.
- 암컷은 터널의 양쪽에 약 60개의 알을 낳는다.
- 12~20일이 지나 부화한 유충은 성충이 파놓은 터널과 직각으로 다른 터널을 만들며 파먹어 들어간다. 5월 하순경 터널 끝에 번데기방을 만들어 목질섬유로 둘러싸고 그 속에서 번데기가 된다. 16~20일의 번데기 기간을 지나면 6월 초순부터 성충으로 우화하는데 처음에는 흰색에 가까우나 차츰 노란색에서 갈색으로 짙어진다.
- 성충은 수피 밖으로 나와서 새순으로 옮겨다니며 구멍을 뚫고 위쪽을 향하여 속을 파먹는다.
- 향나무류·측백나무·편백·나한백 등에 피해를 입힌다.

27 밤나무의 종실을 가해하여 피해를 주는 해충은?

① 버들바구미 ② 어스렝이나방
③ 복숭아명나방 ④ 참나무재주나방

해설
① 버들바구미 : 포플러나 버드나무 등의 나무줄기에 피해를 입히는 해충
② 어스렝이나방 : 밤나무, 호두나무, 버즘나무, 은행나무의 잎을 가해
④ 참나무재주나방 : 참나무, 밤나무 등의 잎을 식해

28 늦여름이나 가을철에 내린 서리로 인하여 수목에 피해를 주는 것은?

① 상 렬 ② 만 상
③ 조 상 ④ 연 해

해설
① 상렬(상할) : 나무의 수액이 얼어서 부피가 증대되어 수간의 외층이 냉각수축하여 수선방향으로 갈라지는 현상
② 만상 : 이른 봄 식물은 발육이 시작된 후 급격한 온도저하가 일어나 어린 지엽이 손상되는 것
④ 연해 : 주요 유해가스에 의한 피해

29 수목병 발생과 환경조건과의 관계에서 수목이 가장 심한 피해를 입을 수 있는 경우는?

① 환경조건이 병원체나 기주에 모두 적합한 경우
② 환경조건이 병원체나 기주에 모두 부적합한 경우
③ 환경조건이 병원체에 적합하고 기주에 부적합한 경우
④ 환경조건이 병원체에 부적합하고 기주에 적합한 경우

해설 기주에 부적합할수록(적합하면 공존한다) 수목에 더 피해를 끼친다.

30 약제를 식물체의 뿌리, 줄기, 잎 등에서 흡수시켜 식물체 전체에 약제가 분포되게 하고, 해충이 섭식하였을 경우에 약효가 발휘되는 살충제의 종류는?

① 침투성 살충제
② 접촉성 살충제
③ 유인성 살충제
④ 소화중독성 살충제

해설
② 접촉성 살충제 : 해충의 체표면에 직접 또는 간접적으로 닿아 약제가 기문이나 피부를 통하여 몸속으로 들어가 신경계통이나 세포조직에 독작용을 일으키는 것
③ 유인성 살충제 : 해충을 유인해서 포살하는 데 사용되는 약제(성페로몬)
④ 소화중독성 살충제 : 약제가 해충의 입을 통하여 소화관 내에 들어가 중독작용을 일으켜 죽게하는 것

31 볕데기 피해를 입기 쉬운 수종으로 가장 거리가 먼 것은?

① 굴참나무   ② 소태나무
③ 버즘나무   ④ 오동나무

해설 굴참나무는 수피가 두꺼워 볕데기 피해가 적다.

32 모잘록병의 방제법으로 효과가 가장 미비한 것은?

① 토양소독
② 종자소독
③ 묘상의 환경개선
④ 옥시테트라사이클린 살포

해설 마이코플라스마에 의한 병은 테트라사이클린계 항생물질로 치료가 가능

33 녹병균의 생활환에 해당하는 포자가 아닌 것은?

① 녹포자   ② 녹병정자
③ 여름포자   ④ 분생포자

해설 녹병균의 포자는 여름포자, 겨울포자, 소생자(담자포자), 녹병포자(녹병정자), 녹포자 등 5종류가 있다.

34 소나무 혹병의 중간기주는?

① 송이풀   ② 향나무
③ 뱀고사리   ④ 참나무류

해설
• 소나무 혹병의 녹포자는 참나무속 식물의 잎에 날아가 기생하고 여름포자와 겨울포자를 형성한다.
• 병원균은 겨울포자의 형으로 참나무 속 식물의 잎에서 월동하고, 이듬해 봄에 발아하여 소생자를 형성한다.
• 소생자가 날아가서 소나무를 침해하여 1~2년 만에 혹을 만든다.

35 참나무 시들음병 방제방법으로 옳지 않은 것은?

① 끈끈이롤 트랩을 설치하여 매개충을 잡는다.
② 유인목을 설치하여 매개충을 잡아 훈증 및 파쇄한다.
③ 전기충격기를 활용하여 나무 속에 성충과 유충을 감전사시킨다.
④ 매개충의 우화최성기인 3월 중순을 전후하여 페니트로티온 유제를 살포한다.

해설 매개충인 광릉긴나무좀의 벌레 똥을 배출하는 침입공에 페니트로티온 유제(50%) 50~100배 액으로 희석하여 침입공에 주입하여 죽인다.

정답 30 ① 31 ① 32 ④ 33 ④ 34 ④ 35 ④

36 수목의 잎을 가해하는 해충이 아닌 것은?

① 대벌레
② 솔나방
③ 솔알락명나방
④ 참나무재주나방

해설 솔알락명나방은 잣송이를 가해하는 대표적 해충이다.

37 수목병을 일으키는 바이러스의 특징으로 옳지 않은 것은?

① 병원체가 자력으로 기주에 침입하지 못한다.
② 기주세포의 내용물과 구분하는 2중막이 존재한다.
③ 병원체는 전자현미경을 통해서만 관찰이 가능하다.
④ 병원체는 살아있는 세포 내에서만 증식이 가능하다.

해설 바이러스는 단일 또는 2중 나선의 유전 물질[핵산(RNA 또는 DNA)]을 단백질 껍질 캡시드(Capsid)로 둘러싼 형태로 구성되어 있다. 어떤 바이러스는 단백질 이외에 지방이 섞인 막으로 싸여 있기도 하여 2중막이 없다.

38 소나무 잎떨림병 방제방법으로 옳지 않은 것은?

① 종자 소독을 철저히 한다.
② 병든 낙엽은 태우거나 묻는다.
③ 베노밀 수화제나 만코제브 수화제를 사용한다.
④ 자낭포자가 비산하는 7~9월에 살균제를 살포한다.

해설 묘포에서는 비배관리를 잘하고 종자 소독과는 상관없다.

39 소나무 혹병균은 무슨 병원체에 속하는가?

① 세 균   ② 녹병균
③ 바이러스   ④ 흰가루병균

해설 소나무 혹병은 담자균(녹병균)이 병원체이다.

40 곤충의 외표피에서 발견할 수 없는 구조는?

① 왁스층
② 기저막
③ 시멘트층
④ 단백질성 외표피

해설
- 곤충의 체벽의 종류
  - 외표피 : 시멘트층, 왁스층, 단백질성 외표피
  - 원표피 : 외원표피, 내원표피
  - 진피세포
  - 기저막
- 기능 : 몸을 보호, 탈수 방지, 움직임을 가능케함, 외부 자극을 내부로 전달

제 3 과목 임업경영학

41 임지기망가의 기본 공식으로 옳은 것은?(단, R = 수익에 대한 전가, C = 비용에 대한 전가, n = 벌기연수, p = 이율)

① $\dfrac{R-C}{0.0p}$ ② $\dfrac{R-C}{1.0p^n}$

③ $\dfrac{R-C}{1.0p^n - 1}$ ④ $\dfrac{R-C}{0.0p(1.0p^n - 1)}$

해설

$$B_u = \dfrac{A_u + D_a 1.0p^{u-a} + D_b 1.0p^{u-b} + \cdots}{1.0p^u - 1}$$

$$\dfrac{\cdots + D_q 1.0p^{u-q} + C 1.0p^u}{1.0p^u - 1} - V$$

여기서, B_u : u년때의 토지기망가
A_u : 주벌수익
C : 조림비
u : 윤벌기
P : 이율
V : 관리자본 $\left(\dfrac{v}{0.0p}\right)$
$D_a 1.0p^{u-a}$: a년도 간벌수익의 u년 때의 후가

42 임목의 평가방법에 대한 설명으로 옳은 것은?

① 원가방식에는 기망가법이 있다.
② 수익방식에는 비용가법이 있다.
③ 원가수익절충방식에는 매매가법이 있다.
④ 벌기 이상의 임목평가는 시장가역산법으로 실시한다.

해설 원가방식은 비용가법, 수익방식은 기망가법, 절충방식은 Glaser법에 의한 비교법이다.

43 특정 용도에 적합한 용재를 생산하는 데 필요한 연령을 기준으로 결정되는 벌기령은?

① 공예적 벌기령
② 자연적 벌기령
③ 재적수확 최대의 벌기령
④ 산림순수익 최대의 벌기령

해설 공예적 벌기령 : 임목이 일정한 용도에 적합한 크기의 용재를 생산하는데 필요한 연령을 기준으로 하여 결정되는 벌기령(표고자목생산, 펄프재 등의 용도)으로 짧은 벌기령이 일반적이다.

44 산림경영의 지도원칙으로 옳지 않은 것은?

① 수익을 비용으로 나누어 그 값이 최소가 되도록 경영한다.
② 최대의 순수익 또는 최고의 수익률을 올리도록 경영한다.
③ 생산물량을 생산요소의 양으로 나눈 값이 최대가 되도록 경영한다.
④ 가장 질 좋은 입목을 안정된 가격에 다량 생산하여 국민의 기대에 부응하도록 경영한다.

해설 수익에서 비용을 제외하여 그 값이 최대가 되도록 해야 하는 수익성의 원칙이 지도원칙의 하나이다.

정답 41 ③ 42 ④ 43 ① 44 ①

45 임지기망가를 적용하는 데 있어 이론과 현실이 달라 발생하는 문제점으로 옳지 않은 것은?

① 플러스(+) 값만 발생되어 현실과 맞지 않는다.
② 수익과 비용인자는 평가시점에 따라 수시로 변동한다.
③ 동일한 작업을 영구히 계속하는 것은 비현실적이다.
④ 임업이율을 정하는 객관적인 근거가 없어 평정이 자의적으로 되기 쉽다.

해설 어떤 시가로 거래되는 임지의 지가를 이 방법으로 산정하면 −의 값을 나타내는 경우가 생겨 실제와 맞지 않는다.

46 임업경영의 분석을 위한 공식으로 옳지 않은 것은?

① 자본수익율 = 순수익 ÷ 자본
② 임업의존도 = 임업소득 ÷ 임가소득
③ 임업소득율 = 임업소득 ÷ 임업자본
④ 임업소득 가계충족율 = 임업소득 ÷ 가계비

해설 임업소득율(%) = (임업소득/임업조수익) × 100

47 경영계획구 내에서 수종, 작업종, 벌기령이 유사하여 공통적으로 시업을 조절할 수 있는 임분의 집단은?

① 임 반   ② 작업급
③ 시업단   ④ 벌채열구

해설
① 임반 : 산림의 위치를 명확히 하고 사업실행이 편리하도록 영림구를 세분한 고정적인 산림 구획 단위
④ 벌채열구 : 산림을 안전하게 유지하고 벌채와 갱신을 안전용이하게 하고 벌채목의 반출을 원활하게 하며 삼림의 가식성, 보속성, 탄력성을 증대시키기 위해서 작업급을 내부적으로나 외부적으로 충실한 내용을 가지도록 결합시킨 작업급 내의 독립적인 산림부분을 벌채열구라고 함. 즉 법정의 벌채순서에 따라 배치된 임분군.

48 전체 산림 면적을 윤벌기 연수와 같은 수의 벌구로 나누어 한 윤벌기를 거치는 동안 매년 한 벌구씩 벌채 수확할 수 있도록 조정하는 방법은?

① 평분법   ② 재적배분법
③ 법정축적법   ④ 구획윤벌법

해설
① 평분법 : 윤벌기를 일정한 분기로 나누어 분기마다 수확량을 균등하게 하는 것
② 재적배분법 : 한 윤벌기에 대한 벌채안을 만들고 각 분기마다 벌채량을 같게 재적수확의 보속을 도모하는 방법
③ 법정축적법 : 작업급에 대한 법정축적과 현실림의 축적 및 생장량을 조사하고 일정한 공식으로 표준 벌채량을 계산하여 현실림의 축적을 점차 법정축적에 도달하도록 하는 방법

45 ①   46 ③   47 ②   48 ④

49 표준목법에 의한 임분 재적 측정 방법으로, 전 임목을 몇 개의 계급으로 나누고 각 계급의 본수를 동일하게 하여 표준목을 선정하는 것은?

① 단급법
② Urich법
③ Hartig법
④ Draudt법

해설 Urich는 전림목을 몇 개의 계급(Grade)으로 나누고 각 계급의 본수를 동일하게 한 다음 각 계급에서 같은 수의 표준목을 선정하는 것이 좋다는 사실을 발표하였는데, 이 방법을 Urich법(Urich's method)이라 한다.

50 우리나라에서 통나무의 재적을 구하는 데 이용되는 재적검량방법에 의해 계산한 벌채목의 재적(m^3)은?

- 원구직경 : 16cm
- 말구직경 : 14cm
- 중앙직격 : 15cm
- 재장 : 8.5m

① 0.099
② 0.167
③ 0.198
④ 0.218

해설 말구직경법 = 재장이 6m 이상인 것

$$V = \left(d_n + \frac{l'-4}{2}\right)^2 \times l \times \frac{1}{10,000}$$

식에서, l' : 통나무의 길이로 m 단위의 수
예 재장이 8.5m 이면 l'는 8m
∴ 재적 = (14 + (8 – 4)/2)² × 2 × 8.5/10,000
= 0.218m^3

51 임도 개설을 위하여 투자한 굴삭기의 비용이 3,000만원, 수명은 5년, 폐기 이후의 잔존가치는 없다고 한다. 이 투자에 의하여 5년 동안 해마다 720만원의 순이익이 있다면 투자 이익률은?(단, 감가상각비 계산은 정액법을 적용)

① 36%
② 48%
③ 64%
④ 7%

해설

구분	매년 순수익	투자비용 (감가상각 비용) = 연평균치	비고
1년차	7,200,000	27,000,000	초기년도 비용은 3천만원이나 감가상각비 6백만원을 연간 평균으로 하면 3백만원이므로 3백만원만 제함
2년차	7,200,000	21,000,000	
3년차	7,200,000	15,000,000	
4년차	7,200,000	9,000,000	
5년차	7,200,000	3,000,000	
계	36,000	75,000,000	48%

52 자연휴양림의 수림 공간 형성 특성 중 레크레이션 활동 공간으로써 자유도가 가장 높은 구역은?

① 산개림형
② 열개림형
③ 소생림형
④ 밀생림형

해설 산개림 중심의 자연휴양림 : 식생밀도가 대단히 낮고, 독립된 단목이나 소수그룹의 식재가 초지를 바탕으로 산개된 수림의 자연휴양림

53 자연휴양림의 공익적 효용을 직접효과와 간접효과로 구분할 때 간접효과에 해당되는 것은?

① 대기정화기능
② 건강증진효과
③ 정서함양효과
④ 레크레이션효과

해설 자연휴양림은 인간의 물리적 환경과 밀접한 대응관계를 가짐으로써 인간정주환경에 대하여 방호적 또는 보호적 기능을 수행하고, 간접적으로 인간생활의 건강과 안전에 기여하는 기능으로서 대기정화기능, 소음방지기능, 방화기능, 환경보전적기능, 기상환경완화로서의 효용, 공해완화의 효용, 재해방지의 효용, 생활환경보전의 효용 등이 있다.

54 임업이율이 보통이율보다 낮게 평정되는 이유로 옳지 않은 것은?

① 생산기간의 장기성
② 산림소유의 안정성
③ 산림재산의 유동성
④ 산림 관리경영의 복잡성

해설 임업이율을 저이율로 평정해야 하는 이유
• 재적 및 금원수확의 증가와 산림 재산가치의 등귀
• 산림소유의 안정성
• 재산 및 임료수입의 유동성
• 산림 관리경영의 간편성
• 생산기간의 장기성
• 문화발전에 따른 이율의 저하

55 어느 법정림의 춘계축적이 $900m^3$, 추계축적이 $1,100m^3$라 할 때 법정축적은?

① $900m^3$ ② $1,000m^3$
③ $1,100m^3$ ④ $2,000m^3$

해설 법정축적(하계축적)은 춘계축적과 추계축적의 평균치이므로 $1,000m^3$

56 임목의 생장량을 측정하는 데 있어서 현실생장량의 분류에 속하지 않는 것은?

① 연년생장량
② 정기생장량
③ 벌기생장량
④ 벌기평균생장량

해설 평균생장량은 일정 기간의 생장량이므로 현실생장량이 아니다.

57 어떤 산림의 현실 축적이 $200,000m^3$이고, 윤벌기가 40년일 때 Mantel법(Masson법)에 의한 표준연벌량은?

① $5,000m^3$ ② $10,000m^3$
③ $15,000m^3$ ④ $20,000m^3$

해설 표준연벌량 = $200,000 × (2/40) = 10,000m^3$

58 잣나무 30년생의 ha당 재적이 120m³였던 것이 35년생 때 160m³가 되었다. 이때 (160 − 120) ÷ 5 = 8m³의 계산식으로 구하는 성장량은?

① 연년성장량 ② 정기성장량
③ 총평균성장량 ④ 정기평균성장량

해설 일정기간, n년간에 성장한 양을 말하고 Z(정기성장량)를 n으로 나누면 일년간의 성장량이 구해진다. 이것이 정기평균성장량(Periodic Annual Increment)이다.

59 산림휴양림의 공간이용지역 관리에 관한 설명으로 옳지 않은 것은?

① 기계적 솎아베기 금지
② 덩굴제거는 필요한 경우 인력으로 제거
③ 작업시기는 방문객이 적은 시기에 실시
④ 가급적 목재생산림의 우량대경재에 준하여 관리

해설 자연유지지역의 관리
가급적 목재생산림의 우량대경재에 준하여 관리하되, 산림재해방지 등 별도의 기능이 요구될 경우 해당 산림의 기능에 준하여 관리할 수 있음

60 등귀생장에 관한 설명으로 옳은 것은?

① 재적의 증가를 말한다.
② 매년 1년 동안 생장한 양을 말한다.
③ 단위량에 대한 가격의 증가를 말한다.
④ 목재의 수급관계 및 화폐가치의 변동 등에 의한 가격의 변화를 말한다.

해설 등귀생장 : 물가상승과 도로, 철도 등의 개설로 인한 운반비의 절약에 기인하는 임목가격의 상승(변화)

제 4 과목 | 임도공학

61 반출할 목재의 길이가 16m, 도로의 폭이 8m일 때 최소 곡선반지름은?

① 8m ② 14m
③ 16m ④ 32m

해설 최소 곡선반지름 = $16^2/(4 \times 8) = 8$

62 평판측량에서 사용되지 않는 방법은?

① 전진법
② 교회법
③ 방사법
④ 방향각법

해설 평판측량은 전진법, 방사법, 교회법이 있다.

63 아스팔트 포장과 비교하였을 때 시멘트콘크리트 포장의 장점으로 옳은 것은?

① 평탄성이 좋다.
② 내마모성이 크다.
③ 시공속도가 빠르다.
④ 간단 공법으로 유지수선이 가능하다.

해설
① 평탄성이 좋다(아스팔트 포장).
③ 시공속도가 빠르다(아스팔트 포장).
④ 간단 공법으로 유지수선이 가능하다(아스팔트 포장).

정답 58 ④ 59 ④ 60 ④ 61 ① 62 ④ 63 ②

64 임도 설계 시 예산내역서에 대한 설명으로 옳은 것은?

① 공정별로 집계표를 작성하고 누계하여 적용한다.
② 당해 공사의 목적, 기준·시공 후 기여도 등을 상세히 기록한다.
③ 일반적인 과업지시 사항과 공사목적 및 현지의 입지조건 등을 수록한다.
④ 공정별 수량계산서에 의한 공종별 수량과 단가산출서에 의한 공종별 단가를 곱하여 작성한다.

해설 예산내역서는 공종별 수량가 단가를 곱하여 산출한다.

65 임도의 종단면도에 대한 설명으로 옳지 않은 것은?

① 축척은 횡 1/1,000, 종 1/200로 작성한다.
② 종단면도는 전후도면이 접합되도록 한다.
③ 종단기울기의 변화점에는 종단곡선을 삽입한다.
④ 종단기입의 순서는 좌측하단에서 상단방향으로 한다.

해설 횡단면도의 종단기입의 순서는 좌측하단에서 상단 방향으로 한다.

66 임도에 교량을 설치할 때 적합하지 않은 지점은?

① 계류의 방향이 바뀌는 굴곡진 곳
② 지질이 견고하고 복잡하지 않은 곳
③ 하상의 변동이 적고 하천의 폭이 협소한 곳
④ 하천 수면보다 교량면을 상당히 높게 할 수 있는 곳

해설 교량이 설치될 굴곡진 곳은 공사비가 많이 들고 유지보수가 어렵다.

67 임도의 성토사면에 있어서 붕괴가 일어날 가능성이 적은 경우는?

① 함수량이 증가할 때
② 공극수압이 감소될 때
③ 동결 및 융해가 반복될 때
④ 토양의 점착력이 약해질 때

해설 수압이 감소되면 안정해진다.

68 임도에서 합성기울기와 관련이 있는 조합은?

① 횡단기울기와 편기울기
② 종단기울기와 역기울기
③ 편기울기와 곡선반지름
④ 종단기울기와 횡단기울기

해설 합성기울기 = $\sqrt{종단기울기^2 + 횡단기울기^2}$

69 가선집재와 비교하여 트랙터를 이용한 집재작업의 특징으로 거리가 먼 것은?

① 기동성이 높다.
② 작업이 단순하다.
③ 임지 훼손이 적다.
④ 경사도가 높은 곳에서 작업이 불가능하다.

해설 ③ 트랙터집재는 가선집재에 비하여 임지훼손이 크다.

70 임도의 대피소 간격 설치기준은?

① 300m 이내
② 400m 이내
③ 500m 이내
④ 1,000m 이내

해설 대피소의 설치기준

구 분	기 준
간 격	300m 내외
너 비	5m 이상
유효길이	15m 이상

71 1:50,000 지형도상에 종단기울기가 8%인 임도노선을 양각기 계획법으로 배치하고자 할 때 등고선 간의 도상거리는?

① 2.5mm
② 5.0mm
③ 7.5mm
④ 10.0mm

해설 $100 : 8 = x : 20$
$x = 2,000/8 = 250m$
(실제수평거리)/50,000 = 0.005m = 5mm

72 사리도의 유지보수에 대한 설명으로 옳지 않은 것은?

① 방진처리를 위하여 물, 염화칼슘 등이 사용된다.
② 횡단기울기를 10~15% 정도로 하여 노면배수가 양호하도록 한다.
③ 노면의 정지작업은 가급적 비가 온 후 습윤한 상태에서 실시하는 것이 좋다.
④ 길어깨가 높아져 배수가 불량할 경우 그레이더로 정형하고 롤러로 다진다.

해설 ② 횡단기울기는 물이 성토면으로 고르고 원활하게 분산될 수 있도록 5~6% 내외가 되도록 한다.

73 임도망 계획 시 고려해야 할 사항으로 옳지 않은 것은?

① 운재비가 적게 들도록 한다.
② 신속한 운반이 되도록 한다.
③ 운재 방법이 다양하도록 한다.
④ 계절에 따른 운반능력의 제한이 없도록 한다.

해설 ③ 운재 방법을 단순화하여야 한다.

74 산악지대의 임도노선 선정 형태로 옳지 않은 것은?

① 사면임도
② 작업임도
③ 능선임도
④ 계곡임도

해설 작업임도는 노선 선정의 형태가 아니고 노선의 이용 방법이다.

정답 69 ③ 70 ① 71 ② 72 ② 73 ③ 74 ②

75 임도 설계 시 각 측점의 단면마다 절토고, 성토고 및 지장목 제거, 측구터파기 단면적 등의 물량을 기입하는 설계도는?
① 평면도 ② 종단면도
③ 횡단면도 ④ 구조물도

해설 횡단면도는 각 측점의 단면마다 지반고·계획고·절토고·성토고·단면적·지장목 제거·측구터파기 단면적·사면보호공 등의 물량을 기입한다.

76 자침편차의 변화값이 아닌 것은?
① 일 차 ② 연 차
③ 주 차 ④ 규칙변화

해설 자침에 편차각은 지역마다 다르고 불규칙하다.

77 교각법에 의한 임도곡선 설치 시 교각은 60°, 곡선반지름이 20m일 때 안전을 위한 적정 곡선길이는?
① 약 18m ② 약 21m
③ 약 28m ④ 약 31m

해설 곡선부의 가시거리 = 0.01754 × 60° × 20m = 21.1m

78 임지와 잔존목의 훼손을 가장 최소화할 수 있는 가선집재 시스템은?
① 타일러식 시스템
② 단선순환식 시스템
③ 하이리드식 시스템
④ 호이스터캐리지식 시스템

해설 호이스터캐리지는 캐리지(반송기)를 이용하므로 공중에서 운반하여 임지 훼손이 가장 적다.

79 횡단면 A1, A2, A3의 면적은 각각 5m^2, 7m^2, 9m^{2}이고, A1와 A2의 거리는 10m, A2와 A3의 거리는 15m이다. 양단면적평균법에 의한 3단면 사이의 총토적량(m^3)은?
① 100 ② 150
③ 180 ④ 200

해설
A1에서 A2 = (5+7)/2 × 10 = 60m^3
A2에서 A3 = (7+9)/2 × 15 = 120m^3
∴ 총 토적량 = 60 + 120 = 180m^3

80 임도의 최소 종단기울기를 유지해야 하는 주요 목적은?
① 성토면의 토량을 확보하여 시공비를 절약하기 위해
② 시공비용이 높기 때문에 벌채점까지 신속히 접근시키기 위해
③ 임도 표면에 잡초들의 발생을 예방하여 유지비를 절약하기 위해
④ 임도 표면의 배수를 용이하게 하여 임도 파손을 막고 유지비를 절약하기 위해

해설 종단기울기는 배수와 연관이 있다.

제 5 과목 사방공학

81 해안사방 조림용 수종의 구비 조건으로 옳지 않은 것은?

① 바람에 대한 저항력이 클 것
② 울폐력이 작아 수관밀도가 낮을 것
③ 양분과 수분에 대한 요구가 적을 것
④ 온도의 급격한 변화에도 잘 견디어 낼 것

해설 울폐력이 커 수관밀도가 높을 것

82 비탈다듬기 공사의 시공 요령으로 옳은 것은?

① 산 아래부터 시작하여 산꼭대기로 진행한다.
② 속도랑 공사는 비탈다듬기를 완료한 후에 시공한다.
③ 붕괴면 주변의 가장자리 부분은 최소한으로 끊어 내도록 한다.
④ 비탈다듬기공사 후 뜬 흙이 안정될 때까지 상당 기간 동안 비바람에 노출시킨다.

해설 ① 산꼭대기부터 산아래로 진행한다.
② 속도랑 공사는 비탈다듬기 전에 시공한다.
③ 붕괴면 주변의 가장자리는 최대한으로 끊어낸다.

83 중력식 사방댐이 전도에 대하여 안정하기 위해서는 합력작용선이 제저 중앙의 얼마 이내를 통과해야 하는가?

① 1/2   ② 1/3
③ 1/4   ④ 1/5

해설 전도에 대한 안정 : 합력작용선이 제저의 중앙 1/3보다 하류측을 통과하면 댐 몸체의 상류측에 장력이 생기므로 합력작용선이 제저의 1/3 내를 통과해야 한다.

84 다음과 같은 사다리꼴 수로에서 윤변을 구하는 계산식으로 옳은 것은?

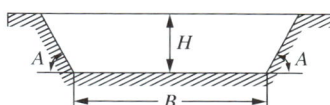

① $B + \dfrac{H}{\sin A}$

② $B + \dfrac{H}{\cos A}$

③ $B + \dfrac{2H}{\sin A}$

④ $B + \dfrac{2H}{\cos A}$

해설 윤변은 하상폭(B)과 그 옆면의 총 길이($\dfrac{2H}{\sin A}$)

85 비탈면에 시공하는 옹벽의 안정조건이 아닌 것은?

① 전도에 대한 안정
② 침수에 대한 안정
③ 활동에 대한 안정
④ 침하에 대한 안정

해설 침수에 대한 안정은 옹벽의 안정조건이 아니다.

정답 81 ② 82 ④ 83 ② 84 ③ 85 ②

86. 황폐지를 진행상태 및 정도에 따라 구분할 때 초기 황폐지 단계에 대한 설명으로 옳은 것은?

① 외관상으로 황폐지로 보이지 않지만, 임지 내에서 이미 침식상태가 진행 중인 임지
② 지표면의 침식이 현저하여 방치하면 가까운 장래에 민둥산이 될 가능성이 높은 임지
③ 산지 비탈면이 여러 해 동안의 표면침식과 토양유실로 토양의 비옥도가 떨어진 임지
④ 산지의 임상이나 산지의 표면침식으로 외견상 분명히 황폐지라 인식할 수 있는 상태의 임지

해설 **초기황폐지**
척악임지나 임간나지는 그 안에서 이미 침식이 진행되는 형태이나 이것이 더욱 악화되면 산지의 침식이나 토양상태로 보아 외견상으로도 분명히 황폐지라고 인식할 수 있는 상태의 산지

87. 집수량이 많아 침식 위험이 높은 산비탈에 설치하는 수로로 가장 적당한 것은?

① 흙수로   ② 바자수로
③ 떼붙임수로   ④ 찰붙임수로

해설 침식위험이 높으면 가장 견고한 찰붙임수로가 적당하다.

88. 유역 평균강수량을 산정하는 방법이 아닌 것은?

① 물수지법   ② 등우선법
③ 산술평균법   ④ Thiessen법

해설 물수지법은 유역강수량 산정방법이 아니다.

89. 비탈다듬기나 단끊기로 생긴 뜬흙의 활동을 방지하기 위해 계곡부에 설치하는 공작물은?

① 조 공   ② 누구막이
③ 땅속흙막이   ④ 산비탈흙막이

해설 **땅속흙막이** : 비탈면 다듬기로 생긴 토사의 활동(滑動)을 방지하기 위해 땅속에 설치하는 공작물

90. 산지의 침식형태 중 중력에 의한 침식으로 옳지 않은 것은?

① 산 붕   ② 포 락
③ 산사태   ④ 사구침식

해설 사구침식은 바다침식이다.

91. 사방댐을 설치하는 주요 목적으로 옳지 않은 것은?

① 산각의 고정
② 종횡침식의 방지
③ 계상기울기의 완화
④ 지표수의 신속 배제

해설 **사방댐의 3가지 기능**
• 계상물매를 완화하고 종침식을 방지하는 작용(바닥막이 기능)
• 산각을 고정하여 붕괴를 방지하는 기능(구곡막이 기능)
• 계상에 퇴적한 불안정한 토사의 유동을 방지하여 양안의 산각을 고정하는 작용

86 ④ 87 ④ 88 ① 89 ③ 90 ④ 91 ④ **정답**

92 콘크리트흙막이 공작물 시공방법으로 옳지 않은 것은?

① 물빼기구멍은 지름 5~10cm 정도의 관을 2~3m²당 1개소를 설치한다.
② 견고하지 않은 지반에 시공하는 경우 반드시 말뚝기초 등으로 보강해야 한다.
③ 뒷채움돌은 시공의 난이도 및 배수효과 등을 고려하여 위아래 모두 20cm 내외로 한다.
④ 비탈면의 토층이 이동할 위험이 있고, 토압이 커서 다른 흙막이 공작물로는 안정을 기대하기 어려운 경우 설치한다.

해설 뒷채움돌은 아래에 20cm, 제일 위쪽은 뒷채움 하지 않는다.

93 콘크리트의 방수성을 높일 목적으로 사용되는 혼화재료가 아닌 것은?

① 아스팔트 ② 규산나트륨
③ 플라이 애시 ④ 파라핀 유제

해설 플라이 애시는 시멘트에 20~30%를 혼합하여 사용하면 가공성이 개선되고 경화열이 완화됨과 더불어 장기적인 강도 및 수밀성이 향상된다.

94 계단 연장이 3km인 비탈면에 선떼붙이기를 7급으로 할 때에 필요한 떼의 총 소요 매수는?(단, 떼의 크기 : 40cm × 25cm)

① 11,250매 ② 15,000매
③ 16,500매 ④ 18,750매

해설 7급은 떼가 두 장 필요하며 길이가 40cm이다. 40cm(2장), 40cm(2장), 20cm(1장)이므로 1m에 총 5장 필요함
∴ 3,000 × 5 = 15,000장 필요

95 선떼붙이기에서 발디딤을 설치하는 주요 목적으로 옳지 않은 것은?

① 작업용 흙을 쌓아 둠
② 공작물의 파괴를 방지함
③ 바닥떼의 활착을 조장함
④ 밟고 서서 작업하도록 함

해설 작업용 흙은 지정한 곳에 쌓아 두어야 한다.

96 산사태 및 산붕에 대한 설명으로 옳지 않은 것은?

① 강우강도에 영향을 받는다.
② 주로 사질토에서 많이 발생한다.
③ 징후의 발생이 많고 서서히 활동한다.
④ 20° 이상의 급경사지에서 많이 발생한다.

해설 땅밀림은 징후의 발생이 많고 서서히 활동한다.

97 선떼붙이기 6급으로 1m를 시공하는 데 필요한 떼 사용 매수는?(단, 떼는 40cm × 25cm, 흙 두께는 5cm)

① 5.00매　　② 6.25매
③ 7.50매　　④ 8.75매

해설 4급은 2.5장이 필요하며, 너비가 40cm이므로 1m 시공을 위해서는 2.5장 × 2.5배수 = 6.25매

98 조도계수는 0.05, 통수단면적이 3m², 윤변이 1.5m, 수로 기울기가 2%일 때 Manning의 평균유속공식에 의한 유량은?

① 0.45m³/s
② 4.49m³/s
③ 13.47m³/s
④ 17.58m³/s

해설 매닝 유속 공식
= (1/0.05) × 경심(3m²/1.5m)^(2/3) × 수로기울기(0.02^(1/2))
= 20 × 1.5874 × 0.1414
= 4.4892m/sec(평균유속),
여기서, 통수단면적 3m²를 곱하면 13.4676m³/s

99 수제의 간격을 결정할 때 고려되어야 할 사항으로 가장 거리가 먼 것은?

① 유수의 강도
② 수제의 길이
③ 계상의 기울기
④ 대수면의 면적

해설 수제는 유심의 방향을 변경시키는 공작물로서 대수면의 면적은 간격결정에 무관하다.

100 초기황폐지 단계에서 복구되지 않으면 점점 더 급속히 악화되어 가까운 장래에 민둥산이나 붕괴지가 될 위험성이 있는 상태는?

① 척악임지
② 임간나지
③ 황폐이행지
④ 특수황폐지

해설 황폐지의 진행순서
척악임지 → 임간나지 → 초기황폐지 → 황폐이행지 → 특수황폐지

97 ②　98 ③　99 ④　100 ③

2023년 제1회 산림산업기사 기출복원문제

제1과목 조림학

01 종자의 활력을 검사하는 방법이 아닌 것은?

① 절단법　　② 환원법
③ 부숙마찰법　④ X선 분석법

해설 부숙마찰법은 종자조제법(탈종법)이다.

02 겉씨식물에 해당되지 않은 수종은?

① 소 철　　② 편 백
③ 나한송　　④ 협죽도

해설 협죽도는 속씨식물이다.

03 수목이 필요로 하는 무기양분 중에서 미량원소에 속하는 무기양분은?

① 인　　　② 철
③ 황　　　④ 칼 슘

해설
- 다량원소 : 건전한 잎의 건중에 대한 각 원소의 비교량으로 1천ppm 이상의 양을 가지고 있는 원소, 질소, 칼륨, 칼슘, 마그네슘, 인, 황 등
- 미량원소 : 건전한 잎의 건중에 대한 각 원소의 비교량으로 1천ppm 이하의 양을 가지고 있는 원소, 철, 붕소, 망간, 아연, 구리, 몰리브덴 등

04 참나무류에 대한 지위지수(A)와 경사도(B)의 관계를 가장 잘 나타낸 것은?

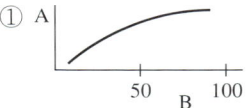
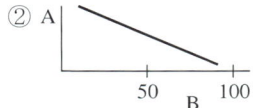
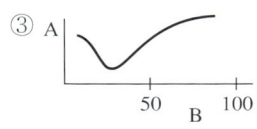
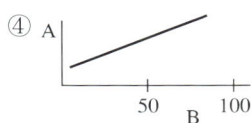

해설 지위지수가 높으면 경사도는 낮고 토심이 깊어 생장이 좋다.

05 어떤 수목이 1,000cc의 물을 증산시켜 2g의 건물질을 생산하였다. 이에 대한 설명으로 옳지 않은 것은?

① 증산능은 1이다.
② 증산비는 1 : 500이다.
③ 증산계수는 500이다.
④ 1g의 건물질을 만드는 증산량은 500cc이다.

해설 ① 1g의 건물질을 만드는 증산량은 500cc이므로 증산능은 500이다.

정답 1 ③　2 ④　3 ②　4 ②　5 ①

06 Hawley 간벌 방법 중 주로 준우세목이 벌채되며 우량목에 지장을 주는 중간목과 우세목도 일부 벌채하는 간벌 방법은?

① 하층간벌
② 수관간벌
③ 도태간벌
④ 택벌식 간벌

해설 수관간벌(프랑스법, 덴마크법)
• 상층임관을 소계해서 같은 층을 구성하고 있는 우량 개체의 생육을 촉진시킴
• 주로 준우세목이 벌채되면, 우량목에 지장을 주는 중간목과 우세목의 일부도 벌채

07 발아율을 나타내는 계산식은?

① (시험한 종자의 수 ÷ 발아한 종자의 수) × 100%
② (발아한 종자의 수 ÷ 시험한 종자의 수) × 100%
③ (발아한 종자의 수 − 시험한 종자의 수) × 100%
④ (시험한 종자의 수 − 발아한 종자의 수) × 100%

해설 발아율 = (발아한 종자의 수 ÷ 시험한 종자의 수) × 100%

08 수목이 이용 가능한 토양의 수분은?

① 흡습수
② 중력수
③ 결합수
④ 모관수

해설 ④ 식물이 주로 이용하는 토양수분은 모세관수(모관수)이다.

09 식재거리가 같을 때 정삼각형 식재는 정방형 식재보다 몇 %나 더 묘목을 식재하는가?

① 7.5
② 10.0
③ 12.0
④ 15.5

해설 정삼각형 식재를 할 때에는 묘목 1본이 차지하는 면적이 정방형식재에 비하여 86.6%이고, 식재할 묘목본수는 15.5%가 증가 하게 된다.

10 잣나무에 대한 설명으로 옳지 않은 것은?

① 뿌리는 심근성이다.
② 잎은 5개가 모여난다.
③ 천연갱신이 대체로 잘되는 편이다.
④ 고산지대 및 한랭한 기후에서 잘 자란다.

해설 잣나무는 천연갱신이 대체로 잘되는 편이 아니다.

11 수목에 필요한 무기영양 중에서 질소와 인 다음으로 결핍되기 쉬우며, 결핍증상으로 황화 현상이 나타나며 뿌리썩음병이 잘 걸리게 되는 원소는?

① 칼륨 ② 질소
③ 붕소 ④ 알루미늄

해설 칼륨(K)
산소의 활동과 관계가 깊고, 칼륨이 부족하면 탄수화물의 전류와 질소대사에 지장이 있다. 식물세포는 칼륨과 나트륨을 구별하고, 나트륨은 칼륨의 대용이 될 수 없으며, 칼륨의 전류는 매우 쉽게 진행된다. 이것은 생장이 왕성한 부분에 많고, 근계의 생장을 촉진시키며 결실을 돕는다. 그리고 광합성에 의한 탄수화물의 생성과 그 이동, 특히 전분의 생성에 필요하다.

12 삽목 번식이 가장 잘되는 수종은?

① 개나리, 회양목
② 밤나무, 소나무
③ 낙우송, 느티나무
④ 두릅나무, 아까시나무

해설 밤나무, 소나무, 느티나무, 두릅나무, 아까시나무 등은 삽목발근이 어려운 수종이다.

13 자웅이주에 해당하는 수종으로만 나열된 것은?

① 주목, 소나무
② 주목, 은행나무
③ 잣나무, 은행나무
④ 잣나무, 상수리나무

해설 자웅이주(雌雄異株, 이가화)
• 암꽃과 수꽃이 각각 다른 나무에 달리는 나무
• 은행나무, 포플러류, 주목, 호랑가시나무, 꽝꽝나무, 가죽나무 등

14 자유생장을 하는 수종은?

① 잣나무 ② 은행나무
③ 신갈나무 ④ 가문비나무

해설 자작나무, 포플러, 버드나무, 사과나무, 은행나무, 낙엽송 등은 동아 속에 지난해에 만들어진 엽원기가 봄에 자라서 춘엽(Early leaves)을 만들고, 그 후에 정단분열조직에서 새로운 엽원기를 만들어 당년 여름 내내 하엽(Late leaves)을 만들어 줄기생장을 한다. 자유생장을 하는 수종은 고정생장을 하는 수종보다 생장조건이 좋으면 가을 늦게까지 생장을 하기 때문에 수고생장 속도가 빠르다. 대부분의 소나무류는 고정생장을 하지만 남부소나무(예 테다소나무, 대왕송)나 어린묘목(예 가문비나무), 또는 좋은 생장조건에서 자라는 치수(예 소나무)들은 당년에 만들어진 동아가 다시 생장하여 2~6회 새 줄기를 만든다. 이러한 자유생장을 재발성개엽(Recurrently Flushing Shoot)이라고 한다. 고정생장을 하는 소나무류의 경우 1년에 1마디의 수간생장을 하기 때문에 수간의 마디수로 그 나무의 나이를 셀 수 있지만 남부소나무의 경우는 불가능하다. 자유생장 수종의 수고생장은 당년의 기후의 영향을 많이 받고, 고정생장 수종은 당년의 기후뿐만 아니라 지난해의 기후의 영향도 크게 받는다.

15 파종조림이 가장 용이한 수종으로만 나열한 것은?

① 잣나무, 박달나무
② 복자기, 단풍나무
③ 소나무, 상수리나무
④ 분비나무, 일본잎갈나무

해설 파종조림이 용이한 수종
• 침엽수종 : 소나무, 해송
• 활엽수종 : 상수리나무, 굴참나무, 떡갈나무, 졸참나무, 밤나무, 가래나무, 벚나무, 옻나무, 물푸레나무 등

정답 11 ① 12 ① 13 ② 14 ② 15 ③

16 지하자엽발아형에 속하는 수종은?

① 버드나무
② 단풍나무
③ 아까시나무
④ 물푸레나무

해설 **지하자엽발아형**
• 무배유종자는 자엽에 녹말과 지방이 저장되어 있고, 발아한 후 대개 자엽이 땅 속에 남아 있는 것을 말함
• 호두나무, 칠엽수, 밤나무, 버드나무, 참나무류 등

17 양수 및 음수에 대한 설명으로 옳지 않은 것은?

① 양수는 음수보다 광보화점이 높다.
② 소나무는 양수이고 주목은 음수이다.
③ 양수는 음수보다 낮은 광도에서 광합성 효율이 높다.
④ 양수와 음수는 햇빛을 좋아하는 정도가 아니라 그늘에 견딜 수 있는 내음성의 정도에 따라 구분한다.

해설 ③ 양수는 음수보다 높은 광도에서 광합성 효율이 높다.

18 사람이 이용한 적이 없고 산불이나 병해충 등에 의한 큰 피해가 없는 산림은?

① 순 림   ② 원시림
③ 천연림   ④ 인공림

해설 원시림은 사람이 이용한 적이 없는 산림이다.

19 내음성이 가장 강한 수종은?

① *Ginkgo biloba*
② *Thuja orientalis*
③ *Abies holophylla*
④ *Juniperus chinensis*

해설 ③ *Abies holophylla*(전나무) : 음수
① *Ginkgo biloba*(은행)
② *Thuja orientalis*(측백나무)
④ *Juniperus chinensis*(향나무)

20 파종상에 해가림을 해주어야 하는 수종으로만 나열한 것은?

① 잣나무, 전나무
② 곰솔, 포플러류
③ 소나무, 가문비나무
④ 아까시나무, 일본잎갈나무

해설 해가림은 어린 묘가 강한 일사를 받아 건조되는 것을 방지하는 것으로 잣나무, 가문비나무, 전나무, 낙엽송, 삼나무, 편백 및 소립종자 등에 설치한다.

16 ① 17 ③ 18 ② 19 ③ 20 ①

제 2 과목 | 산림보호학

21 향나무 녹병균(녹포자)이 배나무에서 향나무로 전파하는 시기는?

① 12~2월경 ② 3~5월경
③ 6~8월경 ④ 9~11월경

해설 향나무 녹병균은 5~6월경 녹포자가 바람에 의해 향나무에 옮겨가 기생하고 균사의 형으로 조직 속에서 자라며, 1~2년 후에 겨울포자퇴를 형성하고, 여름포자는 형성하지 않는다.

22 묘목에 발생하는 수목병으로 병원체가 토양 중에서 월동하지 않는 것은?

① 뿌리혹병
② 모잘록병
③ 바이러스병
④ 자주빛날개무늬병

해설 바이러스는 병원(病原)으로서 다른 식물과 유전 및 생식 기능을 함께하지만 살아 있는 식물의 세포 내에서만 증식이 가능하며 바이러스 고유의 대사작용이 없다.

23 주로 기공 감염을 하는 수목병은?

① 소나무 잎떨림병
② 밤나무 줄기마름병
③ 오동나무 빗자루병
④ 뽕나무 자줏빛날개무늬병

해설
② 밤나무 줄기마름병 : 상처로 감염
③ 오동나무 빗자루병 : 상처로 감염
④ 뽕나무 자줏빛날개무늬병 : 각피 침입 감염

24 수목병에 대한 임업적 방제법으로 옳은 것은?

① 저항성 수종을 심는다.
② 피해 임지에 약제를 살포한다.
③ 항생제를 병든 나무에 주사한다.
④ 항구, 공항, 국제우편국에 식물 검역을 실시한다.

해설
②·③ 화학적 방제
④ 검역

25 내화력이 가장 약한 수종은?

① 은행나무
② 고로쇠나무
③ 가문비나무
④ 아까시나무

해설

구분	내화력이 강한 수종	내화력이 약한 수종
침엽수	은행나무, 잎갈나무, 분비나무, 가문비나무, 개비자나무, 대왕송 등	소나무, 해송(곰솔), 삼나무, 편백 등
상록활엽수	아왜나무, 굴거리나무, 후피향나무, 붓순, 협죽도, 황벽나무, 동백나무, 빗죽이나무, 사철나무, 가시나무, 회양목 등	녹나무, 구실잣밤나무 등
낙엽활엽수	피나무, 고로쇠나무, 마가목, 고광나무, 가중나무, 네군도단풍나무, 난티나무, 참나무, 사시나무, 음나무, 수수꽃다리 등	아카시나무, 벚나무, 능수버들, 벽오동나무, 참죽나무, 조릿대

정답 21 ③ 22 ③ 23 ① 24 ① 25 ④

26 솔잎혹파리에 대한 설명으로 옳지 않은 것은?
① 번데기로 월동한다.
② 주요 천적으로 기생벌류가 있다.
③ 암컷 성충은 소나무의 침엽사이에 알을 낳는다.
④ 산란 및 부화최성기에 아세타미프리드 액제를 이용한 나무주사를 실시하여 방제한다.

해설 유충으로 지피물 밑의 지표나 1~2cm깊이의 흙 속에서 월동한다.

27 한해(旱害, Drought Injury)의 피해를 가장 적게 받는 수종은?
① 소나무
② 오리나무
③ 버드나무
④ 포플러류

해설 한해에는 오리나무, 버드나무, 은백양, 들메나무 등 습지성 식물이 약하다.

28 충영을 형성하는 해충이 아닌 것은?
① 외줄면충
② 밤나무혹벌
③ 솔잎혹파리
④ 소나무솜벌레

해설 소나무솜벌레는 성충과 약충이 신초, 가지나 줄기껍질 틈에서 수액을 빨아 먹고, 솜 같은 흰색 밀랍을 분비해 기생 부위가 하얗게 보인다.

29 참나무 시들음병의 전반 경로는?
① 물   ② 바 람
③ 종 자   ④ 매개충

해설 참나무 시들음병은 광릉긴나무좀에 의해 전반된다.

30 같은 종의 곤충에 대하여 행동 및 생리에 영향을 주는 물질은?
① 알로몬   ② 시노몬
③ 페로몬   ④ 카이로몬

해설 페로몬(Pheromone)
동물의 조직에서 생산되고 체외로 분비, 방출되어 동종의 다른 개체에 특유한 행동이나 발육분화를 일으키게 하는 활성물질의 총칭. 개체 상호간의 인지, 교신, 집단의 유지 및 곤충의 행동 등에 중요한 역할을 한다.

정답 26 ① 27 ① 28 ④ 29 ④ 30 ③

31 유충기가 가장 긴 해충은?
① 솔나방
② 매미나방
③ 어스렝이나방
④ 미국흰불나방

해설
① 솔나방 : 4월 상순부터 7월 상순까지, 8월 상순부터 11월 상순까지 유충이 잎을 갉아 먹는다.
② 매미나방 : 유충 기간은 45~66일로 기주식물에 따라 차이가 있으며 6월 중순~7월 상순에 수관(樹冠)에서 나뭇잎을 말고 번데기가 된다.
③ 어스렝이나방 : 4월 하순~5월 초순에 부화하여 어린 유충은 모여 살면서 잎을 가해하지만 성장하면서 분산하여 가해한다.
④ 미국흰불나방 ; 유충기간은 1화기(40일 내외), 2화기(50일 내외)이다.

32 흡즙성 해충이 아닌 것은?
① 소나무좀
② 솔껍질깍지벌레
③ 버즘나무방패벌레
④ 느티나무벼룩바구미

해설 소나무좀은 지재부 수피 틈에서 식해 한다.

33 소나무 혹병의 병원균이 중간기주의 잎으로 날아갈 때의 포자 형태는?
① 소생자
② 녹포자
③ 여름포자
④ 녹병정자

해설 소나무 혹병의 녹포자는 참나무속 식물의 잎에 날아가 기생하고 여름포자와 겨울포자를 형성한다.

34 군집생활을 하며 임목을 고사시키는 조류는?
① 할매새
② 동박새
③ 왜가리
④ 산비둘기

해설 왜가리는 동네 근처에서 군집하며 나무를 고사시킨다.

35 수목에 발생하는 흰가루병의 표징에 대한 설명으로 옳은 것은?
① 병환부에 나타난 흰가루는 감로에 곰팡이가 자란 것이다.
② 병환부에 나타난 흰가루는 병원균의 완전세대이다.
③ 병환부에 나타난 흰가루는 병원균의 분생포자이다.
④ 봄철 병환부에 나타난 미세한 흑색의 알맹이는 불완전세대인 자낭구이다.

해설 수목에 발생하는 흰가루병의 병환부에 나타난 흰가루는 병원균의 분생포자이다.

정답 31 ① 32 ① 33 ② 34 ③ 35 ③

36 미국흰불나방의 월동 형태는?

① 알　　② 유 충
③ 성 충　　④ 번데기

해설　흰불나방은 1년에 보통 2회 발생하며 수피사이나 지 피물밑 등에서 고치를 짓고 그 속에서 번데기로 월동 한다.

37 아황산가스로 인한 수목의 피해 증상 및 영향에 대한 설명으로 옳지 않은 것은?

① 대기의 습도가 낮은 경우에는 가스가 정체되어 피해가 현저하게 나타난다.
② 만성증상은 수목의 생육이 왕성한 늦봄과 초여름에 최고로 민감하게 나타난다.
③ 급성증상은 잎의 주변부와 엽맥 사이에 조직의 괴사와 연반현상이 나타난다.
④ 기공으로 흡수된 아황산가스의 대부분은 황산 또는 황산염으로 되어 접촉부위 부근에 축적된다.

해설　대기의 습도가 낮은 경우에는 높은 경우보다 피해가 덜하게 나타난다.

38 산불을 인위적으로 적당히 활용하는 처방화입의 효용으로 옳지 않은 것은?

① 병충해를 방제할 수 있다.
② 야생 목초의 질과 양을 개량시킨다.
③ 임지의 조부식층을 보존할 수 있다.
④ 일부 수종의 천연하종을 가능하게 한다.

해설　산불은 임지의 조부식층을 파괴할 수 있다.

39 산불 관련 실효습도의 정의로 옳은 것은?

① 토양의 함수량
② 임분 내의 평균 습도
③ 당일 대기 중 상대습도 3회의 평균치
④ 당일을 포함한 최근 일의 상대습도에 가중치를 붙인 평균 습도

해설　실효습도
당일과 전일들의 상대습도에 가중치를 붙인 평균습도를 말하며, 이것은 측정된 값이 아니기 때문에 측정된 습도로부터 계산에 의하여 구하고 적용기간은 당일을 포함하여 5일간의 상대습도로 계산한다.

40 윤작은 어떤 병원균의 방제에 효과가 좋은가?

① 기주범위가 좁고, 기주가 없이도 오래 생존하는 것
② 기주범위가 넓고, 기주가 없이도 오래 생존하는 것
③ 기주범위가 넓고, 기주가 없으면 오래 생존하지 못하는 것
④ 기주범위가 좁고, 기주가 없으면 오래 생존하지 못하는 것

해설　윤작은 자연적인 것으로 기주범위가 좁고, 기주가 없으면 오래 생존하지 못하는 것에 적합하다.

제 3 과목 　 임업경영학

41 수종별 벌기령이 옳지 않은 것은?(단, 공·사유림의 일반기준 벌기령을 적용)

① 소나무 : 40년
② 잣나무 : 50년
③ 참나무류 : 25년
④ 포플러류 : 10년

해설 ④ 포플러류 : 3년

42 매년 말에 r씩 영구히 수득할 수 있는 무한연년이자의 전가합계식(K)은?(단, p = 연이율)

① $K = \dfrac{r}{0.0p}$
② $K = \dfrac{r}{1.0p}$
③ $K = \dfrac{r}{1.0p - 1}$
④ $K = \dfrac{r}{1.0p + 1}$

해설 무한연년이자 전가식

$K = \dfrac{r}{0.0p}$

매년 말에 가서 r원씩 영구적으로 수득할 수 있는 전가합계

43 원구단면적이 0.35m²이고 말구단면적이 0.25m²인 통나무의 길이가 6m라고 할 때 스말리안식에 의한 통나무의 재적은?

① 0.8m³
② 1.5m³
③ 1.8m³
④ 2.1m³

해설 스말리안식에 의한 통나무의 재적
= (0.35 + 0.25)/2 × 6 = 1.8m³

44 임업경영 분석자료 중 조수익이 4,500,000원, 경영비가 1,500,000원이면 소득률은?

① 약 33%
② 약 67%
③ 약 150%
④ 약 300%

해설
- 임업소득 = 임업조수익 − 경영비
  = 4,500,000 − 1,500,000
  = 3,000,000원
- 임업소득률 = (임업소득/임업조수익) × 100
  = (3,000,000/4,500,000) × 100
  = 66.7%

45 임업 및 산촌진흥 촉진에 관한 법률에 의한 '임업인'에 해당하지 않는 것은?

① 1년 중 30일 이상 임업에 종사하는 자
② 3ha 이상 산림에서 임업을 경영하는 자
③ 산림조합법 제18조에 따른 조합원으로 임업을 경영하는 자
④ 임업경영을 통한 임산물 연간 판매액이 120만원 이상인 자

해설 임업인의 범위(임업 및 산촌 진흥촉진에 관한 법률 시행령 제2조)
1. 3ha 이상의 산림에서 임업을 경영하는 자
2. 1년 중 90일 이상 임업에 종사하는 자
3. 임업경영을 통한 임산물의 연간 판매액이 120만원 이상인 자
4. 산림조합법 제18조에 따른 조합원으로서 임업을 경영하는 자

정답 41 ④　42 ①　43 ③　44 ②　45 ①

46 25년생 소나무의 재적이 2.5m³일 때 평균생장량은?

① 0.010m³ ② 0.025m³
③ 0.100m³ ④ 0.250m³

해설 (0+2.5)/25 = 0.100m³

47 일반적으로 사용하는 원가 비교 방법이 아닌 것은?

① 기간비교
② 상호비교
③ 표준실제비교
④ 부가가치비교

해설 부가가치비교는 원가비교방법이 아니다.

48 10만원으로 임지를 구입하고 5년이 경과했을 때 임지비용가는?(단, 이율은 5%)

① 약 7,380원
② 약 63,800원
③ 약 87,500원
④ 약 127,630원

해설
$B_K = (A+M)1.0P^n$
$= (100,000 + 0) \times 1.05^5$
$= 100,000 \times 1.2763$
$= 127,630$원

49 단목의 연령을 측정하는 방법에 대한 설명으로 옳은 것은?

① 목측으로도 나무의 크기에 관계없이 정확한 나무의 나이를 측정할 수 있다.
② 기록에 의한 방법은 과거의 조림 기록에 의해 나무의 연령을 측정하는 것이다.
③ 지절에 의한 방법은 가지의 모양에 관계없이 가지의 수를 세어 연령을 파악하는 것이다.
④ 성장추를 이용하여 흉고부위에서 목편을 채취하고 연륜수를 파악하면 그것이 곧 그 나무의 연령이 된다.

해설
① 목측으로는 나무의 크기에 관계없이 정확한 나무의 나이를 측정할 수 없다.
③ 지절에 의한 방법은 가지의 모양에 따라 가지의 수를 세어 연령을 파악하는 것이다.
④ 성장추를 이용하여 흉고부위에서 목편을 채취하고 연륜수를 파악하고 거기에 흉고부위까지의 성정연령을 더해서 그 나무의 연령이 된다.

50 임업경영자산으로 유동자산이 아닌 것은?

① 현 금
② 묘 목
③ 비 료
④ 임 목

해설 임목은 고정자산, 산림축적은 유동자산

51 산림조사에 관한 설명으로 옳지 않은 것은?

① 지위는 임지생산력 판단 지표이다.
② 임종은 침엽수림, 활엽수림, 침활혼효림으로 구분한다.
③ 혼효율은 수종별 입목재적, 본수, 수관점유면적 비율에 의하여 백분율로 산정한다.
④ 소밀도는 조사면적에 대한 입목의 수관면적이 차지하는 비율을 백분율로 표시한다.

해설 ② 임상은 침엽수림, 활엽수림, 침활혼효림으로 구분, 임종은 인공림, 천연림으로 구분

52 산림수확조절을 위한 방법으로 다음 Austrain 공식에 대한 설명으로 옳지 않은 것은?

$$Y = I + \left(\frac{G_a - G_r}{a}\right)$$

① a : 갱정기
② I : 총생장량
③ G_r : 법정축적
④ G_a : 현실임분의 축적

해설 I : 연년생장량(보통 순정기연년생장량을 기초로 결정함)

53 임업노동의 특성으로 옳지 않은 것은?

① 단위면적당 노동량이 다른 산업노동에 비해 비교적 많다.
② 작업장소가 넓고 험하기 때문에 감독과 자재 수송이 곤란하다.
③ 조림 및 육림, 벌채, 반출 노동은 작업자의 특수한 훈련이 필요하다.
④ 임업노동을 위한 이동시간이 길기 때문에 실제 작업량은 많지 않다.

해설 ① 임업노동은 임야면적이 넓어 단위면적당 노동량이 다른 산업노동에 비해 비교적 적다.

54 임목생산에 들어간 비용의 원리합계는?

① 지 대   ② 육림비
③ 노동비   ④ 감가상각비

해설 임목생산에 들어간 비용의 원리합계를 육림비라 하며, 이 육림비에서 육림기간 중의 수입합계를 공제한 것이 임목원가이다.

55 임목자산의 구성 상태로서 질적지표를 나타내는 것은?

① 경영자가 보유하고 있는 전체 산림면적
② 경영자가 보유하고 있는 임목자산장비율
③ 경영자가 보유하고 있는 임목자산 중에서 부채가 차지하는 비율
④ 경영자가 보유하고 있는 임목자산 중에서 인공림의 임령 구성 상태

해설 임령이 어느 정도 구성되어 있는 가는 양적지표(면적, 장비율, 주채)가 아니라 질적지표이다.

정답 51 ② 52 ② 53 ① 54 ② 55 ④

56 감가가 발생하는 요인 중 물리적 감가에 해당되는 것은?

① 부적응에 의한 감가
② 진부화에 의한 감가
③ 경제적 요인에 의한 감가
④ 마모, 손상 및 오손에 의한 감가

해설 마모, 손상 및 오손에 의한 감가가 물리적 감가이다.

57 다음과 같은 이령림의 평균 임령은?

수 령	10년	15년	20년
본 수	120본	100본	80본

① 약 13.8년
② 약 14.3년
③ 약 14.8년
④ 약 15.3년

해설 $A = \dfrac{n_1 a_2 + n_2 a_2 + \cdots + n_n a_n}{n_1 + n_2 + \cdots + n_n}$
= (1,200 + 1,500 + 1,600)/(120 + 100 + 80)
= 14.3년
여기서, A : 평균령, n : 영급의 본수, a : 영급

58 국유림경영계획 실행상황을 평가하는 데 해당되지 않는 것은?

① 예비평가　② 중간평가
③ 사전평가　④ 최종평가

해설 국유림경영계획 실행평가이므로 사전평가는 하지 않는다.

59 다음 조건에서 Kameraltaxe법에 의한 전체 연간표준벌채량은?

- 산림면적 : 100ha
- ha당 현실축적 : 40m³
- ha당 현실 연간생장량 : 2m³
- ha당 법정축적 : 60m³
- 정리기 : 20년

① 1m³　② 3m³
③ 100m³　④ 300m³

해설 Kameraltaxe법의 표준연벌량
$E = Z + \dfrac{V_W - V_n}{a}$
여기서, Z : 전림(작업급)의 생장량
V_W : 현실축적
V_n : 법정축적
a : 갱정기
∴ 연벌량 = 2 + (40 − 60)/20 = 1m³ × 100ha
= 100m³

60 사유림의 규모가 15ha일 때 해당하는 경영 형태는?

① 농가임업
② 부업적임업
③ 겸업적임업
④ 주업적임업

해설 부업적임업 : 농업이 축산 또는 기타 사업을 하면서 여력을 이용하여 임업을 경영하는 것을 말하며, 5~30ha의 규모이다.

56 ④　57 ②　58 ③　59 ③　60 ②

제 4 과목 산림공학

61 산사태나 산붕의 위험성이 가장 높은 토질은?

① 점 토
② 사질토
③ 미사토
④ 사질양토

해설
- 산사태 및 산붕 : 사질토에서 많이 발생
- 땅밀림 : 점성토가 미끄럼면

62 임도의 종단면도 설계도 작성에 대한 설명으로 옳지 않은 것은?

① 축적은 횡 1/1,000, 종1/200으로 한다.
② 종단기울기의 변화점에는 종단곡선을 삽입한다.
③ 시공계획고는 절토량과 성토량이 균형을 이루게 한다.
④ 절토부분은 토사 및 암반으로 구분하되 임반부분은 추정선으로 기입한다.

해설 횡단면도 : 절토부분은 토사 및 암반으로 구분하되 임반부분은 추정선으로 기입한다.

63 산림의 단위 면적당 임도연장으로 나타내는 양적 지표는?

① 임도밀도
② 산림개발도
③ 임도효율요인
④ 평균집재거리

해설 양적지표는 임도밀도(m/ha)이다.

64 조공식 파종공법에 대한 설명으로 옳지 않은 것은?

① 사용되는 비료는 속효성 비료보다 지효성 비료가 좋다.
② 파종구에 토양과 비료를 잘 혼합한 후 체로 쳐서 사용한다.
③ 파종 후에는 잘 밟아주고 다시 약간의 흙덮기를 하여 준다.
④ 비탈면에 일정간격으로 수평계단을 설치하고 계단 안에 파종구를 설치한다.

해설 ① 사용되는 비료는 효과가 빠른 속효성 비료가 좋다.

65 유역 내 강수량 관측지점의 면적이 각각 100ha, 150ha, 250ha이다. 각각의 면적에서 측정한 강수량이 각각 110mm, 100mm, 115mm일 때, Thiessen법으로 계산한 평균 강수량은?

① 약 100mm
② 약 105mm
③ 약 110mm
④ 약 115mm

해설 티센법
= (100×110+150×100+250×115)/(100+150+250)
= (11,000+15,000+28,750)/(500) = 109.5mm

정답 61 ② 62 ④ 63 ① 64 ① 65 ③

66 돌망태에 관한 설명으로 옳지 않은 것은?

① 작업실행이 쉽다.
② 표면의 조도가 크다.
③ 가설공사에 주로 사용된다.
④ 내구성이 길어 영구적이다.

해설 내구성(보통 10년 정도)이 부족하다.

67 해안지역의 모래언덕에 조림하는 수종으로 가장 부적합한 것은?

① 곰솔, 소나무 아까시나무 등의 수종
② 양분과 수분에 대한 요구도가 높은 수종
③ 온도의 변화와 강한 바람에 잘 견디는 수종
④ 왕성한 낙엽, 낙지 등으로 지력을 증진시키는 수종

해설 ② 양분과 수분에 대한 요구도가 낮은 수종

68 임도의 종단곡선 기준으로 옳은 것은?(단, 설계속도 40km/시간인 경우)

① 종단곡선의 길이 : 20m 이상
② 종단곡선의 길이 : 30m 이상
③ 종단곡선의 반경 : 250m 이상
④ 종단곡선의 반경 : 450m 이상

해설

설계속도 (km/시간)	종단곡선의 반경(m)	종단곡선의 길이(m)
40	450 이상	40 이상
30	250 이상	30 이상
20	100 이상	20 이상

69 철강제 틀 댐에 대한 설명으로 옳지 않은 것은?

① 설치작업 공사기간이 단축된다.
② 시공 자재의 운반 작업이 용이하다.
③ 터파기를 줄일 수 있고 연약지반에 설치할 수 있다.
④ 구조물의 연결부분을 편구조로 하여 탄력성이 낮아진다.

해설 ④ 구조물의 연결부분을 편구조로 하여 탄력성이 좋아진다.

70 등고선 간격이 10m인 1 : 25,000 지형도에서 종단기울기가 8%가 되게 노선을 그릴 때 도상의 수평거리는?

① 4mm   ② 5mm
③ 8mm   ④ 10mm

해설 100 : 8% = 수평거리 : 10, 수평거리는 125m
∴ 도상에서 125/25,000 = 0.005m = 5mm

66 ④ 67 ② 68 ④ 69 ④ 70 ②

71 대경재 벌목 방법으로 옳지 않은 것은?

① 쐐기나 지렛대를 이용한다.
② 기계톱에 무리한 힘을 가하지 않는다.
③ 바버 체어(Baber Chair)가 발생하도록 작업한다.
④ 목재 손실을 방지하기 위해 옆면노치 자르기를 한다.

해설 벌목 시 수평으로 쪼개지지 않고 수구와 추구 잘못으로 수직으로 쪼개지는 바버 체어(Baber Chair)가 발생하지 않도록 작업한다.

72 중력댐의 안정조건이 아닌 것은?

① 전도에 대한 안정
② 활동에 대한 안정
③ 대수면의 기울기에 대한 안정
④ 기초지반의 지지력에 대한 안정

해설 중력댐의 안정조건
• 전도에 대한 안정
• 활동에 대한 안전
• 제체의 파괴에 대한 안정
• 기초지반의 지지력에 대한 안정

73 척박한 황폐지의 녹화수종으로 가장 부적합한 것은?

① 소나무   ② 싸리류
③ 오리나무 ④ 서어나무

해설 서어나무는 계곡부위 근처에서 잘 자란다.

74 반출할 목재의 길이가 10m이고, 임도의 나비가 5m일 때 최소 곡선반지름은?

① 3m   ② 4m
③ 5m   ④ 6m

해설 곡선반지름 = $10^2/(4 \times 5) = 5m$

75 견치돌에 대한 설명으로 옳지 않은 것은?

① 마름돌과 같이 고가의 재료이다.
② 특별한 규격으로 다듬은 석재이다.
③ 사방댐이나 옹벽에는 사용하지 않는다.
④ 견고를 요하는 돌쌓기 공사에 사용한다.

해설 ③ 사방댐이나 옹벽에 많이 사용한다.

정답 71 ③ 72 ③ 73 ④ 74 ③ 75 ③

76 1m 깊이의 하천에서 수면으로부터 20cm 깊이의 유속은 1.10m/s, 60cm 깊이의 유속은 0.92m/s, 바닥의 유속은 0.64m/s이었다면, 종유속곡선이 포물선에 가까울 때 이 수로의 평균유속(m/s)은?

① 0.64　② 0.89
③ 0.92　④ 1.10

해설 종유속곡선이 포물선에 가까울 때 이 수로의 평균유속(m/s)은 수면의 60% 지점의 유속이다.

77 가선집재 작업이 수행 가능한 장비로 가장 효율적인 것은?

① 타워야더　② 하베스터
③ 펠러번처　④ 프로세서

해설 하베스터, 펠러번처, 프로세서는 트랙터형 집재기이다.

78 체인톱에 대한 설명으로 옳지 않은 것은?

① 체인톱 몸통의 수명은 약 1,500시간이다.
② 휘발유와 체인톱 전용오일의 혼합비는 25 : 1이다.
③ 체인톱 날 처짐은 상관없으나 볼트, 너트풀림 상태는 항상 확인하여야 한다.
④ 우리나라에서 주로 사용되는 체인톱 기종은 배기량 30~70cc 정도의 소형 및 중형이다.

해설 ③ 체인톱 날 처짐은 이탈의 우려가 있어 적정한 장력을 유지하도록 한다.

79 와이어로프의 안전계수를 바르게 나타낸 식은?

① 와이어로프의 절단하중(kg)/와이어로프에 걸리는 최대장력(kg)
② 와이어로프의 자체하중(kg)/와이어로프에 걸리는 최대장력(kg)
③ 와이어로프에 걸리는 최대장력(kg)/와이어로프의 절단하중(kg)
④ 와이어로프에 걸리는 최대장력(kg)/와이어로프의 자체하중(kg)

해설 와이어로프의 안전계수 = 와이어로프의 절단하중(kg)/와이어로프에 걸리는 최대장력(kg)

80 트랙터집재와 비교한 가선집재의 장점으로 옳은 것은?

① 작업이 단순하다.
② 작업생산성이 높다.
③ 장비구입비가 저렴하다.
④ 잔존 임분에 피해가 적다.

해설
① 작업이 복잡하다.
② 작업생산성이 낮다.
③ 장비구입비가 비싸다.

정답 76 ③　77 ①　78 ③　79 ①　80 ④

2024년 제1회 산림기사 기출복원문제

제1과목 조림학

01 산림에 인위적 피해, 화산폭발 등 천재가 없으면, 그 산림은 점차 어느 극상의 산림수종으로 고정 되는가?

① 양수수종　② 중용수종
③ 음수수종　④ 극양수수종

해설 자연복원 초기에 조성되는 선구수종은 내음성이 약한 양수, 그 다음은 약간의 내음성을 지닌 중용수의 우점이 높으며, 복원이 더 진행되면 내음성이 강한 음수의 구성이 높아진다.

02 임지가 비옥하거나 식재목이 광선을 많이 요구할 때 실시하며, 소나무나 낙엽송 등의 조림지에 적합한 밑깎기 방법은?

① 전면깎기　② 줄깎기
③ 둘레깎기　④ 솎아깎기

해설 모두베기(전면깎기)는 조림목은 남겨 놓고 그 밖의 모든 잡초목을 제거하는 방법으로 조림목에 가장 많은 양의 광선을 줄 수 있고 지상식생의 피압으로 수형이 나빠지기 쉬운 양수(낙엽송, 소나무, 삼나무, 편백, 잣나무 등)에 적용한다.

03 뿌리를 통하여 흡수된 질소, 인, 칼륨 등의 무기양료가 잎까지 이동되는 주요 통로가 되는 조직은?

① 수 관　② 목 부
③ 사 부　④ 수지관

해설 목부(물관부)는 관다발(維管束)의 구성요소 중의 하나이며, 도관, 가도관, 목부섬유, 목부유조직으로 된 복합조직으로 수분과 양분의 통로이면서 나무의 기계적 지지의 역할을 하고 목부유조직은 전분, 유지 등의 저장 조직이 된다.

04 다음 설명에 해당하는 토양층은?

> 빗물이 아래로 침전하면서 부식질, 점토, 철분, 알루미늄 성분 등을 용탈하여 내려가 집적해 놓은 토양

① O층　② A층
③ B층　④ C층

해설
- O층 : 유기물층
- A층 : 용탈층
- B층 : 집적층(집적되는 층)
- C층 : 모재층
- R층 : 암반

정답 1 ③　2 ①　3 ②　4 ③

05 다음 중 묘목 가식의 적지로 가장 좋은 곳은?

① 부식토
② 습지
③ 배수가 양호한 사질양토
④ 유기질 비료가 많은 땅

해설 묘목 가식의 적지는 물이 고이거나 과습하지 않은 지역으로 배수가 양호한 사질양토의 포지 중에서 서북풍을 막을 수 있는 온화한 장소가 좋다.

07 생가지치기를 피해야 하는 수종이 아닌 것은?

① *Acer palmatum*
② *Zelkova serrata*
③ *Prunus serrulata*
④ *Populus davidiana*

해설 생가지치기 시 가장 위험성이 높은 수종은 단풍나무류, 느릅나무류(느티나무), 벚나무류, 물푸레나무 등으로, 이러한 수종은 원칙적으로 생가지치기를 피하고 자연낙지 또는 고지치기만 실시한다.
① *Acer palmatum*(단풍나무)
② *Zelkova serrata*(느티나무)
③ *Prunus serrulata*(벚나무)
④ *Populus davidiana*(사시나무)

06 40년생 잣나무 조림지에서 간벌을 실시하였다. 실선 부분이 간벌에 의해 제거된 부분이라고 할 때, 하층간벌에 의한 입목 본수와 흉고직경 분포를 나타낸 것은?

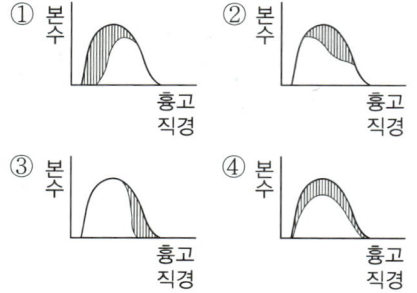

해설 하층간벌은 흉고직경이 적은 것부터 잘라내므로 그림 1번이 하층 간벌임(②번은 상층간벌, ③번은 택벌식간벌, ④번은 기계적 간벌임)

08 교호대상개벌에서 대폭은 일반적으로 모수 수고의 몇 배 정도로 하는 것이 적정한가?

① 0.5~4배
② 1.0~4배
③ 0.5~4.5배
④ 1.0~4.5배

해설 교호대상개벌에서 대폭은 1차는 넓게 하고 2차는 1차의 50~60% 정도로 하는데, 일반적으로 모수 수고의 0.5~4배 정도로 하는 것이 적정하다.

09 토양 중 화합물의 한 성분으로 토양을 100~110℃로 가열해도 분리되지 않는 결정수는?

① 중력수   ② 모관수
③ 결합수   ④ 흡습수

해설
③ 결합수 : 토양 입자의 표면에 강하게 결합되어 식물에 잘 흡수·이용되지 못하는 물이며, 토양을 100~110℃로 가열해도 분리되지 않는다.
① 중력수 : 물이 많아지면 모세관을 채우고 남은 물은 큰 공극으로 옮겨져서 중력에 의해 흘러내려 토양입자 사이를 자유로이 이동하는 물이다.
③ 모관수(모세관수) : 토양 입자에 물이 흡착되어 물의 양이 많아지면 토양 입자 사이의 작은 공극, 즉 모세관에 채워지는 물인데, 이것은 표면장력에 의해서 흡수·유지된다.
④ 흡습수 : 건조한 토양을 상대습도가 높은 공기 중에 두면 분자 간 인력에 의해 토양 입자의 표면에 물이 흡착되는데 이 물은 100~110℃에서 8~18시간 가열하면 쉽게 제거된다.

10 파종 후 1년 뒤 판갈이 하지 말아야 하는 수종은?

① *Pinus koraiensis*
② *Pinus densiflora*
③ *Quercus mongolica*
④ *Cryptomeria japonica*

해설
① *Pinus koraiensis*(잣나무) : 파종 후 2년 뒤
② *Pinus densiflora*(소나무)
③ *Quercus mongolica*(신갈나무)
④ *Cryptomeria japonica*(삼나무)

11 잎의 끝이 두 갈래로 갈라지는 수종은?

① 비자나무   ② 구상나무
③ 가문비나무   ④ 일본잎갈나무

해설
구상나무는 늘 푸른 바늘잎나무로 키는 10~15m이다. 수형이 아름다워 관상수로 심기도 한다. 바늘잎은 짧고, 끝이 살짝 갈라져 오목하게 패고 뒷면에 숨구멍줄 2개가 있다.

12 너도밤나무가 자연적으로 분포하고 있는 곳은?

① 홍 도   ② 제주도
③ 강화도   ④ 울릉도

해설
우리나라에서 너도밤나무가 자생하는 곳은 울릉도뿐이다.

13 왜림작업에 가장 적합한 수종은?

① *Alnus japonica*
② *Larix kaempferi*
③ *Abies holphylla*
④ *Pinus Koraiensis*

해설
① *Alnus japonica*(오리나무)
② *Larix kaempferi*(낙엽송) : 교림작업
③ *Abies holphylla*(전나무) : 교림작업
④ *Pinus Koraiensis*(잣나무) : 교림작업

정답 9 ③ 10 ① 11 ② 12 ④ 13 ①

14 수목의 광보상점에 대한 설명으로 옳은 것은?

① 호흡에 의한 이산화탄소 방출량이 최대인 경우의 광도이다.
② 광합성에 의한 이산화탄소 흡수량이 최대인 경우의 광도이다.
③ 광합성에 의한 이산화탄소 흡수량이 최소인 경우의 광도이다.
④ 호흡에 의한 이산화탄소 방출량과 광합성에 의한 이산화탄소 흡수량이 동일한 경우의 광도이다.

해설 수목의 광보상점은 호흡에 의한 이산화탄소 방출량과 광합성에 의한 이산화탄소 흡수량이 동일한 경우의 광도이다.

15 주로 종자에 의해 양성된 묘목으로 높은 수고를 가지며 성숙해서 열매를 맺게 되는 숲은?

① 왜 림   ② 교 림
③ 중 림   ④ 죽 림

해설
② 교림 : 종자림
① 왜림 : 맹아림
③ 중림 : 왜림 + 교림
④ 죽림 : 대나무림

16 잎의 유관속이 1개인 수종은?

① *Pinus Koraiensis*
② *Pinus rigida*
③ *Pinus densiflora*
④ *Pinus thunbergii*

해설 잣나무류(*Pinus koraiensis*)는 관속이 1개, 소나무류는 관속이 2개이다.

17 토양의 공극에 대한 설명으로 옳은 것은?

① 토양의 단위 체적 중량이다.
② 토양 내 물의 용적 비율이다.
③ 토양 측정 시 건조된 토립자의 무게이다.
④ 토양 내 공기 및 물에 의해서 채워진 부분이다.

해설 ④ 토양의 공극은 토양 내 공기 및 물에 의해서 채워진 부분이다.

18 다음 가지치기 방법 중 틀린 것은?

① 침엽수는 절단면이 줄기와 평행하도록 가지를 제거한다.
② 활엽수는 지융부가 상하지 않도록 가지를 제거한다.
③ 일반적으로 가지의 지름이 8cm 이상인 것은 자르지 않도록 한다.
④ 포플러류는 여지 이하의 가지만 제거한다.

해설 ③ 일반적으로 가지의 지름이 5cm 이상인 것은 자르지 않도록 한다.

정답 14 ④ 15 ② 16 ① 17 ④ 18 ③

19 수목에 나타나는 미량요소 결핍증에 대한 설명으로 옳지 않은 것은?

① 아연이 결핍되면 잎이 작아진다.
② 철 결핍은 주로 알칼리성 토양에서 일어난다.
③ 구리가 결핍되면 잎 끝부분부터 괴사현상이 일어난다.
④ 칼륨 결핍 증상은 잎에 검은 반점이 생기거나 주변에 황화현상이 나타나는 것이다.

해설 ③ 구리가 결핍되면 소나무의 어린줄기와 잎이 꼬이는 현상이 나타나며, 몰리브덴(Mo)이 결핍되면 잎 끝부분부터 황화현상과 괴사현상이 일어난다.

20 광합성 색소인 카로티노이드(Carotenoids)에 관한 설명으로 옳지 않은 것은?

① 식물에서 노란색, 오렌지색, 빨간색 등을 나타내는 색소이다.
② 광도가 높을 경우 광산화작용에 의한 엽록소의 파괴를 방지한다.
③ 식물체 내에 있는 색소 중에서 광질에 반응을 나타내며, 광주기 현상과 관련된다.
④ 엽록소를 보조하여 햇빛을 흡수함으로써 광합성 시 보조색소 역할을 담당한다.

해설 ③ 식물체 내에 있는 색소 중에서 광질에 반응을 나타내는 색소 중의 하나는 파이토크롬(Phytochrome)이다.

제 2 과목 | 산림보호학

21 다음 수병 중 산불이 발생한 지역에서 특히 많이 발생할 것으로 예측되는 병은?

① 낙엽송 잎떨림병
② 리지나뿌리썩음병
③ 잣나무 가지마름병
④ 소나무 잎녹병

해설 **리지나뿌리썩음병**
흙 속에서 휴면해 있다가 토양온도가 40℃ 이상 올라가면 발아하는 특성상 산불지, 쓰레기 소각지 등에 주로 발생한다. 파상땅해파리버섯을 만들어 번식하며 최근 발화행위가 없음에도 발생하는 것으로 보아 이상기온 현상을 원인으로 추정한다.

22 농약의 효력을 충분히 발휘하도록 하기 위하여 첨가하는 물질을 일컫는 용어는?

① 훈증제 ② 보조제
③ 유인제 ④ 기피제

해설
② 보조제 : 살균제, 살충제, 살서제, 제초제 등과 같은 농약 주제의 효력을 증진시키기 위하여 첨가 사용하는 약제이다.
① 훈증제 : 비점이 낮은 농약의 주제를 액상, 고상 또는 압축가스상으로 용기에 충진한 것으로 용기를 열 때 대기 중으로 기화 되어 병해충에 독작용을 일으키는 제형이다.
③ 유인제 : 약제를 식물의 잎 또는 뿌리에 처리하면 식물체 내로 흡수 이행되어 식물체 각 부위에 분포시킴으로써 흡즙해충에 독성을 나타내는 약제이다.
④ 기피제 : 유인제와는 반대로 농작물 또는 저장농산물에 해충이 접근하지 못하게 하는 약제이다.

정답 19 ③ 20 ③ 21 ② 22 ②

23 다음 중 가해식물의 종류가 가장 많은 산림해충은?

① 미국흰불나방 ② 솔나방
③ 텐트나방 ④ 솔잎혹파리

해설 미국흰불나방은 감나무, 단풍나무, 버즘나무, 벚나무류 등 활엽수 200여 종에 피해를 끼친다.

24 아까시잎혹파리가 월동하는 형태는?

① 알 ② 유 충
③ 성 충 ④ 번데기

해설 아까시잎혹파리
연 2~3회 발생하며, 토양 속에서 번데기로 월동한다. 성충은 4월 하순~5월 하순, 5월 하순~6월 하순, 6월 하순~7월 하순에 나타나서 잎가장자리에 산란한다. 부화 유충은 잎을 말면서 수액을 빨아 먹는다.

25 다음 설명에 해당하는 해충은?

- 고사목 또는 벌채된지 얼마 되지 않은 나무에 산란하여 유충이 수피 밑을 식해함
- 포고골목의 경우 벌채 당년에 종균을 접종한 직경 10cm 미만의 소경목에 주로 산란함
- 주로 1년에 1회 발생하고 성충으로 바위나 낙엽 밑에서 월동함

① 알락하늘소 ② 향나무하늘소
③ 포플러하늘소 ④ 털두꺼비하늘소

해설 털두꺼비하늘소
4월 하순부터 성충은 나무껍질을 갉아먹으면서 생활하다가 교미한 후 수피를 물어뜯어 상처를 내고 알을 낳는다. 수피밑과 목질부를 불규칙하게 갉아먹으므로 톱밥이 배출되며, 성숙한 애벌레는 8월 초순경부터 가해 부위에 타원형의 번데기방을 만들고 번데기가 된다.

26 솔노랑잎벌의 월동 형태로 맞는 것은?

① 성 충 ② 번데기
③ 유 충 ④ 알

해설 솔노랑잎벌의 유충이 솔잎을 갉아 먹는다. 유충은 처음 담황록색이고 노숙해지면 회자색으로 된다. 몸길이는 20mm 가량이다. 1년에 한번 발생하고 알로 솔잎에서 월동한다. 천적을 이용하여 방제한다.

27 소나무 재선충병에 대한 설명으로 옳지 않은 것은?

① 토양관주는 방제 효과가 없어 실시하지 않는다.
② 아바멕틴 유제로 나무주사를 실시하여 방제한다.
③ 피해목 내 매개충을 구제하기 위해 벌목한 피해목을 훈증한다.
④ 나무주사는 수지 분비량이 적은 12월~2월 사이에 실시하는 것이 좋다.

해설 고사목은 베어서 훈증 소각하고, 매개충 구제를 위해 5~8월에 아세타미프리드 액제를 3회 이상 살포한다. 예방을 위해서는 12~2월에 아바멕틴 유제 또는 에마멕틴벤조에이트 유제를 나무주사하거나 4~5월에 포스티아제이트 액제를 토양관주한다.

28 벚나무 빗자루 병원균에 해당하는 것은?

① 세 균 ② 자낭균
③ 담자균 ④ 파이토플라스마

해설 벚나무 빗자루 병원균(자낭균), 오동나무·대추나무 빗자루병(파이토플라스마)

정답 23 ① 24 ④ 25 ④ 26 ④ 27 ① 28 ②

29 1900년경 동양에서 미국으로 수입한 묘목에 묻어 들어간 병해로 밤나무에 크게 피해를 준 것은?

① 밤나무 잎떨림병
② 밤나무 눈마름병
③ 밤나무 줄기마름병
④ 밤나무 붉은마름병

해설 밤나무 줄기마름병은 느릅나무 시들음병, 잣나무 털녹병과 함께 세계 3대 수목병으로 분류되고 있는 병해로 1904년 미국 뉴욕의 브롱스에 있는 뉴욕동물원에서 처음 발견되어 급속히 전파되었는데, 불과 10년 만에 미국 밤나무 숲을 황폐화시켰으며, 당시 피해액은 1,000억 달러에 달했다. 병원균은 균사 또는 포자형으로 월동하며 상처가 생기지 않도록 주의하여 병든 가지를 잘라주고, 5~6월에 살균제를 살포한다.

30 곤충의 일반적인 형태에 대한 설명으로 옳지 않은 것은?

① 소화관은 전장, 중장, 후장으로 나뉜다.
② 앞날개는 앞가슴에 뒷날개는 뒷가슴에 부착되어 있다.
③ 가슴은 앞가슴, 가운데가슴, 뒷가슴으로 구성되어 있다.
④ 다리마디는 밑마디, 도래마디, 넓적마디, 종아리마디, 발마디로 구성되어 있다.

해설 곤충의 가슴은 앞가슴, 가운데가슴, 뒷가슴 3마디이고 각각에 1쌍의 다리가 있으며, 가운데가슴, 뒷가슴에 각 1쌍의 날개가 있는 것이 많고 근육이 발달되었다.

31 오동나무 빗자루병 설명으로 가장 적합한 것은?

① 오동나무 빗자루병의 병원균은 자낭균이다.
② 오동나무 빗자루병의 매개충은 담배장님노린재이다.
③ 접목에 의해서도 전염된다.
④ 옥시테트라사이클린계 항생물질로는 치료가 불가능하다.

해설 옥시테트라사이클린의 수간주입으로 대추나무와 오동나무의 빗자루병, 뽕나무의 오갈병을 치료하며, 분근을 통해서 전염되는 병원균은 파이토플라스마이다.

32 소나무 혹병의 병원균은 어떤 형태로 월동하는가?

① 여름포자   ② 녹포자
③ 겨울포자   ④ 담자포자

해설 소나무에 녹병포자와 녹포자를 형성한다. 4~5월경에 혹의 나무껍질이 갈라진 틈에서 황색 녹포자가 흩어져 나온다. 녹포자는 참나무속 식물(중간기주)의 잎에 날아가 기생하고 여름포자와 겨울포자를 형성한다. 병원균은 겨울포자의 형으로 참나무속 식물의 잎에서 월동하고, 이듬해 봄에 발아하여 소생자(담자포자)를 형성한다. 소생자(담자포자)가 날아가서 소나무를 침해하여 1~2년 만에 혹을 만든다.

정답 29 ③ 30 ② 31 ② 32 ③

33 솔잎혹파리의 월동형태는?

① 알　　　② 유충
③ 성충　　④ 번데기

해설 솔잎혹파리는 연 1회 발생하며, 지피물 밑이나 깊이 1~2cm의 토양 속에서 유충으로 월동한다. 성충은 5월 중순~7월 중순에 나타나서 새잎에 산란하며, 부화한 유충은 잎 기부로 내려가 벌레혹을 형성하고 수액을 빨아 먹는다. 유충은 9월 하순~다음 해 1월에 벌레혹에서 나와 월동처로 이동한다.

34 토양 중 수분의 모세관 현상으로 입는 저온 피해는?

① 상해　　② 상렬
③ 상주　　④ 한해

해설 상주(서릿발)피해는 수분의 모세관 현상과 관계가 있다.

35 다음 중 고온 피해의 종류에 따라 피해를 쉽게 받는 수종과의 연결이 잘못된 것은?

① 볕데기 : 버즘나무
② 열사 : 측백
③ 한해 : 들메나무
④ 염풍 : 벚나무

해설 화백은 열사에 약하나 측백은 열사에 강하다.

36 병원체의 침입방법에 대해 잘못 설명한 것은?

① 진균은 각피침입 하지만 상처 침입 못한다.
② 파이토플라스마는 기공침입한다.
③ 바이러스는 상처를 통해서만 침입한다.
④ 세균은 기공침입을 한다.

해설 ② 파이토플라스마는 전신감염성이기 때문에 영양체를 통해 감염된다.

37 액상농약 제조 시 주제를 녹일 때 사용하는 보조제를 무엇이라 하는가?

① 전착제　　② 증량제
③ 용제　　　④ 유화제

해설
① 전착제 : 농약 유효성분을 식물 표면에 잘 부착시키게 하기 위한 첨가제
② 증량제 : 주성분의 농도를 낮추어 부피를 증대시켜 농도를 일정하게 유지하기 위한 약제
④ 유화제 : 물에 대한 분산성, 즉 유화성을 좋게 하기 위한 첨가제

38 호두나무잎벌레는 연 몇 회 발생하며 무엇으로 월동하는가?

구분	①	②	③	④
발생횟수	1회	2회	1회	2회
월동방법	성충	성충	유충	유충

해설 호두나무잎벌레는 연 1회 발생한다. 5월에 잎 뒷면에 백색 알을 무더기로 산란하고, 유충은 군서하면서 엽육을 식해하며 성충은 5~6월에 가래나무, 호두나무의 잎을 먹는다. 성충으로 월동한다.

39 소나무좀에 대한 설명으로 틀린 것은?

① 연 2회 발생한다.
② 연 2회 가해한다.
③ 벌채목 등에 잘 발생한다.
④ 성충으로 월동한다.

해설 소나무좀은 연 1회 발생하지만 봄과 여름 두 번 가해하며 유충이 수피 밑을 식해한다. 쇠약한 나무, 고사목이나 벌채한 나무에 기생하지만 대발생할 때에는 건전한 나무도 가해하여 고사시키기도 한다. 성충은 신초 속을 뚫고 들어가 식해하여 고사시킨다. 기주식물 지제부의 수피 틈에서 성충으로 월동한다.

40 수목이 외부환경으로부터 받은 스트레스를 감지하는 호르몬은?

① Auxins
② Gibberelins
③ Cytokinins
④ ABA(Abscisic Acid)

해설
④ 아브시스산 : 방어메커니즘 활성화 등
① 옥신(인돌초산) : 세포신장, 꽃과 과일의 발달 등
② 지베렐린 : 옥신보다 강력한 줄기성장역할, 종자 발아, 꽃피는 시기 조절 등
③ 시토키닌 : 세포분열을 돕는 화합물로 조직의 확장, 영양분 이동조절, 잎의 노화 지연 등

제 3 과목 | 임업경영학

41 5년 전의 임분재적이 80m³/ha이고, 현재의 임분재적이 100m³/ha일 경우 Pressler식에 의한 임분재적 성장률은?

① 3.3% ② 4.4%
③ 5.5% ④ 6.6%

해설
Pressler식
$= \dfrac{\text{현재의 임분재적} - \text{5년 전의 임분재적}}{\text{현재의 임분재적} + \text{5년 전의 임분재적}} \times \left(\dfrac{200}{5년}\right)$
$= \dfrac{100-80}{100+80} \times (200/5)$
$= (20/180) \times 40$
$= 0.11 \times 40 = 4.44\%$

42 다음 중 측고기 사용에 대한 설명으로 틀린 것은?

① 측정위치는 측정하고자 하는 나무의 정단과 밑이 잘 보이는 지점을 선정한다.
② 측정위치가 가까울수록 오차가 적어지므로 가급적 가까운 곳을 측정위치로 선정한다.
③ 경사진 곳에서 측정할 때는 오차가 생기기 쉬우므로 여러 방향에서 측정하여 평균한다.
④ 수고를 목측하여 나무의 높이만큼 떨어진 곳에서 측정하면 좋은 결과를 얻을 수 있다.

해설 ② 측정위치가 대상 입목과 가까우면 수고 끝 부분을 시준하기 어려우므로 측정값을 구하기 힘들고 오차도 커진다.

정답 39 ① 40 ④ 41 ② 42 ②

43 흉고직경 20cm의 소나무 흉고높이에서 생장추로 목편을 채취한바 목편 바깥쪽 1cm 내에 있는 연륜수가 5개 였다고 한다면 생장률은? (상수는 400을 적용)

① 5.5% ② 6.0%
③ 3.0% ④ 4.0%

해설 Schneider 공식을 이용하여 상수 400을 적용하면 400/(20×5) = 4.0%

44 산림을 하나의 생물 유기체로 간주하여 지속적인 경영을 할 수 있도록 제안한 Moller 교수의 산림경영 사상을 무엇이라 하는가?

① 법정림사상 ② 항속림사상
③ 보속사상   ④ 조림사상

해설 항속림은 주로 임목 이외에 지상식물, 산림토양 속의 미생물, 그 밖의 야생동물 등의 유기적 관계의 건전한 조화를 근거로 유지된다는 사상으로, 임지의 보호와 임목의 보육에 중점을 두면서 산림의 건전성을 유지하기 위한 택벌시업 등이 이루어지는 산림이다.

45 임업경영의 총자본을 그 경영에 종사하는 사람의 수로 나눈 값을 무엇이라 하는가?

① 자본장비도 ② 자본보유율
③ 자본회수계수 ④ 자본수익률

해설 자본장비도는 경영종사자 1인당 자본액으로 임업경영의 총자본을 그 경영에 종사하는 사람의 수로 나눈 값이다.

46 말구직경이 14cm, 재장이 8.5m인 국산재의 재적을 말구직경자승법에 의해 구하면 약 얼마인가?

① $0.135m^3$ ② $0.218m^3$
③ $0.315m^3$ ④ $0.423m^3$

해설 말구직경자승법
재적 = 말구직경² × 재장
이때 각각의 단위가 다르므로 100cm×100cm = 자승값을 최종적으로 나누어야 하며, 재장이 6m가 넘으면 극대치가 나올 수 있으므로 말구직경을 보정해야 한다.
[말구직경 + (재장보정치 − 4)/2] = [14 + (8 − 4)/2]
= 16
∴ 재적 = 16^2 × 8.5/10,000 = $0.2176m^3$

47 임업기계의 감가상각비(D)를 정액법으로 구하는 공식으로 옳은 것은? (단, P: 기계구입가격, S: 기계 폐기 시의 잔존가치, N: 기계의 수명)

① $D = \dfrac{S-P}{N}$ ② $D = \dfrac{P-S}{N}$
③ $D = \dfrac{N}{S-P}$ ④ $D = \dfrac{N}{P-S}$

해설 임업기계의 감가상각비(정액법)
= $\dfrac{\text{기계구입가격} - \text{기계 폐기 시의 잔존가치}}{\text{기계의 수명}}$

48 산림평가에서 전가계산식에 사용되는 요소가 아닌 것은?

① 환원율   ② 할인율
③ 전가계수 ④ 현재가계수

해설 자본환원율은 환원율과 할인율로 나뉘는데 전가식에는 할인율이 사용된다.

정답 43 ④ 44 ② 45 ① 46 ② 47 ② 48 ①

49 임목평가에 적용하는 Glaser식에 대한 설명으로 옳은 것은?

① 임목비용가법과 임목기망가법을 절충한 식이다.
② 임목매매가법과 임목비용가법을 절충한 식이다.
③ 임목매매가법과 임목기망가법을 절충한 식이다.
④ 예상이익을 현재가치로 환산하여 임목의 가치를 구하는방법이다.

해설 Glaser식은 임목비용가법(유령림)과 임목기망가법(장령림)을 절충한 식으로 중령림의 평가에 적합하다.

50 임목의 흉고직경을 계산하는 방법으로 산술평균직경법(a)과 흉고단면적법(b)의 관계에 대한 설명으로 옳은 것은?

① a와 b는 같은 값이 된다.
② a가 b보다 큰 값이 된다.
③ b가 a보다 큰 값이 된다.
④ a와 b 사이에는 일정한 관계가 없다.

해설 단면적값이 산술직경값보다 크다.

51 유령림의 임목평가 방법은?

① 기망가법   ② 시장가역산법
③ 비용가법   ④ 매매가법

해설 비용가법은 유령림일 경우 적용한다.

52 유동자본이 아닌 것은?

① 미처분임산   ② 묘 목
③ 현 금   ④ 임 도

해설 임도는 고정자본재이다.

53 유형고정자산의 감가 중에서 기능적 요인에 의한 감가에 해당되지 않는 것은?

① 부적응에 의한 감가
② 진부화에 의한 감가
③ 경제적 요인에 의한 감가
④ 마찰 및 부식에 의한 감가

해설 고정자산의 감가
- 발생 원인에 따라
  - 물리적 감가 : 사용 또는 작업에 의한 소모 등(마찰 및 부식에 의한 감가), 시간의 경과에 따른 자연적 폐퇴(廢頹), 재해 등에 의한 우발적인 소모
  - 기능적 감가(Functional Depreciation) : 기술의 진보에 따른 시설 및 설치물의 구식화, 경제사정 변화에 따른 부적격화 등
- 발생 상태에 따라
  - 경영 활동 수행에서 경영적으로 생기는 감가(통상감가)
  - 예측할 수 없는 원인에 의해 우발적으로 생기는 감가(우발감가)
- 발생 결과에 따라
  - 감가 발생에 의하여 생산물로 가치가 이전되었다고 간주되는 가치이전적 감가
  - 생산물로 가치가 이전되었다고 간주될 수 없는 재산적 감가 등

54 국유림 경영계획의 목표에 해당하지 않는 것은?

① 임산물생산기능
② 고용기능
③ 국제협력강화
④ 경영수지개선

해설 국제협력강화는 산림의 경영목표가 아니다.

55 30년생 임목이 7본, 25년생 임목이 12본, 20년생 임목이 7본일 경우 본수령으로 계산한 평균임령은?

① 20년　② 25년
③ 30년　④ 35년

해설 평균임령 = $\dfrac{(30 \times 7) + (25 \times 12) + (20 \times 7)}{7 + 12 + 7}$ = 25

56 임업소득 계산 방법 중 옳은 것은?

① 가족노동이 귀속하는 소득 = 임업소득 − (지대 + 자본이자)
② 임지에 귀속하는 소득 = 임업소득 + (자본이자 + 가족노임추정액)
③ 자본에 귀속하는 소득 = 임업소득 − (자본이자 + 가족노임추정액)
④ 경영관리에 귀속하는 소득 = 임업순수익 + (자본이자 + 지대)

해설
② 임지에 귀속하는 소득 = 임업소득 − (자본이자 + 가족노임추정액)
③ 자본에 귀속하는 소득 = 임업소득 − (지대 + 가족노임추정액)
④ 경영관리에 귀속하는 소득 = 임업순수익 − (자본이자 + 지대)

57 표준목을 선정하는 방법 중 각 계급의 흉고단면적을 동일하게 하여 선정하는 방법은?

① 단급법　② Draudt법
③ Urich법　④ Hartig법

해설
① 단급법 : 전 임분을 한 개의 급으로 취급하여 단 1개의 표준목 선정
② Draudt법 : 각 직경급을 대상으로 표준목 선정(각 직경급 본수 비례)
③ Urich법 : 각 계급의 본수를 동일하게 하고 각 계급에서 같은 수의 표준목 선정

58 어떤 임지는 육림용으로 사용할 수 있고, 목축용으로 사용할 수도 있다. 이때 임지를 육림용으로 사용할 경우 목축용으로 사용할 때 얻을 수 있는 수익을 포기하는 것을 의미하는 원가는?

① 기회원가　② 변동원가
③ 한계원가　④ 증분원가

해설
① 기회원가 : 경제적 재화 내지 용역에 2개 이상의 용도가 있을 때, 1개를 취하고 다른 것을 포기하기 때문에 잃게 되는 이익 또는 수익을 말한다.
② 변동원가 : 조업도의 변동에 직접 비례하여 증가하는 원가로서 일정한 생산설비로 조업도의 변동에 따라 크기가 변동하는 원가로서 가변비라고도 한다.
③ 한계원가 : 생산량 전체의 평균적인 비용이 아니고, 생산량을 1단위 증가시키기 위해 필요한 비용이다.
④ 증분원가 : 경영관리를 위한 회계에서 기본적인 원가개념이 되기도 하지만, 일반적으로는 의사결정회계의 기본 원가개념이 되는데, 의사결정상 어떤 대체안을 선택함으로써 증가되는 원가의 부분을 말한다. 차액원가 동의어로 쓰인다.

정답 54 ③　55 ②　56 ①　57 ④　58 ①

59 재적조사에 대한 설명으로 옳지 않은 것은?

① 유용수종은 수종별로 나누어 실시한다.
② 원칙적으로 모든 소반을 답사하여 표준지가 될 수 있는 지역을 정한다.
③ 산림의 실태조사 중에서 제일 중요한 작업으로서 수확을 조절하는 데 절대 필요한 작업이다.
④ 법정축적법·재적평분법·조사법 등과 같이 축적과 생장량에 중점을 두고 있는 방법에서는 정확하게 할 필요가 없이 약식으로 한다.

해설 ④ 법정축적법·재적평분법·조사법 등과 같이 축적과 생장량에 중점을 두고 있는 방법에서는 정확하게 하여야 한다.

60 산림경영계획 작성 시 임황조사 항목이 아닌 것은?

① 지 위   ② 임 상
③ 임 종   ④ 소밀도

해설 ① 지위는 지황이다.

제 4 과목 | 임도공학

61 일반지형에서 설계속도가 40km/시간 일 때 임도에서 사용할 수 있는 최소 곡선반지름의 기준은?

① 60m 이상   ② 40m 이상
③ 30m 이상   ④ 15m 이상

해설

설계속도 (km/시간)	최소 곡선반지름(m)	
	일반지형	특수지형
40	60	40
30	30	20
20	15	12

62 다음 중 산지에서 임도의 기능을 완성하기 위하여 교량을 설치할 때 적합하지 않은 지점은?

① 지질이 견고하고 복잡하지 않은 곳
② 하상(河床)의 변동이 적고 하천의 폭이 협소한 곳
③ 계류의 방향이 바뀌는 굴곡진 곳
④ 교량면을 하천 수면보다 상당히 높게 할 수 있는 곳

해설 ③ 계류의 방향이 바뀌는 굴곡진 곳에 교량을 설치하면 계류의 흐름에 의해 교량이 쉽게 부서질 수 있다.

정답 59 ④ 60 ① 61 ① 62 ③

63 산림관리기반시설의 설계 및 시설기준에서 간선임도의 설계속도는 얼마인가?

① 40~30km/시간
② 40~20km/시간
③ 30~20km/시간
④ 20~10km/시간

해설 산림관리 기반시설의 설계 및 시설기준(산림자원의 조성 및 관리에 관한 법률 시행규칙 [별표 2])
임도의 설계속도는 20km/시간 이상 40km/시간 이하로 한다.

64 산록부와 산복부에 설치하는 임도로 하부에서 점차적으로 계획하여 진행하는 산악지대 임도노선형은 무엇인가?

① 사면임도
② 능선임도
③ 산복임도
④ 계곡임도

해설 산록부에서 산복부로 사면을 따라 설치하므로 사면임도라 한다.

65 다음 중 임도설계의 업무순서로 맞는 것은?

① 예비조사 → 예측 → 답사 → 실측 → 설계도작성 → 공사수량산출 → 설계서작성
② 예비조사 → 답사 → 예측 → 실측 → 공사수량산출 → 설계도작성 → 설계서작성
③ 예비조사 → 답사 → 예측 → 실측 → 설계도작성 → 공사수량산출 → 설계서작성
④ 답사 → 예비조사 → 예측 → 실측 → 공사수량산출 → 설계도작성 → 설계서작성

해설 임도설계의 업무순서
예비조사 → 답사 → 예측 → 실측 → 설계도작성 → 공사수량산출 → 설계서작성

66 임도의 합성물매는 12%로 설정하고, 외쪽물매를 6%로 적용한다면 종단물매는 약 몇 %가 적당한가?

① 8% ② 10%
③ 12% ④ 14%

해설 합성물매 = $\sqrt{외쪽물매^2 + 종단물매^2}$
$12\%^2 = (6^2 + 종단물매^2)$
$144 - 36 = 종단물매^2$
종단물매 = 10.4%

67 반출할 목재의 길이가 20m인 전간목을 너비가 4m인 도로에서 트레일러로 운반할 때 최소곡선반지름은 몇 m로 하여야 하는가?

① 20m ② 25m
③ 30m ④ 35m

해설 최소곡선반지름
= 목재의 길이^2 / (4 × 도로너비)
= $20^2 / (4 × 4) = 25m$

68 자침편차가 변화하는 주된 내용이 아닌 것은?

① 일 차   ② 자 차
③ 주 차   ④ 년 차

해설 자침이 가리키는 남북선인 자기자오선이 진자오선과는 일치하지 않음으로써 발생하는 치우침을 자침편차라 하고, 자기자오선이 진자오선을 기준으로 서쪽으로 기울 때를 서편차, 동쪽으로 기울 때를 동편차라고 한다. 우리나라는 진자오선(진북) 방향에서 서쪽으로 5~7° 정도의 자침편차를 가지고 있다.

69 수평각 측정에서 폐합된 5각형의 외각의 합은 얼마인가?

① 360°   ② 540°
③ 720°   ④ 1,260°

해설 오각형의 한점의 외각과 내각의 크기의 합은 180°이므로 5개의 외각과 내각의 크기의 합은 180°×5 = 900°이다. 따라서 900°에서 오각형의 내각의 크기의 합 540°를(오각형의 한 꼭짓점에서 그을 수 있는 대각선을 모두 그으면 삼각형 3개가 생긴다. 이때 삼각형의 내각의 크기의 합은 180°이므로 오각형의 내각의 크기의 합은 3개의 삼각형의 내각의 크기의 합, 즉 180°×3 = 540°가 된다) 빼면 오각형의 외각의 크기의 합도 역시 360°이다.
이와 같이 다각형의 내각의 크기의 합은 모두 다르지만 외각의 크기의 합은 항상 360°이다.

70 집재용 도구가 아닌 것은?

① 쐐 기   ② 사 피
③ 피 비   ④ 켄트훅

해설 ① 쐐기는 벌목용 도구이다.

71 측선 길이 100m, 위거 오차 0.1m, 경거 오차 0.5m, 전측선 총길이가 200m일 때 위거와 경거의 조정량을 컴퍼스법칙에 의해 계산한 값은?

① 위거 조정량 : 0.01m, 경거 조정량 : 0.05m
② 위거 조정량 : 0.25m, 경거 조정량 : 0.05m
③ 위거 조정량 : 0.05m, 경거 조정량 : 0.25m
④ 위거 조정량 : 0.50m, 경거 조정량 : 0.25m

해설
- 위거 조정량
  = (위거오차 / 총길이) × 조정할 측선의 길이
  = (0.1 / 200) × 100 = 0.05m
- 경거 조정량
  = (경거오차 / 총길이) × 조정할 측선의 길이
  = (0.5 / 200) × 100 = 0.25m

72 다음 중 옳지 않은 것은?

① 임도 유효너비에서 배향곡선지의 경우에는 6m 이상으로 한다.
② 임도 길어깨 및 옆도랑의 너비는 각각 50cm~1m의 범위로 한다.
③ 임도의 축조한계는 유효너비와 길어깨를 포함한 너비규격에 따라 설치한다.
④ 임도 유효너비에서 길어깨·옆도랑의 너비를 포함한 임도의 유효너비는 3m를 기준으로 한다.

해설 ④ 임도 유효너비에서 길어깨·옆도랑의 너비를 제외한 임도의 유효너비는 3m를 기준으로 한다.

정답 68 ② 69 ① 70 ① 71 ③ 72 ④

73 임도 배수구 설계 시 배수구의 통수단면은 최대홍수 유출량의 몇 배 이상으로 설계·설치하는가?

① 1.0배　　② 1.2배
③ 1.5배　　④ 2.0배

해설 배수구의 통수단면은 다음의 어느 하나의 방법으로 계산된 최대홍수유출량의 2.0배 이상으로 설계·설치한다.
- 최근 100년 빈도 확률강우량과 홍수도달시간을 이용하여 합리식(合理式)으로 계산
- 최근 5년간 극한호우에 의한 강우강도를 이용하여 합리식으로 계산
※ 관련 법령의 개정(2025.4.2.)으로 인하여 정답은 ④번이 됩니다.

74 임도측량 방법으로 영선측량과 중심선측량을 비교한 설명으로 옳지 않은 것은?

① 영선을 절토작업과 성토작업의 경계선이 되기도 한다.
② 산지경사가 완만할수록 중심선이 영선보다 안쪽에 위치하게 된다.
③ 산지경사가 45~55% 정도일 때 중심선과 영선이 거의 일치한다.
④ 중심선 측량은 지형상태에 따라 파상지형의 소능선과 소계곡을 관통하며 진행된다.

해설 ② 산지경사가 완만할수록 중심선이 영선보다 바깥쪽에 위치하게 된다.

75 임도망 배치 모델의 적정성을 분석하기 위한 평가지표로 평균집재거리가 있다. 아래의 조건에서 평균집재거리가 가장 짧아 노선 배치가 가장 양호하다고 평가할 수 있는 것은?

① 임도밀도 = 8m/ha, 우회계수 = 1.0
② 임도밀도 = 8m/ha, 우회계수 = 1.2
③ 임도밀도 = 10m/ha, 우회계수 = 1.0
④ 임도밀도 = 10m/ha, 우회계수 = 1.2

해설 우회계수가 1.0이라는 것은 임도가 직선화되어 있다는 것을 의미하므로 임도밀도가 높고(10m/ha) 우회계수가 1.0인 것이 평균집재거리가 가장 짧다.

76 다음 그림과 조건을 이용하여 계산한 측선 CA의 방위각은?

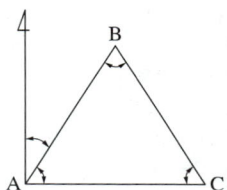

- 내각 ∠A = 62°15′27″
- 내각 ∠B = 54°37′49″
- 내각 ∠C = 63°06′53″
- 측선 AB의 방위각 = 27°35′15″

① 89°50′39″　　② 89°50′42″
③ 269°50′39″　　④ 269°50′42″

해설
- 내각 ∠A = 62°15′27″
- 내각 ∠B = 54°37′49″
- 내각 ∠C = 63°06′53″

세 개의 내각(∠A, ∠B, ∠C)을 더하면 179°58′129″이므로 이것은 180°00′9″과 같다. 삼각형 세각의 합이 180°보다 적어야 하므로 세 개의 내각(∠A, ∠B, ∠C)을 각각 03″씩 줄여야 한다.
- AC의 방위각 = 측선 AB의 방위각(27°35′15″) + 내각 ∠A(62°15′24″) + 180°
∴ AC의 방위각 = 89°50′39″ + 180° = 269°50′39″

정답 73 ②　74 ②　75 ③　76 ③

77 임도 설계 과정에서 곡선반경이 400m, 교각이 90°인 단곡선에서 접선의 길이는?

① 200m ② 400m
③ 600m ④ 800m

해설 접선길이 = 400m × tan(90°/2 = 45°)
= 400m

78 임도 대피소의 설치기준에서 (　) 안에 들어갈 숫자는?

구 분	기준
간 격	(　)m 이내
너 비	(　)m 이상
유효길이	(　)m 이상

① 300 − 5 − 15 ② 300 − 10 − 15
③ 500 − 5 − 15 ④ 500 − 10 − 15

해설 대피소의 설치기준

구 분	기준
간 격	300m 내외
너 비	5m 이상
유효길이	15m 이상

79 임도 설계서에 포함되지 않는 항목은?

① 예정공정표
② 각종 중기경비계산서
③ 수량총괄계산서
④ 토적표

해설 목차, 공사설명서, 일반시방서, 특별시방서, 예정공정표, 예산내역서, 일위대가표, 단가산출서, 각종 중기경비계산서, 공종별 수량계산서, 각종 소요자재총괄표, 토적표, 산출기초 순으로 작성한다.

80 임도 횡단면도에 대한 설명 중 틀린 것은?

① 축척은 1/1,000으로 작성한다.
② 횡단기입의 순서는 좌측하단에서 상단방향으로 한다.
③ 절토부분은 토사·암반으로 구분하되, 암반부분은 추정선으로 기입한다.
④ 각 측점의 단면마다 지반고·계획고·절토고·성토고·단면적·지장목 제거·측구터파기 단면적·사면보호공 등의 물량을 기입한다.

해설 ① 축척은 1/100으로 작성한다.

정답 77 ②　78 ①　79 ③　80 ①

제 5 과목 | 사방공학

81 황폐계류의 특성이 아닌 것은?

① 유로의 연장이 비교적 짧으며 계상물매가 급하다.
② 유량은 강우나 융설 등에 의해 급격히 증가하거나 감소한다.
③ 모래의 이동이 거의 없다.
④ 호우가 끝나면 유량이 격감된다.

해설 황폐계류는 호우 시 토석류의 이동이 심하다.

82 앞 모래언덕 육지 쪽에 후방 모래를 고정하여 표면을 안정시키고, 식재목이 잘 생육할 수 있는 환경 조성을 위해 실시하는 공법은?

① 구정바자얽기
② 모래덮기공법
③ 퇴사울타리공법
④ 정사울세우기공법

해설 정사울세우기는 사지조림공법으로 식재목이 잘 생육하도록 환경조성을 실시하는 공법이다.

83 야계현황을 조사한 결과 조도계수는 0.05, 통수단면적이 3m², 윤변이 1.5m, 수로 기울기가 2%일 때 Manning의 평균유속공식을 이용하여 유량을 계산하면 약 몇 m³/s인가?

① $4.49m^3/s$
② $0.49m^3/s$
③ $13.47m^3/s$
④ $1.35m^3/s$

해설 Manning의 평균유속공식
$= (1/n) \times R^{2/3} \times I^{1/2}$
$= 1/0.05 \times (3/1.5)^{2/3} \times 0.02^{1/2}$
$= 20 \times 2^{2/3} \times 0.02^{1/2}$
$= 20 \times 1.5874 \times 0.1414 = 4.4892$m/s
여기서, 통수단면적 3m²를 곱하면 13.4676m³/s이므로 약 13.47m³/s

84 토지로부터 가벼운 흙입자나 유기물 등 가용양료를 탈취함으로써 토양 비옥도와 생산성 유지에 지대한 손실을 가져다주는 침식 형태는?

① 우격침식
② 면상침식
③ 세굴침식
④ 누구침식

해설 면상침식은 토양 표면(가벼운 흙입자)을 벗겨내므로 가용 양료의 탈취가 본격적으로 시작되는 빗물침식의 형태이다.

81 ③ 82 ④ 83 ③ 84 ②

85 잔골재에 대한 설명으로 옳은 것은?

① 10mm 체를 85% 이상 통과한다.
② 5mm 체를 거의 통과하고 0.08mm 체에는 전부 남는다.
③ 5mm 체를 전부 통과하고 0.5mm 체에는 85% 이상 통과한다.
④ 5mm 체를 전부 통과하며 0.08mm 체에는 거의 다 남는다.

해설 잔골재(fine aggregate) : 10mm 체를 전부 통과하고 5mm 체를 거의 다 통과하며 0.08mm 체에 모두 남는 골재(한국산업표준)

86 대상지 1ha에 15° 경사로 1.0m 높이의 단끊기공을 시공할 때 평면적법에 의한 계단길이는?

① 약 1,786m ② 약 2,061m
③ 약 2,679m ④ 약 3,640m

해설
- 평면적 연장길이 = $A \cdot \tan(\theta) / H$
  = 10,000 × tan(15) / 1.0
  = 2,679.49m
- 사면적 연장길이 = $A \cdot \sin(\theta) / H$
  여기서, A : 면적
  H : 높이
  θ : 경사각

87 다음 설명에 해당하는 것은?

- 주목적은 토사생산구역에서 구곡침식을 방지하는 것이다.
- 사방댐보다 규모가 작고 반수면만 존재한다.

① 골막이   ② 바닥막이
③ 기슭막이   ④ 누구막이

해설 골막이(구곡막이)를 설명한다.

88 야계사방 둑쌓기에서 계획홍수량이 200~500m³/s인 경우 둑높이 여유고의 기준은?

① 0.6m 이상   ② 0.8m 이상
③ 1.0m 이상   ④ 1.5m 이상

해설 야계사방 둑쌓기에서 계획홍수량이 200~500m³/s인 경우 둑높이 여유고의 기준은 0.8m 이상, 200m³/s 미만인 경우 둑높이 여유고의 기준은 0.6m 이상, 500~2,000m³/s인 경우 둑높이 여유고의 기준은 1.0m 이상으로 한다.

89 산비탈수로의 집수면적이 3.6ha, 유거계수(K)가 1.0이고 최대시우량이 500mm/h이면 수로의 설계유량(m³/s)은?

① 1.0   ② 5.0
③ 10.0   ④ 15.0

해설 최대홍수유량
= 수로의 설계유량(m³/s)
= K × [집수면적 × (최대시우량/1,000)]/60 × 60)
= 1.0 × [36,000 × (500/1,000)]/60 × 60
= 36,000 × 0.5/3,600 = 5.0m³/s

정답 85 ② 86 ③ 87 ① 88 ② 89 ②

90 비탈면에서 분사식 씨뿌리기에 사용되는 혼합재료가 아닌 것은?

① 비료
② 종자
③ 전착제
④ 천연섬유 네트

해설 천연섬유 네트는 비탈면에 직접 설치하는 사방재료이다.

91 돌구곡막이 시공 때 돌쌓기 표준기울기는?

① 1 : 0.3
② 1 : 0.8
③ 1 : 1
④ 1 : 1.2

해설 돌구곡막이 시공 때 돌쌓기 표준기울기는 1 : 0.3이다.

92 떼붙임수로에 대한 설명으로 틀린 것은?

① 물매가 완만하고 수량이 적으며, 토사유송이 적은 곳에 이용된다.
② 누구의 침식을 방지하고 선떼붙이기 공작물을 견고하게 하기 위한 수로는 사다리꼴 떼수로이다.
③ 소규모 붕괴지의 수로, 대규모 붕괴지의 지선수로, 민둥산 지역의 산복수로에 이용된다.
④ 떼의 구득이 용이하면 시공비가 많이 소요되지 않는다.

해설 ② 누구의 침식을 방지하고 선떼붙이기 공작물을 견고하게 하기 위한 수로는 활꼴떼수로이다.

93 조공법에 대한 설명으로 틀린 것은?

① 비교적 급경사지에 설치한다.
② 앞면에는 침식을 방지하기 위하여 떼, 새 포기, 잡석 등으로 낮게 쌓아 계단을 보호한다.
③ 뒷면에는 매토를 한 후 사방묘목을 식재한다.
④ 계단 간 수직높이는 1.0~1.5m, 나비 50~60cm의 계단을 만든다.

해설 ① 선떼붙이기공법이 필요하지 않는 비교적 완경사지에 설치한다.

94 비탈힘줄박기공법에 대한 설명으로 틀린 것은?

① 비탈면을 안정시키기 위한 뼈대(힘줄)를 직접 현장에서 만든다.
② 뼈대 안에 콘크리트 타설을 하여 비탈면을 안정시킨다.
③ 지하수가 용출하거나 누수에 의한 침식이 심한 곳에 설치한다.
④ 시공기간이 길고 작업이 어려워 비능률적이다.

해설 ② 뼈대 안에 작은 돌이나 흙으로 채운다.

95 흙의 동결에 가장 큰 영향을 끼치는 흙 성분은?

① 모 래 ② 실 트
③ 점 토 ④ 마 사

해설 잘 흐트러질수록(실트) 흙의 동결로 인한 동상을 받기 쉽다.

96 콘크리트 기슭막이에 대한 설명으로 틀린 것은?

① 계류의 충돌력이 크고 계안의 침식이 심한 경우 설치한다.
② 뒷면은 토양에 따라 결정되는데 대개 물매는 앞면과 같이 1:0.3으로 한다.
③ 뒷채움자갈과 물빼기 구멍을 설치하여야 한다.
④ 10m 마다 신축줄눈을 설치하여야 한다.

해설 ② 뒷면은 토양에 따라 결정되는데 대개 수직으로 한다.

97 중력침식의 종류가 아닌 침식은?

① 붕락침식
② 산붕침식
③ 지활침식
④ 세로침식

해설 세로침식은 물침식 중 하천침식의 종류이다.

98 산복사방공사에 해당하는 공작물은?

① 수 제
② 계간수로
③ 누구막이
④ 기슭막이

해설 수제, 계간수로, 기슭막이는 계류침식 방지용 공작물이다.

99 다음 종단측량 야장에서 측점 간 거리가 20m일 때, 측점2에서의 지반고는?

(단위 : m)

측점	BS	IH	TP	IP	GH
0	3.255				104.505
1				2.525	
2	2.635		0.555		

① 105.06m ② 105.79m
③ 107.205m ④ 108.315m

해설

측점	BS	IH	TP	IP	GH
0	3.255	107.76			104.505
1				2.525	105.235
2	2.635		0.555		107.205

100 비탈다듬기로 생긴 토사의 활동을 방지하기 위해 설치하는 공작물은?

① 흙막이 ② 묻히기
③ 단끊기 ④ 다듬기

해설 묻히기
비탈면다듬기나 단끊기공사로 부토가 많이 생기고 깊이 퇴적되는 곳에서는 기초지반을 미끄럼면으로 하는 토괴의 활동을 일으키게 되는데, 이와 같은 비탈다듬기로 생긴 토괴의 활동을 방지하기 위하여 설치한다.

정답 95 ② 96 ② 97 ④ 98 ③ 99 ③ 100 ②

2024년 제2회 산림기사 기출복원문제

제1과목 조림학

01 중림작업에 대한 설명으로 옳은 것은?

① 교림작업과 왜림작업의 혼합림 작업이다.
② 교림작업과 죽림작업의 혼합림 작업이다.
③ 교림작업과 순림작업의 혼합림 작업이다.
④ 교림작업과 치수림작업의 혼합림 작업이다.

해설 중림작업은 교림작업과 왜림작업의 혼합림 작업이다.

02 편백에 대한 설명으로 옳지 않은 것은?

① 암수한그루이다.
② 편백나무과에 속한다.
③ 성숙한 구과는 적갈색이다.
④ 잎에 Y자형의 흰 기공선이 나타난다.

해설 ② 측백나무과에 속한다.

03 곰솔에 대한 설명으로 옳지 않은 것은?

① 수피는 흑갈색이다.
② 소나무과 수종이다.
③ 겨울눈은 붉은색이다.
④ 해안 지역에 주로 분포한다.

해설 ③ 겨울눈은 회백색이다.

04 정상적인 생육을 위해 무기양분을 가장 많이 요구하는 수목은?

① 향나무   ② 소나무
③ 오리나무   ④ 느티나무

해설 척박지에 생육하는 수종(소나무, 오리나무, 향나무)은 무기양분을 많이 요구하지 않는다.

05 개화 · 결실촉진방법이 아닌 것은?

① 시 비
② 화학자극제의 사용
③ 환상박피
④ 수관소개

해설 화학자극제의 사용은 종자의 발아촉진방법이다.

06 산림작업종 분류의 기준이 아닌 것은?

① 임분의 기원
② 벌구의 크기
③ 임형의 형태
④ 벌채종

해설 산림작업종 분류의 기준 : 벌구의 크기와 형태, 벌채종, 임분의 기원 등

정답 1 ① 2 ② 3 ③ 4 ④ 5 ② 6 ③

07 묘포지 선정조건으로 옳은 것은?

① 사양토는 배수와 통기가 불량하고, 잡초발생이 심하며, 유해한 토양미생물이 많아 작업을 더 어렵게 하며, 토양동결에 문제가 있고, 묘목의 근계발달에도 좋지 않다.
② 토양산도는 침엽수종에 대해서는 pH 5.0~6.5가 적당하다.
③ 10° 이하의 완경사지가 바람직하며, 그 이상이 되면 토양유실이 우려되어 계단식 경작을 해야 한다.
④ 포지의 서북향에 방풍림이 있으면 양묘에 좋지 않은 영향을 끼친다.

해설
① 점토질토양은 배수와 통기가 불량하고, 잡초발생이 심하며, 유해한 토양미생물이 많아 작업을 더 어렵게 하며, 토양동결에 문제가 있고, 묘목의 근계발달에도 좋지 않다.
③ 5° 이하의 완경사지가 바람직하며, 그 이상이 되면 토양유실이 우려되어 계단식 경작을 해야 한다.
④ 포지의 서북향에 방풍림이 있으면 양묘에 좋은 영향을 끼친다.

08 종자의 산포기작이 다른 수종은?

① 소나무
② 전나무
③ 벚나무
④ 자작나무

해설 벚나무는 조류(동물)에 의하며, 나머지는 바람에 의존한다.

09 종자 결실주기가 가장 긴 수종은?

① *Alnus japonica*
② *Abies holophylla*
③ *Betula platyphylla*
④ *Robinia pseudoacacia*

해설
② *Abies holophylla*(전나무) : 3~5년
① *Alnus japonica*(오리나무) : 해마다 결실
③ *Betula platyphylla*(자작나무) : 격년
④ *Robinia pseudoacacia*(아까시나무) : 격년

10 종자의 검사방법에 대한 설명으로 옳은 것은?

① 효율은 발아율과 순량률의 곱으로 계산한다.
② 실중은 종자 1L에 대한 무게를 kg 단위로 나타낸 것이다.
③ 순량률은 전체 시료무게를 순정종자무게에 대한 백분율로 나타낸 것이다.
④ 발아세는 발아시험기간 동안 발아립수를 시료수에 대한 백분율로 나타낸 것이다.

해설
② 실중은 천립중(1,000개의 종자 4반복 평균 무게)이다.
③ 순량률은 순정종자무게를 전체시료무게에 대한 백분율로 나타낸 것이다.
④ 발아세는 발아시험기간 동안 일시에 발아된 종자의 수를 전체시료종자의 수로 나누어 백분율로 나타낸 것이다.

정답 7 ② 8 ③ 9 ② 10 ①

11 산벌작업에 대한 설명으로 옳은 것은?
① 인공적으로 조림하여 갱신한다.
② 왜림을 조성하기 위한 작업이다.
③ 음수 수종은 갱신이 어려운 작업이다.
④ 예비벌, 하종벌, 후벌 순서로 작업을 진행한다.

해설 ① · ③ 개벌, ② 왜림

13 버드나무류나 사시나무류의 종자를 채취한 후 바로 파종하는 이유로 옳은 것은?
① 종자의 수명이 짧기 때문에
② 종자의 크기가 작기 때문에
③ 종자의 발아력이 높기 때문에
④ 종자가 바람에 잘 흩어지기 때문에

해설 버드나무류나 사시나무류, 회양목 등은 종자의 수명이 짧기 때문에 봄이나 여름에 종자가 성숙하면 채종 직후 바로 파종(채파, 취파)한다.

12 수분 부족 스트레스를 받은 수목의 일반적인 현상이 아닌 것은?
① 춘재 비율이 추재 비율보다 더 많아진다.
② 체내의 수분이 부족하여 팽압이 감소한다.
③ ABA를 생산하기 시작해서 기공의 크기에 영향을 준다.
④ 생화학적인 반응을 감소시켜 효소의 활동을 둔화시킨다.

해설 ① 생장이 왕성한 춘재에 부정적 영향을 받아 춘재 비율이 적어질 수 있다.

14 수목에 반드시 필요한 필수원소가 아닌 것은?
① 철   ② 질 소
③ 망 간   ④ 알루미늄

해설 ④ 알루미늄은 필수원소도 다량원소도 미량원소도 아니다.

정답 11 ④ 12 ① 13 ① 14 ④

15 실생묘의 묘령 표시 방법으로 2-2-1에 대하여 옳은 것은?

① 파종상에서 2년, 그 뒤 두 번 상체된 일이 있고, 첫 상체상에서 2년과 이후 1년을 경과한 5년생 묘목이다.
② 파종상에서 2년, 그 뒤 두 번 상체된 일이 있고, 각 상체상에서 1년을 경과한 5년생 묘목이다.
③ 파종상에서 2년, 그 뒤 세 번 상체된 일이 있고, 각 상체상에서 1년을 경과한 5년생 묘목이다.
④ 파종상에서 2년, 그 뒤 한 번 상체된 일이 있고, 상체상에서 2년 경과 후 산지에 식재된 1년된 5년생 묘목이다.

해설 2-2-1 : 파종상에서 2년, 그 뒤 두 번 상체된 일이 있고, 첫 상체상에서 2년과 이후 1년을 경과한 5년생 묘목이다.

16 자웅이주에 해당하는 수종은?

① *Ilex crenata*
② *Alnus japonica*
③ *Pinus densiflora*
④ *Cryptomeria japonica*

해설 *Ilex crenata*(꽝꽝나무)는 암꽃과 수꽃이 따로 핀다.

17 수목 체내에서 일어나는 변화에 대한 설명으로 옳은 것은?

① 낙엽수는 가을에 탄수화물 농도가 최저로 떨어진다.
② 낙엽수는 겨울철에 전분 함량이 증가하고 환원당의 함량이 감소된다.
③ 상록수의 탄수화물 함량의 계절적인 변화는 낙엽수에 비하여 적은 편이다.
④ 재발성 개엽 수종은 줄기 생장이 이루어질 때마다 탄수화물이 증가한 다음 다시 감소한다.

해설
① 낙엽수는 가을에 탄수화물 농도가 최고가 된다.
② 낙엽수는 겨울철에 전분 함량이 감소하고 환원당의 함량이 증가된다.
④ 재발성 개엽 수종은 줄기 생장이 이루어질 때마다 탄수화물이 감소한 다음 다시 증가한다.

18 다음 조건에서 파종량은?

- 파종상 면적 : 500m^2
- 묘목 잔존본수 : 600본/m^2
- 1g당 평균입수 : 99립
- 순량률 : 95%
- 발아율 : 90%
- 묘목 잔존율 : 30%

① 약 11.8kg ② 약 12.3kg
③ 약 31.6kg ④ 약 37.3kg

해설 $\dfrac{500 \times 600}{99 \times 0.95 \times 0.9 \times 0.3} = 11,814g$

19 간벌에 대한 설명으로 옳지 않은 것은?

① 주로 6~8월에 실시한다.
② 정성적 간벌과 정량적 간벌이 있다.
③ 조림목 간의 경쟁을 최소화하기 위한 것이다.
④ 잔존목의 생장촉진과 형질향상을 위하여 실시한다.

해설 간벌은 성장 휴지기인 겨울(노동력 고려)이나 봄(잔존목의 생장 고려)에 실시하는 것이 좋다.

20 수분과 수목생장의 관계에 대한 설명으로 옳지 않은 것은?

① 수분의 증산은 기공에서 공변세포의 칼륨 펌프와 관련이 있다.
② 토양의 수분 가운데 수목이 이용 가능한 수분을 모세관수라고 한다.
③ 수목이 영구위조점을 넘어서면 수분을 공급해 주어도 회복되지 않는다.
④ 토양의 수분퍼텐셜이 뿌리의 수분퍼텐셜보다 낮아야 식물 뿌리가 토양으로부터 수분을 흡수할 수 있다.

해설 ④ 토양의 수분퍼텐셜이 뿌리의 수분퍼텐셜보다 높아야(삼투압 원리) 식물 뿌리가 토양으로부터 수분을 흡수할 수 있다.

제 2 과목 | 산림보호학

21 바다에서 부는 바람에 함유된 염분에 약한 수종으로만 올바르게 나열한 것은?

① 곰솔, 돈나무
② 삼나무, 벚나무
③ 팽나무, 후박나무
④ 자귀나무, 사철나무

해설 저항력이 약한 수종 : 소나무, 삼나무, 편백, 화백, 전나무, 벚나무, 포도나무, 사과나무 등

22 잎을 주로 가해하는 해충이 아닌 것은?

① 솔나방
② 박쥐나방
③ 미국흰불나방
④ 오리나무잎벌레

해설 박쥐나방은 나무수간의 분열조직을 가해한다.

23 세균이 식물에 침입할 수 있는 자연개구부에 해당하지 않는 것은?

① 각 피   ② 기 공
③ 피 목   ④ 밀 선

해설 각피는 처음부터 뚫려있는 자연개구부가 아니다.

정답 19 ① 20 ④ 21 ② 22 ② 23 ①

24 수목에 피해를 주는 대기오염물질이 아닌 것은?

① PAN
② 염화칼슘
③ 질소산화물
④ 아황산가스

해설 염화칼슘(제설제)은 대기오염물질이 아니다.

25 파이토플라스마에 의한 수병의 방제 약제는?

① 스트렙토마이신
② 엑티디이온 BR
③ 가스가마이신
④ 옥시테트라사이클린

해설 파이토플라스마에 의한 수병의 방제 약제는 옥시테트라사이클린계 약제를 사용한다.

26 중간기주와 기주교대를 하지 않는 병원균은?

① 밤나무 줄기마름병균
② 향나무 녹병균
③ 잣나무 털녹병균
④ 소나무 잎녹병균

해설 ② 향나무 녹병균 : 배나무
③ 잣나무 털녹병균 : 송이풀, 까치나무
④ 소나무 잎녹병균 : 황벽나무, 참취, 잔대

27 다음 중 솔잎혹파리의 기생성 천적이 아닌 것은?

① 솔잎혹파리먹좀벌
② 혹파리원뿔먹좀벌
③ 혹파리살이먹좀벌
④ 혹파리등뿔먹좀벌

해설 혹파리원뿔먹좀벌이 아닌 혹파리반뿔먹좀벌이다.

28 다음 중 성충과 유충(幼蟲)이 동시에 잎을 가해하는 것은?

① 솔잎혹파리
② 복숭아명나방
③ 박쥐나방
④ 오리나무잎벌레

해설 ①·②·③ 솔잎혹파리, 복숭아명나방, 박쥐나방 : 유충

29 다음 중 우리나라에서 발생하기 힘든 산불 형태는?

① 지중화(地中火)
② 지표화(地表火)
③ 수간화(樹幹火)
④ 수관화(樹冠火)

해설 우리나라는 일반적으로 지표화에서 수간화, 수관화로 옮겨진다.

정답 24 ② 25 ④ 26 ① 27 ② 28 ④ 29 ①

30 미국흰불나방의 월동 형태로 가장 적합한 것은?

① 알로 땅속
② 성충으로 땅속
③ 번데기로 나무 틈
④ 유충으로 나무 속

해설 보통 연 2회 발생하며 수피 틈이나 지피물 밑에서 번데기로 월동한다. 성충은 5월 중순~6월 상순, 7월 하순~8월 중순에 나타나고, 유충은 5월 하순~6월 상순, 8월 상순~10월 상순에 나타나서 가해한다.

31 소나무 재선충병 방제방법에 대한 설명으로 옳지 않은 것은?

① 예방 나무주사를 한다.
② 저항성 품종을 식재한다.
③ 피해 고사목은 훈증하거나 소각한다.
④ 솔수염하늘소 성충 발생시기에 지상 약제 살포를 한다.

해설 ② 저항성 품종 식재 방법은 아직 개발되지 않은 방제방법이다.

32 다음 중 열에 강한 수종이 아닌 것은?

① 가문비나무   ② 편 백
③ 피나무   ④ 잎갈나무

해설 ② 편백은 내화력에 약하다.

33 수목병을 진단하는 방법으로 옳지 않은 것은?

① 지표식물 이용
② 항원-항체 반응
③ 테트라졸륨 검사
④ Koch의 원칙 적용

해설 ③ 테트라졸륨 검사 : 종자 활력검사

34 매미나방 방제방법으로 옳지 않은 것은?

① 나무주사를 실시한다.
② 알덩어리는 4월 이전에 제거한다.
③ 어린 유충시기에 살충제를 살포한다.
④ Bt균, 핵다각체바이러스 등의 천적미생물을 이용한다.

해설 ① 매미나방(집시나방)의 방제에는 나무주사는 이용하지 않는다.

35 다음 설명에 해당하는 해충은?

- 성충은 열매에 구멍을 내고 열매 속에 산란한다.
- 부화유충은 과실 내부를 가해하고 똥을 외부로 배출하지 않아 피해 과실을 구별하기 어렵다.

① 밤바구미   ② 버들바구미
③ 밤나무혹벌   ④ 복숭아명나방

해설 밤바구미를 설명한다.

36 방제 대상이 아닌 곤충류에도 피해를 주기 가장 쉬운 농약은?

① 전착제 ② 화학불임제
③ 접촉성 살충제 ④ 침투성 살충제

해설 접촉성 살충제는 방제 대상이 아닌 여러 곤충에게 피해를 준다.

37 솔나방 방제방법으로 옳지 않은 것은?

① 월동 후 유충 활동시기에 아바멕틴 유제를 나무주사한다.
② 성충 활동기에 수은등이나 유아등을 설치하여 성충을 유살한다.
③ 7~8월 중순에 산란된 알 덩어리가 붙어있는 가지를 잘라서 소각한다.
④ 유충이 가해하는 시기에 디플루벤주론 수화제나 뷰프로페진 수화제를 살포한다.

해설 ④ 솔나방의 방제에는 디플루벤주론 수화제나 뷰프로페진 수화제를 사용하지 않는다.

38 바이러스로 인한 수목병 방제방법에 대한 설명으로 옳지 않은 것은?

① 생장점 배양을 한다.
② 묘포장에서는 윤작을 피한다.
③ 잡초를 활용하여 간섭효과를 유발한다.
④ 약독 바이러스를 발병 전에 미리 접종한다.

해설 ③ 잡초는 수목병을 유발할 수 있다.

39 병원균의 형태 중 여름포자가 없는 녹병은?

① 향나무 녹병
② 잣나무 털녹병
③ 전나무 잎녹병
④ 포플러 잎녹병

해설 ① 향나무 녹병은 여름포자를 형성하지 않는다.

40 성충으로 월동하는 해충으로만 나열한 것은?

① 솔나방, 복숭아명나방
② 솔나방, 미국흰불나방
③ 소나무좀, 버즘나무방패벌레
④ 버즘나무방패벌레, 복숭아명나방

해설
① 솔나방, 복숭아명나방 : 유충
② 솔나방 : 유충, 미국흰불나방 : 번데기
④ 버즘나무방패벌레 : 성충, 복숭아명나방 : 유충

정답 36 ③ 37 ④ 38 ③ 39 ① 40 ③

| 제 3 과목 | 임업경영학 |

41 다음 산림구획에 대한 설명 중 틀린 것은?

① 임반의 경계 및 번호는 특별한 경우를 제외하고는 변경하지 않는다.
② 임반은 가능한 100ha 내외, 소반은 최소면적 1ha 이상으로 구분한다.
③ 1임반 1보조소반 1소반 3보조소반의 표시는 1-1-(1-3)으로 한다.
④ 운반계통이 상이할 때도 소반을 따로 구획한다.

해설 ③ 1임반 1보조소반 1소반 3보조소반의 표시는 1-1-1-3으로 한다.

42 다음과 같은 조건을 가진 통나무의 재적을 Huber식에 의해 계산하면 얼마인가?(단, 소수 넷째자리에서 반올림 할 것)

- 재장 : 5m
- 원구직경 : 20cm
- 중앙직경 : 20cm
- 말구직경 : 18cm

① $0.084m^3$
② $0.157m^3$
③ $0.160m^3$
④ $0.251m^3$

해설 Huber식 = 중앙단면적 × 재장
= $0.0314m^2 × 5m = 0.157m^3$

43 산림경영계획 작성 시 임황조사 항목이 아닌 것은?

① 지 위   ② 임 상
③ 임 종   ④ 소밀도

해설 지위는 지황조사 항목이다.

44 임목이 일정한 용도에 적합한 크기의 용재를 생산하는 데 필요한 연령을 기준으로 하여 결정되는 벌기령을 무엇이라 하는가?

① 공예적 벌기령
② 조림적 벌기령
③ 재적수확 최대의 벌기령
④ 화폐수익 최대의 벌기령

해설 표고자목생산, 펄프재 등의 용도로 일반적으로 벌기령이 짧은 것은 공예적 벌기령이다.

45 시장가역산법으로 임목가를 평정할 때 필요하지 않은 인자는?

① 집재비
② 운반비
③ 조림 및 육림비
④ 벌목 및 조재비

해설 조림 및 육림비는 유령림이나 중령림 평가에 쓰이고 벌기이상의 임목평가(시장가역산법)에는 쓰이지 않는다.

41 ③ 42 ② 43 ① 44 ① 45 ③ **정답**

46 취득원가 3,000만원, 잔존가액 100만원인 목재운반용 트럭이 있다. 이 트럭의 총운행가능거리가 10만km이고 실제 운행거리가 4만km이면, 생산량 비례법에 의한 총감가상각액은?

① 10,600,000원
② 11,600,000원
③ 12,600,000원
④ 13,600,000원

해설 생산량 비례법에 의한 감가상각액
= (3,000만원 − 100만원) × (40,000km/100,000km)
= 11,600,000원

47 매년 240만원씩 순수익을 얻을 수 있는 산림을 3,600만원에 구입하였을 때의 연간 손익은?(단, 연이율은 6%이다)

① 손해 24만원
② 이익 24만원
③ 손해 400만원
④ 이익 400만원

해설 산림구입가의 연이율 6%는 3,600만원 × 0.06 = 216만원이고, 매년 240만원 순수익이 있으므로 연간 240만원 − 216만원 = 24만원의 수익이 생긴다.

48 수익·비용율법을 투자의 의사결정방법으로 사용할 때 투자가치가 있는 사업으로 평가되는 것은?(단, B는 수익이고 C는 비용)

① B/C율 > 1
② B/C율 < 1
③ B/C율 > 0
④ B/C율 < 0

해설 B/C율 > 1일 때 투자가치가 있는 사업으로 평가된다.

49 연간 임산물 생산과 관련된 고정비가 2백만원, 변동비가 5천원, 판매단가가 6천원일 경우 손익분기점에 해당하는 임산물 생산량은?

① 181개
② 334개
③ 2,000개
④ 20,000개

해설 손익분기점 = 고정비 + (변동비 × 생산량)
= 판매단가 × 생산량
2,000,000원 + (5,000원 × x) = 6,000원 × x
$1,000x$ = 2,000,000원
∴ x = 2,000개

50 자연휴양림을 조성 및 신청하려는 자가 제출하여야 하는 예정지의 위치도 축척 크기는?

① 1/5,000
② 1/15,000
③ 1/25,000
④ 1/50,000

해설 자연휴양림의 지정신청 등(산림문화·휴양에 관한 법률 시행규칙 제13조 제1항 제3호)
자연휴양림 예정지의 위치도(축적 2만5천분의 1) 및 구역도(축적 5천분의 1 또는 6천분의 1) 각 1부

정답 46 ② 47 ② 48 ① 49 ③ 50 ③

51
다음 설명에 해당하는 용어는?

> 재적이 0.5m³인 통나무 2개 가격의 합보다 재적 1m³인 통나무 1개의 가격이 훨씬 높다.

① 형질생장　　② 가치생장
③ 등귀생장　　④ 재적생장

해설 형질생장 : 지름이 커지고 재질이 좋아지는 데서 오는 단위재적당 가격 상승

52
임분의 연령측정방법이 아닌 것은?

① 본수령　　② Smalian식
③ 표본목령　　④ 흉고단면적법

해설 흉고단면적으로 임령을 구하지는 않는다.

53
손익분기점 분석에 필요한 가정으로 옳지 않은 것은?

① 원가는 고정비와 유동비로 구분할 수 있다.
② 제품의 생산능률은 판매량에 관계없이 일정하다.
③ 제품 한 단위당 변동비는 판매량에 따라 달라진다.
④ 제품의 판매가격은 판매량이 변동하여도 변화되지 않는다.

해설 ③ 제품 한 단위당 변동비는 항상 일정하다.

54
산림수확 조절을 위한 선형계획모형의 전제조건이 아닌 것은?

① 비례성　　② 활동성
③ 부가성　　④ 제한성

해설 산림수확 조절을 위한 선형계획모형의 전제조건은 비례성, 비부성, 부가성, 분할성, 선형성, 제한성, 확정성이다.

55
똑같은 산림경영패턴이 영구히 반복된다는 것을 가정한 임지의 평가방법은?

① 임지비용가법
② 임지기망가법
③ 임지예상가법
④ 임지매매가법

해설 임지기망가(임지수익가)
어떤 임지에 일정한 시업을 영속적으로 실시한다고 할 때 그 임지에서 장래 기대되는 순수입의 전가(현재가) 합계이다.

56
법정림에서 산림면적이 400ha, 윤벌기가 50년이면 1영계의 면적은?

① 0.8ha　　② 8ha
③ 80ha　　④ 800ha

해설 법정영계면적 = 400/50 = 8ha

57 소나무 임분의 벌기평균생장량이 6m³/ha이고 윤벌기가 50년이라고 할 때 이 임분의 법정연벌량과 법정수확률은 각각 얼마인가?

① 300m³/ha, 3%
② 300m³/ha, 4%
③ 600m³/ha, 3%
④ 600m³/ha, 4%

해설
- 법정연벌량 = 6m³/ha × 50년 = 300m³/ha
- 법정수확률(개벌) = 200/50년 = 4%

58 수확조정법에 대한 설명으로 옳지 않은 것은?

① Hufnagl법은 재적배분법의 일종이다.
② 전 산림면적을 윤벌기 연수와 동일하게 벌구로 나누고 매년 한 벌구씩 수확하는 방법을 구획윤벌법이라 한다.
③ 토지의 생산력에 따라 개위면적을 산출하여 벌구 면적을 조절, 연수확량을 균등하게 하는 방법을 비례구획윤벌법이라 한다.
④ 전 임분을 윤벌기 연수의 1/2 이상 되는 연령의 것과 그 이하의 것으로 나누어 전자는 윤벌기의 전반에, 후자는 윤벌기 후반에 수확하는 방법을 Beckmann법이라 한다.

해설
Hufnagl법
전 임분을 윤벌기 연수의 1/2 이상 되는 연령의 것과 그 이하의 것으로 나누어 전자는 윤벌기의 전반에, 후자는 윤벌기 후반에 수확하는 방법

59 다음 조건에서 프레슬러(Pressler) 공식을 이용한 임목의 수고생장률은?

- 2020년 임목의 수고는 15m
- 2025년 임목의 수고는 18m

① 약 0.4% ② 약 3.6%
③ 약 36.4% ④ 약 44.4%

해설
Pressler식
$$= \frac{\text{현재의 임분재적} - 5\text{년 전의 임분재적}}{\text{현재의 임분재적} + 5\text{년 전의 임분재적}} \times \left(\frac{200}{5\text{년}}\right)$$
$= \frac{18-15}{18+15} \times (200/5)$
$= (3/33) \times 40$
$=$ 약 3.64%

60 시장가역산법에 의한 임목가 결정에 필요한 인자로 가장 거리가 먼 것은?

① 원목시장가
② 벌채운반비
③ 기업이익률
④ 조림무육관리비

해설
$x = f\left(\dfrac{a}{1+mp+r} - b\right)$

여기서, x : 단위 재적당(m³) 임목가
f : 조재율(이용률)
a : 단위 재적당 원목의 시장가
m : 자본 회수기간
b : 단위 재적당 벌채비, 운반비, 사업비 등의 합계
p : 월이율
r : 기업이익률

정답 57 ② 58 ④ 59 ② 60 ④

제4과목 임도공학

61 임도망 계획 시 고려할 사항이 아닌 것은?

① 운반비가 적게 들도록 한다.
② 목재의 손실이 적도록 한다.
③ 신속한 운반이 되도록 한다.
④ 운재방법이 다양화되도록 한다.

해설 ④ 운재방법이 단순화되도록 한다.

62 설계속도에 따른 종단곡선의 반경 및 길이 선정 시 다음 표에서 (가)와 (나)에 들어갈 수치는?

설계속도 (km/hr)	종단곡선의 반경(m)	종단곡선의 길이(m)
40	(가) 이상	40 이상
30	250 이상	(나) 이상
20	100 이상	20 이상

① (가) : 500, (나) : 35
② (가) : 500, (나) : 30
③ (가) : 450, (나) : 30
④ (가) : 400, (나) : 25

해설

설계속도 (km/시간)	종단곡선의 반경(m)	종단곡선의 길이(m)
40	450 이상	40 이상
30	250 이상	30 이상
20	100 이상	20 이상

63 40ha 면적의 산림에 간선임도 500m, 지선임도 300m, 작업임도 200m가 시설되어 있다면 임도밀도는?

① 12.5m/ha ② 20m/ha
③ 25m/ha   ④ 40m/ha

해설 (500m + 300m + 200m)/40ha = 25m/ha

64 임도 개설에 따른 절·성토 시 부족한 토사공급을 위한 장소는?

① 객토장   ② 사토장
③ 집재장   ④ 토취장

해설 토사를 채취하기 위한 장소는 토취장, 버리는 장소는 사토장이다.

65 임도 규정상 임도의 횡단면도를 설계할 때 사용하는 축척으로 옳은 것은?

① 1 : 50   ② 1 : 100
③ 1 : 200   ④ 1 : 1000

해설 임도의 횡단면도를 설계할 때 사용하는 축척은 1 : 100 이다.

정답 61 ④ 62 ③ 63 ③ 64 ④ 65 ②

66 임도에 설치하는 교량 및 암거에 대한 설명으로 다음 (   ) 안에 알맞은 것은?

> 교량 및 암거의 활하중은 사하중에 실리는 차량, 보행자 등에 따른 교통하중을 말하며, 그 무게산정은 사하중 위에서 실제로 움직여지고 있는 (   )하중 이상의 무게에 따른다.

① DB-10 ② DB-12
③ DB-18 ④ DB-20

해설 활하중의 무게산정은 사하중 위에서 실제로 움직여지는 DB-18하중(총 32.45ton) 이상의 무게에 따른다.

67 블레이드면의 방향이 진행방향의 중심선에 대하여 20~30°의 경사가 진 도저의 종류는?

① 트리불도저
② 스트레이트도저
③ 앵글도저
④ 틸트도저

해설 앵글도저는 전후로 20~30°의 경사가 진 도저이고, 틸트도저는 상하로 20~30°의 경사가 진 도저이다.

68 토량곡선에 대한 설명으로 옳지 않은 것은?

① 곡선이 상향인 구간은 절토구간이고 하향은 성토구간이다.
② 곡선과 평형선이 교차하는 점은 절토량과 성토량이 평형상태를 나타낸다.
③ 평형선에서 곡선의 곡점과 정점까지의 높이는 절토에서 성토로 운반되는 정체의 토량이다.
④ 곡선이 평형선보다 위에 있는 경우에는 성토에서 절토로 운반되며 작업방향은 우에서 좌로 이루어진다.

해설 ④ 곡선이 평형선보다 위에 있는 경우에는 절토에서 성토로 운반되며 작업방향은 좌에서 우로 이루어진다.

69 하베스터와 포워더를 이용한 작업시스템의 목재생산방법은?

① 전목생산방법
② 전간생산방법
③ 단목생산방법
④ 전간목생산방법

해설 하베스터와 반출장비인 포워더는 단목생산방법이다.

70 임도의 평면 선형에서 곡선의 종류가 아닌 것은?

① 단곡선 ② 배향곡선
③ 이중곡선 ④ 반향곡선

해설 임도의 평면선형에서 사용하는 곡선에는 단곡선, 배향곡선, 복심곡선, 반향곡선, 완화곡선 등이 있다.

정답 66 ③ 67 ③ 68 ④ 69 ③ 70 ③

71 임도의 노체 구성 순서로 옳은 것은?(단, 아래에서 위로의 순서에 해당됨)

① 노반 → 기층 → 노상 → 표층
② 노상 → 기층 → 노반 → 표층
③ 노반 → 노상 → 기층 → 표층
④ 노상 → 노반 → 기층 → 표층

해설 임도의 노체 구성 순서 : 노상 → 노반 → 기층 → 표층

72 어떤 측점에서부터 차례로 측량을 하여 최후에 다시 출발한 측점으로 되돌아오는 측량방법으로 소규모의 단독적인 측량에 많이 이용되는 트래버스 방법은?

① 폐합 트래버스
② 결합 트래버스
③ 개방 트래버스
④ 다각형 트래버스

해설 트래버스의 종류
• 개방 트래버스 : 끝점과 시작점이 전혀 다른 미지점에서 연결되는 트래버스로, 정밀도가 낮아 노선답사 등에 사용된다.
• 폐합 트래버스 : 시작점으로 되돌아와 폐합되는 형태의 트래버스로, 소규모 측량에 사용된다.
• 결합 트래버스 : 기지점에서 시작해서 기지점으로 연결되는 트래버스로, 높은 정밀도를 요하거나 대규모 지역에 사용된다.
※ 정밀도 순서 : 결합 트래버스 > 폐합 트래버스 > 개방 트래버스

73 다음 ( ) 안에 적절한 것은?

포장도로가 아닌 곳에서 종단기울기의 대수차가 ( )% 이하인 경우에 임도의 종단곡선 규정을 적용하지 않는다.

① 3 ② 5
③ 7 ④ 9

해설
• 포장도로가 아닌 곳으로서 종단기울기의 대수차가 5% 이하인 경우에 이를 적용하지 아니한다.
• 종단곡선은 포물선곡선방식을 적용할 수 있다.

74 임도의 종단면도에 기입하지 않는 사항은?

① 성토고, 측점, 축적
② 설계자, 기계고, 후시
③ 도명, 누가거리, 거리
④ 절취고, 계획고, 지반고

해설 ② 기계고, 후시 등은 야장에 기입하는 값이다.

75 임도의 최소곡선반지름 크기에 영향을 미치지 않는 인자는?

① 임도의 유효폭
② 반출목재의 길이
③ 임도의 설계속도
④ 임도의 종단기울기

해설 ④ 종단기울기는 종단의 경사와 관련이 있다.

정답 71 ④ 72 ① 73 ② 74 ② 75 ④

76 임도 설계도면 제도에 대한 설명으로 옳은 것은?

① 평면도는 축적 1/1,000으로 한다.
② 횡단면도는 축적 1/200으로 한다.
③ 종단면도 상부에 곡선제원 등을 기입한다.
④ 종단면도 축적은 횡 1/1,000, 종 1/200으로 한다.

해설
① 평면도는 축적 1/1,200으로 한다.
② 횡단면도는 축적 1/100으로 한다.
③ 평면도에 곡선제원 등을 기입한다.

78 임도설치 대상지 우선선정 기준으로 옳지 않은 것은?

① 도시개발이 예정된 임지
② 산림보호 및 관리를 위해 필요한 임지
③ 임도와 도로 연결을 위해 필요한 임지
④ 산림휴양자원의 이용 또는 산촌진흥을 위해 필요한 임지

해설
① 도시개발이 예정된 임지는 임도설치 선정지가 아니다.

79 앞이 트이고 장애물이 없는 곳의 평판측량법은?

① 방사법   ② 교차법
③ 도선법   ④ 교회법

해설
방사법은 한 측점에서 여러 목적물에 대한 방향 및 거리를 측정하여 위치를 결정하는 방법

77 시점의 표고가 100m, 종점의 표고가 500m, 종단경사가 6%인 임도의 최단길이는?(단, 임도 우회율은 적용하지 않음)

① 약 0.7km   ② 약 2.4km
③ 약 6.7km   ④ 약 24km

해설
$100 : 6 = x : 400$
x = 약 6.7km

80 일정한 조건하에서 일련의 관측값에 항상 같은 방향(+ 또는 −)과 같은 크기로 발생하는 오차를 무엇이라 하는가?

① 기계적 오차   ② 상대오차
③ 상쇄오차   ④ 누적오차(정오차)

해설
일정한 조건하에서 일련의 관측값에 항상 같은 방향(+ 또는 −)과 같은 크기로 발생하는 오차를 누적오차(정오차)라 한다.

정답 76 ④ 77 ③ 78 ① 79 ① 80 ④

제 5 과목 | 사방공학

81 초기황폐지 단계에서 복구되지 않으면 점점 더 급속히 악화되어 가까운 장래에 민둥산이나 붕괴지가 될 위험성이 있는 상태는?

① 척악임지　② 임간나지
③ 황폐이행지　④ 특수황폐지

해설 황폐지의 진행순서
척악임지 → 임간나지 → 초기황폐지 → 황폐이행지 → 민둥산

82 불투과형 중력식 사방댐의 형태인 흙댐의 시공요령으로 내심벽을 만들 때 사용하는 것은?

① 모 래　② 자 갈
③ 점 토　④ 호박돌

해설 흙댐은 흙으로 만드는 댐으로 심벽은 점토로 단단하게 만들고 심벽 주위로 사질토나 점토질로 다지기를 한다.

83 계단 연장이 3km인 비탈면에 선떼붙이기를 7급으로 할 때에 필요한 떼의 총 소요 매수는? (단, 떼의 크기 40 × 25cm)

① 11,250매　② 15,000매
③ 16,500매　④ 18,750매

해설 7급은 떼가 2.0장 들어가므로(표준도 참조) 길이 40cm 떼는 m당 5장(2 × 100 / 40) 필요하다.
∴ 3,000m × 5장 = 15,000장

84 견고를 요하는 돌쌓기 공사에 특히 메쌓기 공법에 사용될 수 있도록 특별한 규격으로 다듬은 석재는?

① 견치돌　② 막깬돌
③ 야면석　④ 호박돌

해설 견치돌
견고를 요하는 돌쌓기 공사에 사용할 수 있도록 특별히 다듬은 석재로서 단단하고 치밀한 돌을 사용한다. 크기는 대체로 면의 길이를 기준으로 하여 길이는 1.5배 이상, 이맞춤 너비는 1/5 이상, 뒷면은 1/3 정도, 그리고 허리치기의 중간은 1/10 정도로 해야 하며, 1개의 무게는 보통 70~100kg이다.

85 계류의 바닥 폭이 3.8m, 양안의 경사각이 모두 45°이고, 높이가 1.2m일 때의 계류 횡단면적(m²)은?

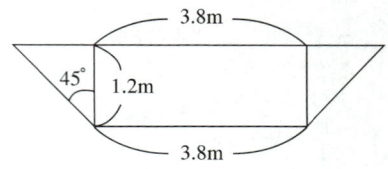

① 0.5　② 0.6
③ 5.3　④ 6.0

해설
- 삼각형 한 개의 넓이
  $= \frac{1}{2} \times 1.2m \times 1.2m \times \tan 45°$
  $= 0.72m^2$
- 계류 횡단면적 = 0.72m² × 2 + (3.8m × 1.2m)
  = 6.0m²

81 ③　82 ③　83 ②　84 ①　85 ④

86 강우에 의한 토양침식의 발달과정으로 옳은 것은?

① 우격침식 → 면상침식 → 누구침식 → 구곡침식
② 우격침식 → 누구침식 → 면상침식 → 구곡침식
③ 우격침식 → 구곡침식 → 누구침식 → 면상침식
④ 우격침식 → 누구침식 → 구곡침식 → 면상침식

해설 강우에 의한 토양침식의 발달과정
우격침식 → 면상침식 → 누구침식 → 구곡침식

87 비탈면 하단부에 흐르는 계천의 가로침식에 의해 일어나며, 침식 및 붕괴된 물질은 퇴적되지 않고 대부분 유수와 함께 유실되는 붕괴형 침식은?

① 산붕   ② 포락
③ 붕락   ④ 산사태

해설
① 산붕 : 산사태보다 규모가 작은 소형 산사태
③ 붕락 : 눈이나 얼음이 녹은 물로서 포화되어 떨어지는 중력침식의 한 형태로 지표층에 주름이 잡힌다.
④ 산사태 : 호우 등의 원인에 의해 산복부가 연속적으로 비교적 길게 붕괴되는 현상이다.

88 유속계수 0.6, 유적 $3m^3$, 윤변 1.0m, 수로의 기울기가 2% 일 때 Chezy 공식에 의한 평균유속은?

① 0.147m/s   ② 0.157m/s
③ 0.167m/s   ④ 0.177m/s

해설 Chezy 공식에 의한 평균유속
= 유속계수 × $\sqrt{(경심 \times 기울기)}$
= $0.6 \times \sqrt{(3/1) \times 0.02}$
= $0.6 \times 0.245 = 0.147m/s$

89 사방댐의 위치로 적합하지 않은 곳은?

① 상류부가 넓고 댐자리가 좁은 곳
② 계상 및 양안이 견고한 암반인 곳
③ 본류와 지류가 합류하는 지점의 하류
④ 횡침식으로 인한 계상 저하가 예상되는 곳

해설 횡침식으로 인한 계상 저하가 예상되는 곳에는 사방댐이 붕괴될 위험이 높다.

90 황폐개천에서 유수로 의한 계안의 횡침식을 방지하고 산각의 안정을 도모하기 위하여 계류 흐름방향을 따라서 축설하는 사방 공작물은?

① 수제   ② 골막이
③ 기슭막이   ④ 바닥막이

해설 횡침식을 방지하고 산각의 안정을 도모하기 위하여 계류 흐름방향을 따라서 축설하는 사방 공작물은 기슭막이이다.

정답 86 ① 87 ② 88 ① 89 ④ 90 ③

91 수제에 대한 설명으로 옳지 않은 것은?

① 계안으로부터 유심을 향해 돌출한 공작물을 말한다.
② 계상 폭이 좁고 계상 기울기가 급한 황폐계류에 적용한다.
③ 돌출 방향은 유심선 또는 접선에 대해 상향 70~90°를 기준으로 한다.
④ 상향수제는 수제 사이의 사력 퇴적이 하향 수제보다 많고 두부의 세굴이 강하다.

해설 ② 계상 폭이 좁고 계상 기울기가 급한 황폐계류에는 사방댐이 적당하다.

92 사방댐의 방수면에 설치하는 물받이 길이는 일반적으로 댐높이와 월류수심 합의 몇 배로 하는 것이 좋은가?

① 0.5~1.0배　② 1.0~1.5배
③ 1.5~2.0배　④ 2.0~2.5배

해설 사방댐의 방수면에 설치하는 물받이 길이는 일반적으로 댐높이와 월류수심 합의 1.5~2.0배로 하는 것이 좋다.

93 암석 산지나 암벽 녹화용으로 가장 부적합한 수종은?

① 병꽃나무　② 눈향나무
③ 노간주나무　④ 상수리나무

해설 ④ 상수리나무는 교목으로 암벽에는 적합하지 않다.

94 해안사방공사의 주요 공종에 해당하지 않는 것은?

① 파도막이　② 모래덮기
③ 새집공법　④ 퇴사울세우기

해설 ③ 새집공법은 비탈면 암벽녹화공법이다.

95 땅깎기비탈면의 토질별 안정공법으로 가장 적정하게 연결된 것은?

① 사질토 - 새집공법
② 경암 - 낙석방지망덮기
③ 점질토 - 분사식 씨뿌리기
④ 모래층 - 종비토뿜어붙이기

해설 ① 경암 : 새집공법
③ 사질토 : 분사식 씨뿌리기
④ 점질토 : 종비토뿜어붙이기

정답　91 ②　92 ③　93 ④　94 ③　95 ②

96 시멘트에 대한 설명으로 틀린 것은?

① 시멘트에 석고를 넣으면 완결성이 된다.
② 모르타르나 콘크리트 등에 많은 미세공극을 균일하게 분포시키기 위해 사용하는 것을 혼화재(Ash)라 한다.
③ 시멘트의 비중은 대체로 3.05~3.15 정도이다.
④ 시멘트의 풍화는 시멘트가 공기와 접하면 수분을 흡수하여 수화작용을 일으키는 현상을 말한다.

해설 ② 모르타르나 콘크리트 등에 많은 미세공극을 균일하게 분포시키기 위해 사용하는 혼화제를 AE제라 한다.

97 퇴적암에 속하지 않는 암석은?

① 혈암
② 사암
③ 응회암
④ 섬록암

해설 섬록암은 중성암으로 SiO_2를 66~52% 정도 포함하며, 안산암질 마그마가 지하 깊은 곳에서 서서히 굳어진 암석으로, 전체적으로 회록색 내지는 회색이나 자세히 보면 흑색의 반점이 많은 완정질이며 등립질인 심성암(화성암)이다.

98 사방댐의 안정 계산에 필요한 하중 및 수치 중에서 댐 높이가 15m 미만일 때 고려하지 않는 것은?

① 자중
② 정수압
③ 퇴사압
④ 양압력

해설 양압력은 댐 높이 15m 이하에서 고려하지 않는다.

99 산지사방 중 씨뿌리기에 사용되는 식생에 대한 설명으로 옳지 않은 것은?

① 초본류는 생장이 빠르고 엽량이 많은 것이 좋다.
② 초본류는 일년생으로 번식력이 왕성한 것이 좋다.
③ 목본류는 근계가 잘 발달하고 토양의 긴박 효과가 있어야 한다.
④ 목본류는 척악지나 환경조건에 대한 적응성이나 저항성이 커야 한다.

해설 ② 초본류는 다년생으로 번식력이 왕성한 것이 좋다.

100 다음 설명에 가장 적합한 불투과형 중력식 사방댐은?

- 땅밀림지, 산사태지 등의 응급복구 사방공사에 적합하다.
- 터파기는 깊이 1m 정도로 하고 말뚝으로 체제를 유지해야 하며, 높이는 3m 이하로 한다.

① 흙댐
② 돌망태댐
③ 콘크리트댐
④ 콘크리트틀댐

해설 깊이와 높이가 낮아 돌망태댐이 적합하다.

정답 96 ② 97 ④ 98 ④ 99 ② 100 ②

2024년 제1회 산림산업기사 기출복원문제

| 제 1 과목 | 조림학 |

01 임목이 주로 종자로 양성된 임형은?
① 교 림   ② 왜 림
③ 중 림   ④ 죽 림

해설 ① 종자로 양성된 임형은 교림이다.

02 중력이 작용하는 방향으로 수목이 생장한다는 의미에 해당하는 것은?
① 굴지성   ② 주지성
③ 주광성   ④ 굴광성

해설 ① 중력은 굴지성과 관계있다.

03 전형적인 이령림작업에 속하는 갱신작업종은?
① 개벌작업   ② 모수작업
③ 산벌작업   ④ 택벌작업

해설 ④ 택벌작업은 전형적인 이령림작업이다.

04 입선법으로 종자를 선별하는 것이 가장 효과적인 수종은?
① *Thuja orientalis*
② *Pinus densiflora*
③ *Taxus cuspidata*
④ *Juglans mandshurica*

해설 눈으로 감별하고 손으로 선별하는 종자는 가래나무(*Juglans mandshurica*)이다.

05 천연갱신과 인공조림에 대한 설명으로 옳지 않은 것은?
① 천연갱신으로 조성된 숲에서 생산된 목재는 균일하다.
② 천연갱신은 새로운 숲이 조성되기까지 오랜 세월을 필요로 한다.
③ 천연갱신은 그곳의 환경에 잘 적응된 나무들로 구성되고 갱신비용이 적게 드는 것이 장점이다.
④ 인공조림은 좋은 씨앗으로 묘목을 길러 식재하고 무육에 힘써 좋은 목재를 생산한다는 것이 장점이다.

해설 ① 천연갱신으로 조성된 숲에서 생산된 목재는 균일하지 못하다.

정답 1 ① 2 ① 3 ④ 4 ④ 5 ①

06 종자의 실중에 대한 설명으로 옳은 것은?

① 소립종자는 1,000립씩 4회 반복한 평균무게이다.
② 소립종자는 10,000립씩 4회 반복한 평균무게이다.
③ 대립종자는 1,000립씩 4회 반복한 평균무게이다.
④ 대립종자는 10,000립씩 4회 반복한 평균무게이다.

해설 실중
- 소립종자는 1,000립씩 4회 반복한 평균무게이다.
- 대립종자는 100립씩 4회 반복한 평균무게로 1,000립중으로 환산한다.

07 묘목의 가식 방법으로 옳지 않은 것은?

① 묘목을 심기 전 일시적으로 도랑을 파서 그 안에 뿌리를 묻어 건조를 방지한다.
② 단시일 가식하고자 할 때에는 묘목을 다발 채로 비스듬히 누여서 뿌리를 묻는다.
③ 장시간 가식하고자 할 때에는 묘목을 다발에서 풀어 도랑에 세우고 묻은 후 관수한다.
④ 한풍해가 우려되는 경우에는 묘목의 정단부가 바람과 같은 방향으로 되도록 누여서 묻는다.

해설 한풍해가 우려되는 경우에는 묘목의 정단부가 바람에 영향을 받지 않도록 하여야 한다.

08 풀베기 시기로 가장 적합한 것은?

① 3~5월
② 6~8월
③ 9~11월
④ 12~3월

해설 풀베기 시기는 6월 상순~8월 상순이다.

09 1/2묘에 대한 설명으로 옳은 것은?

① 뿌리의 나이가 1년이고 줄기의 나이가 2년인 삽목묘이다.
② 뿌리의 나이가 2년이고 줄기의 나이가 1년인 삽목묘이다.
③ 파종상에서 1년, 그 뒤 한 번 상체되어 1년을 지낸 2년생 실생묘이다.
④ 파종상에서 1년, 그 뒤 한 번 상체되어 2년을 지낸 3년생 실생묘이다.

해설 1/2묘 : 뿌리의 나이가 2년이고 줄기의 나이가 1년인 삽목묘이다.

10 수목에서 수분통로 및 지탱의 역할을 하는 조직은?

① 밀 선
② 목 부
③ 사 부
④ 유조직

해설 목부 : 속씨식물의 관다발 가운데 물관, 헛물관, 목부유조직, 목질섬유 따위가 집합한 조직으로 주로 수분의 통로가 되고 식물체를 지탱해 준다.

정답 6 ① 7 ④ 8 ② 9 ② 10 ②

11 가지치기에 대한 설명으로 옳지 않은 것은?

① 생장휴지기에 수목의 수액유동 시작 직전에 실시한다.
② 옹이가 없고 통직한 완만재를 생산할 목적으로 실시한다.
③ 참나무류와 포플러나무류는 으뜸가지 이상의 가지만 잘라준다.
④ 너도밤나무, 가문비나무의 생가지치기 작업은 부후의 위험성이 있어 원칙적으로 고사지 제거만 실시한다.

해설 ③ 참나무류와 포플러나무류는 자연전지가 용이하여 가지치기를 실시하지 않아도 좋으나 굳이 한다면 으뜸가지 이하의 가지만 잘라준다.

13 수목에서 카스페리안대(Casparian Strip)에 대한 설명으로 옳은 것은?

① 내피에서 양료의 자유 이동이 가능하도록 해준다.
② 무기염의 비선택적 흡수에 관여하는 조직이다.
③ 뿌리의 삼투압에 관여하여 뿌리의 수분흡수에 결정적으로 관여하는 조직이다.
④ 내피에서 자유공간을 없애 무기염이 더 이상 자유롭게 뿌리 속으로 이동할 수 없도록 막아 준다.

해설 ④ 뿌리의 내피에 발달한 카스페리안대의 역할은 뿌리털을 통해 흡수한 물과 무기염의 이동을 효율적으로 차단하여 선택적 흡수를 도와주는 역할을 한다.

12 간벌의 효과로 옳지 않은 것은?

① 산림 관리비용을 크게 줄인다.
② 임분의 수직구조 및 안정화를 도모한다.
③ 직경생장을 촉진하여 연륜폭이 넓어진다.
④ 우량한 개체를 남겨서 임분의 유전적 형질을 향상시킨다.

해설 ① 간벌은 관리비용을 증대시킨다.

14 자웅이주에 해당하지 않는 수종은?

① *Ginkgo biloba*
② *Taxus cuspidata*
③ *Ailanthus altissima*
④ *Cryptomeria japonica*

해설 ④ *Cryptomeria japonica*(삼나무) : 자웅동주
① *Ginkgo biloba*(은행)
② *Taxus cuspidata*(주목)
③ *Ailanthus altissima*(가중나무)

15 잎의 기공에서 이뤄지는 개폐기작에 가장 큰 영향을 주는 무기원소는?

① 인 산   ② 칼 슘
③ 칼 륨   ④ 질 소

해설 　칼륨(K)
모든 생물에 필수적인 3대 영양소의 하나로 생체 내 세포전해질의 주성분이다. K^+로 존재하며, 삼투압을 조절하고 막전위를 형성한다. 또한 항상성 유지나 신경전달, 식물기공의 개폐 조절에도 중요한 역할을 한다.

16 종자가 일반적으로 11월경에 성숙하는 수종은?

① 버드나무   ② 동백나무
③ 비술나무   ④ 소사나무

해설
- 5월 : 버드나무, 느릅나무, 비술나무 등
- 9~10월 : 소사나무, 물푸레, 피나무 백합나무 등
- 11월 : 동백나무, 회화나무 등

17 파종하기 1개월 전에 노천매장을 하면 발아에 유리한 수종으로만 올바르게 나열된 것은?

① 삼나무, 소나무
② 피나무, 층층나무
③ 벚나무, 물푸레나무
④ 들메나무, 단풍나무

해설
② 피나무, 층층나무 : 늦어도 11월말까지 매장
③ 벚나무(정선 후 바로 매장), 물푸레나무 : 늦어도 11월말까지 매장
④ 들메나무, 단풍나무 : 종자 정선 후 바로 매장

18 질소결핍으로 인한 주요 증상으로 옳은 것은?

① 잎에 검은 반점이 나타난다.
② 성숙한 잎에 황화현상이 나타난다.
③ 절간생장이 억제되고 잎이 작아진다.
④ 새로 생장한 부분의 발육이 매우 불량하고 백화현상이 나타난다.

해설 　질소결핍 : 위황증과 가장 연관이 깊다.

19 종자를 탈각할 때 부숙마찰법이 가장 적합한 수종은?

① 주 목   ② 옻나무
③ 오리나무   ④ 아까시나무

해설 　부숙마찰법은 가마니나 풀을 덮고 물을 부어 썩히는 것으로 은행, 잣, 벚나무, 가래나무, 주목 등이 적당하다.

20 인공조림과 비교할 때 천연갱신의 장점으로 옳지 않은 것은?

① 수종 선정의 잘못으로 인한 실패의 염려가 적다.
② 임지가 나출되는 일이 드물며 지력 유지에 적합하다.
③ 해당 임지의 기후와 토질에 가장 적합한 수종으로 갱신된다.
④ 전문적인 육림기술이 필요 없고 향후 벌목과 운재작업이 용이하다.

해설 　④ 전문적인 육림기술이 필요 하고 향후 벌목과 운재작업이 어렵다.

정답　15 ③　16 ②　17 ①　18 ②　19 ①　20 ④

| 제 **2** 과목 | 산림보호학 |

21 토양을 소독하면 방제효과가 가장 높은 수목병은?

① 잎떨림병　② 빗자루병
③ 모잘록병　④ 줄기마름병

해설 모잘록병은 토양과 관련된 병이다.

22 고형 약제 중에서 입경의 크기가 가장 큰 것은?

① 분 제　② 입 제
③ 미립제　④ 세립제

해설
② 입제 : 대체로 8~60mesh(입자지름 약 0.5~2.5 mm) 범위의 농약이다.
① 분제 : 250~300mesh의 가는 입자로 만든 것
③ 미립제 : 75~200mesh의 입경을 갖는 제제
※ 메시(mesh) : 1인치 안의 사각형의 눈의 수

23 산불이 토양에 미치는 영향으로 옳지 않은 것은?

① 토양이 척박해진다.
② 토양의 이화학적 성질을 악화시킨다.
③ 낙엽이 탄 결과로 토양의 투수성이 감소된다.
④ 지표의 보호물이 사라져 지표유하수가 감소한다.

해설 ④ 지표의 보호물이 사라져 지표유하수가 증가한다.

24 소나무 재선충병 진단에 대한 설명으로 옳지 않은 것은?

① 피해목은 수지(송진)의 분비가 감소한다.
② 묵은 잎과 시잎이 아래로 처지며 시든 현상이 나타난다.
③ 수지 분비상태를 이용한 피해목 식별은 겨울철에 확인한다.
④ 목편에서 선충을 분리 후 분자생물학적 진단기술로 동정한다.

해설 ③ 수지 분비상태를 이용한 피해목 식별은 여름철에 확인한다.

25 솔잎혹파리 방제를 위한 가장 효과적인 나무주사 약제는?

① 메탐소듐
② 석회유황합제
③ 아세타미프리드
④ 옥시테트라사이클린

해설
① 메탐소듐 : 소나무재선충병 훈증방제
② 석회유황합제 : 석회와 유황의 혼합물로 가루모양 또는 수용액으로서 살충제, 살균제, 세양액 등으로 사용(살포제로 사용)
④ 옥시테트라사이클린 : 파이토플라스마에 의한 수병

21 ③　22 ②　23 ④　24 ③　25 ③　**정답**

26 솔잎혹파리가 우화하는 최성기는?
① 4월 상순 ② 6월 상순
③ 8월 상순 ④ 10월 상순

해설 솔잎혹파리가 우화(5월중순에서 7월 중순)하는 최성기는 6월 상순에서 중순으로 비온 다음날 제일 많다.

27 미국흰불나방에 대한 설명으로 옳지 않은 것은?
① 번데기로 월동한다.
② 1년에 2회 이상 발생한다.
③ 약 50개 정도의 알을 낳는다.
④ 1화기 성충 발생 기간은 5월~6월이다.

해설 ③ 약 600~700개 정도의 알을 잎 뒷면에 낳는다.

28 곤충의 특징으로 옳지 않은 것은?
① 겹눈과 홑눈이 있다.
② 다리는 보통 3쌍이고 5마디로 되어 있다.
③ 몸은 머리, 가슴, 배 3부분으로 구분된다.
④ 배에 마디가 없고 더듬이는 1쌍이 있다.

해설 ④ 배에 마디가 있고 더듬이는 1쌍이 있다.

29 모잘록병 예방방법으로 가장 효과적인 것은?
① 햇볕을 막아 그늘지게 한다.
② 질소질 비료를 충분하게 준다.
③ 파종량을 적게 하고 복토를 두껍게 한다.
④ 배수와 통풍이 잘 되고 과습하지 않도록 한다.

해설
① 햇볕이 잘 들도록 한다.
② 질소질 비료를 과용하지 않는다.
③ 파종량을 적게 하고 복토를 너무 두껍게 하지 않는다.

30 천공성 해충이 아닌 것은?
① 소나무좀 ② 박쥐나방
③ 매미나방 ④ 알락하늘소

해설 매미나방은 식엽성 해충이다.

31 오리나무잎벌레의 생활사에 대한 설명으로 옳은 것은?
① 알로 월동하고 줄기에 산란한다.
② 유충으로 월동하고 잎에 산란한다.
③ 성충으로 월동하고 잎에 산란한다.
④ 번데기로 월동하고 줄기에 산란한다.

해설 오리나무잎벌레는 성충으로 월동하고 잎에 산란한다.

정답 26 ② 27 ③ 28 ④ 29 ④ 30 ③ 31 ③

32 해충 방제와 관련하여 경제적 가해수준에 대한 설명으로 옳은 것은?

① 수목이 피해를 입을 때의 해충의 밀도
② 일반적 환경조건 하에서의 해충의 밀도
③ 방제가 가능한 단위면적당 해충의 밀도
④ 해충에 의한 피해비용과 방제비용이 같을 때의 해충의 밀도

해설 경제적 가해수준은 경제적으로 피해를 주는 최소의 밀도, 즉 해충에 의한 피해비용과 방제비용이 같을 때 해충의 밀도를 말한다.

33 솔잎혹파리 방제방법으로 옳지 않은 것은?

① 아세타미프리드 액제로 나무주사한다.
② 나무에 볏짚을 감아 월동유충을 포살한다.
③ 밀생임분은 간벌하고 불량치수 및 피압목을 제거한다.
④ 기생성 천적인 혹파리살이먹좀벌을 대량 사육하여 방사한다.

해설 ② 월동유충은 흙속에서 월동하므로 수간에 볏짚을 감아도 소용이 없다.

34 식물바이러스에 대한 설명으로 옳지 않은 것은?

① 전신 감염이 되는 경우가 많다.
② 인공배지에서 배양이 가능하다.
③ 광학 현미경으로는 관찰이 매우 어렵다.
④ 영양번식 및 접목에 의하여 전염될 수 있다.

해설 ② 바이러스는 인공배지에서 배양이 불가능하다.

35 식물 뿌리·줄기·잎을 통하여 식물체 내로 들어가 식물의 즙액과 함께 식물 전체에 퍼져 식물을 가해하는 해충에 작용하는 살충제는?

① 제충제
② 접촉살충제
③ 소화중독제
④ 침투성 살충제

해설 침투성 살충제를 설명한다.

36 빨아먹는 입틀을 가진 해충은?

① 메뚜기
② 흰개미
③ 노린재
④ 딱정벌레

해설 ③ 노린재는 빨아먹는 입틀을 가진 흡즙성 해충에 속한다.

37 생물적 해충 방제방법으로 옳은 것은?

① Bt제를 이용하여 방제한다.
② 식재할 때에 내충성 품종을 선정한다.
③ 임목밀도를 조절하여 건전한 임분을 육성한다.
④ 생리활성물질인 키틴합성억제제를 이용하여 산림해충을 방제한다.

해설
① 생물학적 방제
②·③ 임업적 방제
④ 화학적 방제

정답 32 ④ 33 ② 34 ② 35 ④ 36 ③ 37 ①

38 매미나방의 특성에 대한 설명으로 틀린 것은?

① 암수는 크기와 색깔에 있어서 전혀 다르다.
② 날개길이는 수컷이 24~32mm, 암컷이 35~45mm이다.
③ 수컷의 몸과 날개는 대체로 암갈색 또는 흑갈색을 띠고 있다.
④ 암컷의 몸과 날개는 개체에 따라 날개의 중앙부가 연한 담색을 띠는 경우도 있다.

해설 ④ 매미나방(집시나방) 수컷의 몸과 날개는 대체로 암갈색 또는 흑갈색을 띠고 있는데 개체에 따라 날개의 중앙부가 연한 담색을 띠는 경우도 있다.

39 난균류에 의해 발생하는 수목병이 아닌 것은?

① 역병
② 탄저병
③ 모잘록병
④ 뿌리썩음병

해설 난균류(Oomycetes) : 미생물의 분류학상 조균류에 속하는 한 아문다.
② 탄저병은 흙속에 사는 탄저균으로 발생한다.

40 오리나무 갈색무늬병 방제방법으로 옳지 않은 것은?

① 종자를 소독한다.
② 매개충을 구제한다.
③ 연작을 하지 않는다.
④ 떨어진 병든 잎을 모아 소각한다.

해설 ② 매개충은 없다.

제 3 과목 | 임업경영학

41 다음 ( ) 안에 들어갈 용어로 가장 적합한 것은?

> 자본재 중에서 임업경영의 기본이 되는 것은 임목이다. 임목은 원래 종자나 또는 묘목이 자라서 성립된 것인데, 앞으로 생산을 계속하는 자본으로 볼 때에는 (   )이란 명칭을 사용한다.

① 생장
② 유동자본
③ 고정자본
④ 임목축적

해설 자본재는 고정자본재와 유동자본재로 나뉘나 임목은 벌채되기 전에 고정자본재, 그 이후에는 유동자본재로 나뉘게 되어 임목축적으로 분류한다.

42 산림면적이 800ha이고, 윤벌기가 40년이며 1영급이 10개의 영계로 구성된 산림의 법정 영급면적은?

① 100ha
② 200ha
③ 300ha
④ 400ha

해설 법정 영급면적 = (800/40) × 10 = 200ha

정답 38 ④ 39 ② 40 ② 41 ④ 42 ②

43 법정상태의 요건이 아닌 것은?

① 법정생장량
② 법정벌기령
③ 법정영급분배
④ 법정임분배치

해설 법정상태의 요건 : 법정생장량, 법정축적, 법정영급분배, 법정임분배치

44 임업경영의 지도원칙 중에서 최소의 비용으로 최대의 효과를 발휘할 수 있게 하는 원칙은?

① 경제성 원칙
② 수익성 원칙
③ 생산성 원칙
④ 보속성 원칙

해설 ① 최소의 비용으로 최대의 효과를 발휘할 수 있는 것은 경제성 원칙이다.

45 연이율이 16%일 때 매년 말에 200만원의 이자를 영구히 얻기 위한 자본가는 얼마인가?

① 32만원
② 320만원
③ 1,150만원
④ 1,250만원

해설 자본가(환원가, 공조가) = 200만원 ÷ 0.16
= 1,250만원

46 이령림의 어떤 임분에서 5년생이 60본이고, 10년생이 40본일 경우 본수령은?

① 5년
② 6년
③ 7년
④ 8년

해설 본수령 = [(5 × 60) + (10 × 40)]/100 = 7년

47 $N = V \cdot 1.0P^n$ 식에서 $1.0P^n$은 무엇인가? (단, N = 합계액, V = 원금, P = 연이율, n = 연수)

① 연금계수
② 현가계수
③ 전가계수
④ 후가계수

해설 후가공식이므로 후가계수이다.

48 벌채목의 실적계수 크기에 관계없는 인자는?

① 수 종
② 통나무의 형상
③ 통나무의 크기
④ 통나무의 임목도

해설 수종은 벌채목의 실적계수(실적을 층적으로 나눈 백분율)와 관련이 없다.

49 임업노동의 특성으로 옳지 않은 것은?

① 단위면적당 노동량이 다른 산업 노동에 비해 비교적 많다.
② 작업 장소가 넓고 험하기 때문에 감독과 자재 수송이 곤란하다.
③ 조림 및 육림, 벌채, 반출 노동은 작업자의 특수한 훈련이 필요하다.
④ 임업노동을 위한 이동 시간이 길기 때문에 실제 작업량은 많지 않다.

해설 ① 단위면적당 노동량이(임야면적이 넓음) 다른 산업 노동에 비해 비교적 적다.

51 산림 평가방법인 임지기망가법과 수익환원법에 대한 설명으로 옳은 것은?

① 두 방법 모두 일제림을 전제로 하는 임지의 평가방법이다.
② 수익환원법은 택벌림과 같이 연년수입이 있는 경우에 적용하는 방식이다.
③ 임지기망가는 임지에서 장래에 기대되는 순수익의 미래가(후가) 합계로 정한 가격이다.
④ 임지기망가법에 의하여 산출된 지가는 임업경영을 위한 임지를 매입할 때 지불할 수 있는 최저한도액을 의미한다.

해설
① 임지기망가법(일제림)과 수익환원법(택벌림)을 전제로 하는 임지의 평가방법이다.
③ 임지기망가는 임지에서 장래에 기대되는 순수익의 현재가(전가) 합계로 정한 가격이다.
④ 임지기망가법에 의하여 산출된 지가는 임업경영을 위한 임지를 매입할 때 지불할 수 있는 최고한도액을 의미한다.

50 수확을 위한 벌채기준으로 옳지 않은 것은?

① 골라베기 비율은 재적기준 30% 이내로 한다.
② 모수 작업 시 모수는 1ha당 15~20본을 존치시킨다.
③ 왜림작업 시 벌채 절단면이 북향으로 약간 기울게 한다.
④ 골라베기 작업 시 표고 재배용 나무는 재적기준 50% 이내로 할 수 있다.

해설 ③ 왜림작업 시 벌채 절단면이 남향으로 약간 기울게 한다.

52 자산을 획득하기 위하여 제공한 경제적 가치의 측정치는?

① 손 익
② 수 익
③ 비 용
④ 원 가

해설
① 손익 : 기업자본이 경영활동의 순환과정에서 새로운 가치의 증식 혹은 가치의 멸실을 일으키면서 발생하는 이익과 손실
② 수익 : 생산적 활동에 의한 가치의 형성 또는 증식을 뜻하며, 생산적 급부(재화 또는 용역)의 제공에 의하여 기업이 받는 대가(매출액)
③ 비용 : 일정 기간 동안 소비된 자산의 가치액

정답 49 ① 50 ③ 51 ② 52 ④

53 임분이 처음 성립하여 생장하는 과정에 있어서 어느 성숙기에 도달하는 계획상의 연수는?

① 벌기령   ② 벌채령
③ 윤벌령   ④ 회귀령

해설 벌기령
임분이 처음 성립하여 생장하는 과정에 있어서 어느 성숙기에 도달하는 계획상의 연수

54 일반적으로 적용하는 침엽수의 조재율은?

① 0.1~0.3   ② 0.4~0.6
③ 0.6~0.9   ④ 1.0~1.1

해설 시장가역산법에서 침엽수의 조재율은 0.6~0.9, 활엽수의 조재율은 0.4~0.7이다.

55 수목의 직경과 수고 측정이 모두 가능한 기구는?

① 섹터포크
② 덴드로미터
③ 아브네이레블
④ 스피겔릴라스코프

해설 스피겔릴라스코프는 수고와 직경 모두 측정 가능하다.

56 임업의 기술적 특성이 아닌 것은?

① 생산 기간이 대단히 길다.
② 임목의 성숙기가 일정하지 않다.
③ 자연 조건의 영향을 많이 받는다.
④ 임업노동은 계절적 제약을 크게 받지 않는다.

해설 ④ 임업노동은 계절적 제약을 크게 받는다.

57 전국 단위의 산림계획에 따라 관할지역의 특수성을 고려하여 수립하는 산림경영계획은?

① 지역산림계획
② 산림기본계획
③ 국유림경영계획
④ 국유림종합계획

해설 관할지역은 지역산림계획이다.

58 임업이율을 분류할 때 용도에 따른 이율은?

① 경영이율   ② 장기이율
③ 평정이율   ④ 대부이율

해설 ② 장기이율 : 기간의 장단에 의한 분류
③ 평정이율 : 현실성에 의한 분류
④ 대부이율 : 업종에 의한 분류

59 농지의 주변이나 둑, 농지와 산지와의 경계선 등지에 유실수, 특용수, 속성수 등을 식재하여 임업수입의 조기화를 도모하는 복합임업경영 형태에 해당하는 것은?

① 혼농임업
② 농지임업
③ 비임지임업
④ 부산물임업

해설
① 혼농임업 : 혼농임업의 본래 뜻은 임목을 벌채하고 2~3년간 농사를 지은 다음 나무를 식재하거나 식재 후 임목이 크기 전에 몇 해 동안 간작으로 농사를 짓는 형태의 임업을 말하지만, 여기에서 말하는 혼농임업은 임지의 일부 또는 수목의 뜨문뜨문 있는 임지를 이용하여 목초, 특용식물(약초, 인삼 등), 산채 등을 재배하는 형태의 임업을 말한다.
③ 비임지임업 : 비임지임업에서는 임지가 아닌 하천부지, 구릉지, 원야, 도로변, 철도변, 부락 공한지, 건물이나 운동장의 주변에 속성수, 밀원식물, 연료목 등을 식재하여 수입의 다원화를 도모한다.
④ 부산물임업 : 부산물임업은 삼림의 부산물(종실, 수피, 수엽, 수액, 수근, 버섯, 산채, 약초 등)을 주로 채취하거나 증식하여 농가소득을 올리는 형태의 임업으로, 농·산촌의 소득을 제고하는 데 적절한 방법이다.

60 현재 거래되고 있는 임지의 시가로써 평가하려는 임지와 조건이 유사한 다른 임지의 실제 거래가격을 비교하여 결정하는 평가방법은?

① 임지비용가
② 임지매매가
③ 임지기망가
④ 임지사정가

해설 임지매매가를 설명한다.

제 **4** 과목 | 산림공학

61 가선집재와 비교한 트랙터집재의 특징이 아닌 것은?

① 기동성이 높다.
② 작업이 단순하다.
③ 운전이 용이하다.
④ 고속이므로 장거리 운반에 바람직하다.

해설 ④ 트랙터집재는 저속이므로 단거리 집재에 적합하다.

62 비탈면 안정을 위한 침식 방지제 사용효과로 옳지 않은 것은?

① 보온 효과
② 객토의 유출 방지
③ 토양수분의 증발 촉진
④ 종자 및 비료 유실 방지

해설 ③ 토양수분의 증발 억제

정답 59 ② 60 ② 61 ④ 62 ③

63 임도의 옆도랑(측구)에 대한 설명으로 옳은 것은?

① 물이 임도를 횡단하여야 할 개소에 시설한 수로
② 노면의 물을 집수정으로 유도하기 위하여 시설한 수로
③ 차량을 돌릴 수 있도록 시설한 장소의 횡단상의 수로
④ 일정한 간격으로 차량통행에 지장이 없도록 횡단상의 수로

해설 측구는 노면의 물을 모아 집수정으로 흘려보낸다.

64 적정임도간격이 1km인 경우의 적정임도밀도는?(단, 우회율을 고려하지 않음)

① 5m/ha   ② 10m/ha
③ 15m/ha ④ 20m/ha

해설 10,000(1ha)/1,000 = 10m/ha

65 와이어로프의 폐기기준으로 옳지 않은 것은?

① 현저하게 변형된 것
② 꼬임상태가 발생한 것
③ 와이어로프 소선이 1/100 이상 절단된 것
④ 마모에 의한 직경 감소가 공칭 직경의 7%를 초과하는 것

해설 ③ 와이어로프 소선이 10% 이상 절단된 것

66 다음 그림은 흐르는 물의 단면을 그린 것이다. 흐르는 속도가 가장 빠른 부분은?

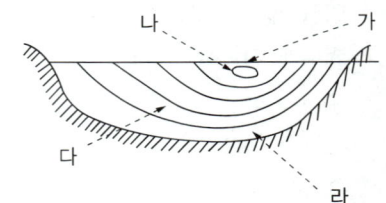

① 가   ② 나
③ 다   ④ 라

해설 물표면 바로 아래가 흐름이 가장 빠르다.

67 임도설계에서 단곡선을 설치할 때 교각이 90°, 외선장이 15m인 경우 곡선반지름은?

① 36.2m   ② 44.1m
③ 46.2m   ④ 54.1m

해설 외선장 = 곡선반지름 × [sec($x/2$) − 1]
곡선반지름 = 15 ÷ (sec45 − 1)
= 15 ÷ 0.414
= 36.2m

68 찰쌓기 공법에 대한 설명으로 옳은 것은?

① 뒷채움 없이 시공한다.
② 돌과 시멘트를 섞어서 쌓는다.
③ 돌을 쌓고 돌 이음 부분의 외부에만 시멘트를 바른다.
④ 돌을 쌓는 뒷부분에 콘크리트로 뒷채움을 하고 줄눈에 모르타르를 사용한다.

정답 63 ② 64 ② 65 ③ 66 ② 67 ① 68 ④

69 평균강우량을 계산하는 방법이 아닌 것은?

① 티센법 ② 침투형법
③ 등우선법 ④ 산술평균법

해설 ② 침투형법은 평균강우량 계산방법이 아니다.

70 머캐덤롤러에서 롤러는 몇 개로 구성되어 있는가?

① 1개 ② 2개
③ 3개 ④ 4개

해설 머캐덤롤러
노반 등을 중압하기 위한 기계로 앞바퀴에 1개, 뒷바퀴에 2개의 롤러를 가지며, 중량은 6·8·10ton 등으로 나뉘고, 진압폭은 1.5~1.8m이다.

71 측점간격이 20m이고, 측점 0의 단면적이 2m², 측점 1의 단면적이 4m²일 때 이 두 측점 간의 토적량은?

① 60m³ ② 80m³
③ 100m³ ④ 120m³

해설 두 측점 간의 토적량 = [(2m² + 4m²) ÷ 2] × 20m
= 60m³

72 많은 토사와 오물을 포함한 유수로 인해 배수관이나 속도랑이 막히는 것을 방지하기 위한 임도의 구조물은?

① 겉도랑 ② 빗물받이
③ 돌림수로 ④ 횡단배수구

해설 빗물받이 : 측구 등에서 흘러나오는 빗물을 하수본관으로 흘려보내기 위하여 측구에 설치하는 시설로, 상부에는 빗물을 잘 흐르게 하고 교통의 안전을 위해서 구멍이 있는 뚜껑을 설치한다.

73 임도설계 시 임시기표, 교각점, 측점번호 및 사유토지의 지번별 경계, 구조물 및 곡선 제원 등을 기입하는 도면은?

① 평면도 ② 구조도
③ 종단면도 ④ 횡단면도

해설 평면도를 설명한다.

74 집재된 전목재의 가지 제거, 절단, 초두부 제거, 집적 등 조재작업을 전문적으로 실행하는 임업기계는?

① 포워더 ② 프로세서
③ 타워야더 ④ 펠러번처

해설
② 프로세서 : 조재장비(벌목 불가)
① 포워더 : 임내 목재 운반장비
③ 타워야더 : 가선집재장비
④ 펠러번처 : 벌목장비
※ 하베스터 : 프로세서와 같은 기능을 가지고 있지만 벌목 가능

정답 69 ② 70 ③ 71 ① 72 ② 73 ① 74 ②

75 야계사방에 있어서 합리식에 의한 유량을 산정하는 주요 인자가 아닌 것은?

① 유역면적
② 조도계수
③ 유출계수
④ 일정기간 동안의 강우 강도

해설 합리식법 유량 = 0.002778 × 유출계수
× 최대시우량(mm/hr)
× 유역면적(ha)

76 산사태와 땅밀림을 비교하여 설명한 것으로 옳지 않은 것은?

① 산사태는 지하수의 의한 영향이 크다.
② 산사태는 땅밀림에 비해 규모가 작다.
③ 땅밀림은 계속적으로 재발 가능성이 크다.
④ 산사태는 사질토로 된 지점에서 많이 발생한다.

해설 ① 산사태는 강우에 의한 영향이 크다.

77 상단면적 120m², 하단면적 200m², 상하단의 거리가 12m인 경우 평균단면적법에 의한 토사량(m³)은?

① 192   ② 384
③ 1,920   ④ 3,840

해설 토사량(m³) = [(120m² + 200m²) ÷ 2] × 12m
= 1,920m

78 정사울세우기 공법의 설명 중 틀린 것은?

① 정사울세우기의 높이는 1.0~1.2m를 표준으로 한다.
② 정사울세우기의 깊이는 20cm 정도 모래 속에 묻어야 한다.
③ 정사울세우기의 목표는 사구모래의 안정을 도모하는 것이 주목적이다.
④ 정사울타리의 구조는 토사 울타리의 구조와 비슷하다.

해설 ③ 정사울세우기의 목표는 식재목을 보호하기 위한 것이다.

79 퇴사울세우기 공법의 설명 중 틀린 것은?

① 퇴사울세우기의 높이는 1.0m 정도로 한다.
② 퇴사울세우기의 울타리는 내구성이 있어야 하고 부근에서 구득하기 편하여야 한다.
③ 퇴사울세우기의 목표는 사구 모래의 안정을 도모하는 것이 주 목적이다.
④ 퇴사울세우기의 시공순서는 두 번째 부터는 육지쪽으로 0.5~1.0m인 위치에 세우는 것이 좋다.

해설 ④ 퇴사울세우기의 시공순서는 두 번째부터는 바다쪽으로 0.5~1.0m인 위치에 세우는 것이 좋다.

80 폐석탄 갱석장의 녹화공법 종류가 아닌 것은?

① 편책공법
② 비탈면격자틀붙이기공법
③ 새집공법
④ 상록대묘식재공법

해설 새집공법은 주로 도로의 비탈면 녹화와 조경공사를 목적으로 하므로 전면적인 녹화를 하는 폐석탄 갱석장의 녹화에는 적합하지 않다.

정답 79 ④ 80 ③

2025년 제1회 산림기사 기출복원문제

제 1 과목 | 조림학

01 종자의 결실주기가 가장 긴 수종은?
① *Alnus japonica*
② *Abies holophylla*
③ *Betula platyphylla*
④ *Robinia pseudoacacia*

해설
② 전나무 : 3~5년
① 오리나무 : 해마다 결실
③ 자작나무 : 격년
④ 아까시나무 : 격년

02 천연림 보육과정에서 간벌작업 시 미래목 관리방법으로 옳은 것은?
① 미래목 간의 거리는 2m 정도로 한다.
② 활엽수는 100~150본/ha 정도로 선정한다.
③ 침엽수는 200~400본/ha 정도로 선정한다.
④ 가슴높이에서 10cm의 폭으로 적색 수성 페인트를 둘러서 표시한다.

해설
③ 침엽수는 200~400본/ha 정도로 선정한다.
① 미래목 간의 거리는 5m 이상으로 한다.
② 활엽수는 200본/ha 내외로 선정한다.
④ 가슴높이에서 10cm의 폭으로 황색 수성 페인트를 둘러서 표시한다.

03 종자의 검사방법에 대한 설명으로 옳은 것은?
① 효율은 발아율과 순량률의 곱으로 계산한다.
② 실중은 종자 1L에 대한 무게를 kg 단위로 나타낸 것이다.
③ 순량률은 전체 시료무게를 순정종자무게에 대한 백분율로 나타낸 것이다.
④ 발아세는 발아시험기간 동안 발아입수를 시료수에 대한 백분율로 나타낸 것이다.

해설
② 실중은 천립중(1,000개의 종자 4반복 평균무게)이다.
③ 순량률은 순정종자무게를 전체 시료무게에 대한 백분율로 나타낸 것이다.
④ 발아세는 발아시험기간 동안 일시에 발아된 종자의 수를 전체 시료종자의 수로 나누어 백분율로 나타낸 것이다.

04 묘포에서 시비에 대한 설명으로 옳은 것은?
① 기비는 무기질 비료, 추비는 속효성 비료를 사용하는 것이 좋다.
② 기비는 유기질 비료, 추비는 완효성 비료를 사용하는 것이 좋다.
③ 기비는 완효성 비료, 추비는 유기질 비료를 사용하는 것이 좋다.
④ 기비는 속효성 비료, 추비는 무기질 비료를 사용하는 것이 좋다.

해설
기비(밑거름)는 지효성 퇴비나 무기질 비료, 추비(덧거름)는 속효성 무기질 비료를 사용하는 것이 좋다.

정답 1 ② 2 ③ 3 ① 4 ①

05 생가지치기를 피해야 하는 수종이 아닌 것은?

① *Acer palmatum*
② *Zelkova serrata*
③ *Prunus serrulata*
④ *Populus davidiana*

해설 생가지치기 시 가장 위험성이 높은 수종은 단풍나무류, 느릅나무류(느티나무), 벚나무류, 물푸레나무 등으로, 이러한 수종은 원칙적으로 생가지치기를 피하고 자연낙지 또는 고지치기만 실시한다.
① 단풍나무
② 느티나무
③ 벚나무
④ 사시나무

07 수목의 광보상점에 대한 설명으로 옳은 것은?

① 호흡에 의한 이산화탄소 방출량이 최대인 경우의 광도이다.
② 광합성에 의한 이산화탄소 흡수량이 최대인 경우의 광도이다.
③ 광합성에 의한 이산화탄소 흡수량이 최소인 경우의 광도이다.
④ 호흡에 의한 이산화탄소 방출량과 광합성에 의한 이산화탄소 흡수량이 동일한 경우의 광도이다.

해설 수목의 광보상점은 호흡에 의한 이산화탄소 방출량과 광합성에 의한 이산화탄소 흡수량이 동일한 경우의 광도이다.

06 산림대에 대한 설명으로 옳은 것은?

① 우리나라의 남한지역에는 한대림이 존재하지 않는다.
② 우리나라 난대림의 주요 특징 수종으로 가시나무가 있다.
③ 열대림은 넓은 지역에 걸쳐 단일수종으로 단순림을 구성할 때가 많다.
④ 지중해 연안지역의 산림은 우리나라 온대 북부의 산림구성과 유사하다.

해설
① 우리나라의 남한지역(한라산, 지리산 등)에는 한대림이 존재한다.
③ 열대림은 넓은 지역에 걸쳐 여러 가지 수종으로 혼효림을 구성할 때가 많다.
④ 지중해 연안지역의 산림은 우리나라 온대 남부의 산림구성과 유사하다.

08 여름 기온이 높고 강수량이 풍부한 낙엽활엽수림에 주로 분포하는 우리나라의 산림토양은?

① 갈색 산림토양
② 암적색 산림토양
③ 적황색 산림토양
④ 회갈색 산림토양

해설
① 갈색 산림토양 : 우리나라 산림토양분류에 의한 8개 토양군 가운데 하나로 습윤한 온대 및 난대 기후하에 분포한다. A층은 암갈색-흑갈색으로 부식을 포함하고, B층은 갈색-암갈색의 광물질층인 산성토양으로, 우리나라 산지의 대부분을 차지하는 기조토양이다.
② 암적색 산림토양 : 석회암, 염기성암
③ 적황색 산림토양 : 해안지대, 야산
④ 회갈색 산림토양 : 현무암-화산지대토양, 인과 칼륨이 많이 분포

정답 5 ④ 6 ② 7 ④ 8 ①

09 옥신의 생리적 효과에 대한 설명으로 옳지 않은 것은?

① 뿌리 생장
② 정아 우세
③ 제초제 효과
④ 탈리현상 촉진

해설 옥신(인돌초산) : 정아 우세, 줄기의 생장 촉진, 뿌리의 생장 억제, 줄기 삽수의 발근 촉진, 제초제의 역할 등

10 파종상에 짚덮기를 하는 이유로 옳지 않은 것은?

① 잡초의 발생을 억제한다.
② 약제 살포의 효과를 증대시킨다.
③ 빗물로 인한 흙과 종자의 유실을 막는다.
④ 파종상의 습도를 높여 발아를 촉진시킨다.

해설 ② 짚덮기는 약제 살포의 효과와 관련이 없다.

11 수분 부족 스트레스를 받은 수목의 일반적인 현상이 아닌 것은?

① 춘재 비율이 추재 비율보다 더 많아진다.
② 체내의 수분이 부족하여 팽압이 감소한다.
③ ABA를 생산하기 시작해서 기공의 크기에 영향을 준다.
④ 생화학적인 반응을 감소시켜 효소의 활동을 둔화시킨다.

해설 ① 생장이 왕성한 춘재에 영향을 더 받아 춘재 비율이 적어질 수 있다.

12 수목의 내음성에 대한 설명으로 옳지 않은 것은?

① 주목은 음수 수종이다.
② 소나무는 양수 수종이다.
③ 수목이 햇빛을 좋아하는 정도이다.
④ 수목이 그늘에서 견딜 수 있는 정도이다.

해설 ③ 내음성은 그늘에서 견딜 수 있는 정도로, 햇빛의 영향과는 상관없다.

13 버드나무류나 사시나무류의 종자를 채취한 후 바로 파종하는 이유로 옳은 것은?

① 종자의 수명이 짧기 때문에
② 종자의 크기가 작기 때문에
③ 종자의 발아력이 높기 때문에
④ 종자가 바람에 잘 흩어지기 때문에

해설 ① 버드나무류나 사시나무류, 회양목 등은 종자의 수명이 짧기 때문에 봄이나 여름에 종자가 성숙하여 채종 직후 바로 파종(채파, 취파)한다.

14 가지치기에 대한 설명으로 옳지 않은 것은?

① 부정아가 감소한다.
② 무절 완만재를 생산한다.
③ 수관화로 인한 산불 피해를 줄일 수 있다.
④ 자연낙지가 잘되는 수종은 가지치기를 생략할 수 있다.

해설 ① 부정아가 증가할 수 있다.

15 수목에 반드시 필요한 필수원소가 아닌 것은?

① 철　　　　② 질소
③ 망간　　　④ 알루미늄

해설 ④ 알루미늄은 필수원소도, 다량원소도, 미량원소도 아니다.

16 산림토양 단면에서 층위의 순서로 옳은 것은?

① 모재층 → 용탈층 → 집적층 → 유기물층
② 모재층 → 집적층 → 용탈층 → 유기물층
③ 모재층 → 용탈층 → 유기물층 → 집적층
④ 모재층 → 유기물층 → 용탈층 → 집적층

해설 ② 산림토양 단면에서 층위의 순서는 아래서부터 모재층 → 집적층 → 용탈층 → 유기물층 순이다.

17 택벌작업의 장점에 대한 설명으로 옳지 않은 것은?

① 심미적 가치가 가장 높다.
② 양수 수종의 갱신에 적합하다.
③ 병충해에 대한 저항력이 높다.
④ 임지와 치수가 보호를 받을 수 있다.

해설 ② 택벌작업은 음수 수종의 갱신에 적합하다.

18 모수작업법에 대한 설명으로 옳은 것은?

① 풍치적 가치를 보면 개벌작업보다 월등히 낮다.
② 모수는 되도록 한 지역에 집중적으로 남긴다.
③ 임지에 잡초와 관목이 발생하여 갱신에 지장을 주기도 한다.
④ 전체 재적의 절반 정도만 벌채하여 이용하고 모수를 절반 정도 남긴다.

해설 ① 모수작업은 풍치, 생태적 가치 등 다양한 가치를 고려하여 숲을 가꾸기 때문에 개벌작업보다 풍치적 가치가 월등히 높다.
② 모수는 되도록 고르게 분포되어야 한다.
④ 전체 재적의 90%를 벌채하여 이용하고, 모수를 본수에 대해 2~3%, 재적에 대해 10%를 남긴다.

19 수목 체내에서 일어나는 변화에 대한 설명으로 옳은 것은?

① 낙엽수는 가을에 탄수화물 농도가 최저로 떨어진다.
② 낙엽수는 겨울철에 전분 함량이 증가하고 환원당의 함량이 감소된다.
③ 상록수의 탄수화물 함량의 계절적인 변화는 낙엽수에 비하여 적은 편이다.
④ 재발성 개엽 수종은 줄기 생장이 이루어질 때마다 탄수화물이 증가한 다음 다시 감소한다.

해설 ① 낙엽수는 가을에 탄수화물 농도가 최고가 된다.
② 낙엽수는 겨울철에 전분 함량이 감소하고 환원당 함량이 증가된다.
④ 재발성 개엽 수종은 줄기 생장이 이루어질 때마다 탄수화물이 감소한 다음 다시 증가한다.

정답 15 ④　16 ②　17 ②　18 ③　19 ③

20 산림 생태계의 천이에 대한 설명으로 옳은 것은?

① 우리나라 소나무림은 극성상에 있다.
② 식물의 이동은 천이의 원인이 될 수 없다.
③ 식생이 입지에 주는 영향을 식생의 반작용이라 한다.
④ 아극성상은 어떤 원인에 의해 극성상의 뒤에 올 수 있다.

해설
① 우리나라 소나무림은 극성상 이전 단계에 있다.
② 식물의 이동은 천이의 원인이 될 수 있다.
④ 아극성상은 어떤 원인에 의해 극성상의 앞에 올 수 있다.

제 2 과목 산림보호학

21 매미나방 방제방법으로 옳지 않은 것은?

① 나무주사를 실시한다.
② 알 덩어리는 4월 이전에 제거한다.
③ 어린 유충시기에 살충제를 살포한다.
④ Bt균, 핵다각체바이러스 등의 천적미생물을 이용한다.

해설 ① 매미나방(집시나방)을 방제하는 데는 나무주사를 실시하지 않는다.

22 잎을 주로 가해하는 해충이 아닌 것은?

① 솔나방
② 박쥐나방
③ 미국흰불나방
④ 오리나무잎벌레

해설 ② 박쥐나방은 나무수간의 분열조직을 가해한다.

23 다음 설명에 해당하는 해충은?

- 성충은 열매에 구멍을 내고 열매 속에 산란한다.
- 부화유충은 과실 내부를 가해하고 똥을 외부로 배출하지 않아 피해 과실을 구별하기 어렵다.

① 밤바구미
② 버들바구미
③ 밤나무혹벌
④ 복숭아명나방

해설 밤바구미
1년에 1회 발생하며 성충은 7~8월에 나와 주둥이로 밤에 구멍을 뚫어 알을 입으로 구멍에 옮긴다. 1개의 밤에 1~3개의 알을 낳고, 부화 유충은 열매의 내부를 먹고 자람(똥을 밖으로 배출하지 않는다) 가을에 밤이 익을 때를 맞추어 유충도 성숙하여 땅에 떨어져 땅속에서 월동하고 다음 해 7월경 용화한다.

24 곤충의 피부구조 중에서 한 개의 세포층으로 되어 있는 부분은?

① 외표피   ② 원표피
③ 기저막   ④ 진피층

해설 ④ 진피층은 한 개의 세포층으로 되어 있다.

25 해충과 천적의 연결이 옳지 않은 것은?

① 솔잎혹파리 – 솔노랑잎벌
② 천막벌레나방 – 독나방살이고치벌
③ 미국흰불나방 – 나방살이납작맵시벌
④ 버들재주나방 – 산누에살이납작맵시벌

해설 ① 솔잎혹파리 – 솔잎혹파리먹좀벌

26 솔나방 방제방법으로 옳지 않은 것은?

① 월동 후 유충 활동시기에 아바멕틴 유제를 나무주사한다.
② 성충 활동기에 수은등이나 유아등을 설치하여 성충을 유살한다.
③ 7~8월 중순에 산란된 알 덩어리가 붙어 있는 가지를 잘라서 소각한다.
④ 유충이 가해하는 시기에 디플루벤주론 수화제나 뷰프로페진 수화제를 살포한다.

해설 ④ 솔나방의 방제에는 디플루벤주론 수화제나 뷰프로페진 수화제를 사용하지 않는다.

27 수목병을 진단하는 방법으로 옳지 않은 것은?

① 지표식물 이용
② 항원 – 항체반응
③ 테트라졸륨 검사
④ Koch의 원칙 적용

해설 ③ 테트라졸륨 검사 : 종자의 활력검사

28 바이러스로 인한 수목병 방제방법에 대한 설명으로 옳지 않은 것은?

① 생장점 배양을 한다.
② 묘포장에서는 윤작을 피한다.
③ 잡초를 활용하여 간섭효과를 유발한다.
④ 약독 바이러스를 발병 전에 미리 접종한다.

해설 ③ 잡초는 수목병을 유발할 수 있다.

29 밤나무 줄기마름병 방제방법으로 옳지 않은 것은?

① 질소 비료를 적게 준다.
② 내병성 품종을 재배한다.
③ 상처 부위에 도포제를 바른다.
④ 중간기주인 현호색을 제거한다.

해설 ④ 현호색 또는 낙엽송은 포플러 잎녹병의 중간기주이다.

30 오리나무잎벌레 방제방법으로 옳지 않은 것은?

① 알 덩어리가 붙어 있는 잎을 소각한다.
② 5~6월에 모여 사는 유충을 포살한다.
③ 유충 발생기에 트리플루뮤론 수화제를 살포한다.
④ 수은등이나 유아등을 설치하여 성충을 유인한다.

해설 ④ 수은등이나 유아등을 설치하여 성충을 유인하는 것은 솔나방의 방제방법이다.

31 그을음병에 대한 설명으로 옳지 않은 것은?

① 주로 잎의 앞면에 발생한다.
② 병균이 주로 잎의 양분을 탈취한다.
③ 잎 표면을 깨끗이 닦아 피해를 줄일 수 있다.
④ 진딧물류 및 깍지벌레류가 번성할수록 잘 발생한다.

해설 ② 대부분의 그을음병균은 기주식물체의 표면을 덮고 동화작용을 방해하는 외부착생균이지만, 그중에는 기주조직 내에 흡기를 형성하고 기생하는 종류도 있는데 잎의 양분을 탈취하지는 않는다.

정답 26 ④ 27 ③ 28 ③ 29 ④ 30 ④ 31 ②

32 솔잎혹파리의 월동형태는?

① 알 ② 유충
③ 성충 ④ 번데기

해설 서울지방에서는 9월 하순~다음 해 1월(최성기 11월 중순)에 유충이 충영에서 탈출하여 낙하하는데, 특히 비 오는 날에 많이 낙하하여 지피물 밑 또는 흙 속으로 들어가 월동한다. 기온이 따뜻한 남부 해안지방에서는 충영 속에서 월동하는 경우도 있다.

33 잣나무넓적잎벌 방제방법으로 옳은 것은?

① 알에 기생하는 벼룩좀벌류 등 기생성 천적을 보호한다.
② 땅속 유충시기에 클로르플루아주론 유제를 살포한다.
③ 땅속의 유충을 9월에서 다음해 4월 사이에 호미나 괭이로 굴취하여 소각한다.
④ 성충이 우화하는 것을 방지하기 위해 7월에 폴리에틸렌필름으로 임내지표를 피복한다.

해설 ① 알에 기생하는 알좀벌류 유충에 기생하는 벼룩좀벌류 등 기생성 천적을 보호한다.
② 나무 위 유충시기에 클로르플루아주론 유제를 살포한다.
④ 성충이 우화하는 것을 방지하기 위해 4월에 폴리에틸렌필름으로 임내지표를 피복한다.

34 참나무 시들음병 방제방법으로 가장 효과가 약한 것은?

① 유인목 설치
② 끈끈이롤 트랩
③ 예방 나무주사
④ 피해목 벌채 훈증

해설 ③ 참나무 시들음병에 대한 예방 나무주사는 아직 실시되지 않고 있다.

35 병원균의 형태 중 여름포자가 없는 녹병은?

① 향나무 녹병
② 잣나무 털녹병
③ 전나무 잎녹병
④ 포플러 잎녹병

해설 ① 향나무 녹병은 여름포자를 형성하지 않는다.

36 성충으로 월동하는 해충으로만 나열한 것은?

① 솔나방, 복숭아명나방
② 솔나방, 미국흰불나방
③ 소나무좀, 버즘나무방패벌레
④ 버즘나무방패벌레, 복숭아명나방

해설 ① 솔나방(유충), 복숭아명나방(유충)
② 솔나방(유충), 미국흰불나방(번데기)
④ 버즘나무방패벌레(성충), 복숭아명나방(유충)

37 산림해충에 대한 설명으로 옳은 것은?

① 솔잎혹파리는 충영을 형성하나 밤나무혹벌은 충영을 만들지 않는다.
② 미국흰불나방은 버즘나무, 벚나무, 포플러 등 많은 활엽수의 잎을 가해한다.
③ 소나무재선충을 매개하는 곤충은 솔수염하늘소, 소나무좀 등으로 알려져 있다.
④ 솔나방은 소나무를 주로 가해하지만 활엽수도 가해하는 잡식성 해충에 속한다.

해설
① 솔잎혹파리와 밤나무혹벌은 충영을 형성한다.
③ 소나무재선충을 매개하는 곤충은 솔수염하늘소, 북방수염하늘소 등으로 알려져 있다.
④ 솔나방은 주로 소나무를 가해하지만 잣나무도 가해한다.

39 겨우살이에 대한 설명으로 옳지 않은 것은?

① 주로 종자를 먹은 새의 배설물에 의해 전파된다.
② 겨울철에도 잎이 떨어지지 않으므로 쉽게 발견할 수 있다.
③ 주로 참나무류에 피해가 심하고 그 밖의 활엽수에도 기생한다.
④ 겨우살이의 뿌리로 인해 수목의 뿌리가 양분을 제대로 흡수하지 못하는 피해를 입는다.

해설
④ 겨우살이의 뿌리는 수목의 뿌리가 양분을 제대로 흡수하지 못하는 피해를 주지는 않는다.

38 미국흰불나방 방제에 사용되는 약제로 가장 효과가 약한 것은?

① 메탐소듐 액제
② 트리플루뮤론 수화제
③ 디플루벤주론 액상수화제
④ 람다사이할로트린 수화제

해설
① 메탐소듐 액제는 미국흰불나방 방제에 사용하지 않는다.

40 벚나무 빗자루병 방제방법으로 옳은 것은?

① 매개충을 구제한다.
② 병든 가지를 제거한다.
③ 저항성 품종을 식재한다.
④ 옥시테트라사이클린계통의 약제를 나무주사한다.

해설
② 벚나무 빗자루병은 자낭균에 의한 병으로, 병든 가지를 잘라낸 후 보르도액 약제를 살포하는 것이 좋다.

정답 37 ② 38 ① 39 ④ 40 ②

제 3 과목 | 임업경영학

41 소나무 임분의 벌기평균생장량이 6m³/ha이고 윤벌기가 50년이라고 할 때 이 임분의 법정연벌량과 법정수확률은 각각 얼마인가?

① 300m³/ha, 3%
② 300m³/ha, 4%
③ 600m³/ha, 3%
④ 600m³/ha, 4%

해설 법정연벌량 = 6m³/ha × 50년 = 300m³/ha
법정수확률(개벌) = 200/50년 = 4%

42 임업경영 성과분석방법으로 임업의존도 계산식에 해당하는 것은?

① $\frac{가계비}{임업소득} \times 100$

② $\frac{임업소득}{임가소득} \times 100$

③ $\frac{임업소득}{가계비} \times 100$

④ $\frac{임업소득}{임업조수익} \times 100$

해설 ② 임업의존도는 임가소득에 대한 임업소득의 비율이다.

43 연간 임산물 생산과 관련된 고정비가 2백만원, 변동비가 5천원, 판매단가가 6천원일 경우 손익분기점에 해당하는 임산물 생산량은?

① 181개
② 334개
③ 2,000개
④ 20,000개

해설 손익분기점 = 고정비 + (변동비 × 생산량)
  = 판매단가 × 생산량
2,000,000원 + (5,000원 × x) = 6,000원 × x
1,000x = 2,000,000원
∴ x = 2,000개

44 임분 재적 측정을 위하여 전 임목을 몇 개의 계급으로 나누고 각 계급의 본수를 동일하게 한 다음 각 계급에서 같은 수의 표준목을 선정하는 방법은?

① 단급법
② 우리히(Urich)법
③ 하르티히(Hartig)법
④ 드라우트(Draudt)법

45 임반에 대한 설명으로 옳지 않은 것은?

① 산림구획의 골격을 형성한다.
② 고정적 시설을 따라 확정한다.
③ 보조임반을 편성할 때는 연접한 임반의 번호에 보조번호를 부여한다.
④ 임반의 표기는 경영계획구 상류에서 시계방향으로 표기를 시작한다.

해설 ④ 임반의 표기는 경영계획구 하류에서 시계방향으로 표기를 시작한다.

41 ② 42 ② 43 ③ 44 ② 45 ④

46 임업경영의 지도원칙 중 경제성의 원칙에 대한 설명으로 옳지 않은 것은?

① 최소의 비용으로 최대의 효과를 발휘하는 것이다.
② 일정한 비용으로 최대의 수익을 올릴 수 있도록 하는 것이다.
③ 일정한 수익을 올리기 위하여 비용을 최소한으로 줄이는 것이다.
④ 최대의 비용으로 매년 같은 양의 수익을 올릴 수 있도록 하는 것이다.

해설 ④ 경제성의 원칙은 일정한 수익에 대하여 비용을 최소로 줄이는 것이다.

47 수확조정법에 대한 설명으로 옳지 않은 것은?

① Hufnagl법은 재적배분법의 일종이다.
② 전 산림면적을 윤벌기 연수와 동일하게 벌구로 나누고 매년 한 벌구씩 수확하는 방법을 구획윤벌법이라 한다.
③ 토지의 생산력에 따라 개위면적을 산출하여 벌구면적을 조절, 연수확량을 균등하게 하는 방법을 비례구획윤벌법이라 한다.
④ 전 임분을 윤벌기 연수의 1/2 이상 되는 연령의 것과 그 이하의 것으로 나누어 전자는 윤벌기의 전반에, 후자는 윤벌기 후반에 수확하는 방법을 Beckmann법이라 한다.

해설 Hufnagl법 : 전 임분을 윤벌기 연수의 1/2 이상 되는 연령의 것과 그 이하의 것으로 나누어 전자는 윤벌기 전반에, 후자는 윤벌기 후반에 수확하는 방법

48 임업기계의 감가상각비(D)를 정액법으로 구하는 공식으로 옳은 것은?(단, P : 기계 구입가격, S : 기계 폐기 시의 잔존가치, N : 기계의 수명)

① $D = \dfrac{S-P}{N}$
② $D = \dfrac{P-S}{N}$
③ $D = \dfrac{N}{S-P}$
④ $D = \dfrac{N}{P-S}$

해설 감가상각비(정액법) = $\dfrac{P-S}{N}$

49 임업순수익 계산방법으로 옳은 것은?

① 임업조수익 + 임업경영비
② 임업조수익 − 감가상각액
③ 임업조수익 + 가족임금추정액
④ 임업조수익 − 임업경영비 − 가족임금추정액

해설 임업순수익 = 임업조수익 − 가족임금추정액
= 임업조수익 − 임업경영비 − 가족임금추정액

정답 46 ④ 47 ④ 48 ② 49 ④

50 임지를 취득한 후 조림 등 임목 육성에 알맞은 상태로 개량하는 데 소요되는 모든 비용의 후가에서 그동안 수입의 후가를 공제한 가격을 무엇이라 하는가?

① 임지비용가
② 임지기망가
③ 임지공제가
④ 임지매매가

해설 임지비용가 : 임지를 취득한 후 조림 등 임목 육성에 알맞은 상태로 개량하는 데 소요되는 모든 비용의 후가에서 그동안 수입의 후가를 공제한 가격

51 다음 설명에 해당하는 용어는?

> 재적이 0.5m³인 통나무 2개 가격의 합보다 재적 1m³인 통나무 1개의 가격이 훨씬 높다.

① 형질생장
② 가치생장
③ 등귀생장
④ 재적생장

해설 형질생장 : 지름이 커지고 재질이 좋아지는 데서 오는 단위재적당 가격 상승

52 시장가역산법으로 임목가를 평정할 때 필요하지 않은 인자는?

① 집재비
② 운반비
③ 조림 및 육림비
④ 벌목 및 조재비

해설 조림 및 육림비는 유령림이나 중령림 평가에 쓰이고 벌기 이상의 임목평가(시장가역산법)에는 쓰이지 않는다.

53 산림 생산기간에 대한 설명으로 옳지 않은 것은?

① 회귀년은 택벌작업에 적용되는 용어이다.
② 회귀년의 길이와 연벌구역면적은 정비례한다.
③ 벌채 후 갱신이 지연되는 경우 늦어지는 기간을 갱신기라고 한다.
④ 어떤 임분에서 벌채와 동시에 갱신이 시작되는 경우 윤벌기와 윤벌령은 동일하다.

해설 ② 회귀년의 길이와 연벌구역면적은 반비례한다.

54 임업 투자계획의 경제성을 평가하는 방법이 아닌 것은?

① 순현재가치
② 편익비용비
③ 내부수익률
④ 수확표 분석

해설 투자효율의 측정 방법 : 회수기간법, 투자이익률법, 순현재가치법, 수익비용률법, 내부투자수익률법 등

정답 50 ① 51 ① 52 ③ 53 ② 54 ④

55 산림경영을 위하여 설정하는 산림구획이 아닌 것은?

① 임 반
② 소 반
③ 표준지
④ 경영계획구

해설 ③ 산림경영계획 작성을 위한 산림조사 시 임시로 조사를 위해 설정하는 구역이 표준지이다.

56 수익・비용률법을 투자의 의사결정방법으로 사용할 때 투자가치가 있는 사업으로 평가되는 것은?(단, B는 수익이고 C는 비용)

① B/C율 > 1
② B/C율 < 1
③ B/C율 > 0
④ B/C율 < 0

해설 ① B/C율 > 1일 때 투자가치가 있는 사업으로 평가된다.

57 손익분기점 분석에 필요한 가정으로 옳지 않은 것은?

① 원가는 고정비와 유동비로 구분할 수 있다.
② 제품의 생산능률은 판매량에 관계없이 일정하다.
③ 제품 한 단위당 변동비는 판매량에 따라 달라진다.
④ 제품의 판매가격은 판매량이 변동하여도 변화되지 않는다.

해설 ③ 제품 한 단위당 변동비는 항상 일정하다.

58 산림평가에 대한 설명으로 옳지 않은 것은?

① 부동산 감정평가와 동일한 평가방법 적용이 용이하다.
② 공익적 기능을 포함한 다면적 이용에 대한 평가도 포함한다.
③ 산림을 구성하는 임지・임목・부산물 등의 경제적 가치를 평가한다.
④ 생산기간이 장기적이고 금리의 변동이 커서 정밀하게 평가하기 쉽지 않다.

해설 ① 공익적 기능이나 임목축적(임업자분), 이자(생장량)를 따로 분리할 수 없어 부동산 감정평가와 동일한 평가방법을 적용하기 어렵다.

59 산림수확 조절을 위한 선형계획모형의 전제조건이 아닌 것은?

① 비례성   ② 활동성
③ 부가성   ④ 제한성

해설 산림수확 조절을 위한 선형계획모형의 전제조건은 비례성, 비부성, 부가성, 분할성, 선형성, 제한성, 확정성이다.

60 임업이율의 분류로 옳지 않은 것은?

① 업종에 의한 분류 – 명목이율
② 용도에 의한 분류 – 경영이율
③ 현실성에 의한 분류 – 평정이율
④ 기간의 장단에 의한 분류 – 장기이율

해설 ① 용도에 의한 분류 – 명목이율

제 **4** 과목	임도공학

61 산악지대의 임도노선 선정방식 중에서 지그재그방식 또는 대각선방식이 적당한 임도는?

① 사면임도 ② 계곡임도
③ 능선임도 ④ 평지임도

해설 ① 사면으로 선정할 때 지그재그 또는 대각선으로 선정한다.

62 임도의 최소 곡선반지름 크기에 영향을 미치지 않는 인자는?

① 임도의 유효 폭
② 반출목재의 길이
③ 임도의 설계속도
④ 임도의 종단기울기

해설 ④ 종단기울기는 종단의 경사와 관련이 있다.

63 하베스터와 포워더를 이용한 작업시스템의 목재생산방법은?

① 전목생산방법
② 전간생산방법
③ 단목생산방법
④ 전간목생산방법

해설 ③ 하베스터와 반출장비인 포워더는 단목생산방법이다.

64 아래 표는 수준측량에 의한 야장이다. 측점 6의 지반고(m)는?

측 점	후시(m)	전시(m)		지반고(m)
		TP	IP	
BM	2,191			10,000
1			2,507	
2			2,325	
3	3,019	1,496		
4			2,513	
5	1,846	2,811		
6		3,817		

① 8,838 ② 8,932
③ 9,684 ④ 9,933

해설 측점 1 = 10,000 + (2,191 − 2,507) = 9,684
측점 2 = 10,000 + (2,191 − 2,325) = 9,866
측점 3 = 10,000 + (2,191 − 1,496) = 10,695
측점 4 = 10,695 + (3,019 − 2,513) = 11,201
측점 5 = 10,695 + (3,019 − 2,811) = 10,903
측점 6 = 10,903 + (1,846 − 3,817) = 8,932

65 임도 설계도면 제도에 대한 설명으로 옳은 것은?

① 평면도는 축적 1/1,000로 한다.
② 횡단면도는 축적 1/200로 한다.
③ 종단면도 상부에 곡선제원 등을 기입한다.
④ 종단면도 축적은 횡 1/1,000, 종 1/200로 한다.

해설 ① 평면도는 축적 1/1,200로 한다.
② 횡단면도는 축적 1/100로 한다.
③ 평면도에 곡선제원 등을 기입한다.

정답 61 ① 62 ④ 63 ③ 64 ② 65 ④

66 시점의 표고가 100m, 종점의 표고가 500m, 종단경사가 6%인 임도의 최단길이는?(단, 임도 우회율은 적용하지 않음)

① 약 0.7km ② 약 2.4km
③ 약 6.7km ④ 약 24km

해설 100 : 6 = x : 400
x ≒ 6.7km

67 임도설치 대상지 우선선정 기준으로 옳지 않은 것은?

① 도시개발이 예정된 임지
② 산림보호 및 관리를 위해 필요한 임지
③ 임도와 도로 연결을 위해 필요한 임지
④ 산림휴양자원의 이용 또는 산촌진흥을 위해 필요한 임지

해설 ① 도시개발이 예정된 임지는 임도설치 대상지가 아니다.

68 임도노선 설치 시 단곡선에서 교각이 30°31′00″이고 곡선반지름이 150m일 때 접선길이는?

① 약 4.1m ② 약 8.8m
③ 약 41m   ④ 약 88m

해설 30°31′00″= 30 + (31/60) = 30.517°
접선길이 = 150 × tan(30.517/2)
　　　　≒ 40.92m

69 임도에서 성토한 경사면의 기울기 기준은?

① 1 : 0.3~0.8
② 1 : 0.5~1.2
③ 1 : 0.8~1.5
④ 1 : 1.2~2.0

해설 ④ 임도에서 성토한 경사면의 기울기 기준은 1 : 1.2~2.0이다.

70 임도의 곡선부에 외쪽기울기를 설치하는 주요 목적은?

① 배수 원활
② 노면 보호
③ 시거 확보
④ 안전운행

해설 ④ 임도의 곡선부에 외쪽기울기를 설치하는 주요 목적은 원활한 안전주행을 하기 위함이다.

정답 66 ③ 67 ① 68 ③ 69 ④ 70 ④

71 임도의 노체를 구성하고 있는 순서로 옳은 것은?

① 노상 → 기층 → 노반 → 표층
② 기층 → 노반 → 노상 → 표층
③ 노상 → 노반 → 기층 → 표층
④ 기층 → 노상 → 노반 → 표층

해설 ③ 임도의 아래로부터 노상 → 노반 → 기층 → 표층 순이다.

72 다음 ( ) 안에 적절한 것은?

> 포장도로가 아닌 곳에서 종단기울기의 대수차가 ( )% 이하인 경우에 임도의 종단곡선 규정을 적용하지 않는다.

① 3 ② 5
③ 7 ④ 9

해설
• 포장도로가 아닌 곳으로서 종단기울기의 대수차가 5% 이하인 경우에 이를 적용하지 아니한다.
• 종단곡선은 포물선곡선방식을 적용할 수 있다.

73 일반 도저와 비교한 틸트도저(Tiltdozer)의 특징으로 옳은 것은?

① 속도가 빠르다.
② 삽날의 좌우 높이를 조절한다.
③ 점질토면에서 수월하게 주행한다.
④ 사용 가능한 부속품 종류가 다양하다.

해설 ② 틸트도저(Tilt-dozer)는 삽날의 좌우 높이를 조절할 수 있다.

74 아래 그림에서 경사도의 표기가 기울기값으로 옳은 것은?

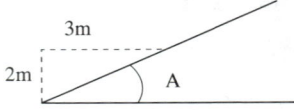

① 1 : 0.5와 약 67%
② 1 : 0.5와 약 150%
③ 1 : 1.5와 약 67%
④ 1 : 1.5와 약 150%

해설
• 2 : 3 = 1 : x → 2 : 3 = 1 : 1.5
• 1 : 1이 45°에 100%이므로 1 : 1.5는 약 67%

75 어떤 측점에서부터 차례로 측량을 하여 최후에 다시 출발한 측점으로 되돌아오는 측량방법으로 소규모의 단독적인 측량에 많이 이용되는 트래버스 방법은?

① 폐합 트래버스
② 결합 트래버스
③ 개방 트래버스
④ 다각형 트래버스

해설 트래버스의 종류
• 개방 트래버스 : 끝점과 시작점이 전혀 다른 미지점에서 연결되는 트래버스로, 정밀도가 낮아 노선답사 등에 사용된다.
• 폐합 트래버스 : 시작점으로 되돌아 폐합되는 형태의 트래버스로, 소규모 측량에 사용된다.
• 결합 트래버스 : 기지점에서 시작해서 기지점으로 연결되는 트래버스로, 높은 정밀도를 요하거나 대규모 지역에 사용된다.
※ 정밀도 순서 : 결합 트래버스 > 폐합 트래버스 > 개방 트래버스

76 임도측량방법으로 영선에 대한 설명으로 옳지 않은 것은?

① 노폭의 1/2 되는 점을 연결한 선이다.
② 절토작업과 성토작업의 경계선이 되기도 한다.
③ 산지 경사면과 임도 노면의 시공면과 만나는 점을 연결한 노선의 종축이다.
④ 영선측량의 경우 종단측량을 먼저 실시하여 영선을 정한 후에 평면 및 횡단측량을 한다.

해설 ① 절토와 성토의 합이 0이 되는 점을 연결한 선이다.

77 임도망계획 시 고려하지 않아도 되는 사항은?

① 신속한 운반이 되도록 한다.
② 운재비가 적게 들도록 한다.
③ 운재방법이 단일화되도록 한다.
④ 운반량의 상한선을 두어야 한다.

해설 ④ 운반량은 되도록 한 번에 많이 운반할수록 좋다.

78 암석을 굴착하기에 가장 적합한 기계는?

① 로더(Loader)
② 머캐덤롤러(Macadam Roller)
③ 리퍼불도저(Ripper Bulldozer)
④ 진동콤팩터(Vibrating Compactor)

해설 ① 운반장비, ②·④ 진압장비

79 임도의 종단기울기가 4%, 횡단기울기가 3%일 때의 합성기울기는?

① 1%   ② 5%
③ 7%   ④ 25%

해설 $\sqrt{4^2 + 3^2} = \sqrt{25} = 5\%$

80 토량곡선에 대한 설명으로 옳지 않은 것은?

① 곡선이 상향인 구간은 절토구간이고 하향은 성토구간이다.
② 곡선과 평형선이 교차하는 점은 절토량과 성토량이 평형상태를 나타낸다.
③ 평형선에서 곡선의 곡점과 정점까지의 높이는 절토에서 성토로 운반되는 정체의 토량이다.
④ 곡선이 평형선보다 위에 있는 경우에는 성토에서 절토로 운반되며 작업방향은 우에서 좌로 이루어진다.

해설 ④ 곡선이 평형선보다 위에 있는 경우에는 절토에서 성토로 운반되며 작업방향은 좌에서 우로 이루어진다.

정답 76 ① 77 ④ 78 ③ 79 ② 80 ④

제 5 과목 사방공학

81 산지침식의 종류로 가속침식에 해당하는 것은?

① 자연침식
② 정상침식
③ 붕괴형 침식
④ 지질학적 침식

해설 정상침식, 자연침식, 지질학적 침식은 같은 의미이며, 어떠한 인위적인 작용에 의해 이루어지는 침식을 가속침식이라 한다.

82 비탈다듬기공사에서 상단의 단면적이 $10m^2$, 하단의 단면적이 $20m^2$이고 상하단의 거리가 10m일 때 평균 단면적법으로 토사량을 구하면?

① $150m^3$
② $300m^3$
③ $1,500m^3$
④ $3,000m^3$

해설 $(10 + 20)/2 \times 10 = 150m^3$

83 사방댐의 안정 계산에 필요한 하중 및 수치 중에서 댐높이가 15m 미만일 때 고려하지 않는 것은?

① 자 중
② 정수압
③ 퇴사압
④ 양압력

해설 ④ 양압력은 댐높이가 15m 이하일 때는 고려하지 않는다.

84 토사퇴적구역에 대한 설명으로 옳지 않은 것은?

① 유수의 유송력이 대부분 상실되는 지점이다.
② 침적지대 또는 사력퇴적지역 등으로 불린다.
③ 황폐계류의 최하부로서 계상물매가 급하고 계폭이 좁다.
④ 유송토사의 대부분이 퇴적되어 계상이 높아지게 된다.

해설 ③ 황폐계류의 최하부로서 계상물매가 완만하고 계폭이 넓다.

85 암석 산지나 암벽 녹화용으로 가장 부적합한 수종은?

① 병꽃나무
② 눈향나무
③ 노간주나무
④ 상수리나무

해설 ④ 상수리나무는 교목으로 암벽에는 적합하지 않다.

86 기울기가 완만하고 유량과 토사유송이 적은 곳에 설치하는 수로로 가장 적합한 것은?

① 떼붙임 수로
② 찰붙임 수로
③ 메붙임 수로
④ 콘크리트 수로

해설 ① 떼붙임 수로는 유량이 많고, 기울기가 급한 곳에 설치하면 안 된다.

정답 81 ③ 82 ① 83 ④ 84 ③ 85 ④ 86 ①

87 산지사방에서 녹화공사에 해당하지 않는 것은?

① 단쌓기
② 사초심기
③ 등고선구공법
④ 산비탈바자얽기

해설 ② 사초심기는 해안사방공사이다.

88 산지사방에서 기초공사에 해당되지 않는 것은?

① 비탈덮기
② 비탈다듬기
③ 땅속흙막이
④ 산복수로공

해설 ① 짚, 거적, 망, 섶 등으로 덮는 비탈덮기는 산복녹화 공법이다.

89 중력식 사방댐의 안정조건이 아닌 것은?

① 자중에 대한 안정
② 전도에 대한 안정
③ 활동에 대한 안정
④ 기초지반의 지지력에 대한 안정

해설 중력식 사방댐의 안정조건
- 제체의 파괴에 대한 안정
- 전도에 대한 안정
- 활동에 대한 안정
- 기초지반의 지지력에 대한 안정

90 다음 설명에 가장 적합한 불투과형 중력식 사방댐은?

- 땅밀림지, 산사태지 등의 응급복구 사방공사에 적합하다.
- 터파기는 깊이 1m 정도로 하고 말뚝으로 체제를 유지해야 하며, 높이는 3m 이하로 한다.

① 흙 댐
② 돌망태댐
③ 콘크리트댐
④ 콘크리트틀댐

해설 ② 깊이와 높이가 낮으면 돌망태댐이 적합하다.

91 초기황폐지 단계에서 복구되지 않으면 점점 더 급속히 악화되어 가까운 장래에 민둥산이나 붕괴지가 될 위험성이 있는 상태는?

① 척악임지
② 임간나지
③ 황폐이행지
④ 특수황폐지

해설 황폐지의 진행순서 : 척악임지 → 임간나지 → 초기황폐지 → 황폐이행지 → 특수황폐지

정답 87 ② 88 ① 89 ① 90 ② 91 ③

92 바닥막이 시공장소로 적합하지 않은 것은?

① 합류지점의 하류
② 계상 굴곡부의 상류
③ 계상이 낮아질 위험이 있는 곳
④ 종침식과 횡침식이 발생하는 지역의 하류부

해설 ② 계상 굴곡부의 하류

95 황폐지의 진행순서로 옳은 것은?

① 임간나지 → 초기황폐지 → 황폐이행지 → 민둥산 → 척악임지
② 초기황폐지 → 황폐이행지 → 척악임지 → 임간나지 → 민둥산
③ 임간나지 → 척악임지 → 황폐이행지 → 초기황폐지 → 민둥산
④ 척악임지 → 임간나지 → 초기황폐지 → 황폐이행지 → 민둥산

해설 ④ 황폐지의 진행순서는 척악임지 → 임간나지 → 초기황폐지 → 황폐이행지 → 민둥산 순이다.

93 땅깎기비탈면의 토질별 안정공법으로 가장 적정하게 연결된 것은?

① 사질토 - 새집공법
② 경암 - 낙석방지망덮기
③ 점질토 - 분사식 씨뿌리기
④ 모래층 - 종비토뿜어붙이기

해설 ① 경암 : 새집공법
③ 사질토 : 분사식 씨뿌리기
④ 점질토 : 종비토뿜어붙이기

94 임지에 도달한 강우의 침투강도에 영향을 주는 인자로 가장 거리가 먼 것은?

① 유역면적
② 지표면의 상태
③ 토양공극의 차이
④ 당초의 토양수분

해설 ① 유역면적과 침투강도는 상관없다.

96 대상지 1ha에 15° 경사로 1.0m 높이의 단끊기공을 시공할 때 평면적법에 의한 계단길이는?

① 약 1,786m ② 약 2,061m
③ 약 2,679m ④ 약 3,640m

해설 $10,000m^2 \times tan$값만큼 올라가므로 올라가는 계단길이는 $10,000 \times tan15 ≒ 2,679m$이다.

97 산지사방의 목적으로 가장 거리가 먼 것은?

① 붕괴 확대 방지
② 표토 침식 방지
③ 유속 토사 조절
④ 산사태 위험 대책

해설 ③ 산지사방은 유속을 줄이거나 토사를 줄이는 것이 목적이지 유속 토사 조절은 아니다.

99 계류의 바닥 폭이 3.8m, 양안의 경사각이 모두 45°이고, 높이가 1.2m일 때의 계류 횡단면적(m^2)은?

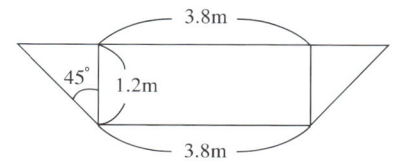

① 6.0
② 6.8
③ 7.4
④ 8.0

해설
- 삼각형 한 개의 넓이
  = $\frac{1}{2}$ × 1.2m × 1.2m × tan45°
  = 0.72m^2
- 계류 횡단면적 = 0.72m^2 × 2 + (3.8m × 1.2m)
  = 6.0m^2

98 수제에 대한 설명으로 옳지 않은 것은?

① 계안으로부터 유심을 향해 돌출한 공작물을 말한다.
② 계상 폭이 좁고 계상 기울기가 급한 황폐계류에 적용한다.
③ 돌출 방향은 유심선 또는 접선에 대해 상향 70~90°를 기준으로 한다.
④ 상향수제는 수제 사이의 사력 퇴적이 하향수제보다 많고 두부의 세굴이 강하다.

해설 ② 계상 폭이 좁고 계상 기울기가 급한 황폐계류에는 사방댐이 적당하다.

100 토사유과구역에 대한 설명으로 옳지 않은 것은?

① 상류에서 생산된 토사가 통과한다.
② 토사유하구역 또는 중립지대라고도 한다.
③ 붕괴 및 침식작용이 가장 활발히 진행되는 구역이다.
④ 계상의 형태는 협착부에서 모래와 자갈을 하류로 운반하는 수로에 해당된다.

해설 ③ 붕괴 및 침식작용이 가장 활발히 진행되는 구역은 토사생산구역이다.

2025년 제2회 산림기사 기출복원문제

제1과목 | 조림학

01 식재밀도의 특징으로 옳은 것은?

① 식재밀도가 높을수록 단목 재적이 빨리 증가한다.
② 식재밀도가 낮으면 수목의 지름은 가늘지만 완만재가 된다.
③ 식재밀도가 낮을수록 총생산량 중 가지의 비율이 낮아진다.
④ 식재밀도가 높으면 수관이 조기에 울폐되어 임지의 침식을 줄일 수 있다.

해설
① 식재밀도가 높을수록 단목 재적이 늦게 증가한다.
② 식재밀도가 낮으면 수목의 지름은 굵어지지만 초살도가 높아진다.
③ 식재밀도가 낮을수록 총생산량 중 가지의 비율이 높아진다.

02 간벌에 대한 설명으로 옳지 않은 것은?

① 주로 6~8월에 실시한다.
② 정성적 간벌과 정량적 간벌이 있다.
③ 조림목 간의 경쟁을 최소화하기 위한 것이다.
④ 잔존목의 생장촉진과 형질향상을 위하여 실시한다.

해설
① 간벌은 성장 휴지기인 겨울(노동력 고려)이나 봄(잔존목의 생장 고려)에 실시하는 것이 좋다.

03 수분과 수목생장의 관계에 대한 설명으로 옳지 않은 것은?

① 수분의 증산은 기공에서 공변세포의 칼륨 펌프와 관련이 있다.
② 토양의 수분 가운데 수목이 이용 가능한 수분을 모세관수라고 한다.
③ 수목이 영구위조점을 넘어서면 수분을 공급해 주어도 회복되지 않는다.
④ 토양의 수분포텐셜이 뿌리의 수분포텐셜보다 낮아야 식물 뿌리가 토양으로부터 수분을 흡수할 수 있다.

해설
④ 토양의 수분포텐셜이 뿌리의 수분포텐셜보다 높아야(삼투압 원리) 식물 뿌리가 토양으로부터 수분을 흡수할 수 있다.

04 수목에서 질소결핍증상으로 나타나는 주요 현상은?

① T/R률 증가
② 겨울눈 조기형성
③ 성숙한 잎의 황화현상
④ 모잘록병 발생률 증가

해설
질소결핍: 작물의 생육에 필요한 질소의 공급 부족으로 일어나는 장해로서 오래된 잎에서부터 증상이 나타나 심해지면 황화현상이 나타난다.

정답 1 ④ 2 ① 3 ④ 4 ③

05 수목의 호흡작용이 일어나는 세포 내 기관은?

① 핵
② 액포
③ 엽록체
④ 미토콘드리아

해설 미토콘드리아(Mitochondria) : 세포 소기관의 하나로 세포호흡에 관여한다. 따라서 호흡이 활발한 세포일수록 많은 미토콘드리아를 함유하고 있으며, 에너지를 생산하는 공장으로 불린다.

06 흙 속에서 공기와 물이 차지하고 있는 부분은?

① 균근
② 비중
③ 공극
④ 교질

해설 ③ 흙 속의 공간을 공극이라 한다.

07 솎아베기작업에 대한 설명으로 옳은 것은?

① 잔존목의 수고생장을 크게 촉진한다.
② 최종 생산될 목재의 형질을 개선한다.
③ 자연낙지를 유도하여 지하고를 높인다.
④ 줄기에 발생하는 부정아를 감소시킨다.

해설
① 잔존목의 직경생장을 촉진한다.
③ 자연낙지가 어렵고 지하고도 높일 수 없다.
④ 줄기에 발생하는 부정아를 증가시킬 수 있다.

08 가지치기를 시행하는 시기로 가장 적합한 것은?

① 11월~2월
② 3월~6월
③ 7월~8월
④ 9월~10월

해설 가지치기는 생장 휴지기인 겨울철에 시행하는 게 가장 적합하다.

09 인공림 침엽수의 수형목 지정기준으로 옳지 않은 것은?

① 상층 임관에 속할 것
② 수관이 넓고 가지가 굵을 것
③ 밑가지들이 말라서 떨어지기 쉽고 그 상처가 잘 아물 것
④ 주위 정상목 10본의 평균보다 수고 5%, 직경 20% 이상 클 것

해설 ② 수관이 좁고, 가지가 가늘며, 수관이 한쪽으로 치우치지 말 것

10 파종상을 만들고 실시하는 경운작업에 대한 설명으로 옳지 않은 것은?

① 시비의 효과를 고르게 한다.
② 토양이 팽윤해지고 공기와 수분의 유통이 좋아진다.
③ 토양의 보수력, 흡열력 및 비료의 흡수력이 증가한다.
④ 잡초의 뿌리는 땅속 깊이 묻어 주고 잡초의 종자는 땅 위로 노출되게 한다.

해설 ④ 경운작업은 잡초의 뿌리를 노출시켜 말라 죽게 하는 것이다.

정답 5 ④ 6 ③ 7 ② 8 ① 9 ② 10 ④

11 온대 남부지역에서 수하식재가 가장 용이한 수종은?

① 편 백
② 소나무
③ 오동나무
④ 일본잎갈나무

해설 ① 편백나무는 음수이므로 남부지역에 수하식재하기 적합하다.

12 지베렐린에 대한 설명으로 옳지 않은 것은?

① 줄기의 신장 생장을 촉진한다.
② 개화 및 결실을 돕는 역할을 한다.
③ 대부분의 지베렐린은 알칼리성이다.
④ 벼의 키다리병을 일으키는 것과 관련이 있다.

해설 ③ 대부분의 지베렐린은 산성이다.

13 윤벌기가 완료되기 전에 짧은 갱신기간 동안 몇 차례 벌채를 실시하여 임목을 완전히 제거하는 작업은?

① 모수작업
② 산벌작업
③ 개벌작업
④ 택벌작업

해설 산벌작업 : 윤벌기가 완료되기 이전에 갱신이 완료되는 갱신작업

14 임목의 직경분포가 다음과 같이 나타나는 임형은?

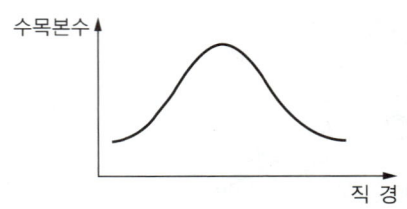

① 동령림　② 택벌림
③ 이령림　④ 보잔목림

해설 ①·② 동령림은 일정한 직경급에 수목본수가 가장 많이 분포하지만, 택벌림은 직경급마다 수목본수가 고르게 분포한다.
③·④ 이령림은 전형적인 역J자 형태로 분포하고, 보잔목림은 임분구조가 불규칙적이다.

15 조림지의 풀베기작업에 대한 설명으로 옳은 것은?

① 모두베기는 음수를 조림한 지역에서 적합하다.
② 풀베기작업의 시기는 가을철인 9월에 실시한다.
③ 한풍해가 우려되는 조림지에서는 둘레베기가 바람직하다.
④ 전나무 조림지에 대한 풀베기작업은 조림 후 2년 이내에 종료한다.

해설 ① 모두베기는 양수를 조림한 지역에 적합하다.
② 9월 이후부터는 풀베기를 실시하지 않는다.
④ 전나무 조림지의 풀베기작업은 조림 후 5~6년까지 실시한다.

11 ① 12 ③ 13 ② 14 ① 15 ③

16 지존작업에 대한 설명으로 옳은 것은?

① 묘목을 심기 위하여 구덩이를 파는 작업이다.
② 개간한 곳에 조림용 묘목을 식재하는 작업이다.
③ 조림지에서 덩굴치기 및 제벌작업을 행하는 것을 뜻한다.
④ 조림 예정지에서 잡초, 덩굴식물, 관목 등을 제거하는 작업이다.

해설
① 구덩이를 파는 것은 조림을 위한 식혈작업이다.
② 묘목을 식재하는 것은 조림작업이다.
③ 조림지에서 행하는 작업은 풀베기, 덩굴치기, 제벌작업 등이다.

17 비옥하거나 식재목이 광선을 많이 요구할 때 실시하며, 소나무나 일본잎갈나무 등의 조림지에 가장 적합한 풀베기 방법은?

① 줄깎기
② 둘레깎기
③ 전면깎기
④ 속아깎기

해설 일반적으로 양수 수종이나 천연갱신지에는 모두베기(전면깎기)를 적용한다.

18 산벌작업에 대한 설명으로 옳은 것은?

① 인공적으로 조림하여 갱신한다.
② 왜림을 조성하기 위한 작업이다.
③ 음수 수종은 갱신이 어려운 작업이다.
④ 예비벌, 하종벌, 후벌 순서로 작업을 진행한다.

해설 ①·③ 개벌, ② 왜림

19 편백에 대한 설명으로 옳지 않은 것은?

① 암수한그루이다.
② 편백나무과에 속한다.
③ 성숙한 구과는 적갈색이다.
④ 잎에 Y자형의 흰 기공선이 나타난다.

해설 ② 편백은 측백나무과이다.

20 개벌왜림작업법에 대한 설명으로 옳은 것은?

① 지력의 소모가 낮다.
② 대경재 생산이 가능하다.
③ 비용이 많이 들지만 자본회수가 빠르다.
④ 작업이 간단하여 단벌기 경영에 적합하다.

해설
① 지력의 소모가 높다.
② 대경재 생산이 불가능하다.
③ 비용이 적게 들고 자본회수가 빠르다.

정답 16 ④ 17 ③ 18 ④ 19 ② 20 ④

제 2 과목 | 산림보호학

21 수목병의 중간기주 연결이 옳지 않은 것은?

① 소나무 줄기녹병 : 참취
② 잣나무 털녹병 : 송이풀
③ 소나무 혹병 : 졸참나무
④ 소나무 잎녹병 : 황벽나무

해설 ① 소나무 줄기녹병 : 목단, 작약

22 송이풀과 까치밥나무류를 중간기주로 하는 수목병은?

① 향나무 녹병
② 잣나무 털녹병
③ 소나무 잎녹병
④ 배나무 붉은별무늬병

해설 ② 송이풀과 까치밥나무를 중간기주로 하는 수목병은 잣나무 털녹병이다.

23 아까시잎혹파리가 월동하는 형태는?

① 알   ② 유충
③ 성충 ④ 번데기

해설 아까시나무혹파리의 유충은 6월 이후 성숙한 잎의 가장자리를 부분별로 말아 피해를 주며, 피해가 경과되면서 흰가루병과 그을음병을 동반한다. 연 1회 발생하며 번데기로 월동하고, 방제를 위해 치아클로프리드 액상 수화제 또는 디프 유제를 살포한다.

24 리지나뿌리썩음병 방제방법으로 옳지 않은 것은?

① 임지 내에서 불을 피우는 행위를 막는다.
② 피해임지에 1ha당 2.5톤 정도의 석회를 뿌린다.
③ 매개충 구제를 위하여 살충제를 봄에 살포한다.
④ 피해지 주변에 깊이 80cm 정도의 도랑을 파서 피해 확산을 막는다.

해설 ③ 리지나뿌리썩음병의 병원균인 파상땅해파리버섯은 매개충에 의해 전반되는 것이 아니라, 포자가 토양으로 날아가 적당한 고온에서 발아된다.

25 측백나무 검은돌기잎마름병에 대한 설명으로 옳지 않은 것은?

① 통풍이 나쁠 때 많이 발생한다.
② 가을에 발생하는 낙엽성 병해이다.
③ 잎의 기공조선상에 병원체의 자실체가 나타난다.
④ 주로 수관하부의 잎이 떨어져서 엉성한 모습으로 된다.

해설 잎에 발생하는 병으로, 통풍이나 채광이 나쁘거나 나무의 수세가 쇠약할 때 심하게 발생하며, 기주로는 측백나무, 편백나무, 천지백나무 등이 보고되었다. 5~8월에 수관 하부의 잎이 적갈색으로 말라 죽으면서 일찍 떨어져 수관의 하부가 엉성한 모습으로 된다. 변색된 잎에는 검은색 작은 돌기(자낭반)가 나타나고, 다습하면 담흑갈색으로 부풀어 오른다.

정답 21 ① 22 ② 23 ④ 24 ③ 25 ②

26 배의 마디가 뚜렷하지 않고 머리도 명확하지 않은 유충의 형태이며, 벌목의 일부 기생벌 유충에서 볼 수 있는 형태는?

① 원각형 유충
② 다각형 유충
③ 소각형 유충
④ 무각형 유충

해설 유충은 형태에 따라 4가지 종류로 나눌 수 있는데, 첫 번째는 배추흰나비처럼 배다리가 있는 나비류나 잎벌레류가 속하는 다각형, 두 번째는 배다리가 없는 딱정벌레류가 속하는 소각형, 세 번째는 다리가 없는 벌레류나 파리류가 속하는 구더기형, 마지막으로 일부의 기생벌이 속하는 원각형이다.

27 파이토플라스마에 의한 수목병이 아닌 것은?

① 붉나무 빗자루병
② 벚나무 빗자루병
③ 대추나무 빗자루병
④ 오동나무 빗자루병

해설 ② 벚나무 빗자루병은 자낭균에 의해 발병한다.

28 곤충류 중 가장 많은 종수를 가진 것은?

① 나비목
② 노린재목
③ 딱정벌레목
④ 총채벌레목

해설
③ 딱정벌레목 : 약 500~800만종
① 나비목 : 약 16만종
② 노린재목 : 약 5~8만종
④ 총채벌레목 : 약 3,000종

29 종실해충 방제를 위한 약제 살포시기에 대한 설명으로 옳지 않은 것은?

① 밤바구미는 8~9월에 살포한다.
② 복숭아명나방은 7~8월에 살포한다.
③ 도토리거위벌레는 8월경에 살포한다.
④ 솔알락명나방은 우화기, 산란기인 8월경에 살포한다.

해설 ④ 솔알락명나방은 보통 연 1회 발생하는데, 흙 속에서 월동한 노숙 유충은 5~6월에 우화하고, 구과에서 월동한 알이나 어린 유충은 7~9월에 우화하나, 보통 6월에 90% 정도가 우화하여 산란하므로 우화기나 산란기인 6월경에 살포한다.

30 소나무좀 방제방법에 대한 설명으로 옳은 것은?

① 11~3월에 아바멕틴 유제를 나무주사한다.
② 수은등이나 유아등을 설치하여 성충을 유인하여 포살한다.
③ 먹이나무를 설치하고 산란하도록 한 후 박피하여 소각한다.
④ 소나무좀의 먹이가 되는 좀벌류, 맵시벌류, 기생파리류를 구제한다.

해설 ③ 소나무좀은 2~3월에 이목(먹이나무)을 설치하여 월동성충이 산란하게 한 후 5월에 이목을 박피하여 소각한다.

정답 26 ① 27 ② 28 ③ 29 ④ 30 ③

31 소나무 재선충병 방제방법에 대한 설명으로 옳지 않은 것은?

① 예방 나무주사를 한다.
② 저항성 품종을 식재한다.
③ 피해고사목은 훈증하거나 소각한다.
④ 솔수염하늘소 성충 발생시기에 지상 약제 살포를 한다.

해설 ② 소나무 재선충병은 저항성 품종을 식재한다고 해서 방제할 수 없다.

32 잣나무 털녹병 방제방법에 대한 설명으로 옳지 않은 것은?

① 수고의 1/3까지의 가지치기는 발병률을 낮추는 효과가 있다.
② 감염된 나무는 녹포자가 비산하기 전에 지속적으로 제거한다.
③ 묘포에 담자포자 비산시기인 3월 하순부터 보르도액을 살포한다.
④ 중간기주를 5월경부터 제거하기 시작하여 겨울포자가 형성되기 전에 완료한다.

해설 ③ 잣나무 털녹병의 방제에 묘포 방제법은 적용되지 않는다.

33 뽕나무 오갈병의 병원균을 매개하는 곤충은?

① 말매미충
② 끝동매미충
③ 번개매미충
④ 마름무늬매미충

해설 ④ 뽕나무 오갈병은 마름무늬매미충에 의해 매개되고, 접목에 의해서도 전염된다.

34 복숭아명나방 방제방법에 대한 설명으로 옳지 않은 것은?

① 수확한 밤을 훈증한 후 저온에 저장한다.
② 곤충병원성 미생물인 Bt균이나 다각체 바이러스를 살포한다.
③ 밤나무의 경우 7~8월에 페니트로티온 유제 등의 약제를 살포한다.
④ 성페로몬 트랩을 지상 1.5~2m 되는 가지에 매달아 놓아 성충을 유인 포살한다.

해설 ① 복숭아명나방은 밤나무의 밤을 가해하므로 수확 후에 처리하면 소용없다.

35 나무주사를 이용한 대추나무 빗자루병 방제방법으로 옳은 것은?

① 주입 약량은 흉고직경 10cm 기준으로 3L를 사용한다.
② 병 발생이 심한 가지방향과 반대방향에도 주사기를 삽입한다.
③ 약제 희석 후 변질이 되지 않도록 즉시 약통에 넣고 나무주사한다.
④ 물 1L에 옥시테트라사이클린 수화제 10g을 잘 저어서 녹여 사용한다.

해설 ② 주사기는 병 발생 부위와 상관없이 고르게 삽입한다.

36 박쥐나방 방제방법에 대한 설명으로 옳지 않은 것은?

① 풀깎기를 철저히 시행한다.
② 월동하는 번데기가 붙어 있는 가지를 제거한다.
③ 일반 살충제를 혼합한 톱밥을 줄기에 멀칭한다.
④ 지저분하게 먹어 들어간 식흔이 발견되면 벌레집을 제거하고 페니트로티온 유제를 주입한다.

해설 ② 박쥐나방은 알로 월동한다.

37 세균에 의해 발생하는 수목병은?

① 소나무 혹병
② 잣나무 털녹병
③ 밤나무 뿌리혹병
④ 낙엽송 끝마름병

해설 ③ 뿌리혹병은 세균에 의해 발병한다.

38 산불이 발생한 지역에서 많이 발생할 것으로 예측되는 병은?

① 모잘록병
② 리지나뿌리썩음병
③ 자줏빛날개무늬병
④ 아밀라리아뿌리썩음병

해설 ② 산불 발생지역에서는 리지나뿌리썩음병이 많이 발생한다.

39 뿌리혹병 방제방법으로 옳은 것은?

① 개화기에 석회 보르도액을 살포한다.
② 진딧물류, 매미충류 등 매개충을 구제한다.
③ 건전한 묘목을 식재하고 석회 사용량을 늘린다.
④ 묘목은 스트렙토마이신 용액에 침지하여 재식한다.

해설 ④ 뿌리혹병은 건전한 묘목만 심거나 약제로 침지한 후 심는다.

40 솔잎혹파리 방제방법에 대한 설명으로 옳지 않은 것은?

① 저항성 품종을 식재한다.
② 천적으로 혹파리살이먹좀벌을 방사한다.
③ 5~6월에 아세타미프리드 액제를 나무주사 한다.
④ 유충이 낙하하는 시기에 카보퓨란 입제를 지면에 살포한다.

해설 ① 저항성 품종을 식재하는 것은 방제법이 아닌 예방법이다.

제 3 과목 | 임업경영학

41 임분의 연령을 측정하는 방법에 해당되지 않는 것은?

① 재적령   ② 면적령
③ 생장추법   ④ 표본목령

해설 ③ 생장추법은 단목의 연령을 측정하는 데 사용된다.

42 똑같은 산림경영패턴이 영구히 반복된다는 것을 가정한 임지의 평가방법은?

① 임지비용가법
② 임지기망가법
③ 임지예상가법
④ 임지매매가법

해설 ② 임지기망가(임지수익가) : 어떤 임지에 일정한 사업을 영속적으로 실시한다고 할 때 그 임지에서 장래 기대되는 순수입의 전가(현재가)합계이다.

43 법정림에서 산림면적이 400ha, 윤벌기가 50년이면 1영계의 면적은?

① 0.8ha   ② 8ha
③ 80ha   ④ 800ha

해설 법정영계면적 = 400/50 = 8ha

44 다음에 주어진 법정림 수확표를 이용하여 계산한 법정생장량은?(단, 산림면적은 300ha, 윤벌기는 60년)

임령(년)	20	30	40	50	60
재적(m³/ha)	40	100	180	260	340

① $184m^3$ ② $920m^3$
③ $1,700m^3$ ④ $17,000m^3$

해설 법정영계면적 = 300ha/60년 = 5ha
벌기임분의 재적 = $340m^3/ha$ / 5ha = $1,700m^3$

45 임지 평가방법에 대한 설명으로 옳지 않은 것은?

① 환원가법은 연년수입의 전가합계로 평가한다.
② 비용가법은 취득원가의 복리합계액으로 평가한다.
③ 원가방법은 재조달원가의 전가합계액으로 평가한다.
④ 기망가법은 장래에 기대되는 수입의 전가합계로 평가한다.

해설 ③ 원가방법은 재조달원가의 총액으로 평가한다.

41 ③ 42 ② 43 ② 44 ③ 45 ③

46 산림경영에서 매년 발생하는 수익이 20만원, 연이율이 5%인 경우에 자본가는?

① 1만원 ② 4만원
③ 1백만원 ④ 4백만원

해설 자본가 = 200,000원 ÷ 0.05 = 4,000,000원

47 수간석해에 대한 설명으로 옳지 않은 것은?

① 표준목을 대상으로 실시한다.
② 수간과 직교하도록 원판을 채취한다.
③ 흉고를 1.2m로 했을 경우 지상 1.2m를 벌채점으로 한다.
④ 수목의 성장과정을 정밀히 사정할 목적으로 측정하는 것이다.

해설 ③ 흉고를 1.2m로 했을 경우 지상 0.2m를 벌채점으로 한다.

48 보속작업에 있어서 하나의 작업급에 속하는 모든 임분을 일순벌하는 데 소요되는 기간은?

① 윤벌령 ② 윤벌기
③ 벌기령 ④ 벌채령

해설 윤벌기 : 보속작업에 있어서 한 작업급 내의 모든 임분을 벌채하는 데 필요한 기간, 즉 최초에 벌채된 임분을 또다시 벌채하기 전까지 요하는 기간

49 수고 측정에 적합하지 않은 기구는?

① 섹터포크(Sector Fork)
② 덴드르미터(Dendrmeter)
③ 스피겔릴라스코프(Spigel Relascope)
④ 아브네이핸드레블(Abney Hand Level)

해설 ① 섹터포크는 직경 측정기구이다.

50 정적임분생장모델에 해당하는 것은?

① 수확표
② 산림조사부
③ 확률밀도함수
④ 누적밀도함수

해설 ① 정적임분생장모델의 가장 간단한 형태는 수확표이다.

51 산림투자에 있어서 미래상황의 불확실성을 투자분석에 포함시킨 것은?

① 회수기간법 ② 감응도분석
③ 내부수익률법 ④ 순현재가치법

해설 ② 불확실성을 분석에 포함시켜 수익과 비용을 결정하는 주요요인이 얼마나 민감하게 반응하는가를 파악하는 것을 감응도분석이라 한다.

정답 46 ④ 47 ③ 48 ② 49 ① 50 ① 51 ②

52 현재 기준연도에서 벌채 예정연도까지의 임목기망가 산출공식으로 옳은 것은?

① (주벌 및 간벌수확 후가합계) − (지대 및 관리비 후가합계)
② (주벌 및 간벌수확 후가합계) − (지대 및 관리비 전가합계)
③ (주벌 및 간벌수확 전가합계) − (지대 및 관리비 후가합계)
④ (주벌 및 간벌수확 전가합계) − (지대 및 관리비 전가합계)

해설 ④ 임목기망가는 기대수입의 전가합계에서 투입될 경비의 전가합계를 공제한 것이다.

53 임업경영자산 중 유동자산으로 볼 수 없는 것은?

① 임업 종자
② 임업용 기계
③ 미처분 임산물
④ 임업 생산자재

해설 ② 임업용 기계는 고정자산에 속한다.

54 임업조수익 중에서 임업소득이 차지하는 비율은?

① 임업의존율
② 임업소득률
③ 임업순수익률
④ 임업소득가계충족률

해설 임업소득률(%) = $\dfrac{\text{임업소득}}{\text{임업조수익}} \times 100$

55 감가상각비의 계산방법 중 정액법에 의한 것은?

① $\dfrac{\text{취득원가} - \text{잔존가치}}{\text{추정 내용연수}}$
② (취득원가 − 잔존가치) × 감가율
③ 실제작업시간 × $\dfrac{\text{취득원가} - \text{잔존가치}}{\text{추정 총작업시간}}$
④ (취득원가 − 감가상각비 누계액) × (감가율)

해설 감가상각 정액법 = $\dfrac{\text{취득원가} - \text{잔존가치}}{\text{추정내용연수}}$

56 어떤 밤나무의 말구직경이 14cm이고 재장이 8.5m일 때 국내산 원목의 재적검량방법에 의한 재적은?

① 0.1308m^3
② 0.1667m^3
③ 0.2176m^3
④ 0.4352m^3

해설 $[14 + (8 − 4)/2]^2 \times 8.5 \times (1/10{,}000) = 0.2176\text{m}^3$

57 생장량에 대한 설명으로 옳지 않은 것은?

① 연년생장량은 총생장량을 수령 또는 임령으로 나눈 양이다.
② 총생장량은 처음에는 점증하다가 증가세가 변곡점에서 최대에 달한다.
③ 평균생장량이 최고점에 달한 이후 벌채하지 않고 두는 것은 비효율적이다.
④ 정기평균생장량은 일정한 기간의 생장량을 그 기간의 연수로 나눈 값이다.

해설 **연년생장량** : 임령이 1년 증가함에 따라 추가적으로 증가하는 양

정답 52 ④ 53 ② 54 ② 55 ① 56 ③ 57 ①

58 $\dfrac{Au + \sum D - (C + uV)}{u}$ 의 식이 나타내는 벌기령은?(단, Au : 주벌수확, C : 조림비, u : 벌기령, $\sum D$: 간벌수확합계, V : 관리비)

① 재적수확 최대의 벌기령
② 화폐수익 최대의 벌기령
③ 토지순수익 최대의 벌기령
④ 산림순수익 최대의 벌기령

해설 ④ 산림의 총수익에서 들어간 일체의 비용을 공제한 것을 산림순수익 최대의 벌기령이라 한다.

59 기준벌기령 이상에 해당하는 임지에서 수확을 위한 벌채가 아닌 것은?

① 골라베기
② 모두베기
③ 솎아베기
④ 모수작업

60 동령림의 직경급별 임분구조는 전형적으로 어떤 형태로 나타나는가?(단, x축은 흉고직경, y축은 본수를 나타냄)

① J자 형태
② W자 형태
③ 역J자 형태
④ 정규분포형태

해설 ④ 동령림은 종 모양의 정규분포형태이고, 이령림은 전형적인 역J자 형태이다.

제 4 과목 | 임도공학

61 임도의 설계속도가 30km/h, 외쪽기울기는 5%, 타이어의 마찰계수가 0.15일 때 최소 곡선반지름은?

① 약 27m   ② 약 32m
③ 약 33m   ④ 약 35m

해설 최소 곡선반지름 = $30^2 \div [127 \times (0.05 + 0.15)]$
≒ 35.43

62 임도 교량에 영향을 주는 활하중에 해당하는 것은?

① 주보의 무게
② 바닥 틀의 무게
③ 교량 시설물의 무게
④ 통행하는 트럭의 무게

해설 ④ 활하중은 차량 및 보행자에 의한 교통하중이다.

63 임도의 종단면도에 기입하지 않는 사항은?

① 성토고, 측점, 축적
② 설계자, 기계고, 후시
③ 도명, 누가거리, 거리
④ 절취고, 계획고, 지반고

해설 ② 기계고, 후시 등은 야장에 기입하는 값이다.

정답 58 ④ 59 ③ 60 ④ 61 ④ 62 ④ 63 ②

64 임도의 횡단면도 작성방법에 대한 설명으로 옳지 않은 것은?

① 축척은 1/1,000로 작성한다.
② 구조물은 별도로 표시한다.
③ 횡단기입의 순서는 좌측 하단에서 상단방향으로 한다.
④ 절토 부분은 토사·암반으로 구분하되, 암반 부분은 추정선으로 기입한다.

해설 ① 임도 횡단면도의 축적은 1/100로 작성한다.

65 지반조사에 사용하는 방법이 아닌 것은?

① 오거보링
② 베인시험
③ 케이슨공법
④ 파이프 때려박기

해설 케이슨공법 : 건축물의 지하실 전체 혹은 원통형의 콘크리트제 상자를 지상에서 만들고, 하부의 지반을 파서 지중에 침설하는 기초공법

66 머캐덤도에 대한 설명으로 옳지 않은 것은?

① 시멘트 머캐덤도 : 쇄석을 시멘트로 결합시킨 도로
② 역청 머캐덤도 : 쇄석을 타르나 아스팔트로 결합시킨 도로
③ 교통체 머캐덤도 : 쇄석이 교통과 강우로 인하여 다져진 도로
④ 수체 머캐덤도 : 쇄석의 틈 사이에 모래 및 마사를 침투시켜 롤러로 다져진 도로

해설 ④는 모래다짐 머캐덤도에 대한 설명이다.

67 수로의 평균유속을 구하는 매닝(Manning)공식에서 수로 벽면재료에 따라 조도계수가 작은 것부터 큰 것의 순서로 올바르게 나열된 것은?

> ㉠ : 시멘트블록   ㉡ : 콘크리트
> ㉢ : 목 재   ㉣ : 흙

① ㉡ - ㉢ - ㉠ - ㉣
② ㉡ - ㉢ - ㉣ - ㉠
③ ㉢ - ㉡ - ㉠ - ㉣
④ ㉢ - ㉡ - ㉣ - ㉠

해설 조도계수는 목재 - 콘크리트 - 시멘트블록 - 흙 순으로 커진다.

68 지형의 표시방법 중 자연적 도법에 해당하는 것은?

① 영선법
② 채색법
③ 점고선법
④ 등고선법

해설 평면상에 지형을 표시하는 방법에는 자연적 도법과 부호적 도법이 있다.
• 자연적 도법 : 음영법, 영선법
• 부호적 도법 : 단채법, 점고법, 등고선법

69 급경사의 긴 비탈면인 산지에서는 지그재그 방식, 완경사지에서 대각선방식이 적당한 임도의 종류는?

① 계속임도
② 사면임도
③ 능선임도
④ 산정임도

해설 ② 사면으로 선정할 때 지그재그 또는 대각선으로 선정한다.

70 임도에서 횡단기울기에 대한 설명으로 옳은 것은?

① 배수의 목적으로 만든다.
② 운전자의 안전한 시야 범위가 확보되도록 만든다.
③ 곡선부에서 차량의 주행이 안전하고 쾌적하기 위해 만든다.
④ 곡선부에서 차량의 전륜과 후륜 사이에 내륜차를 고려하여 만든다.

해설 ① 횡단기울기는 배수의 목적이 있다.

71 반출 목재의 길이가 12m이고 임도 유효 폭이 3m일 때 최소 곡선반지름은?

① 6m ② 12m
③ 18m ④ 24m

해설 곡선반지름 = $12^2 \div (4 \times 3)$ = 12m

72 임도의 유효너비 기준은?

① 배향곡선지의 경우는 3.0m 이상
② 간선임도의 경우에는 6.0m 이상
③ 길어깨 및 옆도랑을 제외한 3.0m
④ 길어깨 및 옆도랑을 포함한 3.0m

해설 임도의 유효너비(산림자원의 조성 및 관리에 관한 법률 시행규칙 [별표 2])
길어깨·옆도랑의 너비를 제외한 임도의 유효너비는 3m를 기준으로 한다. 다만, 배향곡선지(背向曲線地 : S자 형태의 지형)의 경우에는 6m 이상으로 한다.

73 임도의 적정 종단기울기를 결정하는 요인으로 거리가 먼 것은?

① 노면 배수를 고려한다.
② 적정한 임도우회율을 설정한다.
③ 주행차량의 회전을 원활하게 한다.
④ 주행차량의 등판력과 속도를 고려한다.

해설 ③ 회전을 원활하게 하기 위해서는 곡선반지름과 곡선의 횡단기울기를 고려해야 한다.

74 다음 중 정지 및 전압 전용기계가 아닌 것은?

① 탬퍼(Tamper)
② 트렌처(Trencher)
③ 모터그레이더(Motor Grader)
④ 진동콤팩터(Vibrating Compactor)

해설 트렌처 : 휠 또는 체인(Ladder식)에 여러 개의 굴착용 버킷을 부착하여 후진하면서 연속적으로 도랑을 파는 굴착용 기계로, 굴착한 토사는 벨트 컨베이어에 의해 도랑의 측방으로 배출된다. 이동할 때는 작업기계를 들어올려 지면에서 떼어 낸 후 주행한다.

75 다음 설명에 해당하는 임도노선 배치방법은?

> 지형도상에서 임도노선의 시점과 종점을 결정하여 경험을 바탕으로 노선을 작성한 다음 허용 기울기 이내인가를 검토하는 방법이다.

① 자유배치법
② 자동배치법
③ 선택적 배치법
④ 양각기 분할법

정답 70 ① 71 ② 72 ③ 73 ③ 74 ② 75 ①

76 산림면적이 1,000ha인 임지에 간선임도 1,000m, 지선임도 15km가 개설되어 있을 때 임도밀도는?

① 1m/ha
② 10m/ha
③ 15m/ha
④ 16m/ha

해설 임도밀도 = (1,000m + 15,000m)/1,000ha
= 16m/ha

77 임도 시공장비의 기계경비 산출 시 기계손료에 포함되지 않는 항목은?

① 정비비
② 유류비
③ 관리비
④ 감가상각비

해설 ② 유류비는 원재료비에 포함되는 항목이다.

78 임도 시공 시 절토면의 침식이나 붕괴를 방지하기 위해서 시설하는 배수구는?

① 암거
② 세월교
③ 옆도랑
④ 돌림수로

해설 ④ 절토면의 배수에는 돌림수로가 효율적이다.

79 다각형의 좌표가 다음과 같을 때 면적은?(단, 측점 간 거리단위는 m)

좌표축 측점	X	Y
A	3	2
B	6	3
C	9	7
D	4	10
E	1	7

① 33.5m²
② 34.5m²
③ 35.5m²
④ 36.5m²

해설

측점	당초 X좌표	당초 Y좌표	변경 X좌표	변경 Y좌표
A	2	3	0	0
B	3	6	1	3
C	7	9	5	6
D	10	4	8	1
E	7	1	5	−2

측선	위거	경거	횡거	배횡거	위거× 배횡거	배면적	면적
AB	1.000	3.000	1.500	3.000	3.000		
BC	4.000	3.000	4.500	9.000	36.000		
CD	3.000	−5.000	3.500	7.000	21.000	73.000	36.500
DE	−3.000	−3.000	−0.500	−1.000	3.000		
EA	−5.000	2.000	−1.000	−2.000	10.000		

80 임도 노체의 기본구조를 순서대로 나열한 것은?

① 노상 → 기층 → 노반 → 표층
② 노상 → 노반 → 기층 → 표층
③ 노상 → 기층 → 표층 → 노반
④ 노상 → 표층 → 기층 → 노반

해설 임도 노체의 기본구조는 밑에서부터 노상 − 노반 − 기층 − 표층 순이다.

76 ④ 77 ② 78 ④ 79 ④ 80 ②

제 5 과목 | 사방공학

81 일반적인 모래막이 공작물의 평면형상이 아닌 것은?

① 위 형　　② 주걱형
③ 자루형　　④ 침상형

해설 모래막이 공작물의 평면형상은 위형, 주걱형, 반주걱형, 자루형으로 구분된다.

82 비탈다듬기나 단끊기공사로 생긴 토사의 활동을 방지하기 위하여 설치하는 공작물은?

① 단쌓기
② 누구막이
③ 땅속흙막이
④ 산비탈흙막이

해설 산비탈흙막이는 비탈면 전체를 막는 공작물이고, 땅속흙막이는 비탈다듬기나 단끊기공사로 생긴 토사의 활동을 막는 역할을 한다.

83 붕괴형 산사태가 아닌 것은?

① 산 붕　　② 붕 락
③ 포 락　　④ 땅밀림

해설 ④ 땅밀림은 지활형 침식이다.

84 돌을 쌓아 올릴 때 뒷채움에 콘크리트를 사용하고 줄눈에 모르타르를 사용하는 돌쌓기는?

① 메쌓기　　② 막쌓기
③ 찰쌓기　　④ 잡석쌓기

해설 ③ 모르타르를 사용하는 돌쌓기는 찰쌓기이다.

85 증발산 중에서 식생으로 피복된 지면으로부터의 증발량과 증산량만을 무엇이라 하는가?

① 증산률
② 증발산률
③ 증발기회
④ 소비수량

해설 ④ 증발산 중에서 식생으로 피복된 지면으로부터의 증발량과 증산량만을 소비수량이라 한다.

86 우량계가 유역에 불균등하게 분포되었을 경우에 가장 적정한 평균강우량 산정방법은?

① 등우선법
② 침투형법
③ 산술평균법
④ Thiessen법

해설 ④ 티센(Thiessen)법은 우량계가 불균등하게 분포되어 있을 경우 효과적으로 사용할 수 있다.

정답 81 ④　82 ③　83 ④　84 ③　85 ④　86 ④

87 중력에 의한 침식이 아닌 것은?

① 붕괴형 침식
② 지활형 침식
③ 지중형 침식
④ 유동형 침식

해설　중력에 의한 침식 : 붕괴형 침식, 지활형 침식, 유동형 침식, 동상침식 등

88 배수로 단면의 윤변이 10m이고 유적이 20m² 일 때 경심은?

① 0.2m　② 1m
③ 2m　④ 10m

해설　경심 = 유적 ÷ 윤변
= 20m² ÷ 10m
= 2m

89 투과형 버트리스 사방댐에 대한 설명으로 옳지 않은 것은?

① 측압에 강하다.
② 스크린댐이 가장 일반적인 형식이다.
③ 주로 철강재를 이용하여 공사기간을 단축할 수 있다.
④ 구조적으로 댐 자리의 폭이 넓고 댐 높이가 낮은 곳에 시공한다.

해설　① 투과형 버트리스 사방댐은 측압에 약하다.

90 우리나라 지질계통별 분포면적과 구성비가 가장 높은 것은?

① 현무암　② 석회암
③ 결정편암　④ 화강편마암

해설　우리나라는 화강암과 화강편마암의 분포가 반 이상이다.

91 돌골막이를 시공할 때 돌쌓기의 기울기 기준은?

① 1 : 0.1
② 1 : 0.3
③ 1 : 0.5
④ 1 : 0.7

해설　② 돌쌓기의 기울기는 1 : 0.3을 표준으로 한다.

92 비탈면 안정평가를 위해 안전율을 계산하는 방법으로 옳은 것은?

① 비탈의 활동면에 대한 흙의 압축응력을 전단강도로 나눈 값
② 비탈의 활동면에 대한 흙의 전단응력을 전단강도로 나눈 값
③ 비탈의 활동면에 대해 흙의 압축강도를 압축응력으로 나눈 값
④ 비탈의 활동면에 대한 흙의 전단강도를 전단응력으로 나눈 값

해설　비탈면 안정평가를 위한 안전율 = 비탈의 활동면에 대한 흙의 전단강도/전단응력

87 ③　88 ③　89 ①　90 ④　91 ②　92 ④　**정답**

93 불투과형 중력식 사방댐의 구축재료에 의한 구분 중 내구성이 낮지만 산사태지 등 응급복구에 가장 적합한 것은?

① 흙 댐
② 큰돌댐
③ 메쌓기댐
④ 돌망태댐

해설 ④ 돌망태댐은 재료 구입이 쉬워 응급복구에 적합하다.

94 골막이에 대한 설명으로 옳지 않은 것은?

① 사방댐과 외견상 모양이 유사하다.
② 대수면과 반수면이 모두 존재한다.
③ 계상이 저하될 위험이 있는 곳에 계획한다.
④ 돌골막이의 경우 돌쌓기의 기울기는 1 : 0.3을 표준으로 한다.

해설 ② 대수면과 반수면이 모두 존재하는 것은 사방댐이다.

95 수로 경사가 30°, 경심이 0.6m, 유속계수가 0.36일 때 Chezy 평균유속공식에 의한 유속은?

① 약 0.10m/s
② 약 0.21m/s
③ 약 0.27m/s
④ 약 0.38m/s

해설 Chezy 평균유속 = $0.36 \times \sqrt{0.57735\% \times 0.6}$
≒ 0.21m/s

96 사방댐의 방수면에 설치하는 물받이 길이는 일반적으로 댐높이와 월류수심 합의 몇 배로 하는 것이 좋은가?

① 0.5~1.0배
② 1.0~1.5배
③ 1.5~2.0배
④ 2.0~2.5배

해설 ③ 사방댐의 방수면에 설치하는 물받이 길이는 일반적으로 댐높이와 월류수심 합의 1.5~2.0배로 하는 것이 좋다.

97 선떼붙이기공법에 대한 설명으로 옳은 것은?

① 소단 폭은 50~70cm로 한다.
② 발디딤 공간은 50~100cm이다.
③ 선떼붙이기의 기울기는 1 : 0.5로 한다.
④ 단끊기는 직고 2~3m의 간격으로 실시한다.

해설 발디딤 공간은 15cm로 하고, 선떼붙이기의 기울기는 1 : 0.2~0.3으로 하며, 산지비탈에 높이 1~2m 정도마다 수평으로 단끊기공사를 실시한다.

정답 93 ④ 94 ② 95 ② 96 ③ 97 ①

98 돌쌓기방법에서 금기돌이 아닌 것은?
① 선 돌 ② 굄 돌
③ 거울돌 ④ 포갬돌

해설 ② 굄돌은 돌쌓기에 자주 사용되는 돌이다.

100 경암지역 땅깎기비탈면 안정을 위한 공법으로 가장 적합한 것은?
① 떼붙이기
② 새집붙이기
③ 격자틀붙이기
④ 종비토뿜어붙이기

해설 ② 경암지역은 새집붙이기공법이 가장 효과적이다.

99 중력식 사방댐의 안정조건으로 거리가 먼 것은?
① 전도에 대한 안정
② 고정에 대한 안정
③ 제체파괴에 대한 안정
④ 기초지반의 지지력에 대한 안정

해설 **사방댐의 안정조건**: 전도, 활동, 제체파괴 및 기초지반의 지지력에 대한 안정

제1과목 조림학

01 1.2ha의 임야에 4 × 2m의 장방형으로 식재할 때 필요한 묘목 수는?

① 500본
② 1,500본
③ 2,000본
④ 2,500본

해설 12,000m² ÷ (4m × 2m) = 1,500본
※ 1ha = 10,000m²

02 임목이 주로 종자로 양성된 임형은?

① 교 림
② 왜 림
③ 중 림
④ 죽 림

해설 ① 종자로 양성된 임형은 교림이다.

03 간벌의 효과로 옳지 않은 것은?

① 산림 관리비용을 크게 줄인다.
② 임분의 수직구조 및 안정화를 도모한다.
③ 직경 생장을 촉진하여 연륜폭이 넓어진다.
④ 우량한 개체를 남겨서 임분의 유전적 형질을 향상시킨다.

해설 ① 간벌은 관리비용을 증대시킨다.

04 수목에서 카스페리안 대(Casparian Strip)에 대한 설명으로 옳은 것은?

① 내피에서 양료의 자유이동이 가능하도록 해 준다.
② 무기염의 비선택적 흡수에 관여하는 조직이다.
③ 뿌리의 삼투압에 관여하여 뿌리의 수분 흡수에 결정적으로 관여하는 조직이다.
④ 내피에서 자유공간을 없애 무기염이 더 이상 자유롭게 뿌리 속으로 이동할 수 없도록 막아 준다.

해설 ④ 카스페리안 대(Casparian Strip)는 내피에서 자유공간을 없애 무기염이 더 이상 자유롭게 뿌리 속으로 이동할 수 없도록 막아 준다.

05 전형적인 이령림작업에 속하는 갱신작업종은?

① 개벌작업
② 모수작업
③ 산벌작업
④ 택벌작업

해설 ④ 택벌작업은 전형적인 이령림작업이다.

정답 1 ② 2 ① 3 ① 4 ④ 5 ④

06 다음 중 그늘에서 가장 잘 견디는 수종은?

① 향나무
② 자작나무
③ 사철나무
④ 버드나무

해설 ③ 사철나무는 음수 수종이다.

07 잎의 기공에서 이뤄지는 개폐기작에 가장 큰 영향을 주는 무기원소는?

① 인 산
② 칼 슘
③ 칼 륨
④ 질 소

해설 **칼륨** : 모든 생물에 필수적인 3대 영양소 중 하나로 생체 내 세포전해질의 주성분이다. K^+로 존재하며, 삼투압을 조절하고 막전위를 형성한다. 또한 항상성 유지나 신경전달, 식물기공의 개폐 조절에도 중요한 역할을 한다.

08 조림지 준비작업에 대한 설명으로 옳지 않은 것은?

① 산불 위험을 줄일 수 있다.
② 식재된 묘목과 경쟁식생의 경합을 완화시킬 수 있다.
③ 벌채 잔해물을 제거하여 식재 작업 조건을 개선할 수 있다.
④ 하층목의 밀도를 조절하여 식재된 묘목의 초기 활착과 생장을 개선할 수 있다.

해설 ④ 하층목의 밀도를 조절하는 것이 아니라 제거하여 식재된 묘목의 초기 활착과 생장을 개선할 수 있다.

09 주로 종자로 인하여 숲이 형성되어 용재 생산을 주목적으로 이용하는 것은?

① 죽 림
② 왜 림
③ 교 림
④ 중 림

해설 종자는 교림, 맹아는 왜림, 혼효된 것은 중림

10 풀베기시기로 가장 적합한 것은?

① 3~5월
② 6~8월
③ 9~11월
④ 12~3월

해설 ② 풀베기시기는 6~8월이 가장 적합하다.

11 다음 설명에 해당하는 갱신작업은?

- 일정 면적은 임목갱신을 위하여 일정 기간 동안에는 제거되는 일이 없다.
- 성숙한 일부 임목만이 국부적으로 벌채되어 항상 각 영급의 임목이 서로 혼재되어 있다.
- 직경분포 및 임목축적에 급격한 변화를 주지 않는 방법이다.

① 산벌작업
② 중림작업
③ 택벌작업
④ 모수작업

해설 ③ 성숙한 일부만 벌채하므로 택벌이다.

12 풀베기에 대한 설명으로 옳은 것은?

① 줄베기는 모두베기에 비하여 많은 인력이 소요된다.
② 보통 5~7월 중에 실시하며 연 2회 실시할 경우 8월에 추가로 실시한다.
③ 한해 및 풍해의 위험성이 있는 지역에서는 9월 이후에 풀베기를 실시한다.
④ 삼나무, 편백 등의 조림지에서는 묘목의 보호를 위하여 풀베기작업을 실시하지 않는다.

해설 ① 모두베기는 줄베기에 비하여 많은 인력이 소요된다.
③ 9월 이후에는 풀베기를 실시하지 않는다.
④ 삼나무, 편백 등의 조림지에서도 풀베기 작업을 실시한다.

13 밤나무 재배환경에 대한 설명으로 옳지 않은 것은?

① 토양산도가 pH 5.0~5.5인 곳이 좋다.
② 해발고도가 400m 이상인 고산지역이 좋다.
③ 재배적지의 토성은 사질양토나 양토가 좋다.
④ 경사도 25° 미만의 완경사지에서 생육이 좋다.

해설 ② 해발고도가 400m 이하인 지역이 좋다.

14 종자를 탈각할 때 부숙마찰법이 가장 적합한 수종은?

① 주 목
② 옻나무
③ 오리나무
④ 아까시나무

해설 ① 부숙마찰법은 가마니나 풀을 덮고 물을 부어 썩히는 것으로 은행나무, 잣나무, 벚나무, 가래나무, 주목 등에 적당하다.

15 군상개벌작업에서 한 벌채구역의 일반적인 크기는?

① 0.03~0.1ha
② 0.3~1.0ha
③ 1.0~3.0ha
④ 3.0~5.0ha

해설 ① 군상개벌작업에서 한 벌채구역의 일반적인 크기는 0.03~0.1ha이다.

16 질소결핍으로 인한 주요 증상으로 옳은 것은?

① 잎에 검은 반점이 나타난다.
② 성숙한 잎에 황화현상이 나타난다.
③ 절간생장이 억제되고 잎이 작아진다.
④ 새로 생장한 부분의 발육이 매우 불량하고 백화현상이 나타난다.

해설 ② 질소결핍은 위황증과 가장 연관이 깊다.

정답 12 ② 13 ② 14 ① 15 ① 16 ②

17 어린나무 가꾸기나 천연림 보육작업 등의 잡목 솎아내기 작업이 끝난 후부터 최종 수확 때까지 숲을 가꾸는 작업은?

① 간 벌
② 제 벌
③ 덩굴 제거
④ 가지치기

해설 ① 어린나무 가꾸기(제벌) 후에는 가지치기 작업이 수행되나 최종 수확 시까지는 간벌작업을 한다.

18 수목에서 양료의 이동에 대한 설명으로 옳지 않은 것은?

① 질소, 인, 칼륨 등은 이동이 쉬운 원소들이다.
② 이동이 쉽게 이루어지지 않는 원소는 칼슘, 철, 붕소 등이 있다.
③ 이동성이 좋은 양료는 결핍현상이 어린 잎에서 먼저 나타난다.
④ 어떤 원소의 이동성이란 용해도와 사부조직으로 들어갈 수 있는 용이성을 의미한다.

해설 ③ 이동성이 좋은 양료의 결핍현상은 원소에 따라 어린 잎, 노엽, 가지선단 등에서 다양하게 나타난다.

19 토양에서 탄질률에 대한 설명으로 옳지 않은 것은?

① 토양의 비옥도를 판정하는 기준이 된다.
② 낙엽층의 탄질률은 시간이 경과함에 따라 높아진다.
③ 토양과 식물체 등에 포함된 유기탄소와 총질소의 함유비율이다.
④ 분해가 매우 잘된 산림토양 표토층의 탄질률은 12~13 정도이다.

해설 탄질률은 유기물 중의 탄소와 질소의 함량비이다. 토양에 가해진 유기물의 탄질률이 높은 경우에는 유기화합물 합성과 에너지원으로서의 탄소량은 충분하지만, 단백질 합성에 필요한 질소는 결핍되기 때문에 미생물의 증식이 적어지고 가해진 재료의 분해도 늦어진다. 따라서 낙엽층의 탄질률은 시간이 경과함에 따라 낮아진다.

20 인공조림과 비교할 때 천연갱신의 장점으로 옳지 않은 것은?

① 수종 선정의 잘못으로 인한 실패의 염려가 적다.
② 임지가 나출되는 일이 드물며 지력 유지에 적합하다.
③ 해당 임지의 기후와 토질에 가장 적합한 수종으로 갱신된다.
④ 전문적인 육림기술이 필요 없고 향후 벌목과 운재작업이 용이하다.

해설 ④ 전문적인 육림기술이 필요하고 향후 벌목과 운재작업이 어렵다.

제 2 과목　산림보호학

21 토양을 소독하면 방제효과가 가장 높은 수목병은?

① 잎떨림병　② 빗자루병
③ 모잘록병　④ 줄기마름병

해설　③ 모잘록병은 토양과 관련된 병이다.

22 고형 약제 중에서 입경의 크기가 가장 큰 것은?

① 분 제　② 입 제
③ 미립제　④ 세립제

해설
- 입제 : 대체로 8~60메시(입자지름 약 0.5~2.5mm) 범위의 농약
- 미립제 : 75~200메시의 입경을 갖는 제제
- 분제 : 250~300메시의 가는 입자로 만든 것
※ 메시(Mesh) : 1인치 안의 사각형 눈의 수

23 모잘록병 예방방법으로 가장 효과적인 것은?

① 햇볕을 막아 그늘지게 한다.
② 질소질 비료를 충분하게 준다.
③ 파종량을 적게 하고 복토를 두껍게 한다.
④ 배수와 통풍이 잘되고 과습되지 않도록 한다.

해설
① 햇볕이 잘 들도록 한다.
② 질소질 비료를 과용하지 않는다.
③ 파종량을 적게 하고 복토를 너무 두껍게 하지 않는다.

24 소나무 재선충병 진단에 대한 설명으로 옳지 않은 것은?

① 피해목은 수지(송진)의 분비가 감소한다.
② 묵은 잎과 새잎이 아래로 처지며 시든 현상이 나타난다.
③ 수지 분비상태를 이용한 피해목 식별은 겨울철에 확인한다.
④ 목편에서 선충을 분리 후 분자생물학적 진단기술로 동정한다.

해설　③ 수지 분비상태를 이용한 피해목 식별은 여름철에 확인한다.

25 잣나무 털녹병균이 중간기주에서 형성하지 않는 포자는?

① 녹포자　② 여름포자
③ 겨울포자　④ 담자포자

해설　① 녹포자는 4월 중순경에서 5월 하순경 잣나무 가지와 줄기에서 형성되며, 형성된 녹포자는 중간기주(송이풀, 까치밥나무)로 날아간다.

26 수목병 방제를 위한 방법이 다른 것은?

① 약제 살포
② 임지 정리작업
③ 건전묘목 육성
④ 적절한 수확 및 벌채

해설　① 화학적 방제, ②・③・④ 임업적 방제

정답　21 ③　22 ②　23 ④　24 ③　25 ①　26 ①

27 천공성 해충이 아닌 것은?

① 소나무좀
② 박쥐나방
③ 매미나방
④ 알락하늘소

해설 ③ 매미나방은 식엽성 해충이다.

28 생물적 해충 방제를 위한 천적 선택 조건으로 옳지 않은 것은?

① 단식성이어야 한다.
② 소량으로 증식해야 한다.
③ 천적에 기생하는 곤충이 없어야 한다.
④ 해충의 출현과 천적의 생활사가 잘 일치해야 한다.

해설 ② 대량으로 증식해야 한다.

29 솔잎혹파리가 우화하는 최성기는?

① 4월 상순
② 6월 상순
③ 8월 상순
④ 10월 상순

해설 ② 솔잎혹파리가 우화(5월 중순~7월 중순)하는 최성기는 6월 상순에서 중순으로, 비 온 다음 날 제일 활발하다.

30 목질부를 가해하는 천공성 해충이 아닌 것은?

① 선녀벌레
② 소나무좀
③ 버들바구미
④ 측백하늘소

해설 ① 선녀벌레는 잎이나 가지에서 수액을 빨아먹는다.

31 석회 보르도액으로 방제효과가 가장 미비한 수목병은?

① 소나무 잎녹병
② 밤나무 흰가루병
③ 낙엽송 잎떨림병
④ 삼나무 붉은마름병

해설 ② 흰가루병은 석회 보르도액에 의한 방제효과가 미비하다.

32 솔잎혹파리 방제방법으로 옳지 않은 것은?

① 아세타미프리드 액제로 나무주사한다.
② 나무에 볏짚을 감아 월동유충을 포살한다.
③ 밀생임분은 간벌하고 불량치수 및 피압목을 제거한다.
④ 기생성 천적인 혹파리살이먹좀벌을 대량 사육하여 방사한다.

해설 ② 솔잎혹파리의 월동유충은 흙 속에서 월동하므로 수간에 볏짚을 감아도 소용없다.

27 ③ 28 ② 29 ② 30 ① 31 ② 32 ② 정답

33 미국흰불나방에 대한 설명으로 옳지 않은 것은?

① 번데기로 월동한다.
② 1년에 2회 이상 발생한다.
③ 약 50개 정도의 알을 낳는다.
④ 1화기 성충 발생기간은 5~6월이다.

해설 ③ 미국흰불나방은 약 600~700개 정도의 알을 잎 뒷면에 낳는다.

34 수목병과 중간기주의 연결이 옳지 않은 것은?

① 소나무 혹병 – 황벽나무
② 잣나무 털녹병 – 송이풀
③ 포플러 잎녹병 – 일본잎갈나무
④ 배나무 붉은별무늬병 – 향나무

해설 ① 소나무 혹병 – 참나무

35 오리나무잎벌레의 생활사에 대한 설명으로 옳은 것은?

① 알로 월동하고 줄기에 산란한다.
② 유충으로 월동하고 잎에 산란한다.
③ 성충으로 월동하고 잎에 산란한다.
④ 번데기로 월동하고 줄기에 산란한다.

해설 ③ 오리나무잎벌레는 성충으로 월동하고 잎에 산란한다.

36 식물바이러스에 대한 설명으로 옳지 않은 것은?

① 전신감염이 되는 경우가 많다.
② 인공배지에서 배양이 가능하다.
③ 광학 현미경으로는 관찰이 매우 어렵다.
④ 영양번식 및 접목에 의하여 전염될 수 있다.

해설 ② 바이러스는 인공배지에서 배양이 불가능하다.

37 난균류에 의해 발생하는 수목병이 아닌 것은?

① 역 병
② 탄저병
③ 모잘록병
④ 뿌리썩음병

해설 ② 탄저병은 흙 속에 사는 탄저균에 의해 발생한다.
※ 난균류(Oomycetes) : 미생물의 분류학상 조균류에 속하는 한 아문

38 오리나무 갈색무늬병 방제방법으로 옳지 않은 것은?

① 종자를 소독한다.
② 매개충을 구제한다.
③ 연작을 하지 않는다.
④ 떨어진 병든 잎을 모아 소각한다.

해설 ② 오리나무 갈색무늬병은 매개충이 없다.

정답 33 ③ 34 ① 35 ③ 36 ② 37 ② 38 ②

39 해충 방제와 관련하여 경제적 가해수준에 대한 설명으로 옳은 것은?

① 수목이 피해를 입을 때의 해충의 밀도
② 일반적 환경조건하에서의 해충의 밀도
③ 방제가 가능한 단위면적당 해충의 밀도
④ 해충에 의한 피해비용과 방제비용이 같을 때의 해충의 밀도

해설 ④ 경제적 가해수준은 경제적으로 피해를 주는 최소 밀도, 즉 해충에 의한 피해비용과 방제비용이 같을 때의 해충의 밀도를 말한다.

40 산불이 토양에 미치는 영향으로 옳지 않은 것은?

① 토양이 척박해진다.
② 토양의 이화학적 성질을 악화시킨다.
③ 낙엽이 탄 결과로 토양의 투수성이 감소된다.
④ 지표의 보호물이 사라져 지표유하수가 감소한다.

해설 ④ 지표의 보호물이 사라지면 지표유하수가 증가한다.

제 3 과목 임업경영학

41 다음 ( ) 안에 들어갈 용어로 가장 적합한 것은?

> 자본재 중에서 임업경영의 기본이 되는 것은 임목이다. 임목은 원래 종자나 또는 묘목이 자라서 성립된 것인데, 앞으로 생산을 계속하는 자본으로 볼 때에는 ( )이란 명칭을 사용한다.

① 생 장
② 유동자본
③ 고정자본
④ 임목축적

해설 ④ 자본재는 고정자본재와 유동자본재로 나뉘는데 임목은 벌채되기 전에는 고정자본재, 그 이후에는 유동자본재로 나뉘어 임목축적으로 분류한다.

42 임업순수익을 계산하는 식으로 옳은 것은?

① 조수익 – 임업경영비
② 임업소득 – 임업경영비
③ 조수익 – 임업경영비 – 가족임금추정액
④ 임업소득 – 임업경영비 – 가족임금추정액

해설 임업순수익 = 임업소득 – 가족임금추정액
= 조수익 – 임업경영비 – 가족임금추정액

정답 39 ④ 40 ④ 41 ④ 42 ③

43 산림면적이 800ha이고, 윤벌기가 40년이며 1영급이 10개의 영계로 구성된 산림의 법정 영급면적은?

① 100ha ② 200ha
③ 300ha ④ 400ha

해설 법정 영급면적 = (800/40) × 10 = 200ha

44 유령림의 임목 평가방식으로 알맞은 것은?

① Glaser식
② 임목비용가법
③ 시장가역산법
④ 임목기망가법

해설
① Glaser식 : 중령림
③ 시장가역산법 : 벌기 이상의 임목
④ 임목기망가법 : 벌기 미만의 장령림

45 재적 수확의 보속을 실현할 수 있는 내용과 조건을 구비한 산림은?

① 보호림 ② 보안림
③ 법정림 ④ 천연림

46 임업경영 분석에 대한 설명으로 옳지 않은 것은?

① 임업소득은 임업조수익에서 임업경영비를 뺀 값이다.
② 임가소득은 임업소득, 농업소득, 기타소득을 더한 값이다.
③ 임업의존도는 임가소득을 임업소득으로 나누어 100을 곱한 값이다.
④ 임업소득률은 임업소득에서 임업조수익을 나누어 100을 곱한 값이다.

해설 ③ 임업의존도는 임업소득을 임가소득으로 나누어 100을 곱한 값이다.

47 연이율이 16%일 때 매년 말에 200만원의 이자를 영구히 얻기 위한 자본가는 얼마인가?

① 32만원
② 320만원
③ 1,150만원
④ 1,250만원

해설 자본가(환원가, 공조가) = 2,000,000원 ÷ 0.16
= 12,500,000원

48 임분재적 측정방법인 표준목법의 종류 중 모든 임분을 1개의 급으로 취급하여 단 1개의 표준목을 선정하는 방법은?

① 단급법 ② Urich법
③ Hartig법 ④ Draudt법

정답 43 ② 44 ② 45 ③ 46 ③ 47 ④ 48 ①

49 자산을 획득하기 위하여 제공한 경제적 가치의 측정치는?

① 손 익 ② 수 익
③ 비 용 ④ 원 가

해설
① 손익 : 기업자본이 경영활동의 순환과정에서 새로운 가치의 증식 혹은 가치의 멸실을 일으키면서 발생하는 이익과 손실
② 수익 : 생산적 활동에 의한 가치의 형성 또는 증식을 뜻하며, 생산적 급부(재화 또는 용역)의 제공에 의하여 기업이 받는 대가(매출액)
③ 비용 : 일정 기간 동안 소비된 자산의 가치액

50 임분이 처음 성립하여 생장하는 과정에 있어서 어느 성숙기에 도달하는 계획상의 연수는?

① 벌기령 ② 벌채령
③ 윤벌령 ④ 회귀령

51 $N = V \cdot 1.0P^n$ 식에서 $1.0P^n$은 무엇인가?
(단, N = 합계액, V = 원금, P = 연이율, n = 연수)

① 연금계수 ② 현가계수
③ 전가계수 ④ 후가계수

해설 문제의 공식은 후가식이므로 $1.0P^n$은 후가계수이다.

52 산림경영계획을 위한 산림구획에 대한 설명으로 옳지 않은 것은?

① 임반의 면적은 불가피한 경우를 제외하고는 100ha 내외로 구획한다.
② 동일한 임반 내에서 임종, 임상 및 영급이 상이할 경우에는 소반으로 구획한다.
③ 지방자치단체의 장은 소유하고 있는 공유림별로 산림경영계획을 10년 단위로 수립한다.
④ 소반은 필요에 의해 구획을 변경할 수 있으며, 소반번호는 가, 나, 다 등의 일련번호를 붙인다.

해설
④ 소반은 필요에 의해 구획을 변경할 수 있으며, 소반번호는 1-1-1, 1-1-2, 1-1-3 등의 일련번호를 붙인다.

53 벌채목의 실적계수 크기에 관계없는 인자는?

① 수 종
② 통나무의 형상
③ 통나무의 크기
④ 통나무의 임목도

해설 벌채목의 실적계수는 수종, 통나무의 형상 및 크기, 쌓는 방법에 따라 달라진다.

49 ④ 50 ① 51 ④ 52 ④ 53 ④

54 산림평가와 관계있는 임업경영요소가 아닌 것은?
① 수 익   ② 비 용
③ 임업기술 ④ 임업이율

해설 ③ 임업기술은 산림평가의 임업경영요소가 아니다.

55 임업투자사업에서 감응도분석 대상으로 고려해야 할 주요 요인이 아닌 것은?
① 생산량
② 감가상각비
③ 사업기간의 지연
④ 생산물의 가격 및 노임 등의 가격요인

해설 ② 감가상각비 : 원료 및 원자재의 가격 변화에 따른 사업비용의 변화

56 취득원가가 20만원인 기계톱의 내용연수가 5년이고 폐기 시 잔존가치가 5만원일 때, 정액법에 의한 연간 감가상각비는?
① 1만원   ② 2만원
③ 3만원   ④ 4만원

해설 감가상각비 = (200,000원 − 50,000원) ÷ 5년
= 30,000원

57 수확을 위한 벌채기준으로 옳지 않은 것은?
① 골라베기 비율은 재적기준 30% 이내로 한다.
② 모수작업 시 모수는 1ha당 15~20본을 존치시킨다.
③ 왜림작업 시 벌채 절단면이 북향으로 약간 기울게 한다.
④ 골라베기 작업 시 표고 재배용 나무는 재적기준 50% 이내로 할 수 있다.

해설 ③ 왜림작업 시 벌채 절단면이 남향으로 약간 기울게 한다.

58 임업원가관리에 있어 특수한 의사결정을 위한 원가 유형의 분류가 아닌 것은?
① 기회원가
② 직접원가
③ 한계원가
④ 현금지출원가

해설 **임업원가관리에 있어 특수한 의사결정을 위한 원가 유형의 분류** : 현금지출원가와 매몰원가, 기회원가, 한계원가와 증분원가

정답 54 ③ 55 ② 56 ③ 57 ③ 58 ②

59 산림 평가방법인 임지기망가법과 수익환원법에 대한 설명으로 옳은 것은?

① 두 방법 모두 일제림을 전제로 하는 임지의 평가방법이다.
② 수익환원법은 택벌림과 같이 연년수입이 있는 경우에 적용하는 방식이다.
③ 임지기망가는 임지에서 장래에 기대되는 순수익의 미래가(후가) 합계로 정한 가격이다.
④ 임지기망가법에 의하여 산출된 지가는 임업경영을 위한 임지를 매입할 때 지불할 수 있는 최저 한도액을 의미한다.

해설
① 임지기망가법은 일제림을, 수익환원법은 택벌림을 전제로 하는 임지의 평가방법이다.
③ 임지기망가는 임지에서 장래에 기대되는 순수익의 현재가(전가) 합계로 정한 가격이다.
④ 임지기망가법에 의하여 산출된 지가는 임업경영을 위한 임지를 매입할 때 지불할 수 있는 최고 한도액을 의미한다.

60 수목의 직경과 수고 측정이 모두 가능한 기구는?

① 섹터포크
② 덴드로미터
③ 아브네이레블
④ 스피겔릴라스코프

제 4 과목 산림공학

61 가선집재와 비교한 트랙터집재의 특징이 아닌 것은?

① 기동성이 높다.
② 작업이 단순하다.
③ 운전이 용이하다.
④ 고속이므로 장거리 운반에 바람직하다.

해설 ④ 트랙터집재는 저속이므로 단거리 운반에 적합하다.

62 집재용 도구가 아닌 것은?

① 피비   ② 펄프훅
③ 마세티 ④ 파이크폴

해설 ③ 마세티는 벌목용 도구이다.

63 비탈면 안정을 위한 침식방지제 사용효과로 옳지 않은 것은?

① 보온효과
② 객토의 유출 방지
③ 토양수분의 증발 촉진
④ 종자 및 비료의 유실 방지

해설 ③ 토양수분의 증발 억제

정답 59 ② 60 ④ 61 ④ 62 ③ 63 ③

64 뒷길이, 접촉면의 폭, 뒷면 등이 규격에 맞도록 지정하여 깬 석재는?

① 견치돌　② 부순돌
③ 호박돌　④ 야면석

해설　견치돌은 견고를 요하는 돌쌓기 공사에 사용되며 특별히 다듬은 석재로서 단단하고 치밀한 돌을 사용한다.

65 임도의 옆도랑(측구)에 대한 설명으로 옳은 것은?

① 물이 임도를 횡단하여야 할 개소에 시설한 수로
② 노면의 물을 집수정으로 유도하기 위하여 시설한 수로
③ 차량을 돌릴 수 있도록 시설한 장소의 횡단상의 수로
④ 일정한 간격으로 차량통행에 지장이 없도록 시설한 횡단상의 수로

해설　② 측구는 노면의 물을 모아 집수정으로 흘려보낸다.

66 사면붕괴의 전조현상으로 옳지 않은 것은?

① 용수가 맑아짐
② 용출현상이 생김
③ 사면에 균열이 생김
④ 작은 돌이 사면에서 떨어짐

해설　① 용수가 맑아지면 어느 정도 안정되었다는 의미이다.

67 임도 시작점의 표고가 100m, 도착점의 표고는 500m인 산지에 종단기울기 6%인 임도를 직선으로 시공할 경우 임도의 길이는?

① 1.7km　② 4.0km
③ 6.7km　④ 8.3km

해설　$100 : 6 = x : 400$
∴ $x = 6.7$km

68 와이어로프 사용 금지항목으로 옳지 않은 것은?

① 꼬임상태(킹크)인 것
② 와이어로프에 벌목된 나무의 껍질이 달린 것
③ 와이어로프 소선이 10분의 1 이상 절단된 것
④ 마모에 의한 직경 감소가 공칭직경의 7%를 초과하는 것

해설　② 벌목된 나무의 껍질이 달라붙은 와이어로프는 사용하는 데 아무런 문제가 없다.

정답　64 ①　65 ②　66 ①　67 ③　68 ②

69 많은 토사와 오물을 포함한 유수로 인해 배수관이나 속도랑이 막히는 것을 방지하기 위한 임도의 구조물은?

① 겉도랑
② 빗물받이
③ 돌림수로
④ 횡단배수구

해설 빗물받이 : 측구 등에서 흘러나오는 빗물을 하수본관으로 흘려보내기 위하여 측구에 설치하는 시설로, 빗물을 잘 흐르게 하고 교통의 안전을 위해서 상부에는 구멍이 있는 뚜껑을 설치한다.

70 다음 그림은 흐르는 물의 단면을 그린 것이다. 흐르는 속도가 가장 빠른 부분은?

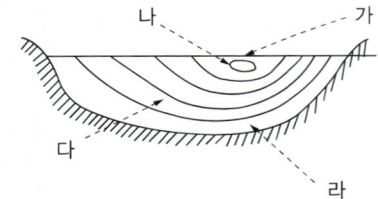

① 가
② 나
③ 다
④ 라

해설 ② 수면의 바로 아랫부분의 흐름이 가장 빠르다.

71 사방댐에서 일반적으로 방수로의 단면으로 가장 많이 이용되는 형상은?

① 활 꼴
② 직사각형
③ 정삼각형
④ 사다리꼴

해설 ④ 일반적으로 사방댐의 방수로 단면은 사다리꼴이 가장 많이 사용된다.

72 임도 설계에서 단곡선을 설치할 때 교각이 90°, 외선장이 15m인 경우 곡선반지름은?

① 36.2m
② 44.1m
③ 46.2m
④ 54.1m

해설 외선장 = 곡선반지름 × [sec($x/2$)−1]
곡선반지름 = 15 ÷ (sec45 − 1)
= 15 ÷ 0.414
= 36.2m

73 벌도작업의 안전을 위하여 다른 근로자가 들어오면 안 되는 최소 작업범위는?

① 벌도 대상목 수고의 0.5배
② 벌도 대상목 수고의 1.5배
③ 벌도 대상목 수고의 2.5배
④ 벌도 대상목 수고의 3.5배

해설 ② 최소 작업범위는 벌도 대상목 수고의 1.5배이다.

74 다음 설명에 해당되는 임도는?

- 계곡임도에서 시작되어 산록부와 산복부에 설치한다.
- 노선 선정은 하단부로부터 점차적으로 선형을 계획하여 진행한다.
- 동일한 사면에서 배향곡선은 최소한으로 설치한다.

① 사면임도
② 능선임도
③ 순환임도
④ 산정임도

해설 ① 배향곡선에 사면이므로 사면임도이다.

75 집재된 전목재의 가지 제거, 절단, 초두부 제거, 집적 등 조재작업을 전문적으로 실행하는 임업기계는?

① 포워더
② 프로세서
③ 타워야더
④ 펠러번처

해설
② 프로세서 : 조재장비(벌목 불가)
① 포워더 : 임내 목재 운반장비
③ 타워야더 : 가선집재장비
④ 펠러번처 : 벌목장비
※ 하베스터 : 프로세서와 같은 기능을 가지고 있지만 벌목 가능

76 야계사방에 있어서 합리식에 의한 유량을 산정하는 주요 인자가 아닌 것은?

① 유역면적
② 조도계수
③ 유출계수
④ 일정 기간 동안의 강우 강도

해설
합리식법 유량 = 0.002778 × 유출계수 × 최대시우량(mm/hr) × 유역면적(ha)

77 성·절토 비탈면 보호 및 녹화에 주로 이용되는 공법이 아닌 것은?

① 사초심기
② 자연석쌓기
③ 격자틀붙이기
④ 콘크리트블록쌓기

해설 ① 사초심기는 해안사방공법이다.

78 머캐덤롤러에서 롤러는 몇 개로 구성되어 있는가?

① 1개
② 2개
③ 3개
④ 4개

해설
머캐덤롤러 : 노반 등을 중압하기 위한 기계로 앞바퀴에 1개, 뒷바퀴에 2개의 롤러를 가지며, 중량은 6·8·10톤 등으로 나뉘고, 진압폭은 1.5~1.8m이다.

79 사리도의 유지보수에 대한 설명으로 옳지 않은 것은?

① 횡단기울기는 5~6% 정도로 한다.
② 제초작업은 1년에 1회 이상 실시한다.
③ 노면이 완전히 건조된 상태에서 정지작업을 실시한다.
④ 방진처리를 위해 물, 염화칼슘 및 타르 등이 사용된다.

해설 ③ 노면이 완전히 건조된 상태에서 정지작업을 실시하면 진압이 잘 안 된다.

80 산사태와 땅밀림을 비교하여 설명한 것으로 옳지 않은 것은?

① 산사태는 지하수에 의한 영향이 크다.
② 산사태는 땅밀림에 비해 규모가 작다.
③ 땅밀림은 계속적으로 재발할 가능성이 크다.
④ 산사태는 사질토로 된 지점에서 많이 발생한다.

해설 ① 산사태는 강우에 의한 영향이 크다.

정답 75 ② 76 ② 77 ① 78 ③ 79 ③ 80 ①

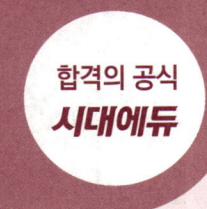

교육은 우리 자신의 무지를 점차 발견해 가는 과정이다.

– 윌 듀란트 –

교육이란 사람이 학교에서 배운 것을 잊어버린 후에 남은 것을 말한다.

– 알버트 아인슈타인 –

참 / 고 / 문 / 헌

- 개정 삼림측정학, 김갑덕, 향문사, 1992
- 사방공학, 우보명, 향문사, 1983
- 산림경영학, 안종만 외 7, 향문사, 2007
- 산림공학, 우보명 외 18, 광일문화사, 1997
- 산림병해충기술교본, 국립산림과학원, 2006
- 삼림보호학, 현신규 외 2, 향문사, 1975
- 삼림측정학, 김갑덕, 향문사, 1985
- 삼림토양학, 진현오 외 4, 향문사, 1994
- 수목생리학, 이경준, 서울대학교출판부, 1993
- 수목학, 이창복, 향문사, 1986
- 숲가꾸기 표준교재, 국립산림과학원, 2007
- 신고 임업경영학, 박태식 외 10, 향문사, 1990
- 신고 조림학원론, 임경빈, 향문사, 1985
- 신고 토양학, 조성진 외 2, 향문사, 1977
- 임도의 설계와 시공, 마상규, 임업기계훈련원, 1987
- 임도전문가 과정 교재, 산림인력개발원, 2007
- 조림학본론, 임경빈, 향문사, 1991
- 조림학원론, 임경빈, 향문사, 1968
- 증보 측량학, 강신업 외 1, 향문사, 1976
- 증보 측수학, 현신규 외 1, 향문사, 1974

산림기사 · 산업기사 필기 한권으로 끝내기

개정17판1쇄 발행	2026년 01월 05일 (인쇄 2025년 11월 20일)
초 판 발 행	2009년 09월 15일 (인쇄 2009년 07월 17일)
발 행 인	박영일
책 임 편 집	이해욱
편 저	정한기
편 집 진 행	윤진영, 장윤경
표지디자인	권은경, 길전홍선
편집디자인	정경일, 박동진
발 행 처	(주)시대고시기획
출 판 등 록	제10-1521호
주 소	서울시 마포구 큰우물로 75 [도화동 538 성지 B/D] 9F
전 화	1600-3600
홈 페 이 지	www.sdedu.co.kr
I S B N	979-11-434-0424-4(13520)
정 가	45,000원

※ 저자와의 협의에 의해 인지를 생략합니다.
※ 이 책은 저작권법의 보호를 받는 저작물이므로 동영상 제작 및 무단전재와 배포를 금합니다.
※ 잘못된 책은 구입하신 서점에서 바꾸어 드립니다.

산림·조경·농업
국가자격 시리즈

합격을 위한 바른 선택!

도서명	판형/가격
산림기사·산업기사 필기 한권으로 끝내기	4×6배판 / 45,000원
산림기사 필기 기출문제해설	4×6배판 / 24,000원
산림기사·산업기사 실기 한권으로 끝내기	4×6배판 / 25,000원
산림기능사 필기 한권으로 끝내기	4×6배판 / 28,000원
산림기능사 필기 기출문제집	4×6배판 / 25,000원
조경기사·산업기사 필기 한권으로 합격하기	4×6배판 / 42,000원
조경기사 필기 기출문제해설	4×6배판 / 37,000원
조경기사·산업기사 실기 한권으로 끝내기	국배판 / 41,000원
조경기능사 필기 한권으로 끝내기	4×6배판 / 29,000원
조경기능사 필기 기출문제집	4×6배판 / 27,000원
조경기능사 실기 [조경작업]	8절 / 27,000원
식물보호기사·산업기사 필기 한권으로 끝내기	4×6배판 / 37,000원
식물보호기사·산업기사 실기 한권으로 끝내기	4×6배판 / 21,000원
농산물품질관리사 1차 한권으로 끝내기	4×6배판 / 40,000원
농산물품질관리사 2차 필답형 실기	4×6배판 / 32,000원
농·축·수산물 경매사 한권으로 끝내기	4×6배판 / 40,000원
축산기사·산업기사 필기 한권으로 끝내기	4×6배판 / 36,000원
축산기사·산업기사 실기 한권으로 끝내기	4×6배판 / 28,000원
Win-Q(윙크) 화훼장식기능사 필기	별판 / 23,000원
Win-Q(윙크) 원예기능사 필기	별판 / 25,000원
Win-Q(윙크) 버섯종균기능사 필기	별판 / 22,000원
Win-Q(윙크) 축산기능사 필기+실기	별판 / 25,000원
무단뽀 조경기능사 필기+무료 동영상	별판 / 26,000원
유기농업기능사 필기+실기 가장 빠른 합격	별판 / 32,000원
기출이 답이다 종자기사 필기 [최빈출 기출 1000제 + 최근 기출복원문제 3개년]	별판 / 28,000원
기출이 답이다 유기농업기사 필기 [최빈출 기출 1000제 + 최근 기출복원문제 2개년]	별판 / 34,000원

산림·조경 국가자격 시리즈

합격을 위한 모든 전략! 시대에듀와 함께 맞춤형 학습으로 빠르게 합격하세요!

산림기능사 필기 한권으로 끝내기
최근 기출복원문제 및 해설 수록
- 빨리보는 간단한 키워드 : 시험 전 필수 핵심 키워드
- 최고의 산림전문가가 되기 위한 필수 핵심이론
- 적중예상문제와 기출복원문제를 자세한 해설과 함께 수록
- 4×6배판 / 620p / 28,000원

산림기사 · 산업기사 필기 한권으로 끝내기
최근 기출복원문제 및 해설 수록
- 핵심이론 + 기출문제 무료 특강 제공
- 〈핵심이론 + 적중예상문제 + 과년도, 최근 기출복원문제〉의 이상적인 구성
- 농업직 · 환경직 · 임업직 공무원 특채 응시자격 및 공채시험 가산점 인정
- 기사 20학점, 산업기사 16학점 인정
- 4×6배판 / 1,116p / 45,000원

식물보호기사 · 산업기사 필기 한권으로 끝내기
최근 기출복원문제 및 해설 수록
- 한권으로 식물보호기사 · 산업기사 필기시험 대비
- 〈핵심이론 + 적중예상문제 + 과년도, 최근 기출복원문제〉의 최적화 구성
- 농업직 · 환경직 · 임업직 공무원 특채 응시자격 및 공채시험 가산점 인정
- 기사 20학점, 산업기사 16학점 인정
- 4×6배판 / 1,020p / 37,000원

도서구입 및 내용문의 1600-3600

전문 저자진과 시대에듀가 제시하는
합격전략 코디네이트

조경기능사 필기 한권으로 끝내기
최근 기출복원문제 및 해설 수록
- 빨리보는 간단한 키워드 : 시험 전 필수 핵심 키워드
- 중요 핵심이론 + 출제 가능성 높은 적중예상문제 수록
- 각 문제별 상세한 해설을 통한 고득점 전략 제시
- 조경의 이해를 돕는 사진과 이미지 수록
- 4×6배판 / 852p / 29,000원

유튜브 무료 특강이 있는
조경기사·산업기사 필기 한권으로 합격하기
최근 기출복원문제 및 해설 수록
- 중요 핵심이론 + 적중예상문제 수록
- '기출 Point', '시험에 이렇게 나왔다'로 전략적 학습방향 제시
- 저자 유튜브 채널(홍선생 학교가자) 무료 특강 제공
- 4×6배판 / 1,304p / 42,000원

조경기사·산업기사 실기 한권으로 끝내기
도면작업 + 필답형 대비
- 사진과 그림, 예제를 통한 쉬운 설명
- 각종 표현기법과 설계에 필요한 테크닉 수록
- 최근 기출복원도면 + 필답형 기출복원문제 수록
- 저자가 직접 작도한 도면 다수 포함
- 국배판 / 1,020p / 41,000원

※ 도서의 구성 및 가격은 변동될 수 있습니다.